普通高等教育土木工程系列教材

钢结构与结构稳定理论

主　编　王仕统
副主编　姜正荣
参　编　陈　兰

机械工业出版社

本书分上、下两篇，上篇为钢结构（第1~6章），下篇为结构稳定理论（第7~14章）。主要内容包括：绪论，钢结构材料，钢结构连接，轴心受力构件与索，实腹式受弯构件，拉弯与压弯构件（梁-柱），结构稳定概述，轴心压杆的稳定，结构稳定的近似分析方法，梁的侧向屈曲，单向压弯构件的稳定，薄板屈曲，平面刚架的弹性屈曲，拱、圆环和圆管的弯曲屈曲。

本书可作为土木工程及相关专业的本科生教材，也可作为研究生及相关工程技术人员的学习参考书。

图书在版编目（CIP）数据

钢结构与结构稳定理论/王仕统主编．—北京：机械工业出版社，2023.1

普通高等教育土木工程系列教材

ISBN 978-7-111-71422-4

Ⅰ.①钢…　Ⅱ.①王…　Ⅲ.①钢结构-结构稳定性-理论-高等学校-教材
Ⅳ.①TU391

中国版本图书馆CIP数据核字（2022）第151681号

机械工业出版社（北京市百万庄大街22号　邮政编码100037）
策划编辑：林　辉　　　　责任编辑：林　辉
责任校对：陈　越　刘雅娜　封面设计：严娅萍
责任印制：单爱军
北京虎彩文化传播有限公司印刷
2023年1月第1版第1次印刷
184mm×260mm・27.75印张・757千字
标准书号：ISBN 978-7-111-71422-4
定价：79.80元

电话服务　　　　　　　　　网络服务
客服电话：010-88361066　　机　工　官　网：www.cmpbook.com
　　　　　010-88379833　　机　工　官　博：weibo.com/cmp1952
　　　　　010-68326294　　金　书　网：www.golden-book.com
封底无防伪标均为盗版　　　机工教育服务网：www.cmpedu.com

前　　言

钢结构（steel structure）由钢构件（structural members）组成。由于钢材均质高强，钢结构的计算公式主要来源于变形体力学（mechanics of deformable body）。钢结构采用开口、闭口薄壁构件（thin-walled members），其承载力与结构的整体（局部）稳定或屈曲（stability or buckling）有关；而混凝土结构采用实心构件（solid members），其计算公式主要来源于试验（回归分析等），承载力一般由强度（strength）控制。

最轻的结构、最好的延性和最短的工期是全钢结构的三大核心价值。同时，钢结构具有优秀的抗震性能。因此，大跨度钢屋盖和超高层结构大量采用钢结构。

绿色建筑是在建筑的全生命周期内，最大限度地节约资源（节能、节地、节水、节材），保护环境和减少污染，为人们提供健康、适用和高效的使用空间，与自然和谐共生的建筑。钢结构建筑在节约资源与环境保护两个方面都有优秀表现。现代钢结构也是一个国家经济繁荣和科技进步的重要标志。编者认为：钢结构的用钢量是衡量钢结构设计优劣最重要的指标之一；我国钢结构行业（设计与施工）仍有十分巨大的发展空间；钢结构建筑轻量化设计对发挥钢结构的优势、实现钢结构建筑的高质量发展具有重要意义。钢结构建筑轻量化设计要求设计者具有较深的力学知识、钢结构设计基本原理知识和钢结构稳定理论知识，能够正确选择结构方案和结构构件截面。否则，“设计”出来的结构不仅笨重、浪费钢材，而且施工也会十分艰难，造成不必要的巨大浪费。因此，现代钢结构的轻量化设计是硬道理（力学功底、结构稳定理论），硬设计（只会熟练地使用设计软件，而不知其然）就是任性——笨重与怪异。

本书内容分上、下两篇。上篇为钢结构（第 1~6 章），系统介绍了钢结构设计的基本原理，重点介绍了三大基本构件——轴压柱（column）、实腹梁（beam）和梁-柱（beam-column）构件的整体稳定性分析，主要内容包括第 1 章绪论，第 2 章钢结构材料，第 3 章钢结构连接，第 4 章轴心受力构件与索，第 5 章实腹式受弯构件，第 6 章拉弯与压弯构件（梁-柱）；下篇为结构稳定理论（第 7~14 章），系统介绍了钢结构稳定计算中的临界力和临界应力的求解，主要内容包括第 7 章结构稳定概述，第 8 章轴心压杆的稳定，第 9 章结构稳定的近似分析方法，第 10 章梁的侧向屈曲，第 11 章单向压弯构件的稳定，第 12 章薄板屈曲，第 13 章平面刚架的弹性屈曲，第 14 章拱、圆环和圆管的弯曲屈曲。

本书可作为高等学校土木工程及相关专业的本科生教材，也可作为研究生及相关技术人员的学习参考书。

本书由王仕统担任主编，姜正荣担任副主编。王仕统编写第 1 章，第 4~14 章，陈兰编写第 2、3 章，全书由姜正荣统校。

限于编者的结构理论与设计水平，书中不妥之处敬请读者批评指正。

目　　录

附　　录

上篇　钢　结　构

第1章　绪　　论

我国建筑钢结构建设经历三次“春天”（图 1-1)，1996 年，我国粗钢产量 1.09 亿 t，居世界之首，我国推广 5 种钢结构；2005 年，发布《推行绿色建筑加速资源节约型社会建设》；2016 年 9 月，国务院办公厅《关于大力发展装配式建筑的指导意见（国办发〔2016〕71 号》，装配式建筑已上升为国家战略。大量产钢和用钢进入快车道。2019 年我国粗钢产量高达 9.963 亿 t，占全球钢产量的 53.3%。我国建筑钢结构用钢占粗钢产量 7% 左右（约 7000 万 t)。由于钢结构建筑属于绿色建筑，其在世界先进国家的建筑体量高达 40%。

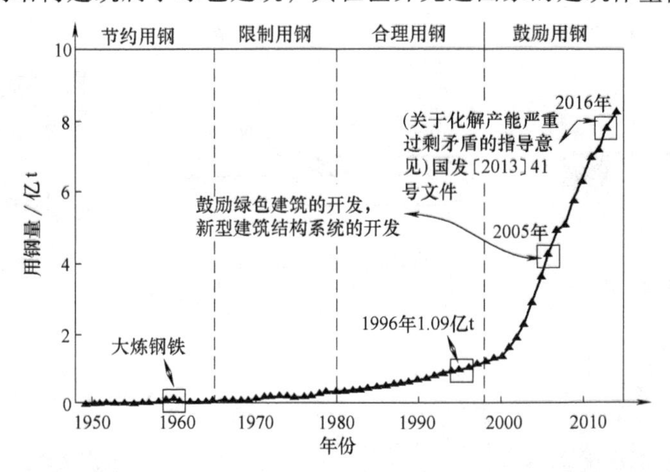

图 1-1　我国粗钢产量与建筑钢结构的发展历程

由于钢结构具有三个核心价值：最轻的结构、最短的工期和最好的延性（抗震性能好）。因此，我国钢结构的建设将有巨大的发展空间。图 1-2 所示是屋盖、高层钢结构框图。图 1-3a 所示是美国雷里竞技场，它是世界第 1 个现代屋盖钢索网形效结构。图 1-3b 所示是世界贸易

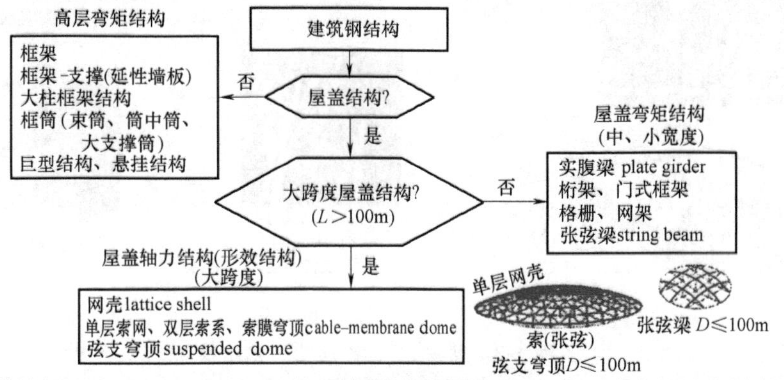

《钢结构设计规程》(DBJ 15-102-2014)：5.1.2屋盖钢结构的跨度大于100m时，应优先选用屋盖形效结构。

图 1-2　屋盖、高层钢结构框图

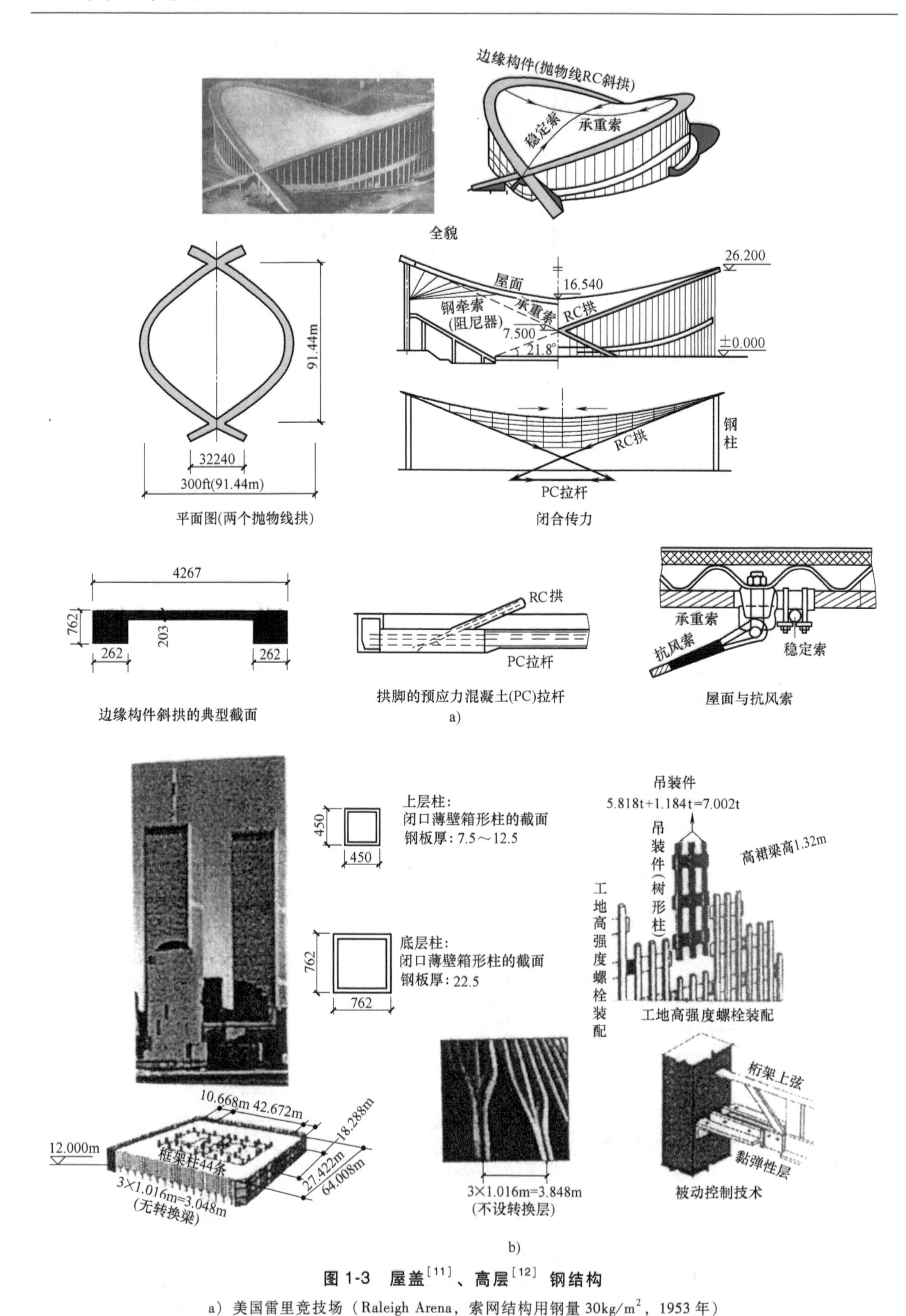

图 1-3　屋盖[11]、高层[12]　钢结构

a）美国雷里竞技场（Raleigh Arena，索网结构用钢量 30kg/m^2，1953 年）

b）世界贸易中心（World Trade Center，用钢量 186.6kg/m^2，纽约，1973 年）

中心（高层钢框筒结构），共 110 层，楼高 1368ft（416.966m），用钢量 186.6kg/m²，底层箱形钢柱尺寸为 762mm×762mm×22.5mm。

1.1　钢结构的特点和应用范围

1.1.1　钢结构的特点

1. 钢材强度高、塑性大

由于钢材的塑性大（伸长率 $\delta \geqslant 20\%$），故钢结构的抗震性能好，是公认的强震地区最合适的结构（图 1-4）。

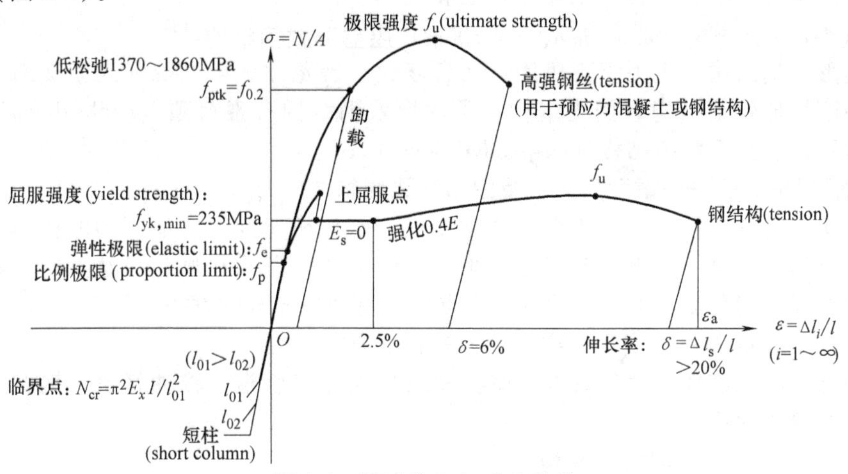

图 1-4　钢试件应力-应变曲线

γ_s/γ_c、f_y/f_{ck} 比值见表 1-1，通过轻量化设计的钢结构是最轻的结构，相应地其地基基础费用也较省。

表 1-1　γ_s/γ_c、f_y/f_{ck} 比值

重力密度/(kgf/m³)		强度/(N/mm²)	
钢 γ_s	混凝土 γ_c	钢 f_y	混凝土 f_{ck}
7580	2400	235(Q235)	23.4(C35)
$\gamma_s/\gamma_c \approx 3.27$		$f_y/f_{ck} \approx 10$	

2. 材质均匀、可靠性高

钢材的内部组织比较均匀、可视为各向同性材料（厚钢板除外），弹性模量较大（钢：$E_s=200\sim210\text{kN/mm}^2$，混凝土：$E_c=22\sim38\text{kN/mm}^2$），最符合结构分析中的基本假定和计算方法，结构分析可靠性高。

3. 工业化程度高，建造工期短

钢结构构件在工厂制造、运到工地采用高强度螺栓装配成钢结构的施工方法，质量有保证、建造工期短。

4. 密封性好

钢材具有不渗漏性和焊接性。焊接连接后，可做到完全密封，如高压容器、大型油库、煤气柜、大型输气管等板壳钢结构等。

5. 耐热不耐火

当钢材辐射热不大于 150℃时，物理力学性能变化很小，钢结构能正常工作。但钢结构在火灾中的表现很差，因此，应对钢结构采取防火措施，如外包混凝土，或在钢材表面喷涂防火涂料等。

6. 易锈蚀

钢结构的最大缺点是容易锈蚀，因此，对钢结构构件必须先严格除锈（人工、抛丸等），然后刷防锈涂料或热镀锌（铝）等，也可采用耐候钢，但价格较贵。

1.1.2 钢结构的应用范围

钢结构的应用范围可用五个字来概括，即“高、大、重、特、轻”。

1. “高”——高层建筑（tall building）钢结构与高耸（high rise）钢结构（构筑物）

由于钢材的比强度 $H_s=f_y/\sigma_s$ 最大，钢结构质量小、构件体积小、装配化程度高，对高层建筑和高耸结构（塔、桅结构）的水平抗震和抗风有利。

2. “大”——大跨度（long span，$L\geqslant100$m）屋盖形效钢结构[13]

大跨度形效钢结构广泛用于飞机库、体育场馆、展览厅、影剧院和大型交易市场等屋盖结构。其中刚性形效钢结构有网壳结构；柔性形效钢结构有索穹顶（cable dome）、膜结构；杂交形效钢结构有弦支穹顶结构（suspended dome）。

3. “重”（heavy）——重型厂房、重型吊车梁结构

重型厂房、大型钢铁企业的炼钢和轧钢车间、水压机车间、造船厂的船体车间、重型机械厂、锻压车间、发电厂的锅炉车间等。炼钢厂浇铸车间起重机吨位可达 600t。在这里，钢结构的轻质高强、耐高温、冲击韧性好等优点可以得到最充分的发挥。

4. “特”（special）——高压的密封性容器和管道钢结构

由于钢结构的气密性好、耐高压，在特种结构如煤气管道、输油管道、锅炉、储气罐和储油罐等上的应用很广泛。

5. “轻”（light）——轻型钢结构

轻型钢结构包括由圆钢、小角钢、薄壁型钢组成的结构；门式钢架、拱型波纹钢屋盖结构，板厚 $t\leqslant8$mm，用钢量一般不大于 30kg/m^2。

1.2 钢结构的设计计算方法

1.2.1 概述

结构物的安全与经济关键在于选择正确的结构方案，即概念设计（conceptual design），构件的设计在很大程度上取决于设计计算方法，过去曾采用过的计算方法有容许应力法和破坏阶段法，前一种方法以线弹性理论为基础，要求在规定的标准荷载 P_k 作用下，计算应力不大于规定的容许应力值，即 $\sigma\leqslant[\sigma]=f_{yk}/K$。而后一种方法则考虑了材料的塑性性能，要求由最大荷载 KP_k 产生的结构内力不大于构件的极限承载能力。上述两种方法中的安全系数 K（safety factor）主要凭经验和人的主观判断确定。

极限状态法是破坏阶段法的发展，它规定了结构的两种极限状态：承载能力极限状态和正常使用极限状态，并引入荷载系数、材料强度系数和构件工作条件系数的概念，我国 20 世纪 60 年代制定的规范就采用了三系数法。我国《钢结构设计规范》（TJ 17—74）保留了极限状态法中对结构物的两种极限状态的规定，并对承载能力采用半概率（实为半统计）半经验的容许应力表达式（水准Ⅰ）为

$$\sigma\leqslant\frac{f_{yk}}{K_1K_2K_3}=\frac{f_{yk}}{K}=[\sigma] \tag{1-1}$$

式中 f_{yk}——钢材屈服强度（yield strength）的标准值，$f_{yk}=\mu_f-\alpha_f\sigma_{f0}$，$\mu_f$、$\sigma_{f0}$ 分别为材料强度的平均值、标准差，α_f 为材料强度的保证系数，当保证率 $\omega=95\%$ 时，$\alpha_f=1.645$；

K_1、K_2、K_3——荷载系数、材料系数、工作条件系数。

式（1-1）中，σ 中的荷载标准值 $Q_k=\mu_Q+\alpha_Q\sigma_Q$（$\mu_Q$ 和 σ_Q 分别是荷载的平均值和标准差）。

上述传统设计法对安全所下的定义：在正常设计、施工和使用条件下，结构物对抵抗各种影响安全的不利因素所必需的安全储备的大小。这个定义指出了结构所处的条件必须是"正常的"。事实上，这里的各种不利因素是对不定性的认可，但最后却仍规定一个定值的安全储备，无法脱离定值设计法（deterministic design method）的范畴。

马克思认为：一种科学只有在成功地运用数学时，才算达到了真正完善的地步。目前，国际上在应用概率论可靠度（reliability）理论解决结构安全度问题并统一各类结构的基本设计方法方面取得了显著的进展。

为了合理地统一我国各类建筑结构设计规范的基本设计原则，促进结构设计理论的发展，我国工程界也顺应国际工程界的总潮流，在中国建筑科学研究院的领导下，成立领导小组，下设设计、荷载、材料三大组（30个单位），对可靠度进行了卓有成效的研究，编制了《建筑结构设计统一标准》（GBJ 68—1984），并于1985年1月1日批准试行。该标准采用了国际标准化组织（International organization for standardization，ISO）颁布的国际通用符号和国际单位制，编制过程中主要借鉴了下列国际文件：ISO 提出的《结构可靠性设计总原则》（ISO 2394 修正草案）；国际结构安全性联合委员会（JCSS）编制的《结构统一标准规范的国际体系》（共6卷），其中第一卷是《对各类构件和各种材料的共同统一规则》。

《建筑结构设计统一标准》（GBJ　68—1984）所采用的结构可靠度计算方法，通常被称为考虑基本变量概率分布类型的一次二阶矩法。为了使所设计的结构构件在不同情况下，具有比较一致的可靠度，该标准对荷载效应的基本组合，采用了多个分项系数（partial coefficient）的极限状态设计表达式[3]

$$\gamma_0\left(\gamma_G C_G G_k + \gamma_{Q_1} C_{Q_1} Q_{1k} + \sum_{i=2}^{n} \gamma_{Q_i} C_{Q_i} \psi_{ci} Q_{ik}\right) \leqslant R(\gamma_R, f_k, a_k, \cdots) \tag{1-2}$$

式中　γ_0——结构重要性系数（见表1-4和表1-5），对安全等级为一级、二级、三级的结构构件可分别取1.1、1.0、0.9；

γ_G——永久荷载分项系数，一般情况下为1.2（注意：现行规范取1.3）；

γ_{Q_1}、γ_{Q_i}——第1个和第 i 个可变荷载分项系数，一般情况下为1.4（注意：现行规范取1.5）；

G_k——永久荷载的标准值；

Q_{1k}——第1个可变荷载的标准值，该可变荷载标准值的效应大于其他第 i 个可变荷载标准值的效应；

Q_{ik}——第 i 个可变荷载的标准值；

C_G、C_{Q_1}、C_{Q_i}——永久荷载、第一个可变荷载和其他第 i 个可变荷载的荷载效应系数；

ψ_{ci}——第 i 个可变荷载的组合值系数，当风荷载与其他可变荷载组合时，采用0.6；

$R(\cdot)$——结构构件的抗力函数；

γ_R——结构构件抗力分项系数，其值应符合各类材料的结构设计规范的规定；

f_k——材料性能的标准值；

a_k——几何参数的标准值，当几何参数的变异性对结构性能有明显影响时，可另增减一个附加值 Δ_a 考虑其不利影响。

借鉴了国际标准《结构可靠度总原则》（ISO 2394：1998），由中国建筑科学研究院主编的《建筑结构可靠度设计统一标准》（GB 50068—2001），（unified standard for reliability design of building structures）自 2002 年 3 月 1 日起施行，该标准于 2018 年修订为《建筑结构可靠性设计统一标准》（GB 50068—2018）[1]。北京钢铁设计研究总院总结我国钢结构领域的实践经验主编了《钢结构设计规范》（GB 50017—2003）。

根据运用概率理论处理结构安全问题的广度和深度，可将概率设计法（probabilistic design method）划分为三个水准：

水准Ⅰ——半概率（实为半统计）法。此法只对影响结构安全的某些参数（如材料强度、荷载等）采用数理统计分析，因此，这种方法对结构的可靠度还不能进行定量估计。我国 20 世纪 60 年代制定的规范和 70 年代制定的各种材料的结构设计规范如《钢结构设计规范》（TJ 17—1974）等，与世界各国 20 世纪 70 年代大多数规范一样，都属于这一水准。

水准Ⅱ——近似概率法（approximate probability method）。此法对建筑结构的可靠程度用失效概率 P_f（probability of failure）或可靠指标 β（reliability index）来估计。β 与 P_f 的直接关系（见表 1-6）首先由美国人 Cornell 于 1969 年建立，西方国家称 β 为 Cornell 系数。标准《建筑结构设计统一标准》（GBJ 68—1984）和按此标准制定的各种材料的结构规范，如《钢结构设计规范》（GB 50017—2003）属于这一水准。我国现行《建筑结构可靠性设计统一标准》（GB 50068—2018）、《钢结构设计标准》（GB 50017—2017）也属于这一水准。

水准Ⅲ——全概率设计法。此法是将影响结构安全的各种参数分别采用随机变量或随机过程的概率模型来描述，对整个结构体系进行精确的概率分析后，求得结构的失效概率并用以直接度量整个结构的安全性，而不一定借助于可靠指标 β。水准Ⅲ处于研究阶段，世界各国均未列入规范中。

1.2.2 数理统计中的有关名词

自然界中存在的各种客观现象可分为确定性现象（必然现象）和非确定性现象（在概率论中称为随机现象）两大类。在某一条件下，前者必然发生某种确定的结果，而后者并不总是发生相同的结果，如观察某种结构物的寿命就是一个随机现象。由于非确定性现象的不确定性（也称随机性），当用少量观察结果（或试验结果）来研究某一随机现象时，似乎没有规律性，若用大量结果来分析时，就会发现随机现象也会呈现某些确定的、严格的、非偶然的规律性。在结构设计中，需要考虑各种因素，如荷载、材料强度、几何尺寸、计算精度、施工质量等非确定现象，因此，需要运用概率论和数理统计的知识。

1. 随机事件、概率和随机变量

在一定条件下，可能出现或可能不出现的事件称为随机事件，描述随机事件出现的可能性的量称为概率，一般用 P 表示，由随机事件所决定的变量，称为随机变量。例如，在 10 根钢筋中抽一根进行试验，每一根钢筋都可能被抽到，故抽样是随机事件，其抽到的概率是 10%，而钢筋的强度指标则是随机变量，它随抽样的不同而取不同的数值，形成随机变量数列。

随机变量的定义：如果每次试验的结果可以用一个数 X 表示，而对于任何实数 x，$X<x$ 时都有确定的概率，则称 X 为随机变量。随机变量可用分布函数来完整地描述。设 X 为随机变量，显然 $X<x$ 的随机事件的概率 $P\{X<x\}$ 是 x 的一个函数，称为 X 的分布函数 $F(x)$，即

$$F(x)=P\{X<x\} \tag{1-3a}$$

对于连续型随机变量，则有

$$F(x)=\int_{-\infty}^{x} f(x)\,\mathrm{d}x \tag{1-3b}$$

式中 $f(x)$——密度函数，由它所表达的曲线称为分布曲线（图 1-5a）。

由图 1-5a 可见，$F(x)$ 为阴影面积，是一个概率。$f(x)$ 为 x 处曲线的坐标高度，它表示 x 处概率密度或出现频率。

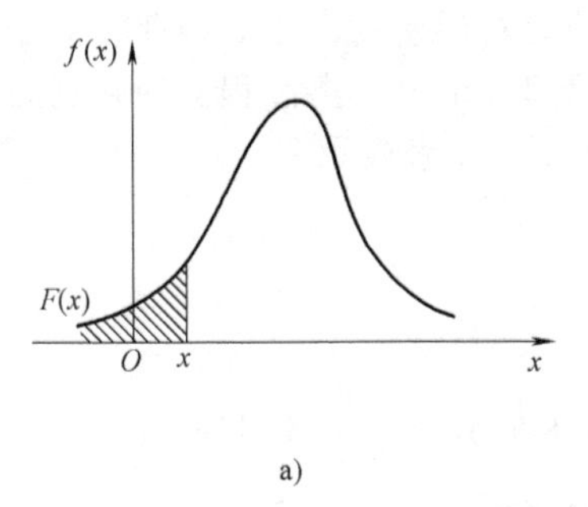

a)

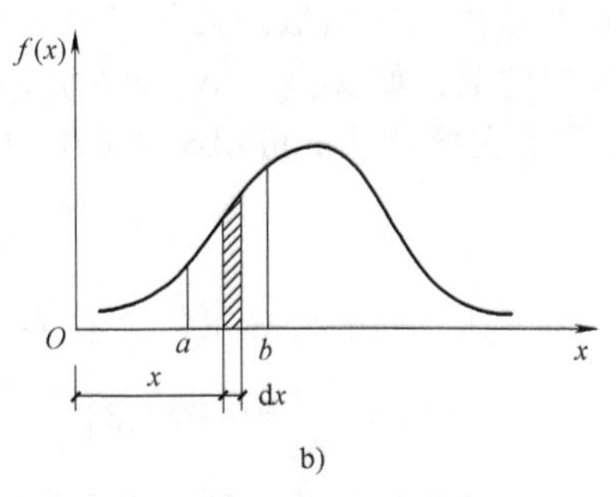

b)

图 1-5　密度函数 $f(x)$

如已知分布函数或密度函数，则随机变量 X 在任何区间 $[a, b]$ 内的概率 $P\{a \leqslant X \leqslant b\}$ 就可马上用积分求得（图 1-5b）。

$$\begin{aligned} P\{a \leqslant X \leqslant b\} &= \int_a^b f(x)\,\mathrm{d}x \\ &= \int_{-\infty}^b f(x)\,\mathrm{d}x - \int_{-\infty}^a f(x)\,\mathrm{d}x \\ &= F(b) - F(a) \end{aligned} \tag{1-4}$$

2. 随机变量的统计参数

在概率论和数理统计中，将反映随机变量某种特征的量称为随机变量的统计参数（也称数字特征或特征数）。统计参数可分为两类：一类表示随机变量数列的代表值，如算术平均值（数学期望）μ；另一类用来衡量随机变量数列离散（波动）程度的特征值，如标准差 σ、变异系数（离散系数）δ 等。表 1-2 所列为三组试件的强度试验计算结果。

表 1-2　μ、σ 和 δ 值

试件	组别	随机变量 X/(N/mm²)			$\mu = \frac{\sum_i^n x_i}{n}$ /(N/mm²)	标准差 σ /(N/mm²)	变异系数 δ
		x_1	x_2	x_3			
钢	第Ⅰ组	382	374	360	372	9.1	0.024
	第Ⅱ组	443	362	311	372	16.6	0.045
混凝土	第Ⅲ组	20	21	25	22	2.6	0.118

由表 1-2 可见，两组算术平均值相等，即 $\mu_{\mathrm{I}} = \mu_{\mathrm{II}} = 372\mathrm{N/mm^2}$，而每组各试验值对平均值的偏差之和又等于零（偏差有正有负，互相抵消），此时无法看出哪一组的离散程度更大，但如果将每个偏差取平方消去负号，然后总和再除以试件数 n，可得方差，为了使其量纲与随机变量相同，将方差开方，即得标准差

$$\sigma = \left[\frac{\sum_{i=1}^{n}(x_i - \mu)^2}{n}\right]^{\frac{1}{2}} \tag{1-5}$$

式中　x_i——随机变量值；

n——试件数，当试件数较小时，分母 n 一般改为 $n-1$。

上述两组试验的标准差（表 1-2）分别为

$$\sigma_{\mathrm{I}} = \sqrt{\frac{(382-372)^2+(374-372)^2+(360-372)^2}{3}}\mathrm{N/mm^2} = 9.1\mathrm{N/mm^2}, \sigma_{\mathrm{II}} = 16.6\mathrm{N/mm^2}$$

可见，第Ⅱ组钢筋屈服强度的离散程度比第Ⅰ组大，即第Ⅱ组比第Ⅰ组质量差。

标准差 σ 只反映绝对离散的大小（有量纲），即绝对误差的大小。因此，对于各组数列的平均值不相等的情况，如 $\mu_{\mathrm{III}}=22\mathrm{N/mm^2}<\mu_{\mathrm{I}}=\mu_{\mathrm{II}}=372\mathrm{N/mm^2}$，离散程度的判别必须用相对误差（无量纲），这在统计学上可用离散系数（变异系数）δ 来表示

$$\delta=\frac{\sigma}{\mu} \tag{1-6}$$

从而，可得上述数列的变异系数（表 1-2）

$$\delta_{\mathrm{I}}=\frac{9.1}{372}=0.024,\delta_{\mathrm{II}}=\frac{16.6}{372}=0.045,\delta_{\mathrm{III}}=\frac{2.6}{22}=0.118$$

可见，第Ⅲ组的质量最差，第Ⅰ组最好，顺序是 $\delta_{\mathrm{III}}>\delta_{\mathrm{II}}>\delta_{\mathrm{I}}$。

3. 直方图与概率密度函数 $f(x)$

举例：某 $n=100$ 个混凝土立方体试件，实测结果 f_{cu}^{0} 分组（组距 $C=1\mathrm{N/mm^2}$）见表 1-3。

表 1-3　测试结果

项目	组别					
	1	2	3	4	5	6
f_{cu}^{0}范围/(N/mm²)	18~19	19~20	20~21	21~22	22~23	23~24
频数(出现次数)m	1	14	34	36	13	2
概率 $P=\frac{m}{n}=\frac{m}{100}$	0.01	0.14	0.34	0.36	0.13	0.02
概率密度 $f(x)=\frac{P}{C}$	0.01	0.14	0.34	0.36	0.13	0.02

由表 1-3 可以想象，当测试试件数 n 很大（成千上万）、组距 C 很小时，直方图的上部就会变成一条连续的光滑曲线 $f(x)$（图 1-6 虚线），即概率密度曲线。

4. 正态分布与保证率 ω

正态分布记作 $N(\mu,\sigma)$，它的分布函数为

$$\begin{aligned}F(x)&=\frac{1}{\sigma\sqrt{2\pi}}\int_{-\infty}^{x}\mathrm{e}^{-\frac{(x-\mu)^2}{2\sigma^2}}\mathrm{d}x\\&=\frac{1}{\sigma\sqrt{2\pi}}\int_{-\infty}^{x}\exp\left[-\frac{(x-\mu)^2}{2\sigma^2}\right]\mathrm{d}x\end{aligned} \tag{1-7}$$

相应的密度函数

$$f(x)=\frac{1}{\sigma\sqrt{2\pi}}\exp\left[-\frac{(x-\mu)^2}{2\sigma^2}\right]=\frac{1}{\sigma\sqrt{2\pi}}\mathrm{e}^{-\frac{(x-\mu)^2}{2\sigma^2}} \tag{1-8}$$

图 1-7a 所示两个正态分布，这类分布曲线呈钟形，对称于算术平均值。在 $x=\mu\pm\sigma$ 处是曲线的拐点（反弯点），用×号表示。标准差 σ 越小，随机变量就越集中在平均值 μ 的左右，当 $\mu=0$，$\sigma=1$ 时称 $N(0,1)$ 为标准正态分布，其函数值可查概率积分表得到。图 1-7b 表示某钢厂生产的 Q235 钢材屈服强度统计的分布曲线。

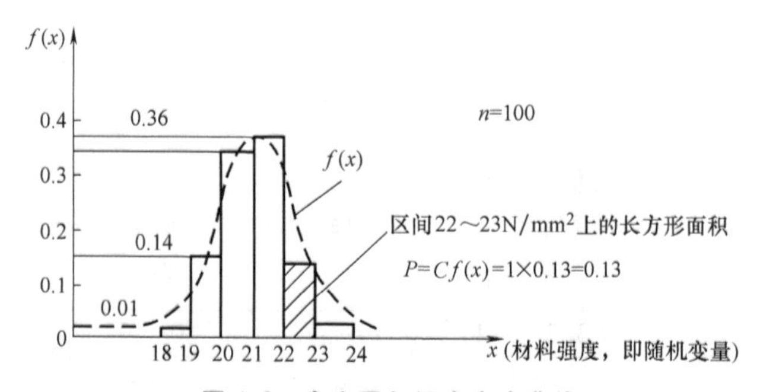

图 1-6　直方图与概率密度曲线

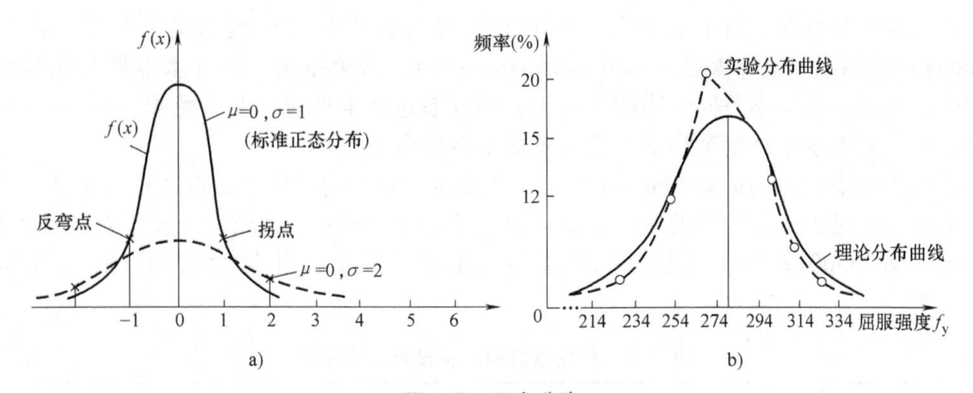

图 1-7　正态分布

a）σ 大小与钟的形状　b）Q235 钢材屈服强度

如果在一随机变量中取一定值（如图 1-8 的 $\mu-2\sigma$），随机变量出现大于、等于它的概率，就称为关于这一取值的保证率 ω。曲线与横轴 x 之间的总面积代表总概率为 100%，显然，对于算术平均值 μ 的保证率为 $\omega=50\%$，由定义可知，图 1-8 中正态分布函数关于 $x \geqslant \mu-2\sigma$ 的保证率 ω（图中阴影部分）为

$$
\begin{aligned}
\omega &= \int_{\mu-2\sigma}^{\infty} f(x)\,\mathrm{d}x \\
&= \frac{1}{\sqrt{\pi}}\int_{\mu-2\sigma}^{\infty} \mathrm{e}^{-\left(\frac{x-\mu}{\sqrt{2}\sigma}\right)^2} \mathrm{d}\left(\frac{x-\mu}{\sqrt{2}\sigma}\right) \\
&= \frac{1}{\sqrt{\pi}}\int_{0}^{\infty} \mathrm{e}^{-x^2}\mathrm{d}x + \frac{1}{\sqrt{\pi}}\int_{0}^{\sqrt{2}} \mathrm{e}^{-x^2}\mathrm{d}x \\
&= 0.5 + \frac{1}{\sqrt{\pi}}\int_{0}^{\sqrt{2}} \mathrm{e}^{-x^2}\mathrm{d}x
\end{aligned}
\tag{1-9}
$$

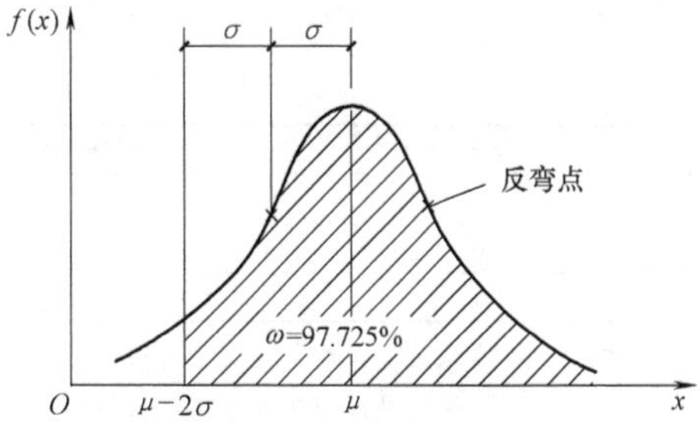

图 1-8　正态分布与保证率 ω

式中，后一项为标准正态分布函数值，约为 0.47725；从而得 $\omega=0.97725$，即保证率为 97.725%。同理可求关于 $\mu-\sigma$ 和 $\mu-3\sigma$ 的保证率分别为 84.134%和 99.865%。我国钢材标准值采用 $f_y=\mu-1.645\sigma$，保证率 95%。

1.2.3　有关极限状态设计的几点说明

1. 结构上的作用（actions）

长期以来，工程上都习惯用荷载这个术语来概括加在结构上的各种力（集中力或分布力），如恒荷载、活荷载、风荷载、雪荷载等。由于这些力直接施加在结构上，因此可称为直接作用（即荷载）。而引起结构外加变形和约束变形的其他作用，如地震、基础沉降、混凝土收缩、温度变化、焊接等，就不宜用荷载来概括。若对地震的作用采用"地震荷载"一词，就容易使人误解为地震作用是对结构施加的与地基和结构本身无关的外力。通常，由地震、沉降、收缩、温度等引起结构外加变形或约束变形的作用，称为间接作用。

按随时间的变异分类有永久作用（permanent action）、可变作用（variable action）和偶然作用（accidental action）；按随空间位置的变异分类有固定作用（fixed action）和自由作用（free action）；按结构的反应特点分类有静态作用（static action）和动态作用（dynamic action）。例如，起重机荷载按上述作用分类应该属于可变作用、自由作用、动态作用。

2. 设计基准期、设计使用年限

设计基准期（design reference period）是为确定可变作用及与时间有关的材料性能取值而选用的时间参数，即所考虑的荷载统计参数，设计基准期 T 基本采用的都是 50 年，如设计时需采用其他设计基准期，就必须另行确定在设计基准期内最大荷载的概率分布（probability distribution）及相应的统计参数（statistical parameter）。必须指出，设计基准期与结构物的寿命虽有一定的联系，但不等同，当使用年限达到或超过基准期时，并不意味着结构物的报废，而只是它的可靠度水平将逐渐降低，即失效概率将逐渐增大。

设计使用年限（design working life）是指在规定的时期内，房屋建筑在正常设计、正常施工、正常使用和维护下所达到的使用年限，即地基基础工程和主体结构工程“合理使用年限”的具体化。GB 55001—2021《工程结构通用规范》中，房屋建筑的结构设计工作年限见表 1-4。

表 1-4　房屋建筑的结构设计工作年限

类别	设计使用年限/年	示例	结构重要性系数 γ_0
1	5	临时性结构	≥0.9
3	50	普通房屋和构筑物	≥1.0
4	100	纪念性建筑和特别重要的建筑结构	≥1.1

3. 建筑结构的安全等级

进行建筑结构设计时，应根据结构破坏可能产生的后果（危及人的生命、造成经济损失、产生社会影响等）的严重性，采用不同的安全等级（表 1-5）。

表 1-5　建筑结构的安全等级

安全等级	破坏后果	建筑物类型	结构重要性系数 γ_0
一级	很严重	重要的房屋	≥1.1
二级	严重	一般的房屋	≥1.0
三级	不严重	次要的房屋	≥0.9

注：1. 对特殊的建筑物，其安全等级应根据具体情况另行确定。
2. 地基基础设计安全等级及按抗震要求设计时建筑结构的安全等级，尚应符合国家现行有关规范的规定。

4. 结构的可靠性和可靠度

结构的可靠性（reliability）是指结构在规定的时间（基准期）内，在规定的条件下（即以正常设计、正常施工、正常使用为条件，不考虑人为过失的影响）完成预定功能的能力。标准规定建筑结构应满足以下功能要求：

1）安全性（safety），是指建筑结构应能承受在正常施工和正常使用时可能出现的各种作用。此外，还应具有在偶然事件发生时和发生后保持整体稳定的能力。

2）适用性（serviceability），是指建筑结构在正常使用条件下应具有良好的工作性能。例如，不应有过大的变形和出现影响正常使用的振动等。

3）耐久性（durability），是指建筑结构在正常使用条件下应具有规定的耐久性能。例如，在基准期内，结构材料的锈蚀或其他腐蚀均不应超过一定的限度等。

建筑结构在预定的正常使用条件下和预定的基准使用期限内，若其安全性、适用性、耐久性都得到了保证，就是可靠的。建筑结构的这一特性称为结构的可靠性。结构的可靠性的定义显然比安全性全面。

结构可靠度（degree of reliability）是结构可靠性的定量指标。结构可靠度的定义是“结构在规定的时间内，在规定的条件下完成预定功能的概率”。可见，结构可靠度是结构可靠性的概率度量。结构可靠度的这一概率定义从统计数学观点出发，是比较科学的定义。与其他各种从定值观点出发的定义（如认为“结构的安全是结构的安全储备”）有本质的区别。

5. 结构的极限状态（limit state）

当整个结构或结构的一部分超过某一特定状态就不能满足设计规定的某一功能要求时，

此特定状态为该功能的极限状态。极限状态分两大类：

（1）承载能力极限状态（ultimate limit states）　这种极限状态对应于结构或结构构件达到最大承载能力或不适于继续承载的变形。当结构或结构构件出现下列状态之一时，应认为超过了承载能力极限状态。

1）整个结构或结构的一部分作为刚体失去平衡，如倾覆等。

2）结构构件或连接因超过材料强度而破坏（包括疲劳破坏），或因过度变形而不适于继续承载。

3）结构转变为机动体系。

4）结构或结构构件丧失稳定（stability）或屈曲（buckling）。

5）地基丧失承载能力而破坏。

（2）正常使用极限状态（serviceability limit states）　这种极限状态对应于结构或结构构件达到正常使用或耐久性能的某项规定限值。当结构或结构构件出现下列状态之一时，应认为超过了正常使用极限状态。

1）影响正常使用或外观的变形。

2）影响正常使用或耐久性能的局部损坏，包括裂缝等。

3）影响正常使用的振动。

4）影响正常使用的其他特定状态。

6. 结构的作用效应 S（effect of an action）**和结构抗力 R**（resistance）

作用对结构产生的效应（内力、变形等）称为结构的作用效应 S，因此，荷载对结构产生的效应称为荷载效应，标准假定荷载与荷载效应近似地呈线性关系，故荷载效应可用荷载值乘以荷载效应系数来表达。

结构上的作用，不但具有随机性质，而且除永久荷载外，一般还与时间参数有关，因此，作用效应 S 宜用随机过程概率模型来描述。

结构抗力 R 是构件材料性能、几何参数及计算模式的不定性的函数，当不考虑材料性能随时间的变异时，结构抗力 R 是随机变量。

1.2.4　结构可靠度的计算方法

这里介绍的计算方法主要适用于作用效应 S 与构件结构抗力 R 相互独立的情况。

结构的可靠度通常受各种作用、材料性能、几何参数、计算公式精确性等因素的影响。这些因素一般具有随机性，称为基本变量（basic variable），记为 X_i（$i=1,2,\cdots,n$）。结构或构件的工作性能可用功能函数表示为

$$Z=g(X_1,X_2,\cdots,X_n) \tag{1-10}$$

如将影响结构可靠性的各因素概括为两个随机变量 S 和 R，则功能函数（performance function）为

$$Z=g(S,R)=R-S \tag{1-11}$$

式中　R——抗力（resistance），与构件的截面尺寸、材料强度有关；

S——作用效应，用截面内力 M、N 等表示（混凝土结构）或用截面上某点的应力 $\sigma_M=M/W$，$\sigma_N=N/A$ 等表示（钢结构）；

Z——随机变量，它是 R、S 的函数。

显然，$Z>0$ 结构可靠，$Z<0$ 结构失效，而结构的极限状态方程是

$$Z=g(S,R)=R-S=0 \tag{1-12}$$

根据概率理论，结构的失效概率（probability of failure）为

$$P_f=P\{Z<0\} \tag{1-13}$$

设 S、R 为正态分布，故 $Z=R-S$ 为正态分布，其标准差 $\sigma_Z>0$，式（1-13）中的 P_f 可表示为

$$P_f=P\left\{\frac{Z-\mu_Z}{\sigma_Z}<\frac{-\mu_Z}{\sigma_Z}\right\}=\Phi\left(-\frac{\mu_Z}{\sigma_Z}\right)=\Phi(-\beta)=1-\Phi(\beta) \tag{1-14}$$

式中 $\Phi(\cdot)$——标准正态分布函数；

μ_Z、σ_Z——Z 的算术平均值、标准差；

β——可靠指标，如图 1-9 所示。β 可表示为

$$\beta=\frac{\mu_Z}{\sigma_Z}=\frac{\mu_R-\mu_S}{\sqrt{\sigma_R^2+\sigma_S^2}} \tag{1-15}$$

式（1-15）即为二阶矩法的设计式。

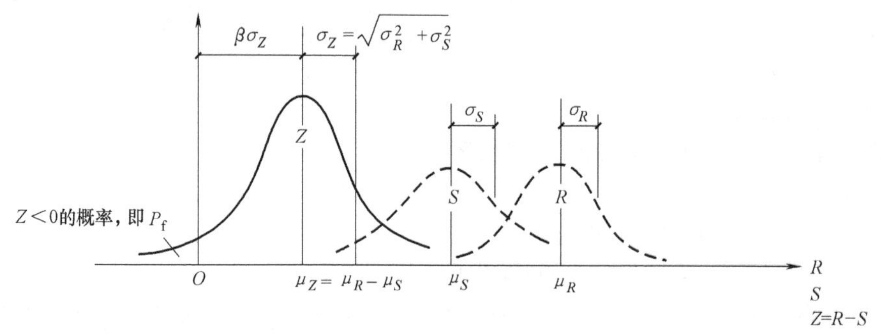

图 1-9 P_f 和 β 的关系

式（1-14）确切地表达了 P_f 与 β 的对应关系，已知 β 后，即可求得 P_f（表 1-6）。由于 β 越大，P_f 就越小，结构越可靠（图 1-9），因此，β 完全可作为衡量结构可靠度的一个数量指标，故称 β 为可靠指标。

表 1-6 β 和 P_f 的关系

β	2.7	3.2	3.7	4.2
P_f	3.4×10^{-3}	0.68×10^{-3}	0.1×10^{-3}	0.013×10^{-3}

当基本度量不按正态分布时，结构构件的可靠指标应以 S 和 R 的当量正态分布平均值和标准差代入式（1-15）计算。

因此，必须选择一个结构最优的 P_f 或目标可靠指标〔β〕，以达到结构可靠与经济最佳的目的。由于影响〔β〕的选择的因素非常复杂，理论上难于找到合理的定量分析方法，目前许多国家采用校准法（calibration）来选择〔β〕或最优失效概率〔P_f〕。《钢结构设计标准》（GB 50017—2017）采用的结构构件可靠指标就是通过对《钢结构设计规范》（GBJ 17—88）的反演分析找出校准点，确定设计采用的〔β〕（表 1-7），由式（1-15）算出的 β 值，若 $\beta\geqslant$〔β〕，就认为结构或构件是可靠的。

表 1-7 结构构件承载能力极限状态的目标可靠指标〔β〕

破坏类型	安全等级(safety classes)		
	一级	二级	三级
延性破坏(ductile failure)	3.7	3.2	2.7
脆性破坏(brittle failure)	4.2	3.7	3.2

注：1. 若以二级为准，一级增 0.5，三级减 0.5。“脆性破坏”的〔β〕取高一点。

2. 当承受偶然作用时，结构构件的可靠指标应符合专门规范的规定。

考虑到概率计算不够简洁，且广大设计人员对概率计算又不很熟悉，因此，《建筑结构可靠性设计统一标准》（GB 50068—2018）的设计公式仍采用设计人员乐意接受的分项系数表达式［式（1-2）］。Schueller 和 Melchers 曾这样说过，在修改规范时，如果要有什么改变，只能是逐步地和微小的，以防止引起规范使用者们的不安和苦恼。规范修订所导致的安全度水平的变化若大于 10%，就常常会使实际工作者恐慌，从而拒绝接受。因此，《建筑结构可靠性设计统一标准》（GB 50068—2018）的概率水准是Ⅱ，但采用的设计计算表达形式仍与概率水准Ⅰ的计算表达式相当。但必须指出，《建筑结构可靠性设计统一标准》（GB 50068—2018）中的分项系数与概率水准Ⅰ的分项系数（安全系数）具有完全不同的含义。《建筑结构可靠性设计统一标准》（GB 50068—2018）度量结构的可靠度是可靠指标 β 值，而不再是安全系数，其分项系数是按概率设计法确定的，并通过优化选择，使分项系数设计的结构具有的可靠度尽可能地接近目标可靠指标〔β〕所对应的可靠度。简言之，结构可靠度用的可靠指标值已在分项系数中考虑了。

结构构件正常使用极限状态的可靠指标，根据其可逆程度宜取 0~1.5。

1.2.5　实用分项系数 γ 的结构设计表达式

对于承载能力极限状态，结构构件采用荷载效应的基本组合和偶然组合进行设计。

1. 基本组合

对于基本组合，应按极限状态表达式中最不利值确定，表达式为

$$\gamma_0\left(\gamma_G S_{G_k} + \gamma_{Q_1} S_{Q_{1k}} + \sum_{i=2}^{n} \gamma_{Q_i} \psi_{ci} S_{Q_{ik}}\right) \leqslant R(\gamma_R, f_k, a_k, \cdots) \tag{1-16}$$

$$\gamma_0\left(\gamma_G S_{G_k} + \sum_{i=1}^{n} \gamma_{Q_i} \psi_{ci} S_{Q_{ik}}\right) \leqslant R(\gamma_R, f_k, a_k, \cdots) \tag{1-17}$$

对一般排架、框架结构，式（1-16）可简化为

$$\gamma_0\left(\gamma_G S_{G_k} + \psi \sum_{i=1}^{n} \gamma_{Q_i} S_{Q_{ik}}\right) \leqslant R(\gamma_R, f_k, a_k, \cdots) \tag{1-18}$$

式中　γ_0——结构重要性系数，按表 1-4 和表 1-5 取值；

γ_G——永久荷载分项系数，当永久荷载效应对结构构件的承载能力不利时，γ_G 不应小于 1.3，当永久荷载效应对结构构件的承载能力有利时，γ_G 不应大于 1.0；

γ_{Q_1}、γ_{Q_i}——第 1 个、第 i 个可变荷载分项系数，当可变荷载效应对结构构件承载能力不利时，一般情况下 γ_Q 不应小于 1.5，对标准值大于 4kN/m^2 的工业房屋楼面结构的活荷载 γ_Q 不应小于 1.4，当可变荷载效应对结构构件承载力有利时，$\gamma_Q=0$；

S_{G_k}——永久荷载标准值的效应；

$S_{Q_{1k}}$——在基本组合中起控制作用的一个可变荷载标准值的效应；

$S_{Q_{ik}}$——第 i 个可变荷载标准值的效应；

ψ_{ci}——第 i 个可变荷载的组合值系数，其值不应大于 1；

$R(\cdot)$——结构构件的抗力函数；

γ_R——结构构件抗力分项系数，Q235 钢的 $\gamma_R=1.087$；Q345、Q390 和 Q420 的 $\gamma_R=1.111$；端面承压 $\gamma_{Ru}=1.538$；

f_k——钢材强度标准值，如 Q235 钢，$f_k=f_y=235\text{N/mm}^2$；

f——钢材强度设计值，$f=f_k/\gamma_R=235\text{N/mm}^2\div1.087\approx215\text{N/mm}^2$（附表 1-1，钢材厚度 $t\leqslant16\text{mm}$）；

a_k——几何参数的标准值，当几何参数的变异对结构构件有明显影响时可另增减一个

附加值 Δ_a 考虑其不利影响；

ψ——简化设计表达式中采用的荷载组合系数；一般情况下可取 $\psi=0.90$，当只有一个可变荷载时，取 $\psi=1.0$。

2. 偶然组合

对于偶然组合，极限状态设计表达式确定原则如下：偶然作用的代表值不乘以分项系数，与偶然作用同时出现的可变荷载，应根据观测资料和工程经验采用适当的代表值，具体的设计表达式及各种系数，应符合专门规范的规定。

对于正常使用极限状态，结构构件应分别采用荷载效应的标准组合、频遇组合和准永久组合进行设计。钢结构只考虑标准组合

$$S_{G_k}+S_{Q_{1k}}+\sum_{i=2}^{n}\psi_{ci}S_{Q_{ik}}\leqslant[v] \tag{1-19}$$

式中 S_{G_k}——永久荷载标准值对结构或构件产生的变形值；

$S_{Q_{1k}}$、$S_{Q_{ik}}$——起控制作用的第 1 个可变荷载、第 i 个可变荷载标准值产生的变形值；

$[v]$——结构或构件的容许变形值。

习　题

1-1　我国现行国家标准采用的钢结构设计方法是近似概率法，它与定值设计法有何本质上的不同？

1-2　若图 1-8 的 x 代表钢材强度的标准，即屈服强度 f_y（yield strength），请在图 1-8 上标出 f_y 的位置点。

1-3　为何表 1-7 的目标可靠指标〔β〕中，延性破坏（钢结构）比脆性破坏（混凝土结构）的〔β〕值要小？请从表 1-6 的 β 和 P_f 关系中找到答案。

第2章　钢结构材料

2.1　钢结构对材料的要求

钢结构的主要材料是钢。钢材品种多，当用处不同时，所需钢材的性能也不同。例如，机械加工的切削工具需要钢材有很高的强度和硬度；石油化工设备需要钢材具有耐高温高压的性能。用于钢结构的钢材必须具有下列性能：

1. 较高的强度

钢结构用钢材必须具有较高的屈服强度 f_y 和抗拉强度 f_u。f_y 是衡量钢材强度的指标之一，屈服强度高可以减小截面，节约钢材，降低造价；抗拉强度高可以增加结构的安全保障。

2. 较好的塑性、韧性

塑性、韧性好，可使结构在静力荷载和动力荷载作用下有足够的变形能力。塑性好则结构破坏前变形较明显，可减少脆性破坏的危险，且塑性变形能调整局部高峰应力，使之趋于平缓。韧性好表示在动力荷载作用下破坏时可以吸收较多的能量，也可以减轻脆性破坏的倾向。

3. 良好的加工性能

适合冷加工、热加工，同时具有良好的焊接性，不因加工而对结构的强度、塑性、韧性造成较大的不利影响。

4. 其他性能

根据结构的具体工作条件，在必要时还要求钢材具有适应低温、高温和抵抗有害介质侵蚀的性能。

按上述要求，承重结构采用的钢材应具有抗拉强度、伸长率、屈服强度和硫、磷含量的合格保证，对焊接结构尚应具有碳含量的合格保证。

焊接承重结构以及重要的非焊接承重结构采用的钢材还应具有冷弯试验的合格保证。

2.2　钢材的工作性能

2.2.1　单向拉伸时的工作性能

钢材的力学性能指标是钢结构设计的重要依据。这些指标主要是通过试验来测定的，其中最基本、最主要的是单向拉伸时的力学性能指标，其他的钢材性能信息可从该试验推断。

低碳钢钢材标准试件在常温静载下，进行一次拉伸试验，其应力-应变曲线（σ-ε）如图2-1所示。

1. 弹性阶段（OA）

应力由零到比例极限 f_p（因弹性极限和比例极限很接近，通常以比例极限为弹性阶段的结束点），应力与应变成正比，符合胡克定律。从 OA 直线上任意一点开始卸载，应力-应变状态将沿着直线下降，直至完全卸载时，返回至原点 O，不存在残余应变。直线的斜率记为弹性模量 E，$E=\tan\alpha=\sigma/\varepsilon$，钢材的弹性模量很大，为 $206\times10^3\mathrm{N/mm^2}$。

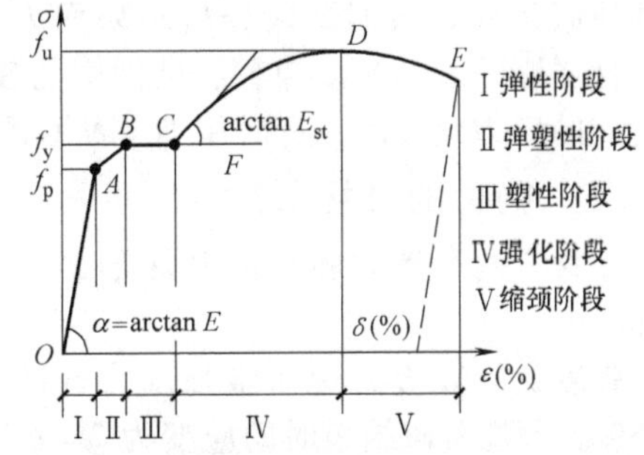

图2-1　钢材的一次拉伸应力-应变曲线

2. 弹塑性阶段（AB）

应力与应变是非线性关系，应力增加时，增加的应变包括弹性应变和塑性应变，在此阶段卸载时，弹性应变立即恢复，而塑性应变不能恢复，称为残余应变。由 A 点到 B 点，应力与应变是波动过程，逐渐趋于平稳。B 点对应的应力为屈服强度，记为 f_y。

3. 塑性阶段（BC）

应力到达屈服强度后，应力保持不变，应变继续增加，应力应变关系呈水平线（见线段 BC），通常称为屈服平台，即塑性流动阶段，钢材表现为完全塑性。整个屈服平台对应的应变幅度称为流幅，流幅越大，钢材的塑性越好。

4. 强化阶段（CD）

塑性阶段结束后，钢材又恢复了抵抗外荷载的能力，此阶段的 σ-ε 为上升的非线性关系，直至应力达到抗拉强度 f_u。

5. 缩颈阶段（DE）

在试件应力达到抗拉强度 f_u 后，试件在材质较差处的截面发生缩颈现象，该处截面迅速减小，承载能力随之下降，到 E 点时试件断裂破坏。

对于没有缺陷和残余应力影响的试件，比例极限与屈服强度比较接近，且屈服强度前的应变很小，低碳钢约为 0.15%。为简化计算，将比例极限归并成屈服强度，钢材历经两个阶段：弹性阶段和塑性阶段。屈服强度以前，钢材为完全弹性，屈服强度后完全塑性，这样钢材可视为理想的弹-塑性体，其应力-应变曲线表现为双直线，如图 2-2 所示。

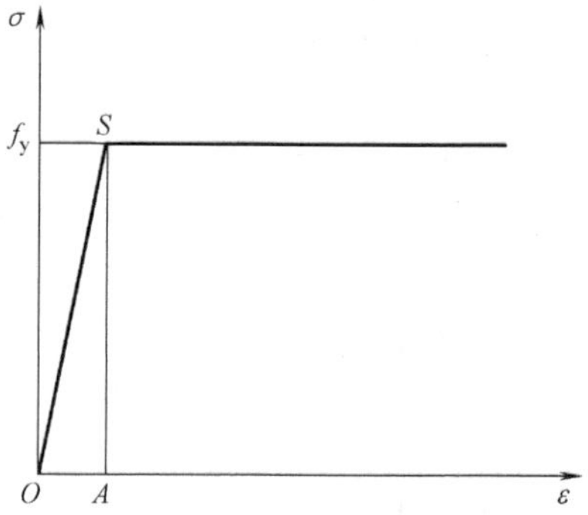

图 2-2　理想的弹-塑性体的应力-应变曲线

2.2.2　受压、受剪时的工作性能

粗短钢试件在单向受压时的工作性能，基本与上述单向受拉时相同。

钢材受剪时的力学性能也相类似，但受剪的屈服强度和抗剪强度均较受拉时低，剪切模量 G 也低于弹性模量 E。理论和试验都给出了对应关系。

受剪屈服强度

$$f_{vy}=\frac{f_y}{\sqrt{3}} \tag{2-1}$$

剪切模量

$$G=\frac{E}{2(1+\nu)} \tag{2-2}$$

式中　ν——泊松比。

高强度钢材没有明显的屈服强度和屈服台阶。这类钢的屈服条件是根据试验分析结果而人为规定的，故称为条件屈服强度，是以卸载后试件中的残余应变为 0.2% 所对应的应力定义的，有时用 $f_{0.2}$ 表示，如图 2-3 所示。

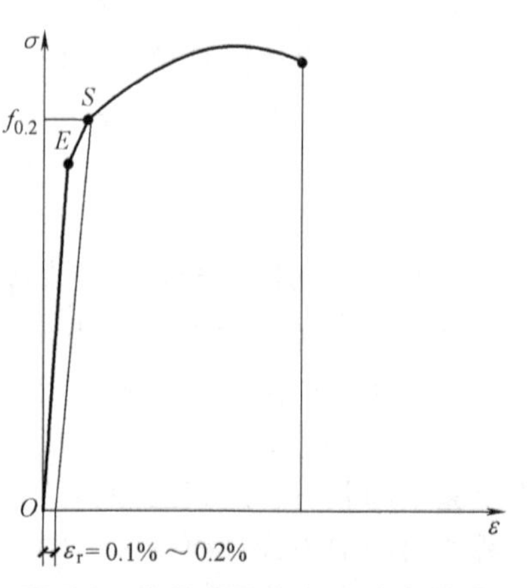

图 2-3　高强度钢的应力-应变曲线

2.2.3　钢材的破坏形式

钢材有两种性质各异的破坏形式：塑性破坏和脆性破坏。

强度设计以应力达屈服强度为标准，屈服应变约为 0.15%。塑性阶段结束时的应变为 2%～3%，称为塑性破坏，而真正破坏是应力达到极限强度后才发生的。对于常用的 Q235 钢，全部塑性变形约等于弹性变形的 200 余倍，说明结构在破坏前出现很大的变形，很容易及时发现而采取措施予以补救，不致造成严重后果。另外，塑性变形带来的另一个有利因素，就是使结构出现内力重分布，使结构或构件中原先受力不等的部位的应力趋于均匀，从而提高承载力。

脆性破坏则相反，破坏前变形很小。一般当平均应力小于屈服强度时，断裂便从应力集中处开始。破坏前没有预兆，破坏突然发生，无法及时察觉和采取补救措施。脆性破坏危及生命财产安全，后果严重。因此，在钢结构的设计和施工中，应避免在构件中存有缺口、裂纹、凹角和其他缺陷，因为这些缺陷往往是高度应力集中处，容易发生断裂。此外，应避免两向或三向的拉应力区域，这样的区域遏制了塑性变形的发展，易发生脆性破坏。

2.3　钢材的主要性能及其测定

为保证结构的安全，钢结构所用的钢材应具有下列性能要求：

1. 强度较高

钢材的强度指标主要是屈服强度 f_y 和抗拉强度 f_u，这两项指标必须获得保证。

在屈服强度 f_y 之前，钢材应变很小，在屈服强度 f_y 之后，钢材产生很大的塑性变形，常使结构出现使用上不允许的残余变形，因此，屈服强度 f_y 是设计时钢材可以达到的最大应力，采用屈服强度高的钢材，可减小截面、减轻自重、节约钢材。

抗拉强度 f_u 虽比屈服强度高，但一般很难利用，当应力超过屈服台阶时，结构会产生很大的塑性变形而失去使用性能（低碳钢此时的应变为 2.5%）。抗拉强度 f_u 可作为 f_y 一种附加的安全保障。屈强比 f_y/f_u 是衡量钢材强度储备的系数，屈强比越低钢材的安全储备越大，但屈强比过小会导致钢材强度的利用率太低，不经济。屈强比过大时，安全储备太小会导致不够安全。

2. 塑性好

塑性是指钢材在应力超过屈服强度后，能产生显著的残余变形而不立即断裂的性质。衡量钢材塑性的主要指标是伸长率 δ 和断面收缩率 Z。伸长率 δ 和断面收缩率 Z 是由钢材的静力拉伸试验得到，伸长率为

$$\delta=\frac{l_1-l_0}{l_0}\times 100\% \tag{2-3}$$

式中　l_0、l_1——试件原标距长度和拉断后标距长度。

当标距和直径之比 $l_0/d_0=5$ 和 10 时，伸长率分别用 δ_5 和 δ_{10} 表示。伸长率代表材料断裂前具有的塑性变形能力。

断面收缩率 Z 等于试件拉断后断面面积缩小值与原截面面积比值的百分率。

$$Z=\frac{A_0-A_1}{A_0}\times 100\% \tag{2-4}$$

式中　A_0——试件原截面面积，取 $\pi d_0^2/4$；

A_1——试件拉断后在断裂处的截面面积。

3. 冷弯性能好

冷弯性能是指钢材在常温下加工产生塑性变形时，对产生裂缝的抵抗能力。冷弯性能可在材料试验机上通过冷弯试验确定，如图 2-4 所示。试验时按照规定的弯心直径将试件弯曲 180°，以其表面及侧面无裂纹或分层为合格。冷弯试验合格表示材料塑性变形能力符合要求，同时表示钢材的冶金质量（颗粒结晶及非金属夹杂分布）符合要求。因此，冷弯性能是判别钢材塑性变形能力及冶金质量的综合指标。重要结构中需要有良好的冷、热加工的工艺性能

时，应有冷弯试验合格保证。

4. 冲击韧性好

拉力试验所表现的钢材性能，如强度和塑性，是静力性能，而韧性试验则可获得钢材的一种动力性能。韧性是钢材在塑性变形和断裂过程中吸收能量的能力，即钢材抵抗冲击荷载的能力。吸收较多能量才断裂的钢材，是韧性好的钢材。

对试件冲击韧性的测量，可用不同的方法进行。我国过去采用梅氏方法，该方法规定用跨中带U型缺口的方形截面小试件，在规定的试验机上进行，如图2-5a、b所示。试件在摆锤冲击下折断后，断口处单位面积上的功即为冲击韧性值，用 α_k 表示，单位为 J/cm^2。

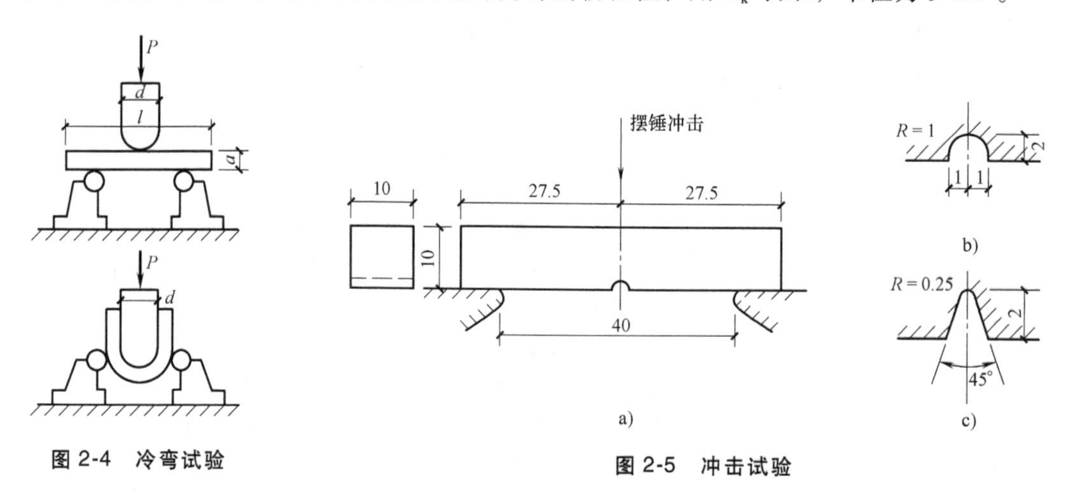

图2-4　冷弯试验

图2-5　冲击试验

《碳素结构钢》(GB/T 700—2006)[5] 规定采用国际通用的夏比试验法，试件与梅氏试件的区别仅仅在于带V型缺口，如图2-5c所示。由于缺口比较尖锐，更接近实际构件中可能出现的严重缺陷。夏比缺口韧性用 C_V 表示，其值为试件折断所需的功，单位为J。

由于低温对钢材的脆性破坏有显著影响，在寒冷地区建造的结构不但要求钢材具有常温(20±5℃)冲击韧性指标，还要求具有0℃或负温(−20℃、−40℃)冲击韧性的指标，以保证结构具有足够的抗脆性破坏能力。

5. 焊接性好

焊接性是指采用一般焊接工艺就可完成合格焊缝的性能。焊接结构要求钢材具有良好的焊接性，即在一定的材料、工艺下，要求钢材施焊后获得良好的焊接接头性能。焊接性分为施工上的焊接性和使用性能上的焊接性。

施工上的良好焊接性，是指在一定的焊接工艺条件下，焊缝金属和近缝区均不产生裂纹。使用性能上的良好焊接性，是指焊接构件在施焊后的力学性能均不低于母材的力学性能。

钢材的焊接性受碳含量和合金元素含量㊀的影响。碳含量在0.12%~0.20%范围内的碳素钢，焊接性最好。钢材中碳含量的增加，将恶化焊接性。因此，焊接结构所用的钢材，其碳含量应不超过0.20%。钢材合金元素大多也对焊接性有不利影响。

2.4 影响钢材性能的因素

2.4.1 化学成分的影响

钢由各种化学成分组成，化学成分及其含量对钢材的力学性能有重大影响。钢的基本元素是铁，碳素结构钢中铁元素的含量约占99%，其他元素是碳、硅、锰以及冶炼中不易除尽

㊀ 含量，书中如无特殊说明，均指质量分数。

的有害元素硫、磷、氧、氮等，虽然含量很小，仅占 1%，但对钢材的力学性能起决定性的影响。

1. 碳（C）

碳素结构钢中，碳是形成钢材强度的主要成分，是仅次于铁的主要元素。随着碳含量的增加，钢材强度提高，而塑性和韧性，尤其是低温冲击韧性下降，同时可焊性、耐蚀性、冷弯性能明显降低。因此，钢结构用钢的碳含量一般不应超过 0.22%，对焊缝结构应限制在 0.2%以下。

2. 锰（Mn）

锰是一种有益的元素，它能显著提高钢材强度，又不过多降低塑性和韧性。锰还是一种弱脱氧剂，有脱氧作用。锰还能消除硫对钢的热脆影响。锰在碳素结构钢中含量为 0.3%～0.8%，在低合金钢中一般为 1.2%～1.6%。但锰可使钢材的焊接性降低，故含量应限制。

3. 硅（Si）

硅是有益元素，有更强的脱氧作用，是强脱氧剂。硅能使钢材的颗粒变细，适量的硅可提高钢材的强度而不显著影响塑性、韧性、冷弯性能及可焊性。锰在碳素镇静钢中含量为 0.12%～0.3%，在低合金钢中一般为 0.2%～0.55%，过量时，会恶化焊接性和缓蚀性。

4. 钒（V）、铌（Nb）、钛（Ti）

钒、铌、钛都能使钢材晶粒细化，我国的低合金钢都含有这三种元素，作为锰以外的合金元素，既可提高钢材强度，又能保持良好的塑性和韧性。

5. 硫（S）

硫是一种有害因素，能生成易于熔化的硫化铁，使钢材在高温时变脆，称为热脆。硫会降低钢材的塑性、韧性、焊接性、缓蚀性。因此，对硫的含量必须严格控制，一般不应超过 0.05%，在焊缝结构中不超过 0.045%。

6. 磷（P）

磷也是一种有害的元素。虽磷的存在使钢材的强度和缓蚀性提高，但严重降低钢材的塑性、韧性、焊接性和冷弯性能等，特别是在低温时使钢材变脆，称为冷脆。钢材中磷的含量一般不超过 0.045%。

7. 氧（O）、氮（N）

氧和氮都是有害杂质。氧的作用与硫类似，使钢材产生热脆，其作用比硫剧烈，一般要求其含量小于 0.05%；氮的作用与磷类似，使钢材冷脆，一般要求其含量小于 0.008%。由于氧、氮在冶炼过程中容易逸出，其含量一般不会超过极限含量。

钢结构所用碳素结构钢中的 Q235 钢及低合金钢中的 Q345、Q390 钢的化学成分见附表 1-9，钢材的力学性能见附表 1-10。

2.4.2　冶炼、浇铸、轧制过程的影响

1. 冶炼

承重结构用钢的冶炼方法有平炉炼钢和氧气顶吹转炉炼钢。其中平炉炼钢生产率低，现已基本淘汰，目前主要使用氧气顶吹转炉炼钢。

2. 浇铸

钢水出炉浇铸钢锭时，为排除钢水中的氧元素，浇铸前要向钢液中投入脱氧剂，按脱氧程度不同，钢分成沸腾钢、镇静钢和特殊镇静钢[⊖]。

向钢水罐中注入锰作为脱氧剂时，由于锰脱氧能力较弱，不能充分脱氧，致使氧、氮和一氧化碳等气体从钢水中逸出，形成钢水沸腾现象，故称为沸腾钢。沸腾钢浇铸钢锭时冷却快，

⊖ GB/T 700—2006《碳素结构钢》代替 GB/T 700—1988《碳素结构钢》，脱氧方法取消半镇静钢。

氧、氮等气体来不及从钢水中全部逸出而存在钢锭中，使钢的构造和晶粒粗细不均匀，沸腾钢的塑性、韧性和焊接性较差，时效敏感并易变脆。

如果同时用锰和硅作脱氧剂，脱氧彻底，可使钢水中的氧减少到不能再析出一氧化碳的程度，钢液没有沸腾现象，故称为镇静钢。镇静钢内部组织致密，其屈服强度、抗拉强度和冲击韧性均比沸腾钢高，冷脆性和时效敏感性较小，焊接性和缓蚀性较好。

3. 轧制

钢的轧制在1200~1300℃高温下进行，在辊轧压力作用下，钢锭中的小气泡、裂纹、疏松等缺陷焊合起来，使钢的晶粒变细，使金属组织更加致密，从而改善了钢材的力学性能。薄板因辊轧次数多，轧制压缩比大，其强度比厚板略高。钢材浇铸时，非金属夹杂物在轧制后会造成钢材的分层，所有分层是钢材（尤其是厚板）的一种缺陷。

2.4.3 钢材缺陷的影响

钢材常见的冶金缺陷有偏析、非金属夹杂、裂纹和分层等。

1. 偏析

钢材中化学成分不一致和不均匀性称为偏析。偏析使钢材的性能变坏，特别是硫、磷的偏析将降低钢材塑性、韧性和冷弯性能等。

2. 非金属夹杂

钢材中含有硫化物和氧化物等杂质，称为非金属夹杂。非金属夹杂物的存在，对钢材的性能不利。硫化物使钢材在高温下变脆，降低钢材的力学性能和工艺性能。

3. 裂纹

不管是微观的裂纹或是宏观的裂纹，均使钢材的冷弯性能、冲击韧性和疲劳强度显著降低，并增加钢材脆性破坏的危险性。

4. 分层

沿厚度方向形成并不相互脱离的层间，称为分层。分层不影响垂直厚度方向的强度，但显著降低冷弯性能。在分层的夹缝处还易被锈蚀，在应力作用下，锈蚀加速。对于厚板，缺陷明显，故设计时应尽量避免拉力垂直于板面，以防止层间撕裂。

2.4.4 钢材硬化的影响

引起钢材硬化，主要有三种情况：冷作硬化、时效硬化、应变时效。

1. 冷作硬化

冷拉、冷弯、冲孔、机械剪切等冷加工过程使钢材产生很大塑性变形时，提高了钢材的屈服强度，但却降低了塑性、韧性，这种现象称为冷作硬化（或应变硬化）。冷作硬化增加了脆性破坏的危险。

2. 时效硬化

在高温时，熔化于铁中的少量氮和碳会逐渐从铁中析出，形成氮化物和碳化物微粒，散布在晶粒的滑动面上，阻碍滑移，遏制纯铁体的塑性变形发展，从而使钢材的强度提高，塑性和韧性下降，这种现象称为时效硬化，又称老化。发生时效硬化的过程一般很长，从几天到几十年不等。

3. 应变时效

在钢材产生一定的塑性变形后，晶体中的固溶氮和碳将更容易析出，导致时效硬化加速进行。因此，应变时效是应变硬化和时效硬化的复合作用，特别是在高温下，应变时效发展迅速，仅需数小时完成。

不管哪一种硬化，都会降低钢材的塑性和韧性，对钢材不利。一般钢结构并不利用硬化来提高强度，对特殊或重要的结构，往往还要采取措施，以消除或减轻硬化的不良影响。

2.4.5　温度的影响

钢材性能随着温度变动而有所变化。总的趋势是温度升高，钢材强度降低，应变增大；反之，温度降低，钢材强度会略有增加，塑性和韧性却会降低，使钢材变脆，如图 2-6 所示。

大约在 200℃内钢材性能没有很大的变化，在 430~540℃之间强度急剧下降，在 600℃时强度很低不能承担荷载。在 250℃左右，钢材的抗拉强度反而略有提高，同时塑性和韧性均下降，材料有转脆的倾向，钢材表面氧化膜呈现蓝色，这种现象称为蓝脆现象。钢材应避免在蓝脆温度范围内进行热加工。从 200℃以内钢材性能无变化来看，工程结构表面所受辐射温度应不超过这一温度。设计时规定以 150℃为适宜，超过此温度结构表面即需加设隔热保护层。

当温度从常温下降时，钢材强度略有提高而塑性和韧性降低。当温度降至某一数值时，钢材的冲击韧性突然降低，试件断口呈现脆性破坏特征，这种现象称作低温冷脆现象。图 2-7 所示为冲击韧性与温度的关系曲线，由图可见，钢材由塑性破坏到脆性破坏的转变是在温度区间 $T_1 \sim T_2$ 内完成的，这个温度区称为脆性转变过渡区段。在此区段内，曲线的转折点所对应的温度 T_0 称为脆性转变温度。每种钢材的脆性转变温度区 $T_1 \sim T_2$ 需要大量的试验和统计分析确定。钢结构设计中应防止脆性破坏，钢结构在整个使用过程中可能出现的最低温度应高于 T_1，但并不要求一定要高于上限 T_2，这样虽然安全，但会造成选材困难和浪费。

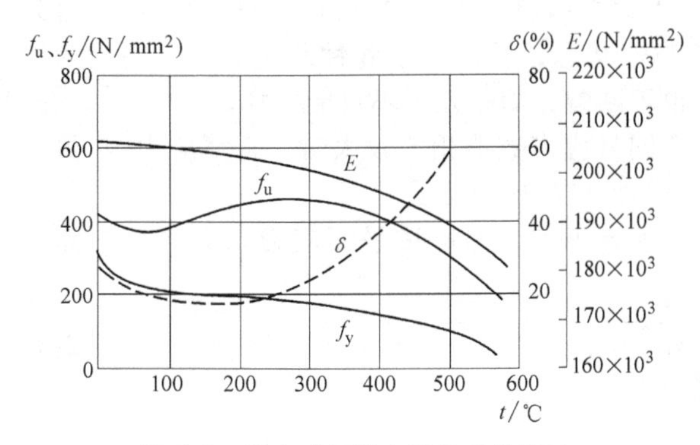

图 2-6　温度对钢材力学性能的影响

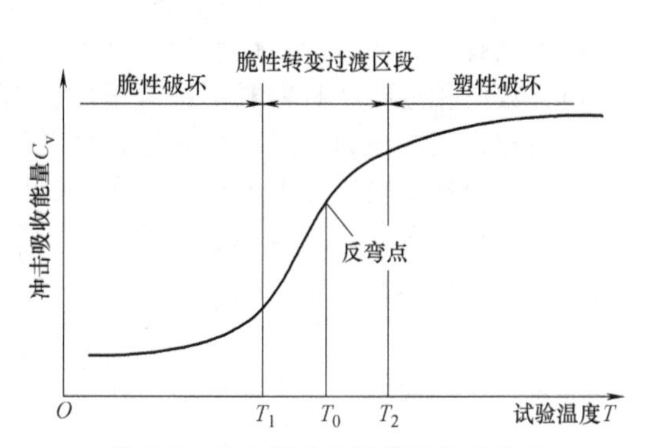

图 2-7　冲击韧性与温度的关系曲线

2.4.6　应力集中的影响

在钢结构中，经常不可避免地有孔洞、槽口、凹角、裂缝、厚度或形状变化等，这时构件截面上的应力不再保持均匀分布，而在某些点上产生局部高峰应力，在另外一些点上则因应力达不到净截面的平均应力而形成应力集中现象，如图 2-8 所示。高峰应力 σ_M 与净截面平均应力 σ_0 之比称为应力集中系数。从弹性力学的分析结果可得：靠近高峰应力的区域总是存在同号的平面或立体应力场，有使钢材变脆的趋势。

应力集中系数的大小，取决于构件形状变化的情况。变化越急剧，高峰应力越大，钢材的塑性就降得越严重，脆性破坏的危险也就越大。

除结构丧失稳定性外，钢结构的大部分工程事故都是由于脆性断裂引起的。而脆性断裂的根源往往在于上述的应力集中。因此，钢结构设计和施工人员必须注意采用合理的构件形状和构造措施，避免凹角、槽口等急

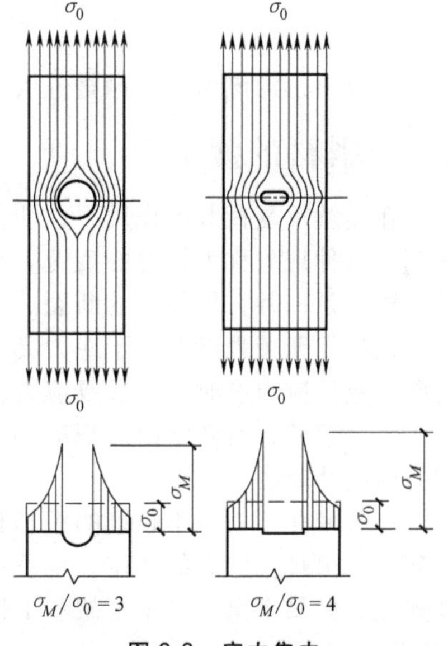

图 2-8　应力集中

剧变化，尽量降低应力集中系数。加工制造时注意采取措施避免产生严重的残余应力。对承受静力荷载在常温下工作的钢结构，由于建筑钢材塑性较好，在一定程度上可以促使应力进行重分配，使应力分布不均匀现象趋于平缓，故只要符合设计和施工规范的有关规定，计算时可不考虑应力集中的影响。

2.5 复杂应力状态下的屈服条件

单向受力时，当应力达到屈服强度，钢材便因屈服而进入塑性状态。但在复杂应力如平面或立体应力作用下，钢材是否进入塑性状态，不能按其中某一项应力是否达到屈服强度来判断。由于钢材是比较理想的弹-塑性体，可根据能量强度理论来确定屈服条件。按能量强度理论，判断准则用折算应力 σ_r 和单向拉伸时的屈服强度 f_y 相比较。

当 $\sigma_r<f_y$ 时，钢材处在弹性状态；当 $\sigma_r \geqslant f_y$ 时，钢材处在塑性状态。

在三向应力作用下的一般情况，折算应力 σ_r 可通过主应力 σ_1、σ_2、σ_3 表示为

$$\sigma_r=\sqrt{\frac{1}{2}[(\sigma_1-\sigma_2)^2+(\sigma_2-\sigma_3)^2+(\sigma_3-\sigma_1)^2]} \tag{2-5}$$

由式（2-5）可见：当 σ_1、σ_2、σ_3 为同号且数值相接近时，即使它们都远大于 f_y，但折算应力 σ_r 仍可小于 f_y，按上述条件钢材还没进入塑性状态。当三向应力均为拉应力时，直到破坏也没有产生明显的塑性变形，即钢材处于脆性状态，破坏属于脆性断裂。当三向均为压应力且数值相近时，材料既不进入塑性状态，也不断裂，而是几乎不可能破坏。

同时，当主应力中有一个异号，且其他两个同号应力数值相差较大时，折算应力 σ_r 可能大于 f_y，钢材比较容易进入塑性状态，破坏将呈塑性破坏的特征。

在许多情况下，三向应力往往有一项很小或等于零，即可按平面应力状态考虑。此时式（2-5）可写为

$$\sigma_r=\sqrt{\sigma_1^2+\sigma_2^2-\sigma_1\sigma_2} \tag{2-6}$$

当只有单向的正应力和剪应力作用时，可写为

$$\sigma_r=\sqrt{\sigma_1^2+3\tau^2} \tag{2-7}$$

当受纯剪应力时，$\sigma_r=\sqrt{3}\tau$，代入 $\sigma_r \geqslant f_y$ 并取等号，得

$$\tau=\frac{1}{\sqrt{3}}f_y \tag{2-8}$$

即当剪应力达到该值时，钢材进入屈服阶段，所以这个剪应力值也称为剪切的屈服强度。

2.6 钢材的疲劳

在连续反复荷载的作用下，即使应力低于抗拉强度，甚至低于屈服强度，钢材也会发生破坏，这种现象称为钢材的疲劳。疲劳破坏前，钢材无明显的变形和局部收缩，它和脆性破坏一样，是一种突然发生的断裂。

钢材的疲劳强度取决于应力集中和应力循环次数。当应力集中的高峰应力处形成双向和三向同号拉应力场时，在反复应力作用下，首先在高峰应力处出现微观裂纹，然后逐渐开展形成宏观裂缝，有效截面面积减小，应力集中现象加剧，最后晶体内的结合力抵抗不住高峰应力而突然断裂。

荷载变化不大或不频繁的钢结构，一般不会发生疲劳破坏，不必进行疲劳计算。在应力循环中不出现拉应力的部位，也不必计算疲劳。直接承受动力荷载重复作用的钢结构构件及其连接，如吊车梁、吊车桁架和工作平台，当应力变化的循环次数 $n \geqslant 5\times10^4$ 次时，应进行疲劳验算。

连续重复荷载之下应力往复变化一次称为一个循环，如图 2-9 所示。应力循环特征常用应力比值$\rho=\sigma_{min}/\sigma_{max}$来表示，拉应力为正值，压应力为负值。当$\rho=-1$时，称为完全对称循环；$\rho=1$相当于静荷载作用；$\rho=0$时称为脉冲循环。$\rho$可以是介于$-1\sim1$之间的值，图 2-9d 所示为以拉应力为主的一种应力循环。

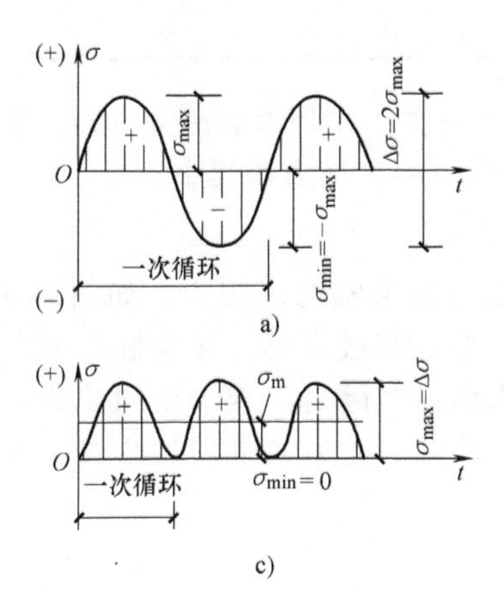

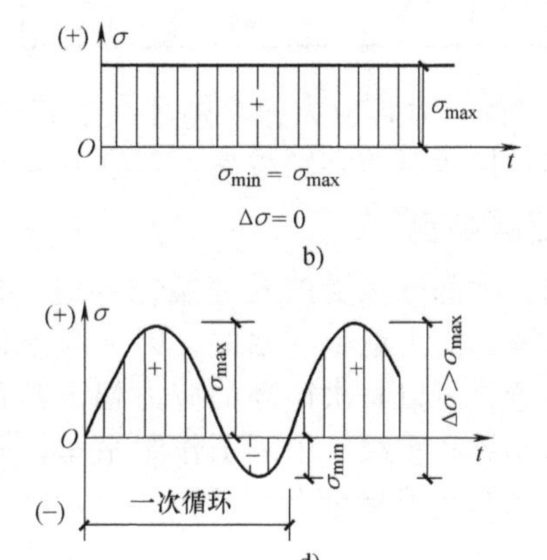

图 2-9　循环应力谱

a）$\rho=-1$　b）$\rho=1$　c）$\rho=0$　d）$-1<\rho<1$

$\Delta\sigma=\sigma_{max}-\sigma_{min}$称为应力幅，表示应力变化的幅度，当所有应力循环内的应力幅保持常量，称为常幅应力循环，其疲劳规律较易掌握。此外，还有变幅应力循环，即在每次应力循环中，其应力幅值不是常数而是一种随机变量。

一般钢结构都是按照以概率为基础的极限状态原则进行验算的，但对疲劳计算则规定按容许应力方法进行验算，这是由于现阶段对疲劳裂缝的形成扩展以至断裂这一过程的研究还不足。

2.6.1　常幅疲劳

永久荷载所产生的应力为不变值，没有应力幅。应力幅只由可变荷载产生，所有疲劳验算按可变荷载标准值进行。荷载计算中不考虑起重机动力系数。常幅疲劳验算按式（2-9）进行

$$\Delta\sigma\leqslant[\Delta\sigma] \tag{2-9}$$

式中　$\Delta\sigma$——对焊接部位为应力幅，$\Delta\sigma=\sigma_{max}-\sigma_{min}$；对非焊接部位为折算应力幅，$\Delta\sigma=\sigma_{max}-0.7\sigma_{min}$；

σ_{max}——计算部位每次应力循环中最大拉应力（取正值）；

σ_{min}——计算部位每次应力循环中最小拉应力（取正值）或压应力（取负值）；

$[\Delta\sigma]$——常幅疲劳的容许应力幅（N/mm^2），其值按下式计算

$$[\Delta\sigma]=\left(\frac{C}{n}\right)^{1/\beta} \tag{2-10}$$

式中　n——应力循环次数；

C、β——参数，根据附表 8-1 的构件和连接分类类别按表 2-1 采用。

表 2-1　参数 C、β 值

构件和连接类别	1	2	3	4	5	6	7	8
C	1940×10^{12}	861×10^{12}	3.26×10^{12}	2.18×10^{12}	1.47×10^{12}	0.96×10^{12}	0.65×10^{12}	0.41×10^{12}
β	4	4	3	3	3	3	3	3

当 $n=2\times10^6$ 时，按表 2-1 所给定的系数值代入式（2-10）所得到的容许应力幅［$\Delta\sigma$］列于表 2-2 中。

表 2-2　循环次数 $n=2\times10^6$ 次的容许应力幅［$\Delta\sigma$］　　（单位：N/mm^2）

构件和连接类别	1	2	3	4	5	6	7	8
［$\Delta\sigma$］	176	144	118	103	90	78	69	59

由表 2-2 知，容许应力幅与循环次数和应力集中程度有关，循环次数越多，容许应力幅越小；构件和连接所属的类别越高，其应力集中程度越严重，容许应力幅越小。

2.6.2　变幅疲劳

实际结构大部分承受的是变幅循环应力的作用，而不是常幅循环应力，如图 2-10 所示。例如，吊车梁的受力就是变幅的，因为起重机不是每次都是满载运行，起重机小车也不是总处于极限位置，所以每次循环的应力幅不是都达到最大值，实际是欠载的变幅疲劳。对于重级工作制吊车梁和重级、中级工作制吊车桁架，可以将最大的应力幅乘以欠载效应的等效系数 α_f，将其看作为常幅疲劳问题按式（2-11）计算

$$\alpha_f\Delta\sigma\leqslant[\Delta\sigma] \tag{2-11}$$

式中　α_f——欠载效应的等效系数，按表 2-3 采用；

［$\Delta\sigma$］——循环次数 $n=2\times10^6$ 的容许应力幅，按表 2-2 采用。

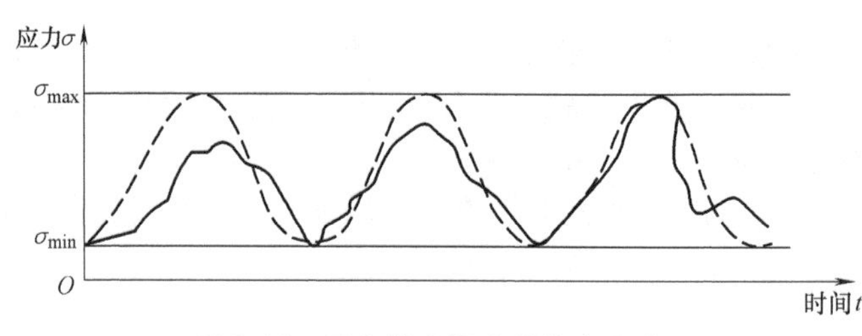

图 2-10　吊车梁变幅疲劳的应力谱

表 2-3　吊车梁和吊车桁架欠载效应的等效系数 α_f 值

起重机类别	α_f
重级工作制硬勾起重机（如均热炉车间夹钳起重机）	1.0
重级工作制软勾起重机	0.8
中级工作制起重机	0.5

2.7　建筑钢材的种类和规格

2.7.1　建筑钢材的种类

建筑所用的钢材主要有两大类：碳素结构钢和低合金高强度结构钢。后者因含有锰、钒等合金元素而具有较高的强度。另外，处于腐蚀性介质中的结构，则采用耐候结构钢，这种钢因含有铜、铬、镍等合金元素而具有较高的缓蚀性。

1. 碳素结构钢

按国家标准《碳素结构钢》（GB/T 700—2006）[5] 生产的钢材共有 Q195、Q215、Q235 和 Q275 等四种品牌，当钢材厚度或直径小于等于 16mm 时，钢材的屈服强度分别为 $195N/mm^2$、$215N/mm^2$、$235N/mm^2$ 和 $275N/mm^2$。其中，Q235 碳含量在 0.22%以下，属于低碳钢，钢材强度适中，塑性、韧性较好，该牌号钢材又根据化学成分和冲击韧性的不同划分为 A、B、C、D 共四个质量等级，从 A 级到 D 级，表示质量由低到高。A 级钢只保证抗拉强度、屈服强度、

伸长率，其冷弯试验、冲击韧性及碳、锰含量可以不作为交货条件。B、C、D 级钢均保证抗拉强度、屈服强度、伸长率、冷弯性能和冲击韧性，三者冲击韧性的试验温度有所不同，B 级钢要求常温（20±5℃）冲击值，C、D 级则分别要求 0℃和-20℃冲击值。化学成分对碳、硫、磷有严格的要求。

钢的牌号由代表屈服强度的字母 Q、屈服强度数值、质量等级符号、脱氧方法符号四个部分按顺序组成。质量等级符号可为 A、B、C、D，脱氧方法符号为 Z、F、TZ，分别代表镇静钢、沸腾钢、特殊镇静钢。符号 Z 和 TZ 可省略不写。碳素结构钢的牌号有 Q195、Q215A 及 B，Q235A、B、C 及 D。从 Q195 到 Q235，是按强度由低到高排列的。碳素结构钢的强度主要由其碳元素含量的多少决定。因此，钢号的由低到高在很大程度上代表了碳含量的由低到高。建筑结构在碳素结构钢这一钢种中主要采用 Q235。钢号表示法和代表的意义如下：

Q235A——屈服强度为 235N/mm^2，A 级，镇静钢；

Q235AF——屈服强度为 235N/mm^2，A 级，沸腾钢。

2. 低合金高强度结构钢

低合金高强度结构钢是在钢的冶炼过程中添加少量几种合金元素，虽然合金元素的总量低于 5%，但是钢的强度明显提高，故称低合金高强度结构钢。依据《低合金高强度结构钢》(GB/T 1591—2018)[6]，低合金高强度结构钢分为 Q355、Q390、Q420、Q460、Q500、Q550、Q620、Q690 等八种，其符号含义与碳素结构钢牌号的含义相同。Q345、Q345GJ、Q390、Q420、Q460 是《钢结构设计标准》（GB 50017—2017）[4] 规定采用的钢种。钢材仍有质量等级之分，除与碳素结构钢 A、B、C、D 四个等级相同外，增加一个等级 E，主要是要求-40℃的冲击韧性。

低合金高强度结构钢一般为镇静钢，因此钢的牌号不注明脱氧方法。冶炼方法也由供方自行解决。

3. 厚度方向性能钢板

厚度方向性能钢板是指钢板不仅要求沿宽度方向和长度方向有一定的力学性能，而且要求厚度方向有良好的抗层状撕裂的性能。钢板的抗层状撕裂的性能采用厚度方向拉伸试验的断面收缩率来评定。依据《厚度方向性能钢板》（GB/T 5313—2010），钢板按厚度方向性能分为 Z15、Z25、Z35 三个级别，断面收缩率（%）应符合表 2-4 的规定。厚度方向性能钢板常用于造船、海上采油平台、压力容器等某些重要焊接构件。

表 2-4 钢板厚度方向的断面收缩率

厚度方向性能级别	厚度方向的断面收缩率(%)	
	三个试样平均值	单个试样值
Z15	≥15	≥10
Z25	≥25	≥15
Z35	≥35	≥25

2.7.2 钢材的选择

钢材的选择在钢结构设计中是首要考虑的环节，选择的目的是保证结构安全可靠，同时用材经济合理。选择钢材时通常考虑下列因素。

1. 结构重要性

对重型工业建筑结构、大跨度结构、高层或超高层结构，应考虑选用质量好的钢材，对一般工业与民用建筑结构，可按工作条件选用普通质量的钢材。

2. 荷载性质

荷载分静态荷载和动态荷载。直接承受动态荷载的结构和强烈地震区的结构应选用综合性能好的钢材，一般承受静态荷载的结构可选用价格较低的 Q235 钢。

3. 连接方法

钢结构的连接方法有焊接和非焊接。由于焊接会产生焊接应力和焊接变形，有导致结构产生裂缝和脆性破坏的危险，因此，焊接结构对材质的要求更为严格。在化学成分方面，焊接结构必须严格控制碳、硫、磷的极限含量，如碳含量不得超过 0.2%。

4. 结构的工作温度和环境

钢材在低温时容易发生冷脆，因此在低温条件下工作的结构，应选用具有良好抗低温脆断性能的镇静钢。例如，需要验算疲劳的焊接结构，冬季工作温度在-20℃和 0℃之间，Q235 和 Q355 应选用具有 0℃冲击韧性合格的 C 级钢，Q390 和 Q420 则应选用具有-20℃冲击韧性合格的 D 级钢。若工作温度不高于-20℃，则钢材的质量级别还要提高一级，Q235 和 Q355 应选用 D 级钢，Q390 和 Q420 则应选用 E 级钢。

一般情况下，承重结构的钢材应保证抗拉强度、屈服强度、伸长率和硫、磷的极限含量，对焊接结构尚应保证碳的极限含量。Q235A 的碳含量不作为交货条件，故不容许用于焊接结构。

焊接承重结构和重要的非焊接结构的钢材应具有冷弯试验的合格保证。对于需要验算疲劳及主要受拉或受弯的焊接结构钢材，应具有常温冲击韧性的合格保证。

当选用 Q235A、Q235B 级钢时，还需要选定钢材的脱氧方法。以前，镇静钢的价格高于沸腾钢，凡是沸腾钢能够胜任的场合不用镇静钢。如今，镇静钢价格高的问题不再存在，一般情况下都采用镇静钢。由于沸腾钢的性能不如镇静钢，规范对它的使用提出了限制，包括不能用于需要验算疲劳的焊接结构、处于低温的焊接结构以及需要验算疲劳并且处于低温的非焊接结构。

2.7.3 钢材的规格

钢结构采用的型材有热轧成型的钢板、型钢以及冷弯（或冷压）成形的薄壁型钢。

1. 热轧钢板

热轧钢板分厚板和薄板两种。厚板的厚度为 4.5~60mm，薄板的厚度为 0.35~4mm。前者广泛用于组成焊接构件，后者是冷弯薄壁型钢的原料。钢板的表示方法为“-宽度×厚度×长度”，单位为 mm，如-400×12×1600 表示宽度为 400mm，厚度为 12mm，长度为 1600mm 的钢板。

2. 热轧型钢

常用的型钢有角钢、槽钢、工字钢、H 型钢等，如图 2-11 所示。

1）角钢，分等边和不等边两种。等边角钢的表示方法为“∟宽度×厚度”，单位为 mm，如∟50×5，表示边宽为 50mm，厚度为 5mm 等边角钢。不等边角钢表示方法为“∟长边宽×短边宽×厚度”，如∟100×80×6，单位均为 mm。

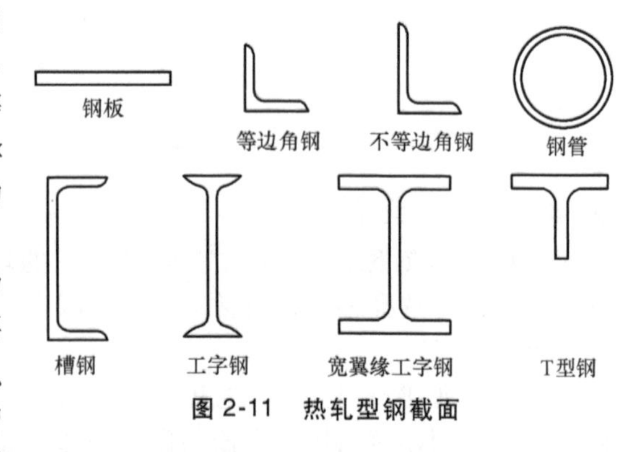

图 2-11　热轧型钢截面

2）槽钢，通常用号数来表示，号数即为截面的高度（cm）。号数 20 以上的槽钢还要附上字母 a、b 或 c 以表示腹板较薄、中等、较厚。例如⊏32b 表示截面高度 32cm、腹板中等厚的槽钢。目前，我国生产的最大槽钢号数为⊏40。槽钢的伸出肢比工字钢的大，承受斜弯曲较有利。槽钢翼缘内侧斜度较小，安装螺栓比工字钢容易。

3）工字钢，分成普通工字钢和轻型工字钢。普通工字钢的外轮廓的高度（cm）即为型号，例如I 20a 表示外轮廓高度为 20cm，腹板厚度最薄。普通型者当型号数较大时腹板厚度分 a、b 及 c 三种。普通工字钢和轻型工字钢主要用于在腹板平面内受弯的构件，由于两个方向的惯性矩相差较大，不宜用作轴心受压或双向弯曲构件。

4）H 型钢和部分 T 型钢。热轧 H 型钢是目前世界各国使用很广泛的热轧型钢。它的翼缘较宽，两个方向的惯性矩相差较小，可用于轴压、压弯和双向弯曲构件。与普通工字钢相比，其翼缘内外两侧平行，便于与其他构件相连。热轧 H 型钢可分为三类：宽翼缘 H 型钢（HW）、中翼缘 H 型钢（HM）、窄翼缘 H 型钢（HN）。H 型钢型号的表示方法是先用符号 HW、HM、HN 表示 H 型钢的类别，后面加“高度×宽度”（mm）。例如 HW300×300，即为截面高度为 300mm，翼缘宽度为 300mm 的宽翼缘 H 型钢。部分 T 型钢系由对应的 H 型钢沿腹板中部对等剖分而成，也分为三类：宽翼缘剖分 T 型钢（TW）、中翼缘剖分 T 型钢（TM）、窄翼缘剖分 T 型钢（TN）。其表示方法与 H 型钢相同。

5）钢管，钢管有无缝钢管和焊接钢管两种，用符号“ϕ”后面加“外径×厚度”表示，如 ϕ400×6，表示直径是 400mm、厚度是 6mm 的钢管。圆管截面任一方向都是主轴方向，因此，各方向的惯性矩相等，风载体型系数小，宜用作塔桅结构的杆件。

3. 冷弯薄壁型钢

冷弯薄壁型钢是用 1.5～6mm 厚的薄板经冷弯或模压而成形的。常用的截面形式如图 2-12 所示。当用量较大时，其截面形式和尺寸可由设计者自行设计。冷弯薄壁型钢能充分发挥钢材的强度优势，节约用钢量。压型钢板是近年来开始使用的薄壁型材，所用钢板厚度为 0.4～2mm，用作轻型屋面、墙面等构件。

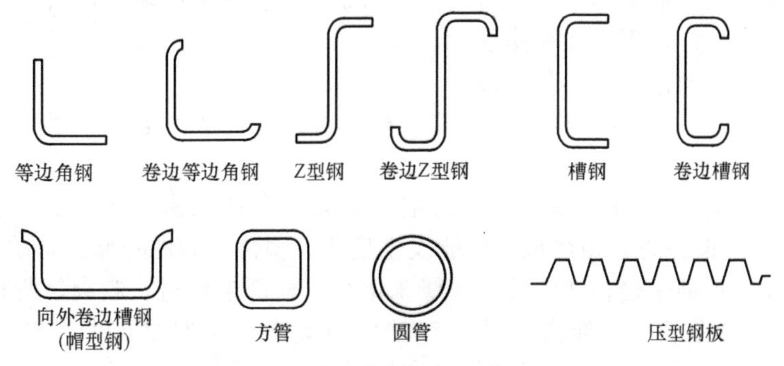

图 2-12　冷弯薄壁型钢的截面形式

习　题

2-1　简述建筑钢结构对钢材的要求和具体指标。规范推荐使用的钢材有哪几类？

2-2　结构钢材的破坏形式有几类？各有什么特征？

2-3　衡量钢材力学性能的指标有哪些？

2-4　简述引起钢材脆性破坏的因素。

2-5　钢材常见的冶金缺陷有哪些？

2-6　简述碳、硫、磷等元素对钢材性能的影响。

2-7　简述疲劳破坏过程和截面断口特点。

第3章　钢结构连接

3.1　钢结构的连接方法

钢结构通常是由钢板、角钢、槽钢和工字钢等型钢拼合连接而成，基本构件运到工地后经过安装连接组合成整体结构。因此，在钢结构中，连接占有很重要的地位。连接方式及其质量优劣直接影响钢结构的工作性能。钢结构的连接必须符合安全可靠、传力明确、构造简单、制造方便等原则。

钢结构的连接通常采用焊缝连接、铆钉连接、螺栓连接三种方法（图3-1）。

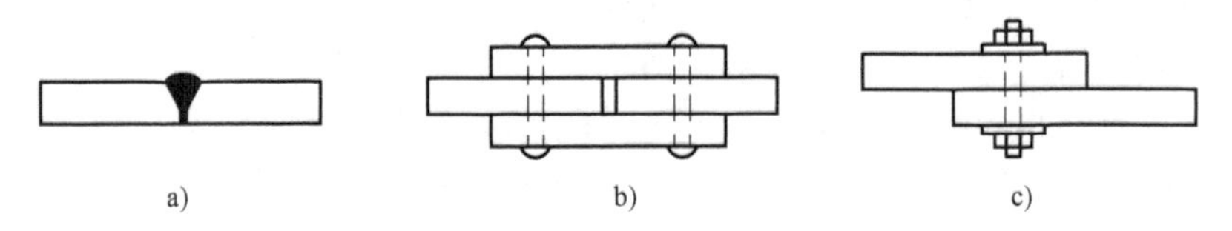

图3-1　钢结构的连接方法

a）焊缝连接（此图为坡口焊）　b）铆钉连接　c）螺栓连接

1. 焊缝连接

焊缝连接是现代钢结构最主要的连接方法，其优点如下：

1）构造简单，任何形状的结构都可用。不需钻孔，截面无削弱，用料经济，省工省钢。

2）连接的密封性好，刚度和整体性大。

3）可实现自动化操作，生产效率高。

目前，在工业和民用建筑结构中，焊接结构已占绝对优势。但是，焊缝连接还存在以下不足：

1）受焊接时的高温影响，焊缝附近的主体金属中存在热影响区，这个区的宽度为5~6mm。热影响区内，钢材的金相组织及性能发生变化，塑性、韧性降低，材质变脆。

2）焊缝易存在各种缺陷，如裂纹、边缘未熔合、根部未焊透、咬肉、焊瘤、夹渣和气孔等（图3-2）。这些缺陷的存在导致构件内产生应力集中而使裂纹扩大，局部裂纹易扩展到整体。

3）焊接后，由于不均匀胀缩，使构件内部存在焊接残余应力和焊接残余变形。

2. 铆钉连接

铆钉连接需要先在构件上开孔，用加热的铆钉进行铆合，有时也可用常温的铆钉进行铆合，但需要较大的铆合力。由于构造复杂，费工费钢，现在已很少采用。但是，铆钉连接的塑性和韧性较好，传力可靠，质量易于检查，在一些重型和直接承受动力荷载的结构中，有时仍然采用。

3. 螺栓连接

螺栓连接有普通螺栓连接和高强度螺栓连接两类。

（1）普通螺栓连接　普通螺栓连接的优点是装拆便利，不需要特殊设备。普通螺栓分为A、B、C三级。A级、B级为精制螺栓，C级为粗制螺栓。A级、B级螺栓，一般用45号钢和35号钢制成，材料性能等级为8.8级。小数点前的数字表示螺栓成品的抗拉强度不小于800N/mm^2，小数点及小数点以后数字表示其屈服强度与抗拉强度之比（简称屈强比）为

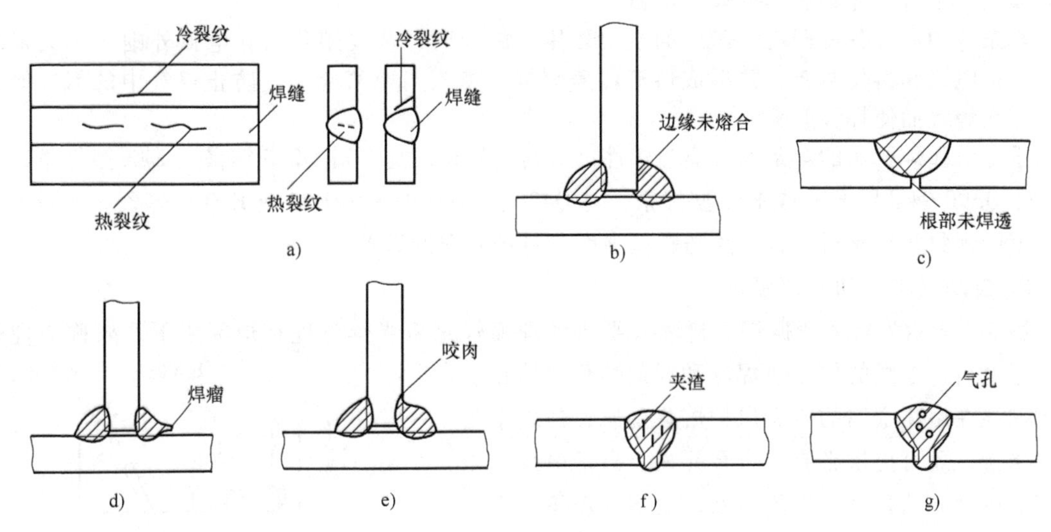

图 3-2　焊接中的缺陷

0.8。C 级螺栓材料一般用 Q235 钢制成，性能等级为 4.6 级或 4.8 级。

A 级、B 级精制螺栓是由毛坯在车床上经过切削加工精制而成，其表面光滑，尺寸精确，栓杆直径与孔径相差无几，质量较好，可用于要求较高的抗剪连接，但其加工复杂，价格较贵。C 级螺栓由未经加工的圆钢压制而成，对螺栓孔的制作要求较低，孔径比杆径大 1.5~3.0mm（表 3-1），以便于螺栓插入。由于螺栓杆与螺栓孔之间有较大的空隙，受剪力作用时，板件之间将产生较大的相对位移，故 C 级螺栓广泛用于承受拉力的安装连接，不重要的连接或安装时的临时固定。

表 3-1　C 级螺栓孔径

螺栓公称直径/mm	12	16	20	(22)	24	27	30
螺栓孔公称直径/mm	13.5	17.5	22	(24)	26	30	33

（2）高强度螺栓连接　高强度螺栓连接有两种类型：一种是高强度螺栓的摩擦型连接，它依靠连接板件间的摩擦阻力来承受荷载，并以剪力不超过接触面摩擦力作为设计准则；另一种是高强度螺栓的承压型连接，是以摩擦力被克服，接触面相对滑移，栓杆受剪和孔壁承压破坏为设计准则。两者以前者应用最多。

3.2　焊缝及其连接形式

3.2.1　焊接方法

钢结构应用最多的是电弧焊、电阻焊和气焊。它们都是利用电弧产生的热能使连接处的焊件钢材局部熔化，并添加焊接时由焊条或焊丝熔化的钢液，冷却后共同形成焊缝而使两焊件连成一体。

1. 手工电弧焊

手工电弧焊是最常用的一种焊接方法，如图 3-3 所示。通电后，将焊把稍稍提起，在涂有药皮的焊条与焊件之间产生电弧，电弧温度可高达 3000℃。在此高温作用下，焊件钢材局部熔化形成熔池，同时，焊条中的焊丝熔化滴落入熔池中，与焊件的融

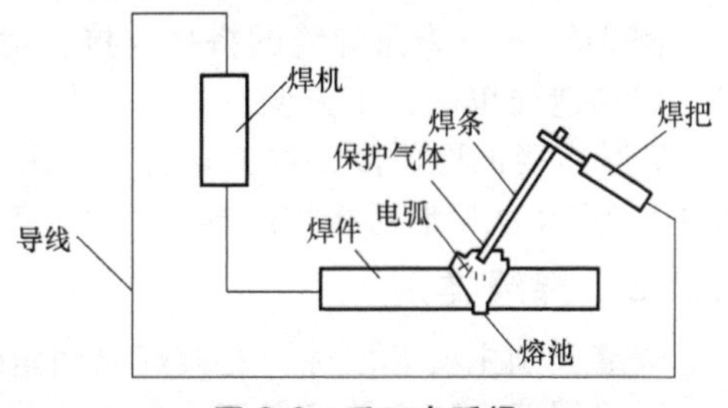

图 3-3　手工电弧焊

熔金属相互结合，冷却后形成焊缝金属。

焊条外须涂以各种药皮，药皮的主要作用：施焊时，药皮熔化后在电弧外围产生大量气体，保护电弧和熔化金属，并形成熔渣覆盖焊缝，使其与空气隔离，防止空气中的氧、氮等气体进入焊缝而使焊缝变脆。

手工电弧焊所用的焊条型号应与焊件母材的钢号相匹配。对 Q235 钢采用 E43 型焊条，对 Q345、Q390 钢采用 E50 或 E55 型焊条，对 Q420、Q460 钢采用 E55 或 E60 型焊条。当两种不同强度的钢材相焊接时，宜采用与较低强度钢材相匹配的焊条。

2. 自动（半自动）埋弧焊

图 3-4 所示为自动埋弧焊。自动或半自动埋弧焊是将光焊丝埋在焊剂层下，故称为埋弧焊。通电后，电弧的作用使焊丝和焊剂熔化，熔化后的焊剂浮在熔化金属的表面保护熔化金属，使之不与空气接触，还可提供必要的合金元素。自动电焊机以一定的速度向前移动，焊剂不断地由漏斗流下，焊丝自动随着熔化而下降。自动焊与半自动焊的差别只是在于前者焊机的移动是自动的，而后者是人工的。

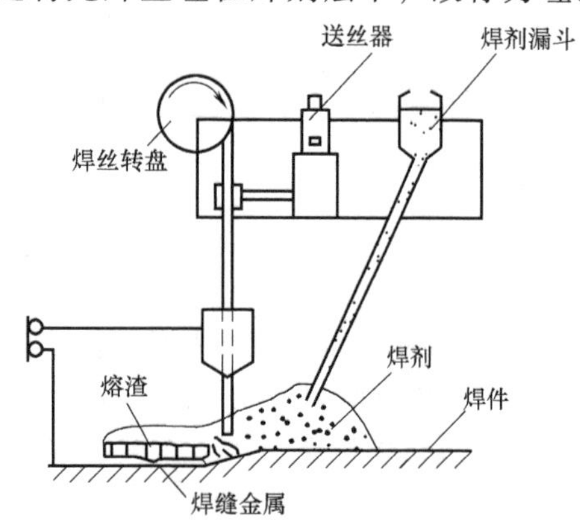

图 3-4　自动埋弧焊

自动（半自动）埋弧焊使用的电流大、母材的熔化深度大、生产效率高，尤其是焊缝质量比手工焊更均匀，其韧性、塑性较好，焊接变形小，同时，高的焊速也减小了热影响区的范围。

3. 电阻焊

电阻焊利用电流通过焊件接触点表面的电阻所产生的热量来熔化金属，再通过压力使其焊合，一般只适用于板叠厚度不大于 12mm 的焊接。

4. 气体保护焊

气体保护焊是利用二氧化碳气体或其他惰性气体作为保护介质的一种电弧熔焊方法，它直接依靠保护气体在电弧周围创造局部的保护层，以防止有害气体的侵入，并保证焊接过程中的稳定性。其焊接速度快、焊件熔深大、焊缝质量好，但施焊时周围的风速不能太大，以免保护气体被吹散。

3.2.2　焊缝连接形式

焊缝连接形式按被连接焊件的相互位置分为对接（也称平接）连接、搭接连接、T 形连接和角部连接四种，如图 3-5 所示。

图 3-5a 所示为对接焊缝的平接连接，因为相互连接的构件在同一平面内，所以传力平顺均匀，无明显的应力集中，且用料经济。

图 3-5b 所示为利用双层盖板的角焊缝的对接连接。这种连接传力不均匀、费料，但施工简便，被连接的板件之间的间隙无须精确控制。

图 3-5c 所示为角焊缝的搭接连接，适用于不同厚度构件的连接。传力不均匀、材料耗费多，但构造简单、施工方便。

T 形连接也称顶接，省工省料，常用于制作组合截面。图 3-5d 所示为采用角焊缝的连接，图 3-5e 所示为 K 形对接焊缝连接。图 3-5f、g 所示为角部连接，用于制作箱形截面。

3.2.3　焊缝类别

焊缝类别主要有两种：对接焊缝和角焊缝。

对接焊缝也称为坡口焊缝，传力最为直接，焊缝受力明确，基本不产生应力集中，构造

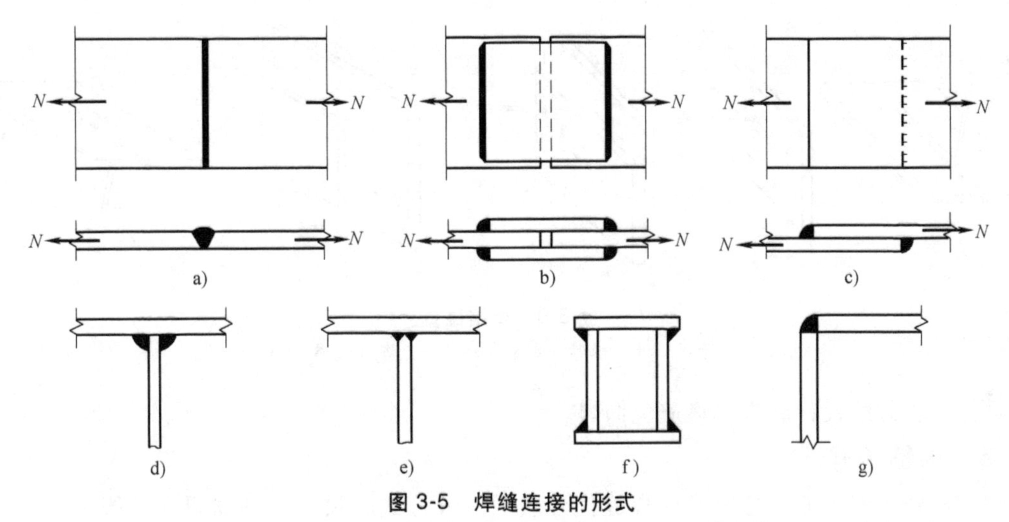

图 3-5　焊缝连接的形式

a）对接连接　b）用拼接盖板的对接连接　c）搭接连接　d）、e）T 形连接　f）、g）角部连接

也最简单。随着板厚的增加，为了能焊透焊缝，对焊件的边缘需进行加工，形成各种形式的坡口，焊缝金属填充在坡口内。坡口形式通常有直边缝（I 形）、单边 V 形、V 形、U 形、K 形、X 形等（图 3-6）。各种坡口中，沿板件厚度方向通常有高度为 p 间隙为 c 的一段不开坡口，起托住熔化金属的作用。坡口形式与焊件厚度和施工条件有关，当焊件厚度较小时（$t \leqslant 10$mm），可用 I 形（即不开坡口）；当焊件厚度 t 为 10~20mm 时，可采用具有斜坡口的单边 V 形或 V 形焊缝；当焊件厚度 $t>20$mm 时，则采用 U 形、K 形、X 形坡口。对坡口焊缝形式的选用，应根据板厚和施工条件按有关标准进行。

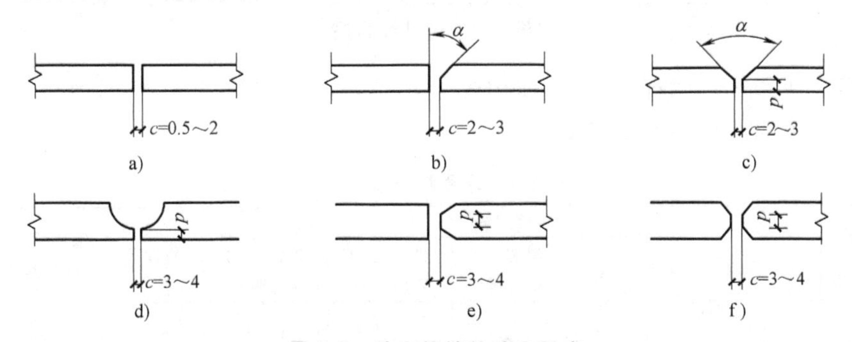

图 3-6　坡口焊缝的坡口形式

a）直边缝　b）单边 V 形坡口　c）V 形坡口　d）U 形坡口　e）K 形坡口　f）X 形坡口

角焊缝连接的板件不需要开坡口，焊缝位于板件边缘的角区内。

角焊缝的截面形状，如图 3-7 所示。两焊脚间的夹角为直角时称为直角角焊缝，两焊脚间的夹角小于 90°时称为锐角角焊缝，两焊脚间的夹角大于 90°时称为钝角角焊缝。

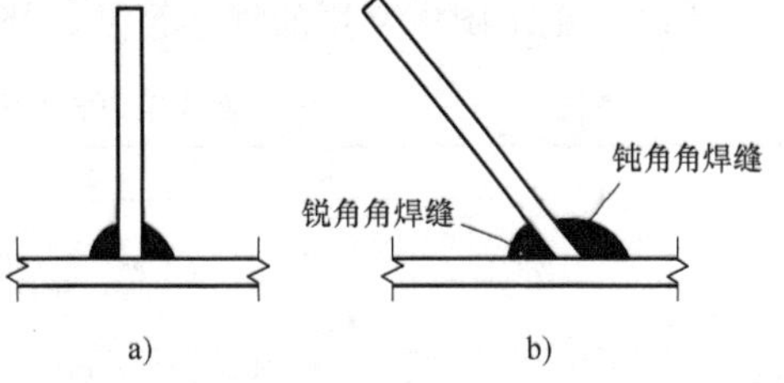

图 3-7　角焊缝

a）直角角焊缝　b）斜角角焊缝

3.2.4　焊接位置

施工时，焊工所持焊条与焊缝的相对位置称为焊接位置。图 3-8 所示给出常用的四种焊接位置。其中平焊（或称俯焊）最易操作，质量最易保证。横焊、立焊比平焊难操作，焊缝质量及生产效率比平焊差一些。仰焊最难操作，焊缝质量

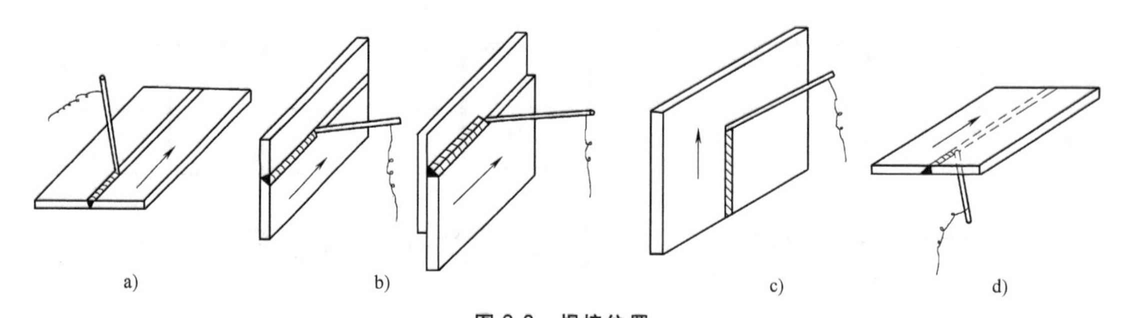

图 3-8 焊接位置

a）平焊（俯焊） b）横焊（水平焊） c）立焊（竖焊） d）仰焊

最不易保证，焊缝设计时应尽量避免仰焊。

3.2.5 焊缝符号

钢结构施工图中的焊缝应采用焊缝代号表明焊缝形式、尺寸和辅助要求。国家标准《焊缝符号表示法》（GB/T 324—2008）规定焊缝符号由指引线、基本符号组成，有时加上辅助符号、补充符号和焊缝尺寸符号。

指引线一般由箭头线和两条相互平行的基准线组成，一条基准线为实线，另一条为虚线。当箭头指向焊缝所在的一面时，应将焊缝符号标注在基准线的实线上；当箭头指向对应焊缝所在的另一面时，应将焊缝符号标注在基准线的虚线上，如图 3-9 所示。

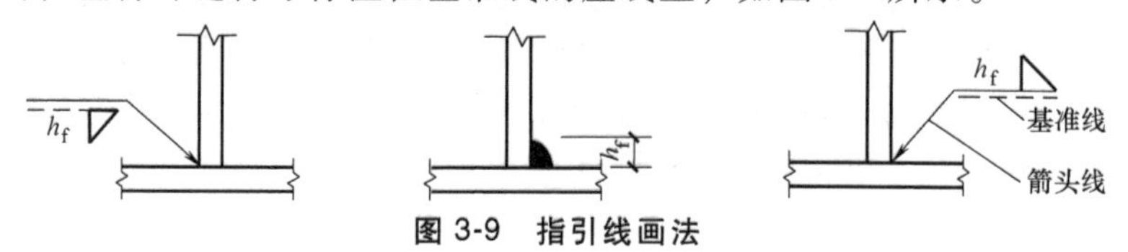

图 3-9 指引线画法

基本符号用以表示焊缝的形状，如用◺表示角焊缝，用 V 表示 V 形坡口的对接焊缝，表 3-2 列出了一些常用焊缝基本符号。

表 3-2 常用焊缝基本符号

名称	封底焊缝	对接焊缝					角焊缝	塞焊缝与槽焊缝	点焊缝
		I 形焊缝	V 形焊缝	单边 V 形焊缝	带钝边的 V 形焊缝	带钝边的 U 形焊缝			
符号	◡	‖	V	⌊/	Y	Ụ	◺	⊓	○

注：1. 符号的线条宜粗于指引线。

2. 单边 V 形焊缝与角焊缝符号的竖向边永远画在符号的左边。

辅助符号是表示焊缝的辅助要求，如用▶表示现场安装焊缝，⊏为三面围焊符号。

钢结构施工图中常用的辅助符号、补充符号见表 3-3。

表 3-3 焊缝符号中的辅助符号和补充符号

	名称	示意图	符号	示　例
辅助符号	平面符号		—	
	凹面符号		◡	

（续）

	名称	示意图	符号	示　例
补充符号	三面围焊符号			
	周边焊缝符号			
	工地现场焊符号			或
	焊缝底部有垫板的符号			

注：工地现场焊符号的旗尖指向基准线的尾部。

另外，焊缝尺寸如角焊缝的焊脚尺寸 h_f 等一律标在焊缝基本符号的左侧。

3.3　角焊缝的构造和计算

3.3.1　角焊缝的形式和受力性能

角焊缝按其焊缝长度方向与外力的关系可分为正面角焊缝和侧面角焊缝。正面角焊缝也称端缝，其焊缝长度方向垂直于外力方向；侧面角焊缝也称侧缝，其焊缝长度方向平行于外力方向，如图 3-10 所示。

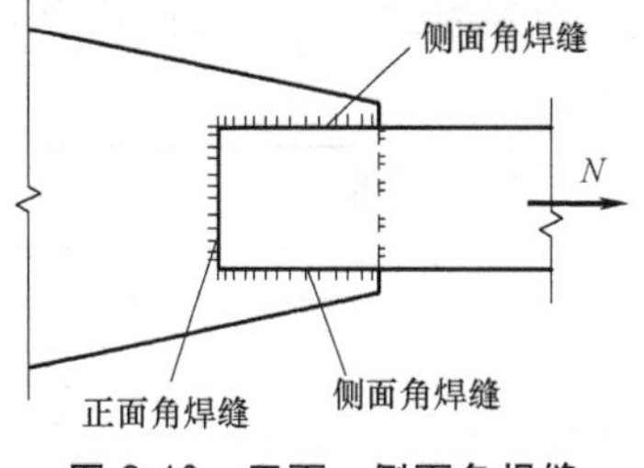

图 3-10　正面、侧面角焊缝

角焊缝按其截面形式可分为直角角焊缝（图 3-11）和斜角角焊缝（图 3-12）。

直角角焊缝截面形式有普通焊缝、平坡焊缝、深熔焊缝。一般情况下采用普通焊缝，在直接承受动力荷载中，常采用平坡焊缝和深熔焊缝。

斜角角焊缝常用于钢管结构中，对于夹角 $\alpha>135°$ 和 $\alpha<60°$ 的斜角焊缝，除钢管外，不宜用作受力焊缝。

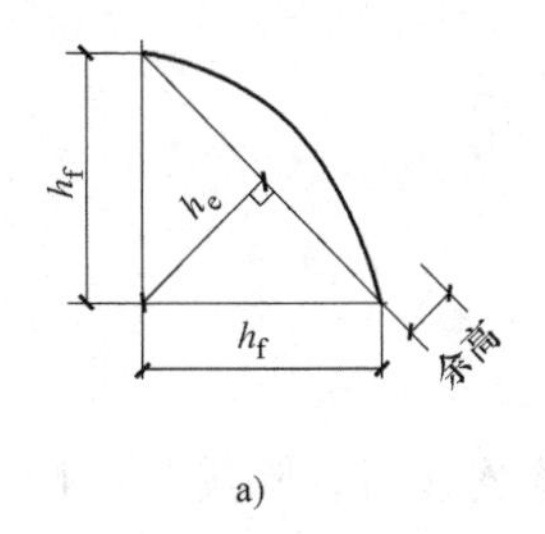

a)

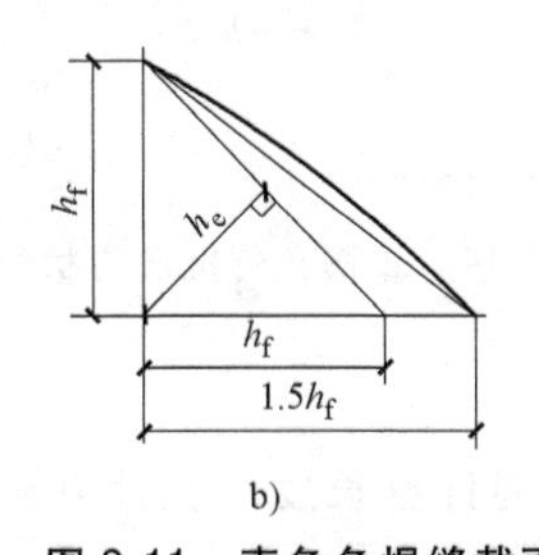

b)

c)

图 3-11　直角角焊缝截面

a）普通焊缝　b）平坡焊缝　c）深熔焊缝

在计算直角角焊缝时，熔深（熔入母材的深度）和余高均不计入，一般假定焊缝截面为等边直角三角形，并以 45°方向的斜面为计算的破坏面，以斜面上的最小高度 h_e 为直角角焊缝的有效厚度，$h_e=0.7h_f$，h_f 为焊脚尺寸，也称焊缝厚度。图 3-13 所示为焊缝轴线与外力平行的侧面角焊缝搭接接头。计算焊缝时，常假定沿焊缝有效截面接头发生破坏，破坏时，焊

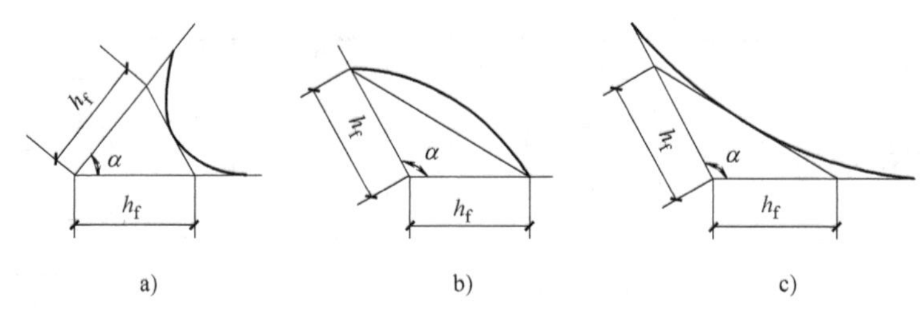

图 3-12　斜角角焊缝截面

缝的下半部连于板件 B，上半部连于板件 A。焊缝主要承受剪应力，塑性较好，弹性模量低，强度较低。试验证明：剪应力沿焊缝方向的分布是不均匀的，两端剪应力大，中间较小，焊缝越长，不均匀分布越显著。但由于塑性变形，在破坏前，分布可逐渐趋向均匀。

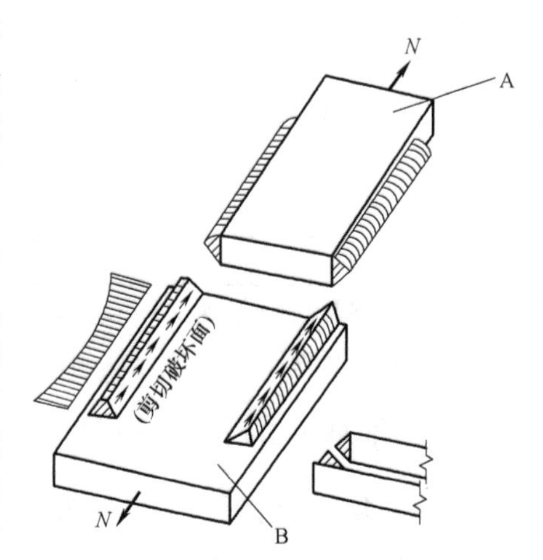

图 3-13　侧面角焊缝的应力

图 3-14 所示为焊缝轴线与外力方向相垂直的正面角焊缝连接的搭接接头。焊脚面 ac 上主要有拉应力 σ_x，σ_x 沿焊脚高度分布是不均匀的，根部 a 处应力较高，由此引起面上产生竖向剪应力 τ_{xy}。在水平焊脚面 ab 上，主要承受剪应力，也有正应力，靠近趾部为拉应力，靠近根部为压应力。试验证明，正面角焊缝的强度比侧面角焊缝大，主要是由于正面角焊缝的应力沿焊缝长度方向分布均匀，破坏面的面积比理想的有效截面面积大，但正面角焊缝的塑性比侧面角焊缝差。

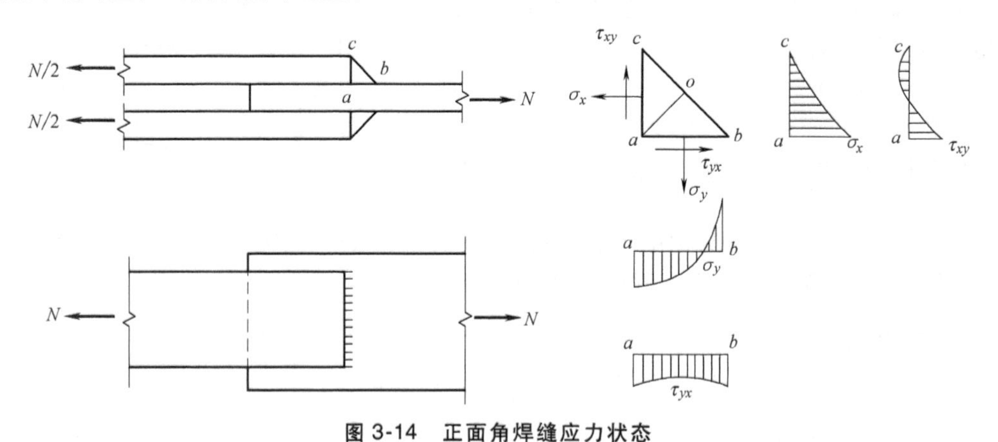

图 3-14　正面角焊缝应力状态

3.3.2　角焊缝的构造要求

角焊缝的尺寸包括焊脚尺寸和焊缝计算长度。在计算角焊缝连接时，除满足强度要求外，还必须符合对其尺寸的限制和构造上的要求。

1. 最小焊脚尺寸

角焊缝的焊脚尺寸相对于焊件的厚度不能过小。当过小时，施焊过程因输入的能量小，很快被与其相连的焊件吸收，焊缝冷却过快，焊缝易变脆。规范规定如下：

手工焊：　$h_{fmin} \geq 1.5\sqrt{t_{max}}$

埋弧自动焊：　$h_{fmin} \geq 1.5\sqrt{t_{max}} - 1mm$

T 形连接的单面角焊缝：　　$h_{fmin} \geqslant 1.5\sqrt{t_{max}}+1mm$

式中　t_{max}——较厚焊件的厚度，当采用低氢型碱性焊条施焊时，t 可采用较薄焊件的厚度，当焊件的厚度 $t \leqslant 4mm$ 时，则取 $h_{fmin}=t$。

2. 最大焊脚尺寸

焊脚尺寸也不能过大，否则焊接时，可能造成焊件过烧或被烧穿。同时，焊缝过大，冷却时的收缩变形也加大，因此，规范规定

$$h_{fmax} \leqslant 1.2t_{min}$$

式中　t_{min}——较薄焊件的厚度。

但为避免焊件边缘棱角被烧熔，板件边缘（厚度为 t_1）角焊缝最大焊脚尺寸尚应符合下列要求：当 $t_1 \leqslant 6mm$ 时，$h_{fmax} \leqslant t_1$；当 $t_1 > 6mm$ 时，$h_{fmax} \leqslant t_1-(1 \sim 2)mm$。圆孔和槽孔中的角焊缝焊脚尺寸还应符合

$$h_{fmax} \leqslant d/3$$

式中　d——圆孔直径或槽孔的短径。

角焊缝的最小 h_f 和最大 h_f 如图 3-15 所示。

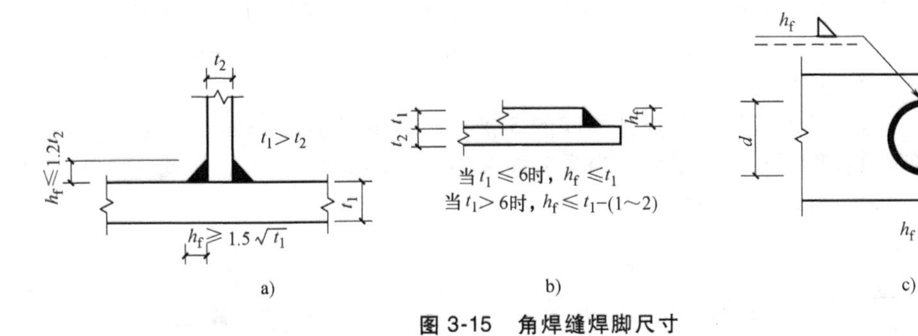

图 3-15　角焊缝焊脚尺寸

3. 最小计算长度

角焊缝的计算长度不宜过小。如过小则使焊缝的起弧点与落弧点相距太近，焊缝端部易坍塌，焊脚尺寸大而长度较小时，焊件的局部加热严重。因此，《钢结构设计标准》（GB 50017—2017）[4] 规定角焊缝的计算长度应同时满足

$$l_w \geqslant 8h_f \text{ 和 } l_w \geqslant 40mm$$

此规定适合于正面角焊缝和侧面角焊缝。

4. 最大计算长度

传递轴心荷载的侧面角焊缝弹性阶段沿焊缝长度方向受力是不均匀的，两端大，中间小，焊缝长度越大，不均匀分布程度越大。如果焊缝长度超过某一限值，有可能首先在焊缝的两端破坏，因此，规范规定侧向角焊缝的计算长度 l_w 不宜大于 $60h_f$。当实际焊缝长度大于上述数值时，其超出部分不予考虑。若内力是沿侧面角焊缝全长分布时，其计算长度不受此限制。例如，焊接组合梁的翼缘与腹板的连接焊缝，屋架中弦杆与节点板的连接焊缝等。

5. 其他构造要求

在次要构件或次要焊缝连接中，由于焊缝受力不大，可采用断续角焊缝，如图 3-16 所示，断续角焊缝的焊段长度 l 应满足

$$l \geqslant 10h_f \text{ 或 } 50mm$$

净距 e 应满足

$$e \leqslant 15t(\text{受压构件})$$
$$e \leqslant 30t(\text{受拉构件})$$

式中 t——较薄焊件厚度。

由于断续角焊缝的应力集中较严重，只能用于次要构件和次要连接中。

当板件端部仅有两条侧面角焊缝连接时（图 3-17），为避免应力传递的过分弯折而使板件应力过分不均匀，每条焊缝长度 l_w 不宜小于两焊缝之间的距离 b，即 $b/l_w \leqslant 1$。

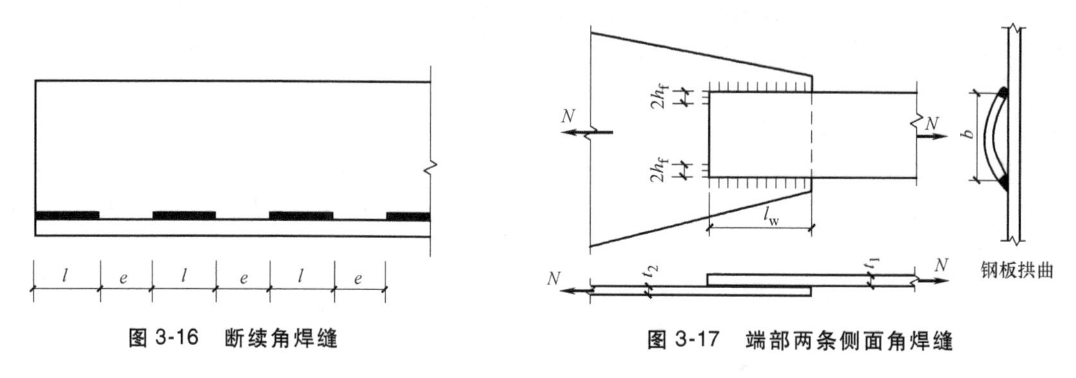

图 3-16 断续角焊缝

图 3-17 端部两条侧面角焊缝

同时，为了避免因焊缝横向收缩引起板件拱起，b 也不宜大于 $16t$（当 $t>12$mm）或 190mm（$t\leqslant12$mm），t 为较薄焊件的厚度，以免因焊缝横向收缩，引起板件拱曲。当 b 不能满足此规定时，应加设端焊缝。

搭接连接中，搭接长度不得小于焊件厚度的 5 倍，同时不得小于 25mm，如图 3-18 所示。考虑到搭接连接时两板件不在同一平面，当受力如图 3-18a 所示时，接头将转动，因此，限制搭接长度不使其过短，可改善接头性能。

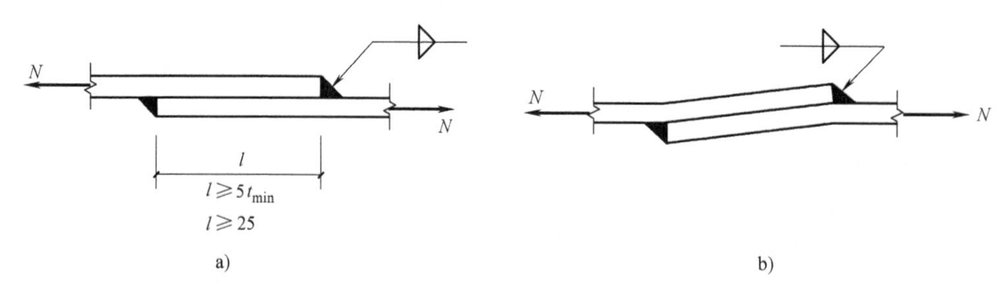

图 3-18 搭接接头的尺寸限制

3.3.3 角焊缝的强度计算公式

图 3-19 所示为直角角焊缝的截面，直角边边长 h_f 为焊脚尺寸，$h_e=0.7h_f$ 为直角角焊缝的有效厚度，焊缝的有效截面 $OO'M'M$ 面积为 $h_e l_w$，任何受力情况的角焊缝均可求得作用于有效截面的三种应力：垂直于焊缝有效截面的正应力 $\sigma_{\perp}$，垂直于焊缝长度方向的剪应力 $\tau_{\perp}$，以及沿焊缝长度方向的剪应力 $\tau_{/\!/}$。这三种应力互相垂直。国际标准化组织 ISO 推荐用于确定角焊缝的极限强度的算式如下

$$\sqrt{\sigma_{\perp}^2+3(\tau_{\perp}^2+\tau_{/\!/}^2)} \leqslant \sqrt{3} f_f^w \tag{3-1}$$

由于规范规定的角焊缝强度设计值 f_f^w 是根据抗剪条件确定的，$\sqrt{3} f_f^w$ 相当于角焊缝的抗拉设计值。

设 x、y 轴分别垂直于直角焊缝的两条直角边，z 轴为焊缝的长度方向，作用在焊缝某处的外力为 N，N 可以分解为 N_x、N_y、N_z，其在有效截面上引起的平均应力分别为

$$\sigma_{fx}=\frac{N_x}{h_e l_w} \tag{3-2}$$

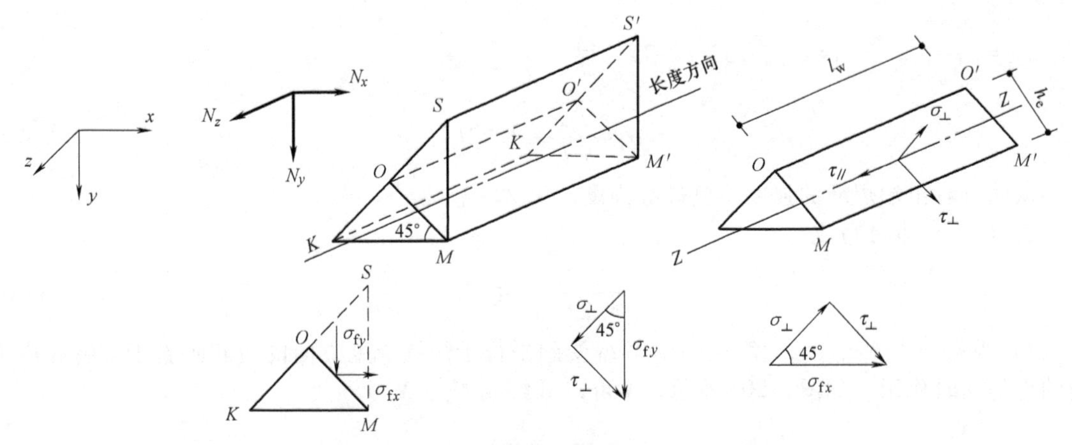

图 3-19　直角角焊缝有效截面上的应力分量

$$\sigma_{fy}=\frac{N_y}{h_e l_w} \tag{3-3}$$

$$\tau_f=\frac{N_z}{h_e l_w}=\tau_{//} \tag{3-4}$$

式中　l_w——焊缝的计算长度，对每条焊缝取实际长度减去 $2h_f$。

值得注意的是上述公式所表示的 σ_{fx}、σ_{fy}、τ_f，除了 τ_f 是角焊缝有效截面上的平均剪应力外，σ_{fx}、σ_{fy} 分别垂直于焊缝的一条直角边，对有效截面既不是正应力，也不是剪应力，它们与有效截面各成 45°的夹角，将 σ_{fx}、σ_{fy} 分别分解到平行和垂直于 OM 方向，叠加后得

$$\tau_\perp=\frac{\sigma_{fx}}{\sqrt{2}}+\frac{\sigma_{fy}}{\sqrt{2}} \tag{3-5}$$

$$\sigma_\perp=\frac{\sigma_{fx}}{\sqrt{2}}-\frac{\sigma_{fy}}{\sqrt{2}} \tag{3-6}$$

将式（3-4）~式（3-6）代入式（3-1），整理后得

$$\sqrt{\sigma_{fx}^2+\sigma_{fy}^2+\sigma_{fx}\sigma_{fy}+1.5\tau_f^2}\leqslant 1.22f_f^w \tag{3-7}$$

1）只有外力 N_z，$N_x=N_y=0$，即焊缝只受到平行于焊缝长度方向的力，焊缝属于侧焊缝，如图 3-20a 所示。

$\tau_f=\dfrac{N_z}{h_e l_w}$，$\sigma_{fx}=\sigma_{fy}=0$ 代入式（3-7），得

$$\tau_f=\frac{N_z}{h_e l_w}\leqslant f_f^w \tag{3-8}$$

2）当只有外力 N_x，$N_y=N_z=0$，即焊缝只受到垂直于焊缝长度方向的力，焊缝属于端焊缝，如图 3-20b 所示。

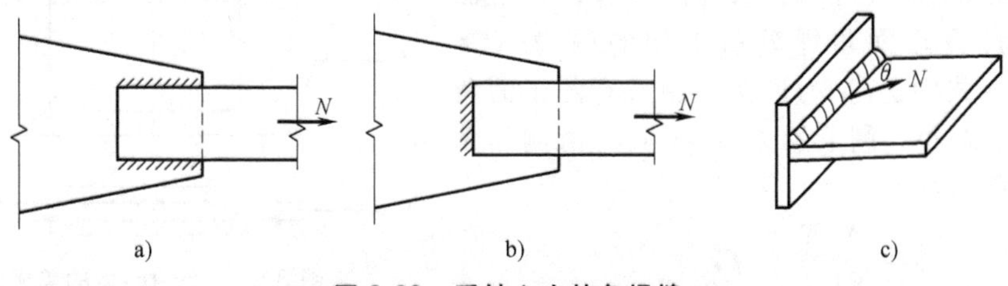

图 3-20　受轴心力的角焊缝

$\sigma_{fx}=\dfrac{N_x}{h_e l_w}$，$\sigma_{fy}=\tau_f=0$ 代入式（3-7），得

$$\sigma_f=\frac{N_x}{h_e l_w}\leqslant 1.22 f_f^w \tag{3-9}$$

从此可看出端焊缝的强度是侧焊缝强度的 1.22 倍。

式（3-9）也可写成

$$\frac{N}{1.22 h_e l_w}\leqslant f_f^w \tag{3-10}$$

3）当有外力 N_x、N_z，仅 $N_y=0$，焊缝受到平行于焊缝长度方向的力和垂直于焊缝长度方向的力的同时作用，如图 3-20c 所示，N 可以分解成 N_x、N_z

$\sigma_{fx}=\dfrac{N_x}{h_e l_w}$，$\tau_f=\dfrac{N_z}{h_e l_w}$，$\sigma_{fy}=0$ 代入式（3-7），得

$$\sqrt{\left(\frac{\sigma_f}{\beta_f}\right)^2+\tau_f^2}\leqslant f_f^w \tag{3-11}$$

综上所述，直角角焊缝的计算公式可归纳为下列三个公式：

当作用力 N 平行于焊缝长度方向时

$$\tau_f=\frac{N}{h_e l_w}\leqslant f_f^w$$

当作用力 N 垂直于焊缝长度方向时

$$\sigma_f=\frac{N}{h_e l_w}\leqslant \beta_f f_f^w$$

当平行和垂直于焊缝长度方向均有作用力时

$$\sqrt{\left(\frac{\sigma_f}{\beta_f}\right)^2+\tau_f^2}\leqslant f_f^w$$

式中 β_f——正面角焊缝的强度设计增大系数，对承受静力荷载和间接动力荷载的结构，$\beta_f=1.22$，对直接承受动力荷载的结构，$\beta_f=1.0$；

f_f^w——角焊缝强度设计值，见附表 1-5。

式（3-11）是角焊缝的基本公式，对于各种非轴心力作用下的有效截面上的应力，只要求得平行于焊缝长度方向的应力 τ_f 和垂直于焊缝长度方向的应力 σ_f，按式（3-11）即可进行计算。

3.3.4 直角角焊缝连接的计算

1. 承受轴心力的矩形板角焊缝连接的计算

当焊件受轴心力，且轴心力通过焊缝中心时，可认为焊缝应力是均匀分布的。如图 3-21 所示，当只有侧面角焊缝时，按式（3-8）计算；当只有正面角焊缝时，按式（3-9）计算；当三面围焊时，先计算正面角焊缝所承担的内力 $N'=\beta_f f_f^w \sum h_e l_{w1}$，式中 $\sum l_{w1}$ 为连接一侧所有的正面角焊缝计算长度总和。剩下的力（$N-N'$）由侧面角焊缝承担，应力为

$$\tau_f=\frac{N-N'}{\sum h_e l_{w2}}\leqslant f_f^w$$

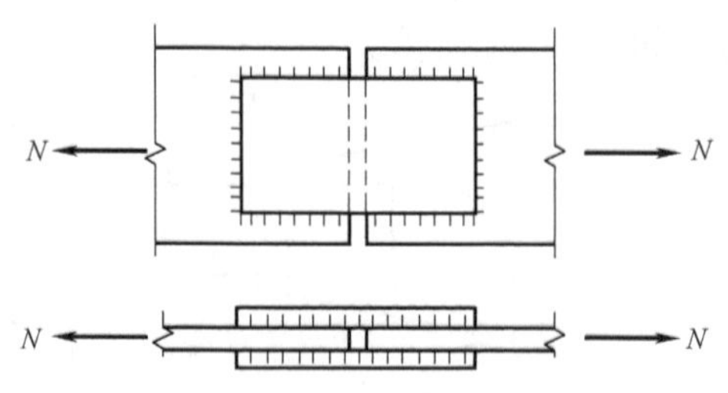

图 3-21 受轴心力的盖板连接

式中　$\sum l_{w2}$——连接一侧的所有侧面角焊缝计算长度的总和。

2. 承受斜向轴心力的角焊缝连接的计算

如图 3-22 所示，外力 F 作用在焊缝的形心上，与焊缝长度方向的夹角为 θ，将外力 F 分解为垂直于焊缝的分力 N 和平行于焊缝的分力 V，分别为

$$N=F\sin\theta, V=F\cos\theta$$

$$\sigma_f=\frac{N}{\sum h_e l_w} \tag{3-12}$$

$$\tau_f=\frac{V}{\sum h_e l_w} \tag{3-13}$$

代入式（3-11）可以验算角焊缝的强度。

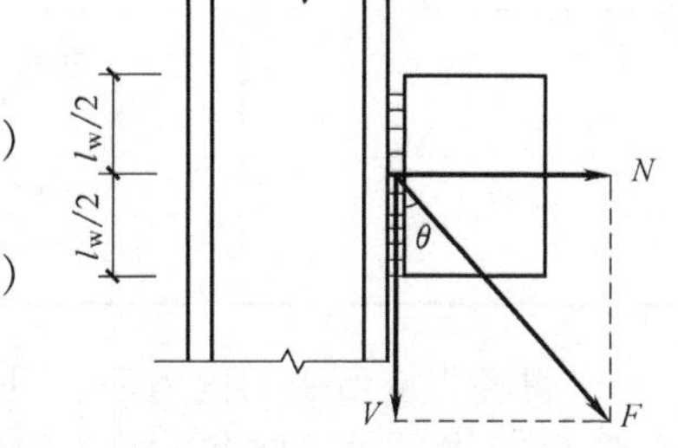

图 3-22　斜向轴心力作用

3. 承受轴心力的角钢角焊缝的计算

钢桁架、钢屋架中，腹杆杆件选用角钢，角钢与节点板的连接焊缝一般采用二面侧焊，也可采用三面围焊。腹杆受轴心力作用，虽然该轴心力通过角钢截面的形心，但由于角钢形心到肢背、肢尖的距离不等，肢背焊缝和肢尖焊缝的受力也不相等。

对于二面侧焊，设 N_1、N_2 分别为角钢肢背、肢尖焊缝承担的内力，如图 3-23a 所示。

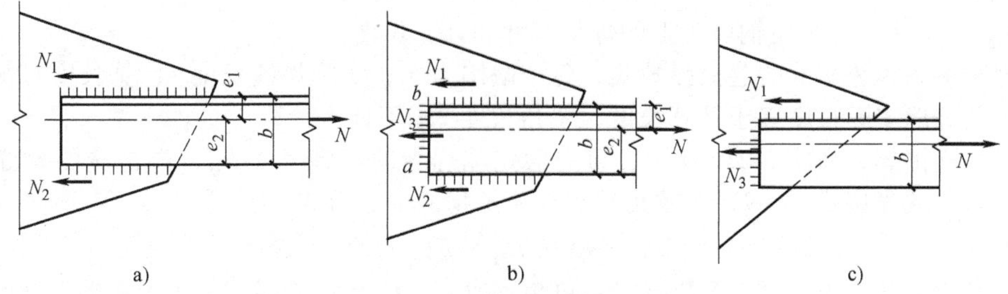

图 3-23　角钢与节点板的连接

a）二面侧焊　b）三面围焊　c）L 形围焊

其平衡条件为 $N_1+N_2=N$；$N_1e_1=N_2e_2$，由此可得

$$N_1=\frac{e_2}{b}N \tag{3-14}$$

$$N_2=\frac{e_1}{b}N \tag{3-15}$$

式中　b、e_1、e_2——角钢的肢宽、角钢形心到肢背、肢尖的距离。

不同规格的角钢，b、e_1、e_2 不相同，但$\frac{e_2}{b}$、$\frac{e_1}{b}$的比值在一定范围内变化，

令

$$k_1=\frac{e_2}{b} \tag{3-16}$$

$$k_2=\frac{e_1}{b} \tag{3-17}$$

式中　k_1、k_2——角钢角焊缝内力分配系数，近似按表 3-4 采用。

故式（3-14）和式（3-15）可分别写成

$$N_1=k_1N \tag{3-18}$$

$$N_2=k_2N \tag{3-19}$$

表 3-4　角钢角焊缝内力分配系数

角钢类型	连接形式	角钢肢背 k_1	角钢肢尖 k_2
等肢		0.70	0.30
不等肢		0.75	0.25
不等肢		0.65	0.35

求得各焊缝所受的内力后，可先按规范规定的构造要求假定肢背、肢尖焊缝的焊脚尺寸 h_{f1} 和 h_{f2}，即可求出肢背、肢尖的计算长度。对于双角钢截面

$$l_{w1}=\frac{N_1}{2\times0.7h_{f1}f_f^w} \tag{3-20}$$

$$l_{w2}=\frac{N_2}{2\times0.7h_{f2}f_f^w} \tag{3-21}$$

式中　h_{f1}、l_{w1}——一个角钢肢背上的焊脚尺寸和计算长度；

h_{f2}、l_{w2}——一个角钢肢尖上的焊脚尺寸和计算长度。

考虑到每条焊缝两端的起灭弧缺陷，每个缺陷为 h_f，实际焊缝长度=计算长度+$2h_f$。采用绕角焊的角焊缝实际长度等于计算长度，绕角长度 $2h_f$ 不计入计算。

对于三面围焊，如图 3-23b 所示，可先假定端焊缝的焊脚尺寸 h_{f3}，端焊缝的焊缝长度为角钢的肢宽，这样按式（3-9）可求出端焊缝所承担的轴心力 N_3 为

$$N_3=\beta_f\times0.7h_{f3}\times\sum l_{w3}\times f_f^w \tag{3-22}$$

当双角钢，肢宽为 b 时，$\sum l_{w3}=2b$；单角钢时，$\sum l_{w3}=b$。假定 N_3 作用在端焊缝的中心。由平衡条件 $\sum M_a=0$，有

$$N_1b+N_3\frac{b}{2}=Ne_2 \tag{3-23}$$

由平衡条件 $\sum M_b=0$，有

$$N_2b+N_3\frac{b}{2}=Ne_1 \tag{3-24}$$

解得

$$N_1=N\frac{e_2}{b}-\frac{N_3}{2}=k_1N-\frac{N_3}{2} \tag{3-25}$$

$$N_2=N\frac{e_1}{b}-\frac{N_3}{2}=k_2N-\frac{N_3}{2} \tag{3-26}$$

求得肢背、肢尖所受内力后，即可求出肢背、肢尖的焊缝计算长度。对于三面围焊，由于在杆件端部转角处必须连续施焊，每条侧面角焊缝只有一端有焊口影响，故实际长度为计算长度加 h_f，而端焊缝的计算长度就等于实际长度。

当杆件内力很小时，可采用 L 形围焊，如图 3-23c 所示，不必先选定端焊缝的 h_f，而令式（3-26）中的 $N_2=0$，可得

$$N_3=2k_2N \tag{3-27}$$

$$N_1=N-N_3=N(1-2k_2) \tag{3-28}$$

［例 3-1］　图 3-24 所示为拼接盖板的对接连接。已知钢材为 Q235B，采用手工焊，焊条

为 E43 型，承受静态轴心力 $N=1400\text{kN}$（设计值），试设计角焊缝。

［解］　采用三面围焊，根据钢板和盖板厚度

$$h_{\text{fmin}}=1.5\times\sqrt{14}\,\text{mm}=5.6\text{mm}$$

$$h_{\text{fmax}}=t_1-(1\sim2)\,\text{mm}=8\text{mm}-(1\sim2)\,\text{mm}=7\sim6\text{mm}$$

取 $h_f=6\text{mm}$，β_f 取 1.22，查附表 1-5 知 $f_f^w=160\text{N/mm}^2$，端焊缝计算长度 $l'_w=450\text{mm}$，承担内力

$$N'=2\beta_f\times0.7h_f l'_w f_f^w=2\times1.22\times0.7\times6\text{mm}\times450\text{mm}\times160\text{N/mm}^2=737856\text{N}$$

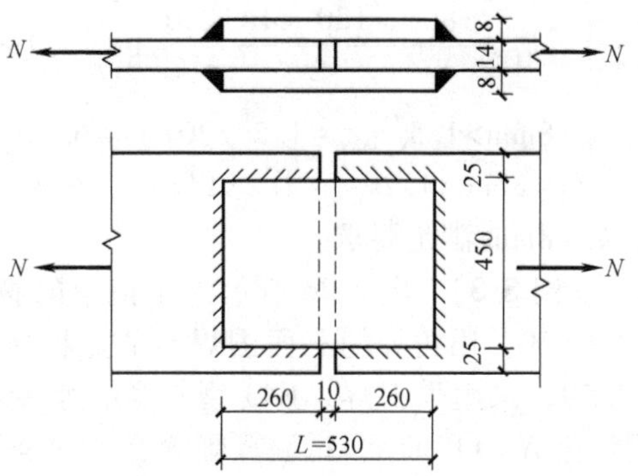

图 3-24 ［例 3-1］图

侧焊缝承担的力 $N''=N-N'=1400\text{kN}-737856\text{N}=662144\text{N}$

空隙一侧所需侧焊缝总长度

$$\sum l_w=\frac{N''}{0.7h_f f_f^w}=\frac{662144}{0.7\times6\times160}\text{mm}=985.3\text{mm}$$

一条侧焊缝实际长度　$l_w=\dfrac{985.3}{4}\text{mm}+h_f=(246.3+6)\text{mm}=252.3\text{mm}$

取 $l_w=260\text{mm}$，

盖板长度　　$L=(2\times260+10)\text{mm}=530\text{mm}$

此处的 10mm 是钢板间的空隙。

［例 3-2］　图 3-25 所示为 14mm 的钢板，用角焊缝焊于工字形柱的翼缘板上。钢板承受静态荷载设计值 $F=620\text{kN}$，已知钢材 Q235B，采用手工焊，焊条为 E43 型，试确定焊脚尺寸 h_f。

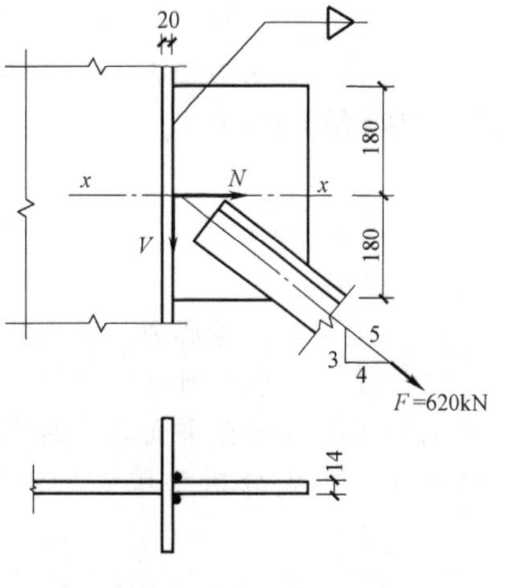

［解］　将 F 分解成水平方向力 N 和竖向方向力 V，

$$N=\frac{4}{5}F=496\text{kN}$$

$$V=\frac{3}{5}F=372\text{kN}$$

由于外力通过焊缝形心，故焊缝应力

$$\sigma_f=\frac{N}{2h_e l_w}=\frac{496\times10^3\text{N}}{2h_e l_w}=\frac{248\times10^3\text{N}}{h_e l_w}$$

$$\tau_f=\frac{V}{2h_e l_w}=\frac{372\times10^3\text{N}}{2h_e l_w}=\frac{186\times10^3\text{N}}{h_e l_w}$$

图 3-25 ［例 3-2］图

代入式（3-11），$\sqrt{\left(\dfrac{\sigma_f}{\beta_f}\right)^2+\tau_f^2}\leqslant f_f^w$，得

$$\frac{10^3}{h_e l_w}\sqrt{\left(\frac{248}{1.22}\right)^2+186^2}\,\text{N}\leqslant160\text{N/mm}^2$$

解得

$$h_e l_w\geqslant1722\text{mm}^2$$

$$0.7h_f(360\text{mm}-2h_f)\geqslant1722\text{mm}^2$$

$$h_f^2-180\text{mm}h_f+1230\text{mm}^2=0$$

$$h_f \geqslant \frac{180-\sqrt{180^2-4\times1230}}{2}\text{mm}=7.1\text{mm}$$

取 $h_f=8\text{mm}>1.5\sqrt{t}_{\max}=1.5\sqrt{20}\text{mm}=6.7\text{mm}$

$h_f=8\text{mm}<1.2t_{\min}=1.2\times14\text{mm}=16.8\text{mm}$

故 $h_f=8\text{mm}$ 满足要求。

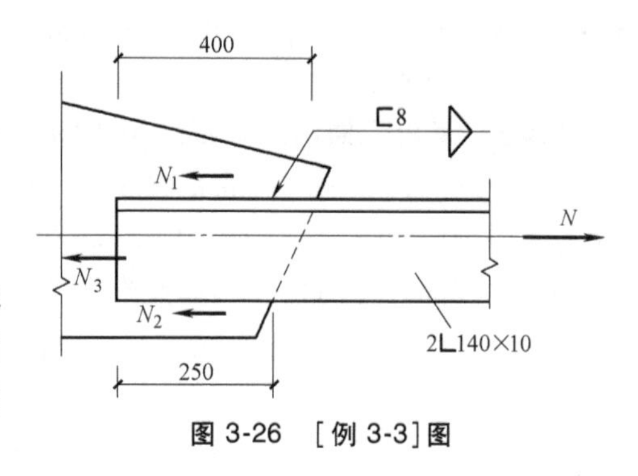

图 3-26 ［例 3-3］图

［**例 3-3**］ 图 3-26 所示为某桁架的腹杆采用 2∟140×10，用角焊缝三面围焊与节点板连接。钢材 Q235B，采用手工焊，E43 型焊条，承受静力荷载设计值 $N=1170\text{kN}$，试验算焊缝能否安全承载。

［**解**］ 先求端焊缝承担的力，β_f 取 1.22，查附表 1-5 知 $f_f^w=160\text{N/mm}^2$，故

$$\begin{aligned}N_3&=2\beta_f 0.7h_f l_{w3} f_f^w\\&=2\times1.22\times0.7\times8\text{mm}\times140\text{mm}\times160\text{N/mm}^2\\&=306.1\times10^3\text{N}=306.1\text{kN}\end{aligned}$$

肢背受力 $$N_1=k_1N-\frac{N_3}{2}=(0.7\times1170-306.1\div2)\text{kN}=666\text{kN}$$

肢尖受力 $$N_2=k_2N-\frac{N_3}{2}=(0.3\times1170-306.1\div2)\text{kN}=198\text{kN}$$

所需肢背焊缝长度

$$l_{w1}=\frac{N_1}{2\times0.7h_f f_f^w}+h_f=\left(\frac{666\times10^3}{2\times0.7\times8\times160}+8\right)\text{mm}=380\text{mm}<400\text{mm}<60h_f=480\text{mm}$$

所需肢尖焊缝长度

$$l_{w2}=\frac{N_2}{2\times0.7h_f f_f^w}+h_f=\left(\frac{198\times10^3}{2\times0.7\times8\times160}+8\right)\text{mm}=118\text{mm}<250\text{mm}<60h_f=480\text{mm}$$

焊缝安全承载。

4. 承受弯矩、轴心力、剪力共同作用的角焊缝的计算

梁和柱牛腿常常通过其端部角焊缝连接于钢柱的翼缘，采用顶接连接形式。当力矩作用平面与焊缝群所在平面垂直时焊缝受弯，图 3-27a 所示的角焊缝承受弯矩、轴心力、剪力共同作用，可先分析各单独工况下的作用效应，最后再叠加。焊缝有效截面如图 3-27b 所示。

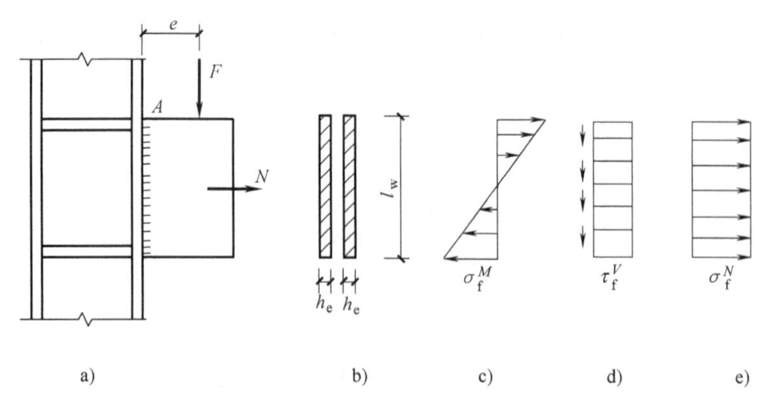

图 3-27 承受弯矩、轴心力和剪力的角焊缝

1）在弯矩 $M=Fe$ 单独作用下，角焊缝产生垂直于焊缝长度方向的应力 σ_f^M，呈三角形分布（图 3-27c），应力为

$$\sigma_f^M=\frac{M}{W_e} \tag{3-29}$$

式中　W_e——焊缝有效截面模量。

对于图 3-27 中的两条竖向焊缝，其有效截面模量为

$$W_e=2\times\frac{h_e l_w^2}{6}$$

代入式（3-29）得

$$\sigma_f^M=\frac{6M}{2h_e l_w^2} \tag{3-30}$$

2）在剪力 V 单独作用下，角焊缝产生平行于焊缝长度方向的应力 τ_f^V，因剪力 V 通过焊缝形心，应力均匀分布（图 3-27d）为

$$\tau_f^V=\frac{V}{A_e} \tag{3-31}$$

式中　A_e——焊缝的有效截面面积。

3）在轴心力 N 单独作用下，角焊缝产生垂直于焊缝长度方向的应力 σ_f^N，因轴心力 N 通过焊缝形心，应力均匀分布（图 3-27e）：

$$\sigma_f^N=\frac{N}{A_e} \tag{3-32}$$

当 M、V、N 同时作用时，σ_f 和 τ_f 可叠加，σ_f^M、σ_f^N 在 A 点处的方向相同，直接叠加后，该点的应力 $\sigma_f=\sigma_f^M+\sigma_f^N$，$A$ 点为焊缝截面受力最大的点，将 A 点的 σ_f 和 $\tau_f=\tau_f^V$ 代入角焊缝公式（3-11），得

$$\sqrt{\left(\frac{\sigma_f^M+\sigma_f^N}{\beta_f}\right)^2+\tau_f^2}\leqslant f_f^w \tag{3-33}$$

工字形梁（或牛腿）的角焊缝连接如图 3-28 所示，焊缝通常受弯矩 M 和剪力 V 的联合作用。由于翼缘的竖向刚度小，计算时通常假设腹板焊缝承受全部剪力，而弯矩则由全部焊缝承受。

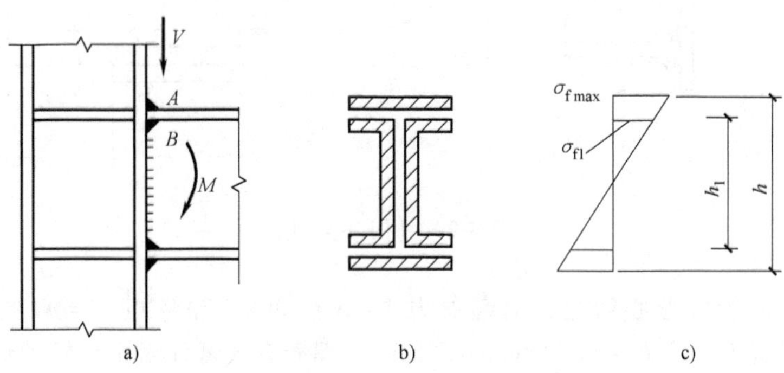

图 3-28　工字形梁（或牛腿）的角焊缝连接

在弯矩 M 的作用下，焊缝产生了垂直于焊缝长度方向的弯曲正应力 σ_f，σ_f 呈三角形分布，最大应力 σ_{fmax} 发生在翼缘焊缝的最外纤维处 A 点，为

$$\sigma_{fmax}=\frac{M}{W_e} \tag{3-34}$$

式中　W_e——全部焊缝有效截面模量。

对 A 点，由于翼缘焊缝不承受剪力，该点的 $\tau_f^V=0$，为保证焊缝正常工作，此处的应力应满足

$$\sigma_{fmax}=\frac{M}{W_e}\leqslant\beta_f f_f^w \tag{3-35}$$

腹板焊缝承受两种应力的联合作用，即垂直于焊缝长度方向的 σ_f 和平行于焊缝长度方向的 τ_f。离焊缝形心越远，σ_f 越大，而 τ_f 则是均匀分布。所以腹板焊缝上受力最大的点为翼缘焊缝与腹板焊缝的交点 B。B 点的焊缝应力为

$$\sigma_{f1}=\frac{M}{I_e}\frac{h_1}{2} \tag{3-36}$$

或

$$\sigma_{f1}=\sigma_{fmax}\frac{h_1}{h} \tag{3-37}$$

$$\tau_f=\frac{V}{\sum h_e l_w} \tag{3-38}$$

式中　I_e——整个焊缝的有效截面对中和轴的惯性矩；

$\sum h_e l_w$——竖向腹板焊缝的有效面积之和。

因此，B 点的焊缝强度验算式为

$$\sqrt{\left(\frac{\sigma_{f1}}{\beta_f}\right)^2+\tau_f^2}\leqslant f_f^w \tag{3-39}$$

[例 3-4]　试验算图 3-29 所示牛腿与钢柱连接角焊缝的强度。已知钢材为 Q235，E43 型焊条，采用手工焊，$h_f=8\text{mm}$，图 3-29b 所示为焊缝的有效截面。

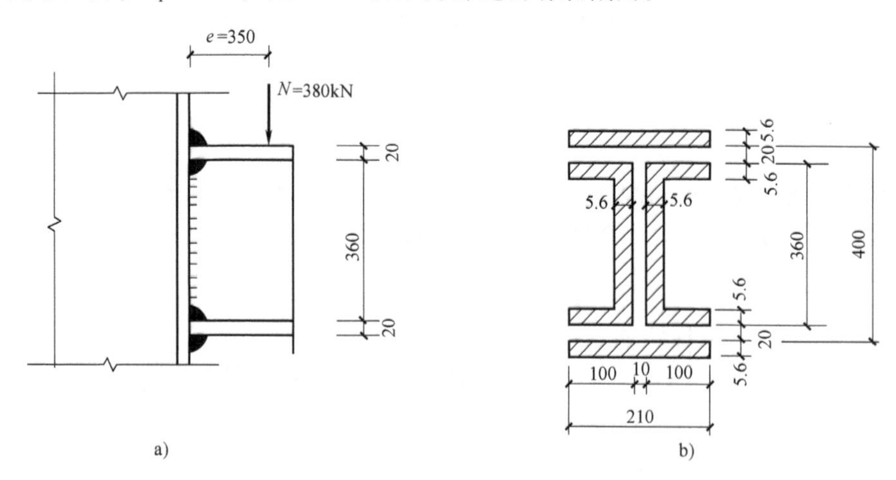

图 3-29 [例 3-4] 图

[解]　将 N 向焊缝形心简化，引起剪力 $V=N=380\text{kN}$ 和弯矩 $M=Ne=380\text{kN}\times0.35\text{m}=133\text{kN}\cdot\text{m}$，焊缝有效厚度 $h_e=0.7\times8\text{mm}=5.6\text{mm}$，焊缝有效截面对中和轴的惯性矩

$$I_w=2\times\frac{0.56\times(36-2\times0.56)^3}{12}\text{cm}^4+2\times21\times0.56\times\left(\frac{40}{2}+\frac{0.56}{2}\right)^2\text{cm}^4+$$

$$4\times10\times0.56\times\left(\frac{36}{2}-\frac{0.56}{2}\right)^2\text{cm}^4=20667\text{cm}^4$$

焊缝最外边缘的抵抗矩为

$$W_{\mathrm{e}}=\frac{I_{\mathrm{w}}}{y_{\max}}=\frac{20667}{(20+0.56)}\mathrm{cm}^3=1005\mathrm{cm}^3$$

翼缘焊缝的最大应力

$$\sigma_{\mathrm{f}}=\frac{M}{W_{\mathrm{e}}}=\frac{133\times10^6}{1005\times10^3}\mathrm{N/mm^2}=132.3\mathrm{N/mm^2}<1.22f_{\mathrm{f}}^{\mathrm{w}}=195.2\mathrm{N/mm^2}$$

腹板和翼缘连接处的水平应力

$$\sigma_{\mathrm{f1}}=\sigma_{\mathrm{f}}\frac{y_1}{y_{\max}}=132.3\times\frac{18}{20.56}\mathrm{N/mm^2}=115.8\mathrm{N/mm^2}$$

假定剪力由两条腹板焊缝承受，引起的竖向剪应力平均分布

$$\tau_{\mathrm{f}}=\frac{V}{A_{\mathrm{f}}}=\frac{380\times10^3}{2\times0.7\times8\times360}\mathrm{N/mm^2}=94.2\mathrm{N/mm^2}$$

代入式（3-11）验算

$$\sqrt{\left(\frac{115.8}{1.22}\right)^2+94.2^2}\ \mathrm{N/mm^2}=133.7\mathrm{N/mm^2}<f_{\mathrm{f}}^{\mathrm{w}}=160\mathrm{N/mm^2}$$

所以，焊缝安全。

5. 扭矩、剪力、轴心力共同作用下角焊缝的计算

当力矩作用平面与焊缝所在平面平行时，焊缝受扭，如图 3-30 所示的搭接连接，先算出焊缝有效截面的形心 O，它距作用力 F 的距离为 e，将 F 向形心 O 简化，该焊缝承受竖向剪力 $V=F$ 和扭矩 $T=Fe$ 和轴心力 N。

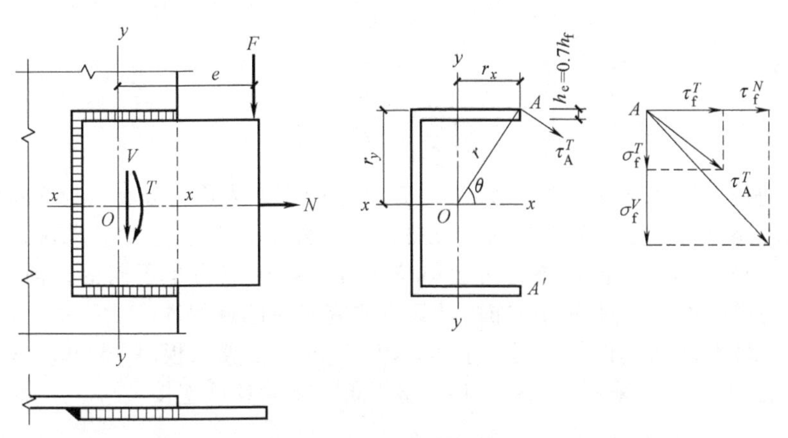

图 3-30　角焊缝受扭矩

角焊缝在扭矩作用下的计算基于下列假定：

1）被连接件是绝对刚性，它有绕焊缝形心 O 旋转的趋势，而焊缝本身是弹性。

2）角焊缝任一点的应力方向垂直于该点与形心的连线，应力与连线长度 r 成正比。

图中的 A 点、A'点距形心 O 点最远，故由扭矩 T 引起的应力最大，A 点、A'点为控制点，其值按式（3-40）计算。

$$\tau_A^T=\frac{Tr}{I_\rho}\tag{3-40}$$

式中　I_ρ——角焊缝有效截面的极惯性矩，为绕 x 轴的惯性矩 I_x 与绕 y 轴的惯性矩 I_y 之和，$I_\rho=I_x+I_y$。

由于应力 τ_A^T 与 x 轴、y 轴有夹角，为方便与其他应力叠加，将 τ_A^T 沿 x 轴、y 轴分解为两

分力

x 方向

$$\tau_{\mathrm{f}}^{T}=\tau_{A}^{T}\sin\theta=\frac{Tr}{I_{\rho}}\frac{r_{y}}{r}=\frac{Tr_{y}}{I_{\rho}} \tag{3-41}$$

y 方向

$$\sigma_{\mathrm{f}}^{T}=\tau_{A}^{T}\cos\theta=\frac{Tr}{I_{\rho}}\frac{r_{x}}{r}=\frac{Tr_{x}}{I_{\rho}} \tag{3-42}$$

式中　r_x、r_y——A 点在 x 方向、y 方向的坐标。

剪力 V 通过焊缝形心 O 点，在焊缝有效截面上引起的竖向剪力是均匀分布，对于 A 点，该竖向应力是垂直于焊缝长度方向的，故设为 σ_{f}^{V}，其值为

$$\sigma_{\mathrm{f}}^{V}=\frac{V}{\sum h_{\mathrm{e}}l_{\mathrm{w}}} \tag{3-43}$$

式中　$\sum h_{\mathrm{e}}l_{\mathrm{w}}$——所有焊缝的有效面积之和。

同理，轴心力 N 在有效截面上引起的水平应力也是均匀分布，对于 A 点，该应力是平行焊缝长度方向，故设为 τ_{f}^{N}，其值为

$$\tau_{\mathrm{f}}^{N}=\frac{V}{\sum h_{\mathrm{e}}l_{\mathrm{w}}} \tag{3-44}$$

A 点应力

$$\sigma_{\mathrm{f}}=\sigma_{\mathrm{f}}^{T}+\sigma_{\mathrm{f}}^{V} \tag{3-45}$$

$$\tau_{\mathrm{f}}=\tau_{\mathrm{f}}^{T}+\tau_{\mathrm{f}}^{N} \tag{3-46}$$

应满足

$$\sqrt{\left(\frac{\sigma_{\mathrm{f}}}{\beta_{\mathrm{f}}}\right)^{2}+\tau_{\mathrm{f}}^{2}}\leqslant f_{\mathrm{f}}^{\mathrm{w}} \tag{3-47}$$

应该指出的是上述计算方法中，假定 V、N 产生的应力为均匀分布，与基本公式推导时考虑焊缝方向的思路不符，是一种近似的简化方法。实际上，对于剪力 V 来说，二条水平焊缝是端焊缝，一条竖向焊缝是侧焊缝，两者单位长度分担的应力是不同的，前者大，后者小。因此，上述剪力产生的应力是均匀分布的计算方法有一定的近似性。

［例 3-5］　图 3-31 所示的钢牛腿，牛腿板厚 12mm，柱翼缘板厚 16mm。静力荷载设计值 $F=120\text{kN}$，钢材为 Q235，采用手工焊，E43 型焊条，试验算该连接。

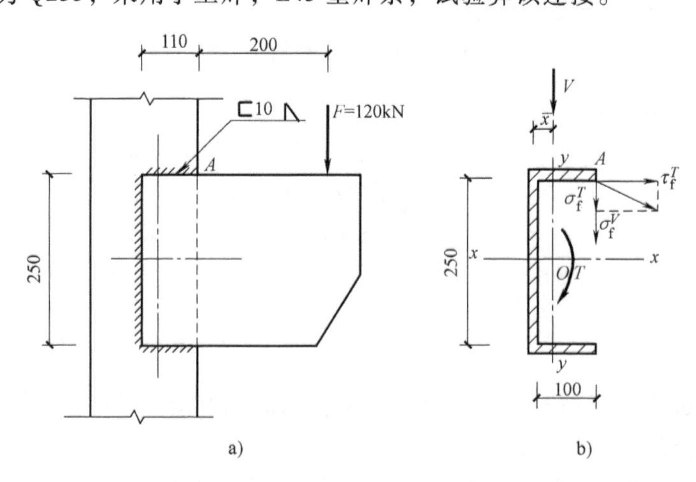

图 3-31　［例 3-5］图

[解]　焊缝有效截面，如图 3-31b 所示。焊缝形心位置为

$$\bar{x}=\frac{0.7\times1.0\times\left(2\times10\times\frac{10}{2}\right)}{0.7\times1.0\times(2\times10+25)}\text{cm}=2.22\text{cm}$$

将 F 向焊缝形心简化，焊缝受剪力 $V=120\text{kN}$，扭矩 $T=Fe=120\times(0.11+0.2-0.022)\text{kN}\cdot\text{m}=34.56\text{kN}\cdot\text{m}$

惯性矩　　$I_x=\frac{0.7\times1.0\times25^3}{12}\text{cm}^4+2\times0.7\times1.0\times10\times12.5^2\text{cm}^4=3099\text{cm}^4$

$$I_y=0.7\times1.0\times25\times2.22^2\text{cm}^4+2\times\left[\frac{0.7\times1.0\times10^3}{12}+0.7\times1.0\times10\times(5-2.22)^2\right]\text{cm}^4=311\text{cm}^4$$

$$I_\rho=I_x+I_y=(3099+311)\text{cm}^4=3410\text{cm}^4$$

A 点处的应力最大

$$\tau_\text{f}^T=\frac{Ty_A}{I_\rho}=\frac{34.56\times10^6\times125}{3410\times10^4}\text{N/mm}^2=126.7\text{N/mm}^2$$

$$\sigma_\text{f}^T=\frac{Tx_A}{I_\rho}=\frac{34.56\times10^6\times(10-2.22)}{3410\times10^4}\text{N/mm}^2=78.8\text{N/mm}^2$$

$$\sigma_\text{f}^V=\frac{V}{\sum A_\text{e}}=\frac{120\times10^3}{0.7\times10\times(250+2\times100)}\text{N/mm}^2=38.1\text{N/mm}^2$$

$$\sqrt{\left(\frac{78.8+38.1}{1.22}\right)^2+126.7^2}\text{ N/mm}^2=158.8\text{N/mm}^2<f_\text{f}^\text{w}=160\text{N/mm}^2$$

所以，连接安全。

3.3.5　斜角角焊缝连接的计算

斜角角焊缝连接的计算采用与直角角焊缝相同的公式，为式（3-8）、式（3-9）和式（3-11），但不考虑焊缝是端焊缝还是侧焊缝，一律取 $\beta_\text{f}=1.0$。在确定焊缝有效厚度时（图 3-32），假定焊缝在其所成的夹角的最小斜面上发生破坏，因此，当两焊脚边夹角 $\alpha>90°$，焊缝的有效厚度

$$h_\text{e}=h_\text{f}\cos\frac{\alpha}{2}$$

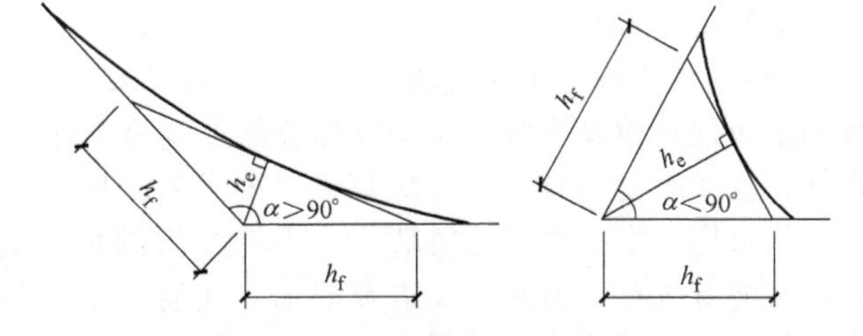

图 3-32　斜角角焊缝的有效厚度

对于 $\alpha<90°$ 斜角角焊缝，按常理焊缝的有效厚度 h_e 也应等于 $h_\text{f}\cos\frac{\alpha}{2}$。考虑到此种锐角角焊缝的焊根不易施焊，当 α 远低于 90° 时，熔深也难以满足要求，因此其有效厚度取为 $h_\text{e}=0.7h_\text{f}$。

此外，夹角 $\alpha>135°$ 和 $\alpha<60°$ 的斜角角焊缝，不宜用作受力焊缝（钢管结构除外）。

3.4　对接焊缝的构造和计算

3.4.1　对接焊缝的构造

对接焊缝的焊件常需做成坡口，故又称为坡口焊缝。坡口形式宜根据板厚和施工条件按有关现行国家标准选用，具体内容已在 3.2.3 节中述及。

一般情况下，每条焊缝的两端常因焊接时的起弧、灭弧的影响而出现弧坑、未焊透等缺陷，常称为焊口，容易引起应力集中，对受力不利。故焊接时应在两端设置引弧板，如图 3-33 所示。引弧板的钢材和坡口应与焊件相同，焊后将它割除。只有在受条件件限制，无法放置引弧板时才允许不用引弧板，此时对接焊缝计算长度等于实际长度减去 $2t$，t 为连接件的较小厚度。

在对接焊缝的拼接处，当两侧焊件的宽度不同或厚度相差 4mm 以上时，为使传力平顺，减少应力集中，应分别在宽度方向或厚度方向从一侧或两侧，将较宽或较厚板件加工成不大于 1∶2.5 的坡度，以使截面过渡平缓，如图 3-34 所示。当厚度不同时，焊缝坡口形式应根据较薄焊件厚度按有关规定选用。

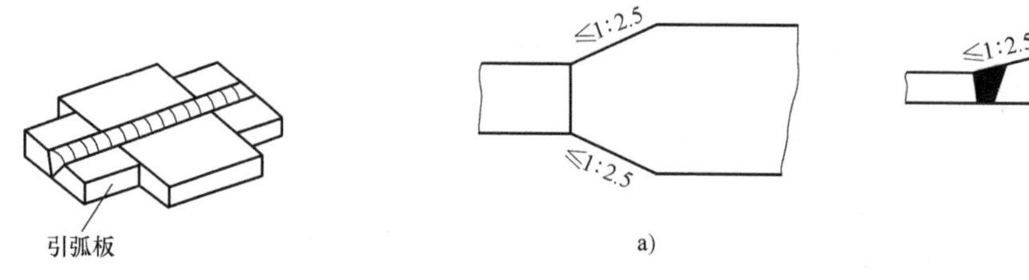

图 3-33　对接焊缝施焊时的引弧板

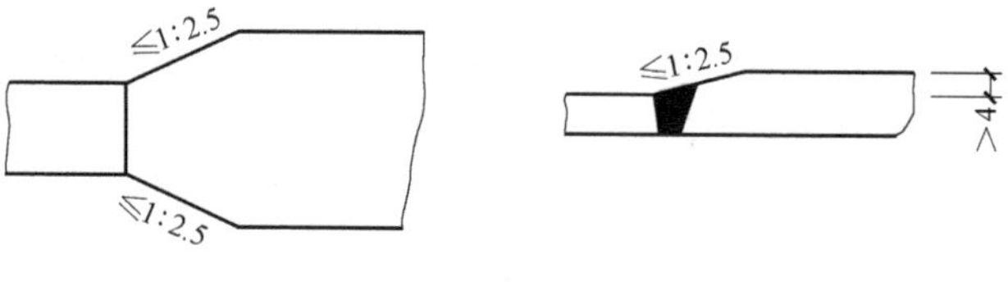

图 3-34　不同宽度或厚度的钢板对接
a）改变宽度　b）改变厚度

3.4.2　对接焊缝的计算

对接焊缝分为焊透和部分焊透两种。

1. 对接焊缝的强度

对接焊缝的强度与所用钢材的牌号、焊条型号及焊缝质量的检验标准等因素有关。

焊缝质量检验一般可用外观检查及无损检查，前者检查外观缺陷和几何尺寸，后者检查内部缺陷。无损检测目前广泛采用超声波检验，使用灵活经济，对内部缺陷反应灵敏；有时还用磁粉检验、荧光检验作为辅助手段；最明确可靠的检验方法是 X 射线和 γ 射线透照和拍片，X 射线应用较广。

《钢结构工程施工质量验收标准》（GB 50205—2020）规定焊缝按焊缝质量等级一级、二级和三级规定检验等级。对一级焊缝除外观检查外，应 100%进行探伤。对二级焊缝除外观检查外，应 20%进行探伤。三级焊缝只要求外观检查。

如果焊缝中不存在任何缺陷，焊缝金属的强度是高于母材的。但由于焊接技术问题，焊缝中可能有气孔、夹渣、咬边等缺陷。实验证明，焊接缺陷对受压、受剪的对接焊缝影响不大，故可认为不论级别，所有对接焊缝的受压、受剪强度与母材相等。但受拉的对接焊缝对缺陷很敏感，当缺陷面积超过焊缝面积 5%时，对接焊缝的抗拉强度明显下降。由于三级焊缝存在的缺陷较多，故其抗拉强度是母材强度的 85%，而通过一级、二级检验的对接焊缝的抗拉强度与母材相等。

2. 焊透的对接焊缝的计算

由于对接焊缝是焊件截面的组成部分，应力分布与焊件原来的分布基本相同，设计时可用计算焊件的方法进行焊缝设计。

（1）对接焊缝承受轴心力　如图 3-35 所示是对接焊缝承受轴心拉力或压力 N，可按式（3-48）计算。

$$\sigma=\frac{N}{l_{\mathrm{w}}t}\leqslant f_{\mathrm{t}}^{\mathrm{w}}\text{或}f_{\mathrm{c}}^{\mathrm{w}} \tag{3-48}$$

式中　l_{w}——焊缝的计算长度。当未用引弧板时，取实际长度减去 $2t$；

t——在对接接头中为被连接件的较小厚度，在 T 形接头中为腹板厚度；

f_t^w、f_c^w——对接焊缝的抗拉、抗压强度设计值，由附表 1-5 查得。

由于焊缝质量为一级、二级的对接焊缝的焊缝强度与母材相等，即只要钢材强度已经满足要求，则焊缝强度同样能满足要求（有引弧板时），故只有三级质量的焊缝在受拉时才需要按式（3-48）进行焊缝抗拉强度计算。如果直对接焊缝不能满足要求，可采用如图 3-36 所示的斜对接焊缝，当焊缝与作用力之间的夹角 θ 满足 $\tan\theta \leqslant 1.5$（$\theta \leqslant 56.3°$）时，斜焊缝的强度不低于母材，可不必再验算焊缝。

图 3-35　直对接焊缝　　图 3-36　斜对接焊缝

[例 3-6]　图 3-37 所示两块厚度为 14mm 的钢板采用 V 形坡口对接焊缝。钢材 Q235，采用手工焊，焊条为 E43 型。承受静态轴心拉力 $N=490\text{kN}$，焊缝质量三级，不用引弧板。试验算焊缝的强度。

[解]　焊缝质量为三级，焊缝的抗拉强度设计值 $f_t^w = 185\text{N/mm}^2$

$$l_w = b-2t = (200-2\times14)\text{mm} = 172\text{mm}$$

$$\sigma = \frac{N}{l_w t} = \frac{490\times10^3}{172\times14}\text{N/mm}^2 = 203.5\text{N/mm}^2 > f_t^w = 185\text{N/mm}^2$$

直缝不安全，改用斜缝对接。

取切割斜度为 1.5∶1，相应的倾角 $\theta=56.3°$。

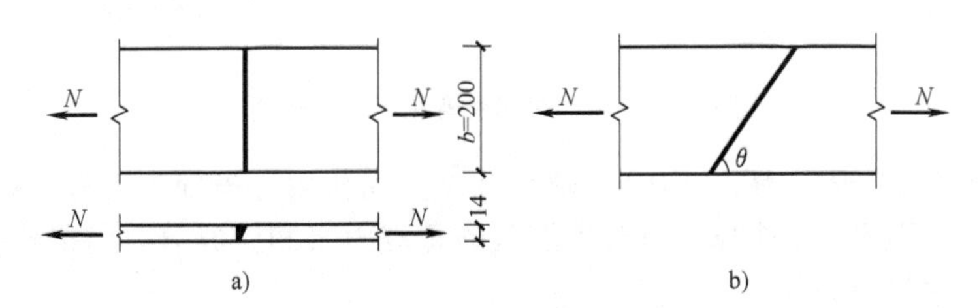

图 3-37　[例 3-6] 图

$$\sin\theta = 0.832, \cos\theta = 0.555, l'_w = \frac{200\text{mm}}{\sin\theta} - 2t = 212.4\text{mm}$$

$$\sigma = \frac{N\sin\theta}{l'_w t} = \frac{490\times10^3\times0.832}{212.4\times14}\text{N/mm}^2 = 137\text{N/mm}^2 < f_t^w = 185\text{N/mm}^2$$

$$\tau = \frac{N\cos\theta}{l'_w t} = \frac{490\times10^3\times0.555}{212.4\times14}\text{N/mm}^2 = 91.5\text{N/mm}^2 < f_v^w = 125\text{N/mm}^2$$

斜缝满足要求。

（2）对接焊缝承受弯矩 M、剪力 V 共同作用　图 3-38a 所示的钢板对接直缝，承受弯矩 M、剪力 V 共同作用，由于焊缝是矩形截面，正应力、剪应力图形分别为三角形和抛物线形。其应力最大值应满足下列条件

$$\sigma_{max} = \frac{M}{W_w} = \frac{6M}{l_w^2 t} \leqslant f_t^w \tag{3-49}$$

$$\tau_{\max}=\frac{VS}{I_{w}t}=\frac{1.5V}{l_{w}t}\leqslant f_{v}^{w} \tag{3-50}$$

式中　W_w、S、I_w——焊缝截面的截面模量、面积矩、惯性矩。

图 3-38b 所示为工字形截面梁的接头，采用对接焊缝，焊缝截面也是工字形，正应力分布为三角形，剪应力图形大致为抛物线，只是在翼缘与腹板的交接点，剪应力有突变。除应验算最大正应力、最大剪应力外，对于同时受有较大的正应力和较大的剪应力处，如翼缘与腹板的交接点，还应按式（3-51）~式（3-53）验算折算应力。

$$\sigma_{1}=\frac{My_{1}}{I_{w}} \tag{3-51}$$

$$\tau_{1}=\frac{VS_{1}}{I_{w}t} \tag{3-52}$$

$$\sqrt{\sigma_{1}^{2}+3\tau_{1}^{2}}\leqslant 1.1f_{t}^{w} \tag{3-53}$$

式中　S_1——一个翼缘截面对中和轴的面积矩；

y_1——验算点距中和轴的距离；

σ_1、τ_1——验算点处的焊缝的正应力、剪应力；

1.1——系数，考虑最大折算应力只发生在个别点，而将强度设计值适当提高 10%。

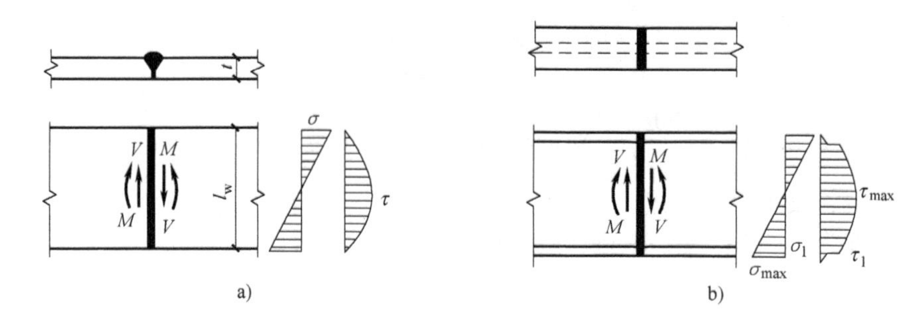

图 3-38　对接焊缝受弯矩和剪力作用

（3）对接焊缝承受弯矩 M、剪力 V、轴心力 N 共同作用　当轴心力与弯矩、剪力共同作用时，焊缝的最大正应力为轴心力与弯矩引起的正应力之和，剪应力仍按式（3-50）验算，折算应力按式（3-53）验算。

［例 3-7］　某简支工作平台梁，工字形截面，如图 3-39 所示。因腹板长度不够，拟在腹板上设置对接焊缝进行拼接。拼接处作用弯矩 $M=2600\text{kN}\cdot\text{m}$，剪力 $V=244\text{kN}$，钢材为 Q345，采用手工焊，E50 型焊条，用引弧板施焊，质量等级为三级。试验算该焊缝强度。

［解］　因为腹板的对接焊缝的形状尺寸与被连接的腹板相同，所以这条腹板焊缝与两块翼缘板组成的工字形截面共同抵抗外荷载。

焊缝所在处截面的几何特性

$$I_{x}=\frac{1}{12}\times(32\times120^{3}-31\times116^{3})\text{cm}^{4}=575685\text{cm}^{4}$$

下翼缘对 x 轴的面积矩

$$S_{1}=32\times2\times\left(\frac{116}{2}+1.0\right)\text{cm}^{3}=3776\text{cm}^{3}$$

上半截面对 x 轴的面积矩

$$S=\left(3776+\frac{1}{2}\times116\times1.0\times\frac{1}{4}\times116\right)\text{cm}^{3}=5458\text{cm}^{3}$$

腹板对接焊缝上最大弯曲正应力的点在腹板与下翼缘交界点 A 点，则

$$\sigma_A=\frac{My_1}{I_x}=\frac{2600\times10^6\times1160/2}{575685\times10^4}\text{N/mm}^2=262\text{N/mm}^2<f_t^w=265\text{N/mm}^2$$

$$\tau_A=\frac{VS_1}{I_x t}=\frac{244\times10^3\times3776\times10^3}{575685\times10^4\times10}\text{N/mm}^2=16\text{N/mm}^2<f_v^w=180\text{N/mm}^2$$

折算应力

$$\sigma_r=\sqrt{\sigma_A^2+3\tau_A^2}=\sqrt{262^2+3\times16^2}\text{N/mm}^2=263.5\text{N/mm}^2<1.1f_t^w=1.1\times265\text{N/mm}^2=291.5\text{N/mm}^2$$

所以，焊缝安全。

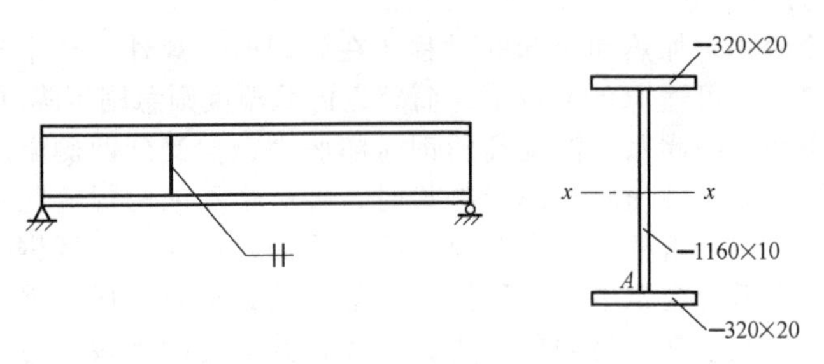

图 3-39　[例 3-7] 图

3. 部分焊透的对接焊缝的计算

当焊缝受力很小，焊缝仅起联系作用时，或当焊缝受力较大，但采用焊透的对接焊缝将使材料不能充分发挥作用时，可采用部分焊透的对接焊缝。如用四块较厚的板焊成箱形截面的轴心受压柱时，用图 3-40a 所示的焊透对接焊缝是不必要的；用图 3-40b 所示的角焊缝，则外形不平整；而采用图 3-40c 所示的部分焊透的对接焊缝，省工省料，平整美观。

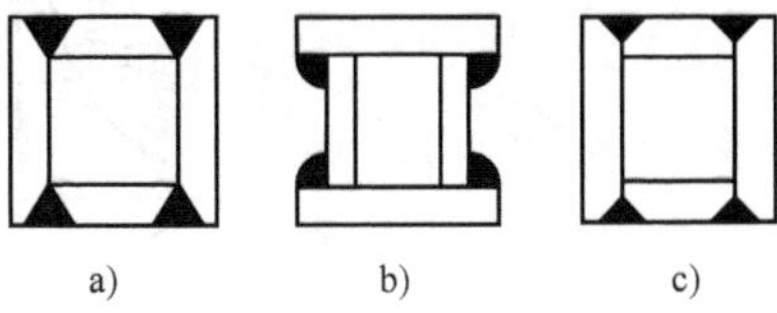

图 3-40　箱形截面焊接

部分焊透的对接焊缝必须在设计图中注明坡口的形式和尺寸。坡口形式分 V 形（图 3-41a、b、e）、U 形（图 3-41c）、J 形（图 3-41d）。

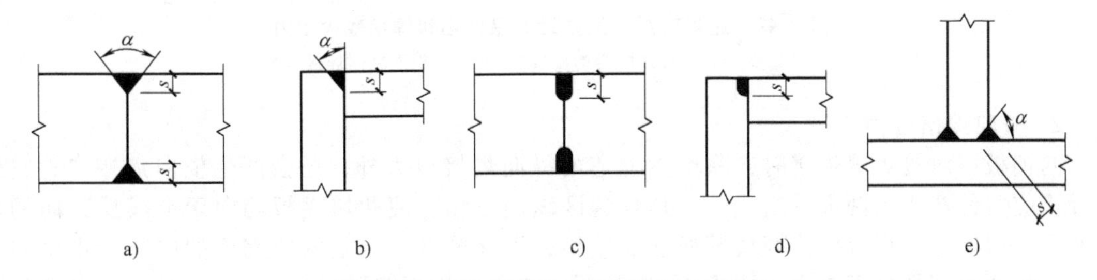

图 3-41　部分焊透的对接焊缝的坡口形式

由图可见，部分焊透对接焊缝实际上可视为在坡口内焊接的角焊缝，故其强度计算可按角焊缝的计算公式，在垂直于焊缝长度方向的压力作用下，取 $\beta_f=1.22$，其他受力情况，取 $\beta_f=1.0$。焊缝有效计算厚度 h_e 应采用如下方法：

1）V 形坡口（图 3-41a），当 $\alpha\geqslant60°$时，$h_e=s$；当 $\alpha<60°$时，$h_e=0.75s$。

2）单边 V 形和 K 形坡口（图 3-41b、e），$\alpha=45°\pm5°$，$h_e=s-3$。

3）U 形、J 形坡口（图 3-41c、d），$h_e=s$。

s 为坡口深度，即焊缝根部至焊缝表面（不考虑余高）的最短距离（mm）。α 为 V 形、单边 V 形、K 形坡口角度。

当熔合线处焊缝截面边长等于或接近于最短距离 s 时（图 3-41b、d、e），其抗剪强度设计值应按角焊缝的强度设计值乘以 0.9。

3.5 焊接应力和焊接变形

3.5.1 焊接应力的分类和产生原因

焊接应力分为沿焊缝长度方向的纵向焊接应力、垂直于焊缝长度方向的横向焊接应力和沿厚度方向的焊接应力。

1. 纵向焊接应力

焊接过程是一个不均匀加热和冷却的过程。在施焊时，焊件上产生不均匀的温度场，焊缝、焊缝附近温度最高，可达1600℃以上，而邻近区域温度则急剧下降（图 3-42a、b），不均匀的温度场会产生不均匀的膨胀。温度高的钢材膨胀大，但受到两侧温度较低、膨胀量小的钢材所限制，产生了热态塑性压缩。焊缝冷却时，被塑性压缩的焊缝区缩短，但受到两侧钢材限制而产生纵向拉应力。这种拉应力在焊缝冷却后仍残留在焊缝区钢材内，故也称为焊接残余应力。在低碳钢和低合金钢中，这种拉应力常常达到钢材的屈服强度。焊接应力是构件未受到荷载作用而早已残余在钢材内的应力，因此，截面上的焊接应力必须自相平衡，既然在焊缝区有残余拉应力，则在焊缝区以外必然有残余压应力（图 3-42c），且上述数值和分布应满足 $\sum X=0$ 和 $\sum M=0$ 等静力平衡条件。

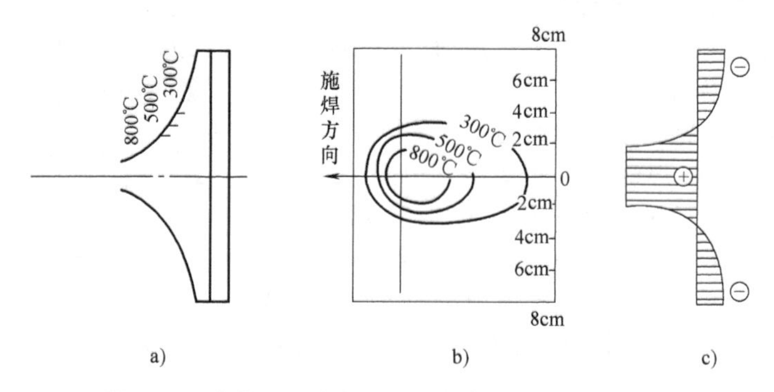

图 3-42　施焊时焊缝及附近的温度场和焊接残余应力

a）、b）施焊时焊缝及附近的温度场　c）钢板上纵向焊接应力

2. 横向焊接应力

两钢板以对接焊缝连接时，除产生上述的纵向焊接应力外，还会产生横向焊接应力。横向焊接应力的产生由两部分组成：一是焊缝区纵向收缩，使两块钢板趋向于形成反方向的弯曲变形，但实际上焊缝已将两块钢板连成整体，不能分开，于是两块钢板的中间产生横向拉应力，而两端则产生压应力，如图 3-43b 所示。二是由于焊缝形成有先有后，先焊的部分先冷却，先冷却的焊缝已经凝固，阻止后焊焊缝的横向自由膨胀，使其发生横向的塑性压缩变形。当焊缝冷却时，后焊焊缝的收缩受到已凝固焊缝的限制而产生横向拉应力，而先焊部分则产生横向压应力，因应力自相平衡，更远处的焊缝则受拉应力，如图 3-43c 所示。焊缝的横向应力是由上述两种原因产生的应力合成的结果，如图 3-43d 所示。

3. 厚度方向的焊接应力

较厚的钢板连接时，焊缝需多层施焊，将产生沿厚度方向的焊接应力，如图 3-44 所示。焊缝表面与空气接触面散热较快而先冷却结硬，中间部分后冷却，收缩受到阻碍，形成中间

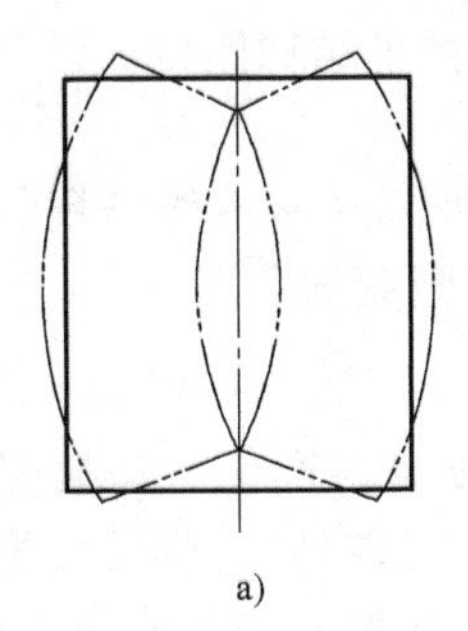

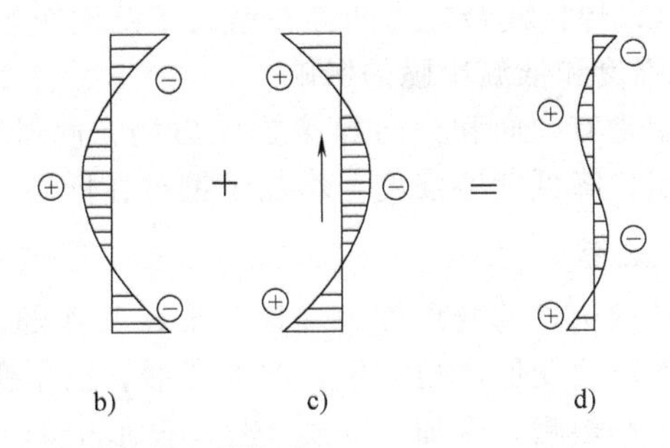

图 3-43　焊缝的横向焊接应力

焊缝受拉，四周受压的应力状态。因此，除有纵向和横向焊接应力 σ_x、σ_y 外，还有沿厚度方向的焊接应力 σ_z。这样在厚板焊缝中形成三向的同号拉应力场，大大降低了焊缝的塑性。当板厚在 20mm 以下时，可不考虑厚度方向的焊接应力。

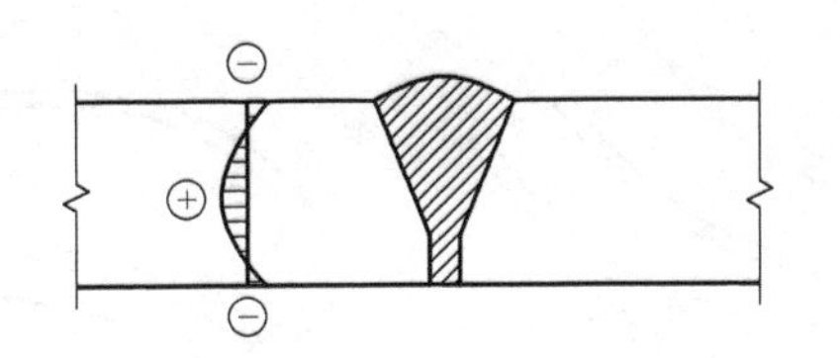

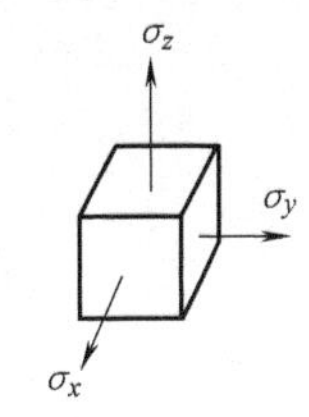

图 3-44　厚板中的焊接残余应力

3.5.2　焊接应力对结构性能的影响

焊接应力是焊接结构构件的缺陷之一，其对结构性能的影响主要体现在以下几方面：

1. 对结构静力强度的影响

常温下，对于有较好塑性的钢材，焊接应力对构件承受静力荷载的强度没有影响。如一轴心受拉的钢板，在未受外荷载之前，截面上已经存在纵向焊接应力，假设其分布如图 3-45a 所示。在轴心拉力作用下，截面焊接应力已达到屈服强度的塑性区 bt，应力不再增大，拉力 N 由受压的弹性区承担，两侧的受压区应力由原来的受压逐渐变为受拉，最后应力达到屈服强度 f_y。

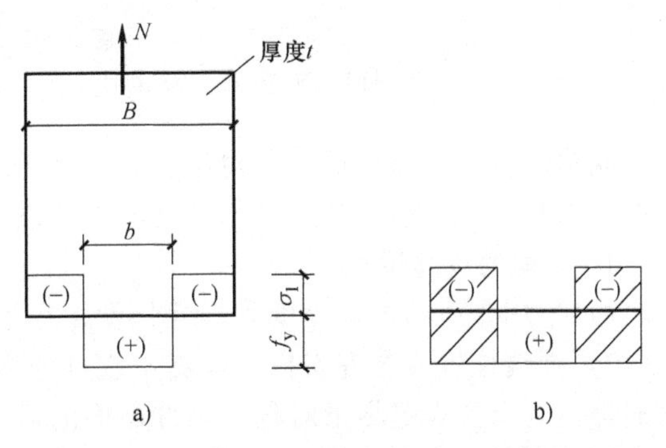

图 3-45　有焊接残余应力的轴心拉杆受荷过程

钢板承受的外拉力 N 等于图 3-45b 中的阴影面积，所以

$$N=(B-b)t(\sigma_1+f_y)=(B-b)t\sigma_1+(B-b)tf_y$$

因为　$$btf_y=(B-b)t\sigma_1$$

所以　$$N=btf_y+(B-b)tf_y=Btf_y$$

可知有焊接应力的板的承载力与没有焊接应力的板完全相同。

2. 对结构刚度的影响

焊接残余应力虽然不影响常温下结构的静力强度，但是会降低结构的刚度，现仍以轴心受拉构件为例，由于截面 bt 部分已达到 f_y，进入塑性状态而丧失继续承受荷载的能力，这部分刚度为零，构件在拉力 N 作用下的应变

$$\varepsilon_1=\frac{N}{(B-b)tE}$$

如构件上无残余应力，则应变

$$\varepsilon_2=\frac{N}{BtE}$$

显然 $\varepsilon_1>\varepsilon_2$，焊接残余应力的存在增大了结构变形，降低了结构刚度。

3. 对疲劳强度和低温冷脆的影响

焊接结构中常有两向和三向焊接拉应力场，使材料的塑性变形不能开展，钢材变脆，裂缝易发生和开展，降低疲劳强度，增加了钢材在低温下的脆断倾向。

3.5.3 焊接变形

焊接引起结构构件的变形称为焊接变形，其伴随着焊接应力产生。焊接变形包括纵向收缩、横向收缩、弯曲变形、角变形、波浪变形、扭曲变形（图 3-46）。焊接变形对结构构件的工作性能产生不利影响，应加以限制。焊接变形中的横向收缩和纵向收缩在下料时应予注意。焊接变形超过《钢结构工程施工质量验收标准》（GB 50205—2020）规定时，应进行矫正，以免影响构件的承载能力。

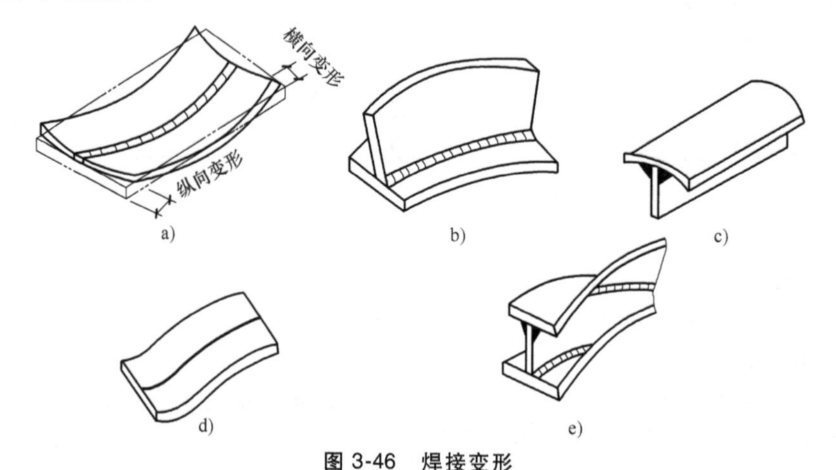

图 3-46 焊接变形

a）纵向、横向收缩 b）弯曲变形 c）角变形 d）波浪变形 e）扭曲变形

既然焊接应力和焊接变形对结构产生不利影响，所以从设计、制作、施工都应采取减少焊接应力和焊接变形的措施，如合理的焊缝设计和工艺措施。

1. 合理的焊缝设计

1）采用合适的焊缝厚度和焊缝长度，宜用细长焊缝，不用粗短焊缝。

2）焊缝位置应合理安排。焊缝不宜过分集中，以防止焊接变形受到严重的约束而产生过大的焊接应力。焊缝尽量对称于构件截面的对称轴，以减少焊接变形。

3）尽量避免焊缝三向相交。因为相交处往往出现三向同号拉应力场，使材料变脆。为防止三向焊缝相交，应使次要焊缝断开，保证主要焊缝连续。如图 3-47c 所示，梁的加劲肋切去

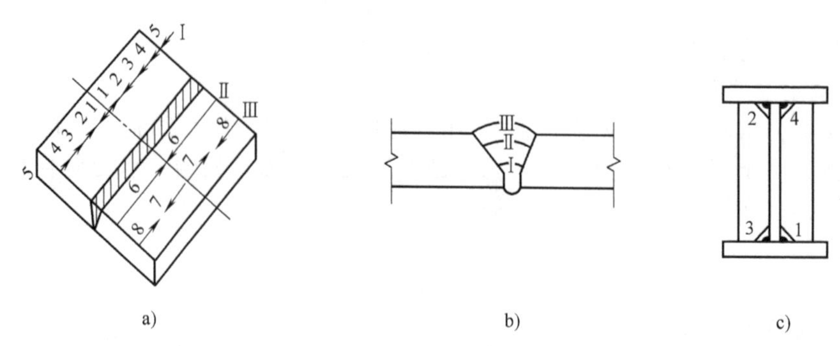

图 3-47 合理的施焊次序

a）分段退焊 b）沿厚度分层焊 c）对角跳焊

一角，让翼缘与腹板的焊缝通过，避免与加劲肋的焊缝相交。

2. 合理的工艺措施

1）采用合理的施焊次序。如钢板对接时采用对称焊、分段退焊，工字形截面采用对角跳焊，如图 3-47a、c 所示。

2）焊前预热法、焊后退火法。当焊件尺寸较小时，可在焊前将构件预热至 200~300℃，或焊后加热至 600℃，然后慢慢冷却，可以有效地消除焊接应力和焊接变形。

3）反变形法。施焊前，对构件施加与焊接变形反方向的预变形，使之与焊接变形相抵消，如图 3-48 所示。

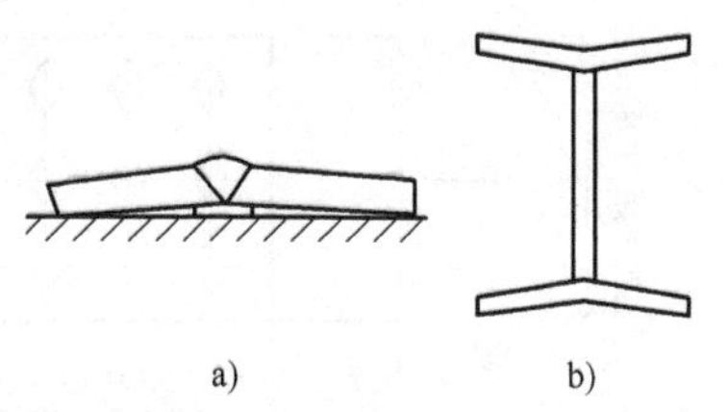

图 3-48　焊接前反方向的预变形

3.6　螺栓连接的构造

3.6.1　螺栓的直径

普通螺栓分为 A 级、B 级、C 级，A 级、B 级为精制螺栓，C 级为粗制螺栓。为了制作方便，同一结构中的同类螺栓（粗制、精制、高强度螺栓等）宜采用一种统一规格，即钢种、直径、孔径都相等。

螺栓直径 d 应根据整个结构及其主要连接的尺寸和受力情况选定，标准螺栓根据直径可分为 M12mm、(14mm)、16mm、(18mm)、20mm、(22mm)、24mm、27mm、30mm 等，常用 M20~M24，受力螺栓一般用 M16 及以上的尺寸。

C 级螺栓的孔径 d_0 比杆径 d 大 1~2mm，A 级、B 级螺栓的孔径与杆径几乎相等，摩擦型高强度螺栓的孔径比杆径大 1.5~2mm，承压型高强度螺栓的孔径比杆径大 1~1.5mm。

螺纹会削弱螺栓杆截面，螺栓受拉时将在螺纹处发生断裂。因为螺纹是斜方向的，所以在进行螺栓受拉设计时采用有效直径 d_e，螺栓的有效直径和有效面积详见附表 9-1。

螺栓、铆钉和孔的制图符号如图 3-49 所示，其中细线“+”表示中心点定位线，另应标注螺栓或铆钉的直径和孔径。

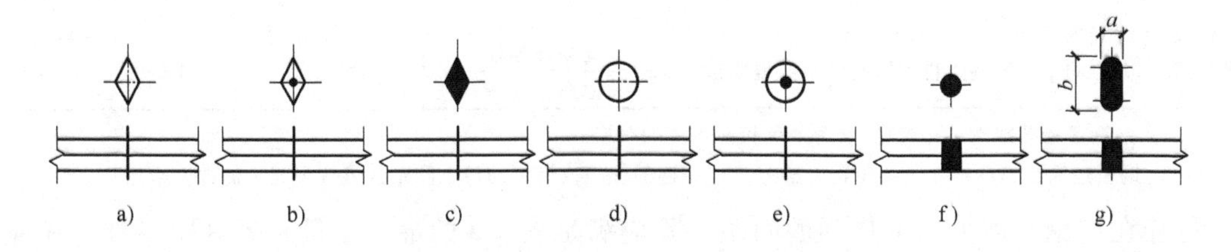

图 3-49　螺栓、铆钉和孔的制图符号

a）永久普通螺栓　b）安装普通螺栓　c）高强度螺栓　d）车间铆钉　e）工地铆钉　f）螺栓或铆钉圆钉　g）长圆孔

3.6.2　螺栓的排列和间距

螺栓的排列应简单、统一、整齐而紧凑。排列方法有并列和错列两种，并列简单整齐，错列较紧凑。

构件上排列成行的螺栓孔中心连线称作螺栓线，相邻两条螺栓线的间距称为中距，连接中最末一个螺栓孔中心沿连接的受力方向至构件端部的距离称为端距，螺栓孔中心在垂直于受力方向至构件端部的距离称为边距，螺栓排列如图 3-50 所示。

螺栓在构件上的排列应考虑下列要求：

(1) 受力要求　在受力方向的端距不能太小。端距太小，栓钉前钢板有被剪断的可能。

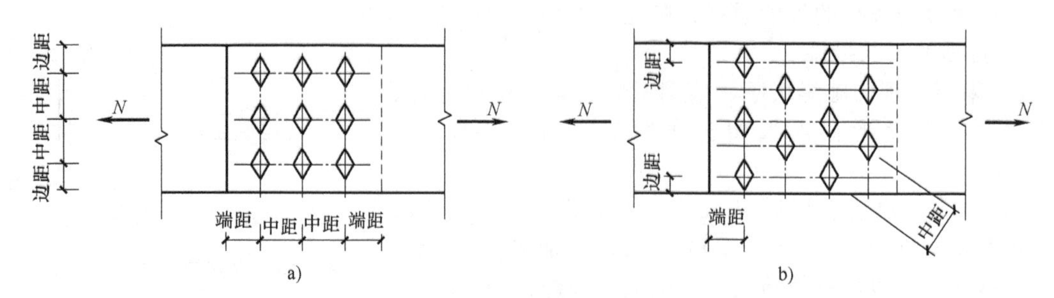

图 3-50 螺栓排列

a）并列 b）错列

当端距不小于 $2d_0$（d_0 为孔径），可保证钢板不被剪断。对于受拉构件，当各排中距太小时，构件有沿折线或直线破坏的可能。对于受压构件，沿外力方向的中距不宜过大，否则构件易发生张口或鼓曲。

（2）构造要求 螺栓的边距及中距不宜过大，否则被连接板件接触面不紧密，潮气侵入缝隙，易造成钢材锈蚀。

（3）施工要求 布置螺栓时，要保证有一定的空间，以便转动扳手拧紧螺帽。

根据上述要求，规范规定了螺栓的最大、最小容许距离，见表 3-5。

表 3-5 螺栓或铆钉的最大、最小容许距离

<table>
<tr><th>名称</th><th colspan="3">位置和方向</th><th>最大容许距离
（取两者的较小值）</th><th>最小容许距离</th></tr>
<tr><td rowspan="5">中心间距</td><td colspan="3">外排（垂直内力方向或顺内力方向）</td><td>$8d_0$ 或 $12t$</td><td rowspan="5">$3d_0$</td></tr>
<tr><td rowspan="3">中间排</td><td colspan="2">垂直内力方向</td><td>$16d_0$ 或 $24t$</td></tr>
<tr><td rowspan="2">顺内力方向</td><td>压力</td><td>$12d_0$ 或 $18t$</td></tr>
<tr><td>拉力</td><td>$16d_0$ 或 $24t$</td></tr>
<tr><td colspan="3">沿对角线方向</td><td>—</td></tr>
<tr><td rowspan="4">中心至构件边缘距离</td><td colspan="3">顺内力方向</td><td rowspan="4">$4d_0$ 或 $8t$</td><td>$2d_0$</td></tr>
<tr><td rowspan="3">垂直内力方向</td><td colspan="2">剪切边或手工气割边</td><td rowspan="2">$1.5d_0$</td></tr>
<tr><td rowspan="2">轧制边自动精密气割或锯割边</td><td>高强度螺栓</td></tr>
<tr><td>其他螺栓或铆钉</td><td>$1.2d_0$</td></tr>
</table>

注：1. d_0 为螺栓孔或铆钉孔直径，t 为外层较薄板件的厚度。

2. 钢板边缘与刚性构件（如角钢、槽钢等）相连的螺栓或铆钉的最大间距，可按中间排的数值采用。

螺栓在型钢长度方向上排列的间距，除应满足表 3-5 的最大、最小容许距离外，还应考虑拧紧螺栓时对净空的要求。角钢、工字钢、槽钢上螺栓的线距应满足表 3-6～表 3-8 的要求。

表 3-6 角钢上螺栓或铆钉线距表 （单位：mm）

<table>
<tr><td rowspan="3">单行排列</td><td>角钢肢宽</td><td>40</td><td>45</td><td>50</td><td>56</td><td>63</td><td>70</td><td>75</td><td>80</td><td>90</td><td>100</td><td>110</td><td>125</td></tr>
<tr><td>线距 e</td><td>25</td><td>25</td><td>30</td><td>30</td><td>35</td><td>40</td><td>40</td><td>45</td><td>50</td><td>55</td><td>60</td><td>70</td></tr>
<tr><td>钉孔最大直径</td><td>11.5</td><td>13.5</td><td>13.5</td><td>15.5</td><td>17.5</td><td>20</td><td>22</td><td>22</td><td>24</td><td>24</td><td>26</td><td>26</td></tr>
<tr><td rowspan="4">双行错排</td><td>角钢肢宽</td><td>125</td><td>140</td><td>160</td><td>180</td><td>200</td><td colspan="2" rowspan="4">双行并列</td><td colspan="2">角钢肢宽</td><td>160</td><td>180</td><td>200</td></tr>
<tr><td>e_1</td><td>55</td><td>60</td><td>70</td><td>70</td><td>80</td><td colspan="2">e_1</td><td>60</td><td>70</td><td>80</td></tr>
<tr><td>e_2</td><td>90</td><td>100</td><td>120</td><td>140</td><td>160</td><td colspan="2">e_2</td><td>130</td><td>140</td><td>160</td></tr>
<tr><td>钉孔最大直径</td><td>24</td><td>24</td><td>26</td><td>26</td><td>26</td><td colspan="2">钉孔最大直径</td><td>24</td><td>24</td><td>26</td></tr>
</table>

注：e、e_1、e_2 如图 3-51a 所示。

表 3-7　工字钢和槽钢腹板上的螺栓线距表　（单位：mm）

工字钢型号	12	14	16	18	20	22	25	28	32	36	40	45	50	56	63
线距 c_{min}	40	45	45	45	50	50	55	60	60	65	70	75	75	75	75
槽钢型号	12	14	16	18	20	22	25	28	32	36	40	—	—	—	—
线距 c_{min}	40	45	50	50	55	55	55	60	65	70	75	—	—	—	—

表 3-8　工字钢和槽钢翼缘上的螺栓线距表　（单位：mm）

工字钢型号	12	14	16	18	20	22	25	28	32	36	40	45	50	56	63
线距 a_{min}	40	40	50	55	60	65	65	70	75	80	80	85	90	95	95
槽钢型号	12	14	16	18	20	22	25	28	32	36	40	—	—	—	—
线距 a_{min}	30	35	35	40	40	45	45	45	50	56	60	—	—	—	—

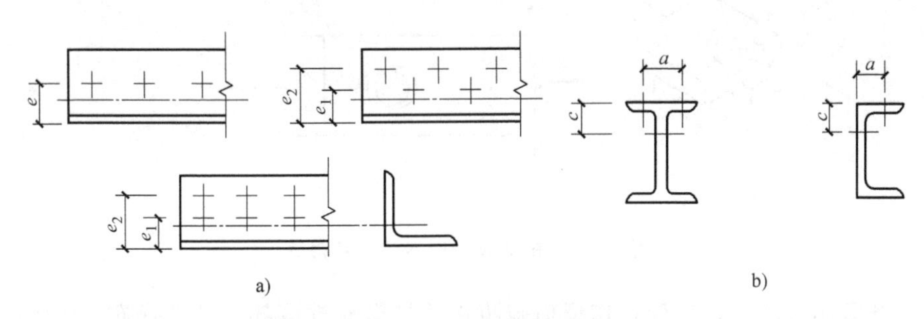

图 3-51　型钢的螺栓排列

a）角钢上的螺栓排列　b）工字钢、槽钢的螺栓排列

3.7　普通螺栓连接的计算

普通螺栓连接按受力情况可分为三类：①螺栓只受剪力；②螺栓只受拉力；③螺栓同时受剪力、拉力。因此，按螺栓受力方式可分为抗剪螺栓、抗拉螺栓以及同时抗剪和抗拉螺栓。抗剪螺栓依靠螺栓杆抗剪和螺栓杆对孔壁的承压传递垂直于螺栓杆方向的剪力，如图 3-52 所示。抗拉螺栓则是螺栓杆承受沿杆长方向的拉力。

3.7.1　抗剪螺栓

1. 抗剪螺栓的工作性能

普通螺栓拧紧后有少量的初拉力，可以夹紧被连接件。当外剪力较小时，外力由构件间的摩擦力承受，此时被连接件之间无相对滑移，螺栓杆和孔壁间保持原有的空隙。当外力增大超过摩擦力时，构件间发生相对滑移，螺杆一侧开始接触孔壁，产生承压应力，螺栓杆则受剪切和弯曲作用。当连接的变形处于弹性阶段时，螺栓群中各个螺栓受力不均，两端大、中间小。随着外力的增大，连接进入弹塑性阶段后，各螺栓受力趋于相等，直到破坏。故当外力作用于螺栓群中心时，可认为各螺栓受力相等。

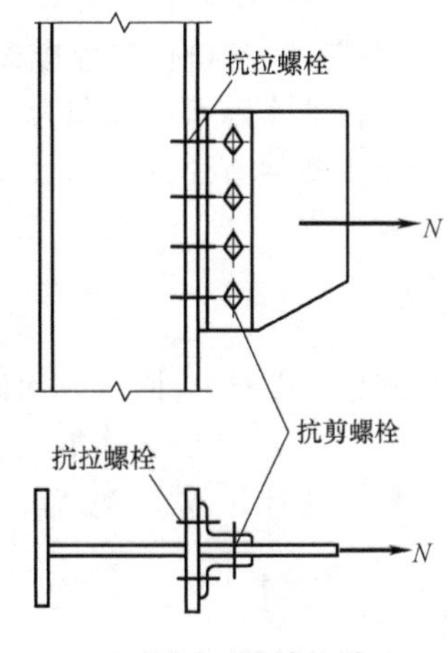

图 3-52　螺栓连接

抗剪螺栓连接达到极限承载力时，可能有四种破坏形式：

1）当栓杆直径较小而板件较厚时，栓杆可能先被剪坏，如图 3-53a 所示。

2）当栓杆直径较大而板件较薄时，孔壁可能先被挤压坏，如图 3-53b 所示。

3）构件可能因螺栓孔削弱过多而被拉断，如图 3-53c 所示。

4）板件端部螺栓孔端距太小，端距范围内的板件有可能被栓杆冲剪破坏，如图 3-53d 所示。

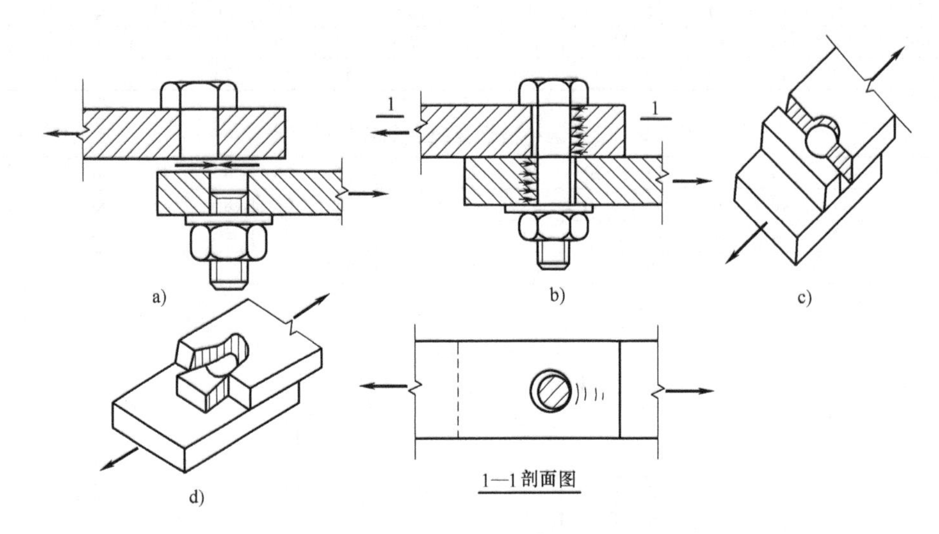

图 3-53　抗剪螺栓连接的破坏形式

上述四种破坏形式中，可通过构造措施防止产生第 4 种破坏。如使端距 $e \geqslant 2d_0$（d_0 为孔径），则可避免板端被剪坏。第 3 种破坏形式属于构件的强度计算。因此，抗剪螺栓连接的计算只考虑第 1、2 种破坏形式：杆身被剪断和板件的孔壁被挤压坏。

2. 一个螺栓的设计承载力

普通螺栓抗剪连接的承载力，应考虑栓杆受剪和孔壁承压两种情况。

假定螺栓受剪面上的剪应力是均匀分布，则一个螺栓的抗剪设计承载力为

$$N_{\mathrm{v}}^{\mathrm{b}} = n_{\mathrm{v}} \frac{\pi d^2}{4} f_{\mathrm{v}}^{\mathrm{b}} \tag{3-54}$$

式中　n_{v}——受剪面数目，单剪取 1，双剪取 2，如图 3-54 所示；

d——螺栓杆直径；

$f_{\mathrm{v}}^{\mathrm{b}}$——螺栓抗剪强度设计值，取决于螺栓钢材，查附表 1-6。

螺栓的实际承压面积为半个圆柱面面积，如图 3-55 所示。为简化计算，假定螺栓承压应力分布于螺栓直径截面 dt 上，并且假定该承压面上的应力为均匀分布，则一个螺栓的承压设计承载力为

$$N_{\mathrm{c}}^{\mathrm{b}} = d \sum t f_{\mathrm{c}}^{\mathrm{b}} \tag{3-55}$$

式中　$\sum t$——同一方向的承压构件的较小总厚度；

$f_{\mathrm{c}}^{\mathrm{b}}$——螺栓承压强度设计值，取决于构件钢材，查附表 1-6。

按公式计算 $N_{\mathrm{v}}^{\mathrm{b}}$、$N_{\mathrm{c}}^{\mathrm{b}}$ 后，取其较小值以 $N_{\min}^{\mathrm{b}}$ 表示，该值为一个螺栓设计承载力。

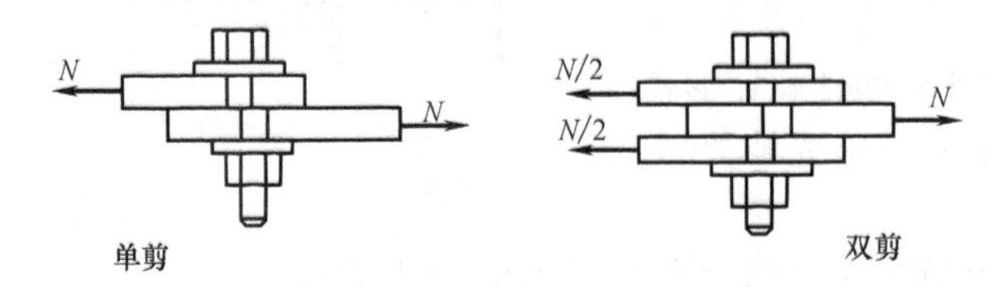

图 3-54　螺栓受剪

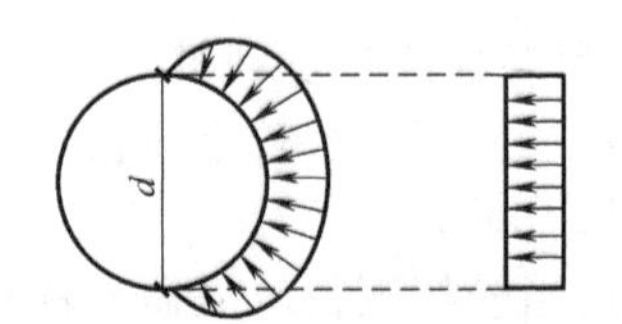

图 3-55　螺栓承压的计算承压面积

3. 普通螺栓的抗剪连接计算

1. 螺栓群轴心受剪计算

如图 3-56 所示，外力作用线通过了螺栓群的形心，假定外力由每个螺栓平均分担，各个螺栓受力相等，所需的螺栓数目为

$$n \geqslant \frac{N}{N_{\min}^{b}} \tag{3-56}$$

当钢板平接时，n 为连接一侧螺栓的数目；当钢板搭接时，n 为总的螺栓数目。按构造要求进行螺栓布置后，由于螺栓孔削弱了构件的截面，因此需验算构件的净截面强度

$$\sigma = \frac{N}{A_n} \leqslant f \tag{3-57}$$

式中　f——钢材的抗拉设计强度；

A_n——构件的净截面面积。

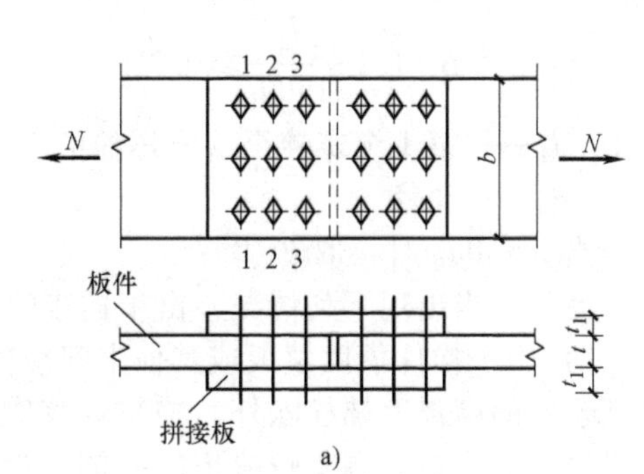

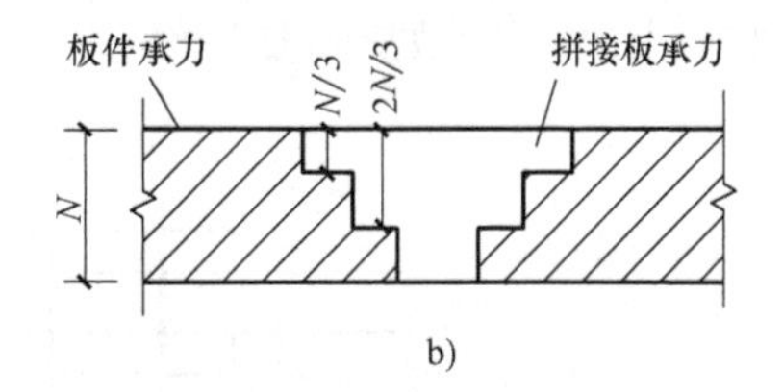

图 3-56　螺栓并列布置钢板受力

图 3-56 所示的并列螺栓连接中，左边板件所承担的力 N 通过 9 个螺栓传至两块拼接板，每个螺栓传递 $N/9$。然后两块拼接板通过右边 9 个螺栓把力传给右边板件，如此左右板件的内力达到平衡。从力的传递过程中可算出各截面受力的大小，对于板件，1—1 截面受力为 N，2—2 截面受力为 $N-\frac{n_1}{n}N$，3—3 截面受力为 $N-\frac{n_1+n_2}{n}N$，1—1 截面受力最大，其净截面面积为

$$A_n = t(b-n_1 d_0) \tag{3-58}$$

式中　n_1、n_2、n_3、n——第 1 列、第 2 列、第 3 列及总的螺栓数目；

d_0——螺栓孔径。

因为是并列布置，各个截面的净截面面积相同，所以只需验算受力最大的第 1 列螺栓处的净截面强度，即 1—1 截面的净截面强度。

对于拼接盖板，3—3 截面受力最大，数值为 N，其净截面面积为

$$A_n = 2t_1(b-n_3 d_0) \tag{3-59}$$

当螺栓错列布置且列距 a 较小时，板件有可能沿直线 1—1 截面或锯齿形 2—2 截面破坏，如图 3-57 所示，除按式（3-58）计算第 1 列 1—1 截面净截面面积外，还需计算锯齿形 2—2 截面的净截面面积

$$A_n = [2e_1 + (n_2-1)\sqrt{a^2+e^2} - n_2 d_0]t \tag{3-60}$$

式中　n_2——锯齿形 2—2 截面上的螺栓数目。

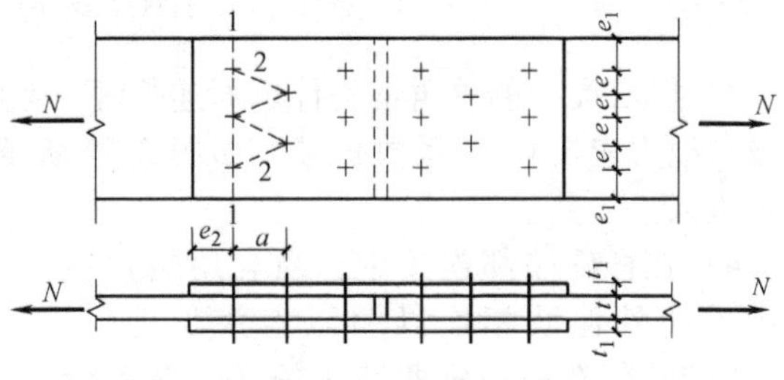

图 3-57　螺栓错列布置钢板净截面面积

应同时算出两个可能破坏的净截面面积，然后取其较小者代入式（3-57）验算。

应当指出，在构件的节点处或拼接接头的一端，若螺栓沿受力方向的连接长度 l_1 过大时，各螺栓受力严重不均匀，如图 3-58 所示。端部螺栓会因受力过大而首先破坏，随后依次向内

发展，逐个破坏，最后整个接头失效，为防止这种现象，规范规定：

当 $l_1>15d_0$ 时，螺栓的设计承载力应按式（3-61）予以折减，折减系数 β 为

$$\beta=1.1-\frac{l_1}{150d_0}\geqslant 0.7 \qquad (3\text{-}61)$$

式中　l_1——第 1 个螺栓至最末螺栓的距离；

d_0——孔径。

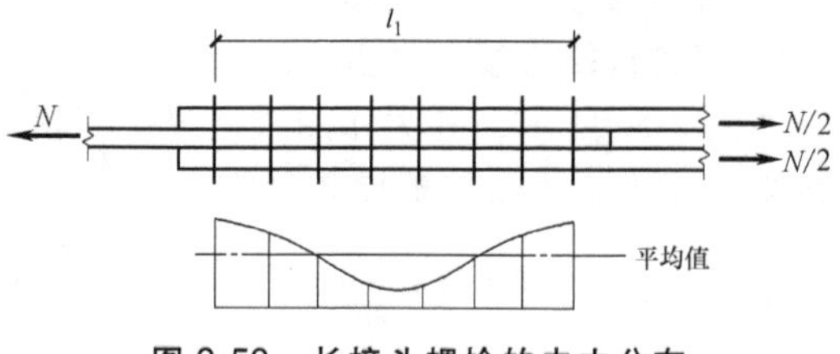

图 3-58　长接头螺栓的内力分布

当 $l_1>60d_0$ 时，取 $\beta=0.7$。

另外，当出现下列情况，由于连接的工作情况较差，规范规定螺栓数目应相应增加。

1）一个构件借助填板或其他中间板件与另一个构件连接时，其连接螺栓或铆钉数目（摩擦型连接的高强度螺栓除外）应按计算值增加 10%。图 3-59 所示为两块不等厚度的钢板的螺栓对接接头，在右侧有较薄板的一侧需设填板。因填板一侧的螺栓受力后易弯曲，工作状况较差，因而该侧螺栓数应增加 10%。

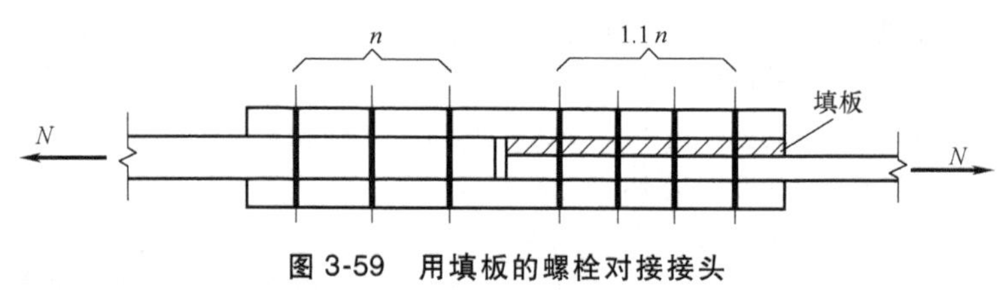

图 3-59　用填板的螺栓对接接头

2）搭接接头和单面拼接板连接，如图 3-60 所示。由于接头易弯曲，螺栓（不包括摩擦型高强度螺栓）或铆钉数目应按计算数增加 10%。

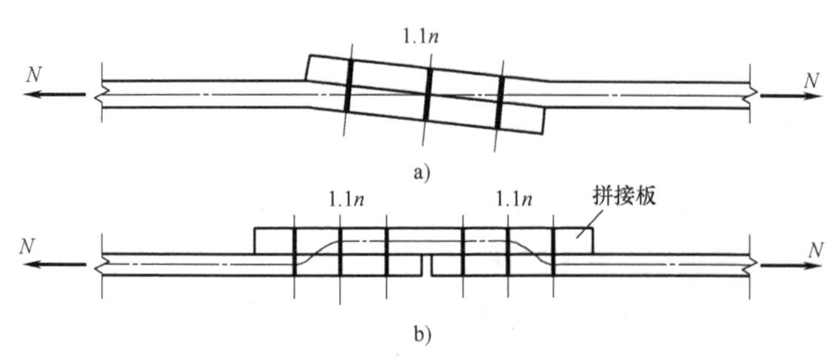

图 3-60　搭接接头和单面拼接板连接

a）搭接接头　b）单面拼接板连接

3）轴心受力的单角钢构件单面连接时，考虑不对称单面搭接的不利影响，螺栓连接的强度或承载力应按 0.85 系数折减，如图 3-61 所示。如果是焊缝连接，则焊缝强度也要按 0.85 系数折减。

4）在杆件端部连接中，当利用短角钢与型钢的外伸肢相连以缩短连接长度时，(图 3-62a)，在短角钢两肢中的任一肢上所用螺栓数目应按计算值增加 50%。

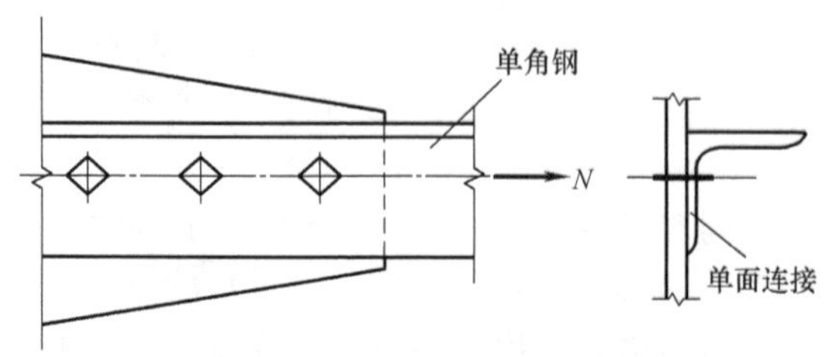

图 3-61　单角钢单面连接

图 3-62 所示的角钢与节点板的螺栓连接，该情况连接长度过长。为缩短连接长度，角钢上保留所需 6 个螺栓中的 4 个，其

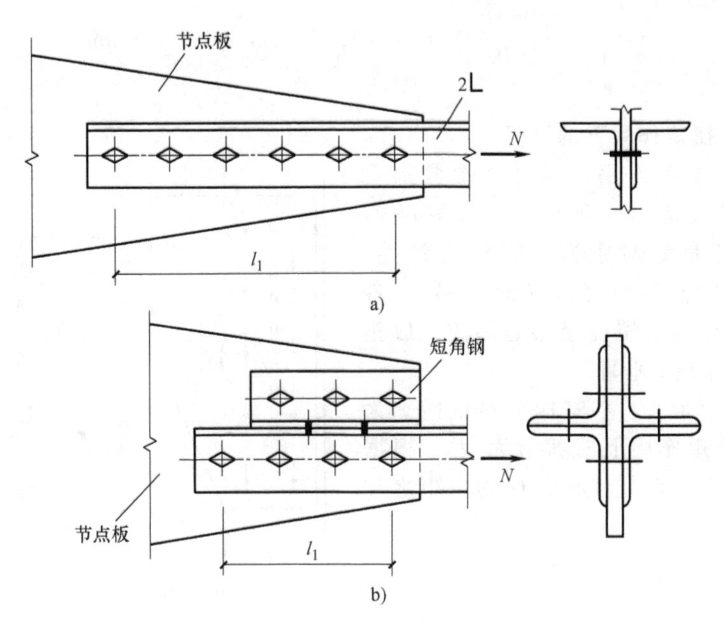

图 3-62　角钢与节点板的螺栓连接

余 2 个螺栓则利用短角钢与节点板相连，如图 3-62b 所示。按规定，可以在短角钢的外伸肢放置 2 个螺栓，连接肢上放置 2×1.5=3 个；也可以在外伸肢上放置 3 个，连接肢上放置 2 个。

[例 3-8]　图 3-63 所示为某钢板的搭接连接。采用 C 级普通螺栓 M22，孔径 $d_0=23.5\text{mm}$，承受轴心拉力 $N=350\text{kN}$，钢材为 Q235。试设计该连接。

[解]　1）螺栓连接计算。

一个螺栓的抗剪设计承载力

$$N_v^b=n_v\frac{\pi d^2}{4}f_v^b=1\times\frac{3.14\times22^2}{4}\times140\text{N}=53192\text{N}$$

一个螺栓的承压设计承载力

$N_c^b=d\sum tf_c^b=22\times14\times305\text{N}=93940\text{N}$

所需螺栓数

$$n\geqslant\frac{N}{N_{\min}^b}=\frac{350\times10^3}{53192}=6.60$$

因为是搭接连接，螺栓数增加 10%，所以实际所需螺栓数目 $n=6.60\times1.1=7.26$。

取 $n=8$，排列布置如图 3-63 所示。

2）构件净截面验算。

由于是错列布置，有可能沿 1—2—3—4 直线破坏，也有可能沿 1—2—5—3—4 折线破坏。

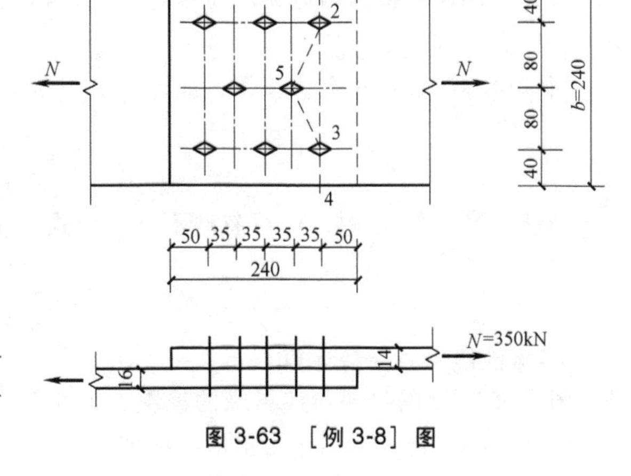

图 3-63　[例 3-8] 图

1—2—3—4 截面的净截面面积

$$A_n=(b-2d_0)t=(240-2\times23.5)\times14\text{mm}^2=2702\text{mm}^2$$

1—2—5—3—4 截面的净截面面积

$$A_n'=(2\times40+2\sqrt{80^2+35^2}-3\times23.5)\times14\text{mm}^2=2578\text{mm}^2$$

$$\sigma=\frac{N}{A_n'}=\frac{350\times10^3}{2578}\text{N/mm}^2=136\text{N/mm}^2<f=215\text{N/mm}^2$$

因此，净截面安全。

2. 螺栓群在扭矩作用下的计算

螺栓群在扭矩 T 作用下，每个螺栓都受剪，最常用的方法是弹性分析法，计算时假定：①连接板件是绝对刚性，螺栓为弹性。②各个螺栓绕螺栓群形心旋转（图 3-64），各螺栓所受剪力大小与该螺栓至形心距离 r 成正比，其方向则与连线 r 垂直。

设 O 为螺栓群形心，各螺栓至 O 的距离为 r，每个螺栓在扭矩作用下的剪力为 N_i^T，根据平衡条件，各螺栓的剪力对形心 O 的力矩之和等于外扭矩 T，即

$$N_1^T r_1+N_2^T r_2+\cdots+N_n^T r_n=T$$

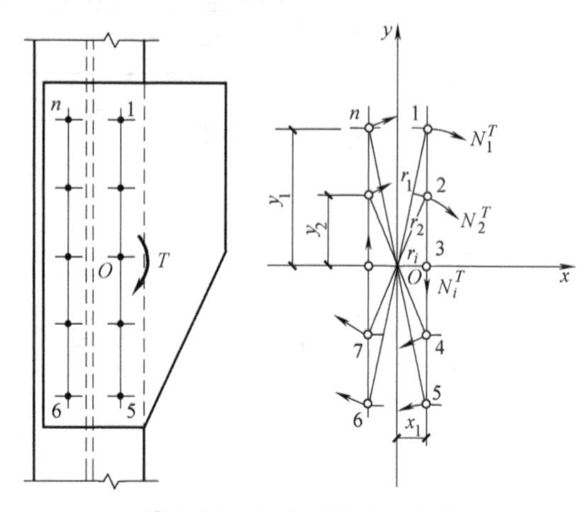

图 3-64　螺栓群受扭矩作用

根据假定，有

$$\frac{N_1^T}{r_1}=\frac{N_2^T}{r_2}=\cdots=\frac{N_n^T}{r_n}$$

则 $N_2^T=N_1^T\dfrac{r_2}{r_1}$，$N_n^T=N_1^T\dfrac{r_n}{r_1}$

将上式代入得

$$\frac{N_1^T}{r_1}(r_1^2+r_2^2+\cdots+r_n^2)=\frac{N_1^T}{r_1}\sum r_i^2=T$$

螺栓 1 距形心 O 最远，所受剪力 N_1^T 最大

$$N_1^T=\frac{Tr_1}{\sum r_i^2}=\frac{Tr_1}{\sum x_i^2+\sum y_i^2} \tag{3-62}$$

设计时，通常根据构造要求先排好螺栓，再用式（3-62）计算受力最大螺栓所受剪力 N_1^T 值，并应满足 $N_1^T\leqslant N_{\min}^{\mathrm{b}}$。

当螺栓群布置在一个狭长带，如图 3-64 中的 $y_1>3x_1$ 时，x_i 可忽略不计，公式简化为

$$N_1^T=\frac{Tr_1}{\sum y_i^2} \tag{3-63}$$

同理，当 $x_1>3y_1$ 时，y_i 可忽略不计，公式简化为

$$N_1^T=\frac{Tr_1}{\sum x_i^2} \tag{3-64}$$

3. 螺栓群偏心受剪计算

图 3-65 所示的牛腿与柱翼缘的连接，通常先布置好螺栓，再验算。验算时，将偏心力 N 向螺栓群形心简化，得到作用于形心的剪力 $V=N$ 及扭矩 $T=Ne$。

在 V 作用下，每个螺栓平均受力为

$$N_{1y}^V=\frac{V}{n} \tag{3-65}$$

在扭矩 T 作用下，代入式（3-62）求得受力最大的螺栓所承受的剪力为 N_1^T，将 N_1^T 分解

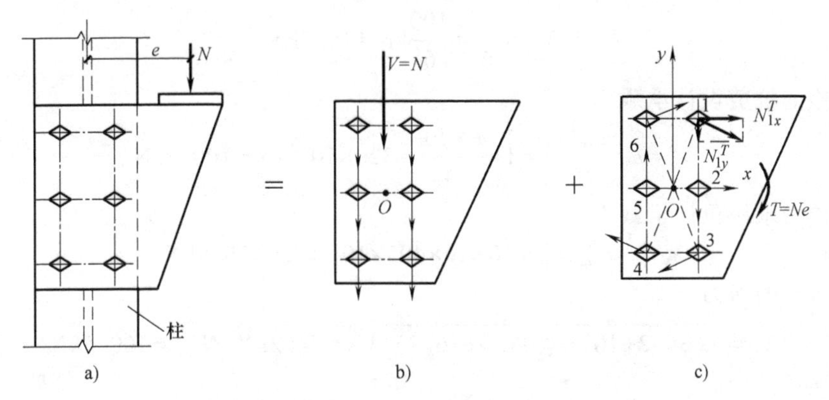

图 3-65　螺栓群偏心受剪

为沿 x 轴水平分力 N_{1x}^T 和沿 y 轴垂直分力 N_{1y}^T

$$N_{1x}^T=N_1^T\frac{y_1}{r_1}=\frac{Ty_1}{\sum r_i^2}=\frac{Ty_1}{\sum x_i^2+\sum y_i^2} \tag{3-66}$$

$$N_{1y}^T=N_1^T\frac{x_1}{r_1}=\frac{Tx_1}{\sum r_i^2}=\frac{Tx_1}{\sum x_i^2+\sum y_i^2} \tag{3-67}$$

利用叠加原理，如图 3-66 所示，可得受力最大的螺栓 1 所受合力为

$$N_1=\sqrt{(N_{1y}^V+N_{1y}^T)^2+(N_{1x}^T)^2}\leqslant N_{\min}^{\mathrm{b}}$$

[例 3-9]　图 3-67 所示一厚度为 16mm 的牛腿板用 A 级螺栓（8.8 级）与厚度为 18mm 的柱翼缘板相连。采用 M20 螺栓，孔径 $d_0=21.5\text{mm}$，钢材为 Q235B，试验算该连接。

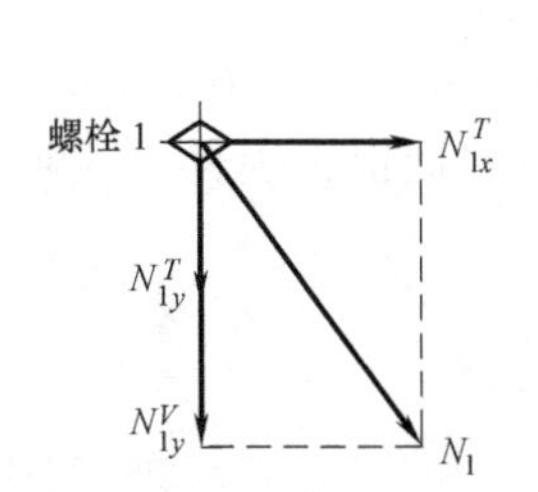

图 3-66　螺栓 1 所受合力

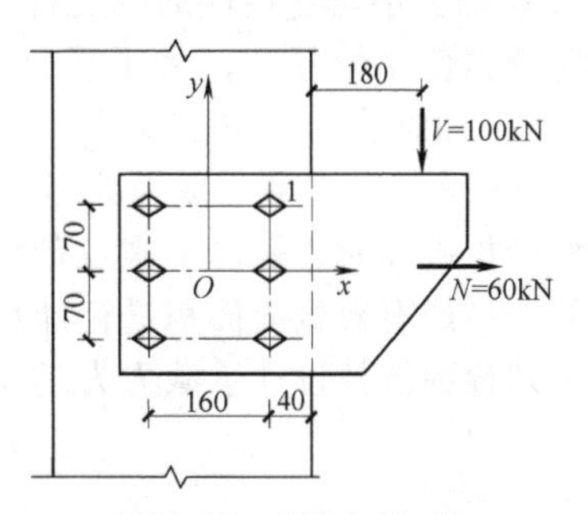

图 3-67　[例 3-9] 图

[解]　螺栓群同时受竖向力 $V=100\text{kN}$、扭矩 $T=100\times0.3\text{kN}\cdot\text{m}=30\text{kN}\cdot\text{m}$ 和水平力 $N=60\text{kN}$ 同时作用。在扭矩 T 作用下，离形心 O 最远的螺栓 1 受力最大，其分力与 V、N 产生的作用力方向一致，因此，螺栓 1 起控制作用。

$$\sum x_i^2+\sum y_i^2=(6\times80^2+4\times70^2)\text{mm}^2=58000\text{mm}^2$$

$$N_{1x}^T=\frac{Ty_1}{\sum x_i^2+\sum y_i^2}=\frac{30\times10^6\times70}{58000}\text{N}=36207\text{N}\approx36.2\text{kN}$$

$$N_{1y}^T=\frac{Tx_1}{\sum x_i^2+\sum y_i^2}=\frac{30\times10^6\times80}{58000}\text{N}=41379\text{N}\approx41.4\text{kN}$$

$$N_{1x}^N=\frac{N}{6}=\frac{60}{6}\text{kN}=10\text{kN}$$

$$N_{1y}^{V}=\frac{V}{6}=\frac{100}{6}\text{kN}=16.7\text{kN}$$

一个螺栓的抗剪设计承载力

$$N_{v}^{b}=n_{v}\frac{\pi d^{2}}{4}f_{v}^{b}=1\times\frac{\pi\times 20^{2}}{4}\times 320\times 10^{-3}\text{kN}=100.5\text{kN}$$

一个螺栓的承压设计承载力

$$N_{c}^{b}=d\sum tf_{c}^{b}=20\times 16\times 405\times 10^{-3}\text{kN}=129.6\text{kN}$$

螺栓 1 所受的剪力

$$N_{1}=\sqrt{(36.2+10)^{2}+(41.4+16.7)^{2}}\text{kN}=74.2\text{kN}<N_{\min}^{b}=100.5\text{kN}$$

因此，连接安全。

3.7.2 抗拉螺栓

1. 抗拉螺栓连接的受力性能

抗拉螺栓连接在外力作用下与构件的接触面有脱开趋势。此时，螺栓受到沿杆轴方向的拉力作用，栓杆被拉断作为抗拉螺栓连接的破坏极限。

螺栓受拉时，通常拉力不会正好作用在螺栓的轴线上，而常常是通过连接角钢或 T 形钢传递，如图 3-68 所示的 T 形连接。如果连接件的刚度小，受力后与螺栓杆垂直的板件会有变形，此时螺栓有被撬开的趋势，犹如杠杆一样。这会使端板外角点附近产生杠杆力或称撬力，增加螺栓拉力。图中螺杆实际所受拉力为

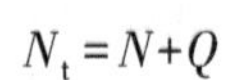

$$N_{t}=N+Q$$

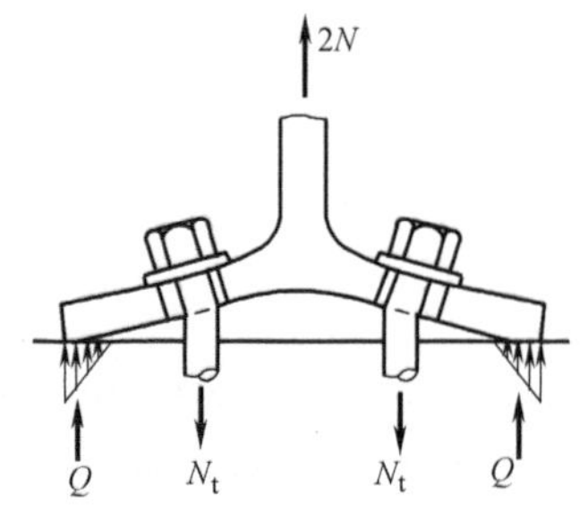

图 3-68 受拉螺栓的撬力

撬力 Q 的大小与连接件的刚度有关，刚度越小，撬力越大。由于确定撬力值比较复杂，为了简化计算，通常不直接求撬力 Q，而是把普通螺栓的抗拉强度设计值 f_{t}^{b} 取为螺栓钢材抗拉强度设计值 f 的 0.8 倍，以考虑撬力的不利影响。对 Q235 钢，螺栓的 $f_{t}^{b}=170\text{N/mm}^{2}$。

螺栓受拉破坏时，螺母下螺纹削弱处会被拉断，是最不利截面，因此，应根据螺纹削弱处的有效直径或有效截面面积进行计算。

单个螺栓的抗拉设计承载力为

$$N_{t}^{b}=\frac{\pi d_{e}^{2}}{4}f_{t}^{b}=A_{e}f_{t}^{b} \tag{3-68}$$

式中 d_{e}——普通螺栓螺纹处的有效直径，查附表 9-1；

A_{e}——普通螺栓的有效截面面积，查附表 9-1；

f_{t}^{b}——普通螺栓抗拉强度设计值，查附表 1-6。

因为螺纹是斜方向的，所以螺栓抗拉时采用的直径既不是栓杆的外径 d 也不是净直径 d_{n} 或平均直径 d_{m}，如图 3-69 所示。根据现行国家标准，将直径取为

$$d_{e}=d-\frac{13}{24}\sqrt{3}t \tag{3-69}$$

式中 t——螺距。

2. 螺栓群轴心受拉

如图 3-70 所示，螺栓群在轴心力 N 作用下的抗拉连接，假定每个螺栓受力平均，则一个螺栓所受拉力为

$$N_t^N = \frac{N}{n} \leqslant N_t^b$$

式中　n——螺栓总数。

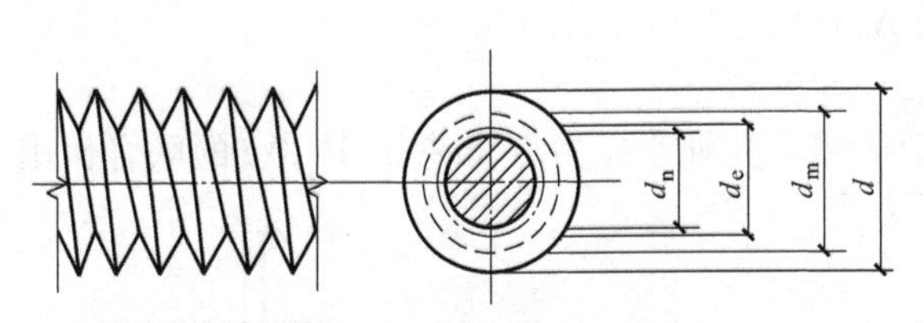

图 3-69　螺栓螺纹处的直径

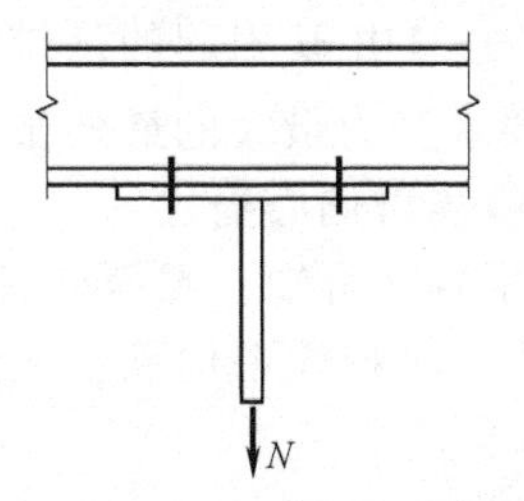

图 3-70　螺栓群轴心受拉

3. 螺栓群受弯矩作用

如图 3-71 所示，螺栓群在弯矩 M 作用下的抗拉连接，剪力 V 则通过承托板传递。按常规的弹性设计法计算螺栓内力时，在 M 作用下，连接中的中和轴以上部分的螺栓受拉，中和轴以下的端板受压。弯曲拉应力和压应力按三角形直线分布，离中和轴越远的螺栓受拉力越大。设中和轴至端板边缘距离为 c。这种连接受力有以下特点：螺栓间距很大，受拉螺栓只是孤立的几个螺栓点，而钢板受压区则是宽度很大的实体矩形。当计算其形心位置并作为中和轴时，所求得的端板受压区高度 c 很小，中和轴通常在弯矩指向一侧最外排螺栓以外的附近某个位置。

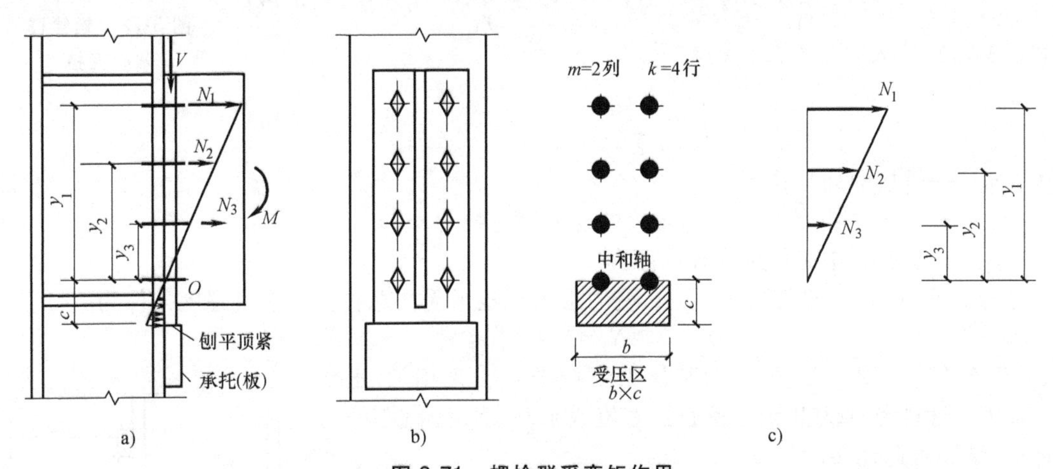

图 3-71　螺栓群受弯矩作用

因此，实际计算时可近似并偏安全地取中和轴位于最下排螺栓处，即认为连接变形为绕 O 处水平轴转动，O 点为旋转中心，螺栓拉力与 O 点算起的纵坐标 y 成正比。O 处水平轴的弯矩平衡方程为

$$M = m(N_1 y_1 + N_2 y_2 + \cdots + N_n y_n) \tag{a}$$

因为

$$\frac{N_1}{y_1} = \frac{N_2}{y_2} = \cdots = \frac{N_n}{y_n} \tag{b}$$

所以

$$N_2 = N_1 \frac{y_2}{y_1}, \cdots, N_n = N_1 \frac{y_n}{y_1} \tag{c}$$

将式（c）代入式（a）得

$$N_1^M = \frac{M y_1}{m \sum y_i^2} \leqslant N_t^b \tag{3-70}$$

或
$$N_i^M=\frac{My_i}{m\sum y_i^2}\leqslant N_t^b \tag{3-71}$$

式中　m——螺栓的列数；

N_1^M——由 M 引起的顶排受力最大螺栓的轴心拉力。

设计时要求受力最大的最外排螺栓 1 的拉力 $N_1\leqslant N_t^b$。

4. 螺栓群偏心受拉

由图 3-72 可知，螺栓群偏心受拉相当于连接承受轴心拉力 N 和弯矩 $M=Ne$ 的联合作用。N 由 n 个螺栓平均承受，则一个螺栓受力为

$$N^N=\frac{N}{n}$$

在弯矩 M 的作用下，连接板有顺 M 方向旋转的趋势，假定旋转中心在最下排螺栓轴线 O'点上，各螺栓受力的大小与其至 O 点的距离成正比，所以最上一排螺栓受力 N_1^M 最大，由平衡条件得

$$M=m(N_1^My_1+N_2^My^2+N_3^My_3+\cdots+N_i^My_i) \tag{3-72}$$

因为
$$\frac{N_1^M}{y_1}=\frac{N_2^M}{y_2}=\frac{N_3^M}{y_3}=\cdots=\frac{N_i^M}{y_i} \tag{3-73}$$

所以
$$N_2^M=\frac{N_1^M}{y_1}y_2,N_3^M=\frac{N_1^M}{y_1}y_3,\cdots,N_i^M=\frac{N_1^M}{y_1}y_i \tag{3-74}$$

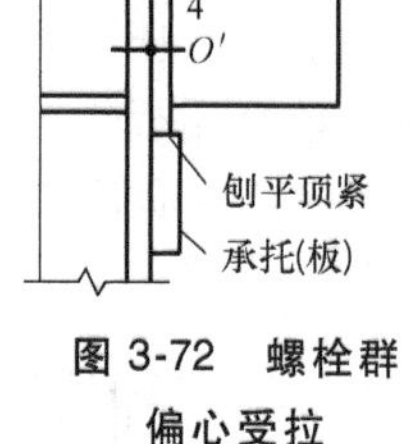

图 3-72　螺栓群偏心受拉

将式（3-74）代入式（3-72）得

$$N_1^M=\frac{My_1}{m\sum y_i^2} \tag{3-75}$$

式中　m——螺栓的列数；

N_1^M——由 M 引起的顶排受力最大螺栓的轴心拉力；

y_1——离旋转中心最远螺栓的距离。

这样，在 N 和 M 的共同作用下，受力最大螺栓承受的总拉力应满足强度条件为

$$N_1=N^N+N_1^M\leqslant N_t^b$$

[例 3-10]　图 3-73 所示为某屋架下弦节点，采用 C 级螺栓，M20，材料为 Q235B 钢。偏心拉力值 $N=200$kN，偏心距 $e=80$mm。试验算此连接。

[解]　螺栓的抗拉设计承载力

$$N_t^b=A_ef_t^b=244.8\times170\times10^{-3}\text{kN}=41.6\text{kN}$$
$$M=Ne=200\times0.08\text{kN}\cdot\text{m}=16\text{kN}\cdot\text{m}$$

在 N 作用下，每个螺栓受拉力相等为

$$N^N=\frac{N}{n}=\frac{200}{10}\text{kN}=20\text{kN}$$

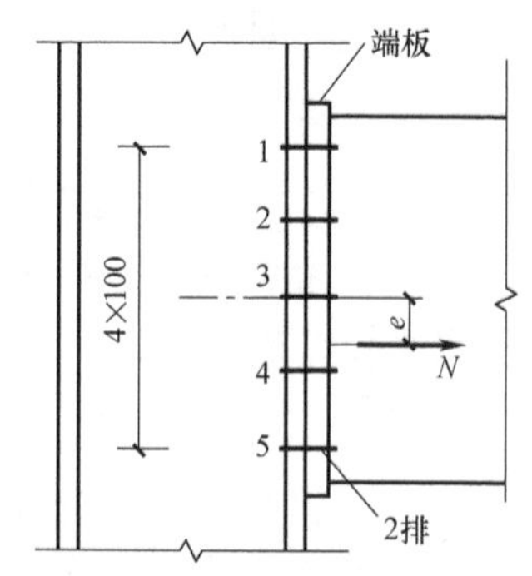

图 3-73　[例 3-10] 图

在 M 作用下，端板绕最上排螺栓 1 旋转，螺栓 5 受拉力最大，则

$$N_{5t}^M=\frac{My_5}{m\sum y_i^2}=\frac{16\times10^3\times400}{2\times(400^2+300^2+200^2+100^2)}\text{kN}=10.6\text{kN}$$
$$N_5=N^N+N_{5t}^M=(20+10.6)\text{kN}=30.6\text{kN}<N_t^b=41.6\text{kN}$$

因此，连接安全。

［例 3-11］ 基本信息同［例 3-10］，但偏心拉力值 $N=135\text{kN}$，偏心距 $e=250\text{mm}$，如图 3-74 所示。试验算此连接。

［解］ N 向形心转化，$M=Ne=135\times0.25\text{kN}\cdot\text{m}=33.75\text{kN}\cdot\text{m}$

端板绕最上排螺栓处 1 旋转，螺栓 5 受力最大，则

$$m\sum y_i^2=2\times(100^2+200^2+300^2+400^2)\text{mm}^2=6\times10^5\text{mm}^2$$

$$N_{5t}^M=\frac{My_5}{m\sum y_i^2}=\frac{33.75\times10^3\times400}{6\times10^5}\text{kN}=22.5\text{kN}$$

$$N_5=N^N+N_{5t}^M=(20+22.5)\text{kN}=42.5\text{kN}>N_t^b=41.6\text{kN}$$

因为 $\frac{42.5-41.6}{41.6}\times100\%=2.2\%<5\%$

所以，近似认为连接安全。

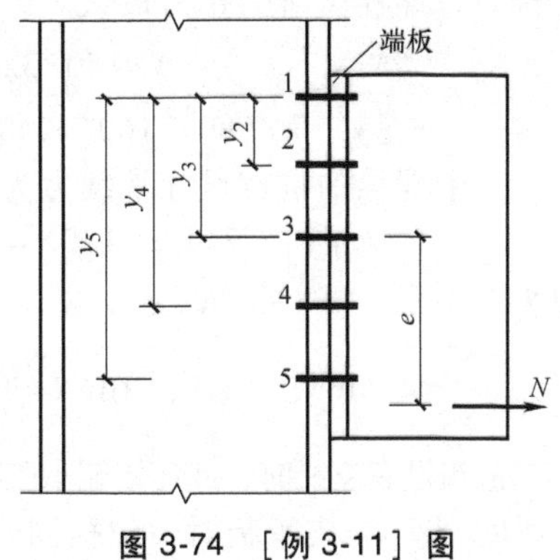

图 3-74 ［例 3-11］图

3.7.3 螺栓同时受拉和受剪

图 3-75 所示是螺栓群同时受拉、受剪的常用情况，这种连接有两种算法。

1. 当不设置支托或支托仅起安装作用时

剪力由全部螺栓均匀分担，每个螺栓所受剪力为

$$N_v=\frac{V}{n}$$

弯矩 M 使各个螺栓受拉不均匀，应先求出最大受拉螺栓所受拉力 N_t 为

$$N_t=N_1^M=\frac{My_1}{m\sum y_i^2}$$

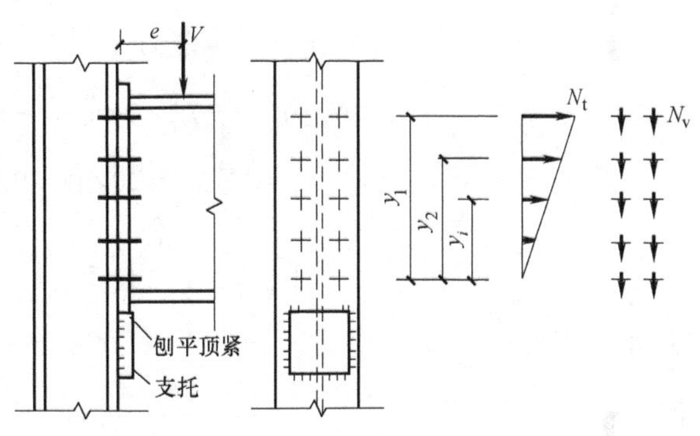

图 3-75 螺栓群同时承受剪力和拉力

规范规定同时承受剪力和拉力的普通螺栓，应满足式（3-76）和式（3-77）的要求。

$$\sqrt{\left(\frac{N_v}{N_v^b}\right)^2+\left(\frac{N_t}{N_t^b}\right)^2}\leqslant1.0 \tag{3-76}$$

$$N_v\leqslant N_c^b \tag{3-77}$$

式中 N_v、N_t——一个螺栓所承受的剪力和拉力；

N_v^b、N_t^b、N_c^b——一个螺栓的抗剪设计承载力、抗拉设计承载力和承压设计承载力。

满足式（3-76）可防止螺杆受剪或受拉破坏，满足式（3-77）可防止孔壁承压破坏。

2. 设置支托，并且支托与端板刨平顶紧时

支托承受剪力，螺栓只受弯矩作用，可以按式（3-70）计算。支托与柱翼缘的角焊缝应考虑

$$\tau_f=\frac{\alpha V}{0.7h_f\sum l_w}\leqslant f_f^w$$

式中 α——考虑剪力对焊缝的偏心影响系数，可取 1.25~1.35。

［例 3-12］ 图 3-76 所示牛腿用 C 级螺栓连于钢柱上，螺栓 M20，钢材采用 Q235B。试求：①牛腿下有承托板承受剪力时，该连接能承受的力有多大？②牛腿下不设承托时，连接能承受的力有多大？

［解］ 外力 N 向柱边简化，得剪力 $V=N$，弯矩 $M=Ne$。

① 当牛腿下有承托板承受剪力时，螺栓群只受拉力，螺栓1所受拉力最大。

$$N_1^M=\frac{My_1}{m\sum y_i^2}=\frac{N\times150\times320}{2\times(80^2+160^2+240^2+320^2)}=\frac{N}{8}$$

一个螺栓的抗拉设计承载力为

$$N_t^b=A_ef_t^b=244.8\times170\text{N}=41616\text{N}$$

因为 $$N_1^M\leqslant N_t^b$$

所以 $\frac{N}{8}\leqslant41616\text{N}$，$N\leqslant8\times41616\text{N}=332928\text{N}=332.9\text{kN}$

故当设有支托时，此连接能承受荷载 $N=332.9\text{kN}$。

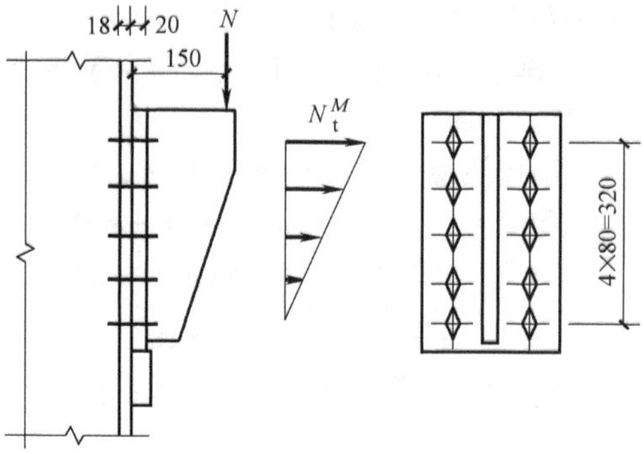

② 当不设支承板时，螺栓同时受拉力、剪力。

螺栓平均所受剪力为 $$N_v=\frac{V}{10}=\frac{N}{10}$$

螺栓1所受拉力最大为 $$N_t=N_1^M=\frac{N}{8}$$

一个螺栓的抗剪、承压设计承载力分别为

$$N_v^b=n_v\frac{\pi d^2}{4}f_v^b=1\times\frac{\pi\times20^2}{4}\times140\times10^{-3}\text{kN}=44.0\text{kN}$$

$$N_c^b=d\sum tf_c^b=20\times18\times305\times10^{-3}\text{kN}=109.8\text{kN}$$

$$\sqrt{\left(\frac{N_v}{N_v^b}\right)^2+\left(\frac{N_t}{N_t^b}\right)^2}=\sqrt{\left(\frac{N/10}{44.0}\right)^2+\left(\frac{N/8}{41.6}\right)^2}\leqslant1.0$$

解得 $$N\leqslant265.4\text{kN}$$

因为 $$N_v=\frac{N}{n}=\frac{265.4}{10}\text{kN}=26.54\text{kN}<N_c^b=109.8\text{kN}$$

所以 $N=265.4\text{kN}$ 是此连接能承受的最大荷载。

对比①和②不难发现当设有支托，并由支托承受剪力时，可减少螺栓的负担，增加螺栓群承受荷载的能力。

图 3-76 [例 3-12] 图

3.8 高强度螺栓连接的计算

3.8.1 高强度螺栓连接的分类和工作性能

高强度螺栓连接是近几十年来迅速发展和应用的螺栓连接新形式。螺栓杆内强大的拧紧预拉力把被连接的板件夹得很紧，足以产生很大的摩擦力，因而连接的整体性和刚性较好。

高强度螺栓连接按设计和受力要求可分为摩擦型连接和承压型连接两种。高强度螺栓的摩擦型连接在受剪时，以外剪力达到板件间的摩擦力为极限状态，当超过极限时，板件间产生相对滑移即认为连接失效破坏。高强度螺栓的承压型连接在受剪时允许摩擦力被克服并发生板件间相对滑移，外力继续增加直至螺栓杆剪切或孔壁承压的最终破坏为极限状态。由于判断承载力极限状态失效破坏标准的不同，承压型连接的抗剪承载力将高于摩擦型连接。两种连接在受拉时没有区别。

工程上广泛采用的是高强度螺栓摩擦型连接，它有较高的传力可靠性和连接整体性，承受动力荷载和疲劳的性能较好。高强度螺栓承压型连接只允许用在承受静力或间接动力荷载结构，并且允许发生一定的滑移变形的连接中，因为其承载力高于摩擦型，所以可减少螺栓数量。

1. 高强度螺栓的钢材

高强度螺栓连接的螺栓本身、螺母和垫圈均采用高强度钢材，螺栓材料经热处理后强度进一步提高。目前，我国常采用 8.8、10.9 两种强度性能等级的高强度螺栓。整数部分“8”或“10”表示螺栓经热处理后的最低抗拉强度 $f_u=800N/mm^2$ 或 $f_u=1000N/mm^2$；小数点和小数点后面的数字“8”或“9”表示螺栓经热处理后的屈强比 $f_y/f_u=0.8$ 或 $f_y/f_u=0.9$。

8.8 级螺栓常用 45 号钢、35 号钢和 40B 钢，10.9 级螺栓常用 20MnTiB 钢、35VB 钢。45 号或 40B 钢制成的较大直径螺栓的热处理淬火性较差，只用于 $d\leqslant 22mm$ 螺栓。

2. 高强度螺栓的预拉力

（1）预拉力的大小　高强度螺栓的预拉力值越高越好，以抗拉强度 f_u 为准，但必须保证螺栓不会在拧紧过程中屈服或断裂。

规范规定预拉力设计值应为

$$P=\frac{0.9\times0.9\times0.9}{1.2}A_ef_u=0.6075A_ef_u$$

式中　f_u——螺栓经热处理后的最低抗拉强度，对 8.8 级取 $f_u=830N/mm^2$，对 10.9 级取 $f_u=1040N/mm^2$；

A_e——螺栓螺纹处的有效截面面积。

在拧紧螺栓时，除使螺杆产生预拉力外，还有因施加扭矩而产生剪应力，因此，在计算预拉力设计值时，式中分母系数 1.2 是为了考虑剪应力产生的不利影响。分子中的第一个 0.9 是考虑螺栓材质的不均匀性而引进的一个折减系数，第 2 个 0.9 是考虑施工时的超张拉影响，第 3 个 0.9 是考虑以抗拉强度为准的附加安全系数。各种规格高强度螺栓预拉力取值见表 3-9。

表 3-9　一个高强度螺栓的设计预拉力值　（单位：kN）

性能等级	螺栓规格					
	M16	M20	M22	M24	M27	M30
8.8 级	80	125	150	175	230	280
10.9 级	100	155	190	225	290	355

（2）预拉力的控制方法　高强度螺栓分为大六角头型和扭剪型两种，如图 3-77 所示。这两种高强度螺栓预拉力的具体控制方法各不相同，但它们都是通过拧紧螺帽，使螺杆受到拉伸作用，产生预拉力，从而在被连接件间产生夹紧力。

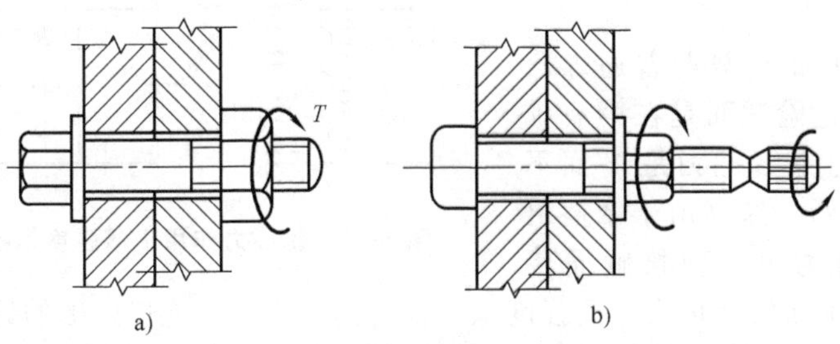

图 3-77　高强度螺栓
a）大六角头型　b）扭剪型

对大六角头型螺栓的预拉力的控制方法有力矩法和转角法。力矩法是使用可直接显示或控制扭矩的特制扳手，通过事先测定的扭矩与螺栓顶拉力的对应关系施加扭矩，达到预定扭矩时自动或人工停拧。转角法是先用人工扳手初拧螺母直到拧不动为止，使被连接件紧密贴合，终拧时以初拧位置为起点，自动或人工控制继续旋拧螺母一个角度，即为达到预定的预拉力值。

扭剪型高强度螺栓是我国20世纪80年代研制的新型连接件之一，其具有强度高、安装简便、质量易保证、对安装人员无特殊要求等优点。与普通大六角型高强度螺栓不同，其尾部连有一个截面较小的沟槽和梅花头，终拧时梅花头沿沟槽被拧断即为达到规定的预拉力值，此法也称为扭剪法。

3. 接触面的处理和抗滑移系数

使用高强度螺栓时，构件的接触面通常应经特殊处理，使其洁净并粗糙，以提高其抗滑移系数 μ。μ 的大小与构件接触面的处理方法、构件的钢号有关，常用的处理方法及对应的 μ 值详见表3-10。高强度螺栓在潮湿环境中，抗滑移系数将严重降低，故应严格避免雨季施工，并应保证连接表面干燥。

表3-10 摩擦面的抗滑移系数 μ 值

连接处构件接触面的处理方法	构件的钢号		
	Q235钢	Q345、Q390钢	Q420钢
喷砂(丸)	0.45	0.50	0.50
喷砂(丸)后涂无机富锌漆	0.35	0.40	0.40
喷砂(丸)后生赤锈	0.45	0.50	0.50
钢丝刷清除浮锈或未经处理的干净轧制表面	0.30	0.35	0.40

3.8.2 高强度螺栓摩擦型连接的计算

1. 承受剪力的计算

高强度螺栓摩擦型连接受剪时的设计准则是外剪力不超过接触面的摩擦力，而摩擦力的大小与预拉力、抗滑移系数及摩擦面数目有关。一个高强度螺栓的最大摩擦阻力为 $n_f\mu P$，考虑到连接中螺栓受力未必均匀等不利因素，一个高强度螺栓摩擦型连接的抗剪设计承载力为

$$N_v^b = 0.9n_f\mu P \tag{3-78}$$

式中 0.9——抗力分项系数 $\gamma_R=1.111$ 的倒数；

n_f——传力摩擦面数目，单剪时取1，双剪时取2；

μ——摩擦面抗滑移系数，按表3-10取值；

P——每个高强度螺栓的预拉力。

传递剪力 N 所需的螺栓数为

$$n=\frac{N}{N_v^b}$$

板件净截面强度的验算与普通螺栓略有不同，板件最危险截面是在第一排螺栓孔处，该截面上传递的力是 N' 而不是 N，如图3-78所示。这是由于摩擦阻力的作用，一部分力由孔前接触面传递，而试验表明孔前接触面传力占高强度螺栓传力的一半。设连接一侧的螺栓数为 n，每个螺栓承受的力为 N/n，所计算截面1—1上的螺栓数为 n_1，则1—1截面上高强度螺栓传力为 $n_1\dfrac{N}{n}$，1—1截面上高强度螺栓孔前传力为 $0.5n_1\dfrac{N}{n}$，板件1—1截面所传力为

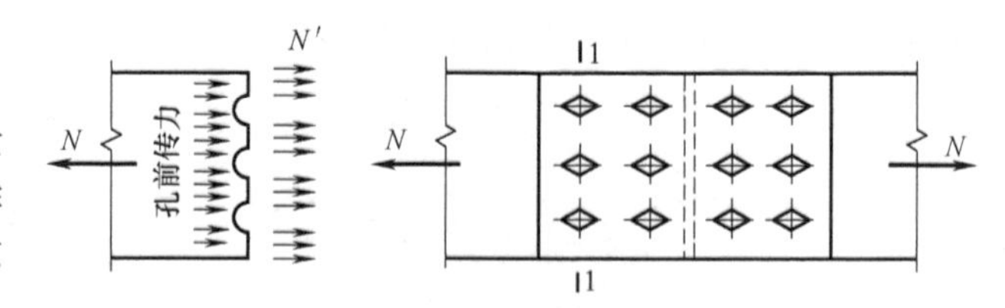

图3-78 轴心力作用下高强度螺栓的摩擦型连接

$$N'=N-0.5n_1\frac{N}{n}=N\left(1-0.5\frac{n_1}{n}\right) \tag{3-79}$$

式中 n_1——1—1截面上的螺栓数；

n——连接一侧的螺栓总数。

净截面强度应满足

$$\sigma=\frac{N'}{A_n}\leqslant f \tag{3-80}$$

2. 承受拉力的计算

高强度螺栓在承受外拉力前，螺杆间已有很高的预拉力 P，板层间已有较大的预压力 C，$C=P$，如图 3-79 所示。当螺栓受外拉力 N 时，栓杆被拉长，此时螺杆中的拉力增量为 ΔP，夹紧的板件被拉松，压力 C 减少了 ΔC。实验得知：当外拉力大于预拉力时，板件间发生松弛现象；当外拉力小于预拉力 80% 时，板件间仍保证一定的夹紧力，无松弛现象发生，连接有一定的整体性。因此规范规定，一个螺栓的抗拉设计承载力为

$$N_t^b=0.8P \tag{3-81}$$

式（3-81）只适用于摩擦型连接，承压型连接的 N_t^b 应按普通螺栓公式计算。

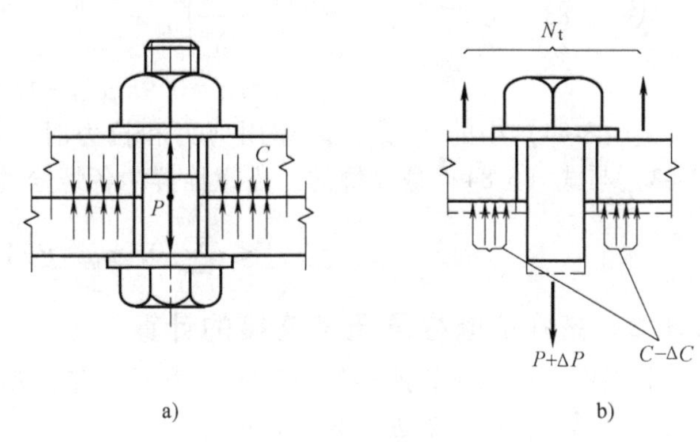

图 3-79　高强度螺栓受拉

图 3-80 所示为承受弯矩作用的高强度螺栓，因为螺栓所受的外拉力 $N_t\leqslant N_t^b=0.8P$，所以被连接的接触面始终保持紧密贴合。此时，可把接触面看作是受弯构件的一个截面，中和轴在螺栓群的形心轴上，上部螺栓受拉，下部螺栓受压，最上端的螺栓 1 所受拉力最大，根据平衡条件，可得最大拉力及其验算式为

$$N_{t1}=\frac{My_1}{m\sum y_i^2}\leqslant N_t^b=0.8P \tag{3-82}$$

式中　m——螺栓的列数；

y_1——最上端螺栓至中和轴的距离。

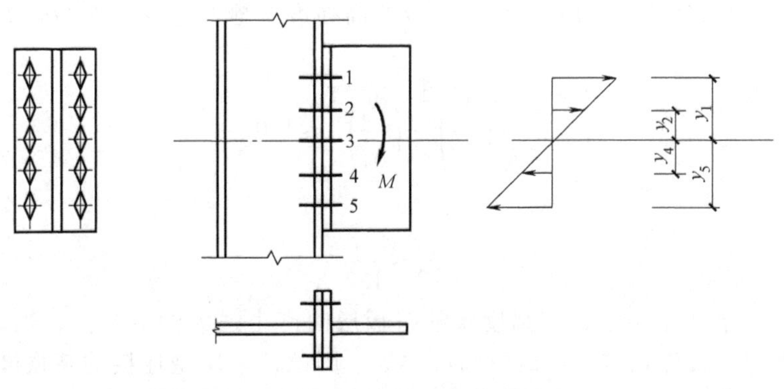

图 3-80　承受弯矩作用的高强度螺栓

值得注意的是高强度螺栓受弯公式与普通螺栓受弯公式的形式相同，但唯一区别在于前者坐标原点在螺栓群的形心，后者在螺栓的最外排处。

3. 同时受剪和受拉的计算

高强度螺栓摩擦型连接同时承受外剪力 N_v 和杆轴方向的外拉力 N_t 时，摩擦面间的预压力从 P 减小到（$P-N_t$），摩擦面的抗滑移系数也随板件间挤压力的减小而降低。考虑这些影响，同时承受剪力和拉力的高强度螺栓摩擦型连接应满足

$$\frac{N_{\mathrm{v}}}{N_{\mathrm{v}}^{\mathrm{b}}}+\frac{N_{\mathrm{t}}}{N_{\mathrm{t}}^{\mathrm{b}}}\leqslant 1 \tag{3-83}$$

式中 N_{v}、N_{t}——一个高强度螺栓承受的剪力、拉力；

$N_{\mathrm{v}}^{\mathrm{b}}$、$N_{\mathrm{t}}^{\mathrm{b}}$——一个高强度螺栓的抗剪、抗拉承载力设计值。

式（3-83）可改写为 $N_{\mathrm{v}}=N_{\mathrm{v}}^{\mathrm{b}}\left(1-\frac{N_{\mathrm{t}}}{N_{\mathrm{t}}^{\mathrm{b}}}\right)$，将 $N_{\mathrm{v}}^{\mathrm{b}}=0.9n_{\mathrm{f}}\mu P$，$N_{\mathrm{t}}^{\mathrm{b}}=0.8P$ 代入式（3-83）得

$$N_{\mathrm{v}}=0.9n_{\mathrm{f}}\mu(P-1.25N_{\mathrm{t}}) \tag{3-84}$$

式（3-84）中的 N_{v} 是同时作用剪力和拉力时，单个螺栓所承受的最大剪力设计值。式（3-83）与式（3-84）是等价的。当螺栓群中各螺栓的拉力 N_{t} 不相同时，剪力的验算应满足

$$V\leqslant \sum_{i=1}^{n}0.9n_{\mathrm{f}}\mu(P-1.25N_{\mathrm{t}i}) \tag{3-85}$$

3.8.3 高强度螺栓承压型连接的计算

高强度螺栓承压型连接的设计预拉力 P 与摩擦型连接相同，连接处构件接触面除应清除油污和浮锈外，不要求进行其他处理。

1. 抗剪连接计算

在抗剪连接中，承压型连接的高强度螺栓是以栓杆被剪坏或孔壁被挤压破坏为承载力极限，与普通螺栓相同，因此每个承压型连接的高强度螺栓的抗剪设计承载力的计算方法与普通螺栓的计算方法相同，仍可用普通螺栓的计算公式，即式（3-54）和式（3-55）计算单个螺栓的设计承载力值，只是 $f_{\mathrm{v}}^{\mathrm{b}}$、$f_{\mathrm{c}}^{\mathrm{b}}$ 应采用承压型连接的高强度螺栓的相应设计强度。另外，当剪切面在螺纹处，公式中的 d 改用螺纹处的有效直径 d_{e} 进行计算。

2. 抗拉连接计算

在栓杆轴向受拉连接中，一个承压型连接的高强度螺栓的抗拉设计承载力计算方法与普通螺栓相同，用式（3-68）计算。

3. 同时受剪和受拉的连接计算

同时受剪和杆轴方向有拉力的承压型连接的高强度螺栓的计算方法与普通螺栓相同，除应满足

$$\sqrt{\left(\frac{N_{\mathrm{v}}}{N_{\mathrm{v}}^{\mathrm{b}}}\right)^{2}+\left(\frac{N_{\mathrm{t}}}{N_{\mathrm{t}}^{\mathrm{b}}}\right)^{2}}\leqslant 1.0 \tag{3-86}$$

还应满足

$$N_{\mathrm{v}}\leqslant\frac{N_{\mathrm{c}}^{\mathrm{b}}}{1.2} \tag{3-87}$$

由于在剪应力单独作用下，高强度螺栓对板层间产生强大的夹紧力，当摩擦力被克服，螺杆与孔壁接触时，板件孔前区形成三向应力场，因此，承压型连接的高强度螺栓的承压强度 $f_{\mathrm{c}}^{\mathrm{b}}$ 比普通螺栓的 $f_{\mathrm{c}}^{\mathrm{b}}$ 高 50%。当高强度螺栓受杆轴方向的拉力作用时，板层间的压紧力随外拉力的增加而减小，$f_{\mathrm{c}}^{\mathrm{b}}$ 随之降低，降低多少与外拉力的大小有关。为计算简便，规范规定只要受外拉力，就将承压强度除以 1.2，以考虑承压强度设计值因拉力而降低的影响。

[例 3-13] 图 3-81a 所示为一高强度螺栓的搭接接头，钢材为 Q235B，采用 8.8 级 M20 螺栓，孔径 $d_0=21.5\mathrm{mm}$。摩擦面为喷砂后生赤锈，承受恒荷载标准值 $N_{Gk}=52\mathrm{kN}$，活荷载标准值 $N_{Qk}=280\mathrm{kN}$。试分别按摩擦型和承压型设计此连接。

[解] 1）采用高强度螺栓的摩擦型连接，查表 3-9 和表 3-10 得预拉力 $P=125\mathrm{kN}$，抗滑移系数 $\mu=0.45$。

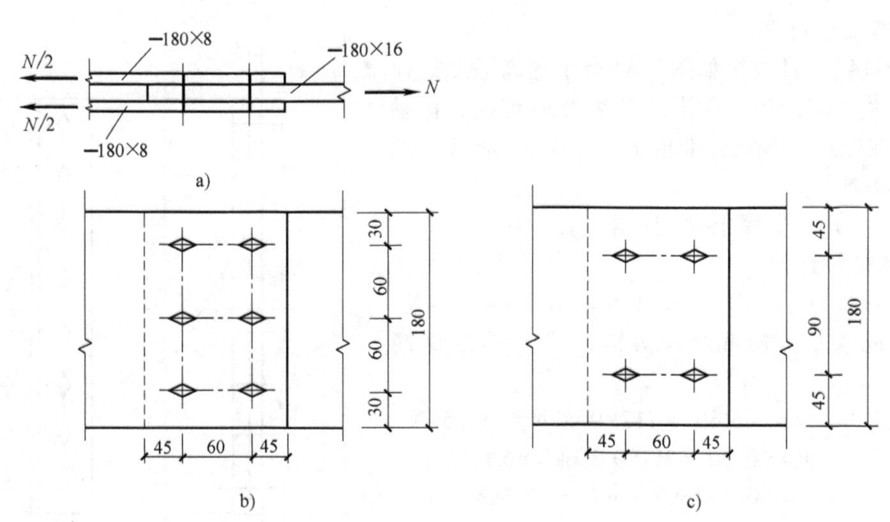

图 3-81　[例 3-13] 图

一个螺栓的抗剪设计承载力

$$N_v^b = 0.9 n_f \mu P = 0.9 \times 2 \times 0.45 \times 125\text{kN} = 101.3\text{kN}$$

从数值上看轴心力设计值由活荷载效应控制，依据《建筑结构可靠性设计统一标准》（GB 50068—2018）[1]，知 $\gamma_G = 1.3$，$\gamma_Q = 1.5$。

因此，轴心力设计值　$N = (1.3 \times 52 + 1.5 \times 280)\text{kN} = 487.6\text{kN}$

需要的螺栓数　$n = \dfrac{N}{N_v^b} = \dfrac{487.6\text{kN}}{101.3\text{kN}} = 4.8$

实际采用 $n=6$ 个，排列如图 3-81b 所示。净截面验算按式（3-79）和式（3-80）得

$$N' = N\left(1 - 0.5\frac{n_1}{n}\right) = 487.6 \times \left(1 - 0.5 \times \frac{3}{6}\right)\text{kN} = 365.7\text{kN}$$

$$A_n = (b - 3d_0)t = (180 - 3 \times 21.5) \times 16\text{mm}^2 = 1848\text{mm}^2$$

$$\sigma = \frac{N'}{A_n} = \frac{365.7 \times 10^3}{1848}\text{N/mm}^2 = 197.9\text{N/mm}^2 < f = 215\text{N/mm}^2$$

2）采用高强度螺栓的承压型连接。

$$N_v^b = n_v \frac{\pi d^2}{4} f_v^b = 2 \times \frac{\pi \times 20^2}{4} \times 250 \times 10^{-3}\text{kN} = 157\text{kN}$$

$$N_c^b = d \sum t f_c^b = 20 \times 16 \times 470 \times 10^{-3}\text{kN} = 150.4\text{kN} = N_{min}^b$$

$$n = \frac{N}{N_c^b} = \frac{487.6\text{kN}}{150.4\text{kN}} = 3.24$$

由于是搭接连接，螺栓数目增加 10%，

$$n = 3.24 \times 1.1 = 3.6$$

采用 $n=4$ 个，排列如图 3-81c 所示。

净截面验算按式（3-57）可得

$$A_n = (b - 2d_0)t = (180 - 2 \times 21.5) \times 16\text{mm}^2 = 2192\text{mm}^2$$

$$\sigma = \frac{N}{A_n} = \frac{487.6 \times 10^3}{2192}\text{N/mm}^2 = 222.4\text{N/mm}^2 > f = 215\text{N/mm}^2$$

$$(\sigma - f)/f = (222.4 - 215) \div 215 = 0.034 = 3.4\% < 5\%$$

因此，连接安全可靠。

[**例 3-14**] 试验算如图 3-82 所示的高强度螺栓连接。钢材为 Q235B，采用 10.9 级 M20 螺栓，接触面采用喷砂处理，恒载标准值 $F_G=90\text{kN}$，活载标准值 $F_Q=400\text{kN}$。

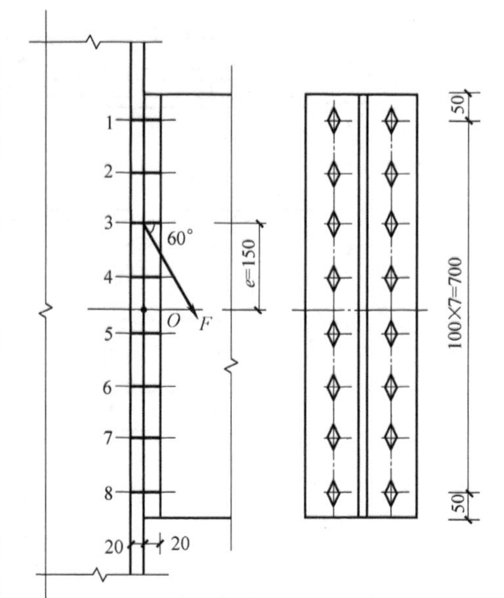

图 3-82 [例 3-14] 图

[**解**] 1）按摩擦型计算，$\mu=0.45$，$F=155\text{kN}$，荷载设计值

$F=1.3F_G+1.5F_Q=(1.3\times90+1.5\times400)\text{kN}=717\text{kN}$

将 F 分解成水平方向和竖向方向，并向形心 O 简化得

水平拉力 $N=F\cos60°=717\times0.5\text{kN}=358.5\text{kN}$

竖向剪力 $V=F\sin60°=717\times0.866\text{kN}=620.9\text{kN}$

弯矩 $M=Ne=358.5\times15\text{kN}\cdot\text{cm}=5377.5\text{kN}\cdot\text{cm}$

螺栓群在 M 作用下，绕形心 O 旋转，顶排螺栓受拉力最大，在 M、N 共同作用下，螺栓 1 所受拉力为

$$N_{1\text{t}}=\frac{N}{n}+\frac{My_1}{m\sum y_i^2}=\frac{358.5}{16}\text{kN}+\frac{5377.5\times35}{2\times(2\times5^2+2\times15^2+2\times25^2+2\times35^2)}\text{kN}$$

$$=(22.406+22.406)\text{kN}=44.8\text{kN}<0.8P=0.8\times155\text{kN}=124\text{kN}$$

在剪力 V 作用下，平均受剪力

$$N_\text{v}=\frac{V}{n}=\frac{620.9}{16}\text{kN}=38.8\text{kN}$$

一个高强度螺栓的摩擦型连接的抗剪设计承载力

$$N_\text{v}^\text{b}=0.9n_\text{f}\mu P=0.9\times1\times0.45\times155\text{kN}=62.78\text{kN}$$

$$N_\text{t}^\text{b}=0.8P=0.8\times155\text{kN}=124\text{kN}$$

代入式（3-83）验算知

$$\frac{N_\text{v}}{N_\text{v}^\text{b}}+\frac{N_\text{t}}{N_\text{t}^\text{b}}=\frac{38.8}{62.78}+\frac{44.8}{124}=0.98<1.0$$

2）按承压型计算

$$N_\text{v}^\text{b}=n_\text{v}\times\frac{\pi d^2}{4}f_\text{v}^\text{b}=1\times\frac{\pi\times20^2}{4}\times310\text{N}=97.4\times10^3\text{N}=97.4\text{kN}$$

$$N_\text{c}^\text{b}=d\sum tf_\text{c}^\text{b}=20\times20\times470\times10^{-3}\text{kN}=188\text{kN}$$

$$N_\text{t}^\text{b}=A_\text{e}f_\text{t}^\text{b}=2.45\times10^2\times500\times10^{-3}\text{kN}=122.5\text{kN}$$

代入式（3-86）、式（3-87）验算

$$\sqrt{\left(\frac{N_\text{v}}{N_\text{v}^\text{b}}\right)^2+\left(\frac{N_\text{t}}{N_\text{t}^\text{b}}\right)^2}=\sqrt{\left(\frac{38.8}{97.4}\right)^2+\left(\frac{44.8}{122.5}\right)^2}=0.54<1.0$$

$$N_\text{v}=38.8\text{kN}<\frac{N_\text{c}^\text{b}}{1.2}=188\text{kN}\div1.2=157\text{kN}$$

因此，连接安全可靠。

习　题

3-1　简述钢结构连接的类型和特点。

3-2　为什么规范规定角焊缝焊脚尺寸的最大和最小限值？

3-3　为什么规范规定侧面角焊缝的最大和最小限值长度？

3-4　简述焊接残余应力对构件工作性能的影响。

3-5　普通螺栓抗剪连接有哪几种可能的破坏形式？如何防止？

3-6　高强度螺栓摩擦型连接与承压型连接在性能上有何不同？

3-7　图 3-83 所示为双角钢与节点板连接（有绕角）。钢材 Q235 钢，采用手工焊，焊条为 E43 系列，采用三面围焊，设计此连接角焊缝。

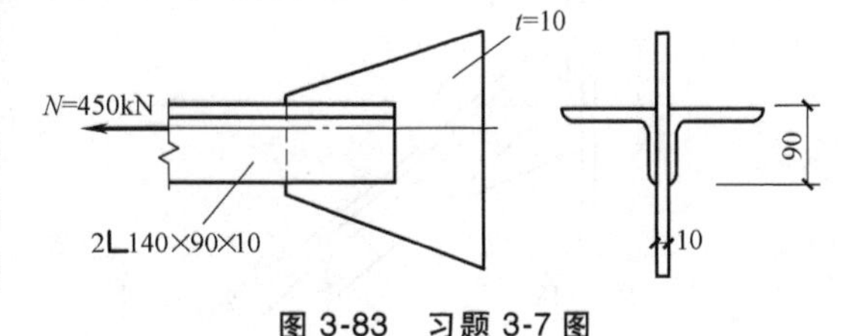

图 3-83　习题 3-7 图

3-8　图 3-84 所示为角钢两边用角焊缝与柱翼缘连接（有绕角）。钢材 Q345 钢，采用手工焊，焊条为 E50 系列，试确定焊脚尺寸。

3-9　图 3-85 所示为牛腿板。钢材 Q235 钢，采用手工焊，焊条为 E43 系列，$h_f=8$mm，试验算该角焊缝。

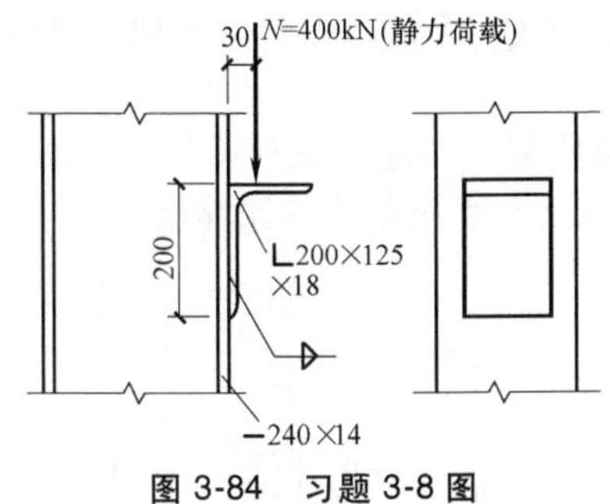

图 3-84　习题 3-8 图

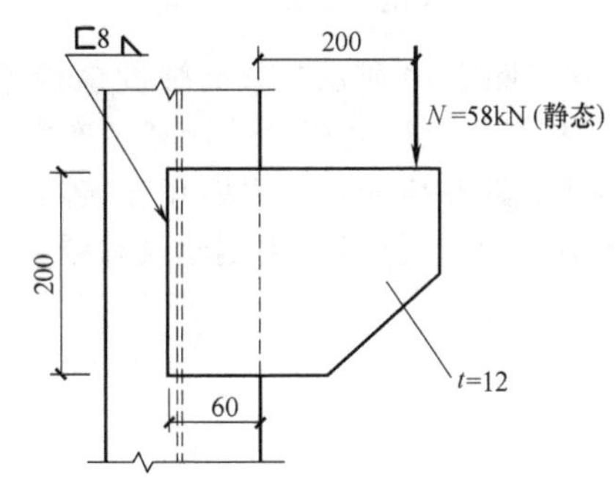

图 3-85　习题 3-9 图

3-10　图 3-86 所示为某焊接工字形梁仅在腹板上设一道拼接的对接焊缝。钢材 Q235 钢，采用手工焊，焊条为 E43 系列，焊缝质量等级三级，有引弧板，试验算该焊缝的强度。

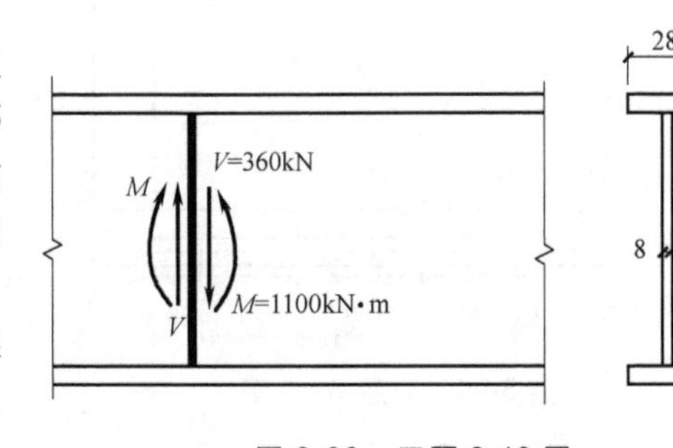

图 3-86　习题 3-10 图

3-11　图 3-87 所示为双盖板普通螺栓连接。构件钢材 Q235 钢，螺栓直径 $d=20$mm，孔径 $d_0=22$mm，试验算该连接是否安全？

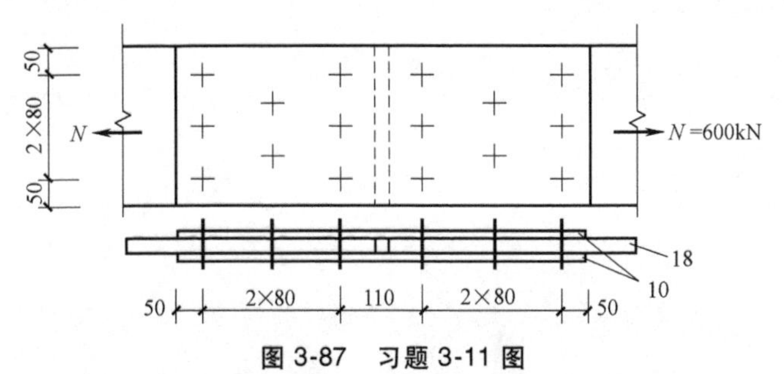

图 3-87　习题 3-11 图

3-12　图 3-88 所示为节点板与柱翼缘用普通螺栓连接。已知钢材 Q235 钢，螺栓直径 d=20mm，试验算该连接是否安全？

3-13　图 3-89 所示为梁与柱普通螺栓连接。钢材 Q235 钢，螺栓直径 d=20mm，试验算该连接是否安全？

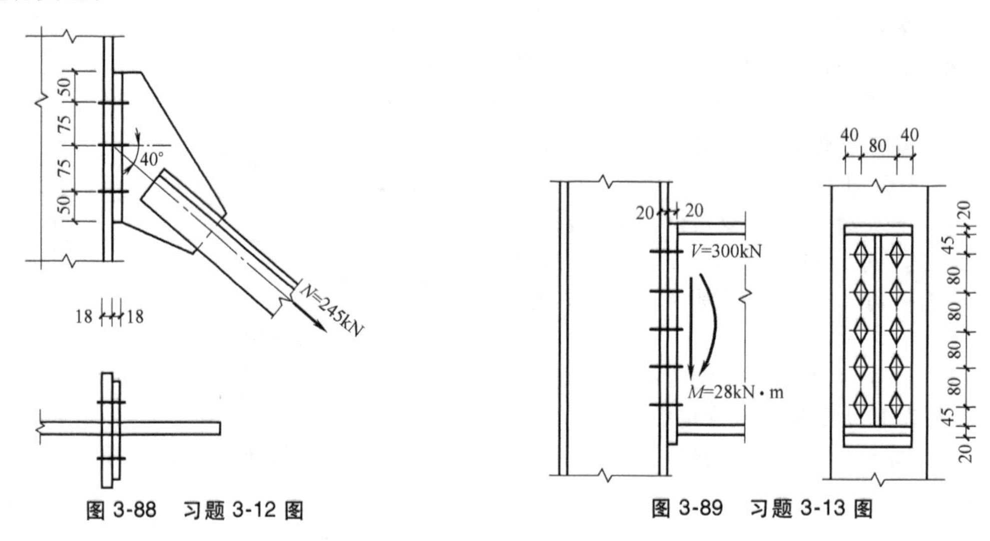

图 3-88　习题 3-12 图

图 3-89　习题 3-13 图

3-14　图 3-90 所示为某高强度螺栓摩擦型连接。钢材 Q235 钢，螺栓 8.8 级，M24，d_0=26mm，接触面喷砂处理，试计算该连接最大承载力 N。

3-15　图 3-91 所示的牛腿用连接角钢通过高强度螺栓与柱相连。螺栓采用 8.8 级，M22，钢材为 Q235 钢，接触面用钢丝刷除浮锈，试分别按摩擦型和承压型验算该连接。

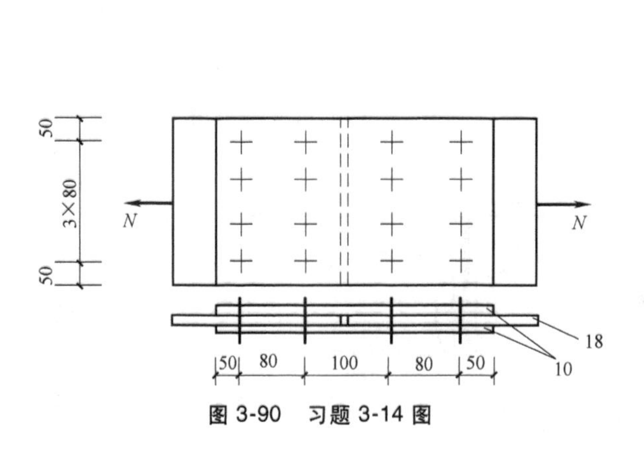

图 3-90　习题 3-14 图

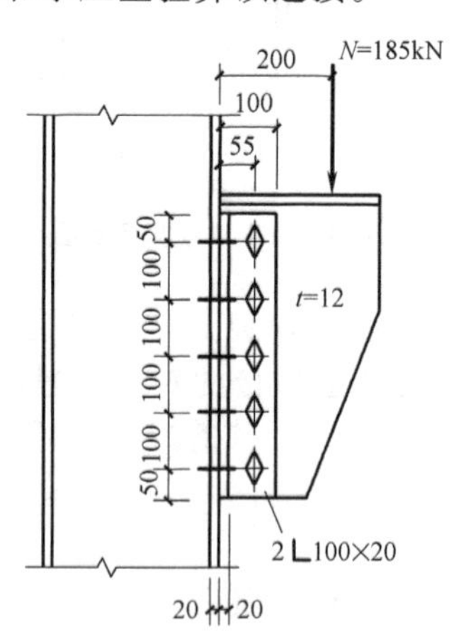

图 3-91　习题 3-15 图

第 4 章　轴心受力构件与索

轴心受力构件是指作用力沿杆轴向且通过构件截面形心作用的两端铰接构件，在建筑力学中称为二力杆。根据作用力的方向不同，将轴心受力构件分为轴心受拉构件（简称拉杆）和轴心受压构件（简称压杆或柱），前者满足强度条件，后者通常由稳定计算控制。在实际工程中，它们的应用非常广泛（图 4-1）。

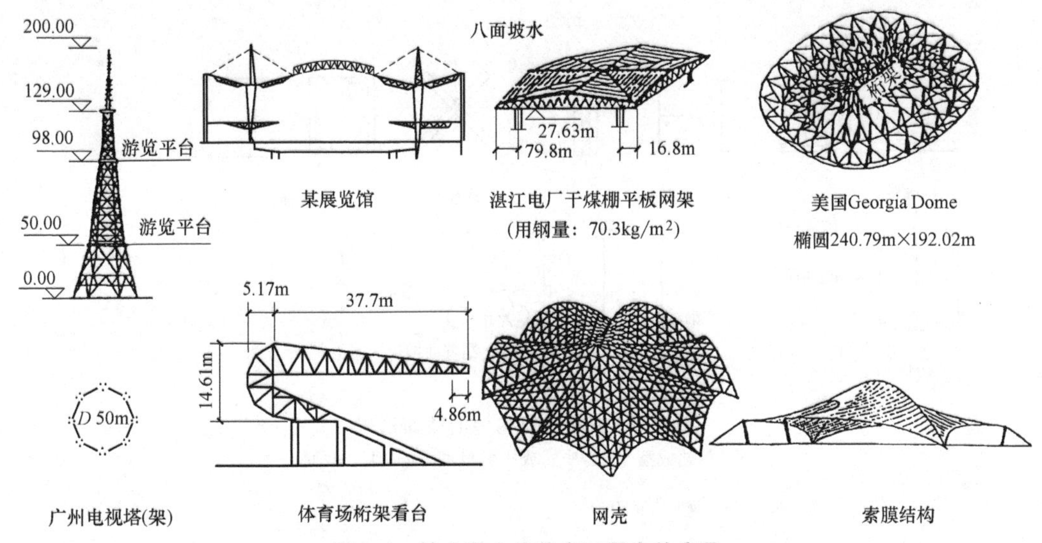

图 4-1　轴心受力构件在工程中的应用

轴心受力构件的截面形式有三类：①热轧型钢截面，如圆钢、圆管、方管、角钢、工字钢、槽钢和 H 型钢、T 型钢等（图 4-2a）；②冷轧或冷弯薄壁型钢，如不带卷边或带卷边的角形、槽形或 Z 形截面等（图 4-2b）；③由型钢和钢板连接而成的组合截面，其中又分实腹式组合截面和格构式组合截面两种（图 4-2c）。对于轴心受拉构件，截面形式主要应能提供按强度要求的横截面面积，同时还要便于与其他相邻的构件连接。对于轴心压杆，为了获得较好的经济效果，应该采用壁薄而开展的截面，以提高截面的惯性矩 I。压杆的临界力 $N_{cr}=\pi^2EI/l_0^2$。对于压力很大的构件，如操作平台的支柱和大跨度重型桁架的弦杆，可以采用焊接组合实腹式截面或组合格构式截面。对于压力虽不很大但很长的杆件，采用三肢或四肢格构式截面可以节省钢材。在轻型屋盖结构中采用冷轧或冷弯薄壁型钢比较有利。

4.1　轴心受力构件的强度（strength）和刚度（stiffness）计算

4.1.1　强度

由于建筑钢材的良好塑性性能，轴心受力构件按强度的极限状态，是以构件净截面面积 A_n（net area）的平均应力达到屈服强度为极限（图 4-3b），强度计算公式为

$$\sigma=\frac{N}{A_n}\leqslant\frac{f_y}{\gamma_R}=f \tag{4-1a}$$

式中　f——钢材的抗拉或抗压强度设计值（附表 1-1）；

N——轴心拉力或压力；

A_n——构件的净截面面积。

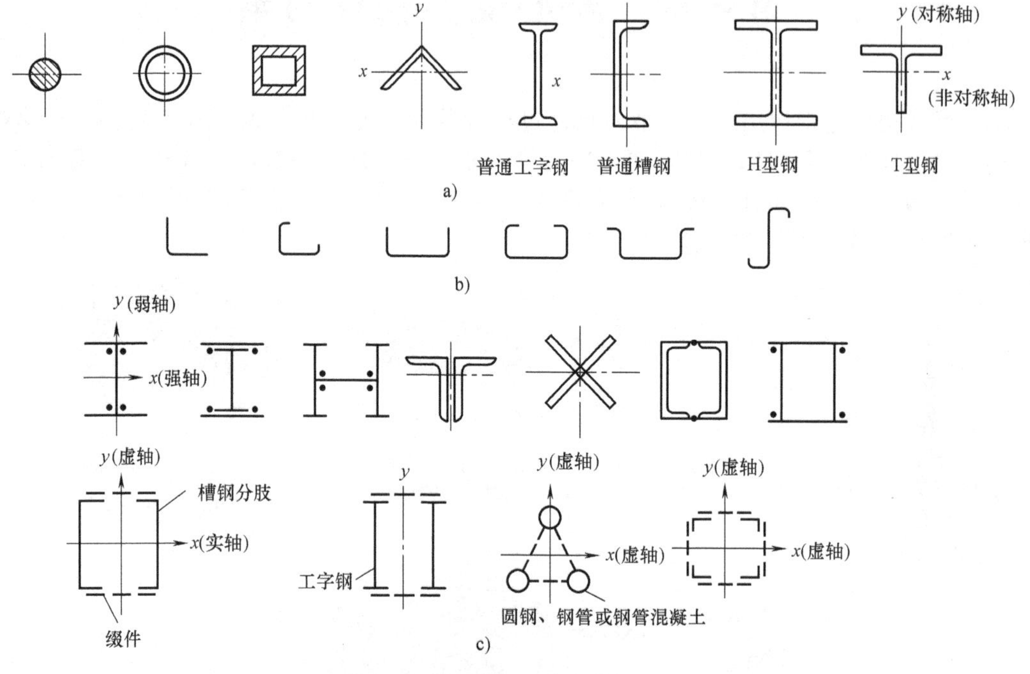

图 4-2 轴心受力构件的截面形式

a）热轧成型 b）冷轧或冷弯成型 c）组合截面

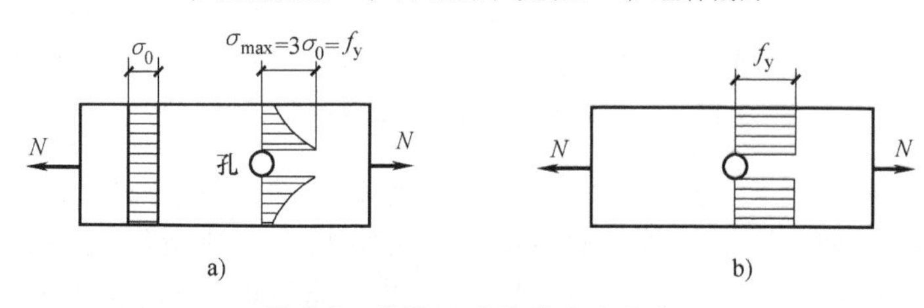

图 4-3 截面开孔处的应力分布

a）弹性状态应力 b）极限状态应力

[例 4-1] 图 4-4a 所示为热轧角钢组成的拉杆，钢材牌号 Q235，杆上有交错排列的螺栓孔（普通 C 级螺栓），试验算拉杆的强度。

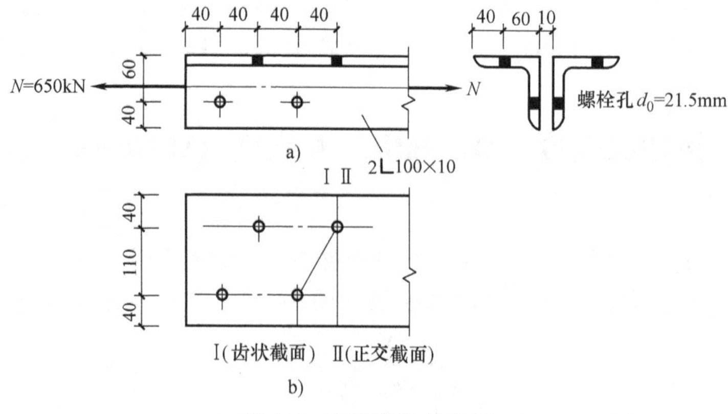

图 4-4 有螺栓孔的拉杆

［解］ 图 4-4b 为一个角钢的中面展开图。

齿状截面Ⅰ净截面面积为 $A_n=(\sqrt{11^2+4^2}+2\times4)\times1\text{cm}^2-2\times2.15\times1\text{cm}^2=15.4\text{cm}^2$

正交截面Ⅱ净截面面积为 $A_n=(4+11+4-2.15)\times1\text{cm}^2=16.85\text{cm}^2$

由式（4-1a）求得

$$\sigma=\frac{650\times10^3}{2\times15.4\times10^2}\text{N/mm}^2=211.04\text{N/mm}^2<f=215\text{N/mm}^2$$

强度满足要求。

对于摩擦型高强度螺栓连接的杆件（图 4-5），轴力 N 的一部分将由摩擦力在孔前传力

$$F=0.5N\frac{n_1}{n}$$

从而，净截面传力为

$$N'=N-F=N\left(1-0.5\frac{n_1}{n}\right)$$

此时的强度验算公式为

$$\sigma=\frac{N'}{A_n}\leqslant f \tag{4-1b}$$

式中　n——连接一侧的高强度螺栓总数；

n_1——计算截面（最外列螺栓处）上的高强度螺栓数。

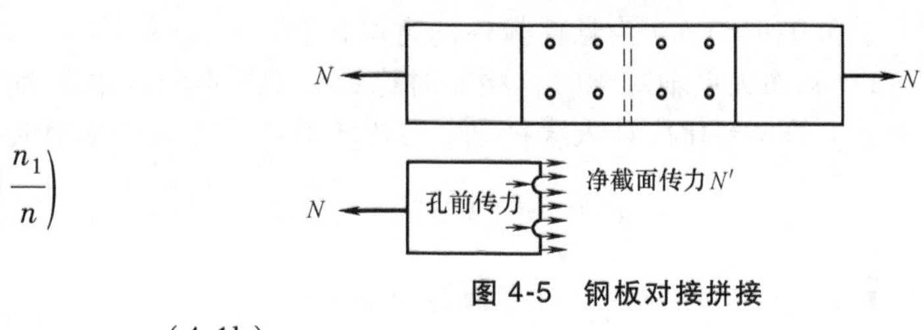

图 4-5　钢板对接拼接

4.1.2　刚度

轴心受力构件的刚度计算，用构件的长细比 λ 来控制，即

$$\lambda\leqslant[\lambda] \tag{4-2}$$

式中　$[\lambda]$——构件的容许长细比（表 4-1、表 4-2）。

表 4-1　受拉构件的容许长细比［λ］

构件名称	承受静力荷载或间接承受动力荷载的结构			直接承受动力荷载的结构
	一般建筑结构	对腹杆提供平面外支点的弦杆	有重级工作制起重机的厂房	
桁架的构件	350	250	250	250
吊车梁或吊车桁架以下柱间支撑	300	—	200	—
除张紧的圆钢外的其他拉杆、支撑、系杆等	400	—	350	—

表 4-2　受压构件的容许长细比［λ］

构 件 名 称	［λ］
柱、桁架和天窗架中的杆件	150
柱的缀条、吊车梁或吊车桁架以下的柱间支撑	
支撑（吊车梁或吊车桁架以下的柱间支撑除外）	200
用以减小受压构件长细比的杆件	

注：1. 桁架（包括空间桁架）的受压腹杆，当其内力等于或小于承载能力的 50%时，可取［λ］= 200。
2. 计算单角钢受压构件的长细比时，应采用角钢的最小回转半径，但计算在交叉点相互连接的交叉杆件平面外的长细比时，可采用与角钢肢边平行轴的回转半径。
3. 跨度≥60m 的桁架，其受压弦杆和端压杆的［λ］宜取 100，其他受压腹杆可取 150（承受静力荷载或间接承受动力荷载）或 120（直接承受动力荷载）。
4. 由［λ］控制截面的杆件，在计算其长细比时，可不考虑扭转效应。

构件的最大长细比 λ 值按下列规定确定。

1. 受拉构件的长细比

$$\lambda=\frac{l_0}{i} \tag{4-3}$$

式中 l_0——构件对截面主轴的计算长度，$l_0=\mu l$，其中，l 为构件的几何长度，μ 为计算长度系数，与构件两端部构造有关；

i——构件截面对主轴的回转半径，$i=\sqrt{I/A}$，其中，A 为毛截面面积，I 为毛截面对相应主轴的惯性矩。

2. 受压构件的长细比

1）截面为双轴对称或极对称时，按式（4-3）计算。对双轴对称的十字形截面，λ 值不得小于 $5.07b/t$，b/t 为悬伸板件的宽厚比。

2）截面为单轴对称时，绕非对称轴 x（图 4-6a）的长细比 λ_x，仍按式（4-3）计算；绕对称轴 y 的长细比应计入绕杆轴 z 的扭转效应，而采用换算长细比 λ_{yz}。

$$\lambda_{yz}=\frac{1}{\sqrt{2}}\left[(\lambda_y^2+\lambda_z^2)+\sqrt{(\lambda_y^2+\lambda_z^2)^2-4(1-e_0^2/i_0^2)\lambda_y^2\lambda_z^2}\right]^{1/2} \tag{4-4}$$

式中 λ_y——构件绕截面对称轴的长细比；

λ_z——扭转屈曲的换算长细比；

$$\lambda_z=\sqrt{\frac{i_0^2A}{I_t/25.7+I_w/l_w^2}} \tag{4-5}$$

i_0——截面对剪心的极回转半径，$i_0=\sqrt{e_0^2+i_x^2+i_y^2}$；

e_0——截面形心至剪心的距离；

I_t——毛截面抗扭惯性矩；

I_w——毛截面扇性惯性矩，对 T 形截面（轧制、双板焊接、双角钢组合）、十字形截面和角形截面，可取 $I_w\approx 0$；

l_w——扭转屈曲的计算长度，对两端铰接端部截面可自由翘曲或两端嵌固端部截面的翘曲完全受到约束的构件，取 $l_w=l_{0y}$；

A——构件的毛截面面积。

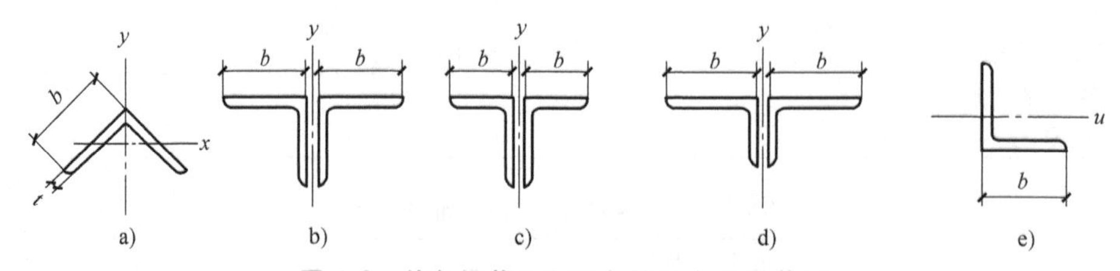

图 4-6 单角钢截面和双角钢组合 T 形截面

3）单角钢截面和双角钢组合 T 形截面绕对称轴 y 的 λ_{yz}，可采用下列简化方法确定。

① 等边单角钢截面（图 4-6a）

当 $b/t\leqslant 0.54l_{0y}/b$ 时
$$\lambda_{yz}=\lambda_y\left(1+\frac{0.85b^4}{l_{0y}^2t^2}\right) \tag{4-6a}$$

当 $b/t>0.54l_{0y}/b$ 时
$$\lambda_{yz}=4.78\frac{b}{t}\left(1+\frac{l_{0y}^2t^2}{13.5b^4}\right) \tag{4-6b}$$

② 等边双角钢截面（图 4-6b）

当 $b/t \leqslant 0.58 l_{0y}/b$ 时
$$\lambda_{yz}=\lambda_y\left(1+\frac{0.475b^4}{l_{0y}^2 t^2}\right) \tag{4-7a}$$

当 $b/t>0.58 l_{0y}/b$ 时
$$\lambda_{yz}=3.9\frac{b}{t}\left(1+\frac{l_{0y}^2 t^2}{18.6b^4}\right) \tag{4-7b}$$

③ 长肢相并的不等边双角钢（短肢宽 b）截面（见图 4-6c）

当 $b/t \leqslant 0.48 l_{0y}/b$ 时
$$\lambda_{yz}=\lambda_y\left(1+\frac{1.09b^4}{l_{0y}^2 t^2}\right) \tag{4-8a}$$

当 $b/t>0.48 l_{0y}/b$ 时
$$\lambda_{yz}=5.1\frac{b}{t}\left(1+\frac{l_{0y}^2 t^2}{17.4b^4}\right) \tag{4-8b}$$

④ 短肢相并的不等边双角钢（长肢宽 b）截面（见图 4-6d）

当 $b/t \leqslant 0.56 l_{0y}/b$ 时
$$\lambda_{yz}\approx\lambda_y \tag{4-9a}$$

当 $b/t>0.56 l_{0y}/b$ 时
$$\lambda_{yz}=3.7\frac{b}{t}\left(1+\frac{l_{0y}^2 t^2}{52.7b^4}\right) \tag{4-9b}$$

4）在计算等边单角钢构件绕截面平行轴 u（图 4-6e）的稳定性时，可按下式计算换算长细比 λ_{uz}，并按 b 类截面确定 φ 值。

当 $b/t \leqslant 0.69 l_{0u}/b$ 时
$$\lambda_{uz}=\lambda_u\left(1+\frac{0.25b^4}{l_{0u}^2 t^2}\right) \tag{4-10a}$$

当 $b/t>0.69 l_{0u}/b$ 时
$$\lambda_{uz}=\frac{5.4b}{t} \tag{4-10b}$$

式中　$\lambda_u=l_{0u}/i_u$。

单轴对称的轴心受压杆在绕非对称主轴以外的任一轴失稳时，应按弯扭屈曲计算。

无任何对称轴且又非极对称的截面（单面连接的不等边单角钢除外），不宜用作轴心受压构件。.

对单面连接的单角钢轴心受压构件，考虑折减系数 η 后，可不考虑弯扭效应。当槽形截面用于格构式构件的分肢（图 4-2c），计算分肢绕对称轴（x 轴）的稳定性时，不必考虑扭转效应，直接用 λ_x 查出 φ_x 值。

4.2　实腹式轴心受压构件的弯曲屈曲（flexural buckling）

轴心受压构件的强度仍按式（4-1）计算，但式中的 f 代表钢材的抗压强度设计值。然而，只有极短的压杆或局部有较大孔洞削弱的压杆，才会因截面的平均应力达到强度设计值而丧失承载能力，即强度起控制作用。一般地说，轴心压杆的承载力是由稳定条件决定的。

稳定和强度是两个不同的概念。轴心压杆的屈曲（buckling），即构件丧失整体稳定具有突然性，以往国内外因压杆突然丧失稳定而导致重大工程事故的例子屡见不鲜，必须对稳定性给予足够的重视。

理想轴心受压构件的屈曲形态，可能有三种形式（图 4-7，图中 N_{cr} 为临界力），属于第一类稳定问题，即质变失稳问题。本节只讨论弯曲屈曲，而扭转屈曲和弯扭屈曲问题将分别在 4.7 节和 4.8 节中论述。

4.2.1　理想轴心压杆的弯曲屈曲

1. 弹性屈曲

压杆弯曲屈曲时（图 4-8b），截面中将产生弯矩 M 和剪力 $V=\frac{\mathrm{d}M}{\mathrm{d}x}$。$x$ 截面处的总变形 y 由

弯矩产生的变形 y_M 和剪力产生的变形 y_V 组成，即

$$y=y_M+y_V \qquad (a)$$

$$\frac{\mathrm{d}y_V}{\mathrm{d}x}\approx\gamma=\frac{\tau}{G}=\frac{sV}{GA}=\overline{\gamma}V=\overline{\gamma}\,\frac{\mathrm{d}M}{\mathrm{d}x}$$

式中 γ——单元的剪应变，即剪切角；

$\overline{\gamma}$——单位剪力（$V=1$）引起的剪切角；

s——实腹式杆的截面形状系数，矩形截面 $s=1.2$，圆形截面 $s=32\div27=1.19$，工字形截面 $s=A/A_w\approx1$（A_w 中 w 指腹板）。

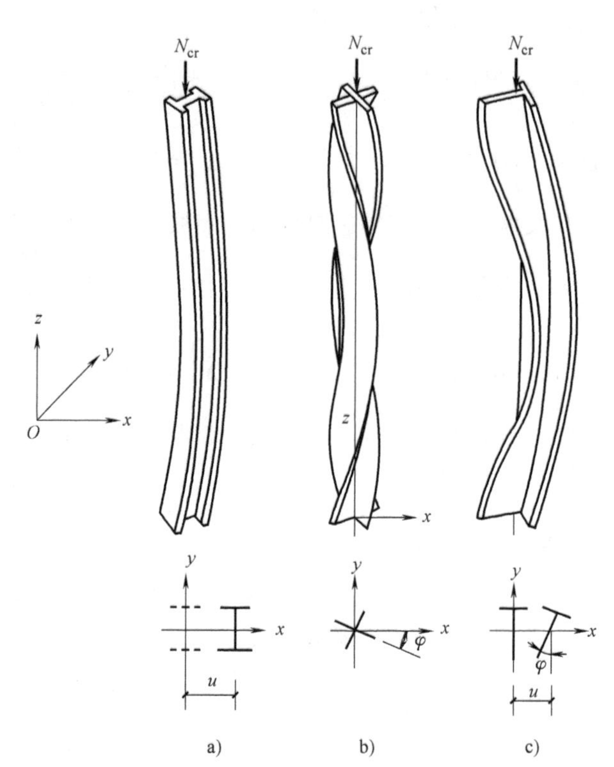

图 4-7 理想轴心受压杆的屈曲形态（两端铰接）

a）弯曲屈曲（绕 y 轴） b）扭转屈曲（绕 z 轴）

c）弯转屈曲（绕 y、z 轴）

因此，曲率为

$$\frac{1}{\rho}=\frac{y''}{[1+(y')^2]^{3/2}}\approx\frac{\mathrm{d}^2y}{\mathrm{d}x^2}$$

$$=\frac{\mathrm{d}^2y_M}{\mathrm{d}x^2}+\frac{\mathrm{d}^2y_V}{\mathrm{d}x^2}=-\frac{M}{EI}+\overline{\gamma}\,\frac{\mathrm{d}^2M}{\mathrm{d}x^2}$$

$$=-\frac{Ny}{EI}+\overline{\gamma}N\,\frac{\mathrm{d}^2y}{\mathrm{d}x^2}$$

即
$$(1-\overline{\gamma}N)\frac{\mathrm{d}^2y}{\mathrm{d}x^2}+\frac{N}{EI}y=0 \qquad (4\text{-}11a)$$

令
$$\alpha^2=\frac{N}{EI(1-\overline{\gamma}N)} \qquad (b)$$

式（4-11a）可写为
$$y''+\alpha^2y=0$$

可得通解：
$$y=A\sin\alpha x+B\cos\alpha x \qquad (4\text{-}11b)$$

边界条件：$x=0$ 时，$y=0$，得 $B=0$；$x=l$ 时，$y=0$，得 $A\sin\alpha l=0$。

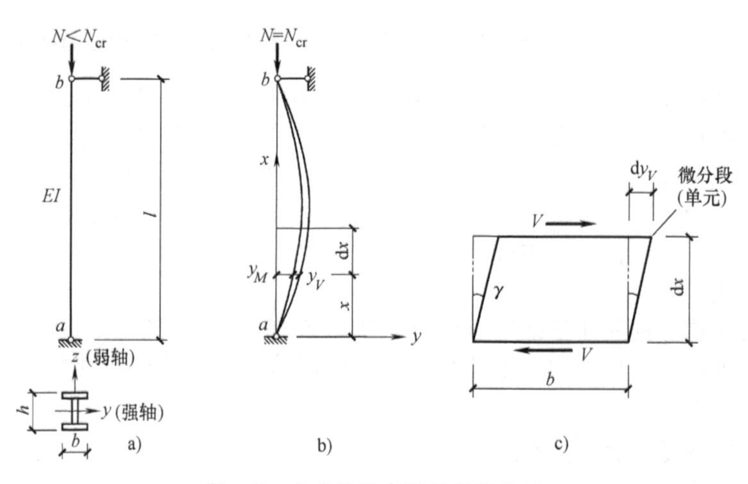

图 4-8 考虑剪切变形的压杆稳定

因为 $A\neq0$，所以 $\sin\alpha l=0$，即 $\alpha l=0$，π，2π，…

最小根：

$$\alpha l=\pi \tag{c}$$

把式（b）代入式（c）可得

$$N_{cr}=N_E\frac{1}{1+\overline{\gamma}N_E} \tag{4-12a}$$

式中　N_E——欧拉力（Euler force），$N_E=\dfrac{\pi^2EI}{l_0^2}=\dfrac{\pi^2EA}{\lambda^2}$。

由式（4-12a）可知，当计入剪力对临界力的影响时，需将 N_E 乘以小于 1 的修正系数

$$\frac{1}{1+\overline{\gamma}N_E}$$

式（4-12a）由静力法导出，也可用能量法推出。

此外，对于绕实轴屈曲的压杆，可近似认为$\overline{\gamma}=0$。因为

$$\overline{\gamma}N_E=\frac{s}{GA}N_E=\frac{s}{G}\sigma_E=\frac{s\times200}{79\times10^3}=\frac{s}{395}$$

所以，对于实腹式构件，式（4-12a）可以写为

$$N_{cr}=N_E=\frac{\pi^2EI}{l_0^2} \tag{4-12b}$$

对于绕虚轴失稳的格构式构件（图 4-2c），剪切变形不可忽略，必须计入$\overline{\gamma}$ 的影响。$\overline{\gamma}$ 值的推导详见 4.5 节。

由式（4-12b）可得欧拉临界应力为

$$\sigma_{cr}=\sigma_E=\frac{N_{cr}}{A}=\frac{\pi^2E}{\lambda^2} \tag{4-13}$$

$$l_0=\mu l$$

$$\lambda=l_0/i$$

式中　l_0——杆的计算长度；

l——构件的几何长度；

μ——计算长度系数，两端铰接时 $\mu=1$，即 $l_0=l$；

λ——杆的长细比，取两主轴方向的较大者，其中回转半径 $i=\sqrt{I/A}$。

由式（4-12b）可见，压杆的临界力 N_{cr} 与构件的弯曲刚度 EI 成正比，与构件的计算长度 l_0 的平方成反比，而与材料的强度无关。因此，采用高强度材料，不能提高 N_{cr} 值，只有增大截面的惯性矩 I 或减少计算长度 l_0 等措施可以提高构件的稳定性。式（4-13）表明临界应力 σ_{cr} 与长细比 λ 的平方成反比，即 λ 越大，σ_{cr} 就越小，压杆的稳定性就越差。

式（4-13）只适用于应力不大于比例极限 f_p（proportional limit）的情况（图 4-9）。即由条件 $\sigma_{cr}=\pi^2E/\lambda^2\leqslant f_p$，可得弹性屈曲的范围是

$$\lambda\geqslant\lambda_p=\pi\sqrt{E/f_p}=\begin{cases}\pi\sqrt{\dfrac{206\times10^3}{0.8\times235}}\approx104 & \text{（Q235 钢）}\\ \pi\sqrt{\dfrac{206\times10^3}{0.8\times345}}\approx86 & \text{（Q345 钢）}\end{cases}$$

2. 弹塑性屈曲

当 $\sigma_{cr}>f_p$，即 $\lambda<\lambda_p$ 时，压杆的工作已进入非弹性范围。此时，材料的 σ-ε 关系成为非线性（图 4-9a 的 abc 曲线）关系，致使屈曲问题变得复杂起来。非弹性屈曲在理论方面的研究，经历了一个曲折的发展过程。

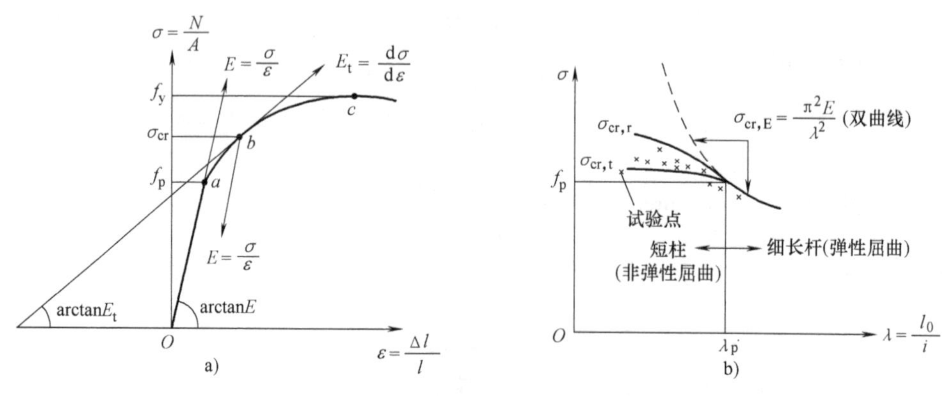

图 4-9　σ-ε、σ-λ 曲线

a）σ-ε 关系　b）σ-λ 曲线

1889 年，德国人 Engesser 建议用切线模量 E_t 来替代欧拉公式中的弹性模量 E，将欧拉公式推广到非弹性范围，称为切线模量理论（tangent modulus theory）。该理论假定：杆从挺直到微弯位置（小变形）过渡期间，轴向荷载增加，且增加的平均轴向压应力 $\Delta\sigma_n=\Delta N/A$ 大于弯曲引起构件凸侧最外纤维的拉应力 σ_b，即 $\Delta\sigma_n>\sigma_b$。因此，截面上所有点的压应力都是增加的，其 σ-ε 关系均由切线模量 E_t 控制，截面上的中和轴与形心轴重合（图 4-10a）。

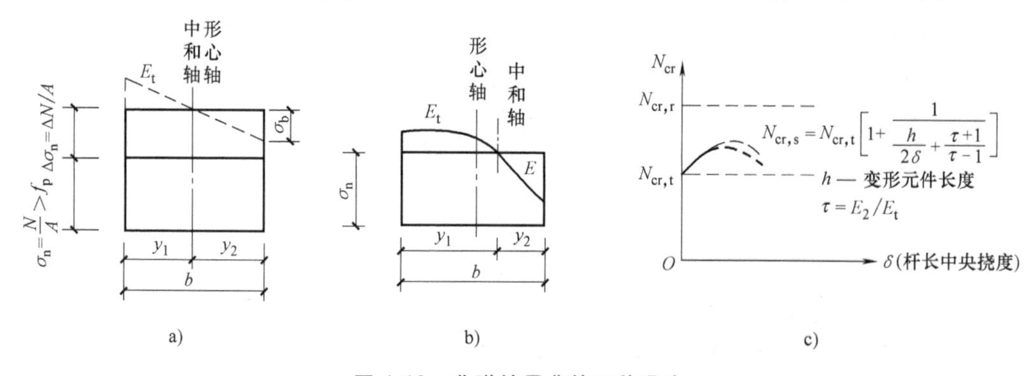

图 4-10　非弹性屈曲的三种理论

a）切线模量理论（临界力 $N_{cr,t}$）　b）双模量理论（临界力 $N_{cr,r}$）　c）三种理论的对比（N_{cr}-δ 关系）

1895 年，Engesser 根据另一德国人 Considere 的建议，考虑到截面卸载区的 σ-ε 关系仍遵循弹性模量 E 的规律变化，认为取代欧拉公式中的 E 不单是 E_t，而应是换算模量 $E_r=(EI_1+E_tI_2)/I$，该理论称为双模量理论（double modulus theory），又叫折减模量理论（reduced modulus theory）。双模量理论的基础：假设临界荷载作用下，轴心压杆从直的外形到微弯变化过程中，轴向荷载保持不变。当构件微弯（屈曲）时，截面上任一点的总应力将由一个均匀压应力 $\sigma_n=N/A$ 和一个弯曲应力 σ_b 组成（图 4-10b）。在构件凸侧（中性轴右侧）的应力按 E 卸载，凹侧由 E_t 控制。直到 1910 年，Karman 精确地导出了矩形截面和理想的 H 截面轴心压杆的 E_r 之后，双模量理论才得到广泛认可，但许多轴心压杆的试验结果更接近切线模量理论（图 4-9a），这是很矛盾的。1946 年，年轻的 Shanley 在 *The Column Paradox* 一书中，利用有名的试验模型（压杆弹塑性性质集中到杆长中央的变形元件上），成功地解释了这个矛盾。理论指出：弹塑性压杆的临界力 $N_{cr,s}$ 介于 $N_{cr,t}$ 与 $N_{cr,r}$ 之间，$N_{cr,t}$ 更接近实际，即

$$\sigma_{cr}=\sigma_{cr,t}=\frac{\pi^2E_t}{\lambda^2}\tag{4-14}$$

式中　E_t——相应于临界应力 σ_{cr} 对应点的切线坡度（图 4-9a）。

如引入切线模量系数 $\eta=E_t/E$，并代入式（4-14），可得适用于弹性和弹塑性屈曲的一般公式

$$\sigma_{cr}=\frac{\pi^2\eta E}{\lambda^2} \tag{4-15}$$

当 $\eta=1$ 时，即弹性阶段，式（4-15）即变成式（4-13）。

4.2.2　工程压杆的弯曲屈曲

在实际结构中，理想的轴心压杆并不存在，经常出现一些不利因素，如初弯曲 v_0、初偏心 e_0、残余应力（residual stress）σ_r 等缺陷，其中，v_0 与 e_0 属于几何缺陷，而 σ_r 为力学缺陷。它们在不同程度上使压杆的承载能力降低。

1. 初弯曲

图 4-11a 所示为具有微小初弯曲的两端铰接的轴心压杆，其初弯曲为正弦曲线函数：$y_0=v_0\sin\frac{\pi x}{l}$，其中 v_0 为杆长度中央的初挠度。在轴心压力 N 作用下，杆的挠度在初弯曲的基础上不断发展。根据临界状态时杆件任意截面上内外弯矩平衡条件（图 4-11b），可得挠曲平衡方程

$$EIy''+N(y_0+y)=0 \tag{4-16}$$

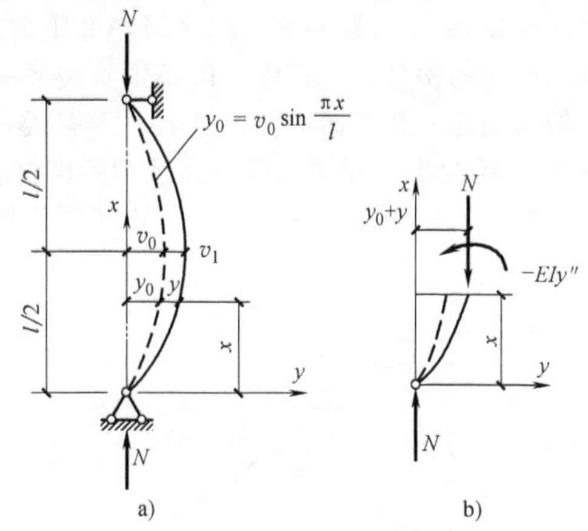

图 4-11　有初弯曲 v_0 的轴心压杆

令

$$y_0=v_0\sin\frac{\pi x}{l}$$

$$y=v_1\sin\frac{\pi x}{l}$$

并代入式（4-16）得

$$EI\left(-\frac{\pi^2}{l^2}v_1\sin\frac{\pi x}{l}\right)+N\left(v_0\sin\frac{\pi x}{l}+v_1\sin\frac{\pi x}{l}\right)=0$$

即

$$\sin\frac{\pi x}{l}\left[-v_1\frac{\pi^2EI}{l^2}+N(v_1+v_0)\right]=0$$

由于 $\sin\frac{\pi x}{l}\neq0$，可得

$$-v_1N_E+N(v_1+v_0)=0$$

得

$$v_1=\frac{Nv_0}{N_E-N} \tag{4-17}$$

因此，杆长度中点的总挠度为

$$v=v_0+v_1=v_0\left(1+\frac{N}{N_E-N}\right)=v_0\left(\frac{N_E}{N_E-N}\right)=v_0\left(\frac{1}{1-\alpha}\right) \tag{4-18}$$

式中，$\alpha=N/N_E$，欧拉临界力 $N_E=\pi^2EI/l^2$。

由式（4-18）可知，v 不随 N 按比例增加，当压力 N 达到欧拉值 N_E 时，对不同初弯曲的轴心压杆，v 均趋于无限大。由式（4-18）可画出 $v_0=1$mm 时的 α-v 曲线（图 4-12 中的 bca），该曲线是建立在材料无限弹性的基础上，其有下面几个特点：

1）压力一旦作用，就产生挠曲变形（曲线 bca），当 $N\to N_E$ 时，$v\to\infty$。这与理想轴心压

杆的 $01a$ 线不同。

2）不管初弯曲值多么小，压杆的整体稳定承载能力总低于 N_E。

3）由式（4-18）可见，v_0 值越大，在相同压力作用下，杆的挠度也越大。

由于实际压杆并非完全弹性体，挠度增大到一定程度，就会由于杆的轴力 N 和弯矩 Nv 所产生的组合应力，使杆截面出现不断增加的塑性区。塑性的开展会使杆在压力还未达到 N_E 之前就被压坏而丧失承载力（图 4-12 的曲线 $bcde$）。曲线上 c、d 两点分别为截面边缘纤维开始屈服时、杆件被压溃时的 α 值。若以前者为屈曲准则，则称边缘纤维屈服理论（c 点）；若以后者为准则，则称压溃理论（d 点）。对于有初弯曲的实腹式轴心压杆，可以采用 $bcde$ 曲线，压力 N 在未达到 d 点之前，杆始终处于稳定平衡状态，在 d 点之后，杆的平衡是不稳定的，由于要在 de 段维持平衡，则必须降低压力。除了长细比很大的杆件，一般杆件失稳时都存在不同程度的塑性区。塑性区的范围直接影响杆的承载力，它主要取决于杆截面的形状和尺寸、杆的长细比和初弯曲的取值等。对于有残余应力的杆，还取决于残余应力的分布。为了比较，图 4-12 还绘出了理想的弹性直杆和弹塑性直杆（$v_0=0$）的曲线。

对于无残余应力的截面，由边缘纤维屈服理论可得（图 4-13）

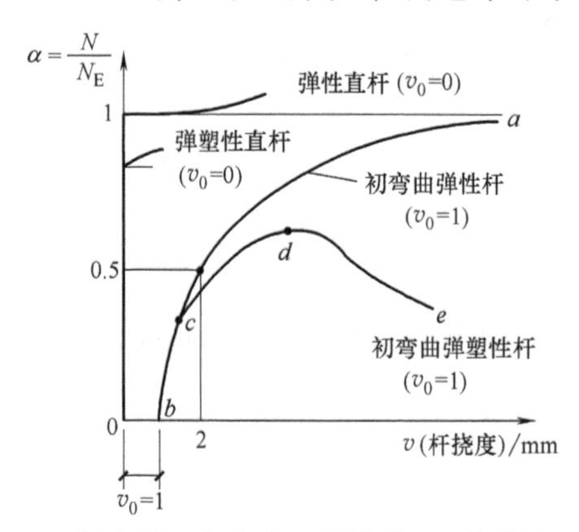

图 4-12　初弯曲 v_0 压杆的 α-v 曲线

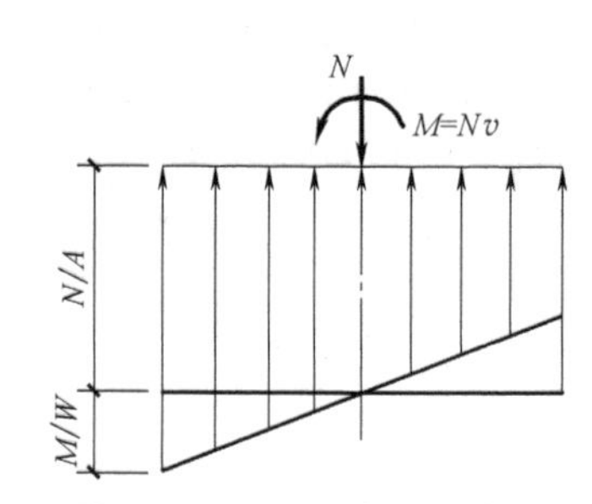

图 4-13　M、N 产生的应力

$$\sigma_{\max}=\frac{N}{A}+\frac{N}{W}\left(\frac{v_0N_E}{N_E-N}\right)=f_y \tag{a}$$

或

$$\frac{N}{A}\left(1+\frac{Av_0}{W}\cdot\frac{N_E}{N_E-N}\right)=f_y$$

即

$$\sigma_{cr}\left(1+\varepsilon_0\frac{\sigma_E}{\sigma_E-\sigma_{cr}}\right)=f_y \tag{b}$$

化简得

$$\sigma_{cr}^2-\sigma_{cr}[f_y+\sigma_E(1+\varepsilon_0)]+\sigma_Ef_y=0$$

解得

$$\sigma_{cr}=\frac{f_y+(1+\varepsilon_0)\sigma_E}{2}-\sqrt{\left[\frac{f_y+(1+\varepsilon_0)\sigma_E}{2}\right]^2-f_y\sigma_E} \tag{4-19}$$

式中　ε_0——相对初弯曲（即初弯曲率 $\varepsilon_0=v_0/\rho$）；

ρ——核心距 $\rho=W/A$；

σ_E——欧拉临界应力 $\sigma_E=N_E/A=\pi^2E/\lambda^2$。

式（4-19b）称为柏利（Perry）公式，其由边缘纤维屈服理论导出，该公式实为二阶应力强度公式。

对于有初弯曲的冷弯薄壁型钢轴心压杆和绕虚轴（图 4-2c）弯曲的格构式轴心压杆，均以式（a）作为承载能力准则。

如果取杆的初弯曲为验收规范的最大允许值 $v_0=\dfrac{l}{1000}$，则式（a）成为

$$\frac{N}{A}\left[1+\frac{\lambda}{1000}\cdot\frac{i}{\rho(1-\alpha)}\right]=f_y \tag{4-20}$$

式中，$i=l/\lambda$。

虽然式（4-20）不能真实地反映弹塑性轴心压杆的承载力，但仍可反映当杆的长细比相等时，初弯曲对不同截面形式杆的承载力的影响。不同截面形式的 i/ρ 是不同的，i/ρ 值越大，初弯曲对杆承载力的影响也越大。例如，焊接工字形截面（图 4-2c），绕强轴 x 的 $i/\rho\approx1.16$；绕弱轴 y 的 $i/\rho\approx2.10$，在相同 v_0 的情况下，绕 x 轴的柱子曲线就会高于绕 y 轴的曲线（图 4-14）。

2. 初偏心

由于构造上的原因和构件截面尺寸的变异，作用在杆端的轴压力不可避免地会偏离截面的形心而产生初偏心 e_0。一般可用 $e_0/\rho=0.05$ 来考虑初偏心对轴心受压构件的影响。

图 4-15a 所示为有初偏心压杆的计算简图，由平衡条件（图 4-15b）

$$EIy''+N(e_0+y)=0$$

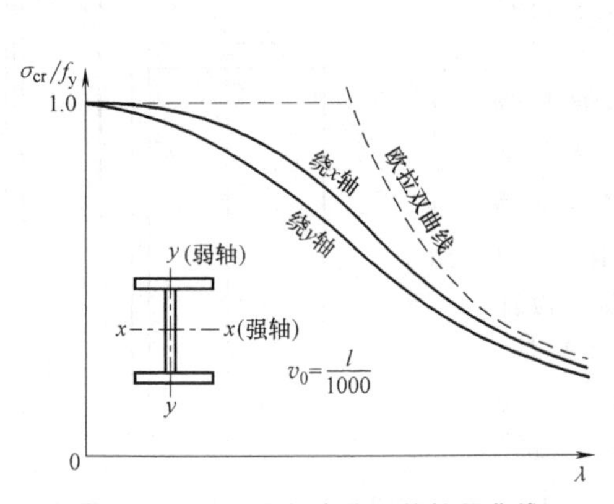

图 4-14　仅考虑初弯曲时的柱子曲线

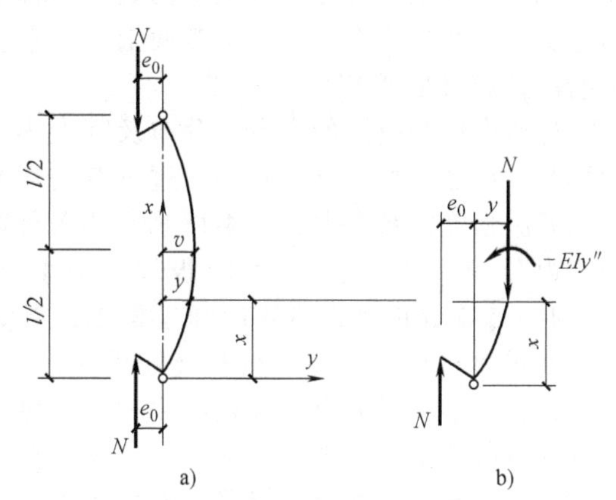

图 4-15　具有初偏心的压杆

令 $k^2=N/EI$，则

$$y''+k^2y=-k^2e_0$$

得到二阶常系数非齐次线性微分方程，其通解是

$$y=A\sin kx+B\cos kx-e_0$$

系数 A、B 由边界条件确定，见表 4-3。

表 4-3　系数 A、B 取值

边界条件	积分常数	方　程
$x=0$ 时，$y=0$ $x=l$ 时，$y=0$	$B=e_0$ $A=\dfrac{e_0(1-\cos kl)}{\sin kl}$	$y=A\sin kx-e_0(1-\cos kx)$ $y=e_0\left(\dfrac{1-\cos kl}{\sin kl}\sin kx+\cos kx-1\right)$　(4-21)

将 $x=l/2$ 代入式（4-21），可得杆长中点的最大挠度

$$v=e_0\left(\sec\frac{\pi}{2}\sqrt{\frac{N}{N_E}}-1\right)=e_0\left(\sec\frac{\pi}{2}\sqrt{\alpha}-1\right) \tag{4-22}$$

由式（4-22）可见，v 也不随 N 成比例增加。和初弯曲一样，当压力 N 达到 N_E 时，$v \to \infty$。图 4-16 绘出 $e_0 = 1\text{mm}$ 和 3mm 时的 α-v 曲线。不论在弹性阶段还是弹塑性阶段，初偏心和初弯曲的影响在本质上是相同的，但影响的程度有差别。初偏心对短压杆的影响比较明显，而对长杆的影响很小，初弯曲对中长杆有较大影响。图 4-16 上的虚曲线表示弹塑性阶段。

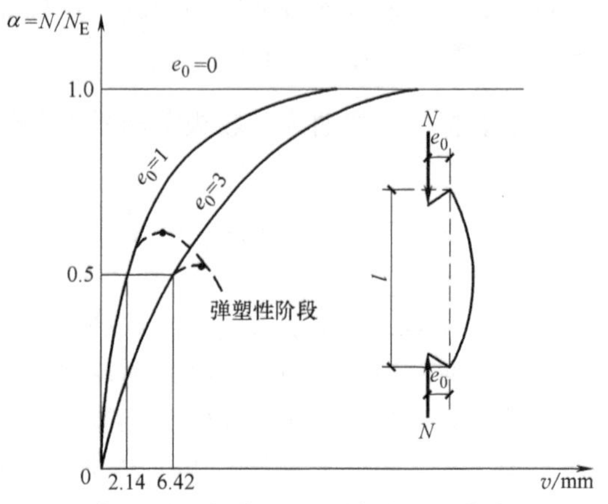

图 4-16　初偏心 e_0 压杆的 α-v 曲线

3. 残余应力σ_r

早在 20 世纪 40 年代，国外就开始对 σ_r 进行研究，在 50 年代时又做了大量系统的研究。残余应力的产生原因有：①焊接或热轧型钢的不均匀加热和不均匀冷却；②火焰切割板边缘后的热塑性收缩；③冷加工（校正）的塑性变形。其中第①项研究得比较充分。残余应力是一种初应力，即构件受荷载前，截面上就已存在的应力。在一个截面上，残余应力具有自相平衡的特点（图 4-17）。

杆件中残余应力的产生、分布及其大小，与杆件的截面形状、尺寸、加工方法和加工过程有密切关系，而与材料的屈服强度关系不大。图 4-18 所示为各种截面的纵向残余应力分布（图中所示为沿板厚方向的平均值）。对图 4-18a 来说，由于在热轧冷却过程中，翼缘两端单位体积的暴露面积比翼缘与腹板相交处更大，因此冷却较快。同样，腹板中间部分也比腹板两端相交处更快冷却，后冷却的区域就会受到较早冷却部分的约束，在板的相交处产生拉应力。相反，在早冷却部分截面上就会产生压应力。

对于厚板（$t \geqslant 40\text{mm}$）组成的截面，残余应力沿厚度方向（横向）的变化不能忽视（图 4-19）。

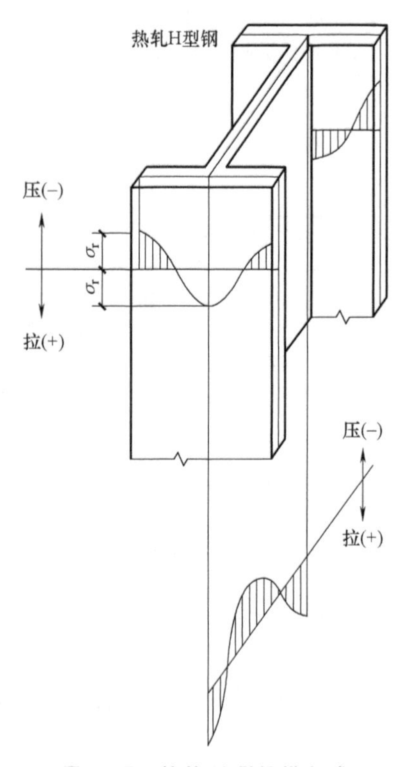

图 4-17　热轧 H 型钢纵向残余应力 σ_r 分布

残余应力在构件中的分布规律和数值，常用应力释放法测定：将构件刨切或锯切成许多纵向窄条，由于切成窄条后，相互间互不约束而从原先有残余应力的情况下解脱开来，这就是应力释放。对每窄条在切割前后的长度分别测量，长度的改变量表明了原来杆件中存在的残余应力的性质和大小。由大量实测结果，就能得到截面上残余应力的分布规律和数值。对热轧 H 型钢，翼缘端部平均最大残余应力 σ_r 约为 $0.3f_y$（f_y 为钢材的屈服强度），其沿翼缘宽度的分布规律介于抛物线和直线之间（图 4-18a）。欧洲国家常采用抛物线；美国常用直线。为简化计算，我们对 σ_r 的分布规律也取直线。

残余应力的存在也可用短柱试验法来验证：用一根很短的柱（其长度使柱不会失稳）在试验机上进行压力试验，绘出的平均应力$\sigma = N/A$ 和应变 ε 关系曲线，如图 4-20 中粗实线 OAB 所示，图中粗虚线 ODC 为理想试件（无残余应力 σ_r）的 σ-ε 关系。比较上述两线可见，σ_r 的存在使比例极限f_p 降低到 $f_{p,\text{eff}}$（称为有效比例极限），在 $f_{p,\text{eff}}$ 和 f_y 间出现了一条过渡曲线 AB。短柱试验结果只能反映出残余应力对 σ-ε 关系的影响，不能得出截面上残余应力的分布和大小。

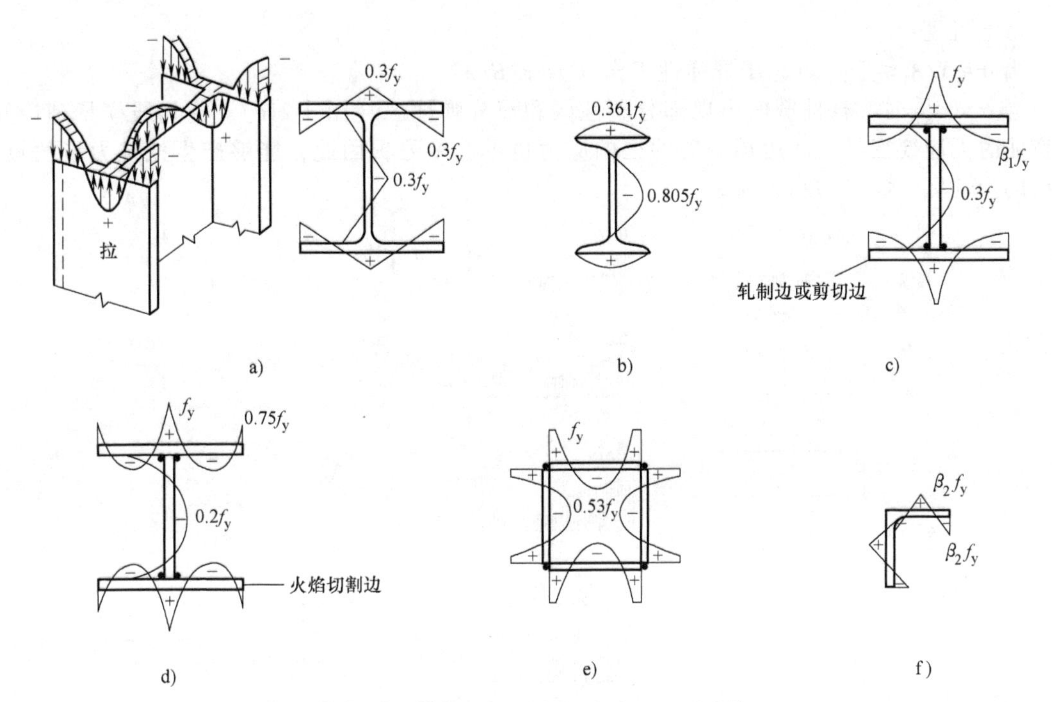

图 4-18　纵向 σ_r（$\beta_1=0.3\sim0.6$，$\beta_2=0.25$）

a）轧制 H 型钢　b）轧制普通工字钢　c）焊接 H 形钢　d）焊接 H 形钢（火焰切割）　e）焊接箱形钢　f）轧制等边角钢

图 4-21a 所示有残余应力的理想 H 型钢截面。设两个翼缘面积（flange area）之和为 A_f（因腹板厚度小，腹板面积可忽略不计）。

当外荷载所产生的应力 N/A_f 分别为 0、$0.5f_y$、$0.7f_y$ 时，杆截面上的应力对应图 4-21b、c、d，它们在图 4-21g 上的位置分别是 O、C、D 三点，该三点在一直线上，即压杆弹性工作。当继续加大荷载 $N=f_y\dfrac{A_f}{2}+\left(\dfrac{f_y+0.7f_y}{2}\right)\dfrac{A_f}{2}$，即 $N/A_f=0.925f_y$ 时（图 4-21e）和 $N/A_f=f_y$ 时（图 4-21f），它们在图 4-21g 上的相应位置是 E 点和 F 点。

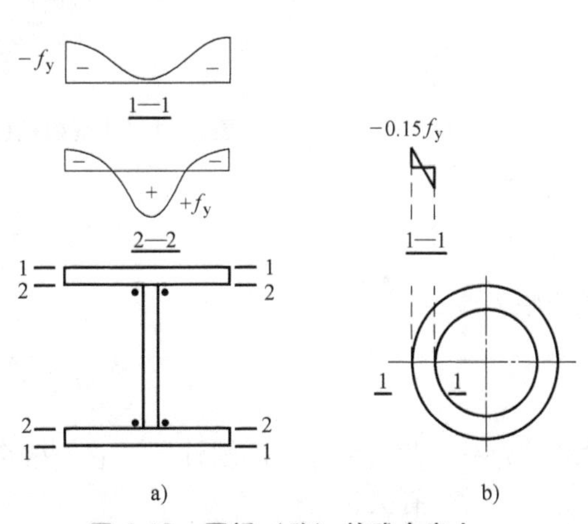

图 4-19　厚板（壁）的残余应力 σ_r

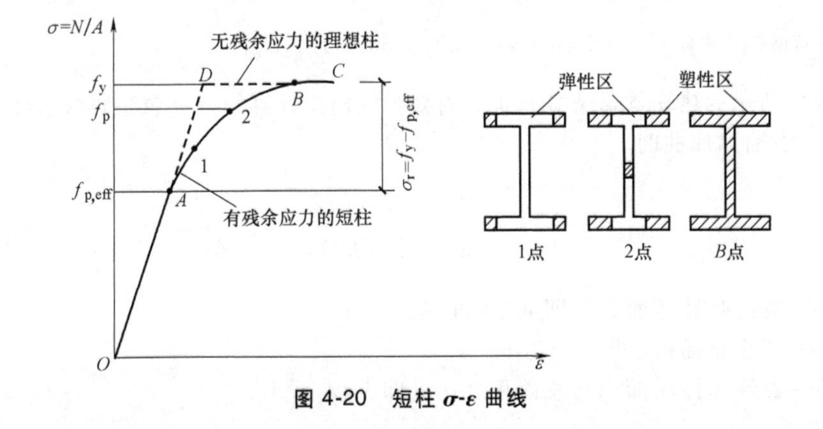

图 4-20　短柱 σ-ε 曲线

由上可见：

当 $\sigma=N/A_{\mathrm{f}}\leqslant f_{\mathrm{p,eff}}$ 时，压杆弹性工作 $\sigma_{\mathrm{cr}}=\pi^2E/\lambda^2$。

当 $\sigma>f_{\mathrm{p,eff}}$ 时，杆件截面出现部分塑性区和部分弹性区（图 4-21e）。由切线模量理论知，杆弯曲时无应变变号，凸边翼缘塑性区的应力也不会变号，因此，能够产生抵抗力矩的只有截面的弹性区，此时的临界荷载

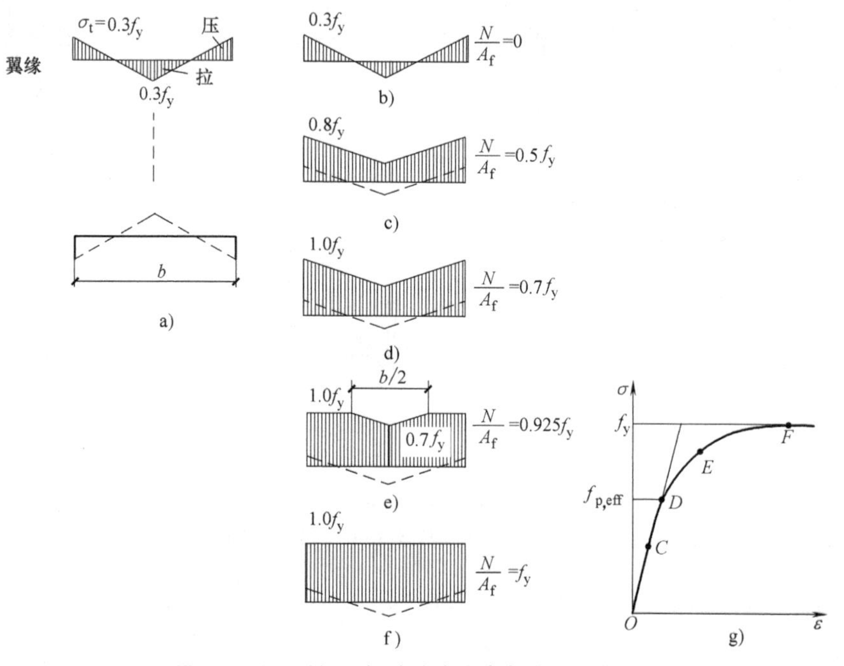

图 4-21　H 型钢短柱试验应力变化和σ -ε 曲线

$$N_{\mathrm{cr}}=\frac{\pi^2EI_{\mathrm{e}}}{l_0^2}=\frac{\pi^2EI}{l_0^2}\frac{I_{\mathrm{e}}}{I}\tag{4-23}$$

相应临界应力

$$\sigma_{\mathrm{cr}}=\frac{\pi^2E}{\lambda^2}\frac{I_{\mathrm{e}}}{I}=\frac{\pi^2E_{\mathrm{eff}}}{\lambda^2}\tag{4-24}$$

式中　I_{e}——截面弹性区的惯性矩。它与残余应力的分布规律有关，也与截面形状、屈曲方向有关；

I——全截面惯性矩；

E_{eff}——有效弹性模量（effective elasticity modulus），$E_{\mathrm{eff}}=E\dfrac{I_{\mathrm{e}}}{I}$。

对图 4-22a 所示的热轧宽翼缘 H 截面，有效弹性模量计算如下（忽略腹板惯性矩的贡献）：

绕 x 轴（强轴）屈曲时

$$E_{\mathrm{eff},x}=E\frac{I_{\mathrm{e},x}}{I_x}\approx E\frac{2(A_{\mathrm{f,e}}/2)(h/2)^2}{2(A_{\mathrm{f}}/2)(h/2)^2}=E\frac{A_{\mathrm{f,e}}}{A_{\mathrm{f}}}=Ek\tag{4-25}$$

式中　$A_{\mathrm{f,e}}$——翼缘弹性区面积，即 $A_{\mathrm{f,e}}=2t_{\mathrm{f}}kb$；

A_{f}——翼缘总面积，即 $A_{\mathrm{f}}=2t_{\mathrm{f}}b$；

k——翼缘弹性区面积与总面积之比，即 $k=A_{\mathrm{f,e}}/A_{\mathrm{f}}$。

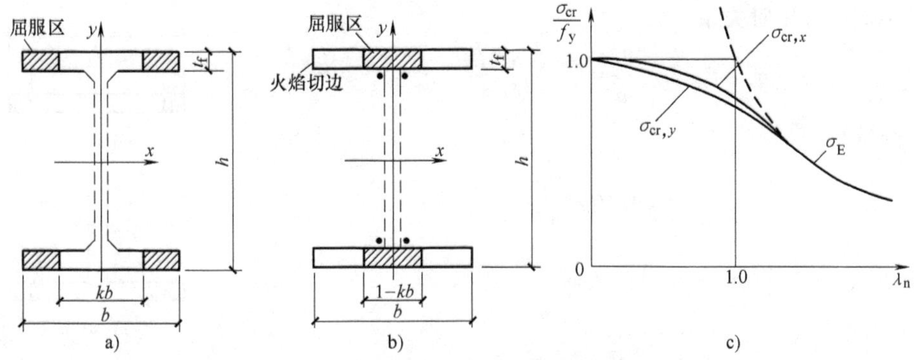

图 4-22　E_{eff} 的计算截面

a）热轧 H 型钢　b）焊接 H 形钢　c）热轧 H 型钢的无量纲曲线

注：正则化长细化：$\lambda_n=\frac{\lambda}{\pi}\sqrt{f_y/E}$

绕 y 轴（弱轴）屈曲时

$$E_{eff,y}=E\frac{I_{ey}}{I_y}=E\frac{2t_f(kb)^3/12}{2t_fb^3/12}=Ek^3 \tag{4-26}$$

比较式（4-25）和式（4-26）可见，在有残余应力的条件下，对不同主轴的 E_{eff} 是不同的。由于 $k<1$，则 $k^3\ll k$。由此可知，残余应力对热轧 H 型钢截面绕弱轴（y 轴）屈曲的影响要比绕强轴（x 轴）影响大（图 4-22c），原因是截面远离 y 轴的部分恰好是残余压应力最大的部分。

对于翼缘板边缘经火焰切割的焊接 H 形钢截面（图 4-22b），绕 y 轴（弱轴）的屈曲

$$E_{eff,y}=E\frac{\frac{1}{12}t_fb^3-\frac{1}{12}t_f(1-k)^3b^3}{\frac{1}{12}t_fb^3}=E(3k-3k^2+k^3) \tag{4-27}$$

可见，$E_{eff}=EI_e/I$ 是 k 的函数，即

$$\frac{I_e}{I}=\psi(k) \tag{4-28}$$

式中
$$k=\frac{A_{f,e}}{A_f} \tag{4-29}$$

k 的大小取决于残余应力的分布，确定方法有 2 种。

1）由短柱试验得到平均 σ-ε 曲线，当 $\sigma=N/A_f>f_{p,eff}$ 时，切线模量为

$$E_t=\frac{d\sigma}{d\varepsilon}=\frac{dN/A_f}{(dN/A_{ef})/E}=\frac{EA_{f,e}}{A_f}=Ek \tag{4-30a}$$

由此可得
$$k=E_t/E \tag{4-30b}$$

在求得了短柱的平均 σ-s 曲线后，即可求此曲线相对于各平均应力时的 E_t/E 值，此比值即 k 值。此法仅需由短柱试验得到 N/A-ε 曲线，不需明确知道残余应力的具体分布情况。

2）当无试验曲线而已知残余应力的具体分布时，则可用解析法求 k 值。对于图 4-23a 所示的理想 H 型钢截面，若设翼缘上的残余应力为直线分布（图 4-23b），当 $N/A_f>f_{p,eff}$ 时，截面上出现部分屈服区。此时，作用在杆上的总荷载是

$$N=f_y(A_f-A_{f,e})+\left(\frac{\sigma_0+f_y}{2}\right)A_{f,e} \tag{4-31}$$

式中　σ_0——翼缘中点的应力（图 4-23c）。

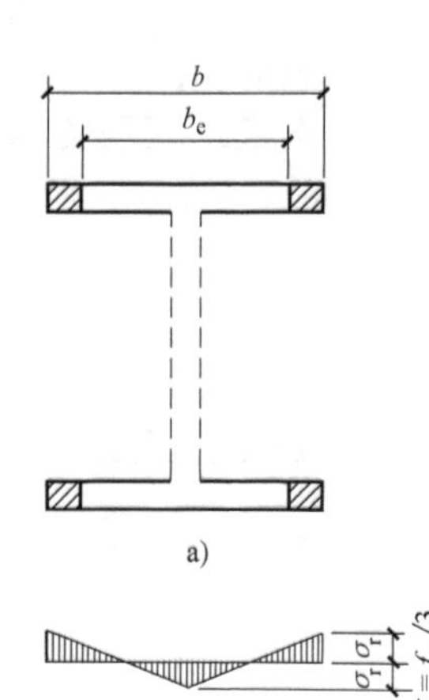

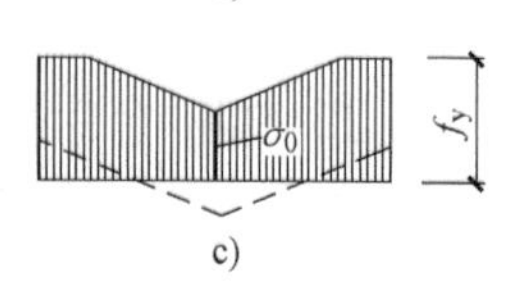

图 4-23 热轧 H 型钢

由图 4-23c 的几何关系

$$\sigma_0 = f_y - 2\sigma_r \frac{b_e}{b} = f_y - 2\sigma_r \frac{A_{f,e}}{A_f}$$

代入式（4-31），可得

$$N = f_y A_f - \sigma_r \frac{A_{f,e}^2}{A_f}$$

即 $\sigma = \dfrac{N}{A_f} = f_y - \sigma_r \left(\dfrac{A_{f,e}}{A_r} \right)^2 = f_y - \sigma_r k^2$，从而

$$k = \sqrt{\frac{f_y}{\sigma_r}\left(1 - \frac{\sigma}{f_y}\right)} = \phi(\sigma_{cr}) \tag{4-32}$$

根据式（4-24）和式（4-28），考虑残余应力影响后的非弹性屈曲的临界应力为

$$\sigma_{cr} = \frac{\pi^2 E}{\lambda^2}\psi(k) \tag{4-33}$$

为了避免反复试算，最简单的方法是把式（4-33）改写成

$$\lambda^2 = \frac{\pi^2 E}{\sigma_{cr}}\psi(k) = \frac{\pi^2 E}{\sigma_{cr}}\psi(\phi(\sigma_{cr})) \tag{4-34}$$

按式（4-34）可绘出 σ_{cr}-λ 曲线（柱子曲线），从而由 λ 直接查得 σ_{cr}。

关于考虑残余应力影响的弹塑性屈曲，若将 $k = I_e/I = E_1/E$ 代入式（4-24）可得式（4-14）。即当 $I_e/I = k$ 时，临界应力可直接用式（4-14）计算。对于由式（4-28）表示的 $I_e/I = \psi(k)$ 的一般情况，临界应力不能直接用切线模量理论，即不能用式（4-14）计算，而必须采用式（4-24）。

4.2.3 柱子曲线的确定方法

1. 轴心压杆的极限承载力

理想的轴心压杆临界应力的一般表达式为式（4-15），该式可用图 4-24 中的 ABC 曲线（称为柱子曲线）表示。然而，在实际结构中，经常出现一些不利因素，如初弯曲 v_0、初偏心 e_0 和残余应力 σ_r 等，使实际屈曲应力达不到式（4-15）的理论值。对非理想轴心压杆的理论和试验研究结果表明，σ_{cr} 常变化于图 4-24 中的阴影线范围内。在弹塑性范围内，由于切线模量的非线性变化（图 4-9a），使理论分析复杂起来，因此，确定柱子曲线有许多不同的方法。

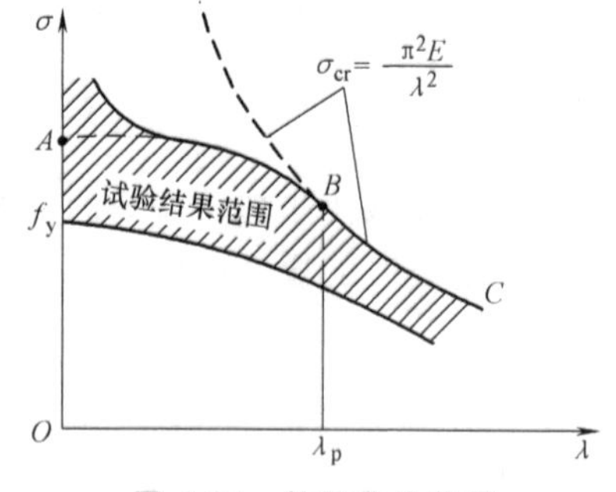

图 4-24 柱子曲线范围

1）以理想轴心压杆为依据，通过提高安全度来考虑 v_0、e_0 的不利影响，并在确定 σ_{cr} 值时，计入 σ_r 的效应。

2）按有一定 v_0、e_0 的压杆进行计算。计算有以“边缘纤维屈服理论”为承载能力的极限或以“压溃理论”为准则的两种方法。

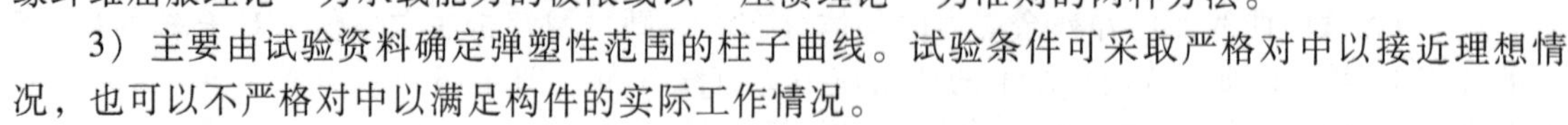

3）主要由试验资料确定弹塑性范围的柱子曲线。试验条件可采取严格对中以接近理想情况，也可以不严格对中以满足构件的实际工作情况。

关于采用何种方法计算，业内一直存在不同的看法，而目前通用的压杆计算长度几乎都是以第 1 种方式为依据，计算压杆整体稳定，采用压溃理论，即最大强度准则（图 4-12 中的 d 点）。

从概率统计的观点来讲，实际压杆中各种初始缺陷（v_0、e_0 和 σ_r）同时达到最不利的可能性极小。由于 v_0、e_0 的影响类似，热轧钢板和型钢组成的普通钢结构，通常只考虑影响最

大的 v_0 和 σ_r 两个缺陷。

如果采用压溃理论，并同时考虑 v_0 和 σ_r，则沿杆长方向各截面和沿横截面的各点，其 σ-ε 曲线都是变数，很难列出临界力的解析式，只能借助计算机用压杆挠曲线法（CDC 法）和逆算单元长度法等数值积分法求解。

2. 轴心压杆的多条柱子曲线

柱子曲线还需确定对于不同截面形式的压杆采用单一曲线还是多条曲线。当考虑 v_0、e_0 的影响并以压溃理论作为计算准则时，临界应力不仅随长细比 λ 变化，还因截面形状不同和屈曲方向不同而有所差别；当考虑 σ_r 时，临界应力差别就更加复杂。因此，单一柱子曲线总是针对某一种有代表性的典型截面而得出的，很难适应各种不同截面的情况。

多条柱子曲线的研究约始于 1970 年，美国 Lehigh 大学和欧洲钢结构协会（ECCS）进行了大量的研究，后者通过对 1000 多根试件的轴压试验进行统计分析和理论研究，提出了图 4-25 所示的五条柱子曲线的建议。图中曲线 a、b、c 按不同的截面形式、尺寸关系、残余应力是否消除及屈曲方向等因素分成三组，并由各组代表性截面得出。曲线 $a°$ 和 d 分别为高强度型钢和重型钢的关系曲线。这项建议从 1976 年开始已被一些国家采纳，多条柱子曲线提高了计算精确性，能使设计获得较安全而经济的效果。

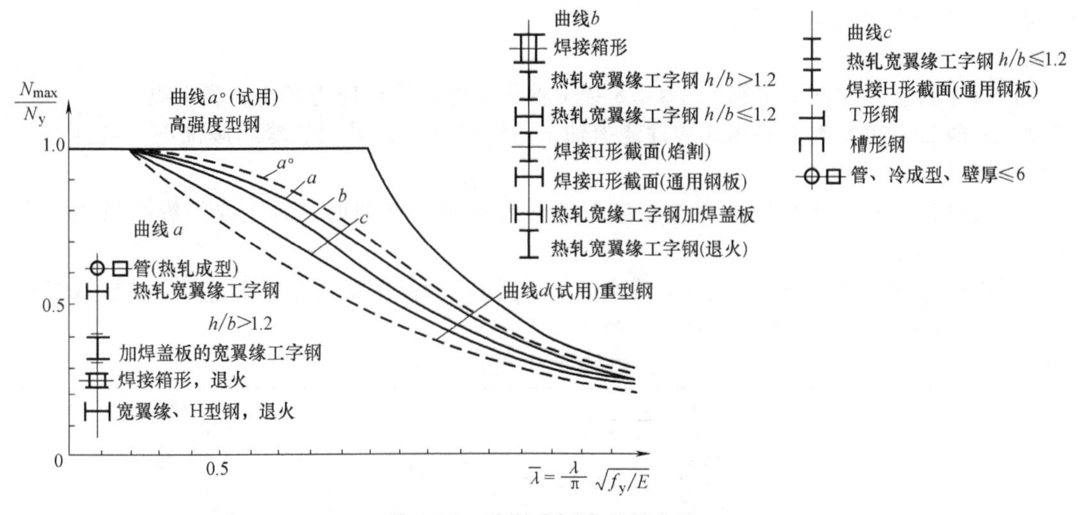

图 4-25　欧洲 ECCS 柱子曲线

美国压杆研究委员会（CRC）根据 Lehigh 大学对 112 根压杆的试验研究成果，提出了类似于图 4-25 的三条柱子曲线（图 4-26），但遗憾的是美国规范并未采纳。1974 年加拿大标准协会（CSA）首次采用曲线 2 作为钢结构基本设计曲线。

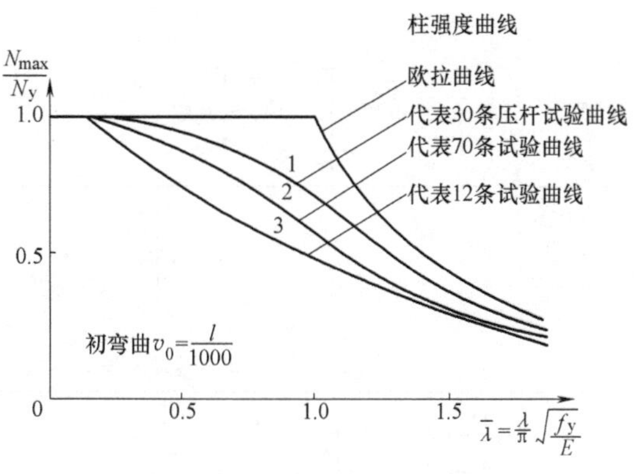

图 4-26　美国 CRC 柱子曲线

4.2.4　我国规范的整体稳定计算

1. 稳定系数 φ 的分类

根据概率统计分析结果，我国规范对轴心压杆的缺陷只考虑了初弯曲 v_0 和残余应力 σ_r 两个主要因素，并按小偏心受压构件用压溃理论近似来确定承载力，并采用了下列简化假定：①钢材是理想的弹塑性体；②构件轴线的初弯曲曲线和外荷载引起的弯曲曲线都是正弦半波形；③构件截面始终保持平面；④忽略荷载的初偏心，构件轴线初弯曲的最大挠度取为杆长的 1/1000；⑤考虑残余应力 σ_r 的影响。

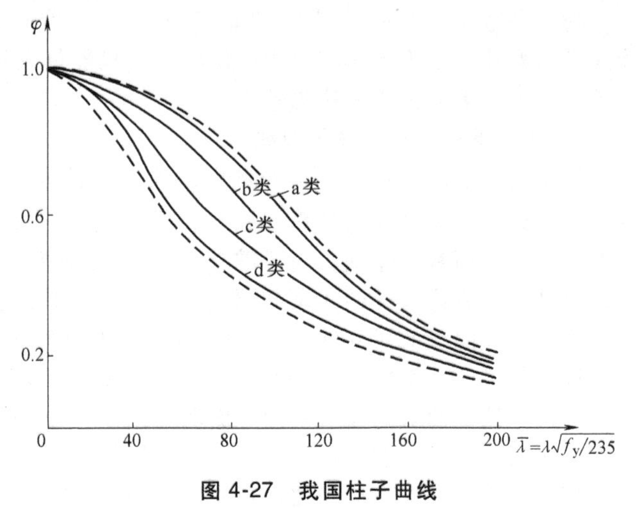

图 4-27　我国柱子曲线

根据轴心压杆的不同截面类型、屈曲方向和加工方法（如轧制、焊接、火焰切割和剪切边等）得到不同长细比 λ 所对应的最大应力 $\sigma_{cr}=N_{cr}/A$ 和稳定系数 $\varphi=\sigma_{cr}/f_y$，并画出一系列 φ-$\overline{\lambda}$ 无量纲关系曲线。规范将承载力相近的构件截面分类（及其对应轴）合为一类，共归纳为 a、b、c、d 四类，具体见表 4-4（$t<40$mm）和表 4-5（$t\geqslant 40$mm），取每截面中压杆曲线的平均值（即 50%的分位值）作为代表曲线，图 4-27 中的两条虚线表示关系曲线的变动范围。

说明：

1）热轧圆管、轧制工字钢 $b/h\leqslant 0.8$ 绕 x 轴屈曲时，残余应力较小，属 a 类。

2）一般截面属 b 类，格构式构件绕虚轴 y 的稳定计算，采用边缘屈服准则，且分肢的扭转受到缀件阻止，列为 b 类。

3）翼缘为轧制或剪切边的焊接工字形截面绕弱轴 y 屈曲时，残余应力影响较大，应为 c 类。

4）板件厚度 $t\geqslant 40$mm（厚板），残余应力 σ_r 同时沿板件宽度和厚度方向变化，且厚板的质量（均匀性和密实度）较差，截面分类列入表 4-5。

表 4-4　轴心受压构件的截面分类（板厚 $t<40$mm）

截面形式		对 x 轴	对 y 轴
轧制		a 类	
轧制	$b/h\leqslant 0.8$	a 类	b 类
	$b/h>0.8$	a* 类	b* 类
轧制等边角钢		a* 类	
焊接、翼缘为焰切边	焊接	b 类	

（续）

截面形式	对 x 轴	对 y 轴
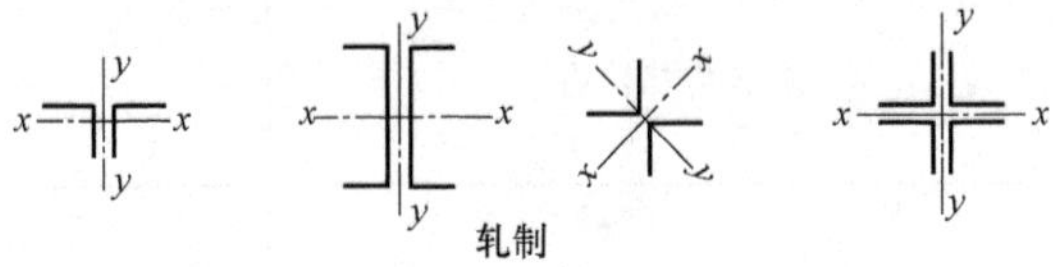 轧制	b 类	b 类
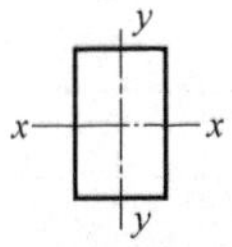 轧制、焊接(板件宽厚比>20)；轧制或焊接	b 类	b 类
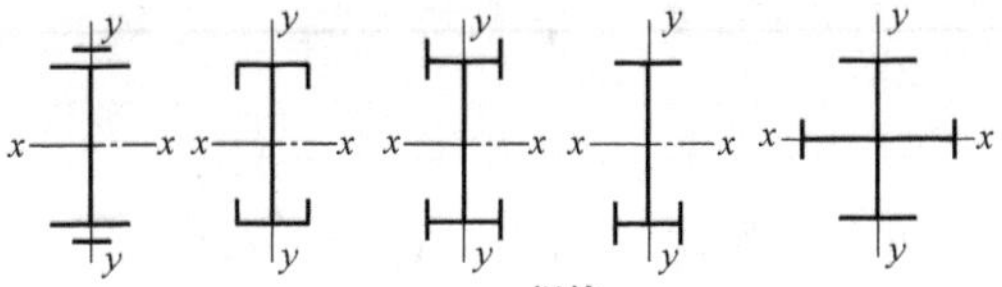 焊接；轧制截面和翼缘为焰切边的焊接截面	b 类	b 类
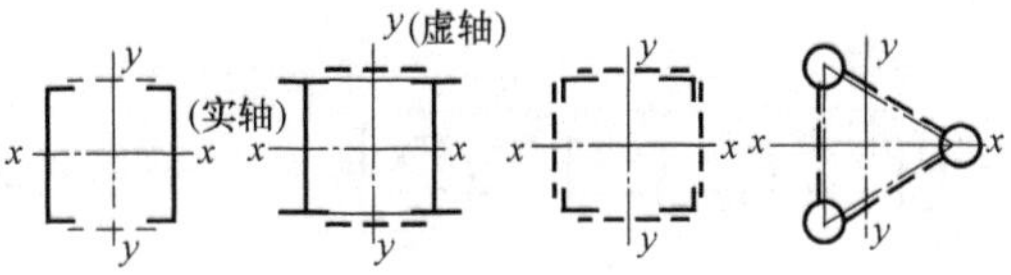 格构式（y(虚轴)，(实轴)）；焊接，板件边缘焰切	b 类	b 类
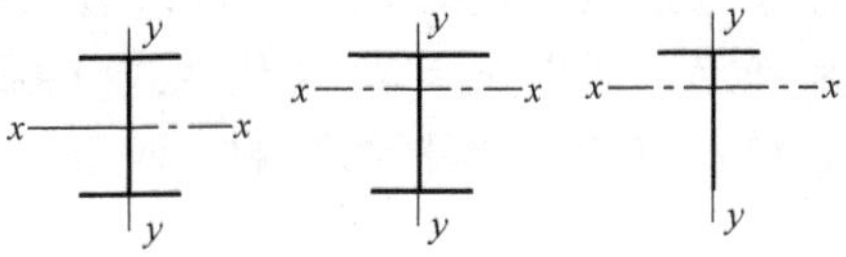 焊接，翼缘为轧制或剪切边	b 类	c 类
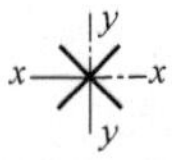 焊接，板件边缘轧制或剪切；轧制、焊接(板件宽厚比≤20)	c 类	c 类

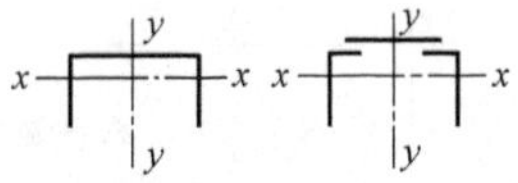

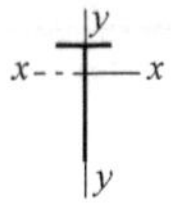

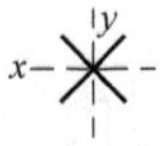

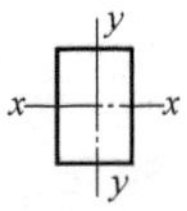

注：1. a* 类含义为 Q235 钢取 b 类，Q345、Q390、Q420 和 Q460 钢取 a 类；b* 类含义为 Q235 钢取 c 类，Q345、Q390、Q420 和 Q460 钢取 b 类。

2. 无对称轴且剪心和形心不重合的截面，其截面分类可按有对称轴的类似截面确定（如不等边角钢采用等边角钢的类别）；当无类似截面时，可取 c 类。

表 4-5　轴心受压构件的截面分类（板厚 $t \geqslant 40$mm）

截面形式		对 x 轴	对 y 轴
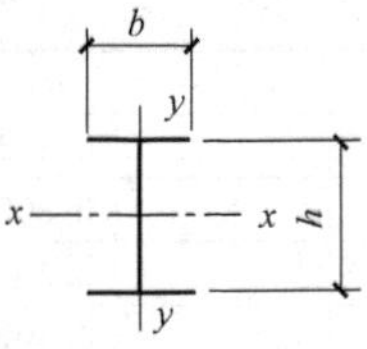 轧制工字形或H形截面（b，h）	$t<80$mm	b 类	c 类
	$t \geqslant 80$mm	c 类	d 类

（续）

截面形式		对 x 轴	对 y 轴
焊接工字形截面	翼缘为焰切边	b 类	b 类
	翼缘为轧制或剪切边	c 类	d 类
焊接箱形截面	板件宽度比>20	b 类	b 类
	板件宽厚比≤20	c 类	c 类

2. φ 值的表达式

为了便于电算，采用非线性函数的最小二乘法，对于 $\lambda_n=\dfrac{\lambda}{\pi}\sqrt{f_y/E}>0.215$（相当于 $\lambda>20\sqrt{235/f_y}$）的各类截面的理论 φ 值，拟合成如式（4-19）的柏利（Perry）公式的形式表达，

$$\varphi=\frac{\sigma_{cr}}{f_y}=\frac{1}{2}\left\{\left[1+(1+\varepsilon_0)\frac{\sigma_E}{f_y}\right]-\sqrt{\left[1+(1+\varepsilon_0)\frac{\sigma_E}{f_y}\right]^2-4\frac{\sigma_E}{f_y}}\right\} \tag{4-35}$$

式中，ε_0 表示初弯曲的相对值，即 $\varepsilon=v_0/\rho=v_0A/W$。若把 ε_0 的含义加以改变，式（4-35）就可用来计算既有 v_0 又有 σ_r 影响的轴心压杆稳定系数。这时 φ 值不再以边缘纤维屈服为准则，而应根据图 4-12 中 d 点的最大承载力 N_u 来确定，即用 $\sigma_u=N_u/A$ 代替式（4-35）中的 σ_{cr}，反算出 ε_0 值，即等效缺陷，它综合考虑了 v_0 和 σ_r 对轴心压杆的影响，四条 φ-λ_n 曲线就有对应的四组等效缺陷：

a 类截面　$\varepsilon_0=0.152\lambda_n-0.014$

b 类截面　$\varepsilon_0=0.300\lambda_n-0.035$

c 类截面　$\varepsilon_0=0.595\lambda_n-0.094$　　（$\lambda_n\leqslant1.05$ 时）

　　　　　$\varepsilon_0=0.302\lambda_n+0.216$　　（$\lambda_n>1.05$ 时）

d 类截面：$\varepsilon_0=0.915\lambda_n-0.132$　　（$\lambda_n\leqslant1.05$ 时）

　　　　　$\varepsilon_0=0.432\lambda_n+0.375$　　（$\lambda_n>1.05$ 时）

将 ε_0 代入式（4-35），得

$$\varphi=\frac{1}{2\lambda_n^2}\left[(\alpha_2+\alpha_3\lambda_n+\lambda_n^2)-\sqrt{(\alpha_2+\alpha_3\lambda_n+\lambda_n^2)^2-4\lambda_n^2}\right] \tag{4-36}$$

式中　α_2、α_3——系数，根据表 4-4、表 4-5 的截面分类，按表 4-6 采用。

表 4-6　α_1、α_2、α_3 系数

截面分类		α_1	α_2	α_3
a 类		0.41	0.986	0.152
b 类		0.65	0.965	0.300
c 类	$\lambda_n\leqslant1.05$	0.73	0.906	0.595
	$\lambda_n>1.05$		1.216	0.302
d 类	$\lambda_n\leqslant1.05$	1.35	0.868	0.915
	$\lambda_n>1.05$		1.375	0.432

当 $\lambda_n \leqslant 0.215$ 时，Perry 公式不再适用，可用一近似曲线使 $\lambda_n = 0.215$ 与 $\lambda_n = 0(\varphi = 1.0)$ 衔接，即

$$\varphi = 1 - \alpha_1 \lambda_n^2 \tag{4-37}$$

式中　α_1——系数，按表 4-6 采用。

以上讨论可见，式（4-36）和式（4-37）的 φ 值与下列三个因素有关：①钢材的品种（即 f_y 和 E 值）；②长细比 λ；③压杆截面分类。对常用的钢种和 a、b、c、d 四类截面，附表 4-1～附表 4-4 列出了不同的 λ 值所对应的、由式（4-36）和式（4-37）所算得的 φ 值。

3. 整体稳定计算公式

轴心受压构件的整体稳定性，按 $\sigma = \dfrac{N}{A} \leqslant \dfrac{\sigma_{cr}}{\gamma_R} = \dfrac{\sigma_{cr}}{f_y} \cdot \dfrac{f_y}{\gamma_R} = \varphi f$ 验算，其中临界应力 σ_{cr}（critical stress）由结构稳定理论算出，γ_R 为结构件抗力分项分数。从而可得

$$\frac{N}{\varphi A} \leqslant f \tag{4-38}$$

式中　A——轴心受压构件的毛截面面积；

N——轴心受压构件的压力设计值；

f——钢材的强度设计值；

φ——轴心受压构件的整体稳定系数（取截面两主轴稳定系数中的较小者），应根据构件的长细比 λ、钢材屈服强度 f_y 和截面分类，按附录 4 采用。

4.3　实腹式轴心受压构件的局部屈曲

实腹式组合截面轴心压杆都是由一些板件组成的，如果板件的宽厚比太大，则在压力作用下，板件将发生屈曲（图 4-28），这种现象称为板件丧失局部稳定。当截面的某个板件屈曲退出工作后，截面的有效承载力部分减少，有时会使截面变得不对称，进而降低构件的承载能力。

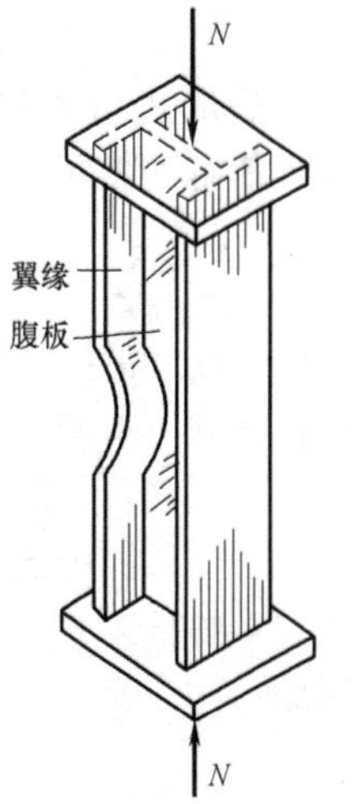

图 4-28　实腹式轴心受压构件的局部屈曲

4.3.1　矩形薄板的屈曲

板在各种中面力作用下（图 4-29）的屈曲问题属于第一类稳定，它的临界力需用弹性力学求解。板在弹性阶段屈曲时的平衡偏微分方程

$$D\,\nabla^4 w + \left(N_x \frac{\partial^2 w}{\partial x^2} + N_y \frac{\partial^2 w}{\partial y^2} + 2N_{xy} \frac{\partial^2 w}{\partial x \partial y}\right) = 0 \tag{4-39}$$

$$\nabla^4 = \nabla^2\ \nabla^2 = \left(\frac{\partial^2}{\partial x^2} + \frac{\partial^2}{\partial y^2}\right)\left(\frac{\partial^2}{\partial x^2} + \frac{\partial^2}{\partial y^2}\right) = \left(\frac{\partial^4}{\partial x^4} + 2\frac{\partial^4}{\partial x^2 \partial y^2} + \frac{\partial^4}{\partial y^4}\right)$$

式中　w——板的挠度（z 轴方向）；

N_x、N_y 和 N_{xy}——板单位宽度所承受的压力和剪力（N/mm）；

∇^2——拉普拉斯算子（Laplacian）；

D——单位宽度板的抗弯刚度，$D = E\dfrac{1 \times t^3}{12(1-\nu^2)}$，$\nu$ 是钢板的泊松比，取 $\nu = 0.3$，t 是板厚。

当板仅沿 x 方向单向受压，即 $N_y = N_{xy} = N_{yx} = 0$ 时，式（4-39）成为

$$D\left(\frac{\partial^4 w}{\partial x^4} + 2\frac{\partial^4 w}{\partial x^2 \partial y^2} + \frac{\partial^4 w}{\partial y^4}\right) + N_x \frac{\partial^3 w}{\partial x^2} = 0 \tag{4-40}$$

对四边简支矩形板（图 4-30），其边界条件

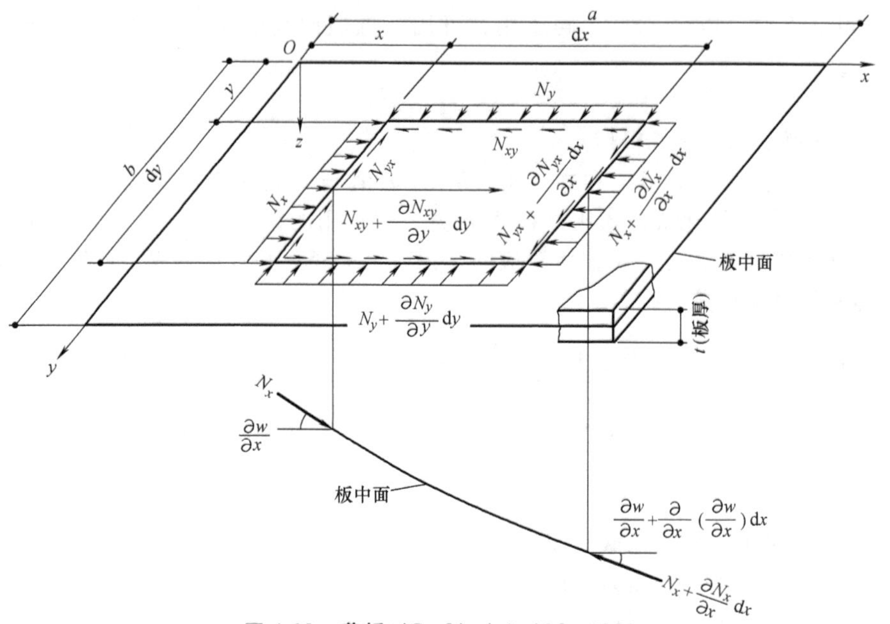

图 4-29 薄板 (5~8)<b/t<(80~100)

$$
\begin{cases}
x=0\text{ 或 }a\text{ 时}\quad w=0\quad M_x=\dfrac{\partial^2 w}{\partial x^2}=0\\
y=0\text{ 或 }b\text{ 时}\quad w=0\quad M_y=\dfrac{\partial^2 w}{\partial^2 y}=0
\end{cases}
\tag{4-41}
$$

满足式（4-41）条件的式（4-40）方程的解通常可用双三角级数表示

$$
w=\sum_{m=1}^{\infty}\sum_{n=1}^{\infty}A_{m,n}\sin\frac{m\pi x}{a}\sin\frac{n\pi y}{b}\tag{4-42}
$$

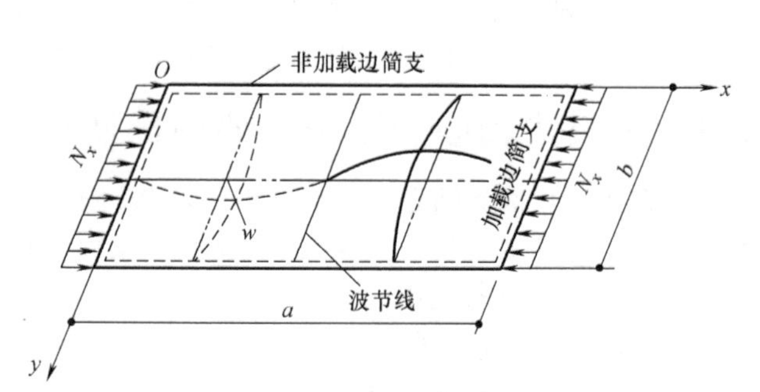

图 4-30 四边简支 x 方向均匀受压板的屈曲

式中 m、n——板屈曲时纵向、横向半波数，如图 4-30 所示，$m=2$，$n=1$。

将式（4-42）代入式（4-40）得

$$
\sum_{m=1}^{\infty}\sum_{n=1}^{\infty}A_{m,n}\left(\frac{m^4\pi^4}{a^4}+2\frac{m^2n^2\pi^4}{a^2b^2}+\frac{m^4n^4}{b^4}-\frac{N_x}{D}\frac{m^2\pi^2}{a^2}\right)\sin\frac{m\pi x}{a}\sin\frac{n\pi y}{b}=0\tag{4-43}
$$

式（4-43）左端是无穷项和，使此和为零的充要条件是每项的系数等于零，而 $A_{m,n}$ 不能为零，因此

$$
\left(\frac{m^4\pi^4}{a^4}+2\frac{m^2n^2\pi^4}{a^2b^2}+\frac{m^4n^4}{b^4}-\frac{N_x}{D}\cdot\frac{m^2\pi^2}{a^2}\right)=0
$$

从而，可得板单位宽度的临界力

$$
N_{x,\mathrm{cr}}=\pi^2D\left(\frac{m}{a}+\frac{n^2a}{mb^2}\right)^2=\pi^2D\left[\frac{1}{b}\left(\frac{mb}{a}+\frac{n^2a}{mb}\right)\right]^2=\frac{\pi^2D}{b^2}\left[\frac{m}{(a/b)}+\frac{n^2(a/b)}{m}\right]^2\tag{4-44}
$$

式（4-44）为四边简支板单向均匀受压屈曲时的临界力计算式。

当 $n=1$，即假定沿 y 轴方向（横向）板失稳的屈曲面只有一个正弦曲线的半波段时（图 4-30），N_{cr} 为最小，则式（4-44）可改写

$$
N_{x,\mathrm{cr}}=k\frac{\pi^2D}{b^2}\tag{4-45}
$$

相应临界应力

$$\sigma_{x,\mathrm{cr}}=\frac{N_{x,\mathrm{cr}}}{t}=k\frac{\pi^2 E}{12(1-\nu^2)}\left(\frac{t}{b}\right)^2 \tag{4-46}$$

式中　k——板的屈曲系数。

$$k=\left[\frac{m}{(a/b)}+\frac{(a/b)}{m}\right]^2 \tag{4-47}$$

根据式（4-47）绘出图 4-31，当 $\beta=a/b\geqslant 1$ 时，k 值变化不大，可视为常数 $k_{\min}=4$。因此，减小板的非加载边 a 的长度，不能提高板的临界力，仅当 $\beta<0.8$ 时，k 值才有显著提高。表 4-7 列出与 β 值对应的 k 值。

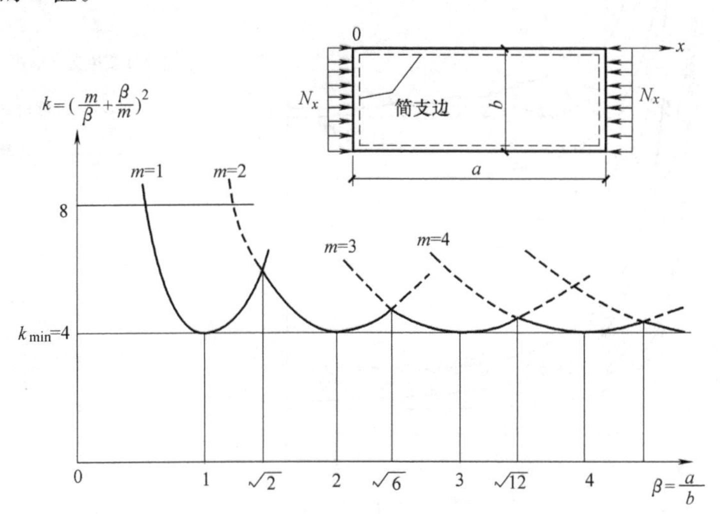

图 4-31　四边简支单向均匀受压板的屈曲系数 k

表 4-7　四边简支薄板单向均匀压力为 N_x 时的屈曲系数 k

$\beta=a/b$	0.4	0.5	0.6	0.7	0.8	1.0	1.2	1.4	1.6	1.8	2.0	2.4	3.0
k	8.41	6.25	5.14	4.53	4.20	4.00	4.13	4.47	4.20	4.04	4.00	4.13	4.00

式（4-45）和式（4-46）不仅适用于四边简支板，也适用于其他边缘支承条件的板，不过 k 值要另取相应的数值（图 4-32）。

4.3.2　组合工字形截面构件的腹板和翼缘板的局部屈曲

1. 腹板（web）

对轴心压杆来说，式（4-46）中的 b 代表腹板高度 h_0（图 4-33），腹板视为四边简支均匀压缩板。翼缘板厚度 $t\geqslant t_w$（腹板厚度 t_w），且翼缘具有一定的宽度，因此，当腹板发生屈曲时，翼缘板可视为腹板纵向边的支承，对腹板将起一定的弹性嵌固作用。经理论分析和实验验证，这种嵌固作用可使腹板的临界应力提高约 30%。考虑这一因素，均匀受压腹板的临界应力

$$\sigma_{\mathrm{cr}}=\chi k\frac{\pi^2 E}{12(1-\nu^2)}\left(\frac{t_w}{h_0}\right)^2 \tag{4-48}$$

式中　χ——嵌固系数，对均匀受压的腹板可取 $\chi=1.3$；

　　k——板屈曲系数，$k=4$。

对于截面没有残余应力的板件，当板件屈曲之前的轴压应力 σ 超过比例极限而进入弹塑性状态时，板件受力方向的变形将按切线模量 $E_t=\eta E$ 变化，而在与压应力相垂直的方向，材

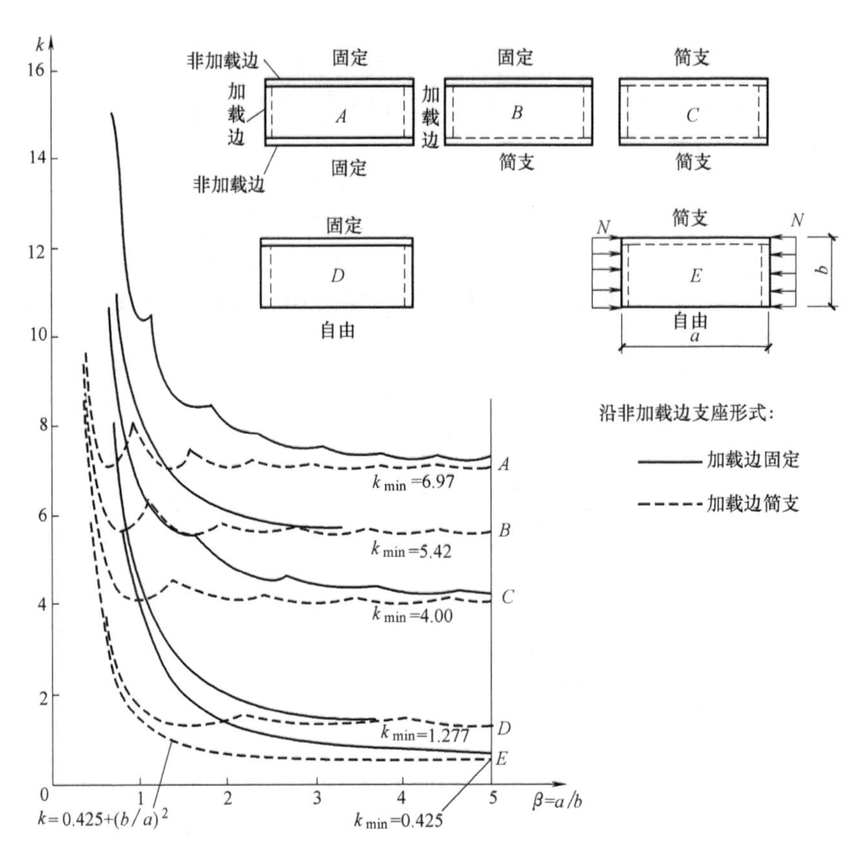

图 4-32　不同支承条件板的屈曲系数 k

料变形仍遵循弹性模量 E，此时的板成为正交异性板，屈曲应力可按下面近似公式计算

$$\sigma_{cr}=1.3\times4\sqrt{\eta}\frac{\pi^2 E}{12(1-\nu^2)}\left(\frac{t_w}{h_0}\right)^2 \quad (4\text{-}49)$$

式中　η——弹性模量修正系数，从试验资料可概括为

$$\eta=0.1013\lambda^2\left(1-0.0248\lambda^2\frac{f_y}{E}\right)\frac{f_y}{E} \quad (4\text{-}50)$$

2. 翼缘板（flange）

因腹板比翼缘板薄，腹板对翼缘板几乎没有嵌固作用，因此，翼缘的悬伸部分可视为三边简支一边自由的均匀受压板，其弹塑性临界应力为

$$\sigma_{cr}=k_{min}\sqrt{\eta}\frac{\pi^2 E}{12(1-\nu^2)}\left(\frac{t^2}{b_1}\right) \quad (4\text{-}51)$$

式中的屈曲系数由图 4-32 可知 $k=0.425+(b_1/a)^2$，但由于 $a\gg b_1$，可取 $k_{min}=0.425$。

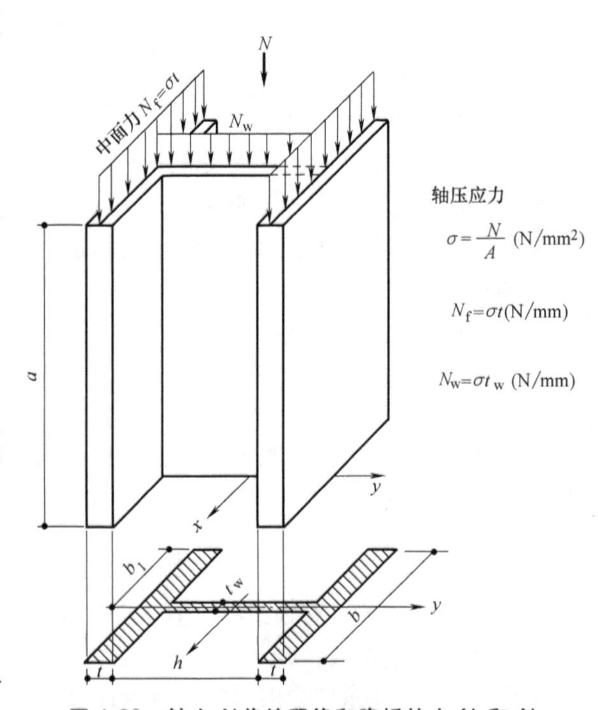

图 4-33　轴力 N 传给翼缘和腹板的力 N_f 和 N_w

4.3.3 组合工字形截面构件的板件宽厚比限值

对于板件的宽厚比有两种考虑原则：一种是不允许板件的屈曲先于构件的整体屈曲，另一种是允许板件的屈曲先于整体屈曲。前者在一般钢结构设计中采用，后者在冷弯薄壁型钢结构中采用，局部屈曲虽然会降低构件的承载力，但是有时采用宽而薄的板件反而会节约钢材。对于一般钢结构的部分板件，如大尺寸焊接组合工字形截面的腹板，也允许按第二种原则来求板件宽厚比的限值。本节所规定的限值是根据第一种原则确定的。

1. 腹板

对于通常采用的中等长细比的轴心压杆，屈曲时的材料已进入了弹塑性阶段，按第一种原则，可由式（4-49）得

$$5.2\sqrt{\eta}\frac{\pi^2 E}{12(1-\nu^2)}\left(\frac{t_w}{h_0}\right)^2 \geqslant \varphi f_y \tag{4-52}$$

式中，φ 由式（4-36）计算，若取 b 类截面 $\alpha_2=0.965$，$\alpha_3=0.3$，$\lambda_n=\frac{\lambda}{\pi}\sqrt{\frac{f_y}{E}}$，并取 $\eta=0.4$，$\nu=0.3$，$E=206\times10^3\text{N/mm}^2$，代入式（4-52）可得 h_0/t_w-λ 关系，因关系复杂（图 4-34a 中虚线）不便计算，规范将其简化为如图 4-34a 所示实线。

$$h_0/t_w \leqslant (25+0.5\lambda)\sqrt{235/f_y} \tag{4-53}$$

式中 λ——构件两方向长细比的较大值，当 $\lambda<30$ 时，取 $\lambda=30$；当 $\lambda>100$ 时，取 $\lambda=100$。

在实际设计中如果遇到应力没有用足的构件，即 $\sigma=\frac{N}{A}<\varphi f$ 的情况，还可将式（4-53）算得的值乘以 $\sqrt{\varphi f/\sigma}$，以便采用更薄一些的腹板。

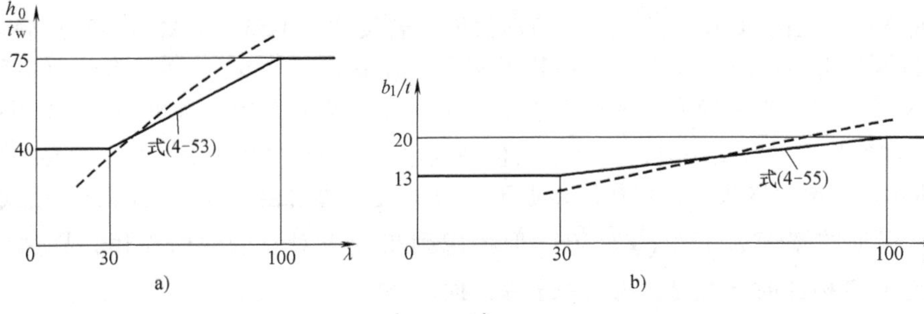

图 4-34 $\frac{h_0}{t_w}$-λ 和 $\frac{b_1}{t}$-λ 的关系曲线

a）腹板 b）翼缘板

2. 翼缘板

根据翼缘板屈曲不先于构件的整体屈曲的原则，由式（4-51）得

$$0.425\sqrt{\eta}\frac{\pi^2 E}{12(1-\nu^2)}\left(\frac{t}{b_1}\right)^2 \geqslant \varphi f_y \tag{4-54}$$

式中 φ 按式（4-36）计算，α_2、α_3 应取自 c 类截面之值（表 4-6）。所得 b_1/t-λ 的关系曲线如图 4-34b 中的虚线。为计算方便，规范采用三段直线代替（图 4-34b 中的实线）。

$$\frac{b_1}{t} \leqslant (10+0.1\lambda)\sqrt{235/f_y} \tag{4-55}$$

式中 λ——构件两方向长细比的较大值，当 $\lambda<30$ 时，取 $\lambda=30$；当 $\lambda>100$ 时，取 $\lambda=100$。

4.3.4 其他组合截面杆的板件宽厚比限值

1. 箱形截面

图4-35a所示箱形截面，腹板属于四边简支的均匀受压板，腹板的临界应力仍采用式（4-48）计算，但它的翼缘刚度不如工字形截面那样强，因此，偏于安全计可不考虑翼缘对腹板的嵌固作用，即取$\chi=1$，从而

$$\sigma_{cr}=4\frac{\pi^2E}{12(1-\nu^2)}\left(\frac{t_w}{h_0}\right)^2 \tag{4-56}$$

由于箱形截面多用于重型结构中，为了提高腹板的稳定性，要求$\sigma_{cr}=0.95f_y$，由式（4-56）得$h_0/t_w=46\sqrt{235/f_y}$，规范取

$$\frac{h_0}{t_w}\leqslant 40\sqrt{235/f_y} \tag{4-57}$$

箱形截面的翼缘中间部分b_0和它的腹板一样，属于四边简支的均匀受压板，宽厚比取

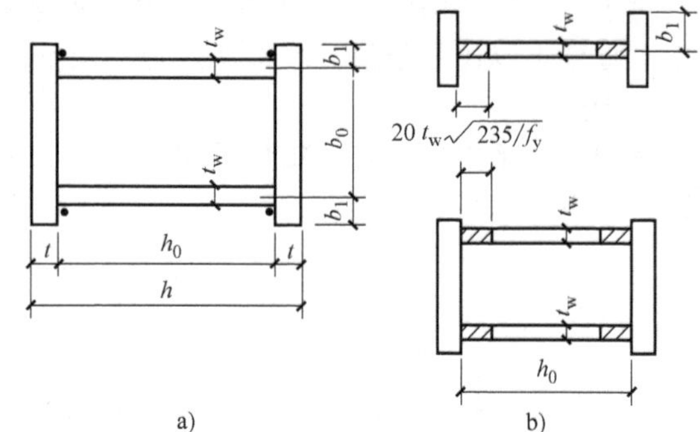

图4-35 箱形截面、工字形截面及其腹板失稳后的有效截面

$$\frac{b_0}{t}\leqslant 40\sqrt{235/f_y} \tag{4-58}$$

翼缘的自由悬伸部分b_1，临界应力由式（4-51）计算，并令$\sigma_{cr}=0.95f_y$，可得$b_1/t=14.6\sqrt{235/f_y}$，规范采用

$$\frac{b_1}{t}\leqslant 13\sqrt{235/f_y} \tag{4-59}$$

对截面高度较大的H形、工字形或箱形截面，若按式（4-53）或式（4-57）确定的腹板厚度t_w会过厚且很不经济时，可以采用较薄的腹板。这时，由于t_w不符合式（4-53）或式（4-57）的要求，腹板丧失局部稳定将先于整个构件丧失整体稳定，故可用纵向加劲肋加强，或在计算构件的强度和稳定性时，仅考虑腹板高度边缘两侧各$20t_w\sqrt{235/f_y}$宽度参加工作，如图4-35b所示。这部分腹板的工作状况接近于三边简支一边自由的均匀受压板。按式（4-59）其稳定性有保证的宽度为$13t_w\sqrt{235/f_y}$，但考虑到翼缘板对它的嵌固作用，故加大到$20t_w\sqrt{235/f_y}$。但计算构件的φ值时，仍采用全部截面。

2. T形截面

腹板的工作可视为三边简支一边自由的均匀受压板，如图4-36所示。规范规定：

热轧剖分T形钢

$$\frac{h_0}{t_w}\leqslant(15+0.2\lambda)\sqrt{235/f_y} \tag{4-60a}$$

焊接T形钢

$$\frac{h_0}{t_w}\leqslant(13+0.17\lambda)\sqrt{235/f_y} \tag{4-60b}$$

3. 圆管截面

圆管的径厚比也是根据管壁局部屈曲不先于整体屈曲确定的。对于无缺陷的圆管，其尺寸如图4-37所示，管壁弹性屈曲应力的理论值是

$$\sigma_{cr}=\frac{1.21Et}{d} \tag{4-61}$$

式中 d——管外径；

t——管壁厚。

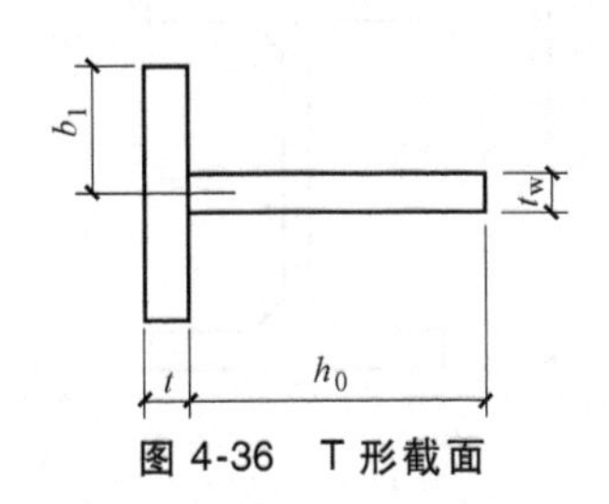

图 4-36　T形截面

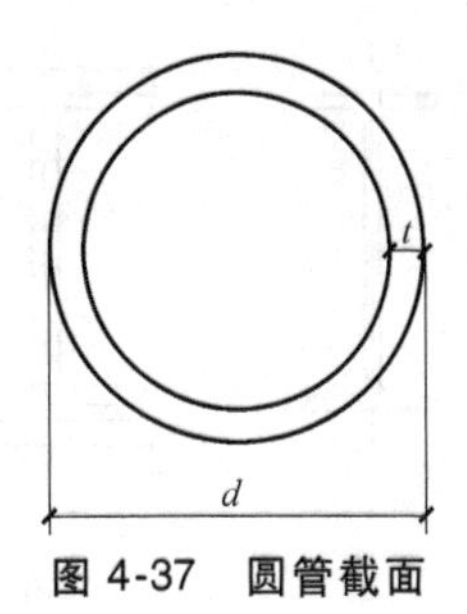

图 4-37　圆管截面

如以 $\sigma_{cr}=f_y$ 代入式（4-61），可得

$$\frac{d}{t}=\frac{1.21E}{f_y}=\frac{1.21\times206\times10^3}{f_y}=\frac{249\times10^3}{f_y} \tag{4-62}$$

然而，管壁的缺陷，如局部不平直、残余应力等对屈曲应力的影响很大，管壁越薄，这种影响就越大。由于试验结果的高度离散性，根据不同的径厚比 d/t，弹性屈曲应力要乘以折减系数 0.3~0.6，而一般圆管都按在弹塑性状态下工作设计。因此，规范规定

$$\frac{d}{t}\leqslant\frac{100\times235}{f_y} \tag{4-63}$$

4.4　实腹式轴心压杆的截面设计

4.4.1　截面形式

实腹式轴心压杆的截面形式有图 4-2 所示的型钢和组合截面两大类，一般采用双轴对称截面，以避免弯扭屈曲。其中常用的截面形式有工字形、圆形和箱形。在普通钢桁架中，也有采用两个角钢组成的 T 形截面。单角钢截面主要用于塔桅结构和轻型钢桁架中。

在选择截面形式时，首先要考虑用料经济，并尽可能使结构简单、制造省工，方便运输和装配。要达到用料经济，就必须使截面符合等稳定性和壁薄而宽敞的要求。等稳定性指使轴心压杆在两个主轴方向的稳定系数近似相等，即 $\varphi_x\approx\varphi_y$；壁薄而宽敞的截面指在保证局部稳定的条件下，尽量使壁薄一些，使材料离形心轴远些，以增大截面的回转半径，提高稳定承载力。

热轧普通工字钢（图 4-38a）的制造最省工，但因两个主轴方向的回转半径相差较大，且腹板又相对较厚，用料很不经济。为了增大 i_y，可采用图 4-38b、c 所示的组合截面或热轧 H 型钢（图 4-38d）。

三块钢板焊成的工字形截面（图 4-38c），其回转半径与轮廓尺寸的近似关系是 $i_x=0.43h$，$i_y=0.24b$（附表 3-1）。若要使 $i_x=i_y$，就应满足 $0.43h=0.24b$，即 $b\approx2h$。这种实腹式截面构件的制造（电焊）及其和其他构件的连接等方面，都很难做到合理。因此，一般将三块钢板焊成的工字形截面的截面高度取为 $h\approx b$。虽然这种截面的 $i_x\approx2i_y$，但构造简单，可采用自动电焊，且板厚也可根据局部稳定的要求用得较薄，用料较为经济。若在这种杆的中点沿 x 方向设一侧向支撑，使 $l_{0x}=2l_{0y}$，也可达到等稳定性的要求 $\lambda_x\approx\lambda_y$。

热轧 H 型钢（图 4-38d）的宽度 b 和高度 h 一般比较接近（HW 型，附表 2-1），最大优点是制造省工（自动焊），用料经济，便于连接。

用钢板焊成的十字形截面杆件（图 4-38e）虽然抗扭刚度不好，但具有两向等稳定性，在重型压杆，如在高层结构的底层柱中采用，较为有利。

钢管、方管或由钢板及型钢组成的闭合截面（图 4-38f、g），刚度较大、外形美观，且符

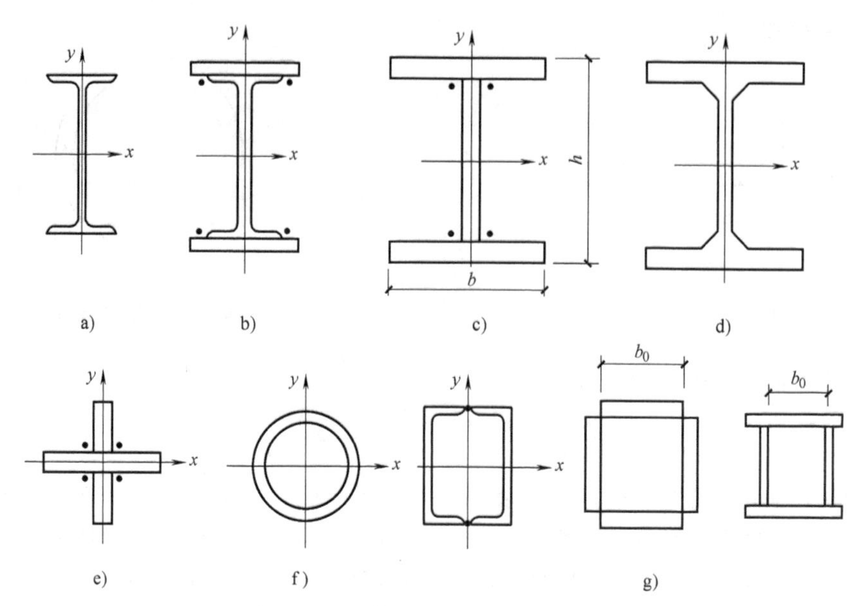

图 4-38　实腹式轴心压杆的截面形式

合各向等稳定性和壁薄而宽敞的要求，用料最省，但缺点是管内不易油漆。若在管中灌入混凝土，形成钢管混凝土（concrete-filled steel tubular）压杆，计算时考虑钢和混凝土共同受力，可节省钢材，且能防止管内锈蚀和管壁局部屈曲。管截面多用在网架结构和大、中型桁架结构中，节点采用实心球、空心球或相贯节点等形式。

在轻型结构中，冷弯薄壁型钢组成的压杆，非常经济，冷弯薄壁方管常用于轻屋架中。

4.4.2　截面选择和验算

当轴心压杆的钢材牌号、计算长度 l_0、构件的计算压力 N 和截面形式确定以后，其截面选择和验算可按下列步骤进行：

1）先假定长细比 λ，然后根据截面分类表 4-4 或表 4-5 查附录 4 得稳定系数 φ，并计算所需的回转半径 $i=l_0/\lambda$。在假定 λ 时，可参考下列经验数据：当 $l_0=5\sim6\text{m}$，$N<1500\text{kN}$ 时，$\lambda=70\sim100$；当 $N=1500\sim3500\text{kN}$ 时，$\lambda=50\sim70$。

2）由式（4-38）计算所需的截面面积 $A\geqslant\dfrac{N}{\varphi f}$，根据 i 和 A 值选择型钢号（附录 2），或利用附录 3 确定组合截面的轮廓尺寸 $h=i_x/\alpha_1$ 和 $b=i_y/\alpha_2$，进而由板的局部稳定条件确定翼缘和腹板的尺寸。

由于 λ 是假定的，常不能一次选出合适的截面。如果假定的 λ 值过大，则所得 A 值也大，而初选的 h 和 b 很小，以致腹板和翼缘过厚，这种截面显然不经济，这时可直接加大 b 和 h，适当减小 A 值。反之，若假定 λ 值过小，则 h 和 b 过大，A 值过小，以致板件不能满足局部稳定的要求，这时应减小 h 和 b，并酌情增大 A 值。通常经过一两次修改后可选出合理的截面。

3）计算所选截面的几何特性、验算最大长细比 $\lambda=l_0/i\leqslant[\lambda]$，最后按式（4-38）验算构件的整体稳定性。

4）当压杆截面孔洞削弱较大时，还应按式（4-1）验算净截面的强度。

5）对于内力较小的压杆，如果按整体稳定的要求选择截面尺寸，杆会过于细长，刚度不足。这样，不仅影响构件本身的承载能力，有时还可能影响与压杆有关的结构体系的可靠性。因此，对这种压杆，主要应控制长细比，要求 $\lambda\leqslant[\lambda]$，规范规定的容许长细比［$\lambda$］值见表 4-2。

4.4.3　板件的连接焊缝

轴心压杆中，由于偶然性弯曲所引起的剪力很小，翼缘和腹板的连接焊缝可按构造要求，采用 $h_f=4\sim8\text{mm}$。为加强构件抗扭刚度而设置的横向加劲肋和横隔板。横隔板构造要求如图 4-52 所示。

[例 4-2]　已知如图 4-39 所示的体系，钢材采用 Q235，验算两端铰接轴心受压杆 AB 的整体稳定性。

[解]　由题意得 $l_{0x}=l=5\text{m}$，$l_{0y}=l/2=2.5\text{m}$

1）截面几何特性。

$A=2\times(22\times1)\text{cm}^2+20\times0.6\text{cm}^2=56\text{cm}^2$

$$I_x=(22\times22^3-21.4\times20^3)\div12\text{cm}^4=5254.7\text{cm}^4\quad i_x=\sqrt{\frac{I_x}{A}}=9.69\text{cm}$$

$$I_y=2\times\frac{1\times22^3}{12}\text{cm}^4=1775\text{cm}^4\qquad i_y=\sqrt{\frac{I_y}{A}}=5.63\text{cm}$$

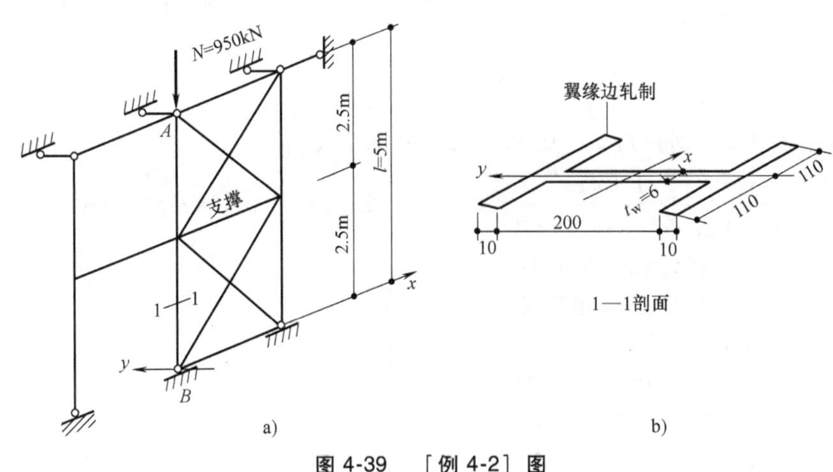

图 4-39　[例 4-2] 图

2）λ 和 φ 值。

$$\lambda_x=l_{0x}/i_x=5\times10^2\div9.69$$
$$=51.6<[\lambda]=150\text{（表 4-2）}$$
$$\lambda_y=l_{0y}/i_y=2.5\times10^2\div5.63$$
$$=44.4<[\lambda]=150$$

根据截面组成条件：焊接和翼缘边轧制或剪切，从表 4-4 知，板厚 $t=10\text{mm}<40\text{mm}$，对 x 轴属 b 类，对 y 轴属 c 类。由附表 4-2（b 类截面），按 $\lambda_x=51.6$ 查得 $\varphi_x=0.852-\frac{0.852-0.847}{10}\times6=0.849$。由附表 4-3（c 类截面），按 $\lambda_y=44.4$ 查得 $\varphi_y=0.814-(0.814-0.807)\times0.4=0.811=\varphi_{\min}$。

3）用式（4-38）验算柱的整体稳定

$$\frac{N}{\varphi_{\min}A}=\frac{950\times10^3}{0.811\times56\times10^2}\text{N/mm}^3$$
$$=209.2\text{N/mm}^3<f=215\text{N/mm}^2$$

[例 4-3]　已知图 4-40 所示两端铰接的轴心压杆，试选择热轧普通工字钢的型号。

[解]　由表 4-4 知，热轧普通工字钢（$b/h\leqslant0.8$）截面分类：对 x 轴为 a 类，对 y 轴为 b 类。

1）设 $\lambda=150$，由附表 4-1 查得 $\varphi_x=0.339$（a 类）和由附表 4-2 查得 $\varphi_y=0.308$（b 类）。

且 $$i_x=\frac{l_{0x}}{\lambda}=\frac{12\times10^2}{150}\text{cm}=8\text{cm}$$

$$i_y=\frac{l_{0y}}{\lambda}=\frac{3\times10^2}{150}\text{cm}=2\text{cm}$$

2）确定工字钢型号

由式（4-38）得 $A=\frac{N}{\varphi_{\min}f}=\frac{150\times10^3}{0.308\times215}\text{mm}^2=2265\text{mm}^2=22.65\text{cm}^2$，由附表 2-3 选用 I20a：$i_x=8.16\text{cm}$，$i_y=2.11\text{cm}$，$A=35.55\text{cm}^2$

3）验算 $\lambda\leqslant[\lambda]$ 和杆的整体稳定性

$$\lambda_x=\frac{l_{0x}}{i_x}=\frac{12\times10^2}{8.16}=147<[\lambda]=150$$

$$\lambda_y=\frac{l_{0y}}{i_y}=\frac{3\times10^2}{2.11}=142<[\lambda]=150$$

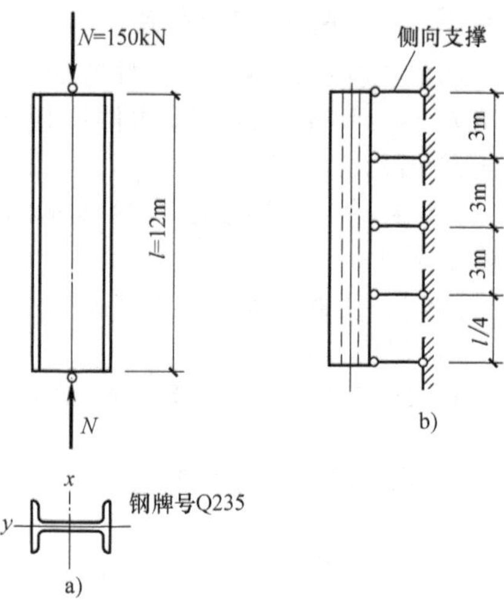

图 4-40 ［例 4-3］图

由附表 4-1 和附表 4-2 分别查得 $\varphi_x=0.351$，$\varphi_y=0.337=\varphi_{\min}$

$$\frac{N}{\varphi_{\min}A}=\frac{150\times10^3}{0.337\times35.55\times10^2}\text{N/mm}^2=125.2\text{N/mm}^2<f=215\text{N/mm}^2$$

所选截面符合整体稳定和构件长细比限制的要求。由于热轧型钢翼缘和腹板一般较厚，不需验算局部稳定性。

［例 4-4］ 某柱的下端固定，上端铰接（图 4-41a），钢材选用 Q235，翼缘边为轧制，焊条为 E43 型，要求：1）设计此柱的焊接工字形截面。2）若柱的 $l=7\text{m}$，求所设计截面的承载力 N_u。

［解］ 1）截面分类：对 x 轴属 b 类，对 y 轴属 c 类。

$l_{0x}=l_{0y}=0.7l=0.7\times5.5\text{m}=3.85\text{m}$

假定 $\lambda=100$，由附表 4-2 和附表 4-3 分别查得 $\varphi_x=0.555$（b 类）和 $\varphi_y=0.463$（c 类）。所需回转半径 $i=l_0/\lambda=3.85\times10^2/100\text{cm}=3.85\text{cm}$。

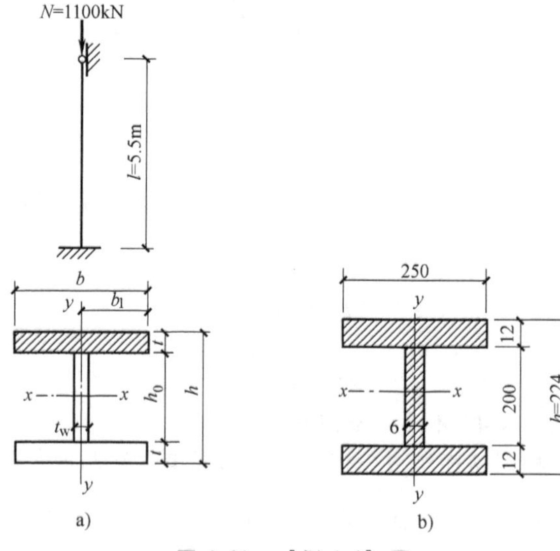

图 4-41 ［例 4-4］图

$A=\frac{N}{\varphi_{\min}f}=\frac{1100\times10^3}{0.463\times215}\text{mm}^2=11050.3\text{mm}^2\approx110.5\text{cm}^2$，由附录 3 中的近似关系得

$$h=\frac{i_x}{\alpha_1}=\frac{3.85}{0.43}\text{cm}=8.95\text{cm},\qquad b=\frac{i_y}{\alpha_2}=\frac{3.85}{0.24}\text{cm}=16.04\text{cm}$$

初选截面如下：

翼缘，采用−160×12，截面面积 $A_f=2\times(16\times1.2)\text{cm}^2=38.4\text{cm}^2$，其宽厚比 $b_1/t=80\div12=6.67<(10+0.1\times100)\times\sqrt{235/235}=20$，局部稳定。

腹板，$A_w=A-A_f=(110.5-38.4)\text{cm}^2=72.1\text{cm}^2$，试取 $h_0=20\text{cm}$，得腹板厚度 $t_w=\dfrac{A_w}{h_0}=\dfrac{72.1}{20}\text{cm}=3.6\text{cm}\gg t$，腹板太厚，说明假定的 λ 值太大，材料过分集中在弱轴 y 的附近，用料不经济，应扩展轮廓尺寸，并适当减小截面面积 A。经试算后，采用图 4-41b 所示的截面。

翼缘，2-250×12　$A_f=2\times(25\times1.2)\text{cm}^2=60\text{cm}^2$

腹板，1-200×6　$A_w=1\times20\times0.6\text{cm}^2=12\text{cm}^2$

$$A=A_f+A_w=72\text{cm}^2$$

验算图 4-41b 的截面：

$I_x=(25\times22.4^3-24.4\times20^3)\div12\text{cm}^4=7148.8\text{cm}^4$

$i_x=\sqrt{\dfrac{I_x}{A}}=9.96\text{cm}$，　　$\lambda_x=\dfrac{l_{0x}}{i_x}=\dfrac{385}{9.96}=38.7<[\lambda]=150$

$I_y=2\times(1.2\times25^3\div12)\text{cm}^4=3125\text{cm}^4$

$i_y=\sqrt{\dfrac{I_y}{A}}=6.59\text{cm}$　　$\lambda_y=\dfrac{l_{0y}}{i_y}=\dfrac{3.85\times10^2}{6.59}=58.4<[\lambda]=150$

由附表 4-3 内插法，得 $\varphi_y=0.7192=\varphi_{\min}$

由式（4-38）得

$$\frac{N}{\varphi_{\min}A}=\frac{1100\times10^3}{0.7192\times72\times10^2}\text{N/mm}^2=212.4\text{N/mm}^2<f=215\text{N/mm}^2$$

翼缘宽厚比，由式（4-55）得

$$10+0.1\times58.4=15.84>b_1/t=12.5\div1.2=10.4$$

腹板宽厚比，由式（4-53）得

$$25+0.5\times58.4=54.2>h_0/t_w=20\div0.6=33.3$$

2）当 $l=7\text{m}$ 时，

$$l_{0y}=0.7\times7\times10^2\text{cm}=490\text{cm},\lambda_y=\frac{490}{6.59}=74.4,\text{得 }\varphi_y=0.6136=\varphi_{\min}(\text{c 类})$$

$$N_u=\varphi_y Af=0.6136\times72\times10^2\times215\text{N}=949853\text{N}\approx950\text{kN}$$

上述两种情况柱的几何长度之比为 5.5∶7=1∶1.27，按弹性轴心压杆的欧拉临界力，前者是后者的 $1.27^2=1.61$ 倍。而按规范计算安全承载力的结果，两者之比仅为 0.7192÷0.6136=1.17。可见，按规范计算已考虑到初弯曲、残余应力和弹塑性工作等因素的影响，其安全承载能力的变化规律跟欧拉临界力的变化规律不同。

4.5　格构式轴心受压构件的设计

当轴心受压构件较长时，为了节约钢材，宜采用格构式。格构式轴心压杆一般用两根槽钢、热轧工字钢或焊接工字钢作为肢件，通过缀件，即缀条或缀板连成整体。这种构件便于调整两肢重心线之间的距离 a，以实现对两个主轴的等稳定性。槽钢的翼缘可以向内（图 4-42a），也可以向外（图 4-42b）。在轮廓尺寸 b 相同的情况下，前者可以得到较大的惯性矩，且外观平整，便于和其他构件相连接，因此应用较普遍。对于强大的柱子，肢件常用焊接组合工字形截面。

截面上穿过肢件腹板的轴称为**实轴**，穿过缀件平面的轴称为**虚轴**。对于长度较大而受力不大的压杆，可用 4 个角钢（图 4-42d）、3 个圆钢或钢管组成的截面（图 4-42e），这时两个主轴都是虚轴。

格构式构件绕**实轴**的稳定计算与实腹式构件相同，但它绕**虚轴**的稳定性却比具有同等长

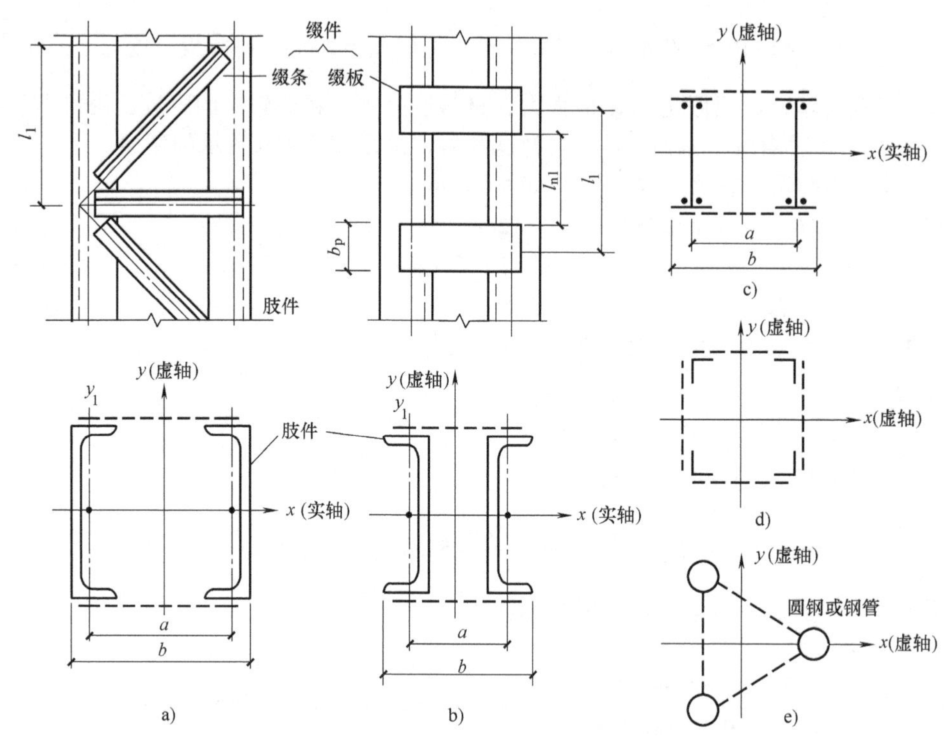

图 4-42　格构式受压构件的缀件布置

细比的实腹式构件为小，这是由于格构式构件的肢件是每隔一定距离用缀件连接起来的，当构件绕虚轴弯曲屈曲时，引起的变形就比实腹式构件大。轴心压杆屈曲时与梁的弯曲一样，会产生弯矩 M 和剪力 $V=\dfrac{\mathrm{d}M}{\mathrm{d}x}$，它的变形是由弯矩和剪力两个因素共同引起的。对于实腹式构件，由 V 产生的变形很小，一般都可忽略不计。但格构式构件绕虚轴屈曲时，就必须考虑 V 所产生的变形及其对临界力的影响。

4.5.1　对虚轴的换算长细比

格构式构件对截面虚轴 y 的稳定性，可用式（4-12a）进行近似计算，从而

$$\sigma_{\mathrm{cr},y}=\frac{N_{\mathrm{cr},y}}{A}=\frac{\pi^2 EI_y}{l_{0y}^2 A}\cdot\frac{1}{1+\overline{\gamma}\pi^2 EI_y/l_{0y}^2}=\frac{\pi^2 E}{\lambda_y^2}\cdot\frac{1}{1+\pi^2\overline{\gamma}EA/\lambda_y^2}$$

$$=\frac{\pi^2 E}{\lambda_y^2+\pi^2 EA\overline{\gamma}}=\frac{\pi^2 E}{\lambda_{0y}^2} \tag{4-64}$$

式中　λ_{0y}——格构式受压构件对截面虚轴 y 的换算长细比。

$$\lambda_{0y}=\sqrt{\lambda_y^2+\pi^2 EA\overline{\gamma}} \tag{4-65}$$

式（4-64）具有与式（4-13）相同的形式。因此，格构式构件对虚轴 y 的稳定性，只需求出换算长细比 λ_{0y}，进而查出轴心受压构件的稳定系数 φ，并按式（4-38）进行验算。

由式（4-65）可见，只要算出单位剪力产生的剪切角 $\overline{\gamma}$ 的大小，就可以求得换算长细比 λ_{0y}。

1. 两肢件组成的轴心压杆的 λ_{0y} 值

（1）缀条式　如图 4-43 所示，假设缀条与肢件的连接为铰接，并忽略横缀条的变形，则由单位剪力（$V=1$）所引起的剪切角为

$$\bar{\gamma}=\frac{\delta}{d\sin\alpha}=\frac{(\Delta d/\cos\alpha)}{(l_1/\sin\alpha)\sin\alpha}=\frac{\Delta d}{l_1\cos\alpha} \tag{a}$$

式中　d——斜缀条的几何长度；

α——斜缀条的倾角；

Δd——斜缀条的伸长。

在 $V=1$ 作用下，两个缀条面上斜缀条所受的拉力之和为

$$N_{\mathrm{d}}=\frac{1}{\cos\alpha}$$

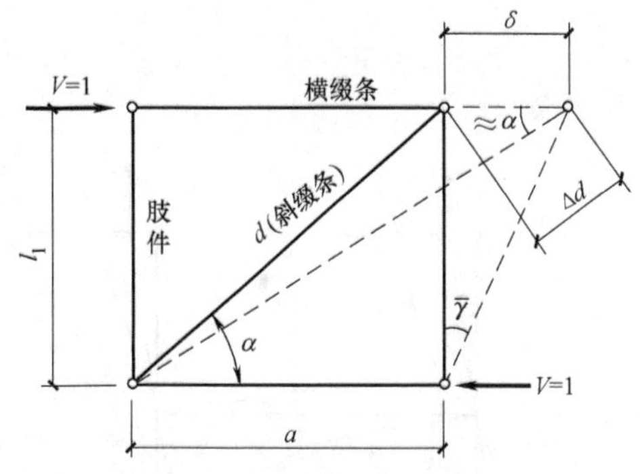

图 4-43　缀条式桁架体系

设两根斜缀条毛截面面积之和为 A_1，则伸长量 Δd 可由胡克定律求得

$$\Delta d=\frac{N_{\mathrm{d}}d}{EA_1}=\frac{(1/\cos\alpha)(l_1/\sin\alpha)}{EA_1} \tag{b}$$

将式（b）代入式（a）得

$$\bar{\gamma}=\frac{1}{EA_1\cos^2\alpha\sin\alpha} \tag{c}$$

将式（c）代入式（4-65）可得，缀条式轴心压杆对虚轴的换算长细比

$$\lambda_{0y}=\sqrt{\lambda_y^2+\frac{\pi^2A}{A_1\cos^2\alpha\sin\alpha}}$$

考虑到斜缀条的倾角 α 一般为 35°~60°，若取 $\alpha=45°$，则式中$\dfrac{\pi^2}{\cos^2\alpha\sin\alpha}\approx27$，则

$$\lambda_{0y}=\sqrt{\lambda_y^2+27\frac{A}{A_1}} \tag{4-66}$$

式中　A——肢件横截面总面积；

A_1——各斜缀条横截面的毛面积之和。

在用式（4-66）计算 λ_{0y} 时，应先假设斜缀条面积 A_1，求出 λ_{0y}，然后由 λ_{0y} 查得 φ_y。

为使缀条式轴心受压构件的单肢件不会先于构件的整体失稳，规范规定：单肢的长细比 $\lambda_1=l_1/i_1$ 不应大于构件两个方向长细比的较大值 $\lambda_{\max}$ 的 0.7 倍，即应满足 $\lambda_1\leqslant0.7\lambda_{\max}$。这里的 l_1 是节间距离，i_1 是单肢绕平行于虚轴的形心轴 y_1 的回转半径。

（2）缀板式　缀板与肢件的连接处可视为刚接，整个格构式构件相当于一个单跨的多层框架结构。这样的体系发生剪切变形时，缀板与肢段均呈 S 形弯曲（图 4-44 点画线），反弯点可近似地取在缀板和肢段的中点。

图 4-45a 表示肢件在节点和反弯点间的一段，可视为一悬臂梁，线位移为

$$\delta=\frac{V(l_1/2)^3}{3EI_{y1}}=\frac{l_1^3}{48EI_{y1}}$$

式中　I_{y1}——一个肢件绕平行于虚轴的形心轴 y_1 的惯性矩（图 4-42b）。

图 4-45b 表示缀板脱离体，由此可得角位移

$$\theta=\frac{M_Aa}{3EI_{\mathrm{b}}}-\frac{M_Ca}{6EI_{\mathrm{b}}}=\frac{l_1a}{12EI_{\mathrm{b}}}$$

式中　EI_{b}——两块缀板截面对水平轴的抗弯刚度。这样可得剪切角

$$\bar{\gamma}=\theta+\frac{\delta}{(l_1/2)}=\frac{l_1a}{12EI_{\mathrm{b}}}+\frac{l_1^2}{24EI_{y1}}$$

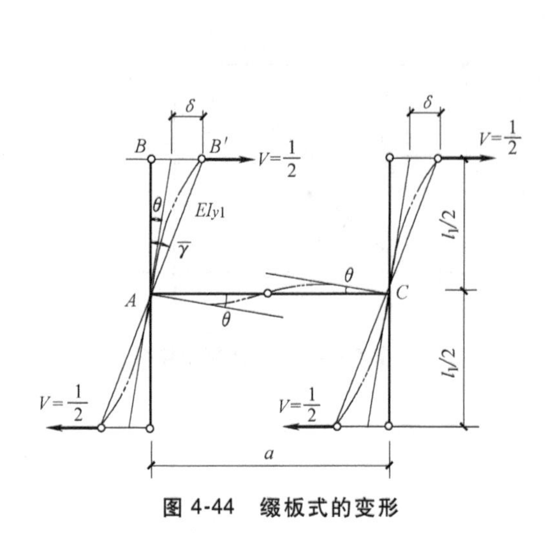

图 4-44 缀板式的变形

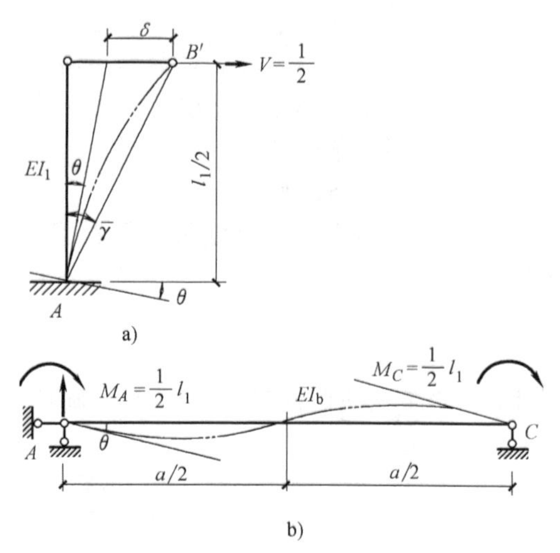

图 4-45 肢板与缀板的变形计算简图

代入式（4-65）知

$$\lambda_{0y}=\sqrt{\lambda_y^2+\pi^2 EA\left(\frac{l_1 a}{12EI_{\mathrm{b}}}+\frac{l_1^2}{24EI_{y1}}\right)}$$

由于$\frac{l_1 a}{12EI_{\mathrm{b}}}$影响较小可以略去，从而

$$\lambda_{0y}=\sqrt{\lambda_y^2+\frac{\pi^2 l_1^2 A}{24I_{y1}}}=\sqrt{\lambda_y^2+\frac{\pi^2 l_1^2}{12i_{y1}^2}}$$

近似地取$\frac{\pi^2}{12}\approx 1$，这样，可得缀板式轴心压杆对虚轴的换算长细比

$$\lambda_{0y}=\sqrt{\lambda_y^2+\lambda_{y1}^2}\quad（缀板式）\tag{4-67}$$

式中　λ_{y1}——一个肢件（分肢）对 y_1 轴的长细比 $\lambda_{y1}=l_{01}/i_{y1}$。其中，$i_{y1}$ 为分肢绕 y_1 轴的回转半径。

考虑到缀板的刚度较大，其计算长度 l_{01}：当缀板与肢件焊接连接时，取相邻两缀板间的净距 l_{n1}（图 4-42b）；当缀板与肢件螺栓连接时，取相邻两缀板边缘螺栓的最近距离。

设计时应事先假设分肢长细比 λ_{y1}，才能按式（4-67）计算换算长细比 λ_{0y}。为了确保分肢不先于构件的整体屈曲，规范规定：$\lambda_{y1}\leqslant 40\sqrt{235/f_{\mathrm{y}}}$ 且 $\lambda_{y1}\leqslant 0.5\lambda_{\max}$（当 $\lambda_{\max}<50$ 时，取 $\lambda_{\max}=50$）。

2. 三肢件组成的缀条式轴心受压构件的 λ_{0y} 和 λ_{0x} 值

（1）绕 y 轴的计算　当单位剪力 $V=1$ 沿 x 轴作用时（图 4-46），仅 AB 和 AC 两个侧面上的斜缀条受剪，图中绘出 AB 侧面的剪切变形。

设 V_1 为 $V=1$ 作用时分配给 AB 侧面内的剪力，因截面对称关系，AC 侧面内的剪力也为 V_1，故 $V_1=\frac{1}{2\cos\theta}$。

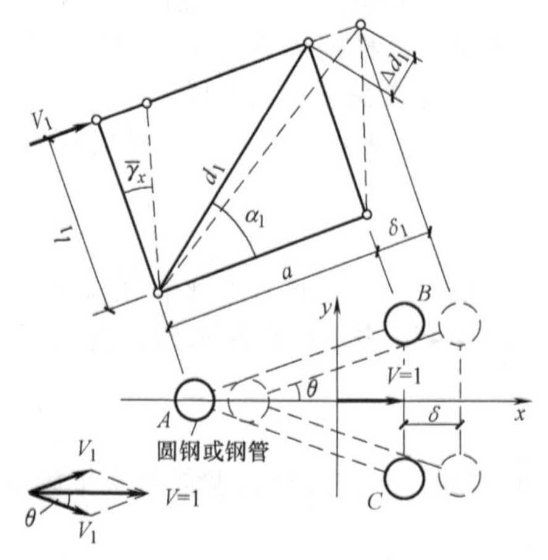

图 4-46 单位剪力 $V=1$ 沿 x 轴作用

又设 N_1 为 AB 或 AC 侧面内斜缀条的内力，d_1 为斜缀条的长度，α_1 为斜缀条与横缀条间的夹角，Δd 为其长度增量，A_1 为肢件横截面所切 3 个侧面内的斜缀条横截面面积之和，并设 3 个侧面内斜缀条的截面面积相等，显然

$$N_1=\frac{V_1}{\cos\alpha_1}=\frac{1}{2\cos\alpha_1\cos\theta}$$

$$\Delta d_1=\frac{N_1 d_1}{EA_1/3}=\frac{3d_1}{2EA_1\cos\alpha_1\cos\theta}$$

由此可得在 $V=1$ 作用下，沿 x 轴产生的角变位 $\overline{\gamma}_x$ 为

$$\overline{\gamma}_x=\frac{\delta}{l_1}=\frac{\delta_1}{l_1\cos\theta}=\frac{\Delta d_1/\cos\alpha_1}{l_1\cos\theta}=\frac{3}{2EA_1\cos^2\alpha_1\cos^2\theta(l_1/d_1)}=\frac{3}{2EA_1\cos^2\alpha_1\cos^2\theta\sin\alpha_1} \tag{4-68}$$

将式（4-68）代入式（4-65），得

$$\lambda_{0y}=\sqrt{\lambda_y^2+\pi^2 EA\overline{\gamma}_x}=\sqrt{\lambda_y^2+\frac{3\pi^2}{2\sin\alpha_1\cos^2\alpha_1\cos^2\theta}\cdot\frac{A}{A_1}}$$

如取 $\alpha_1=45°$，则 $\dfrac{3\pi^2}{2\sin45°\cos^2 45°}\approx 42$，这样，可得三肢件缀条式压杆对 y 轴的换算长细比

$$\lambda_{0y}=\sqrt{\lambda_y^2+\frac{42A}{A_1\cos^2\theta}} \tag{4-69}$$

式中　A_1——与构件横截面相交的三个缀条面的斜缀条横截面面积之和；

　　A——三个肢件横截面面积之和。

（2）绕 x 轴的计算　当单位剪力 $V=1$ 沿 y 轴作用时，三个侧面上的斜缀条都参加工作，其剪切变形如图 4-47 所示。

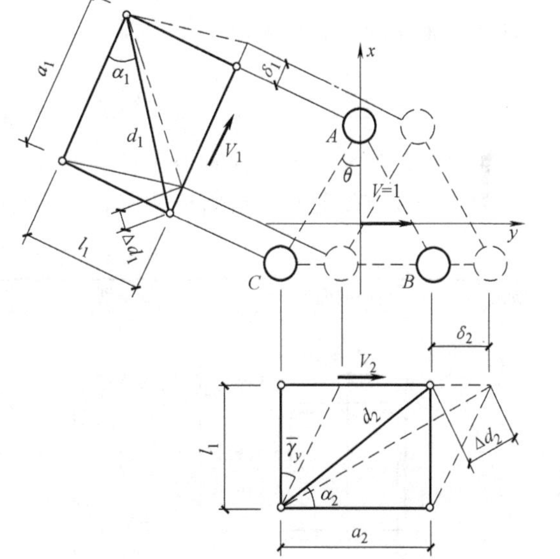

图 4-47　单位剪力 $V=1$ 沿 y 轴作用

由于截面的对称关系，在 AB、AC 和 BC 三个侧面内的剪力分配分别为 V_1、V_1 和 V_2。图 4-47 中，只绘出 AC 和 BC 两个侧面的剪切变形。斜缀条的内力分别为 N_1、N_1 和 N_2，长度为 d_1、d_1 和 d_2，长度变化 Δd_1、Δd_1 和 Δd_2，斜缀条与横缀条间的夹角分别为 α_1、α_1 和 α_2，又设各侧面内的斜缀条采用相同截面。根据对称关系，建立平衡方程

$$V_2+2V_1\sin\theta=V=1$$

即

$$N_2\cos\alpha_2+2N_1\cos\alpha_1\sin\theta=1$$

因 $\Delta d_1=\dfrac{3N_1 d_1}{EA_1}$ 和 $\Delta d_2=\dfrac{3N_2 d_2}{EA_1}$，则

$$\frac{EA_1\Delta d_2}{3d_2}\cos\alpha_2+2\frac{EA_1\Delta d_1}{3d_1}\cos\alpha_1\sin\theta=1 \tag{4-70}$$

由变形后的几何关系

$\delta_1=\delta_2\sin\theta$，$\delta_1=\Delta d_1/\cos\alpha_1$，$\delta_2=\Delta d_2/\cos\alpha_2$，故有 $\Delta d_1=\dfrac{\cos\alpha_1\sin\theta}{\cos\alpha_2}\Delta d_2$，代入式（4-70），

简化后得

$$\Delta d_2=\frac{1}{EA_1\left(\dfrac{\cos\alpha_2}{3d_2}+\dfrac{2\cos^2\alpha_1\sin^2\theta}{3d_1\cos\alpha_2}\right)}$$

在 $V=1$ 作用下，构件沿 y 轴的剪切有

$$\bar{\gamma}_y=\frac{\delta_2}{l_1}=\frac{\Delta d_2}{l_1\cos\alpha_2}=\frac{3}{EA_1\left(\dfrac{l_1\cos^2\alpha_2}{d_2}+\dfrac{2l_1\cos^2\alpha_1\sin^2\theta}{d_1}\right)}$$

$$=\frac{3}{EA_1(\cos^2\alpha_2\sin\alpha_2+2\cos^2\alpha_1\sin^2\theta\sin\alpha_1)} \tag{4-71}$$

将式（4-71）代入式（4-65）

$$\lambda_{0x}=\sqrt{\lambda_x^2+\pi^2EA\bar{\gamma}_y}=\sqrt{\lambda_x^2+\frac{3\pi^2}{\cos^2\alpha_2\sin\alpha_2+2\cos^2\alpha_1\sin^2\theta\sin\alpha_1}\cdot\frac{A}{A_1}}$$

$$=\sqrt{\lambda_x^2+\frac{3\pi^2}{2\cos^2\alpha_1\sin\alpha_1\left(\dfrac{\cos^2\alpha_2\sin\alpha_2}{2\cos^2\alpha_1\sin\alpha_1}+\sin^2\theta\right)}\cdot\frac{A}{A_1}}$$

近似取 $\alpha_1=\alpha_2=45°$，$\dfrac{3\pi^2}{2\cos^2 45°\sin 45°}=42$，$\dfrac{\cos^2 45°\sin 45°}{2\cos^2 45°\sin 45°}=\dfrac{1}{2}$，这样，可得三肢件缀条式轴心压杆绕虚轴 x 的换算长细比

$$\lambda_{0x}=\sqrt{\lambda_x^2+\frac{42A}{A_1(1.5-\cos^2\theta)}} \tag{4-72}$$

同理，可求出四肢件缀条式轴心压杆的换算长细比。

为了查找方便起见，现将格构式轴心压杆对虚轴的换算长细比的计算公式汇集于表 4-8。

表 4-8　换算长细比计算公式汇总

项次	构件截面形式	缀材类别	计算公式	符号意义
1	y(虚轴)；y1；缀件；x(实轴)；肢件	缀条	$\lambda_{0y}=\sqrt{\lambda_y^2+27A/A_1}$	A——肢件横截面总面积 A_1——构件横截面所截各斜缀条的横截面面积之和 λ_{y1}——单肢对 y_1 轴的长细比 A_{1x}、A_{1y}——构件横截面所截垂直于 x 轴、y 轴的平面内各斜缀条的横截面面积之和
2		缀板	$\lambda_{0y}=\sqrt{\lambda_y^2+\lambda_{y1}^2}$	
3	y(虚轴)；x(虚轴)；1；1；肢件	缀条	$\lambda_{0x}=\sqrt{\lambda_x^2+40A/A_{1x}}$ $\lambda_{0y}=\sqrt{\lambda_y^2+40A/A_{1y}}$	
4		缀板	$\lambda_{0x}=\sqrt{\lambda_x^2+\lambda_1^2}$ $\lambda_{0y}=\sqrt{\lambda_y^2+\lambda_1^2}$	

（续）

项次	构件截面形式	缀材类别	计算公式	符号意义
5	y(虚轴) 肢件 θ θ x (虚轴) 圆钢、钢管或钢管混凝土	缀条	$\lambda_{0y}=\sqrt{\lambda_y^2+\dfrac{42A}{A_1\cos^2\theta}}$ $\lambda_{0x}=\sqrt{\lambda_x^2+\dfrac{42A}{A_1(1.5-\cos^2\theta)}}$	A——肢件横截面总面积 A_1——构件横截面所截各斜缀条的横截面面积之和 θ——缀条所在平面与 x 轴的夹角

4.5.2　截面选择

格构式轴心受压构件两肢件截面的选择步骤如下：

步骤 1：按绕实轴 x 的稳定性，选择肢件截面 A，具体方法与实腹式轴心受压构件相同。

步骤 2：按等稳定条件 $\lambda_{0y}=\lambda_x$，确定轮廓尺寸 b。对缀条式受压构件，使 $\lambda_{0y}=\sqrt{\lambda_y^2+27\dfrac{A}{A_1}}=\lambda_x$，可得需要的长细比 $\lambda_y=\sqrt{\lambda_x^2-27\dfrac{A}{A_1}}$，$A_1$ 值可预先估计，对于受力不大的构件，缀条采用∟40×5 或∟50×6。对缀板式受压构件，令 $\lambda_{0y}=\sqrt{\lambda_y^2+\lambda_{y1}^2}=\lambda_x$，可求得 $\lambda_y=\sqrt{\lambda_x^2-\lambda_{y1}^2}$ 和 $i_y=l_{0y}/\lambda_y$，再利用回转半径的移轴公式，即可求得两肢件截面形心的间距 $a=2\sqrt{i_y^2-i_{y1}^2}$。

4.5.3　缀材计算

1. 剪力的确定

当格构式轴心压杆绕虚轴弯曲屈曲时，轴心压力因屈曲而产生弯矩 M 和横向剪力 $V=\dfrac{dM}{dz}$（图 4-48b），此剪力由缀材体系承受。

临界状态时，设压杆弯曲屈曲为正弦半波曲线，即 $x=x_m\sin\dfrac{\pi z}{l}$（图 4-48a），可得

$$M=Nx=Nx_m\sin\frac{\pi z}{l}$$

$$V=\frac{dM}{dz}=N\frac{\pi x_m}{l}\cos\frac{\pi z}{l}$$

剪力沿杆长 z 方向的变化，如图 4-48b 中实线所示。当 $z=0$ 及 $z=l$ 时，剪力最大（绝对值）。

$$V_{max}=\frac{N\pi x_m}{l} \qquad \text{(a)}$$

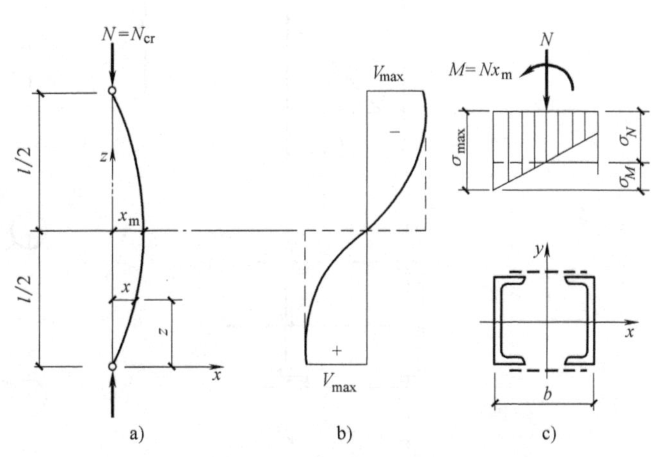

图 4-48　轴心压杆弯曲屈曲时的横向剪力 V

根据边缘纤维准则，由图 4-48c 可得

$$\sigma_{max}=\sigma_N+\sigma_M=\frac{N}{A}+\frac{Nx_m}{I_y}\cdot\frac{b}{2}=f_y$$

把 $I_y=Ai_y^2$ 代入并整理

$$\frac{N}{f_yA}\left(1+\frac{x_m}{i_y^2}\times\frac{b}{2}\right)=1 \tag{b}$$

令$\frac{N}{f_yA}=\varphi$，$b=\frac{i_y}{0.44}=2.27i_y$（附录3），则式（b）为

$$x_m=0.88i_y(1-\varphi)/\varphi \tag{c}$$

将式（c）代入式（a）得

$$V_{max}=\frac{0.88\pi(1-\varphi)}{\lambda_y}\cdot\frac{N}{\varphi}=\frac{1}{K}\cdot\frac{N}{\varphi} \tag{d}$$

式中
$$K=\frac{\lambda_y}{0.88\pi(1-\varphi)}$$

通常 $\lambda_y=40\sim150$，经分析对钢号 Q235、Q345、Q390 和 Q420，可统一取

$$K=85\sqrt{235/f_y}$$

从而式（d）成为

$$V=V_{max}=\frac{Af}{85}\sqrt{f_y/235} \tag{4-73}$$

可以认为此剪力值沿构件全长不变（图 4-48b 中虚线）。

2. 缀条设计

缀条的布置形式一般宜采用单斜式缀条（图 4-49a）；对受力很大的压杆，可采用双斜式缀条（图 4-49b）；当两肢件的间距较大时，也可在单斜式缀条之间设置横缀条来减小单肢的计算长度（图 4-49c）。

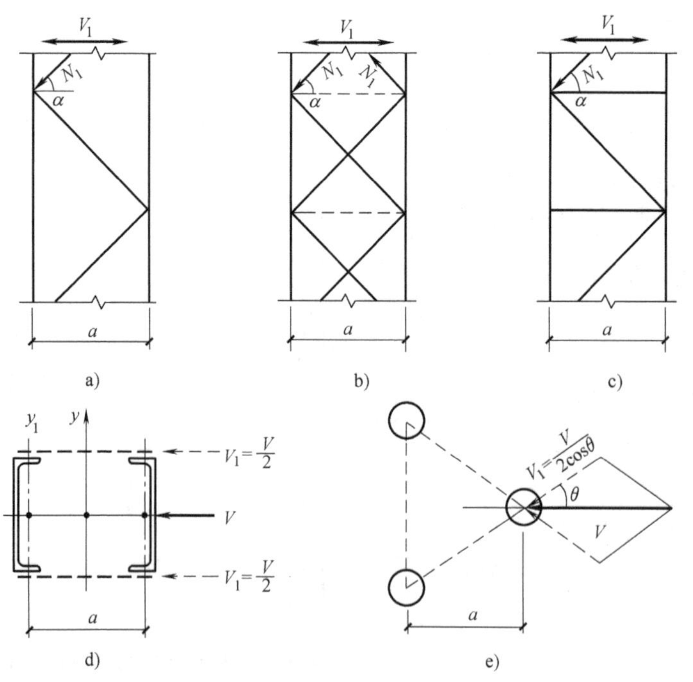

图 4-49　缀条的内力

计算斜缀条的内力时，可将格构式压杆两侧的缀条系统当作桁架来分析。剪力 V 由前后两片缀条承担，每片承担剪力 $V_1=V/2$（图 4-49d），对三肢件杆，$V_1=V/(2\cos\theta)$（图 4-49e）。由于剪力方向可左可右，故每根斜缀条都可能受拉或受压，其值为

$$N_1=\pm\frac{V_1}{n\cos\alpha} \tag{4-74}$$

式中　n——对单斜式缀条 $n=1$，对双斜式缀条 $n=2$；

　　α——取值为 35°~60°。

缀条一般采用单角钢，它与肢件单面焊接连接，考虑到受力时的偏心和受压时的弯扭，当按轴心受力构件设计（不计扭转效应）时，应将钢材强度设计值乘以表 4-9 所列折减系数 η。

表 4-9　η 值

计算性质		η
强度和连接		0.85(考虑偏心影响)
稳定性	等边角钢	$0.60+0.0015\lambda\leqslant 1$
	不等边角钢	短边相连　$0.50+0.0025\lambda\leqslant 1$
		长边相连　0.70

注：λ 指缀条的长细比。对中间无联系的单角钢压杆，应按最小回转半径计算长细比，当 $\lambda<20$ 时，取 $\lambda=20$；对交叉缀条体系的横缀条（图 4-49b），按受压力 $N_1=V_1$ 计算。

为了减小肢件的计算长度，横缀条截面一般与斜缀条相同，按 $[\lambda]=150$ 确定，采取较小的截面。缀条的轴线通常应与肢件轴线交于一点（图 4-50a、b）。斜缀条一般与肢件搭接，为了减小搭接长度、增强受动力荷载的性能，宜采用三面围焊。当肢件翼缘较窄时，缀条与肢件的连接有两种方法：①横缀条搭接在与肢件翼缘边对接焊的小节点板上（图 4-50a）；②缀条全部搭接在节点板上（图 4-50b）。由于构造原因，也允许缀条的轴线与槽钢的外边缘汇交（图 4-50c）。

为使构件表面平整，缀条也可放在构件内侧，但内侧焊接比较困难。

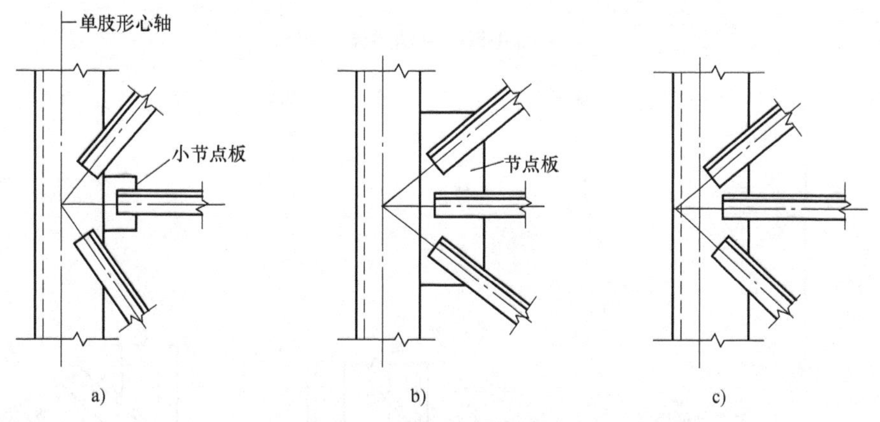

图 4-50　缀条与肢件的搭接

3. 缀板设计

从缀板体系的受力状态（图 4-51a）中取出脱离体（图 4-51b）。由平衡条件

$$\frac{V_1}{2}l_1=S\,\frac{a}{2}$$

可得缀板内力为

剪力

$$S=\frac{V_1 l_1}{a} \tag{4-75}$$

弯矩（在和肢件连接处）

$$M=S\,\frac{a}{2}=\frac{V_1 l}{2} \tag{4-76}$$

缀板用角焊缝与肢件连接，搭接长度一般为20~30mm。角焊缝承受 S 和 M 的共同作用，因角焊缝的强度设计值小于钢板的强度设计值，如果验算角焊缝符合强度要求，就不必验算缀板强度。

规范规定：在同一截面处缀板线刚度之和不得小于柱较大分肢线刚度的 6 倍。一般来说，缀板宽度 $b_p \geq 2a/3$（图 4-42b），厚度 $\delta_p \geq a/40$，且大于6mm。柱的端缀板宜适当加宽，取$b_p = a$。

为了保证柱在运输和安装过程中具有必要的截面刚度，避免截面歪扭，规范规定：格构式柱和组合实腹式的横隔间距不得大于柱截面较大宽度的 9 倍，且不大于 8m，在受有较大水平力处或运输单元的端部均应设置横隔。横隔可用钢板（图 4-52a）或交叉角钢组成（图 4-52b）。

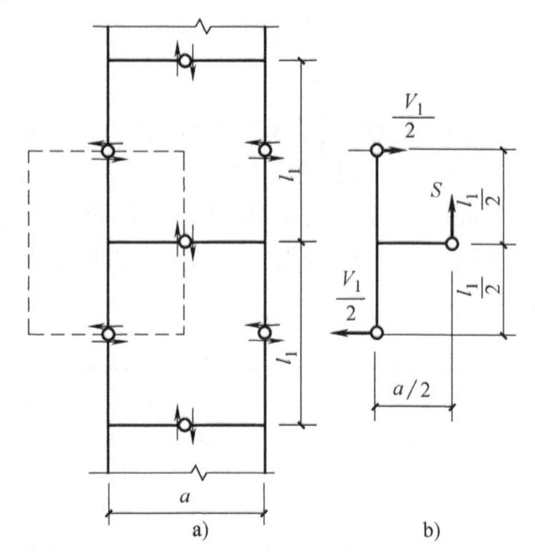

图 4-51 缀板体系的受力状态

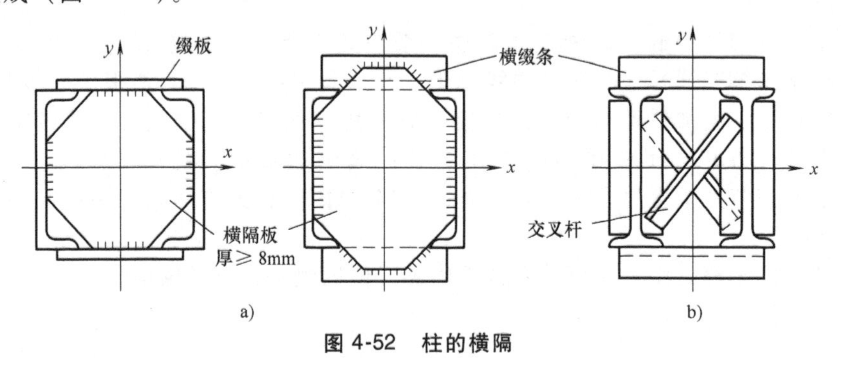

图 4-52 柱的横隔

［例 4-5］ 如图 4-53a 所示，焊条采用 E43。设计一根两端铰接的缀条式轴心受压构件。

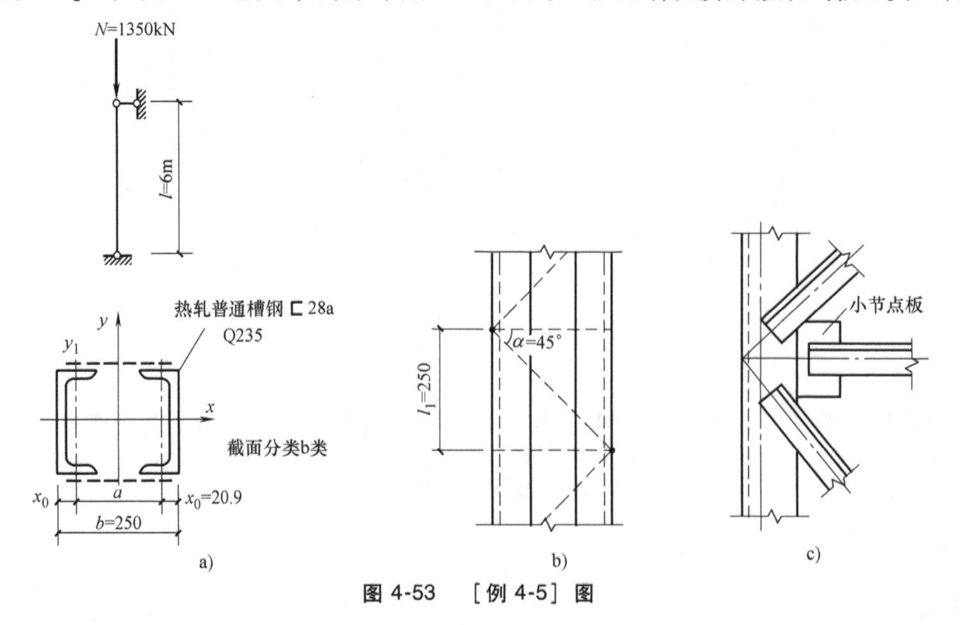

图 4-53 ［例 4-5］图

［解］ 1）求肢件截面（对实轴 x）。

假定 $\lambda_x = 75$，由附表 4-2 得 $\varphi_x = 0.720$，从而可算出所需的截面面积和回转半径

$$A=\frac{N}{\varphi_x f}=\frac{1350\times10^3}{0.720\times215}\text{mm}^2=8720.9\text{mm}^2=87.2\text{cm}^2$$

$$i_x=\frac{l_{0x}}{\lambda_x}=\frac{6\times10^2}{75}\text{cm}=8\text{cm}$$

根据 A 和 i_x 可从附表 2-5 中选得合适的槽钢型号。现试选 2 ⊏28a（图 4-53a），$A=2\times40.02\text{cm}^2=80.04\text{cm}^2$，$i_x=10.9\text{cm}$，$I_{y1}=217.9\text{cm}^4$，$i_{y1}=2.33\text{cm}$，$x_0=2.09\text{cm}$，从而，实际长细比 $\lambda_x=6\times10^2\div10.9=55<[\lambda]=150$。由 $\lambda_x=55$ 查附表 4-2 得 $\varphi_x=0.833$（b 类）。

从而 $$\frac{N}{\varphi_x A}=\frac{1350\times10^3}{0.833\times80.04\times10^2}\text{N/mm}^2=202.5\text{N/mm}^2<f=215\text{N/mm}^2$$

2）求 b 值（对虚轴 y）。

设用单斜式缀条∟45×4，由附表 2-7 得 $A_1=2\times3.486\text{cm}^2\approx7.0\text{cm}^2$。由等稳条件 $\lambda_{0y}=\lambda_x$，并代入式（4-66），可得

$$\lambda_y=\sqrt{\lambda_x^2-27A/A_1}=\sqrt{55^2-27\times80.04\div7}\approx52$$

相应的回转半径

$$i_y=l_{0y}/\lambda_y=6\times10^2\div52\text{cm}=11.5\text{cm}$$

由附录 3 得 $b=i_y/0.44=11.5\text{cm}\div0.44=26.1\text{cm}$，取 $b=25\text{cm}$。

3）验算绕虚轴 y 的稳定。

$$I_y=2\times(217.9+40.02\times10.41^2)\text{cm}^4=9109.58\text{cm}^4$$

$$i_y=\sqrt{I_y/A}=\sqrt{9109.58\div80.04}\text{cm}=10.67\text{cm}$$

$$\lambda_y=l_{0y}/i_y=6\times10^2\div10.67=56.2$$

$$\lambda_{0y}=\sqrt{\lambda_y^2+27A/A_1}=\sqrt{56.2^2+27\times80.04\div7}=58.9<[\lambda]=150$$

由附表 4-2 内插得

$$\varphi_y=0.818-(0.818-0.813)\times0.9=0.8135$$

$$\sigma=\frac{N}{\varphi_y A}=\frac{1350\times10^3}{0.8135\times80.04\times10^2}\text{N/mm}^2=207.3\text{N/mm}^2<f=215\text{N/mm}^2$$

因 $\alpha=45°$，则 $l_1=250\text{mm}$，从而单肢长细比

$\lambda_1=l_1/i_1=25/2.33=10.7<0.7\lambda_{max}=0.7\times58.9=41$（单肢稳定）。

4）缀条设计。

由式（4-73）得 $V=\frac{Af}{85}\sqrt{f_y/235}=\frac{80.04\times10^2\times215}{85}\sqrt{235\div235}\text{N}=20245\text{N}$

单缀条的内力，由式（4-74）计算

$$N_1=\frac{V_1}{n\cos\alpha}=\frac{20.245\div2}{1\times\cos45°}\text{kN}=14.315\text{kN}$$

一个∟45×4，$A_b=3.486\text{cm}^2$，$i_{min}=0.89$，斜缀条长 $l_b=b/\cos45°=25\text{cm}\div0.707=35\text{cm}$，$\lambda_b=l_b/i_{min}=35\div0.89=40$，$\varphi=0.899$（b 类），由表 4-9 计算折减系数

$$\eta=0.6+0.0015\lambda_b=0.6+0.0015\times40=0.66$$

$$\sigma=\frac{N_1}{\varphi A_b}=14.315\times10^3\div(0.899\times3.486\times10^2)$$

$$=45.7\text{N/mm}^2<\eta f=0.66\times215\text{N/mm}^2=141.9\text{N/mm}^2$$

缀条设计合理。

单角钢与肢件连接的角焊缝取 $h_f=4\text{mm}$，则所需焊缝长度

$$\sum l_w = N_1/(0.7h_f \times 0.85 f_f^w) = 14.315 \times 10^3 \div (0.7 \times 4 \times 0.85 \times 160)\text{mm} = 37\text{mm}$$

实际焊缝长度和布置如图 4-53c 所示，超过计算需要长度。

横缀条也用∟45×4，焊缝取最短长度 40mm。由于三杆相交，必须加焊一块小节点板，同时把缀条轴线汇交在槽钢外边缘（图 4-53b、c）。

[例 4-6] 设计一缀板柱（图 4-54），设计资料同［例 4-5］。

[解] 1）按绕实轴 x 选定 2⊏28a，$A/2 = 40.02\text{cm}^2$，$I_{y1} = 217.9\text{cm}^4$，$i_{y1} = 2.33\text{cm}$。

2）绕虚轴 y 确定 b。

取 $\lambda_{y1} = 30$，由等稳定条件 $\lambda_{0y} = \lambda_x$，并代入式（4-67）

$$\lambda_y = \sqrt{\lambda_x^2 - \lambda_{y1}^2} = \sqrt{55^2 - 30^2} = 46$$

从而

$$i_y = l_{0y}/\lambda_y = 6 \times 10^2\text{cm} \div 46 = 13\text{cm}$$

$b = i_y/0.44 = 29.5\text{cm}$，取 $b = 28\text{cm}$。

3）验算对 y 轴的稳定。

$$I_y = 2\left[I_{y1} + \frac{A}{2}\left(\frac{a}{2}\right)^2\right] = 2 \times \left[217.9 + 40.02 \times \left(\frac{23.82}{2}\right)^2\right]\text{cm}^4 = 11789.3\text{cm}^4$$

$$i_y = \sqrt{I_y/A} = \sqrt{11789.3 \div (2 \times 40.02)}\text{cm} = 12.14\text{cm}$$

$$\lambda_y = l_{0y}/i_y = 6 \times 10^2 \div 12.14 = 49.4$$

$\lambda_{0y} = \sqrt{\lambda_y^2 + \lambda_{y1}^2} = \sqrt{49.4^2 + 30^2} = 57.8 < [\lambda] = 150$，刚度满足要求。

由附表 4-2 查得

$$\varphi_y = 0.823 - (0.823 - 0.818) \times 0.8 = 0.819(\text{b 类})$$

$$\sigma = \frac{N}{\varphi_y A} = \frac{1350 \times 10^3}{0.819 \times 80.04 \times 10^2}\text{N/mm}^2 = 205.9\text{N/mm}^2 < f = 215\text{N/mm}^2$$

整体稳定可保证。

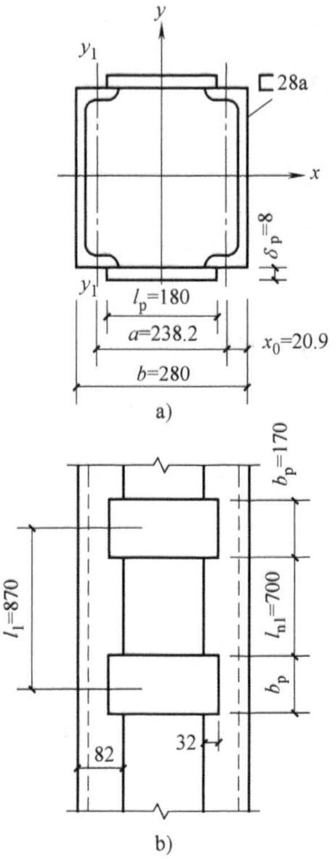

因分肢（件）长细比 $\lambda_1 = 30 < 40$，且 $\approx 0.5\lambda_{max} = 0.5 \times 57.8 = 28.9$，故不必验算单肢的强度和稳定。

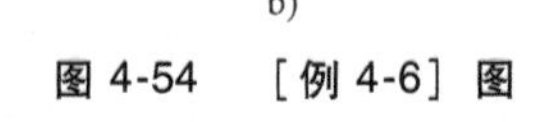

图 4-54 ［例 4-6］图

4）缀板设计。

缀板间的净距 $l_{n1} = i_{y1}\lambda_{y1} = 2.33 \times 30\text{cm} = 69.9\text{cm}$

缀板宽度 $b_p \geqslant \frac{2}{3}a = \frac{2}{3} \times 238.2\text{mm} = 158.8\text{mm}$，取 $b_p = 170\text{mm}$

缀板厚度 $\delta_p \geqslant \frac{a}{40} = \frac{238.2}{40}\text{mm} = 5.96\text{mm}$，取 $\delta_p = 8\text{mm}$

缀板长度 $l_p = 280\text{mm} - 2 \times (82 - 30)\text{mm} = 176\text{mm}$，取 $l_p = 180\text{mm}$

故缀板尺寸为-170×180×8。缀板的间距（中到中）$l_1 = l_{01} + 170\text{mm} = 700 + 170\text{mm} = 870\text{mm}$。

柱的剪力已由［例 4-5］算出，$V = 20.245\text{kN}$，一个缀板平面所受的剪力 $V_1 = \frac{1}{2}V = 10.123\text{kN}$，一块缀板所受的剪力和弯矩分别由式（4-75）和式（4-76）计算得

$$S = V_1 l_1/a = 10.123 \times 0.87 \div 0.2382\text{kN} = 36.973\text{kN}$$

$$M = V_1 l_1/2 = 10.123 \times 0.87 \div 2\text{kN} \cdot \text{m} = 4.404\text{kN} \cdot \text{m}$$

角焊缝长 $l_w = 170\text{mm}$（两端绕角焊），$h_f = 7\text{mm}$，验算如下

$$\sqrt{\left(\frac{M}{1.22W_f}\right)^2+\left(\frac{S}{A_f}\right)^2}=\sqrt{\left(\frac{6\times4.404\times10^6}{1.22\times0.7\times7\times170^2}\right)^2+\left(\frac{36.973\times10^3}{0.7\times7\times170}\right)^2}$$
$$=159.3\mathrm{N/mm^2}<f_f^w=160\mathrm{N/mm^2}$$

缀板焊缝可保证。

4.6　柱头和柱脚

当轴心压杆充当柱时，它要直接承受上部结构（如梁）传来的荷载。并通过它把荷载传给基础。为此，柱的上、下端部必须适当扩大，这就形成了柱头和柱脚。柱头、柱脚的构造原则是**传力可靠、构造简单和便于安装**。

4.6.1　柱头

轴心受压柱的柱头承受由梁传来的压力 N。图 4-55a 和图 4-56a 分别是典型的实腹式柱和格构式柱的柱头构造。

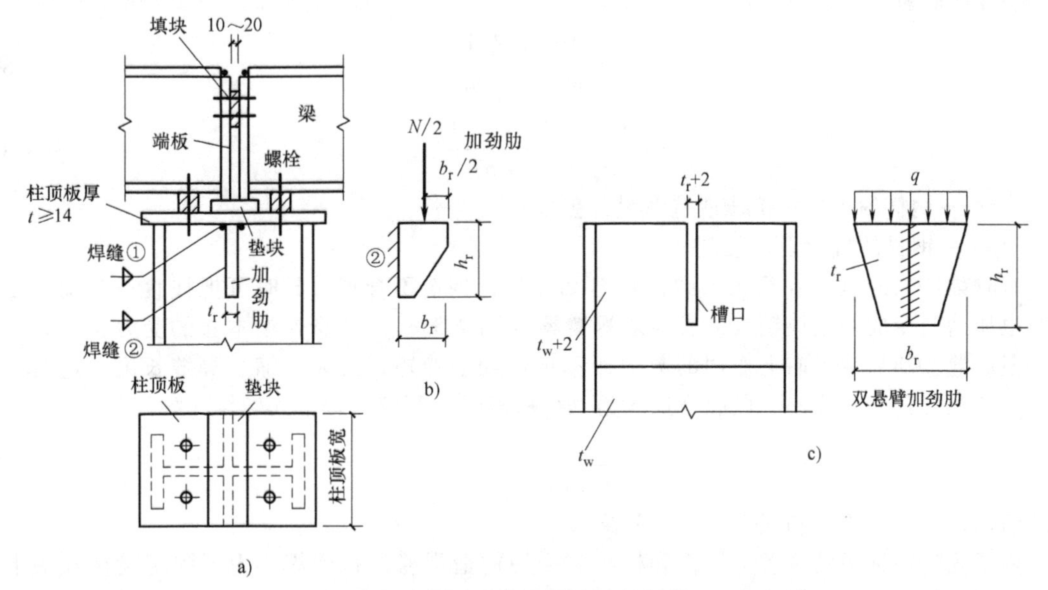

图 4-55　实腹式柱的柱头构造

通常在柱顶设**柱顶板**用来安放梁。梁的全部压力通过梁的**端板**压在柱顶板的中部。有时为了提高顶板的抗弯刚度，可在顶板上面加焊**垫块**，在顶板下面设**加劲肋**。这样，柱顶板本身就不需要太厚，一般不小于 14mm 即可。

对于实腹式柱，梁传来的全部压力 N 通过端板和垫块间的端面承压传给垫块，垫块又以挤压形式传给柱顶板，而垫块只需用一些构造焊缝和顶板连接。柱顶板将 N 传给加劲肋，加劲肋和柱顶板之间的传力，可以依靠局部承压（当 N 力较大时），也可依靠水平角焊缝①（当 N 力不大时），如图 4-55a 所示。焊缝①受向下的均布剪力作用，属于端焊缝。计算公式如下：

局部承压传力　　$\sigma=(N/2)/(b_r t_r)\leqslant f_{ce}$　　(4-77)

水平端焊缝①传力　　$\sigma_f=(N/2)/[2\times0.7h_{f1}(b_r-2h_{f1})]\leqslant\beta_f f_f^w$　　(4-78)

式中　b_r 和 t_r——加劲肋的宽度和厚度；

h_{f1}——角焊缝①的焊脚尺寸；

β_f——端焊缝的强度设计值增大系数，取 1.22 或 1.0；

f_{ce}——钢材的端面承压设计强度（附表 1-1）。

加劲肋在 $N/2$ 的偏心力作用下（图 4-55b），用两根角焊缝②把向下剪力 $N/2$ 和偏心弯矩 $(N/2)(b_r/2)$ 传给柱子腹板。通常先假设加劲肋的高度 h_r，再进行焊缝验算。加劲肋的宽度 b_r 参照柱顶板的宽度而定，厚度 t_r 应符合局部稳定的要求，取 $t_r>b_r/15$ 及 $t_r\geqslant 10\text{mm}$，且不宜比柱腹板厚度超过太多。在验算焊缝②的同时，应按悬臂梁验算加劲肋本身的抗剪和抗弯强度。

焊缝②强度验算

$$\sqrt{\left(\frac{\sigma_f}{\beta_r}\right)^2+\tau_f^2}=\sqrt{\left(\frac{b_r N/4}{\beta_f W_f}\right)^2+\left(\frac{N/2}{A_f}\right)^2}\leqslant f_f^w \tag{4-79}$$

式中 W_f、A_f——焊缝②的有效截面抵抗矩、截面面积。

$$W_f=\frac{1}{6}\times 2\times 0.7h_{f2}(h_r-2h_{f2})^2$$

$$A_f=2\times 0.7h_{f2}(h_r-2h_{f2})$$

加劲肋强度验算

$$\sigma=\frac{M}{W_r}=\frac{b_r N/4}{t_r h_r^2/6}\leqslant f \tag{4-80}$$

$$\tau=\frac{1.5V}{A_r}=\frac{1.5(N/2)}{t_r h_r}\leqslant f_v \tag{4-81}$$

式中 f——钢材的抗拉、抗压或抗弯设计强度；

f_v——钢材的抗剪设计强度。

有时梁传来的压力 N 很大，致使焊缝②变长，构造不合理。此时可把柱腹板开槽，使前后两根加劲肋变成一整块钢板，成为**双悬臂梁**（图 4-55c）。此悬臂梁本身的受力状况并未改变，但焊缝②却只承受向下作用的剪力而不传递偏心弯矩，可大大缩短焊缝长度。这时，应把柱上端和加劲肋相连的一段腹板加厚为（t_w+2mm）。焊缝②按下式验算

$$\tau_f=\frac{N}{4\times 0.7h_f(h_r-2h_f)}\leqslant f_f^w \tag{4-82}$$

加劲肋仍按式（4-80）和式（4-81）验算。

为了固定柱顶板的位置，顶板和柱身应采用构造焊缝进行围焊。为了固定梁在柱头上的位置，常采用 4 个粗制螺栓穿过梁的下翼缘和柱顶板相连（图 4-55a）。

如图 4-56a 所示的格构式柱的柱头构造，由**柱顶板、柱端加劲肋**和**两块柱端缀板**组成，其传力过程：$N\xrightarrow{\text{承压}}$垫块$\xrightarrow{\text{承压}}$顶板$\xrightarrow{\text{承压或焊缝①}}$加劲肋$\xrightarrow{\text{焊缝②}}$缀板$\xrightarrow{\text{焊缝③}}$柱肢。其中，顶板传力给加劲肋的计算公式和式（4-77）、式（4-78）相似，当由局部承压传力时，传力面必须**铣平顶紧**，验算公式为

$$\sigma=\frac{N}{b_r t_r}\leqslant f_{ce} \tag{4-83}$$

由端焊缝①传力时

$$\sigma_f=\frac{N}{2\times 0.7h_{f1}(b_r-2h_{f1})}\leqslant \beta_f f_f^w \tag{4-84}$$

加劲肋按简支梁计算（图 4-56c），承受顶板传来的均布荷载 $p=N/b_r$，加劲肋的强度验算公式是

$$\sigma=\frac{M}{W_r}=\frac{1}{8}\ \frac{pb_r^2}{t_r h_r^2/6}\leqslant f \tag{4-85}$$

$$\tau=\frac{1.5V}{A_v}=1.5\times0.5\frac{pb_r}{t_rh_r}\leqslant f_v \tag{4-86}$$

式中　t_r、h_r——加劲肋的厚度、高度。

加劲肋的支反力为 $N/2$，通过两条角焊缝②传给柱端缀板，焊缝②验算公式为

$$\tau_f=(N/2)/[2\times0.7h_{f2}(b_p-2h_{f2})]\leqslant f_f^w \tag{4-87}$$

柱端缀板焊接在柱肢上，近似地视作简支梁（图 4-56b），在跨中承受由焊缝②传来的集中力 $N/2$，从而柱端缀板的强度验算

$$\sigma=\frac{Nl_p/8}{t_pb_p^2/6}\leqslant f \tag{4-88}$$

$$\tau=\frac{1.5N/4}{t_pb_p}\leqslant f_v \tag{4-89}$$

式中　t_p——缀板厚度；

l_p——缀板长度；

b_p——缀板高度。

最后，缀板通过焊缝③把力传给柱肢，焊缝③验算为

$$\tau_f=\frac{N/4}{0.7h_{f3}(b_p-2h_{f3})}\leqslant f_f^w \tag{4-90}$$

柱顶端加劲肋和柱顶端缀板的厚度均应满足板件局部稳定的要求，即厚度不应小于承载边宽度的 1/40，且不小于 10mm。

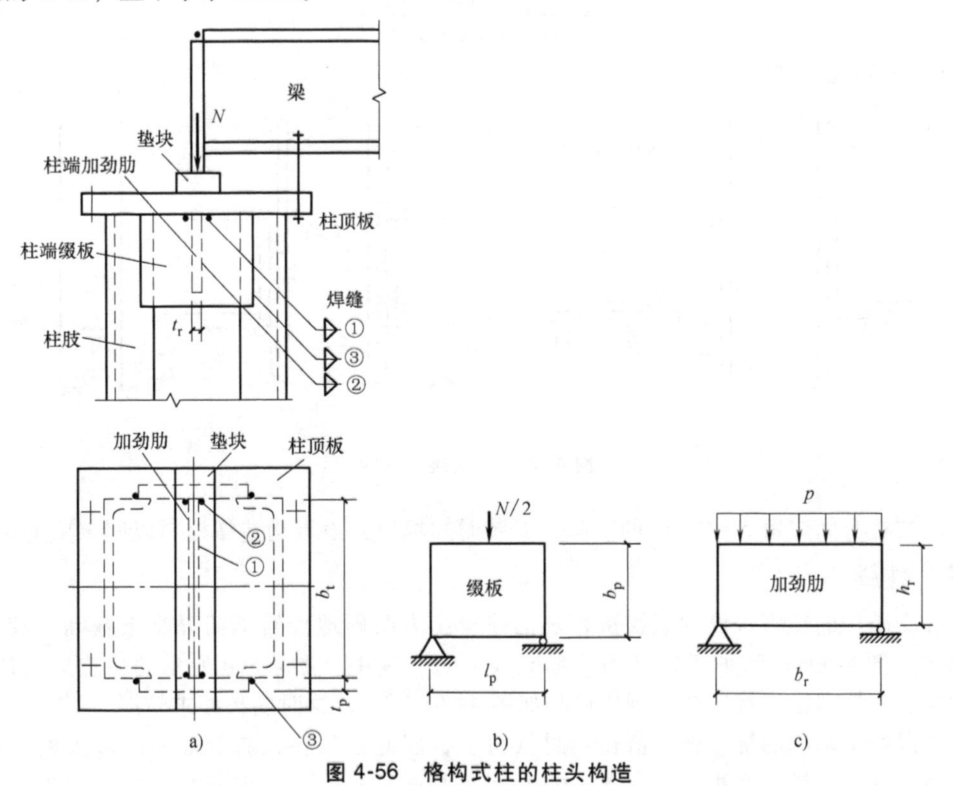

图 4-56　格构式柱的柱头构造

图 4-57 所示的柱头构造最简单。当荷载不大时，可采用图 4-57a 的构造，此时，作用在柱顶的压力可视为三角形分布。当荷载较大时，可在梁端加劲肋下方焊一条集中垫块，使传力明确（图 4-57b）。无论哪种构造，都应按一侧梁无活荷载时对柱可能产生的偏心压力来验

算柱的承载力。

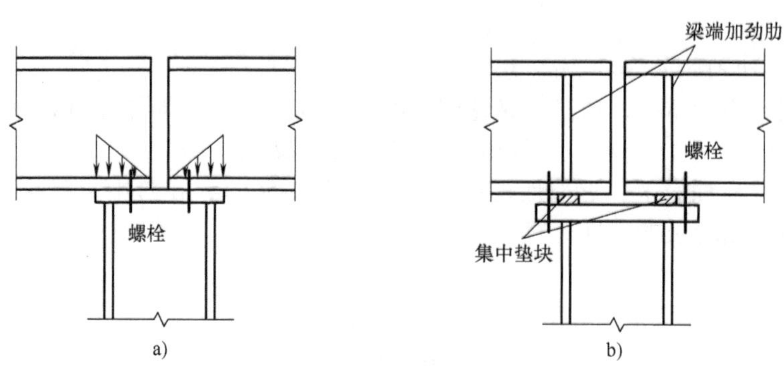

图 4-57 柱头构造

梁连接于柱侧的简支构造如图 4-58 所示。当梁传来的支反力不大时，可采用图 4-58a 所示的构造，这时支反力经图示的承托传给柱。梁的上翼缘应设一短角钢和柱身相连，它不能有效地限制梁端发生转角，但能防止梁端在出平面方向产生侧移。图 4-58b 所示的构造适用于梁的支反力较大的情况，但制造精度要求较高。这时，在柱翼缘板上设一块厚钢板或用角钢截成的承托。承托的顶面应刨平，和梁的端板以局部承压传力，承托宽度应比实际梁的端板宽 10mm。承托用角焊缝和柱身翼缘焊接，考虑到梁传来的力 N 可能产生偏心的不利因素，按 $1.25N$ 来计算焊缝为

$$\tau_f = \frac{1.25N}{2\times0.7h_f(a-2h_f)} \leqslant f_f^w \tag{4-91}$$

式中 a——承托高度。

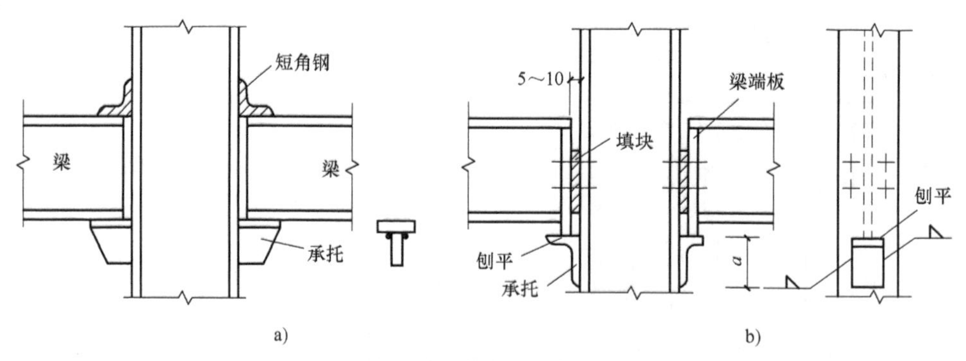

图 4-58 梁连接于柱侧

梁端与柱身间应留 5~10mm 的空隙，安装时加填块并设置构造螺栓，以固定梁的位置。

4.6.2 柱脚

轴心受压柱的柱脚常设计成铰接，它把柱身压力明确地传给钢筋混凝土基础。铰接柱脚有轴承式（图 4-59a）和平板式（图 4-59b、c、d），其中，图 4-59d 所示的构造形式最常用，它由**靴梁、底板和锚栓**等组成。刚接柱脚如图 4-59e 所示，这时底板要求较厚。

由于混凝土基础的抗压强度值比钢材低得多，因此必须在柱脚处加一块较大的底板，把荷载分布到基础的较大面积上去。图 4-60 所示平板式柱脚，柱身传来的压力 N 首先经柱身和靴梁间的四条焊缝①传给靴梁（每根焊缝①的计算长度不宜大于 $60h_{f1}$），再经角焊缝②由靴梁传给底板，最后由底板把压力 N 传给混凝土基础。焊缝①和②都按 N 力均匀受剪计算。而柱身和底板之间的连接则采用构造焊缝，因焊接很难保证质量，柱身槽钢内侧和靴梁间的焊

缝以及该范围内靴梁和底板间的焊缝，也都属于构造焊缝。

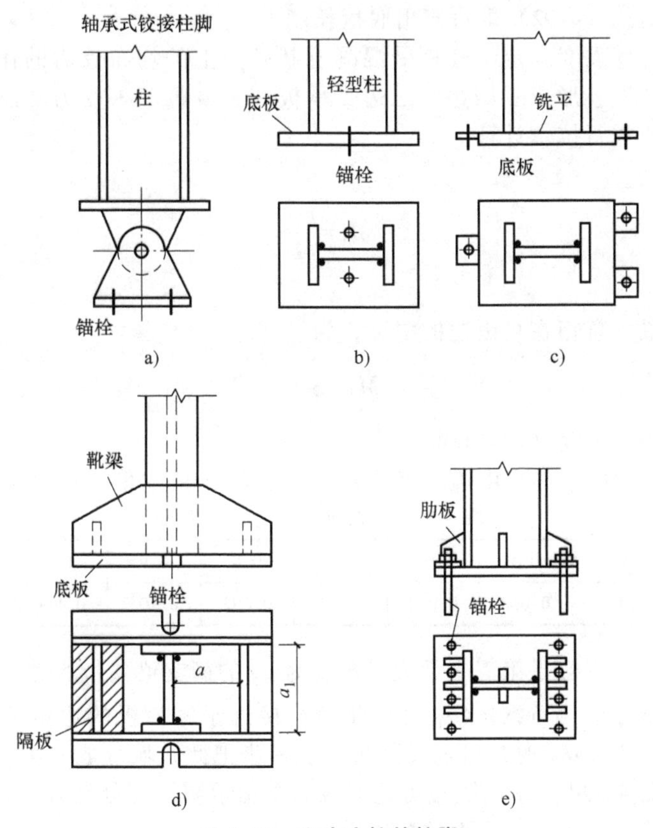

图 4-59　实腹式柱的柱脚

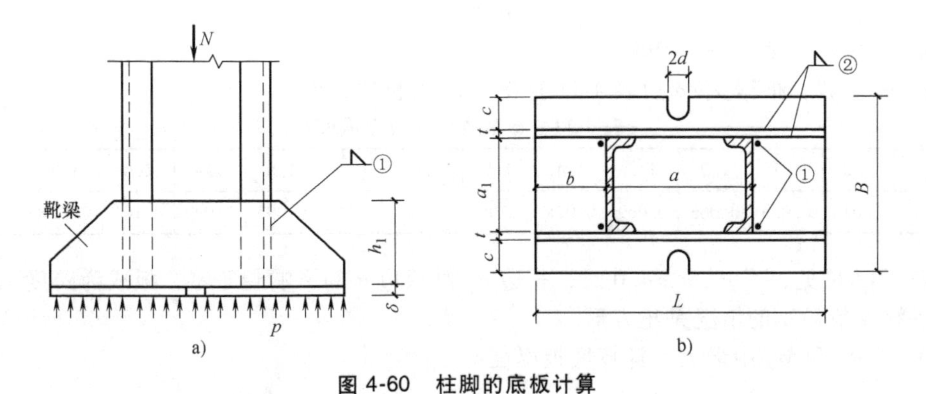

图 4-60　柱脚的底板计算

1. 底板计算

假设基础对底板的反力是均匀分布的，则可由下式确定底板平面尺寸

$$B \times L = \frac{N}{f_c} \tag{4-92}$$

式中　f_c——混凝土轴心抗压强度设计值。

底板宽度 B 由构造要求定出

$$B = a_1 + 2(t + c) \tag{4-93}$$

式中　a_1——柱截面尺寸（图 4-60b）；

t——靴梁厚度，通常采用 10~14mm；

c——底板悬臂长度，常取锚栓直径的 3~4 倍，锚栓直径 d 常用 20~24mm。当 B 确定后，由式（4-92）即可算出底板长度 L。

底板厚度 δ 由抗弯强度确定。底板受混凝土基础向上的均布反力的作用，可把柱身和靴梁看作是它的支承，这就形成了四边、三边支承板和悬臂板三种受力状态的区域，可近似地按照各不相关的板块进行抗弯计算。

悬臂板的弯矩

$$M_1=\frac{pc^2}{2} \tag{4-94}$$

式中，$p=N/(BL)$。

三边支承板的最大弯矩在自由边的中央，为

$$M_3=\beta pa_1^2 \tag{4-95}$$

式中 a_1——自由边的长度（图 4-60b）；

β——系数，取决于与自由边垂直的 b 和自由边 a_1 的比值，见表 4-10。

表 4-10 β 系数（三边支承板）

b/a_1	0.3	0.4	0.5	0.6	0.7	0.8	0.9	1.0	1.2	≥1.4
β	0.026	0.042	0.058	0.072	0.085	0.092	0.104	0.111	0.120	0.125

由表 4-10 可见，β 系数是第三支承边对跨度为 a_1 的简支梁式板所受弯矩的影响。b 越小，影响越大，弯矩就越小。当 $b\geqslant1.4a_1$ 时，此影响接近于零，板的弯矩最大为 $pa_1^2/8$。因此，为了减轻板的工作，当 $b>a_1$ 时，可加设隔板，进一步把此区域分成一块四边支承部分和一块三边支承部分，如图 4-59d 所示。隔板可近似按承受图示阴影部分反力的简支梁计算。

四边支承板的最大弯矩在板中央的短边方向，为

$$M_4=\alpha pa^2 \tag{4-96}$$

式中 a——短边长度（图 4-59d）。

α——系数，根据 a_1/a 由表 4-11 查得。a_1 为长边长度。

表 4-11 α 系数（四边支承板）

a_1/a	1.0	1.1	1.2	1.3	1.4	1.5	1.6	1.7	1.8	1.9	2.0	3.0	≥4.0
α	0.048	0.055	0.063	0.069	0.075	0.081	0.086	0.091	0.095	0.099	0.101	0.119	0.125

由表 4-11 可见，当 $a_1/a\geqslant4.0$ 时，长边 a_1 对短边 a 的影响趋于零，板成为跨度为 a 的简支板。系数 α 值最小的情况是正方形。

取 M_1、M_3 和 M_4 中最大者计算底板厚度

$$\delta\geqslant\sqrt{6M_{\max}/f} \tag{4-97}$$

显然，合理的设计应使 M_1、M_3 和 M_4 基本接近，这可通过调整底板尺寸和加设隔板等办法来实现。

底板厚度 δ 一般取 20~40mm，以保证必要的刚度，满足基础反力为均匀分布的假设。

上述确定底板厚度的计算方法是偏于保守的，没有考虑各区域底板的连续性，但方法简单，一直被设计人员所采用。

确定底板尺寸和厚度后，可按传力过程计算焊缝并验算靴梁强度。

2. 靴梁计算

如图 4-60 所示，柱身内力 N 经焊缝①（侧面角焊缝）传给靴梁，靴梁再把 N 力经焊缝②

（端焊缝）传给底板。

靴梁截面是高为 h_1，厚为 t 的矩形板条，可视为支承在柱身（焊缝①）上的双悬伸梁，受均布反力的作用（图 4-60a）。

底板上的锚栓孔开有缺口，便于柱安装，定位后，垫板焊在底板上，扭紧螺帽。

[例 4-7]　图 4-61 所示的钢柱，已知钢材采用 Q235，焊条采用 E43，基础混凝土轴心抗压强度等级 C25，设计焊接工字形截面轴心受压柱的柱头和柱脚。

[解]　1）柱头。

所需加劲肋的面积

$$A_r = N/f_{ce} = 1300\times10^3 \div 325\text{mm}^2 = 4000\text{mm}^2 \quad \text{（肋与顶板承压）}$$

加劲肋的宽度 b_r 可以大于或小于柱的翼缘宽度，视传力大小而定。肋的厚度 t_r 除保证自身的稳定外，还应考虑和柱腹板厚度相协调。如果肋的厚度比柱腹板的厚度 t_w 大很多，则应将柱腹板局部加厚。试选肋宽 $b_r=120\text{mm}$，则肋厚为 $t_r = A_r/(2b_r) = 4000\div(2\times120)\text{mm} = 16.7\text{mm}$，取 $t_r = 16\text{mm}$，符合 $b_r/t_r = 120\div16 = 7.5<15$ 的局部稳定要求。此时，柱端腹板也应换成 $t_w = 16\text{mm}$ 的钢板。

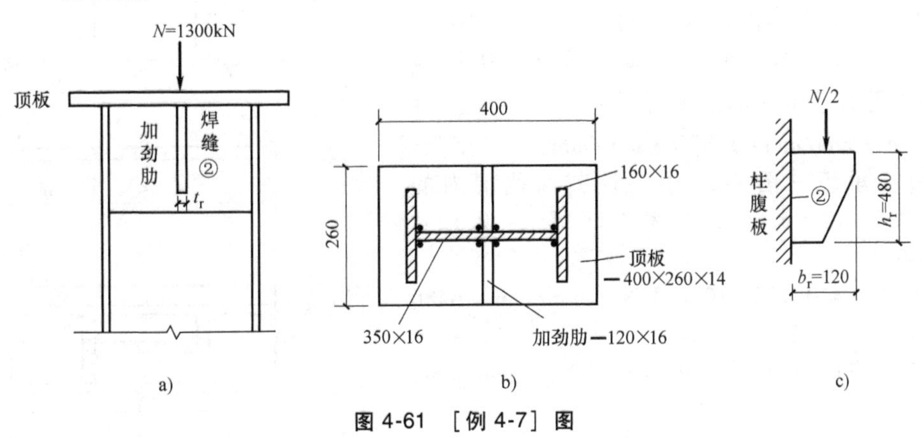

图 4-61　[例 4-7] 图

顶板尺寸采用—400×260×14，可以盖住柱顶及加劲肋截面（图 4-61a、b）。

每根加劲肋经端面承压传入 $N/2=650\text{kN}$ 的力后，将通过和柱腹板相连的两根角焊缝②把力传给柱腹板（图 4-57c）。取肋高 $h_r=480\text{mm}$，设焊缝②的焊脚尺寸 $h_r=10\text{mm}$。从而可得焊缝面积和焊缝截面抵抗矩

$$A_f = 0.7h_f\sum l_w = 0.7\times10\times2\times(480-10)\text{mm}^2 = 6580\text{mm}^2$$

$$W_f = 2\times0.7h_f l_w^2/6 = 2\times0.7\times10\times470^2\div6\text{mm}^3 = 515\times10^3\text{mm}^3$$

并验算焊缝②的强度（图 4-61c）

$$\sqrt{\left(\frac{\sigma_f}{1.22}\right)^2+\tau_f^2} = \sqrt{\left(\frac{650\times10^3\times60}{1.22\times515\times10^3}\right)^2+\left(\frac{650\times10^3}{6580}\right)^2}\text{N/mm}^2$$

$$=116.7\text{N/mm}^2 < f_f^w = 160\text{N/mm}^2$$

加劲肋按悬臂梁计算，梁截面 16mm×480mm，受剪力 $V=N/2=650\text{kN}$ 及弯矩 $M=V\dfrac{b_r}{2}=$ $650\times\dfrac{120}{2}\text{kN}\cdot\text{mm}=39000\text{kN}\cdot\text{mm}$，从而

$$\sigma = 39000\times10^3\div(16\times480^2\div6)\text{N/mm}^2 = 63.5\text{N/mm}^2 < f = 215\text{N/mm}^2$$

$$\tau = 1.5\times650\times10^3\div(16\times480)\text{N/mm}^2 = 127\text{N/mm}^2 > f_v = 125\text{N/mm}^2$$

但 $(127-125)\div125=0.016<5\%$

可见，加劲肋高度 480mm 取决于本身的抗剪强度。

2）柱脚（图 4-62）。

由式（4-93）取底板宽度 $B=160+2\times(10+60)\text{mm}=300\text{mm}$，则由式（4-92）得底板长度 $L=N/(Bf_c)=1300\times10^3\div(300\times11.9)\text{mm}=364\text{mm}$，取 $L=450\text{mm}$。

轴心压力 $N=1300\text{kN}$ 经四条角焊缝①传给靴梁，取 $h_f=8\text{mm}$，则需角焊缝长度为 $l_w=1300\times10^3\div(4\times0.7\times8\times160)\text{mm}=363\text{mm}<60h_f=480\text{mm}$，取靴梁高 $h_1=380\text{mm}$。

靴梁内力 N 经焊缝②传给底板，考虑到施焊不方便的部分不设受力焊缝，则焊缝长度为 $\sum l_w=2\times[(450-10)+2\times(50-16-5)]\text{mm}=996\text{mm}$，从而，焊缝厚度：$h_f=N/(0.7\sum l_w f_f^w)=1300\times10^3\div(0.7\times996\times160)\text{mm}=11.7\text{mm}$，取 $h_f=12\text{mm}$。

底板受力 $p=N/(BL)=1300\times10^3\div(300\times450)\text{N/mm}^2=10\text{N/mm}^2$。

悬臂板弯矩由式（4-94）计算为

$$M_1=pc^2/2=10\times60^2\div2\text{N}\cdot\text{mm/mm}=18000\text{N}\cdot\text{mm/mm}$$

三边支承板弯矩由式（4-95）求得，因为 $a_1=160\text{mm}$，$b=(50-16)\text{mm}=34\text{mm}$，$b/a_1=0.213<0.3$，按悬臂长 34mm 的悬壁板计算。$M_2=pc^2/2=10\times34^2\div2\text{N}\cdot\text{mm/mm}=5780\text{N}\cdot\text{mm/mm}$

四边支承板（图 4-62 中的柱截面范围内的板），因 $350\div72=4.861$，查表 4-11 得 $\alpha=0.125$，由式（4-96）

$$M_3=\alpha pa^2=0.125\times10\times72^2\text{N}\cdot\text{mm/mm}=6480\text{N}\cdot\text{mm/mm}$$

上述计算可见 $M_{max}=M_1=18000\text{N}\cdot\text{mm/mm}$，由式（4-97）可求底板厚度

$\delta=\sqrt{6M_{max}/f}=\sqrt{6\times18000\div205}\text{mm}=22.9\text{mm}$ 取 $\delta=24\text{mm}$

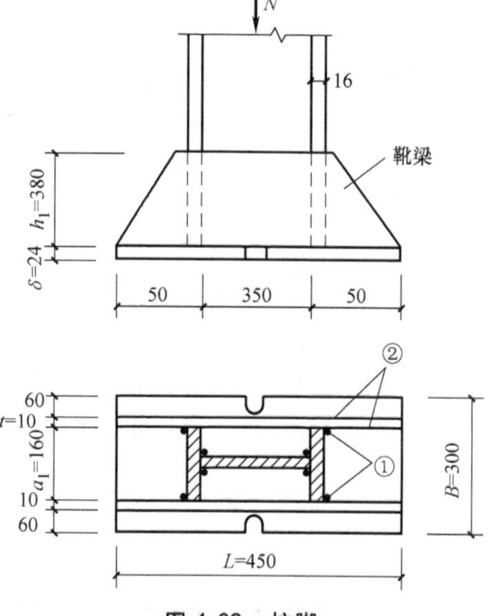

图 4-62 柱脚

靴梁强度验算，按双悬伸梁考虑，悬伸部分长 50mm，每块靴梁板所受荷载 $\bar{p}=p(B/2)=10\times(300\div2)\text{N/mm}=1500\text{N/mm}$，剪力 $V=50\bar{p}=50\times1500\text{N}=75\times10^3\text{N}$，弯矩 $M=1.5\times50^2/2\text{kN}\cdot\text{m}=18.75\times10^2\text{kN}\cdot\text{mm}$，从而

$$\sigma=M/W=18.75\times10^5\div(10\times380^2\div6)\text{N/mm}^2=8\text{N/mm}^2\leqslant f=215\text{N/mm}^2$$

$$\tau=1.5V/(h_1t)=1.5\times75\times10^3\div(380\times10)\text{N/mm}^2=30\text{N/mm}^2\leqslant f_v=125\text{N/mm}^2$$

可见，靴梁尺寸取决于焊缝的构造要求。

4.7 实腹式轴心压杆的扭转屈曲（torsional buckling）

对抗扭刚度很差的双轴对称截面轴心压杆，如十字形截面杆等，有可能在作用力未达到欧拉力之前，杆产生微小扭转变形而屈曲。

如图 4-63a 所示，双轴对称工字形截面轴心压杆上下端均为**夹支铰接端**，即杆端截面只能自由翘曲，却不能绕截面剪心纵轴 z 旋转。设杆产生扭转屈曲时，在距杆端 z 处的任意截面对 z 轴的扭转角为 φ（图 4-63b）。

为了建立扭转屈曲时任意截面的扭矩平衡方程，取出一段长度为 dz 的微元体，该微元体两端所在截面的相对扭转角为 dφ，如图 4-63c 所示。离剪心 S 距离为 ρ 的任一点 D 转动至 D' 点，$DD'=\rho\varphi$，微元体上的纤维 DE 在扭转后位移到 $D'E'$。DE 在截面上的相对位移 $D'F=\rho\text{d}\varphi$，

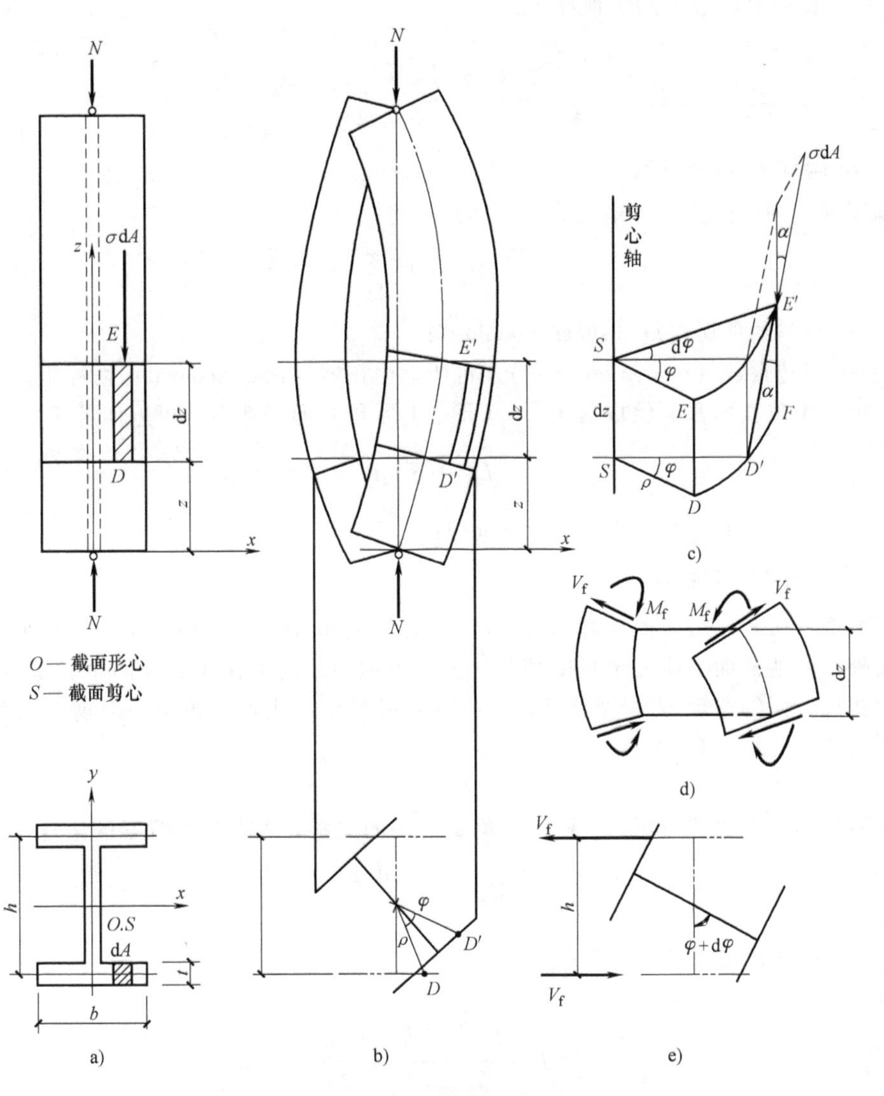

图 4-63　双轴对称工字形截面轴心压杆的扭转屈曲

该纤维倾斜以后的倾角为 α（图 4-63c），因相对转角 $\mathrm{d}\varphi$ 很微小，故 α 为

$$\alpha=\frac{D'F}{\mathrm{d}z}=\rho\frac{\mathrm{d}\varphi}{\mathrm{d}z} \tag{a}$$

4.7.1　外力 N 对扭转变形杆的任意截面的作用扭矩 M_{T1}

维修 DE 上端作用的压力为 $\sigma\mathrm{d}A=\dfrac{N}{A}\mathrm{d}A$（图 4-63a）。纤维倾斜后，在截面内产生分力 $\sigma\mathrm{d}A\alpha=\sigma\mathrm{d}A\cdot\rho\dfrac{\mathrm{d}\varphi}{\mathrm{d}z}$，这个分力对剪心 S 形成逆时针旋转的扭矩（图 4-63c）

$$dM_{T1}=\sigma\mathrm{d}A\alpha\cdot\rho=\sigma\rho^2\frac{\mathrm{d}\varphi}{\mathrm{d}z}\mathrm{d}A \tag{b}$$

从而，可得外力作用在整个截面上的扭矩

$$M_{T1}=\sigma\frac{\mathrm{d}\varphi}{\mathrm{d}z}\int_A\rho^2\mathrm{d}A=\sigma\frac{\mathrm{d}\varphi}{\mathrm{d}z}I_\rho=\sigma A\frac{I_\rho}{A}\frac{\mathrm{d}\varphi}{\mathrm{d}z}=Ni_0^2\frac{\mathrm{d}\varphi}{\mathrm{d}z} \tag{4-98}$$

式中 I_ρ——截面对剪心 S 的极惯性矩；

i_0——极回转半径，$i_0^2=\dfrac{\int_A \rho^2 \mathrm{d}A}{A}=\dfrac{I_x+I_y}{A}$。

4.7.2 自由扭转力矩 M_s

非圆截面杆的自由扭转力矩由式（5-16）可得

$$M_s=GI_t\frac{\mathrm{d}\varphi}{\mathrm{d}z} \tag{4-99}$$

式中 G——材料的剪切模量（shear modulus）；

I_t——扭转常数（torsion constant），也叫自由扭转（free torsional）惯性矩。

对于由 n 个狭长形截面组成的工形、⊏形、T 形和 L 形等截面，可近似等于

$$I_t=\frac{1}{3}\sum b_i t_i^3 \tag{4-100}$$

式中 b_i 和 t_i——各组成部分截面的宽度和厚度。

4.7.3 约束扭转力矩 M_w

非圆截面杆扭转以后，截面都趋向于产生如图 4-63b 所示的翘曲（warp）变形。但是，除杆端截面外，其他截面不能完全自由翘曲。但由于翘曲的约束作用，在两个翼缘（flange）内就会产生相反方向的弯矩 M_f 和剪力 V_f，如图 4-63d 所示。由此，可得一对剪力对剪心 S 形成的约束扭转力矩（图 4-63e）

$$M_w=V_f h$$

关于截面的约束扭转力矩 M_w 和扭转角 φ 之间的关系，可在第 5 章梁的扭转一节中找到。

$$M_w=-EI_w\frac{\mathrm{d}^3\varphi}{\mathrm{d}z^3} \tag{4-101}$$

式中 I_w——翘曲常数，也称扇性惯性矩。

对双轴对称工字形截面

$$I_w=\frac{I_1 h^2}{2}=\frac{I_y h^2}{4}=\frac{tb^3h^2}{24} \tag{4-102}$$

式中 I_1——一个翼缘截面对 y 轴的惯性矩，即 $I_1=\dfrac{I_y}{2}$。

4.7.4 杆扭转后扭转力矩的平衡方程

$$M_{T1}=M_s+M_w \tag{4-103}$$

把式（4-98）、式（4-99）和式（4-101）代入式（4-103）得

$$EI_w\varphi''-(GI_t-Ni_0^2)\varphi'=0 \tag{4-104}$$

根据两端夹支铰接杆的端部边界条件 $\varphi(0)=\varphi(l)=0$（没有扭转角）和 $\varphi''(0)=\varphi''(l)=0$（可以自由翘曲）。解方程式（4-104）可得扭转屈曲临界力

$$N_w=\left(\frac{\pi^2 EI_w}{l^2}+GI_t\right)\Big/ i_0^2 \tag{4-105}$$

对于两端非铰接的轴心压杆，式（4-105）中的 l 应是扭转屈曲计算长度 l_{0w}。

对双轴对称的工字形截面轴心压杆，弯曲屈曲的临界力一般小于扭转屈曲的临界力，一般不会发生扭转屈曲。但对十字形截面轴心压杆，由于 $I_w=0$，式（4-105）成为

$$N_{\mathrm{w}}=\frac{GI_{\mathrm{t}}}{i_0^2} \tag{4-106}$$

此时扭转屈曲临界力与杆的长细比无关，因此，当板件的宽厚比较大，而杆的长细比又较小时，N_{w} 将小于 N_y（N_y 为杆绕截面弱轴 y 的弯曲屈曲临界力），杆多半在弹塑性阶段发生扭转屈曲。

［例 4-8］ 已知某两端夹支铰接轴心压杆（图 4-64），钢材采用 Q235。试计算 AB 杆的弹性弯曲屈曲应力和扭转屈曲应力。

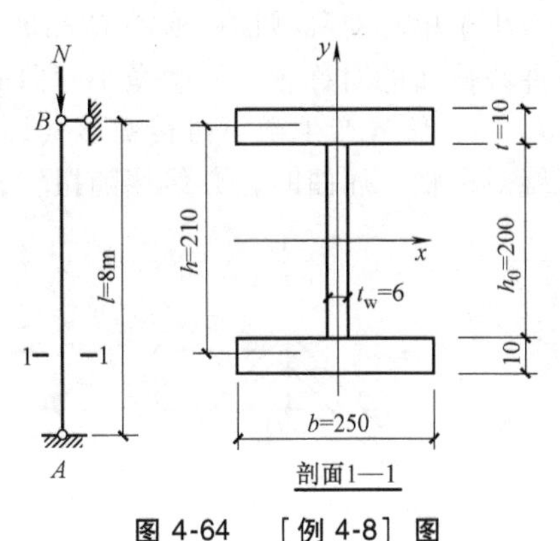

图 4-64　［例 4-8］图

［解］ 1）截面几何特性。

$$A=2\times(25\times1)\mathrm{cm}^2+20\times0.6\mathrm{cm}^2=62\mathrm{cm}^2$$

$$I_x=\frac{25\times22^3-24.4\times20^3}{12}\mathrm{cm}^4=5916.7\mathrm{cm}^4$$

$$I_y=2\times\left(\frac{1}{12}\times1\times25^3\right)\mathrm{cm}^4=2604\mathrm{cm}^4$$

$$i_y=\sqrt{I_y/A}=6.48\mathrm{cm}$$

$$i_0^2=(I_x+I_y)/A=137.43\mathrm{cm}^2$$

式（4-100）$I_{\mathrm{t}}=\dfrac{1}{3}\times(2\times25\times1^3+20\times0.6^3)\mathrm{cm}^4=18.11\mathrm{cm}^4$

式（4-102）$I_{\mathrm{w}}=(1\times25^3\times21^2)\div24\mathrm{cm}^6=287109.4\mathrm{cm}^6$

2）屈曲应力。

弯曲屈曲应力

$$\sigma_{\mathrm{cr},y}=\frac{N_y}{A}=\frac{\pi^2EI_y}{l_{0y}^2A}=\frac{\pi^2\times206\times10^3\times2604\times10^4}{8000^2\times62\times10^2}\mathrm{N/mm^2}=133.4\mathrm{N/mm^2}$$

扭转屈曲应力

$$\sigma_{\mathrm{cr,w}}=\frac{N_{\mathrm{w}}}{A}=\left(\frac{\pi^2EI_{\mathrm{w}}}{l_{0\mathrm{w}}^2}+GI_{\mathrm{t}}\right)\Big/(I_x+I_y)$$

$$=\frac{\pi^2\times206\times10^3\times287109.4\times10^6\div8000^2+79\times10^3\times18.11\times10^4}{(5916.7+2604)\times10^4}\mathrm{N/mm^2}$$

$$=\frac{912083+1430690}{5916.7+2604}\mathrm{N/mm^2}=275\mathrm{N/mm^2}>\sigma_{\mathrm{cr},y}=133.4\mathrm{N/mm^2}$$

3）讨论。

① 上述计算结果 $\sigma_{\mathrm{cr,w}}>\sigma_{\mathrm{cr},y}$，说明杆是以弹性弯曲屈曲控制，因为此时 $\lambda_y=l_{0y}/i_y=8\times10^2\div6.48=123$（杆很长细）。

② 若 $l=3\mathrm{m}$ 时，$\lambda_y=3\times10^2\div6.48=46.3$（杆粗短）。

$$\sigma_{\mathrm{cr},y}=\frac{\pi^2E}{\lambda_y^2}=\frac{\pi^2\times206\times10^3}{46.3^2}\mathrm{N/mm^2}=948.4\mathrm{N/mm^2}$$

$$\sigma_{\mathrm{cr,w}}=\frac{648524+1430690}{8520.7}\mathrm{N/mm^2}=929.1\mathrm{N/mm^2}<\sigma_{\mathrm{cr},y}=948.4\mathrm{N/mm^2}$$

且 $\sigma_{\mathrm{cr,w}}/\sigma_{\mathrm{cr},y}=929.1\div948.4=0.980$，相差 2%。

③ 粗短杆时，$\sigma_{\mathrm{cr,w}}$ 比 $\sigma_{\mathrm{cr},y}$ 略小。若考虑到粗短杆的弹塑性性质，弹性模量 E 需要折减及残余应力和初弯曲对弯曲屈曲的影响比对扭转屈曲大，因此，一般来说，双轴对称工字形

截面轴心压杆不会发生扭转屈曲。但美国哈特福德市一体育馆网架屋盖（91.44m×109.73m），由于采用了四个等肢角钢组成的十字形截面，在1978年1月18日的风雪之夜，发生了压杆扭转屈曲失稳，瞬间倒塌。

4.8 实腹式轴心压杆的弯扭屈曲（torsional-flexural buckling）

由于单轴对称截面的形心 O 和剪心 S 不重合（图4-65），它们之间的距离为 a。因此，当杆件绕截面的对称轴 y 发生微小弯曲时（图4-66），因杆件倾斜产生的剪力 V 会对剪心 S 形成扭矩 Va，使杆产生微小扭转变形（即截面顺时针转向，图4-66c），所以单轴对称截面轴心压杆绕对称轴 y 屈曲时，必然伴随扭转，从而产生弯扭屈曲。

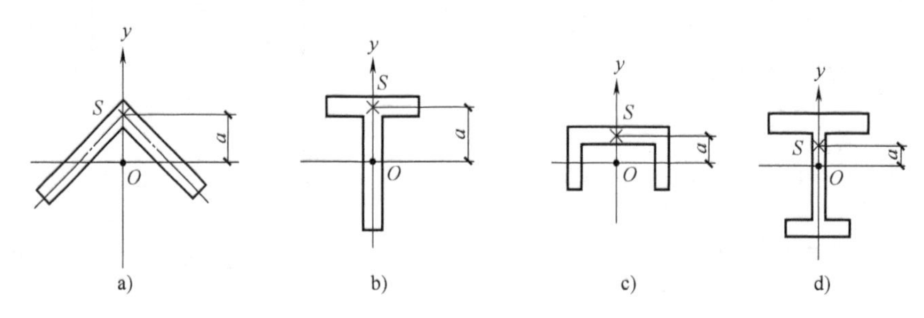

图4-65 形心剪心不重合

杆在弯曲的同时还出现扭转的平衡方程，可在杆的扭矩方程式（4-103）的基础上建立。

设 z 截面处剪心 S 在 xz 平面内的位移为 u（图4-66b、c），则外力的弯矩为 $M_y=Nu$，相应的剪力 $V=\dfrac{\mathrm{d}M_y}{\mathrm{d}z}=N\dfrac{\mathrm{d}u}{\mathrm{d}z}$，它作用在截面形心 O 上，对剪心产生与扭转角 φ 方向相同的顺时针扭矩 $M_{T2}=N\dfrac{\mathrm{d}u}{\mathrm{d}z}a$，从而式（4-103）变成

$$M_{T1}+M_{T2}=M_{\mathrm{s}}+M_{\mathrm{w}}$$

即

$$EI_{\mathrm{w}}\varphi'''-(GI_{\mathrm{t}}-Ni_0^2)\varphi'+Nau'=0 \tag{4-107}$$

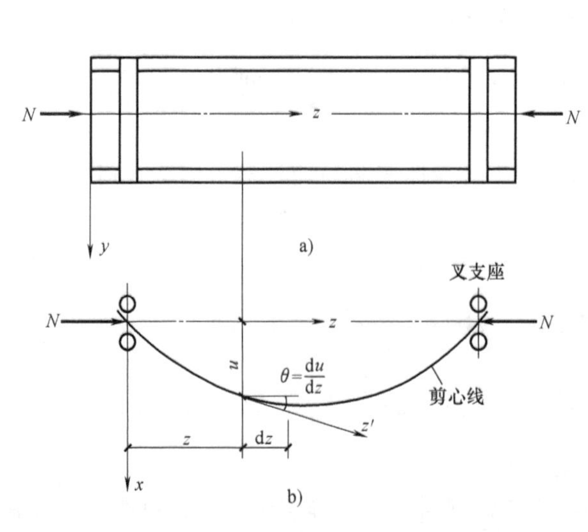

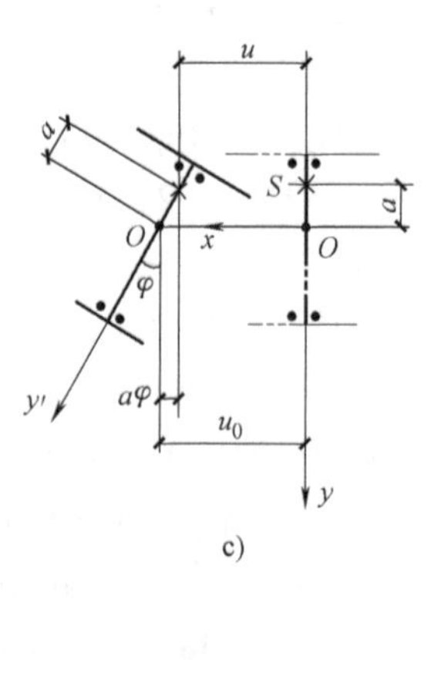

图4-66 单轴对称截面的弯扭屈曲

式（4-107）中有扭转角 φ 和侧移 u 两个未知数，为此还要建立另一个与 φ 和 u 有关的平衡方程——杆对 y 轴的弯曲平衡方程

$$EI_y u''+Nu_0=0 \tag{4-108}$$

式中　u_0——形心 O 的侧向位移（图 4-66c）$u_0=u+a\varphi$。

为了使式（4-107）和式（4-108）适应不同的边界条件，则

$$EI_{\mathrm{w}}\varphi^{(4)}-(GI_{\mathrm{t}}-Ni_0^2)\varphi''+Nau''=0 \tag{4-109}$$

$$EI_y u^{(4)}+Nu''+Na\varphi''=0 \tag{4-110}$$

对于两端铰接的杆，变形 u 和 φ 是按正弦曲线的一个半波变化的，弯扭屈曲的临界力 N_{cr} 可由式（4-111）得知，

$$(N_y-N_{\mathrm{cr}})(N_{\mathrm{w}}-N_{\mathrm{cr}})-(a/i_0)^2N_{\mathrm{cr}}^2=0 \tag{4-111}$$

式中　$N_y=\pi^2EI_y/l_{0y}^2$——对 y 轴的弯曲屈曲临界力的计算值；

N_{w}——扭转屈曲临界力的计算值，由式（4-105）计算；

i_0——极回转半径，由式（4-112）计算。

$$i_0^2=a^2+(I_x+I_y)/A \tag{4-112}$$

由式（4-111）可见，对双轴对称截面，$a=0$（即截面的形心 O 和剪心 S 重合），可得 $N_{\mathrm{cr}}=N_y$ 或 $N_{\mathrm{cr}}=N_{\mathrm{w}}$，取较小值；对单轴对称截面，因 $a\neq0$，N_{cr} 比 N_y 或 N_{w} 都小，a/i_0 越大，它们之间的差别也越大。

由于实际压杆存在残余应力 σ_{r} 和初弯曲 v_0 的影响，杆可能在弹塑性阶段屈曲。考虑弹塑性性能的一种近似计算方法：根据等效原则，把由式（4-111）得到的弯扭屈曲应力 $\sigma_{\mathrm{cr}}=N_{\mathrm{cr}}/A$，视为长细比为 λ_{0y} 的轴心压杆弯曲屈曲时的欧拉应力，这里的 λ_{0y} 称为**换算长细比**，为

$$\lambda_{0y}=\pi\sqrt{E/\sigma_{\mathrm{cr}}} \tag{4-113}$$

由 λ_{0y} 查附录 4 可得 φ，以确定这种杆的弯扭屈曲承载力。

[例 4-9]　已知两端夹支铰接轴心压杆（图 4-67），钢材采用 Q235。试计算 AB 杆的弯扭屈曲临界力。

[解]　$l_{0x}=l_{0y}=l_{0\mathrm{w}}=l=250\mathrm{cm}$

1）截面几何特性。

$A=2\times(12\times0.8)\mathrm{cm}^2=19.2\mathrm{cm}^2$

$a=\dfrac{12\times0.8\times(6+0.4)}{19.2}\mathrm{cm}=3.2\mathrm{cm}$

$I_x=(12\times3.6^3-11.2\times2.8^3+0.8\times9.2^3)\div3\mathrm{cm}^4=312.32\mathrm{cm}^4$

$i_x=\sqrt{I_x/A}\,\mathrm{cm}=4.03\mathrm{cm}$

$\lambda_x=l_{0x}/i_x=62$

$I_y=0.8\times12^3\div12\mathrm{cm}^4=115.2\mathrm{cm}^4$

$i_y=\sqrt{I_y/A}=2.45\mathrm{cm}$

$\lambda_y=l_{0y}/i_y=102$

$I_{\mathrm{t}}=2\times\dfrac{1}{3}\times12\times0.8^3\mathrm{cm}^4=4.1\mathrm{cm}^4$，

$I_{\mathrm{w}}=0$

$i_0^2=a^2+(I_x+I_y)/A=3.2^2\mathrm{cm}^2+(312.32+115.2)\div19.2\mathrm{cm}^2=32.5\mathrm{cm}^2$

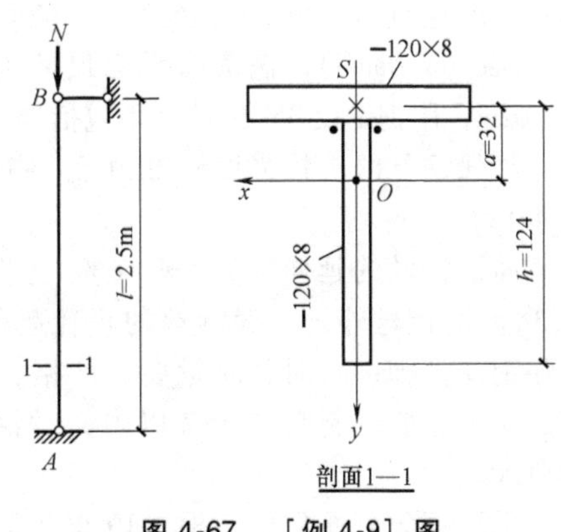

图 4-67　[例 4-9] 图

2）计算 N_y 和 N_{w}（因 EI_x 明显高于 EI_y，故不计算 N_x）。

$N_y=\pi^2EI_y/l_{0y}^2=\pi^2\times206\times115.2\times10^4\div2500^2\text{kN}=374.7\text{kN}$

$N_w=GI_t/i_0^2=79\times4.1\times10^4\div3250\text{kN}=996.6\text{kN}$

3）由式（4-111）计算弯扭屈曲临界力 N_{cr}，

$$(374.7-N_{cr})(996.6-N_{cr})-\left(\frac{3.2^2}{32.5}\right)N_{cr}^2=0$$

可得 $N_{cr}=325.1\text{kN}<N_y=374.7\text{kN}$，两者之比$\dfrac{325.1}{374.7}=0.868$，相差 13.2%。

4）讨论。

$\sigma_{cr}=\dfrac{N_{cr}}{A}=\dfrac{325.1\times10^3}{19.2\times10^2}\text{N/mm}^2=169.3\text{N/mm}^2$，这相当于稳定系数

$$\varphi=\sigma_{cr}/f_y=169.3\div235=0.72$$

而按规范的方法，由 $\lambda_y=102$，按照 c 类截面由附表 4-3 查得稳定系数 $\varphi=0.454$。可见按规范采用的方法所算得的弯扭屈曲承载力是偏于安全的。

4.9 钢索计算简介

4.9.1 柔性单索

1. 索的力学性能

索常采用冷拔高强钢丝组成的柔性索（钢丝束和钢绞线）。由于柔性不抗弯，只能承受拉力，属于轴心受拉构件。以钢索为主要受力构件形成的结构称为索结构。索结构通过索的轴向拉伸来抵抗外力作用，可以充分利用材料的强度，减轻结构自重，跨越很大的跨度，是目前大跨度空间屋盖结构和大跨度索桥结构科技含量最高的结构形式。图 4-68 所示为世界最大跨度的准张拉整体体系，即连续拉、间断压体系——美国乔治亚穹顶（Georgia Dome），椭圆形平面尺寸为 240.79m×192.02m，用钢量仅 35kg/m²（不包括外环用钢）。

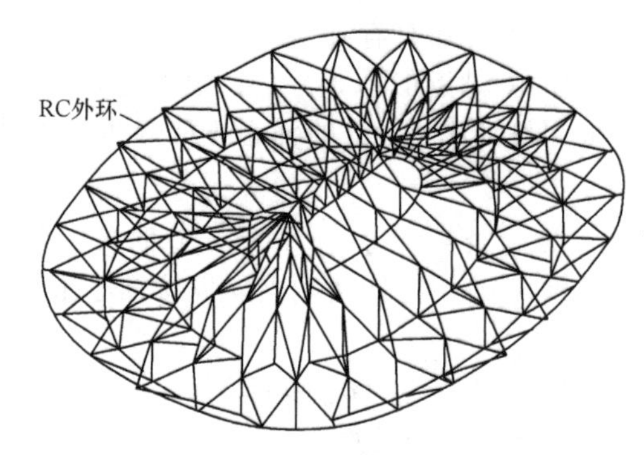

图 4-68 美国乔治亚穹顶（Georgia Dome）
（1996 年第 26 届奥运会主场馆）

高强钢丝的抗拉强度标准值 $f_{ptk}=1470\sim1860\text{N/mm}^2$，设计值 $f_{py}=0.85f_{ptk}/\gamma_R$（$f_{ptk}$ 取值见表 4-12）。

高强钢丝的延伸率为 5%~6%。国内生产的冷拔高强钢丝直径有 3~9mm 7 种规格，除直径 3mm 的钢丝外，一般钢丝的直径越细，强度越高，常用的钢丝直径为 4mm 和 5mm。由于高强钢丝很细，故对其质量要求严格，不但要限制硫、磷杂质含量小于 0.035%，而且对铬、镍的含量也要控制在 0.25%以内。对钢丝的外观质量如直径公差、伤痕、锈蚀等缺陷均有严格要求。

平行钢丝束通常由 7 根、19 根、37 根或 61 根直径为 4mm 或 5mm 的钢丝组成，其截面如图 4-69a、b 所示。平行钢丝束的钢丝相互平行，它们受力均匀，能充分发挥高强钢丝材料的轴向抗拉强度，弹性模量也与单根钢丝相接近。

钢绞线一般由 7 根钢丝捻成，一根在中心，其余六根在外层同一方向缠绕，标记为（1×7），如图 4-69a 所示。我国部分厂家还生产由 2 根、3 根钢丝捻成的钢绞线，标记为（1×2）、（1×3）；也有多根钢丝如 19 根、37 根等捻成的钢绞线，分别由三层、四层钢丝组成，标记为（1×19）、（1×37）。国外常用多根钢丝捻成的钢绞线，其外层的钢丝截面有时还采用梯形、S 形等变形截

面，如图 4-69d 所示。国内常用（1×7）钢绞线，或多根（1×7）钢绞线平行组成的钢绞线束，如图 4-69c 所示。

钢绞线受拉时，中央钢丝受力最大，外层钢丝的应力与其捻角大小有关。经测定，其外层钢丝应力大致与捻角 α 余弦的平方（$\cos^2\alpha$）成正比。由于各钢丝之间受力不均匀，钢绞线的抗拉强度要比单根钢丝降低 10%～20%，相应地其弹性模量也有所降低。拉断试验表明，钢绞线的抗拉强度与捻角之间也大致保持 $\cos^2\alpha$ 的关系。另外对于由镀锌钢丝组成的钢索，计算截面面积时包括了镀锌层在内，因此它的强度及弹性模量比不镀锌的低。常用钢绞线的力学性能指标列于表 4-12。

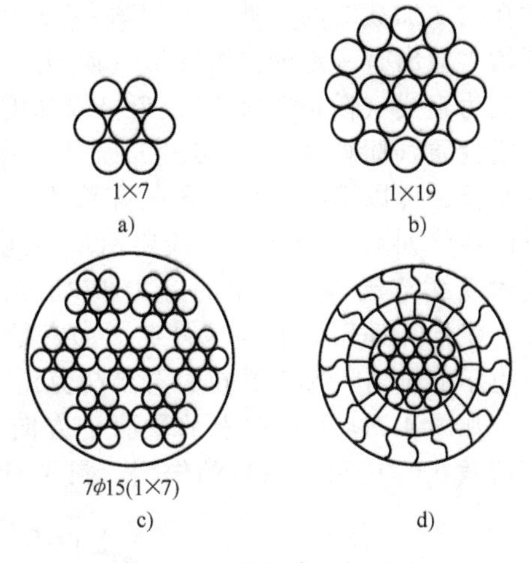

图 4-69　钢丝束、钢绞线

表 4-12　预应力钢筋的强度标准值和设计值　　（单位：N/mm^2）

种类		符号	f_{ptk}	f_{py}	f'_{py}
钢绞线	1×3	ϕS	1860	1320	390
			1720	1220	
			1570	1110	
	1×7		1860	1320	390
			1720	1220	
消除应力钢丝	光面 螺旋肋	ϕP ϕH	1770	1250	410
			1670	1180	
			1570	1110	
	刻痕	ϕI	1570	1110	
热处理钢筋	40Si2Mn	ϕH ϕT	1470	1040	400
	48Si2Mn				
	45Si2Cr				

注：当预应力钢绞线、钢丝的强度标准值不符合表 4-12 的规定时，其强度设计值应进行换算。

由于钢索是由直径较小的高强钢丝组成，任何因素引起的截面损伤、削弱都是索结构的不安全因素，因此为了保证钢索的长期使用，必须做好钢索的防护。钢索防护有以下几种做法：①黄油裹布；②多层塑料涂层，该涂层材料浸以玻璃加筋的丙烯树脂；③多层液体氯丁橡胶，并在表面覆以油漆；④塑料套管内灌液体的氯丁橡胶。可根据钢索的使用环境和具体施工条件选用。我国的一些体育馆悬索屋盖，大多数露于室内的钢索都采用了黄油裹布的做法，即在编好的钢索外表涂满黄油一道，用布条或麻布条缠绕包裹进行封闭。涂油、裹布应重复 2～3 道，每道包布的缠绕方法与前一道相反。此法简单易行，价格较便宜。暴露于室外的钢索则易采用钢索外加套管内灌液体氯丁橡胶的做法。

不论采用哪种钢索防护做法，在钢索防护前均应注意认真做好除污、除锈，这是钢索防护施工中的首要工序，其目的是使钢索表面达到一定的清洁度，以利于防护涂层的附着和提高防护寿命。根据研究结果表明，影响钢索防护质量的各种因素中，表面处理占 49.5%～60%，因此当钢丝或钢绞线进入施工现场后首先应注意现场保护不使其锈蚀，未镀锌的钢丝或钢绞线应先涂一道红丹底漆。在做保护层前，若遇有钢丝或钢绞线已锈蚀时，应注意彻底清除浮锈，锈蚀严重时则应根据具体情况降低标准使用或不用。

2. 索的平衡方程

由于索的截面尺寸与索长相比很小，计算中不考虑索截面的抗弯刚度。但在某些连接点处，索可能有转折而产生较大的局部弯曲应力，此时应采取正确的节点构造措施。另外，钢索在初次加载时的拉伸图形如图 4-70 中的实线所示。曲线在开始时显出有一定的松弛变形（阶段 1），随后的主要部分基本上为直线（阶段 2），当接近极限强度时，才显示出明显的曲线性质（阶段 3）。在实际工程中，钢索在使用前均需进行预张拉，可以消除初始阶段的非弹性变形。这样，钢索的变形曲线将如图 4-70 中的虚线所示。因此，在实际工程应用的钢索受载范围内，钢索的应力-应变曲线符合线性关系。从而，索计算采用 2 个基本假定：①索是理想柔性的，不能受压也不能抗弯；②索受拉时符合胡克定律。

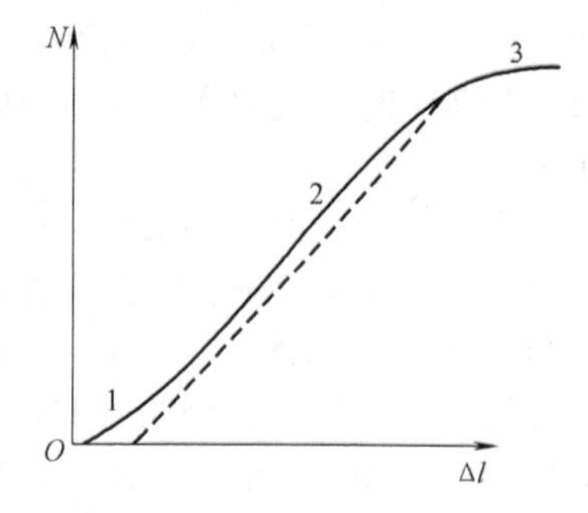

图 4-70　高强钢索的拉伸曲线

如图 4-71a 所示钢索承受两个方向单位长度上的任意分布荷载 $q_z(x)$ 和 $q_x(x)$ 的作用。图 4-71b 为索微分单元上的外力和内力，可得张力平衡条件

$$\sum x=0 \qquad H+\frac{\mathrm{d}H}{\mathrm{d}x}\mathrm{d}x-H+q_x\mathrm{d}x=0$$

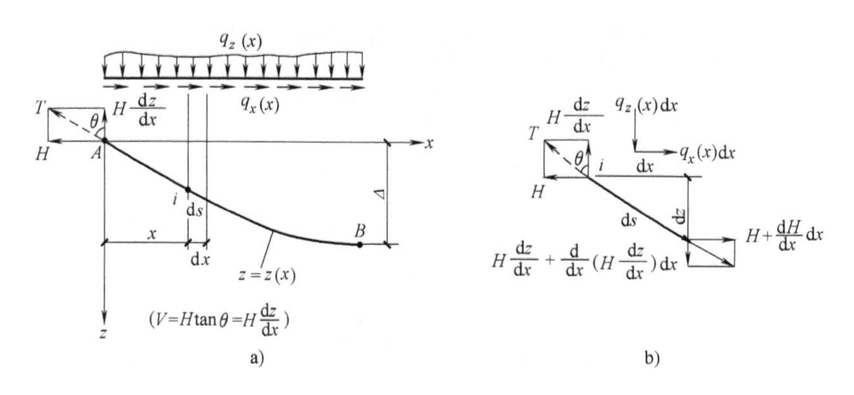

图 4-71　$q_z(x)$、$q_x(x)$ 作用下索和索单元

a）索的荷载　b）索微分单元及所作用的外力和内力

即
$$\frac{\mathrm{d}H}{\mathrm{d}x}+q_x(x)=0 \tag{4-114a}$$

$$\sum z=0 \qquad H\frac{\mathrm{d}z}{\mathrm{d}x}+\frac{\mathrm{d}}{\mathrm{d}x}\left(H\frac{\mathrm{d}z}{\mathrm{d}x}\right)\mathrm{d}x-H\frac{\mathrm{d}z}{\mathrm{d}x}+q_z\mathrm{d}x=0$$

即
$$\frac{\mathrm{d}}{\mathrm{d}x}\left(H\frac{\mathrm{d}z}{\mathrm{d}x}\right)+q_z(x)=0 \tag{4-114b}$$

式（4-114a）和式（4-114b）就是单索的基本微分方程。在实际工程中，往往 $q_x(x)=0$，由式（4-114a）可得 $\mathrm{d}H=0$，即索张力的水平分量 H 为常数。

式（4-114b）的物理意义：索曲线在 i 点的二阶导数$\frac{\mathrm{d}^2z}{\mathrm{d}x^2}$（小挠度理论时的曲率）与作用在该点的竖向荷载的集度成正比。

1）当荷载 $q_z(x)$ 沿跨度均布，即 $q_z(x)=q$（常数）时，如图 4-72 所示，由式（4-114b）知

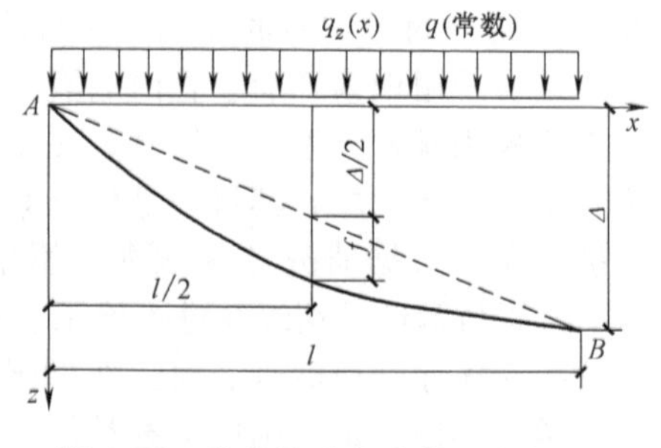

图 4-72　荷载沿跨度均布 $q_z(x)=q_z$

$$\frac{\mathrm{d}^2z}{\mathrm{d}x^2}=-\frac{q}{H}$$

积分两次

$$z=-\frac{q}{2H}x^2+C_1x+C_2 \tag{a}$$

此时为一条抛物线。代入边界条件 $x=0$ 时，$z=0$ 和 $x=l$ 时，$z=\Delta$。可得积分常数

$$C_1=\frac{\Delta}{l}+\frac{ql}{2H}\quad C_2=0$$

得

$$z=\frac{q}{2H}x(l-x)+\frac{\Delta}{l}x \tag{4-115}$$

由于 H 是未知的，说明式（4-115）代表的是一族不同垂度的抛物线，还必须补充一个条件才能完全确定抛物线的形状。现将 $x=l/2$ 时，$z=\Delta/2+f$ 代入式（4-115），即可求得

$$H=\frac{ql^2}{8f} \tag{4-116}$$

回代式（4-115）得

$$z=\frac{4fx(l-x)}{l^2}+\frac{\Delta}{l}x\quad（抛物线） \tag{4-117a}$$

式（4-117a）右侧的第二项代表支座连线 AB 的坐标，因此，第一项就代表以 AB 为基线的索曲线坐标。当支座坐标等高，$\Delta=0$ 时知

$$z=\frac{4fx(l-x)}{l^2} \tag{4-117b}$$

由图 4-71b 知

$$T^2=H^2+\left(H\frac{\mathrm{d}z}{\mathrm{d}x}\right)^2$$

可得

$$T=H\sqrt{1+\left(\frac{\mathrm{d}z}{\mathrm{d}x}\right)^2} \tag{4-118}$$

对式（4-117b）求导，得曲线斜率为

$$\frac{\mathrm{d}z}{\mathrm{d}x}=\frac{4f}{l}\left(1-\frac{2x}{l}\right)\bigg|_{x=0(A点)} \tag{b}$$

$$=\frac{4f}{l} \tag{c}$$

将式（c）代入式（4-118），可得最大值（支座点）

$$\left(\frac{T}{H}\right)_{\max}=\sqrt{1+16\frac{f^2}{l^2}}$$

将式（b）代入式（4-118），可得平均值

$$\left(\frac{T}{H}\right)_{\mathrm{mean}}=\frac{1}{l}\int_0^l\sqrt{1+\left(\frac{\mathrm{d}z}{\mathrm{d}x}\right)^2}\,\mathrm{d}x=\frac{1}{l}\int_0^l\sqrt{1+\frac{16f^2}{l^2}\left(1-\frac{2x}{l}\right)^2}\,\mathrm{d}x$$

f/l 与 $(T/H)_{\max}$、$(T/H)_{\mathrm{mean}}$ 的对应关系见表 4-13。

表 4-13　f/l 与 $(T/H)_{\max}$、$(T/H)_{\mathrm{mean}}$ 的对应关系

f/l	$(T/H)_{\max}$	$(T/H)_{\mathrm{mean}}$
0.05	1.0189	1.0066
0.10	1.0770	1.0260
0.15	1.1662	1.0571
0.20	1.2806	1.0983

2）当荷载沿索长均布时（图 4-73a）。

由图 4-73b 所示 $q\mathrm{d}s=q_z(x)\mathrm{d}x$，可得 $q_z(x)=q\dfrac{\mathrm{d}s}{\mathrm{d}x}=q\sqrt{1+\left(\dfrac{\mathrm{d}z}{\mathrm{d}x}\right)^2}$，代入式(4-114b)

$$H\frac{\mathrm{d}^2z}{\mathrm{d}x^2}+q\sqrt{1+\left(\frac{\mathrm{d}z}{\mathrm{d}x}\right)^2}=0 \tag{4-119}$$

求解可得满足图 4-73 边界条件的解

$$z=\frac{H}{q}\left[\cosh\alpha-\cosh\left(\frac{2\beta x}{l}-\alpha\right)\right] \tag{4-120a}$$

式中
$$\alpha=\sinh^{-1}\left[\frac{\beta(\Delta/l)}{\sinh\beta}\right]+\beta$$

$$\beta=\frac{ql}{2H}$$

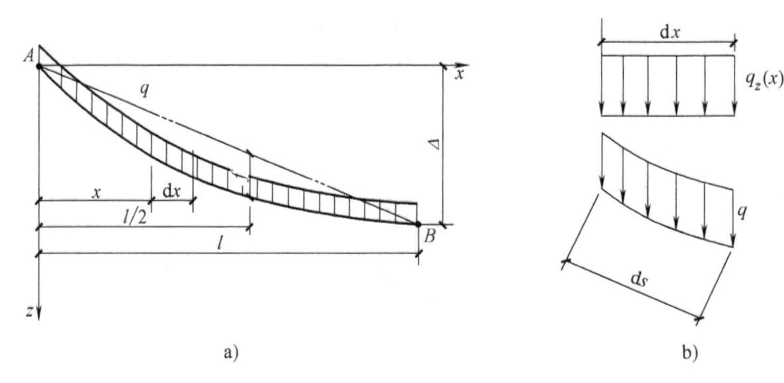

图 4-73　荷载 q 沿索长均布

式（4-120a）代表的是一族悬链线。与抛物线的情形相同，只要给定曲线上任一点的坐标值（如跨中垂度 f），整条曲线即可完全确定。

当 $\Delta=0$ 时，$\alpha=\beta=\dfrac{ql}{2H}$，代入式（4-120a）

$$z=\frac{H}{q}\left[\cosh\alpha-\cosh\left(\frac{qx}{H}-\alpha\right)\right] \tag{4-120b}$$

当 $x=l/2$ 时，可得跨中垂度

$$f=\frac{H}{q}(\cosh\alpha-1) \tag{4-121}$$

当给定 f 后，由式（4-121）即可算出 H（注意：α 中包含 H），然后整条曲线就可由式（4-120b）完全确定。

悬链线与抛物线的坐标比较如图 4-74 所示。当二者的垂度 f 相同时，坐标的最大差值 $d_{\max}$ 大约在 $l/5$ 跨度处。当 $f/l=0.3$ 时，$d_{\max}=0.21\%f$。

可见，两条曲线的差异微小。悬链线屋盖中，索都比较平坦，把荷载 q_z 沿水平均布，其结果的误差很小。

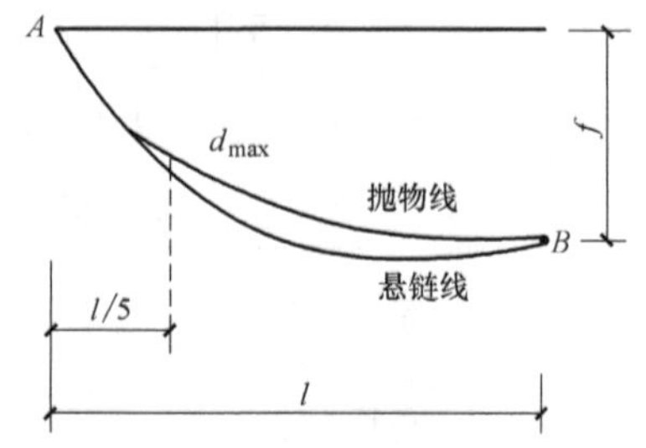

图 4-74　悬链线与抛物线的坐标比较

3）索的长度。

由图 4-71b 索微分单元

$$ds=\sqrt{dx^2+dz^2}=\sqrt{1+\left(\frac{dz}{dx}\right)^2}dx$$

积分得索的长度（图 4-72）

$$s=\int_A^B ds=\int_0^t\sqrt{1+\left(\frac{dz}{dx}\right)^2}dx \tag{4-122a}$$

式中，函数$\sqrt{1+\left(\frac{dz}{dx}\right)^2}$是无理式，积分较复杂。在实际工程中，索垂度不大，$\left(\frac{dz}{dx}\right)^2$与 1 相比是小量。可将$\sqrt{1+\left(\frac{dz}{dx}\right)^2}$按级数展开

$$\sqrt{1+\left(\frac{dz}{dx}\right)^2}=1+\frac{1}{2}\left(\frac{dz}{dx}\right)^2-\frac{1}{8}\left(\frac{dz}{dx}\right)^4+\frac{1}{16}\left(\frac{dz}{dx}\right)^6-\frac{5}{128}\left(\frac{dz}{dx}\right)^8+\cdots$$

取上式前两项或三项，式（4-122a）变成

$$s=\int_0^l\left[1+\frac{1}{2}\left(\frac{dz}{dx}\right)^2\right]dx \tag{4-122b}$$

或

$$s=\int_0^l\left[1+\frac{1}{2}\left(\frac{dz}{dx}\right)^2-\frac{1}{8}\left(\frac{dz}{dx}\right)^4\right]dx \tag{4-122c}$$

[例 4-10]　试分析 A、B 支座等高时的抛物线索的长度。

[解]　对式（4-117a）求导

$$\frac{dz}{dx}=\frac{4f+\Delta}{l}-\frac{8f}{l^2}x \tag{a}$$

并代入式（4-122b）或式（4-122c）

$$s=l\left(1+\frac{\Delta^2}{2l^2}+\frac{8f^2}{3l^2}\right)\Bigg|_{\Delta=0}=l\left(1+\frac{8f^2}{3l^2}\right) \tag{b}$$

或

$$s=l\left(1+\frac{\Delta^2}{2l^2}+\frac{8f^2}{3l^2}-\frac{\Delta^4}{8l^4}-\frac{32f^4}{5l^4}-\frac{4\Delta^2f^2}{l^4}\right)\Bigg|_{\Delta=0}=l\left(1+\frac{8f^2}{3l^2}-\frac{32f^4}{5l^4}\right) \tag{c}$$

如果将式（a）代入式（4-122a），就可得到抛物线索长度 s 的精确表达式。当 $\Delta=0$ 时

$$s=\frac{l}{2}\sqrt{1+\frac{16f^2}{l^2}}+\frac{l^2}{8f}\ln\left(\frac{4f}{l}+\sqrt{1+\frac{16f^2}{l^2}}\right) \tag{d}$$

索长度计算公式式（b）、式（c）和式（d）的比较，见表 4-14。

表 4-14　索长度计算公式的比较

$\frac{f}{l}$	索长 s					索在荷载作用下的伸长量 $\delta=s-l$				
	精确值	按式(b)		按式(c)		精确值	按式(b)		按式(c)	
	式(d)	值	误差	值	误差	按式(d)	值	误差	值	误差
0.05	1.0066l	1.0067l	0.01%	1.0066l	-0.00%	0.0066l	0.0067l	1.00%	0.0066l	-0.00%
0.10	1.0260l	1.0267l	0.07%	1.0260l	-0.00%	0.0260l	0.0267l	2.57%	0.0260l	-0.00%
0.15	1.0571l	1.0600l	0.27%	1.0568l	-0.03%	0.0571l	0.0600l	5.08%	0.0568l	-0.53%
0.20	1.0985l	1.1067l	0.75%	1.0964l	-0.19%	0.0985l	0.1067l	8.32%	0.0964l	-2.13%
0.25	1.1478l	1.1667l	1.65%	1.1417l	-0.53%	0.1478l	0.1667l	12.79%	0.1417l	-4.13%
0.30	1.2043l	1.2400l	2.96%	1.1882l	-1.34%	0.2043l	0.2400l	12.47%	0.1882l	-7.88%

由表 4-14 可见，当 $f/l\leqslant 0.1$ 时（多数实际工程中）用式（b）的二项式；当 $f/l\leqslant 0.2$ 时用式（c）的三项式，都可得到十分满意的精度。

对式（b）微分

$$ds=\frac{16f}{3l}df$$

即

$$df=\frac{3l}{16f}ds \tag{e}$$

索长的变化 ds 可能由于索的拉伸、索的温差、支座位移或索锚固处的滑移等因素引起。由式（e）可见，当垂跨比 f/l 不大时，较小的 ds 变化将引起较显著的 df 变化。如当 $f/l=0.1$ 时，$df=1.875ds$。

4）索的变形协调方程。

前面介绍了柔性单索的曲线方程和索的长度计算，但还不能解决实际工程问题。

现设索的一种初始状态（简称始态，分量用右下角标“0”标记），如初始荷载 q_0、索的初始形状 z_0、相应的初始拉力水平分量 H_0 等。索施加荷载增量 Δq 后，由始态转变到一个新的状态，称为最终状态或荷载状态（简称终态）。从而，终态荷载为 $q=q_0+\Delta q$，终态坐标 $z=z_0+w$（图 4-75），终态内力 $H=H_0+\Delta H$ 等，其中位移 w 和 ΔH 是未知量，需要求解。注意，由于 q 是已知数，z 的形状也就已知，只要知道索曲线某一点的坐标（如索中垂度 f），整条曲线即可确定。同样，索各点的内力也可根据 H 值唯一确定。

索的平衡方程只给出某一特定状态下 q、z、H 三者之间的关系（即平衡关系），而不能考虑状态的变化过程，仅用平衡方程无法解决上面提出的实际问题。从数学角度来看，一个平衡方程无法求解 z（或 w）和 H（或 ΔH）两个未知量。因此，必须在索由始态过渡到终态的过程中，考虑索的变形和位移情况，建立索的变形协调方程。

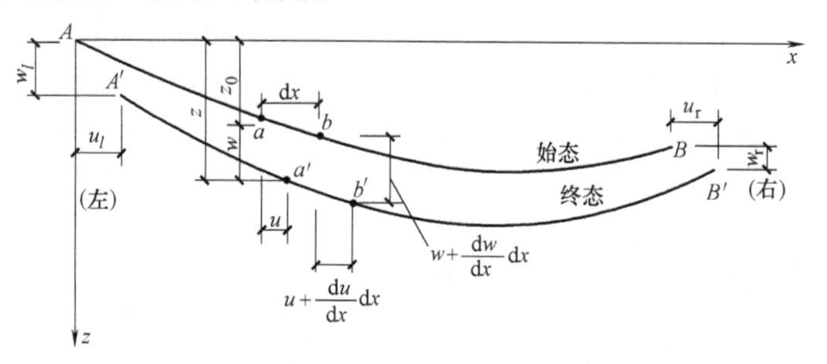

图 4-75　柔性单索的始态与终态

设索由始态过渡到终态时，左、右支座产生的位移为（u_l、w_l）和（u_r，w_r）。同时，假定索在此过程中的温度变化为 Δt。

考察微分单元 ab（图 4-75），长度为

$$ds_0=\sqrt{dx^2+dz_0^2}=\sqrt{1+\left(\frac{dz_0}{dx}\right)^2}\,dx$$

变化后位置 $a'b'$，长度是

$$ds=\sqrt{(dx+du)^2+dz^2}=\sqrt{\left(1+\frac{du}{dx}\right)^2+\left(\frac{dz}{dx}\right)^2}\,dx$$

$$=\sqrt{1+2\frac{du}{dx}+\left(\frac{du}{dx}\right)^2+\left(\frac{dz}{dx}\right)^2}\,dx\approx\sqrt{1+2\frac{du}{dx}+\left(\frac{dz}{dx}\right)^2}\,dx$$

由于 u 与 z 相比是高阶微量，可以略去 $\frac{du}{dx}$ 的二次幂项。

微分单元的伸长 $ds-ds_0=\sqrt{1+2\frac{du}{dx}+\left(\frac{du}{dx}\right)^2}\,dx-\sqrt{1+\left(\frac{dz_0}{dx}\right)^2}\,dx$，展开根号并保留微量的第一项，可得

$$\mathrm{d}s-\mathrm{d}s_0=\left[\frac{\mathrm{d}u}{\mathrm{d}x}+\frac{1}{2}\left(\frac{\mathrm{d}z}{\mathrm{d}x}\right)^2-\frac{1}{2}\left(\frac{\mathrm{d}z_0}{\mathrm{d}x}\right)^2\right]\mathrm{d}x$$

整根索之总伸长

$$\Delta s=\int_l(\mathrm{d}s-\mathrm{d}s_0)=\int_l\left[\frac{\mathrm{d}u}{\mathrm{d}x}+\frac{1}{2}\left(\frac{\mathrm{d}z}{\mathrm{d}x}\right)^2-\frac{1}{2}\left(\frac{\mathrm{d}z_0}{\mathrm{d}x}\right)^2\right]\mathrm{d}x$$

$$=u_{\mathrm{r}}-u_l+\frac{1}{2}\int_l\left[\left(\frac{\mathrm{d}z}{\mathrm{d}x}\right)^2-\left(\frac{\mathrm{d}z_0}{\mathrm{d}x}\right)^2\right]\mathrm{d}x \tag{4-123a}$$

将 $z=z_0+w$ 代入式（4-123a）得

$$\Delta s=u_{\mathrm{r}}-u_l+\int_l\left[\frac{\mathrm{d}z_0}{\mathrm{d}x}\times\frac{\mathrm{d}w}{\mathrm{d}x}+\frac{1}{2}\left(\frac{\mathrm{d}w}{\mathrm{d}x}\right)^2\right]\mathrm{d}x \tag{4-123b}$$

索的伸长由索内力增量 ΔT 和温度差 Δt 引起，即

$$\Delta s=\int_0\left(\frac{\Delta T}{EA}+\alpha\Delta t\right)\mathrm{d}s_0=\int_l\left(\frac{\Delta H}{EA}\cdot\frac{\mathrm{d}s_0}{\mathrm{d}x}+\alpha\Delta t\right)\frac{\mathrm{d}s_0}{\mathrm{d}x}\mathrm{d}x$$

$$=\frac{\Delta H}{EA}\int_l\left(\frac{\mathrm{d}s_0}{\mathrm{d}x}\right)^2\mathrm{d}x+\alpha\Delta t\int_t\frac{\mathrm{d}s_0}{\mathrm{d}x}\mathrm{d}x$$

$$=\frac{\Delta H}{EA}\int_l\left[1+\left(\frac{\mathrm{d}z_0}{\mathrm{d}x}\right)^2\right]\mathrm{d}x+\alpha\Delta t\int_l\sqrt{1+\left(\frac{\mathrm{d}z_0}{\mathrm{d}x}\right)^2}\,\mathrm{d}x \tag{a}$$

$$=\frac{\Delta H}{EA}l\xi+\alpha\Delta t\cdot l\eta \tag{b}$$

式中

$$\xi=\frac{1}{l}\int_l\left[1+\left(\frac{\mathrm{d}z_0}{\mathrm{d}x}\right)^2\right]\mathrm{d}x$$

$$\eta=\frac{1}{l}\int_l\sqrt{1+\left(\frac{\mathrm{d}z_0}{\mathrm{d}x}\right)^2}\,\mathrm{d}x\approx\frac{1}{l}\int_l\left[1+\frac{1}{2}\left(\frac{\mathrm{d}z_0}{\mathrm{d}x}\right)^2\right]\mathrm{d}x \tag{c}$$

当索为式（4-117a）所表达的抛物线，可推导

$$\xi=1+\frac{16}{3}\times\frac{5^2}{l^2}+\frac{\Delta^2}{l^2}$$

$$\eta=1+\frac{8}{3}\times\frac{5^2}{l^2}+\frac{\Delta^2}{2l^2}$$

在小挠度理论中，式（c）中的$\left(\frac{\mathrm{d}z_0}{\mathrm{d}x}\right)^2$与 1 比较，可以忽略，即令 $\xi=\eta=1$，则式（b）为

$$\Delta s=\frac{\Delta H}{EA}l+\alpha\Delta t\cdot l$$

$$=\frac{H-H_0}{EA}l+\alpha\Delta t\cdot l \tag{4-123c}$$

令式（4-123a）或式（4-123b）与式（4-123c）相等，可得索的**变形协调方程**

$$\frac{H-H_0}{EA}l=(u_{\mathrm{r}}-u_l)+\frac{1}{2}\int_l\left[\left(\frac{\mathrm{d}z}{\mathrm{d}x}\right)^2-\left(\frac{\mathrm{d}z_0}{\mathrm{d}x}\right)^2\right]\mathrm{d}x-\alpha\Delta t\cdot l \tag{4-124a}$$

或

$$\frac{H-H_0}{EA}l=(u_{\mathrm{r}}-u_l)+\int_l\left[\frac{\mathrm{d}z_0}{\mathrm{d}x}\cdot\frac{\mathrm{d}w}{\mathrm{d}x}+\frac{1}{2}\left(\frac{\mathrm{d}w}{\mathrm{d}x}\right)^2\right]\mathrm{d}x-\alpha\Delta t\cdot l \tag{4-124b}$$

试算表明，当$f/l\leqslant0.1$时，采用近似公式（4-123c），可以得到满意的精度。

索的平衡方程式（4-114）、变形协调方程式（4-124）是索屋盖结构的理论基础。

5）索的解法。

现不考虑式（4-124）右端第1、3两项，用例来说明柔性抛物线单索问题的解决。始态和终态时的索长

$$s_0=l\left[1+\frac{1}{2}\left(\frac{\Delta}{l}\right)^2+\frac{8}{3}\left(\frac{f_0}{l}\right)^2\right]$$

$$s=l\left[1+\frac{1}{2}\left(\frac{\Delta}{l}\right)^2+\frac{8}{3}\left(\frac{f}{l}\right)^2\right]$$

索的变形协调方程

$$\frac{H-H_0}{EA}l=\Delta s=s-s_0=\frac{8}{3}\times\frac{f^2-f_0^2}{l} \tag{a}$$

由式（a）可知，索的伸长量Δs与索的两个支座高差无关。

平衡方程

$$f_0=\frac{q_0l^2}{8H_0} \tag{b}$$

$$f=\frac{ql^2}{8H} \tag{c}$$

将式（b）和式（c）代入式（a）得

$$H-H_0=\frac{EAl^2}{24}\left[\left(\frac{q}{H}\right)^2-\left(\frac{q_0}{H_0}\right)^2\right] \tag{4-125}$$

利用式（4-125）求解H的三次方程，通常采用**迭代法**。

[例4-11] 已知$A=0.674\text{cm}^2$，$E=170\text{kN/mm}^2$，$l=8\text{m}$，$H_0=10\text{kN}$，$q_0=0.2\text{kN/m}$，$q=0.5\text{kN/m}$。求抛物线索内的水平张力H和始态、终态的跨中垂度。

[解] 将已知数代入式（4-125），整理后得

$$H^3+2.222H^2-7639=0$$

改写为迭代式

$$H=\sqrt{\frac{7639}{H+2.222}}$$

先估计初始值，数次迭代后$H=18.98\text{kN}$，从而

$$f_0=\frac{q_0l^2}{8H_0}=\frac{0.2\times8^2}{8\times10}\text{m}=0.160\text{m}$$

$$f=\frac{ql^2}{8H}=\frac{0.5\times8^2}{8\times18.98}\text{m}=0.211\text{m}$$

由于柔性索不抗弯，特别是在局部荷载下，会产生较大的机构性位移（图4-76b）。常需采取各种措施，如施加预应力（双层索系和鞍形索网）、采用重屋面、设置横向加劲构件等来提高结构的形状稳定性，但这样却加大了边缘支承结构的负担，而采用劲性索（图4-77a）可改善上述缺点。

4.9.2 劲性索

图4-77b所示为1980年莫斯科第22届奥运会中心体育场工程，总用钢127.2kg/m^2，其中劲性索和环向加劲肋14.4kg/m^2，内环5.6kg/m^2，外环（包RC配筋）47kg/m^2，钢板膜

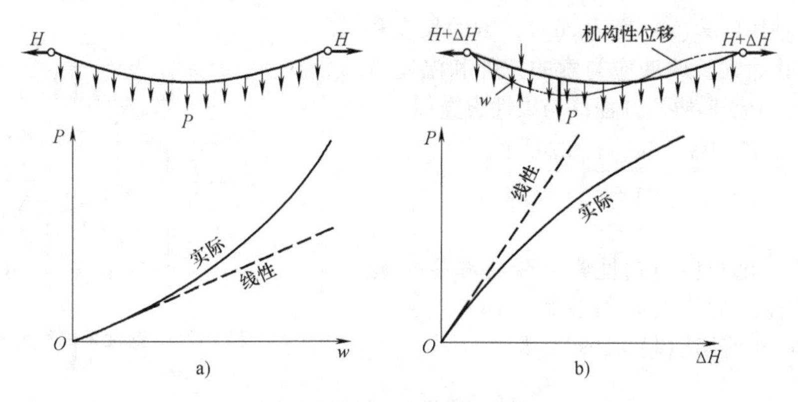

图 4-76　柔性索响应的非线性

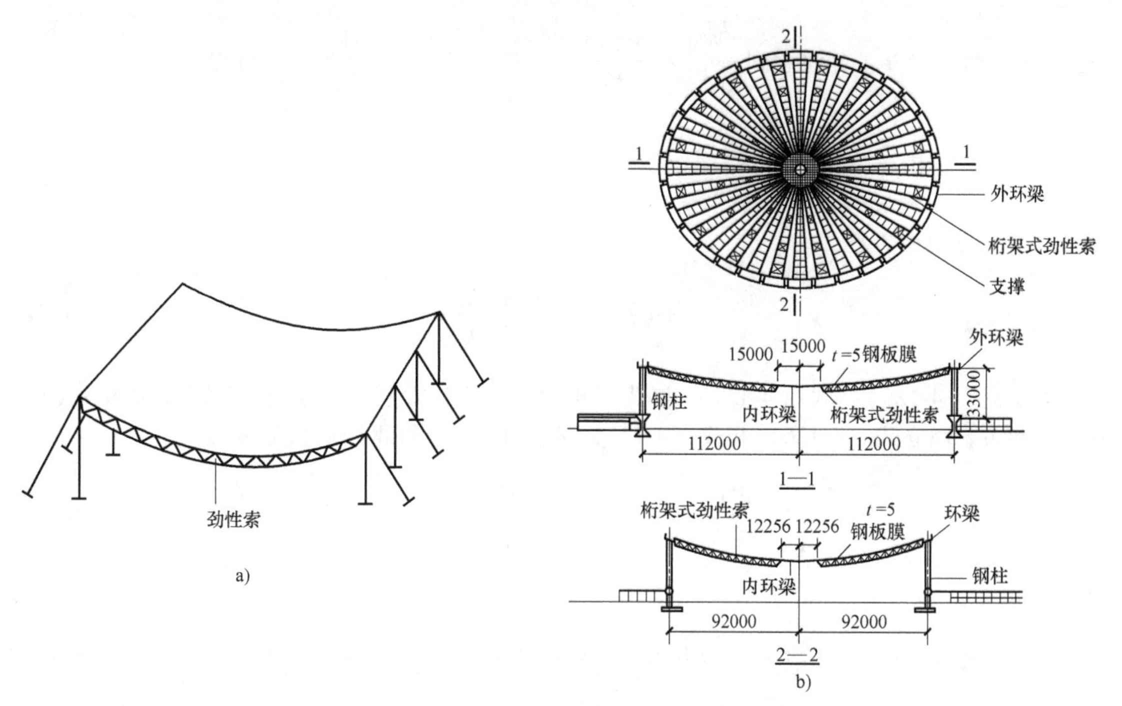

图 4-77　劲性索及工程实例

40kg/m²，钢柱及配件 20. 2kg/m²。224m×183m 椭圆形屋盖承重结构自重仅为 60kg/m²。

基本假设：①材料符合胡克定律；②竖向荷载作用下的小挠度理论；③索的曲率半径 R 与劲性索截面高度 h 之比不小于 5。

图 4-78 所示为劲性索微分段。根据微分段的平衡条件，并略去高阶微量，可得

$$\sum z=0,\mathrm{d}V+q\mathrm{d}x=0,\quad 即\frac{\mathrm{d}V}{\mathrm{d}x}+q=0 \tag{a}$$

$$\sum M=0,\quad \mathrm{d}M+H\mathrm{d}z-V\mathrm{d}x=0,\quad 即\frac{\mathrm{d}M}{\mathrm{d}x}+H\frac{\mathrm{d}z}{\mathrm{d}x}-V=0 \tag{b}$$

联立式（a）和（b）消去 V 可得劲性索的平衡方程

$$\frac{\mathrm{d}^2M}{\mathrm{d}x^2}+H\frac{\mathrm{d}^2z}{\mathrm{d}x^2}+q=0 \tag{4-126}$$

式中，$z=z_0+w$。

劲性索的轴线由 $z_0(x)$ 变为 $z(x)$，索的长度和曲率都有了变化。索长改变应与索的拉伸和温差协调，可导出第一个变形协调方程（与柔性索类似）

$$\frac{H}{EA}l=(u_r-u_l)+\int_l\left[\frac{\mathrm{d}z_0}{\mathrm{d}x}\cdot\frac{\mathrm{d}w}{\mathrm{d}x}+\frac{1}{2}\left(\frac{\mathrm{d}w}{\mathrm{d}x}\right)^2\right]\mathrm{d}x-\alpha\Delta t\cdot l \tag{4-127}$$

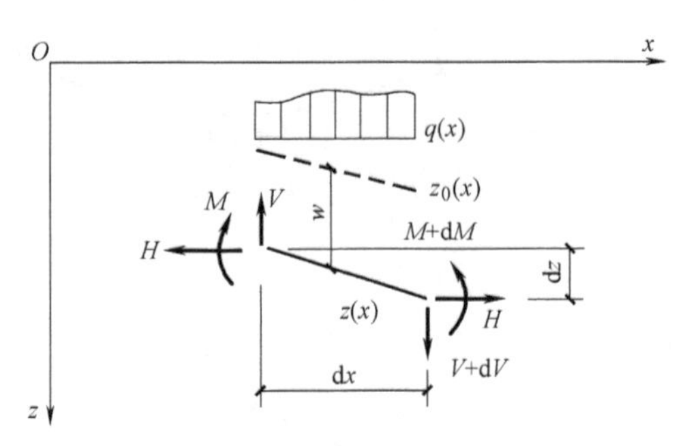

图 4-78 劲性索的微分单元

索轴线曲率的变化则应与劲性索的受弯和受剪变形相协调。劲性索的挠度 w 可分解为两部分：弯曲引起 $w_M(x)$ 和剪切引起 $w_V(x)$，即

$$w(x)=w_M(x)+w_V(x) \tag{c}$$

将式（c）两次求导，并注意到$\frac{\mathrm{d}^2w_M}{\mathrm{d}x^2}=-\frac{M(x)}{EI}$，$\frac{\mathrm{d}w_V}{\mathrm{d}s}=\gamma=\frac{V}{C}$，及$\frac{\mathrm{d}V}{\mathrm{d}x}=-q$，可得

$$\frac{\mathrm{d}^2w}{\mathrm{d}x^2}=-\frac{M(x)}{EI}-\frac{q}{C}$$

即第二个变形协调方程为

$$M(x)=-EI\frac{\mathrm{d}^2w}{\mathrm{d}x^2}-\frac{EI}{C}q \tag{4-128}$$

联立式（4-126）、式（4-127）和式（4-128）三个方程，可解出三个未知数 $w(x)$、$M(x)$ 和 H。联立式（4-126）和式（4-127）消去 $M(x)$，可得四阶微分方程

$$\frac{\mathrm{d}^4w}{\mathrm{d}x^4}-k^2\frac{\mathrm{d}^2w}{\mathrm{d}x^2}=\frac{q}{EI}+k^2\frac{\mathrm{d}^2z_0}{\mathrm{d}x^2}-\frac{1}{C}\cdot\frac{\mathrm{d}^2q}{\mathrm{d}x^2} \tag{4-129}$$

通解为

$$w(x)=(C_1+C_2x+C_3\mathrm{e}^{kx}+C_4\mathrm{e}^{-kx})+w^*(x) \tag{4-130}$$

式中，$k^2=\frac{H}{EI}$；$C_i(i=1\sim4)$ 为待定系数；$w^*(x)$ 为方程特解。

将式（4-130）代入式（4-127），可得到一个以水平张力 H 为未知数的超越方程式，解之得 H，然后回代到式（4-130）解出位移 $w(x)$。再由式（4-128）求索内弯矩 $M(x)$，导出剪力

$$V(x)=\frac{\mathrm{d}M}{\mathrm{d}x}+H\frac{\mathrm{d}(z_0+w)}{\mathrm{d}x} \tag{4-131}$$

4.9.3 马鞍形索网概念

马鞍形索网是由两组相互正交、曲率相反的钢索直接叠交而形成的一种负高斯曲率的曲面索结构（图 4-79）。两组索中，下凹的承重索在下面，上凸的稳定索在上面。对鞍形索网必须进行预张拉。

索网计算的基本假定，与柔性单索相同，且还应增加 2 个假定：①承重索与稳定索在交点处必须用 U 型螺栓连牢；②只考虑小垂度、仅承受竖向荷载。

索网的计算有离散理论和连续化理论两种基本类型。前者以节点位移为基本未知量，而

以节点之间的索段作为计算单元，这种方法是计算机解法的基础；后者则是将索的截面沿曲面匀开，将索网视为薄膜进行计算，这种方法也是许多实用计算法的基础。

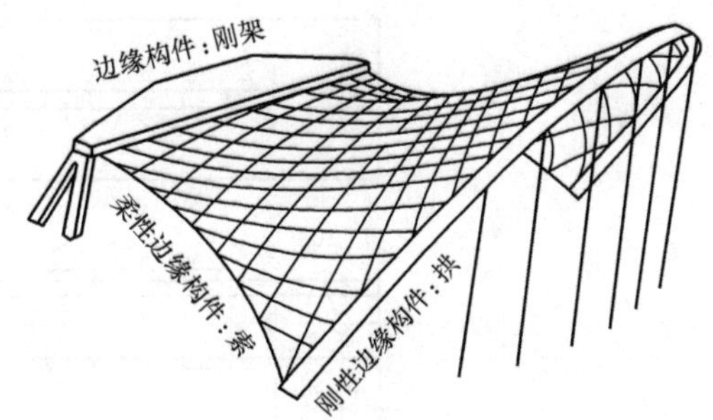

图 4-79　鞍形索网的刚、柔性边缘构件

与单索一样，在索网计算中也要明确规定一个初始态，已知初始形态、初始荷载、索内初始张力等。从理论的角度看，任何一种受力状态均可作为初始态。在实际计算中，则往往将尚未受外荷作用的预应力状态作为始态，由此出发，计算受荷状态。但也可将已有的均布恒载作用的正常工作状态设计成某种预定的状态，并作为初始态，由此出发反算相应的预应力状态和计算其他各种受荷状态。

索网理论是几何非线性的，不能应用迭加原理。

这里只列出连续化理论导出的索网平衡方法和协调方程（图 4-80）。

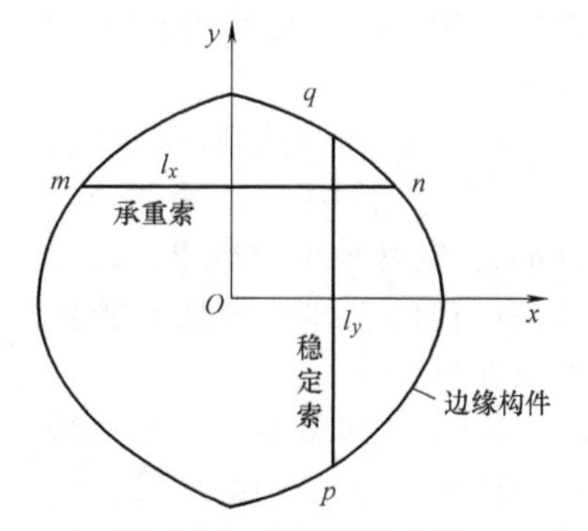

图 4-80　索网的平面图

仿单索式（4-114b）可得索网平衡方程

$$H_{x0}\frac{\partial^2 z_0}{\partial x^2}+H_{y0}\frac{\partial^2 z_0}{\partial y^2}+q_0=0 \tag{4-132a}$$

变换后可写成

$$H_x\frac{\partial^2 z}{\partial x^2}+H_y\frac{\partial^2 z}{\partial y^2}+q=0 \tag{4-132b}$$

将式（4-132b）变换后可写成

$$(H_{x0}+\Delta H_x)\left(\frac{\partial^2 z_0}{\partial x^2}+\frac{\partial^2 w}{\partial x^2}\right)+(H_{y0}+\Delta H_y)\left(\frac{\partial^2 z_0}{\partial y^2}+\frac{\partial^2 w}{\partial y^2}\right)+q_0+\Delta q=0$$

展开后，再减去式（4-132a），可得索网平衡方程的增量形式

$$H_{x0}\frac{\partial^2 w}{\partial x^2}+H_{y0}\frac{\partial^2 w}{\partial y^2}+\Delta H_x\left(\frac{\partial^2 z_0}{\partial x^2}+\frac{\partial^2 w}{\partial x^2}\right)+\Delta H_y\left(\frac{\partial^2 z_0}{\partial y^2}+\frac{\partial^2 w}{\partial y^2}\right)+\Delta q=0 \tag{4-132c}$$

仿单索式（4-124b），可得索网变形协调方程：

承重索

$$\Delta H_x\frac{l_x}{EA_x}=u_n-u_m+\int_m^n\left[\frac{\partial z_0}{\partial x}\cdot\frac{\partial w}{\partial x}+\frac{1}{2}\left(\frac{\partial w}{\partial x}\right)^2\right]\mathrm{d}x-\alpha\Delta t\cdot l_x \tag{4-133a}$$

稳定索

$$\Delta H_y\frac{l_y}{EA_y}=v_q-v_p+\int_p^q\left[\frac{\partial z_0}{\partial y}\cdot\frac{\partial w}{\partial y}+\frac{1}{2}\left(\frac{\partial w}{\partial y}\right)^2\right]\mathrm{d}y-\alpha\Delta t\cdot l_y \tag{4-133b}$$

从理论上讲，当给定初始状态，并已知索网边缘构件时，由式平衡方程（4-132c）及变形协调方程（4-133），可解出 w、ΔH_x 和 ΔH_y 三个未知量。但实际上直接求解这些方程很难，常采用各种近似解法求解。

习　　题

4-1　已知某轴心拉杆（图 4-81），钢材采用 Q235，验算杆的截面。若截面尺寸不够，应改用什么角钢？

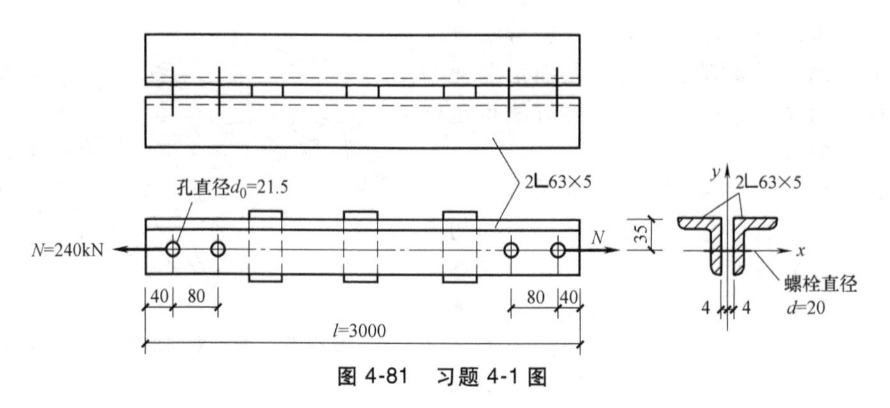

图 4-81　习题 4-1 图

4-2　已知某轴心受压柱 AB（图 4-82），钢材采用 Q235，焊条采用 E43。试选：①普通热轧工字型钢；②用三块钢板焊成的工字形截面。

4-3　已知基础混凝土 C20，设计习题 4-2 焊接柱的柱头和柱脚。

4-4　已知焊接箱形截面轴心压杆（图 4-83），板厚 $t=16\text{mm}$，钢材采用 Q235B，试验算该压杆的整体稳定性和板件的局部稳定性。

4-5　已知图 4-84（钢材采用 Q235B，焊条采用 E43），试分别设计格构式轴心受压缀条、缀板构件。

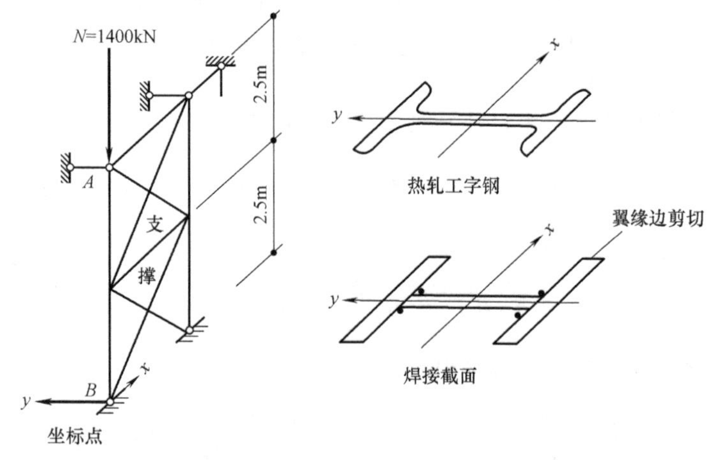

图 4-82　习题 4-2 图

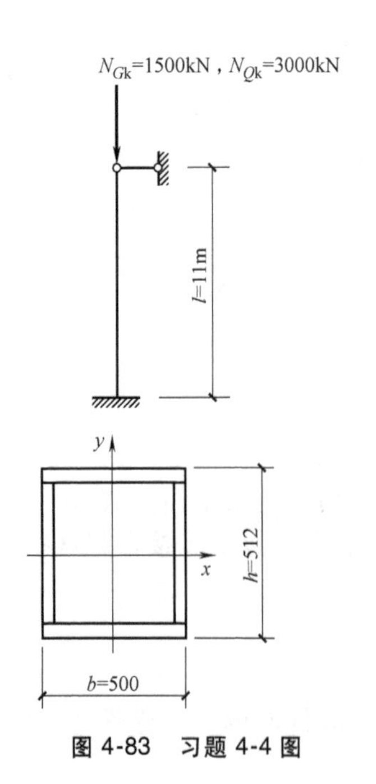

图 4-83　习题 4-4 图

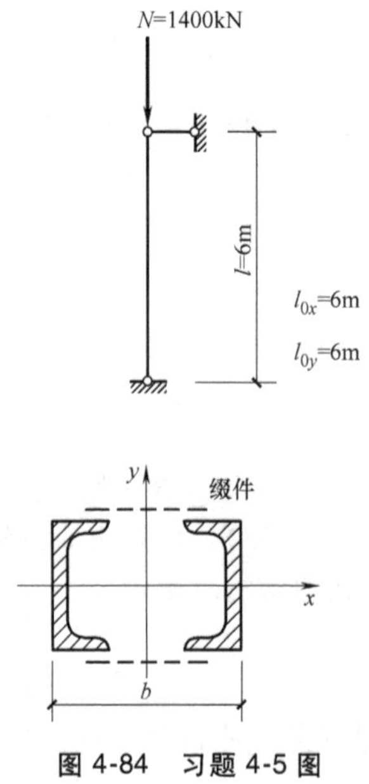

图 4-84　习题 4-5 图

第 5 章 实腹式受弯构件

受弯构件（梁式）承受横向荷载，它的截面形式分为实腹式（图 5-1a ~ k）和格构式（图 5-1l ~ n，平面桁架的截面）两种。

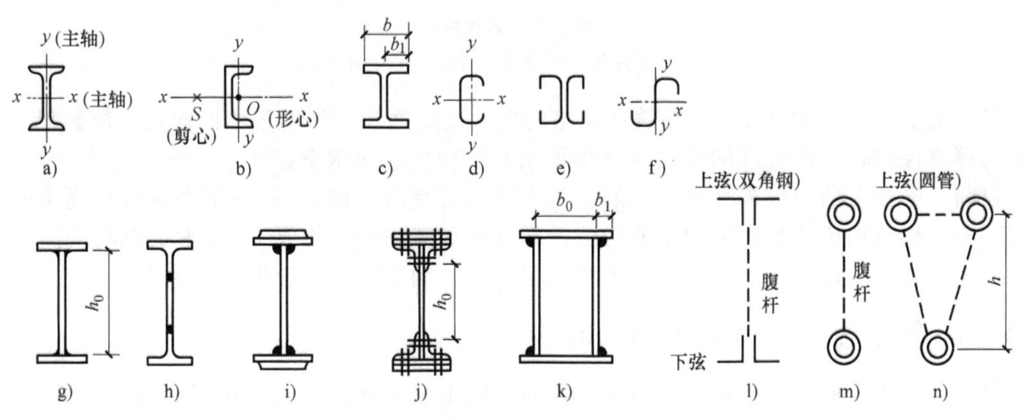

图 5-1 受弯构件的截面形式

当跨度或荷载较小时，可直接采用热轧型钢（图 5-1a、b、c）或冷弯薄壁型钢（图 5-1d、e、f）。采用冷弯薄壁型钢作檩条或墙架横梁比较经济，但应注意防锈。一般来说，型钢梁有加工方便、制造简单、成本较低的优点，可优先采用。由于槽钢的形心 O 与剪心 S 不重合（图 5-1b），当横向荷载不通过 S 时，构件将同时产生弯曲和扭转，设计时应在构造上加以处理。

当型钢梁不能满足强度和刚度要求时，必须采用组合梁的形式。组合梁常用钢板焊接（图 5-1g、i、k）、铆接（图 5-1j）或用 T 型钢与钢板焊接（图 5-1h）。由于铆接梁费钢费工，随着焊接质量的改善，焊接组合梁不仅在建筑结构中广泛采用，在铁路桥梁中也普遍采用。当跨度或荷载较大而梁高又受到限制或对截面的抗扭刚度要求较高时，可采用箱形截面（图 5-1k），如第 6 届全国运动会（1987 年），广州天河体育场看台外伸钢梁（悬臂 25m）采用箱形截面，经实测检验，性能良好。

当受弯构件的跨度 l>40m 时，最好采用格构式（桁架）截面，它可以将横向荷载产生的弯矩 M 转化为上、下弦杆的轴力 $N=M/h$（图 5-1l、m、n），剪力由腹杆承受。例如，1960 年，在人民大会堂中采用了桁架，跨度 $l=60$m。2002 年 10 月建成的深圳宝安体育馆钢桁架屋盖，跨度 $l=100$m，外伸臂为 48.295m，采用上弦三管形式，用钢量为 68kg/m²，管节点采用圆管相贯形式。巨形桁架结构体系在现代大型结构中也有不少应用。

5.1 梁格的布置

梁格是由纵横交错的主、次梁组成的平面体系。楼面上的荷载通过铺板、梁、墙或柱，最后传给基础。梁格有三种类型。

（1）简式梁格（图 5-2a） 只有主梁，铺板直接放在主梁上。适用于小跨度的楼盖、平台结构。

（2）普通式梁格（图 5-2b） 在各主梁之间设置若干横向次梁，将铺板划分成较小区格，借以减小铺板的厚度。

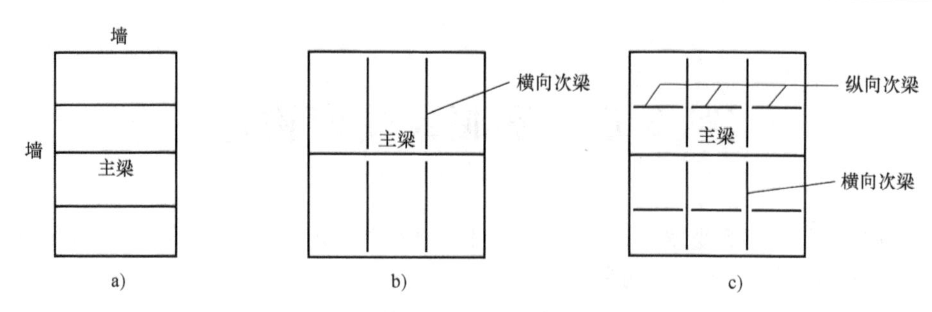

图 5-2 梁格布置

a）简式梁格 b）普通式梁格 c）复式梁格

（3）复式梁格（图 5-2c） 在普通梁格的横向次梁之间，再设置纵向次梁，使铺板的区格尺寸与厚度保持在经济合理的范围内（即梁格与铺板的总用钢量最小）。

目前，平台上的铺板多数采用钢筋混凝土板（现浇或预制），一般不考虑板与钢梁的共同受力。若在板与钢梁接触面之间采取构造措施（如放置连接件等），就会形成钢与混凝土组合结构。铺板也可采用钢板，板应与梁焊牢，但在设计钢梁时，一般仍不考虑板的强度。

5.2 抗弯强度（bending strength）

梁在对称轴平面内的外弯矩作用下，截面中的正应力 σ 发展过程可以分为 3 个工作阶段。

1. 弹性阶段（elastic stage）

截面上的正应力呈三角形分布，且其边缘的最大正应力不超过屈服强度 f_y（图 5-3b）。对于直接承受动荷载的梁或剪应力较大的梁，常以最外纤维到达 f_y 作为梁最大承载能力的极限状态，此时，相应的弯矩用 M_y 表示。

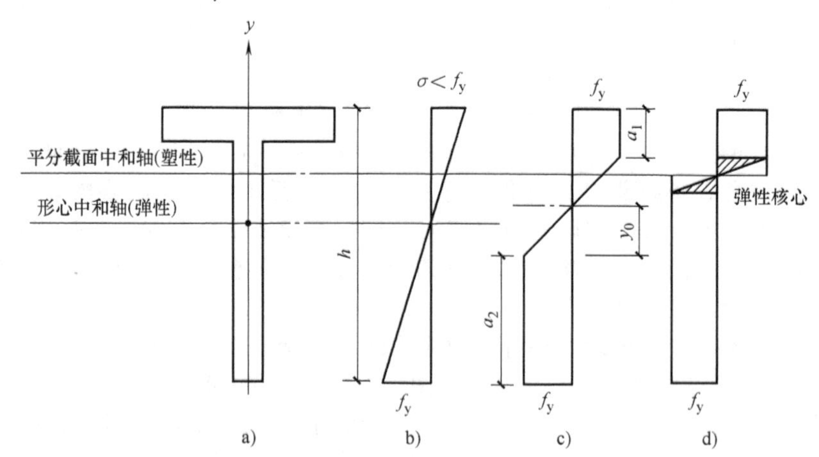

图 5-3 在纯弯矩作用下，单轴对称截面正应力 σ 的几个阶段

a）单轴对称截面 b）弹性阶段 c）弹塑性阶段 d）塑性阶段

2. 弹塑性阶段（elasto-plastic stage）

当作用外弯矩继续增加，梁截面边缘部分出现塑性区域，而中间部分仍保持弹性，如图 5-3c 所示。规范对承受静荷载或间接承受动荷载的受弯构件的计算时，就适当地考虑了截面的塑性发展，即 $a_{i\max}=h/8$（$i=1$，2）。

3. 塑性阶段（plastic stage）

若外弯矩再继续增大，梁截面的塑性区域继续由外向内发展，直到弹性核心几乎完全消失。可以认为，到达极限状态时的应力图形将成为两个矩形（图 5-3d 中实线），通常将这一阶段作为塑性设计方法的理论根据。这个阶段的弯矩称为截面的塑性弯矩 M_p，它代表理想弹塑性材料（图 5-4 中实线）的钢梁所能承受的最大弯矩。

根据弹塑性阶段（图 5-5），可建立如式（5-1）的平衡条件。

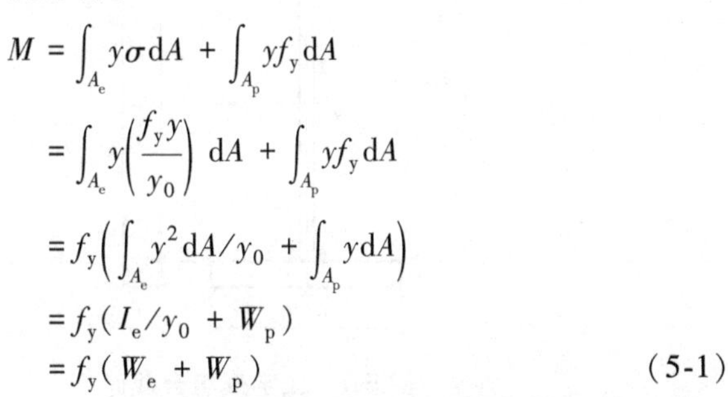

$$
\begin{aligned}
M &= \int_{A_e} y\sigma \mathrm{d}A + \int_{A_p} yf_y \mathrm{d}A \\
&= \int_{A_e} y\left(\frac{f_y y}{y_0}\right) \mathrm{d}A + \int_{A_p} yf_y \mathrm{d}A \\
&= f_y\left(\int_{A_e} y^2 \mathrm{d}A/y_0 + \int_{A_p} y\mathrm{d}A\right) \\
&= f_y(I_e/y_0 + W_p) \\
&= f_y(W_e + W_p)
\end{aligned}
\tag{5-1}
$$

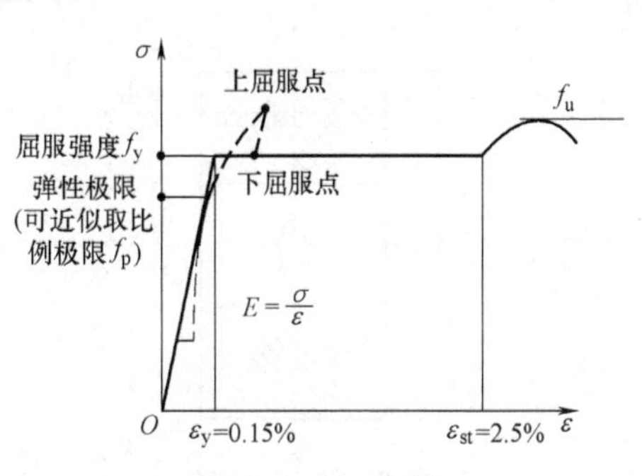

图 5-4　σ-ε 曲线

式中　A_e、A_p——截面的弹性区域和塑性区域面积；

I_e、W_e——截面弹性区域的惯性矩和截面模量；

W_p——截面塑性区域的塑性截面模量。

对矩形截面（图 5-6）来说，当 $y_0=\frac{h}{2}$时，弹性阶段的截面模量是

$$W_e=\frac{I}{y_0}=\frac{b(2y_0)^3/12}{y_0}=\frac{2by_0^2}{3}\bigg|_{y_0=h/2}$$

$$=\frac{bh^2}{6}=W_n, W_p=0$$

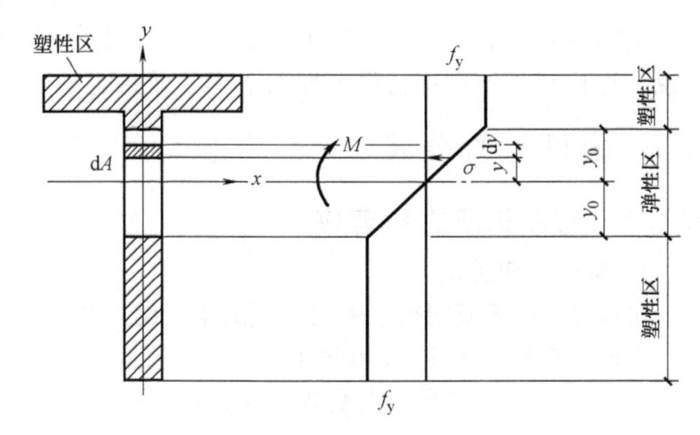

图 5-5　图 5-3 的弹塑性阶段

塑性阶段（$y_0=0$）时，截面模量为

$$W_p = 2\int_{y_0}^{h/2} yb\mathrm{d}y = b\left(\frac{h^2}{4} - y_0^2\right)\bigg|_{y_0=0}$$

$$= \frac{bh^2}{4} = W_{pn}, W_e = 0$$

式中　W_n——净截面模量；

W_{pn}——截面塑性区域的净截面模量。

代入式（5-1）可得

$$M_y=W_n f_y \tag{5-2}$$

$$M_p=W_{pn} f_y \tag{5-3}$$

由式（5-2）和式（5-3）可得矩形截面的塑性弯矩 M_p 与屈服弯矩 M_y 之比为

$$S_f=\frac{M_p}{M_y}=\frac{W_{pn}}{W_n}=\frac{bh^2/4}{bh^2/6}=1.5$$

这说明，一个矩形截面的塑性弯矩将超过屈服弯矩的 50%，比值 S_f 称为截面的形状系数，它只取决于横截面的形状，而与材料的性质无关。

对图 5-7 所示的工字形组合截面，由材料力学知

$$W_{nx}=\frac{1}{h}\left[\frac{1}{3}bt^3+bt(h-t)^2+\frac{1}{6}t_w(h-2t)^3\right] \tag{5-4}$$

$$W_{pnx}=bt(h-t)+\frac{1}{4}t_w(h-2t)^2 \tag{5-5}$$

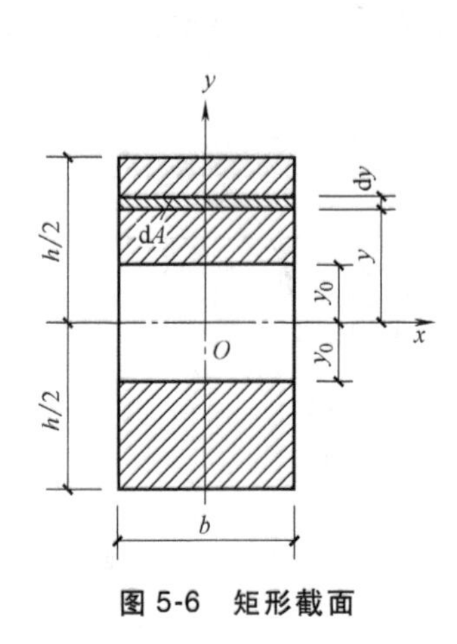

图 5-6　矩形截面

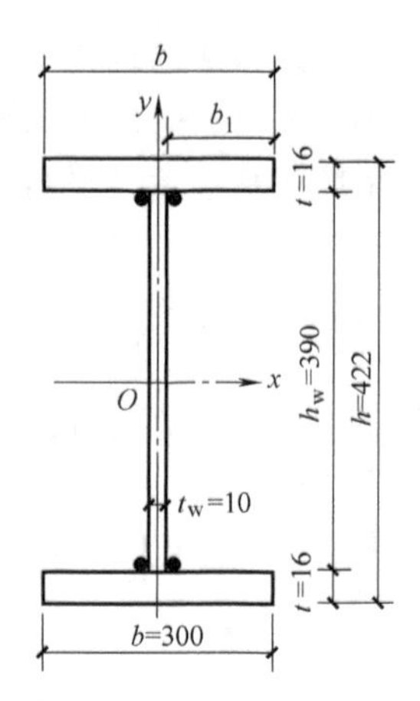

图 5-7　工字形组合截面

把图 5-7 的数据代入式（5-4）和式（5-5）可得

$$S_f=\frac{W_{pnx}}{W_{nx}}=\frac{2.33\times10^6}{2.11\times10^6}=1.10$$

工字形截面的形状系数最小，$S_f=1.1\sim1.2$，圆形截面 $S_f=1.7$，圆管截面 $S_f=1.27$。一般来说，S_f 值越小，利用材料塑性而取得的效果也越小。

5.3　强度计算公式

5.3.1　弯曲正应力和剪应力

1. 弯曲正应力σ

对承受静荷载或间接承受动荷载的梁，设计时应把最大弯矩控制在式（5-2）与式（5-3）之间，即允许考虑截面部分发展塑性变形，并在计算中引入截面塑性发展系数 γ_x 和 γ_y（表 5-1）。

当梁仅在一个主平面内受弯矩 M_x 和剪力 V 作用时，验算公式为

$$\sigma=\frac{M_x}{\gamma_x W_{nx}}\leqslant f \tag{5-6a}$$

当梁在两个主平面内受弯时（图 5-61），应将两主轴方向的弯矩 M_x 和 M_y 所产生的弯曲正应力叠加，用式（5-66）验算。

$$\sigma=\frac{M_x}{\gamma_x W_{nx}}+\frac{M_y}{\gamma_y W_{ny}}\leqslant f \tag{5-6b}$$

式中　M_x、M_y——绕 x 轴（强轴）和 y 轴（弱轴）的弯矩；

W_{nx}、W_{ny}——对 x 轴和 y 轴的净截面抵抗矩；

f——钢材的抗弯强度设计值，按附表 1-1 采用；

γ_x、γ_y——截面塑性发展系数（表 5-1）。

表 5-1　截面塑性发展系数 γ_x、γ_y

项次	截 面 形 式	γ_x	γ_y
1	x—y 轴工字形、T形、双槽钢、十字形截面示意图	1.05	1.2

（续）

项次	截面形式		γ_x	γ_y
2	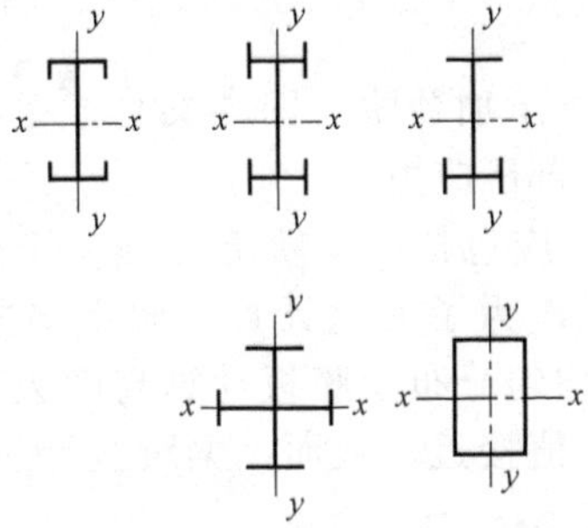		1.05	1.05
3	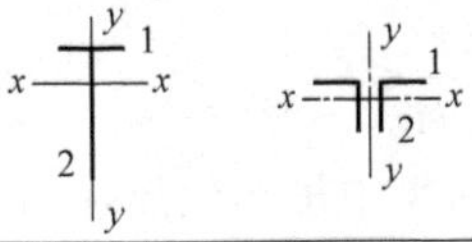		$\gamma_{x1}=1.05$ $\gamma_{x2}=1.2$	1.2
4	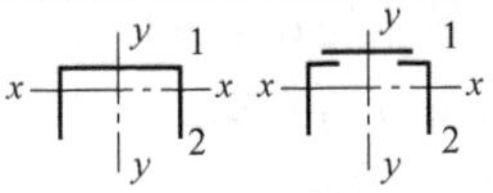			1.05
5	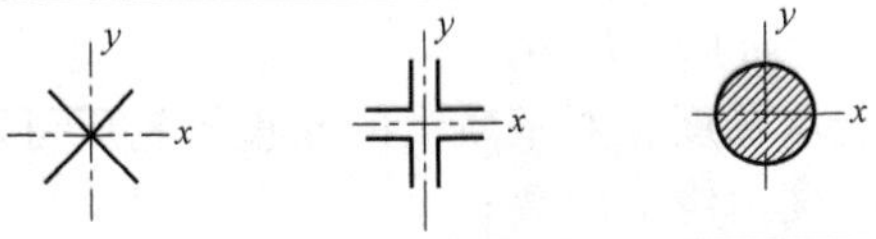		1.2	
6	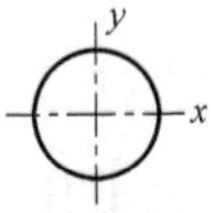		1.15	
7	格构式	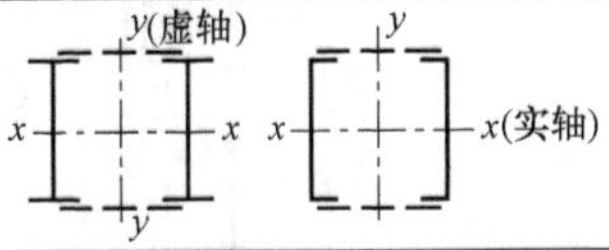 y(虚轴)　x(实轴)	1.05	1.0
8		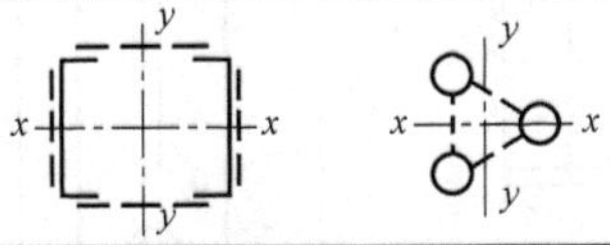	1.0	

为避免梁失去强度之前受压翼缘局部失稳，规范规定当梁受压翼缘的自由外伸宽度 b_1（图 5-7）与其厚度 t 之比，即 $b_1/t>13\sqrt{235/f_y}$，且不超过 $15\sqrt{235/f_y}$ 时，应取 $\gamma_x=1.0$。对于直接承受动力荷载且需计算疲劳的梁（如重级工作制吊车梁），塑性深入截面将使钢材硬化，促使疲劳断裂提前出现，宜取 $\gamma_x=\gamma_y=1.0$。

对于不直接承受动力荷载的固端梁和连续梁，允许按照塑性设计方法进行计算，但应考虑截面内塑性变形的充分发展和由此而引起的内力重分布。

2. 剪应力 τ

$$\tau=\frac{VS}{I\delta}\leqslant f_v \tag{5-7}$$

式中　V——计算截面沿腹板平面作用的剪力；

S——计算剪应力处以上毛截面对中和轴的面积矩；

I——毛截面惯性矩；

δ——由图 5-7 知：腹板 $\delta=t_w$、翼缘 $\delta=b$；

f_v——钢材的抗剪强度设计值（附表 1-1）。

当梁的抗剪强度不足时，最有效的办法是加大腹板厚度 t_w。

5.3.2 局部压应力

梁在固定集中荷载（包括支座反力）处无支承加劲肋（图 5-8a）或受有移动的集中吊车轮压时（图 5-8b），应验算腹板高度边缘处的局部压应力。

在集中荷载作用下，翼缘板（在吊车梁中还应包括吊车轨道）类似于支承在腹板上的弹性地基梁，腹板边缘压应力分布如图 5-8c 所示。为了简化计算，假定集中荷载从作用处以 1∶2.5（h_y 范围）和 1∶1（h_R 范围）扩散，均匀分布于腹板计算高度边缘。按这种假定算出的均布压应力 σ_c 与理论的局部压应力的最大值接近。从而，梁腹板计算高度 h_0 边缘处的局部压应力，按式（5-8）验算为

$$\sigma_c=\frac{\psi F}{t_w l_z}\leqslant f \tag{5-8}$$

式中 F——集中荷载，支座处 $F=R$，对移动的集中吊车轮压应考虑动力系数；

ψ——集中荷载增大系数，对重级工作制吊车轮压 $\psi=1.35$，对其他荷载 $\psi=1.0$；

l_z——集中荷载在腹板计算高度边缘的假定分布长度

跨中集中荷载 $$l_z=a+5h_y+2h_R \tag{5-9a}$$

梁端支反力 $$l_z=a+2.5h_y+c \tag{5-9b}$$

a——集中荷载沿梁跨度方向的支承长度，对钢轨上的起重机轮压可取为 50mm；

h_y——梁承载的边缘到腹板计算高度边缘的距离；

h_R——轨道的高度，无轨道时 $h_R=0$；

c——梁端到支座板外边缘的距离，按实取，但不得大于 $2.5h_y$。

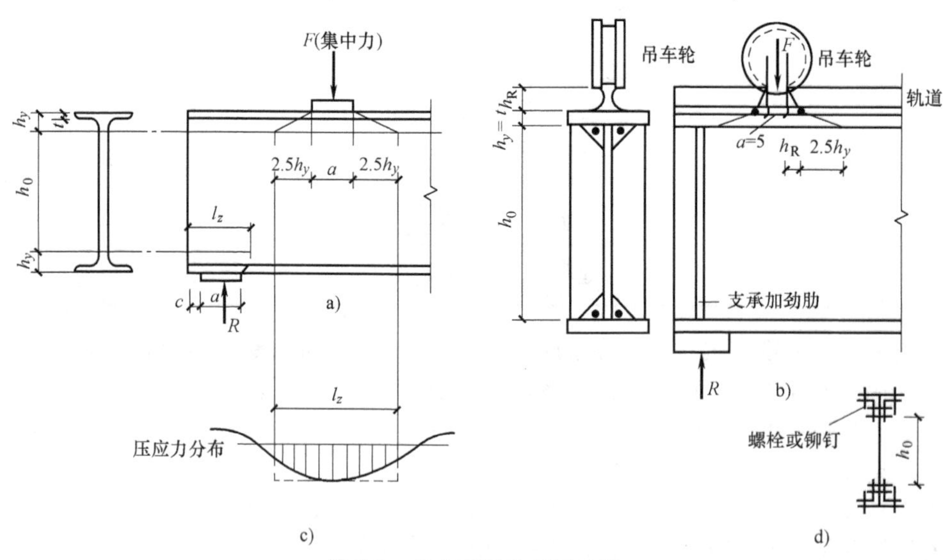

图 5-8 集中荷载作用下的梁

当腹板不满足式（5-8）时，对固定集中荷载，应采用成对的支承加劲肋加强，对移动集中荷载，则应加厚腹板。

h_0 按下列规定采用：

1）热轧型钢梁是腹板与上下翼缘相连处两内弧起点间的距离（图 5-8a）。

2）焊接组合梁是腹板高度（图 5-8b）。

3）用铆钉或用高强度螺栓连接的组合梁，是腹板与上下翼缘连接铆钉或螺栓钉线间的最

近距离（图5-8d）。

5.3.3 折算应力

在焊接组合梁腹板的计算高度边缘处，当同时有较大的正应力 σ、较大的剪应力 τ 和局部压应力 σ_c 作用，或同时有较大的 σ 和 τ 时（如连续梁中间支座截面或梁的翼缘截面改变处），都应按式（5-10）验算其折算应力是否满足要求，

$$\sqrt{\sigma^2+\sigma_c^2-\sigma\sigma_c+3\tau^2}\leqslant\beta_1 f \tag{5-10}$$

式中　σ、τ、σ_c——腹板计算高度 h_0 边缘同一点上同时产生的正应力 σ、剪应力 τ 和局部压应力 σ_c（图5-9）。τ 和 σ_c 分别按式（5-7）和式（5-8）计算，σ 按式（5-11）计算。

$$\sigma=\frac{M_x y}{I_{nx}} \tag{5-11}$$

式中　I_{nx}——净截面惯性矩；

y——由计算点到梁中和轴的距离；

β_1——计算折算应力的强度设计值增大系数。当 σ 和 σ_c 异号时，取 $\beta_1=1.2$；当 σ 和 σ_c 同号或 $\sigma_c=0$ 时，由于塑性变形的能力较 σ 与 σ_c 异号时差，取 $\beta_1=1.1$。系数 β_1 是考虑到计算折算应力的部位仅是梁的局部，钢材设计强度应予以提高。

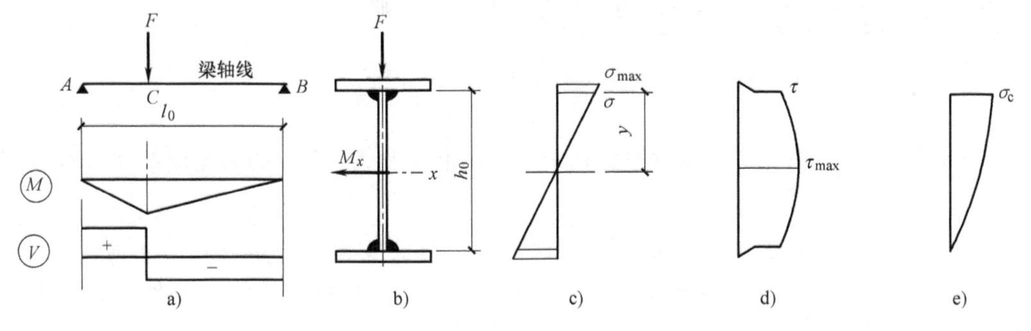

图5-9　工字型截面梁的 σ、τ 和 σ_c

a）梁及其受力图　b）截面 C　c）弯曲正应力 σ　d）剪应力 τ　e）腹板局部压应力 σ_c

5.4 开口薄壁构件的弯曲和扭转

5.4.1 剪力流理论和剪力中心 S

1. 剪力流

由式（5-7）算得的截面剪应力分布（图5-9d）在翼缘与腹板交接处存在两个矛盾现象：①剪应力有突变；②翼缘内侧表面有剪应力，但实际上该面是自由表面，没有平衡这种剪应力的外力。矛盾在于式（5-7）假定了剪应力沿翼缘宽度平均分布，而该假定是不科学的。薄壁杆截面上的剪应力符合剪力流理论，即假定剪应力在薄壁厚度上均匀分布，薄壁单位长度上的剪力即为平均剪应力 τ 与壁厚的乘积，其方向与截面中心线的切线方向一致，组成剪力流（图5-10）。

$$q=\tau t \tag{5-12}$$

图5-11a所示为开口薄壁截面的受弯构件，x、y 和 z 为截面形心坐标轴（右手法则）。假定没有扭转，构件只在 xy 平面内产生单向弯曲，x 为中和轴。

由微元体（图5-11b）的平衡条件 $\sum Z=0$ 得

$$\left(\sigma_z t+\frac{\partial(\sigma_z t)}{\partial z}\mathrm{d}z\right)\mathrm{d}s-\sigma_z t\mathrm{d}s+\left(\tau t+\frac{\partial(\tau t)}{\partial s}\mathrm{d}s\right)\mathrm{d}z-\tau t\mathrm{d}z=0$$

化简后得

$$\frac{\partial(\sigma_z t)}{\partial z}+\frac{\partial(\tau t)}{\partial s}=0 \tag{a}$$

积分式（a），后可得弯曲剪力流

$$q=\tau t=-\int_0^s\frac{\partial\sigma_z}{\partial z}t\mathrm{d}s \tag{b}$$

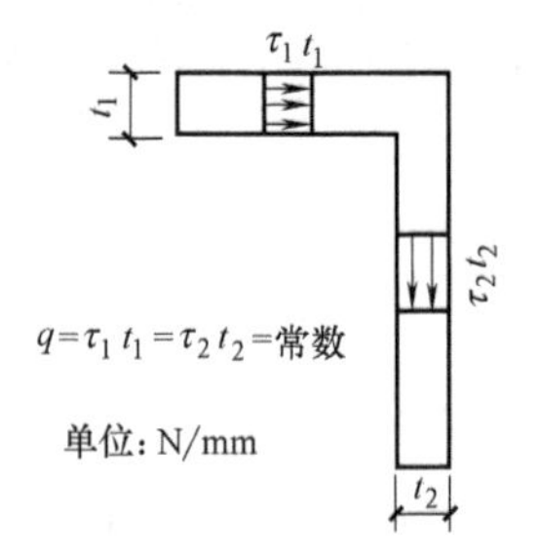

图 5-10　剪力流

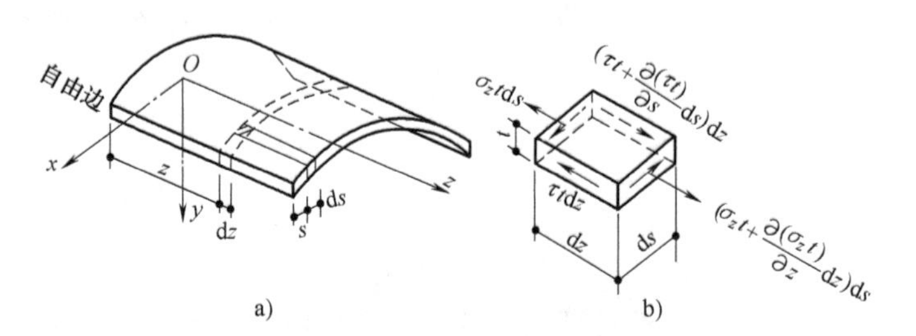

图 5-11　开口薄壁构件受弯

把 $\sigma_z=M_x y/I_x$，$\frac{\partial\sigma_z}{\partial z}=\frac{\partial}{\partial z}\frac{M_x y}{I_x}=\frac{1}{I_x}\frac{\mathrm{d}M_x}{\mathrm{d}z}y=\frac{V}{I_x}y$ 代入式（b），则

$$\tau=-\frac{V}{I_x t}\int_0^s yt\mathrm{d}s \tag{5-13}$$

式中　$\int_0^s yt\mathrm{d}s$——$s=0$ 至 $s=s$ 截面对中和轴 x 的面积矩（曲线坐标 s 的**原点**应取在截面的自由边）。

式（5-13）是开口薄壁构件弯曲剪力流理论的一般计算式，对照材料力学剪应力公式，即（5-7）可见它们在形式上是相同的。不同点：前者的 δ 是指构件截面的宽度（水平尺寸），而后者的 t 是指薄壁的厚度。

图 5-12a 所示为双轴对称工字形截面，利用式（5-13）求剪力 V 作用下的剪应力分布。设 s 的原点取在翼缘（flange）上的 A 点（自由边），则

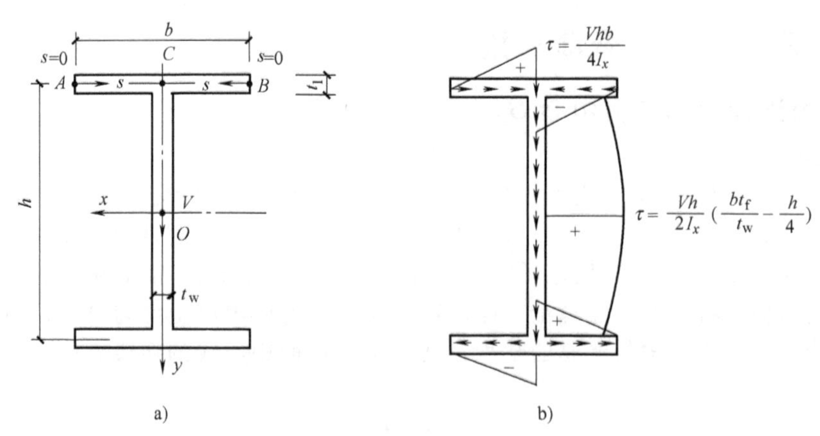

图 5-12　双轴对称工字形截面的剪应力分布

翼缘部分 AC 段$\left(0\leqslant s\leqslant\frac{b}{2}\right)$

$$\tau=-\frac{V}{I_x t_f}\int_0^s\left(-\frac{h}{2}\right)t_f\mathrm{d}s=\frac{Vhs}{2I_x}$$

A 点（$s=0$）　$\tau=0$

C 点$\left(s=\frac{b}{2}\right)$　$\tau=\frac{Vhb}{4I_x}$

腹板（web）部分 CO 段$\left(\frac{b}{2}\leqslant s\leqslant\frac{b}{2}+\frac{h}{2}\right)$

$$\tau=-\frac{V}{I_x t_w}\left[bt_f\left(-\frac{h}{2}\right)+\left(s-\frac{b}{2}\right)t_w\left(\frac{h}{2}-\frac{s-b/2}{2}\right)\right]$$

C 点$\left(s=\frac{b}{2}\right)$　$\tau=\frac{Vhb}{2I_x}\frac{t_f}{t_w}$

O 点$\left(s=\frac{b+h}{2}\right)$　$\tau=\frac{Vh}{2I_x}\left(\frac{bt_f}{t_w}-\frac{h}{4}\right)$

τ 的分布如图 5-12b 所示。τ 的正值代表剪力流跟积分的方向一致，即 τ 沿 s 的正向。对于 BC 段，可取 B 点 $s=0$ 向 C 点进行积分，即可得到与 AC 段相似的结果。

由上所得腹板上的最大剪应力（在 O 点）与按式（5-7）计算结果一致，所以，在计算梁腹板上的剪应力时，式（5-7）同样适用。但对于翼缘上的剪应力，若按式（5-13）与式（5-7）计算，就有很大出入了。

2. 剪力中心 *S*

对于上述双轴对称工字形截面梁，当横向荷载 P 作用在形心轴（如 y 轴）上时，梁只产生弯曲，不产生扭转（图 5-13a）。而对于槽形、T 形和 L 形等非双轴对称截面，若横向荷载作用在非对称轴的形心轴上时，梁常在产生弯曲的同时还伴随有扭转（图 5-13b、c、d）。

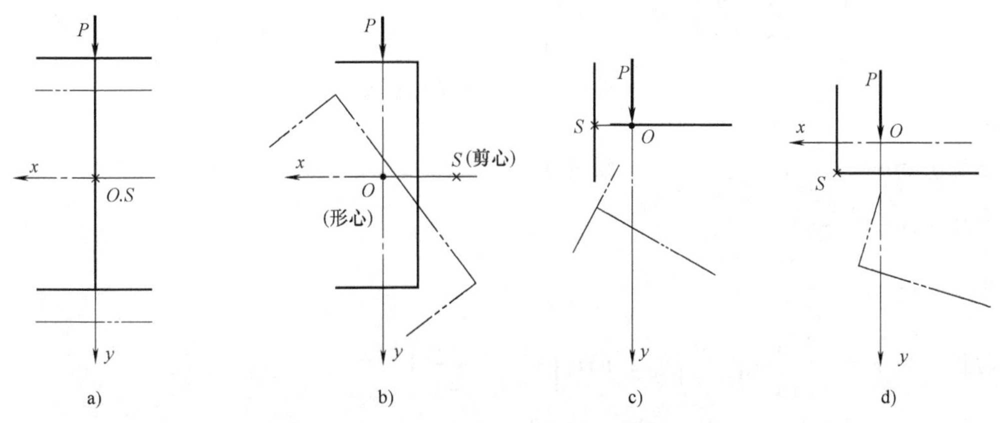

图 5-13　横向荷载 *P* 通过梁截面形心的变形

由图 5-14 可见，随着荷载 P 逐渐向腹板一侧平移，梁的扭转变形将逐渐减少（图 5-14a、b），直到荷载移到某一点 S 时，梁将只在与 yz 平面平行的平面内弯曲而无扭转（图 5-14c），此时，荷载 P 与截面上剪应力的合成剪力 V 必须平衡，即 P 与 V 在同一直线上。因此，剪力 V 一定通过 S 点，故称 S 为**剪力中心**（简称**剪心**）。

由于图 5-14a、b 中 P 与 V 不在同一直线上，有扭矩产生，进而使梁绕 S 点扭转，故 S 点也称**扭转中心**。下面以图 5-15a 所示槽形钢梁为例，说明应用求截面内的合成剪力位置来确定剪心 S 点的方法，分三步进行。

（1）剪应力分布　由式（5-13）求剪应力如下：

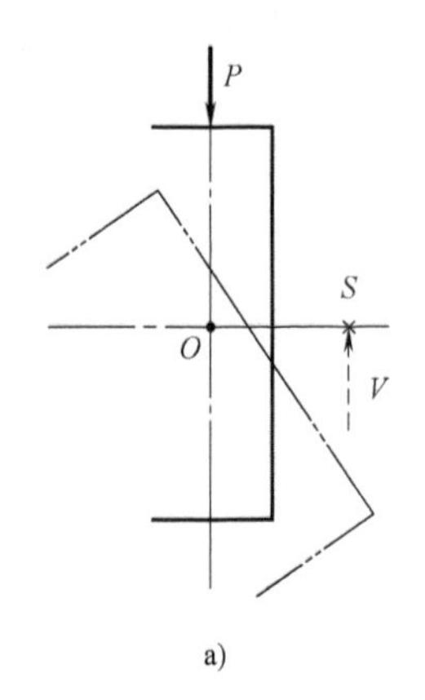

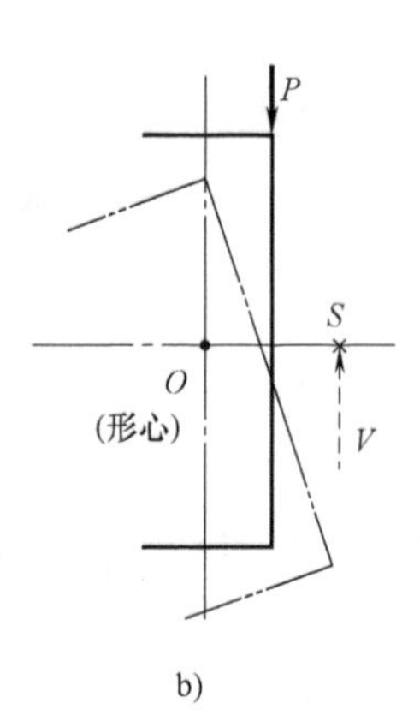

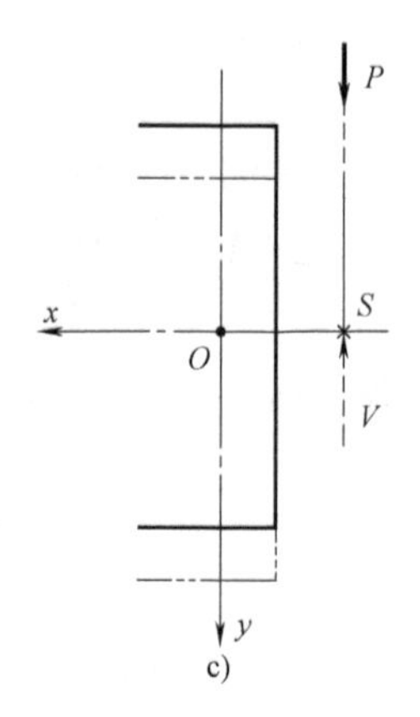

图 5-14 荷载 P 由形心 O 向剪心 S 移动

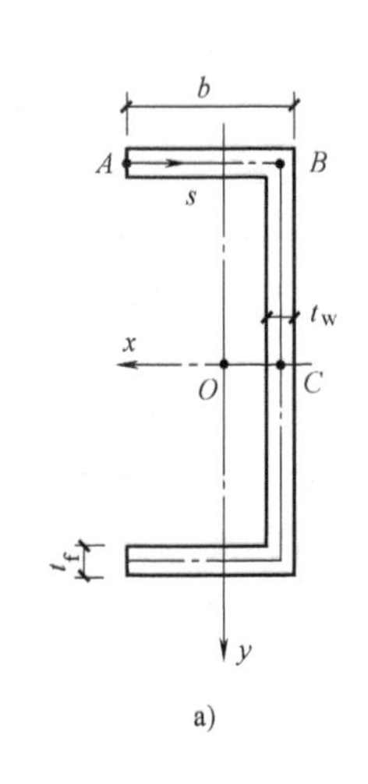

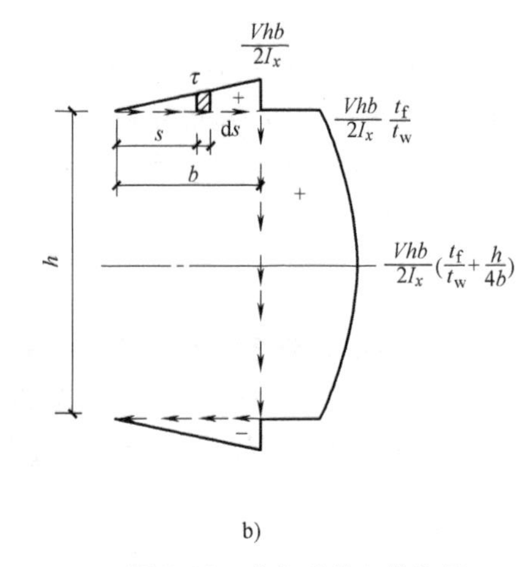

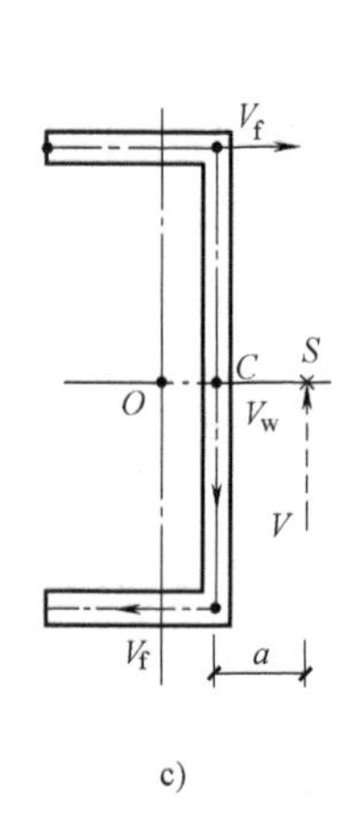

图 5-15 求合成剪心的位置

翼缘上为 $\tau=-\dfrac{V}{I_x t_f}st_f\left(-\dfrac{h}{2}\right)$ （直线变化）

A 点（$s=0$） $\tau=0$

B 点（$s=b$） $\tau=\dfrac{Vhb}{2I_x}$

腹板上为 $\tau=-\dfrac{V}{I_x t_w}\left\{bt_f\left(-\dfrac{h}{2}\right)+(s-b)t_w\left[-\left(\dfrac{h}{2}-\dfrac{s-b}{2}\right)\right]\right\}$

$$=\frac{V}{2I_x}\left[bh\frac{t_f}{t_w}+h(s-b)-(s-b)^2\right]$$ （二次曲线变化）

B 点（$s=b$） $\tau=\dfrac{Vhb}{2I_x}\dfrac{t_f}{t_w}$

C 点$\left(s=b+\dfrac{h}{2}\right)$ $\tau=\dfrac{Vhb}{2I_x}\left(\dfrac{t_f}{t_w}+\dfrac{h}{4b}\right)$

下半截面可用相同方法计算，截面上的剪应力分布如图 5-15b 所示。

（2）剪力 剪力由剪应力分布图 5-15b 计算

翼缘上剪力为 $V_f=\int_0^b \tau t_f \mathrm{d}s$

$$= \int_0^b \left(\frac{s}{b} \cdot \frac{Vhb}{2I_x} \right) t_f \mathrm{d}s = \frac{Vht_f b^2}{4I_x}$$

腹板上剪力为

$$V_w = 2\int_0^{b+h/2} \tau t_w \mathrm{d}s$$

$$= \frac{V}{I_x}\int_b^{b+h/2} \left[bh\frac{t_f}{t_w} + h(s-b) - (s-b)^2 \right] t_w \mathrm{d}s$$

$$= \frac{V}{I_x}\left(t_w \frac{h^3}{12} + \frac{t_f bh^2}{2} \right) = V$$

剪力计算结果示于图 5-15c。

（3）剪心 S 位置　如图 5-15c 所示，假定剪心 S 距腹板中线的距离为 a，则对腹板中心 C 点求矩，由平衡条件

$$V_f h - Va = 0$$

可得

$$a = \frac{V_f h}{V} = \frac{Vht_f b^2}{4I_x} \cdot \frac{h}{V} = \frac{t_f b^2 h^2}{4I_x} \tag{5-14}$$

或

$$a = \frac{V_f h}{V_w} = \frac{t_f b^2 h^2}{4[t_w h^3/12 + 2t_f b(h/2)^2]} = \frac{3t_f b^2}{t_w h + 6t_f b} \tag{5-15}$$

如果荷载作用在截面的 x 轴方向，由于截面对称，剪应力的合力一定通过 x 轴，也说明剪心 S 一定位于对称轴上。

由式（5-14）或式（5-15）可见，剪心 S 仅与截面的形状尺寸有关，而与荷载无关。

根据上述简单的分析，可得剪心 S 位置的三点规律：

1）单轴对称截面，剪心一定在对称轴上（图 5-15c）。

2）双轴对称截面，剪心 S 与形心 O 重合（图 5-13a）。

3）由矩形薄板相交于一点组成的截面，因为合成剪力一定通过相交点，所以剪心必在交点上（图 5-16）。

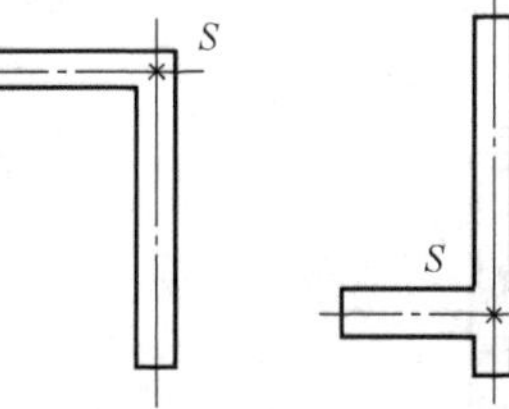

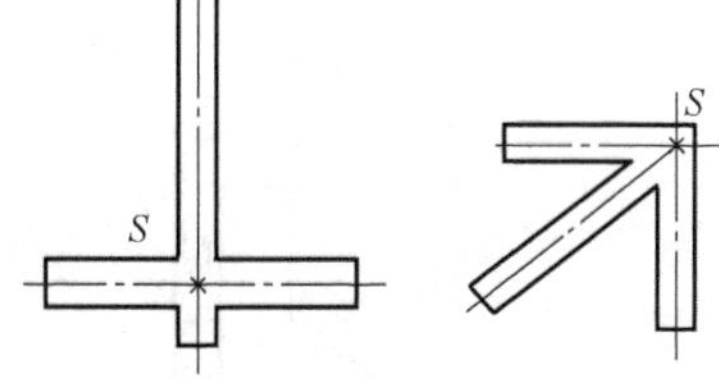

图 5-16　剪心 S 的位置

5.4.2　开口薄壁杆的扭转

开口薄壁杆在扭矩作用下，按照荷载和支承条件的不同，扭转有两种形式。一种称为自由扭转、纯扭转或圣维南扭转（St. Venant torsion）（图 5-17），另一种称为约束扭转、弯曲扭转或翘曲扭转（warping torsion）（图 5-19）。

非圆截面杆的扭转与圆截面杆的扭转不同，前者扭转后的截面不再保持平面而要发生翘曲（截面凹凸），即截面上各点有沿杆轴方向位移产生。

1. 自由扭转

图 5-17 所示工字形等截面梁，两端无约束，只受大小相等、方向相反的扭矩 M_s 作用，杆产生自由扭转。自由扭转有两个特点：

图 5-17　自由扭转示意

1）杆件各截面的扭转角相同。因此，杆的纵向纤维不产生轴向应变，截面上没有正应力而只有扭转引起的剪应力 τ_s，剪应力的分布与杆件截面的形状有关，但各截面上的分布情况都相同。

2）纵向纤维不发生弯曲，即翼缘和腹板上的纵向纤维保持直线。杆件单位长度的扭转角（即扭转率）为常量

$$\theta=\frac{\mathrm{d}\varphi}{\mathrm{d}z}=\frac{M_{\mathrm{s}}}{GI_{\mathrm{t}}} \tag{5-16}$$

式中 φ——截面的扭转角；

G——材料的剪切模量；

I_{t}——截面的扭转常数或称自由扭转惯性矩。

对几个狭长矩形所组成的截面，如I形、槽形、T形、L形、Z形等，其扭转常数

$$I_{\mathrm{t}}=\frac{k}{3}\sum_{i=1}^{n}b_i t_i^3 \tag{5-17}$$

式中 n——组成截面的狭长矩形的数目；

b_i、t_i——第 i 个狭长矩形的长度、厚度；

k——截面形状系数，角钢截面 $k=1.0$，工字钢截面 $k=1.30$，槽钢截面 $k=1.12$，T字钢截面 $k=1.20$，组合截面 $k=1.0$。

由式（5-16）可求出杆件任意截面（z 处）相对于左端的扭角 φ 与扭矩之关系为

$$\varphi=\frac{M_{\mathrm{s}}}{GI_{\mathrm{t}}}z \tag{5-18}$$

开口薄壁杆自由扭转时，截面上的剪应力方向与中心线平行，且沿薄壁厚度 t 线性分布，在中线上的剪应力为零（图5-18），这相当于在截面内形成闭合循环的剪力流。截面周边上任意点的剪应力

$$\tau_{\mathrm{s,max}}=\frac{M_{\mathrm{s}}t}{I_{\mathrm{t}}} \tag{5-19}$$

因为外扭矩由剪应力组成的力矩来平衡，所以若壁越薄，剪应力构成的内力臂就小，截面上将出现较大的剪应力，杆的抗扭能力就较差。

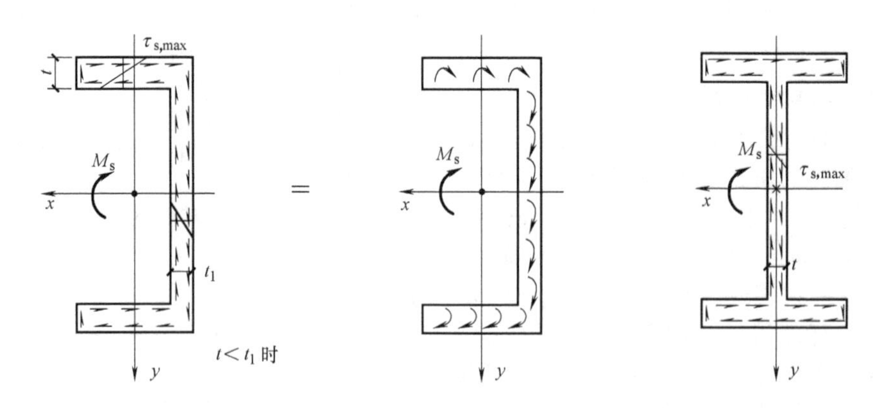

图5-18 开口薄壁杆的自由扭转

2. 约束扭转

如果开口薄壁杆在外荷载作用下发生扭转，由于支座的阻碍或其他原因，使杆的截面不能自由翘曲，这就出现了约束扭转（图5-19）。

（1）约束扭转的特点

1）杆件各截面的翘曲不相同，杆件的纵向纤维将发生拉伸或压缩变形，即截面翘曲。因此，截面上不仅有扭转剪应力 τ_{s}，还有约束扭转正应力 σ_{w}，由于 σ_{w} 的分布取决于杆截面的

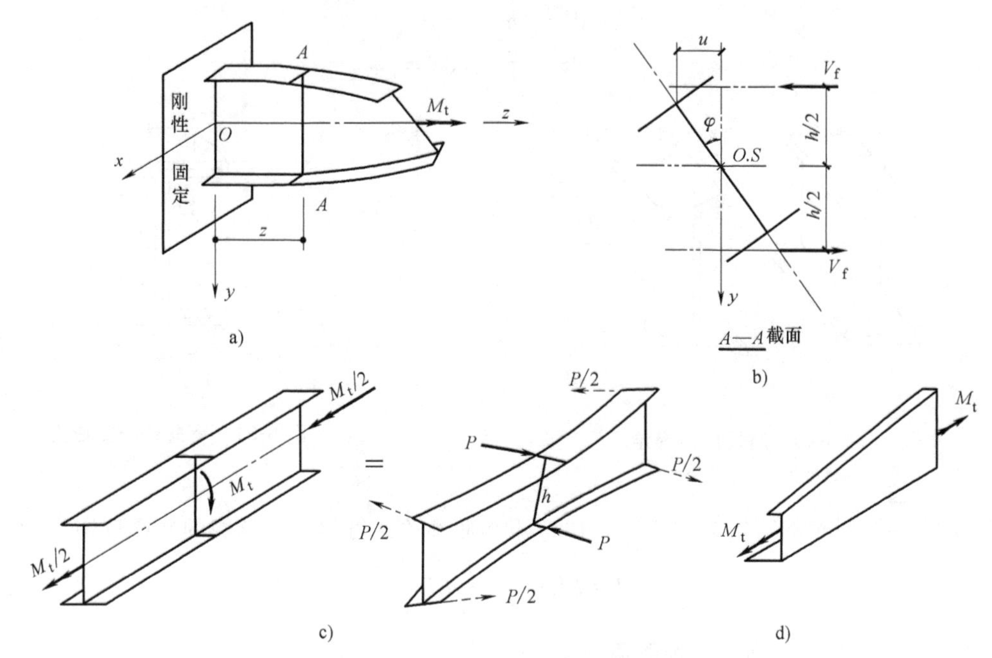

图 5-19　开口薄壁杆的约束扭转

扇性坐标，故 σ_w 也叫**扇性正应力**。各纤维正应力不相同导致杆件弯曲，故约束扭转又常称为弯曲扭转。由于杆弯曲，必将产生弯曲扭转剪应力 τ_w，即**扇性剪应力**。

2）扭率沿杆长变化。如图 5-19a 所示的工字梁，左端刚性固定，右端自由并受扭矩 M_t 作用。由于固定端截面不能翘曲（保持平面），它将约束其他截面不能自由翘曲。约束的程度随截面离固定端距离的增大而减小。由于各截面的翘曲情况不同，翼缘和腹板上的纵向纤维不再保持直线而发生弯曲。

如果工字截面杆在跨中承受集中扭矩 M_t，并在两端有数值为 $M_t/2$ 的扭矩与之平衡（图 5-19c）。这时由于变形对称于杆跨中，杆的中央截面应保持平面，而其他截面有翘曲，也会发生约束扭转，使杆的翼缘和腹板发生弯曲，为更清楚说明现象，现用力偶 Ph 来代替杆上的扭矩 M_t 如图 5-19c 所示。

对于变截面的薄壁杆，即使承受沿杆长不变的扭矩（图 5-19d），也会因各截面翘曲不同而将发生约束扭转。

开口薄壁杆在约束扭转时截面上的应力分布是一个静不定问题。在实用计算中，结合杆件扭转时的变形，其计算的基础是以弗拉索夫的两个假定：截面周边不变形，即刚性周边假定（图 5-20b）和中间层上的材料不承受剪切，即剪切变形等于零。

因翼缘弯曲而产生的弯曲扭转剪应力 τ_w 沿翼缘板厚 t 均匀分布（图 5-21）。每一翼缘中 τ_w 之和应为弯曲扭转剪力 V_f，即在上、下翼缘中作用有大小相等、方向相反的剪力 V_f（图 5-19b），并形成内扭矩

$$M_w = V_f h \tag{5-20}$$

式中　M_w——约束扭矩或弯曲扭矩。

由图 5-19b 可求上翼缘在 x 方向产生的位移

$$u = \frac{h}{2}\varphi$$

从而可得曲率

$$\frac{d^2u}{dz^2}=\frac{h}{2}\cdot\frac{d^2\varphi}{dz^2}$$

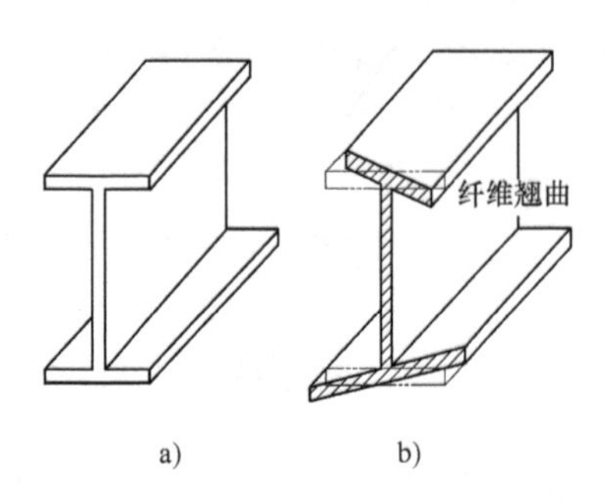

图 5-20 刚性周边假定
a）变形前 b）变形后

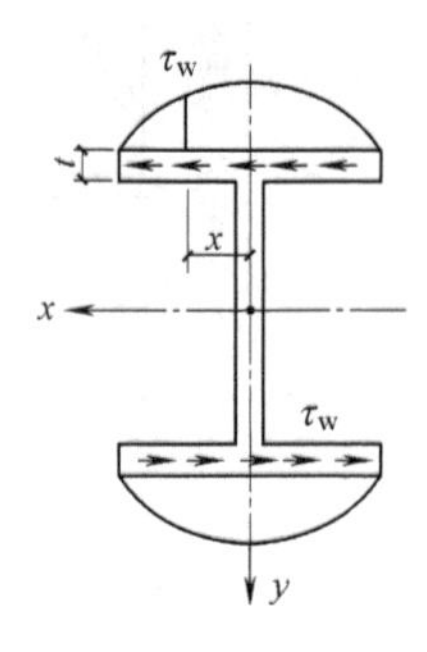

图 5-21 弯曲扭转剪应力

若取图 5-22 所示的弯矩方向为正，由弯矩和曲率关系可得一个翼缘的侧向弯矩

$$M_f=EI_f\frac{d^2u}{dz^2}=\frac{h}{2}EI_f\frac{d^2\varphi}{dz^2} \tag{5-21}$$

式中 I_f——一个翼缘截面对 y 轴的惯性矩。

再由上翼缘内力 $\sum M_B=0$，可得弯曲扭转剪力

$$V_f=-\frac{dM_f}{dz}$$

把式（5-21）代入得

$$V_f=-\frac{h}{2}EI_f\frac{d^3\varphi}{dz^3} \tag{5-22}$$

从而，式（5-20）的弯曲扭矩

$$M_w=-\frac{EI_fh^2}{2}\cdot\frac{d^3\varphi}{dz^3} \tag{5-23}$$

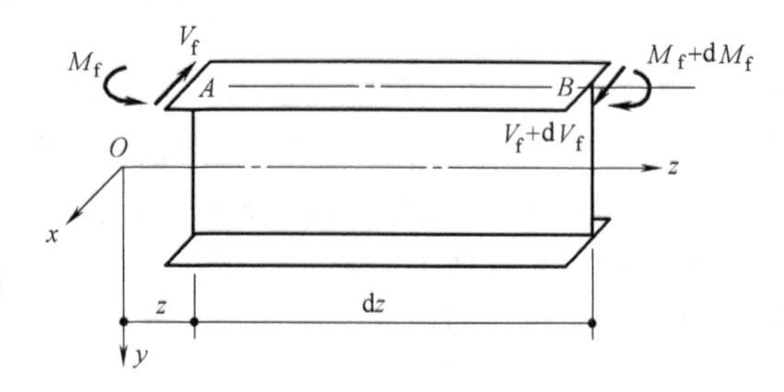

图 5-22 翼缘的侧向弯矩 M_f

令

$$I_w=\frac{I_fh^2}{2}=\frac{I_yh^2}{4} \tag{5-24}$$

式（5-23）变成

$$M_w=-EI_w\frac{d^3\varphi}{dz^3} \tag{5-25}$$

式中 I_w——翘曲常数或扇性惯性矩，约束扭转计算中一个重要的截面几何性质。对双轴对称工字形截面 I_w 值可按式（5-24）计算，对于其他几种常用的 I_w 值可由附表 10-1 中的公式算出。

现设杆件的外加扭矩为 M_t，则由内外扭矩平衡条件 $M_t=M_s+M_w$，并将式（5-16）和式（5-25）代入，则

$$M_t=GI_t\varphi'-EI_w\varphi''' \tag{5-26}$$

式（5-26）为开口薄壁杆件约束扭转计算的一般公式。式中 GI_t 和 EI_w 分别称为截面的自由扭转刚度和翘曲刚度。

（2）约束扭转应力的计算 由上可见，M_f、V_f、M_s 和 M_w 等内力都是扭转角 φ 或扭转率 θ 的函数，必须按式（5-26）解出 φ 或 θ 值后才能进行具体计算。一旦求得 M_f 和 V_f 后，梁的弯曲扭转正应力 σ_w 和剪应力 τ_w 便可应用下列公式进行计算。

1）扇性正应力 σ_w。与 σ_w 相应的内力是弯曲扭转双力矩 B（简称：双力矩），即

$$B=\int_A \sigma_w w \mathrm{d}A \tag{5-27}$$

由此知，双力矩 B 可以视为 σ_w 的力矩，该力矩的“臂”为扇性坐标或翘曲函数 w（图 5-23a），它表示截面上任一点翘曲的相对数值

$$w=\int_0^s r\mathrm{d}s \tag{5-28}$$

式中　r——截面剪心 S 至各板段中线的垂直距离，均取正号；

　　s——由剪心 S 算起的截面上任意点的 s 坐标。

s 的方向规定为绕剪心 S 顺时针回转为正。因此，对双轴对称工字形截面，其扇性坐标如图 5-23b 所示。

由薄壁杆约束扭转理论知，扇性正应力 σ_w 按截面扇性坐标规律分布，即

$$\sigma_w=Ew\varphi'' \tag{5-29}$$

把式（5-29）代入式（5-27），得

$$B=E\varphi''\int_A w^2\mathrm{d}A$$

式中　$\int_A w^2\mathrm{d}A$——截面的扇性惯性矩，等于 I_w。

因此

$$B=EI_w\varphi'' \tag{5-30}$$

比较式（5-29）和式（5-30），可得

$$\sigma_w=\frac{Bw}{I_w} \tag{5-31}$$

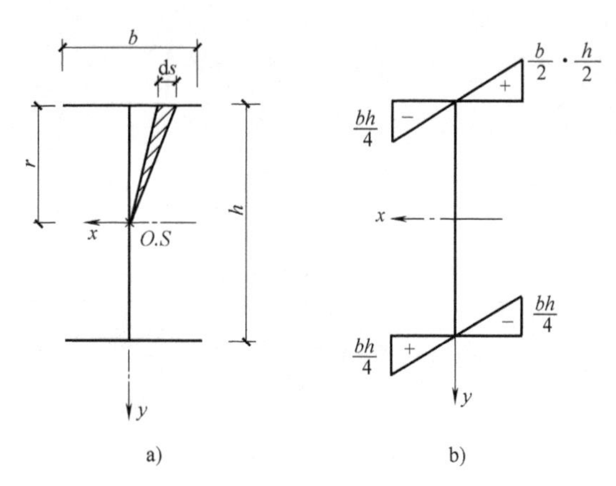

图 5-23　扇性坐标

式（5-31）就是扇性正应力 σ_w 与双力矩 B 之间的关系。

再比较式（5-25）与式（5-30），得

$$M_w=\frac{\mathrm{d}B}{\mathrm{d}z} \tag{5-32}$$

式（5-32）就是双力矩 B 与弯曲扭转力矩 M_w 之间的关系。

若将式（5-21）、式（5-24）代入式（5-30），可得双轴对称工字形截面的双力矩

$$B=\frac{2M_f}{hI_f}I_w=\frac{2M_fI_w}{h(2I_w/h^2)}=M_fh \tag{5-33}$$

2）扇性剪应力 τ_w。翼缘的弯曲扭转剪力 V_f 求得后，可用一般材料力学剪应力公式，即式（5-7）来求 τ_w。图 5-21 所示任一点的扇性剪应力 τ_w 计算为

$$\begin{aligned}\tau_w&=\frac{V_fS}{I_ft}=\frac{V_f}{(tb^3/12)t}\left(\frac{b}{2}-x\right)t\left(\frac{x+b/2}{2}\right)\\&=\frac{3}{2}\frac{V_f}{A_f}\left[1-\left(\frac{2x}{b}\right)^2\right]\end{aligned} \tag{5-34}$$

式中，$A_f=bt$。

［例 5-1］　求图 5-24a 所示双轴对称工字形截面梁的最大弯曲正应力 σ 和弯曲扭转正应力 σ_w。该梁两端分别简支在固定铰和滚动铰的叉形支座上（简称：叉形简支）。受偏心横向均布荷载 $q=90\text{kN/m}$（计算值），钢材采用 Q235，$E=206\times10^3\text{N/mm}^2$，$G=79\times10^3\text{N/mm}^2$，假定

忽略梁的自重。

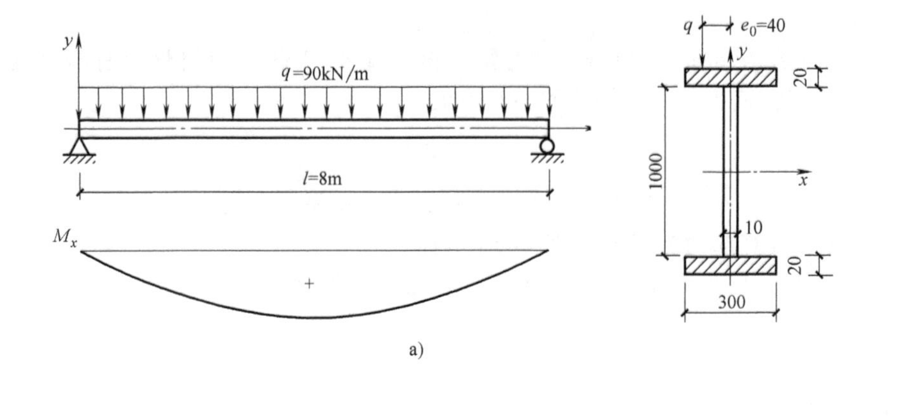

a)

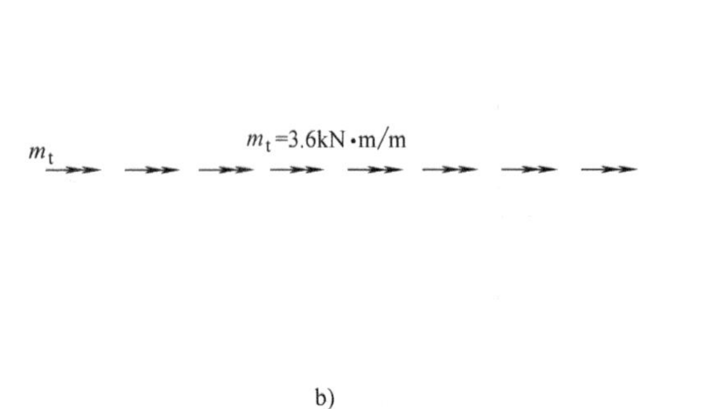

b)

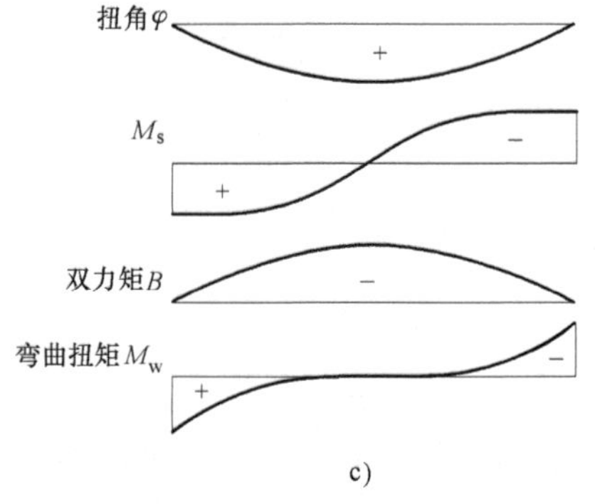

c)

图 5-24 ［例 5-1］图

［解］ 1）$M_{x,\max}=ql^2/8=90\times8^2\div8\text{kN}\cdot\text{m}=720\text{kN}\cdot\text{m}$

梁的均布扭矩

$$m_t=qe_0=90\times0.04\text{kN}\cdot\text{m/m}=3.6\text{kN}\cdot\text{m/m}$$

2）梁截面几何性质

$$I_x=(30\times104^3-29\times100^3)\div12\text{cm}^4=395493\text{cm}^4$$

$$W_x=I_x/(h/2)=395493\div52\text{cm}^3=7606\text{cm}^3$$

由式（5-17）知 $I_t=(100\times1^3+2\times30\times2^3)\div3\text{cm}^4=193\text{cm}^4$

由式（5-24）知 $I_w=I_f h^2/2=(2\times30^3\div12)\times102^2\div2\text{cm}^6=2.34\times10^7\text{cm}^6$

由图 5-23b 知 $w_{\max}=\mp\dfrac{bh}{4}=\mp\dfrac{30\times102}{4}\text{cm}^2=\mp765\text{cm}^2$（直线变化）

3）计算双力矩 B，对式（5-26）求导

$$EI_w\varphi^{(4)}-GI_t\varphi''=m_t \tag{a}$$

令

$$\alpha^2=\frac{GI_t}{EI_w}\quad(1/\text{cm}^2) \tag{b}$$

式（a）变成

$$\varphi^{(4)}-\alpha^2\varphi''=\frac{m_t}{EI_w} \tag{c}$$

式（c）的通解

$$\varphi=C_1+C_2z+C_3\sinh\alpha z+C_4\cosh\alpha z-\frac{m_t z^2}{2GI_t} \tag{d}$$

代入边界条件 $z=0$ 及 $z=l$ 时，$\varphi=\varphi''=0$，可得方程组

$$\begin{bmatrix}1 & 0 & 0 & 1\\ 1 & l & \sinh\alpha l & \cosh\alpha l\\ 1 & 0 & 0 & \alpha^2\\ 1 & 0 & \alpha^2\sinh\alpha l & \alpha^2\cosh\alpha l\end{bmatrix}\begin{bmatrix}C_1\\ C_2\\ C_3\\ C_4\end{bmatrix}-\frac{m_t}{GI_t}\begin{bmatrix}0\\ l^2/2\\ 1\\ 1\end{bmatrix}=\begin{bmatrix}0\\ 0\\ 0\\ 0\end{bmatrix}$$

解得

$$\begin{bmatrix}C_1\\ C_2\\ C_3\\ C_4\end{bmatrix}=\frac{m_t}{GI_t}\begin{bmatrix}-1/\alpha^2\\ l/2\\ (1/\sinh\alpha l-\cosh\alpha l/\sinh\alpha l)/\alpha^2\\ 1/\alpha^2\end{bmatrix}$$

代入式（d），即得扭转角方程式为

$$\varphi=\frac{m_t}{\alpha^2 GI_t}\left[\frac{\sinh\alpha z+\sinh\alpha(l-z)}{\sinh\alpha l}+\frac{\alpha^2 z}{2}(l-z)-1\right] \tag{5-35}$$

由式（5-16）知

$$M_s=GI_t\varphi'=\frac{m_t}{\alpha}\left[\frac{\cosh\alpha z-\cosh\alpha(l-z)}{\sinh\alpha l}+\alpha\left(\frac{l}{2}-z\right)\right] \tag{5-36}$$

由式（5-30）知

$$B=EI_w\varphi''=\frac{m_t}{\alpha^2}\left[\frac{\sinh\alpha z+\sinh\alpha(l-z)}{\sinh\alpha l}-1\right]$$

$$=\frac{m_t}{\alpha^2}\left[\frac{\cosh\alpha\left(\frac{l}{2}-z\right)}{\cosh(\alpha l/2)}-1\right] \tag{5-37}$$

由式（5-25）知

$$M_w=-EI_w\varphi'''=-\frac{m_t}{\alpha}\cdot\frac{\cosh\alpha z-\cosh\alpha(l-z)}{\sinh\alpha l} \tag{5-38}$$

由式（5-35）~式（5-38）绘出的分布图形，如图 5-24c 所示。在跨中的最大双力矩 B_{max} 为

$$B_{max}=\frac{m_t}{\alpha^2}\left[\frac{1}{\cosh(\alpha l/2)}-1\right]$$

式中
$$\alpha^2=\frac{GI_t}{EI_w}=\frac{79\times10^3\times193}{206\times10^3\times23.4\times10^6}(1/\text{cm}^2)=0.003163\times10^{-3}(1/\text{cm}^2)$$

$$\alpha=0.001778(1/\text{cm})$$

$$\alpha l=0.001778\times8\times10^2=1.422$$

$$\cosh(\alpha l/2)=\cosh\left(\frac{1.422}{2}\right)=1.264$$

从而
$$B_{max}=\frac{3.6}{0.003163\times10^{-3}}\left(\frac{1}{1.264}-1\right)$$

$$=-0.2377\times10^6\text{kN}\cdot\text{cm}^2$$

$$= -23.77\text{kN}\cdot\text{m}^2$$

4）最大弯曲正应力

$$\sigma = M_{x,\max}/W_x = 720\times10^6 \div 7606000\text{N/mm}^2$$
$$= 94.66\text{N/mm}^2$$

5）最大弯曲扭转正应力 σ_w，由式（5-31）计算得

$$\sigma_w = Bw/I_w = \frac{-23.77\times10^9(\pm765\times10^2)}{2.34\times10^7\times10^6}\text{N/mm}^2$$
$$= \pm77.71\text{N/mm}^2(\text{正号表示拉应力})$$

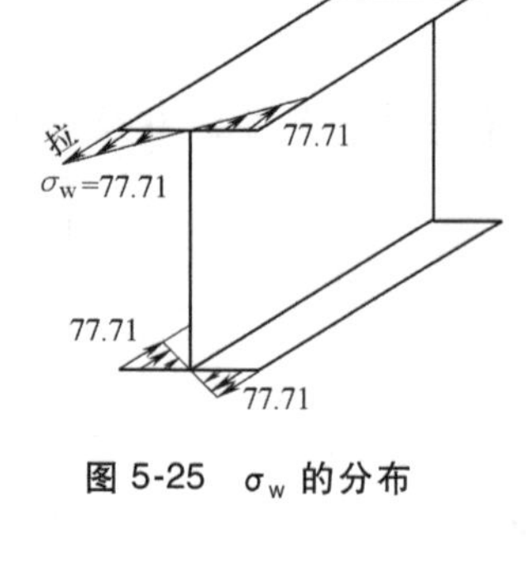

图 5-25　σ_w 的分布

σ_w 的分布情况如图 5-25 所示。

截面的最大正应力为

$$|\sigma_{\max}| = |-94.66-77.71|\text{N/mm}^2 = 172.37\text{N/mm}^2$$

5.5　闭口薄壁构件的自由扭转

闭口薄壁杆自由扭转时，截面上剪应力的分布与开口截面完全不同，没有如图 5-18 所示的闭合循环的剪力流，闭口截面壁厚两侧剪应力方向相同（图 5-27a）。一般认为薄壁构件剪应力沿厚度均匀分布，方向为切线方向（图 5-26），任一处壁厚的剪力 τt 均为常数。微元段 ds 上的剪力对原点的力矩为 $h\tau t\text{d}s$，自由扭转力矩为

$$M_s = \oint h\tau t\text{d}s = \tau t\cdot\oint h\text{d}s = \tau t\cdot 2A$$

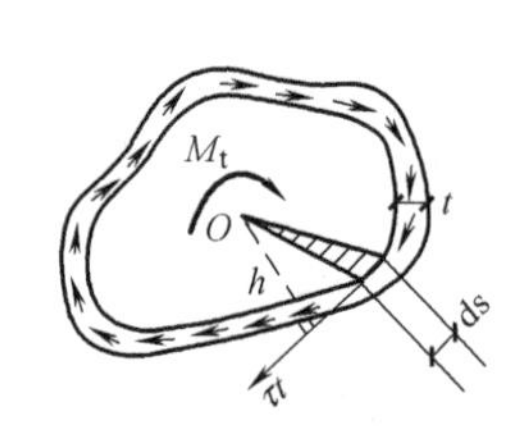

图 5-26　闭口截面的纯扭转

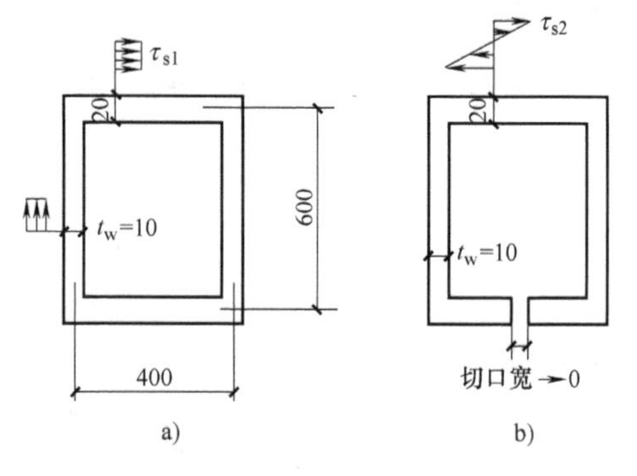

图 5-27　闭口、开口截面的剪应力分布

a）闭口截面　b）开口截面

可得

$$\tau = \frac{M_s}{2At} \tag{5-39}$$

式中　h——剪力作用线至原点的距离；

A——闭口截面壁厚中心线所围成的面积。

闭口截面的抗扭能力比开口截面的大得多。对于图 5-27a 腹板上的剪应力最大为

$$\tau_{s1} = \frac{M_s}{2At_w} = \frac{M_s}{2\times400\times600\times10} = \frac{M_s}{4.8\times10^6}$$

对于图 5-27b，翼缘板上、下边缘的剪应力最大，由式（5-19）得

$$\tau_{s2} = \frac{M_s t}{I_t} = \frac{M_s\times20}{2840\times10^3} = \frac{M_s}{0.142\times10^6}$$

式中的 I_t 是由式（5-17）（槽形截面 $k=1.12$）计算

$$I_t=\frac{1.12}{3}\times(40\times2^3+2\times20\times2^3+2\times60\times1^3)\text{cm}^4=284\text{cm}^4=284\times10^4\text{mm}^4$$

比较可见，开口截面上的剪应力比闭口的大，约为 $\tau_{s2}/\tau_{s1}=\dfrac{M_s}{0.142\times10^6}\Big/\dfrac{M_s}{4.8\times10^6}\approx33.8$ 倍。

5.6　梁的整体稳定性（弯扭屈曲）

5.6.1　基本概念

某两端叉形简支梁，在跨中受横向集中荷载 P 作用时，其跨中弯矩 M 和跨中挠度 v 的关系曲线如图 5-28 所示。如果承载力由强度控制，跨中截面的弯矩应按曲线 Oa（虚线）经弹性阶段、弹塑性阶段，最后到达塑性阶段，形成塑性弯矩 M_p 而破坏。如果截面的侧向抗弯刚度和抗扭刚度不足（如窄而高的开口工字形截面），梁会在截面形成塑性铰以前，甚至在弹性阶段，就有可能突然发生绕弱轴 y 的侧向弯曲，同时伴随扭转变形而破坏。这时梁的承载力低于按强度计算的承载能力，如图 5-28 中的实曲线 Oc 或 Ob 所示。称这种破坏形式为梁的弯扭屈曲或梁丧失（侧向）整体稳定。当梁的两端有弯矩 M_x 作用时，同样也会发生这种破坏现象（图 5-29）。这种使梁丧失整体稳定的外荷载或外弯矩，称为临界荷载 P_{cr} 或临界弯矩 $M_{x,cr}$。

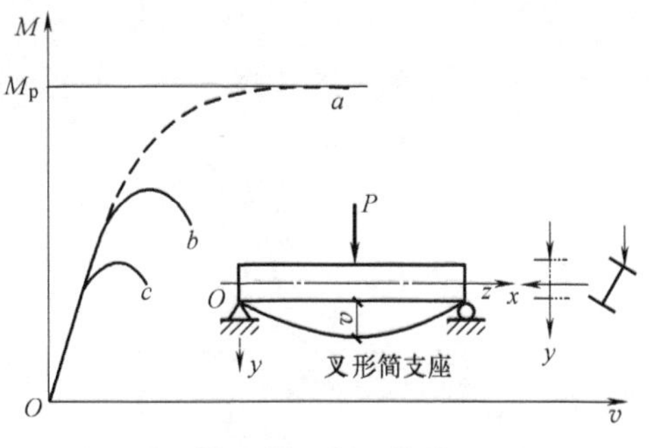

图 5-28　M-v 关系

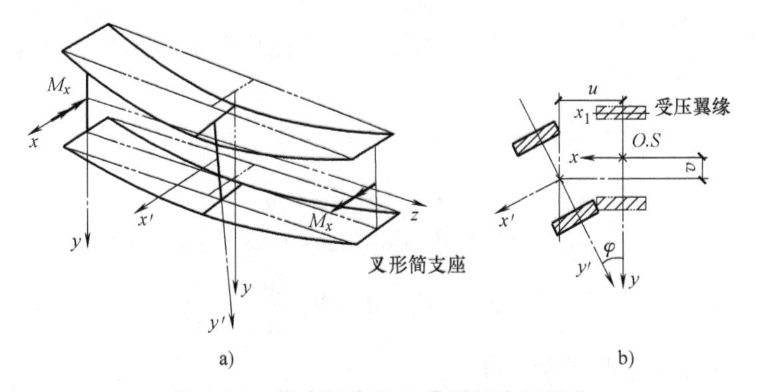

图 5-29　梁在纯弯矩作用下的弯扭屈曲

平面弯曲的梁会发生平面外的侧向弯曲和扭转破坏的本质：从性质的近似性，可以把梁的受压翼缘视为轴心压杆，而压杆理应倾向于绕刚度较小轴（图 5-29b 中 x_1 轴）屈曲。但由于梁的腹板对该受压翼缘提供了连续的支持作用，使此屈曲不能发生。因此，当压力增大到一定数值时，受压的上翼缘就只能绕 y 轴产生屈曲，这必将带动梁的整个截面一起发生侧向位移并伴随扭转，这就是钢梁丧失整体稳定的原因和实质。

5.6.2　临界弯矩 $M_{x,cr}$

图 5-30 所示为一根双轴对称工字形截面叉形简支梁受纯弯曲 M_x 时的弯扭屈曲情况，图中的梁用梁轴表示，弯矩 M_x 用矢量→→表示。取 xyz 为固定坐标（右手法则），截面发生位移后的活动坐标相应取为 $x'y'z'$。假定截面剪心 S 沿 x、y 轴方向的位移分别为 u、v，沿坐标轴的正向为正。截面的扭转角为 φ，绕 z 轴正向作右手螺旋方向旋转为正。由于小变形，xz 和 yz

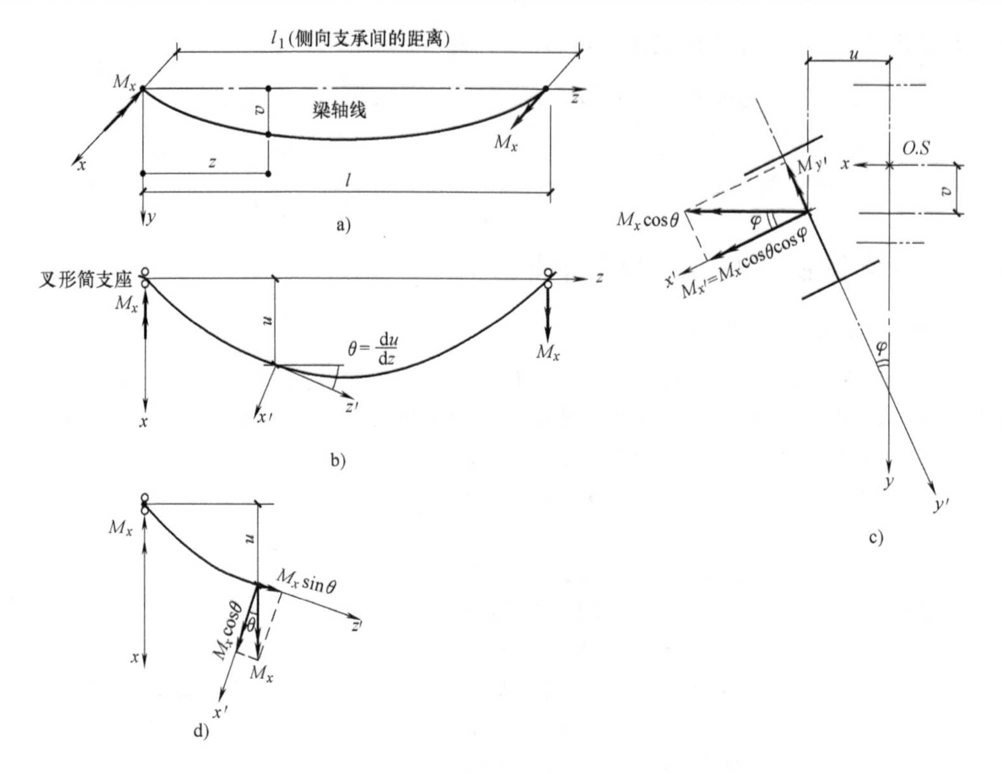

图 5-30 纯弯矩作用下梁的弯扭屈曲

a）三轴图 b）俯视图 c）z 截面 d）脱离体

平面内的曲率分别为$\frac{d^2u}{dz^2}$和$\frac{d^2v}{dz^2}$，并认为在 $x'z'$ 和 $y'z'$ 平面内的曲率不变。在角度关系方面可取 $\sin\theta \approx \theta = \frac{du}{dz}$，$\sin\varphi = \varphi$，$\cos\theta = \cos\varphi \approx 1$。从而，由图 5-30b、c 知

绕 x' 轴弯矩 $M_{x'} = M_x \cos\theta\cos\varphi \approx M_x$

绕 y' 轴弯矩 $M_{y'} = M_x \cos\theta\sin\varphi \approx M_x\varphi$

绕 z' 轴扭矩 $M_{z'} = M_x \sin\theta \approx M_x \frac{du}{dz}$

根据材料力学中弯矩与曲率关系得

$$EI_x \frac{d^2v}{dz^2} = -M_{x'} = -M_x \tag{5-40}$$

$$EI_y \frac{d^2u}{dz^2} = -M_{y'} = -M_x\varphi \tag{5-41}$$

和式（5-26）内、外扭矩间的关系为

$$GI_t\varphi' - EI_w\varphi''' = M_{z'} = M_x \frac{du}{dz} \tag{5-42}$$

式（5-40）仅是位移 v 的函数，可以独立求解，而式（5-41）和式（5-42）均为 u 和 φ 的函数，必须联立求解：将式（5-42）对 z 求导，并利用式（5-41）消去$\frac{d^2u}{dz^2}$，可得关于扭角 φ 的四阶线性齐次常微分方程

$$EI_w\varphi'''' - GI_t\varphi'' - \frac{M_x^2}{EI_y}\varphi = 0 \tag{5-43}$$

引入符号

$$k_1 = \frac{GI_t}{2EI_w} \quad 和 \quad k_2 = \frac{M_x^2}{EI_y EI_w} \tag{5-44}$$

代入式（5-43）

$$\varphi'''' - 2k_1\varphi'' - k_2\varphi = 0 \tag{5-45}$$

解得

$$\varphi = C_1\sin n_1 z + C_2\cos n_1 z + C_3\sinh n_2 z + C_4\cosh n_2 z$$

其中

$$\left.\begin{aligned} n_1 &= \sqrt{\sqrt{k_1^2+k_2^2}-k_1} \\ n_2 &= \sqrt{\sqrt{k_1^2+k_2^2}+k_1} \end{aligned}\right\} \tag{5-46}$$

积分常数 C_i（$i=1\sim4$）由边界条件确定，梁端截面不能扭转但可自由绕曲，即 $z=0$ 和 $z=l$ 处，$\varphi=\varphi''=0$，从而，可得齐次方程组

$$\begin{bmatrix} 0 & 1 & 0 & 1 \\ 0 & -n_1^2 & 0 & n_2^2 \\ \sin n_1 l & 0 & \sinh n_2 l & 0 \\ -n_1^2\sin n_1 l & 0 & n_2^2\sinh n_2 l & 0 \end{bmatrix} \begin{bmatrix} C_1 \\ C_2 \\ C_3 \\ C_4 \end{bmatrix} = \begin{bmatrix} 0 \\ 0 \\ 0 \\ 0 \end{bmatrix} \tag{5-47}$$

由式（5-47）的前两式，得 $C_2=C_4=0$；由后两式消去 C_1，可得

$$C_3(n_1^2+n_2^2)\sinh n_2 l = 0$$

因 n_1^2、n_2^2 和 $\sinh n_2 l$ 总是正值，不为零，则必有 $C_3=0$。从而，由式（5-47）的第三式，得

$$C_1\sin n_1 l = 0$$

因 $C_1 \neq 0$，必有

$$\sin n_1 l = 0 \tag{5-48}$$

满足的 n_1 最小值应为

$$n_1 = \pi/l \tag{5-49}$$

把式（5-49）代入式（5-46），即可求得 M_x，此值就是双轴对称工字形截面简支梁受纯弯曲时的临界弯矩，即

$$M_{x,cr} = \frac{\pi}{l}\sqrt{EI_y GI_t}\sqrt{1+\pi^2\frac{EI_w}{l^2 GI_t}} \tag{5-50}$$

式中　EI_y、GI_t 和 EI_w——截面的侧向抗弯刚度、自由扭转刚度和翘曲刚度；

l——梁的侧向支承间的距离（图 5-30a），$l=l_1$。

令 $\psi = \frac{E}{l^2 GI_t}I_w = \frac{E}{l^2 GI_t}\left(\frac{I_y h^2}{4}\right) = \left(\frac{h}{2l}\right)^2\frac{EI_y}{GI_t}$，$k=\pi\sqrt{1+\pi^2\psi}$，式（5-50）变成

$$M_{x,cr} = \frac{k}{l}\sqrt{EI_y GI_t} \tag{5-51}$$

式中　k——梁整体稳定屈曲系数，对于其他种类的荷载，k 值见表 5-2。

由表 5-2 可见：

1）纯弯曲时的 k 值最低。这是由于纯弯曲时（图 5-31a）梁的弯矩沿梁长不变，即所有截面的弯矩均为最大值，而其他两种荷载情况（图 5-31b、c），弯矩仅在跨中为最大值，其余

截面的弯矩均较小。

表 5-2　双轴对称工字形截面简支梁的整体稳定屈曲系数 k 值

荷载作用位置	荷载种类		
	M M l	q l	P l
截面形心上	$\pi\sqrt{1+\pi^2\psi}$	$1.13\pi\sqrt{1+10\psi}$	$1.35\pi\sqrt{1+10.2\psi}$
上、下翼缘上		$1.13\pi(\sqrt{1+11.9\psi}\mp1.44\sqrt{\psi})$	$1.35\pi(\sqrt{1+12.9\psi}\mp1.74\sqrt{\psi})$

注：表中“-”号用于荷载作用在上翼缘，“+”号用于荷载作用在下翼缘。

2）竖向荷载作用在上翼缘比作用在下翼缘的 k 值低。这是由于梁一旦发生扭转，作用在上翼缘的荷载 P（图 5-32a）对剪心 S 产生不利的附加扭矩 Pe，使梁的扭转加剧，助长屈曲，从而降低梁的临界弯矩。而荷载作用在下翼缘（图 5-32b），荷载产生的附加扭矩则会减缓梁的扭转，有助于梁的稳定，从而可提高梁的临界弯矩。

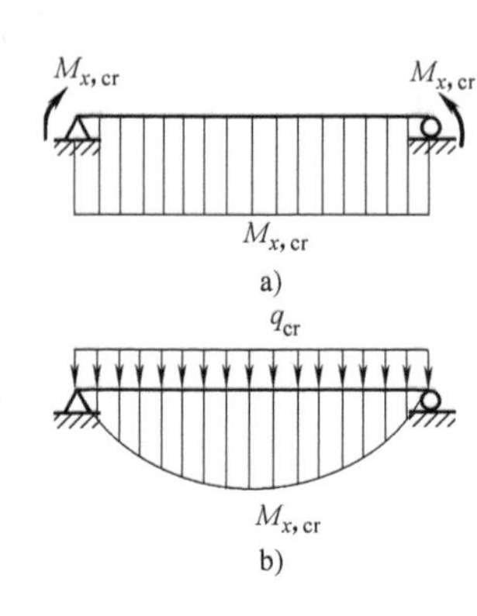

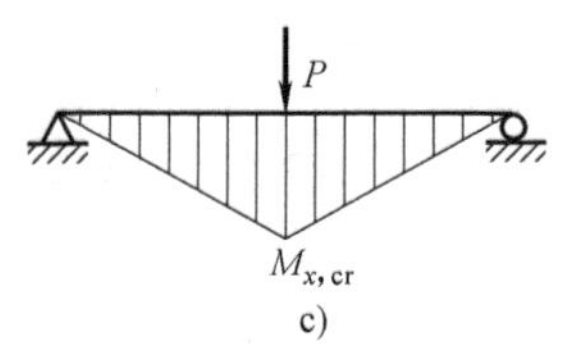

图　5-31

对于在不同荷载作用下的单轴对称截面简支梁（图 5-33），由弹性稳定理论知

$$M_{x,\mathrm{cr}}=C_1\frac{\pi^2EI_y}{l^2}\left[C_2a+C_3\beta_y+\sqrt{(C_2a+C_3\beta_y)^2+\frac{I_\mathrm{w}}{I_y}\left(1+\frac{l^2GI_\mathrm{t}}{\pi^2EI_\mathrm{w}}\right)}\right]\tag{5-52}$$

$$I_\mathrm{w}=\frac{I_1I_2}{I_y}h^2=\alpha_\mathrm{b}(1-\alpha_\mathrm{b})I_yh^2\tag{5-53}$$

$$\alpha_\mathrm{b}=\frac{I_1}{I_1+I_2}=\frac{I_1}{I_y}\tag{5-54}$$

$$\beta_y=\frac{1}{2I_x}\int_A y(x^2+y^2)\mathrm{d}A-y_0\tag{5-55}$$

式中　y_0——剪心 S 的纵坐标，$y_0=(I_1h_1-I_2h_2)/I_y$；

h_1、h_2——受压、受拉翼缘形心至整个截面形心 O 的距离；

I_1、I_2——受压、受拉翼缘对 y 轴的惯性矩，即 $I_y=I_1+I_2=t_1(2b_1)^3/12+t_2(2b_2)^3/12$；

a——荷载作用点至剪心 S 的距离，当荷载作用点位于剪心上方时，a 为负值，反之为正值；

C_1、C_2、C_3——系数，随荷载类型而异，其值见表 5-3。

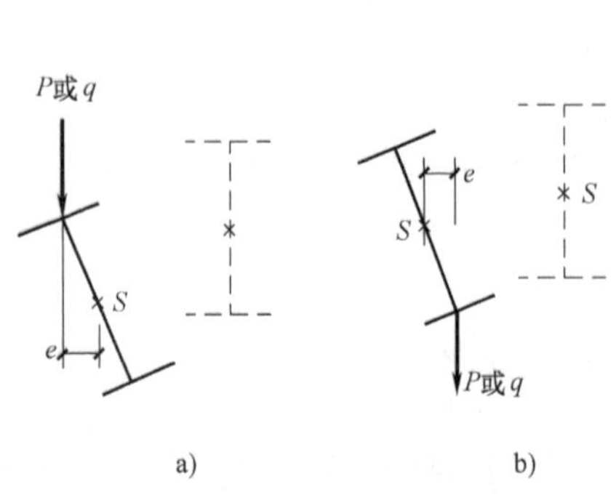

图 5-32　竖向荷载作用在不同位置情况

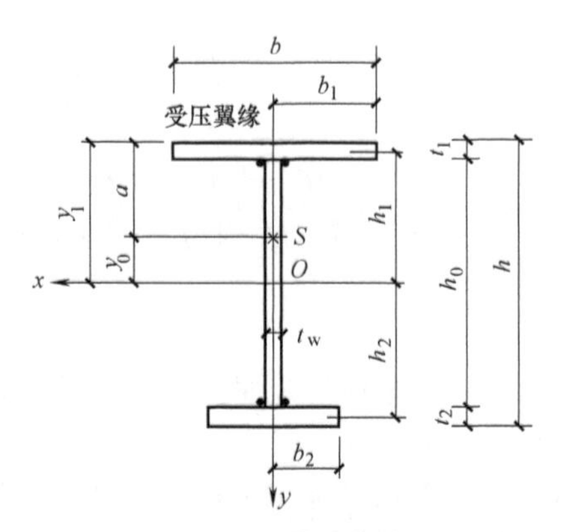

图 5-33　单轴对称截面

表 5-3　系数 C_1、C_2、C_3 值

荷载类型	C_1	C_2	C_3
纯弯曲	1	0	1
满跨均布荷载	1.13	0.45	0.53
跨中集中荷载	1.35	0.55	0.41

5.6.3 整体稳定系数 φ_b

式（5-52）已被国内外许多试验所证实，并为许多国家制定设计规范时采用。为了便于应用，我国规范对此进行了两点简化假定：

1）式（5-55）中右边的积分项与 y_0 相比，数值不大，可取

$$\beta_y \approx -y_0 = -\frac{(I_1h_1-I_2h_2)}{I_y}\bigg|_{双轴对称;h_1=h_2=h/2}$$

$$=\frac{h}{2}\left(\frac{I_1-I_2}{I_y}\right)=\frac{h}{2}(2\alpha_b-1) \tag{5-56}$$

2）截面的扭转惯性矩按式（5-17）计算，对图 5-33 的单轴对称截面

$$I_t=\frac{1.25}{3}\sum_{i=1}^{n}b_it_i^3=\frac{1.25}{3}(2b_1t_1^3+2b_2t_2^3+h_0t_w^3)$$

$$\approx\frac{1}{3}(2b_1t_1+2b_2t_2+h_0t_w)t_1^2=\frac{1}{3}At_1^2 \tag{5-57}$$

式中　A——梁的横截面面积；

t_1——受压翼缘的厚度。

对于双轴对称工字截面简支梁，由式（5-56）可得 $\beta_y=0$，又 $a=0$，纯弯曲时 $C_1=1$（表 5-3），从而式（5-52）变成

$$M_{x,cr}=\frac{\pi^2EI_y}{l^2}\sqrt{\frac{I_w}{I_y}\left(1+\frac{l^2}{\pi^2}\cdot\frac{GI_t}{EI_w}\right)} \tag{5-58}$$

相应临界应力

$$\sigma_{cr}=\frac{M_{x,cr}}{W_x} \tag{5-59}$$

保证整体稳定的条件

$$\sigma=\frac{M_x}{W_{1x}}\leqslant\frac{\sigma_{cr}}{\gamma_R}=\frac{\sigma_{cr}}{f_y}\cdot\frac{f_y}{\gamma_R}=\varphi_bf \tag{5-60}$$

式中　γ_R——钢材抗力分项系数，Q235 的抗力分项系数 $\gamma_R=\dfrac{1}{0.92}=1.087$。

$$\varphi_b=\frac{\sigma_{cr}}{f_y}=\frac{M_{x,cr}/W_x}{f_y}=\frac{\pi^2EI_y}{l^2W_xf_y}\sqrt{\frac{I_w}{I_y}\left(1+\frac{l^2GI_t}{\pi^2EI_w}\right)} \tag{5-61}$$

将 $I_t=\dfrac{1}{3}At_1^2$，$I_w=\dfrac{h^2}{4}I_y$［来源见式（5-57）和式（5-24）］，$E=206\times10^3\text{N/mm}^2$ 和 $E/G=2.6$，代入式（5-61），则双轴对称焊接工字形截面叉形简支梁（Q235），受纯弯曲时的整体稳定系数

$$\varphi_b=\frac{4320}{\lambda_y^2}\cdot\frac{Ah}{W_{1x}}\sqrt{1+\left(\frac{\lambda_yt_1}{4.4h}\right)^2} \tag{5-62}$$

式中　W_{1x}——按受压翼缘确定的梁毛截面模量；

$\lambda_y=l_1/i_y$——侧向支承点间的梁段对截面 y 轴的长细比；

l_1——梁受压翼缘的自由长度，对跨中无侧向支承点的梁 $l_1=l$，跨中有侧向支承点的梁 l_1 为受压翼缘侧向支承点间的距离（梁叉支座处视为侧向支承点）；

i_y——梁的毛截面对 y 轴的回转半径。

对单轴对称工字形截面（图 5-34b、c），应考虑截面的不对称影响系数 η_b，对于其他种类的荷载以及荷载的不同作用位置，还应乘随参数 $\xi=l_1t_1/(2b_1h)$ 而变化的系数 β_b。从而，可写出不同钢材牌号的焊接工字形截面简支梁整体稳定系数的通式

$$\varphi_b=\beta_b\frac{4320}{\lambda_y^2}\cdot\frac{Ah}{W_{1x}}\left(\sqrt{1+\left(\frac{\lambda_y t_1}{4.4h}\right)^2}+\eta_b\right)\frac{235}{f_y} \tag{5-63}$$

式中　β_b——梁整体稳定的等效临界弯矩系数，按附表 6-1 采用；

η_b——截面不对称影响系数，对双轴对称工字形截面 $\eta_b=0$（图 5-34a），对单轴对称工字形截面 $\eta_b=0.8(2\alpha_b-1)$（加强受压翼缘，图 5-34b）或 $\eta_b=(2\alpha_b-1)$（加强受拉翼缘，图 5-34c），其中，参数 α_b 按式（5-54）计算。

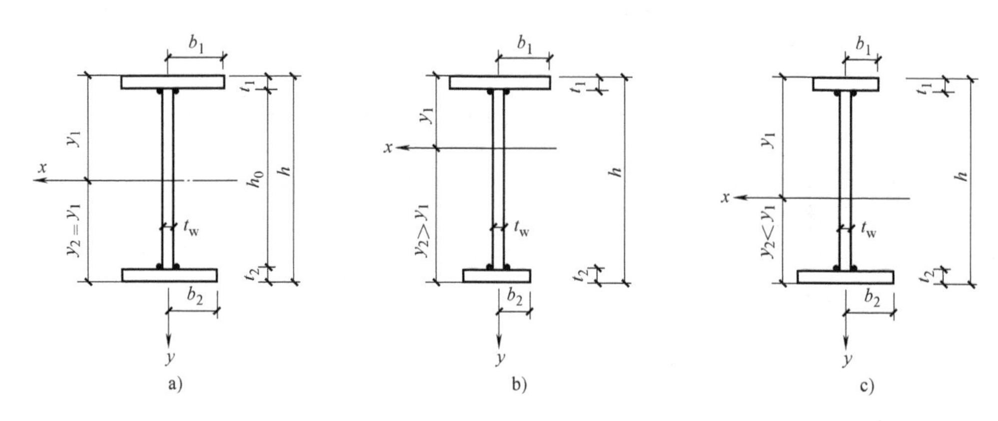

图 5-34　焊接工字形截面

a）双轴对称截面　b）单轴对称截面（加强受压翼缘）　c）单轴对称截面（加强受拉翼缘）

轧制普通工字钢简支梁，由于翼缘有斜坡，翼缘与腹板交接处有圆角，其截面特性与三块钢板组合而成的工字形截面不同，故 φ_b 值不能按式（5-63）计算，而应根据型钢号码、荷载情况和侧向支承点间的距离 l_1，从附表 6-2 中直接查得整体稳定系数 φ_b。

热轧槽钢（图 5-35）简支梁受纯弯曲时的临界弯矩，仍可采用式（5-50）的形式，从而可得临界应力

$$\sigma_{cr}=\frac{M_{x,cr}}{W_{1x}}=\frac{\pi\sqrt{EI_yGI_t}}{lW_{1x}}\sqrt{1+\frac{\pi^2EI_w}{l^2GI_t}}$$

式中，第二个根号内的 $\pi^2EI_w/(l^2GI_t)\ll1$，可略去不计，可得

$$\sigma_{cr}=\frac{\pi\sqrt{EI_yGI_t}}{l_1W_{1x}} \tag{5-64}$$

由图 5-35，可近似取 $I_y\approx\frac{1}{6}tb^3$，$I_x\approx bt\frac{h^2}{2}$，$W_{1x}=\frac{I_x}{y_1}=bth$，$I_t=\frac{2}{3}bt^3$，并取 $E=206\times10^3\text{N/mm}^2$，$G=79\times10^3\text{N/mm}^2$，代入

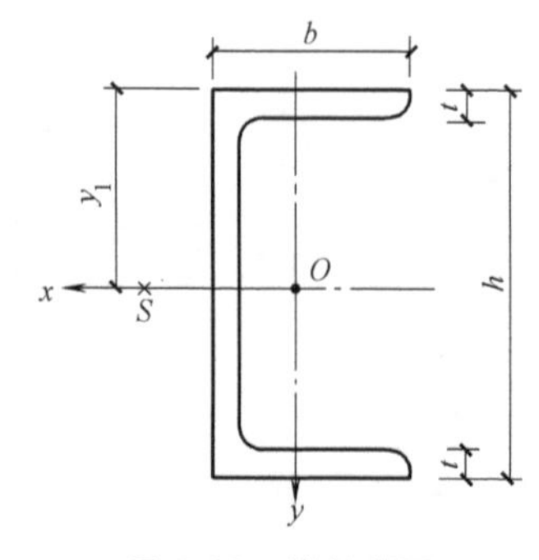

图 5-35　槽钢截面

式（5-64），则

$$\varphi_b = \frac{\sigma_{cr}}{f_y} = \frac{570bt}{l_1 h} \cdot \frac{235}{f_y} \tag{5-65}$$

规范认为，对热轧槽钢简支梁，不论荷载的形式和荷载作用点在截面高度上的位置如何，均可偏于安全地按式（5-65）计算，即附录 6 中式（附 6-3）。

对于双轴对称工字形等截面（含 H 型钢）悬臂梁，φ_b 值仍可按式（5-63）计算，但式中系数 β_b 应按附表 6-3 查得。$\lambda_y = l_1/i_y$ 中的 l_1 为悬臂梁的悬伸长度。

以上是按弹性阶段确定梁的整体稳定系数。规范规定，当求得的 $\varphi_b > 0.6$ 时，说明梁在弹塑性阶段失稳，应该用 $\varphi_b'(\varphi_b' \leqslant 1.0)$ 代替 φ_b 按式（5-60）进行梁的整体稳定计算。φ_b' 按下式计算：

$$\varphi_b' = 1.07 - 0.282/\varphi_b \tag{5-66}$$

当梁的整体稳定承载力不足时，可采用增大梁的翼缘宽度 b 值或增加侧向支承的办法来解决，一般来说，后者简单有效。

必须指出，梁的支座处应采取构造措施，使梁端截面只能自由翘曲，不能扭转（$\varphi = \varphi'' = 0$），即应采用夹支座，或叫叉支座。

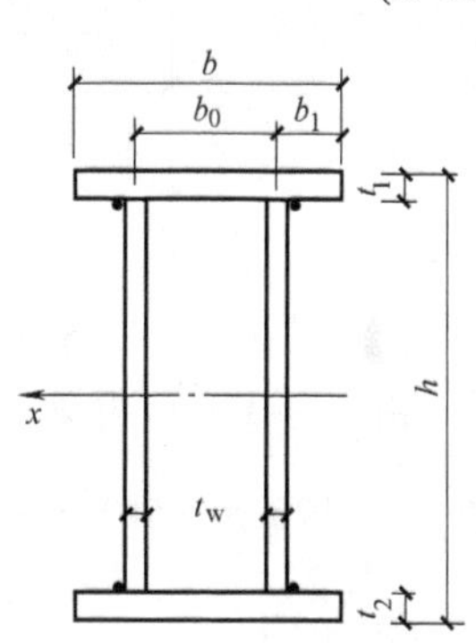

图 5-36　箱形截面

5.6.4　整体稳定性的保证

当钢梁符合下列条件之一，可不计算梁的整体稳定性：

1）有铺板（各种钢筋混凝土板或钢板）密铺在梁的受压翼缘上并与其牢固相连、能阻止梁受压翼缘的侧向位移时。

2）H 型钢或等截面工字形简支梁、箱形截面简支梁受压翼缘的自由长度，即受压翼缘侧向支承点间的距离 l_1 与其宽度 b 之比不超过表 5-4。

表 5-4　H 型钢或等截面工字形简支梁、箱形截面简支梁不需计算整体稳定性的最大 l_1/b、l_1/b_0 值

钢号	l_1/b 值（H 型钢或工字形截面）			l_1/b_0 值（箱形截面，图 5-36）
	跨中无侧向支承点的梁，荷载作用在		跨中受压翼缘有侧向支承点的梁，不论荷载作用在何处	不管有无侧向支承点，不论荷载作用在何处
	上翼缘	下翼缘		
Q235	13.0	20.0	16.0	$\leqslant 95(235/f_y)$（且 $h/b_0 \leqslant 6$）
Q345	10.5	16.5	13.0	
Q390	10.0	15.5	12.5	
Q420	9.5	15.0	12.0	

当钢梁不符合上述任一条件时，应进行整体稳定性验算。

在最大刚度主平面内弯曲时

$$\frac{M_x}{\varphi_b W_{1x}} \leqslant f \tag{5-67a}$$

在两个主平面内受弯时

$$\frac{M_x}{\varphi_b W_{1x}} + \frac{M_y}{\gamma_y W_y} \leqslant f \tag{5-67b}$$

式中　W_{1x}、W_y——按受压纤维确定的对 x 轴和 y 轴的毛截面抵抗矩；

M_x、M_y——绕 x 轴和 y 轴的最大弯矩；

φ_b——绕强轴弯曲所确定的整体稳定系数。

式（5-67b）是一个经验公式，公式左边第二项分母中引进绕弱轴 y 的截面塑性发展系数 γ_y，并不意味着绕 y 轴弯曲会出现塑性，而是适当降低第二项的影响。

［例 5-2］ 已知某工字形截面焊接组合叉形支座简支梁（Q345 钢），在跨长三分点处布置次梁，次梁传来的集中力 F（图 5-37）。要求验算该梁的整体稳定性。

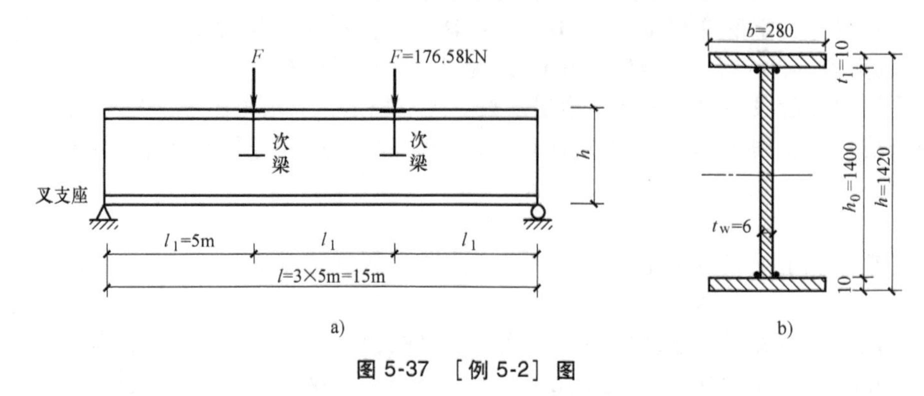

图 5-37 ［例 5-2］图

［解］ 因 $l_1/b=5\div0.28=17.86>10.5$（表 5-4），故应进行梁的整体稳定验算。

由图 5-37b 可得梁的自重约 1.08kN/m，则

$$M_{x,\max}=176.58\times5\text{kN}\cdot\text{m}+\frac{1}{8}\times1.3\times1.08\times15^2\text{kN}\cdot\text{m}=882.9\text{kN}\cdot\text{m}+39.49\text{kN}\cdot\text{m}=922.39\text{kN}\cdot\text{m}$$

截面特性

$$A=2\times(28\times1)\text{cm}^2+140\times0.6\text{cm}^2=140\text{cm}^2$$

$$I_x=\frac{28\times142^3-27.4\times140^3}{12}\text{cm}^4=415538.7\text{cm}^4$$

$$W_{1x}=415538.7\div71\text{cm}^3=5852.7\text{cm}^3$$

$$I_y=2\times1\times28^3\div12\text{cm}^4=3660\text{cm}^4$$

$$\lambda_y=l_1/\sqrt{I_y/A}=500\div\sqrt{3660\div140}=97.79$$

由附表 6-1 的项次 8 查出 $\beta_b=1.20$

由式（5-63）可得

$$\begin{aligned}\varphi_b&=1.2\times\frac{4320}{97.79^2}\times\frac{140\times142}{5852.7}\times\left[\sqrt{1+\left(\frac{97.79\times1}{4.4\times142}\right)^2}+0\right]\times\frac{235}{345}\\&=1.27>0.6\end{aligned}$$

说明梁已进入弹塑性工作阶段。

由式（5-66）$\varphi_b'=1.07-0.282\div1.27=0.85$

由式（5-67a）

$$\frac{M_x}{\varphi_b'W_{1x}}=\frac{922.39\times10^6}{0.85\times5852.7\times10^3}\text{N/mm}^2=185.4\text{N/mm}^2<f=310\text{N/mm}^2$$

梁的整体稳定性有保证。

［例 5-3］ 已知叉形支座简支梁（$l=9$m），上翼缘上均布荷载产生的弯矩 $M_{x,\max}=1128\text{kN}\cdot\text{m}$，按满应力强度设计，所选截面如图 5-38 所示（Q235）。请验算该梁的整体稳定性。

［解］ 由图 5-38 可算得 $A=156.8\text{cm}^2$，$I_x=263311\text{cm}^4$，$W_x=5143\text{cm}^3$，$I_y=6554\text{cm}^4$，$i_y=\sqrt{I_y/A}=6.465\text{cm}$，$\lambda_y=l_1/i_y=9\times10^2\div6.465=139$。

因 $\xi=l_1t_1/(2b_1h)=9\times10^2\times1.2\div(2\times16\times102.4)=0.33<2.0$，由附表 6-1 项次 1 计算

$$\beta_b=0.69+0.13\xi=0.69+0.13\times0.33=0.733$$

由式（5-63）得

$$\varphi_b=0.733\times\frac{4320}{139^2}\times\frac{156.8\times102.4}{5143}\times\left[\sqrt{1+\left(\frac{139\times1.2}{4.4\times102.4}\right)^2}+0\right]\times\frac{235}{235}$$

$$=0.546<1$$

说明梁的承载力取决于整体稳定条件，该梁只能承受按强度设计荷载的 0.546 倍，显然很不经济。为了提高梁的整体稳定承载力，可在跨中设置一个可靠的侧向支承点，这时，$l_1=l/2=4.5\text{m}$，$\lambda_y=139/2\approx70$，由附表 6-1 的项次 5 查得 $\beta_b=1.15$，从而

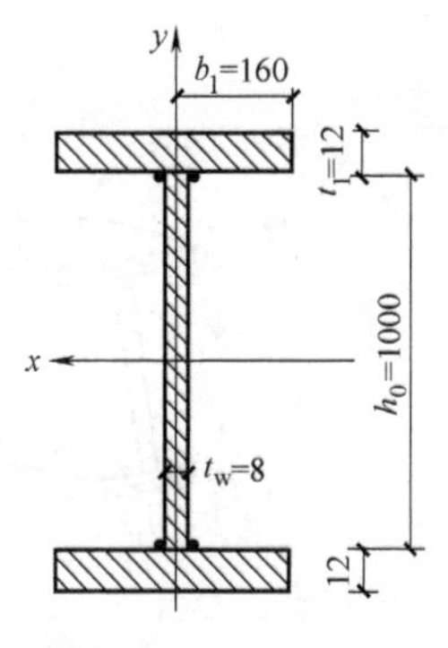

图 5-38 ［例 5-3］图

$$\varphi_b=1.15\times\frac{4320}{70^2}\times\frac{156.8\times102.4}{5143}\times\sqrt{1+\left(\frac{70\times1.2}{4.4\times102.4}\right)^2}=3.22>0.6$$

由式（5-66）得

$$\varphi_b'=1.07-0.282\div3.22=0.98\approx1.0$$

这样，梁不但抗弯强度充分利用（满应力），而且整体稳定性也正好能保证。

5.7 焊接组合梁的局部稳定和加劲肋（stiffening rib）设计

为了提高焊接组合梁的强度和刚度，腹板宜选得高一些，而为了提高梁的整体稳定性，翼缘宜选得宽一些。然而，如果板件过于宽薄，矛盾就会转化，常会在梁发生强度破坏或丧失整体稳定性之前，梁的部分板面会偏离原来的平面位置而发生波形鼓曲（图 5-39），这种现象称为梁丧失局部稳定或称板屈曲。梁的翼缘或腹板局部失稳后，使梁的工作性能恶化（截面变得不对称），就有可能导致梁的过早破坏。

对于热轧型钢梁，由于轧制条件所限，其板件宽厚比较小，不需进行局部稳定性验算；对于冷弯薄壁型钢梁的受压或受弯板件，宽厚比不超过规定的限制时，认为板件全部有效；当超过此限制时，则只考虑一部分宽度有效（称为有效宽度），应按相关规范计算。

考虑腹板屈曲后强度的梁设计将在 5.9 节中讲述。

5.7.1 受压翼缘板的屈曲

工字形截面梁的受压冀缘板和轴压柱的翼缘板相似，它三边简支一边自由，所受的压应力基本上均匀分布，板屈曲形如图 5-39a 所示。因此，翼缘的合理设计是采用一定厚度的钢板，满足设计梁受压翼缘的宽厚比。

按式（4-48）计算，压应力方向已进入塑性，而另一方向仍然是弹性，故翼缘板属于正交异性板，一般采用$\sqrt{\eta}E$ 代替 E（其中 $\eta=E_t/E$）。E_t 为切线模量，仿式（4-48）得

$$\sigma_{cr}=\chi k\frac{\pi^2\sqrt{\eta}E}{12(1-\nu^2)}\left(\frac{t}{b_1}\right)^2 \tag{5-68}$$

将 $E=206\times10^3\text{N/mm}^2$、泊松比 $\nu=0.3$、$\eta=0.25$、$\chi=1$ 和 $k=0.425$（图 4-32）代入式（5-68），并由条件 $\sigma_{cr}\geqslant f_y$，可得

$$\frac{b_1}{t}\leqslant13\sqrt{\frac{235}{f_y}} \tag{5-69}$$

当梁绕强轴 x 的强度，按弹性设计，即 $\gamma_x=1$ 时，b_1/t 值可放宽为

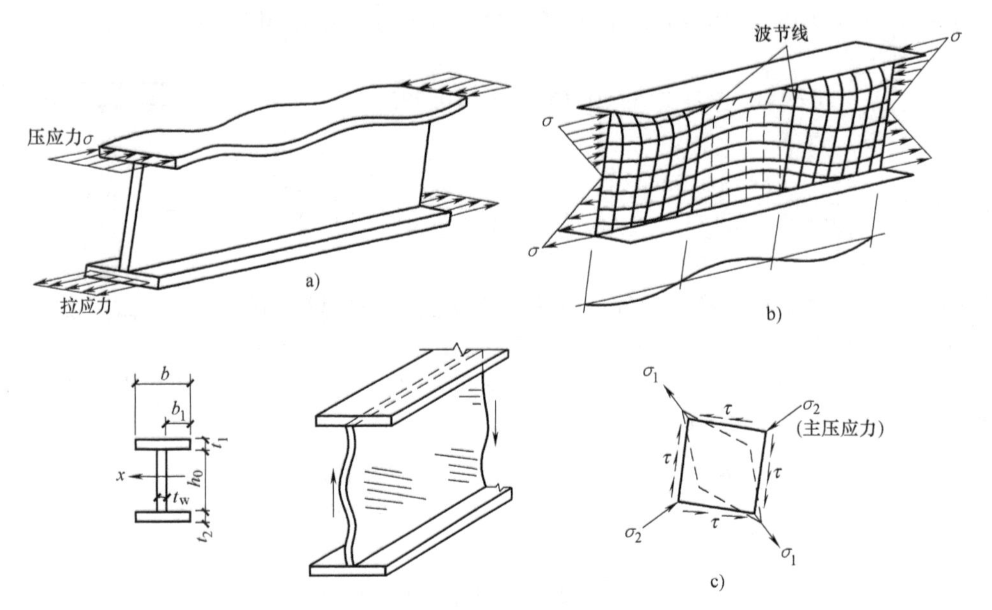

图 5-39　受压翼缘和腹板的屈曲

$$\frac{b_1}{t} \leqslant 15\sqrt{\frac{235}{f_y}} \tag{5-70}$$

箱形梁翼缘板（图 5-36）在两腹板之间的部分，相当于四边简支单向均匀受压板，$k=4$。由式（5-68）和 $\sigma_{cr} \geqslant f_y$，可得

$$\frac{b_0}{t} \leqslant 40\sqrt{\frac{235}{f_y}} \tag{5-71}$$

5.7.2　腹板的屈曲与加劲肋（rib）的配置

对于梁的腹板，采用加厚板的办法来防止板的局部失稳是不经济的，通常可用设置加劲肋的办法解决。加劲肋有横向、纵向和短加劲肋三种（图 5-40），分别简称为横肋、纵肋和短横肋。通过加劲肋，把腹板划分成较小的区格，而加劲肋就是每个区格的边支承。

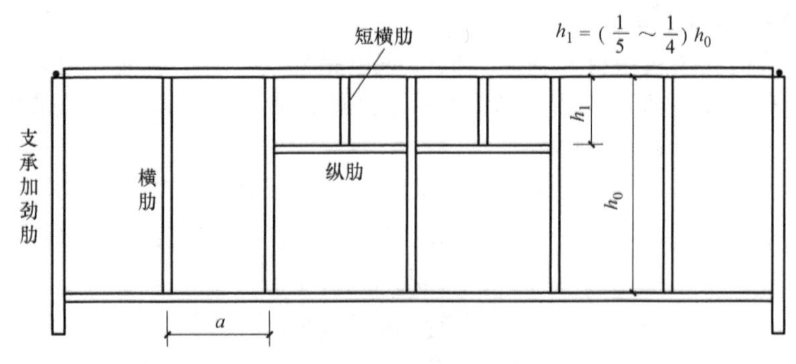

图 5-40　加劲肋设置

直接承受动力荷载的吊车梁及类似构件，按下列规定配置加劲肋，并计算各板段的稳定性。

1）当 $h_0/t_w \leqslant 80\sqrt{235/f_y}$ 时，对有局部压应力（$\sigma_c \neq 0$）的梁，应按构造配置横肋，$0.5h_0 \leqslant a \leqslant 2h_0$（图 5-41a）；对 $\sigma_c=0$ 的梁，可不配置加劲肋。

2）当 $h_0/t_w>80\sqrt{235/f_y}$ 时，应按计算配置横肋（图 5-41a）。

3）当 $h_0/t_w>170\sqrt{235/f_y}$（受压翼缘扭转受到约束，如连有刚性铺板、制动板或焊有钢轨时）、$h_0/t_w>150\sqrt{235/f_y}$（受压翼缘扭转未受到约束时）或按计算需要时，应在弯矩较大区格的受压区增加配置纵肋（图 5-41b、c）。局部压应力很大的梁，必要时宜在受压区配置短横肋（图 5-41d）。

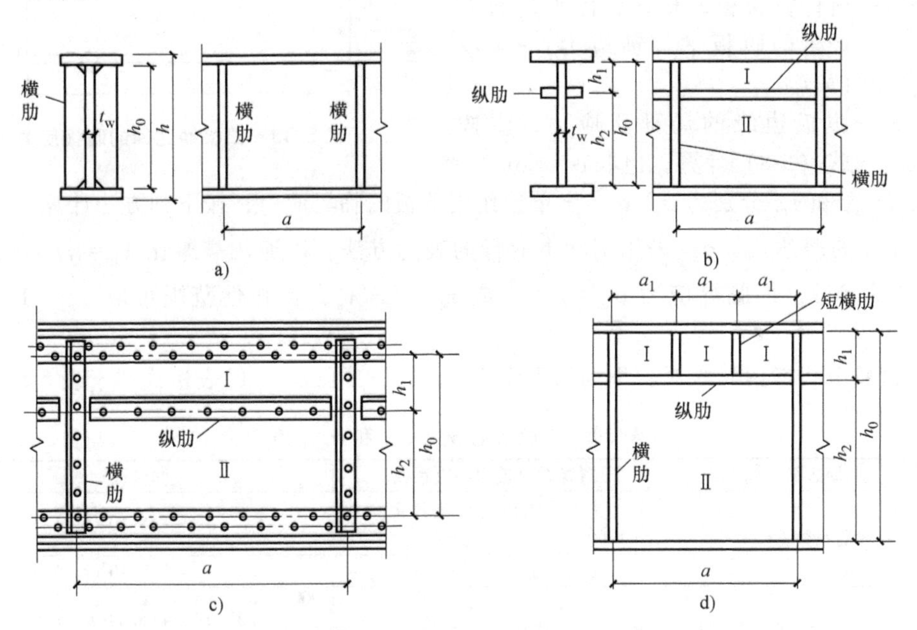

图 5-41　腹板加劲肋的布置

任何情况下，h_0/t_w 均不应超过 $250\sqrt{235/f_y}$。

4）梁的支座处和上翼缘受有较大固定集中荷载处宜设置支承加劲肋。

腹板区格受弯曲正应力 σ、剪应力 τ 或局部压应力 σ_c 的作用（图 5-42）。横肋主要防止由 τ 和 σ_c 可能引起的腹板屈曲；纵肋主要防止 σ 引起的腹板失稳；短横肋主要防止由 σ_c 引起的稳定。计算时，先布置加劲肋，再计算各区格的平均作用应力和相应的临界应力，使其满足稳定条件。若不满足，再调整横肋间距 a，重新计算。

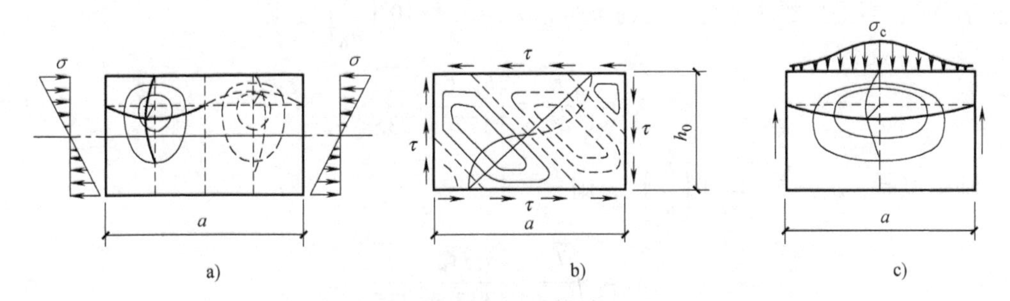

图 5-42　单独应力作用下的腹板屈曲

a）弯曲正应力 σ　b）剪应力 τ　c）局部压应力 σ_c

1. 仅用横肋加强的腹板（图 5-41a）

图 5-43 所示为二横肋之间的腹板应力，即同时有 σ、τ 和 σ_c 的作用。当这些应力分别达到某种组合的一定值时，腹板将到达屈曲的临界状态。腹板不屈曲的相关方程是

$$\left(\frac{\sigma}{\sigma_{cr}}\right)^2+\left(\frac{\tau}{\tau_{cr}}\right)^2+\frac{\sigma_c}{\sigma_{c,cr}}\leqslant 1 \tag{5-72}$$

式中 σ——所计算腹板区格内，由平均弯矩产生的腹板计算高度边缘的弯曲压应力；

τ——所计算腹板区格内，由平均剪力产生的腹板平均剪应力，$\tau=V/(h_w t_w)$；

σ_c——腹板边缘的局部压应力，应按式（5-8）计算，但取 $\psi=1.0$。

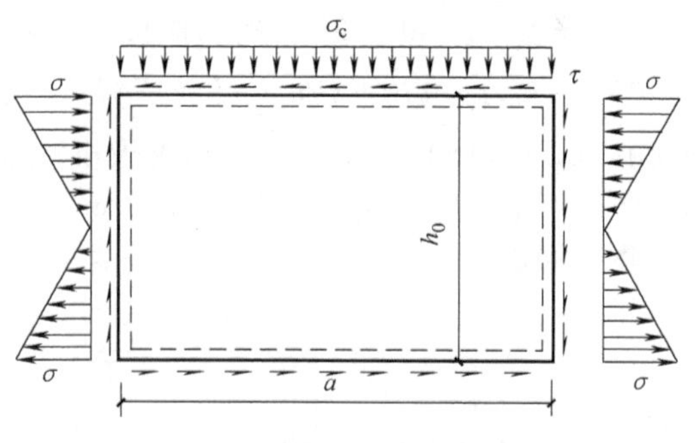

图 5-43 二横肋之间的腹板应力

σ_{cr}、$\sigma_{c,cr}$ 和 τ_{cr} 分别为 σ、σ_c、τ 单独作用下板的临界应力，按下列方法计算。

（1）σ_{cr} 的表达式 σ_{cr} 采用国际上通行的表达方法，以通用高厚比 $\lambda_b=\sqrt{f_y/\sigma_{cr}}$ 或 $\lambda_s=\sqrt{f_{yv}/\tau_{cr}}$ 作为参数。即临界应力 $\sigma_{cr}=f_y/\lambda_b^2$ 或 $\tau_{cr}=f_{yv}/\lambda_s^2$，在弹性范围可取 $\sigma_{cr}=1.1f/\lambda_b^2$ 或 $\tau_{cr}=1.1f_v/\lambda_s^2$。

根据试验分析考虑翼缘对腹板的约束作用，σ_{cr}、τ_{cr} 和 $\sigma_{c,cr}$ 的表达式列于表 5-5。

表 5-5 梁腹板的 σ_{cr}、τ_{cr} 和 $\sigma_{c,cr}$ 值 （单位：N/mm^2）

<table>
<tr><th>项目</th><th>周边简支的 k</th><th>翼缘对腹板的约束系数 χ</th><th>弹性表达式</th></tr>
<tr><td rowspan="2">σ_{cr}</td><td rowspan="2">板屈曲系数 $k=24$</td><td>受压翼缘扭转受到约束：$\chi=1.66$</td><td>$\sigma_{cr}=7.4\times10^6(t_w/h_0)^2$</td></tr>
<tr><td>其他情况：$\chi=1.23$</td><td>$\sigma_{cr}=5.5\times10^6(t_w/h_0)^2$</td></tr>
<tr><td rowspan="2">τ_{cr}</td><td>当 $a/h_0\leqslant1.0$
$k=4+5.34(h_0/a)^2$</td><td rowspan="2">$\chi=1.25$</td><td>$\tau_{cr}=233\times10^3[4+5.34(h_0/a)^2](t_w/h_0)^2$</td></tr>
<tr><td>当 $a/h>1.0$
$k=5.34+4(h_0/a)^2$</td><td>$\tau_{cr}=233\times10^3[5.34+4(h_0/a)^2](t_w/h_0)^2$</td></tr>
<tr><td>$\sigma_{c,cr}$</td><td>当 $0.5\leqslant a/h_0\leqslant1.5$
$k=7.4h_0/a+4.5(h_0/a)^2$
当 $1.5<a/h_0\leqslant2.0$
$k=11.0h_0/a-0.9(h_0/a)^2$</td><td>$\chi=1.81-0.255h_0/a$</td><td>$\sigma_{c,cr}=186\times10^3k\chi\left(\frac{t_w}{h_0}\right)^2$</td></tr>
</table>

注：表中各临界应力的表达式取弹性模量 $E=206\times10^3N/mm^2$，泊松比 $\nu=0.3$。

由表 5-5，当受压翼缘扭转受到约束时，$\sigma_{cr}=7.4\times10^6\left(\frac{t_w}{h_0}\right)^2$，则

$$\lambda_b=\sqrt{\frac{f_y}{\sigma_{cr}}}=\frac{2h_c/t_w}{177}\sqrt{\frac{f_y}{235}} \tag{5-73a}$$

其他情况时，$\sigma_{cr}=5.5\times10^6\left(\frac{t_w}{h_0}\right)^2$，则

$$\lambda_b=\sqrt{\frac{f_y}{\sigma_{cr}}}=\frac{2h_c/t_w}{153}\sqrt{\frac{f_y}{235}} \tag{5-73b}$$

式中 h_c——梁腹板弯曲受压区高度，对双轴对称截面 $2h_c=h_w$。

对没有缺陷的板，当 $\lambda_b=1$ 时，$\sigma_{cr}=f_y$。考虑残余应力和几何缺陷的影响，令 $\lambda_b=0.85$ 为弹塑性修正的上起始点 A，实际应用时取 $\lambda_b=0.85$ 时，$\sigma_{cr}=f$（图 5-44）。

弹塑性的下起始点 B 为弹性与弹塑性的交点，参照梁整体稳定，弹性界限取为 $0.6f_y$，相应的 $\lambda_b=\sqrt{f_y/(0.6f_y)}=\sqrt{1\div0.6}=1.29$。考虑到腹板局部屈曲受残余应力的影响不如整体屈曲

大，取 $\lambda_b=1.25$。

上、下起始点间的过渡段采用直线式，由此 σ_{cr} 的取值如下：

$\lambda_b\leqslant0.85$ 时　$\sigma_{cr}=f$　(5-74a)

$0.85<\lambda_b\leqslant1.25$ 时　$\sigma_{cr}=[1-0.75(\lambda_b-0.85)]f$　(5-74b)

$\lambda_b>1.25$ 时　$\sigma_{cr}=\dfrac{1.1f}{\lambda_b^2}$　(5-74c)

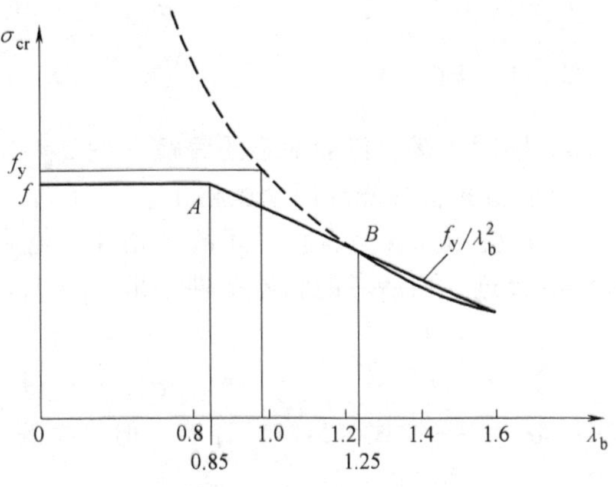

图 5-44　λ_b-σ_{cr} 曲线

(2) τ_{cr} 的表达式　以 $\lambda_s=\sqrt{f_{vy}/\tau_{cr}}$ 作为参数，其中剪切屈服强度 $f_{yv}=f_y/\sqrt{3}$，τ_{cr} 由表 5-5 计算。

当 $a/h_0\leqslant1.0$ 时，$\tau_{cr}=233\times10^3\times[4+5.34(h_0/a)^2]\cdot(t_w/h_0)^2$，则

$$\lambda_s=\frac{h_0/t_w}{41\sqrt{4+5.34(h_0/a)^2}}\times\sqrt{\frac{f_y}{235}} \tag{5-75a}$$

当 $a/h_0>1.0$ 时，$\tau_{cr}=233\times10^3\times[5.34+4(h_0/a)^2]\times(t_w/h_0)^2$，则

$$\lambda_s=\frac{h_0/t_w}{41\sqrt{5.34+4(h_0/a)^2}}\times\sqrt{\frac{f_y}{235}} \tag{5-75b}$$

取 $\lambda_s=0.8$ 为 $\tau_{cr}=f_{vy}$ 的上起始点，$\lambda_s=1.2$ 为弹塑性与弹性相交的下起始点，过渡段仍用直线，则 τ_{cr} 的取值如下：

$\lambda_s\leqslant0.8$ 时　$\tau_{cr}=f_v$　(5-76a)

$0.8<\lambda_s\leqslant1.2$ 时　$\tau_{cr}=[1-0.59(\lambda_s-0.8)]f_v$　(5-76b)

$\lambda_s>1.2$ 时　$\tau_{cr}=f_{vy}/\lambda_s^2=1.1f_v/\lambda_s^2$　(5-76c)

(3) $\sigma_{c,cr}$ 的计算式　以 $\lambda_c=\sqrt{f_y/\sigma_{c,cr}}$ 作为参数，由表 5-5，$\sigma_{c,cr}=186\times10^3k\chi\left(\dfrac{t_w}{h_0}\right)^2$，则 $\lambda_c=\dfrac{h_0/t_w}{28\sqrt{k\chi}}\cdot\sqrt{\dfrac{f_y}{235}}$，将表 5-5 中表达的 $k\chi$ 值改用较为简单的公式表达。

当 $0.5\leqslant a/h_0\leqslant1.5$ 时　$k\chi=[7.4h_0/a+4.5(h_0/a)^2](1.81-0.255h_0/a)$
$=10.9+13.4\times(1.83-a/h_0)^3$

或当 $1.5\leqslant a/h_0\leqslant2.0$ 时　$k\chi=[11h_0/a-0.9(h_0/a)^2](1.81-0.255h_0/a)$
$\approx18.9-5a/h_0$

从而

当 $0.5\leqslant\dfrac{a}{h_0}\leqslant1.5$ 时　$$\lambda_c=\frac{h_0/t_w}{28\times\sqrt{10.9+13.4(1.83-a/h_0)^3}}\cdot\sqrt{\frac{f_y}{235}} \tag{5-77a}$$

当 $1.5<\dfrac{a}{h_0}\leqslant2$ 时　$$\lambda_c=\frac{h_0/t_w}{28\times\sqrt{18.9-5a/h_0}}\cdot\sqrt{\frac{f_y}{235}} \tag{5-77b}$$

取 $\lambda_c=0.9$ 为 $\sigma_{c,cr}=f_y$ 的全塑性上起始点，$\lambda_c=1.2$ 为弹塑性与弹性相交的下起始点，过渡段仍用直线，则

$\lambda_c\leqslant0.9$ 时　$\sigma_{c,cr}=f$　(5-78a)

$0.9<\lambda_c \leqslant 1.2$ 时 $$\sigma_{c,cr}=[1-0.79(\lambda_c-0.9)]f \tag{5-78b}$$

$\lambda_c>1.2$ 时 $$\sigma_{c,cr}=\frac{1.1f}{\lambda_c^2} \tag{5-78c}$$

2. 同时用横、纵肋加强的腹板（图 5-41b）

纵肋将腹板分隔成两个区格Ⅰ、Ⅱ（图 5-45），下面分别计算各区格的局部稳定性。

（1）受压翼缘与纵肋之间的区格Ⅰ　区格Ⅰ的受力情况（图 5-45a，均布剪应力 τ）与图 5-46 接近，而后者的临界条件（取 $\gamma_R=1.0$）为

$$\frac{\sigma}{\sigma_{cr1}}+\left(\frac{\tau}{\tau_{cr1}}\right)^2+\left(\frac{\sigma_c}{\sigma_{c,cr1}}\right)^2 \leqslant 1 \tag{5-79}$$

式中　σ_{cr1}——按式（5-74）计算，但式中的 λ_b 用 λ_{b1} 代替，

受压翼缘扭转受到约束时 $$\lambda_{b1}=\frac{h_1/t_w}{75}\sqrt{\frac{f_y}{235}} \tag{5-80a}$$

其他情况时 $$\lambda_{b1}=\frac{h_1/t_w}{64}\sqrt{\frac{f_y}{235}} \tag{5-80b}$$

τ_{cr1}——按式（5-76）和式（5-75）计算，但式中的 h_0 改为 h_1；

$\sigma_{c,cr1}$——按式（5-78）计算，但式中的 λ_c 用 λ_1 代替，

受压翼缘扭转受到约束时 $$\lambda_{c1}=\frac{h_1/t_w}{56}\sqrt{\frac{f_y}{235}} \tag{5-81a}$$

其他情况时 $$\lambda_{c1}=\frac{h_1/t_w}{40}\sqrt{\frac{f_y}{235}} \tag{5-81b}$$

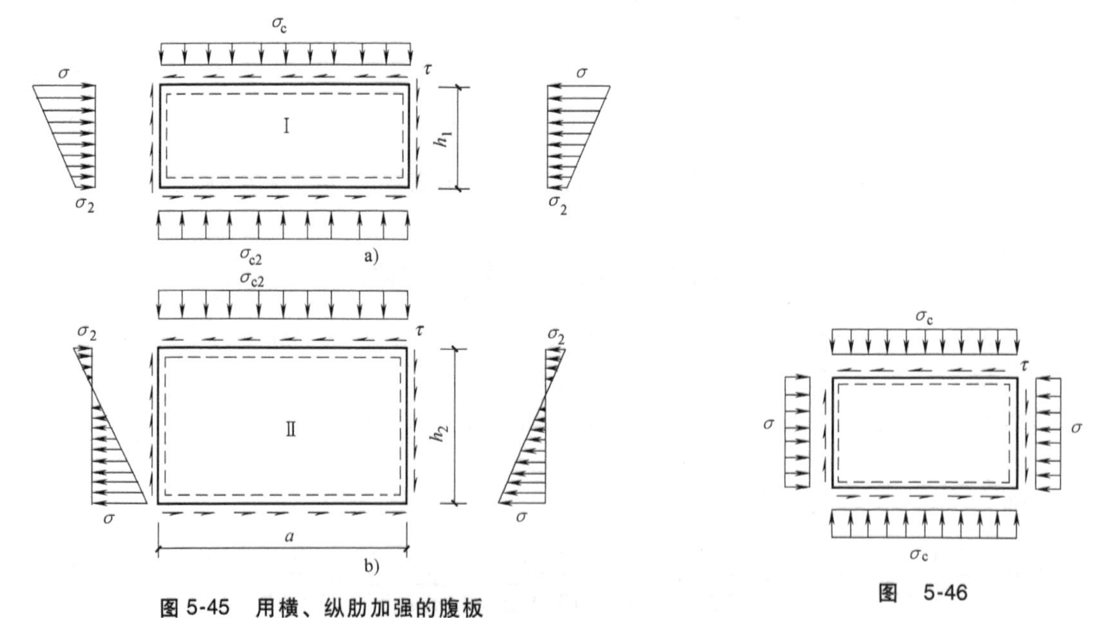

图 5-45　用横、纵肋加强的腹板

图　5-46

（2）受拉翼缘与纵肋之间的区格Ⅱ　稳定条件仍可用式（5-72）的形式，验算式为

$$\left(\frac{\sigma_2}{\sigma_{cr2}}\right)^2+\left(\frac{\tau}{\tau_{cr2}}\right)^2+\frac{\sigma_{c2}}{\sigma_{c,cr2}} \leqslant 1.0 \tag{5-82}$$

式中　σ_2——所计算区格内，由平均弯矩产生的腹板在纵肋边缘的弯曲压应力；

σ_{c2}——腹板在纵肋处的横向压应力，取 $\sigma_{c2}=0.3\sigma_c$；

τ——与式（5-72）中的取值相同；

σ_{cr2}——按式（5-74）和式（5-73）计算，但式中的 λ_b 应用 λ_{b2} 代替，

$$\lambda_{b2}=\frac{h_2/t_w}{194}\sqrt{\frac{f_y}{235}} \tag{5-83}$$

τ_{cr2}——按式（5-76）和式（5-75）计算，但应将 h_0 改为 h_2（$h_2=h_0-h_1$）；

$\sigma_{c,cr2}$——按式（5-78）和式（5-77）计算，将 h_0 改为 h_2。当 $a/h_2>2$ 时，取 $a/h_2=2$。

3. 在受压翼缘与纵肋之间设置短横肋的区格（图 5-41d）

其局部稳定性应按式（5-79）计算。该式中的 σ_{cr1} 按无短横肋情况取值，τ_{cr1} 应按式（5-76）和式（5-75）计算，但应将 h_0 和 a 分别改为 h_1 和 a_1（a_1 为短横肋间距），$\sigma_{c,cr1}$ 应按式（5-74）计算，但式中的 λ_b 改用 λ_{c1} 代替。

对 $a_1/h_1\leqslant1.2$ 的区格，

当梁受压翼缘扭转受到约束时

$$\lambda_{c1}=\frac{a_1/t_w}{87}\sqrt{\frac{f_y}{235}} \tag{5-84a}$$

当梁受压翼缘扭转未受到约束时

$$\lambda_{c1}=\frac{a_1/t_w}{73}\sqrt{\frac{f_y}{235}} \tag{5-84b}$$

对 $a_1/h_1>1.2$ 的区格，式（5-84a）和式（5-84b）右侧应乘以 $1/\sqrt{0.4+0.5a_1/h_1}$。

受拉翼缘与纵肋之间的区格Ⅱ，仍按式（5-82）验算。

4. 加劲肋的构造和截面尺寸

横肋按其作用可分为两种：一种是为了把腹板分隔成几个区格，以提高腹板的局部稳定性，称为间隔横肋；另一种是主要传递固定集中荷载或支座反力，称为支承横肋。

横肋宜在腹板两侧成对配置（图 5-47b、d），也允许单侧配置（图 5-47c、e），但重级工作制吊车梁的加劲肋必须两侧配置。

横肋可采用钢板或型钢（图 5-47d、e）。

横肋的最小间距为 $0.5h_0$，最大间距为 $2h_0$。（对 $\sigma_c=0$ 的梁，当 $h_0/t_w\leqslant100$ 时，可采用 $a=2.5h_0$）。

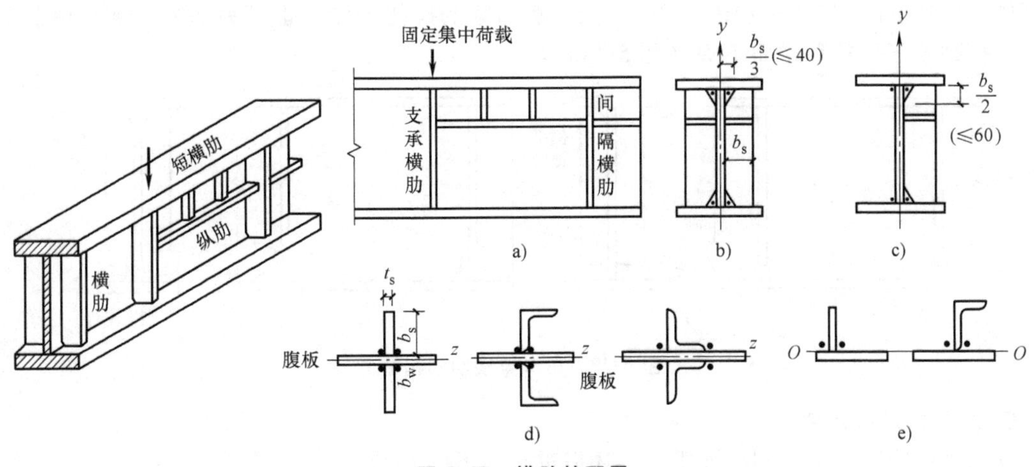

图 5-47　横肋的配置

加劲肋应有足够的刚度，使其成为腹板的不动支承，要求如下：

1）两侧配置钢板横肋时（图 5-47b）

肋宽
$$b_s \geqslant \frac{h_0}{30}+40\text{mm} \tag{5-85a}$$

肋厚
$$t_s \geqslant \frac{b_s}{15} \tag{5-85b}$$

2）单侧配置钢板横肋时（图 5-47c、e），其肋宽应大于按式（5-85a）算得的 1.2 倍，厚度应不小于其肋宽的 1/15。单肋的截面惯性矩应按与加劲肋相连的腹板边缘为轴线 $O\text{-}O$ 进行计算（图 5-47e）。

3）在同时用横肋和纵肋加强的腹板中，应在其相交处将纵肋断开，横肋保持连续（图 5-47a）。横肋的截面尺寸除应满足上述要求外，肋截面绕 z 轴（图 5-47d）的惯性矩还应满足式（5-86）要求。

$$I_z=\frac{t_s(2b_s+t_w)^3}{12} \geqslant 3h_0t_w^3 \tag{5-86}$$

纵肋截面绕 y 轴的惯性矩应满足式（5-87）和式（5-88）（图 5-47b）要求。

当 $a/h_0 \leqslant 0.85$ 时

$$I_y \geqslant 1.5h_0t_w^3 \tag{5-87}$$

当 $a/h_0>0.85$ 时

$$I_y \geqslant \left(2.5-0.45\frac{a}{h_0}\right)\left(\frac{a}{h_0}\right)^2 h_0t_w^3 \tag{5-88}$$

4）短横肋的最小间距为 $0.75h_1$。钢板短肋的外伸宽度应取横肋外伸宽度的 0.7~1.0 倍，厚度不应小于短横肋外伸宽度的 1/15。

5）用型钢作加劲肋，其截面惯性矩不得小于相应钢板加劲肋的惯性矩。

为了避免焊缝的集中和交叉，减少焊接应力，横肋的端部应切去宽约 $b_s/3$（但不大于 40mm）、高约 $b_s/2$（但不大于 60mm）的斜角（图 5-47b、c），以使梁的翼缘焊缝连续通过。在纵肋与横肋相交处，应将纵肋两端切去相应的斜角，以使横肋与腹板连接的焊缝连续通过。

横肋与上下翼缘焊牢能增加梁的抗扭刚度，但会降低疲劳强度。吊车梁横肋的上端应与上翼缘刨平顶紧（当为焊接吊车梁时，应焊牢）。肋的下端不应与受拉翼缘焊接，一般在距受拉翼缘 50~100mm 处断开（图 5-48a），为了提高梁的抗扭刚度，也可另加短角钢与横肋下端焊牢，但顶紧于受拉翼缘而不焊（图 5-48b）。

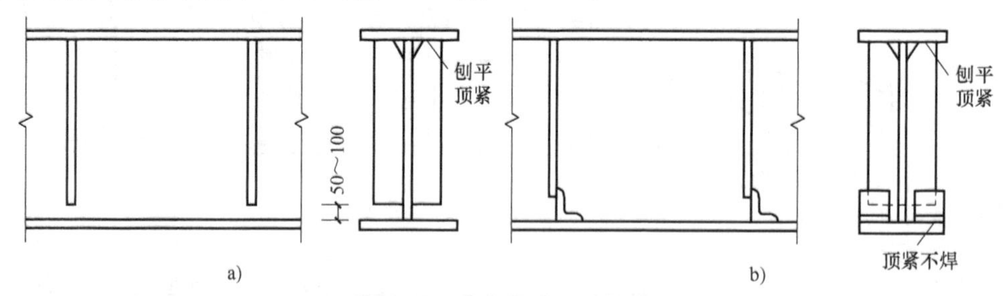

图 5-48　吊车梁横肋的构造

5. 支承横肋的验算

支承横肋除满足上述刚度要求外，还需进行如下的验算。

（1）稳定性　在支座反力或固定集中荷载作用下，支承横肋连同其附近腹板，可能在腹板平面外（图 5-49 中绕 z 轴）失稳。因此，必须用式（4-38）按轴心压杆验算其稳定性。

$$\frac{N}{\varphi A}\leqslant f$$

式中　N——支座反力或集中荷载（图 5-49a）；

A——包括横肋和肋侧面 $15t_w\sqrt{235/f_y}$ 范围内的腹板面积（图 5-49 中用斜线表示）；

φ——稳定系数，由附录 4 查用。

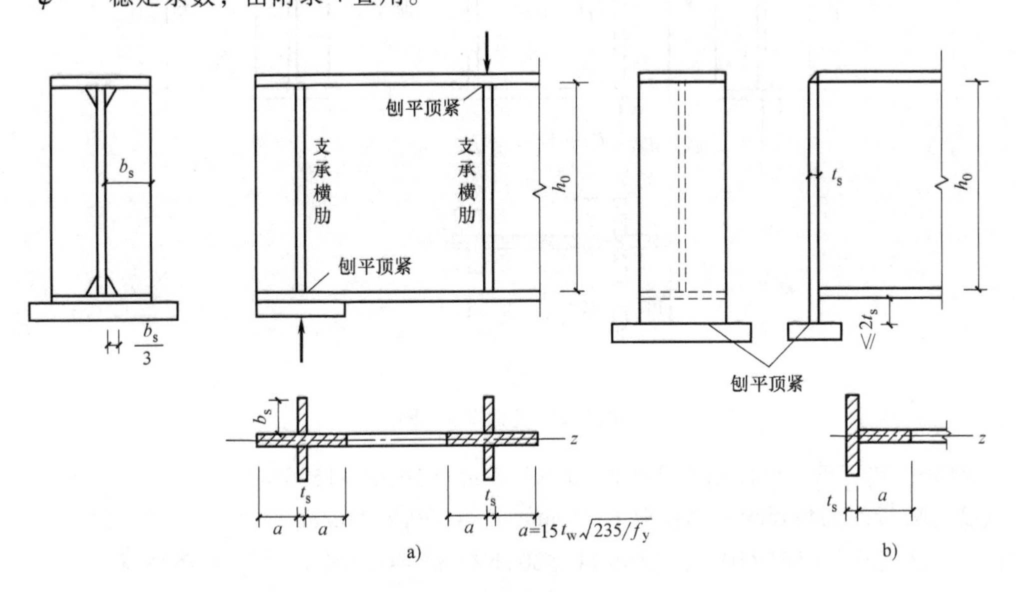

图 5-49　支承横肋的计算

（2）端面承压　当支承加劲肋端部刨平顶紧时，其端面承压应力按式（5-89）验算。

$$N/A_{ce}\leqslant f_{ce} \tag{5-89}$$

式中　A_{ce}——端面承压面面积，即支承横肋与翼缘或柱顶接触处的净面积，如图 5-49a 所示，

$$A_{ce}=2\left(b_s-\frac{b_s}{3}\right)t_s$$

支承横肋与腹板的连接焊缝，应按承受全部支承反力或集中荷载计算，计算时可假定应力沿焊缝全长均匀分布。

［例 5-4］　设计工字形焊接组合梁的间隔横肋及支座横肋。已知：计算反力 $R=501\text{kN}$，材料用 Q235 钢，$h_0=1000\text{mm}$，$t_w=8\text{mm}$。

［解］　$h_0/t_w=1000\div8=125$　$>80\sqrt{235/f_y}$　需设横肋；$<150\sqrt{235/f_y}$　不需设纵肋

1）间隔横肋（图 5-50b）。

由式（5-85a）得　$b_s=(1000\div30+40)\text{mm}=73\text{mm}$，取 $b_s=80\text{mm}$。

由式（5-85b）得　$t_s=80\div15\text{mm}=5.3\text{mm}$，取 $t_s=6\text{mm}$。

横肋间距　$a\geqslant0.5h_0=0.5\times1000\text{mm}=500\text{mm}$

$a\leqslant2h_0=2\times1000\text{mm}=2000\text{mm}$

故取 $a=2000\text{mm}$。

2）支座横肋（图 5-50a）。

需要的端面承压面面积（附表 1-1，取 $f_{ce}=320\text{N/mm}^2$）

$$A_{ce}=R/f_{ce}=501\times10^3\div320\text{mm}^2=1565.6\text{mm}^2\approx15.6\text{cm}^2$$

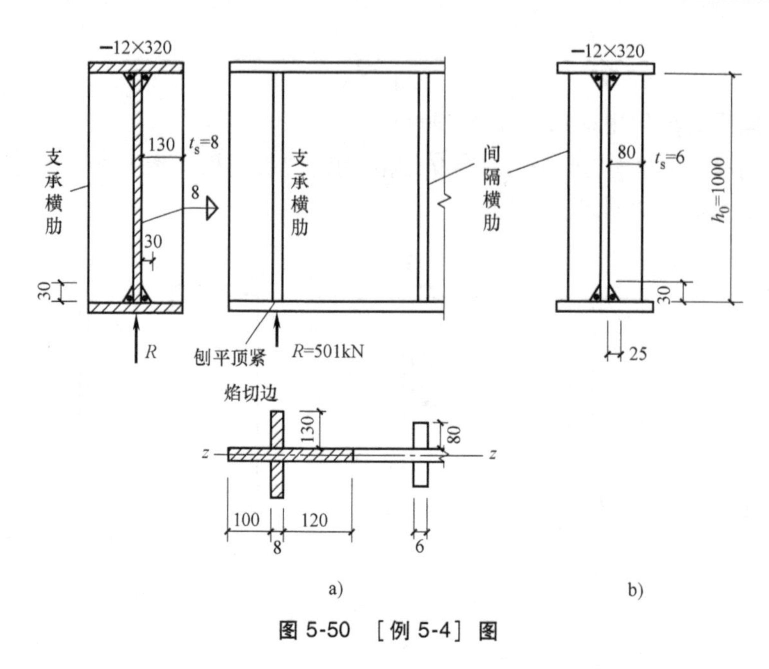

图 5-50 ［例 5-4］图

采用-8×130，实际承压面面积为 $2\times(13-3)\times0.8\text{cm}^2=16\text{cm}^2>15.6\text{cm}^2$

横肋与腹板间的角焊缝验算：取 $h_f=8\text{mm}$，$l_w=60h_f=480\text{mm}$。

$\tau_f=R/(h_e\sum l_w)=501\times10^3\div(0.7\times8\times4\times480)\text{N/mm}^2=46.6\text{N/mm}^2<f_f^w=160\text{N/mm}^2$。

验算平面外的稳定：查表 4-4，十字形截面类型属 b 类（图 5-50a）。

$A=2\times(0.8\times13)\text{cm}^2+0.8\times(10+12+0.8)\text{cm}^2=39.04\text{cm}^2$

$I_z=0.8\times26.8^3\div12\text{cm}^4=1283\text{cm}^4$ $\quad i_z=\sqrt{I_z/A}=5.73\text{cm}$

$\lambda=h_0/i_z=100\div5.73=17.5$

查附表 4-2 得 $\varphi=0.977$（b 类截面）。

$\sigma=R/(\varphi A)=501\times10^3\div(0.977\times39.04\times10^2)\text{N/mm}^2=131.4\text{N/mm}^2<f=215\text{N/mm}^2$

5.8 薄板的屈曲后强度

上述讨论中，都假定板屈曲时的挠度很小，忽略了板中面由挠曲产生的应力。然而，对于宽薄板来说，挠度较大时，中面上形成的应力比较显著。板屈曲后仍能继续承担更大的荷载，即具有屈曲后强度。因此，对承受静荷载和间接承受动力荷载的组合梁和柱，宜考虑腹板的屈曲后强度。

5.8.1 受压板的屈曲后强度

图 5-51a 所示为当四边皆有支承的纵向受压板达弹性临界应力 σ_{cr} 时，板中部的横向产生拉应力，牵制了纵向屈曲变形的发展，从而提高板纵向的承载力。随着压力的增加，板左右两侧部分会超过 σ_{cr}，直到两侧纤维达到 f_y，板应力变成马鞍形（图 5-51b）。同时，板的两纵边也出现自相平衡的横向应力。

现将马鞍形应力分布（图 5-52a），简化为凹矩形块分布（图 5-52b），然后，根据合力不变的条件，将图 5-52b 变成图 5-52c，图中 b_e 称为此板的有效宽度 b_e（effective width）。对于非均匀压应力的情况，板件两侧的有效宽度并不相等（图 5-53），但相加之和仍等于 b_e。

根据板件两侧边的支承情况，可将板件分为加劲板、部分加劲板和非加劲板三种。箱形截面的翼缘和腹板，它们的两侧边相连，属于加劲板（图 5-53a）；卷边槽钢的翼缘板，一纵边与腹板相连，另一纵边为卷边，可视为部分加劲板（图 5-53b）；槽钢截面的翼缘板，一纵边自由，另一纵边与腹板相连，称为非加劲板（图 5-53c）。

受压板件的有效宽度与板件的宽厚比、压应力分布和大小、板件纵边和支承类型以及相邻板件对它的约束程度有关。

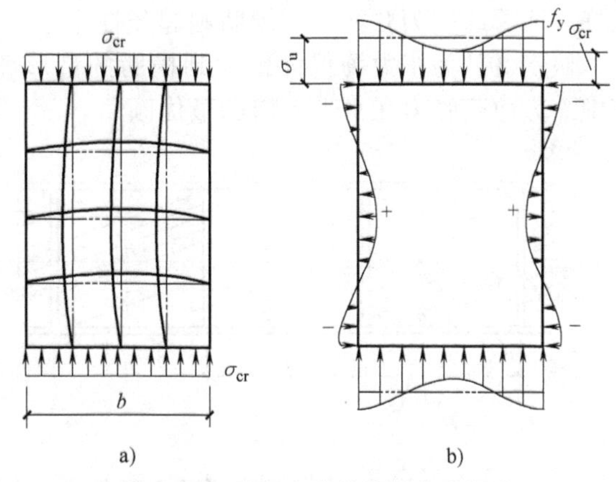

图 5-51　受压宽薄件的屈曲后强度

a）临界应力 σ_{cr} 时　b）马鞍形应力状态

5.8.2　梁腹板的屈曲后强度

考虑屈曲后强度，腹板的高厚比可达 $h_0/t_w=300$，这时如果仅设置横肋，会对大型受弯构件有很大的经济意义。

下面介绍一种适用于建筑钢结构梁的张力场理论。

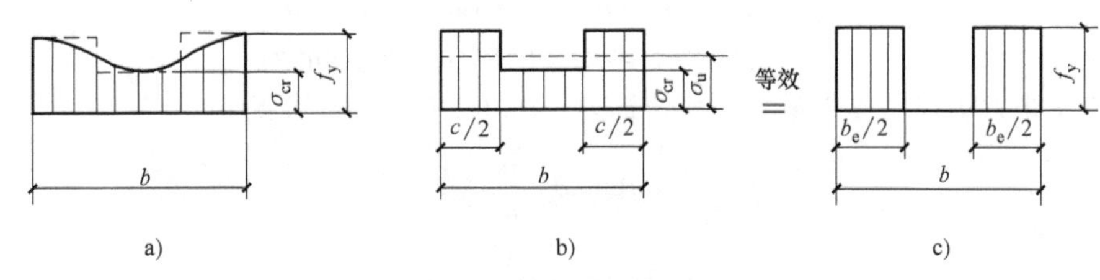

图 5-52　应力图形的简化

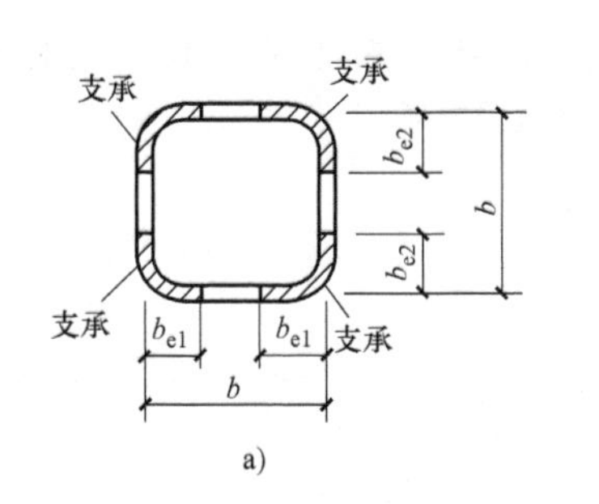

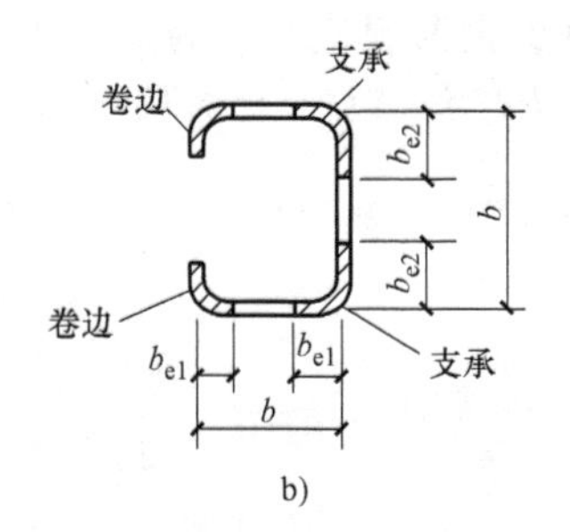

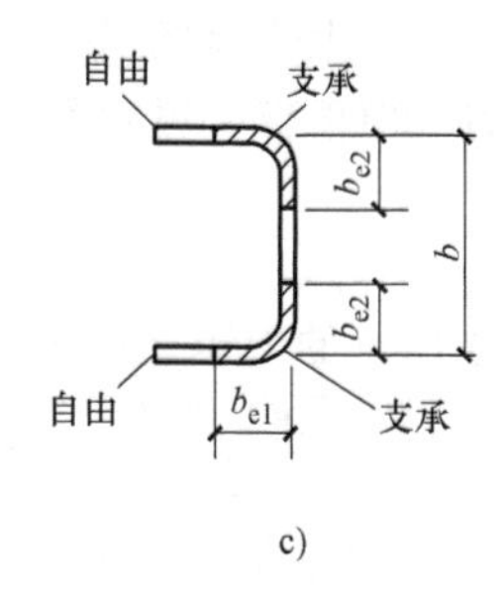

图 5-53　三种受压板件的有效宽厚比

a）加劲板（对翼缘或腹板）　b）部分加劲板（对翼缘而言）　c）非加劲肋（对翼缘而言）

基本假定：①屈曲后的腹板极限剪力 V_u（ultimate shear force），一部分由小挠度理论算出的抗剪力承担，另一部分由薄膜效应（斜张力场作用）承担；②翼缘绕 x_1 轴的抗弯刚度小，不能承担腹板斜张力场产生的垂直分力的作用。

1. 腹板受剪屈曲后的极限剪力 V_u

根据假定，腹板屈曲后的实腹梁相当于桁架（图 5-54），张力场（带）相当于桁架的斜

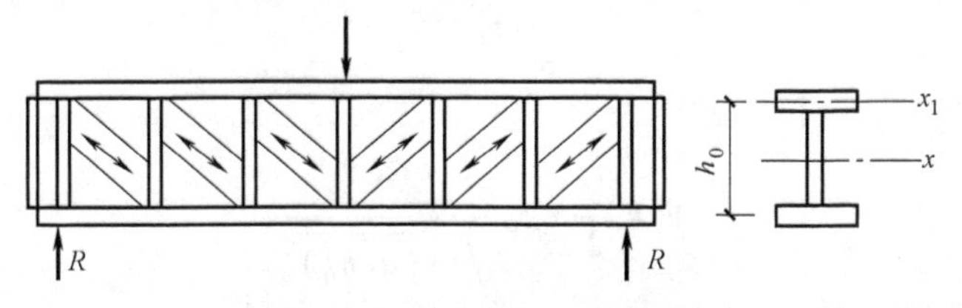

图 5-54　腹板的张力场作用

拉杆，而翼缘则为弦杆，加劲肋则起竖杆作用。

假定②认为张力场仅为传力到横肋的带形场，其宽度为 s（图 5-55a），$s=h_0\cos\theta-a\sin\theta$，其中 θ 为薄膜张力在水平方向的最优倾角。

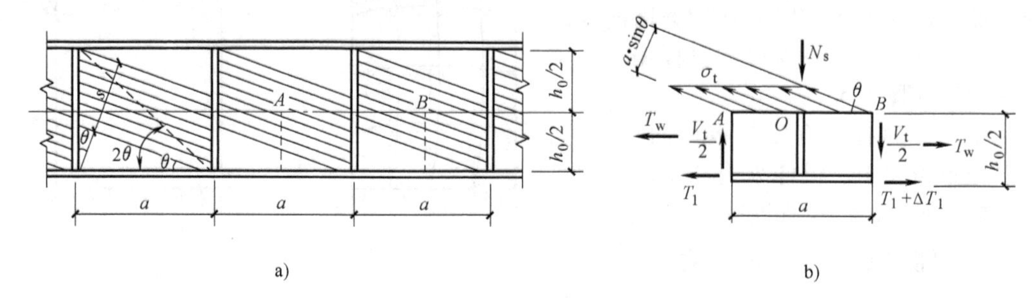

图 5-55 张力场作用下的剪力计算

a）传力到横肋上的带形场 b）脱离体

带形场的拉应力 σ_t 所提供的剪力为

$$V_{t1}=\sigma_t t_w s\sin\theta=\sigma_t t_w(h_0\cos\theta-a\sin\theta)\sin\theta$$
$$=\sigma_t t_w(0.5h_0\sin2\theta-a\sin^2\theta)$$

最优 θ 值应使张力场作用提供最大的剪切抗力，由 $\mathrm{d}V_{t1}/\mathrm{d}\theta=0$，可得

$$\tan2\theta=\frac{h_0}{a}$$

或

$$\sin2\theta=\frac{1}{\sqrt{1+(a/h_0)^2}} \tag{a}$$

实际上带形场以外部分也有少量薄膜应力，为此，最好按图 5-55b 来计算 V_t 值。由脱离体的平衡条件，可求翼缘和水平力增量 ΔT_1（已含腹板水平力增量）为

$$\Delta T_1=\sigma_t t_w a\sin\theta\cos\theta=\frac{1}{2}\sigma_t t_w a\sin2\theta$$

由对 O 点的力矩之和 $\sum M_O=0$ 得

$$\frac{V_t}{2}a=\Delta T_1\frac{h_0}{2}$$

即

$$V_t=\frac{h_0}{a}\Delta T_1=\frac{1}{2}\sigma_t t_w h_0\sin2\theta \tag{b}$$

将式（a）代入式（b）得

$$V_t=\frac{1}{2}\sigma_t t_w h_0\frac{1}{\sqrt{1+(a/h_0)^2}} \tag{c}$$

考虑到 σ_t 和 τ_{cr} 二者共同作用的破坏条件，总剪应力达到其屈服值 f_{vy} 时不再增大，即 $\tau_t+\tau_{cr}=f_{vy}$。根据剪应力作用下的屈服条件，对应于拉应力 σ_t 的剪应力 $\tau_t=\sigma_t/\sqrt{3}$，从而

$$\frac{\sigma_t}{\sqrt{3}}+\tau_{cr}=f_{vy} \tag{d}$$

将式（d）中的 σ_t 代入式（c）得

$$V_t=\frac{\sqrt{3}}{2}h_0t_w\frac{f_{vy}-\tau_{cr}}{\sqrt{1+(a/h_0)^2}} \tag{5-90}$$

由假定①知极限剪力

$$V_u = \text{屈曲剪力}\ V_{cr}+\text{张力场剪力}\ V_t = h_0 t_w \tau_{cr}+\frac{\sqrt{3}}{2}h_0 t_w \frac{f_{vy}-\tau_{cr}}{\sqrt{1+(a/h_0)^2}}$$

$$= h_0 t_w\left[\tau_{cr}+\frac{f_{vy}-\tau_{cr}}{1.15\sqrt{1+(a/h_0)^2}}\right] \tag{5-91}$$

式中 τ_{cr}——四边简支矩形板在均布剪应力作用下的临界应力，$\tau_{cr}=k\dfrac{\pi^2 E}{12(1-\nu^2)}\left(\dfrac{t}{h_0}\right)^2$，其中板的屈曲系数 $k=5.34+\dfrac{4}{(a/h_0)^2}$。 (5-92)

腹板在张力场的情况下，横肋起到桁架竖杆的作用，由图 5-55b 的平衡条件，可得横向加劲肋（stiffening rib）所受的压力

$$N_s=(\sigma_t a t_w \sin\theta)\sin\theta=\frac{1}{2}\sigma_t a t_w(1-\cos 2\theta)$$

将 $\cos 2\theta = a/\sqrt{h_0^2+a^2}$ 和 $\sigma_t=\sqrt{3}(f_{vy}-\tau_{cr})$ 代入后得

$$N_s=\frac{a t_w}{1.15}(f_{vy}-\tau_{cr})\left[1-\frac{a/h_0}{\sqrt{1+(a/h_0)^2}}\right] \tag{5-93}$$

梁的中间横肋，必须有足够截面来承受式（5-93）给出的压力。

对于梁端横肋承受的压力，可直接取梁支座反力 R（图 5-54），此肋还另外承受拉力带的水平分力 H_t（作用点可取距上翼缘 $h_0/4$ 处）。为了增加抗弯能力，还应在梁外延的端部加设封头加劲板，一般可将封头板与支承横肋之间视为一竖向构件，简支于上下翼缘，承受 H_t 和 R 产生的内力（图 5-59），计算其强度和稳定。

梁端构造处理还有另一方案，即缩小支座横肋和第一道中间横向加劲肋的距离 a_1，使 a_1 范围内的 $\tau_{cr} \geq f_v$，这时支座加劲肋就不会受到 H_t 的作用。

2. 腹板受弯屈曲后梁的极限弯矩

腹板高厚比 h_0/t_w 较大而不设纵肋时，在弯矩作用下腹板的受压区可能屈曲，屈曲后的弯矩还可继续增大，但受压区的应力分布不再是线性的（图 5-56），其边缘应力达到 f_y 时即认为达到承载力的极限。此时梁的中和轴略有下降，腹板受拉区全部有效。受压区可引入有效宽度的概念，假定有效宽度均分在受压区的上下部位，梁所能承受的弯矩取有效截面（图 5-56c）按应力线性分布计算。

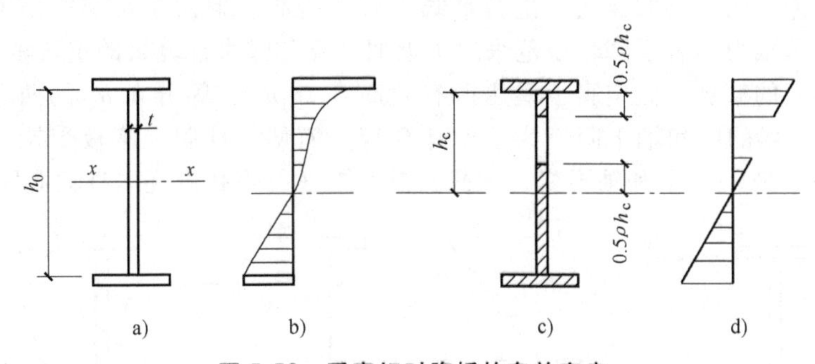

图 5-56 受弯矩时腹板的有效宽度

由于腹板屈曲后，梁的抗弯承载力下降得不多，此时，一般用近似公式来确定。各国资料采用的近似公式各不相同，但计算结果差别很小。规范建议的梁抗弯承载力设计值见式（5-97）。

3. 腹板同时受弯和受剪

梁腹板常在大范围内同时承受弯矩和剪力。这种腹板屈曲后对梁承载力的影响比较复杂。弯矩 M 和剪力 V 的相关性可用多种不同的相关曲线来表达。

图 5-57 给出一种为规范引用的 V 和 M 无量纲的相关关系。首先假定当弯矩不超过翼缘所提供的最大弯矩 $M_f = A_f h_f f$ 时（A_f 为一个翼缘截面面积，h_f 为上下翼缘轴线间距离），腹板不参与承担弯矩作用，即假定在 $M \leqslant M_f$ 的范围内为水平线，$V/V_u = 1.0$。

当截面全部有效而腹板边缘屈服时，腹板可以承受剪应力的平均值约为 $0.65f_{vy}$ 左右。对于薄腹板梁，腹板也同样可以负担剪力，但一般偏安全地取为仅承受剪力时最大值 V_u 的 0.5 倍，即当 $V/V_u \leqslant 0.5$ 时，取 $M/M_{eu} = 1.0$。

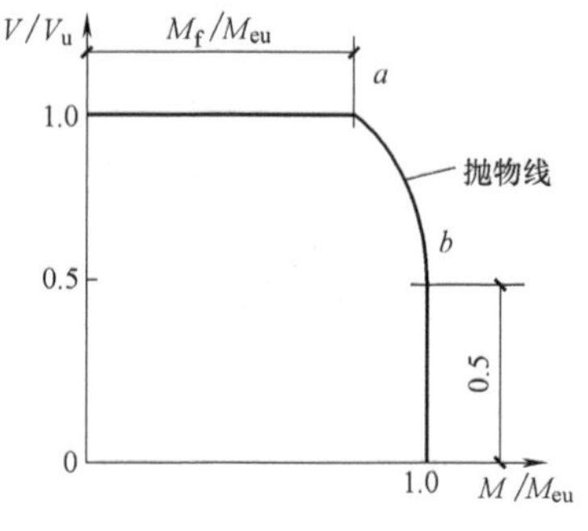

图 5-57 V 与 M 相关曲线

5.9 考虑腹板屈曲后强度的梁设计

承受静力荷载或间接承受动力荷载的焊接梁，梁的腹板仅配置支承横肋（或尚存间隔横肋），考虑屈曲后强度。

5.9.1 腹板的 V_u 值计算

腹板屈曲后的抗剪承载力应为屈曲剪力与张力场剪力之和，即式（5-91）。根据理论和试验研究，抗剪承载力设计值 V_u 为

当 $\lambda_s \leqslant 0.8$ 时
$$V_u = h_0 t_w f_v \tag{5-94a}$$

当 $0.8 < \lambda_s \leqslant 1.2$ 时
$$V_u = h_0 t_w f_v [1 - 0.5(\lambda_s - 0.8)] \tag{5-94b}$$

当 $\lambda_s > 1.2$ 时
$$V_u = h_0 t_w f_v / \lambda_s^{1.2} \tag{5-94c}$$

式中 λ_s——用于受剪计算的腹板通用高厚比，

$$\lambda_s = \sqrt{\frac{f_y}{\tau_{cr}}} = \frac{h_0/t_w}{41\sqrt{k}} \cdot \sqrt{\frac{f_y}{235}} \tag{5-95}$$

当 $a/h_0 \leqslant 1.0$ 时，板屈曲系数 $k = 4 + 5.34(h_0/a)^2$；当 $a/h_0 > 1.0$ 时，$k = 5.34 + 4(h_0/a)^2$。如果只设置支承加劲肋而 a/h_0 较大时，则可取 $k = 5.34$。

5.9.2 抗弯承载力 M_{eu}

腹板屈曲后考虑张力场的作用，抗剪承载力有所提高，但由于弯矩作用下腹板受压区屈曲后，梁的抗弯承载力稍有下降，规范采用了近似计算公式来计算梁的抗弯承载力。

采用有效截面的概念，假定腹板受压区有效高度为 ρh_c，等分在 h_c 的两端，中部则除去 $(1-\rho)h_c$ 的高度，梁的中和轴下降。为了使计算较为简便，现假定腹板受拉区与受压区同样除去此高度（图 5-58d），中和轴不变，梁截面惯性矩（忽略孔洞绕本身轴惯性矩）为

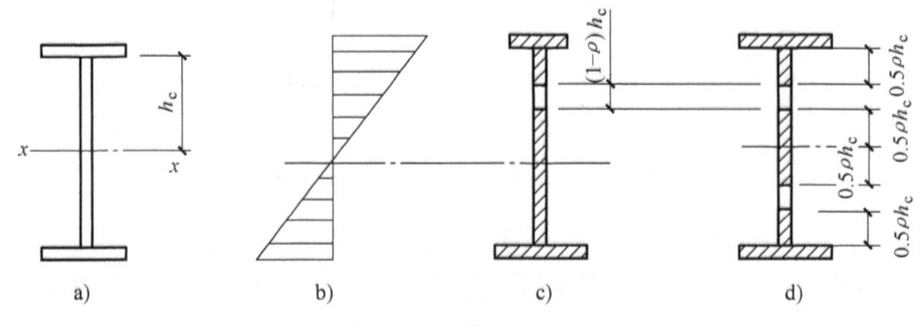

图 5-58 梁截面模量折减系数的计算

$$I_{xe}=I_x-2(1-\rho)h_c t_w\left(\frac{h_c}{2}\right)^2=I_x-\frac{1}{2}(1-\rho)h_c^3 t_w$$

梁截面模量折减系数

$$\alpha_e=\frac{W_{xe}}{W_x}=\frac{I_{xe}}{I_x}=1-\frac{(1-\rho)h_c^3 t_w}{2I_x} \tag{5-96}$$

式（5-96）是按双轴对称截面塑性发展系数 $\gamma_x=1.0$ 得出的偏安全的近似公式，也可用于 $\gamma_x=1.05$ 和单轴对称截面。

梁的抗弯承载力设计值

$$M_{eu}=\gamma_x\alpha_e W_x f \tag{5-97}$$

式（5-96）中的有效高度系数 ρ，与计算局部稳定中临界应力 σ_{cr} 一样以通用高厚比 $\lambda_b=\sqrt{f_y/\sigma_{cr}}$ 作为参数，也分为 3 个阶段，分界点也与计算 σ_{cr} 相同。

当 $\lambda_b\leqslant 0.85$ 时　　$\rho=1.0$　　(5-98a)

当 $0.85<\lambda_b\leqslant 1.25$ 时　　$\rho=1-0.82(\lambda_b-0.85)$　　(5-98b)

当 $\lambda_b>1.25$ 时　　$\rho=(1-0.2/\lambda_b)/\lambda_b$　　(5-98c)

通用高厚比仍按局部稳定计算中式（5-73）计算。

当 $\rho=1.0$ 时，$\alpha_e=1$，截面全部有效。

任何情况下，以上公式中的截面数据 W_x、I_x 以及 h_c 均按截面全部有效计算。

5.9.3　梁的计算式

在横肋之间的腹板各区段通常承受弯矩和剪力的共同作用。规范采用的剪力 V 和弯矩 M 的无量纲的相关曲线（图 5-57），计算式为

当 $M/M_f\leqslant 1.0$ 时　　$V\leqslant V_u$　　(5-99a)

当 $V/V_u\leqslant 0.5$ 时　　$M\leqslant M_{eu}$　　(5-99b)

其他情况时　　$\left(\frac{V}{0.5V_u}-1\right)^2+\frac{M-M_f}{M_{eu}-M_f}\leqslant 1.0$　　(5-99c)

式中　M、V——梁的同一截面上同时产生的弯矩和剪力设计值，计算时，当 $V<0.5V_u$ 时取 $V=0.5V_u$，当 $M<M_f$ 时取 $M=M_f$；

M_{eu}、V_u——M 或 V 单独作用时由式（5-97）和式（5-94）计算的承载力设计值；

M_f——梁两翼缘所承担的弯矩设计值，对双轴对称截面梁 $M_f=A_f h_f f$（此处 A_f 为较大翼缘截面面积，h_f 为上、下翼缘轴线间距离），对单轴对称截面梁 $M_f=\left(A_{f1}\frac{h_1^2}{h_2}+A_{f2}h_2\right)f$（此处 A_{f1}、h_1 为较大翼缘截面面积及其形心至梁中和轴距离，A_{f2}、h_2 为较小翼缘的相应值）。

5.9.4　横肋设计特点

1）横肋宜在腹板两侧成对设置，其肋截面应满足式（5-85）的要求。

2）考虑腹板屈曲后强度的中间横肋，受到斜向张力场的竖向分力的作用，此竖向分力 N_s 可用式（5-93）来表达。规范考虑张力场张力的水平分力的影响，将中间横肋所受轴心压力加大，则

$$N_s=V_u-h_0 t_w\tau_{cr} \tag{5-100}$$

式中，V_u 按式（5-94）计算，τ_{cr} 按式（5-76）计算。

若中间横肋还承受集中荷载 F，则应按 $N=N_s+F$ 计算其在腹板平面外的稳定性。

3）当 $\lambda_s>0.8$ 时，梁支座横肋，除承受梁支座反力 R 外，还承受张力场斜拉力的水平

分力

$$H_t=(V_u-h_0t_w\tau_{cr})\sqrt{1+(a/h_0)^2} \tag{5-101}$$

H_t 的作用点可取为距上翼缘 $h_0/4$ 处（图 5-59a）。为了增加抗弯能力，还应在梁外延的端部加设封头板。并采用下列方法之一进行计算：①将封头板与支座横肋之间视为竖向压弯构件，简支于梁的上下翼缘，计算其强度和稳定；②将支座横肋按承受支座反力 R 的轴心压杆计算，封头板截面面积则不小于 $A_c=3h_0H_t/(16ef)$，式中 e 为支座肋与封头板的距离，f 为钢材强度设计值。

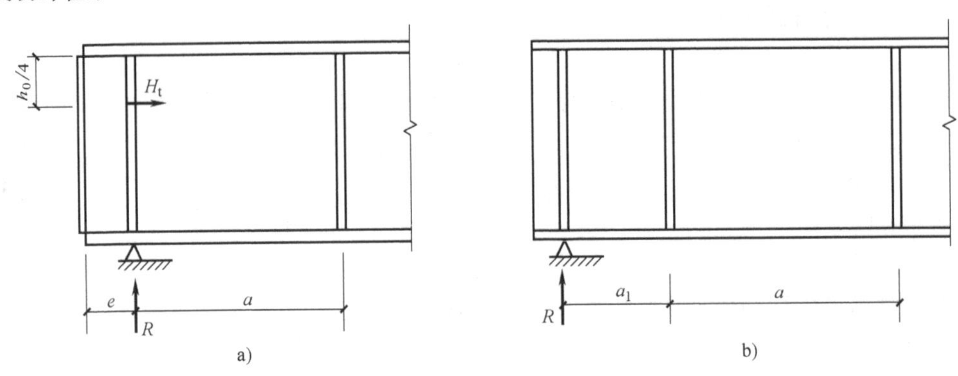

图 5-59　梁端构造

梁端构造还有另一方案：即缩小支座肋和第一道中间横向加劲肋的距离 a_1（图 5-59b），使 a_1 范围内的 $\tau_{cr}\geqslant f_v$（即 $\lambda_s\leqslant 0.8$），此种情况的支座横肋就不会受到 H_t 的作用，目前只有美国等少数国家采用这种对端节间不利用腹板屈曲后强度的办法。

5.10　梁的刚度验算

一般梁的截面由抗弯强度决定，粗短的梁由抗剪强度控制，而细长的梁则往往由刚度控制。梁的刚度不足，就不能保证正常使用。例如，楼盖梁的挠度过大，就会给人一种不安全的感觉，而且还会使天花板抹灰等脱落，影响整个结构的功能；吊车梁的挠度过大，会加剧起重机运行时的冲击和振动，甚至使起重机不能正常运行等。因此，限制梁在使用时的最大挠度，十分必要。

受弯构件的刚度要求

$$v\leqslant[v] \tag{5-102}$$

式中　v——由荷载标准值所产生的最大挠度；

$[v]$——规范规定的受弯构件的挠度限值（附表 5-1）。

5.11　型钢梁的截面选择

型钢梁中应用最多的是普通热轧工字形和 H 形截面。型钢梁的设计一般应满足强度、刚度和整体稳定的要求。当梁承受集中荷载，且在该荷载作用处梁的腹板又未设置加劲肋加强时（图 5-8a），还需验算腹板计算高度上边缘的局部压应力。型钢梁腹板和翼缘的高（宽）厚比都不太大，局部稳定常可得到保证，一般不需进行验算。

5.11.1　单向弯曲型钢梁

这种梁的截面选择步骤是：

1）计算梁的最大弯矩 M_x 和剪力 V（因型钢梁的腹板较厚，除剪力相对很大的短梁或梁的支承截面受到较大削弱等情况外，一般可不验算抗剪）。

2）由式（5-6a）求所需的净截面模量 $W_{nx} \geqslant M_x/(\gamma_x f)$。当弯矩最大截面上有孔洞（如螺栓孔）时，所需的毛截面模量 W_x 一般比 W_{nx} 增加 10%～15%，由 W_x 查附录 2 型钢表，选出适当规格的型钢。

3）分别按式（5-6a）、式（5-102）和式（5-67）验算抗弯强度、刚度和整体稳定性。

［例 5-5］ 图 5-60 所示某车间工作平台平面布置简图，平台上作用静力荷载标准值 g_k = 1.38kN/m^2（不包梁自重），q_k = 7.8kN/m^2。试分别按①平台铺板与次梁连牢，②平台铺板与次梁未连牢两种情况选择中间次梁 A 的热轧普通工字钢规格，钢材为 Q235。

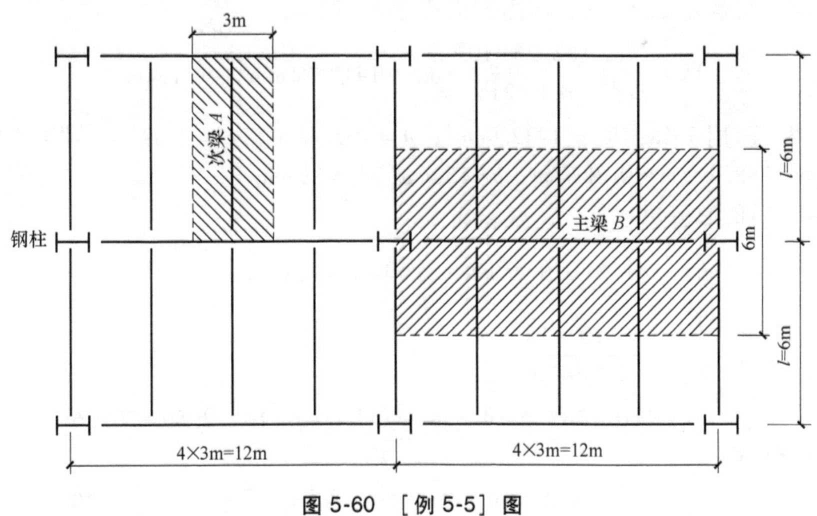

图 5-60　［例 5-5］图

［解］　作用在次梁 A 上的荷载设计值为可变荷载（活荷载）效应控制的组合

$$p=(1.3\times1.38+1.5\times7.8)\times3\text{kN/m}=40.5\text{kN/m}$$

弯矩 $M_x=pl^2/8=40.5\times6^2\div8\text{kN}\cdot\text{m}=182.25\text{kN}\cdot\text{m}$

剪力 $V=pl/2=40.5\times6\div2\text{kN}=121.5\text{kN}$

所需净截面模量 $W_{nx}=\dfrac{M_x}{\gamma_x f}=\dfrac{182.25\times10^6}{1.05\times215}\text{mm}^3=807309.0\text{mm}^3=807.3\text{cm}^3$

由附表 2-3 选用热轧普通工字钢 I36a，W_x = 877.6cm^3 > 807.3，梁重力 60kg/m = 60×9.81N/m = 588.6N/m ≈ 0.6kN/m，I_x = 15796cm^4，S_x = 508.8cm^3，t_w = 10mm，A = 76.44cm^2。

考虑梁自重后的总弯矩

$$M_x=182.25+\frac{1}{8}\times1.3\times0.6\times6^2\text{kN}\cdot\text{m}=185.76\text{kN}\cdot\text{m}$$

1）平台铺板与次梁连牢，不必验算次梁的整体稳定性。

弯曲正应力 $\sigma=\dfrac{M_x}{\gamma_x W_{nx}}=\dfrac{185.76\times10^6}{1.05\times877.6\times10^3}\text{N/mm}^2=201.6\text{N/mm}^2<f=215\text{N/mm}^2$

剪应力 $\tau=\dfrac{VS_x}{I_x t_w}=\dfrac{(121.5+1.3\times0.6\times3)\times10^3\times508.8\times10^3}{15796\times10^4\times10}\text{N/mm}^2=39.9\text{N/mm}^2$

$\ll f_v=125\text{N/mm}^2$　　（型钢腹板较厚，一般不验算抗剪强度）

在全部荷载标准值 $p'_k=g'_k+q'_k=(1.38\times3+0.6)\text{kN/m}+7.8\times3\text{kN/m}=28.1\text{kN/m}$ 作用下，梁挠度：

$$v_p=\frac{5p'_k l^4}{384EI_x}=\frac{5\times28.1\times10^3\times6\times6000^3}{384\times206\times10^3\times15796\times10^4}\text{mm}$$

$$=14.6\text{mm}<[v_{pk}]=\frac{l}{250}=\frac{6\times10^3}{250}\text{mm}=24\text{mm}$$

在活载标准值 $q_k=7.8\times3\text{kN/m}=23.4\text{kN/m}$ 作用下

$$v_q=\frac{23.4}{28.1}\times14.6\text{mm}=12.2\text{mm}<[v_{qk}]=\frac{l}{300}=\frac{6\times10^3}{300}\text{mm}=20\text{mm}$$

$[v_{pk}]$ 和 $[v_{qk}]$ 由附录 5 查得。

2）平台铺板与次梁未连牢，必须补充计算梁 A 的整体稳定性。

由附录 6-2，可假定 $\varphi_b=0.6$，所需截面模量

$$W_x=\frac{M_x}{\varphi_b f}=\frac{182.25\times10^6}{0.6\times215}\text{mm}^3=1412791\text{mm}^3\approx1413\text{cm}^3$$

由附表 2-3，选用 I45a，$W_x=1432.9\text{cm}^3$，$A=102.4\text{cm}^2$，$i_y=2.89\text{cm}$，梁自重 $80.4\text{kg/m}=80.4\times9.81\text{N/m}=788.7\text{N/m}\approx0.8\text{kN/m}$，$b=150\text{mm}$，$t_1=18\text{mm}$。

考虑梁自重后的总弯矩

$$M_x=182.25\text{kN}\cdot\text{m}+\frac{1}{8}\times1.3\times0.8\times6^2\text{kN}\cdot\text{m}=186.93\text{kN}\cdot\text{m}$$

由附表 6-1 知 $\zeta=\dfrac{l_1t_1}{2b_1h}=\dfrac{6\times10^3\times18}{150\times450}=1.6<2.0$

$$\beta_b=0.69+0.13\times1.6=0.898,\lambda_y=l/i_y=6\times10^2\div2.89=207.6$$

由式（5-63）得

$$\varphi_b=0.898\times\frac{4320}{207.6^2}\times\frac{102.4\times45}{1432.9}\left[\sqrt{1+\left(\frac{207.6\times18}{4.4\times450}\right)^2}+0\right]\times\frac{235}{235}$$

$=0.615>0.6$，梁进入弹塑性阶段，由式（5-66）得

$$\varphi_b'=1.07-0.282\div0.615=0.611$$

由式（5-67）验算梁的整体稳定性

$$\frac{M_x}{\varphi_b'W_{1x}}=\frac{186.93\times10^6}{0.611\times1432.9\times10^3}\text{N/mm}^2=213.5\text{N/mm}^2<f=215\text{N/mm}^2$$

满足要求。

由以上计算可见，若按整体稳定条件选择截面，截面需要增大较多，用钢量约增加 $\dfrac{102.4-76.44}{76.44}=0.34=34\%$。因此，应尽可能将平台铺板与次梁连牢，用以提高梁的承载力。

5.11.2 双向弯曲型钢梁

众所周知，横向荷载作用线通过截面的剪心 S 而又不与截面的形心主轴 x、y 平行时（图 5-61a），该梁即产生双向弯曲，又称斜弯曲（图 5-61b）。

1. 型钢檩条的形式及拉条

钢檩条分为实腹式和桁架式两类。这里只讨论实腹式檩条的计算。

双向弯曲梁的强度和整体稳定性分别按式（5-6b）和式（5-67b）验算。设计时，可按强度条件选择型钢截面，由式（5-6b），可得

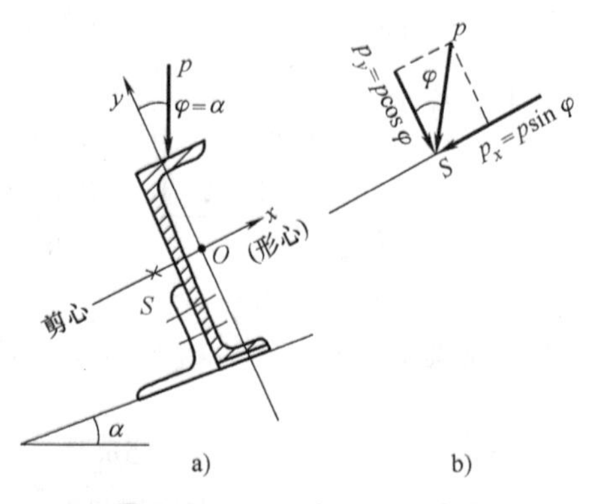

图 5-61　双向弯曲——檩条

$$W_{nx}=\left(M_x+\frac{\gamma_x}{\gamma_y}\frac{W_{nx}}{W_{ny}}M_y\right)\frac{1}{\gamma_x f}=\frac{M_x+\beta M_y}{\gamma_x f} \tag{5-103}$$

式中，$\beta=6$（窄翼缘 H 型钢和 Z 型钢）；$\beta=5$（槽钢）。

双向弯曲型钢梁最常用于檩条，其截面一般为 H 型钢（檩条跨度较大时）、槽钢（跨度较小时）或冷弯薄壁 Z 型钢（跨度不大且为轻型屋面时）等。这些型钢的腹板垂直于屋面放置，竖向线荷载 p 可分解为垂直于截面两个主轴 x 和 y 的分荷载 $p_y=p\cos\varphi$ 和 $p_x=p\sin\varphi$（图 5-61 和图 5-62）。

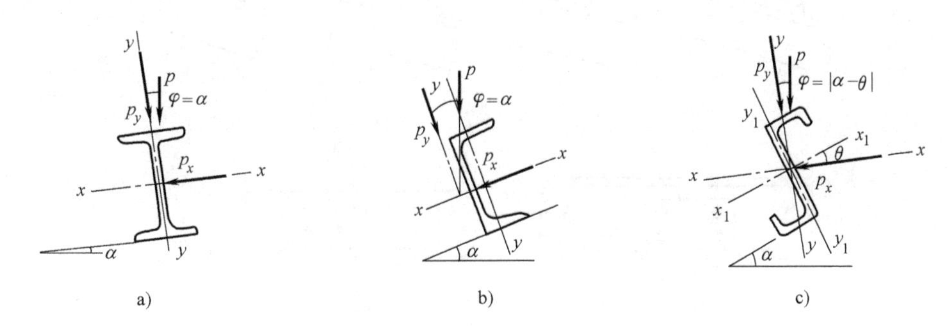

图 5-62　常用檩条截面的 φ 值

a)、b）$\varphi=\alpha$　c）$\varphi=|\alpha-\theta|$（θ 值查附表 2-18）

由于槽钢和 Z 型檩条的侧向刚度较小，一般在檩条之间沿屋面坡度方向设置拉条，以减小在该方向的弯矩，以及檩条的扭转变形。当檩条跨度 $l<6\text{m}$ 时，一般在檩条跨中设置一道拉条（图 5-63a）；当 $l>6\text{m}$ 时，在檩条跨度三分点处设两道拉条（图 5-63b）；小跨度的角钢檩条，一般不设拉条。

因为 Z 形檩条的上翼缘在荷载作用下，可能向屋脊方向弯曲，也可能向檐口方向弯曲，所以两个方向都必须拉紧。为了使拉条的拉力能在屋脊处平衡，屋脊檩条在拉条连接处应互相联系（图 5-63a）或在屋脊两边各设斜拉条和撑杆（图 5-63b）。檐口檩条旁也应设置斜拉条和撑杆，但当檐口处有承重的天沟或圈梁时，可只设垂直于檐口的拉条。

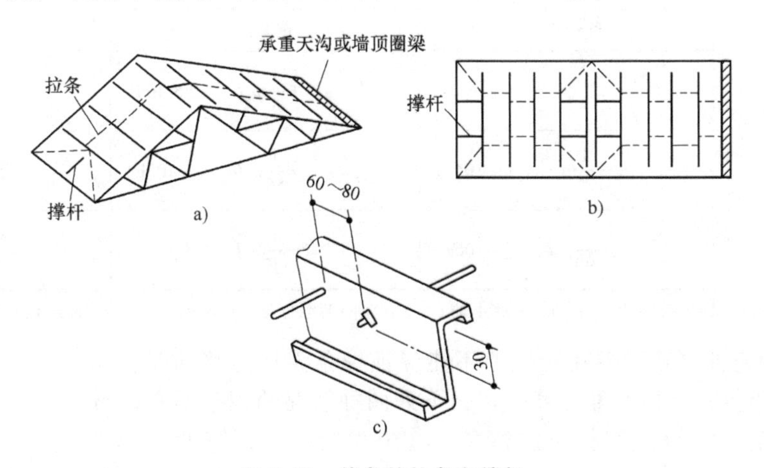

图 5-63　檩条的拉条和撑杆

槽钢檩条的拉条布置原则与 Z 型钢檩条基本相同，但由于在荷载作用下，槽钢檩条上翼缘不会向屋脊方向弯曲，故檐口处不必设置斜拉条和撑杆，也不必将拉条固结在檐口刚性构件上。

拉条与檩条的连接构造如图 5-63c 所示，安装时应将所有拉条张紧。

檩条的支承处应保证有足够的侧向约束，一般每端用 2 个螺栓连于预先焊在屋架上的短角钢上（图 5-64）。Z 型钢檩条的上翼缘平肢应朝向屋脊（图 5-64d）；槽钢檩条的槽口一般也朝向屋脊（图 5-64c），这样既可减小荷载对剪心的偏心，安装也较方便。

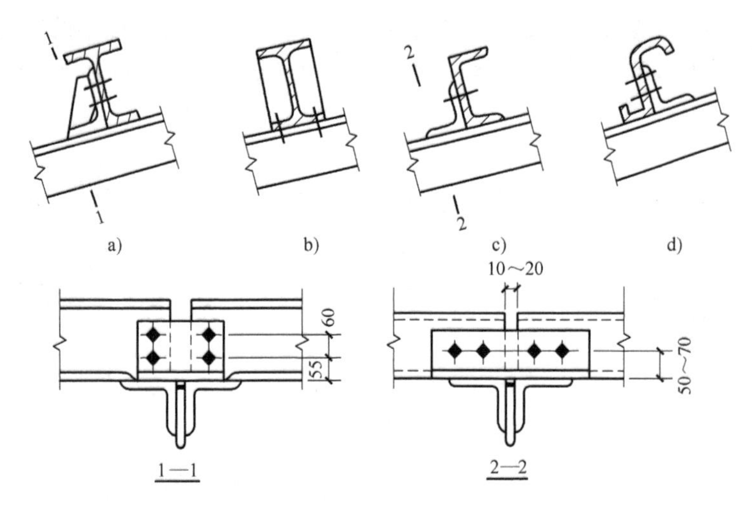

图 5-64 檩条与屋架弦杆的连接

2. 型钢檩条的截面选择

在计算檩条时，一般先假定截面型号，然后进行验算。

1）强度。对型钢檩条，一般只按式（5-6b）验算弯曲正应力，而不必验算剪应力和局部压应力。$M_x=\frac{1}{8}p_y l^2$，M_y 值见表 5-6。

表 5-6 檩条的 M_y 值

拉条数	M_y		注
	负弯矩	正弯矩	
0		$+\frac{1}{8}p_x l^2$ （5-104）	无拉条
1	$-\frac{1}{32}p_x l^2$ （5-105a）	$+\frac{1}{56}p_x l^2$ （5-105b）	设一道拉条
2	$-\frac{1}{90}p_x l^2$ （5-106a）	$+\frac{1}{112}p_x l^2$ （5-106b）	设两道拉条

注：l 为檩条跨度，即屋架间距；p_x、p_y 为沿主轴 x、y 方向的荷载分量，$p_x=p\sin\varphi$、$p_y=p\cos\varphi$（图 5-61）。

2）整体稳定性。若屋面在构造上不能保证檩条无坡向移动时，应按式（5-68）验算稳定性。经计算分析，下列两种情况的檩条不必进行整体稳定性验算：①设置有拉条的檩条；②未设置拉条，跨度 $l<5\text{m}$，而槽口向屋脊的槽钢檩条，或平行屋面的角钢肢尖朝向屋脊的角钢檩条（图 5-65）。

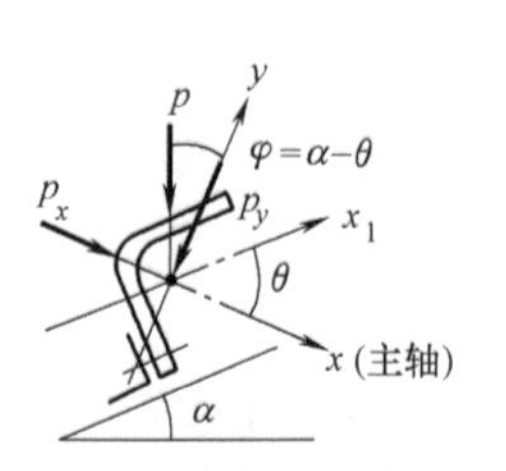

图 5-65 无须设置拉条的檩条

3）刚度。为保证屋面较为平整，一般只验算垂直于屋面方向的简支梁挠度。

［例 5-6］ 已知檩条布置如图 5-66 所示，雪荷载标准值

$0.25kN/m^2$，无积灰，试设计檩条。

[解]　檩条受荷面积（水平投影）$5\times12m^2=60m^2$，未超过 $60m^2$，故取屋面活载 $0.5kN/m^2>0.25kN/m^2$（雪），不考虑雪荷载。

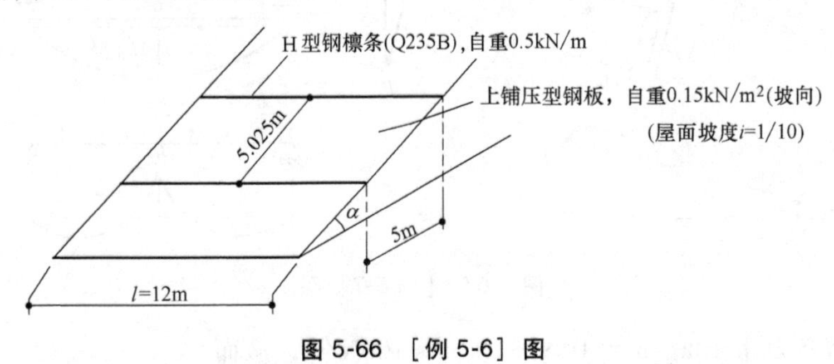

图 5-66　[例 5-6] 图

对轻屋面，只考虑活载效应控制的组合。

标准值 $p_k=(0.15\times5.025+0.5+0.5\times5)\ kN/m=3.754kN/m$

设计值 $p=1.3(0.15\times5.025+0.5)kN/m+1.5\times0.5\times5kN/m=5.38kN/m$

$$p_y=p\cos\varphi=5.38\times10\div\sqrt{10^2+1^2}\ kN/m=5.35kN/m$$

$$p_x=p\sin\varphi=5.38\times1\div\sqrt{101}\ kN/m=0.535kN/m$$

$$弯矩M_x=\frac{1}{8}\times5.35\times12^2kN\cdot m=96.3kN\cdot m$$

$$M_y=\frac{1}{8}\times0.535\times12^2kN\cdot m=9.63kN\cdot m$$

采用紧固件（自攻螺钉、钢拉铆钉或射钉等）使压型钢板与檩条受压翼缘连牢，可不计算檩条的整体稳定。由式（5-103）得

$$W_{nx}=\frac{(96.3+6\times9.63)\times10^6}{1.05\times215}mm^3=682524.9mm^3\approx682cm^3$$

由附表 2-1 选用 HN350×175×7×11，$W_x=782cm^3$，$I_x=13700cm^4$，$W_y=113cm^3$，$i_x=14.7cm$，$i_y=3.93cm$，梁重力 $50.0\times9.81N/m=490.5N/m=0.49kN/m$，加上连接压型钢板的零件重力，与假设的 $0.5kN/m$ 相等。

由式（5-6b）验算强度得

$$\frac{M_x}{\gamma_x W_{nx}}+\frac{M_y}{\gamma_y W_{ny}}=\frac{96.3\times10^6}{1.05\times782\times10^3}N/mm^2+\frac{9.63\times10^6}{1.2\times113\times10^3}N/mm^2$$
$$=188.3N/mm^2<f=215N/mm^2$$

由式（5-102）验算刚度得

$$v_{pk}=\frac{5}{384}\cdot\frac{p_{yk}l^4}{EI_x}$$
$$=\frac{5}{384}\times\frac{3.754\times10\div\sqrt{101}\times(12\times10^3)^4}{206\times10^3\times13700\times10^4}mm$$
$$=35.7mm<[v_{pk}]=\frac{l}{200}=\frac{12\times10^3}{200}mm=60mm$$

$[v_{pk}]$ 由附表 5-1 查出。

[例 5-7]　已知热轧普通槽钢檩条（Q235），檩条上活荷载标准值 600N/m。跨中设有一道拉条（图 5-67），试选择檩条截面。

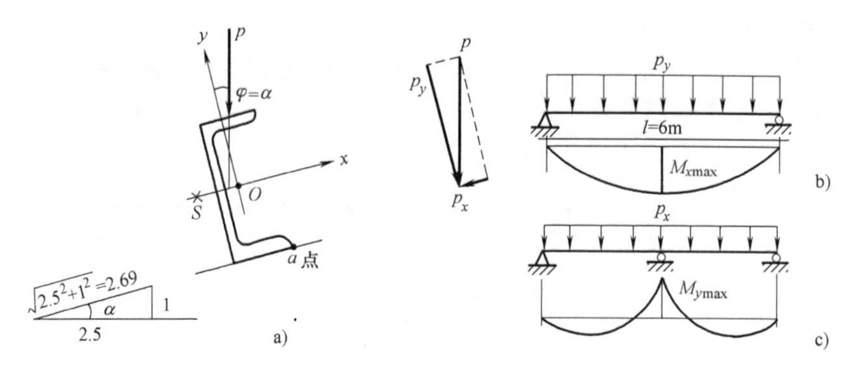

图 5-67 ［例 5-7］图

［解］ 设檩条自重 10kg/m = 10×9. 81N/m ≈ 100N/m，从而

$p_k=(100+600)\text{N/m}=700\text{N/m}$

$p=(1.3\times100+1.5\times600)\text{N/m}=1030\text{N/m}$

$p_y=p\cos\varphi=1030\times\dfrac{2.5}{2.69}\text{N/m}=957.25\text{N/m}$，$p_{yk}=957.25\times\dfrac{700}{1030}\text{N/m}=650.56\text{N/m}$

$p_x=p\sin\varphi=1030\times\dfrac{1}{2.69}\text{N/m}=382.90\text{N/m}$

$$M_x=\frac{1}{8}\times957.25\times6^2\text{N}\cdot\text{m}=4307.62\text{N}\cdot\text{m}$$

由式（5-105a）可得

$$M_y=-\frac{1}{32}\times382.90\times6^2\text{N}\cdot\text{m}=-430.76\text{N}\cdot\text{m}$$

由附表 2-5 试选 ⊏ 10，自重 10kg/m，$W_x=39.7\text{cm}^3$，$W_y=7.8\text{cm}^3$，$I_x=198.3\text{cm}^4$。

由式（5-6b）验算檩条跨中 a 点的强度（图 5-67a）。

$$\sigma=\left(\frac{4307.62\times10^3}{1.05\times39.7\times10^3}+\frac{430.76\times10^3}{1.2\times7.8\times10^3}\right)\text{N/mm}^2=(103.34+46.02)\text{N/mm}^2=149.36\text{N/mm}^2<f=215\text{N/mm}^2$$

由式（5-102）验算刚度（先由附表 5-1 查得 $[v_{pk}]=\dfrac{l}{50}=\dfrac{6000}{150}\text{mm}=40\text{mm}$）

$$v_{pk}=\frac{5}{384}\times\frac{650.56\times6\times(6\times10^3)^3}{206\times10^3\times198.3\times10^4}\text{mm}=26.9\text{mm}<[v_{pk}]=40\text{mm}$$

［例 5-8］ 试选择薄壁卷边 Z 型钢截面檩条，条件与［例 5-7］相同。

［解］ 卷边 Z 型钢截面的特性见附表 2-18。设用 Z140×50×20×2. 5（图 5-68），即腹板高 $h=140\text{mm}$，翼缘宽 $b=50\text{mm}$，卷边宽 $a=20\text{mm}$，厚度 $t=2.5\text{mm}$。由附表 2-18 查得自重 5. 09kg/m，$\theta=19°25'$，$I_{x1}=186.77\text{cm}^4$，$W_{x1}=32.55\text{cm}^3$，$W_{x2}=26.34\text{cm}^3$，$W_{y1}=6.69\text{cm}^3$，$W_{y2}=6.78\text{cm}^3$。

$p=(5.09\times9.81\times1.3+600\times1.5)\text{N/m}=(64.91+900)\text{N/m}\approx964.91\text{N/m}$

$p_x=p\sin2°23'=964.91\times0.04153=40.07\text{N/m}$

$p_y=p\cos2°23'=964.91\times0.99914=964.08\text{N/m}$

$$M_x=\frac{1}{8}\times964.08\times6^2\text{N}\cdot\text{m}=4338.36\text{N}\cdot\text{m}$$

$$M_y=-\frac{1}{32}\times40.07\times6^2\text{N}\cdot\text{m}=-45.08\text{N}\cdot\text{m}$$

强度验算最大弯曲应力可能在 A 点或 B 点（图 5-68）。

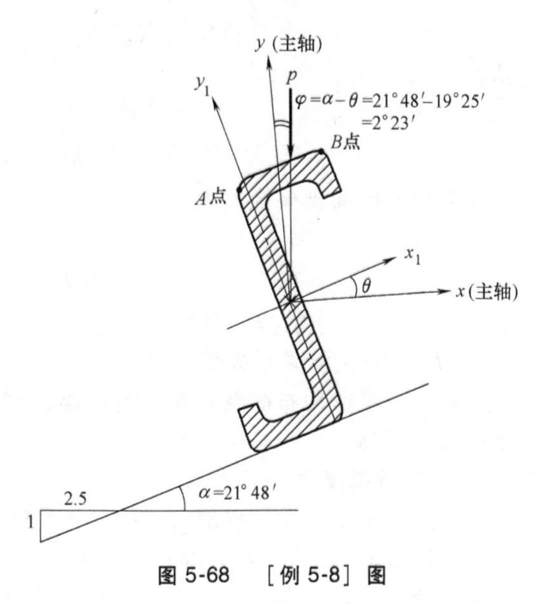

图 5-68　［例 5-8］图

$$\sigma_A=-\frac{M_x}{W_{x1}}-\frac{M_y}{W_{y1}}$$

$$=\left(-\frac{4338.36\times10^3}{32.55\times10^3}-\frac{45.08\times10^3}{6.69\times10^3}\right)\text{N/mm}^2$$

$$=(-133.28-6.74)\text{N/mm}^2$$

$$=-140.02\text{N/mm}^2$$

$$\sigma_B=-\frac{M_x}{W_{x2}}+\frac{M_y}{W_{y2}}$$

$$=\left(-\frac{4338.36}{26.34}+\frac{45.08}{6.78}\right)\text{N/mm}^2$$

$$=(-164.71+6.65)\text{N/mm}^2=-158.06\text{N/mm}^2$$

$$|\max\{\sigma_A,\sigma_B\}|=158.06\text{N/mm}^2<f=215\text{N/mm}^2$$

$$v_{\text{pk}}=\frac{5}{384}\times\frac{964.91\times10^{-3}\times(2.5\div2.69)\times(6\times10^3)^4}{206\times10^3\times186.77\times10^4}\text{mm}$$

$$=39.3\text{mm}<[v_{\text{pk}}]=40\text{mm}$$

从［例 5-7］和［例 5-8］计算可见，冷弯薄壁 Z 型檩条（自重 5.09kg/m）比普通热轧槽钢檩条（自重 10kg/m）少用钢材 $\frac{10-5.09}{10}=0.49=49\%$。

5.12　焊接组合梁的截面设计

当型钢梁不能满足受力和使用要求时，一般采用焊接梁。选择焊接梁的截面时要同时考虑安全和经济因素。梁的用钢量与截面面积 A 成正比，梁的承载能力则与截面的模量 W 成正比，因此，可用 $\rho=\frac{W}{A}$ 作为经济指标，即梁的截面在满足安全可靠的条件下，ρ 值越大越经济。当作用在梁上的荷载确定后，先进行梁的内力计算，然后进行截面选择。

5.12.1　截面高度

简支梁高的常用范围为 $h=l/12\sim l/15$。

1. 最小梁高 $h_{\min}$

在确定梁的截面高度时，应考虑建筑高度、刚度条件和经济条件。建筑高度是指梁格底面最低部分到铺板顶面之间的高度，建筑高度的限制决定了梁的最大可能高度 $h_{\max}$。由刚度要求 $v\leqslant[v]$（附表 5-1），给定了梁的最小高度 $h_{\min}$。例如，受均布荷载 p_{k} 的双轴对称等截面简支梁，挠度为

$$v=\frac{5}{384}\times\frac{p_{\text{k}}l^4}{EI_x}=\frac{5}{48}\times\frac{p_{\text{k}}l^4}{8}\times\frac{l^2}{EI_x}\approx\frac{M_{x\text{k}}l^2}{10EI_x}=[v]\tag{5-107}$$

将 $M_{x\text{k}}h/(2I_x)=\sigma_{\text{k}}$ 代入式（5-107）得

$$v=\frac{\sigma_{\text{k}}l^2}{5Eh}\leqslant[v]\tag{5-108}$$

式中　σ_{k}——荷载标准值产生的最大弯曲正应力，取 $\sigma_{\text{k}}=f/1.3$，其中 1.3 为平均荷载分项系数；

$[v]$——梁的容许挠度（附表 5-1）。

从而

$$h_{\min}=\frac{\sigma_{\mathrm{k}} l^2}{5E[v]}=\frac{fl^2}{5\times1.3\times206\times10^3[v]}=\frac{fl^2}{1339\times10^3[v]} \tag{5-109}$$

对变截面简支梁挠度为

$$v=\frac{M_{x\mathrm{k}} l^2}{10EI_x}\left(1+\frac{3}{25}\times\frac{I_x-I_{x1}}{I_{x1}}\right)\leqslant[v] \tag{5-110}$$

式中　I_x——跨中的截面惯性矩；

I_{x1}——支承端的截面惯性矩。

对于承受非均布荷载和非简支的梁，或上下翼缘不对称截面的梁，也可按上述类似方法求得最小梁高。

2. 经济高度 h_s

从用料最小出发可以确定梁的经济高度。如以相同的抗弯承载能力选择梁高时，梁越高，腹板用钢量 G_w 越多，而翼缘用钢量 G_f 则越少，如图 5-69 所示。由图可见，梁的高度大于或小于经济高度 h_s，都会使梁的单位长度的自重 G 增加。

假定工字形等截面梁（图 5-70）的单位长度自重为

$$G=G_f+G_w=2A_f\gamma+\beta t_w h_w\gamma \tag{5-111}$$

式中　γ——钢的质量密度，一般取 $\gamma=7850\mathrm{kg/m^3}$；

β——构造系数，视加劲肋的情况而定，只有横肋时 $\beta=1.2$，有纵、横肋时 $\beta=1.3$。

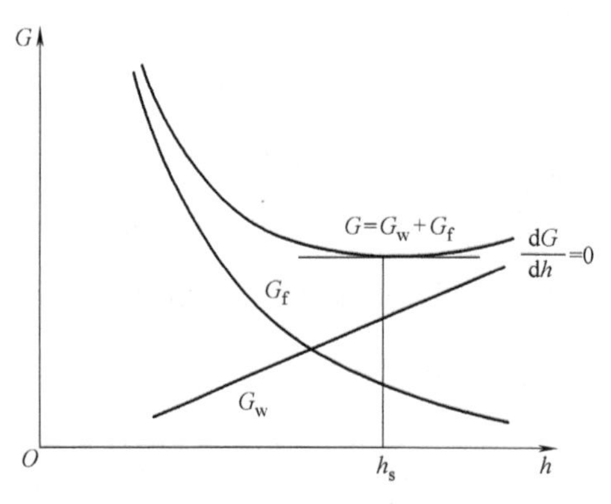

图 5-69　梁的经济高度 h_s

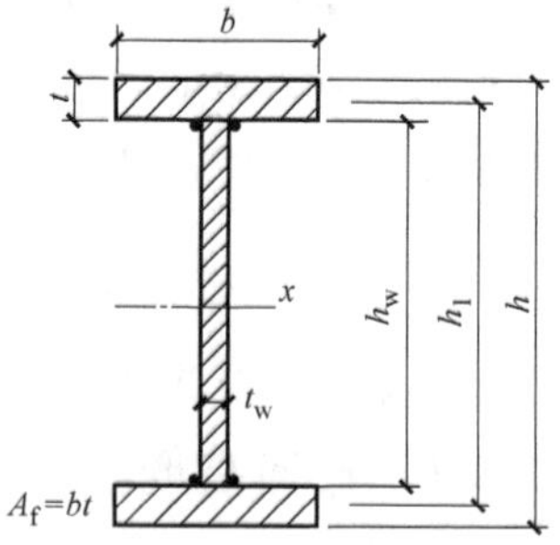

图 5-70　推导 $h_s=2W_x^{0.4}$

由于 $I=I_f+I_w=2A_f\left(\frac{h_1}{2}\right)^2+\frac{t_w h_w^3}{12}$

并近似取 $h_w=h_1=h$，从而

$$A_f=\frac{2I}{h^2}-\frac{t_w h}{6}=\frac{W_x}{h}-\frac{t_w h}{6} \tag{5-112}$$

将式（5-112）代入式（5-111），得

$$G=\gamma\left(\frac{2W_x}{h}-\frac{t_w h}{3}+\beta t_w h\right)$$

由 $\frac{\mathrm{d}G}{\mathrm{d}h}=\gamma\left(-2\frac{W_x}{h^2}-\frac{t_w}{3}+\beta t_w\right)=0$，可得用钢量最小时的经济高度

$$h_s=2W_x^{0.4} \tag{5-113}$$

$$W_x = \frac{M_x}{\alpha f} \tag{5-114}$$

式中　α——系数，一般单向弯曲梁，当最大弯矩处无孔眼时 $\alpha=\gamma_x=1.05$；有孔眼时 $\alpha=0.85\sim0.9$；对吊车梁，当考虑横向水平荷载的作用，可取 $\alpha=0.7\sim0.9$。

据统计，h 与 h_s 值相差 20%时，梁的自重仅增加 3%左右。因此，在实际设计中，一般宜选择 h 比 h_s 约小 20%，且根据钢板规格在范围 $h_s>h>h_{min}$ 内调整。通常腹板的高度取 50mm 的倍数。

一般来说，梁的腹板自重与翼缘自重接近时，梁最轻。

5.12.2　腹板和翼缘板的尺寸

1. 腹板

腹板厚度应满足抗剪强度的要求。腹板的抗剪强度验算公式为

$$\tau \approx 1.2\frac{V_{max}}{h_w t_w} \leqslant f_v$$

可得

$$t_w \geqslant 1.2\frac{V_{max}}{h_w f_v} \tag{5-115}$$

式中　1.2——系数，近似假定腹板最大剪应力为平均剪应力的 1.2 倍；

h_w——腹板高度。

由式（5-115）确定的 t_w 值往往偏小。考虑到局部稳定和构造等因素，t_w 值一般取为

$$t_w = \frac{\sqrt{h_w}}{3.5} \tag{5-116}$$

式（5-116）中，t_w 和 h_w 的单位均为 mm。实际采用的腹板厚度应考虑钢板的现有规格，一般取 2mm 的倍数。对于非吊车梁，腹板厚度取值宜比式（5-116）的计算值略小；对考虑腹板屈曲后强度的梁，腹板厚度可更小，但不得小于 6mm，也不宜使高厚比超过 $250\sqrt{235/f_y}$。

2. 翼缘板

已知腹板尺寸，由式（5-112）即可求得需要的翼缘截面面积 A_f。

翼缘板的宽度通常取 $b_f=(1/5\sim1/3)h$，则厚度 $t=A_f/b_f$。翼缘板常用单层板做成，当厚度过大时，可采用双层板（图 5-1i）。

确定翼缘板的尺寸时，应注意满足局部稳定要求，使受压翼缘的外伸宽度 b_1 与其厚度 t 之比 $b_1/t\leqslant15\sqrt{235/f_y}$（弹性设计，即取 $\gamma_x=1.0$）或 $13\sqrt{235/f_y}$（考虑塑性发展，即取 $\gamma_x=1.05$）。

选择翼缘尺寸时，同样应符合钢板规格，宽度取 10mm 的倍数，厚度取 2mm 的倍数。

根据试选的截面尺寸，可求截面的各种几何数据，如惯性矩、截面模量等，然后进行验算。梁的截面验算包括强度、刚度、整体稳定和局部稳定几个方面。其中，腹板的局部稳定通常采用配置加劲肋来保证。

5.12.3　翼缘焊缝的计算

焊接梁的翼缘和腹板间必须用焊缝连接，使截面成为整体。否则在梁受弯时，翼缘和腹板就会相对滑移（图 5-71a）。因此，焊缝的主要作用就是阻止这种滑移而承受接缝处的水平剪力（图 5-71b），以保证梁截面成为整体而共同工作。沿梁单位长度的水平剪力（horizontal shear force）为

$$V_{\mathrm{h}}=\frac{VS_1}{I_x} \tag{5-117}$$

式中 S_1——一个翼缘面积 A_{f} 对梁的中和轴的面积矩；

V、I_x——在计算位置上，梁的剪力和截面惯性矩。

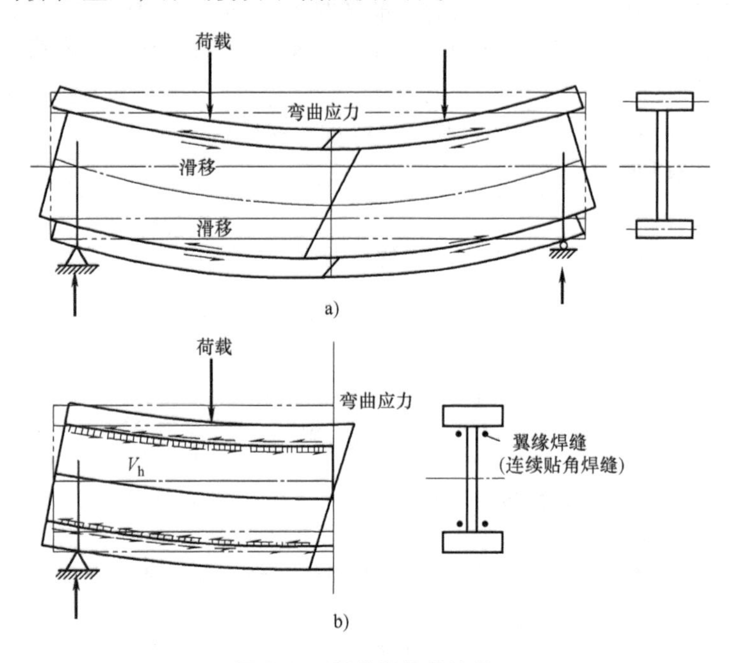

图 5-71　翼缘焊缝的计算

梁的翼缘焊缝一般采用焊在腹板两侧的两条连续贴角焊缝（图 5-72a），由平衡条件

$$\frac{VS_1}{I_x}\leqslant 2\times 0.7h_{\mathrm{f}}f_{\mathrm{f}}^{\mathrm{w}}$$

可得，角焊缝的焊脚尺寸

$$h_{\mathrm{f}}\geqslant\frac{VS_1}{1.4f_{\mathrm{f}}^{\mathrm{w}}I_x} \tag{5-118}$$

式中 $f_{\mathrm{f}}^{\mathrm{w}}$——角焊缝的设计强度（附表 1-5）。

当梁的翼缘上受固定集中荷载而该处又未设置支承加劲肋时，或受有移动集中荷载，如起重机轮压时，上翼缘和腹板之间的连接焊缝不仅承受水平剪力 V_{h}，同时还承受竖向局部压力引起的竖向剪应力。梁单位长度的竖向（vertical）局部压力为

$$V_{\mathrm{v}}=\sigma_{\mathrm{c}}t_{\mathrm{w}}=\frac{\psi F}{t_{\mathrm{w}}l_z}t_{\mathrm{w}}=\frac{\psi F}{l_z} \tag{5-119}$$

式中 σ_{c}——局部压应力，由式（5-8）确定。

V_{h} 和 V_{v} 的合力应满足

$$\sqrt{V_{\mathrm{h}}^2+V_{\mathrm{v}}^2}\leqslant 2\times 0.7h_{\mathrm{f}}f_{\mathrm{f}}^{\mathrm{w}}$$

由此，可得翼缘与腹板的连接焊缝厚度

$$h_{\mathrm{f}}\geqslant\frac{\sqrt{V_{\mathrm{h}}^2+V_{\mathrm{v}}^2}}{1.4f_{\mathrm{f}}^{\mathrm{w}}}=\frac{1}{1.4f_{\mathrm{f}}^{\mathrm{w}}}\sqrt{\left(\frac{V_{\max}S_1}{I_x}\right)^2+\left(\frac{\psi F}{l_z}\right)^2} \tag{5-120}$$

对于承受动力作用很大的梁（如重级工作制吊车梁、透平机支承梁等），上翼缘若采用角焊缝连接，容易疲劳破坏，应采用 K 形坡口焊缝（图 5-72b）。可以认为这种焊缝与腹板的强度，不必进行计算。

[例 5-9]　按［例 5-5］的条件和结果，设计图 5-60 所示的主梁 B 截面和腹板加劲肋。钢材为 Q235，焊条 E43 型。

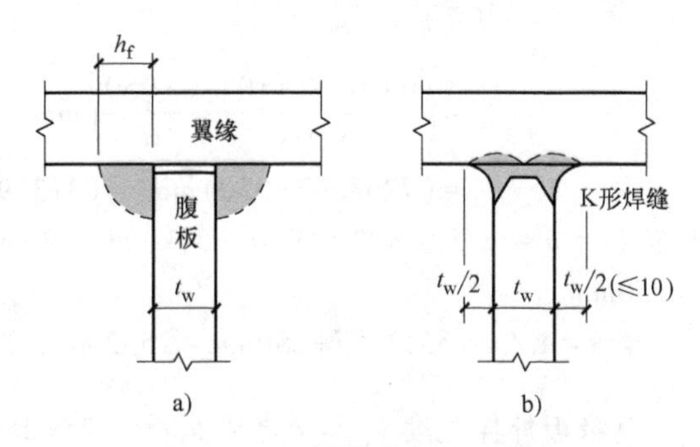

图 5-72　贴角焊缝和 K 形焊缝

[解]　由图 5-60 可求出次梁 A 传给主梁 B 的集中力（图 5-73）。

$P_k=[(1.38+7.8)\times 3+0.6]\times 6\text{kN}=168.84\text{kN}$　（其中次梁 A 自重 0.6kN/m，详见［例 5-5］）

$P=[(1.3\times1.38+1.5\times7.8)\times3+1.3\times0.6]\times 6\text{kN}=247.57\text{kN}$

主梁 B 的反力（未计主梁的自重）$R_{Ak}=R_{Bk}=1.5\times168.84\text{kN}=253.26\text{kN}$

$$R_A=R_B=1.5\times247.57\text{kN}=371.35\text{kN}$$

主梁跨中最大计算弯矩 $M_{x,\max}=(371.35\times6-247.57\times3)\text{kN}\cdot\text{m}=1485.39\text{kN}\cdot\text{m}$

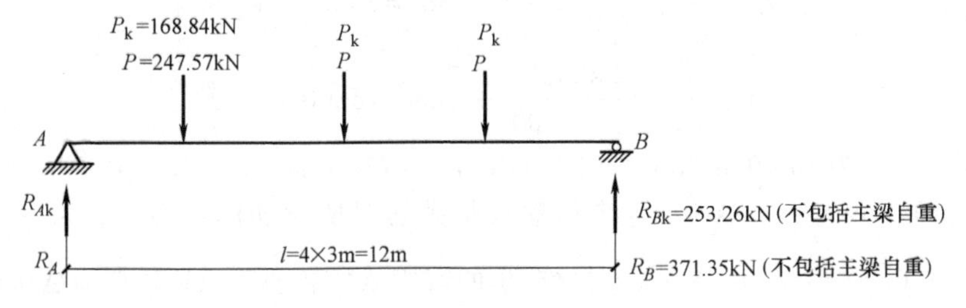

图 5-73　次梁 A 传给主梁 B 的荷载

由式（5-114）计算梁所需净截面模量（因估计 $t\geqslant 16\text{mm}$，故取 $f=205\text{N/mm}^2$）

$$W_x=\frac{M_{x,\max}}{\gamma_x f}=\frac{1485.39\times10^6}{1.05\times205}\text{mm}^3=6900.77\times10^3\text{mm}^3$$

1. 试选截面

1）梁高。

由式（5-109）得

$$h_{\min}=\frac{fl^2}{1339\times10^3[v_{pk}]}=\frac{205\times12\times10^3}{1339\times10^3\times(1/400)}\text{mm}=734.9\text{mm}(\text{刚度条件})$$

由式（5-113）得

$$h_s=2W_x^{0.4}=2\times(6900.77\times10^3)^{0.4}\text{mm}=1087.9\text{mm}(\text{经济高度})$$

取主梁 B 的腹板高度 $h_w=h_0=950\text{mm}$。

2）决定腹板厚度 t_w 和翼缘（flange）宽度 b_f 和厚度 t_w

由式（5-115）和式（5-116）得

$$t_w\geqslant 1.2\times\frac{V_{\max}}{h_w f_v}=1.2\times\frac{371.35\times10^3}{950\times125}\text{mm}=3.7\text{mm}(\text{抗剪条件})$$

$$t_w=\sqrt{h_w}/3.5=\sqrt{950}\div3.5\text{mm}=8.8\text{mm}(\text{经验公式})$$

考虑腹板屈曲后强度，取 $t_w=6\text{mm}$（图 5-74）。

翼缘面积由式（5-112）求出

$$A_f=\frac{W_x}{h_w}-\frac{t_w h_w}{6}$$
$$=\left(\frac{6900.77\times10^3}{950}-\frac{6\times950}{6}\right)\text{mm}^2$$
$$=(7263.97-950)\text{mm}^2=6313.97\text{mm}^2$$

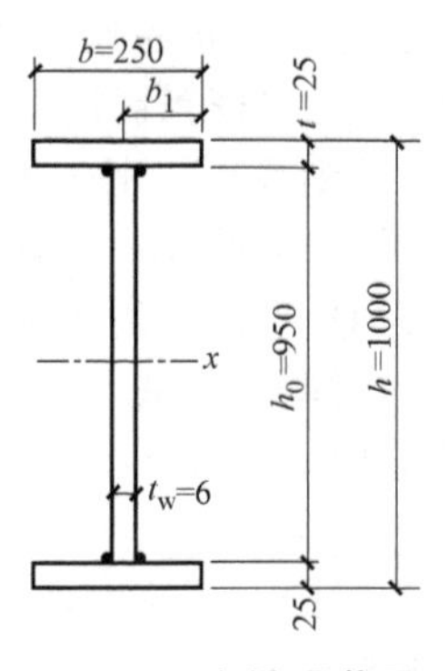

图 5-74　主梁 B 截面

从而 $b_f=b=h/5\sim h/3=950\div5\sim950\div3\text{mm}=190\sim316.7\text{mm}$，取 $b=250\text{mm}$。

$t_f=t=A_f/b_f=6313.97\div250\text{mm}=25.2\text{mm}$，取 $t=25\text{mm}$。

翼缘板外伸宽度 b_1 与 t 之比 $b_1/t=125\div25=5<13\sqrt{\frac{235}{f_y}}=13$，翼缘局部稳定。

此主梁 B 跨度不大，截面采用等截面形式。

2. 强度验算

由图 5-74 得 $A=2\times(25\times2.5)\text{cm}^2+95\times0.6\text{cm}^2=125\text{cm}^2+57\text{cm}^2=182\text{cm}^2$

$$I_x=\frac{25\times100^3-24.4\times95^3}{12}\text{cm}^4=340004.17\text{cm}^4$$

$$W_x=\frac{2I_x}{h}=\frac{2\times340004.17}{100}\text{cm}^3=6800.08\text{cm}^3$$

钢材的重度 $\gamma=7850\times9.81\text{N/m}^3=77009\text{N/m}^3\approx77\text{kN/m}^3$，从而，主梁 B 的分布线荷载 $g_{1k}=77\times182\times10^{-4}\text{kN/m}=1.4\text{kN/m}$。考虑腹板加劲肋等所增加的重力后，取 $g_{1k}=1.6\text{kN/m}$。从而 $g_1=1.3\times1.6\text{kN/m}=2.08\text{kN/m}$，对梁产生的弯矩 ΔM 和剪力 ΔV 分别为 $\Delta M=\frac{1}{8}g_1l^2=\frac{1}{8}\times2.08\times12^2\text{kN}\cdot\text{m}=37.44\text{kN}\cdot\text{m}$，$\Delta V=\frac{1}{2}g_1l=\frac{1}{2}\times2.08\times12\text{kN}=12.48\text{kN}$。

由式（5-6a）得

$$\sigma=\frac{M_x}{\gamma_x W_x}=\frac{(1485.39+37.44)\times10^6}{1.05\times6800.08\times10^3}\text{N/mm}^2=213.28\text{N/mm}^2>f=205\text{N/mm}^2$$

但（213.28−205）÷205=0.04=4%<5%，由式（5-7）得

$$\tau=\frac{VS}{I_x t_w}=\frac{(371.35+12.48)\times10^3\times3723.75\times10^3}{340004.17\times10^4\times6}\text{N/mm}^2=69.9\text{N/mm}^2<f_v=125\text{N/mm}^2$$

式中 $S=(25\times2.5\times48.75+47.5\times0.6\times47.5\div2)\text{cm}^3=(3046.875+676.875)\text{cm}^3=3723.75\text{cm}^3$

主梁的支承处以及支承次梁处均配置支承加劲肋，故不验算局部承压强度（即 $\sigma_c=0$）。

3. 梁整体稳定验算

次梁可视为主梁受压翼缘的侧向支承，主梁受压翼缘自由长度与宽度之比 $l_1/b=3\times10^3\div250=12<16$（表 5-4），故不需验算主梁的整体稳定性。

4. 刚度验算

由附表 5-1 知挠度容许值为 $[v_{pk}]=l/400=\frac{12\times10^3}{400}\text{mm}=30\text{mm}$（全部荷载标准值作用）或 $[v_{qk}]=l/500=\frac{12\times10^3}{500}\text{mm}=24\text{mm}$（仅有可变荷载标准值作用）。

考虑主梁 B 的自重后，由图 5-73 可得弯矩标准值

$$M_{xk}=R_{Ak}\frac{l}{2}-P_k\times3+\frac{1}{8}g_{1k}l^2$$

$$=(253.26\times6-168.84\times3+\frac{1}{8}\times1.6\times12^2)\text{kN}\cdot\text{m}$$

$$=(1519.56-506.52+28.8)\text{kN}\cdot\text{m}=1041.84\text{kN}\cdot\text{m}$$

由式（5-107）挠度验算

$$v_{pk}=\frac{1041.84\times10^6\times(12\times10^3)^2}{10\times206\times10^3\times340004.17\times10^4}\text{mm}=21.4\text{mm}<[v_{pk}]=30\text{mm}$$

显然，仅有活载标准值作用下的挠度一定满足。

5. 翼缘和腹板的连接焊缝

由式（5-118）求角焊缝的焊脚尺寸

$$h_f\geqslant\frac{VS_1}{1.4f_f^wI_x}=\frac{371.35\times10^3\times3046.875\times10^3}{1.4\times160\times340004.17\times10^4}\text{mm}\approx1.5\text{mm}$$

取 $h_f=7.5\text{mm}=1.5\sqrt{t_{max}}=1.5\times\sqrt{25}\text{mm}=7.5\text{mm}$，且 $h_f=7.5\text{mm}\approx1.2t_{min}=1.2\times6\text{mm}=7.2\text{mm}$。

6. 主梁 *B* 加劲肋设计

1）各板段的强度验算。

对板段 I_a（图 5-75a），

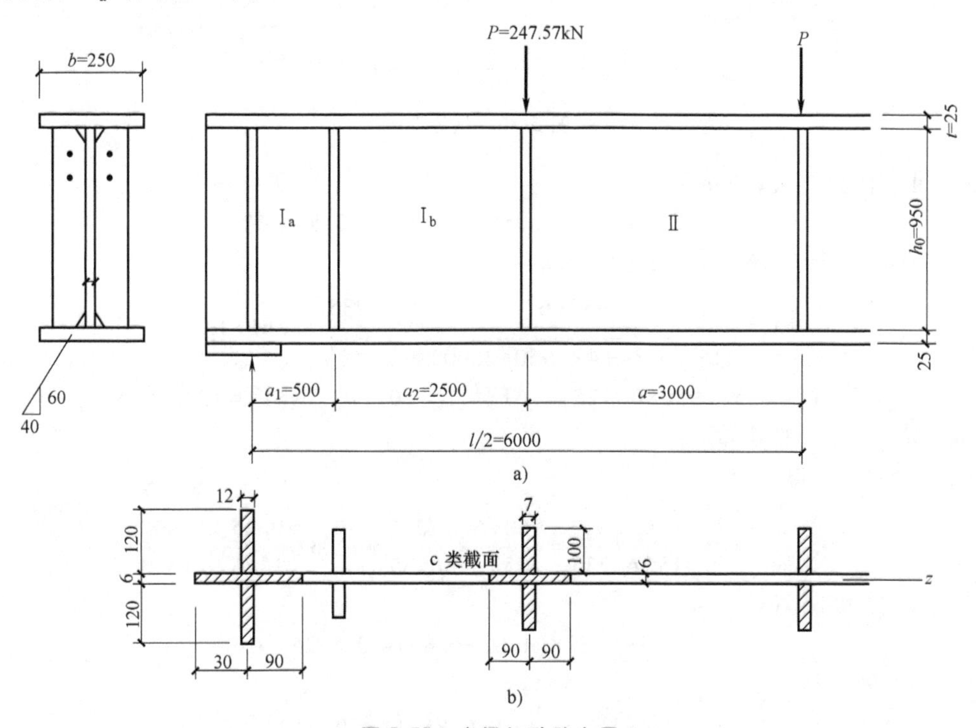

图 5-75　主梁加劲肋布置

a）横肋　b）水平剖面

因 $a_1/h_0=500\div950=0.53<1$，由式（5-75a）得

$$\lambda_s=\frac{h_0/t_w}{41\times\sqrt{4+5.34(h_0/a_1)^2}}\sqrt{\frac{f_y}{235}}=\frac{950\div6}{41\times\sqrt{4+5.34\times(950\div500)^2}}\times\sqrt{\frac{235}{235}}=0.8$$

可见板段Ⅰ$_a$不会屈曲（$\tau_{cr}=f_v$），此时，支座横肋不会受到水平力 H_t 的作用。

对板段Ⅰ$_b$：

板段Ⅰ$_b$左侧剪力（图 5-76）$V_1=(383.8-2.08\times0.5)\text{kN}=382.76\text{kN}$

相应弯矩 $M_1=(383.8\times0.5-2.08\times0.5^2\div2)\text{kN}\cdot\text{m}=191.64\text{kN}\cdot\text{m}$

翼缘 $M_f=250\times25\times205\times975\text{N}\cdot\text{mm}=1249218750\text{N}\cdot\text{mm}\gg M_1=191.64\text{kN}\cdot\text{m}$

又因 $a/h_0=2500\div950=2.63>1$，由式（5-75b）

$$\lambda_s=\frac{h_0/t_w}{41\times\sqrt{5.34+4(h_0/a_2)^2}}\sqrt{\frac{f_y}{235}}$$

$$=\frac{950\div6}{41\times\sqrt{5.34+4\times(950\div2500)^2}}\times\sqrt{\frac{235}{235}}=1.59>1.2$$

由式（5-94c）得

$$V_u=h_wt_wf_v/\lambda_s^{1.2}=950\times6\times125\div1.59^{1.2}\text{N}=408421.2\text{N}>V_1=381.54\text{kN}$$

对板段Ⅱ

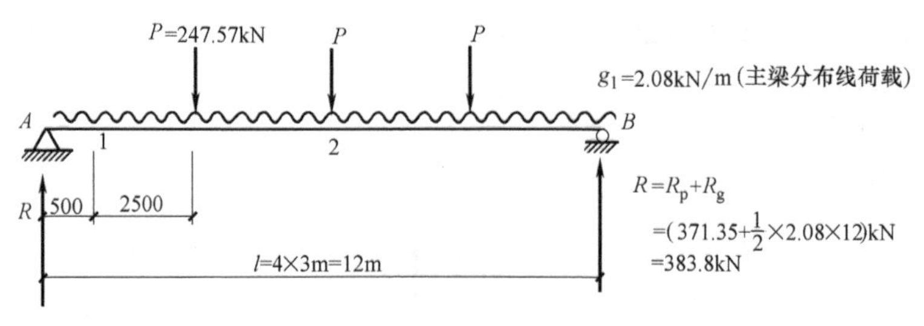

图 5-76 板段Ⅱ

板段Ⅱ右侧剪力（$x=6\text{m}$ 处）

$$V_2=(383.8-247.57-2.08\times6)\text{kN}=123.75\text{kN}(\text{图 5-76})$$

因 $a/h_0=3000\div950=3.16>1$，由式（5-75b）得

$$\lambda_s=\frac{950\div6}{41\times\sqrt{5.34+4\times(950\div3000)^2}}\times\sqrt{\frac{235}{235}}=1.61>1.2$$

$$0.5V_u=0.5\times(950\times6\times125\div1.61^{1.2})\text{N}=201170.3\text{N}>V_2=123.75\text{kN}$$

故用 $M_2=M_{max}\leqslant M_{eu}$ 验算如下：

由式（5-73b）得

$$\lambda_b=\frac{h_0/t_w}{153}\sqrt{\frac{f_y}{235}}=\frac{950\div6}{153}\times\sqrt{\frac{235}{235}}=1.03\begin{matrix}>0.85\\<1.25\end{matrix}$$

从而，由式（5-98b）得

$$\rho=1-0.82\times(1.03-0.85)=0.8524$$

由式（5-96）得

$$\alpha_e=1-\frac{(1-\rho)(h_0/2)^3t_w}{2I_x}=1-\frac{(1-0.8524)\times(950\div2)^3\times6}{2\times340004.17\times10^4}=0.986$$

由式（5-97）得

$$M_{eu}=\gamma_x\alpha_eW_xf=1.05\times0.986\times6800.08\times10^3\times205\text{N}\cdot\text{mm}=1443225179\text{N}\cdot\text{mm}<$$
$$M_{max}=(1485.39+37.44)\text{kN}\cdot\text{m}=1522.83\text{kN}\cdot\text{m}$$

但 $(M_{max}-M_{eu})/M_{eu}=0.055\approx5\%$。

2）横肋计算。

横肋截面尺寸由式（5-85）计算

$$b_s \geqslant \left(\frac{h_0}{30}+40\right)\text{mm}=\left(\frac{950}{30}+40\right)\text{mm}=71.7\text{mm}，取 b_s=100\text{mm}$$

$$t_s \geqslant \frac{b_s}{15}=\frac{100}{15}\text{mm}=6.7\text{mm}，取 t_s=7\text{mm}$$

主梁 B 跨中承受次梁 A 支座反力的支承横肋的截面验算如下：

$\lambda_s=1.61$，则 $\tau_{cr}=1.1f_v/\lambda_s^2=1.1\times125\div1.61^2\text{N/mm}^2=53\text{N/mm}^2$，可得该肋所受轴力

$$\begin{aligned}N_s&=V_u-\tau_{cr}h_wt_w+P\\&=(402.34-53\times950\times6\times10^{-3}+247.57)\text{kN}=347.81\text{kN}\end{aligned}$$

横肋截面特性 $A_s=180\times6\text{mm}^2+2\times(100\times7)\text{mm}^2=2480\text{mm}^2$（图 5-75b）

$$I_z=7\times206^3\div12\text{mm}^4=5099392.7\text{mm}^4$$

$$i_z=\sqrt{I_z/A_s}\,\text{mm}=45.3\text{mm}$$

$$\lambda_z=l_{oz}/i_z=950\div45.3=21，查附表 4-3，\varphi_z=0.959$$

验算得

$$\frac{N_s}{\varphi_zA_s}=\frac{347.81\times10^3}{0.959\times2480}\text{N/mm}^2\approx146\text{N/mm}^2<f=215\text{N/mm}^2$$

由于采用图 5-86a 所示的次梁连于主梁横肋的做法，故不必验算肋端部的承压强度。

靠近支座的间隔横肋仍用−100×7 截面。

支座横肋的验算如下：

横肋受图 5-76 和图 5-73 两部分的反力，即

$$R=(383.8+247.57\div2)\text{kN}=507.59\text{kN}$$

支座横肋截面特性 $A_s=[2\times(120\times12)+120\times6]\text{mm}^2=3600\text{mm}^2$（图 5-75）

$$I_z=12\times246^3\div12\text{mm}^2=14886936\text{mm}^4$$

$$i_z=\sqrt{I_z/A_s}=64.3\text{mm}$$

$$\lambda_z=950\div64.3=14.8，查附表 4-3 得 \varphi_z=0.981$$

肋整体稳定 $\dfrac{R}{\varphi_zA_s}=\dfrac{507.59\times10^3}{0.981\times3600}\text{N/mm}^2=143.7\text{N/mm}^2<f=215\text{N/mm}^2$

肋承压　$\sigma_{ce}=\dfrac{507.59\times10^3}{2\times(120-40)\times12}\text{N/mm}^2=264.4\text{N/mm}^2<f_{ce}=320\text{N/mm}^2$

肋与腹板的连接焊缝

$$h_f=\frac{507.59\times10^3}{4\times0.7\times(950-2\times60-2\times5)\times160}\text{mm}$$

$$=1.38\text{mm}，采用 h_f=6\text{mm}\begin{cases}>1.5\sqrt{t_{max}}=1.5\times\sqrt{12}\,\text{mm}=5.2\text{mm}\\<1.2t_{min}=1.2\times6\text{mm}=7.2\text{mm}\end{cases}$$

5.12.4　焊接组合梁的截面改变

为了节约钢材，焊接梁的截面可随弯矩图的变化而改变（图 5-77）。但对跨度较小的梁，变更截面的经济效果并不显著，反而增加制造的工作量。因此，除构造上需要外，一般仅对跨度较大的梁采用变截面。

改变梁截面的方法有改变梁的翼缘宽度（图 5-77a）、厚度或层数（图 5-78）、改变梁的腹

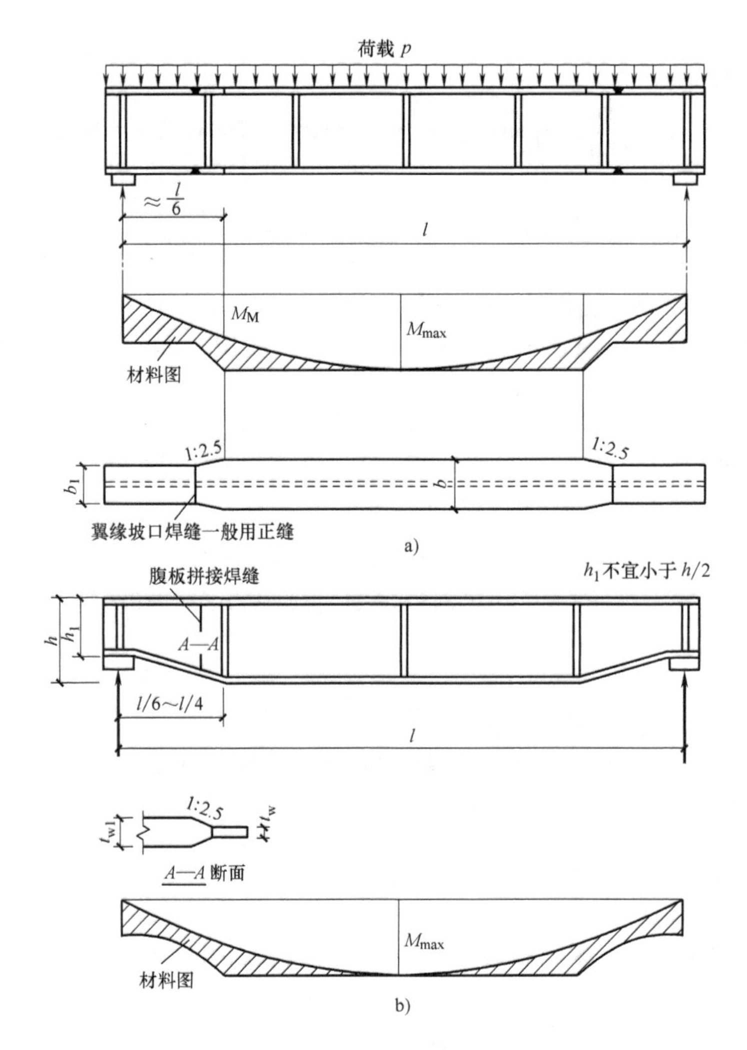

图 5-77　板梁截面的改变

a）翼缘宽度改变　b）腹板高度改变

板高度和厚度（图 5-77b）。不论如何改变，都要使截面的变化比较平缓，以防止截面突变而引起较严重的应力集中，截面变更处均应按式（5-10）验算折算应力。

如图 5-77a 所示，对称改变一次可节约钢材 10%～20%，如做两次改变，效果就不明显，最多只能再节约 4%。对于承受均布荷载或多个集中荷载的简支梁，约在距支座 $l/6$ 处改变截面（图 5-77a）较为经济。较窄翼缘宽度 b_1 应由截面改变处的弯矩 M_1 确定，为了减小应力集中，宽板应从截面改变处的两边向弯矩减小的一方斜切（1∶2.5），然后与窄板对接。坡口焊缝一般用正缝，只有在用普通方法检查焊缝质量的受拉翼缘，焊缝所受的正应力超过坡口焊缝的抗拉设计强度 f_t^w 时，才采用斜坡口焊缝（图 5-79a）。翼缘板也可连续改变（图 5-79b），靠近两端的翼缘板是由一整块钢板斜向切割而成的，中间的翼缘板端部进行相应斜切，以便布置斜坡口焊缝。

简支梁梁高改变的起点，一般取在离支座 $l/6$～$l/4$ 处（图 5-77b）。支座处的梁高，由受剪条件决定。

$$\tau \approx 1.5\frac{V_{max}}{t_{w1}h_{01}}<f_v \tag{5-121}$$

式中　h_{01}、t_{w1}——简支梁支承端的腹板高度、厚度。

如果支承端的剪力很大，将梁高改小后，原来腹板厚度难于满足剪切条件时，可将靠近支承点的一段腹板，改用较厚的钢板（图 5-77b 的 $A—A$ 剖面），若 $t_{w1}-t_w>4mm$ 时，则应将较厚腹板在拼接处的边缘按 1∶2.5 的坡度刨成与较薄腹板等厚，再行对焊，以减轻焊缝附近的应力集中。

当翼缘板层数改变时（图 5-78），外层翼板的理论切断点，应由计算确定。为了保证被切断的翼板在理论切断处参加受力，拟切断的翼缘板应向弯矩较小的一方延长 a。

当切断板有端焊缝：$h_f \geqslant 0.75t_1$ 时，　　$a \geqslant b_1$　　(5-122a)

$h_f<0.75t_1$ 时，　　$a \geqslant 1.5b_1$　　(5-122b)

当切断板无端焊缝：　　$a \geqslant 2b_1$　　(5-122c)

式中　b_1、t_1——切断翼缘板的宽度、厚度；

h_f——侧焊缝或端焊缝的焊脚尺寸。

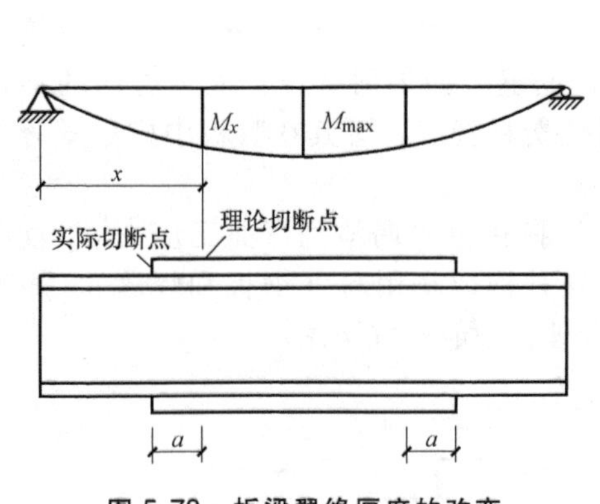

图 5-78　板梁翼缘厚度的改变

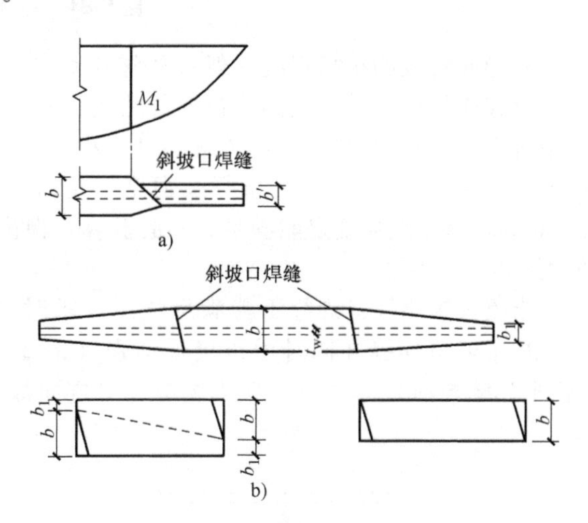

图 5-79　板梁翼缘宽度的改变

5.13　梁的拼接

梁的拼接有工厂拼接和工地拼接两种。前者是受钢材规格的限制，需将钢材在工厂拼大或拼长；后者是受运输和安装条件的限制，将梁在工厂做成几段（运输单元或安装单元）运至工地后进行的拼接。

型钢梁的拼接可采用坡口焊缝连接（图 5-80a），但由于翼缘与腹板连接处不易焊透，故有时采用拼接板拼接（图 5-80b），而两种形式的拼接位置均宜放在弯矩较小处。

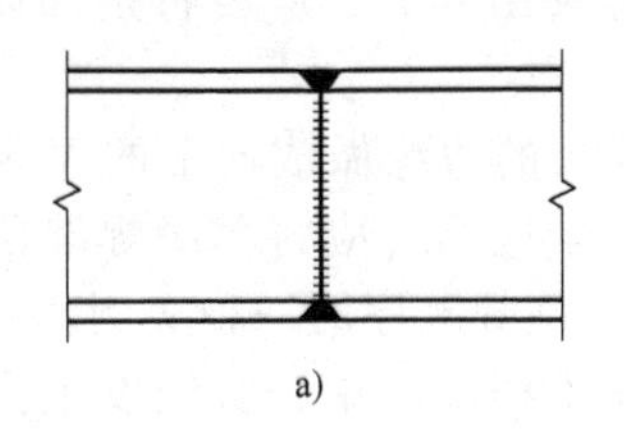

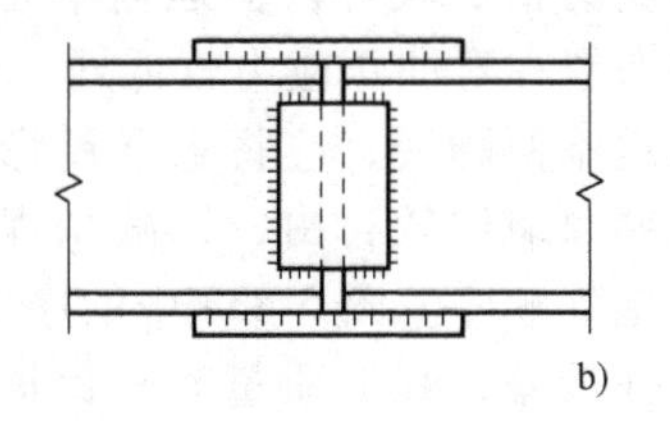

图 5-80　型钢梁的拼接

组合梁的工厂拼接中，翼缘和腹板的拼接位置最好错开，并避免与加劲肋或次梁的连接重合，以防止焊缝密集。腹板的拼接焊缝到与它平行的加劲肋的距离至少 $10t_w$（图 5-81）。

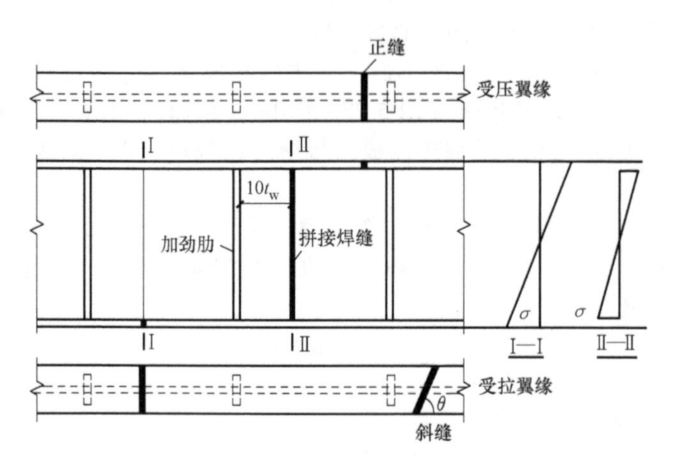

图 5-81　组合梁的拼接

翼缘或腹板的拼接焊缝一般采用坡口焊缝，且在施焊时使用引弧板。这时，只有用普通方法检查质量的手工焊接的受拉焊缝才需进行计算。计算应保证受拉翼缘拼接处的应力 σ 或腹板拼接处受拉边缘应力 σ_1（图 5-81）小于坡口焊缝抗拉设计强度 f_t^w（σ、σ_1 分别由拼接处各自的弯矩求出）。当正坡口焊缝强度不足时，可采用斜缝。如果斜缝与正应力方向的夹角 $\theta \leqslant \arctan 1.5$，则强度定能满足，不必验算。但由于斜缝费料费工，尤其在腹板中应尽量避免采用。

当腹板采用坡口焊缝不能满足强度要求时，宜将其拼接位置调整到弯曲正应力 σ_1 较低处。采用坡口焊缝并同时用拼接板加强（图 5-82），这种构造在用料（钢板和焊缝）、加工（铲平焊缝表面）和受力（应力集中）等方面都很不合理，一般不宜采用。

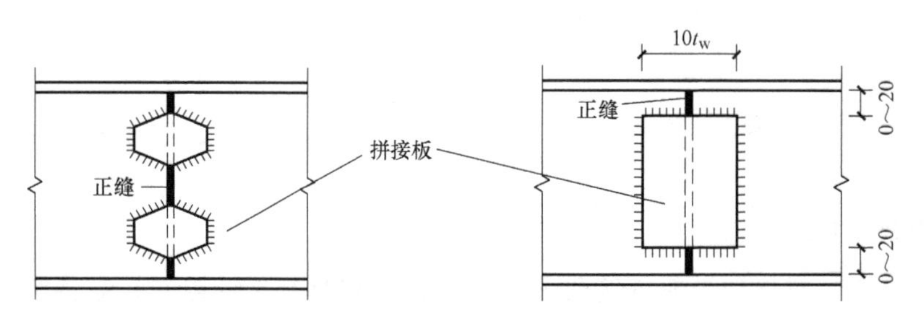

图 5-82　板梁腹板拼接

工地拼接的位置由运输和安装条件确定。梁的翼缘和腹板一般在同一截面处断开（图 5-83a），以减少运输的损伤，但不足之处是坡口焊缝全部无法错开。图 5-83b 中翼缘和腹板的接头略为错开一些，受力情况较好，但运输单元端部突出部分，应要特别加以保护。以上两种工地拼接位置均应布置在弯曲正应力较低处。

高大的梁施焊时在工地不便翻转，应将上下翼缘断开处的边缘做成向上的 V 形坡口，以便俯焊。另外，为了使焊缝收缩比较自由，以减少焊接残余应力，应将翼缘焊缝留一段不在工厂施焊，并采用合适的施焊顺序。图 5-83a 中的序号即为施焊顺序的一种实例。

由于现场施焊条件往往较差，焊缝质量难于保证，在工程实践中，曾经发生由于梁的工地拼接焊缝质量很差，而引起整个结构破坏的事故，因此，对较重要的或受动力荷载的大型梁，其工地拼接宜采用高强度螺栓或铆钉（图 5-84）。

对用拼接板的接头（图 5-80b 和图 5-84），应按规定的内力进行计算，翼缘拼接板及其连接所承受的内力 N_1 为翼缘板的最大承载力，

$$N_1 = A_{fn} f$$

式中　A_{fn}——被拼接的翼缘板净截面面积。

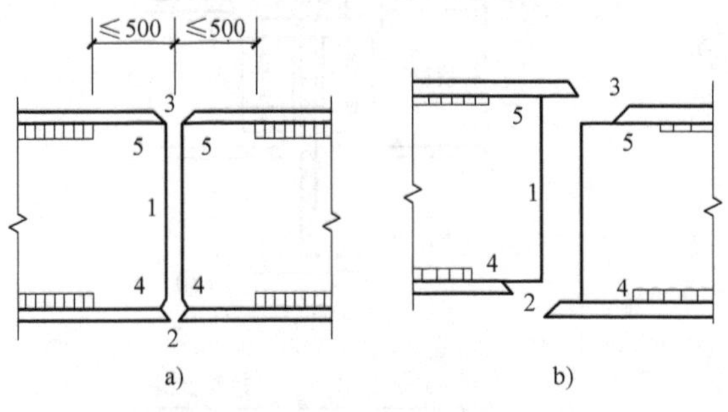

图 5-83　组合梁的工地拼接

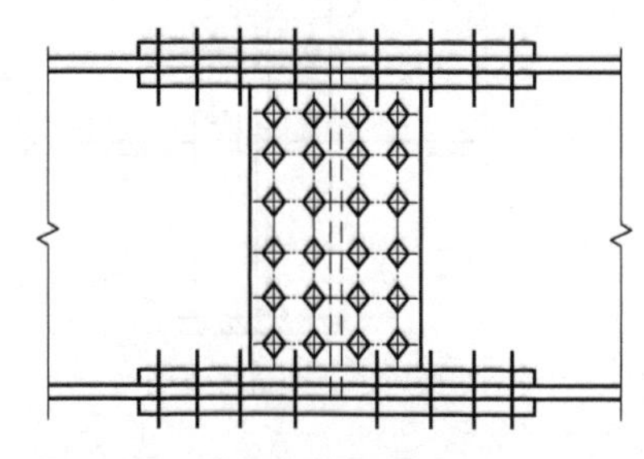

图 5-84　采用高强度螺栓的工地拼接

腹板拼接板及其连接，主要承受梁截面上的全部剪力 V，及按刚度分配到腹板上的弯矩 $M_w = MI_w/I$，其中 I_w 为腹板截面惯性矩，I 为整个梁截面的惯性矩。

5.14　主、次梁连接和梁的支座

5.14.1　主、次梁连接

主、次梁的连接有叠接和平接两种。

叠接（图 5-85）是将次梁直接放在主梁上，用螺栓或焊缝连接，构造简单，但所需结构高度大，使用受到限制。图 5-85a 所示是次梁为简支梁时与主梁连接的构造，而图 5-85b 所示是次梁为连续梁时与主梁连接的构造。如次梁截面较大时，应另采取构造措施防止支承处截面的扭转。

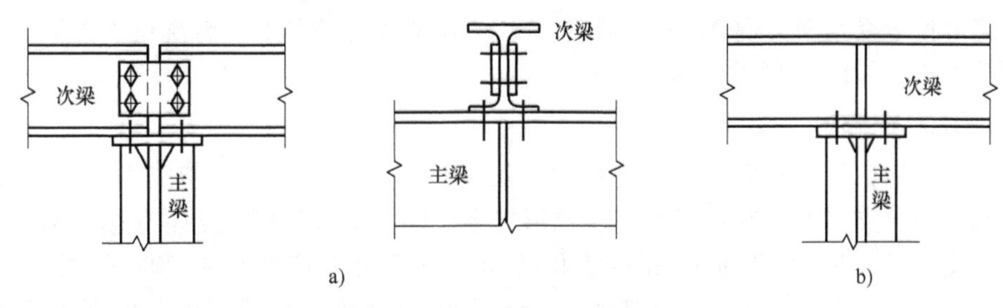

图 5-85　次梁与主梁的叠接

a）次梁简支　b）连续次梁

平接（图 5-86）是使次梁顶面与主梁相平或略高、略低于主梁顶面，从侧面与主梁的横肋或在腹板上专设的短角钢或支托相连接。图 5-86a、b、c 所示是次梁为简支梁时与主梁连接的构造，图 5-86d 所示是次梁为连续梁时与主梁连接的构造。平接虽构造复杂，但可降低结构高度，故在实际工程中应用较广泛。

每一种连接构造都要将次梁支座的压力传给主梁，而支座压力的实质就是梁的剪力。梁腹板的主要作用是抗剪，因此应将次梁腹板连于主梁的腹板上，或连于与主梁腹板相连的铅垂方向抗剪刚度较大的加劲肋上或支托的竖直板上。在次梁支座压力作用下，按传力的大小计算连接焊缝或螺栓的强度。由于主、次梁翼缘及支托水平板的外伸部分在铅垂方向的抗剪强度较小，分析受力时不考虑它们传给次梁的支座压力。在图 5-86d 中，次梁支座压力 V 先由焊缝①传给支托竖直板，然后由焊缝②传给主梁腹板。在其他的连接构造中，支座压力的传递途经与此相似。具体计算焊缝和支托板时，在形式上可不考虑偏心作用，而将次梁支座压力增大 20%~30%，以考虑实际存在的偏心的影响。

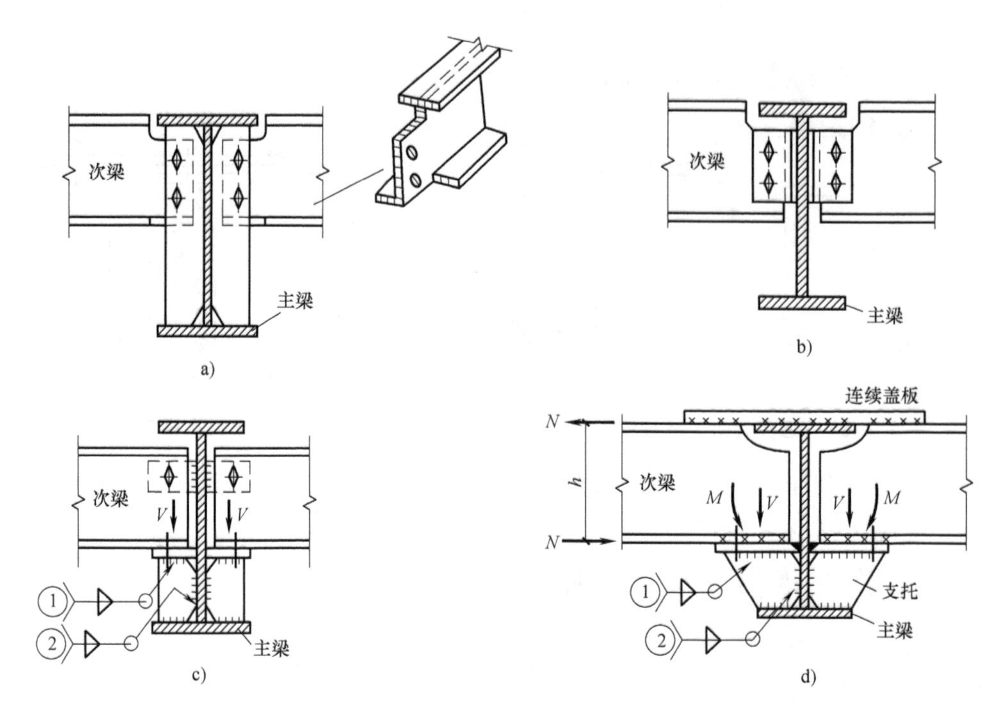

图 5-86 次梁与主梁的平接

对于刚接构造，次梁之间还要传递支座弯矩。图 5-85b 所示的次梁是连续的，支座弯矩可以直接传递，不必计算。图 5-86d 所示主梁两侧的次梁是断开的，支座弯矩靠焊缝连接的次梁上翼缘盖板、下翼缘支托水平顶板传递。因为梁的翼缘承受大部分弯矩，所以连接盖板的截面及其焊缝可按承受水平力偶 $N=M/h$ 计算（M 为次梁支座弯矩，h 为次梁高度），支托顶板与主梁腹板的连接焊缝也按 N 计算。

5.14.2 梁的支座

为了能有效地把梁的反力传递给柱或墙，梁需设置支座，这里介绍梁支于砌体或钢筋混凝土柱上的支座。支座形式有平板支座、弧形支座、铰轴支座和辊轴支座（图 5-87）。

平板支座（图 5-87a）不能自由移动和转动，一般用于跨度小于 20m 的梁。弧形支座（也叫切线式支座，见图 5-87b），由厚度为 100～200mm 顶面切削成圆弧形的钢垫板制成，使梁能自由转动并可产生适量的移动（摩阻系数约为 0.2），并使下部结构在支承面上的受力较均匀，常用于跨度为 20～40m，支反力设计值≤750kN 的梁。铰轴支座（图 5-87c）完全符合梁简支的力学模型，可以自由转动，下面设置辊轴时称为辊轴支座（图 5-87d），辊轴支座能自由转动和移动，只能安装在简支梁的一端。铰轴式支座用于跨度大于 40m 的梁。

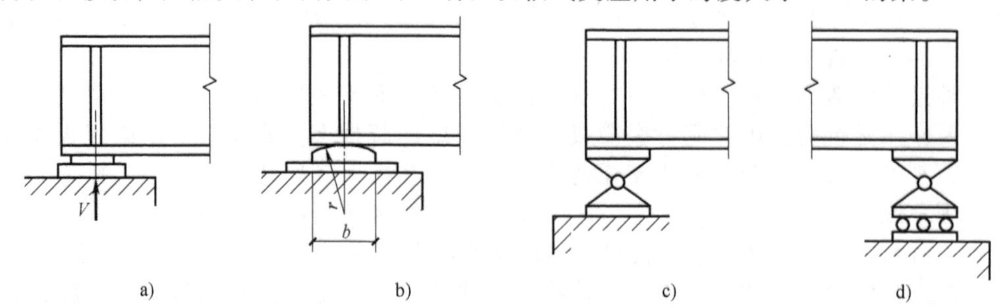

图 5-87 梁的支座

a）平板支座 b）弧形支座 c）铰轴支座 d）辊轴支座

为了防止支承材料被压坏，支座板与支承结构顶面的接触面面积为

$$A = a \times b \geqslant \frac{R}{f_c} \tag{5-123}$$

式中　R——支座反力；

f_c——支承材料的承压强度设计值；

a、b——支座垫板的长和宽。

习　　题

5-1　某平台梁格布置如图 5-88 所示，其 g_{1k} = 2.4kN/m^2（不包括梁的自重），q_{1k} = 15kN/m^2，钢材采用 Q235。假定平台铺板与次梁焊牢，侧向稳定能保证。要求：

1）选择次梁 A 的型钢号（热轧轻型工字钢）。

2）设计主梁 B（焊接组合梁腹板考虑屈曲后强度，自动焊，Q235），包括截面设计、加劲肋配置以及翼缘和腹板的连接焊缝等。

3）若平台铺板与次梁未焊牢，试重新选择次梁 A 的型钢号。

4）对主梁进行变截面设计（只变一次翼缘宽度）。

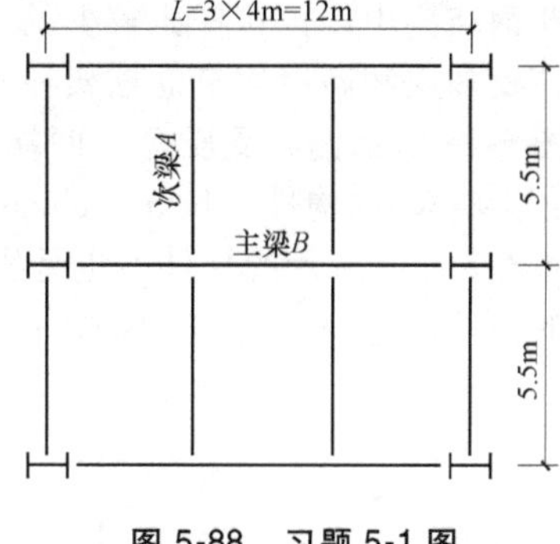

图 5-88　习题 5-1 图

5-2　根据习题 5-1，设计连续次梁 A 与主梁 B 的平接（图 5-86d），并按 1∶10 比例尺绘制连接构造图。

5-3　验算图 5-89 所示的梁能否保证其整体稳定性（钢材 Q235，梁中点有侧向支承）。

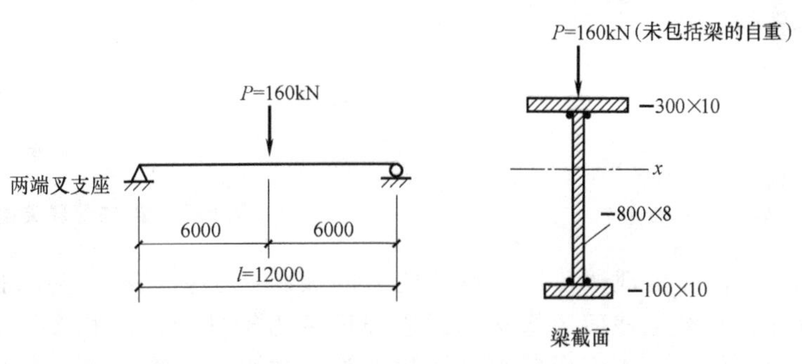

图 5-89　习题 5-3 图

第6章　拉弯与压弯构件（梁-柱）

6.1　实腹式拉弯构件和梁-柱构件

6.1.1　破坏形式

在钢结构中，拉弯杆比较少见，而压弯杆则使用较多，如有节间荷载作用的屋架上弦杆、厂房柱及多层和高层建筑的框架柱等。

图6-1a所示偏心受压杆（两端偏心距e相等），它的等效受力形式如图6-1b所示。压弯构件，又叫梁-柱构件（beam-column members）。

图6-2b、c所示的杆件，也是压弯构件，前者的弯矩由横向荷载P、p引起，而后者受到不等的杆端弯矩$|M_x|>|M'_x|$的作用。

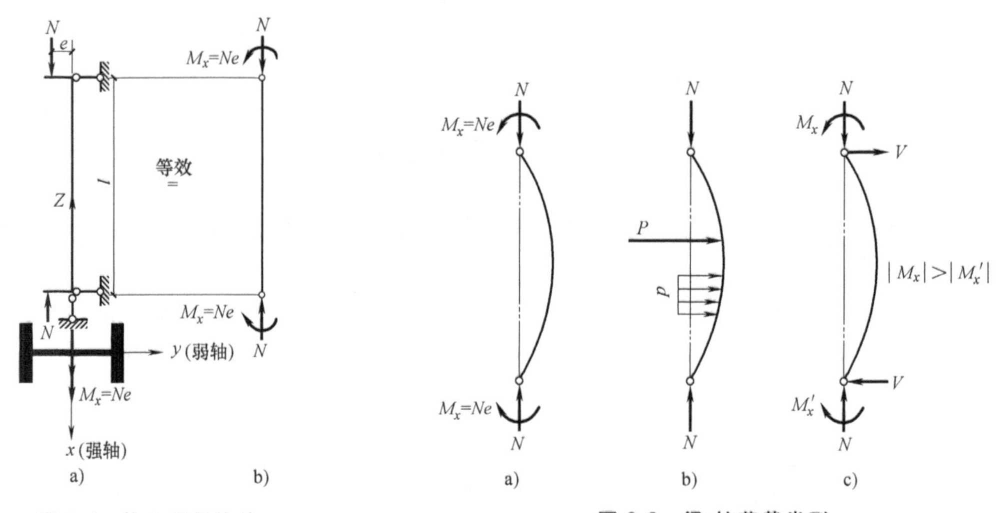

图6-1　偏心受压构件

图6-2　梁-柱荷载类型

实腹式拉弯杆的截面出现塑性铰是承载能力的极限状态。但对格构式拉弯杆和冷弯薄壁型钢截面拉弯杆，常常把截面边缘达到屈服强度视为构件的极限状态，而这些都属于强度的破坏形式。轴心拉力很小而弯矩很大的拉弯杆，也可能存在和梁类似的弯扭失稳的破坏形式。

梁-柱的破坏复杂得多。它不仅取决于杆的受力条件，而且还取决于杆的长度、支承条件、截面的形式和尺寸等。对粗短杆或截面有严重削弱的梁-柱，可能发生强度破坏。但钢结构中的大多数梁-柱总是整体失稳破坏。梁-柱的板件，也有局部稳定问题，板件屈曲将促使构件提早失稳。

6.1.2　强度计算

图6-3所示为梁-柱截面随N和M逐渐增加时的受力状态。图6-3a、b和c分别是弹性状态、弹塑性状态和塑性铰（塑性状态）。

按照图6-4所示截面应力分布出现塑性铰时，轴心压力和弯矩分别是

$$N = 2y_0 b f_y \tag{6-1}$$

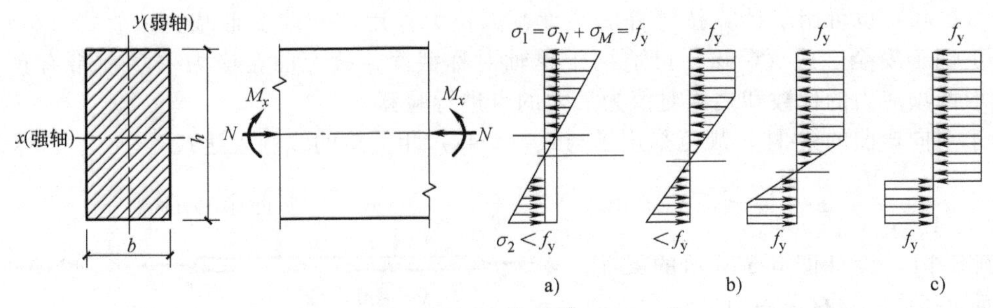

图 6-3　梁-柱截面受力状态

a）弹性状态　b）弹塑性状态　c）塑性状态

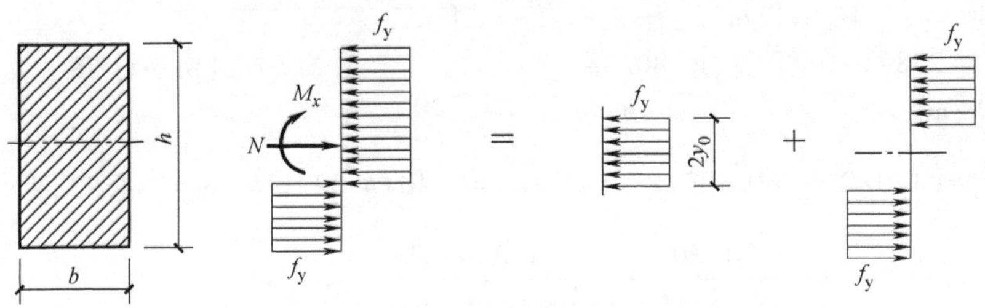

图 6-4　塑性铰

$$
\begin{aligned}
M_x &= \left(\frac{h-2y_0}{2}\right) bf_y\left(\frac{h+2y_0}{2}\right) \\
&= \left(\frac{h^2-4y_0^2}{4}\right) bf_y = \frac{bh^2}{4}f_y\left(1-\frac{4y_0^2}{h^2}\right) = M_p\left(1-\frac{4y_0^2}{h^2}\right)
\end{aligned} \tag{6-2}
$$

由式（6-1）解出 y_0，然后代入式（6-2），可得 N 和 M_x 的相关式

$$
M_x = M_p\left(1-\frac{N^2}{N_p^2}\right)
$$

即

$$
\left(\frac{N}{N_p}\right)^2+\frac{M_x}{M_p}=1\text{（矩形面积）} \tag{6-3}
$$

式中，$N_p=bhf_y$，即 $M_x=0$ 时，截面所能承受的最大压力。$M_p=\dfrac{bh^2}{4}f_y=W_pf_y$，即 $N=0$ 时，截面所能承受的最大弯矩，即塑性铰弯矩。

由式（6-3）绘出的相关曲线（无量纲）如图 6-5 所示。可以用同样的方法导出工字形截面梁-柱的相关公式，由于工字形截面的不同翼缘和腹板尺寸，N 和 M_x 的相关曲线会在一定范围内变动，规范采用直线式 $\dfrac{N}{N_p}+\dfrac{M_x}{M_p}=1$ 代替曲线式，从而实腹式梁-柱的强度设计公式为

$$
\frac{N}{A_n}\pm\frac{M_x}{\gamma_x W_{nx}}\leqslant f \tag{6-4a}
$$

式中　γ_x——截面塑性发展系数，对直接承受动力荷载的压弯杆 $\gamma_x=1$，对只受静力荷载或间接承受动力荷载的梁-柱，γ_x 值按表 5-1 采用。

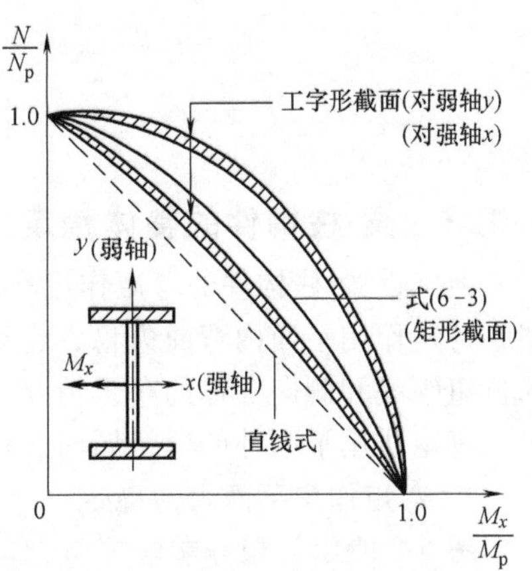

图 6-5　工字形截面的 M_x-N 曲线

式（6-4a）也可用于计算拉弯杆的强度，因拉力作用使弯曲变形减少，故式（6-4a）对拉弯杆更偏于安全。式（6-4a）也适用于单轴对称截面，故弯曲正应力一项前带有正负号，计算时取两项应力的代数和之绝对值为最大的点进行验算。

对于双向弯曲的梁-柱，规范采用了与式（6-4a）相衔接的线性表达式

$$\frac{N}{A_n}\pm\frac{M_x}{\gamma_x W_{nx}}\pm\frac{M_y}{\gamma_y W_{ny}}\leqslant f \quad (6\text{-}4b)$$

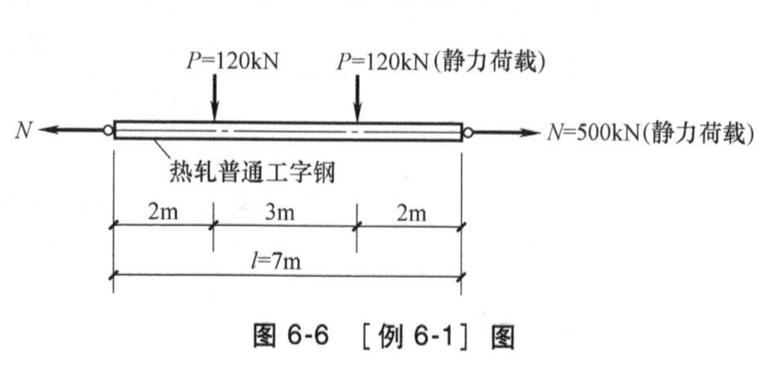

图 6-6 ［例 6-1］图

［例 6-1］ 设计图 6-6 所示的梁-柱（杆截面无削弱，钢材采用 Q235）。

［解］ 由附表 2-3，试选Ⅰ45a，$A=102.4\text{cm}^2$，$W_x=1432.9\text{cm}^3$，$i_x=17.74\text{cm}$，$i_y=2.89\text{cm}$，杆自重 80.38 kg/m = 787.7N/m。

$$M_x=\left(120\times2+\frac{1}{8}\times0.7877\times7^2\right)\text{kN}\cdot\text{m}=(240+4.82)\text{kN}\cdot\text{m}=244.82\text{kN}\cdot\text{m}$$

由式（6-4a）得 $\sigma=\left(\dfrac{500\times10^3}{102.4\times10^2}+\dfrac{244.82\times10^6}{1.05\times1432.9\times10^3}\right)\text{N/mm}^2$

$$=(48.8+162.7)\text{N/mm}^2=211.5\text{N/mm}^2<f=215\text{N/mm}^2$$

刚度

$$\lambda_x=\frac{l_{0x}}{i_x}=\frac{7\times10^2}{17.74}=39.5<[\lambda]=350$$

$$\lambda_y=\frac{l_{0y}}{i_y}=\frac{7\times10^2}{2.89}=242.2<[\lambda]=350$$

对于梁-柱构件，当承受的弯矩较小而轴力较大时，它的截面形式和一般轴心压杆相同（图 4-2）。但当弯矩很大时，除采用截面高度较大的双轴对称截面外，一般采用如图 6-7 所示的单轴对称截面，使受压力较大一侧具有较大翼缘而形成较强的侧向刚度。

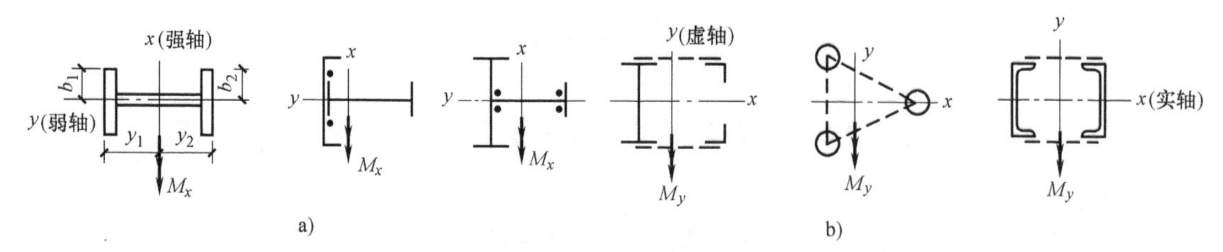

图 6-7 单轴对称截面

a）实腹式 b）格构式

6.1.3 梁-柱构件的整体稳定性

通常，梁-柱构件的弯矩作用在弱轴平面内，使构件截面绕强轴受弯（图 6-1a），构件可能在弯矩作用平面内弯曲失稳，也可能在弯矩作用平面外弯扭失稳。失稳的可能形式与构件的抗扭刚度和侧向支撑的布置情况有关。注意，若弯矩作用在强轴平面内，梁-柱杆就不可能产生弯矩作用平面外的弯扭屈曲，这时，只需验算弯矩作用平面内的稳定性。

1. 弯矩作用平面内的稳定

图 6-8 所示为相等端弯矩 M_x 作用下的梁-柱，当 N 与 M_x 成比例增加时，可以画出压力 N 和杆中点挠度 v 的关系曲线，图中的虚线 OCA 是梁-柱完全弹性时的 N-v 曲线，它以欧拉力 N_E 水平线为渐近线。实曲线 $OCDE$ 则代表理想弹塑性杆件，曲线的上升段 OD 表示杆处于稳定平

衡状态，曲线的下降段 DE，则为不稳定平衡状态，曲线的 D 点表示梁-柱杆达到了承载能力的极限状态，N_u 叫压溃荷载，杆从此开始失稳。失稳时构件可能在截面的边缘区域屈服，也可能全截面屈服（即出现塑性铰），它取决于杆的截面形状和尺寸，杆的长细比和缺陷的大小等。

（1）ξ、β_m 和 η 值　图 6-9a 所示两端铰接梁-柱，横向荷载产生的跨中挠度为 v_m。当荷载对称作用时，可假定挠曲线为正弦曲线。研究证明，当 $N/N_E<0.6$ 时，此种简化假定的误差不大于 2%。由式（4-18）知，当轴心力作用后，挠度会增加到 $v_{max}=\dfrac{v_m}{1-\alpha}=\zeta v_m$。式中，$\alpha=N/N_E$，$\zeta$ 称为挠度放大系数。

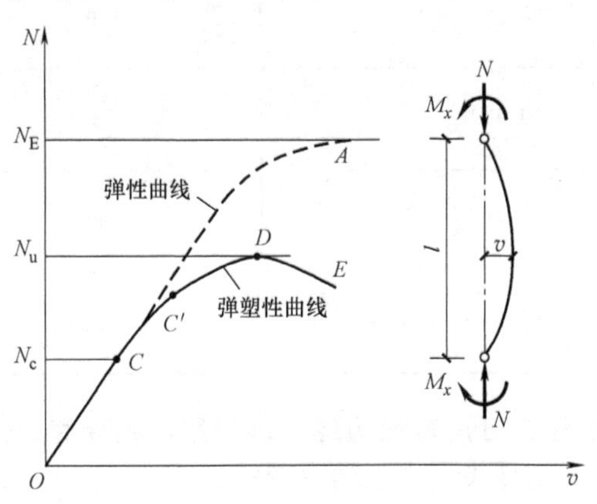

图 6-8　相等端弯矩作用下的 N-v 曲线

N_c—边缘屈服荷载　N_u—压溃荷载

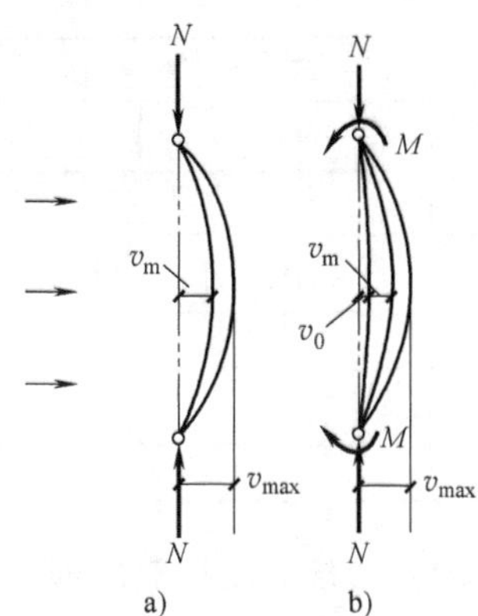

图 6-9　两端铰接梁-柱

设横向荷载在跨中产生的弯矩 M_x，N 产生的弯矩 Nv_{max}，总弯矩

$$
\begin{aligned}
M_{x,max} &= M_x+Nv_{max}\\
&= M_x+N\frac{v_m}{1-\alpha}\\
&= \frac{M_x}{1-\alpha}\left(1-\alpha+\frac{Nv_m}{M_x}\right)\\
&= \frac{M_x}{1-\alpha}\left[1+\left(\frac{N_E v_m}{M_x}-1\right)\alpha\right]=\frac{\beta_m M_x}{1-\alpha}=\eta M_x
\end{aligned}
\tag{6-5}
$$

$$
\beta_m=1+\left(\frac{N_E v_m}{M_x}-1\right)\alpha \qquad \eta=\frac{\beta_m}{1-\alpha}
$$

式中　β_m——等效弯矩系数；

η——弯矩放大系数。

注意：ζ、β_m 和 η 三者均有不同的含义。

根据各种荷载和支承情况产生的跨中弯矩 M 和跨中挠度 v_m，可以算出等效弯矩系数 β_m（表 6-1，其中序号 8 属不对称荷载作用）。

表 6-1　β_m 值

序号	荷载及弯矩图形	弹性分析值	规范取值
1	M　正弦曲线	1.0	1.0

（续）

序号	荷载及弯矩图形	弹性分析值	规范取值
2	M 抛物线	$1+0.028\dfrac{N}{N_{\mathrm{E}}}$	1.0
3	M	$1+0.234\dfrac{N}{N_{\mathrm{E}}}$	1.0
4	M	$1-0.178\dfrac{N}{N_{\mathrm{E}}}$	1.0
5	M	$1+0.051\dfrac{N}{N_{\mathrm{E}}}$	1.0
6	M M	$1-0.589\dfrac{N}{N_{\mathrm{E}}}$	0.85
7	2M M	$1-0.315\dfrac{N}{N_{\mathrm{E}}}$	0.85
8	M M′	$\lvert M\rvert>\lvert M'\rvert,\sqrt{0.3+0.4\dfrac{M'}{M}+0.3\left(\dfrac{M'}{M}\right)^{2}}$	$0.65+0.35\dfrac{M'}{M}$

（2）边缘纤维屈服准则　对于弹性阶段的梁-柱，可用截面边缘纤维屈服准则计算。假定各种缺陷的等效初弯曲 v_0 为正弦曲线（图 6-9b），则杆长度中点的总弯矩

$$M_{\max}=\frac{\beta_{\mathrm{m}}M+Nv_0}{1-N/N_{\mathrm{E}}} \tag{6-6}$$

边缘纤维屈服时，得

$$\frac{N}{A}+\frac{\beta_{\mathrm{m}}M+Nv_0}{(1-N/N_{\mathrm{E}})W}=f_{\mathrm{y}} \tag{6-7a}$$

令式（6-7a）中 $M=0$，即仅有轴心压力时的临界力 N_0 时，式（6-7a）变成

$$\frac{N_0}{A}+\frac{N_0v_0}{(1-N_0/N_{\mathrm{E}})W}=f_{\mathrm{y}} \tag{6-7b}$$

用 $N_0=\varphi Af_{\mathrm{y}}$（$\varphi$ 为轴心压杆稳定系数）代入式（6-7b）解得

$$v_0=\left(\frac{1}{\varphi}-1\right)\left(1-\varphi\frac{Af_{\mathrm{y}}}{N_{\mathrm{E}}}\right)\frac{W}{A}$$

并代入式（6-7a）中

$$\frac{N}{\varphi A}\left(1-\varphi\frac{N}{N_{\mathrm{E}}}\right)+\frac{\beta_{\mathrm{m}}M}{W}=f_{\mathrm{y}}\left(1-\varphi\frac{N}{N_{\mathrm{E}}}\right)$$

即

$$\frac{N}{\varphi A}+\frac{\beta_{\mathrm{m}}M}{W(1-\varphi N/N_{\mathrm{E}})}=f_{\mathrm{y}} \tag{6-8}$$

式（6-8）是由边缘纤维屈服准则导出的相关公式，该式首先由欧洲钢结构协会于 1978 年提出，推导中利用了与轴心压杆相同的等效初弯曲 v_0，其稳定性已考虑弹塑性和残余应力 σ_{r} 等。不过，这种间接考虑的方法，必然使计算结果与梁-柱构件（尤其实腹式）理论承载力产生误差。

（3）最大强度准则　梁-柱的受力性质实际上与具有初偏心 e_0 或初弯曲 v_0 的轴心压杆相

同。对实腹式构件来说，其面内失稳的承载能力宜用塑性深入截面（图 6-8 的 C'点）的最大强度准则获得。一般采用与轴心压杆相同的假定条件，即取初弯曲 $v_0=l/1000$，各种截面的残余应力 σ_r 模式如图 4-18 所示。梁-柱的极限承载力也只能用数值方法解出，如压杆绕曲线（CDC）法和逆算单元长度法等。

规范采用数值分析方法对等端弯矩作用下的实腹式偏心压杆进行了大量计算，画出了承载力曲线或 N-M_x 相关曲线。图 6-10 所示是曲线的一种，它是焊接工字形截面梁-柱对强轴的相关曲线（实线为理论计算值），其他截面的对应轴均有各种不同的相关曲线族。另外，为了避免产生过大的残余变形，需要限制构件截面的塑性发展深度，因此对某些塑性发展太深的相关曲线进行了调整。

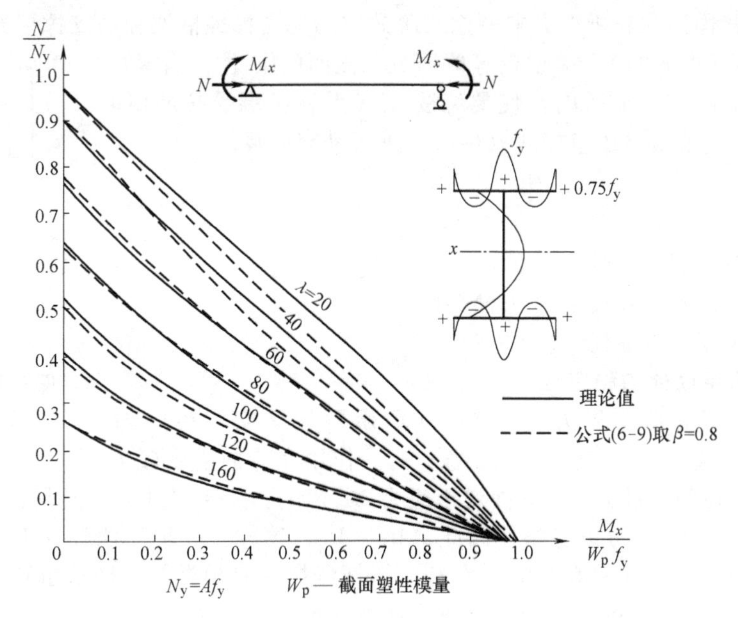

图 6-10　焊接工字形截面梁-柱对强轴的相关曲线

这些曲线的公式表达是一个难题，经过多种方案比较，发现借用边缘纤维屈服准则导出的相关公式的形式较为合适，即采用

$$\frac{N}{\varphi A}+\frac{M}{W_p\left(1-\beta\frac{N}{N_E}\right)}=f_y \tag{6-9}$$

（4）规范的验算公式　将 $\beta=0.8$、$W_p=\gamma_x W_{1x}$、γ_R 和 β_{mx} 代入式（6-9），可得弯矩作用在实腹式梁-柱对称平面内绕强轴 x（图 6-7a）的弯矩作用平面内的稳定性验算公式

$$\frac{N}{\varphi_x A}+\frac{\beta_{mx}M_x}{\gamma_x W_{1x}(1-0.8N/N'_{Ex})}\leqslant f \tag{6-10}$$

式中　N——所计算构件段范围内的轴心压力；

M_x——所计算构件段范围内的最大弯矩；

N'_{Ex}——参数，$N'_{Ex}=\pi^2EA/(1.1\lambda_x^2)$；

0.8——对 11 种常用截面形式的计算比较，修正系数的最优值；

φ_x——弯矩作用平面内的轴心受压构件稳定系数；

γ_x——截面塑性发展系数（表 5-1）；

W_{1x}——在弯矩作用平面内对较大受压纤维的毛截面模量，$W_{1x}=I_x/y_1$（图 6-7）；

β_{mx}——等效弯矩系数。

β_{mx} 按下列规定采用：

1）对于框架柱和两端支承的构件：

① 无横向荷载作用时，$\beta_{mx}=0.65+0.35M'/M$，$|M|\geqslant|M'|$。M'和 M 为端弯矩，使构件产生同向曲率（无反弯点）时取同号，使构件产生反向曲率（有反弯点）时取异号。

② 有端弯矩和横向荷载同时作用时，使构件产生同向曲率则 $\beta_{mx}=1.0$，使构件产生反向曲率则 $\beta_{mx}=0.85$。

③ 无端弯矩但有横向荷载作用时，$\beta_{mx}=1.0$。

2）对于悬臂构件和分析内力未考虑二阶效应的无支撑纯框架和弱支撑框架柱，$\beta_{mx}=1.0$。

对于 T 型钢（图 6-11）、槽型钢等单轴对称截面的梁-柱，当弯矩 M_x 作用在对称平面即 y 平面内且使翼缘受压（无翼缘端受拉屈服）时（图 6-11b），规范指出还应按式（6-11）进行补充验算。

$$\left|\frac{N}{A}-\frac{\beta_{mx}M_x}{\gamma_x W_{2x}(1-1.25N/N'_{Ex})}\right|<f \tag{6-11}$$

式中 W_{2x}——对无翼缘端的毛截面模量，即 $W_{2x}=I_x/y_2$；

γ_x——截面塑性发展系数（表 5-1）；

1.25——修正系数最优值。

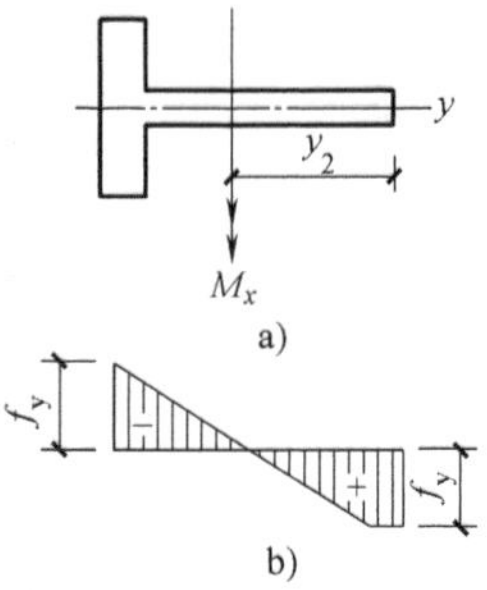

图 6-11 单轴对称截面的梁-柱

2. 弯矩作用平面外的稳定性

（1）弹性弯扭屈曲临界力　图 6-12a 所示两端叉支铰接梁-柱（双轴对称工字形截面）。当弯矩 M_x（绕 x 轴）作用在弯曲刚度较大的 yz 平面内时，在距杆端为 z 的截面弯矩应为 M_z（距杆端）$=M_x+Nv$，但是，由于 $I_x\gg I_y$，在分析弯扭屈曲时，变位 v 可以忽略，因此，$M_z\approx M_x$，这样，杆轴有侧移 u 时，绕 z 轴的扭矩应为 $M_{T2}=M_x\sin\theta=M_xu'$（图 6-12b）。和轴心压杆弯扭屈曲相类似，杆轴扭转时，因纵向纤维空间倾斜而产生的扭矩，仍可按式（4-98）计算，即 $M_{T1}=Ni_0^2\varphi'$，这样式（4-103）扭矩平衡方程变成

$$M_{T1}+M_{T2}=M_s+M_w$$

即
$$EI\varphi'''-(GI_t-Ni_0^2)\varphi'+M_xu'=0 \tag{6-12}$$

微分一次
$$EI\varphi^{(4)}-(GI_t-Ni_0^2)\varphi''+M_xu''=0 \tag{6-13}$$

对截面 y 轴的弯曲，考虑附加弯矩 Nu 后（图 6-12b），方程式（5-41）变为

$$EI_yu''+Nu+M_x\varphi=0$$

微分两次，得

$$EI_yu^{(4)}+Nu''+M_x\varphi''=0 \tag{6-14}$$

对于两端铰接的梁-柱，杆中点的侧移和转角分别为 u_m 和 φ_m。设变形方程 $u=u_m\sin\dfrac{\pi z}{l}$和 $\varphi=\varphi_m\sin\dfrac{\pi z}{l}$，边界条件是 $z=0$ 和 $z=l$ 处，$u=\varphi=u''=\varphi''=0$，这样，联合求解式（6-13）和式（6-14），可得弯扭屈曲临界力 N_{cr} 的计算公式

$$(N_y-N_{cr})(N_w-N_{cr})-\frac{M_x^2}{i_0^2}=0 \tag{6-15}$$

式中 N_y——对截面弱轴 y 的弯曲屈曲临界力，即 $N_y=\pi^2EI_y/l_y^2$；

N_w——扭转屈曲临界力，即 $N_w=(GI_t+\pi^2EI_w/l_w^2)/i_0^2$；

l_y、l_w——杆绕 y 轴弯曲的自由长度和扭转自由长度。

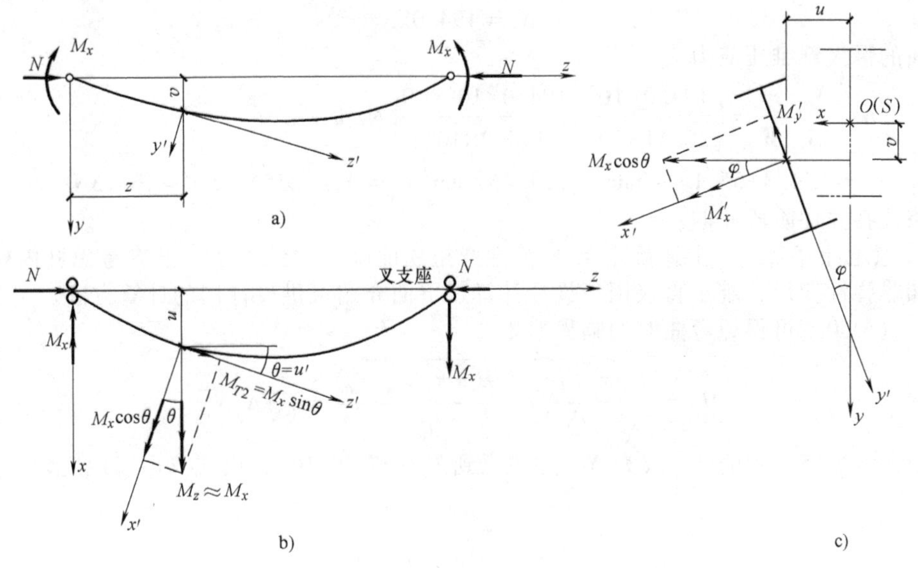

图 6-12　两端叉支铰接梁-柱的计算简图

［**例 6-2**］　图 6-13 所示为某两端铰接的梁-柱，采用热轧普通工字钢I 16。钢材为 Q235，比例极限 $f_p = 0.7f_y$。试计算梁-柱的弯扭屈曲临界力 N_{cr}。

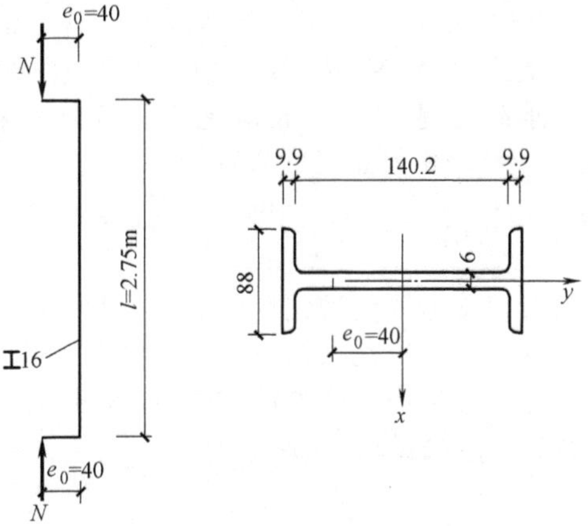

［**解**］　由附表 2-3 得截面特性 $A = 26.11\text{cm}^2$，$I_x = 1127\text{cm}^4$，$W_x = 140.9\text{cm}^3$，$I_y = 93.1\text{cm}^4$。截面对剪心的极回转半径的平方是

$$i_0^2 = (I_x + I_y)/A = (1127 + 93.1) \div 26.11\text{cm}^2 = 46.73\text{cm}^2。$$

由式（5-17）求截面的扭转常数

$$I_t = \frac{1.25}{3} \times (2 \times 8.8 \times 0.99^3 + 14.02 \times 0.6^3)\text{cm}^4 = 8.38\text{cm}^4$$

图 6-13　［例 6-2］图

由式（5-24）求截面的翘曲常数

$$I_w = I_y h^2/4 = 93.1 \times 16.0^2 \div 4\text{cm}^6 = 5958.4\text{cm}^6 \quad（其中 16.0\text{mm} = 14.02\text{mm} + 0.99 \times 2\text{mm}）$$

$$N_y = \frac{\pi^2 EI_y}{l_y^2} = \frac{\pi^2 \times 206 \times 10^3 \times 93.1 \times 10^4}{(2.75 \times 10^3)^2}\text{N} = 250295\text{N} \approx 250.3\text{kN}$$

$$\begin{aligned} N_w &= (\pi^2 EI_w / l_w^2 + GI_t)/i_0^2 \\ &= \left[\frac{\pi^2 \times 206 \times 10^3 \times 5958.4 \times 10^6}{(2.75 \times 10^3)^2} + 79 \times 10^3 \times 8.38 \times 10^4\right] \div (46.73 \times 10^2)\text{N} \\ &= (342796 + 1416692)\text{N} = 1759488\text{N} \approx 1759\text{kN} \end{aligned}$$

由式（6-15）得

$$(250.3 - N_{cr})(1759 - N_{cr}) - \frac{(N_{cr} e_0)^2}{46.73} = 0$$

解得

$$N_{cr}=194.0\text{kN}$$

截面的最大纤维压应力

$$\sigma=\frac{N_{cr}}{A}+\frac{M_x}{W_x}=\left(\frac{194.0\times10^3}{26.11\times10^2}+\frac{194.0\times10^3\times40}{140.9\times10^3}\right)\text{N/mm}^2$$

$$=(74.3+55.1)\text{N/mm}^2=129.4\text{N/mm}^2<f_p=0.7\times235\text{N/mm}^2=164.5\text{N/mm}^2$$

这说明该柱在弹性阶段屈曲。

（2）稳定计算公式　上述确定梁-柱弹性弯扭屈曲临界力的方法，没有考虑杆内残余应力的存在和非弹性变形，难于直接用于设计计算。下面介绍可供设计用的计算方法。

由式（5-50）可得纯弯曲时的临界弯矩

$$M_{cr}=i_0\sqrt{\frac{\pi^2EI_y}{l_y^2}\cdot\frac{(GI_t+\pi^2EI_w/l_w^2)}{i_0^2}}=i_0\sqrt{N_yN_w} \tag{6-16}$$

若把式（6-15）中的 N_{cr} 改为 N，并注意到关系式（6-16），则式（6-15）变为

$$\left(1-\frac{N}{N_y}\right)\left(1-\frac{N}{N_w}\right)-\frac{M_x^2}{i_0^2N_yN_w}=0$$

即

$$\frac{N}{N_y}+\frac{M_x^2}{M_{cr}^2(1-N/N_w)}=1 \tag{6-17}$$

上式 N/N_y 和 M_x/M_{cr} 之间的相关曲线如图6-14所示。可见，N_w/N_y 越大，梁-柱弯扭屈曲的承载力越大。一般情况下，双轴对称工字形截面的 N_w/N_y 恒大于1，偏于安全地取 $N_w/N_y=1$，相关曲线成为直线

$$\frac{N}{N_y}+\frac{M_x}{M_{cr}}=1 \tag{6-18}$$

只有开口冷弯薄壁型钢构件的 N_w/N_y 小于1，在直线以下。

式（6-18）是根据双轴对称截面导出的理论（弹性状态）简化公式。理论和试验研究表明，它同样适用于弹塑性梁-柱的弯扭屈曲计算，只要用该单轴对称截面轴心压杆的弯扭屈曲临界力 N_{cr} 代替式中的 N_y 即可。

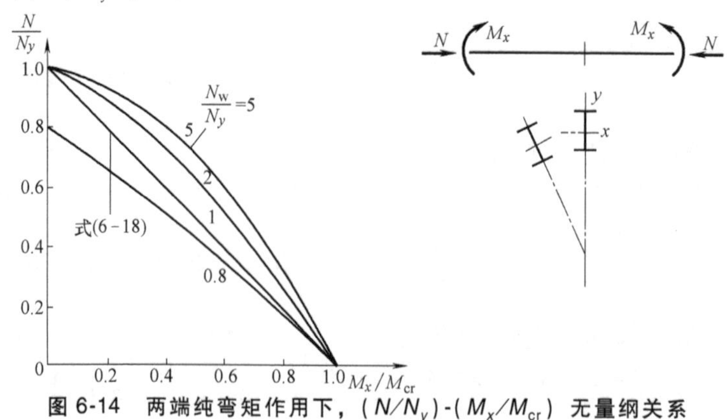

图6-14　两端纯弯矩作用下，(N/N_y)-(M_x/M_{cr}) 无量纲关系

将 $N_y=\varphi_yAf_y$ 和 $M_{cr}=\varphi_bW_{1x}f_y$ 代入式（6-18）中，并引入非均匀弯矩作用时的等效弯矩系数 β_{tx}、截面影响系数 η 以及抗力分项系数 γ_R 后，可得弯矩作用平面外的稳定验算公式

$$\frac{N}{\varphi_yA}+\eta\frac{\beta_{tx}M_x}{\varphi_bW_{1x}}\leqslant f \tag{6-19}$$

式中　φ_y——弯矩作用平面外的轴心受压构件稳定系数，按规范确定；

φ_b——均匀弯曲的受弯构件整体稳定系数，按附录 6 计算，其中工字形（含 H 型钢）和 T 形截面的非悬臂（悬伸）构件可按附录 6 1～5 小节计算，对闭口截面 $\varphi_b = 1.0$；

M_x——所计算构件段范围内的最大弯矩；

η——截面影响系数，闭口截面 $\eta = 0.7$，其他截面 $\eta = 1.0$；

β_{tx}——等效弯矩系数。β_{tx} 应按下列规定采用。

1）在弯矩作用平面外有支承的构件，应根据两相邻支承点间构件段内的荷载和内力情况确定。

① 所考虑构件段无横向荷载作用时 $\beta_{tx} = 0.65 + 0.35M'/M$，$|M| \geqslant |M'|$，$M$ 和 M' 是在弯矩作用平面内的端弯矩，使构件段产生同向曲率时取同号，产生反向曲率时取异号。

② 所考虑构件段内有端弯矩和横向荷载同时作用时使构件段产生同向曲率时，$\beta_{tx} = 1.0$；使构件段产生反向曲率时，$\beta_{tx} = 0.85$。

③ 所考虑构件段内无端弯矩但有横向荷载作用时 $\beta_{tx} = 1.0$。

2）弯矩作用平面外为悬臂的构件，$\beta_{tx} = 1.0$。

6.1.4　梁-柱的局部屈曲

梁-柱中板件的局部屈曲，采取与轴心受压构件的相同方法，限制板件宽厚比（表 6-2）。

表 6-2　梁-柱板件宽厚比限值

项次	截　面	宽厚比限值	
1	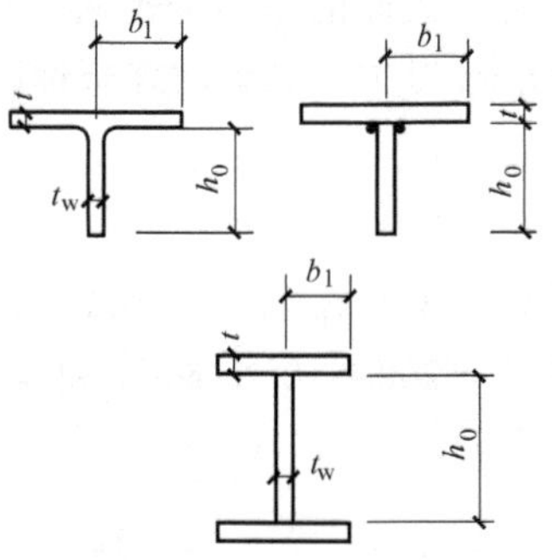	翼缘	$\dfrac{b_1}{t} \leqslant 13\sqrt{235/f_y}$
2		腹板	T 形截面：弯矩使腹板自由边受压 当 $\alpha_0 \leqslant 1.0$ 时，$h_0/t_w \leqslant 15\sqrt{235/f_y}$ 当 $\alpha_0 > 1.0$ 时，$h_0/t_w \leqslant 18\sqrt{235/f_y}$ 弯矩使腹板自由边受拉 热轧部分 T 型钢 $h_0/t_w \leqslant (15 + 0.20\lambda)\sqrt{235/f_y}$ 焊接 T 形钢　$h_0/t_w \leqslant (13 + 0.17\lambda)\sqrt{235/f_y}$
3		腹板	工字形截面： 当 $0 \leqslant \alpha_0 \leqslant 1.6$ 时 $\dfrac{h_0}{t_w} \leqslant (16\alpha_0 + 0.5\lambda + 25)\sqrt{235/f_y}$　(6-20a) 当 $1.6 < \alpha_0 \leqslant 2$ 时 $\dfrac{h_0}{t_w} \leqslant (48\alpha_0 + 0.5\lambda - 26.2)\sqrt{235/f_y}$　(6-20b) 式中　λ——梁-柱在弯矩作用平面内的长细比
4	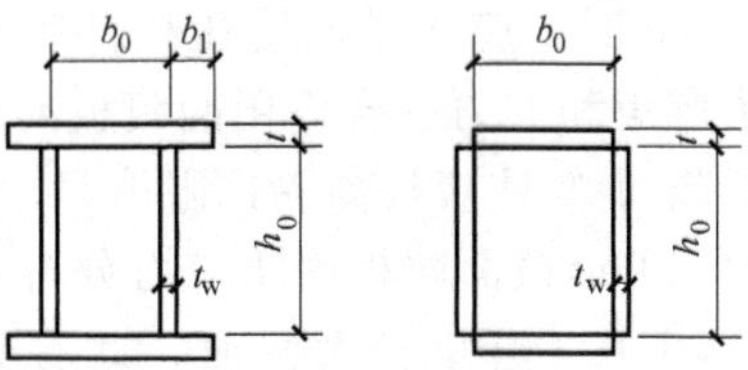	翼缘	$b_1/t \leqslant 13\sqrt{235/f_y}$
5		翼缘	$\dfrac{b_0}{t} \leqslant 40\sqrt{235/f_y}$
6		腹板	$\dfrac{h_0}{t_w} \leqslant$ 项次 3 右侧乘以 0.8 的值（当此值小于 $40\sqrt{235/f_y}$ 时，用 $40\sqrt{235/f_y}$）

注：1. λ 为构件两方向长细比的较大值。当 $\lambda < 30$ 时，取 $\lambda = 30$；当 $\lambda > 100$ 时，取 $\lambda = 100$。

2. $\alpha_0 = (\sigma_{max} - \sigma_{min})/\sigma_{max}$，$\sigma_{max}$ 和 σ_{min} 分别为腹板计算高度边缘的最大压应力和另一边缘的相应应力（压应力取正值，拉应力取负值），不考虑构件的稳定系数和截面塑性发展系数。

3. 当强度和稳定计算中取 $\gamma_x = 1.0$ 时，$\dfrac{b_1}{t} = 15\sqrt{235/f_y}$。

说明：

1. 翼缘的宽厚比

梁-柱的受压翼缘板，其应力情况与梁受压翼缘基本相同，强度控制设计时同理，因此其自由外伸宽度与厚度之比（项次 1、4）以及箱形截面翼缘在腹板之间的宽厚比（项次 5）均与梁的宽厚比限值相同。

2. 腹板的宽厚比

（1）工字形截面的腹板　工字形截面腹板的受力状态如图 5-45a 所示（平均剪应力 τ 和不均匀正应力 σ 的共同作用下的临界条件）。

对梁-柱，腹板中剪应力 τ 的影响不大，经分析平均剪应力 τ 可取腹板弯曲应力 σ_b 的 0.3 倍，即 $\tau=0.3\sigma_b$（σ_b 为弯曲正应力 bending stress），可得腹板弹性屈曲临界应力

$$\sigma_{cr}=K_e\frac{\pi^2Et_w^2}{12(1-\nu^2)h_0^2} \tag{6-21}$$

式中　K_e——弹性屈曲系数，其值与应力梯度 α_0 有关，见表 6-3，$\alpha_0=(\sigma_1-\sigma_2)/\sigma_1$，$\sigma_1$ 和 σ_2 分别为腹板边缘的最大压应力和另一边缘的相应应力，以压应力为正，拉应力为负。

表 6-3　梁-柱中腹板的屈曲系数和高厚比 h_0/t_w

α_0	0.0	0.2	0.4	0.6	0.8	1.0	1.2	1.4	1.6	1.8	2.0
K_e	4.000	4.443	4.992	5.689	6.595	7.812	9.503	11.868	15.183	19.524	23.922
K_p	4.000	3.914	3.874	4.242	4.681	5.214	5.886	6.678	7.576	9.738	11.301
h_0/t_w	56.24	55.64	55.35	57.92	60.84	64.21	68.23	72.67	77.40	87.76	94.54

式（6-21）只适用于弹性状态屈曲的板，梁-柱失稳时，截面的塑性变形将不同程度地发展。腹板的塑性发展深度与构件的长细比、板的应力梯度 α_0 有关，腹板的弹塑性临界应力为

$$\sigma_{cr}=K_p\frac{\pi^2Et_w^2}{12(1-\nu^2)h_0^2} \tag{6-22}$$

式中　K_p——塑性屈曲系数，当 $\tau=0.3\sigma_b$，截面塑性深度为 $0.25h_0$ 时，其值见表 6-3。

取临界应力 $\sigma_{cr}=235\text{N/mm}^2$，泊松比 $\nu=0.3$ 和 $E=206\times10^3\text{N/mm}^2$ 和 K_p，并代入式（6-22）可以得到腹板高厚比 h_0/t_w 与 α_0 的关系（表 6-3）。

当 $0\leqslant\alpha_0\leqslant1.6$ 时　$h_0/t_w=(16\alpha_0+50)\sqrt{235/f_y}$

当 $1.6<\alpha_0\leqslant2.0$ 时　$h_0/t_w=(48\alpha_0-1)\sqrt{235/f_y}$

对于长细比较小的梁-柱，整体失稳时截面的塑性深度实际上已超过了 $0.25h_0$，对于长细比较大的梁-柱，截面塑性深度则不到 $0.25h_0$，甚至腹板受压最大的边缘还没有屈服。因此，h_0/t_w 之值宜随长细比的增大而适当放大。同时，当 $\alpha_0=0$ 时，应与轴心受压构件腹板高厚比的要求相一致，而当 $\alpha_0=2$ 时，应与受弯构件中考虑了弯矩和剪力联合作用的腹板高厚比的要求相一致。故规范以表 6-2 项次 3 中的公式作为工字形截面梁-柱腹板高厚比限值。

（2）T 形截面的腹板　当 $\alpha_0\leqslant1.0$（弯矩较小）时，T 形截面腹板中压应力分布不均的有利影响不大，其宽厚比限值采用与翼缘板相同；当 $\alpha_0>1.0$（弯矩较大）时，此有利影响较大，故提高 20%（表 6-2）。

（3）箱形截面的腹板　考虑两腹板受力不可能一致，而且翼缘与腹板的连接常为单侧角焊缝，因此箱形截面的宽厚比限值取为工字形截面腹板的 0.8 倍。

（4）圆管截面　一般圆管截面构件的弯矩不大，故其直径与厚度之比的限值与轴心受压

构件的规定相同。

6.1.5　梁-柱的构造要求

梁-柱的翼缘宽厚比必须满足局部稳定的要求，否则翼缘屈曲必然导致构件整体失稳。但当腹板屈曲时，由于存在屈曲后强度，构件不会立即失稳，只会使其承载力有所降低。工字形截面和箱形截面高度较大，为了保证腹板的局部稳定而采用较厚的板不经济，因此，设计中常采用较薄的腹板，当腹板的高厚比不满足表 6-2 中的要求时，可考虑腹板中间部分由于失稳而退出工作，计算时腹板截面面积仅考虑两侧宽度各为 $20t_w\sqrt{235/f_y}$ 的部分（计算构件的稳定系数时仍用全截面），也可在腹板中部设置纵肋使腹板满足表 6-2 的要求。

当腹板 $h_0/t_w>80$ 时，为防止腹板在施工和运输中发生变形，应设置间距不大于 $3h_0$ 的横肋。另外，设有纵肋的同时也应设置横肋。加劲肋的截面选择与第 5 章梁中加劲肋截面的设计相同。

大型实腹式柱受到较大水平力的地方和运送单元的端部应设置横隔，横隔的设置方法如图 4-52 所示。

[例 6-3]　图 6-15 所示梁-柱，两端叉支座，中间 1/3 长度处有侧向支承，截面无削弱。请验算此梁-柱的承载力。

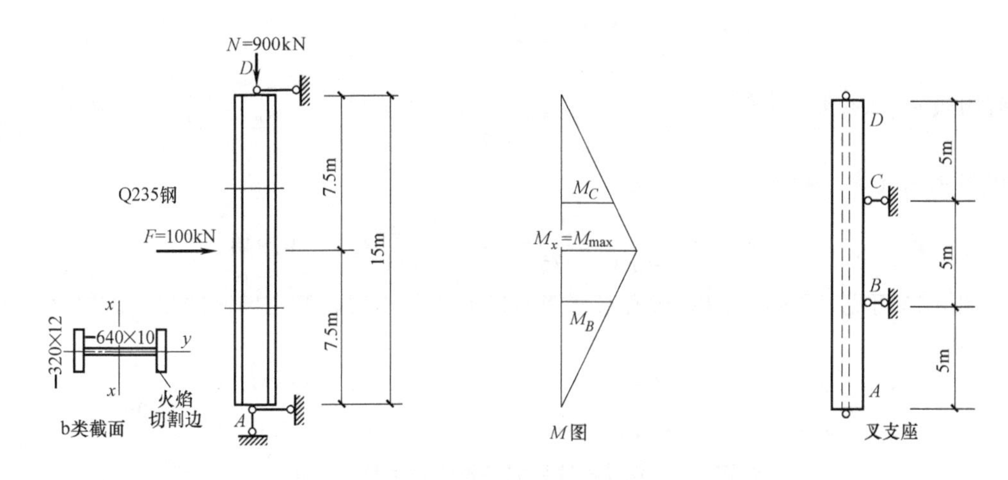

图 6-15　[例 6-3] 图

[解]　1）截面几何特性。

$$A=2\times(32\times1.2)\text{cm}^2+64\times1.0\text{cm}^2=140.8\text{cm}^2$$

$$I_x=\frac{1}{12}\times(32\times66.4^3-31\times64^3)\text{cm}^4=103475\text{cm}^4$$

$$I_y=2\times\left(\frac{1}{12}\times1.2\times32^3\right)\text{cm}^4=6554\text{cm}^4$$

$$W_{1x}=\frac{103475}{33.2}\text{cm}^3=3117\text{cm}^3$$

$$i_x=\sqrt{\frac{103475}{140.8}}\text{cm}=27.11\text{cm},\quad i_y=\sqrt{\frac{6554}{140.8}}\text{cm}=6.82\text{cm}$$

2）强度验算。

$$M_x=\frac{1}{4}\times100\times15\text{kN}\cdot\text{m}=375\text{kN}\cdot\text{m}$$

$$\frac{N}{A_n}+\frac{M_x}{\gamma_x W_{nx}}=\frac{900\times10^3}{140.8\times10^2}\text{N/mm}^2+\frac{375\times10^6}{1.05\times3117\times10^3}\text{N/mm}^2=178.5\text{N/mm}^2<f=215\text{N/mm}^2$$

3）验算弯矩作用平面内的稳定。

$$\lambda_x=\frac{l_{0x}}{i_x}=\frac{15\times10^2}{27.11}=55.3<[\lambda]=150$$

查附表 4-2（b 类截面），$\varphi_x=0.831$

由式（6-10）得

$$\frac{N}{\varphi_x A}+\frac{\beta_{mx}M_x}{\gamma_x W_x\left(1-0.8\dfrac{N}{N'_{Ex}}\right)}=\frac{900\times10^3}{0.831\times140.8\times10^2}\text{N/mm}^2+\frac{1.0\times375\times10^6}{1.05\times3117\times10^3\times\left(1-0.8\times\dfrac{900}{8510}\right)}\text{N/mm}^2$$

$$=202\text{N/mm}^2<f=215\text{N/mm}^2$$

其中

$$N'_{Ex}=\frac{\pi^2 EA}{1.1\lambda_x^2}=\frac{\pi^2\times206\times10^3\times140.8\times10^2}{1.1\times55.3^2}\text{N}=8509943.4\text{N}\approx8510\text{kN}$$

4）验算弯矩作用平面外的稳定。

$$\lambda_y=\frac{5\times10^2}{6.82}=73.3<[\lambda]=150$$

查附表 4-2（b 类截面）

$$\varphi_y=0.730$$

由附录式（附 6-4）得

$$\varphi_b=1.07-\frac{\lambda_y^2}{44000}\cdot\frac{f_y}{235}=1.07-\frac{73.3^2}{44000}\times\frac{235}{235}=0.948$$

由图 6-15 可见，梁-柱的 BC 段有端弯矩和横向荷载作用，产生同向曲率，故取 $\beta_{tx}=1.0$，另 $\eta=1.0$。

$$\frac{N}{\varphi_y A}+\eta\frac{\beta_{tx}M_x}{\varphi_b W_{1x}}=\frac{900\times10^3}{0.730\times140.8\times10^2}\text{N/mm}^2+1.0\times\frac{1.0\times375\times10^6}{0.948\times3117\times10^3}\text{N/mm}^2$$

$$=87.6+126.9=214.5\text{N/mm}^2<f=215\text{N/mm}^2$$

以上计算可知，此梁-柱由弯矩作用平面外的稳定控制。

5）局部稳定验算。

腹板：$$\sigma_{max}=\frac{N}{A}+\frac{M_x}{I_x}\cdot\frac{h_0}{2}=\left(\frac{900\times10^3}{140.8\times10^2}+\frac{375\times10^6}{103475\times10^4}\times\frac{640}{2}\right)\text{N/mm}^2$$

$$=(63.9+116)\text{N/mm}^2=179.9\text{N/mm}^2$$

$$\sigma_{min}=\frac{N}{A}-\frac{M_x}{I_x}\cdot\frac{h_0}{2}=(63.9-116)\text{N/mm}^2=-52.1\text{N/mm}^2\text{（拉应力）}$$

$$\alpha_0=\frac{\sigma_{max}-\sigma_{min}}{\sigma_{max}}=\frac{179.9-(-52.1)}{179.9}=1.28<1.6$$

$$\frac{h_0}{t_w}=\frac{640}{10}=64<(16\alpha_0+0.5\lambda_x+25)\sqrt{235/f_y}=16\times1.28+0.5\times55.3+25=73.13$$

翼缘：$\dfrac{b_1}{t}=\dfrac{320\div2}{12}=12.9<13\sqrt{235/f_y}=13$（构件计算时可取 $\gamma_x=1.05$）

[例 6-4] 已知钢材为 Q235，验算图 6-16 所示的压弯构件梁-柱的承载力。

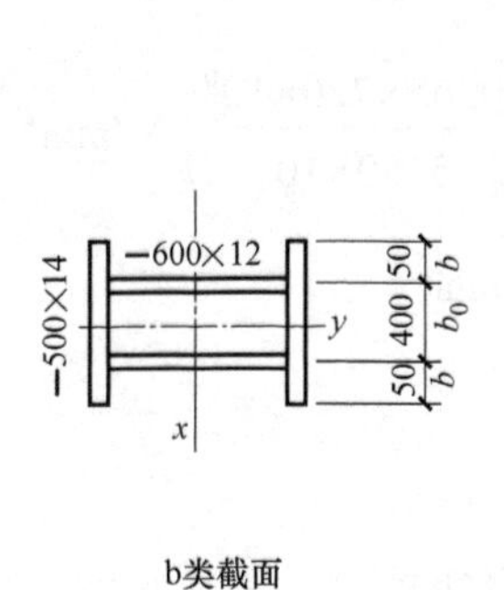

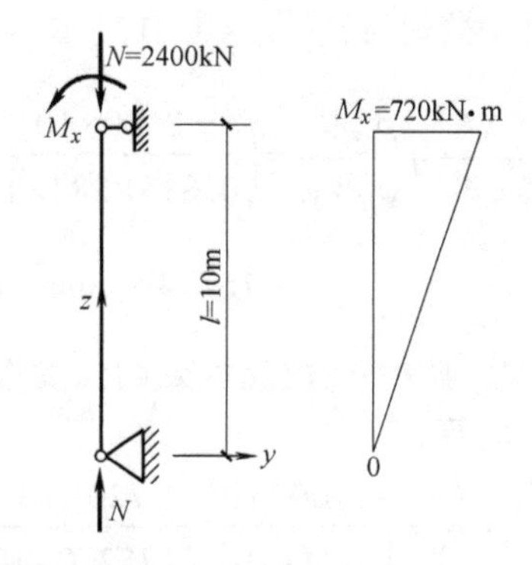

图 6-16 ［例 6-4］图

［解］ 1）截面的几何特性。

$$A=2\times(60\times1.2)\,\text{cm}^2+2\times(50\times1.4)\,\text{cm}^2=284\text{cm}^2$$

$$I_x=\frac{1}{12}\times(50\times62.8^3-47.6\times60^3)\,\text{cm}^4=175200\text{cm}^4$$

$$I_y=2\times\left(\frac{1}{12}\times1.4\times50^3+60\times1.2\times19.4^2\right)\text{cm}^4=83360\text{cm}^4$$

$$W_{1x}=\frac{175200}{31.4}\text{cm}^3=5580\text{cm}^3$$

$$i_x=\sqrt{\frac{175200}{284}}\text{cm}=24.8\text{cm},\quad i_y=\sqrt{\frac{83360}{284}}\text{cm}=17.1\text{cm}$$

2）验算强度。

$$\frac{N}{A_n}+\frac{M_x}{\gamma_x W_{nx}}=\left(\frac{2400\times10^3}{284\times10^2}+\frac{720\times10^6}{1.05\times5580\times10^3}\right)\text{N/mm}^2=207.4\text{N/mm}^2<f=215\text{N/mm}^2$$

3）验算弯矩作用平面内的稳定。

$$\lambda_x=\frac{10\times10^2}{24.8}=40.3<[\lambda]=150$$

查附表 4-2（b 类截面），$\varphi_x=0.898$

$$N'_{Ex}=\frac{\pi^2EA}{1.1\lambda_x^2}=\frac{\pi^2\times206\times10^3\times284\times10^2}{1.1\times40.3^2}\text{N}=32320831.74\text{N}=32320.8\text{kN}$$

$$\beta_{mx}=0.65+0.35\frac{M'}{M}=0.65$$

$$\frac{N}{\varphi_x A}+\frac{\beta_{mx}M_x}{\gamma_x W_{1x}\left(1-0.8\dfrac{N}{N'_{Ex}}\right)}$$

$$=\frac{2400\times10^3}{0.898\times284\times10^2}\text{N/mm}^2+\frac{0.65\times720\times10^6}{1.05\times5580\times10^3\times\left(1-0.8\times\dfrac{2400}{32320.8}\right)}\text{N/mm}^2$$

$$=(94.1+84.9)\,\text{N/mm}^2=179\text{N/mm}^2<f=215\text{N/mm}^2$$

4）验算弯矩作用平面外的稳定。

$$\lambda_y=\frac{10\times10^2}{17.1}=58.5<[\lambda]=150$$

查附表 4-2（b 类截面），$\varphi_y=0.815$，$\beta_{tx}=0.65$，$\varphi_b=1.0$，$\eta=0.7$。

$$\frac{N}{\varphi_y A}+\eta\frac{\beta_{tx}M_x}{\varphi_b W_{1x}}=\left(\frac{2400\times10^3}{0.815\times284\times10^2}+\frac{0.7\times0.65\times720\times10^6}{1.0\times5580\times10^3}\right)\text{N/mm}^2$$

$$=162.4\text{N/mm}^2<f=215\text{N/mm}^2$$

以上计算可知，此梁-柱由支承处的强度控制设计。

5）局部稳定验算。

$$\sigma_{\max}=\frac{N}{A}+\frac{M_x}{I_x}\cdot\frac{h_0}{2}=\left(\frac{2400\times10^3}{284\times10^2}+\frac{720\times10^6}{175200\times10^4}\times\frac{600}{2}\right)\text{N/mm}^2$$

$$=(84.5+123.3)\text{N/mm}^2=207.8\text{N/mm}^2$$

$$\sigma_{\min}=\frac{N}{A}-\frac{M_x}{I_x}\cdot\frac{h_0}{2}=(84.5-123.3)\text{N/mm}^2=-38.8\text{N/mm}^2(\text{拉应力})$$

$$\alpha_0=\frac{\sigma_{\max}-\sigma_{\min}}{\sigma_{\max}}=\frac{207.8-(-38.8)}{207.8}=1.19<1.6$$，由表 6-2 项次 6 知

腹板：$0.8\times(16\alpha_0+0.5\lambda_x+25)\sqrt{235/f_y}=0.8\times(16\times1.19+0.5\times40.3+25)$

$$=51.4>\frac{h_0}{t_w}=\frac{600}{12}=50$$

翼缘：$\dfrac{b_1}{t}=\dfrac{50}{14}=3.6<13\sqrt{235/f_y}=13$

$$\frac{b_0}{t}=\frac{400}{14}=28.6<40\sqrt{235/f_y}=40$$

6.2 格构式梁-柱的计算

格构式梁-柱广泛地用于厂房的框架柱和高大的独立支柱。梁-柱可以设计成具有双轴对称或单轴对称的截面。由于在弯矩作用平面内的截面宽度较大，肢件的联系缀件常用缀条而较少用缀板。

6.2.1 弯矩绕实轴 x 作用

当弯矩作用在和构件的缀件面相垂直的主平面内时（图 6-17a），其受力性能和实腹式梁-柱完全相同，因此，应用式（6-10）验算弯矩作用平面内的稳定性。

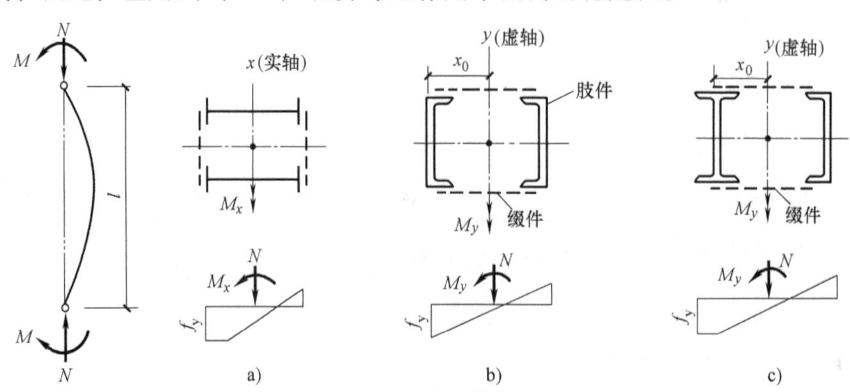

图 6-17 格构式梁-柱

6.2.2 弯矩绕虚轴 y 作用

（1）构件在弯矩作用平面内的稳定 当弯矩作用在与缀件平行的主平面内时（图 6-17b、c），构件绕虚轴 y 产生弯曲失稳。对于如图 6-17b 所示的截面，受压最大一侧腹板屈服时，构件即丧失稳定；但对如图 6-17c 所示的截面，受压最大的一侧开展一部分塑性后才失稳，即工字钢腹板处压应力达屈服强度。

格构式梁-柱对虚轴的弯曲屈曲以截面边缘开始屈服作为设计准则，可按式（6-23）验算。

$$\frac{N}{\varphi_y A}+\frac{\beta_{my}M_y}{W_{1y}\left(1-\varphi_y\dfrac{N}{N'_{Ey}}\right)}\leqslant f \tag{6-23}$$

式中 W_{1y}——对虚轴 y 的毛截面抵抗矩，$W_{1y}=I_y/x_0$，I_y 为对虚轴 y 的毛截面惯性矩；

x_0——由 y 轴到压力较大分肢的腹板外边缘的距离（图 6-17b）或到压力较大分肢的轴线距离（图 6-17c）；

φ_y 和 N'_{Ey}——对虚轴（y 轴）的轴心压杆的整体稳定系数和考虑抗力分项系数 γ_R 的欧拉临界力，均由对虚轴（y 轴）的换算长细比 λ_{0y} 确定，$N'_{Ey}=\pi^2EA/(1.1\lambda_{0y}^2)$。

除了用式（6-23）做构件的整体稳定计算外，还要像桁架弦杆一样对单肢验算稳定性。分肢的轴压力按图 6-18 所示的简图确定。

单肢 1 $$N_1=(M_y+Nx_2)/a \tag{6-24a}$$

单肢 2 $$N_2=N-N_1 \tag{6-24b}$$

缀条式梁-柱的单肢按轴心压杆计算，单肢的计算长度在缀材平面内取缀条体系的节间长度，而在缀材平面外则取侧向固定点之间的距离。

缀板式梁-柱的单肢稳定性，应计入剪力引起的局部弯矩，计算时假定单肢的反弯点在缀板间距的中央，剪力 V 取实际荷载产生的剪力，可不考虑杆的初弯曲影响。

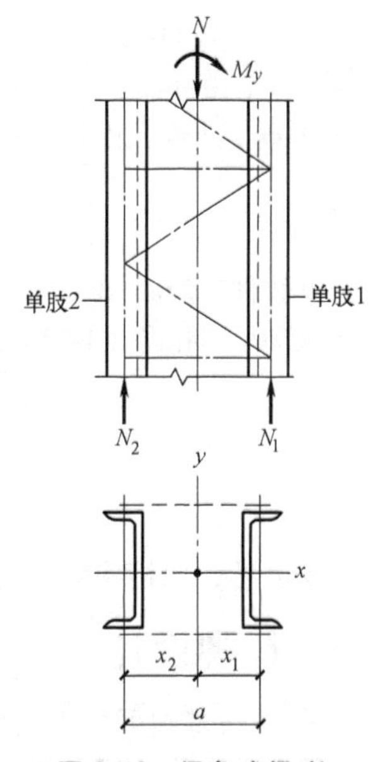

图 6-18 缀条式梁-柱

（2）缀材的计算 格构式梁-柱的缀件按构件的实际剪力和按式（4-73）得到的剪力，取两者中之较大值计算，计算方法与格构式轴心压杆的缀材相同。

（3）构件在弯矩作用平面外的稳定性 对于弯矩绕虚轴 y 作用的梁-柱（图 6-17b、c）肢件在弯矩作用平面外的稳定性已经在计算中得到保证，因此不必再计算整个构件在平面外的稳定性。

如果弯矩绕实轴 x 作用（图 6-17a），其弯矩作用平面外的稳定性和实腹式闭合箱形截面的梁-柱一样按式（6-19）验算，但式中的 φ_y 值应按换算长细比 λ_{0y} 确定，且取 $\varphi_b=1.0$。

[例 6-5] 已知图 6-19 所示某梁-柱，要求确定弯矩 M_y 的计算值。

[解] 热轧普通工字钢 I25a 的截面特性（附表 2-3）

$$A=2\times48.51\text{cm}^2=97.02\text{cm}^2 \quad i_{y1}=2.4\text{cm} \quad i_{x1}=10.17\text{cm}$$

$$I_{y1}=280.4\text{cm}^4 \quad I_y=2\times(280.4+48.51\times11^2)\text{cm}^4=12300.22\text{cm}^4,$$

$$i_y=\sqrt{\frac{12300.22}{97.02}}\text{cm}=11.26\text{cm} \quad W_{1y}=\frac{I_y}{x_0}=\frac{12300.22}{11}\text{cm}^3=1118.2\text{cm}^3$$

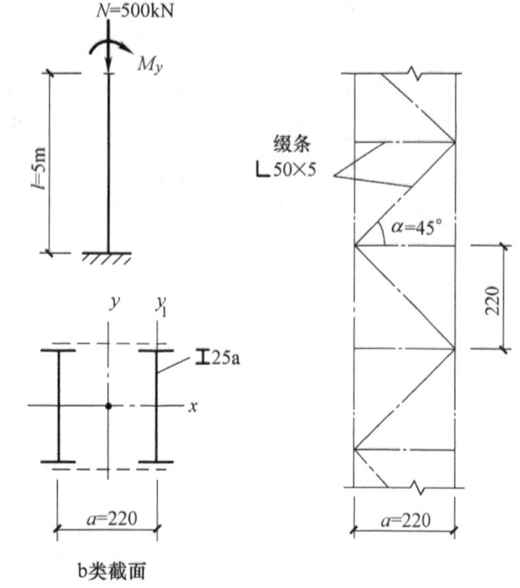

图 6-19 [例 6-5] 图

由于 $\lambda_y=\dfrac{l_{0y}}{i_y}=\dfrac{2.1\times5\times10^2}{11.26}=93.25$（2.1 为计算长度系数）。由附表 2-7 得缀条L50×5 的横截面面积为 4.803cm²，从而 $A_1=2\times4.803\text{cm}^2=9.606\text{cm}^2$。由式（4-66）可得

$$\lambda_{0y}=\sqrt{93.25^2+27\times\frac{97.02}{9.606}}=94.7$$，由附表 4-2 查得 $\varphi_y=0.589$（b 类截面）

$$N'_{Ey}=\frac{\pi^2EA}{1.1\lambda_{0y}^2}=\frac{\pi^2\times206\times10^3\times97.02\times10^2}{1.1\times94.7^2}\text{N}$$

$$=2\times10^6\text{N}=2000\text{kN}$$

由式（6-23）得

$$\frac{500\times10^3}{0.589\times97.02\times10^2}+\frac{M_y\times10^6}{1118.2\times10^3(1-0.589\times500/2000)}\leqslant215$$

即

$$87.5+\frac{0.8943M_y}{(1-0.1473)}\leqslant215\quad 得\ M_y\leqslant121.568\text{kN}\cdot\text{m}$$

对单肢计算，由式（6-24a）得

$$N_1=(M_y\times10^2+500\times11)\div22=\frac{M_y\times10^2}{22}+250$$

单肢件I 25a，$\lambda_{y1}=l_{y1}/i_{y1}=22\div2.4=9.2$，$\lambda_{x1}=l_{x1}/i_{x1}=500\div10.17\approx49$，按 a 类截面则 $\varphi_{x1}=0.919$，由式（4-38）得

$$\frac{\left(\dfrac{M_y\times10^2}{22}+250\right)\times10^3}{0.919\times48.51\times10^2}\leqslant215，得\ M_y\approx156\text{kN}\cdot\text{m}$$

经比较可见，此格构梁-柱能承受的计算弯矩为 121.568kN·m。

6.3 柱脚设计

梁-柱与基础可采用铰接和刚接柱脚这两种类型。铰接柱脚的构造和计算方法与第 4 章轴心受压柱的柱脚相同（图 4-59）。刚接柱脚的构造要求是能同时传递轴力 N 和弯矩 M。柱脚构造要保证传力明确，它与基础的连接要坚固且便于制造和安装。

当 N 和 M 都比较小，且底板与基础之间只承受压应力时，可采用图 6-20a、b 所示的构造方案。图 6-20a 和轴心受压柱的柱脚类似，图 6-20b 中底板的宽度 B 根据构造要求决定，要求板的悬伸部分 C 不宜超过 3cm。确定 B 后，可根据板底应力不超过基础混凝土抗压设计强度 f_c 的要求来决定底板的长度 L。

$$\sigma_{\max}=\frac{N}{BL}+\frac{6M}{BL^2}\leqslant f_c \tag{6-25}$$

式中　N、M——使底板产生最大压应力的最不利的内力组合。

当 N 与 M 都比较大时，为使传到基础上的力分布开来且加强底板的抗弯能力，可以采用图 6-20c、d 所示带靴梁的构造方案。由于有弯矩作用，柱身与靴梁连接的两侧焊缝的受力是

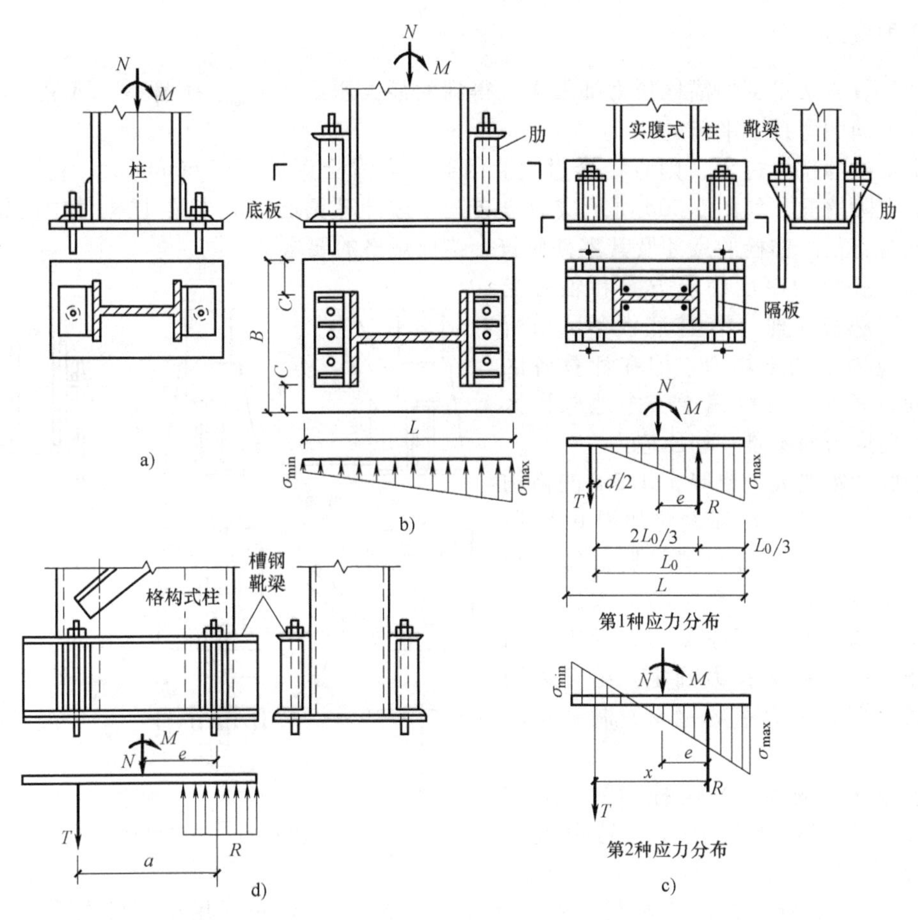

图 6-20　梁-柱的柱脚

不相同的，但是对于如图 6-20c 所示的构造方案，左右两侧焊缝的尺寸应该一样，都按受力最大的右端焊缝确定，以利制作。

因为底板与基础之间不能承受拉应力，当最小应力 σ_{min} 出现负值时，应由固定锚栓来承担拉力。为了保证柱脚嵌固于基础，固定锚栓的零件应有足够刚度。图 6-20c、d 分别是实腹式和格构式柱的整体式柱脚。

当锚栓的拉力不很大时，锚栓的拉力可根据图 6-20c 中的两种应力分布图确定。

第 1 种应力分布

$$T=\frac{M-Ne}{2L_0/3+d/2} \tag{6-26}$$

式中　e——柱脚底板中心至受压区合力 R 的距离；

d——锚栓孔的直径；

L_0——底板受压边缘至锚栓孔边缘的距离。

底板的长度 L 要根据最大压应力 σ_{max} 不大于混凝土的抗压设计强度 f_c 的要求来确定。

底板承受的总压力 $R=N+T$，可根据底板下面的三角形应力分布图计算最大应力 σ_{max}，使其满足基础的抗压强度要求。

另一种近似计算法是先将柱脚与基础看作是能承受压应力和拉应力的弹性体，算出在弯矩 M 与压力 N 共同作用下的最大压应力 σ_{max}，而后找出压应力区的合力点，该点至柱截面形心轴之间的距离为 e，至锚栓的距离为 x，根据力矩平衡条件求得。

第 2 种应力分布
$$T=\frac{M-Ne}{x} \tag{6-27}$$

两种计算方法得到的锚栓拉力都偏大，得到的最大压应力 σ_{max} 都偏小，而后一种计算方法在轴线方向的力是不平衡的。

如果锚栓的拉力过大，则直径会过粗。因此，当锚栓直径大于 60mm 时，就可以根据底板受力的实际情况，如图 6-20d 所示应力分布图，像计算钢筋混凝土梁-柱构件中的钢筋一样确定锚栓的直径。锚栓的尺寸及其零件应符合锚栓规格的要求。

原则上底板的厚度确定方案和轴心受压柱的柱脚底板一样。梁-柱底板各区格所承受的压应力虽然不均匀，但在计算各区格底板的弯矩时，可以偏于安全地取该区格的最大压应力而不是平均压应力。

对于肢件距离大于或等于 1.5m 的格构柱，可以在每个肢的端部设置如图 6-21 所示的独立柱脚，组成分离式柱脚。每个独立柱脚都根据分肢可能产生的最大压力按轴心受压柱脚设计，而锚栓的直径则根据分肢可能产生的最大拉力确定。由于采用了分离式柱脚，可以节约钢材，制造也较简便。

为了保证运输和安装时柱脚的整体刚性，可以在分离柱脚的底板之间设置如图 6-21 所示的联系杆。

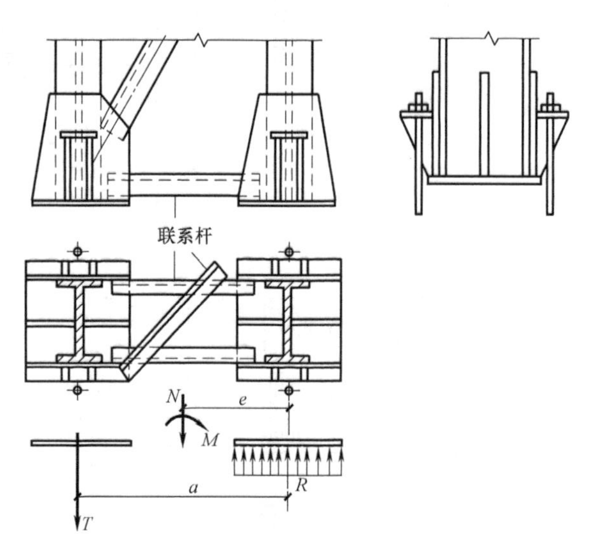

图 6-21　分离式柱脚

［例 6-6］　设计实腹式梁-柱与基础的连接（图 6-22），假定作用于基础顶面的计算压力 $N=500\text{kN}$，弯矩 $M=130\text{kN}\cdot\text{m}$，混凝土强度等级为 C25，锚栓用 Q235 钢，焊条采用 E43 型。

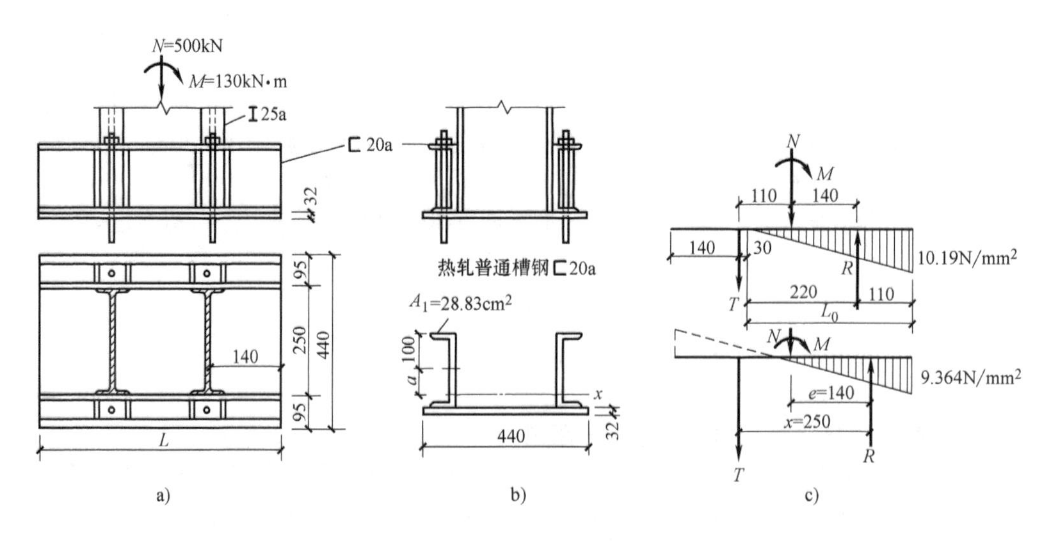

图 6-22　［例 6-6］图

［解］　C25 混凝土取 $f_c=11.9\text{N/mm}^2$。为了提高杆端的连接刚度在分肢外侧用两根 20a 短槽钢与分肢和底板用焊缝连接。锚拴孔直径 $d=60\text{mm}$。

1）底板尺寸。

按构造要求确定底板宽度 $B=(2\times9.5+25)\text{cm}=44\text{cm}$。。

由式（6-25）得

$$\frac{500\times10^3}{44L\times10^2}+\frac{6\times130\times10^6}{44L^2\times10^3}=11.9\text{，解得 } L\approx45\text{cm，采用 } L=50\text{cm}$$

从而

$$\sigma_{\max}=\frac{500\times10^3}{44\times50\times10^2}\pm\frac{6\times130\times10^6}{44\times50^2\times10^3}$$

$$\sigma_{\min}=(2.273\pm7.091)\text{N/mm}^2=\frac{9.364}{-4.818}\text{N/mm}^2$$

$\sigma_{\min}$ 为负值，说明需要由锚栓承担拉力。

2）锚栓设计。

由式（6-26）计算锚栓拉力

$$T=\frac{130\times10^2-500\times14}{2\times33\div3+6\div2}\text{kN}=240\text{kN}$$

所需锚栓净截面面积

$A_n=T/f_t=240\times10^3\div140\text{mm}^2=1714\text{mm}^2=17.14\text{cm}^2$，采用直径 $d_0=56\text{mm}$ 的锚栓，$A_n=20.3\text{cm}^2>17.14\text{cm}^2$，符合要求。

基础反力　　$R=N+T=(500+240)\text{kN}=740\text{kN}$

最大压应力　　$\sigma_{\max}=\frac{R}{BL_0/2}=\frac{740\times10^3}{\frac{1}{2}\times44\times33\times10^2}\text{N/mm}^2=10.19\text{N/mm}^2<f_c=11.9\text{N/mm}^2$

其中，受压长度 $L_0=\frac{9.364}{9.364+4.818}\times50\text{cm}=33\text{cm}$。

3）底板厚度。

在三边支承部分，取 $q=10.19\text{N/mm}^2$，可以得到板所承受的最大弯矩。由 $b_1=14\text{cm}$，$a_1=25\text{cm}$，得 $b_1/a_1=0.56$，查表 4-9 得 $\beta=0.066$。由式（4-95）得

$$M_3=0.066\times10.19\times250^2\text{N}\cdot\text{mm}=42034\text{N}\cdot\text{mm}$$

由式（4-97）计算底板厚度

$\delta=\sqrt{6\times42034\div205}\text{mm}=35.1\text{mm}$。取 $\delta=36\text{mm}$（属于第 2 组钢材，故取 $f=250\text{N/mm}^2$）。

4）靴梁强度。

靴梁的截面由两个热轧普通槽钢和底板组成，先确定截面的形心位置（图 6-22b）

$$a=\frac{44\times3.2\times(10+1.6)}{2\times28.83+44\times3.2}\text{cm}=8.23\text{cm}$$

截面惯性矩

$$I_x=2\times(1780.4+28.83\times8.23^2)\text{cm}^4+44\times3.2\times(1.77+1.6)^2\text{cm}^4$$
$$=(7466.3+1599)\text{cm}^4=9065.3\text{cm}^4$$

靴梁承受的剪力（图 6-22c）

$$V\approx10.19\times140\times440\text{N}=627704\text{N}$$

靴梁承受的弯矩

$$M\approx627704\times70\text{N}\cdot\text{mm}=43939280\text{N}\cdot\text{mm}$$

靴梁的最大弯曲应力

$$\sigma=\frac{43939280\times182.3}{9065.3\times10^4}\mathrm{N/mm^2}=88.36\mathrm{N/mm^2}<f=215\mathrm{N/mm^2}$$

5）焊缝计算。

柱肢承受的最大压力（在右侧）

$$N_1=\frac{N}{2}+\frac{M}{22}=\left(\frac{500}{2}+\frac{13000}{22}\right)\mathrm{kN}=840.9\mathrm{kN}$$

柱肢与靴梁焊接的角焊缝厚度

$$h_\mathrm{f}=\frac{N_1}{0.7\sum l_f f_\mathrm{f}^\mathrm{w}}=\frac{840.9\times10^3}{0.7\times4(200-10)\times160}\mathrm{mm}=9.88\mathrm{mm}，取 10\mathrm{mm}。$$

由于剪力不大，槽钢与底板的连接角焊缝厚度采用 8mm 即可。

习　　题

6-1　某两端铰接拉弯杆，采用热轧I45a，杆上作用力如图 6-23 所示。已知钢材为 Q235，杆截面无削弱，求最大轴心拉力 N。

6-2　某两端铰接叉支座梁-柱，杆上作用力如图 6-24 所示，试验算该梁-柱的稳定性，钢材为 Q345。

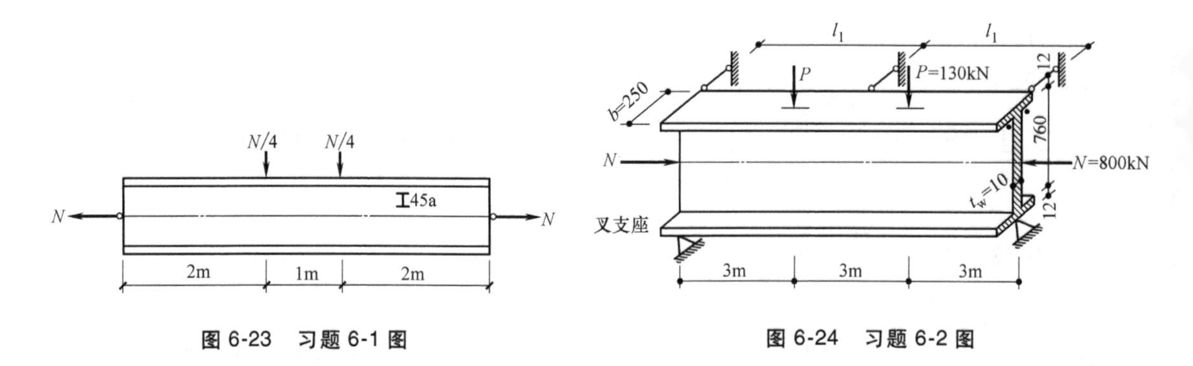

图 6-23　习题 6-1 图　　图 6-24　习题 6-2 图

下篇　结构稳定理论

第 7 章　结构稳定概述

在进行建筑结构设计时，国家标准[1,2]规定必须考虑两种极限状态——承载能力极限状态（ultimate limit state）和正常使用极限状态（serviceability limit state）。前者对应结构、构件的强度（strength）和稳定（stability）的计算，后者对应结构、构件达到正常使用或耐久性能的某项规定限值，如轴心受力杆的长细比 $\lambda = l_0/i \leqslant [\lambda]$、梁的挠度 $v \leqslant [v]$ 等。对任何一种结构构件，强度计算是基本的且必不可少的，而对某些受压构件（如钢筋混凝土薄壳）或由均质高强材料制成的结构构件（如钢结构构件等），稳定计算比强度计算更为重要。强度、稳定问题的区别如下：

作用（action㊀）对结构构件产生的截面最大内力（或截面上某点的最大应力）是否超过截面的承载能力（或材料的强度），是一个应力问题。绝大多数结构都是以未变形的结构作为计算简图进行分析，所得的变形与作用之间的关系是线性的，这种方法被称为几何线性分析，又称一阶分析（FOA——First Order Analysis）。而某些结构（如张拉结构等）必须将变形后的结构作为计算依据，作用与变形呈非线性关系，这种分析方法被称为几何非线性分析，又称二阶分析（SOA——Second Order Analysis）。

稳定问题的目的是找出作用与结构内部抵抗力之间的不稳定平衡状态，即变形开始急剧增长的状态，从而设法避免进入该状态，它是一个变形问题。例如，由于轴心压杆（柱）失稳，侧向挠度使柱中增加很大的弯矩，柱子破坏时的承载力会远远低于它的轴压强度承载力。叠加原理在稳定计算中失效。

由于结构构件的失稳具有突然性，很多工程结构因失稳倒塌。例如，1907 年加拿大圣劳伦斯河上的魁北克桥，在用悬臂法架设中跨桥架时（图 7-1a），桥桁中桥墩附近的下弦杆丧失稳定，导致桥架倒塌，正在桥上作业的 86 名工人中有 75 人罹难。图 7-1b 所示为该桥倒塌后

a)

b)

图 7-1　加拿大魁北克桥

a）用悬臂法架设中跨桥架　b）倒塌后全貌

㊀ 按国家标准[1,2]规定，作用分直接作用和间接作用两大类，前者即为通常所说的荷载（loads），包括永久荷载（恒载）和可变荷载（活荷载），后者包括地震（earthquake）、基础沉降、温度变化、焊接等作用。

的全貌。

美国哈特福德市（Hartford City）的一座体育馆网架屋盖（90m×110m）由于网架杆件采用了由四个等肢角钢组成的十字形截面，抗扭刚度较差，此外，为压杆设置的支撑效果一般。该体育馆交付使用后，于 1987 年 1 月 18 日的风雪之夜，压杆扭转屈曲（失稳），瞬间坠毁落地（图 7-2）。因此，随着均质高强材料的进展和大跨度结构的广泛采用，弹性和弹塑性稳定理论就成为近代力学研究领域中最活跃的课题之一。

图 7-2　坠毁后的哈特福德市体育馆网架结构

理想的轴心受压构件的屈曲（buckling），即失稳形式有 3 种（图 7-3）：弯曲屈曲（flexural buckling）、扭转屈曲（torsional buckling）和弯扭屈曲（torsional-flexural buckling）。

本书主要介绍弯曲屈曲，后两种屈曲形式只做简单介绍，详细内容请参阅相关文献。

关于理想的轴心受压构件的失稳现象，M. Salvadori 和 R. Heller 有如下一段精采叙述（图 7-4）：

“A slender column shortens when compressed by a weight applied to its top, and, in so doing, lowers the weight's position. The tendency of all weights to lower their position is a basic law of nature. It is another basic law of nature that, whenever there is a choice between different paths, a physical phenomenon will follow the easiest path. Confronted with the choice of bending out or shortening, the column finds it easier to shorten for relatively small loads and to bend out for relatively large loads. In other words, when the load reaches its buckling value, the column finds it easier to lower the load by bending than by shortening.”

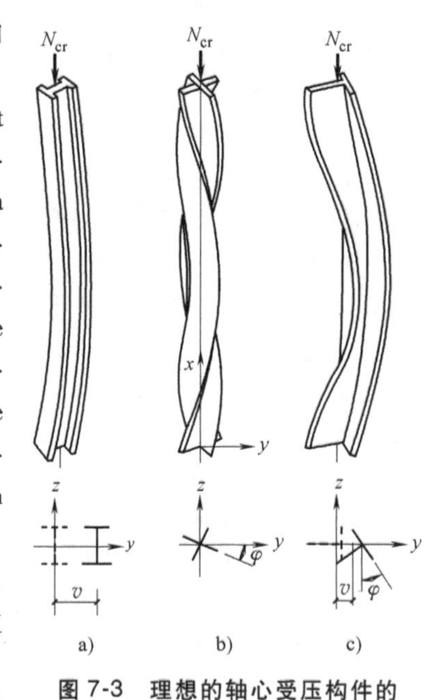

图 7-3　理想的轴心受压构件的屈曲（两端铰接）

a）弯曲屈曲（绕 z 轴）　b）扭转屈曲（绕 x 轴）　c）弯扭屈曲

由此可见，结构的稳定与强度是两个完全不同的概念，理解结构失稳的概念比理解强度破坏的概念要难得多，这对后继学习其他专业课也十分重要。

理想的轴心受压构件（图 7-4a）的稳定问题和偏心受压构件（图 7-6a）的稳定问题，是两类完全不同性质的稳定问题，前者属于分枝点稳定（图 7-4b、c），后者属于极值点稳定（图 7-6b、c）。

7.1　分枝点稳定（第一类稳定、质变失稳）

如图 7-4a 所示，当压力 N 小于临界荷载（critical load）N_{cr}，即当 $N<N_{cr}$ 时，压杆只压缩 Δc，杆处于直线形式的平衡状态，称为原始平衡状态。这时，N 与杆中点侧移 δ 的关系（图 7-4c）可用 01 表示，称为原始平衡路径 1。此时，杆受到轻微的横向干扰会偏离原始平衡位置，但当干扰消除后，杆将会回到原来的直线状态。可见，原始平衡形式是唯一的稳定平衡形式。

当 $N=N_{cr}$ 时，原始平衡形式不再是唯一的，压杆的平衡状态既可为直线形式，也可为其他形式，如图 7-4b、c 所示的弯曲形式，即 12 或 12′（路径Ⅱ）。在图 7-4c 中，N_E 表示两端

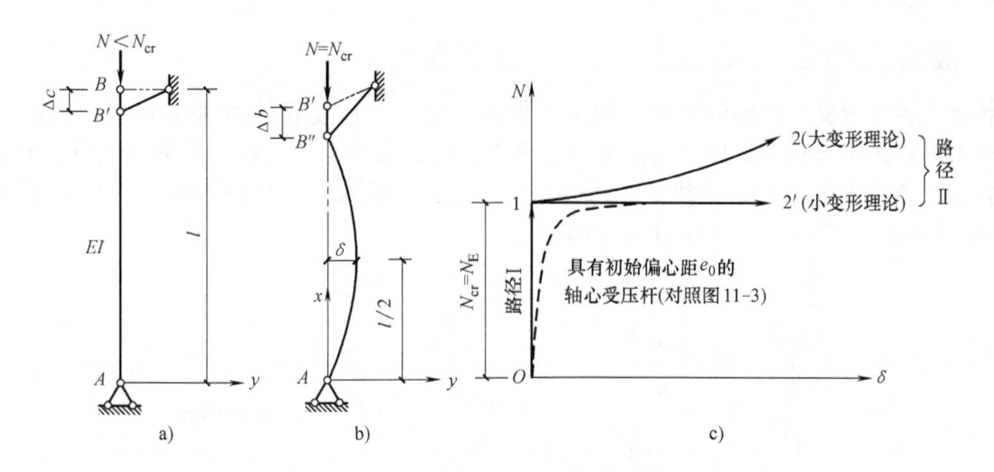

图 7-4　理想的轴心受压构件

a）原始平衡状态　b）临界状态　c）N-δ 关系

铰接的轴心受压杆的临界荷载，通常称为欧拉荷载（Euler load）。

两个平衡路径Ⅰ和Ⅱ的交点 1 称为分枝点（bifurcation）。在 1 点，路径Ⅰ与新平衡路径Ⅱ同时并存，出现平衡形式的二重性，原始平衡路径Ⅰ由稳定平衡转变为不稳定平衡，出现稳定性的转变。具有这种特征失稳形式称为分枝点失稳。分枝点对应的荷载称为临界荷载，对应的平衡状态弥为临界状态（图 7-4b）。因此，求临界荷载就是求轴心压杆在直的和微弯的两种形式下都能平衡的荷载。用这个准则来计算临界荷载的方法称为中性平衡法（method of neutral equilibrium）。因此，分枝点失稳的定义：原来的平衡形式可能由于不稳定而出现与原平衡形式有本质区别的新的平衡形式，即结构的变形产生了本质上的突然性变化。这种失稳形式，除了如图 7-4 所示的轴心受压杆之外，还有如图 7-5 所示的结构。

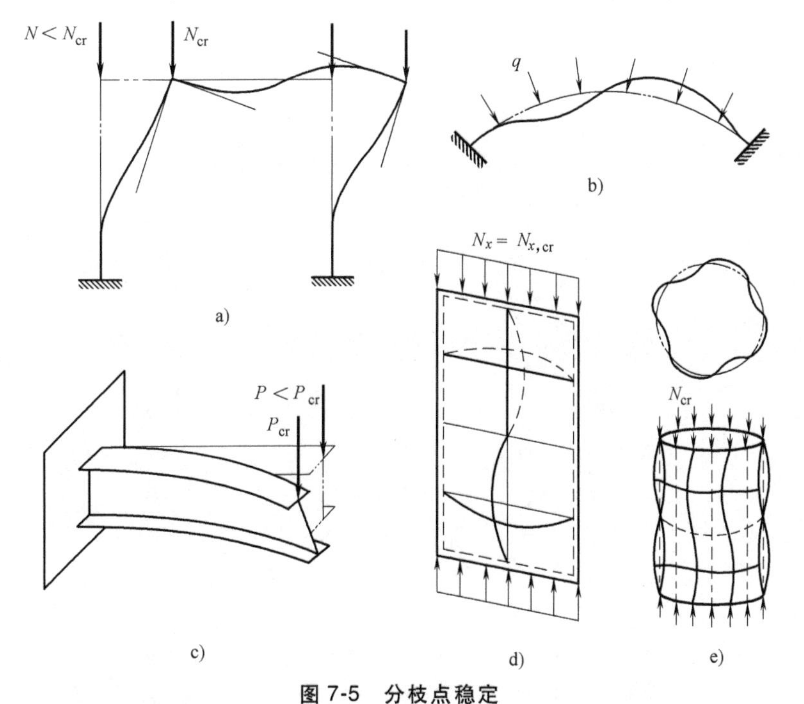

图 7-5　分枝点稳定

a）刚架屈曲　b）拱屈曲　c）梁屈曲　d）板屈曲　e）圆柱壳屈曲

7.2 极值点稳定（第二类稳定、量变失稳）

极值点稳定定义： 结构的弯曲变形大大发展（数量上的变化，如图 7-6c 所示的曲线 Ⅰ）而不会出现新的平衡形式，即结构的平衡形式不出现分枝现象。当杆进入弹塑性阶段时，N-δ 曲线具有极值点 B（图 7-6c 曲线 Ⅱ），一般称 N_B 为压溃荷载（collapse load），也称极限荷载（ultimate load）或稳定荷载（stability load）等。

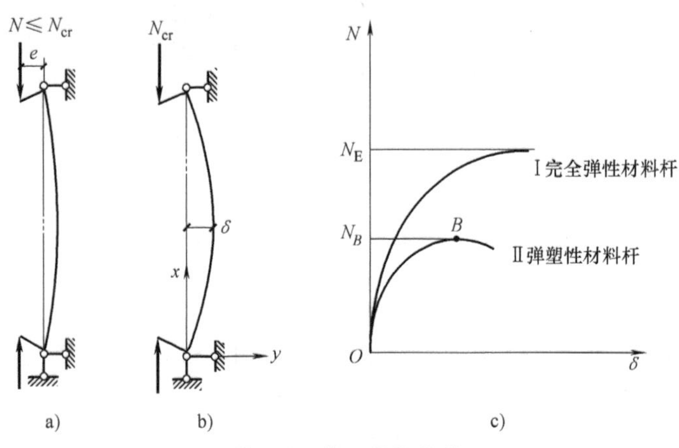

图 7-6 偏心受压构件

必须再次指出：上述两类稳定问题都与强度问题有本质区别。研究稳定的主要目的在于防止出现不稳定平衡状态，而研究强度问题则是保证作用（action）在结构构件中产生的截面内力不超过截面的承载力（混凝土结构）或截面某点的应力不超过材料的某一强度指标（钢结构）。

第 8 章　轴心压杆的稳定

8.1　有限自由度体系的稳定计算

8.1.1　静力法

直接应用平衡条件、几何条件和物理条件来求解结构的内力和位移的方法叫物理-几何方法，在静力分析中也叫静力法。在稳定计算中，此法是根据临界状态的静力特征提出的。

图 8-1a 所示单自由体系的原始平衡形式，若忽略杆件本身的变形（$EI \to \infty$），则体系只具有一个变形自由度——弹簧支座变形（图 8-1b）。s 代表弹簧支座的刚度系数。

根据小变形理论，由图 8-1b 可得平衡条件为

$$\sum M_A = 0, \qquad N\delta - R_s l = 0$$

即

$$(N - sl)\delta = 0 \tag{8-1}$$

在稳定分析中，平衡条件由变形后的结构新位置得到，在应用小变形理论时，由于假设位移 δ 是微量，结构中的各个力要区分为主要力和次要力，在图 8-1b 中，N 是主要力（有限量），而弹簧支座反力 R_s 则是次要力（微量）。建立平衡方程时，方程中的各项应是同级微量。因此，对主要力的项要考虑结构变形对几何尺寸的微量变化，而对次要力的项则不考虑几何尺寸的变化。

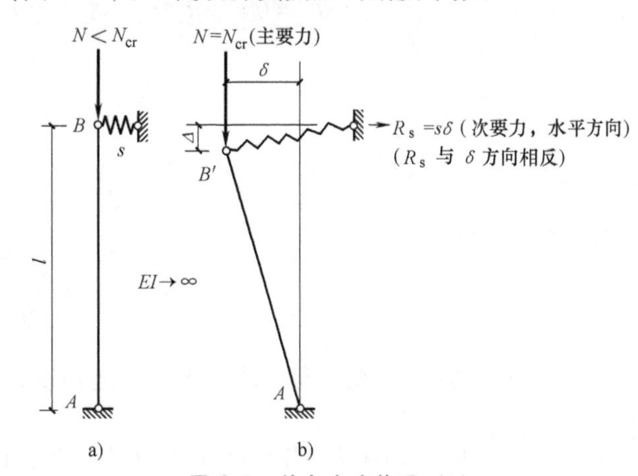

图 8-1　单自由度体系（1）

a）原始平衡形式　b）新的平衡形式

式（8-1）是以线位移 δ 为未知数的齐次代数方程[㊀]，方程有两类解：零解和非零解。零解（$\delta=0$）对应于原始平衡形式，非零解（$\delta \neq 0$）是新的平衡形式。为了得到非零解，方程

㊀ 非齐次方程组

$$\begin{bmatrix} a_{11} & a_{12} \\ a_{21} & a_{22} \end{bmatrix} \begin{bmatrix} x_1 \\ x_2 \end{bmatrix} = \begin{bmatrix} b_1 \\ b_2 \end{bmatrix} \tag{a}$$

解得

$$x_1 = \frac{\begin{vmatrix} b_1 & a_{12} \\ b_2 & a_{22} \end{vmatrix}}{\begin{vmatrix} a_{11} & a_{12} \\ a_{21} & a_{22} \end{vmatrix}} = \frac{\Delta_1}{\Delta}, x_2 = \frac{\begin{vmatrix} a_{11} & b_1 \\ a_{21} & b_2 \end{vmatrix}}{\Delta} = \frac{\Delta_2}{\Delta} \tag{b}$$

齐次方程的 $\begin{bmatrix} b_1 \\ b_2 \end{bmatrix} = \begin{bmatrix} 0 \\ 0 \end{bmatrix}$，当 $\Delta \neq 0$ 时，$\Delta_1 = \Delta_2 = 0$，由式（b）得零解 $x_1 = x_2 = 0$；为了求非零解，必须令 $\Delta = 0$，即 $\frac{a_{11}}{a_{21}} = \frac{a_{12}}{a_{22}}$，可见，方程组（a）实质上是一个方程，即

$$a_{11}x_1 + a_{12}x_2 = 0 \tag{c}$$

由式（c）可得非零解为

$$x_1 = -\frac{a_{12}}{a_{11}}x_2 \qquad (x_2\ \text{可为任意数})$$

式（8-1）的系数应为零，即

$$N-sl=0 \tag{8-2a}$$

称式（8-2a）为特征方程。由式（8-2a）可得分枝点，即临界荷载为

$$N_{cr}=sl \tag{8-2b}$$

总之，临界状态的静力特征是平衡形式的二重性。静力法的要点就是根据平衡形式二重性的特点建立特征方程，并由此求出临界荷载 N_{cr}。

8.1.2 能量法

能量法是把平衡条件或几何条件用相应的功能原理代替，又称为功能法。在稳定计算中，能量法是根据临界状态的能量特征提出的。

由式（附 12-1）知：体系的总势能 Π 是内力势能 Π_i（即构件的应变能 U）与外力势能 Π_e 的总和。如图 8-1b 所示，体系的 Π_i 和 Π_e 分别为

$$\Pi_i=U=\frac{1}{2}R_s\delta=\frac{1}{2}s\delta^2 \quad （弹簧应变能） \tag{8-3}$$

$$\Pi_e=-N\Delta=-\frac{N}{2l}\delta^2$$

式中 $$\Delta=l-\sqrt{l^2-\delta^2}=l\left[1-(1-\delta^2/l^2)^{\frac{1}{2}}\right]\approx l\left[1-\left(1-\frac{1}{2}\times\frac{\delta^2}{l^2}\right)^{⊖}\right]=\frac{\delta^2}{2l} \tag{8-4}$$

从而 $$\Pi=U+\Pi_e=\left(\frac{sl-N}{2l}\right)\delta^2$$

上式表明，总势能 Π 是线位移 δ 的二次式（抛物线），与系数 $\left(\frac{sl-N}{2l}\right)$ 有关，有 3 种不同情况。

① 若 $\frac{sl-N}{2l}>0$，即 $N<sl$。当 $\delta\neq0$ 时，Π 为正值，体系是正定的（图 8-2a）。当 $\delta=0$，即体系处于原始平衡状态时，总势能为极小值，由平衡可知：使杆件偏离原始平衡位置的力矩 $M_d=N\delta$ 将小于使杆件恢复到原始平衡位置的力矩 $M_r=R_sl=sl\delta$，即 $N\delta<sl\delta$，故体系处于稳定平衡状态，这就是最小总势能原理——对于稳定平衡状态，真实位移使总势能 Π 为极小值。

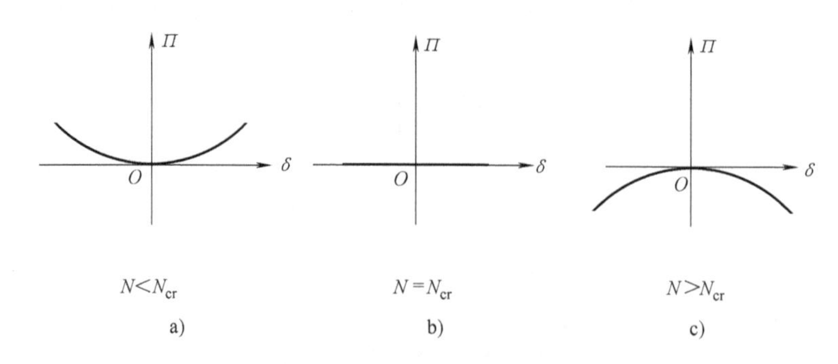

图 8-2 平衡的稳定性

a）稳定平衡 b）随遇平衡 c）不稳定平衡

⊖ 二项式展开

$$(1-x)^m=1-mx+\frac{m(m-1)}{2!}x^2-\cdots+\frac{m(m-1)\cdots(m-n+1)}{n!}x^n+\cdots+x^m$$

② 若 $N>sl$，则当 $\delta\neq0$ 时，Π 值为负值（图 8-2c），体系是负定的。当 $\delta=0$ 时，Π 为极大值，体系处于不稳定平衡状态。

③ 如果 $N=sl$，δ 为任何值时，$\Pi=0$，体系处于随遇平衡状态（图 8-2b），又称中性平衡这时的荷载为临界荷载 N_{cr}，即 $N_{cr}=sl$。

顺便指出：图 8-2 所示弹簧体系的三类平衡状态（稳定、随遇、不稳定）的能量特征与图 8-3 所示刚性小球的三类平衡状态的特征是彼此对应的。

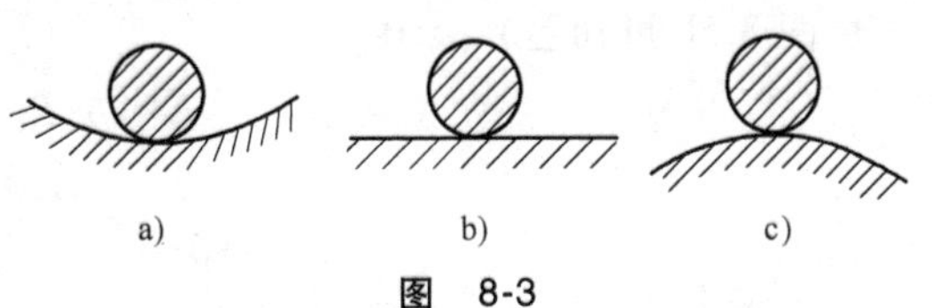

图 8-3

a）稳定平衡　b）随遇平衡　c）不稳定平衡

[例 8-1]　分别用静力法和能量法求图 8-4a 所示体系的 N_{cr}。

[解]

1. 静力法

由图 8-4b 可知 $Nl\varphi-M_A=0$

即

$$(Nl-s)\varphi=0$$

$\varphi\neq0$（非零解），由 $(Nl-s)=0$，可得

$$N_{cr}=s/l$$

2. 能量法

$$\because \quad \Delta=l-l\cos\varphi=l(1-\cos\varphi)=l\varphi^2/2^{\ominus} \qquad (8\text{-}5)$$

$$\therefore \quad \Pi_e=-N\Delta=-Nl\varphi^2/2$$

$$U=\frac{1}{2}M_A\varphi=\frac{1}{2}s\varphi^2$$

根据 $\Pi=U+\Pi_e=\frac{1}{2}s\varphi^2-Nl\varphi^2/2=0$，得

$$N_{cr}=s/l$$

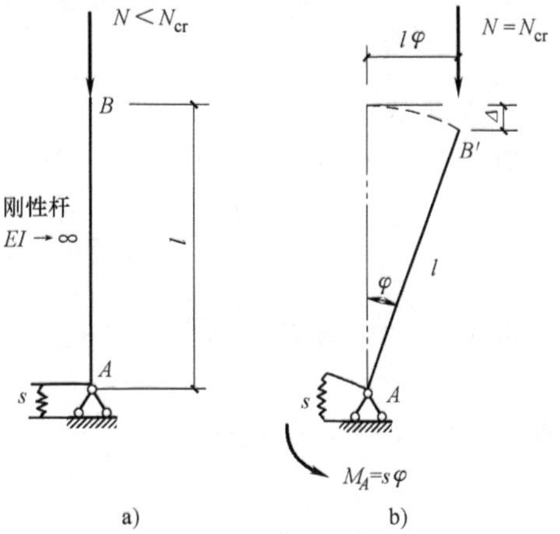

图 8-4　单自由度体系（2）

[例 8-2]　分别用静力法和能量法求图 8-5a 所示体系的 N_{cr}（假定杆 AB 和 BC 的 $EI\to\infty$）。

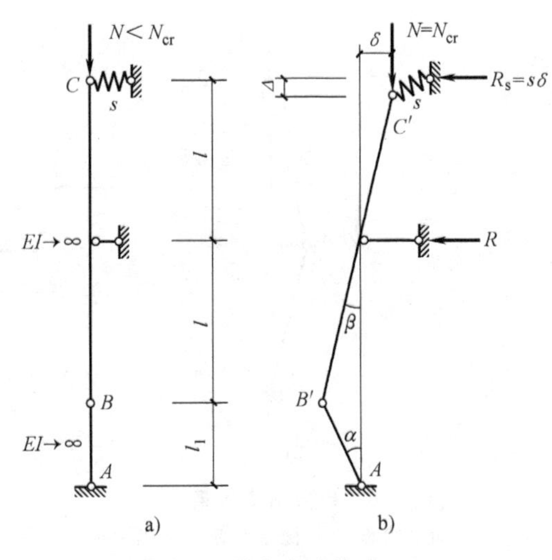

图 8-5　单自由度体系（3）

⊖ 泰勒公式：$\cos x=1-\frac{x^2}{2!}+\frac{x^4}{4!}-\cdots$

[解]

1. 静力法

由图 8-5b 可知 $\sum M_{B'}=0$

$$N\times2\delta-R_s\times2l-R\times l=0 \tag{a}$$

$$\sum M_A=0$$

$$N\times\delta-R_s(2l+l_1)-R(l+l_1)=0 \tag{b}$$

式（a)-式（b）得

$$N\delta+R_sl_1+Rl_1=0 \tag{c}$$

式（a)×a-式（c)×b 得

$$\delta[N(l+2l_1)-sll_1]=0 \tag{d}$$

由于式（d）中 $\delta\neq0$，从而可得

$$N_{cr}=\frac{sll_1}{l+2l_1}$$

2. 能量法

仿式（8-5）得 $\Delta=l_1(1-\cos\alpha)+2l(1-\cos\beta)$

$$\approx\frac{l_1\alpha^2}{2}+\frac{2l\beta^2}{2}=\frac{l_1(\delta/l_1)^2}{2}+\frac{2l(\delta/l)^2}{2}=\delta^2\left(\frac{1}{2l_1}+\frac{1}{l}\right)$$

由式（8-3）得 $U=\dfrac{1}{2}s\delta^2$

从而，根据 $\Pi=U+\Pi_e=\dfrac{1}{2}s\delta^2-N\delta^2\left(\dfrac{1}{2l_1}+\dfrac{1}{l}\right)=0$ 和 $\delta\neq0$，可得

$$N_{cr}=\frac{sll_1}{l+2l_1}$$

[例 8-3]　在横向力 P 作用下，如图 8-6a 所示，体系保持直立状态，试分别用静力法和能量法求 N_{cr}（忽略压杆自重）。

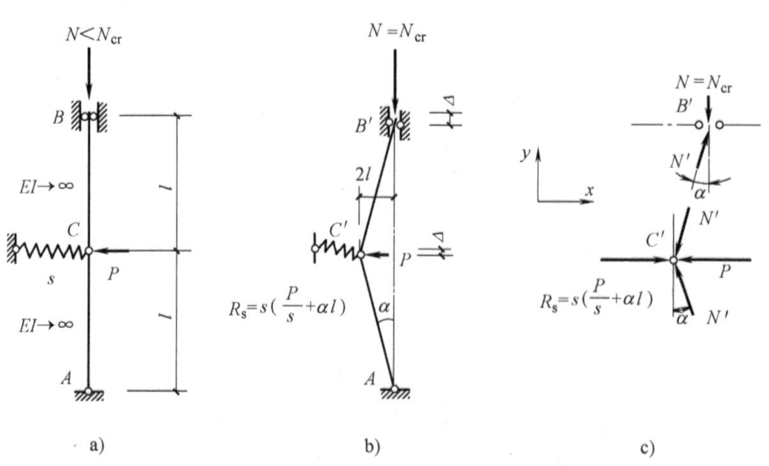

图 8-6　单自由度体系（4）

a）直立状态　b）随遇平衡　c）脱离体

[解]

1. 静力法

即然压杆 AC、CB 在 P 作用下保持直立状态，故弹簧在开始时就受到压缩且弹簧反力应

等于 P，压缩长度 P/s。因为弹簧反力总是与 P 等值且反向而处于平衡状态，所以在压杆直立状态为稳定平衡时的 N_{cr}，只取决于弹簧刚度 s，与弹簧的初始受力状态无关。

由图 8-6c 平衡条件知

点 B'：$\sum y=0$，$N'\cos\alpha-N=0$，得 $N'=N/\cos\alpha\approx N$　　(a)

点 C'：$\sum x=0$，$s\left(\dfrac{P}{s}+\alpha l\right)-P-2N'\sin\alpha=0$　　(b)

假定 $\sin\alpha=\alpha$（小变形），并将式（a）代入式（b）可得 $sl-2N=0$，从而

$$N_{cr}=\frac{1}{2}sl$$

2. 能量法

由式（8-5）得 $\Delta=2(l\alpha^2/2)=l\alpha^2$

外力势能：$\Pi_e=\Pi_{e,N}+\Pi_{e,P}=-N\Delta+0=-Nl\alpha^2$

仿式（8-3）得 $U=\dfrac{1}{2}s(l\alpha)^2$

由 $\Pi=\Pi_e+U=-Nl\alpha^2+\dfrac{1}{2}s(l\alpha)^2=0$，得

$$N_{cr}=\frac{1}{2}sl$$

[例 8-4]　求如图 8-7b 所示体系的总势能。

[解]　压杆 ABC 直立状态时（图 8-7a）弹簧不受力。

由图 8-7b 可知：弹簧中的应变能 $U=\dfrac{1}{2}(s\times2\alpha)(2\alpha)=2s\alpha^2$　　(a)

$$\Pi_e=-N\Delta=-Nl(1-\cos\alpha)\quad\text{(b)}$$

$$\Pi=U+\Pi_e=2s\alpha^2-Nl(1-\cos\alpha)$$

由式（附 12-6）可得杆系的静力平衡方程

$$\frac{d\Pi}{d\alpha}=4s\alpha-Nl\sin\alpha=0\quad\text{(c)}$$

式（c）即为外力矩等于弹簧中内力矩，即 $N\dfrac{l}{2}\sin\alpha=2s\alpha$。

式（c）的两个解为

$$\left.\begin{aligned}&\alpha=0 &&（图 8-7a）\\ &\frac{Nl}{4s}=\frac{\alpha}{\sin\alpha} &&（图 8-7b）\end{aligned}\right\}\quad\text{(d)}$$

多自由度体系情况要比单自由度体系更复杂一些，但下面两个结构却是共同的：

1）当体系处于稳定平衡状态时，总势能必为最小。因此，它由稳定平衡状态过渡到不稳定状态时，相应体系的 Π 就由正定转为负定。

2）当体系处于中性平衡，即 $N=N_{cr}$ 时，如以原始平衡位置作为参考状态，则必有 $\Pi=0$。

如图 8-8 所示两个自由度体系。下面分别用静力法和能量法求临界力。

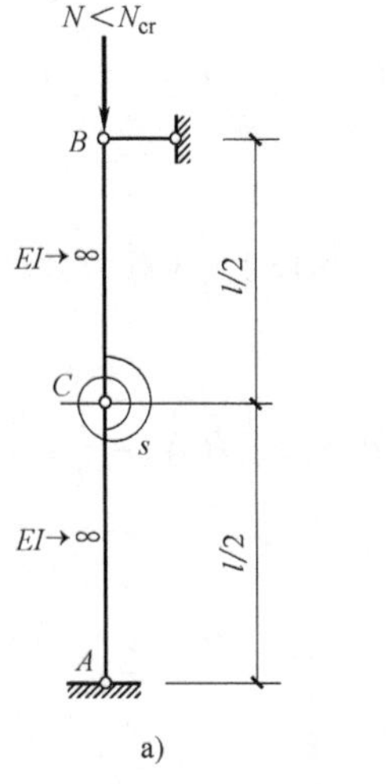

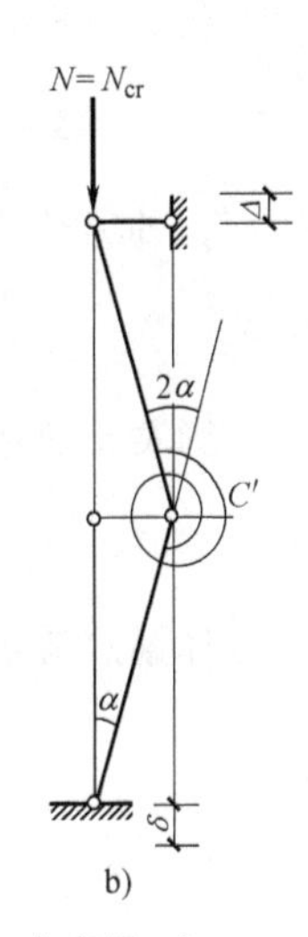

图 8-7　单自由度体系（一个变量 α）

a）直立状态　b）折线状态

由图 8-8b 知

$$\left.\begin{aligned}\sum M_{B'}=0 \quad H_A&=Ny_1/l \ (\rightarrow)\\ H_B&=sy_1 \quad (\leftarrow)\\ H_C&=sy_2 \quad (\leftarrow)\\ \sum M_{C'}=0 \quad H_D&=Ny_2/l \ (\rightarrow)\end{aligned}\right\} \tag{a}$$

$$\left.\begin{aligned}\sum M_{B'}=0 \quad H_D\times 2l-H_C\times l-Ny_1=0\\ \sum M_{C'}=0 \quad H_B\times l-H_A\times 2l+V_Ay_2=0\end{aligned}\right\} \tag{b}$$

将式（a）代入式（b）整理得

$$\begin{bmatrix} sl-2N & N \\ N & sl-2N \end{bmatrix}\begin{bmatrix} y_1 \\ y_2 \end{bmatrix}=\begin{bmatrix} 0 \\ 0 \end{bmatrix} \tag{8-6}$$

式（8-6）是关于 y_1 和 y_2 的齐次方程。如果系数行列式（determinant）不等于零，即

$$D=\begin{vmatrix} sl-2N & N \\ N & sl-2N \end{vmatrix}\neq 0$$

则零解（$y_1=y_2=0$）是式（8-6）的唯一解。即原始平衡形式是体系的唯一的平衡形式。若

$$D=0 \tag{8-7}$$

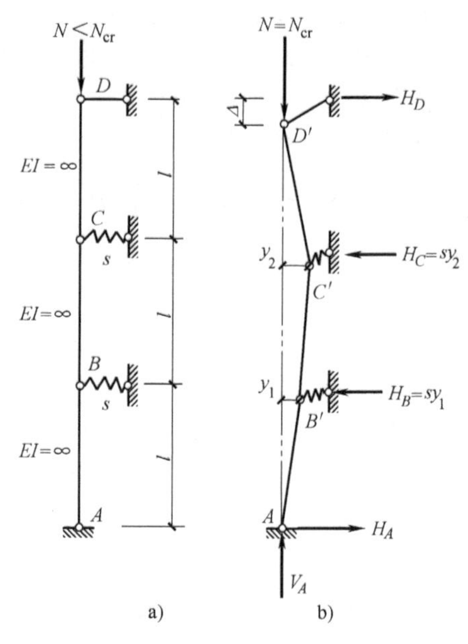

图 8-8　两个自由度体系

则除零解外，式（8-6）还有非零解（二重性）。由式（8-7）展开特征方程

$$(sl-2N)^2-N^2=0$$

可得 2 个特征值

$$\left.\begin{aligned}N_1&=sl/3\\ N_2&=sl\end{aligned}\right\} \tag{c}$$

将式（c）分别代入式（8-6），可求得比值 y_1/y_2（图 8-9）。

$\min N=N_{cr}=sl/3$ 时的相应的变形是图 8-9a。图 8-9b 的荷载 $N=sl$ 也是式（8-6）有效的数学解，但该解对所研究的稳定问题的物理现象无意义。

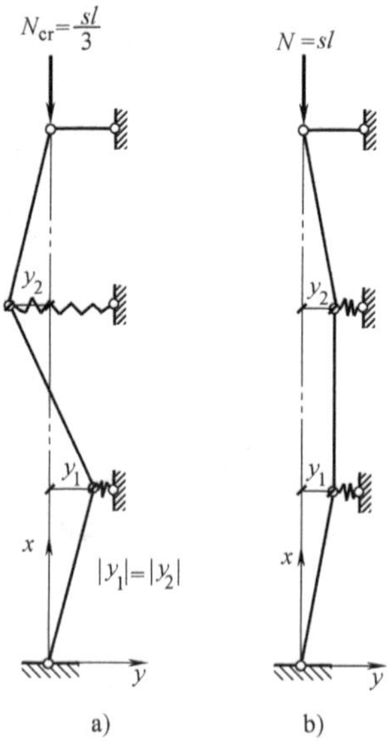

图 8-9　有效的数学解

a）有效解　b）无意义

仿式（8-4）得出图 8-8b 点 D' 的竖向位移为

$$\Delta=\frac{1}{2l}[y_1^2+(y_2-y_1)^2+y_2^2]=\frac{1}{l}(y_1^2-y_1y_2+y_2^2)$$

从而，外力势能为

$$\Pi_e=-N\Delta=-\frac{N}{l}(y_1^2-y_1y_2+y_2^2) \tag{d}$$

弹簧支座应变能为

$$U=\frac{1}{2}H_By_1+\frac{1}{2}H_Cy_2=\frac{1}{2}s(y_1^2+y_2^2) \tag{e}$$

体系总势能为

$$\Pi=\frac{1}{2}s(y_1^2+y_2^2)-\frac{N}{l}(y_1^2-y_1y_2+y_2^2) \tag{8-8a}$$

$$=\frac{1}{2l}[(sl-2N)y_1^2+2Ny_1y_2+(sl-2N)y_2^2] \tag{8-8b}$$

$$=\frac{1}{2l}(sl-2N)\left(y_1^2+\frac{2Ny_1y_2}{sl-2N}+y_2^2\right)$$

$$
\begin{aligned}
&=\frac{1}{2l}(sl-2N)\left[\left(y_1+\frac{N}{sl-2N}y_2\right)^2-\frac{N^2y_2^2}{(sl-2N)^2}+y_2^2\right]\\
&=\frac{1}{2l}(sl-2N)\left\{\left(y_1+\frac{N}{sl-2N}y_2\right)^2+\frac{[(sl-2N)^2-N^2]y_2^2}{(sl-2N)^2}\right\}\\
&=\frac{1}{2l}(sl-2N)\left[\left(y_1+\frac{N}{sl-2N}y_2\right)^2+\frac{(sl-N)(sl-3N)y_2^2}{(sl-2N)^2}\right]
\end{aligned}
\tag{8-8c}
$$

由此可见，Π 是位移 y_1 和 y_2 的二次式。总势能 Π 的特征见式（8-8c），因 N 值分为以下情况：

如果 $N<sl/3$，则 Π 是正定的[⊖]。

如果 $N=sl/3=N_{cr}$，则 Π 是半正定的（当 $y_1=-y_2$ 时，$\Pi=0$）。

如果 $sl/3<N<sl$，则 Π 是不定的。

如果 $N=sl$，则 Π 是半负定的（当 $y_1=y_2$ 时，$\Pi=0$）。

如果 $N>sl$，则 Π 是负定的。正定性判定方法如下：

对于两个自由度的体系，Π 随荷载 N 而变化的情况比单自由度体系复杂，由此可以更精确地从能量角度给出关于临界荷载 N_{cr} 的两个定义。

定义Ⅰ：当 N 增大到 N_{cr} 时，体系的总势能 Π 由正定转为非正定。

在具有 n 个自由度的体系中，Π 是位移 y_1，y_2，…，y_n 的对称实数二次型［式（8-9）］，Π 由正定转到非正定的条件是系数行列式等于零，即

$$
\begin{vmatrix}
a_{11} & a_{12} & \cdots & a_{1n}\\
a_{12} & a_{22} & \cdots & a_{2n}\\
\vdots & \vdots & \vdots & \vdots\\
a_{n1} & a_{n2} & \cdots & a_{nn}
\end{vmatrix}=0
\tag{8-10}
$$

定义Ⅱ：对任一可能位移状态（事先满足位移边界条件），可求出使总势能 $\Pi=0$ 的相应荷载值 N，而 N_{cr} 是所有 N 中的极小值。

令

$$\Pi=U+\Pi_e=U-N\Delta=0 \tag{8-11a}$$

可得

$$N=U/\Delta \tag{f}$$

从而

$$N_{cr}=\min[U/\Delta] \tag{8-11b}$$

定义Ⅰ与定义Ⅱ实际上是一致的。

⊖ 设 Π 是一个对称的实数二次型，即

$$
\begin{aligned}
\Pi=f(y_1,y_2,\cdots,y_n)&=\sum_{i=1}^{n}\sum_{j=1}^{n}a_{ij}y_iy_j\\
&=a_{11}y_1y_1+a_{12}y_1y_2+\cdots+a_{1n}y_1y_n\\
&\quad+a_{21}y_2y_1+a_{22}y_2y_2+\cdots+a_{2n}y_2y_n\\
&\quad+\cdots\\
&\quad+a_{n1}y_ny_1+a_{n2}y_ny_2+\cdots+a_{nn}y_ny_n
\end{aligned}
\tag{8-9}
$$

其中 $a_{ij}=a_{ji}$，对于任意一组不全为零的实数 C_1，C_2，…，C_n。

如果都有 $f(C_1, C_2, \cdots, C_n)>0$，则 Π 称为正定的。

如果都有 $f(C_1, C_2, \cdots, C_n)\geqslant0$，则 Π 称为半正定的。

如果都有 $f(C_1, C_2, \cdots, C_n)<0$，则 Π 称为负定的。

如果都有 $f(C_1, C_2, \cdots, C_n)\leqslant0$，则 Π 称为半负定的。

如果不具有这些性质，则 Π 称为不定的。

[例 8-5] 应用式（8-10）或式（8-11b）的条件，求图 8-8a 所示体系的 N_{cr}。

[解]

1. 用式（8-10）条件求 N_{cr}

对二次型式（8-8b）应用式（8-10）条件可得

$$\begin{vmatrix} sl-2N & N \\ N & sl-2N \end{vmatrix}=0$$

即为前面用静力法求得的式（8-7）。

2. 应用式（8-11b）条件求 N_{cr}

将式（d）和式（e）代入式（f）得

$$N=\frac{U}{\Delta}=\frac{s(y_1^2+y_2^2)/2}{(y_1^2-y_1y_2+y_2^2)/l}=\frac{sl}{2}\cdot\frac{A}{B} \tag{g}$$

$$\left.\begin{aligned} A&=y_1^2+y_2^2 \\ B&=y_1^2-y_1y_2+y_2^2 \end{aligned}\right\} \tag{h}$$

为求 N 的极小值，必须满足

$$\left.\begin{aligned} \frac{\partial N}{\partial y_1}&=\frac{sl}{2}\cdot\frac{\dfrac{\partial A}{\partial y_1}B-A\dfrac{\partial B}{\partial y_1}}{B^2}=0 \\ \frac{\partial N}{\partial y_2}&=\frac{sl}{2}\cdot\frac{\dfrac{\partial A}{\partial y_2}B-A\dfrac{\partial B}{\partial y_2}}{B^2}=0 \end{aligned}\right\}$$

即

$$\left.\begin{aligned} \frac{\partial A}{\partial y_1}-\frac{A}{B}\cdot\frac{\partial B}{\partial y_1}=0 \\ \frac{\partial A}{\partial y_2}-\frac{A}{B}\cdot\frac{\partial B}{\partial y_2}=0 \end{aligned}\right\} \tag{i}$$

将式（g）、式（h）代入式（i），最后得：

$$\left.\begin{aligned} (sl-2N)y_1+Ny_2=0 \\ Ny_1+(sl-2N)y_2=0 \end{aligned}\right\}$$

即为前面用静力法求得的式（8-6）。

以上说明，N_{cr} 的能量特征条件式（8-10）和式（8-11b）彼此一致，同时也与静力法中的特征方程一致。

[例 8-6] 分别用静力法和能量法求图 8-10a 所示体系的 N_{cr}。

[解] 悬臂柱 GH 在 H 处的柔度系数

$$f_1=\frac{1\times l^3}{3EI}$$

刚度系数

$$s_1=\frac{1}{f_1}=\frac{3EI}{l^3} \tag{a}$$

简支梁 EF 在 K 处的刚度系数

$$s_2=\frac{1}{f_2}=\frac{1}{1\times(2l)^3/(48EI)}=\frac{6EI}{l^3} \tag{b}$$

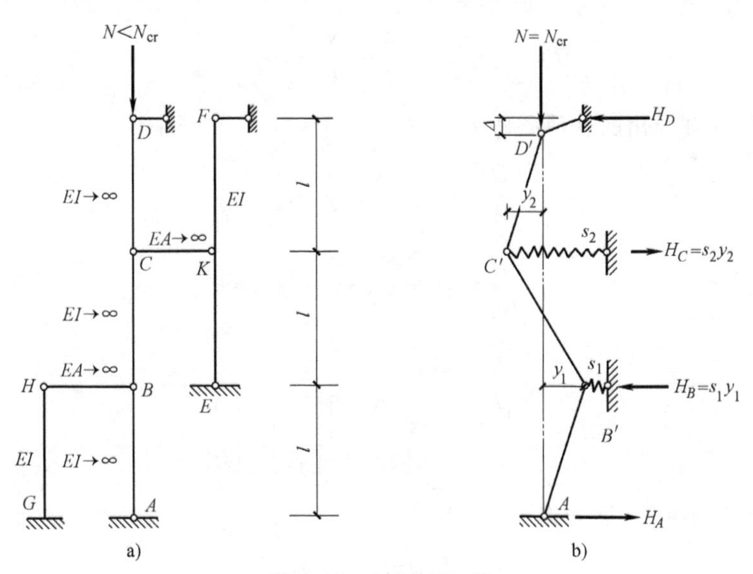

图 8-10　[例 8-6] 图

根据前面的论述（图 8-9a），本例的计算简图应参照图 8-10b。

1. **静力法**

取图 8-10b 脱离体$D'C'$：　　$\sum M_{C'}=0$，$H_{D'}=\dfrac{Ny_2}{l}(\leftarrow)$　　(c)

AB'：　　$\sum M_{B'}=0$，$H_A=\dfrac{Ny_1}{l}(\rightarrow)$　　(d)

由图 8-10b 整体平衡$\sum M_A=0$ 和$\sum M_{D'}=0$，可得

$$\left.\begin{aligned}H_{D'}&=\frac{s_2y_2\times 2l-s_1y_1\times l}{3l}=\frac{1}{3}(2s_2y_2-s_1y_1)\\H_A&=\frac{s_1y_1\times 2l-s_2y_2\times l}{3l}=\frac{1}{3}(2s_1y_1-s_2y_2)\end{aligned}\right\}\tag{e}$$

将式（e）代入式（c）和式（d），得齐次方程

$$\begin{bmatrix}s_1l & 3N-2s_2l\\3N-2s_2l & s_2l\end{bmatrix}\begin{bmatrix}y_1\\y_2\end{bmatrix}=\begin{bmatrix}0\\0\end{bmatrix}$$

令 $D=0$（特征方程），并展开

$$3N^2-2(s_1l+s_2l)N+s_1s_2l^2=0\tag{8-12}$$

将式（a）和式（b）代入式（8-12）得

$$N^2-6(EI/l^2)N+6(EI/l^2)^2=0$$

最小根即为临界荷载

$$\min N=N_{\mathrm{cr}}=\frac{(6-\sqrt{12})EI}{2l^2}=\frac{1.268EI}{l^2}$$

2. **能量法**

仿式（8-8a）得

$$\Pi=\frac{1}{2}(s_1y_1^2+s_2y_2^2)-\frac{N}{l}(y_1^2-y_1y_2+y_2^2)$$

由势能驻值原理导出的驻值条件为

$$\frac{\partial\Pi}{\partial y_1}=s_1y_1-\frac{N}{l}(2y_1-y_2)=0$$

$$\frac{\partial\Pi}{\partial y_2}=s_2y_2-\frac{N}{l}(-y_1+2y_2)=0$$

即

$$\begin{bmatrix}s_1l-2N & N\\ N & s_2l-2N\end{bmatrix}\begin{bmatrix}y_1\\ y_2\end{bmatrix}=\begin{bmatrix}0\\ 0\end{bmatrix}$$

为求非零解，必使 $D=0$，展开得

$$3N^2-2(s_1l+s_2l)N+s_1s_2l^2=0$$

与式（8-12）相同。

8.2 无限自由度体系的稳定计算

8.2.1 静力法

解题思路仍旧是：先对变形状态建立平衡方程，然后根据平衡形式的二重性建立特征方程，最后由特征方程求临界荷载。

图 8-11a 所示为等截面轴心受压杆 AB。新的平衡形式为图 8-11b。

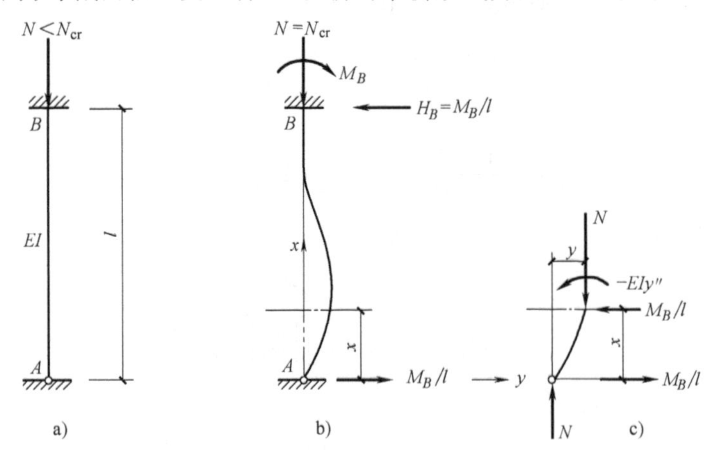

图 8-11 一端固定，一端铰接柱

由脱离体（图 8-11c）平衡条件，可得弹性曲线的微分方程

$$EIy''+Ny-\frac{M_B}{l}x=0$$

令
$$\alpha^2=\frac{N}{EI} \tag{8-13}$$

从而
$$y''+\alpha^2y=\frac{M_Bx}{EIl} \tag{8-14}$$

式（8-14）为非齐次微分方程，其全解是

$$y=A\sin\alpha x+B\cos\alpha x+\frac{M_B x}{Nl} \tag{a}$$

依次代入边界条件 $x=0$ 时，$y=0$ 和 $x=l$ 时，$y=y'=0$，可得到以任意常数 A、B 和弯矩 M_B 为未知数的线性齐次方程组

$$\begin{bmatrix} 0 & 1 & 0 \\ \sin\alpha l & \cos\alpha l & \dfrac{1}{N} \\ \alpha\cos\alpha l & -\alpha\sin\alpha l & \dfrac{1}{Nl} \end{bmatrix}\begin{bmatrix} A \\ B \\ M_B \end{bmatrix}=\begin{bmatrix} 0 \\ 0 \\ 0 \end{bmatrix} \tag{b}$$

令

$$D(\alpha)=\begin{vmatrix} 0 & 1 & 0 \\ \sin\alpha l & \cos\alpha l & \dfrac{1}{N} \\ \alpha\cos\alpha l & -\alpha\sin\alpha l & \dfrac{1}{Nl} \end{vmatrix}=0$$

展开得

$$\frac{1}{Nl}\sin\alpha l-\frac{1}{N}\alpha\cos\alpha l=0$$

即

$$\tan\alpha l=\alpha l \tag{8-15}$$

式（8-15）是关于 αl 的超越方程，可用试算法或图解法求解。采用图解法时，作 $z_1=\tan\alpha l$ 和 $z_2=\alpha l$ 两组线（图 8-12 实线）。其交点有无穷多个（弹性杆有无限个自由度，因此有无穷多个特征荷载值），其中最小的一个就是临界荷载值，从而，由 $\min\alpha l=1.43\pi$，可得

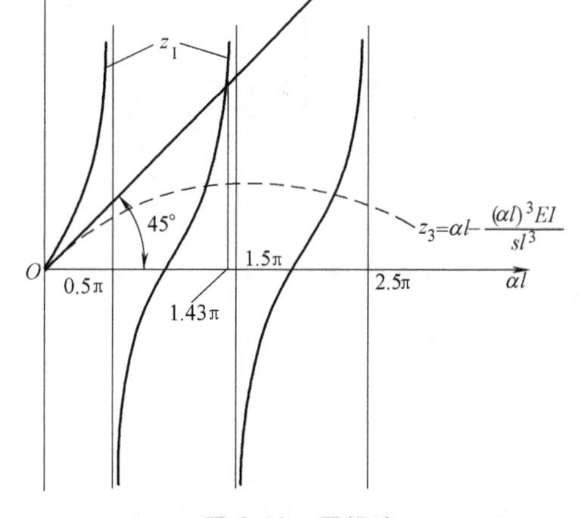

图 8-12　图解法

$$\min N=N_{cr}=(1.43\pi)^2\frac{EI}{l^2}$$

$$=20.18\frac{EI}{l^2}=k\frac{EI}{l^2} \tag{8-16a}$$

$$=\frac{\pi^2 EI}{(0.7l)^2}=\frac{\pi^2 EI}{(\mu l)^2}=\frac{\pi^2 EI}{l_0^2} \tag{8-16b}$$

式中　l——杆的几何长度；

l_0——杆的计算长度，$l_0=\mu l$；

μ——计算长度系数；

k——稳定系数。

另外，由方程组（b），得

$$\left.\begin{aligned} &B=0 \\ &A=-\frac{M_B}{N}\times\frac{1}{\sin\alpha l}=1.02\frac{M_B}{N} \end{aligned}\right\}$$

代入式（a），可得位移函数

$$y=\frac{M_B}{N}\left[\frac{x}{l}+1.02\sin\left(1.43\pi\frac{x}{l}\right)\right]$$

对于杆的不同支承条件，k、μ 值可由表 8-1 查得。

表 8-1　k、μ 值

支承简图	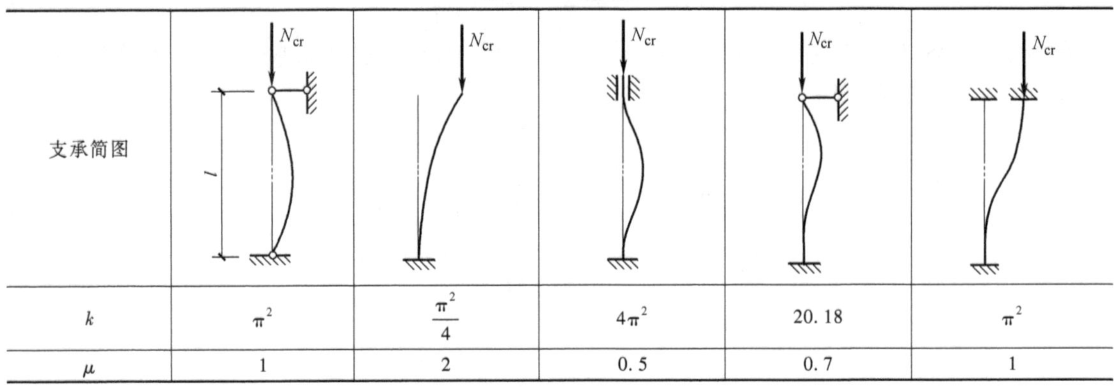				
k	π^2	$\dfrac{\pi^2}{4}$	$4\pi^2$	20.18	π^2
μ	1	2	0.5	0.7	1

［例 8-7］　用静力法求图 8-13a 所示压杆的 N_{cr}。

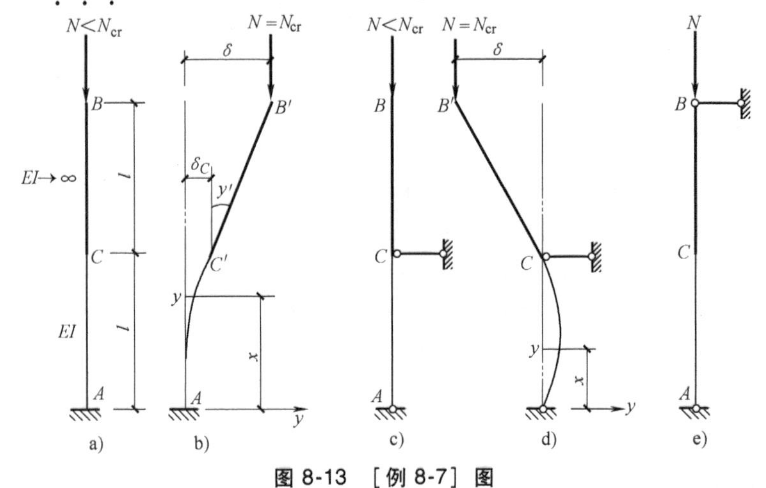

图 8-13　［例 8-7］图

［**解**］　图 8-13b 的 AC' 段弯矩

$$M(x)=N(\delta-y)\quad (0\leqslant x\leqslant l)$$

并将 $EIy''=+M(x)$ 代入上式，得

$$EIy''+Ny=N\delta \tag{a}$$

通解

$$y=A\sin\alpha x+B\cos\alpha x+\delta \tag{b}$$

边界条件

$$\left.\begin{array}{ll} x=0\text{ 时} & y=0,\ y'=0 \\ x=l\text{ 时} & y'=(\delta-\delta_C)/l \end{array}\right\} \tag{c}$$

将式（c）代入式（b）得

$$\begin{bmatrix} 0 & 1 & 1 \\ \alpha & 0 & 0 \\ \alpha\cos\alpha l+\sin\alpha l/l & -\alpha\sin\alpha l+\cos\alpha l/l & 0 \end{bmatrix}\begin{bmatrix} A \\ B \\ \delta \end{bmatrix}=\begin{bmatrix} 0 \\ 0 \\ 0 \end{bmatrix} \tag{d}$$

为求非零解，令

$$D(\alpha)=\begin{vmatrix} 0 & 1 & 1 \\ \alpha & 0 & 0 \\ \alpha\cos\alpha l+\sin\alpha l/l & -\alpha\sin\alpha l+\cos\alpha l/l & 0 \end{vmatrix}=0$$

展开得

$$\alpha(\cos\alpha l/l-\alpha\sin\alpha l)=0$$

由于 $\alpha\neq0$，则必有

$$\cos\alpha l/l-\alpha\sin\alpha l=0$$

即

$$\tan\alpha l=\frac{1}{\alpha l} \tag{8-17}$$

用图解法解式（8-17）稳定方程，得最小 $\alpha l=0.86$，从而

$$N_{cr}=\frac{0.74EI}{l^2} \tag{e}$$

讨论：

① 若把支座 A 减少一个约束，并在 C 处增加一个横向支承（图 8-13c），则 AC 段内任一截面（图 8-13d）的弯矩为

$$M(x)=N(\delta+y)-R_C(l-x)$$

得

$$EIy''=-M(x)=-N(\delta+y)+R_C(l-x)$$

即

$$EIy''+Ny=-N\delta+R_C(l-x)$$

通解为

$$y=A\sin\alpha x+B\cos\alpha x-\delta+\frac{R_C}{N}(l-x)$$

式中　$R_C=N\delta/l$　（由 $\sum M_A=0$ 求出）

从而

$$y=A\sin\alpha x+B\cos\alpha x-\delta+\frac{\delta}{l}(l-x)$$

即

$$y=A\sin\alpha x+B\cos\alpha x-\frac{\delta x}{l}$$

将边界条件 $x=0$ 时，$y=0$；$x=l$ 时，$y=0$ 及 $y'=-\delta/l$ 代入可得齐次方程组

$$\begin{bmatrix}0 & 1 & 0\\ \sin\alpha l & \cos\alpha l & -1\\ \alpha\cos\alpha l & -\alpha\sin\alpha l & 0\end{bmatrix}\begin{bmatrix}A\\ B\\ \delta\end{bmatrix}=\begin{bmatrix}0\\ 0\\ 0\end{bmatrix}$$

令

$$D(\alpha)=\begin{vmatrix}0 & 1 & 0\\ \sin\alpha l & \cos\alpha l & -1\\ \alpha\cos\alpha l & -\alpha\sin\alpha l & 0\end{vmatrix}=0$$

展开得

$$\cos\alpha l=0 \tag{8-18}$$

其中 $\alpha l=0.5\pi$，1.5π，…

αl 的最小值为 0.5π，即 $\sqrt{\frac{N}{EI}}l=\frac{\pi}{2}$，得临界荷载为

$$N_{cr}=\frac{2.467EI}{l^2} \tag{f}$$

② 若把 C 处的支承移至 B 处（图 8-13e），可求：

$$N_{cr}=\frac{4.10EI}{l^2} \tag{g}$$

比较式（e）、式（f）、式（g）的结果，可见具有较长自由端的压杆的临界荷载较小。

［例 8-8］ 用静力法求图 8-14a 所示体系的特征方程。

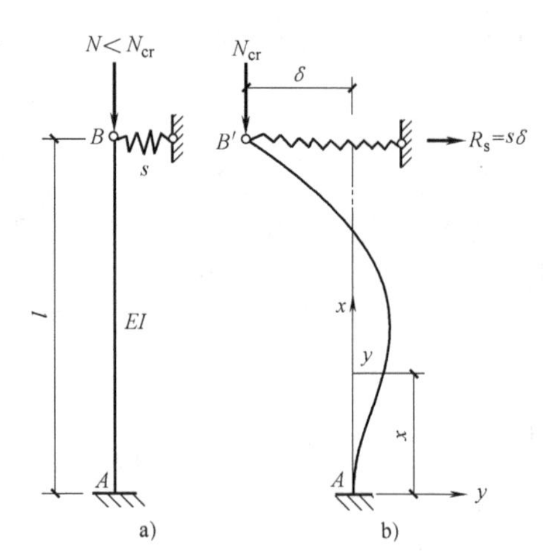

图 8-14 ［例 8-8］图

［解］ 由图 8-14b 知 $M(x)=N(\delta+y)-R_s(l-x)$

从而

$$EIy''=-M(x)=-N(\delta+y)+s\delta(l-x)$$

即

$$y''+\alpha^2 y=\frac{s\delta(l-x)}{EI}-\alpha^2\delta$$

通解

$$y=A\sin\alpha x+B\cos\alpha x+\delta\left[\frac{s}{N}(l-x)-1\right]$$

将边界条件 $x=0$ 处，$y=y'=0$ 和 $x=l$ 处，$y=-\delta$，代入通解，可得方程组

$$\begin{bmatrix} 0 & 1 & \dfrac{sl}{\alpha^2 EI}-1 \\ \alpha & 0 & -\dfrac{s}{\alpha^2 EI} \\ \sin\alpha l & \cos\alpha l & 0 \end{bmatrix}\begin{bmatrix} A \\ B \\ \delta \end{bmatrix}=\begin{bmatrix} 0 \\ 0 \\ 0 \end{bmatrix}$$

令

$$D(\alpha)=\begin{vmatrix} 0 & 1 & \dfrac{sl}{\alpha^2 EI}-1 \\ \alpha & 0 & -\dfrac{s}{\alpha^2 EI} \\ \sin\alpha l & \cos\alpha l & 0 \end{vmatrix}=0$$

展开后得 AB 杆的稳定方程为

$$\tan\alpha l=\alpha l-\frac{(\alpha l)^3 EI}{sl^3} \tag{8-19a}$$

取式（8-19a）右边函数 $z_3=\alpha l-\dfrac{(\alpha l)^3 EI}{sl^3}$作曲线，如图 8-12 虚线所示。若压杆的一端是不动铰支承（图 8-11a），即 $s\to\infty$，则式（8-19a）就变成式（8-15）。

令

$$\eta=\frac{sl^3}{EI} \tag{8-20}$$

则式（8-19a）可改写为

$$\eta\left[\frac{\tan\alpha l-\alpha l}{(\alpha l)^{3}}\right]+1=0 \tag{8-19b}$$

由式（8-13）和式（8-16）得

$$\alpha l=\sqrt{\frac{N}{EI}}l=\sqrt{\frac{\pi^{2}}{(\mu l)^{2}}}l=\frac{\pi}{\mu}$$

并代入式（8-19b）得

$$\eta=\frac{(\pi/\mu)^{3}}{(\pi/\mu)-\tan(\pi/\mu)} \tag{8-21}$$

式（8-21）的 η 与 μ 的关系见表 8-2。

表 8-2　η 与 μ 的关系

η	0	1	2	3	4	5	6	8	10	12	14	17	20	23	∞
μ	2	1.74	1.56	1.43	1.32	1.24	1.18	1.07	0.99	0.94	0.89	0.84	0.80	0.78	0.7

因此，对于下端固定、上端有一水平弹簧支承的轴心受压杆，按式（8-16）计算临界力的步骤：

① 确定水平支承的刚度系数 s，并按式（8-20）求 η。

② 由表 8-2 查 μ。

③ 由式（8-16）计算 N_{cr}。

由表 8-2 可见，当 $\eta=0$，即 $s=0$ 时，$\mu=2$，相当于一端固定，一端自由的压杆；当 $\eta\to\infty$，即 $s\to\infty$ 时，$\mu=0.7$，相当于一端固定，一端铰支承的压杆。

[例 8-9]　分别写出图 8-15a、b 两体系的稳定方程。

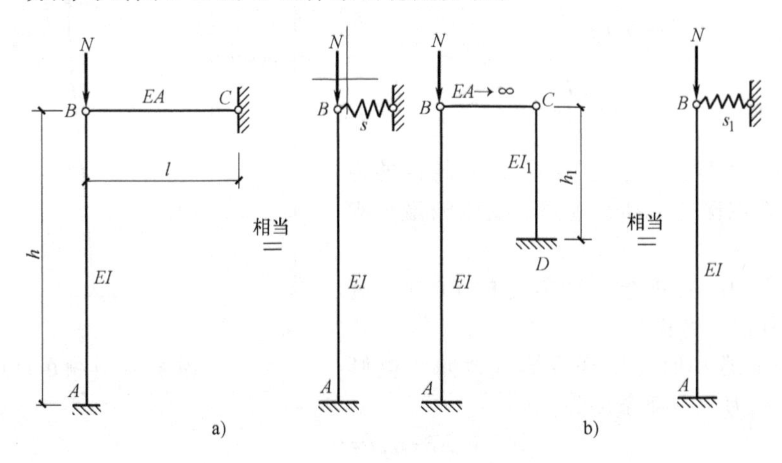

图 8-15　[例 8-9] 图

[解]　(1) 图 8-15a

由胡克定律 $\sigma=\varepsilon E$

知
$$\frac{N_{BC}}{A}=\frac{\Delta l}{l}E$$

$$N_{BC}=\frac{EA}{l}\Delta l=s\Delta l$$

将 s 代入式（8-19a）得

$$\tan\alpha h=\alpha h-\frac{(\alpha h)^3EI}{(EA/l)h^3}$$

（2）图 8-15b

∵
$$f_1=\frac{h_1^3}{3EI_1}$$

∴
$$s_1=\frac{1}{f_1}=\frac{3EI_1}{h_1^3}$$

将 s_1 代入式（8-19a）得

$$\tan\alpha h=\alpha h-\frac{(\alpha h)^3EI}{(3EI_1/h_1^3)h^3}$$

若 $h=h_1=4m$，$EI=EI_1$，则
$$\tan\alpha h=\alpha h-\frac{(\alpha h)^3}{3} \tag{8-22}$$

［例 8-10］ 用试算法对式（8-22）求 N_{cr}。

［解］ 把式（8-22）变成：$Q=\tan\alpha h+\frac{(\alpha h)^3}{3}-\alpha h=0$

当 $\alpha h=2.40$ 时，$\tan\alpha h=-0.916$，$Q=+1.192$

当 $\alpha h=2.00$ 时，$\tan\alpha h=-2.185$，$Q=-1.518$

当 $\alpha h=2.20$ 时，$\tan\alpha h=-1.374$，$Q=-0.025$

当 $\alpha h=2.21$ 时，$\tan\alpha h=-1.345$，$Q\approx0$

由关系 $\alpha h=\sqrt{\frac{N}{EI}}h=2.21$

可得 $N_{cr}=(2.21)^2\frac{EI}{h^2}=4.88\frac{EI}{h^2}=\frac{\pi^2EI}{(1.42h)^2}$

［例 8-11］ 用静力法求图 8-16a 所示结构的临界荷载。若使 B 端保持不动，求弹簧支承的最小刚度 s。

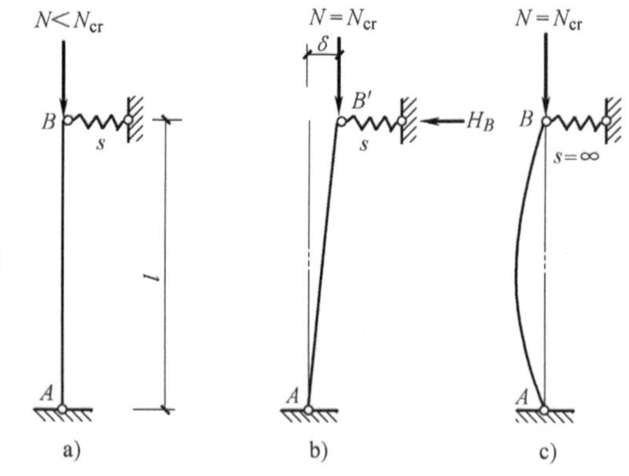

图 8-16 ［例 8-11］图

［解］ 压杆 AB 的状态与杆本身的 EI 和 s 有关。下面分两种情况考虑。

1）当 s 值非常小时，压杆将挺直地向一侧倾斜（图 8-16b），力矩平衡条件为

$$N\delta-H_Bl=0$$

由于 $H_B=s\delta$，从而

$$N_{cr}=\frac{s\delta l}{\delta}=sl \tag{a}$$

2）当 s 值较强时，压杆将以正弦半波弯曲形式屈曲（图 8-16c）相应临界力为

$$N_{cr}=\frac{\pi^2EI}{l^2} \tag{b}$$

当上述两种情况下的临界荷载相等时，即可求得 B 铰不动时 s 的最小值，即由 $sl=\frac{\pi^2EI}{l^2}$，可得 s 的最小值为

$$\min s=\frac{\pi^2 EI}{l^3}$$

对于图 8-17 所示的两个体系，同样可按推导式（8-19a）的方法导出稳定方程如下：

图 8-17a

$$(\alpha l)\tan\alpha l=\frac{sl}{EI} \tag{8-23}$$

图 8-17b

$$\tan\alpha l=\frac{\alpha l}{1+(\alpha l)^2 EI/(sl)} \tag{8-24}$$

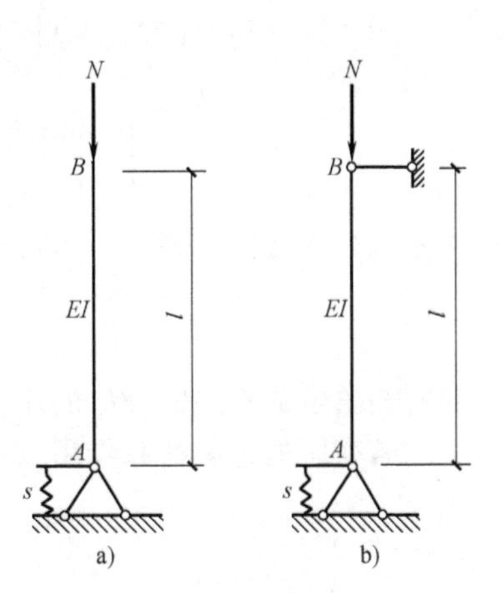

图 8-17　稳定方程（1）

图 8-18a、b 所示体系压杆 AB 的稳定方程，可分别用式（8-23）和式（8-24）表示，它们的弹簧刚度系数是

图 8-18a $s=4EI_b/l+3EI_b/l=7EI_b/l$

图 8-18b $s=4EI_b/l$

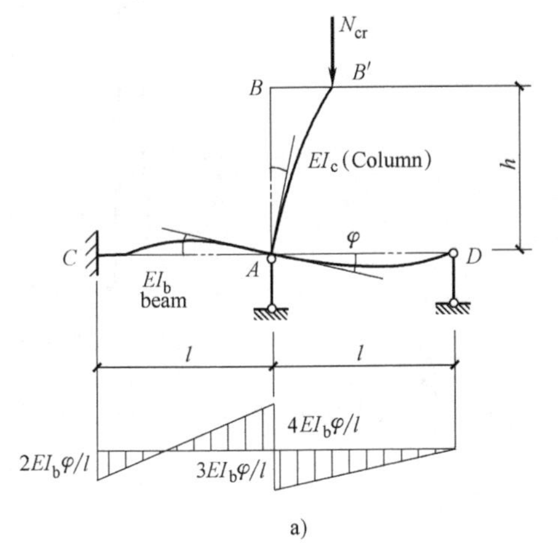

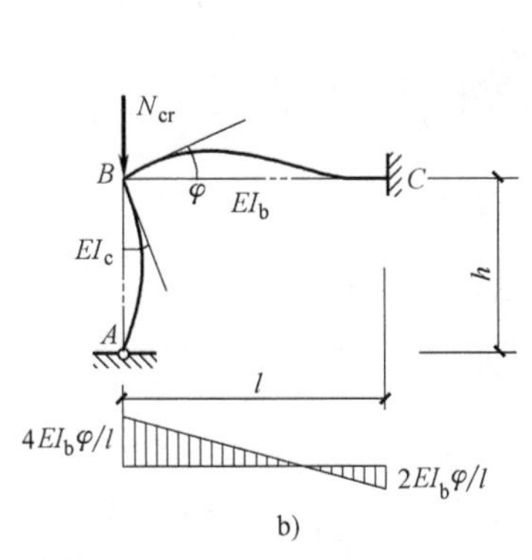

图 8-18　求弹簧刚度系数

［例 8-12］　求图 8-19a 所示阶梯变截面压杆的特征方程。

［解］　图 8-19b

$$EI_1 y_1''+N_1 y_1=0 \quad (0\leqslant x\leqslant l_1)$$
$$EI_2 y_2''+N_1 y_2=0 \quad (l_1\leqslant x\leqslant l)$$

即

$$\left.\begin{aligned}y_1''+\alpha_1^2 y_1=0\\ y_2''+\alpha_2^2 y_2=0\end{aligned}\right\} \tag{a}$$

式中

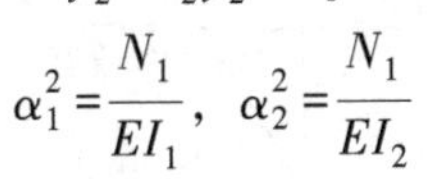

$$\alpha_1^2=\frac{N_1}{EI_1},\quad \alpha_2^2=\frac{N_1}{EI_2}$$

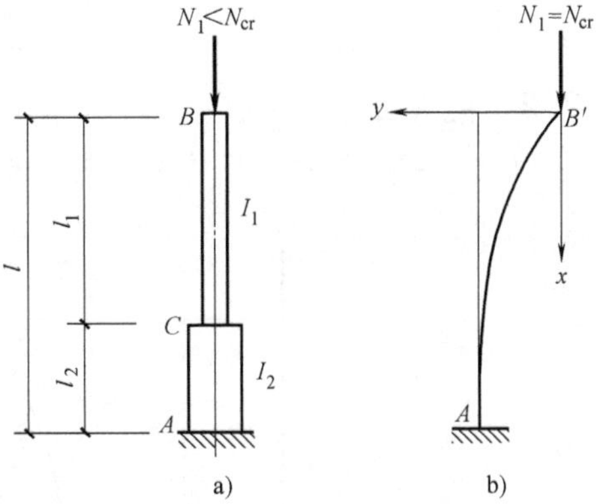

式（a）的解为

$$\left.\begin{aligned}y_1=A_1\sin\alpha_1 x+B_1\cos\alpha_1 x\\ y_2=A_2\sin\alpha_2 x+B_2\cos\alpha_2 x\end{aligned}\right\} \tag{b}$$

积分常数 A_i、$B_i(i=1, 2)$ 由上下端的边界条件和 $x=l_1$ 处的变形连续条件确定，即

当 $x=0$ 时，$y_1=0$，代入式（b）得 $B_1=0$

图 8-19　［例 8-12］图

当 $x=l$ 时，$y_2'=0$，得 $A_2-B_2\tan\alpha_2 l=0$

当 $x=l_1$ 时，$y_1=y_2$ 和 $y_1'=y_2'$

可得

$$\begin{bmatrix} \sin\alpha_1 l_1 & \tan\alpha_2 l\sin\alpha_2 l_1+\cos\alpha_2 l_1 \\ \alpha_1\cos\alpha_1 l_1 & \alpha_2(\tan\alpha_2 l\cos\alpha_2 l_1+\sin\alpha_2 l_1) \end{bmatrix}\begin{bmatrix} A_1 \\ B_2 \end{bmatrix}=\begin{bmatrix} 0 \\ 0 \end{bmatrix}$$

由系数行列式等于零，可求得特征方程为

$$\tan\alpha_1 l_1\tan\alpha_2 l_2=\frac{\alpha_1}{\alpha_2} \tag{8-25a}$$

只有当给定 I_1/I_2 和 l_1/l_2 的比值后，式（8-25a）才能求解。

若变阶处还有荷载作用（图 8-20），式（8-25a）将变成

$$\tan\alpha_1 l_1\tan\alpha_2 l_2=\frac{\alpha_1}{\alpha_2}\cdot\frac{N_1+N_2}{N_1} \tag{8-25b}$$

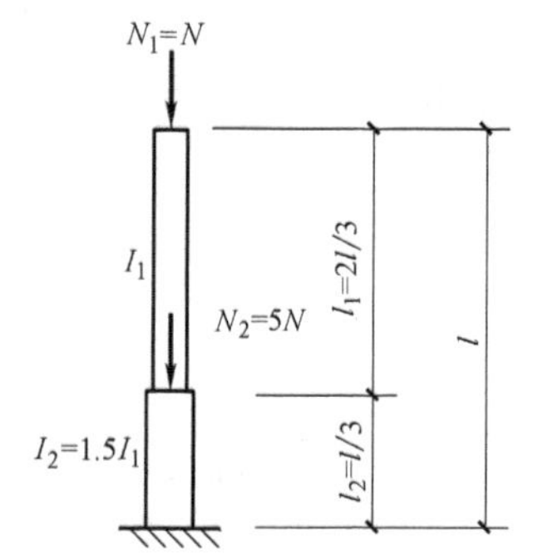

图 8-20 稳定方程（2）

式中 $\alpha_1=\sqrt{\dfrac{N_1}{EI_1}}=\sqrt{\dfrac{N}{EI_1}}=\alpha$

$$\alpha_2=\sqrt{\frac{N_1+N_2}{EI_2}}=\sqrt{\frac{N+5N}{1.5EI_1}}=2\alpha$$

$$\alpha_1 l_1=\alpha\left(\frac{2}{3}l\right)=u$$

$$a_2 l_2=2\alpha\left(\frac{1}{3}l\right)=u$$

从而，式（8-25b）形式为

$$\tan u\tan u=\frac{\alpha}{2\alpha}\cdot\frac{6N}{N}=3$$

最小 $u=\pi/3$，即 $\dfrac{2}{3}\sqrt{\dfrac{N}{EI_1}}l=\pi/3$，得

$$N_{cr}=\frac{\pi^2 EI_1}{(2l)^2}$$

8.2.2 能量法

现以图 8-21a 所示压杆体系为例，来说明无限自由度体系稳定问题的具体算法。

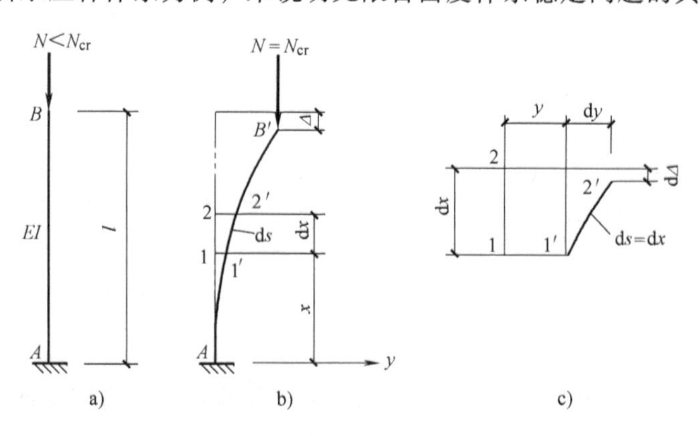

图 8-21 压杆体系

为了求压杆顶点的竖向位移 Δ（图 8-21b），可近似地把该压杆视为具有 n 个自由度（有限），即设杆的变形曲线为

$$y(x)=\sum_{i=1}^{n}\alpha_i\varphi_i(x) \tag{8-26}$$

式中　α_i——待定参数，即广义坐标；

$\varphi_i(x)$——满足位移边界条件的已知函数，即坐标函数，几种常用的坐标函数 $\varphi_i(x)$ 见表 8-3。

表 8-3　常用 $\varphi_i(x)$ 函数

序号	简图	$\varphi_i(x)$
1	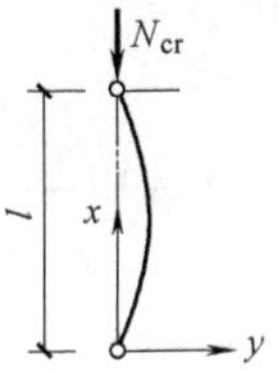 N_{cr}, l, x, y	$\varphi_i(x)=\sin\dfrac{i\pi x}{l}\quad(i=1,3,5,\cdots)$ $\varphi_i(x)=\begin{cases}x(l-x)^{\frac{i+1}{2}} & (i=1,3,5,\cdots)\\ x^2(l-x)^{\frac{i}{2}} & (i=2,4,6,\cdots)\end{cases}$
2	 N_{cr}	$\varphi_i(x)=1-\cos\dfrac{2(2i-1)\pi x}{l}$ $\varphi_i(x)=x^{i+1}(l-x)^{i+1}$
3	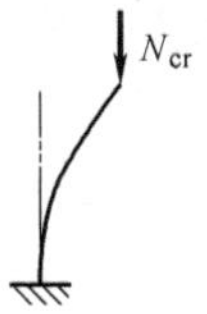 N_{cr}	$\varphi_i(x)=1-\cos\dfrac{(2i-1)\pi x}{2l}$
4	 N_{cr}	$\varphi_i(x)=x^{i+1}(l-x)$

由图 8-21c 知

$$\because\quad \mathrm{d}\Delta=\mathrm{d}x-\sqrt{\mathrm{d}s^2-\mathrm{d}y^2}\approx\mathrm{d}x-\mathrm{d}x\sqrt{1-(y')^2}\approx\frac{1}{2}(y')^2\mathrm{d}x \tag{8-27a}$$

$$\therefore\quad \Delta=\int_0^l\mathrm{d}\Delta=\frac{1}{2}\int_0^l(y')^2\mathrm{d}x=\frac{1}{2}\int_0^l\Big[\sum_{i=1}^{n}\alpha_i\varphi_i'(x)\Big]^2\mathrm{d}x \tag{8-27b}$$

弯曲应变能为

$$U=\int_0^l\frac{1}{2}EI(y'')^2\mathrm{d}x=\frac{1}{2}\int_0^l EI\Big[\sum_{i=1}^{n}\alpha_i\varphi_i''(x)\Big]^2\mathrm{d}x \tag{8-28}$$

由式（8-11a）可得

$$N=\frac{U}{\Delta}=\frac{\frac{1}{2}\int_0^l EI\left[\sum_{i=1}^n \alpha_i\varphi_i''(x)\right]^2\mathrm{d}x}{\frac{1}{2}\int_0^l\left[\sum_{i=1}^n \alpha_i\varphi_i'(x)\right]^2\mathrm{d}x}=\frac{A(\alpha_i)}{B(\alpha_i)} \tag{8-29}$$

式中，A 和 B 均为 α_i 的二次式。

由式（8-29）可以求 N 的极小值。根据极值条件$\frac{\partial N}{\partial \alpha_i}=0$，得

$$\frac{\partial A}{\partial \alpha_i}-\frac{A}{B}\cdot\frac{\partial B}{\partial \alpha_i}=0 \tag{8-30a}$$

$$\frac{\partial A}{\partial \alpha_i}-N\frac{\partial B}{\partial \alpha_i}=0 \tag{8-30b}$$

式中 $$\frac{\partial A}{\partial \alpha_i}=\int EI\left[\sum_{j=1}^n \alpha_j\varphi_j''(x)\right]\varphi_i''(x)\mathrm{d}x=\sum_{j=1}^n\alpha_j\int EI\varphi_i''(x)\varphi_j''(x)\mathrm{d}x$$

$$\frac{\partial B}{\partial \alpha_i}=\int\left[\sum_{j=1}^n \alpha_j\varphi_j'(x)\right]\varphi_i'(x)\mathrm{d}x=\sum_{j=1}^n\alpha_j\int \varphi_i'(x)\varphi_j'(x)\mathrm{d}x$$

从而，式（8-30b）变为

$$\sum_{j=1}^n\alpha_j\int[EI\varphi_i''(x)\varphi_j''(x)-N\varphi_i'(x)\varphi_j'(x)]\mathrm{d}x=0 \quad (i=1,2,\cdots,n) \tag{8-30c}$$

令 $$C_{ij}=\int[EI\varphi_i''(x)\varphi_j''(x)-N\varphi_i'(x)\varphi_j'(x)]\mathrm{d}x \tag{8-31}$$

式（8-30c）成为

$$\sum_{j=1}^n\alpha_j C_{ij}=0 \qquad (i=1,2,\cdots,n) \tag{8-30d}$$

这是关于 n 个参数 α_i 的 n 个齐次线性方程组。

为求非零解，令系数行列式为零，可得

$$\begin{vmatrix} c_{11} & c_{12} & \cdots & c_{1n} \\ c_{21} & c_{22} & \cdots & c_{2n} \\ \vdots & \vdots & \vdots & \vdots \\ c_{n1} & \cdots & \cdots & c_{nn}\end{vmatrix}=0 \tag{8-32}$$

其展式是关于 N 的 n 次代数方程，可求出 n 个特征荷载值，临界荷载 N_{cr} 是所有特征值中的最小值。

上述方法称为铁木辛柯-里兹法（Timoshenko-Ritz method，即 T-R 法），该法所得的近似解是精确解的一个上限，这是因为假设的式（8-26）（变形曲线）减少了自由度（由无限→有限），这就相当于对体系施加了某些约束，所以按此法求得的临界力比实际临界值要大。

[例 8-13] 用 T-R 法求图 8-22 所示压杆的 N_{cr}。

[解] 在满足位移边界条件 $x=0$ 或 $x=l$ 时，$y=0$ 的情况下，现选取三种变形形式进行计算。

1）设挠曲线为抛物线：$y(x)=\alpha_1\frac{4x(l-x)}{l^2}$。这

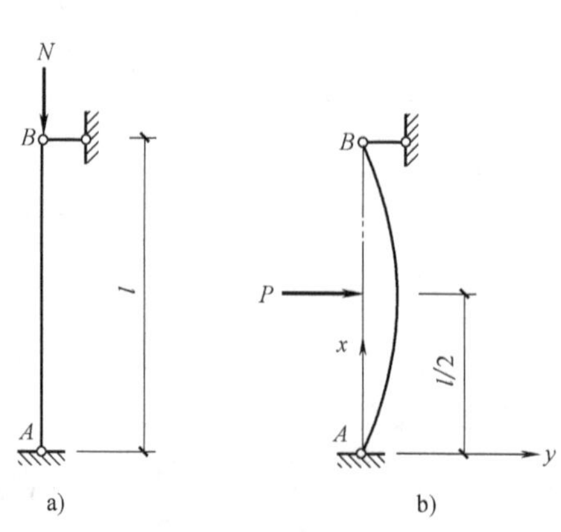

图 8-22 [例 8-13] 图

相当于在式（8-26）中只取一项。

$$y'(x)=\frac{4\alpha_1}{l^2}(l-2x)$$

$$y''(x)=-\frac{8\alpha_1}{l^2}$$

将
$$\int_0^l EI(y'')^2\mathrm{d}x=64EI\alpha_1^2/l^3,\quad \int_0^l (y')^2\mathrm{d}x=\frac{16\alpha_1^2}{3l}$$

代入式（8-29），得

$$N_{cr}=\frac{64EI\alpha_1^2/l^3}{16\alpha_1^2/(3l)}=\frac{12EI}{l^2} \tag{a}$$

2）取跨中横向集中力 P 作用下的挠曲线作为变形形式（图 8-22b），则当 $x\leqslant l/2$ 时

$$y''(x)=-\frac{M(x)}{EI}=-\frac{1}{EI}\left(\frac{P}{2}x\right)$$

$$y'(x)=-\frac{P}{EI}\left(\frac{x^2}{4}-\frac{l^2}{16}\right)$$

$$2\int_0^{l/2}EI(y'')^2\mathrm{d}x=\frac{P^2l^3}{48EI}$$

$$2\int_0^{l/2}(y')^2\mathrm{d}x=\frac{P^2l^5}{480E^2I^2}$$

可得

$$N_{cr}=\frac{10EI}{l^2} \tag{b}$$

3）设变形为正弦曲线 $y(x)=\alpha_1\sin\dfrac{\pi x}{l}$（见表 8-3）

$$y'(x)=\alpha_1\frac{\pi}{l}\cos\frac{\pi x}{l}$$

$$y''(x)=-\alpha_1\left(\frac{\pi}{l}\right)^2\sin\frac{\pi x}{l}$$

∵
$$\int_0^l EI(y'')^2\mathrm{d}x=EI\alpha_1^2\left(\frac{\pi}{l}\right)^4\int_0^l\sin^2\left(\frac{\pi x}{l}\right)\mathrm{d}x=EI\alpha_1^2\left(\frac{\pi}{l}\right)^4\frac{l}{2}$$

$$\int_0^l (y')^2\mathrm{d}x=\alpha_1^2\left(\frac{x}{l}\right)^2\int_0^l\cos^2\left(\frac{\pi x}{l}\right)\mathrm{d}x=\alpha_1^2\left(\frac{\pi}{l}\right)^2\frac{l}{2}$$

∴
$$N_{cr}=\frac{\pi^2EI}{l^2} \tag{c}$$

比较式（a）、式（b）和式（c），它们与精确值 $N_{cr}=\dfrac{\pi^2EI}{l^2}$相比，误差分别为 22%、1.3%和 0。后者（正弦曲线）是失稳时的真实变形曲线，因此，求得的临界荷载是精确解。

［例 8-14］　用 T-R 法求图 8-23 压杆 AB 的 N_{cr}。

［解］　由表 8-3 可得，$\varphi_i(x)=x^{i+1}(l-x)$，代入式（8-26）得

$$y(x)=\sum_{i=1}^{2}\alpha_i\varphi_i(x)\quad（取前两项）$$

$$=\alpha_1\varphi_1(x)+\alpha_2\varphi_2(x)$$
$$=\alpha_1x^2(l-x)+\alpha_2x^3(l-x)$$

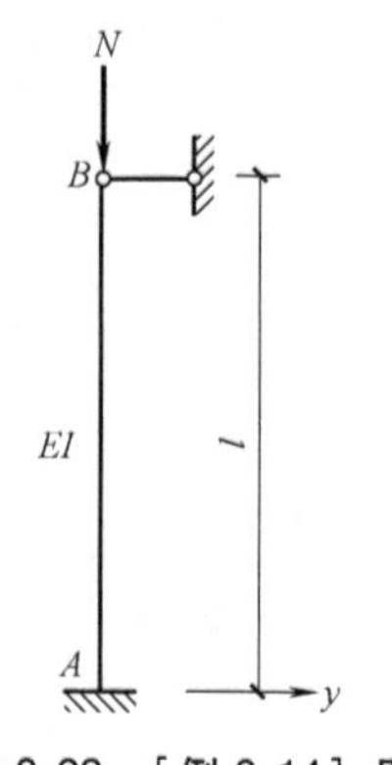

图 8-23 ［例 8-14］图

将

$$\varphi_1(x)=x^2(l-x)\quad \varphi_1'=x(2l-3x)\quad \varphi_1''(x)=2l-6x$$
$$\varphi_2(x)=x^3(l-x)\quad \varphi_2'(x)=x^2(3l-4x)\quad \varphi_2''(x)=6x(l-2x)$$

代入式（8-31），并由式（8-32）得稳定方程

$$\begin{vmatrix} c_{11} & c_{12} \\ c_{21} & c_{22} \end{vmatrix}=\begin{vmatrix} 4EIl^3-\dfrac{3}{15}Nl^5 & 4EIl^4-\dfrac{1}{10}Nl^6 \\ 4EIl^4-\dfrac{1}{10}Nl^6 & \dfrac{24}{5}EIl^5-\dfrac{3}{35}Nl^7 \end{vmatrix}=0$$

展开、整理后得二次方程

$$N^2-128\left(\frac{EI}{l^2}\right)N+2240\left(\frac{EI}{l^2}\right)^2=0$$

解得最小值

$$N_{cr}=64\frac{EI}{l^2}-\sqrt{\left(64\frac{EI}{l^2}\right)^2-2240\left(\frac{EI}{l^2}\right)^2}=20.92\frac{EI}{l^2}$$

该结果比 $N_{cr}=20.18\dfrac{EI}{l^2}$ 大 $\dfrac{20.92-20.18}{20.18}=0.037=3.7\%$。

［例 8-15］ 如图 8-24 所示变截面压杆 $I(x)=I_0\left[1+4\left(\dfrac{x}{l}\right)-4\left(\dfrac{x}{l}\right)^2\right]$，对于杆中点截面来说，$I$ 为对称分布。用 T-R 法求 N_{cr}。

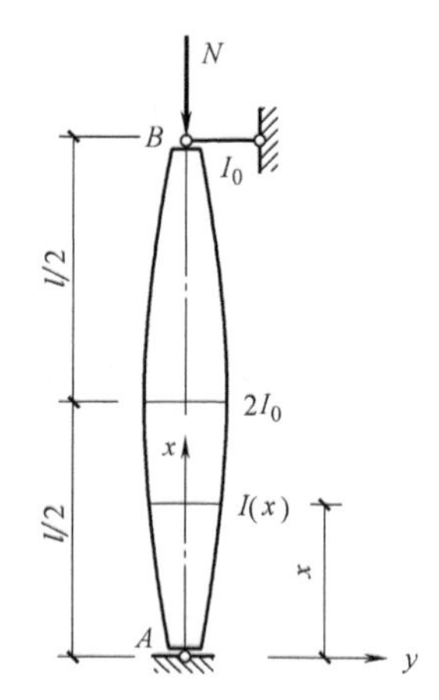

图 8-24 ［例 8-15］图

［解］ 根据位移边界条件

$$x=0\text{ 时，}y=0$$
$$x=l\text{ 时，}y=0$$

可设变形曲线如下

$$y(x)=\alpha_i\sin\left(\frac{i\pi x}{l}\right)\quad（见表 8-3）$$
$$(i=1,3,5,\cdots)$$

可见级数中的每一项都满足位移边界和对称条件。

1）取一项 $\qquad y(x)=\alpha_1\sin\dfrac{\pi x}{l}$ （视为单自由度体系） (a)

$$\Delta=\frac{1}{2}\int_0^l(y')^2\mathrm{d}x=\frac{1}{2}\int_0^l\alpha_1^2\left(\frac{\pi}{l}\right)^2\cos^2\left(\frac{\pi x}{l}\right)\mathrm{d}x=\frac{\pi^2\alpha_1^2}{4l}$$

$$U=\frac{1}{2}\int_0^l EI(x)(y'')^2\mathrm{d}x=\frac{1}{2}\int_0^l EI_0\left[1+4\left(\frac{x}{l}\right)-4\left(\frac{x}{l}\right)^2\right]\alpha_1^2\left(\frac{\pi}{l}\right)^4\sin^2\left(\frac{\pi x}{l}\right)\mathrm{d}x$$
$$=0.934\alpha_1^2\frac{EI_0\pi^4}{2l^3}$$

由式(8-11a)，得

$$N_{cr}=\frac{U}{\Delta}=1.868\frac{\pi^2EI_0}{l^2}\qquad (b)$$

2）取两项　　$$y(x)=\alpha_1\sin\frac{\pi x}{l}+\alpha_3\sin\frac{3\pi x}{l} \tag{c}$$

$$\begin{aligned}U&=\frac{1}{2}\int_0^l EI(x)(y'')^2\mathrm{d}x\\&=\frac{1}{2}\int_0^l EI_0\left[1+4\left(\frac{x}{l}\right)-4\left(\frac{x}{l}\right)^2\right]\frac{\pi^2}{l^4}\left(\alpha_1\sin\frac{\pi x}{l}+9\alpha_3\sin\frac{3\pi x}{l}\right)^2\mathrm{d}x\\&=\frac{EI_0}{2}\left(\frac{\pi}{l}\right)^4 l(0.934\alpha_1^2+1.37\alpha_1\alpha_3+68.4\alpha_3^2)\end{aligned}$$

$$\begin{aligned}\Delta&=\frac{1}{2}\int_0^l (y')^2\mathrm{d}x\\&=\frac{1}{2}\int_0^l\left(\frac{\pi}{l}\right)^2\left(\alpha_1\cos\frac{\pi x}{l}+3\alpha_3\cos\frac{3\pi x}{l}\right)^2\mathrm{d}x\\&=\frac{\pi^2}{4l}(\alpha_1^2+9\alpha_2^2)\end{aligned}$$

从而

$$\begin{aligned}N&=\frac{\pi^2EI_0}{l^2}\cdot\frac{0.934\alpha_1^2+1.37\alpha_1\alpha_3+68.4\alpha_3^2}{0.5(\alpha_1^2+9\alpha_3^2)}\\&=\frac{\pi^2EI_0}{l^2}\cdot\frac{A}{B}\end{aligned} \tag{d}$$

式中

$$\left.\begin{aligned}A&=0.934\alpha_1^2+1.37\alpha_1\alpha_3+68.4\alpha_3^2\\B&=0.5(\alpha_1^2+9\alpha_3^2)\end{aligned}\right\} \tag{e}$$

将式（d）代入式（8-30a）

$$\left.\begin{aligned}\frac{\partial A}{\partial\alpha_1}-\frac{Nl^2}{\pi^2EI_0}\cdot\frac{\partial B}{\partial\alpha_1}=0\\\frac{\partial A}{\partial\alpha_3}-\frac{Nl^2}{\pi^2EI_0}\cdot\frac{\partial B}{\partial\alpha_3}=0\end{aligned}\right\} \tag{f}$$

并将式（e）代入式（f），可得

$$\left.\begin{aligned}\left(1.868-\frac{Nl^2}{\pi^2EI_0}\right)\alpha_1+1.37\alpha_3=0\\1.37\alpha_1+\left(136.8-\frac{9Nl^2}{\pi^2EI_0}\right)\alpha_3=0\end{aligned}\right\}$$

令行列式

$$D(\alpha)=\begin{vmatrix}1.868-\dfrac{Nl^2}{\pi^2EI_0} & 1.37\\1.37 & 136.8-\dfrac{9Nl^2}{\pi^2EI_0}\end{vmatrix}=0$$

展开后

$$\left(\frac{Nl^2}{\pi^2EI_0}\right)^2-17.05\left(\frac{Nl^2}{\pi^2EI_0}\right)+28.2=0$$

最小根为

$$N_{\mathrm{cr}}=1.850\frac{\pi^2 EI_0}{l^2} \tag{g}$$

由式（b）和式（g）可见，两次计算结果已很接近，相对差值仅为$\dfrac{1.868-1.850}{1.850}=0.00973<1\%$，进而可知近似结果的精确程度。能量法的一个主要缺点是当精确值未知时，就很难衡量所得近似解的精确度，一般只能采用前后两次结果的差值来判断。

[例 8-16] 用 T-R 法求图 8-25a 所示体系的 N_{cr}。

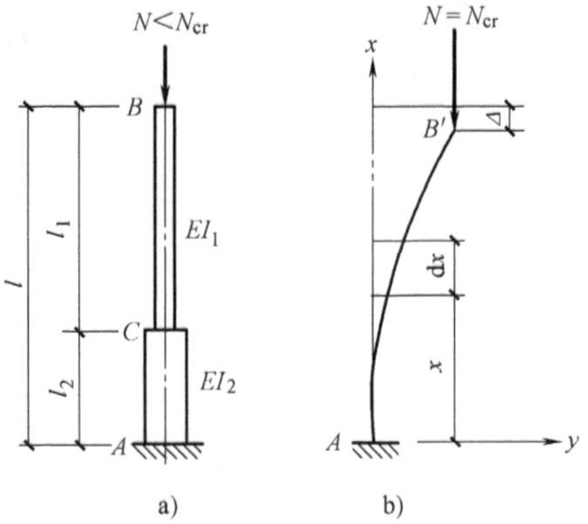

[解] 由表 8-3 知

$$y=\alpha_1\left(1-\cos\frac{\pi x}{2l}\right)\Bigg|\begin{matrix} x=0 & 0 \\ & = \\ x=l & \alpha_1\end{matrix}$$

由图 8-25b 知 $M_x=N(\alpha_1-y)$

$$=N\left[\alpha_1-\alpha_1\left(1-\cos\frac{\pi x}{2l}\right)\right]$$

$$=N\alpha_1\cos\frac{\pi x}{2l}$$

图 8-25 ［例 8-16］图（1）

$$\begin{aligned}U&=\int_0^{l_2}\frac{M^2(x)\,\mathrm{d}x}{2EI_2}+\int_{l_2}^{l}\frac{M^2(x)\,\mathrm{d}x}{2EI_1}\\&=\frac{N^2\alpha_1^2}{2EI_2}\left[\int_0^{l_2}\cos^2\left(\frac{\pi x}{2l}\right)\mathrm{d}x+\frac{I_2}{I_1}\int_{l_2}^{l}\cos^2\left(\frac{\pi x}{2l}\right)\mathrm{d}x\right]\\&=\frac{N^2\alpha_1^2 l}{4EI_2}\left[\frac{l_2}{l}+\frac{l_1}{l}\frac{I_2}{I_1}-\frac{1}{\pi}\left(\frac{I_2}{I_1}-1\right)\sin\left(\frac{\pi l_2}{l}\right)\right]\\&=\frac{N^2\alpha_1^2 l}{4EI_2}\cdot\frac{1}{\beta}\end{aligned}$$

将式（8-27b）代入外力势能公式

$$\Pi_{\mathrm{e}}=-N\Delta=-\frac{N}{2}\int_0^l(y')^2\mathrm{d}x=-\frac{\pi^2N\alpha_1^2}{16l}$$

根据式（8-11a）

$$\frac{N^2\alpha_1^2 l}{4EI_2}\cdot\frac{1}{\beta}-\frac{\pi^2N\alpha_1^2}{16l}=0$$

解得

$$N_{\mathrm{cr}}=\frac{\pi^2 EI_2}{(2l)^2}\beta \tag{8-33a}$$

式中

$$\beta=\frac{1}{\dfrac{l_2}{l}+\dfrac{l_1}{l}\dfrac{I_2}{I_1}-\dfrac{1}{\pi}\left(\dfrac{I_2}{I_1}-1\right)\sin\dfrac{\pi l_2}{l}}$$

对于等截面杆 $l_1=0$，$l_2=l$，$I_1=I_2=I$，由式（8-33a）可得

$$\beta=\frac{1}{1+0+0}=1$$

若将图 8-26 中的 $a/2$ 和 $l/2$，分别替代式（8-33a）中的 l_2 和 l，则图 8-26 压杆的临界力为

$$N_{\mathrm{cr}}=\frac{\pi^2 EI_2}{l^2}\cdot\frac{1}{\dfrac{a}{l}+\dfrac{(l-a)}{l}\dfrac{I_2}{I_1}-\dfrac{1}{\pi}\left(\dfrac{I_2}{I_1}-1\right)\sin\dfrac{\pi a}{l}} \tag{8-33b}$$

若 $a=l$，$I_1=I_2$，图 8-26 成为等截面杆，由式（8-33b）得

$$N_{\mathrm{cr}}=\frac{\pi^2 EI_2}{l^2}\times\frac{1}{1+0+0}=\frac{\pi^2 EI_2}{l^2}$$

由图 8-27 可导出

$$\beta=\frac{1}{\dfrac{l_3}{l}+\dfrac{I_3}{I_2}\cdot\dfrac{l_2}{l_1}+\dfrac{I_3}{I_1}\cdot\dfrac{l_1}{l}+\dfrac{1}{\pi}\left(1-\dfrac{I_3}{I_2}\right)\sin\dfrac{\pi l_3}{l}+\dfrac{1}{\pi}\left(\dfrac{I_3}{I_2}-\dfrac{I_3}{I_1}\right)\sin\dfrac{\pi(l_2+l_3)}{l}} \tag{8-34}$$

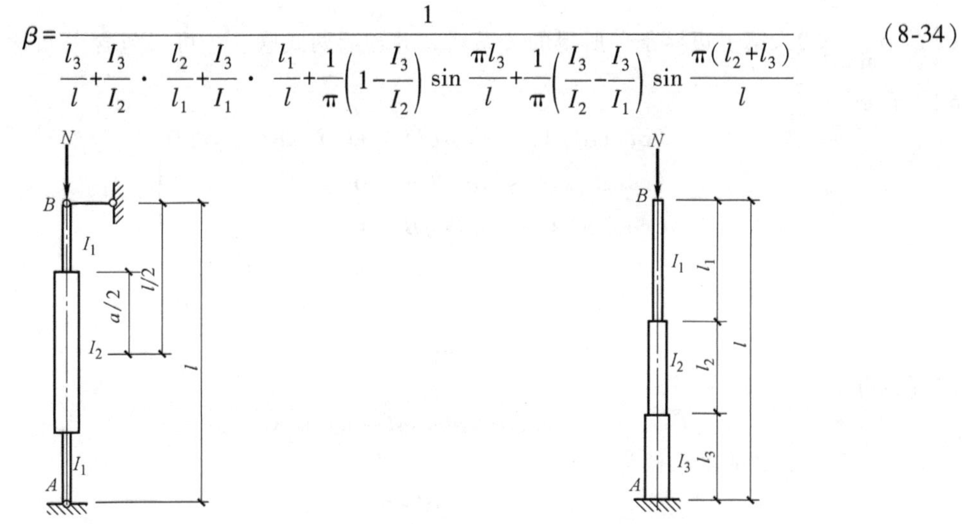

图 8-26　［例 8-16］图（2）　　图 8-27　［例 8-16］图（3）

［例 8-17］　分别用静力法和能量法计算图 8-28a 所示压杆的临界力。

［解］

1. 静力法

因为 AC、CB 两段的弯矩表达不同（图 8-28b），所以它们的平衡方程也不相同

$$\left.\begin{aligned}EIy_1''&=-M_1(x)=-[N(\delta+y_1)-H_C(l-x)]\\EIy_2'&=-M_2(x)=-[N(\delta+y_2)]\end{aligned}\right\} \tag{a}$$

注意：CB 段的变形曲线在负方向，y_2 应取负值。

令　$\alpha^2=\dfrac{N}{EI}$，式（a）变成

$$\left.\begin{aligned}y_1''+\alpha^2 y_1&=-\alpha^2\delta-\frac{H_C}{EI}(l-x)\\y_2''+\alpha^2 y_2&=-\alpha^2\delta\end{aligned}\right\} \tag{b}$$

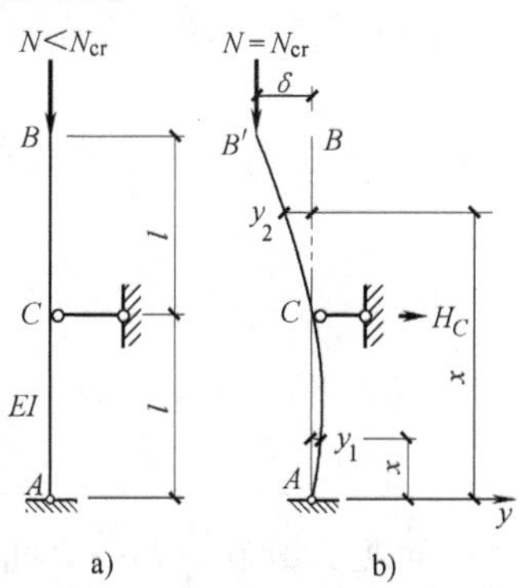

图 8-28　［例 8-17］图

将 $H_C=\dfrac{N\delta}{l}$ 代入式（b）

$$\left.\begin{aligned}y_1''+\alpha^2 y_1&=-\alpha^2\frac{\delta}{l}x\quad(0\leqslant x\leqslant l)\\y_2''+\alpha^2 y_2&=-\alpha^2\delta\quad(l\leqslant x\leqslant 2l)\end{aligned}\right\} \tag{c}$$

式（c）的通解为

$$y_1=A_1\cos\alpha x+B_1\sin\alpha x-\frac{\delta}{l}x$$

$$y_2 = A_2 \cos\alpha x + B_2 \sin\alpha x - \delta$$

由边界条件得

$x=0$，$y_1=0$，　得 $A_1=0$

$x=l$，$y_1=0$，　得 $B_1\sin\alpha l-\delta=0$

$y_1'=y_2'$，　得 $\alpha B_1\cos\alpha l-\dfrac{\delta}{l}=-\alpha A_2\sin\alpha l+\alpha B_2\cos\alpha l$

$y_2=0$　得 $A_2\cos\alpha l+B_2\sin\alpha l-\delta=0$

$x=2l$，$y_2=-\delta$，　得 $A_2\cos 2\alpha l+B_2\sin 2\alpha l=0$

以 $B_1=\dfrac{\delta}{\sin\alpha l}$代入第三边界条件所得的关系式，并与后两式联立，可得包含未知常数 A_2、B_2 和 δ 的方程

$$\left.\begin{aligned}&(\alpha l\sin\alpha l)A_2-(\alpha l\cos\alpha l)B_2+(\alpha l\operatorname{ctg}\alpha l-1)\delta=0\\&(\cos\alpha l)A_2+(\sin\alpha l)B_2-\delta=0\\&(\cos 2\alpha l)A_2+(\sin 2\alpha l)B_2-=0\end{aligned}\right\}$$

令
$$\begin{vmatrix}\alpha l\sin\alpha l & -\alpha l\cos\alpha l & (\alpha l\operatorname{ctg}\alpha l-1)\\ \cos\alpha l & \sin\alpha l & -1\\ \cos 2\alpha l & \sin 2\alpha l & 0\end{vmatrix}=0$$

展开，可得

$$\sin\alpha l(2\alpha l\cos\alpha l-\sin\alpha l)=0 \tag{d}$$

由 $\sin\alpha l=0$，得 αl 的最小根为

$$\alpha l=\pi \tag{e}$$

由 $2\alpha l\cos\alpha l-\sin\alpha l=0$，得稳定方程

$$2\alpha l=\tan\alpha l \tag{f}$$

下面用试算法求超越方程式（f）的最小根。为此，将式（f）改写为

$$Q=\tan\alpha l-2\alpha l=0 \tag{g}$$

初步判断式（g）的最小根的大致范围

$$\alpha l=0\ \text{时，}\quad Q=0$$

$$\alpha l=\frac{\pi}{4}\text{时，}\quad Q=\tan\left(\frac{\pi}{4}\right)=-\frac{\pi}{2}=-0.571<0$$

$$\alpha l=\frac{\pi}{2}\text{时，}\quad Q=\tan\left(\frac{\pi}{2}\right)-\pi=+\infty$$

可见，αl 在$\dfrac{\pi}{4}$与$\dfrac{\pi}{2}$之间必有一根使 $Q=0$。

取
$$\alpha l=\frac{\pi}{3}=1.047\ \text{时，}\ Q=-0.362$$

$$\alpha l=\frac{\pi}{2.6}=1.257\ \text{时，}\ Q=0.564$$

这样，又可判断 αl 的最小根必在 1.047 与 1.257 之间。继续试算，当取 $\alpha l=1.1655$ 时，$Q=-2.71\times10^{-4}=0$。这时，可认为接近精确解，即最小根为

$$\alpha l=1.1655 \tag{h}$$

比较式（e）与式（h）的结果，最小临界荷载应为

$$N_{\mathrm{cr}}=\frac{(\alpha l)^2EI}{l^2}=\frac{(1.1655)^2EI}{l^2}=\frac{1.358EI}{l^2} \tag{8-35}$$

2. 能量法

由边界条件（图 8-28b）得

$$\left.\begin{aligned}x=0\ 时，\quad & y=0\\ x=l\ 时，\quad & y=0\\ x=2l\ 时，\quad & y<0\end{aligned}\right\}$$

可假设压杆失稳时的变形曲线为

$$y=\alpha_1(lx-x^2)\qquad(0\leqslant x\leqslant 2l)$$

从而

$$y'=\alpha_1(l-2x)\qquad y''=-2\alpha_1$$

由式（8-28）得

$$\begin{aligned}N_{cr}&=\frac{\int EI\,(y'')^2\mathrm{d}x}{\int (y')^2\mathrm{d}x}\\ &=\frac{\int_0^{2l}EI(-2\alpha_1)^2\mathrm{d}x}{\int_0^{2l}\alpha_1^2(l^2-4lx+4x^2)\mathrm{d}x}\\ &=\frac{8EI\alpha_1^2 l}{\alpha_1^2[l^2x-4lx^2/2+4x^3/3]_0^{2l}}\\ &=\frac{8EI\alpha_1^2 l}{14l^3\alpha_1^2/3}=\frac{1.714EI}{l^2}\end{aligned}\tag{8-36}$$

比较式（8-35）、式（8-36）可见，能量法的结果比静力法的结果（精确解）大$(1.714-1.358)\div1.358=0.262=26.2\%$，说明所设变形曲线与实际变形曲线尚有较大差别。

构件弯曲屈曲时，必然产生剪力 $V=\dfrac{\mathrm{d}M}{\mathrm{d}x}$。剪力对构件丧失稳定的影响参见［例 8-18］。

［例 8-18］　分别用静力法和能量法求图 8-29a 所示压杆（柱）的临界力（考虑剪力的影响）。

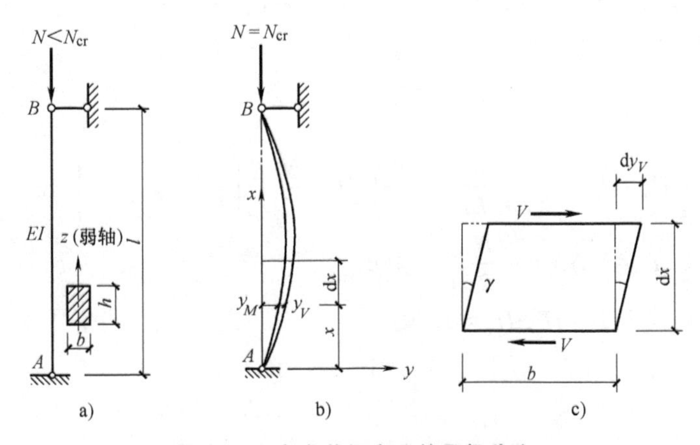

图 8-29　考虑剪切变形的压杆稳定

［解］

1. 静力法

根据叠加原理，弯矩和剪力产生的挠度之和（图 8-29b）为

$$y=y_M+y_V\tag{a}$$

由图 8-29c 知
$$\frac{\mathrm{d}y_V}{\mathrm{d}x}\approx\gamma=\frac{\tau}{G}=\frac{\mu V}{GA}=\bar{\gamma}V=\bar{\gamma}\frac{\mathrm{d}M}{\mathrm{d}x}$$
式中　γ——单元的剪应变，即剪切角；

$\bar{\gamma}$——由单位剪力（$V=1$）引起的剪切角；

μ——实腹式杆的截面形状系数，$\mu=1.2$（矩形截面），$\mu=32\div27=1.19$（圆形截面），$\mu=A/A_w\approx1$（工字形截面）。

从而，曲率为
$$\begin{aligned}\frac{1}{\rho}&=\frac{y''}{[1+(y')^2]^{3/2}}\\&\approx\frac{\mathrm{d}^2y}{\mathrm{d}x^2}=\frac{\mathrm{d}^2y_M}{\mathrm{d}x^2}+\frac{\mathrm{d}^2y_V}{\mathrm{d}x^2}=-\frac{M}{EI}+\bar{\gamma}\frac{\mathrm{d}^2M}{\mathrm{d}x^2}=-\frac{Ny}{EI}+\bar{\gamma}N\frac{\mathrm{d}^2y}{\mathrm{d}x^2}\end{aligned}$$
即
$$(1-\bar{\gamma}N)\frac{\mathrm{d}^2y}{\mathrm{d}x^2}+\frac{N}{EI}y=0 \tag{8-37a}$$
令
$$\alpha^2=\frac{N}{EI(1-\bar{\gamma}N)} \tag{b}$$
式（8-37a）变成
$$y''+\alpha^2y=0 \tag{8-37b}$$
通解为
$$y=A\sin\alpha x+B\cos\alpha x$$
边界条件：$x=0$ 时，$y=0$，得 $B=0$；$x=l$ 时，$y=0$，得 $A\sin\alpha l=0$。

因为 $A\neq0$，所以 $\sin\alpha l=0$，即 $\alpha l=0$，π，2π，…

最小根为
$$\alpha l=\pi \tag{c}$$
把式（b）代入式（c）得
$$N_{cr}=N_E\frac{1}{1+\bar{\gamma}N_E} \tag{8-38}$$
式中　N_E——欧拉（Euler）荷载，$N_E=\frac{\pi^2EI}{l^2}=\frac{\pi^2EA}{\lambda^2}$。

由式（8-38）可见，当计入剪力对临界力的影响时，需将 N_E 乘上一个少于 1 的修正系数$\frac{1}{1+\bar{\gamma}N_E}$。

2. 能量法
$$\Pi_i=U=\frac{1}{2}\int_0^l\left(\frac{M^2}{EI}+\frac{\mu V^2}{GA}\right)\mathrm{d}x=\frac{N^2}{2}\int_0^l\left[\frac{y^2}{EI}+\bar{\gamma}(y')^2\right]\mathrm{d}x \tag{d}$$
$$\Pi_e=-N\Delta=-\frac{N}{2}\int_0^l(y')^2\mathrm{d}x \tag{e}$$
将式（d）、式（e）代入 $\Pi=\Pi_i+\Pi_e=0$，则
$$N_{cr}=\frac{\int_0^l(y')^2\mathrm{d}x}{\int_0^l\left[\frac{y^2}{EI}+\bar{\gamma}(y')^2\right]\mathrm{d}x} \tag{f}$$
令 $y=a\sin\frac{\pi x}{l}$，并代入式（f），最后得
$$N_{cr}=N_E\frac{1}{1+\bar{\gamma}N_E}$$

必须指出：对于绕实轴屈曲的压杆（图 8-30a 的 x、y 轴和图 8-30b 的 x 轴）可近似认为 $\bar{\gamma}=0$。因为：

$$\bar{\gamma}N_E=\frac{\mu}{GA}N_E=\frac{\mu\sigma_E}{G}=\mu\times200/(79\times10^3)=\frac{\mu}{395}$$

对于绕虚轴失稳的格构式柱（图 8-30b），剪切变形不可忽略，必须计入 $\bar{\gamma}$ 的影响。$\bar{\gamma}$ 值的推导详见参考文献［3］。

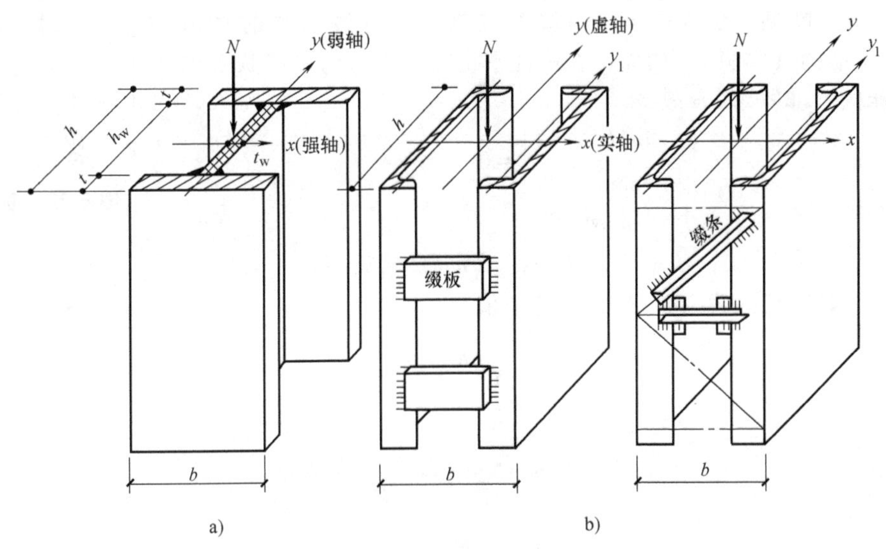

图 8-30　能量法求解［例 8-18］

a）实腹式柱　b）格构式柱

8.3　弹性屈曲的高阶微分方程

上述二阶微分方程（静力法）求临界荷载的缺点是：对不同边界条件的轴心受压杆，都需建立不同的方程（二阶），而一个四阶微分方程则适用于任何边界条件的压杆。

图 8-31a 所示的压杆，两端未指明边界条件，图 8-31b 是临界状态。

图 8-31c 脱离体　$Vx-M_A=-EIy''-Ny$

求导

$$EIy^{(4)}+Ny''=0$$

令

$$\alpha^2=\frac{N}{EI}$$

则

$$y^{(4)}+\alpha^2y''=0 \tag{8-39}$$

通解

$$y=C_1\sin\alpha x+C_2\cos\alpha x+C_3x+C_4 \tag{8-40}$$

从而

$$\left.\begin{aligned}y'&=C_1\alpha\cos\alpha x-C_2\alpha\sin\alpha x+C_3\\y''&=-C_1\alpha^2\sin\alpha x-C_2\alpha^2\cos\alpha x\\y'''&=-C_1\alpha^3\cos\alpha x+C_2\alpha^3\sin\alpha x\end{aligned}\right\} \tag{8-41}$$

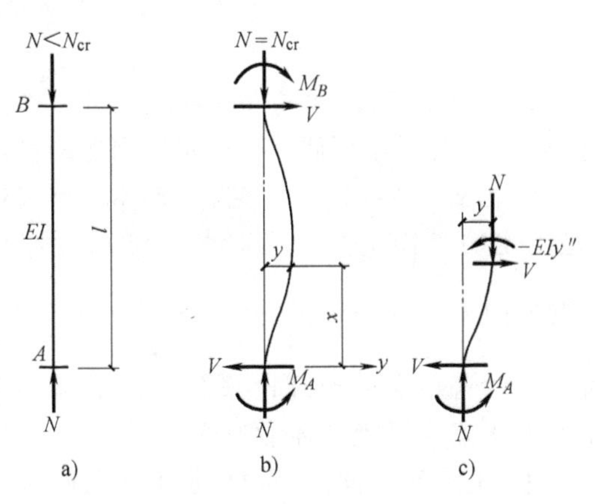

图 8-31　未指明边界条件的柱

a）原始状态　b）临界状态　c）脱离体

边界条件：铰接端 $y=y''=0$，固定端 $y=y'=0$，自由端 $y''=0$，$y'''+\alpha^2y'=0$。其中 y 和 y' 是几何边界条件，y'' 和 y''' 表示力学边界条件（自然条件）。由于每根压杆有两端，可以提供 4 个边界条件，该数目与式（8-40）中的积分常数

$C_i(i=1\sim4)$ 相等，故可求解。

图 8-32 所示的两端铰压杆，由边界条件知

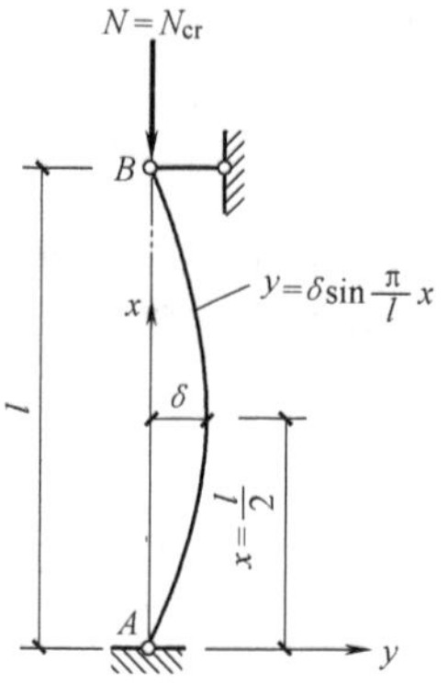

$$\left.\begin{aligned}&\text{当 } x=0 \text{ 时，} y=0,\ C_2+C_4=0\\&\qquad\qquad y''=0,\ -C_2\alpha^2=0\end{aligned}\right\}\text{即 } C_2=C_4=0$$

$$\left.\begin{aligned}&\text{当 } x=l \text{ 时，} y=0,\ C_1\sin\alpha l+C_3\alpha l=0\\&\qquad\qquad y''=0,\ -C_1\alpha^2\sin\alpha l=0\end{aligned}\right\}\tag{a}$$

由式（a）可见，$C_1=C_3=0$ 的解可以满足，直线形状的平衡（$y=0$）是可能的（零解）。然而，在中性平衡时，微弯的平衡状态也同样是可能的（非零解），故令

$$\begin{vmatrix}\sin\alpha l & \alpha l\\ -\alpha^2\sin\alpha l & 0\end{vmatrix}=0$$

即

$$\sin\alpha l=0\tag{b}$$

图 8-32 欧拉柱

从而

$$\alpha l=n\pi\quad(n=1,2,3,\cdots)\tag{8-42}$$

将式（8-42）代入式（8-13），得特征值

$$N=\frac{n^2\pi^2EI}{l^2}\tag{8-43a}$$

其中最小值为

$$\min N=N_{cr}=\frac{\pi^2EI}{l^2}\tag{8-43b}$$

将式（8-42）代入式（8-40），得特征向量

$$y=C_1\sin\frac{n\pi}{l}x\tag{8-44a}$$

相应于 N_{cr} 的特征向量（$n=1$）

$$y=C_1\sin\frac{\pi}{l}x\tag{8-44b}$$

当 $x=l/2$ 时，由式（8-44b）可得 y 的最大幅值

$$y=C_1=\delta\tag{8-45}$$

说明：

① 式（8-43a）和式（8-44a）表明，对于 $n>1$ 的值，将被视为微分方程式（8-39）的正确数学解，但对于所研究的稳定性问题的物理现象没有意义。

② 由式（8-42a）可见，当 $\sin\alpha l=0$ 时［式（b）］，C_1 可为任意值，即 y 的最大幅值 δ 是不定的（图 7-4c 的 12′水平线），因为在建立图 8-31c 所示的静力平衡方程时，采用了近似曲率，即 $\frac{1}{\rho}=\frac{y''}{[1+(y')^2]^{3/2}}\approx y''$（微分方程线性化），所以这是小变形理论带来的假象。若用大变形理论来分析，则是一条曲线（图 7-4c 所示的 12 线）。由此可见，中性平衡状态实际上是不存在的。

③ 到达 N_E 值时，压杆同时出现两种可能的平衡状态：直线形式和微弯形式，这就是所谓的“a bifurcation of equilibrium”。“分枝”一词是轴心受压杆失稳荷载-挠度关系的一个术语，故这种失稳又叫分枝（点）理论。

对于一端铰接一端固定的压杆（图 8-23），将边界条件 $x=0$ 时，$y=y'=0$ 和 $x=l$ 时，$y=y''=0$ 代入式（8-40）和式（8-41），可得齐次方程

$$\begin{bmatrix} 0 & 1 & 0 & 1 \\ \alpha & 0 & \alpha & 0 \\ \sin\alpha l & \cos\alpha l & \alpha l & 1 \\ -\alpha^2\sin\alpha l & -\alpha^2\cos\alpha l & 0 & 0 \end{bmatrix} \begin{bmatrix} C_1 \\ C_2 \\ C_3 \\ C_4 \end{bmatrix} = \begin{bmatrix} 0 \\ 0 \\ 0 \\ 0 \end{bmatrix} \tag{8-46}$$

令系数行列式 $D(\alpha)=0$，并按第一行展开得

$$-\begin{vmatrix} \alpha & \alpha & 0 \\ \sin\alpha l & \alpha l & 1 \\ -\alpha^2\sin\alpha l & 0 & 0 \end{vmatrix} - \begin{vmatrix} \alpha & 0 & \alpha \\ \sin\alpha l & \cos\alpha l & \alpha l \\ -\alpha^2\sin\alpha l & -\alpha^2\cos\alpha l & 0 \end{vmatrix} = 0$$

即

$$-(-\alpha^3\sin\alpha l)-\alpha^4 l\cos\alpha l=0$$

最后得

$$\tan\alpha l=\alpha l$$

必须指出：在推导式（8-15）时，由于假定 $D(\alpha)=0$，式（8-46）方程组虽有 4 个方程，但其中只有 3 个方程是独立的，即式（8-46）中的任一个方程均是其他 3 个方程的线性组合。为此，若把 α 最小值代入式（8-46），就只能得到 4 个任意常数的 3 个比值，即 C_2/C_1、C_3/C_1 和 C_4/C_1，把这 3 个比值代入式（8-39），y 的表达式中就保留了未定的常数 C_1。

可见，轴心压杆的屈曲问题，在数学上是一个特征值问题，即只有满足 $D(\alpha)=0$ 的 α 值，才能使 y 有非零解，此时 α 即特征值，相对于这个 α 值的 y 就叫特征函数或叫特征向量(buckling mode shape)。因为这个函数中还包含了一个未定的常数 C_1，所以它只能给出挠曲的形状，而不能给出确定的幅度（图 7-4c）。因为 N_{cr} 是由 $D(\alpha)=0$ 的最小根求得，因此，$D(\alpha)=0$ 则是稳定的一个准则。

[例 8-19]　求图 8-33a 所示刚架柱 AB 的 N_{cr}。

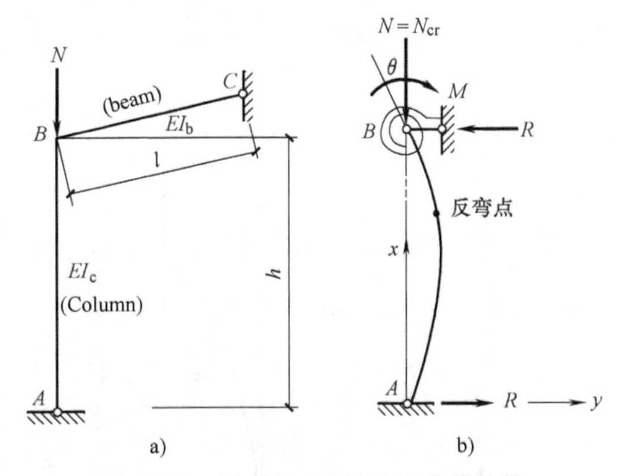

图 8-33　刚架柱 AB 的稳定计算简图

[解]　1）当 $x=0$ 时，$y=y''=0$，代入式（8-40）和式（8-41）得

$$C_2+C_4=0$$

$$-\alpha^2 C_2=0$$

解得

$$C_2=C_4=0$$

从而，式（8-40）变成

$$y=C_1\sin\alpha x+C_3 x \tag{a}$$

2）当 $x=h$ 时，$y=0$，代入式（a）得

$$C_1\sin\alpha h+C_3 h=0 \tag{b}$$

3）当 $x=h$ 时，得

$$y'=\theta=M/s=(-EI_c y'')/(3EI_b/l) \tag{c}$$

将式（8-41）代入式（c）得

$$C_1\alpha\cos\alpha h+C_3=-\frac{EI_c l}{3EI_b}(-C_1\alpha^2\sin\alpha h)$$

整理后写成

$$\left[\alpha h\cos\alpha h-\frac{I_c l}{3I_b h}(\alpha h)^2\sin\alpha h\right]C_1+hC_3=0 \tag{d}$$

由式（b）和式（d）系数行列式等于零知

$$D(\alpha)=\begin{vmatrix}\sin\alpha h & h\\ \alpha h\cos\alpha h-\dfrac{I_c l}{3I_b h}(\alpha h)^2\sin\alpha h & h\end{vmatrix}=0$$

展开得

$$\tan\alpha h=\frac{3\alpha h}{3+\dfrac{I_c l}{I_b h}(\alpha h)^2}=\frac{3\alpha h}{3+k(\alpha h)^2}\tag{8-47}$$

式中　k——柱 AB 与斜梁 BC 线刚度之比，即 $k=\dfrac{EI_c/h}{EI_b/l}$。几种特殊情形如下：

① 若 $k=0$，由式（8-47）得 $\tan\alpha h=\alpha h$，相当于一端固定一端铰接的单根柱。

② 若 $k=\infty$，则 $\tan\alpha h=0$，最小根 $\alpha h=\pi$，可得 $N_{cr}=\pi^2 EI_c/h^2$，相当于两端铰接柱。

③ 若 $k=1$，则 $\tan\alpha h=\dfrac{3\alpha h}{3+(\alpha h)^2}$，最小值 $\alpha h=3.726$。

$$N_{cr}=\frac{\pi^2 EI_c}{(0.843h)^2}$$

可见 N_{cr} 的大小，不仅与压杆本身的线刚度有关，也与柱支座的约束程度有关。

8.4　大变形理论（large deformation theory）

前面用线性微分方程得出的结果被局限在小变形范围内，本节将用精确的曲率公式来研究轴心压杆的性能。

由曲率定义（图 8-34）得挠曲线的旋转角 θ 对 s 的改变率$\dfrac{d\theta}{ds}$，即

$$\frac{1}{\rho}=\frac{d\theta}{ds}\overset{\text{数学表达}}{=}\frac{y''}{[1+(y')^2]^{3/2}}\overset{\text{小变形时}}{\approx}y''$$

$$EI\frac{d\theta}{ds}+Ny=0\tag{8-48}$$

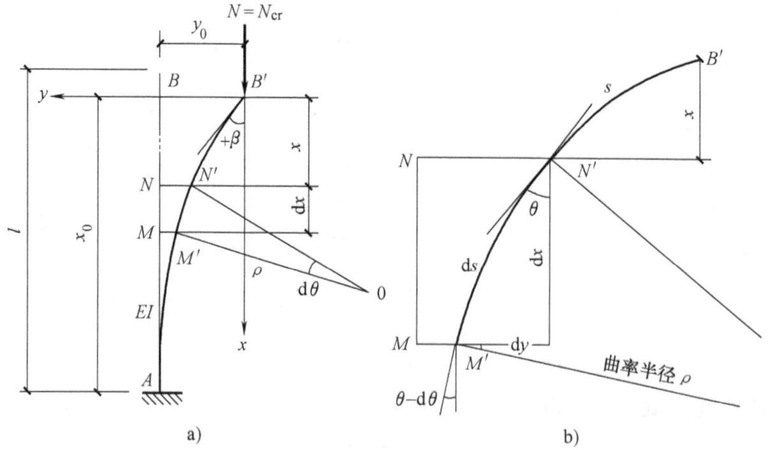

图 8-34　大变形柱

微分一次，并设$\dfrac{dy}{ds}=\sin\theta$，则

$$\frac{d^2\theta}{ds^2}+\alpha^2\sin\theta=0$$

乘 $2\mathrm{d}\theta$，并积分

$$\int\left(\frac{\mathrm{d}^2\theta}{\mathrm{d}s^2}\right)\times 2\left(\frac{\mathrm{d}\theta}{\mathrm{d}s}\right)\mathrm{d}s+\int\alpha^2\sin\theta\times 2\mathrm{d}\theta=0 \tag{a}$$

由于

$$\mathrm{d}\left(\frac{\mathrm{d}\theta}{\mathrm{d}s}\right)^2=\left[\left(\frac{\mathrm{d}\theta}{\mathrm{d}s}\right)^2\right]'\mathrm{d}s=2\frac{\mathrm{d}\theta}{\mathrm{d}s}\left(\frac{\mathrm{d}\theta}{\mathrm{d}s}\right)'\mathrm{d}s=2\frac{\mathrm{d}\theta}{\mathrm{d}s}\left(\frac{\mathrm{d}^2\theta}{\mathrm{d}s^2}\right)\mathrm{d}s$$

$$\mathrm{d}(\cos\theta)=-\sin\theta\mathrm{d}\theta$$

式（a）变成

$$\int\mathrm{d}\left(\frac{\mathrm{d}\theta}{\mathrm{d}s}\right)^2-2\alpha^2\int\mathrm{d}\cos\theta=0$$

即

$$\left(\frac{\mathrm{d}\theta}{\mathrm{d}s}\right)^2-2\alpha^2\cos\theta=C\quad（积分常数） \tag{b}$$

因点 B'处 $\theta=\beta$（常数），$\dfrac{\mathrm{d}\theta}{\mathrm{d}s}=0$，代入可得 $C=-2\alpha^2\cos\beta$

从而

$$\frac{\mathrm{d}\theta}{\mathrm{d}s}=\pm\sqrt{2\alpha^2(\cos\theta-\cos\beta)}$$

或

$$\mathrm{d}s=-\frac{\mathrm{d}\theta}{\sqrt{2}\,\alpha\sqrt{\cos\theta-\cos\beta}} \tag{c}$$

假定杆在弯曲过程中不缩短，可得杆长为

$$l=\int_s\mathrm{d}s=-\int_\beta^0\frac{\mathrm{d}\theta}{\sqrt{2}\,\alpha\sqrt{\cos\theta-\cos\beta}}$$

由于

$$\cos\theta=1-2\sin^2(\theta/2)；\ \cos\beta=1-2\sin^2(\beta/2)$$

故

$$l=\frac{1}{2\alpha}\int_0^\beta\frac{\mathrm{d}\theta}{\sqrt{\sin^2(\beta/2)-\sin^2(\theta/2)}} \tag{d}$$

为了简化式（d）中的积分，令

$$m=\sin(\beta/2) \tag{e}$$

并引入一个新变量

$$m\sin\varphi=\sin(\theta/2) \tag{f}$$

进行微分

$$m\cos\varphi\mathrm{d}\varphi=\frac{1}{2}\cos(\theta/2)\mathrm{d}\theta$$

得

$$\mathrm{d}\theta=\frac{2m\cos\varphi\mathrm{d}\varphi}{\cos(\theta/2)}$$

由于

$$\cos(\theta/2)=\sqrt{1-\sin^2(\theta/2)}=\sqrt{1-m^2\sin^2\varphi}$$

故

$$\mathrm{d}\theta=\frac{2m\cos\varphi\mathrm{d}\varphi}{\sqrt{1-m^2\sin^2\varphi}} \tag{g}$$

由式（f）得

$$\sin\varphi=\frac{\sin(\theta/2)}{m}=\frac{\sin(\theta/2)}{\sin(\beta/2)}$$

可见：θ 从 $0\to+\beta$

$\sin\varphi$ 从 $0\to+1$，即 φ 从 $0\to+(\pi/2)$

又
$$\sqrt{\sin^2(\beta/2)-\sin^2(\theta/2)}=\sqrt{m^2-m^2\sin^2\varphi}=m\sqrt{1-\sin^2\varphi}=m\cos\varphi \tag{h}$$

将式（g）、式（h）代入式（d）得

$$l=\frac{1}{2\alpha}\int_0^{\pi/2}\frac{1}{m\cos\varphi}\times\frac{2m\cos\varphi\mathrm{d}\varphi}{\sqrt{1-m^2\sin^2\varphi}}=\frac{1}{\alpha}K(m) \tag{8-49}$$

其中
$$K(m)=\int_0^{\pi/2}\frac{\mathrm{d}\varphi}{\sqrt{1-m^2\sin^2\varphi}} \tag{8-50}$$

称 $K(m)$ 为具有系数 m 和幅角 φ 的**第一类完全椭圆积分**。

将 $\alpha^2=\dfrac{N}{EI}$代入式（8-49），可得柱子的大变形理论临界力

$$N_{\mathrm{cr},l}=EI(K/l)^2$$

从而可得大、小变形理论临界力之比值

$$\eta=\frac{N_{\mathrm{cr},l}}{N_{\mathrm{cr,s}}}=\frac{EI(K/l)^2}{\pi^2EI/(2l)^2}=\left(\frac{2K}{\pi}\right)^2 \tag{8-51}$$

可以证明两端铰接压杆的 η 值，同样等于（$2K/\pi$）^{2}。

讨论：

① 采用小变形理论时，$\beta\approx0$，即 $\sin(\beta/2)=m=0$，由式（8-50）得 $K(m)=\pi/2$，由式（8-51）得 $\eta=1$，即 $N_{\mathrm{cr},l}=N_{\mathrm{cr,s}}$，说明非线性理论与线性理论得到相同的临界力。

② 当 $\beta=60°$时，$m=\sin(\beta/2)=\sin30°=0.5$，由 $\beta/2=30°$，查椭圆积分数值表（附录 13），可得 $K(m)=1.6858$，并代入式（8-51）得 $\eta=(2\times1.6858/\pi)^2=1.152$，即 $N_{\mathrm{cr},l}$ 值比 $N_{\mathrm{cr,s}}$ 值大 15.2%。

下面求临界状态时的 B'点坐标 x_0 和 y_0（图 8-34a）。

如图 8-34b 所示
$$\frac{\mathrm{d}x}{\mathrm{d}s}=\cos\theta$$

将式（c）代入得
$$x_0=\int\cos\theta\mathrm{d}s$$
$$=-\frac{1}{\sqrt{2}\alpha}\int_\beta^0\frac{\cos\theta}{\sqrt{\cos\theta-\cos\beta}}\mathrm{d}\theta \tag{i}$$

由于
$$\cos\theta=1-2\sin^2(\theta/2)=1-2m^2\sin^2\varphi$$
$$\cos\beta=1-2\sin^2(\beta/2)=1-2m^2$$

并将式（g）代入式（i）得

$$\begin{aligned}x_0&=-\frac{1}{\sqrt{2}\alpha}\int_{\pi/2}^0\frac{1-2m^2\sin^2\varphi}{\sqrt{2m^2(1-\sin^2\varphi)}}\cdot\frac{2m\cos\varphi}{\sqrt{1-m^2\sin^2\varphi}}\mathrm{d}\varphi\\&=+\frac{1}{\alpha}\int_0^{\pi/2}\frac{\mathrm{d}\varphi}{\sqrt{1-m^2\sin^2\varphi}}+\frac{2}{\alpha}\int_0^{\pi/2}\frac{-m^2\sin^2\varphi}{\sqrt{1-m^2\sin^2\varphi}}\mathrm{d}\varphi\\&=\frac{1}{\alpha}K(m)+\frac{2}{\alpha}\left[\int_0^{\pi/2}\sqrt{1-m^2\sin^2\varphi}\mathrm{d}\varphi-\int_0^{\pi/2}\frac{\mathrm{d}\varphi}{\sqrt{1-m^2\sin^2\varphi}}\right]\\&=-\frac{1}{\alpha}K(m)+\frac{2}{\alpha}E(m)\end{aligned} \tag{8-52}$$

式中 $E(m)=\int_0^{\pi/2}\sqrt{1-m^2\sin^2\varphi}\mathrm{d}\varphi$ （**第二类完全椭圆积分**） (8-53)

同理可得

$$y_0 = \int \sin\theta \mathrm{d}s = -\frac{1}{\sqrt{2}\alpha}\int_{\beta}^{0}\frac{\sin\theta}{\sqrt{\cos\theta - \cos\beta}}\mathrm{d}\theta$$

因为
$$\sin\theta = 2\sin(\theta/2)\cos(\theta/2)$$

所以
$$\begin{aligned} y_0 &= \frac{1}{\sqrt{2}\alpha}\int_0^{\pi/2}\frac{2m\sin\varphi\sqrt{1-m^2\sin^2\varphi}}{\sqrt{2}m\cos\varphi}\cdot\frac{2m\cos\varphi}{\sqrt{1-m^2\sin^2\varphi}}\mathrm{d}\varphi \\ &= \frac{2m}{\alpha}\int_0^{\pi/2}\sin\varphi \mathrm{d}\varphi \\ &= \frac{2m}{\alpha}[-\cos\varphi]_0^{\pi/2} = \frac{2m}{\alpha} \end{aligned} \tag{8-54}$$

从而

$$\frac{y_0}{l} = \frac{2m/\alpha}{K/\alpha} = \frac{2m}{K}$$

将式(8-51)代入得

$$\frac{y_0}{l} = \frac{4m}{\pi\sqrt{\eta}} \tag{8-55}$$

对于两端铰接的压杆，大变形理论的 $\delta/l = \dfrac{2m}{\pi\eta}$（其中 δ 为压杆中央的最大挠度）是一个确定值，与小变形理论的 δ 不确定性不同，如图 7-4c 所示。

上述悬臂柱的计算步骤如下：

1）给出 β，如 $\beta = 40°$（见图 8-35）。

2）根据 $m = \sin(\beta/2) = \sin 20° = 0.342$，查附录 13 得 $K(m) = 1.62$，$E = 1.5238$。

3）由式（8-51）得 $\eta = \left(\dfrac{2\times1.62}{\pi}\right)^2 = 1.064$。

4）由式（8-49e）得 $\alpha = \dfrac{K(m)}{l} = \dfrac{1.62}{l}$。

5）由式（8-52）和式（8-54）得

$$x_0 = -\frac{l}{1.62}\times1.62 + \frac{2l}{1.62}\times1.5238 = 0.881l$$

$$y_0 = \frac{2\times0.342}{1.62}l = 0.422l$$

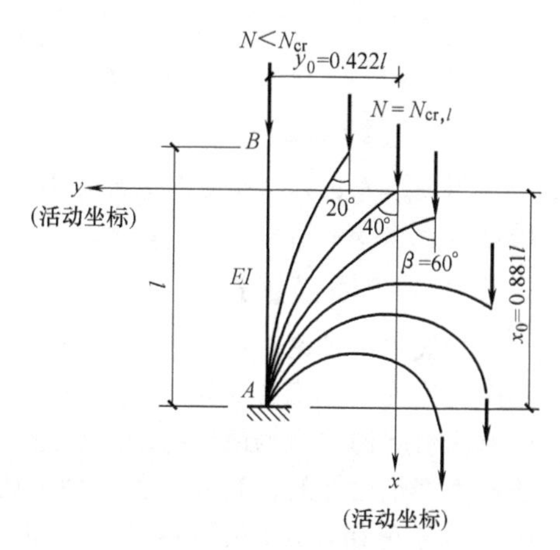

图 8-35　悬臂柱计算简图

8.5　非弹性屈曲

前面讲述的内容均为弹性弯曲屈曲问题，在实腹式构件计算中，一般采用小变形理论且不计剪力的影响，其临界力和临界应力分别是

$$N_{cr} = \frac{\pi^2 EI}{l_0^2}$$

$$\sigma_{cr} = \frac{N_{cr}}{A} = \frac{\pi^2 EI}{l_0^2 A} = \frac{\pi^2 E}{\lambda^2} \quad (i^2 = I/A, \lambda = l_0/i) \tag{8-56}$$

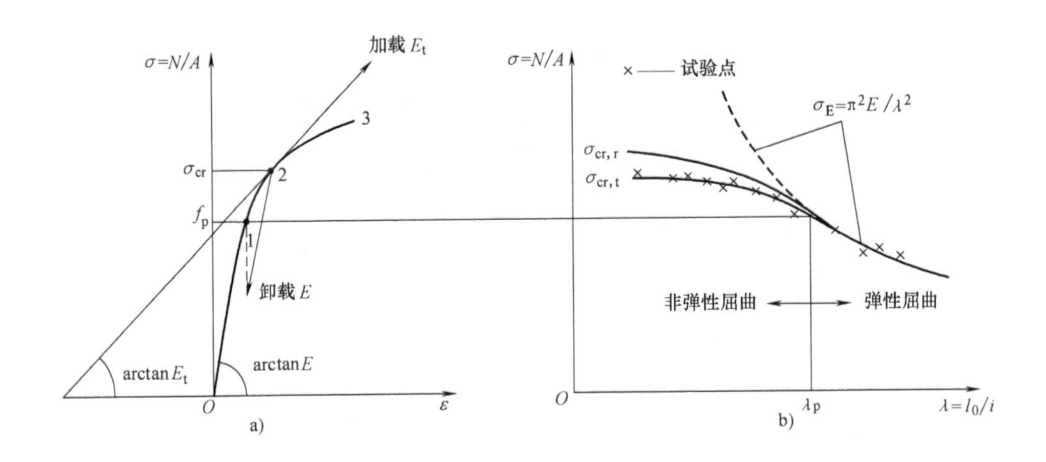

图 8-36

式（8-56）是由欧拉（Euler）在 1744 年导出，又称欧拉公式。取 $\sigma_{cr}=\pi^2E/\lambda^2\leqslant f_p$（图 8-36，$f_p$ 是比例极限），可得弹性弯曲屈曲的范围

$$\lambda\geqslant\lambda_p=\pi\sqrt{\frac{E}{f_p}}$$

$$=\pi\sqrt{\frac{E}{(0.7\sim0.8)\ f_y}}\qquad\left(\begin{aligned}&\text{Q235 钢：}E=206\times10^3\text{N/mm}^2,\\&f_y=235\text{N/mm}^2\end{aligned}\right)$$

$$=104\sim111$$

当 $\sigma_{cr}>f_p$，即 $\lambda<\lambda_p$ 时，轴心压杆的工作进入非弹性范围。此时，材料的 σ-ε 关系成为非线性（图 8-36a 所示曲线 123），屈曲问题变得复杂起来。下面简述非弹性屈曲的 3 个理论。

8.5.1 切线模量理论

切线模量理论（tangent modulus theory）由德国人恩格塞尔于 1889 年提出。它假定杆从挺直到微弯位置（小变形假定）过渡期间，轴向荷载增加，且增加的平均轴向压应力 $\Delta\sigma_n=\Delta N/A$ 大于弯曲引起构件凸侧最外纤维的拉应力 $\Delta\sigma_b$，即 $\Delta\sigma_n\geqslant\Delta\sigma_b$（图 8-37c）。因此，截面上所有点的压应力都是增加的，其 σ-ε 关系均由切线模量 E_t 控制，截面的中性轴与形心轴重合。因 ΔN 与 N 相比，ΔN 可以忽略，则可得外力矩 Ny 与截面弯矩 $-E_tIy''$ 的平衡条件

$$E_tIy''+Ny=0$$

从而，切线模量荷载

$$N_{cr,t}=\frac{\pi^2E_tI}{l_0^2}\qquad(8\text{-}57a)$$

由于式（8-57a）中的 E_t 是一个变量，具体应用时应写成临界应力形式

$$\sigma_{cr,t}=\frac{N_{cr,t}}{A}=\frac{\pi^2E_t}{\lambda^2}\qquad(8\text{-}57b)$$

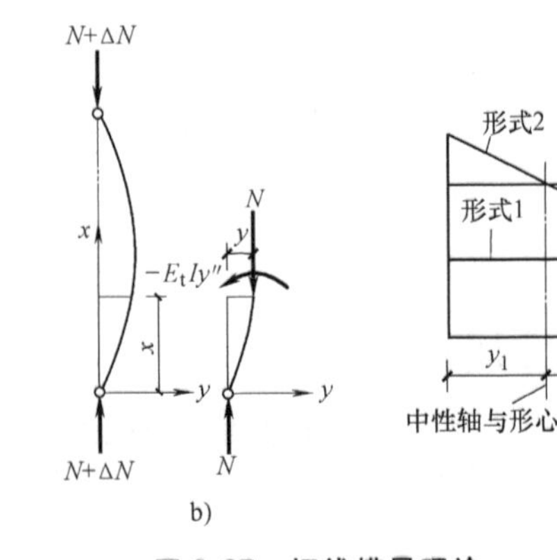

图 8-37 切线模量理论

a）直线形式 1 b）直线形式 2 c）横截面上的应力分布

按式（8-57b）可画出某一特定材料压杆的 $\sigma_{cr,t}$-λ 曲线，供直接查用。

8.5.2　折减模量理论

折减模量理论（reduced modulus theory），又称双模量理论（double modulus theory），该理论的概念是在 1889 年由德人康西德尔（Considére）提出的，基本思想：构件从直的位置到微弯位置时，轴向荷载保持常量。从而，当构件微微弯曲时（图 8-38a），截面上任一点的总应力将由一个均匀压应力 $\Delta\sigma_n=\Delta N/A$ 和一个弯曲应力 $\Delta\sigma_b$ 组成（图 8-38b）。在构件凸侧（中性轴以右）的应力按 E 卸载，凹侧（中性轴以左）的应力由 E_t 控制，即康西德尔认为有效模量 E_r 是 E 和 E_t 两者的函数，但他并未给出 E_r 的具体表达式。然而，当恩格塞尔知道康西德尔新思维后，很快就承认了它的正确性，并于 1895 年导出了 E_r 的第一个正确值。直到 1910 年，卡曼（Karman）独立地重新导出了双模量理论之后，该理论才获得广泛的承认。因此，双模量理论又叫康-恩-卡理论，其折减模量荷载由下式计算。

$$N_{cr,r}=\frac{\pi^2E_rI}{l_0^2} \tag{8-58}$$

式中，$E_r=(EI_2+E_tI_1)/I$，显然 $E_r>E_t$，也即 $\sigma_{cr,r}>\sigma_{cr,t}$。

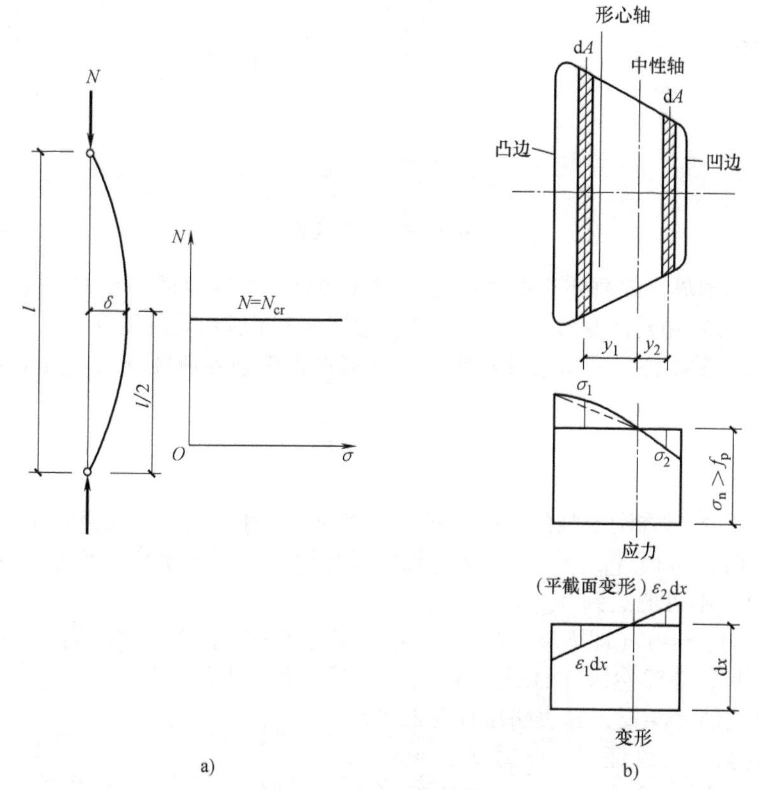

图 8-38　折减模量理论

8.5.3　香利理论（Shanley's theory）

切线模量理论和折减模量理论各自都存在着矛盾：

① 根据切线模量理论，当压力达到 $N_{cr,t}$ 时，压杆将由直变弯，但由于该理论假定杆弯曲时不出现卸载现象，就必须使 $N>N_{cr,t}$，这与临界值为 $N_{cr,t}$ 是矛盾的。

②根据双模量理论，荷载到达 $N_{cr,r}$ 之前，压杆将保持直线状态，但当 $N>N_{cr,t}$（它小于 $N_{cr,r}$）时，就有可能弯曲，双模量理论却要求 N 在到达 $N_{cr,r}$ 前，压杆保持直线状态，这也是矛盾的。

年轻的香利深入研究了上述的矛盾现象，于 1946 年在美国 *Journal of the Aeronautical science* 上发表了 *The Column Paradox* 一文，提出了著名的香利模型（图 8-39）。压杆的弹塑性性质都集中由可变形元件来体现，从而排除了实际压杆中同时应考虑沿截面和沿杆长材料性质变化（由 E-E_t）的复杂性。

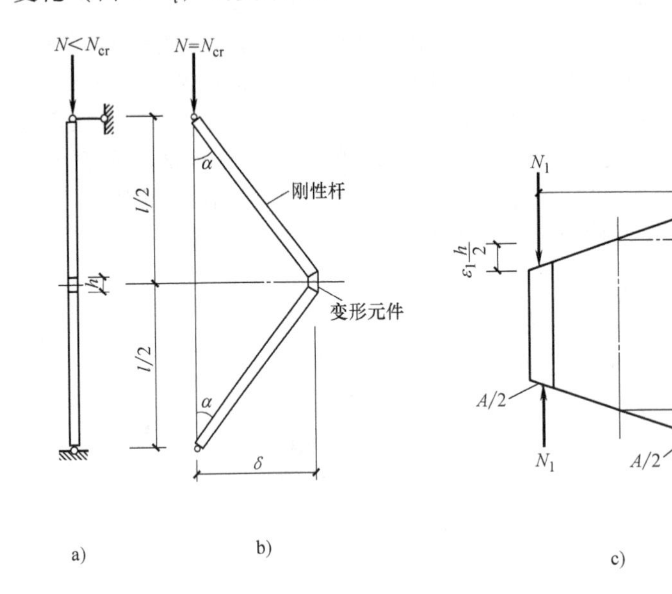

图 8-39 香利模型

设模型在达到临界荷载前处于直线状态（图 8-39a）。当压力进一步增大时，模型将产生有限侧移 δ（图 8-39b）和元件变形（图 8-39c）且按图 8-39d 所示双线性应力应变图工作。

利用模型的平衡条件、几何条件和物理关系可得香氏临界荷载 $N_{cr,s}$ 与 δ 的关系式为

$$N_{cr,s}=N_{cr,t}\left(1+\frac{1}{\eta/2\delta+(\tau+1)/(\tau-1)}\right) \tag{8-59}$$

式中，$\tau=E_2/E_t$。

由式（8-59）绘出香利模型的 N-δ 曲线（图 8-40），并得出如下几点结论：

1）当 $\delta=0$ 时，可得 $N_{cr,s}=N_{cr,t}$，即在切线模量时，模型处于直线状态。这也说明，模型保持直立状态时，不可能达到 $N_{cr,r}$。

2）当 $\delta>0$，且 $\tau\neq1$（即 $E_2\neq E_t$）时，$N_{cr,s}$ 将随 δ 的增长而增大。当 $\delta\to\infty$ 时，容易证明 $N_{cr,s}\to N_{cr,r}$，可见，非弹性压杆的压力 $N>N_{cr,t}$ 之后，仍可继续增加荷载。

3）若 $\tau=1$，即 $E_2=E_t$，这表明压杆弯曲时凸侧不发生卸载现象。可以证明，此时 $N_{cr,s}=N_{cr,t}$，即 $N_{cr,s}$ 不随 δ 变化而保持常量。但由双模量理论，压力为常量，凸侧必有卸载作用。这说明，在有限变形时，不可能 $\tau=1$，因而 N-δ 关系应是图 8-40 中的实曲线。

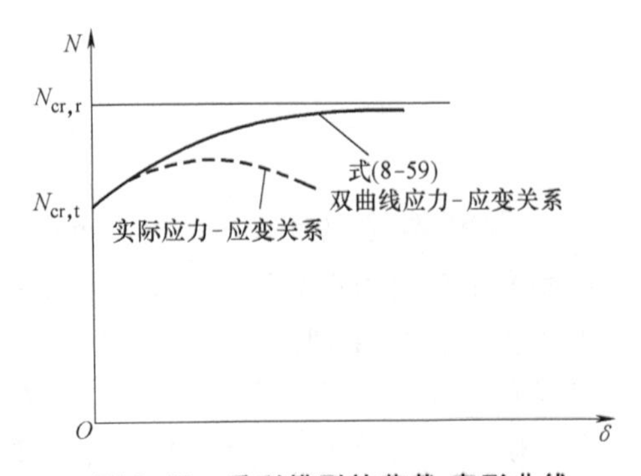

图 8-40 香利模型的荷载-变形曲线

4）香利理论采用的切线模量 E_t 假定是常数（图 8-39d），而实际材料，E_t 将随应力加大而减小。因此，真正的 N-δ 关系将是图 8-40 中的虚曲线，最大荷载介于 $N_{cr,t}$ 与 $N_{cr,r}$ 之间。

更精确的试验研究表明：试验点更接近 $N_{cr,t}$

值（图 8-36b）。因轴心压杆非弹性屈曲的计算常采用切线模量理论。

在实际工程中，理想的轴心受压杆是不存在的，它们总是具有各种初始缺陷——初偏心 e_0、初弯曲 v_0 和残余应力 σ_r，通常称这些具有初始缺陷的轴心压杆为工程杆。工程杆的临界荷载比理想轴心压杆的临界荷载低。对工程杆的计算，规范只考虑了初弯曲和残余应力两个因素，并按小偏心受压构件用“压溃理论”近似确定承载力（图 11-5 的 N_B 为压溃荷载）。

8.6　扭转屈曲和弯扭屈曲

8.6.1　开口薄壁构件

1. 扭转的分类

众所周知，非圆截面杆的扭转与圆截面杆的扭转不同，前者扭转后的截面不再保持平面，而要发生翘曲（截面凹凸），即截面上各点有轴向位移产生。如果能够自由地翘曲，外扭矩将全部由圣维南（St · Venant）剪应力所抵抗，这类扭转叫自由扭转（又称纯扭转、均匀扭转或圣维南扭转），如图 8-41 所示；如果截面不能自由翘曲，则外扭矩由圣维南剪应力与翘曲扭矩共同抵抗，这类扭转叫约束扭转或非均匀扭转（图 8-43）。

（1）自由扭转　开口薄壁杆（I 字型截面）两端受到大小相等、方向相反的扭矩 M_{st} 作用，杆将产生自由扭转，如图 8-41 所示，自由扭转有如下两个特点：

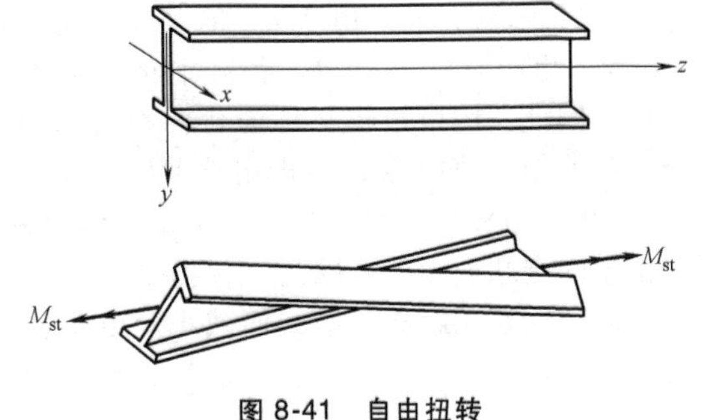

图 8-41　自由扭转

1）杆件各截面的翘曲相同。因此，杆件的纵向纤维不产生轴向应变，截面上没有正应力而只有扭转引起的剪应力。剪应力的分布与杆件截面的形状有关，但各截面上的分布情况都相同。

2）纵向纤维不发生弯曲，即翼缘和腹板上的纵向纤维保持直线，上下翼缘相互扭转了一个角度 φ（扭转角）。

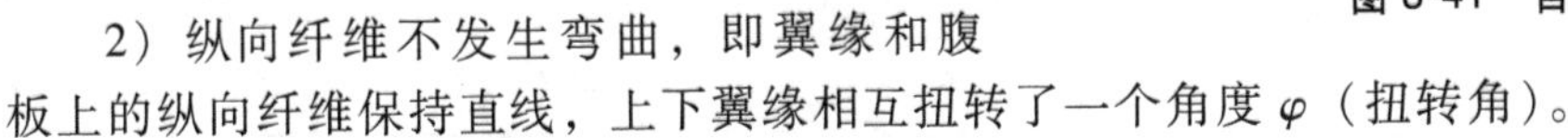

由弹性力学知，非圆截面杆自由扭转时的扭转角 φ 与扭矩 M_{st} 的关系式和圆截面的相似，且扭率 θ（杆单位长度的扭转角）为常量，即

$$\theta = \frac{\mathrm{d}\varphi}{\mathrm{d}z} = \frac{M_{st}}{GI_t} \tag{8-60}$$

式中　GI_t——截面的扭转刚度；

G——材料的剪切弹性模量；

I_t——截面的自由扭转惯性矩或叫截面的扭转常数。

对由几个狭长矩形所组成的截面，如 I 形、工形、⊏形、Z 形等，其扭转常数（torsion constant）可近似地按式（8-61）计算。

$$I_t = \frac{k}{3}\sum_{i=1}^{n} b_i t_i^3 \tag{8-61}$$

式中　n——组成截面的狭长矩形的数目；

b_i、t_i——第 i 个狭长矩形的长度、厚度；

k——截面形状系数，角钢截面 $k=1.0$，工字钢截面 $k=1.31$，槽钢截面 $k=1.12$，T 字钢截面 $k=1.15$，组合截面 $k=1.0$。

由式（8-60）可求出杆件任意截面（z 处）相对于左端的扭矩 φ 与扭矩的关系

$$\varphi=\frac{M_{st}}{GI_t}z \tag{8-62}$$

开口薄壁杆自由扭转时，截面上的剪应力方向与中心线平行且沿薄壁厚度 t_i 线性分布，在中线上的剪应力为零（图 8-42)，这相当于在截面内形成闭合循环的剪力流。截面周边上任意点的剪应力为

$$\tau_s=\frac{M_{st}t_i}{I_t} \tag{8-63}$$

由于外扭矩是由剪应力组成的力矩来平衡，若壁较薄，如图 8-42 所示的 t_2，剪应力构成的内力臂就小，该处就将出现较大的剪应力，杆的抗扭能力较差。

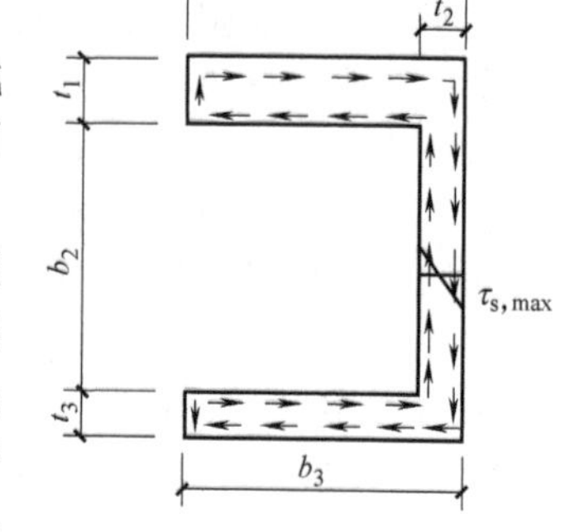

图 8-42 自由扭转剪应力分布

(2) 约束扭转 由于支座的阻碍或其他原因，受扭杆的截面不能完全自由翘曲，这就出现了约束扭转，如图 8-43 所示可见约束扭转的特点是：

1）杆件各截面的凹凸不相同，即纵向纤维将发生拉伸或压缩变形，因此，截面上不仅产生圣维南扭转剪应力 τ_s，而且还有弯曲扭转正应力 σ_w。由于 σ_w 的分布决定于杆截面的扇性坐标，故 σ_w 也叫扇性正应力。各纤维正应力不相同就会导致杆件弯曲，因此，约束扭转又称为弯曲扭转。由于杆件弯曲，必将产生弯曲扭转剪应力 τ_w，即扇性剪应力。

2）扭率沿杆长变化，如图 8-43a 所示的杆件，左端刚性固定，右端自由并受扭矩 M_t 作用。由于固定端截面不能翘曲（保持平面)，它将约束其他截面使之不能自由翘曲。约束的程度随截面离固定端距离的增大而减小。由于各截面的翘曲情况不同，翼缘不再保持直线而发生弯曲。

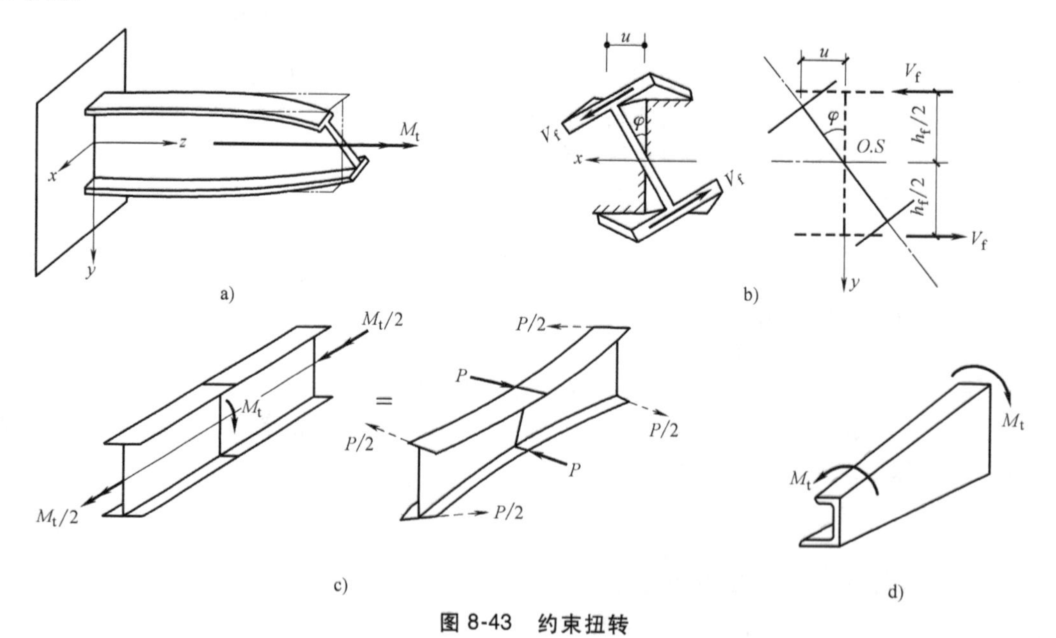

图 8-43 约束扭转

如果工字截面杆在跨中承受集中扭矩 M_t，并在两端有数值为 $M_t/2$ 的扭矩与之平衡（图 8-43c)。这时由于变形关于杆中对称，杆的中央截面应保持平面，而其他截面有翘曲，会发生约束扭转，致使杆的翼缘发生弯曲。如果我们用力偶 Ph 来代替杆上的扭矩 M_t，则可以更

清楚说明这种约束扭转现象。

对于变截面的薄壁杆，即使承受沿杆长不变的扭矩（图 8-43d），也会因各截面翘曲不同而发生约束扭转。

开口薄壁杆在约束扭转时截面上的应力分布是一个静不定问题，因此，就必然联系到杆件扭转时的变形。在实用计算中，变形的计算是以符拉索夫的两个假定为基础：①刚性周边假定，即杆件截面周边不变形（图 8-44b）。②截面中间层上的材料不承受剪切，剪切变形等于零。

约束扭转的应力包括自由扭转剪应力 τ_s（图 8-42）及各截面翘曲不同而引起的应力 σ_w 和 τ_w。

因翼缘弯曲而产生的弯曲扭转剪应力 τ_w 沿翼缘（flange）板厚 t 均匀分布（图 8-45）。每一翼缘中 τ_w 之和应为弯曲扭转剪力 V_f（图 8-43b 或图 8-45）并形成内扭矩

$$M_w = V_f h_f \tag{8-64}$$

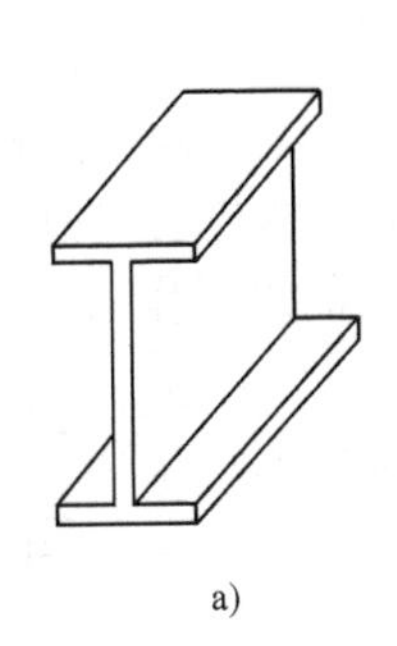

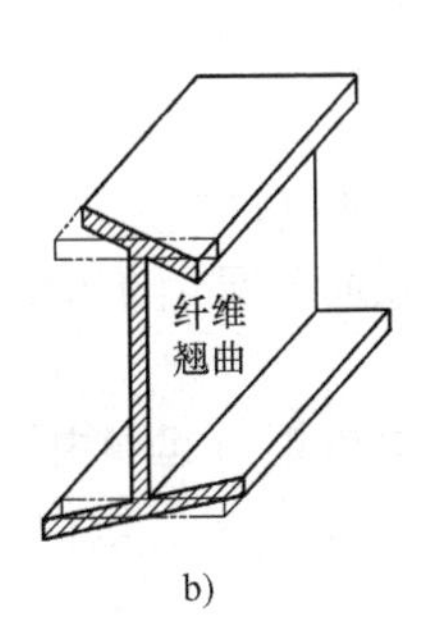

a)　　b)

图 8-44　开口薄壁杆变形

a）变形前　b）变形后

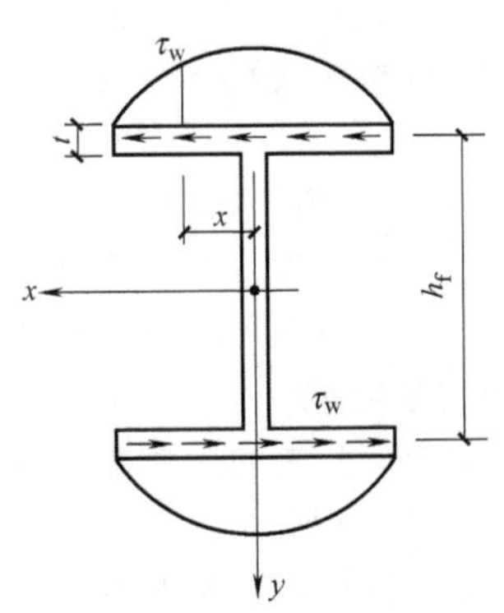

图 8-45　弯曲扭转剪应力沿翼缘板厚的分布

其中，M_w 为约束扭矩或弯曲扭矩。由图 8-43b 可求上翼缘在 x 方向产生的位移为

$$u = \frac{h_f}{2}\varphi$$

式中　h_f——杆截面上、下翼缘间的距离。

曲率是：

$$\frac{d^2u}{dz^2} = \frac{h_f}{2} \cdot \frac{d^2\varphi}{dz^2}$$

若取图 8-46 所示的弯矩方向为正，则由弯矩与曲率之关系，可得一个翼缘的侧向弯矩

$$M_f = EI_f\frac{d^2u}{dz^2} = \frac{h_f}{2}EI_f\frac{d^2\varphi}{dz^2} \tag{8-65}$$

式中　I_f——一个翼缘绕 y 轴的惯性矩。

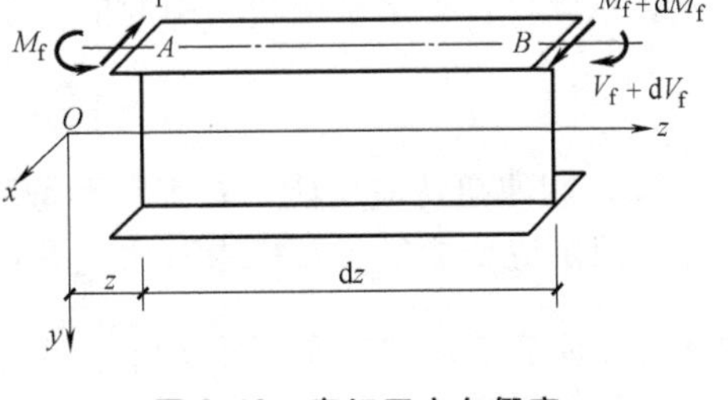

图 8-46　弯矩正方向假定

再由上翼缘内力 $\sum M_B = 0$ 可得弯曲扭转剪力为：

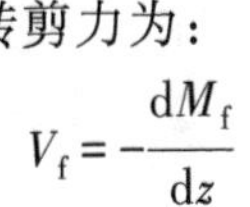

$$V_f = -\frac{dM_f}{dz}$$

把式（8-65）代入得

$$V_f = -\frac{h_f}{2}EI_f\frac{d^3\varphi}{dz^3} \tag{8-66}$$

从而式（8-64）变成

$$M_{w}=-\frac{EI_{f}h_{f}^{2}}{2}\cdot\frac{d^{3}\varphi}{dz^{3}} \tag{8-67}$$

或

$$M_{w}=-EI_{w}\frac{d^{3}\varphi}{dz^{3}} \tag{8-68}$$

式中

$$I_{w}=\frac{I_{f}h_{f}^{2}}{2}=\frac{I_{y}h_{f}^{2}}{4}=\frac{tb^{3}h_{f}^{2}}{24} \tag{8-69}$$

I_w 是约束扭转计算中一个重要的截面几何性质，称为翘曲常数或叫扇性惯性矩。对双轴对称工字形截面可按式（8-69）计算。

现设约束扭转外扭矩为 M_t，则由内、外扭矩平衡条件得

$$M_{t}=M_{st}+M_{w} \tag{8-70a}$$

把式（8-60）和式（8-68）代入得

$$M_{t}=GI_{t}\varphi'-EI_{w}\varphi''' \tag{8-70b}$$

式（8-70b）为开口薄壁杆约束扭转计算的一般公式。式中 GI_t 和 EI_w 被称为截面的自由扭转刚度和翘曲刚度。式（8-70b）第一项代表截面对扭转变形的抵抗，第二项代表截面对翘曲的抵抗注意，但必须指出，第二项并非因为构件翘曲而是由于构件对翘曲的阻碍作用。

2. 扭转应变能

储存在受扭杆内的应变能分为两部分：由圣维南扭矩引起和由翘曲扭矩引起。

（1）圣维南扭转应变能　因圣维南扭转而引起并储存在受扭构件微分段 dz 内的应变能增量等于扭矩与扭转角变量的乘积一半，即

$$dU_{sv}=\frac{1}{2}M_{st}d\varphi$$

把式（8-60）代入，得

$$dU_{st}=\frac{1}{2}\frac{M_{st}^{2}}{GI_{t}}dz$$

代入式（8-62），得

$$dU_{st}=\frac{1}{2}GI_{t}\left(\frac{d\varphi}{dz}\right)^{2}dz$$

对全长积分，可得圣维南扭转引起的整个构件的应变能为

$$U_{st}=\frac{1}{2}\int_{0}^{l}GI_{t}(\varphi')^{2}dz \tag{8-71}$$

（2）翘曲扭转应变能　对工字形截面杆来说，翘曲受到阻碍则会产生贮存在构件内的应变能，假定应变能等于两翼缘弯曲应变能之和，且忽略剪切应变能，就可得一个翼缘微段 dz 内的弯曲应变能，它等于弯矩 $EI_f\left(\frac{d^2u}{dz^2}\right)$ 与转角（d^2u/dz^2）dz 乘积一半，即

$$dU_{w}=\frac{1}{2}EI_{f}(u'')^{2}dz$$

由于 $u=\frac{h_f}{2}\varphi$ 与 $I_w=\frac{I_f h_f^2}{2}$，得

$$dU_{w}=\frac{1}{4}EI_{w}(\varphi'')^{2}dz$$

对全长积分并乘以 2，即为两个翼缘的值

$$U_{\mathrm{w}}=\frac{1}{2}\int_{0}^{l}EI_{\mathrm{w}}(\varphi'')^{2}\mathrm{d}z \tag{8-72}$$

可得总扭转应变能

$$U_{\mathrm{t}}=U_{\mathrm{st}}+U_{\mathrm{w}}=\frac{1}{2}\int_{0}^{l}GI_{\mathrm{t}}(\varphi)^{2}\mathrm{d}z+\frac{1}{2}\int_{0}^{l}EI_{\mathrm{w}}(\varphi'')^{2}\mathrm{d}z \tag{8-73}$$

8.6.2　扭转屈曲和弯扭屈曲

古迪尔（Goodier）、铁摩辛柯（Timoshenko）、霍夫（Hoff）和盖尔（Gere）等学者曾广泛研究过等截面开口薄壁轴心压杆的扭转屈曲和弯扭屈曲。在他们的研究中，假定构件屈曲时处在弹性阶段，小变形状态和截面的周边形状保持不变，可以用对微分方程进行积分或是应用能量原理，如瑞利-里兹（Rayleigh-Ritz）法等方法来确定临界荷载。

1. 扭转屈曲

抗扭刚度很差的双轴对称截面的轴心压杆（如十字形截面杆）有可能在作用力未达到欧拉荷载之前，就产生扭转变形而屈曲。

图 8-47 所示双轴对称工字形截面轴心压杆，上下两端均为夹支铰接端，即杆端截面只能自由翘曲，不能绕通过截面剪力中心 S（附录 18）的纵轴 z 旋转。设杆产生扭转屈曲时

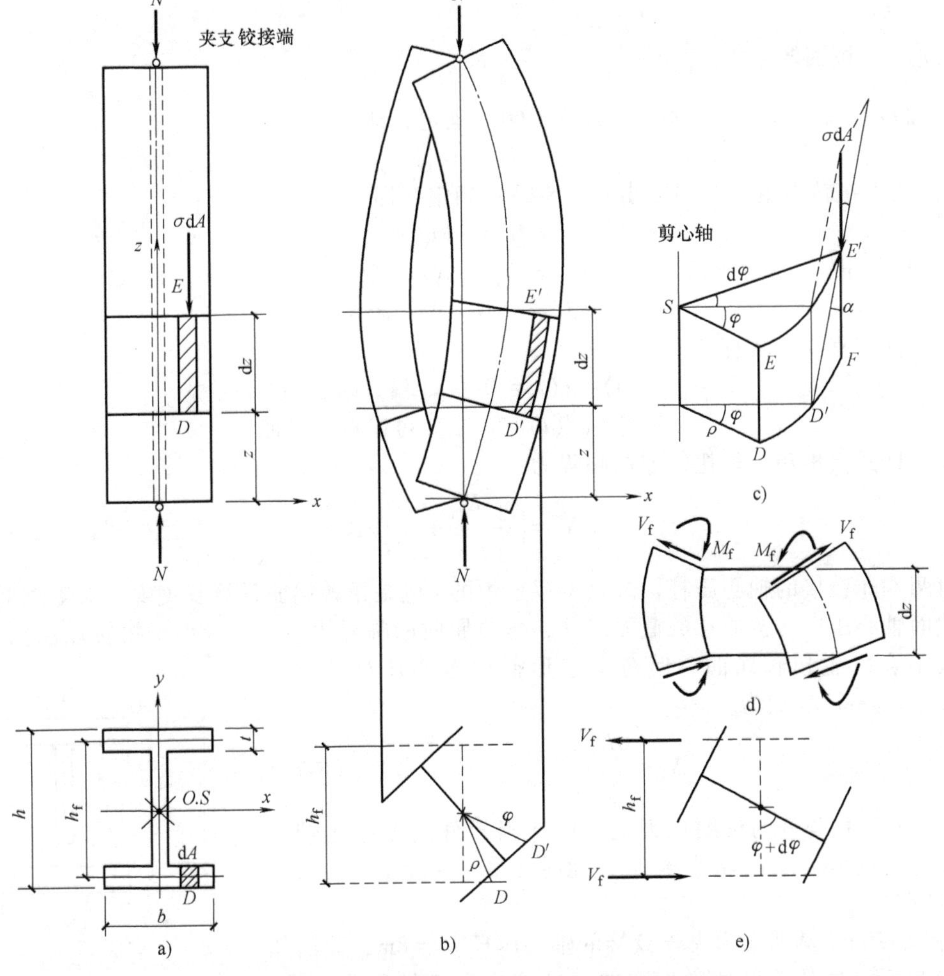

图 8-47　扭转屈曲（双轴对称截面）

（图 8-47d），在距杆端 z 处的任意截面，对 z 轴的扭转角为 φ。

为了建立扭转屈曲时任意截面的扭矩平衡方程，取出一段长度为 dz 的微单元体，单元体两端所在截面的相对扭转角为 dφ，如图 8-47c 所示，距剪力中心 S 为 ρ 的任意一点 D 转动至 D'点，$DD'=\rho\mathrm{d}\varphi$。单元体上的纤维 DE 在杆扭转后位移到 $D'E'$。纤维倾斜以后的倾角为 α。因相对转角 dφ 微小，故 α 为

$$\alpha=\rho\frac{\mathrm{d}\varphi}{\mathrm{d}z}$$

1）外力 N 对有扭转变形杆的任意截面的作用扭矩 M_{t1}。纤维 DE 上端作用着压力为 $\sigma\mathrm{d}A=\frac{N}{A}\mathrm{d}A$（图 8-47c）。纤维倾斜后，在截面内产生分力 $\sigma\mathrm{d}A\alpha=\sigma\mathrm{d}A\rho\frac{\mathrm{d}\varphi}{\mathrm{d}z}$，这个分力对剪心 S 形成逆时针旋转的扭矩（图 8-47e）。

$$\mathrm{d}M_{\mathrm{t1}}=\sigma\mathrm{d}A\alpha\rho=\sigma\rho^2\frac{\mathrm{d}\varphi}{\mathrm{d}z}\mathrm{d}A$$

可得外力作用在整个截面上的扭矩

$$M_{\mathrm{t1}}=\sigma\frac{\mathrm{d}\varphi}{\mathrm{d}z}\int_A\rho^2\mathrm{d}A=\sigma\frac{\mathrm{d}\varphi}{\mathrm{d}z}I_\rho=\sigma A\frac{I_\rho}{A}\cdot\frac{\mathrm{d}\varphi}{\mathrm{d}z}=Ni_0^2\frac{\mathrm{d}\varphi}{\mathrm{d}z}\tag{8-74}$$

式中 I_ρ——截面对剪力中心 S 的极惯性矩；

i_0——极回转半径，$i_0^2=\dfrac{\int_A\rho^2\mathrm{d}A}{A}=\dfrac{I_x+I_y}{A}$。

2）自由扭转力矩 M_{sv}。M_{sv} 由式（8-60）确定，即

$$M_{\mathrm{st}}=GI_{\mathrm{t}}\varphi'\tag{8-75}$$

3）约束扭转力矩 M_{w}。M_{w} 由式（8-68）确定，即

$$M_{\mathrm{w}}=-El_{\mathrm{w}}\varphi''$$

4）杆的扭转力矩平衡方程。将式（8-74）、式（8-75）和式（8-60）代入式（8-70a），可得

$$EI_{\mathrm{w}}\varphi''-(GI_{\mathrm{t}}-Ni_0^2)\varphi'=0\tag{8-76}$$

根据两端夹支铰接杆的端部条件

$$\varphi(0)=\varphi(l)=0\quad（没有扭转角）$$
$$\varphi''(0)=\varphi''(l)=0\quad（可以自由翘曲）$$

解方程，即式（8-76）得扭转屈曲临界力

$$N_{\mathrm{w}}=\left(\frac{\pi^2EI_{\mathrm{w}}}{l^2}+GI_{\mathrm{t}}\right)/i_0^2\tag{8-77}$$

对两端非铰接的轴心压杆，式（8-77）中的 l 应是扭转屈曲计算长度 l_0。对双轴对称的工字形截面轴心压杆，按通常的截面尺寸，弯曲屈曲的临界力 N_{cr} 一般小于扭转屈曲的临界力，故一般不会发生扭转屈曲。但对十字形截面轴心压杆，由于 $I_{\mathrm{w}}\approx0$，式（8-77）成为

$$N_{\mathrm{w}}=\frac{GI_{\mathrm{t}}}{i_0^2}\tag{8-78}$$

式（8-78）与杆的长细比无关，因此当板件的宽厚比较大而长细比又较小时，N_{w} 将小于 N_y，此时杆多半在弹塑性阶段发生扭转屈曲。

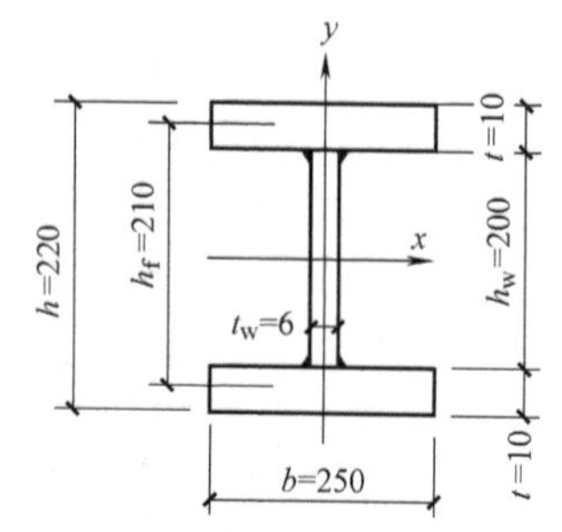

图 8-48　焊接组合截面

［例 8-20］　某两端为夹支铰接的轴心压杆，$l=8$m，截面如图 8-48 所示，试计算杆的弹性弯曲屈曲应力和扭转屈曲应力。

$E=206\times10^3\text{N/mm}^2$，$G=79\times10^3\text{N/mm}^2$。

［**解**］　截面几何特性

$$A=(2\times25\times1+20\times0.6)\text{cm}^2=62\text{cm}^2$$

$$I_x=\left(\frac{1}{12}\times0.6\times20^3+2\times25\times1\times10.5^2\right)\text{cm}^4=5913\text{cm}^4$$

$$I_y=\left(2\times\frac{1}{12}\times1\times25^3\right)\text{cm}^4=2604\text{cm}^4$$

$$i_0^2=\frac{I_x+I_y}{A}=\frac{8517}{62}\text{cm}^2=137.37\text{cm}^2$$

$$i_y=\sqrt{\frac{I_y}{A}}=\sqrt{\frac{2604}{62}}\text{cm}=6.48\text{cm}$$

由式（8-61）得

$$I_t=\frac{1}{3}\times(2\times25\times1^3+20\times0.6^3)\text{cm}^4=18.11\text{cm}^4$$

由式（8-69）得

$$I_w=\frac{1\times25^3\times21^2}{24}\text{cm}^6=287109.4\text{cm}^6$$

弯曲临界应力为

$$\sigma_{cr,y}=\frac{N_y}{A}=\frac{\pi^2EI_y}{l_{0y}^2A}$$
$$=\frac{\pi^2\times206\times10^3\times2064\times10^4}{(8\times10^3)^2\times62\times10^2}\text{N/mm}^2=133.4\text{N/mm}^2$$

扭转临界应力为

$$\sigma_{cr,w}=\frac{N_w}{A}=\left(\frac{\pi^2EI_w}{l_{0w}^2}+GI_t\right)/(I_x+I_y)$$
$$=\frac{912083+1430690}{8517}\text{N/mm}^2=275.6\text{N/mm}^2>\sigma_{cr,y}=133.4\text{N/mm}^2$$

讨论：

1）上述计算 $\sigma_{cr,w}>\sigma_{cr,y}$，说明杆是以弹性弯曲屈曲控制，因为此时 $\lambda_y=\frac{l_{0y}}{i_y}=\frac{8\times10^2}{\sqrt{2604/62}}=124$，杆很细长。

2）若 $l=3\text{m}$ 时，$\lambda_y=\frac{3\times10^2}{6.48}=46.3$，杆粗短，此时

$$\sigma_{cr,y}=\frac{\pi^2E}{\lambda_y^2}=948.4\text{N/mm}^2$$

$$\sigma_{cr,w}=\frac{6485920+1430690}{8517}\text{N/mm}^2=930.0\text{N/mm}^2<\sigma_{cr,y}=948.4\text{N/mm}^2$$

且

$$\frac{\sigma_{cr,y}-\sigma_{cr,w}}{\sigma_{cr,w}}=\frac{948.4-930}{930}=0.0198\text{，相差不到 }2\%\text{。}$$

由计算可知，对于粗短的一般工字形截面轴心压杆，弹性扭转屈曲应力也可能略低于弹

性弯曲屈曲应力，但是考虑到粗短杆屈曲时的受力状态已进入了弹塑性阶段，在计算屈曲应力时弹性模量需要折减，而剪切模量的变化较小，考虑到残余应力和初弯曲的影响，它们对弯曲屈曲的影响也比扭转屈曲大。一般来说，双轴对称工字形截面轴心压杆不会发生扭转屈曲。

2. 弯扭屈曲

由于单轴对称截面的形心 O 和剪心 S 不重合（图 8-49），它们之间的距离为 a。当杆件绕截面的对称轴 y 发生微小弯曲时（图 8-50），因杆件倾斜产生的剪力 V 会对剪心 S 形成扭矩 Va，从而使杆产生微小扭转变形，单轴对称截面轴心压杆绕对称轴 y 屈曲时必然伴随扭转，从而产生弯扭屈曲。

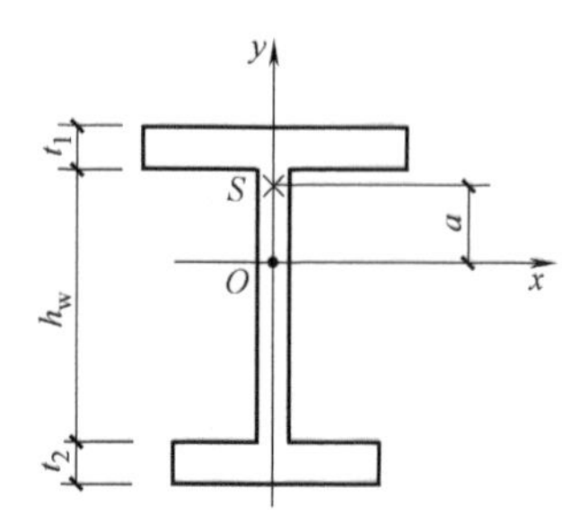

图 8-49　单轴对称截面

杆在弯曲的同时还出现扭转的平衡方程可以在式（8-70a）的基础上建立起来。

设 z 截面处剪心 S 在 xz 平面内的位移为 u（图 8-50b、c），则外力 N 产生的弯矩为

$$M_y = Nu$$

剪力是

$$V = \frac{\mathrm{d}M_y}{\mathrm{d}z} = N\frac{\mathrm{d}u}{\mathrm{d}z}$$

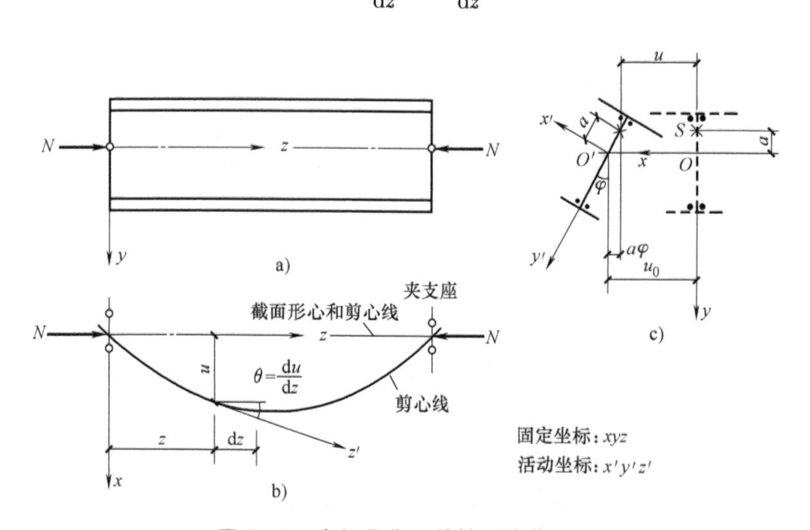

图 8-50　弯扭屈曲（单轴对称载面）

它作用在截面形心 O 上，对剪心产生与扭转角 φ 方向相同的顺时针扭矩

$$M_{t2} = N\frac{\mathrm{d}u}{\mathrm{d}z}a$$

这样，式（8-70a）变为

$$M_{t1} + M_{t2} = M_{st} + M_w$$

即

$$EI_w\varphi''' - (GI_t - Ni_0^2)\varphi' + Nau' = 0 \tag{8-79}$$

式中有扭转角 φ 和侧移 u 两个未知量，为此还要建立另一个与 φ 和 u 有关的平衡微分方程，即杆对 y 轴的弯曲平衡方程

$$EI_y u'' + Nu_0 = 0 \tag{8-80}$$

式中，形心 O 的侧向位移

$$u_0=u+a\varphi$$

为了使式（8-79）和式（8-80）适应不同的边界条件，两式可改为

$$EI_{\mathrm{w}}\varphi^{IV}-(GI_{\mathrm{t}}-Ni_0^2)\varphi''+Nau''=0 \tag{8-81}$$

$$EI_y u^{IV}+Nu''+Na\varphi''=0 \tag{8-82}$$

对于两端铰接的杆，变形 u 和 φ 是按正弦曲线的一个半波变化的，这样弯扭屈曲的临界力 N_{cr} 可由式（8-83）获得。

$$(N_y-N_{\mathrm{cr}})(N_{\mathrm{w}}-N_{\mathrm{cr}})-(a/i_0)^2N_{\mathrm{cr}}^2=0 \tag{8-83}$$

式中　N_y——对 y 轴的弯曲屈曲临界力的计算值，$N_y=\pi^2EI_y/l^2$；

N_{w}——扭转屈曲临界力的计算值，$N_{\omega}=\dfrac{1}{i_0^2}\left(\dfrac{\pi^2EI_{\mathrm{w}}}{l_{\mathrm{w}}^2}+GI_{\mathrm{t}}\right)$。

$$i_0^2=a^2+\frac{I_x+I_y}{A} \tag{8-84}$$

由式（8-83）可知，对于双轴对称截面，因为截面的形心和剪心重合，即 $a=0$，这样 $N_{\mathrm{cr}}=N_y$ 或 $N_{\mathrm{cr}}=N_{\mathrm{w}}$，取其中的最小值。但是对单轴对称截面，由于 $a\neq0$，N_{cr} 比 N_y 或 N_{w} 都小，a/i_0 越大，它们之间的差别也越大。

实际的压杆因有残余应力和初弯曲的影响，可能在弹塑性阶段屈曲，采用考虑弹塑性性能的一种近似计算方法。该方法根据等效的原则，把由式（8-83）得到的弯扭屈曲应力 $\sigma_{\mathrm{cr}}=\dfrac{N_{\mathrm{cr}}}{A}$看作是长细比为 λ_{0y} 的轴心压杆弯曲屈曲时的欧拉应力，即

$$\lambda_{0y}=\pi\sqrt{\frac{E}{\sigma_{\mathrm{cr}}}} \tag{8-85}$$

由 λ_{0y} 可查得轴心压杆的稳定系数 φ，以确定这种杆的弯扭屈曲承载力。

[例 8-21]　计算 T 形截面（图 8-51）轴心压杆的弯扭屈曲临界力。杆长 $l=2.5\mathrm{m}$，两端夹支铰接，材料为 Q235 钢，$E=206\times10^3\mathrm{N/mm^2}$，$G=79\times10^3\mathrm{N/mm^2}$。

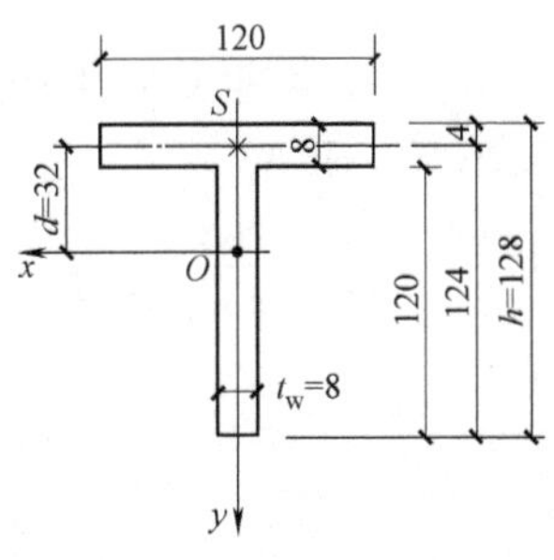

图 8-51　[例 8-21] 图

[解]　已知 $l_{0x}=l_{0y}=l_{0\mathrm{w}}=2.5\mathrm{m}$

截面几何特性

$A=2\times12\times0.8\mathrm{cm^2}=19.2\mathrm{cm^2}$

$d=\dfrac{12\times0.8(6+0.4)}{19.2}\mathrm{cm}=3.2\mathrm{cm}$

$I_x=(12\times3.6^3-11.2\times2.8^3+0.8\times9.2^3)/3\mathrm{cm^4}=311.8\mathrm{cm^4}$

$i_x=\sqrt{\dfrac{311.8}{19.2}}\mathrm{cm}=4.03\mathrm{cm}$

$\lambda_x=\dfrac{l_{0x}}{i_x}=\dfrac{2.5\times10^2}{4.03}=62$

$I_y=\dfrac{0.8\times12^3}{12}\mathrm{cm^4}=115.2\mathrm{cm^4}$　$i_y=\sqrt{\dfrac{115.2}{19.2}}\mathrm{cm}=2.45\mathrm{cm}$　$\lambda_y=\dfrac{2.5\times10^2}{2.45}=102$

$I_{\mathrm{t}}=2\times\dfrac{12\times0.8^3}{3}\mathrm{cm^4}=4.1\mathrm{cm^4}$　$I_{\mathrm{w}}=0$　$i_0^2=a^2+\dfrac{I_x+I_y}{A}=\left(3.2^2+\dfrac{311.8+115.2}{19.2}\right)\mathrm{cm^2}=32.5\mathrm{cm^2}$

计算 N_y 和 N_{w}（因 N_x 明显高于 N_y，故不计算 N_x）

$$N_y=\frac{\pi^2 EI_y}{l_{0y}^2}=\frac{\pi^2\times206\times10^3\times115.2\times10^4}{(2.5\times10^3)^2}\times10^{-3}\text{kN}=374.7\text{kN}$$

$$N_w=\frac{GI_t}{i_0^2}=\frac{79\times10^3\times4.1\times10^4}{32.5\times10^2}\times10^{-3}\text{kN}=996.6\text{kN}$$

由式（8-83）计算弯扭屈曲临界力 N_w

$$(374.7-N_{cr})(996.6-N_{cr})-\frac{3.2^2}{32.5}N_{cr}^2=0$$

解得最小值

$$N_{cr}=325.1\text{kN}<N_y=374.7\text{kN}$$

二者之比 325.1/374.7=0.868，相差 13.2%。

用式（8-85）计算换算长细比

$$\lambda_{0y}=\pi\sqrt{\frac{E}{N_{cr}/A}}=\pi\sqrt{\frac{206\times10^3}{325.1\times10^3\div(19.2\times10^2)}}$$
$$=109.6>\lambda_y=102$$

可见杆由弯扭屈曲控制。

习　题

8-1　求图 8-52 所示体系刚性杆 AB 的 N_{cr}（要求绘出计算简图）。

8-2　若将图 8-11b 的坐标原点取在 B 点（x 轴向下，y 轴向右），试用静力法导出特征方程式（8-15）。

8-3　用静力法证明图 8-13e 所示压杆的临界荷载为 $N_{cr}=4.10EI/l^2$。

8-4　用图解法对式（8-22）求 N_{cr}。提示：令 $z_1=\tan\alpha h$，$z_2=\alpha h-\frac{(\alpha h)^3}{3}$，取 $u=\alpha h=0.5\pi+0\sim\pi$ 步长 $\Delta u=0.1\pi$。

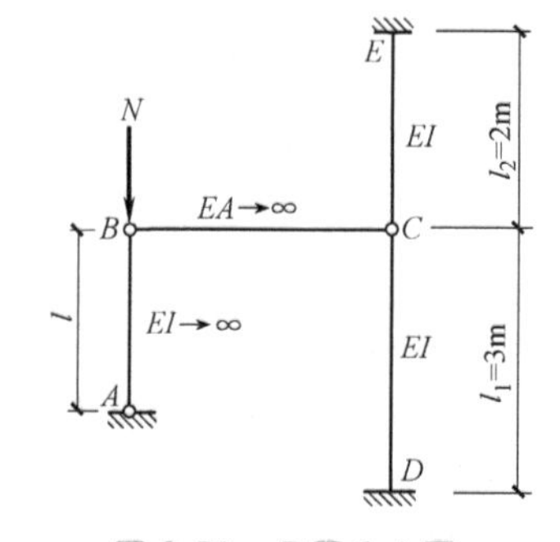

图 8-52　习题 8-1 图

8-5　若将图 8-20 中的长度改为：$l_1=l/3$，$l_2=2l/3$，其他参数不变，求 N_{cr}。

8-6　由［例 8-18］中式（f）推导出式（8-38）。

8-7　当 $l=4m$，$\beta=60°$时，求图 8-35 所示的 x_0，y_0 和 $\eta=N_{cr,l}/N_{cr,s}$ 并绘 N-y_0 图。

第 9 章　结构稳定的近似分析方法

第 8 章介绍了求轴心受压杆临界荷载 N_{cr} 的 2 个基本方法：静力法（精确法）和能量法（近似法）。但是，在很多情况下（如对变截面杆或受非均匀压缩力作用的杆件），所建立的微分方程是变系数的，方程的求解变得很困难或者不可能。因此，必须更深入一步地研究近似解法，其本质是用通常比较容易求解的代数方程来代替可能是很难求解的微分方程。

9.1　能量准则

在结构中，基本问题是用微分方程及其定解条件来表达的，而同时这些基本问题也受到了最小能量原理（见附录 12）的支配，两者是等价的。一个结构系统的平衡位置就是该系统总势能为最小的位置，由于系统的总势能是一个泛函，因此，这是一个寻求泛函的极值问题，即变分问题（见附录 14）。

将式（8-28）和式（8-27b）代入式（附 12-1）得

$$\text{总势能 } \Pi = U+\Pi_e = \int_0^l \frac{1}{2}EI(y'')^2\mathrm{d}x - N\int_0^l \frac{1}{2}(y')^2\mathrm{d}x \tag{9-1}$$

被积函数

$$F=F(y',y'')=\frac{EI}{2}(y'')^2-\frac{N}{2}(y')^2 \tag{9-2}$$

从而

$$\begin{cases} Fy=\dfrac{\partial F}{\partial y}=0 \\ Fy'=\dfrac{\partial F}{\partial y'}=-Ny' \\ Fy''=\dfrac{\partial F}{\partial y''}=EIy'' \end{cases} \tag{9-3}$$

把式（9-3）代入欧拉-泊松（Euler-Poisson）方程式（附 14-18），可得齐次微分方程式

$$0+Ny''+EIy^{(4)}=0$$

即

$$y^{(4)}+\frac{N}{EI}y''=0 \tag{9-4}$$

式（9-4）等价于泛函 Π 的一阶变分为零（能量极值条件）

$$\delta\Pi=\delta\left[\int_0^l\left(\frac{EI}{2}y''^2-\frac{N}{2}y'^2\right)\mathrm{d}x\right]=0 \tag{9-5}$$

$\delta\Pi=0$ 仅是一个力学系统保持平衡状态的充要条件，而在压杆稳定问题中，还需进一步判断此平衡状态是稳定的还是不稳定的。因此，还要考察势能函数（泛函）的高阶变分。

由式（附 14-24）知，力学系统处于稳定平衡状态时

$$\delta^2\Pi>0 \tag{9-6}$$

即总势能最小原理。二阶变分大于 0 的这一判别式等价于在平衡状态附近所加的二阶微量干扰功为正。

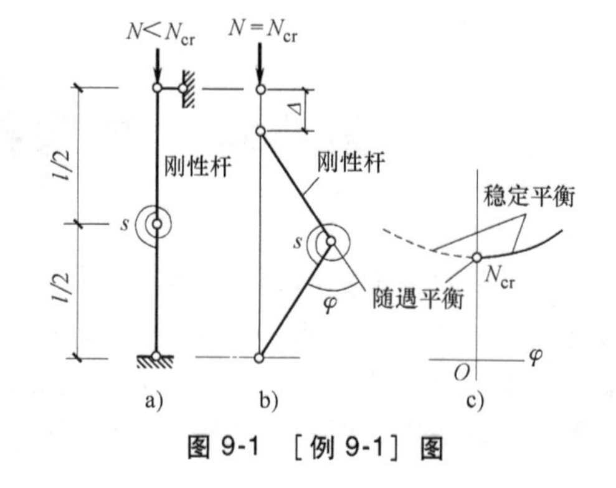

图 9-1 ［例 9-1］图

［例 9-1］ 如图 9-1a 所示，两根刚性杆用刚度为 s 的弹簧连接起来，两端简支，试分析该结构的平衡稳定性。

［解］ 结构平衡位置由弹簧转角 φ 确定。当 $\varphi=0$ 时，因为是刚性杆，故 U 和 Π_e 都等于零。假定结构由直线平衡状态转入折线平衡状态（图 9-1b）的瞬间，轴力 N 保持常量，故当转角不为零时

$$U=\frac{1}{2}s\varphi^2$$

$$\Pi_e=-N\Delta=-N\left[2\left(\frac{l}{2}-\frac{l}{2}\cos\frac{\varphi}{2}\right)\right]$$

$$=-Nl\left(1-\cos\frac{\varphi}{2}\right)$$

从而可得结构总势能

$$\Pi=U+\Pi_e=\frac{1}{2}s\varphi^2-Nl\left(1-\cos\frac{\varphi}{2}\right)$$

由式（附 12-6），得

$$\delta\Pi=\left(s\varphi-\frac{Nl}{2}\sin\frac{\varphi}{2}\right)\delta\varphi=0$$

可得

$$N=\frac{2s\varphi}{l\sin\frac{\varphi}{2}} \tag{a}$$

又

$$\delta^2\Pi=\left(s-\frac{Nl}{4}\cos\frac{\varphi}{2}\right)\delta^2\varphi \tag{b}$$

把式（a）代入式（b），则

$$\delta^2\Pi=s\left(1-\frac{\varphi}{2}\tan\frac{\varphi}{2}\right)\delta^2\varphi$$

当 $0<|\varphi|<2\pi$ 时，上式中括号内的数值永远大于零，因此，$\delta^2\Pi>0$，对应图 9-1c 的曲线分枝范围，结构处于稳定平衡状态。

当 $\varphi=0$ 时，结构处于随遇平衡（临界）状态，必有 $\delta^2\Pi=0$，它等价于在平衡状态附近所加的二阶微量干扰功等于零，这意味着在外力不变时，可能存在许多互不排斥的无限相邻的平衡状态。由式（b）= 0 可得临界荷载

$$N_{cr}=\frac{4s}{l}$$

N_{cr} 值同样可由式（a）算得

$$N_{cr}=\lim_{\varphi\to 0}\frac{2s\varphi}{l\sin\frac{\varphi}{2}}=\frac{4s}{l}$$

设想结构保持挺直的平衡状态，即 $\varphi=0$，并将荷载加大，使 $N>N_{cr}$，则由式（b）知，此时，$\delta^2\Pi<0$，结构平衡变为不稳定。

9.2　弹性支承压杆的稳定性（条件极值变分问题）

图 9-2 所示为一轴心压杆 AB，下支座 A 为弹簧约束支承，上支座 B 是铰支座。对这种稳定问题求泛函的极值时，还要求对这个泛函所依赖的函数增加一些约束条件。一般来说，未知函数 $y(x)$ 或它的导数 $y'(x)$ 在某结构系统的边界上都具有预先给定的数值。因此，在推导一阶变分 $\delta\Pi=0$ 的欧拉方程时，一些与边界条件有关的项，如 δy、$\delta y'$ 等都将等于零。但在许多情况下，由于一个结构系统的支承之间的相互约束作用，使函数 $y(x)$（或其导数）在边界上受到了限制，在推导泛函极值条件 $\delta\Pi=0$ 时，不仅能得到欧拉方程式，而且还将获得一些在变分过程中出现的附加的边界条件式（附 14-16）。这些边界条件包含剪力、弯矩、扭矩等力学量之间的相互关系。在变分问题中，这些附加的边界条件称为自然边界条件。

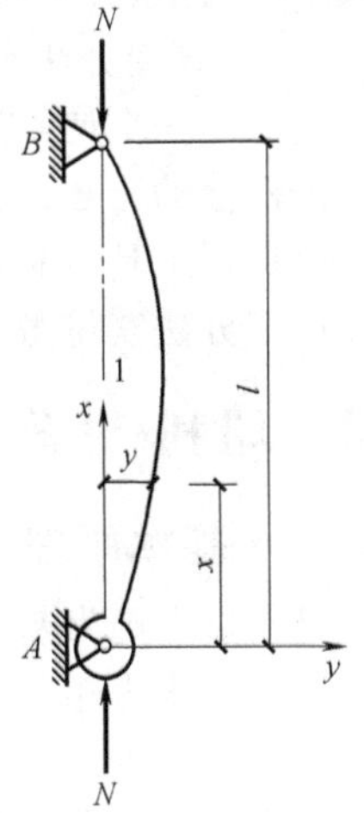

图 9-2　弹性支承压杆

图 9-2 所示系统的总势能为

$$\Pi=\int_0^l\left(\frac{EI}{2}y''^2-\frac{N}{2}y'^2\right)\mathrm{d}x+\frac{s}{2}y_0'^2$$

式中　s——弹簧刚度；

y_0'——A 支座处（$x=0$）压杆的角位移。

泛函的极值条件

$$\delta\Pi=\int_0^l(EIy''\delta y''-Ny'\delta y')\mathrm{d}x+sy_0'\delta y_0'=0 \tag{a}$$

利用分部积分法

$$\begin{aligned}\int_0^l EIy''\delta y''\mathrm{d}x&=[EIy''\delta y']_0^l-\int_0^l\delta y'EIy'''\mathrm{d}x\\&=[EIy''\delta y']_0^l-[EIy'''\delta y]_0^l+\int_0^l\delta yEIy^{(4)}\mathrm{d}x\end{aligned} \tag{b}$$

$$\int_0^l Ny'\delta y'\mathrm{d}x=[Ny'\delta y]_0^l-\int_0^l\delta yNy''\mathrm{d}x \tag{c}$$

在 AB 两端（$x=0$，l）的挠度和挠度的变分都等于零，即

$$\begin{aligned}y(0)=0,\delta y_0=0\\y(l)=0,\delta y_l=0\end{aligned} \tag{d}$$

将式（b）~式（d）代入式（a）

$$\delta\Pi=EIy''_l\delta y'_l+(sy'_0-EIy''_0)\delta y'_0)+\int_0^l(EIy^{(4)}+Ny'')\delta y\mathrm{d}x=0 \tag{9-7}$$

由于杆支座有角位移 y_0' 和 y_l'，故上式中 $\delta y_0'$ 和 $\delta y_l'$ 不等于零，从而由式（9-7）可得结论：总势能 Π 有极值时，函数必须满足欧拉方程式

$$EIy^{(4)}+Ny''=0 \tag{9-8}$$

和两个附加的边界条件

$$\left.\begin{aligned}EIy_l''\delta y_l'=0\\sy_0'-EIy_0''=0\end{aligned}\right\} \tag{9-9}$$

对变截面 $I(x)$ 的杆，或者轴力沿杆长有变化 $N(x)$ 的杆，上两式仍然适用。式（9-9）即自然边界条件，这样问题就成为条件极值的变分问题，加上预先给定的两个几何边界条件：$y_0=y_l=0$，总共有四个边界条件，就可求解四阶微分方程式（9-8）。

由于式（9-9）的第一式中 $\delta y_l'\neq0$，所以 $y_l''=0$，即支座 b 处的弯矩等于零，这与铰支座相

符，式（9-9）的第二式表示在 A 支座处（$x=0$）的弯矩与弹簧力矩平衡。

结论：

1）总势能表达式 Π 在变分运算过程中可以得到欧拉方程式和自然边界条件，如果待定函数 y 能满足 $\delta\Pi=0$ 的条件，它就必然满足欧拉方程和自然边界条件。

2）尽管变分法类似于普通微分学中的极值问题，但它与后者又有重要区别。普通微分学中得到的是一个使给定函数取极值的变量的实际值，而在变分计算中得不到使某一给出的积分达到极值的函数，得到的只是该函数所必须满足的微分方程。因此，变分法不是解决问题的一个计算工具，它仅仅是对问题获得微分方程的手段。顺便指出，对于比较复杂的结构系统，用变分法获得微分方程比用直接写出力、力矩平衡方程的办法方便得多。

9.3 瑞利-里兹法

9.3.1 基本原理

以能量准则为基础的变分解法可以分为直接法和间接法两类。间接法是将变分问题通过欧拉方程转化为相应的微分方程，既然变分问题可以转化为欧拉方程的定解问题，那么在求解微分方程时也可将定解问题转化为变分问题。

事实上，许多实际的变分问题的微分方程，只有在很少的情况下才能积分成有限的形式，这就要寻求一些近似的求解方法即直接法。

一个泛函可以看作含有无限多变量的函数。例如，容许函数 $y(x)$ 可以展成无穷级数

$$y(x)=\sum_{i=1}^{\infty}\alpha_i\varphi_i(x) \quad [\text{见式}(8\text{-}26)]$$

式中 φ_i 是坐标函数，可任意假定，但必须满足几何边界条件。于是泛函 $J(y(x))$ 将由无穷数列 α_1，α_2，…，α_n 来确定：$J(y(x))=f(\alpha_1,\alpha_2,\cdots,\alpha_n)$。直接法的基本思想就是将含有无限多变量的泛函变分问题当作有限多变量的函数极值问题的极限情况来处理。最重要的四种直接法：瑞利-里兹（Rayleigh-Ritz）法、伽辽金（Galerkin）法、有限差分法和最小二乘法（限制误差法）。本节介绍瑞利-里兹法的基本概念及其在压杆稳定计算中的应用。

考虑一个泛涵

$$J(z(x,y))=\iint_A F(x,y,z,z_x,z_y)\,\mathrm{d}x\mathrm{d}y$$

在边界条件 $z=\bar{z}(s)$ 下的变分问题。设 $z^*(x,y)$ 是该变分问题的精确解，则 $J^*(z^*(x,y))=J^*$ 为极值，如极小值 $J^*=J_{\min}$。现构造一个试解函数 $z_n(x,y)$，使它满足边界条件 $z_n=\bar{z}(s)$，同时它的积分值 $J(z_n'(x,y))$ 很接近泛函 J 的极小值，即 $J(z_n(x,y))\approx J_{\min}$，则可认为函数 $z_n(x,y)$ 将是变分问题的一个良好的近似解。如果 z_n 是这样的一个极小序列，它满足边界条件，并使得 $J(z_n)\to J_{\min}$，则可认为这样的序列将收敛于问题的解。

瑞利-里兹法与严格的变分方法不同在于它放弃了函数 $z(x,y)$ 的任意变分的可能性，即 $z\to z+\delta z$，而选定的试解函数在形式上限制了 z_n 是依赖于有限个参数 a_n 的函数族

$$z_n=\varphi(x,y,\alpha_1,\alpha_2,\cdots,\alpha_n) \tag{9-10}$$

其中参数 $\alpha_n=\varphi(n=1,2,\cdots,n)$ 的数值应满足边界条件，然后从它们之中找出一族使泛函 $J(z_n(x,y))$ 为极小值的函数。于是 z_n 就成为该变分问题的近似解。在具体运算时，将函数族式（9-10）代入积分式 $J(z_n)$，于是 J 成为几个变量 α_1，α_2，…，α_n 的函数 $J=J(\alpha_1,\alpha_2,\cdots,\alpha_n)$。然后求该函数的极小值，这时参数：$\alpha(i=1,2,\cdots,n)$ 必须满足

$$\frac{\partial J}{\partial\alpha_i}=0 \quad (i=1,2,\cdots,n) \tag{9-11}$$

解方程组（9-11）就可得到参数 α_i^* 的数值，它们将使 $J(\alpha_1^*,\alpha_2^*,\cdots,\alpha_n^*)\to J_{\min}$，于是得到近似解

$$z_n^*(x,y)=\varphi^*(x,y,\alpha_1^*,\alpha_2^*,\cdots,\alpha_n^*) \tag{9-12}$$

这里试解函数是参数 α_1^*，α_2^*，…，α_n^* 的线性组合式，因此方程组（9-11）将是线性的，所以近似解的求解过程就十分简单。通常取参数 α_i 中 $i=2\sim4$ 就可得到良好近似值，有时甚至仅取 α_1 一项就可得到较满意的结果。

9.3.2　稳定计算公式

压杆在轴向压力 $N(x)$ 作用下，略去弹性压缩影响，只考虑屈曲时的弯曲应变能，其总势能 Π 为

$$\Pi=\frac{1}{2}\int_0^l(EI(x)y''^2-N(x)y'^2\mathrm{d}x \tag{9-13}$$

式中　$I(x)$、$N(x)$——沿 x 方向的变化惯性矩、变化轴力，$N(x)=Nf(x)$；其中，$f(x)$为轴力沿杆长变化规律的函数。

设试解函数

$$\begin{aligned}y(x)&=\alpha_1y_1+\alpha_2y_2+\cdots+\alpha_ny_n\\&=\sum_{i=1}^n\alpha_iy_i(x)\end{aligned} \tag{9-14}$$

将式（9-14）代入式（9-13），得

$$\begin{aligned}\Pi&=\frac{E}{2}\int_0^lI(x)\Big(\sum_{i=1}^n\alpha_iy_i''\Big)^2\mathrm{d}x-\frac{1}{2}\int_0^lN(x)\Big(\sum_{i=1}^n\alpha_iy_i'\Big)^2\mathrm{d}x\\&=\frac{E}{2}\int_0^lI(x)(\alpha_1^2y_1''^2+\alpha_1\alpha_2y_1''y_2''+\alpha_1\alpha_3y_1''y_3''+\cdots+\alpha_2\alpha_1y_2''y_1''+\alpha_2^2y_2''^2+\alpha_2\alpha_3y_2''y_3''+\cdots+\\&\quad\alpha_3\alpha_1y_3''y_1''+\alpha_3\alpha_2y_3''y_2''+\alpha_3^2y_3''^2+\cdots)\mathrm{d}x-\frac{1}{2}\int_0^lN(x)(\alpha_1^2y_1'^2+\alpha_1\alpha_2y_1'y_2'+\alpha_1\alpha_3y_1'y_3'+\cdots+\\&\quad\alpha_2\alpha_1y_2'y_1'+\alpha_2^2y_2'^2+\alpha_2\alpha_3y_2'y_3'+\cdots+\alpha_3\alpha_1y_3'y_1'+\alpha_3\alpha_2y_3'y_2'+\alpha_3^2y_3'^2+\cdots)\mathrm{d}x\\&=\Pi(\alpha_1,\alpha_2,\cdots,\alpha_n)\end{aligned} \tag{9-15}$$

对 α_i 微分，可得线性齐次方程组

$$\begin{aligned}\frac{\partial\Pi}{\partial\alpha_i}&=\alpha_1\int_0^l(EI(x)y_i''y_1''-N(x)y_i'y_1')\mathrm{d}x+\alpha_2\int_0^l(EI(x)y_i''y_2''-N(x)y_i'y_2')\mathrm{d}x+\cdots\\&=\alpha_1(A_{i1}-N(x)B_{i1})+\alpha_2(A_{i2}-N(x)B_{i2})+\cdots\\&=\alpha_n(A_{in}-N(x)B_{in})=0(i=1,2,\cdots,n)\end{aligned} \tag{9-16}$$

对 α_i 存在非零解的充要条件是系数行列式等于零，即

$$|A_{i1}-N(x)B_{i1},A_{i2}-N(x)B_{i2},\cdots|=0 \tag{9-17}$$

$$(i=1,2,\cdots,n)$$

展开行列式便得稳定方程，这是一个 n 阶线性方程组，它的最小根便是杆件的临界力。现取 $n=1$，试解函数 $y=\alpha_1y_1$，由$\dfrac{\partial\Pi}{\partial\alpha_i}=0$，得

$$\frac{\partial\Pi}{\partial\alpha_i}=\alpha_1[A_{11}-N(x)B_{11}]=0 \tag{9-18}$$

由此可得轴心压杆弯曲屈曲临界力的近似公式

$$N_{\mathrm{cr}}=\frac{A_{11}}{f(x)B_{11}} \tag{9-19}$$

式中，$f(x)=N(x)/N$，当轴力为常数时，$f(x)=1$。

［**例 9-2**］ 用瑞利-里兹法求图 9-3a 所示压杆的 N_{cr}。

［**解**］ 设试解函数 $y=\alpha_1\varphi_1$（图 9-3b），其中坐标函数 $\varphi_1=y_1=x^2$，可得

$$A_{11}=\int_0^l EI(y_1'')^2\mathrm{d}x=\int_0^l EI(2)^2\mathrm{d}x=4EIl$$

和
$$B_{11}=\int_0^l (y_1')^2\mathrm{d}x=\int_0^l (2x)^2\mathrm{d}x=\frac{4l^3}{3}$$

代入式（9-19）得近似值

$$N_{cr}=\frac{4EIl}{4l^3/3}=\frac{3EI}{l^2}$$

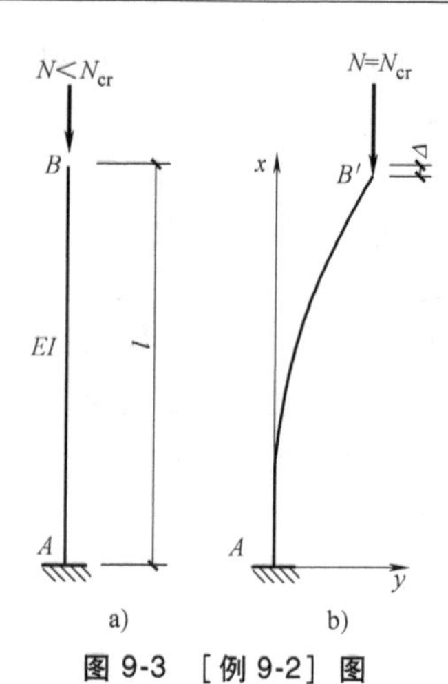

图 9-3 ［例 9-2］图

精确解是

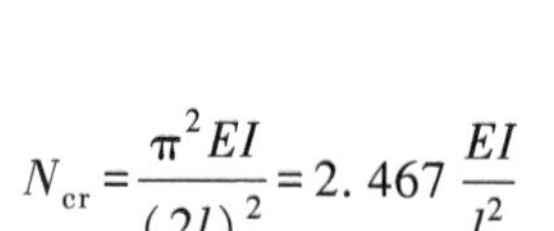

$$N_{cr}=\frac{\pi^2EI}{(2l)^2}=2.467\frac{EI}{l^2}$$

可见取 $n=1$ 时，误差为 $\frac{3-2.467}{2.467}=0.216=21.6\%$。现取 $y_1=C_1x^2+C_2x^3$，然后按边界条件 $y_1'(0)=y_1''(I)=0$，得到

$$y_1''=2C_1+6C_2x\Big|_{x=l}=2C_1+6C_2l=0$$

即 $C_1=-3C_2l$，于是 $y=\alpha_1(x^3-3lx^2)$，其中 $y_1=x^3-3lx^2$，

可得
$$A_{11}=\int_0^l EI(y_1'')^2\mathrm{d}x=\int_0^l EI(6x-6l)^2\mathrm{d}x,$$
$$B_{11}=\int_0^l (y_1')^2\mathrm{d}x=\int_0^l (3x^2-6lx)^2\mathrm{d}x$$

从而

$$N_{cr}=\frac{\int_0^l EI(6x-6l)^2\mathrm{d}x}{\int_0^l (3x^2-6lx)^2\mathrm{d}x}=2.5\frac{EI}{l^2}$$

其结果比精确解大 1.34%。注意，这里一开始虽然引入了两个参数 C_1 和 C_2，但它们不是独立的，当引入边界条件 $y_1''(l)=0$ 时，它们就化成一个系数。现直接选一个两项试解函数

$$y=\alpha_1y_1+\alpha_2y_2=\alpha_1x^2+\alpha_2x^3$$

其中 α_1 和 α_2 是互相独立的（不相关的）。因此，将 $y_1=x^2$，$y_2=x^3$ 代入式（9-17）的行列式

$$\begin{vmatrix} A_{11}-NB_{11} & A_{12}-NB_{12} \\ A_{21}-NB_{21} & A_{22}-NB_{22} \end{vmatrix}=0$$

即

$$\begin{vmatrix} 4EIl-\frac{4}{3}Nl^3 & 6EIl^2-\frac{3}{2}Nl^4 \\ 6EIl^2-\frac{3}{2}Nl^4 & 12EIl^3-\frac{9}{5}Nl^5 \end{vmatrix}=0$$

展开，得

$$N^2-\frac{104EI}{3l^3}N+80\left(\frac{EI}{l^2}\right)^2=0$$

最小根即为临界荷载

$$N_{\mathrm{cr}}=2.47\frac{EI}{l^2}$$

这一结果比精确解仅大 1.2%。

[例 9-3] 用瑞利-里兹法求图 8-25 所示变截面压杆的 N_{cr}。

[解] 取第一次近似（$i=1$），由式（9-14）

$$y(x)=\alpha_1 y_1=\alpha_1\sin\frac{\pi x}{l}$$

于是

$$\left.\begin{aligned}U&=\frac{0.934EI_0\pi^4}{2l^3}\alpha_1^2\\N_{\mathrm{e}}&=-N\Delta=-N\frac{\pi^2\alpha_1^2}{4l}\end{aligned}\right\}\text{（见[例 8-15]）}$$

由式（9-11）

$$\frac{\partial(U+\Pi_{\mathrm{e}})}{\partial\alpha_1}=\alpha_1\left(\frac{0.934EI_0\pi^4}{l^3}-\frac{N\pi^2}{2l}\right)=0$$

可得

$$N_{\mathrm{cr}}=1.868\frac{\pi^2EI_0}{l^2}$$

第二次近似（$i=2$）时，取级数中两项。由于结构及荷载对称，只有反对称失稳时，临界荷载最小，故只取级数中的单数项，即

$$y(x)=\alpha_1y_1+\alpha_3y_3=\alpha_1\sin\frac{\pi x}{l}+\alpha_2\sin\frac{3\pi x}{l}$$

现计算

$$(y_1')^2=\left(\frac{\pi}{l}\right)^2\cos^2\frac{\pi x}{l}$$

$$y_1'y_3'=3\left(\frac{\pi}{l}\right)^2\cos\frac{\pi x}{l}\cos\frac{3\pi x}{l}$$

$$(y_3')^2=\left(\frac{3\pi}{l}\right)^2\cos^2\frac{3\pi x}{l}$$

$$(y_1'')^2=\left(\frac{\pi}{l}\right)^4\sin^2\frac{\pi x}{l}$$

$$y_1''y_3''=9\left(\frac{\pi}{l}\right)^4\sin\frac{\pi x}{l}\sin\frac{3\pi x}{l}$$

$$(y_3'')^2=\left(\frac{3\pi}{l}\right)^4\sin^2\frac{3\pi x}{l}$$

参见式（9-16），可得

$$A_{11}=EI_0\int_0^l\left[1+4\frac{x}{l}-4\left(\frac{x}{l}\right)^2\right]\left(\frac{\pi}{l}\right)^4\sin^2\frac{\pi x}{l}\mathrm{d}x=0.934EI_0\left(\frac{\pi}{l}\right)^4 l$$

$$A_{13}=A_{31}=EI_0\int_0^l\left[1+4\frac{x}{l}-4\left(\frac{x}{l}\right)^2\right]\times 9\left(\frac{\pi}{l}\right)^4\times\sin\frac{\pi x}{l}\sin\frac{3\pi x}{l}\mathrm{d}x=0.685EI_0\left(\frac{\pi}{l}\right)^4 l$$

$$A_{33}=EI_0\int_0^l\left[1+4\frac{x}{l}-4\left(\frac{x}{l}\right)^2\right]\left(\frac{3\pi}{l}\right)^4\times\sin^2\frac{3\pi x}{l}\mathrm{d}x=0.684EI_0\left(\frac{\pi}{l}\right)^4 l$$

及

$$B_{11}=\int_0^l\left(\frac{\pi}{l}\right)^2\cos^2\frac{\pi x}{l}\mathrm{d}x=\frac{1}{2}\left(\frac{\pi}{l}\right)^2$$

$$B_{13}=B_{31}=\int_0^l 3\left(\frac{\pi}{l}\right)^2\times\cos\frac{\pi x}{l}\cos\frac{3\pi x}{l}\mathrm{d}x=0$$

$$B_{33}=\int_0^l\left(\frac{3\pi}{l}\right)^2\cos^2\frac{3\pi x}{l}\mathrm{d}x=\frac{9l}{2}\left(\frac{\pi}{l}\right)^2$$

代入式（9-17）

$$\begin{vmatrix}0.934EI_0\left(\frac{\pi}{l}\right)^4 l-\frac{1}{2}\left(\frac{\pi}{l}\right)^2 N & 0.685EI_0\left(\frac{\pi}{l}\right)^4 l-0\\ 0.685EI_0\left(\frac{\pi}{l}\right)^4 l & 0.684EI_0\left(\frac{\pi}{l}\right)^4 l-\frac{9l}{2}\left(\frac{\pi}{l}\right)^2 N\end{vmatrix}=0$$

展开

$$N^2-17.05EI_0\left(\frac{\pi}{l}\right)^2 N+28.2\left[EI_0\left(\frac{\pi}{l}\right)^2\right]^2=0$$

最小根，即

$$\min N=N_{\mathrm{cr}}=1.85\frac{\pi^2 EI_0}{l^2}$$

［例 9-4］ 用瑞利-里兹法求图 9-4a 所示悬臂杆的临界力 g_{cr}。

［解］ 设 g 为杆件每单位长度的重力。

设试解函数（图 9-4b）

$$y=\alpha_1\sin\frac{\pi x}{2l}$$

可得

$$U=\frac{EI}{2}\int_0^l(y'')^2\mathrm{d}x=\frac{EI\alpha_1^2\pi^4}{32l^4}\int_0^l\sin^2\frac{\pi x}{2l}\mathrm{d}x$$

$$=\frac{EI\pi^4\alpha_1^2}{64l^3}$$

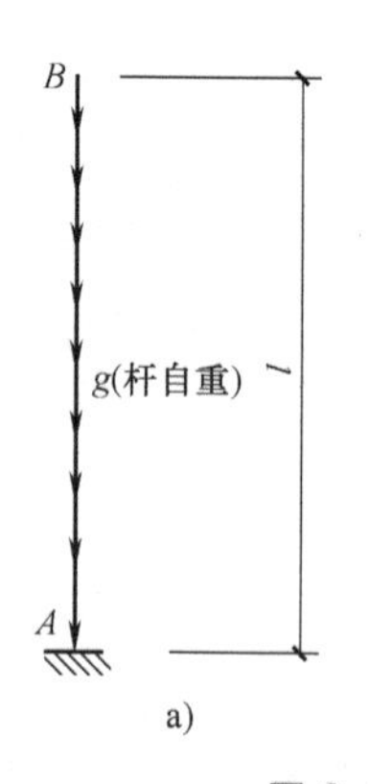

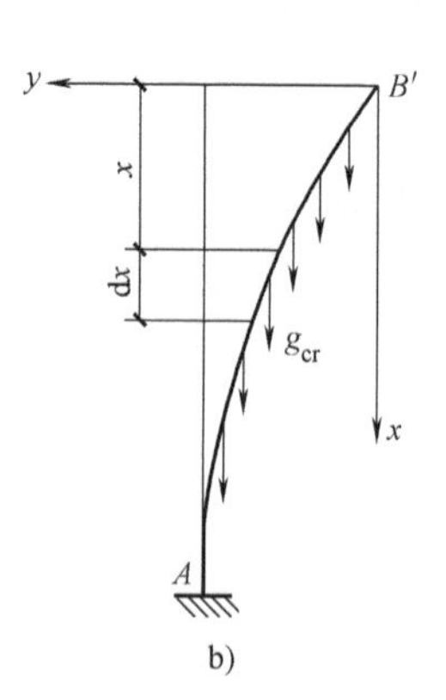

图 9-4 ［例 9-4］图

由于压力 $N(x)=gx$，则

$$\Pi_{\mathrm{e}}=-\frac{g}{2}\int_0^l x(y')^2\mathrm{d}x=-\frac{g\pi^2\alpha_1^3}{8l^2}\int_0^l x\cos^2\frac{\pi x}{2l}\mathrm{d}x=-\frac{0.149}{8}g\pi^2\alpha_1^2$$

$$\frac{\partial(U+\Pi_{\mathrm{e}})}{\partial\alpha^1}=\left(\frac{EI\pi^4}{32l^3}-\frac{0.149g\pi^2}{4}\right)\alpha_1=0$$

由于 $\alpha_1 \neq 0$，则括号内的式子应为零，可得

$$g_{cr}=8.27\frac{EI}{l^3}$$

应用贝塞尔函数所得精确解 $q_{cr}=7.837\frac{EI}{l^3}$，误差约 5.5%。

必须指出，在一般问题中，弯曲势能（应变能）若用 $U=\frac{1}{2}\int_0^l\frac{M^2(x)}{EI(x)}\mathrm{d}x$ 来计算，则可得到更加精确的临界荷载。

这是因为在用公式计算时，即使试解函数 $y(x)$ 很接近真实的屈曲形状，但对 y 作两次微分后：$U=\frac{1}{2}\int_0^l EI(x)(y'')^2\mathrm{d}x$，其精确度也会大大降低。

9.3.3　开口薄壁杆的弯扭屈曲

考察图 9-5 所示的任意形状开口薄壁截面，设因屈曲而发生的变形是扭转与对两个轴的弯曲变形的组合。为了使应变能的表达式最简单，可以将变形分为两个单纯的移动或单纯的转动。可取剪心 S 作为体系的坐标原点来表达。横向荷载通过剪心 S 时，构件只发生弯曲而无扭转，当一个纯扭矩作用在杆的横截面上时，剪心也是截面的转动中心。设 x、y 是截面的两个主轴，z 轴为通过剪心的纵轴。如图 9-5 所示截面形心 O 坐标用（x_0、y_0）表示。屈曲结果：截面在 x、y 方向分别移动了 u、v，绕 z 轴转动了 φ。

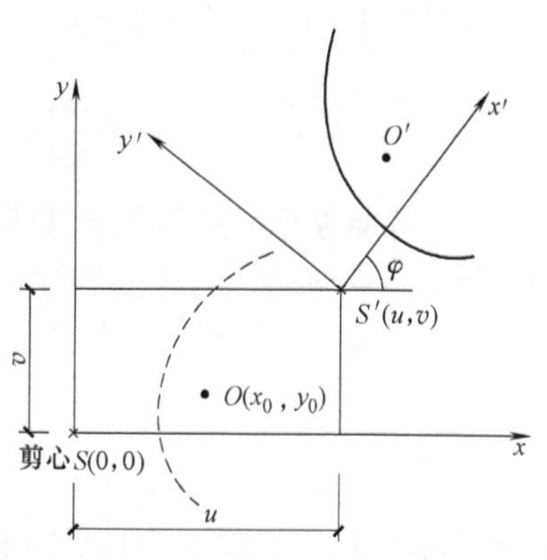

图 9-5　开口薄壁截面的弯扭屈曲

若杆两端为夹支铰接端，则边界条件是

当 $z=0$，l 时

$$\left.\begin{aligned}&u=v=0 &&（端部无平移）\\&\frac{\mathrm{d}^2u}{\mathrm{d}z^2}=\frac{\mathrm{d}^2v}{\mathrm{d}z^2}=0 &&（端部弯矩为零）\\&\varphi=\frac{\mathrm{d}^2\varphi}{\mathrm{d}z^2}=0 &&（端部无转角，且翘曲自由）\end{aligned}\right\}\tag{9-20}$$

式中 $\frac{\mathrm{d}^2\varphi}{\mathrm{d}z^2}=0$，由式（8-65）得来，即假定伴随翘曲扭转的纵向应力为零时，翘曲约束也为零。

现设挠曲形状为

$$\left.\begin{aligned}u&=C_1\sin\frac{\pi z}{l}\\v&=C_2\sin\frac{\pi z}{l}\\\varphi&=C_3\sin\frac{\pi z}{l}\end{aligned}\right\}\tag{9-21}$$

则上述边界条件均可得到满足。

储存在构件内的应变能包括四部分：x、y 方向的弯曲应变能，圣维南剪应力应变能和翘曲扭转正应力应变能。于是

$$U=\frac{1}{2}\int_0^l EI_x(v'')^2\mathrm{d}z+\frac{1}{2}\int_0^l EI_y(u'')^2\mathrm{d}z+\frac{1}{2}\int_0^l GI_t(\varphi')^2\mathrm{d}z+\frac{1}{2}\int_0^l EI_w(\varphi'')^2\mathrm{d}z \tag{9-22}$$

把式（9-21）代入上式，得

$$U=\frac{1}{2}\int_0^l EI_xC_2^2\frac{\pi^4}{l^4}\sin^2\frac{\pi z}{l}\mathrm{d}z+\frac{1}{2}\int_0^l EI_yC_1^2\frac{\pi^4}{l^4}\sin^2\frac{\pi z}{l}\mathrm{d}z+\frac{1}{2}\int_0^l GI_tC_3^2\frac{\pi^2}{l^2}\cos^2\frac{\pi z}{l}\mathrm{d}z$$
$$+\frac{1}{2}\int_0^l EI_wC_3^2\frac{\pi^4}{l^4}\sin\frac{\pi z}{l}\mathrm{d}z$$

利用定积分 $\int_0^l\cos^2\frac{\pi z}{l}\mathrm{d}z=\int_0^l\sin^2\frac{\pi z}{l}\mathrm{d}z=\frac{l}{2}$，上式可简化为

$$U=\frac{\pi^2}{4l}\left[C_1^2\frac{\pi^2EI_y}{l^2}+C_2^2\frac{\pi^2EI_x}{l^2}+C_3^2\left(GI_t+\frac{\pi^2EI_w}{l^2}\right)\right] \tag{9-23}$$

外力势能等于荷载与压杆变形时荷载移动距离乘积的负值。图 9-6a 示出一条纵向纤维 AB，当它弯曲时其两端彼此接近 $\Delta=s-l$（图 9-6b）。如果纤维横截面面积为 $\mathrm{d}A$，承受的荷载是 $\sigma\mathrm{d}A$，则整个杆件的外力势能

$$\Pi_e=-\int_A\sigma\mathrm{d}A\Delta \tag{9-24}$$

为了确定 Δ，现考察图 9-6c 中的纤维 AB，未变形时，它的坐标是 x、y。图 9-6c 所示微段 $\mathrm{d}z$ 变形后上下端在 x，y 方向的位移分别为 $\bar{u}$，$\bar{v}$ 和 $\bar{u}+\mathrm{d}\bar{u}$，$\bar{v}+\mathrm{d}\bar{v}$。根据二项式定理

$$(a+b)^n=a^n+na^{n-1}b+\frac{n(n-1)}{2!}a^{n-2}b^2+\cdots$$

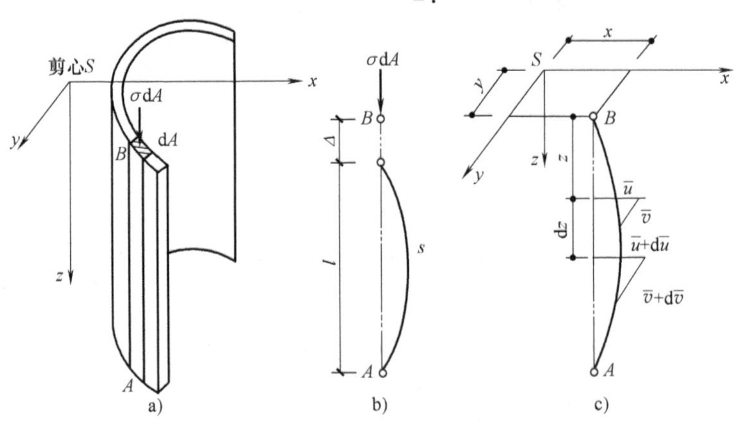

图 9-6 开口薄壁杆的弯扭屈曲

可得变形后的微段长度

$$\mathrm{d}s=\sqrt{\mathrm{d}z^2+\mathrm{d}\bar{u}^2+\mathrm{d}\bar{v}^2}=\left[1+\left(\frac{\mathrm{d}\bar{u}}{\mathrm{d}z}\right)^2+\left(\frac{\mathrm{d}\bar{v}}{\mathrm{d}z}\right)^2\right]\mathrm{d}z$$
$$\approx\left[1+\frac{1}{2}\left(\frac{\mathrm{d}\bar{u}}{\mathrm{d}z}\right)^2+\frac{1}{2}\left(\frac{\mathrm{d}\bar{v}}{\mathrm{d}z}\right)^2\right]\mathrm{d}z \tag{9-25}$$

积分

$$\int_0^s\mathrm{d}s=s=\int_0^l\left[1+\frac{1}{2}\left(\frac{\mathrm{d}\bar{u}}{\mathrm{d}z}\right)^2+\frac{1}{2}\left(\frac{\mathrm{d}\bar{v}}{\mathrm{d}z}\right)^2\right]\mathrm{d}z$$

从而

$$\Delta=s-l=\frac{1}{2}\int_0^l\left[\left(\frac{\mathrm{d}\bar{u}}{\mathrm{d}z}\right)^2+\left(\frac{\mathrm{d}\bar{v}}{\mathrm{d}z}\right)^2\right]\mathrm{d}z \tag{9-26}$$

坐标为 x、y 的纤维移动 $\bar{u}$、$\bar{v}$ 是由剪心 S 的移动 u、v 和纤维剪心转动而引起的附加移动所组成。在 x、y 方向，这些附加移动 u_1 和 v_1 如图 9-7 所示。

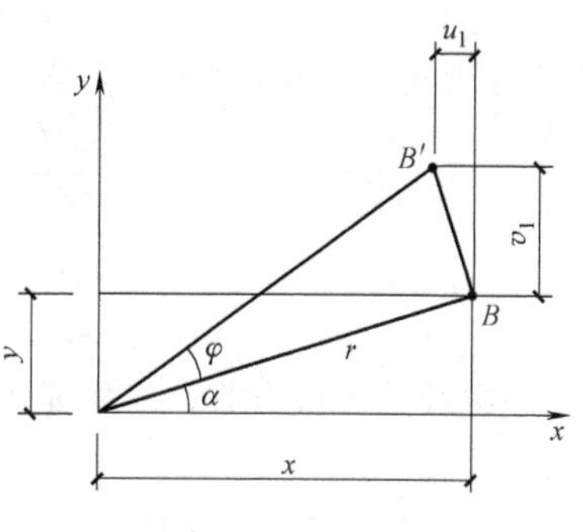

图 9-7　附加移动

显然

$$u_1 = r\varphi\sin\alpha = y\varphi$$

$$v_1 = r\varphi\cos\alpha = x\varphi$$

由此可得点 $b(x, y)$ 的总位移是

$$\left.\begin{aligned}\bar{u} &= u - u_1 = u - y\varphi \\ \bar{v} &= v - v_1 = v - x\varphi\end{aligned}\right\} \tag{9-27}$$

从而，式（9-26）变成

$$\Delta = \frac{1}{2}\int_0^l \left[\left(\frac{du}{dz}\right)^2 + \left(\frac{dv}{dz}\right)^2 + (x^2+y^2)\left(\frac{d\varphi}{dz}\right)^2 - 2y\left(\frac{du}{dz}\right)\left(\frac{d\varphi}{dz}\right) + 2x\left(\frac{dv}{dz}\right)\left(\frac{d\varphi}{dz}\right)\right] dz \tag{9-28}$$

把上式代入式（9-24）可得外力势能

$$\Pi_e = \frac{1}{2}\int_0^l\int_A \sigma \left[\left(\frac{du}{dz}\right)^2 + \left(\frac{dv}{dz}\right)^2 + (x^2+y^2)\left(\frac{d\varphi}{dz}\right)^2 - 2y\left(\frac{du}{dz}\right)\left(\frac{d\varphi}{dz}\right) + 2x\left(\frac{dv}{dz}\right)\left(\frac{d\varphi}{dz}\right)\right] dA dz \tag{9-29}$$

引入 $\int_A dA = A$；$\int_A y dA = y_0 A$；$\int_A x dA = x_0 A$；$\int_A (x^2 + y^2) dA = i_0^2 A$。其中 x_0 和 y_0 是截面形心 O 的坐标，i_0 是截面对剪心 S 的极回转半径。式（9-29）变成

$$\Pi_e = -\frac{N}{2}\int_0^l \left[\left(\frac{du}{dz}\right)^2 + \left(\frac{dv}{dz}\right)^2 + i_0^2\left(\frac{d\varphi}{dz}\right)^2 - 2y_0\left(\frac{du}{dz}\right)\left(\frac{d\varphi}{dz}\right) + 2x_0\left(\frac{dv}{dz}\right)\left(\frac{d\varphi}{dz}\right)\right] dz \tag{9-30}$$

把式（9-21）代入上式得

$$\Pi_e = -\frac{\pi^2 N}{4l}(C_1^2 + C_2^2 + C_3^2 i_0^2 - 2C_1C_3y_0 + 2C_1C_3x_0) \tag{9-31}$$

最后，把式（9-23）和式（9-31）相加，可得系统总势能

$$\Pi = U + \Pi_e = \frac{\pi^2}{4l}\left\{C_1^2\left(\frac{\pi^2 EI_y}{l^2} - N\right) + C_2^2\left(\frac{\pi^2 EI_x}{l^2} - N\right) + C_3^2 i_0^2\left[\frac{1}{i_0^2}\left(GI_l + \frac{\pi^2 EI_w}{l^2} - N\right)\right] + 2C_1C_3Ny_0 - 2C_2C_3Nx_0\right\} \tag{9-32}$$

引入符号

$$\left.\begin{aligned}N_x &= \frac{\pi^2 EI_x}{l^2} \\ N_y &= \frac{\pi^2 EI_y}{l^2} \\ N_w &= \frac{1}{i_0^2}\left(GI_l + \frac{\pi^2 EI_w}{l^2}\right)\end{aligned}\right\} \tag{9-33}$$

式（9-32）变成

$$\Pi = \frac{\pi^2}{4l}[C_1^2(N_y - N) + C_2^2(N_x - N) + C_3^2 i_0^2(N_w - N) + 2C_1C_3Ny_0 - 2C_2C_3Nx_0] \tag{9-34}$$

临界荷载定义：在此荷载作用下，构件可能在一个微小变形状态下处于平衡，它是系统总势能有驻值的荷载。由于 Π 是 3 个变量的函数，故它对每一个变量的导数都为零时才有驻值。即

$$\left.\begin{aligned}\frac{\partial \Pi}{\partial C_1}&=C_1(N_y-N)+C_3(Ny_0)=0\\ \frac{\partial \Pi}{\partial C_2}&=C_2(N_x-N)-C_3(Nx_0)=0\\ \frac{\partial \Pi}{\partial C_3}&=C_1Ny_0-C_2Nx_0+C_3i_0^2(N_w-N)=0\end{aligned}\right\}\tag{9-35}$$

这是一组线性齐次方程，零解是 $C_1=C_2=C_3=0$，杆件挺直。欲得非零解，必须：

$$\begin{vmatrix} N_y-N & 0 & Ny_0 \\ 0 & N_x-N & -Nx_0 \\ Ny_0 & -Nx_0 & i_0^2(N_w-N) \end{vmatrix}=0$$

展开

$$(N_y-N)(N_x-N)(N_w-N)-(N_y-N)\frac{N^2x_0^2}{i_0^2}-(N_x-N)\frac{N^2y_0^2}{i_0^2}=0\tag{9-36}$$

这是一个关于 N 的三次方程，它的最小根就是临界荷载。

如果横截面是双轴对称或点对称，则剪心和形心重合，$x_0=y_0=0$，式（9-36）简化为

$$(N_y-N)(N_x-N)(N_w-N)=0\tag{9-37}$$

方程的三个根是

$$\left.\begin{aligned}N&=N_y=\frac{\pi^2EI_y}{l^2}\\ N&=N_x=\frac{\pi^2EI_x}{l^2}\\ N&=N_w=\frac{1}{i_0^2}\left(GI_t+\frac{\pi^2EI_w}{l^2}\right)\end{aligned}\right\}\tag{9-38}$$

代入式（9-35）可得

$$\left.\begin{aligned}&N=N_y\ \text{时}\quad C_1\neq0,\quad C_2=C_3=0\\ &N=N_x\ \text{时}\quad C_2\neq0,\quad C_1=C_3=0\\ &N=N_w\ \text{时}\quad C_3\neq0,\quad C_1=C_2=0\end{aligned}\right\}\tag{9-39}$$

这些结果说明当 $N=N_y$ 和 $N=N_x$ 时，相当于杆件弯曲屈曲；当 $N=N_w$ 时为扭转失稳。即剪心和形心重合的轴心压杆，只能绕主轴弯曲失稳或绕剪心纯扭转失稳，不会出现弯扭失稳。对一般热轧工字钢，N_y 总是低于 N_x 和 N_w。对十字形截面，若为扭转失稳，因 $I_w=0$，可得

$$N_w=\frac{GI_t}{i_0^2}$$

其值与杆件长度和支承情况无关，属自由扭转。

当横截面只有一个对称轴时，如图 9-8 所示，$x_0=0$，式（9-36）变成

$$(N_x-N)\left[(N_y-N)(N_w-N)-\frac{N^2y_0^2}{i_0^2}\right]=0\tag{9-40}$$

其根为

$$N=N_x=\frac{\pi^2EI_x}{l^2}\tag{9-41}$$

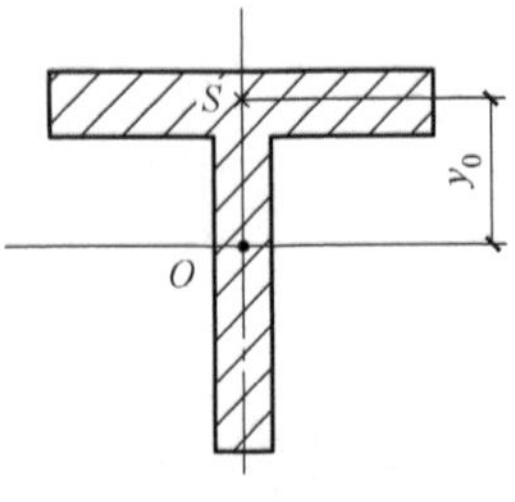

图 9-8 横截面只有一个对称轴

和

$$(N_y-N)(N_w-N)-\frac{N^2y_0^2}{i_0^2}=0 \tag{9-42}$$

第一个式子相应于对 x 轴的纯弯曲屈曲，第二个式子是一个 N 的二次方程，它的两个根相应于弯扭屈曲。方程（9-42）的最小根是

$$N=\frac{1}{2\zeta}\left[N_w+N_y-\sqrt{(N_w+N_y)^2-4\zeta N_wN_y}\right] \tag{9-43}$$

式中，$\zeta=[1-(y_0/i_0)^2]$。

显然，对单轴对称截面，应视截面形状和尺寸来判定是弯曲失稳还是弯扭失稳。

如果截面不具有对称轴，则 $x_0\neq0$，$y_0\neq0$，那么式（9-36）就不能简化。这时，对任何一个主轴的弯曲都和扭转以及对另一主轴的弯曲一起发生，因此，式（9-36）的每个根都对应于弯扭屈曲。

这类截面的临界力是式（9-36）的最小根，由于该方程是三次的，它的求解免不了大量的数值计算工作。然而，非对称截面很少应用，所以它的设计也就没有构成一个严重的问题。

9.4　伽辽金法

伽辽金法（Galerkin method）是另一种重要的直接方法，它与瑞利-里兹法的主要区别是前者直接涉及微分方程，后者则需求出结构系统的总势能。

对泛函

$$J(y(x))=\int_{x_1}^{x}F(x,y,y',y'')\mathrm{d}x \tag{9-44}$$

若试解函数 $y(x)$ 满足所有边界条件且为精确解，则可由式（附 14-14）类似地写出极值条件

$$\delta J=\int_{x_1}^{x_2}\left[\frac{\partial F}{\partial y}-\frac{\mathrm{d}}{\mathrm{d}x}\left(\frac{\partial F}{\partial y'}\right)+\frac{\mathrm{d}^2}{\mathrm{d}x^2}\left(\frac{\partial F}{\partial y''}\right)\right]\delta y\mathrm{d}x=0$$

或

$$\delta J=\int_{x_1}^{x_2}L(y)\delta y\mathrm{d}x=0 \tag{9-45}$$

式中，$L(y)$ 代表方括号中的导数关系式。

$L(y)=0$（欧拉方程）代表一个平衡方程，其解为问题的准确解。如果试解函数不是精确解，即只含有有限个待定常数 α_1，α_2，…，α_n，则所得结果将是该变分问题的近似解。

$$y(x)=\sum_{i=1}^{n}\alpha_i\varphi_i(x) \tag{9-46}$$

式中　$\varphi_i(x)$——满足所有边界条件的坐标函数。由于 y 是几个待定系数的函数 $y=y(\alpha_1,\alpha_2,\cdots,\alpha_n)$，所以 y 的变分为

$$\begin{aligned}\delta y&=\frac{\partial y}{\partial\alpha_1}\delta\alpha_1+\frac{\partial y}{\partial\alpha_2}\delta\alpha_2+\cdots+\frac{\partial y}{\partial\alpha_n}\delta\alpha_n\\&=\sum_{i=1}^{n}\frac{\partial y}{\partial\alpha_i}\delta\alpha_i=\sum_{i=1}^{n}\varphi_i\delta\alpha_i\end{aligned} \tag{9-47}$$

将式（9-47）代入式（9-45）得

$$\delta J=\int_{x_1}^{x_2}L(y)\varphi_1\delta\alpha_1\mathrm{d}x+\int_{x_1}^{x_2}L(y)\varphi_2\delta\alpha_2\mathrm{d}x+\cdots=0$$

由于 $\delta\alpha_i(i=1,2,\cdots,n)$ 是任意的，由此可得伽辽金方程组

$$\int_{x_1}^{x_2} L(y)\varphi_i(x)\mathrm{d}x = 0(i = 1,2,\cdots,n) \tag{9-48}$$

式（9-48）是参数 α_i 的一个 n 元联立代数方程组。在变分学问题中，它们是欧拉方程和坐标函数 $\varphi_i(x)$ 的乘积。若 $L(y)$ 是线性算子（linear operator），式（9-48）将是齐次的。例如，对于轴压杆的屈曲，可把式（9-46）代入式（9-8）

$$L(y)=[EI(x)y'']''+N[f(x)y']'=0$$

得

$$\sum_{i=1}^{n}\alpha_i\{[EI(x)\varphi_i'']''+N[f(x)\varphi_i']'\}=0 \tag{9-49}$$

将式（9-49）按次乘以 $\varphi_1(x)$，$\varphi_2(x)$，…，$\varphi_n(x)$，并分别对杆的整个长度积分，就可得到一组齐次线性方程组

$$\sum_{i=1}^{n}\alpha_i\left\{\int_0^l[EI(x)\varphi_i'']''\varphi_n\mathrm{d}x+N\int_0^l[f(x)\varphi_i']'\varphi_n\mathrm{d}x\right\}=0 \tag{9-50}$$

$$(n=1,2,\cdots)$$

由于 α_i 不能全为零，所以为了满足这个方程组，必须使它的行列式等于零，杆的临界力 N_{cr} 便是该行列式的最小根。

若所选取的坐标函数 $\varphi_i(x)$ 只满足几何边界条件而不满足力学边界条件（即自然边界条件），伽辽金法还需进行一些修改，这时的计算公式将比式（9-50）复杂，通常称为**推广的伽辽金法**。

可以证明，当坐标函数取得完全相同时，伽辽金法和瑞利-里兹法所得到的对于 α_i 的线性齐次方程组式（9-50）和式（9-16）是一样的。可以看出，若已知所解问题的微分方程式，且选取的坐标函数 $\varphi_i(x)$ 或 $y_i(x)$ 满足所有边界条件，则伽辽金法比较优越，是由于它不需计算系统的应变能和外力势能（力势能）。

[例 9-5] 用伽辽金法求两端铰接轴心压杆的 N_{cr}。

[解] 这种杆的弯曲微分方程为

$$Ely''(x)+Ny(x)=0 \tag{9-51}$$

设近似解

$$y(x)=\sum_{i=1}^{n}\alpha_i\varphi_i(x) \tag{9-52}$$

并代入式（9-51）可得

$$L(y(x))=EI\Big(\sum_{i=1}^{n}\alpha_i\varphi''_i(x)\Big)+N\Big(\sum_{i=1}^{n}\alpha_i\varphi_i(x)\Big)=0$$

利用伽辽金方程组（9-48）

$$\left.\begin{aligned}
&\int_0^l\left[EI\Big(\sum_{i=1}^{n}\alpha_i\varphi_i''(x)\Big)+N\Big(\sum_{i=1}^{n}\alpha_i\varphi_i(x)\Big)\right]\varphi_1(x)\mathrm{d}x=0\\
&\int_0^l\left[EI\Big(\sum_{i=1}^{n}\alpha_i\varphi_i''(x)\Big)+N\Big(\sum_{i=1}^{n}\alpha_i\varphi_i(x)\Big)\right]\varphi_2(x)\mathrm{d}x=0\\
&\cdots\\
&\int_0^l\left[EI\Big(\sum_{i=1}^{n}\alpha_i\varphi_i''(x)\Big)+N\Big(\sum_{i=1}^{n}\alpha_i\varphi_i(x)\Big)\right]\varphi_n(x)\mathrm{d}x=0
\end{aligned}\right\} \tag{9-53}$$

整理得

$$\alpha_1\int_0^l(El\varphi''_1\varphi_i + N\varphi_1\varphi_i)\mathrm{d}x + \alpha_2\int_0^l(EI\varphi''_2\varphi_i + N\varphi_2\varphi_i)\mathrm{d}x + \cdots = 0(i = 1,2,\cdots,n) \quad (9\text{-}54)$$

设试解函数

$$y(x)=\alpha_1\varphi_1(x),\ \varphi_1(x)=C_0+C_1x+C_2x^2+C_3x^3+C_4x^4 \quad (9\text{-}55)$$

两铰端边界条件

$$y(0)=y(l)=y''(0)=y''(L)=0 \quad (9\text{-}56)$$

或

$$\varphi_1(0)=\varphi_1(l)=\varphi''_1(0)=\varphi''_1(l)=0 \quad (9\text{-}57)$$

得

$$C_0=0$$

$$C_2=0$$

$$C_3=-2C_4l^3$$

$$C_1l+C_3l^3+C_4l^4=0;\ C_1=C_4l^3$$

于是可得满足边界条件式（9-56）的坐标函数

$$\varphi_1(x)=C_4(x^4-2lx^3+l^3x) \quad (9\text{-}58)$$

或

$$y(x)=\alpha_1(x^4-2lx^3+l^3x) \quad (9\text{-}59)$$

代入伽辽金方程组式（9-48）

$$\alpha_1\int_0^l(\varphi''_1\varphi_1 + \lambda^2\varphi_1^2)\mathrm{d}x = 0 \quad (9\text{-}60)$$

式中，$\lambda^2=\dfrac{N}{EI}$，于是

$$\alpha_1\int_0^l[(12x^2 - 12lx) + \lambda^2(x^4 - 2lx^3 + l^3x)](x^4 - 2lx^3 + l^3x)\mathrm{d}x = 0 \quad (9\text{-}61)$$

上式除了零解（$\alpha_1=0$）之外，只有当积分式等于零时才成立，由此得出最低的特征值

$$\lambda_1^2=\frac{N_{\mathrm{cr}}}{EI}=\frac{9.88}{l^2}$$

或

$$N_{\mathrm{cr}}=9.88\frac{EI}{l^2} \quad (9\text{-}62)$$

该近似值比精确解只大（9.88−9.87）÷9.87=0.001=1‰，可见式（9-61）有很好的近似性。

9.5　逐步近似法

将式（9-8）所有边界条件中含有参数 N 的项移到等号右边，得

$$[EI(x)y'']''=-N[f(x)y']' \quad (9\text{-}63)$$

任取一函数 $\varphi_0(x)$（与预期屈曲形状相近），代入式（9-63）右边项。在所得的边界条件下，解微分方程，求出 y 的函数，称为 $\varphi_1(x)$，$\varphi_1(x)$ 将与 N 成正比。当然，如 $\varphi_0(x)$ 取得很成功，刚好就是真正的屈曲形状，由随遇平衡方程式解出的 $\varphi_1(x)$ 必然在 N 为某一常数时等于 $\varphi_0(x)$。

一般由于 $\varphi_1(x)\neq\varphi_2(x)$，设 x 为某一值时（即在某一截面中，一般是最大挠度截面）$\varphi_1(x)=\varphi_0(x)$，由此可求出参数 N 的特征值。

如果需要更精确的结果，可以再继续进行第二次近似计算，在微分方程及边界条件的右边，用 $\varphi_1(x)$ 代替 y 的位置，将等号左边的 y 写成 $\varphi_2(x)$，解出 $\varphi_2(x)$ 后，令某截面 $\varphi_2(x)=\varphi_1(x)$，就可求出第二次近似的 N_{cr} 值，以此类推，直到精度令人满意为止。

由此可见，逐步近似法的演算类似于在某一给定横荷载下求杆的挠曲线，本身并不是难题。

可以证明（附录 15），逐步近似过程是收敛的，且所求的特征值必然趋近最小值，即临界荷载。

［**例 9-6**］ 用逐步近似法求图 9-3a 所示压杆的 N_{cr}。

［**解**］ 由式（9-8）得

$$EIy^{(4)}=-Ny'' \tag{a}$$

边界条件

$$\left.\begin{aligned}&y(0)=y'(0)=0\\&y''(l)=0,EIy'''(l)=-Ny'(l)\end{aligned}\right\} \tag{b}$$

第一次近似值可取为二次抛物线[⊖]，即

$$\varphi_1(x)=\left(\frac{x}{l}\right)^2$$

代入式（a）右边

$$El\varphi_2^{(4)}(x)=-N\left(\frac{2}{l^2}\right)$$

积分四次后

$$\varphi_2(x)=-\frac{2Nl^2}{EI}\left[\frac{1}{24}\left(\frac{x}{l}\right)^4+A_0\left(\frac{x}{l}\right)^3+A_1\left(\frac{x}{l}\right)^2+A_2\left(\frac{x}{l}\right)+A_3\right] \tag{c}$$

同时将 $\varphi_1(x)$ 代入边界条件（b）的右边

$$\left.\begin{aligned}&\varphi_2(0)=\varphi_2'=0\\&\varphi_2''(l)=0,EI\varphi_2'''(l)=-N\varphi_1'(l)\end{aligned}\right\} \tag{d}$$

所以，使式（c）满足边界条件后，得

$$A_0=A_2=A_3=0,\quad A_1=-\frac{1}{4}$$

因此

$$\varphi_2(x)=-\frac{2Nl^2}{EI}\left[\frac{1}{24}\left(\frac{x}{l}\right)^4-\frac{1}{4}\left(\frac{x}{l}\right)^2\right] \tag{e}$$

在 $x=1$ 处，使 $\varphi_2(l)=\varphi_1(l)$，便得

$$N_{cr}=2.4\frac{EI}{l^2}$$

如需求第二次近似，可将所求得的函数 $\varphi_2(x)$ 弃去乘数$\frac{2Nl^2}{EI}$写成

$$\varphi_2(x)=\frac{1}{4}\left(\frac{x}{l}\right)^2-\frac{1}{24}\left(\frac{x}{l}\right)^4$$

代入式（a）右边

$$EI\varphi_3''''(x)=-\frac{N}{2l^2}\left[1-\left(\frac{x}{l}\right)^2\right]$$

积分后

$$\varphi_3(x)=\frac{Nl^2}{2EI}\left[\frac{1}{360}\left(\frac{x}{l}\right)^6-\frac{1}{24}\left(\frac{x}{l}\right)^4+A_0\left(\frac{x}{l}\right)^3+A_1\left(\frac{x}{l}\right)^2+A_2\left(\frac{x}{l}\right)+A_3\right] \tag{f}$$

⊖ 虽然很多文献中都说 $\varphi_1(x)$ 必须满足所有边界条件，但可看到，如果取直线式 $\varphi_1(x)=\frac{x}{l}$，两次近似后也能得到很好的结果。

使上式满足边界条件，得

$$A_0=A_2=A_3=0, A_1=-\frac{5}{24}$$

从而

$$\varphi_3(x)=\frac{Nl^2}{2EI}\left[\frac{1}{360}\left(\frac{x}{l}\right)^6-\frac{1}{24}\left(\frac{x}{l}\right)^4+\frac{5}{24}\left(\frac{x}{l}\right)^2\right]$$

令

$$\varphi_3(l)=\varphi_2(l)$$

可得到第二次近似值

$$N_{cr}=2.46\frac{EI}{l^2}$$

该值与正确解$\frac{\pi^2 EI}{(2l)^2}=2.467\frac{EI}{l^2}$已相当符合。

9.6　组合法

以上讨论可见，能量法的收敛性主要取决于所选坐标函数 $\varphi(x)$ 的精确程度，因此，我们将先用逐步近似法求出较为精确的函数 $\varphi(x)$，然后将该函数作为能量法中的坐标函数，进而得到更为精确的临界荷载 N_{cr} 的方法称为组合法。

通常这种组合法收敛极快，基本一次近似就足够精确。

[例 9-7]　用组合法求在自重作用下的悬臂杆的临界力（图 9-4a）。

[解]　在［例 9-4］中，用瑞利-里兹法求解时每次近似所得结果的误差均约为 5.5%。

由于 $N(x)=g(l-x)$，可得随遇平衡微分方程式

$$EIy^{(4)}=-g[(l-x)y']' \tag{a}$$

取

$$\varphi_1(x)=\left(\frac{x}{l}\right)^2 \tag{b}$$

从而

$$EI\varphi_2^{(4)}(x)=-g[(l-x)\varphi_1'(x)]' \tag{c}$$

边界条件

$$\varphi_2(0)=\varphi_2'(0)=\varphi_2''(l)=\varphi'''_2(l)=0 \tag{d}$$

将式（b）代入式（c），积分后并满足边界条件（d），可得

$$\varphi_2(x)=\frac{2gl^3}{EI}\left[\frac{1}{60}\left(\frac{x}{l}\right)^5-\frac{1}{24}\left(\frac{x}{l}\right)^4+\frac{1}{12}\left(\frac{x}{l}\right)^2\right]$$

略去系数$\frac{2gl^3}{EI}$可得

$$\varphi_2(x)=\left[\frac{1}{60}\left(\frac{x}{l}\right)^5-\frac{1}{24}\left(\frac{x}{l}\right)^4+\frac{1}{12}\left(\frac{x}{l}\right)^2\right]$$

将 $\varphi_2(x)$ 作为坐标函数，用瑞利-里兹法来计算临界荷载，取

$$y=\alpha\varphi_2(x)$$

应变能

$$U=\frac{EI}{2}\int_0^l(y'')^2\mathrm{d}x=\frac{117}{2\times180\times63}\times\frac{EI}{l^3}\alpha^2$$

外力势能

$$\begin{aligned}\Pi_{\mathrm{e}} &= -\frac{1}{2}\int_0^l N(x)(y')^2\mathrm{d}x \\ &= -\frac{g}{2}\int_0^l (l-x)(y')^2\mathrm{d}x \\ &= \frac{119}{2\times 630\times 144}g\alpha^2\end{aligned}$$

由$\dfrac{\partial(U+\Pi_{\mathrm{e}})}{\partial\alpha}=0$可得

$$\alpha\left(\frac{117}{180\times 63}\frac{EI}{l^3}-\frac{119}{630\times 144}g\right)=0$$

最后得

$$g_{\mathrm{cr}}=\frac{117\times 10\times 144}{119\times 180}\times\frac{EI}{l^3}=7.88\frac{EI}{l^3}$$

此结果比精确解$7.837\dfrac{EI}{l^3}$仅大0.5%。

9.7 有限差分法

有限差分法是一种求微分方程近似解的常用数值方法。该法的基础是函数在某一点的导数可用一个差分式来近似，此差分式包括函数在该点以及一些邻近点的数值。在这个方程中，微分方程被一组等价的差分方程（代数式）所代替。一般来说，微分方程描述的是连续系统的性能，而代数方程描述的则是集总参数系统，即离散系统的性能。因此，差分法与能量法有类似之处，都是通过减少自由度数目使问题的求解简化，然而后者是用逼近系统特性的方法，即假设一个挠曲形态来做到这一点，而前者则是简化系统本身。

9.7.1 差分式

由微分学知，某函数的一阶导数$y'(x)$可定义为$\dfrac{\Delta y}{\Delta x}$，当$\Delta x\to 0$时的极限，即

$$y'(x)=\frac{\mathrm{d}y}{\mathrm{d}x}=\lim_{\Delta x\to 0}\frac{\Delta y}{\Delta x} \tag{a}$$

式（a）的几何意义：a点切线斜率$\tan\alpha$是割线斜率$\tan\varphi=\dfrac{\Delta y}{\Delta x}$当$\Delta x\to 0$时的极限（图9-9a）。

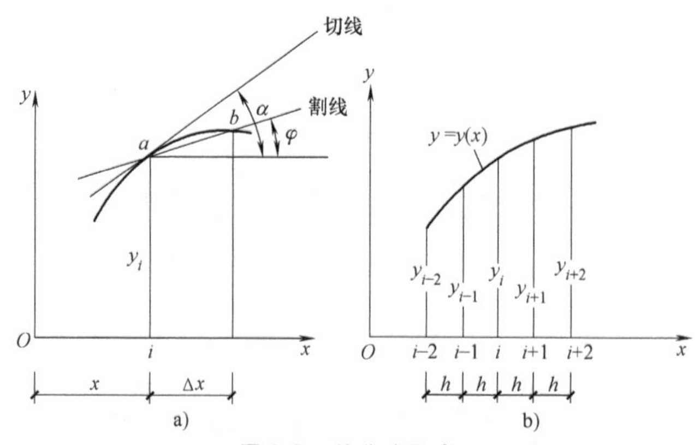

图9-9 差分式示意

（1）等间距分段时　在式（a）中，如果不取 $\Delta x\to 0$，而取 $\Delta x=h$ 的有限长，即邻近点的间矩（图 9-9b）。则一阶前进差分

$$(y')_i\approx\frac{\overline{\Delta}y}{h}=\frac{y_{i+1}-y_i}{h}\tag{b}$$

一阶后退差分

$$(y')_i\approx\frac{\underline{\Delta}y}{h}=\frac{y_i-y_{i-1}}{h}\tag{c}$$

一阶中央差分

$$(y')_i\approx\frac{\Delta y}{h}=\frac{(y_{i+1}-y_{i-1})/2}{h}\tag{9-64}$$

对任一点的导数，式（b）、式（c）和式（9-64）都可近似采用，但更好的近似表达是选用较好平均值，即中央差分式，式（9-64）。因此，导出高阶中央差分式如下

$$\begin{aligned}(y'')_i\approx\frac{\Delta^2 y}{\Delta x^2}&=\frac{\Delta(\Delta y)}{h^2}\\&=\frac{\Delta[(y_{i+1}-y_{i-1})/2]}{h^2}\\&=\frac{(y_{i+2}-y_i)/2-(y_i-y_{i-2})/2}{2h^2}\\&=\frac{y_{i+2}-2y_i+y_{i-2}}{4h^2}\end{aligned}\tag{d}$$

式（d）是以 y 的 2 个前间距和 2 个后间距来表示的二阶差分式，计算不方便。现另外导出

$$\begin{aligned}\Delta^2 y&=\overline{\Delta}(\underline{\Delta}y)=\overline{\Delta}(y_i-y_{i-1})\\&=(y_{i+1}-y_i)-(y_i-y_{i-1})\\&=y_{i+1}-2y_i+y_{i-1}\end{aligned}$$

从而，可得

$$(y'')_i\approx\frac{\Delta^2 y}{\Delta x^2}=\frac{y_{i+1}-2y_i+y_{i-1}}{h^2}\tag{9-65}$$

同理可导出

$$\begin{aligned}(y''')_i&\approx\frac{\Delta(\Delta^2 y)}{h^3}=\frac{\Delta(y_{i+1}-2y_i+y_{i-1})}{h^3}\\&=\frac{y_{i+2}-2y_{i+1}+2y_{i-1}-y_{i-2}}{2h^3}\end{aligned}\tag{9-66}$$

$$(y^{(4)})_i\approx\frac{y_{i+2}-4y_{i+1}+6y_i-4y_{i-1}+y_{i-2}}{h^4}\tag{9-67}$$

为了便于记忆，公式（9-64）~式（9-67）中的“计算分子”可用图 9-10 表示。

（2）边界条件　在边界点上，近似的内插曲线必须假设延长到边界之外。

1）铰接端（图 9-11a）。因为 $y_0''=0$，由式（9-65）可得

$$\frac{y_{-1}-2y_0+y_1}{h^2}=0$$

又因为

$$y_0=0$$

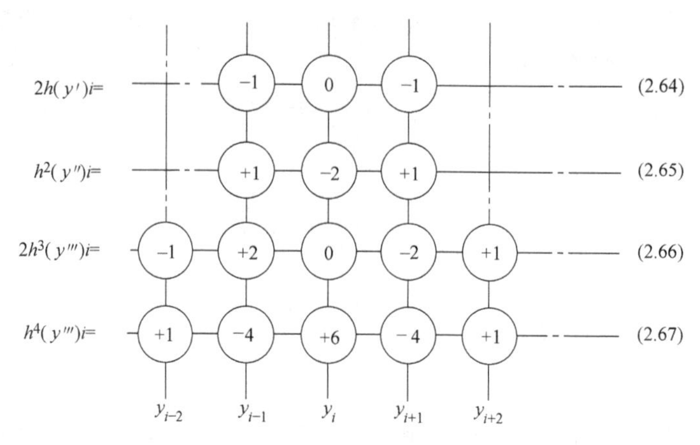

图 9-10　均差计算分子

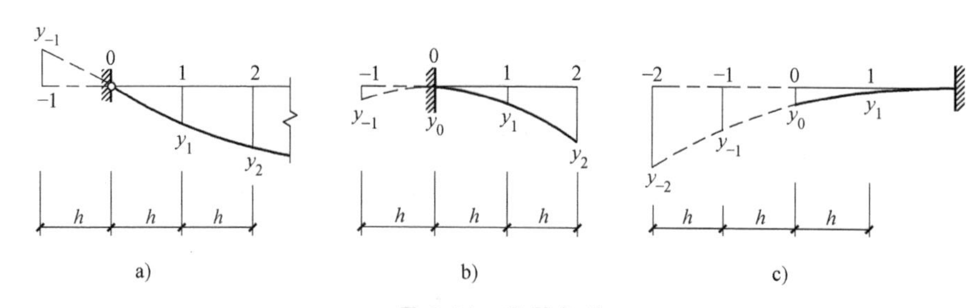

图 9-11　边界条件

a）铰接端　b）固定端　c）自由端

所以

$$y_{-1}+y_1=0,\text{即 } y_{-1}=-y_1 \tag{9-68}$$

2）固定端（图 9-11b）。因为 $y_0'=0$，由式（9-64）得

$$\frac{-y_1+y_{-1}}{2h}=0$$

从而

$$y_1=y_{-1} \tag{9-69}$$

3）自由端（图 9-11c）。由于 $y_0''=0$，即$\frac{y_{-1}-2y_0+y_1}{h^2}=0$，可得

$$y_{-1}=2y_0-y_1 \tag{9-70}$$

又因 $y_0'''=0$，由式（9-66）可得

$$\frac{y_{-2}-2y_{-1}+2y_1-y_2}{2h^3}=0$$

即

$$\begin{aligned} y_{-2}&=2y_{-1}-2y_1+y_2 \quad [\text{将式(9-70)代入}] \\ &=4y_0-4y_1+y_2 \end{aligned} \tag{9-71}$$

当 y_0、y_1、y_2 已知时，y_{-1}、y_{-2} 可用式（9-70）和式（9-71）计算。

（3）不等间距分段时　如图 9-12 所示不等间距分段。在 $x=i$ 点的中央差分是

$$(y')_i \approx \frac{y_{i+\alpha h}-y_{i-h}}{(1+\alpha)h} \tag{9-72}$$

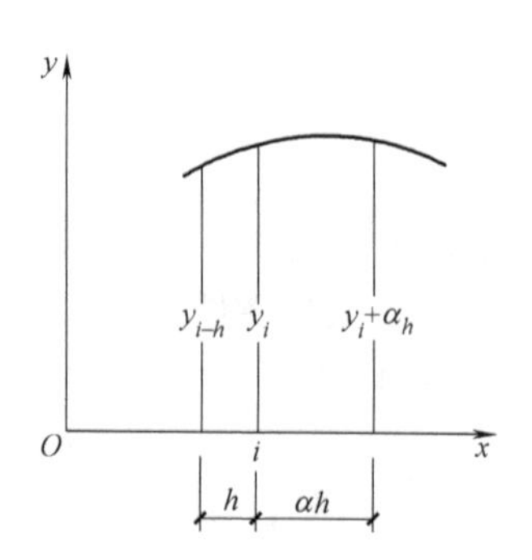

图 9-12　不等间距分段

$$(y'')_i \approx \frac{\Delta(\Delta y)}{(1+\alpha)h/2}=\frac{\Delta(y_{i+ah/2}-y_{i-h/2})}{(1+a)h/2}$$

$$=\frac{\left(\frac{y_{i+ah}-y_i}{ah}\right)-\left(\frac{y_i-y_{i-h}}{h}\right)}{(1+\alpha)h/2}$$

$$=\frac{2}{(1+\alpha)h^2}[y_{i+ah}-(1+\alpha)y_i+\alpha y_{i-h}] \tag{9-73}$$

其他高阶导数的差分式可依此类推。当为多元函数时，其偏导数的差分式也可按上述原理推导。

用差分公式代替导数的近似程度取决于间距 h 的大小。h 越小，差分与导数越接近，问题的解答也就越精确。因此，它特别适合于采用电子计算机计算。

9.7.2　临界荷载的计算

[例 9-8]　用差分法求两端铰支柱（图 9-13a）的临界荷载（电算程序见附录 16）。

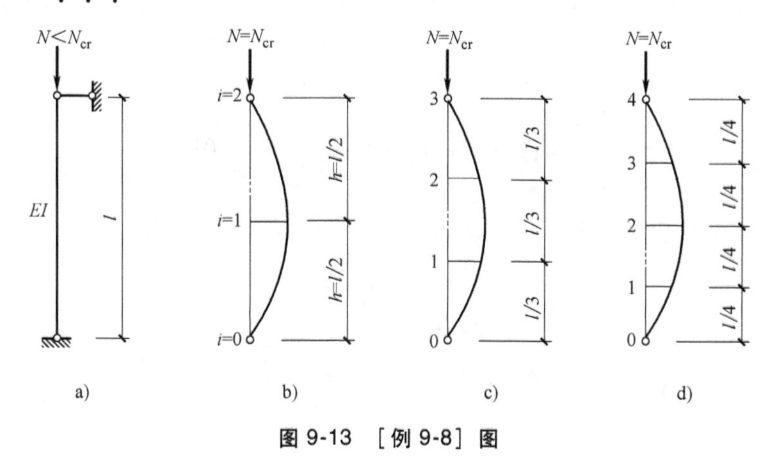

图 9-13　[例 9-8] 图

[解]　设分段数为 n，则段长 $h=\frac{l}{n}$。两端铰支柱的微分方程与边界条件为

$$y''+\frac{N}{EI}y=0 \tag{a}$$

$$y(0)=y(l)=0 \tag{b}$$

将式（9-65）代入式（a）

$$\left(\frac{y_{i+1}-2y_i+y_{i-1}}{h^2}\right)+\frac{N}{EI}y_i=0$$

即

$$y_{i+1}-2y_i+y_{i-1}+\frac{Nh^2}{EI}y_i=0 \tag{9-74}$$

第一次近似取 $n=2$（图 9-13b），内分点 $i=1$ 的差分方程，按式（9-74）写出

$$(y_2-2y_1+y_0)+\frac{N(l/2)^2}{EI}y_1=0$$

由 $y_0=y_2=0$ 得

$$y_1\left(\frac{Nl^2}{4EI}-2\right)=0$$

从而

$$N_{cr}=\frac{8EI}{l^2}$$

该近似解比精确值$\frac{\pi^2 EI}{l^2}=\frac{9.87EI}{l^2}$小 19%。

第二次近似取 $n=3$（图 9-13c），考虑到点 $i=1$、2 对称，只对一个内部点 $i=1$ 写出差分方程

$$(y_2-2y_1+y_0)+\frac{N(l/3)^2}{EI}y_1=0$$

代入条件

$y_0=0$（边界），$y_2=y_1$（对称），即可得临界荷载

$$N_{cr}=\frac{9EI}{l^2}$$

这一解答的误差已降到 9%。

第三次近似取 $n=4$（图 9-13d），由于对称关系，即 $y_1=y_3$，只需写出两个差分方程

$$\left.\begin{aligned} i=1:(y_2-2y_1+y_0)+\frac{N(l/4)^2}{EI}y_1=0 \\ i=2:(y_3-2y_2+y_1)+\frac{N(l/4)^2}{EI}y_2=0 \end{aligned}\right\} \tag{c}$$

由 $y_0=0$（边界）和 $y_1=y_3$（对称性），并令 $\lambda=\frac{Nl^2}{16EI}$，式（c）变成

$$(\lambda-2)y_1+y_2=0$$

$$2y_1+(\lambda-2)y_2=0$$

令$\begin{vmatrix}(\lambda-2) & 1 \\ 1 & (\lambda-2)\end{vmatrix}=0$，展开得最小值 $\lambda=0.59=\frac{Nl^2}{16EI}$，则

$$N_{cr}=9.4\frac{EI}{l^2}$$

此时误差仅 5%。

由上可见，差分法所得近似解总是小于精确解。

[例 9-9] 用差分法求下端固定上端简支柱的临界荷载（图 9-14a）。

[解] 该柱的性能由高阶微分方程

$$y^{(4)}+\frac{N}{EI}y''=0 \tag{a}$$

和边界条件

$$y(0)=y'(0)=y(l)=y''(l)=0 \tag{b}$$

所决定。

将式（9-67）和式（9-65）代入式（a），可得任意点 i 的差分方程

$$(y_{i+2}-4y_{i+1}+6y_i-4y_{i-1}+y_{i-2})+\frac{Nh^2}{EI}(y_{i+1}-2y_i+y_{i-1})=0 \tag{9-75}$$

第一次近似取 $n=2$（图 9-14b）

将式（9-68）、式（9-69）及 $y_0=y_2=0$ 四个边

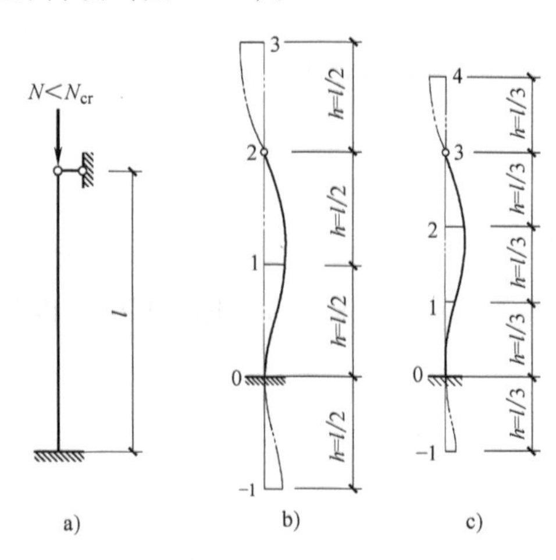

图 9-14 [例 9-9] 图

界条件和 $h=l/2$ 代入式（9-75）得

$$y_1\left(6-\frac{Nl^2}{2EI}\right)=0$$

则

$$N_{\rm cr}=\frac{12EI}{l^2}$$

这个结果与精确值$\frac{\pi^2 EI}{(0.7l)^2}=20.18EI/l^2$ 相差 40.5%。

第二次近似取 $n=3$（图 9-14c）

按式（9-75）写内分点 $i=1$、2 两点的差分式如下

$$\left.\begin{aligned}(y_3-4y_2+6y_1-4y_0+y_{-1})+\frac{Nl^2}{9EI}(y_2-2y_1+6y_0)=0\\(y_4-4y_3+6y_2-4y_1+y_0)+\frac{Nl^2}{9EI}(y_3-2y_2+y_1)=0\end{aligned}\right\}\tag{c}$$

令 $\lambda=\frac{Nl^2}{9EI}$，并代入 $y_0=y_1=0$，$y_{-1}=y_1$ 和 $y_4=-y_2$。式（c）变成

$$\begin{bmatrix}7-2\lambda & \lambda-4\\ \lambda-4 & 5-2\lambda\end{bmatrix}\begin{bmatrix}y_1\\ y_2\end{bmatrix}=\begin{bmatrix}0\\0\end{bmatrix}\tag{d}$$

为了获得式（d）的非零解，令它的系数行列式为零，得二次方程

$$3\lambda^2-16\lambda+19=0\tag{e}$$

式（e）的最小值 $\lambda=1.78=\frac{Nl^2}{9EI}$，从而 $N_{\rm cr}=16.1\frac{EI}{l^2}$，此结果的误差为 20.2%。

[例 9-10]　求两端铰支阶梯形柱的 $N_{\rm cr}$（图 9-15）。

[解]　假定构件被分成 5 段（图 9-15b），将式（9-73）代入微分方程 $y''+\frac{N}{EI}y=0$，可得点 i 的差分方程

$$\frac{2}{\alpha(1+\alpha)h^2}[y_{i+\alpha h}-y_i(1+\alpha)+\alpha y_{i-h}]+\frac{N}{EI}y_i=0\tag{9-76}$$

对 $i=1$ 点：$h=l/6$，$\alpha h=5l/24$，可求 $\alpha=\frac{5l}{24h}=\frac{5}{24}\times6=1.25$，代入式（9-76）

$$\frac{2}{1.25\times(1+1.25)(l/6)^2}[y_2-(1+1.25)y_1+1.25y_0]+\frac{N}{E(I/4)}y_1=0\tag{a}$$

对 $i=2$ 点：$h=5l/24$，$ah=l/4$，可求 $\alpha=1.2$，代入式（9-76）

$$\frac{2}{1.2\times(1+1.2)(5l/24)^2}[y_3-(1+1.2)y_2+1.2y_1]+\frac{N}{EI}y_2=0\tag{b}$$

由条件：$y_0=0$（边界）和 $y_3=y_2$（对称性），并令

$$\lambda=\frac{N(l/6)^2}{E(I/4)}=\frac{Nl^2}{9EI}$$

式（a）和式（b）变成

$$\begin{bmatrix}\lambda-1.6 & 0.71\\ 0.91 & 0.39\lambda-0.91\end{bmatrix}\begin{bmatrix}y_1\\ y_2\end{bmatrix}=\begin{bmatrix}0\\0\end{bmatrix}\tag{c}$$

令

$$\begin{vmatrix} \lambda-1.6 & 0.71 \\ 0.91 & 0.39\lambda-0.91 \end{vmatrix}=0$$

并展开

$$0.39\lambda^2-1.53\lambda+0.81=0 \tag{d}$$

解得最小值 $\lambda=0.63=\dfrac{Nl^2}{9EI}$

从而

$$N_{cr}=5.67\frac{EI}{l^2}$$

此结果与精确值 $6.42EI/l^2$ 相差 11.7%。

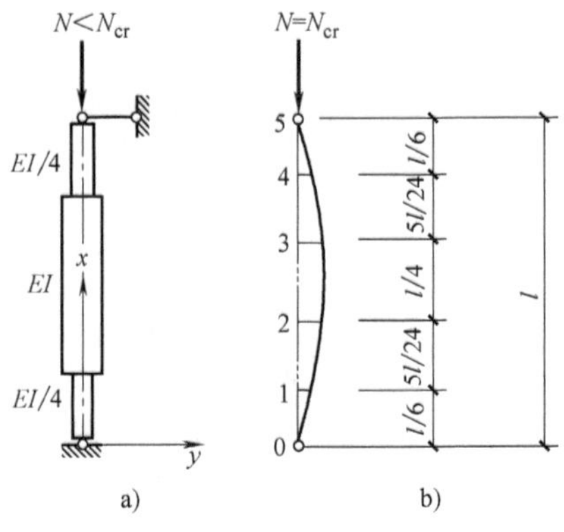

图 9-15 ［例 9-10］图

9.7.3 里查森外推法

由［例 9-8］~［例 9-10］可知，差分法近似解的误差将随分段数 n 的增大而减小（表 9-1），但缺点是求解的联立方程数也随之增加。为了加快手算的精度，这里介绍一个简单而又快速的方法——里查森（Richardson）外推法。该法的要点是：先取两种分段数 n_j 和 n_{j+1}，并进行差分计算得近似解 β_j 和 β_{j+1} 可以证明：计算误差 e 大体上和分段尺寸 h 的平方成正比。若设精确解为 β，从而得

$$e_j=\beta-\beta_j=ch_j^2=c\left(\frac{l}{n_j}\right)^2 \tag{a}$$

$$e_{j+1}=\beta-\beta_{j+1}=ch_{j+1}^2=c\left(\frac{l}{n_{j+1}}\right)^2 \tag{b}$$

式中 c——比例常数。

表 9-1 几种方法对比

解法		［例 9-8］(两端铰接)		［例 9-9］(一端铰接另一端固定)	
		$k=\dfrac{N_{cr}l^2}{EI}$	误差 e (%)	k	e
近似解	$n=2$	8	19	12	40.5
	$n=3$	9	9	10.1	20.2
	$n=4$	9.4	5	—	—
外推法		9.85 ($n_2=3, n_3=4$)	0.2	19.4 ($n_1=2, n_2=3$)	4
精确法		$\pi^2=9.87$	0	20.18(*P*.18)	0

由式（a）得

$$c=\left(\frac{n_j}{l}\right)^2(\beta-\beta_j)$$

并代入式（b）

$$\beta-\beta_{j+1}=\left(\frac{n_j}{l}\right)^2(\beta-\beta_j)\left(\frac{l}{n_{j+1}}\right)^2=\left(\frac{n_j}{n_{j+1}}\right)^2(\beta-\beta_j)$$

由此

$$\beta=\frac{n_j^2\beta_j-n_{j+1}^2\beta_{j+1}}{n_j^2-n_{j+1}^2} \tag{9-77}$$

对于［例 9-8］：采用 $n_2=3$，$n_3=4$ 代入式（9-77）得

$$\beta = N_{cr} = \frac{3^2(9EI/l^2) - 4^2(9.4EI/l^2)}{3^2 - 4^2} = 9.85EI/l^2$$

对于［例 9-9］：采用 $n_1 = 2$，$n_2 = 3$ 代入式（9-77）得

$$\beta = N_{cr} = \frac{2^2(12EI/l^2) - 3^2(16.1EI/l^2)}{2^2 - 3^2} = 19.4EI/l^2$$

结论：

1）差分法是求临界荷载近似值的一个有效方法，只要将分段数 n 适当加大，其精度可以满足工程要求，若采用里查森外推法，则可加快手算精度，但较复杂的问题将带来大量数值计算工作，因此，该法特别适用于电算（附录 16）。

2）与能量法相比，两者都是用有限自由度体系代替无限自由度体系，能量法是假定体系变形后的形状，而差分法是把一连续体系用离散的一些质点系来代替。因此，能量法求得的临界力近似值是精确值的上限，而差分法所求之值则是下限，比精确值小。

3）有限差分法的主要缺点：它所给出的是未知函数在各离散点上的数值，而不是对整个系统都是有效的解析式。如果需要有一个解析式的话，则必须通过一条与离散值解答相拟合的曲线来得到。因为通常情况下总能得出适当的临界荷载公式而永远得不到挠度函数的连续表达式，所以这个缺点在平衡问题中比在特征值问题中更为突出。

第 10 章　梁的侧向屈曲

如图 10-1a 所示，矩形截面悬臂梁在横向荷载 P 作用下，钢梁开始在 yz 平面内产生平面弯曲。如果取决于强度，那么，梁固定端的截面抗力将为曲线 a，即先后经历弹性阶段到屈服弯距 M_y、弹塑性阶段和塑性阶段的塑性弯矩 M_p，最后形成塑性铰而破坏[⊖]。

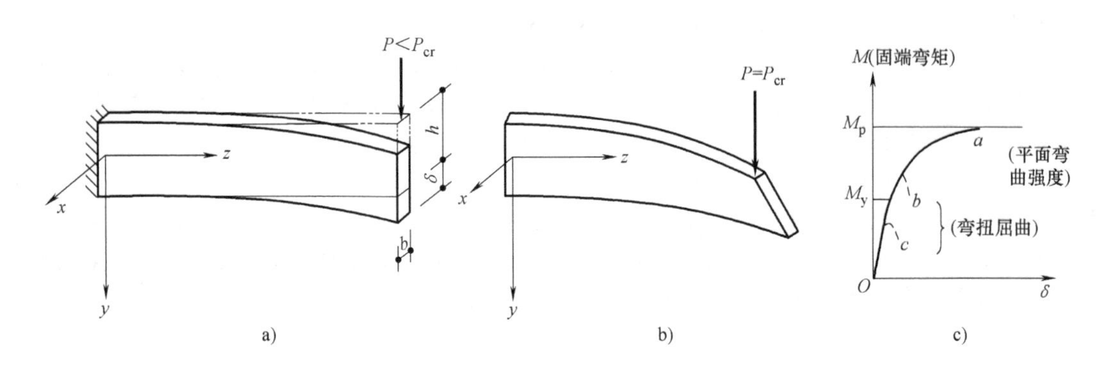

图 10-1　悬臂梁

a）平面弯曲　b）弯扭屈曲　c）M-δ

如果截面的抗侧刚度 EI_y 或抗扭刚度（torsion stiffness）GI_t 不足，例如窄而高的截面或开口薄壁截面（工字形截面等），梁就会在截面形成塑性铰以前（图 10-1c 曲线 b），甚至在弹性

⊖

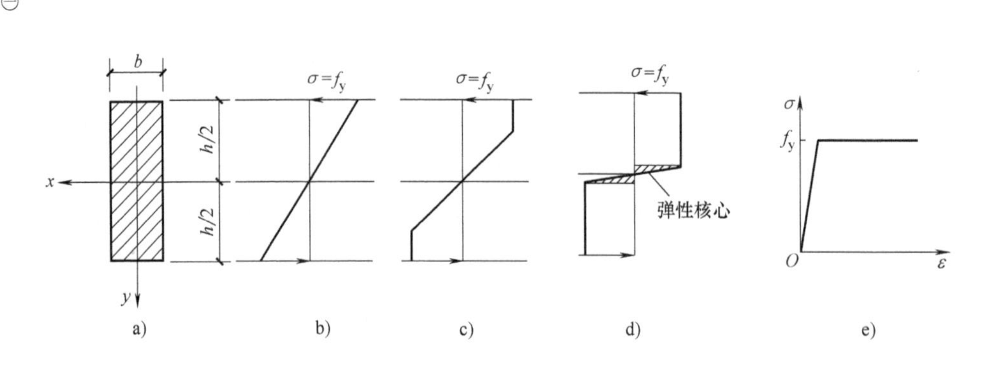

图 10-2　梁的受力阶段

a）梁截面　b）弹性阶段　c）弹塑性阶段　d）塑性阶段　e）σ-ε 关系

图 10-2b
$$M_y=\frac{1}{2}\left(b\times\frac{h}{2}\right)f_y\times\frac{2h}{3}=\left(\frac{bh^2}{6}\right)f_y=W_ef_y \tag{10-1}$$

图 10-2d
$$M_p=\left(b\times\frac{h}{2}\right)f_y\times\frac{h}{2}=\left(\frac{bh^2}{4}\right)f_y=W_pf_y \tag{10-2}$$

式中　f_y——钢的屈服强度。

$$截面形状系数\ S_f=\frac{W_p}{W_e}=\frac{bh^2/4}{bh^2/6}=1.5\quad（矩形截面）\tag{10-3}$$

阶段（图 10-1c 曲线 c），梁就有可能突然产生侧向屈曲（图 10-1b）。梁的这种破坏形式，称为梁的弯扭屈曲或梁丧失整体稳定。梁的侧向稳定属于第一类稳定问题。

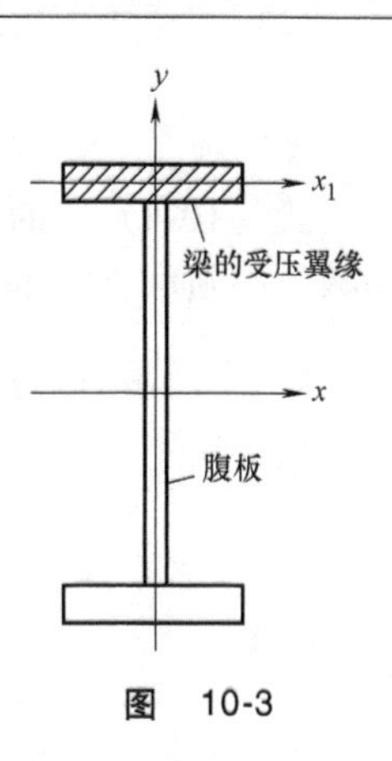

图　10-3

平面弯曲的梁会发生平面外的侧向屈曲的原因（图 10-3）：从性质的近似性，可以把梁的受压翼缘视为一轴心受压杆。作为压杆，理应倾向于在其刚度较小方向（绕 x_1 轴）弯曲屈曲。但是，因为梁的腹板对受压翼缘提供了连续的支持作用，使此屈曲不能发生，所以当受压翼缘的压力增大到一定数值时，受压翼缘就只能绕 y 轴产生侧向屈曲。这必将带动梁的整个截面一起发生侧向位移并伴随扭转，即梁产生弯扭屈曲，这就是梁丧失整体稳定的原因和实质。

10.1　纯弯曲矩形截面简支梁的弯扭屈曲

当梁侧向失稳时（图 10-4b、c），任一截面 m-m 的形心 O（双轴对称截面的形心 O 与剪心 S 重合）在 x 和 y 轴方向产生线位移 u 和 v，同时，截面还绕 z 轴产生扭转角 φ。

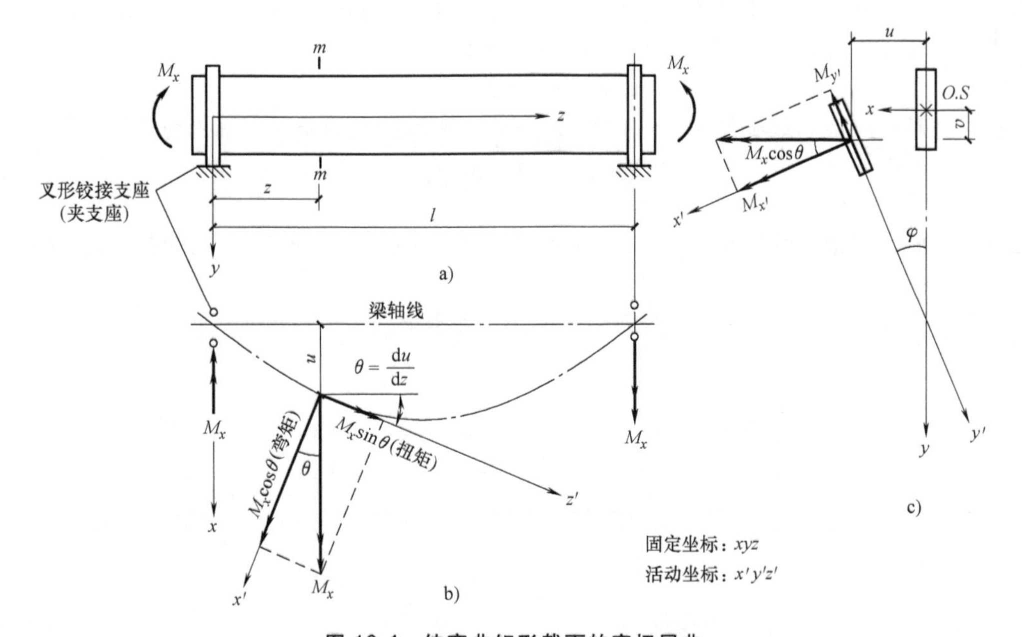

图 10-4　纯弯曲矩形截面的弯扭屈曲

由于小变形，xz 和 yx 平面内的曲率分别为$\frac{d^2u}{dz^2}$和$\frac{d^2v}{dz^2}$，考虑在 $x'z'$和 $y'z'$平面内的曲率分别与之相等，在角位移关系方面，可以取 $\sin\theta\approx\theta=\frac{du}{dz}$，$\sin\varphi\approx\varphi$，$\cos\theta\approx\cos\varphi\approx1$。由材料力学中的弯矩-曲率关系，可得弯曲微分方程

$$EI_x\frac{d^2v}{dz^2}=-M_{x'}=-M_x\cos\theta\cos\varphi\approx-M_x \tag{10-4}$$

$$EI_y\frac{d^2u}{dz^2}=-M_{y'}=-M_x\cos\theta\sin\varphi\approx-M_x\varphi \tag{10-5}$$

梁的扭转微分方程，可由式（8-60）得到

$$GI_t\frac{d\varphi}{dz}=-M_{y'}=M_x\sin\theta\approx M_x\frac{du}{dz} \tag{10-6}$$

式（10-4）中的位移 v 的函数，可以独立求解，而式（10-5）、式（10-6）均是 u 和 φ 的函数，必须联立求解，并寻找 u 和 φ 不全为零的条件，即可求得侧向屈曲时的临界荷载 $M_{x,cr}$。

对式（10-6）微分一次，并将式（10-5）中的 $\frac{d^2u}{dz^2}$ 代入，得

$$GI_t\frac{d^2\varphi}{dz^2}+\frac{M_x^2}{EI_y}\varphi=0 \tag{10-7a}$$

令

$$k^2=\frac{M_x^2}{EI_yGI_t} \tag{10-8}$$

从而，式（10-7a）成为

$$\frac{d^2\varphi}{dz^2}+k^2\varphi=0 \tag{10-7b}$$

解得

$$\varphi=A\sin kz+B\cos kz$$

由边界条件：$z=0$ 时，$\varphi=0$（夹支座），得 $B=0$；$z=l$ 时，$\varphi=0$（夹支座），$A\sin kl=0$。

为了求 φ 的非零解，令 $\sin kl=0$

即 $kl=\pi,2\pi,\cdots,n\pi$

将式（10-8）代入最小值 $kl=\pi$，可得纯弯曲时矩形截面简支梁的临界弯矩

$$M_{x,cr}=\frac{\pi}{l}\sqrt{EI_yGI_t} \tag{10-9}$$

由此可见，侧向失稳的临界弯矩 $M_{x,cr}$ 与侧向抗弯刚度 EI_y、抗扭刚度 GI_t 和侧向支撑之间的距离 l 有关。

[例 10-1] 求图 10-5 所示梁的侧向稳定性，即求 P_{cr}。

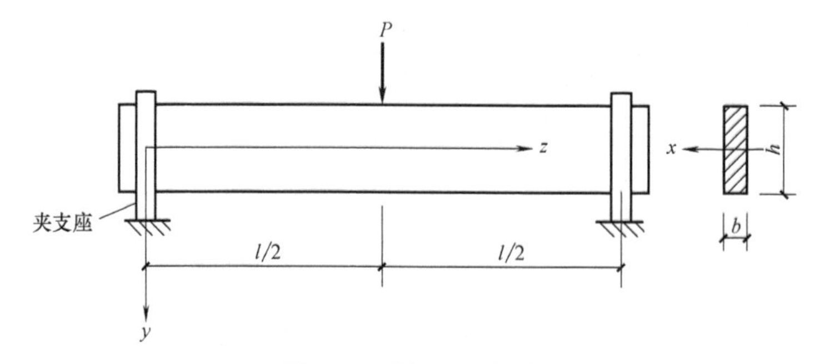

图 10-5 [例 10-1] 图

[解] 由于

$$M_x=\frac{P}{2}z\quad(0\leqslant z\leqslant l/2) \tag{a}$$

并代入式（10-5）和式（10-6）得

$$\left.\begin{aligned}EI_y\frac{d^2u}{dy^2}&=-\frac{P}{2}z\varphi\\GI_t\frac{d\varphi}{dz}&=\frac{P}{2}z\frac{du}{dz}-\frac{P}{2}u\end{aligned}\right\} \tag{b}$$

令

$$k^2=\frac{P^2}{4EI_yGI_t} \tag{c}$$

式（b）变成
$$\frac{d^2\varphi}{dz^2}+k^2z^2\varphi=0 \tag{d}$$

式（d）的解可用贝塞尔函数表示。如用幂级数时，则为

$$\varphi=C_1\left(z-\frac{k^2}{4\times5}z^5+\frac{k^4}{4\times5\times8\times9}z^9-\cdots\right)+C_2\left(1-\frac{k^2}{3\times4}z^4+\frac{k^4}{3\times4\times7\times8}z^8-\cdots\right) \tag{e}$$

边界条件：当 $z=0$ 时，$\varphi=0$，得 $C_2=0$；当 $z=l/2$ 时，$\varphi'=\frac{d\varphi}{dz}=0$。

式（e）变成
$$\varphi'=C_1\left[1-\frac{k^2}{4}\left(\frac{l}{2}\right)^4+\frac{k^4}{4\times5\times8}\left(\frac{l}{2}\right)^8-\cdots\right]=0$$

即
$$C_1\left[1-\frac{k^2l^4}{64}+\frac{1}{10}\left(\frac{k^2l^4}{64}\right)^2-\cdots\right]=0$$

为得非零解，令

$$1-\gamma+\frac{1}{10}\gamma^2-\cdots=0 \tag{f}$$

式中
$$\gamma=\frac{k^2l^4}{64}=\left(\frac{Pl^2}{16\sqrt{EI_yGI_t}}\right)^2 \tag{g}$$

如果只取式（f）的前两项，即 $1-\gamma=0$，可得临界力为

$$P_{cr}=\frac{16}{l^2}\sqrt{EI_yGI_t} \tag{10-10}$$

取式（f）的前三项，即 $1-\gamma+\frac{1}{10}\gamma^2=0$，解得最小值 $\gamma=1.127$，可得

$$P_{cr}=\frac{16.986}{l^2}\sqrt{EI_yGI_t} \tag{10-11}$$

[例 10-2]　试分析图 10-6 所示构件的稳定性。

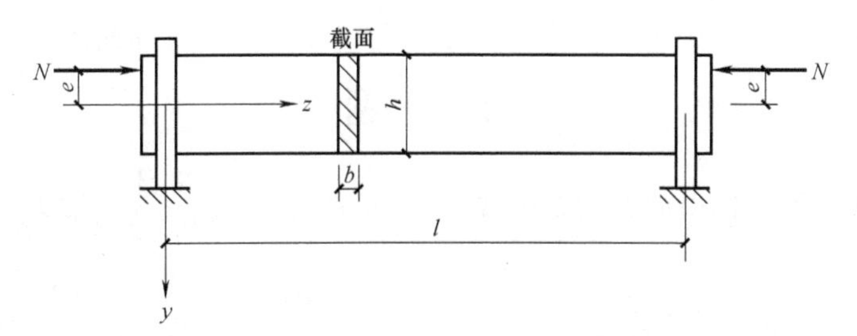

图　10-6

[解]　失稳前，绕 x 轴的弯矩为 $M_x=Ne$，屈曲后，分别由式（10-5）、式（10-6）可得

$$EI_y\frac{d^2u}{dz^2}=-M_x\varphi-Nu \tag{a}$$

$$GI_t\frac{d\varphi}{dz}=M_x\frac{du}{dz} \tag{b}$$

由式（b）

$$\varphi=\frac{M_x}{GI_t}u+C_1 \tag{c}$$

当 $z=0$ 时，$u=0$ 和 $\varphi=0$（夹支座上截面无扭角），由式（c）得 $C_1=0$，从而式（a）变成

$$\frac{\mathrm{d}u^2}{\mathrm{d}z^2}+k^2u=0 \tag{d}$$

式中

$$k^2=\frac{M_x^2+GI_tN}{EI_yGI_t} \tag{e}$$

式（d）的解

$$u=A\sin kz+B\cos kz$$

由边界条件：当 $z=0$ 时，$u=0$，得 $B=0$；当 $z=l$ 时，$u=0$，得 $A\sin kl=0$。

可见最小值

$$kl=\pi \tag{f}$$

将式（e）代入式（f）

$$M_x^2+GI_tN=\frac{\pi^2}{l^2}EI_yGI_t \tag{10-12}$$

式（10-12）的关系曲线如图 10-7 所示。曲线上的 A 点表明：当 $M_x=0$ 时，临界力 $N_{cr}=\pi^2EI_y/l^2$，与式（8-43b）相同。B 点表明：当 $N=0$ 时，临界弯矩 $M_{x,cr}=\frac{\pi}{l}\sqrt{EI_yGI_t}$，与式（10-9）相同。一般来说，当弯矩 M_x 给定时，由式（10-12）或图 10-7 可求出相应的临界力 N_{cr}，反之，可求相应的 $M_{x,cr}$。

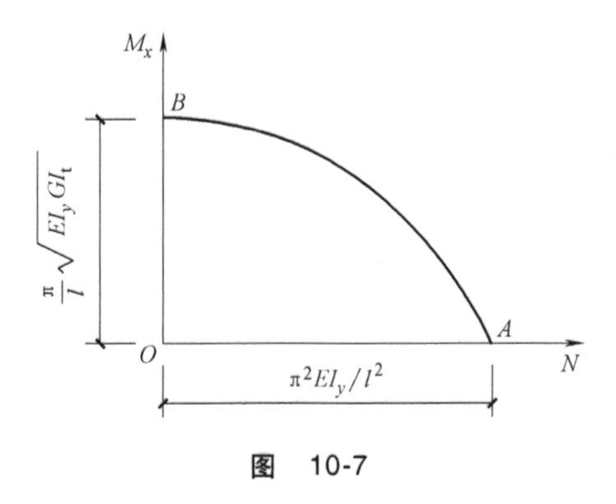

图 10-7

10.2 纯弯曲工字形截面简支梁的弯扭屈曲

纯弯曲工字形截面简支梁弯扭屈曲的临界弯矩 $M_{x,cr}$ 由附录 19 导出

$$M_{x,cr}=\frac{\pi}{l}\sqrt{EI_yGI_t}\sqrt{1+\frac{EI_w}{GI_t}\left(\frac{\pi}{l}\right)^2} \tag{10-13}$$

式中 I_w——翘曲常数，见式（8-69）。

对照式（10-9）和式（10-13）可见，后者中增加了一项抵抗翘曲扭转的能力。

习 题

10-1 若图 10-5 梁上作用的是均布荷载 p，试证明 $(pl)_{cr}=\frac{28.3}{l^2}\sqrt{EI_yGI_t}$。

第 11 章　单向压弯构件的稳定

压弯杆，也称为梁-柱（beam-columns are members that are subjected to both bending and axial compression）。本章只介绍图 11-1 所示两端有铰支座约束的四种单向压弯杆。对于垂直于杆轴方向、两端有相对线位移的梁-柱，将在第 13 章中介绍。

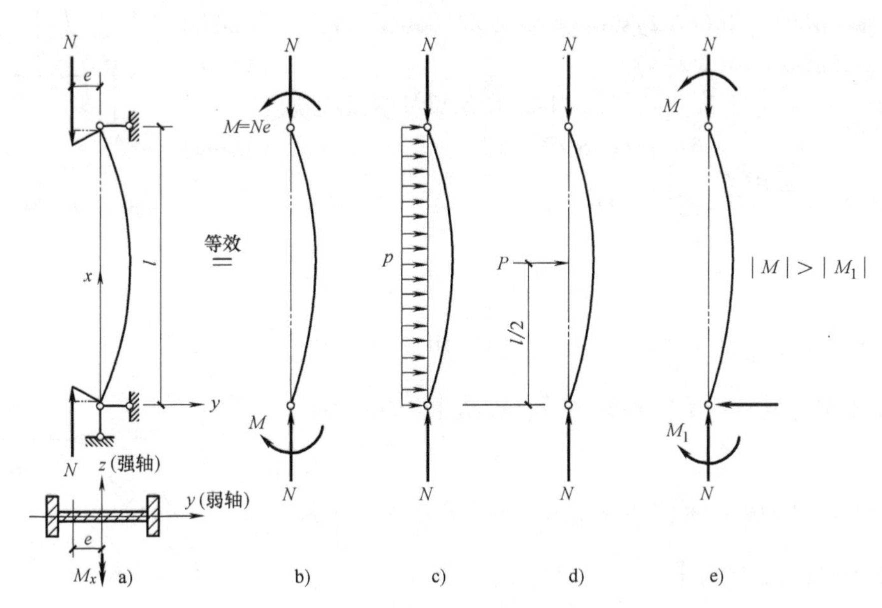

图 11-1　两端有铰支座约束的梁-柱

图 11-1a 所示的偏心受压杆（两端的偏心距 e 相等），它的等效受力形式为图 11-1b。由于这种构件同时受到轴心力 N 和弯矩 M 的共同作用，故称压弯杆。图 11-1c～e 所示的构件，也是压弯杆，其中图 11-1c、d 的弯矩分别由横向荷载 p、P 引起，而图 11-1e 则受到不等杆端弯矩的作用。

若弯矩作用在弱轴 y 平面内（图 11-1a），梁-柱可能在弯矩作用平面内弯曲屈曲（丧失稳定），也可能在弯矩作用平面外弯扭屈曲。前者属于第二类稳定问题，用荷载-位移曲线来求临界力（图 11-5 曲线②），后者属于第一类稳定问题（平衡分枝理论），由特征值求屈曲荷载（图 11-5 曲线③）。这些稳定问题，在钢结构设计中都必须考虑。

虽然在梁-柱弯曲屈曲的弹性分析（图 11-5 曲线①）中，所求临界荷载只具有理论价值，但它是非弹性分析的基础。

11.1　梁-柱在弯矩作用平面内的弹性弯曲屈曲

由图 11-2b 得
$$EIy''+N(e+y)=0$$
即
$$y''+\alpha^2 y=-\alpha^2 e \tag{11-1}$$
（二阶常系数非齐次微分方程）

通解为
$$y=A\sin\alpha x+B\cos\alpha x-e \tag{11-2}$$

式中，$\alpha^2=N/EI$。

边界条件：$x=0$ 时，$y=0$，得 $B=e$；$x=l$ 时，$y=0$，得 $A=\dfrac{e(1-\cos\alpha l)}{\sin\alpha l}=e\tan(\alpha l/2)$

代入式（11-2）

$$y=e[\tan(\alpha l/2)\sin\alpha x+\cos\alpha x-1] \tag{11-3a}$$

$$=e\left[\frac{\sin(\alpha l/2)}{\cos(\alpha l/2)}\sin\alpha x+\frac{\cos(\alpha l/2)}{\cos(\alpha l/2)}\cos\alpha x-1\right]$$

$$=e\{\sec(\alpha l/2)[\sin(\alpha l/2)\sin\alpha x+\cos(\alpha l/2)\cos\alpha x]-1\} \tag{11-3b}$$

$$=e[\sec(\alpha l/2)\cos(l/2-x)-1] \tag{11-3c}$$

当 $x=l/2$ 时，由式（11-3c）可得图 11-2a 所示梁柱的最大挠度

$$\delta=e[\sec(\alpha l/2)-1] \tag{11-4a}$$

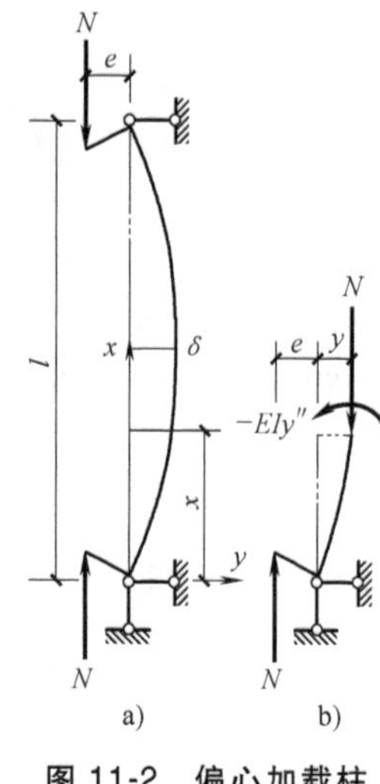

图 11-2 偏心加载柱

将 $\alpha^2=\dfrac{N}{EI}$和 $N_E=\dfrac{\pi^2EI}{l^2}$代入上式

$$\delta=e\left[\sec\left(\frac{\pi}{2}\sqrt{N/N_E}\right)-1\right] \tag{11-4b}$$

由式（11-4b）可绘（N/N_E）-δ 关系如图 11-3 所示。

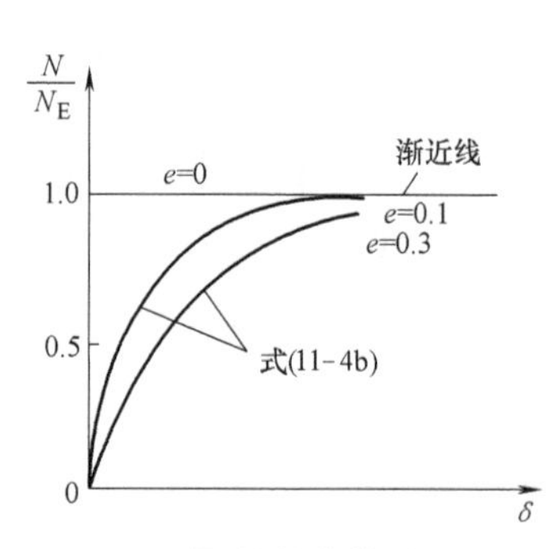

图 11-3 梁-柱的荷载-变形曲线

由图 11-2a 知 $M_{max}=N(e+\delta)=Ne\times\sec\left(\dfrac{\pi}{2}\sqrt{N/N_E}\right)=Ne\eta=M\eta$ (11-5)

式中 η——梁-柱的纵向弯曲影响系数，又叫弯矩增大系数。

$$\eta=\sec\left(\frac{\pi}{2}\sqrt{N/N_E}\right)$$

$$=\frac{1}{\cos\left(\frac{\pi}{2}\sqrt{N/N_E}\right)}$$

$$=\frac{1}{1-\left(\frac{\pi}{2}\sqrt{N/N_E}\right)^2/2!+\left(\frac{\pi}{2}\sqrt{N/N_E}\right)^4/4!-\cdots}$$

$$=\frac{1}{1-\frac{\pi^2N}{8N_E}+\frac{1}{6}\left(\frac{\pi^2N}{8N_E}\right)^2-\cdots}$$

$$=\frac{1}{1-N/N_E} \tag{11-6}$$

把式（11-6）代入式（11-5），最后得

$$\left(\frac{N}{N_E}\right)+\frac{1}{(M_{max}/M)}=1 \tag{11-7}$$

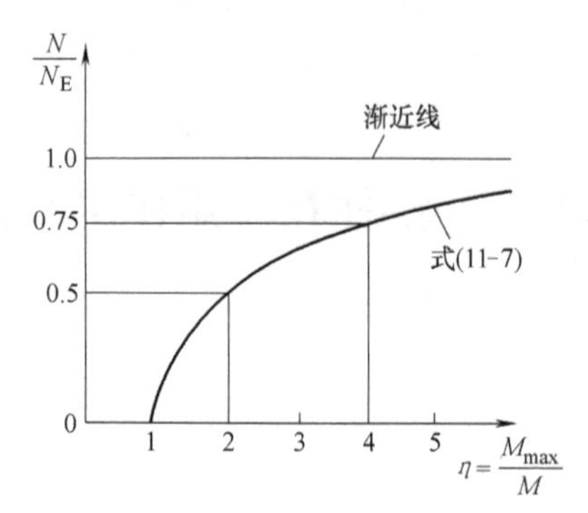

图 11-4 梁-柱 N/N_E-η 关系

按式（11-7）可绘（N/N_E）-η（$\eta=M_{max}/M$）曲线（图 11-4）。由图 11-4 可见，N 与 M_{max} 并不成直线比例关系，这是梁-柱的一个重要特点。当 $e\to0$ 时，偏心压杆的临界力$\to N_E$，M_{max} 将急剧增大。

讨论：

1）当 $\frac{\pi}{2}\sqrt{N/N_E}=\frac{\pi}{2}$ 时，
$$\begin{cases}\sec\left(\frac{\pi}{2}\sqrt{N/N_E}\right)\to\infty\text{，即 }\delta\to\infty\text{（失稳）}\\ N=N_E\text{，但物理意义不同}\begin{cases}\text{偏心受压杆：量变失稳}\\ \text{轴心受压杆：质变失稳}\end{cases}\end{cases}$$

2）将式（11-3a）写成

$$y=\frac{M}{N}[\tan(\alpha l/2)\sin\alpha x+\cos\alpha x-1]$$

$$y'\Big|_{x=0}=\frac{M}{N}[\tan(\alpha l/2)\cos\alpha x\times\alpha-\sin\alpha x\times\alpha]\Big|_{x=0}$$
$$=\frac{\alpha M}{N}\tan(\alpha l/2)$$

刚度　$s=\dfrac{M}{y'\Big|_{x=0}}=\dfrac{N}{\alpha\tan(\alpha l/2)}$，当 $\tan(\alpha l/2)\to\infty$ 时 $\begin{cases}s=0\text{（失稳）}\\ \alpha l/2=\dfrac{\pi}{2}\text{，可得 }N=\dfrac{\pi^2EI}{l^2}=N_E\end{cases}$

3）必须指出，第 8.5 节的具有初偏心距 e_0 等初始缺陷的轴压工程杆，它的计算公式（未列出）与这里的偏心受压杆的计算公式有相似之处，但性质上则是不一样的。前者因初始偏心而引起的弯矩是次要的，主要荷载仍然是轴心压力 N，而后者轴心压力 N 和弯矩 M 都是主要荷载。

几种常见荷载作用下的梁-柱，其最大弯距 $M_{max,i}=\eta_i M$（$i=1，2，3，4$）的近似值见表 11-1。其等效弯矩系数 β_{mi} 为

$$\beta_{mi}=\frac{M_{max,i}}{M_{max,1}} \tag{11-8}$$

表 11-1　η_i 和 β_{mi} 值

i	荷载作用简图	$M_{max,i}=\eta_i M$	β_{mi}
1	N, M, M, N, x, l, y	$\left(\frac{1}{1-N/N_E}\right)M$	1
2	p, N, N	$\left(\frac{1}{1-N/N_E}\right)M$ $M=pl^2/8$	1
3	P, $x=l/2$, N, N	$\left(\frac{k_1}{1-N/N_E}\right)M$ $k_1=1-0.2N/N_E$ $M=Pl/4$	k_1
4	M_1, M, N, N $\lvert M\rvert>\lvert M_1\rvert$	$\left(\frac{k_2}{1-N/N_E}\right)M$ $k_2=0.65+0.35M_1/M$ 且 $k_2\geqslant0.4$	k_2

注：公式推导见附录 20。

11.2 失稳准则

图 11-3 所示是完全弹性材料梁-柱的（N/N_E）$-\delta$ 曲线，可以用图 11-5 的虚线①表示，进一步的理论研究和试验表明，对于弹塑性材料的梁-柱，N-δ 关系是图 11-5 中的实曲线②，它的两个失稳准则是边缘纤维屈服准则和压溃准则。

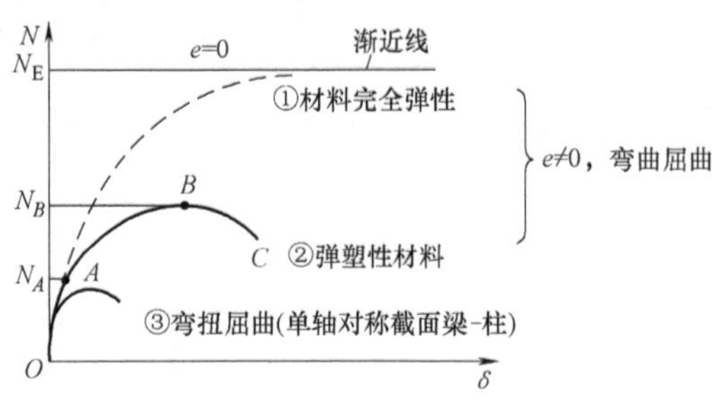

图 11-5 材料的 N-δ 关系曲线

11.2.1 边缘纤维屈服准则

把杆件的最大纤维应力（杆弯曲的凹侧面）开始达到屈服 f_y 时的荷载 N_A 作为临界荷载（图 11-5 的 A 点）。公式表达为

$$\sigma_{max}=\sigma_N+\sigma_M=\frac{N}{A}+\frac{M}{W}=\frac{N}{A}+\frac{Ne\times\sec(\alpha l/2)}{W}=f_y \tag{11-9a}$$

由于相对偏心率 $\varepsilon=\dfrac{e}{W/A}=\gamma_1 e/i^2$（图 11-6），式（11-9a）变成

$$\frac{N}{A}\left(1+\varepsilon\sec\left(\frac{\pi}{2}\sqrt{N/N_E}\right)\right)=f_y \tag{11-9b}$$

或

$$\sigma_{cr}\left[1+\frac{y_1 e}{i^2}\sec\left(\frac{l}{2i}\sqrt{\sigma_{cr}/E}\right)\right]=f_y \tag{11-9c}$$

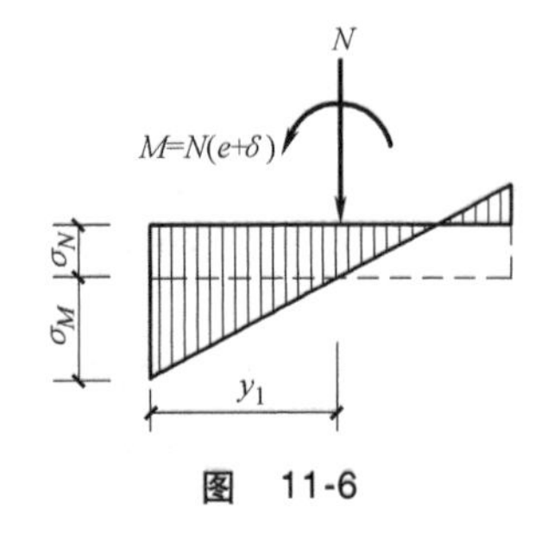

图 11-6

式（11-9）称为**正割公式**。用试算法可得一定 ε 值时的 σ_{cr} 与 λ 之间的关系。

边缘纤维屈服理论的本质是把稳定问题作为强度问题来处理。这个理论，曾受到 Bleich 的严厉批评：偏心压杆的破坏荷载不是由于纤维应力达到某一临界值，而是由于在某一临界荷载下，内外弯矩之间不可能存在稳定平衡，把偏心柱的稳定问题作为应力问题来考虑肯定是错误的，这样完全误解了问题的本质。尽管如此，这种理论仍然得到广泛的应用，现行国家标准也有条件地采用了这一理论。

11.2.2 压溃准则

把杆件中内、外弯矩由稳定平衡过渡到不稳定平衡的极值点 B 作为临界荷载——压溃荷载 N_B（图 11-5），它代表杆件的最大承载能力。N-δ 曲线的上升段（OAB 段）挠度增加，内力矩的增加率大于外力矩的增加率，可继续加载；而在下降段（BC 段），只有减少外荷载才能维持平衡。

压溃理论首先由卡曼提出，相关文献详细介绍了求解梁-柱弯曲屈曲问题的数值解法——数值积分法，此处不再赘述。

11.3 梁-柱稳定的相关公式

梁-柱稳定的理论分析十分复杂，无法完全依靠理论推出设计公式，实际上的设计公式是采用理论与统计结合的方式给出的，它们是我国现行国家标准用近似概率法得到的实用表达式。

11.3.1 在弯矩 M_x 作用平面内（弱轴平面）的弯曲屈曲验算（图 11-1a）

$$\frac{N}{\varphi_x A}+\beta_{mx}\frac{M_x}{\gamma_x W_{1x}}\eta\leqslant f \tag{11-10}$$

式中　φ_x——弯矩作用平面内的轴心受压构件的稳定系数；

γ_x——截面塑性发展系数；

W_{1x}——对受压纤维的毛截面抵抗矩；

β_{mx}——等效弯矩系数，见式（11-8）和表 11-1；

η——弯矩增大系数，见式（11-6）和表 11-1，$\eta=\dfrac{1}{1-0.8N/N'_{Ex}}$，0.8 是通过大量试验数据回归而来，$N'_{Ex}=\pi^2EA/(1.1\lambda_x^2)$；

f——钢材的强度设计值 $f=f_y/\gamma_R$，其中 f_y 表示屈服强度（标准值），γ_R 是抗力分项系数。

11.3.2　在弯矩作用平面外的弯扭屈曲验算

双轴对称截面梁-柱在弯矩作用平面外的弹性弯扭屈曲，可根据式（8-83）演变而来

$$\frac{N}{\varphi_y A}+\beta_{tx}\frac{M_x}{\varphi_b W_{1x}}\leqslant f \tag{11-11}$$

式中　φ_y——弯矩作用平面外的轴心受压构件稳定系数；

β_{tx}——等效弯矩系数；

φ_b——均匀弯曲的受弯构件整体稳定系数。

第 12 章　薄板屈曲

12.1　板分类与薄板的屈曲

12.1.1　板分类

板（$a \times b \times t$）的定义：板厚 $t \ll b$（板的短边长）（图 12-1）。一般将板分为三种：

1）薄膜：$t/b<(1/80 \sim 1/100)$。薄膜不具有抗弯刚度，是利用张力（薄膜效应）来抵抗横向荷载，它属于大挠度板。

2）薄板：$(1/80 \sim 1/100) \leqslant t/b \leqslant (1/5 \sim 1/8)$。在垂直于板面的荷载作用下，薄板的剪切变形与弯曲变形相比，可忽略不计。

3）厚板：$t/b>(1/5 \sim 1/8)$。按三维空间问题求解，必须同时考虑弯曲变形和剪切变形。

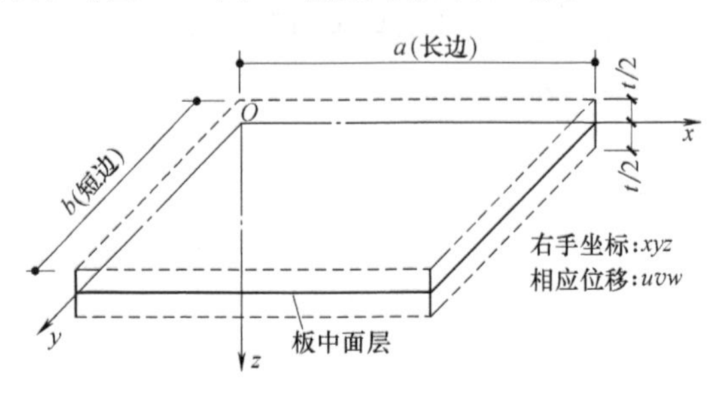

图 12-1　板坐标系

12.1.2　薄板的屈曲

薄板屈曲的解法与轴心压杆屈曲的解法一样，其临界荷载可通过求解中性平衡微分方程来获得，也可应用能量法、变分法和有限单元法等求解。

在计算工程薄板时，常采用小挠度理论，3 个基本假定（已为大量实验结果所证实）：

1）薄板虽薄，但仍具有一定的抗弯刚度，垂直于板中面的挠度 $w \ll t$（一般 $\omega_{\max} \leqslant t/5$），弯曲引起的薄膜效应可忽略不计。

2）应力分量 σ_z、τ_{zx} 和 τ_{zy} 远小于其余 3 个应力分量 σ_x、σ_y 和 τ_{xy}（图 12-2），因此，它们引起的应变分量可略去不计，即

$$\varepsilon_x = \frac{\partial w}{\partial z} = 0，得\ w = w(x,y)$$

$$\gamma_{zx} = \frac{\partial w}{\partial x} + \frac{\partial u}{\partial z} = 0，即 \frac{\partial u}{\partial z} = -\frac{\partial w}{\partial x} \tag{12-1a}$$

$$\gamma_{zx} = \frac{\partial w}{\partial y} + \frac{\partial v}{\partial z} = 0，即 \frac{\partial v}{\partial z} = -\frac{\partial w}{\partial y} \tag{12-1b}$$

由于假定 $\varepsilon_z = \gamma_{zx} = \gamma_{zy} = 0$，因此弯曲前薄板内垂直于中面的直线段，弯曲后仍保持没有伸缩的直线，并垂直于弹性曲面。这个假设常称为直法线假设，它与材料力学中梁弯曲的平面假定相类似。

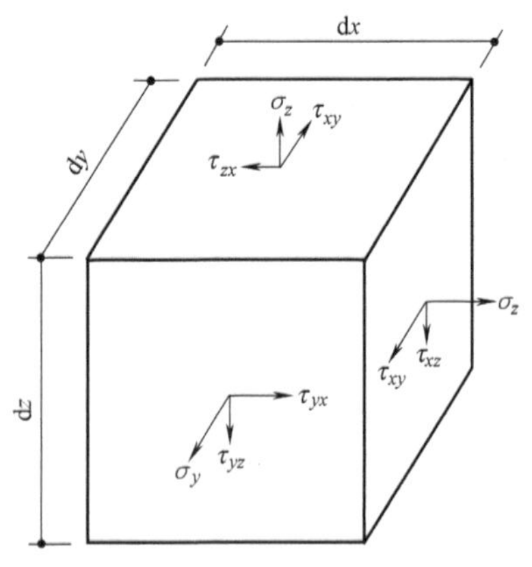

图 12-2　应力分量

由文献［17］可得应力分量

$$\left.\begin{aligned} \sigma_x &= -\frac{Ez}{1-\nu^2}\left(\frac{\partial^2 w}{\partial x^2} + \nu \frac{\partial^2 w}{\partial y^2}\right) \\ \sigma_y &= -\frac{Ez}{1-\nu^2}\left(\frac{\partial^2 w}{\partial y^2} + \nu \frac{\partial^2 w}{\partial x^2}\right) \\ \tau_{xy} &= -\frac{Ez}{1+\nu} \frac{\partial^2 w}{\partial x \partial y} \end{aligned}\right\} \tag{12-2}$$

和

$$
\left.\begin{aligned}
\text{弯矩：}M_x &= \int_{-t/2}^{t/2} z\sigma_x \mathrm{d}z = -\frac{Et^3}{12(1-\nu^2)}\left(\frac{\partial^2 w}{\partial x^2}+\nu\frac{\partial^2 w}{\partial y^2}\right)\\
M_y &= \int_{-t/2}^{t/2} z\sigma_y \mathrm{d}z = -\frac{Et^3}{12(1-\nu^2)}\left(\frac{\partial^2 w}{\partial y^2}+\nu\frac{\partial^2 w}{\partial x^2}\right)\\
\text{扭矩：}M_{xy} &= \int_{-t/2}^{t/2} z\tau_{xy} \mathrm{d}z = -\frac{Et^3}{12(1-\nu)}\frac{\partial^2 w}{\partial x\partial y} = M_{yx}
\end{aligned}\right\}
\tag{12-3}
$$

式中　ν——材料的泊松比。

3）薄板弯曲时，中面内各点都没有平行于中面的位移，即

$$
u\Big|_{z=0}=0,\quad v\Big|_{z=0}=0 \tag{12-4}
$$

因此

$$
\varepsilon_x\Big|_{z=0}=\frac{\partial u}{\partial x}=0,\qquad \varepsilon_y\Big|_{z=0}=\frac{\partial v}{\partial y}=0,\qquad \gamma_{xy}\Big|_{z=0}=\frac{\partial v}{\partial x}+\frac{\partial u}{\partial y}=0
$$

即是说，薄板弯曲时，中面内各点都不产生平行于中面的应变，即中面是一个中性层；中面的任意部分，虽然弯曲成为弹性曲面的一部分，但它在 xy 面上的投影形状都认为保持不变。

根据上述假设，薄板弯曲问题可简化为平面应力问题，它的变形特征可用线性微分方程来描述，因此常称为线性理论。

12.2　中面力作用下的薄板屈曲

板在各种中面力——单位长度上的剪力 N_{xy} 和压力 N_x、N_y 作用下，它的屈曲问题属于第一类稳定。由对微面元 $\mathrm{d}x\mathrm{d}y$（图 12-3）的研究，可得板的弹性阶段屈曲时的平衡微分方程

$$
D\,\nabla^4 w+N_x\frac{\partial^2 w}{\partial x^2}+N_y\frac{\partial^2 w}{\partial y^2}+2N_{xy}\frac{\partial^2 w}{\partial x\partial y}=0 \tag{12-5}
$$

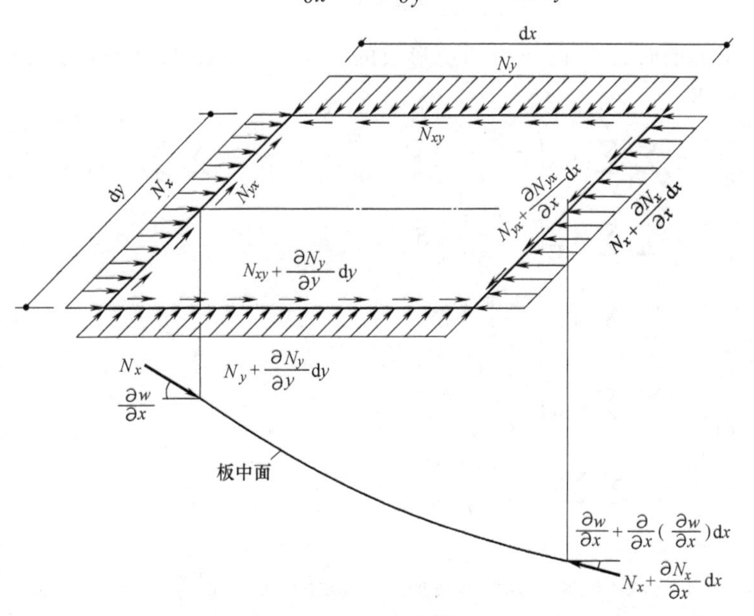

图 12-3　微分单元的中面力

式中　∇^2——拉普拉斯算子(Laplacian)，$\nabla^2=\frac{\partial^2}{\partial x^2}+\frac{\partial^2}{\partial y^2}$，$\nabla^4=\left(\frac{\partial^2}{\partial x^2}+\frac{\partial^2}{\partial y^2}\right)\left(\frac{\partial^2}{\partial x^2}+\frac{\partial^2}{\partial y^2}\right)=\left(\frac{\partial^4}{\partial x^4}+2\frac{\partial^4}{\partial x^2\partial y^2}+\frac{\partial^4}{\partial y^4}\right)$；

D——板的抗弯刚度，$D=E\times\frac{1\times t^3}{12(1-\nu^2)}$；

w——挠度，$w=w(x,y)$。

当板单向（x 方向）受压，即 $N_y=N_{xy}=0$ 时，式（12-5）成为

$$D\left(\frac{\partial^4 w}{\partial x^4}+2\frac{\partial^4 w}{\partial x^2\partial y^2}+\frac{\partial^4 w}{\partial y^4}\right)+N_x\frac{\partial^2 w}{\partial x^2}=0 \tag{12-6}$$

对四边简支矩形板（图 12-4），其边界条件是

$$\left.\begin{aligned}&\text{当 } x=0 \quad \text{和} \quad x=a \text{ 时，} w=0,\ \frac{\partial^2 w}{\partial x^2}=0^{\ominus}\\&\text{当 } y=0 \quad \text{和} \quad y=b \text{ 时，} w=0,\ \frac{\partial^2 w}{\partial y^2}=0\end{aligned}\right\} \tag{12-7}$$

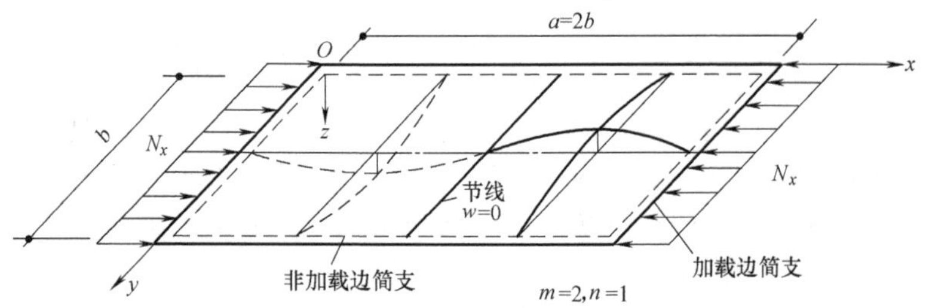

图 12-4　均匀受压（x 方向）简支板

常微分方程与偏微分方程的重要差别：前者只有一个函数满足其方程，而后者有多个函数，因此，偏微分方程的通解较难得到。一般偏微分方程常采用级数求解，满足条件式（12-7）的式（12-6）的方程的解可用双重三角级数表示

$$w=\sum_{m=1}^{\infty}\sum_{n=1}^{\infty}A_{mn}\sin\frac{m\pi x}{a}\sin\frac{n\pi y}{b} \tag{12-8}$$

式中　m、n——板屈曲时，在 x、y 方向所形成的半波数，如图 12-4 所示，$m=2$，$n=1$。从而可求

$$\frac{\partial^2 w}{\partial x^2}=\sum_{m=1}^{\infty}\sum_{n=1}^{\infty}A_{mn}\left(-\frac{m^2\pi^2}{a^2}\right)\sin\frac{m\pi x}{a}\sin\frac{n\pi y}{b}=\sum\sum A_{mn}\left(-\frac{m^2\pi^2}{a^2}\right)S$$

$$\frac{\partial^2 w}{\partial y^2}=\sum\sum A_{mn}\left(-\frac{n^2\pi^2}{b^2}\right)S$$

$$\frac{\partial^4 w}{\partial x^4}=\sum\sum A_{mn}\left(\frac{m^4\pi^4}{a^4}\right)S$$

$$\frac{\partial^4 w}{\partial y^4}=\sum\sum A_{mn}\left(\frac{n^4\pi^4}{b^4}\right)S$$

$$\frac{\partial^4 w}{\partial x^2\partial y^2}=\sum\sum A_{mn}\left(\frac{m^2n^2\pi^4}{a^2b^2}\right)S$$

⊖ 由于在 $x=0$ 和 $x=a$ 处，沿整个板边挠度为零，保持直边，故其曲率应为零，即$\frac{\partial^2 w}{\partial x^2}=0$，参见式（12-3）第一式，不难理解其意。

并代入式（12-6）

$$D\left[\sum\sum A_{mn}\left(\frac{m^4\pi^4}{a^4}\right)S+2\sum\sum A_{mn}\left(\frac{m^2n^2\pi^4}{a^2b^2}\right)S+\sum\sum A_{mn}\left(\frac{n^4\pi^4}{b^4}\right)S\right]+N_x\sum\sum A_{mn}\left(-\frac{m^2\pi^2}{a^2}\right)S=0$$

即
$$\sum\sum A_{mn}\left(\frac{m^4\pi^4}{a^4}+2\frac{m^2n^2\pi^4}{a^2b^2}+\frac{n^4\pi^4}{b^4}-\frac{N_x}{D}\times\frac{m^2\pi^2}{a^2}\right)S=0$$

上式左端是无穷项之和，此和为零的唯一条件是每项的系数等于 0，而 A_{mn} 不能为 0，因此

$$\pi^4\left(\frac{m^2}{a^2}+\frac{n^2}{b^2}\right)^2-\frac{N_x}{D}\times\frac{m^2\pi^2}{a^2}=0$$

即
$$N_x=\frac{\pi^2a^2D}{m^2}\left(\frac{m^2}{a^2}+\frac{n^2}{b^2}\right)^2 \tag{12-9a}$$

临界荷载应是使板保持微弯状态的最小荷载，取 $n=1$

$$N_{x,\mathrm{cr}}=\frac{\pi^2a^2D}{m^2}\left(\frac{m^2}{a^2}+\frac{1}{b^2}\right)^2 \tag{12-9b}$$

$$=\frac{\pi^2a^2D}{m^2}\left[\frac{m}{ab}\left(\frac{mb}{a}+\frac{a}{mb}\right)\right]^2$$

$$=\frac{\pi^2D}{b^2}\left[\frac{m}{a/b}+\frac{a/b}{m}\right]^2$$

$$=\frac{\pi^2D}{b^2}\left(\frac{m}{\beta}+\frac{\beta}{m}\right)^2=k\frac{\pi^2D}{b^2} \tag{12-9c}$$

式中　k——屈曲系数。

$$k=\left(\frac{m}{\beta}+\frac{\beta}{m}\right)^2 \tag{12-10}$$

由$\frac{\mathrm{d}k}{\mathrm{d}m}=0$，即$\frac{\mathrm{d}k}{\mathrm{d}m}=2\left(\frac{m}{\beta}+\frac{\beta}{m}\right)\left(\frac{m}{\beta}+\frac{\beta}{m}\right)'=2\left(\frac{m}{\beta}+\frac{\beta}{m}\right)\left(\frac{1}{\beta}-\frac{\beta}{m^2}\right)=0$ 解得 $m=\beta$，代入式（12-10），得 $k_{\min}=4$（图 12-5）。从而，由式（12-9c）可得最小的临界荷载

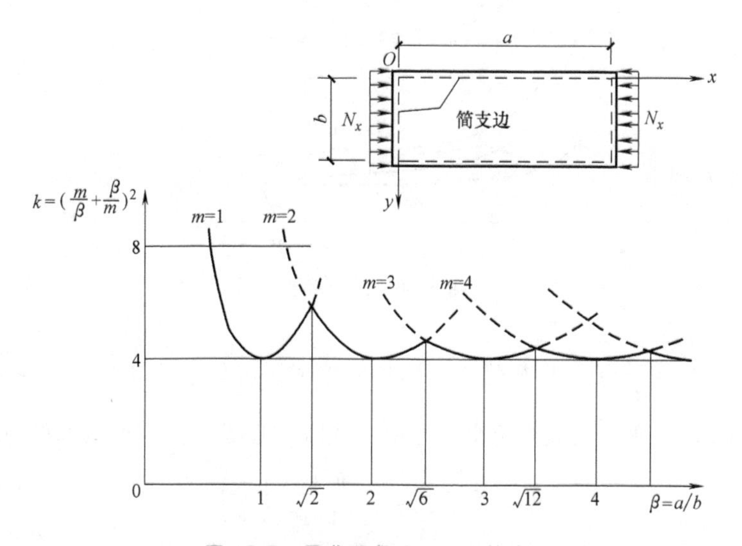

图 12-5　屈曲系数 k（四边简支）

$$\min N_{x,\mathrm{cr}}=4\frac{\pi^2 D}{b^2} \tag{12-9d}$$

由图 12-5 可见，当 β 为整数时，式（12-9b）才有效，薄板屈曲后的节线（$w=0$）把整块板分成若干个方形。图 12-5 绘出了 k 值的最小包络线（实线），当 $\beta>4$ 时 k 值变化不大，包络线接近于 $k_{\min}=4$。

根据式（12-9c）可求板的临界应力

$$\sigma_{x,\mathrm{cr}}=\frac{k\pi^2 D}{b^2}\Big/t=\frac{k\pi^2}{b^2 t}\cdot E\frac{1\times t^3}{12(1-\nu^2)}=K\frac{\pi^2 E}{(b/t)^2} \tag{12-11}$$

$\beta\geqslant4$ 时，取 $k=4$，故 $K=\dfrac{k}{12(1-\nu^2)}=$ 常数，说明板的 σ_{cr} 只与板的宽厚比 b/t 的平方成反比，而轴心压杆的临界应力 $\sigma_{\mathrm{cr}}=\dfrac{\pi^2 E}{\lambda^2}$，只与杆的长细比 $\lambda=\dfrac{l_0}{i}$的平方成反比。因此，为了提高工字形轴心压杆腹板的屈曲承载力，最有效的办法是设置纵向加劲肋以减小腹板的宽度，而不是设置横向加劲肋以减小腹板的长度。

式（12-9b）于 1891 年由 Bryan 首先提出，它不仅适用于四边简支板，也适用于其他边缘支承条件的板（附录 21），不过 $k_{\min}$ 值要另取相应的数值（图 12-6）。

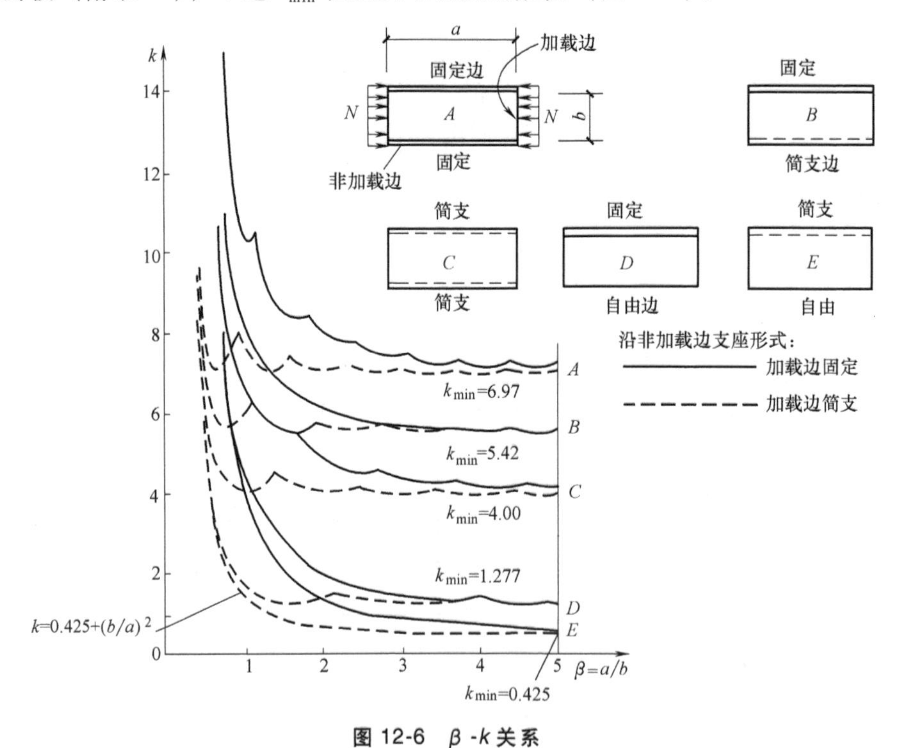

图 12-6　β -k 关系

当板的压应力 $\sigma_x=\dfrac{N_x}{t}>f_{\mathrm{p}}$，即板进入非弹性阶段时，板沿受力方向的 E 将下降到 $E_{\mathrm{t}}=\eta E$，而板沿垂直方向的 E 不变，板成为正交异性板。此时，临界应力可近似求得为

$$\sigma_{x,\mathrm{cr}}=\sqrt{\eta}\,k_{\min}\frac{\pi^2 E}{12(1-\nu^2)}\left(\frac{t}{b}\right)^2 \tag{12-12}$$

［例 12-1］　用能量法求图 12-7 所示薄板的 $\sigma_{x,\mathrm{cr}}$。

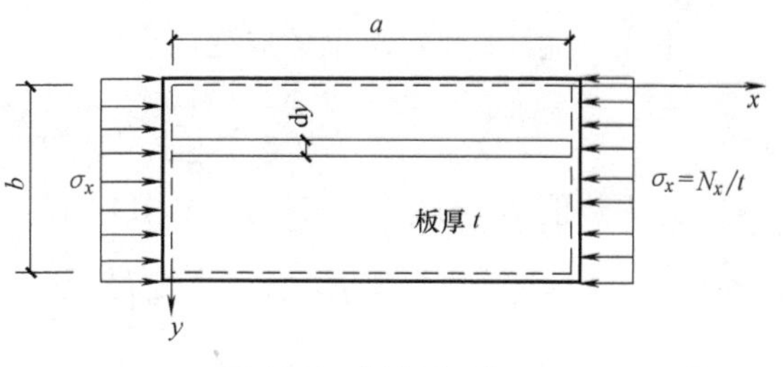

图 12-7 ［例 12-1］图

［解］ 为求板的外力势能，可沿板的受压方向取宽度为 dy 的狭条单元，它所受的压力为 $C=\sigma_x t\mathrm{d}y$，从而

$$\mathrm{d}\Pi_\mathrm{e}=-\int_0^a C\left[\frac{1}{2}\left(\frac{\partial w}{\partial x}\right)^2\mathrm{d}x\right]=-\frac{1}{2}\int_0^a \sigma_x t\mathrm{d}y(w'_x)^2\mathrm{d}x \tag{12-13}$$

积分式（12-13），并将式（12-8）代入得

$$\Pi_\mathrm{e}=-\frac{1}{2}\int_0^a\int_0^b \sigma_x t(w'_x)^2\mathrm{d}x\mathrm{d}y=-\frac{\pi^2 b\sigma_x t}{8a}\sum\sum m^2A^2mn \tag{12-14}$$

由式（附 21-1a）知，板的应变能

$$U=\frac{D}{2}\int_0^a\int_0^b\left\{\left(\frac{\partial^2 w}{\partial x^2}+\frac{\partial^2 w}{\partial y^2}\right)^2+2(1-\nu)\left[\left(\frac{\partial^2 w}{\partial x\partial y}\right)^2-\frac{\partial^2 w}{\partial x^2}\cdot\frac{\partial^2 w}{\partial y^2}\right]\right\}\mathrm{d}x\mathrm{d}y$$

将式（12-8）代入上式

$$U=\frac{\pi^4 ab}{8}D\sum\sum A_{mn}^2\left(\frac{m^2}{a^2}+\frac{n^2}{b^2}\right)^2 \tag{12-15}$$

将式（12-14）和式（12-15）代入$\dfrac{\partial(U+\Pi_\mathrm{e})}{\partial A_{mn}}=0$，得

$$\frac{\pi^4 ab}{4}DA_{mn}\left(\frac{m^2}{a^2}+\frac{n^2}{b^2}\right)^2-\frac{\pi^2 b\sigma_x t}{4a}m^2A_{mn}=0,$$

由于 $A_{mn}\neq 0$，故得 $\sigma_x=\dfrac{\pi^2a^2D}{t}\cdot\dfrac{1}{m^2}\left(\dfrac{m^2}{a^2}+\dfrac{n^2}{b^2}\right)^2$

当 $n=1$ 时，σ_x 为最小

$$\sigma_{x,\mathrm{cr}}=\frac{\pi^2a^2D}{m^2t}\left(\frac{m^2}{a^2}+\frac{1}{b^2}\right)^2$$

即

$$N_{x,\mathrm{cr}}=\sigma_{x,\mathrm{cr}}t=\frac{\pi^2a^2D}{m^2}\left(\frac{m^2}{a^2}+\frac{1}{b^2}\right)^2$$

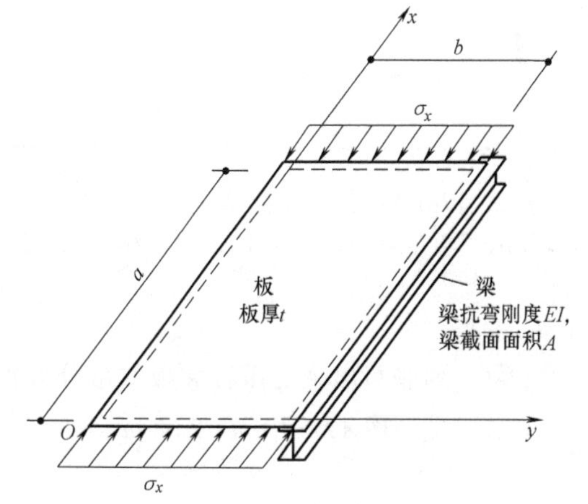

图 12-8 ［例 12-2］图

［例 12-2］ 图 12-8 所示矩形板，三边简支在刚性周边上，一边简支在刚度为 EI 的梁（beam）上，计算该板的稳定性。

［解］ 设板屈曲时的挠曲面函数

$$w(x,y)=\left(A_1\sin\frac{\pi y}{b}+A_2\frac{y}{b}\right)\sin\frac{m\pi x}{a}$$

当 $y=b$ 时，可得梁的挠曲线方程

$$w(x,y)=A_2\sin\frac{m\pi x}{a}$$

结构的应变能 $U=U_\mathrm{plate}+U_\mathrm{beam}$，其中 U_plate 可按式（12-15）求得

$$U_\mathrm{plate}=\frac{D}{2}\left\{A_1^2\frac{ab}{4}\left[\left(\frac{m\pi}{a}\right)^2+\left(\frac{\pi}{b}\right)^2\right]^2+A_2^2\left(\frac{m\pi}{a}\right)^2\frac{a}{2}\left[\left(\frac{m\pi}{a}\right)^2\frac{b}{2}+\frac{2(1-\nu)}{b}\right]+\right.$$
$$\left.A_1A_2\left(\frac{m\pi}{a}\right)^2a\left[\left(\frac{m\pi}{a}\right)^2\frac{b}{\pi}+\nu\frac{\pi}{b}\right]\right\}$$

由式（附 12-4a）求梁的应变能

$$U_{\text{beam}}=\frac{1}{2}\int_{0}^{a}EI(w_{x}'')\Big|_{y=b}\mathrm{d}x=\frac{EI}{4}\left(\frac{m\pi}{a}\right)^{2}aA_{2}^{2}$$

外力势能 $\Pi_{\mathrm{e}}=\Pi_{\mathrm{e,plate}}+\Pi_{\mathrm{e,beam}}$，其中 $\Pi_{\mathrm{e,plate}}$ 按式（12-14）计算

$$\Pi_{\mathrm{e,plate}}=-\frac{\sigma_{x}t}{4}\left(\frac{m\pi}{a}\right)^{2}ab\left(\frac{1}{2}A_{1}^{12}+A_{1}A_{2}\frac{2}{\pi}+\frac{1}{3}A_{2}^{2}\right)$$

而 $\Pi_{\mathrm{e,beam}}$ 可仿式（12-14）得

$$\Pi_{\mathrm{e,beam}}=-\frac{1}{2}\int_{0}^{a}\sigma_{x}A\left(\frac{\partial^{2}w}{\partial x^{2}}\right)^{2}\Big|_{y=b}\mathrm{d}x=-\frac{\sigma_{x}A}{4}\left(\frac{m\pi}{a}\right)^{2}aA_{2}^{2}$$

总势能 $\Pi=U+\Pi_{\mathrm{e}}$，并偏导 $\dfrac{\partial\Pi}{\partial A_{1}}=0$，$\dfrac{\partial\Pi}{\partial A_{2}}=0$，即得线性齐次方程组

$$\begin{bmatrix}\dfrac{1}{2}\left[\sigma_{x}-\dfrac{\sigma_{x}D}{b^{2}t}\left(\dfrac{mb}{a}+\dfrac{a}{mb}\right)^{2}\right] & \dfrac{1}{\pi}\left[\sigma_{x}-\dfrac{\pi^{2}D}{b^{2}t}\left(\dfrac{m^{2}b^{2}}{a^{2}}+\nu\right)\right]\\ \dfrac{1}{\pi}\left[\sigma_{x}-\dfrac{\pi^{2}D}{b^{2}t}\left(\dfrac{m^{2}b^{2}}{a^{2}}+\nu\right)\right] & \left\{\sigma_{x}\left(\dfrac{1}{3}+C\right)-\dfrac{\pi^{2}D}{b^{2}t}\left[\dfrac{m^{2}b^{2}}{a^{2}}\left(\dfrac{1}{3}+F\right)+G\right]\right\}\end{bmatrix}\begin{bmatrix}A_{1}\\ A_{2}\end{bmatrix}=\begin{bmatrix}0\\ 0\end{bmatrix}\qquad(12\text{-}16)$$

式中，$C=\dfrac{A}{bt}$，$F=\dfrac{EI}{Db}$，$G=\dfrac{2(1-\nu)}{\pi^{2}}$。

令方程组 A_1，A_2 的系数行列式等于零，可得 σ_x 的二次代数方程式，其最小根即为临界应力 $\sigma_{x,\mathrm{cr}}$。

对于 $\beta=a/b=1$，$C=0.15$ 的板，结合式（12-11），其临界应力

$$\sigma_{x,\mathrm{cr}}=k\frac{\pi^{2}D}{b^{2}t}$$

式中，k 随 F 变化而变化（表 12-1）。

表 12-1　k 值

F	0	1	5	10	20	∞
k	0.425	2.59	2.70	3.90	3.93	4.00

由表 12-1 可见，随着梁的刚度 EI 的增大，即 F 增大，$\sigma_{x,\mathrm{cr}}$ 亦逐渐增大，当 $F\to\infty$ 时，$k=4.00$；当 $F=0$ 时，$k=0.425$（图 12-6）。

习　题

12-1　列表写出轴心压杆和板的微分方程、解、临界力的对照公式。

12-2　试证图 12-5 中 $m=2$ 和 $m=3$ 时，两曲线交点的横坐标 $\beta=\sqrt{6}$。

第 13 章　平面刚架的弹性屈曲

13.1　位移法（精确解法）

13.1.1　概念

顾名思义，位移法中待求的未知数是位移。对于图 13-1a 所示的刚架，当荷载到达临界力 N_{cr} 时，刚架突然屈曲（图 13-1b），未知数有 3 个：d_1、d_2、d_3，故称该刚架为三次动不定结构（kinematically indeterminate structure）。从而，可根据基本结构（图 13-1c）在结点荷载和结点位移（node displacement）（d_1、d_2 和 d_3）的共同作用下，附加联系（刚臂和链杆）上的约束反力应该等于零的条件，建立典型方程组（齐次方程）

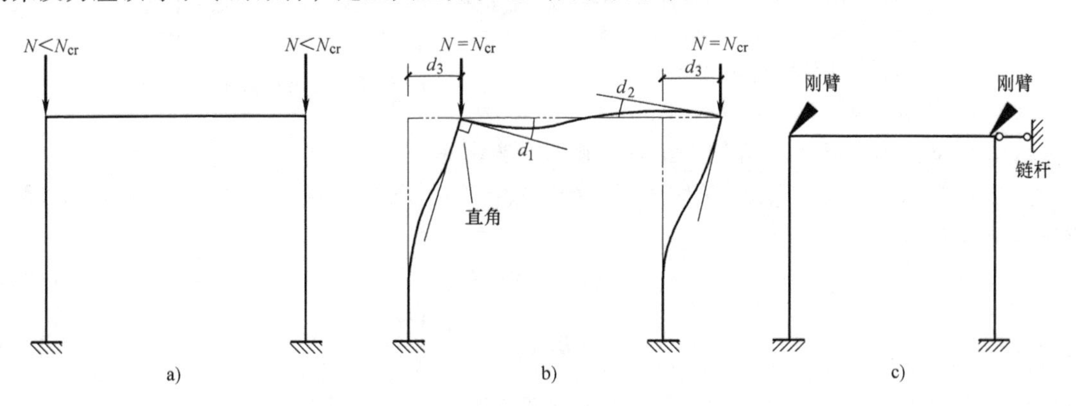

图 13-1　三次动不定结构

$$\begin{bmatrix} s_{11} & s_{12} & s_{13} \\ s_{21} & s_{22} & s_{23} \\ s_{31} & s_{32} & s_{33} \end{bmatrix}\begin{bmatrix} d_1 \\ d_2 \\ d_3 \end{bmatrix}=\begin{bmatrix} 0 \\ 0 \\ 0 \end{bmatrix} \tag{13-1}$$

式中　s_{ij}——刚度系数。它代表在基本结构的附加联系 j 处产生单位位移 $d_j=1$ 时，附加联系 i 上的广义反力具有互等性，即 $s_{ij}=s_{ji}$。

必须指出，式（13-1）中未出现自由项 R_{iN}（i=1，2，3），这是由于结点荷载对基本结构的附加联系不会产生约束反力。为求 d_i 的非零解，必须有

$$\begin{vmatrix} s_{11} & s_{12} & s_{13} \\ s_{21} & s_{22} & s_{23} \\ s_{31} & s_{32} & s_{33} \end{vmatrix}=0$$

展开此行列式，即可得到临界荷载或临界参变量。

对于 n 次动不定结构

$$\begin{vmatrix} s_{11} & s_{12} & \cdots & s_{1n} \\ s_{21} & s_{22} & \cdots & s_{2n} \\ \vdots & \vdots & \vdots & \vdots \\ s_{n1} & s_{n2} & \cdots & s_{nn} \end{vmatrix}=0 \tag{13-2}$$

式（13-2）为稳定特征方程。

13.1.2 考虑杆件轴向压力影响的杆端力-位移方程

在结构力学中，刚架的杆端弯矩 M_{AB} 用杆端角位移 φ_A、φ_B 和杆两端的相对线位移 δ 来表示，即

$$M_{AB}=s_1\varphi_A+s_2\varphi_B+s_3\delta \tag{13-3}$$

式中 s_i——刚度系数。由于结构静力分析时忽略了轴向压力的影响，对某个确定的构件来说，s_i 是常量，又称为形常数。然而，在稳定计算时，轴向压力的存在将显著地影响杆的抗弯刚度，因此，必须考虑轴向压力对杆件刚度的影响。

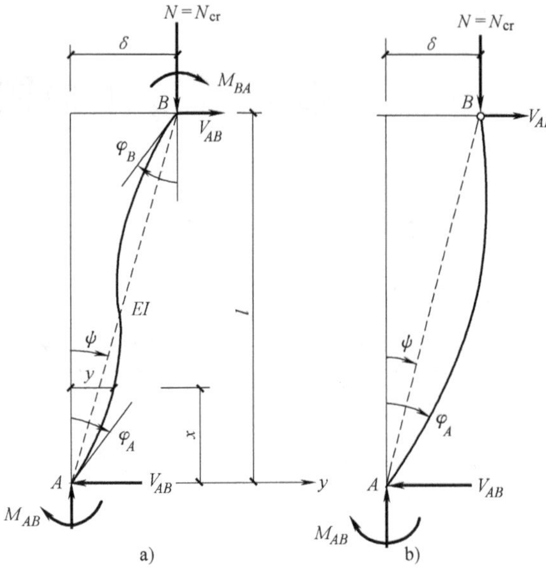

图 13-2 位移引起的杆端力

压杆临界状态时（图 13-2a，图中所示 φ_A、φ_B、$\psi=\delta/l$、M 和 V 等均为正）平衡微分方程是

$$EIy''=-M_x=-(M_{AB}+V_{AB}x+Ny) \tag{13-4}$$

令轴心压力参数

$$u=\alpha l=l\sqrt{N/(EI)} \tag{13-5}$$

通解

$$y=A\sin\frac{ux}{l}+B\cos\frac{ux}{l}-\frac{V_{AB}+M_{AB}}{N} \tag{13-6}$$

其中四个未知数 A、B、V_{AB} 和 M_{AB}，可由下列四个边界条件（图 13-2a）

$$\left.\begin{aligned}&y(0)=0,\ y'(0)=\varphi_A\\&y(l)=\delta,\ y'(l)=\varphi_B\end{aligned}\right\} \tag{13-7}$$

求得

$$M_{AB}=2i\left[2\varphi_A\xi_1(u)+\varphi_B\xi_2(u)-\frac{3\delta}{l}\eta_1(u)\right] \tag{13-8a}$$

$$V_{AB}=V_{BA}=-\frac{6i}{l}\left[(\varphi_A+\varphi_B)\eta_1(u)-\frac{2\delta}{l}\eta_2(u)\right] \tag{13-8b}$$

并由平衡条件 $\sum M_B=0$，$M_{AB}+M_{BA}+N\delta+V_{AB}l=0$，求出

$$M_{BA}=2i\left[2\varphi_B\xi_1(u)+\varphi_A\xi_2(u)-\frac{3\delta}{l}\eta_1(u)\right] \tag{13-8c}$$

式中 i——压杆的线刚度，$i=EI/l$。

$$\xi_1(u)=\frac{1-u/\tan u}{4\left(\tan\frac{u}{2}\Big/\frac{u}{2}-1\right)},\quad \xi_2(u)=\frac{u/\sin u-1}{2\left(\tan\frac{u}{2}\Big/\frac{u}{2}-1\right)} \tag{13-9a}$$

$$\eta_1(u)=\frac{1}{3}[2\xi_1(u)+\xi_2(u)]=\xi_3(u/2),\quad \eta_2(u)=\eta_1(u)-u^2/12 \tag{13-10a}$$

$$\eta_2(u)=\frac{(u/2)^2}{3\left(\tan\frac{u}{2}\Big/\frac{u}{2}-1\right)}$$

对于一端铰接的压杆（图 13-2b），可利用 $M_{BA}=0$ 这一条件，由式（13-8）可得

$$\begin{cases} M_{AB}=3i(\varphi_A-\psi)\xi_3(u) \\ V_{AB}=V_{BA}=-\dfrac{3i}{l}[\varphi_A\xi_3(u)-\psi\eta_3(u)] \end{cases} \tag{13-11}$$

$$\xi_3(u)=\frac{u^2}{3(1-u/\tan u)} \tag{13-9b}$$

$$\eta_3(u)=\xi_3(u)-\frac{u^2}{3}=\frac{u^2}{3(\tan u/u-1)} \tag{13-10b}$$

不难证明，当 $N=0$ 时，稳定计算的修正系数 $\xi_i=\eta_i=1$（$i=1，2，3$），式（13-8）和式（13-11）就变成结构力学中普通位移法的刚度方程。

六种特殊单位位移所引起的反力和弯矩图如图 13-3 所示。

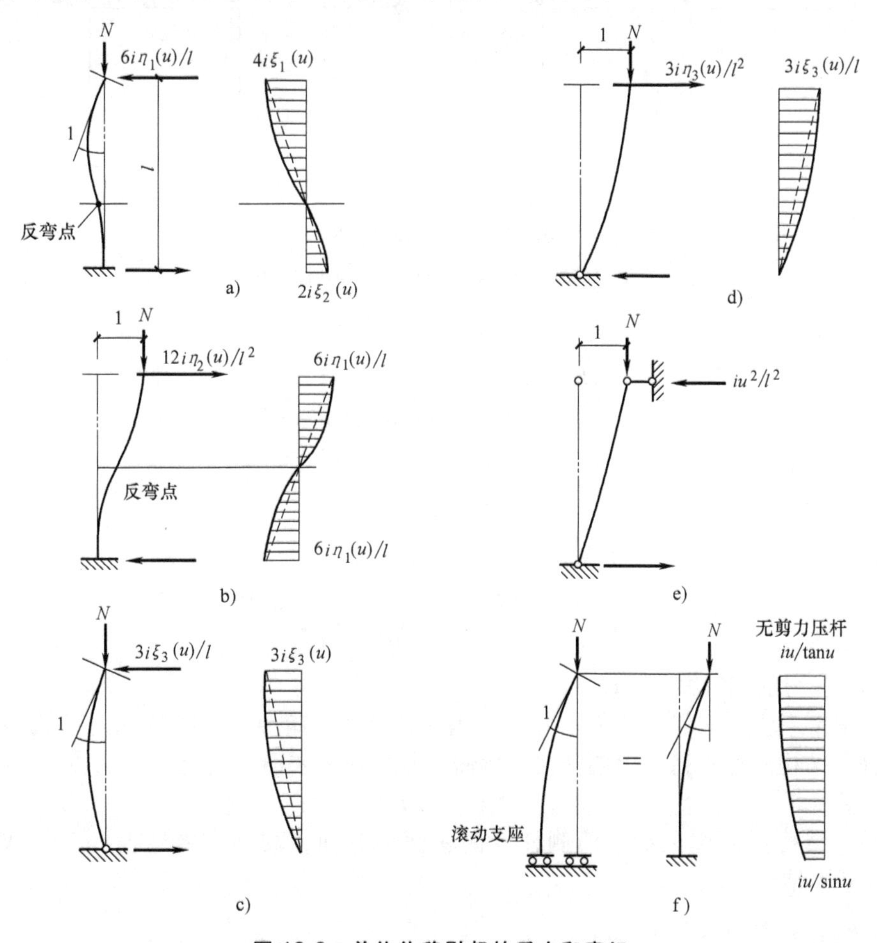

图 13-3　单位位移引起的反力和弯矩

[例 13-1]　用位移法求图 13-4a 所示刚架的 N_{cr}。

[解]　取基本结构（图 13-4b），并绘单位角位移力矩图（图 13-4c、d）。

图 13-4c 中 $s_{11}=8i+4i\xi_1(u)+3i=11i+4i\xi_1(u)$

$s_{21}=4i$

图 13-4d 中 $s_{12}=4i$

$s_{22}=4i\xi_1(u)+8i$

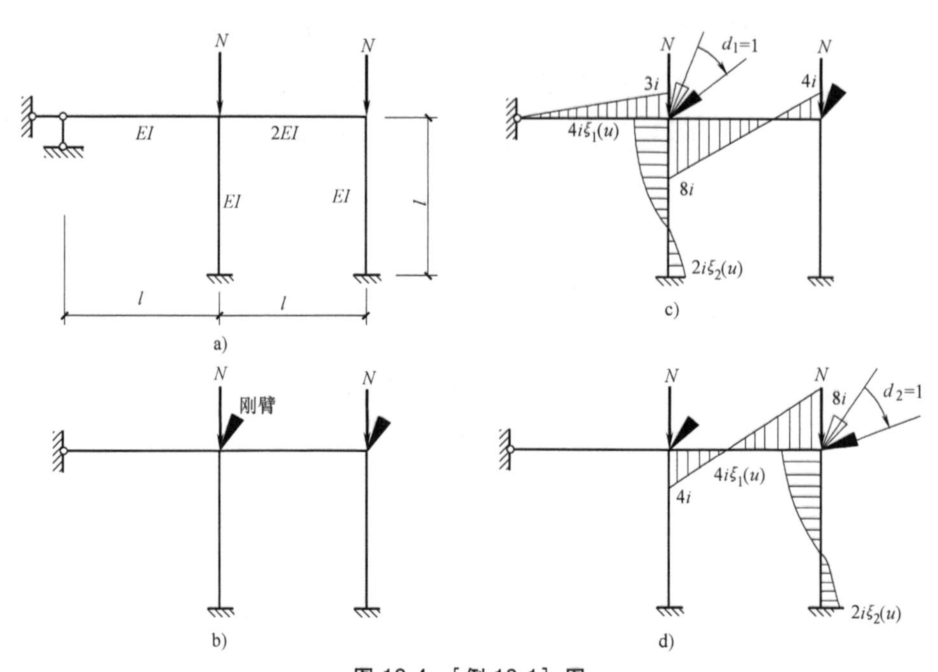

图 13-4 ［例 13-1］图

a）原结构　b）基本结构　c）$\overline{M}_1$　d）$\overline{M}_2$

代入式（13-2）得

$$\begin{vmatrix} 11i+4i\xi_1(u) & 4i \\ 4i & 8i+4i\xi_1(u) \end{vmatrix}=0$$

展开，得

$$4\xi_1^2(u)+19\xi_1(u)+18=0$$

解出最小值　　$\xi_1(u)=-1.306$，查附录 22：$u=l\sqrt{N/(EI)}=5.46$

从而　　$$N_{cr}=\frac{5.46^2 EI}{l^2}=29.81\frac{EI}{l^2}=3.02\frac{\pi^2 EI}{l^2}$$

［例 13-2］ 用位移法求图 13-5 的 N_{cr}。

［解］ 该结构只有两侧杆有轴心压力，因此，可能有两种失稳形态。

第一种：结构对称失稳，两侧杆突然弯曲，其他杆无变形。从而

$$N_{cr}=\pi^2 EI/l^2 \tag{a}$$

第二种：结构反对称失稳，两侧杆有侧移而不弯曲，其他杆有弯曲变形。从而，可取图 13-5b 为基本结构。

由 $\overline{M_1}$ 图 $s_{11}=6i+3i+6i=15i$

由 $\overline{M_2}$ 图 $s_{12}=s_{21}=-3i/l$，$s_{22}=3i/l^2-2(iu^2/l^2)=i(3-2u^2)/l^2$

代入式（13-2）得

$$\begin{vmatrix} 15i & -3i/l \\ -3i/l & i(3-2u^2)/l \end{vmatrix}=0$$

展开得 $u^2=1.2$

$$N_{cr}=\frac{1.2EI}{l^2}=0.122\frac{\pi^2 EI}{l^2} \tag{b}$$

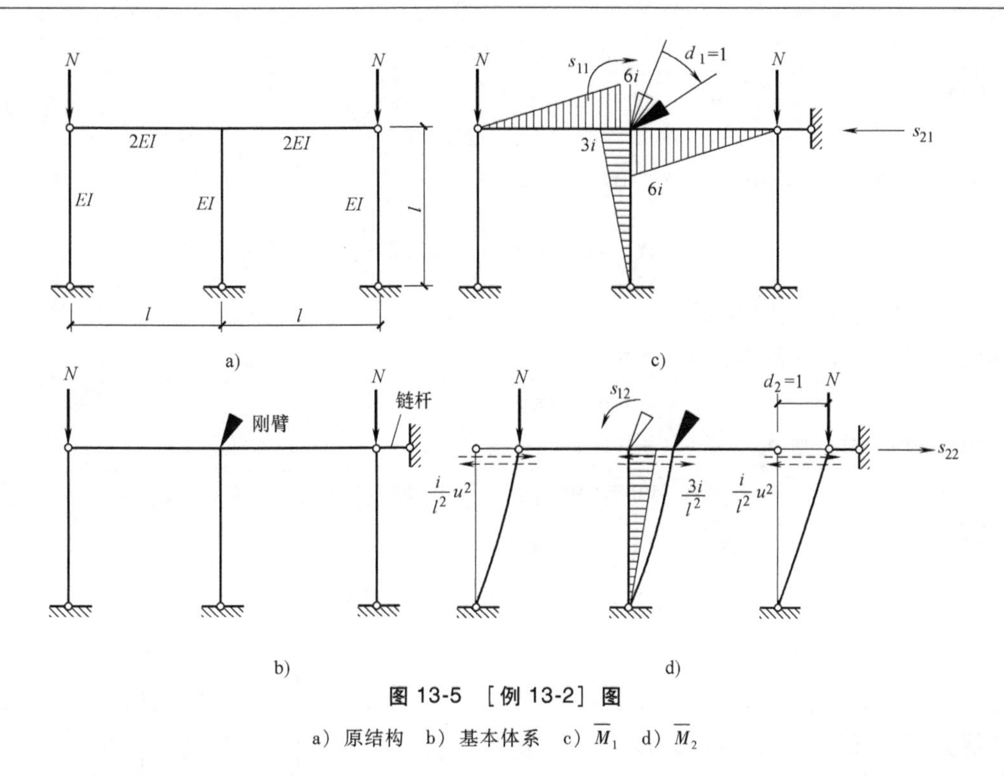

图 13-5 ［例 13-2］图

a）原结构　b）基本体系　c）$\overline{M}_1$　d）$\overline{M}_2$

比较式（a）和式（b）可见，反对称失稳的临界力比对称失称的小得多，因此实际工程计算中只考虑反对称的情况。

［例 13-3］ 用位移法求图 13-6a 的 N_{cr}。

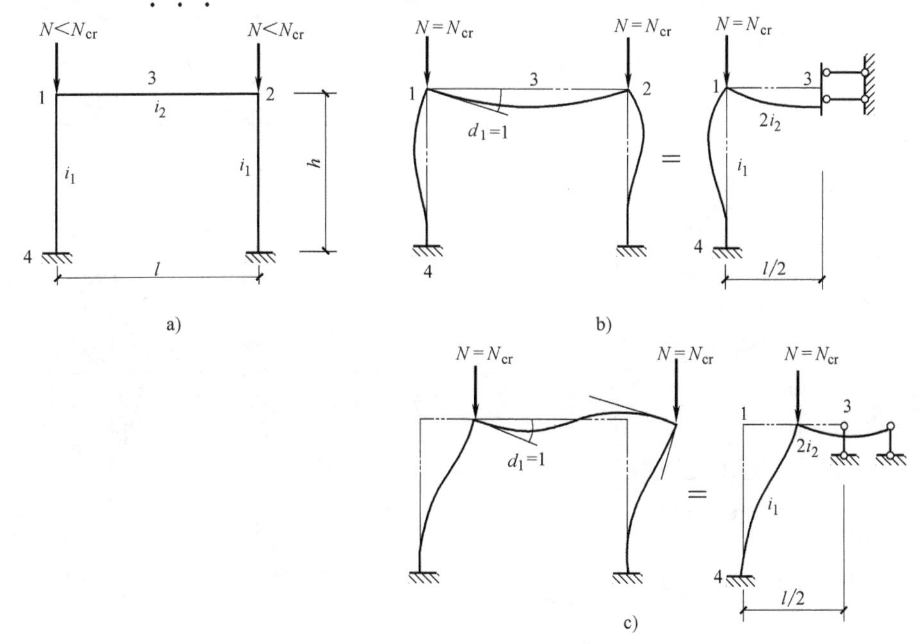

图 13-6 ［例 13-3］图

a）原结构　b）对称失稳　c）反对称失稳

［解］ 1）对称失稳（图 13-6b）。

由结点 1 平衡条件 $M_{14}+M_{13}=0$，即

$$[4i_1\xi_1(u)+2i_2]d_1=0$$

由于 $d_1\neq0$，则

$$4i_1\xi_1(u)+2i_2=0$$

可得 $\xi_1(u)=-0.5i_2/i_1=-0.5\rightarrow u=5.02$ （若 $i_1=i_2$）

从而
$$N_{\mathrm{cr}}=(5.02)^2\frac{i_1}{h}=25.2\frac{i_1}{h}$$

2）反对称失稳（图 13-6c）。

由结点 1 的平衡条件 $M_{14}+M_{13}=0$，即

$$[i_1u/\tan u+3(2i_2)]d_1=0$$

设 $i_1u/\tan u+6i_2=0$，则

$$u/\tan u=-6i_2/i_1=-6\quad（若\ i_1=i_2）$$

图解试算得 $u=2.716$

从而
$$N_{\mathrm{cr}}=(2.716)^2i_1/h=7.33\frac{i_1}{h}\ll25.2\frac{i_1}{h}$$

[例 13-4] 用位移法求图 13-7a 的 N_{cr}（已知支座 a 的弹簧刚度系数 $s=3EI/l^3$）。

[解] 单位位移引起的弯矩图为图 13-7b、c。在图 13-7b 中，杆 AB 在 B 端的刚度

$$s_{BA}=\frac{sl^2}{1+sl^3/(3EI)}\tag{13-12}$$

由于 $s=3EI/l^3$，则

$$s_{BA}=1.5EI/l=1.5i$$

其他杆端刚度见图 13-7b、c。

令

$$\left.\begin{aligned}u_1&=l\sqrt{\frac{N_1}{EI}}=l\sqrt{\frac{N}{EI}}=u\\u_2&=l\sqrt{\frac{N_2}{EI}}=l\sqrt{\frac{4N}{EI}}=2u\end{aligned}\right\}\tag{a}$$

由图 13-7b 得
$$\begin{aligned}s_{11}&=8i+4i\xi_1(u_1)+1.5i\\&=9.5i+4i\xi_1(u)\end{aligned}$$
$$s_{12}=4i$$

由图 13-7c 得
$$s_{21}=4i$$
$$\begin{aligned}s_{22}&=4i+4i\xi_1(u_2)+8i\\&=12i+4i\xi_1(2u)\end{aligned}$$

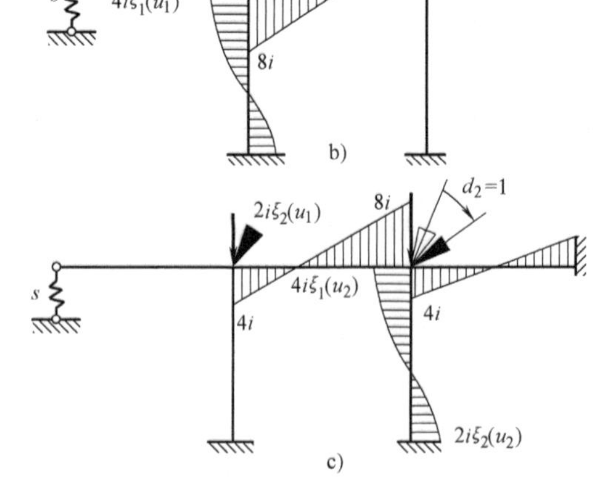

图 13-7 [例 13-4] 图

代入式（13-2）得

$$\begin{vmatrix}9.5i+4i\xi_1(u) & 4i\\4i & 12i+4i\xi_1(2u)\end{vmatrix}=0$$

展开得

$$24\xi_1(2u)+19\xi_1(2u)+8\xi_1(u)\xi_1(2u)+49=0\tag{b}$$

考虑到刚架失稳时，CF 柱比 BE 柱不利些，故可先将式（b）改为下式

$$24\xi_1(2u)+19\xi_1(2u)+8\xi_1^2(2u)+49=0$$

即

$$8\xi_1^2(2u)+43\xi_1(2u)+49=0 \qquad (c)$$

其最小值 $\xi_1(2u)=-1.64 \rightarrow u=\dfrac{5.58}{2}=2.79$。以此参考值为基础用试算法求满足式（b）的 u 值为$u=2.8924$。从而

$$N_{cr}=(2.8924)^2\frac{EI}{l^2}=8.366EI/l^2$$

13.2 有限单元法（近似解法）

有限单元法（finite element method）是结构分析的离散法之一。此法把结构离散为有限个单元，并利用结点的平衡条件建立离散体的刚度方程，然后求解结点位移。至于每个单元中任意点的位移，则可根据位移插值函数由结点位移间接确定，这样就把一个无限自由度体系的问题转化为一个有限自由度体系的问题来分析。

用有限单元刚度法求杆系结构临界力的问题，关键在于确定考虑轴向力效应时的单元刚度矩阵。

13.2.1 压杆单元ⓔ的刚度方程

在图 13-8a 所示单元的坐标系 xyz 中，d_i 和 f_i（$i=1\sim6$）分别表示杆端位移和杆端力向量。为了简化计算，忽略杆单元的轴向变形（图 13-8b），从而

$$\{\boldsymbol{D}\}=[d_1, d_2, d_3, d_4]^{\mathrm{T}}$$

$$\{\boldsymbol{F}\}=[f_1, f_2, f_3, f_4]^{\mathrm{T}}$$

设位移函数为多项式

$$y(x)=\alpha_1+\alpha_2x+\alpha_3x^2+\alpha_4x^3 \qquad (a)$$

其中 4 个待定参数，与单元的四个杆端位移函数相符。4 个杆端位移条件是

$$y(0)=d_1 \qquad \alpha_1=d_1$$

$$y'(0)=d_2 \qquad \alpha_2=d_2$$

$$y(l)=d_3 \qquad \alpha_1+\alpha_2l+\alpha_3l^2+\alpha_4l^3=d_3$$

$$y'(l)=d_4 \qquad \alpha_2+2\alpha_3l+3\alpha_4l^2=d_4$$

矩阵式

$$\begin{bmatrix}d_1\\d_2\\d_3\\d_4\end{bmatrix}=\begin{bmatrix}1&0&0&0\\0&1&0&0\\1&l&l^2&l^2\\0&1&2l&2l^2\end{bmatrix}\begin{bmatrix}\alpha_1\\\alpha_2\\\alpha_3\\\alpha_4\end{bmatrix} \qquad (b)$$

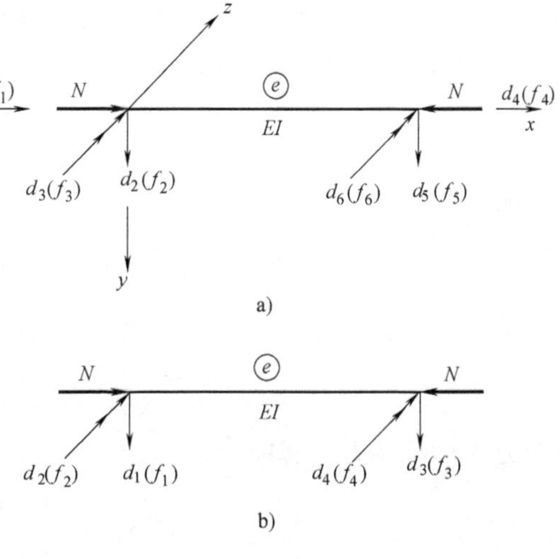

图 13-8　压杆单元ⓔ

逆转换关系

$$\begin{bmatrix}\alpha_1\\\alpha_2\\\alpha_3\\\alpha_4\end{bmatrix}=\begin{bmatrix}1&0&0&0\\0&1&0&0\\-3/l^2&-2/l&3/l^2&-1/l\\2/l^3&1/l^2&-2/l^3&1/l^2\end{bmatrix}\begin{bmatrix}d_1\\d_2\\d_3\\d_4\end{bmatrix} \qquad (c)$$

将式（c）代入式（a）

$$y(x)=[\varphi_1(x),\ \varphi_2(x),\ \varphi_3(x),\ \varphi_4(x)]\begin{bmatrix}d_1\\d_2\\d_3\\d_4\end{bmatrix}$$

缩写式

$$y(x)=[\boldsymbol{\Phi}(\boldsymbol{x})]\{\boldsymbol{D}\} \tag{13-13}$$

式中　$\boldsymbol{\Phi}(\boldsymbol{x})$——形状函数矩阵，$\boldsymbol{\Phi}(\boldsymbol{x})=[\varphi_1(x),\ \varphi_2(x),\ \varphi_3(x),\ \varphi_4(x)]$。$\varphi_1(x)$ 是由杆端单位位移 $d_i=1$ 所引起的挠度曲线（图 13-9）。

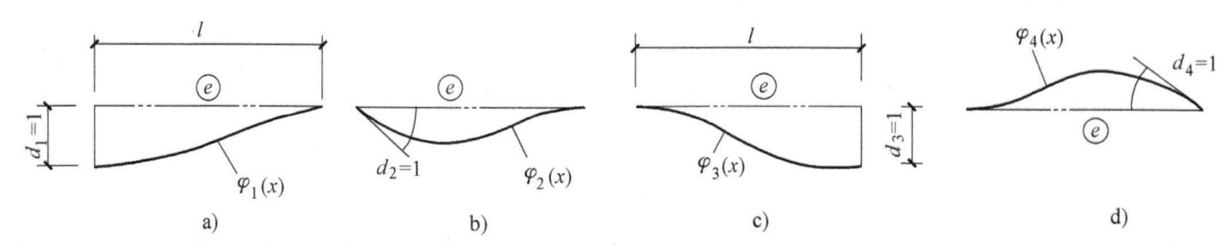

图 13-9　$d_i=1$ 时引起的挠度

$$\left.\begin{aligned}\varphi_1(x)&=1-\frac{3x^2}{l^2}+\frac{2x^3}{l^3}\\ \varphi_2(x)&=\left(1-\frac{2x}{l}+\frac{x^2}{l^2}\right)x\\ \varphi_3(x)&=\left(3-\frac{2x}{l}\right)\frac{x^2}{l^2}\\ \varphi_4(x)&=-\left(1-\frac{x}{l}\right)\frac{x^2}{l}\end{aligned}\right\} \tag{13-14}$$

应变能

$$\begin{aligned}U&=\frac{1}{2}\int_0^l EI[y''(x)]^2\mathrm{d}x\\ &=\frac{1}{2}\int_0^l EI\left[\sum_{i=1}^4 d_i y_i''(x)\right]^2\mathrm{d}x\end{aligned} \tag{d}$$

轴向力 N 和杆端力 f_i 势能

$$\begin{aligned}\Pi_{e,N}&=-\frac{1}{2}\int_0^l N[y'(x)]^2\mathrm{d}x\\ &=-\frac{N}{2}\int_0^l\left[\sum_{i=1}^4 d_i\varphi_i'(x)\right]^2\mathrm{d}x\end{aligned} \tag{e}$$

$$\Pi_{e,f}=-\sum_{i=1}^4 f_i d_i \tag{f}$$

总势能 $\Pi=U+\Pi_{e,N}+\Pi_{e,f}$，驻值条件是

$$\frac{\partial\Pi}{\partial d_i}=0$$

即

$$\frac{\partial U}{\partial d_i}+\frac{\partial \Pi_{e,N}}{\partial d_i}+\frac{\partial \Pi_{e,f}}{\partial d_i}=0 \tag{g}$$

由式（d），式（e），式（f）得：

$$\frac{\partial U}{\partial d_i}=\int_0^l EI\left[\sum_{j=1}^{4} d_j\varphi_j''(x)\right]\ \varphi_i''(x)\,\mathrm{d}x$$

$$=\sum_{j=1}^{4} d_j\int_0^l EI\varphi''_i\varphi''_j\mathrm{d}x$$

$$\frac{\partial \Pi_{e,N}}{\partial d_i}=-N\int_0^l\left[\sum_{j=1}^{4} d_j\varphi_j'(x)\right]\ \varphi_i'(x)\,\mathrm{d}x$$

$$=-\sum_{j=1}^{4} d_jN\int_0^l \varphi'_i\varphi'_j\mathrm{d}x$$

$$\frac{\partial \Pi_{e,f}}{\partial d_i}=-f_i$$

并代入式（g）可得

$$\begin{aligned} f_i &= \sum_{j=1}^{4} k_{ij}d_j-\sum_{j=1}^{4} s_{ij}d_j \\ &= \left(\sum k_{ij}-\sum s_{ij}\right)\sum d_j \end{aligned} \tag{13-15}$$

式中

$$\left.\begin{aligned} k_{ij} &= \int_0^l EI\varphi''_i\varphi''_j\mathrm{d}x \\ s_{ij} &= N\int_0^l \varphi'_i\varphi'_j\mathrm{d}x \end{aligned}\right\} \tag{13-16}$$

式（13-15）的矩阵式

$$\begin{bmatrix} f_1\\ f_2\\ f_3\\ f_4 \end{bmatrix}^{ⓔ}=\left(\begin{bmatrix} k_{11} & k_{12} & k_{13} & k_{14}\\ k_{21} & k_{22} & k_{23} & k_{24}\\ k_{31} & k_{32} & k_{33} & k_{34}\\ k_{41} & k_{42} & k_{43} & k_{44} \end{bmatrix}^{ⓔ}-\begin{bmatrix} s_{11} & s_{12} & s_{13} & s_{14}\\ s_{21} & s_{22} & s_{23} & s_{24}\\ s_{31} & s_{32} & s_{33} & s_{34}\\ s_{41} & s_{42} & s_{43} & s_{44} \end{bmatrix}^{ⓔ}\right)\begin{bmatrix} d_1\\ d_2\\ d_3\\ d_4 \end{bmatrix}^{ⓔ}$$

缩写式

$$\boldsymbol{F}^{ⓔ}=(\boldsymbol{K}^{ⓔ}-\boldsymbol{S}^{ⓔ})\boldsymbol{D}^{ⓔ} \tag{13-17}$$

式中　$\boldsymbol{K}^{ⓔ}$——不计轴力影响的一般单元刚度矩阵；

　　$\boldsymbol{S}^{ⓔ}$——考虑轴力影响的附加刚度矩阵，或称为单元几何刚度矩阵。

若单元坐标系与结构坐标系有夹角 α，则式（13-17）中的 $\boldsymbol{K}^{ⓔ}$ 和 $\boldsymbol{S}^{ⓔ}$ 将变成 $\boldsymbol{R}^T\boldsymbol{K}^{ⓔ}\boldsymbol{R}$ 和 $\boldsymbol{R}^T\boldsymbol{S}^{ⓔ}\boldsymbol{R}$。其中，转轴变换矩阵为

$$\boldsymbol{R}=\left[\begin{array}{cc:cc} \cos\alpha & 0 & \multicolumn{2}{c}{\multirow{2}{*}{(0)}} \\ 0 & 1 & & \\ \hdashline \multicolumn{2}{c:}{\multirow{2}{*}{(0)}} & \cos\alpha & 0 \\ & & 0 & 1 \end{array}\right] \tag{13-18}$$

将式（13-14）的 $\varphi_i(x)$ 代入式（13-16），可求 k_{ij} 和 s_{ij} 的值

$$\boldsymbol{K}^{ⓔ}=\begin{bmatrix} \dfrac{12i}{l^2} & & \text{Symmetric} & \\ \dfrac{6i}{l} & 4i & & \\ -\dfrac{12i}{l^2} & -\dfrac{6i}{l} & \dfrac{12i}{l^2} & \\ \dfrac{6i}{l} & 2i & -\dfrac{6i}{l} & 4i \end{bmatrix} \tag{13-19}$$

$$\boldsymbol{S}^{ⓔ}=N\begin{bmatrix} \dfrac{6}{5l} & & \text{Symmetric} & \\ \dfrac{1}{10} & \dfrac{2l}{15} & & \\ -\dfrac{6}{5l} & -\dfrac{1}{10} & \dfrac{6}{5l} & \\ -\dfrac{1}{10} & -\dfrac{l}{30} & -\dfrac{1}{10} & \dfrac{2l}{15} \end{bmatrix} \tag{13-20}$$

13.2.2 简单刚架的稳定计算

由式（13-17）求出各杆在结构坐标系中的刚度方程，并用刚度集成法得到结构的总刚度方程

$$\boldsymbol{F}=(\boldsymbol{K}-\boldsymbol{S})\boldsymbol{D} \tag{13-21}$$

考虑支承条件得

$$(\boldsymbol{K}^*-\boldsymbol{S}^*)\boldsymbol{D}=\boldsymbol{0} \tag{13-22}$$

由于失稳前各杆只受轴力，荷载向量为 **0**，故上式为齐次方程。

临界状态的特点是 $\boldsymbol{D}\neq\boldsymbol{0}$，从而

$$|\boldsymbol{K}^*-\boldsymbol{S}^*|=0$$

上式的展开式是一个包含荷载值 N 的代数方程，其最小根就是 N_{cr}。

[例 13-5] 用有限单元刚度法求图 13-10a 所示的 N_{cr} 和柱的计算长度。

[解] [例 13-2] 已证，承受对称结点荷载的对称刚架，总是由反对称失稳控制。

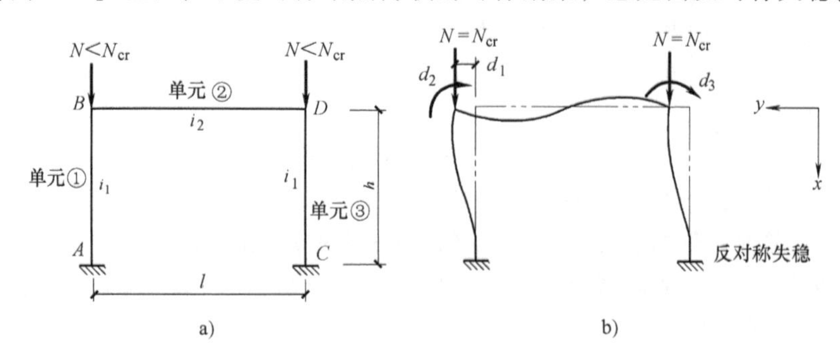

图 13-10 [例 13-5] 图

按图 13-10 的坐标系统，单元①和单元③的近端有线位移 d_1 和角位移 d_2、d_3，远端为固定的压杆单元

$$\begin{bmatrix} f_1^{①} \\ \\ f_2^{①} \end{bmatrix} = \begin{bmatrix} f_1^{③} \\ \\ f_2^{③} \end{bmatrix} = \left(\begin{bmatrix} \dfrac{12i_1}{h^2} & \dfrac{6i_1}{h} \\ \dfrac{6i_1}{h} & 4i_1 \end{bmatrix} - N \begin{bmatrix} \dfrac{6}{5h} & \dfrac{1}{10} \\ \dfrac{1}{10} & \dfrac{2h}{15} \end{bmatrix} \right) \begin{bmatrix} d_1 \\ \\ d_2 \end{bmatrix}$$

单元②为两端有角位移 d_2、d_3 的普通单元

$$\begin{bmatrix} f_2^{②} \\ f_3^{②} \end{bmatrix} = \begin{bmatrix} 4i_2 & 2i_2 \\ 2i_2 & 4i_2 \end{bmatrix} \begin{bmatrix} d_2 \\ d_3 \end{bmatrix}$$

由式（13-22）得结构的整体刚度方程（对号入座）：

$$\begin{bmatrix} 2\left(\dfrac{12i_1}{h^2} - \dfrac{6N}{5h}\right) & 2\left(\dfrac{6i_1}{h} - \dfrac{N}{10}\right) & 0 \\ 2\left(\dfrac{6i_1}{h} - \dfrac{N}{10}\right) & 2\left(4i_1 - \dfrac{2Nh}{15} + 4i_2\right) & 2i_2 \\ 0 & 2i_2 & 4i_2 \end{bmatrix} \begin{bmatrix} d_1 \\ d_2 \\ d_3 \end{bmatrix} = \begin{bmatrix} 0 \\ 0 \\ 0 \end{bmatrix}$$

考虑到 $d_3 = d_2$，故可把 d_2、d_3 2 个未知量用 1 个 d_2 来代表，同时把 d_2 和 d_3 各自的影响合并在一起，得出总影响。即在位移向量中把 d_3 删去，在系数矩阵中把第 3 列合并到第 2 列上去，把第 3 行合并到第 2 行上去，于是

$$\begin{bmatrix} 2\left(\dfrac{12i_1}{h^2} - \dfrac{6N}{5h}\right) & 2\left(\dfrac{6i_1}{h} - \dfrac{N}{10}\right) \\ 2\left(\dfrac{6i_1}{h} - \dfrac{N}{10}\right) & 2\left(4i_1 - \dfrac{2Nh}{15}\right) + 12i_2 \end{bmatrix} \begin{bmatrix} d_1 \\ d_2 \end{bmatrix} = \begin{bmatrix} 0 \\ 0 \end{bmatrix}$$

因位移 $\boldsymbol{D} \neq \{0\}$，要求

$$\begin{vmatrix} \dfrac{12i_1}{h^2} - \dfrac{6N}{5h} & \dfrac{6i_1}{h} - \dfrac{N}{10} \\ \dfrac{6i_1}{h} - \dfrac{N}{10} & 4i_1 + 6i_2 - \dfrac{2Nh}{15} \end{vmatrix} = 0$$

若取 $n = i_2/i_1 = 1$，并展开得

$$N^2 - 105\,\frac{i_1}{h}N + 788\,\frac{i_1^2}{h^2} = 0$$

解出最小值

$$N = N_{cr} = 7.5\,\frac{EI_1}{h^2} = \frac{\pi^2 EI_1}{(1.147h)^2}$$

柱的计算长度系数 $\mu = 1.147$。

习　　题

13-1　试详细导出式（13-8）和式（13-11）。

13-2　若 $i_1 = 0.25i_2$，试用位移法求图 13-6a 的 N_{cr}。

13-3　试推证式（13-12）。

13-4　用位移法求图 13-11 的 N_{cr}。

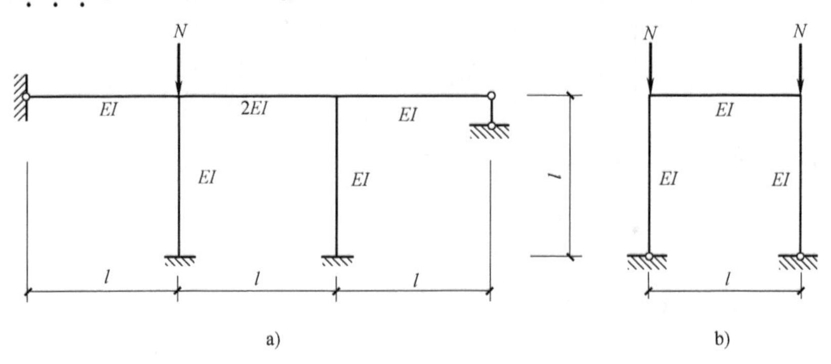

图 13-11　习题 13-4 图

（答案：$N_{cr}=32.2EI/l^2$，对称失稳 $N_{cr}=12.895EI/l^2$，反对称失稳 $N_{cr}=1.823EI/l^2$。）

13-5　利用式（13-14）和式（13-16），导出式（13-20）中的 $s_{21}=\dfrac{N}{10}$。

第 14 章　拱、圆环和圆管的弯曲屈曲

14.1　圆弧形杆的弯曲平衡微分方程

图 14-1a 中的 AB 圆弧线表示曲杆失稳前的位置，其半径为 r，$A'B'$线代表曲杆临界状态时（变形后）的位置，杆上的任何点都将发生沿径向的位移 w 和沿切线方向的位移 v。因 v 比 w 小得多，可忽略。现取微分段 $ds=\widehat{mn}=rd\theta$（图 14-1a），并规定径向位移 w 向着圆心 O 为正，弯矩 M、剪力 V 和轴力 N 如图 14-1c 所示为正。

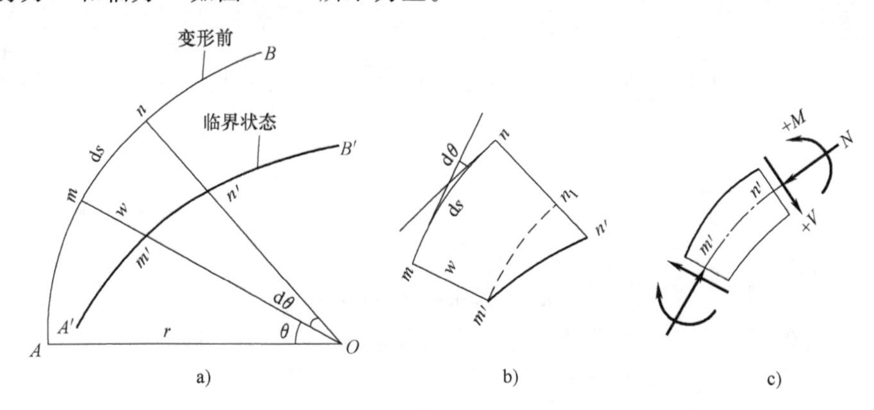

图 14-1　圆弧形曲杆 AB 的弯曲

曲杆方程的建立与直杆方程的建立相似。对直杆变形来说$\dfrac{1}{\rho}=\dfrac{M}{EI}$，同样可将曲杆变形后的曲率改变量与弯矩联系起来，以便列出曲杆的弯曲微分方程。

微段 $\widehat{mn}$ 变到 $\widehat{m'n_1}$ 位置（图 14-1a、b），曲率改变量是

$$\frac{1}{r-w}-\frac{1}{r}=\frac{w}{(r-w)r}\approx\frac{w}{r^2}$$

其中，w 比 r 小得多，可认为 $w=0$。

微段$\widehat{m'n_1}$ 变到$\widehat{m'n'}$位置，这是一个弯曲过程。因为$\widehat{m'n_1}$ 是一个微分段，可近似地把它视为直段，所以曲杆的曲率改变量为

$$\frac{d^2w}{ds^2}=\frac{d^2w}{(rd\theta)^2}$$

从而，曲率总改变量与弯矩 M 之关系

$$\frac{w}{r^2}+\frac{d^2w}{(rd\theta)^2}=-\frac{M}{EI}$$

即

$$\frac{d^2w}{d\theta^2}+w=-\frac{Mr^2}{EI} \tag{14-1}$$

式中的负号表示当 M 为正时（图 14-1c），曲杆曲率将变小，即曲率改变量为负值。

式（14-1）具有一般性，它不仅用来解决圆拱的稳定问题，也可用于计算圆管（取单位

管长）的弯曲屈曲问题。

14.2　圆环和圆管的稳定计算

图 14-2 表示圆环的一半，它在径向均匀外力（水压力）作用下，在失稳前，各截面上只有轴力 $N=qr$（对薄圆环来说，这个结论是精确的）；到达临界状态时，由于位移非常微小，可近似认为压力线在失稳的变形过程中仍保持最初的圆环轴线，那么失稳时的圆环任意截面上的弯矩是

$$M=Nw=qrw$$

代入式（14-1）得

$$\frac{\mathrm{d}^2w}{\mathrm{d}\theta^2}+w=-\frac{qr^3}{EI}w$$

令

$$\alpha^2=1+\frac{qr^3}{EI} \tag{14-2}$$

可得

$$\frac{\mathrm{d}^2w}{\mathrm{d}\theta^2}+\alpha^2w=0$$

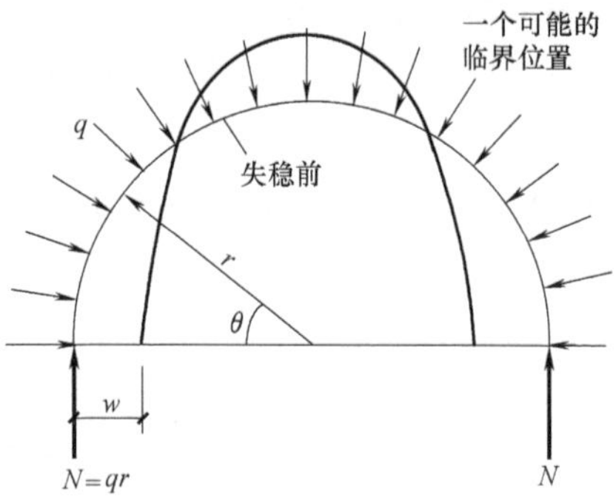

图 14-2　圆环

则通解为

$$w=C_1\sin\alpha\theta+C_2\cos\alpha\theta$$

由于圆环是闭合的，可利用位移单值条件决定积分常数 C_1 和 C_2，即考虑到 θ 与 $\theta+2\pi$ 代表同一个截面 $(w)_\theta=(w)_{\theta+2\pi}$。从而可知

$$C_1\sin\alpha\theta+C_2\cos\alpha\theta=C_1\sin\alpha(\theta+2\pi)+C_2\cos\alpha(\theta+2\pi)$$

满足条件为 $\alpha=1，2，\cdots$（任意整数）。如取 $\alpha=1$，由式（14-2）可得 $q=0$；若取 $\alpha=2$，由式（14-2）可得最小荷载临界值

$$q_{\mathrm{cr}}=\frac{3EI}{r^3}\quad（圆环） \tag{14-3}$$

式（14-3）也可用来计算圆管的稳定，但由于采取圆管作为计算单元，属于平面应变问题，与圆环的平面应力问题不同，故需将式（14-3）中的 E 换成 $E_1=\dfrac{E}{1-\nu^2}$。则圆管临界力为

$$\begin{aligned}q_{\mathrm{cr}}&=\frac{3E_1I}{r^3}=\frac{3\left(\dfrac{E}{1-\nu^2}\right)\left(\dfrac{1\times t^3}{12}\right)}{(d/2)^3}\\&=\frac{2E}{1-\nu^2}\left(\frac{t}{d}\right)^3\end{aligned} \tag{14-4}$$

式中　t——圆管的厚度。

对于大压力管，如果用式（14-4）得出的管壁过厚，则可采取在管壁外侧焊上刚性圆环的方式以减小 t 值。

14.3　圆拱的屈曲

14.3.1　无铰圆拱

在均匀静水压力 q 作用下，临界状态时无铰圆拱的变形是反对称的，在两个拱脚截面上

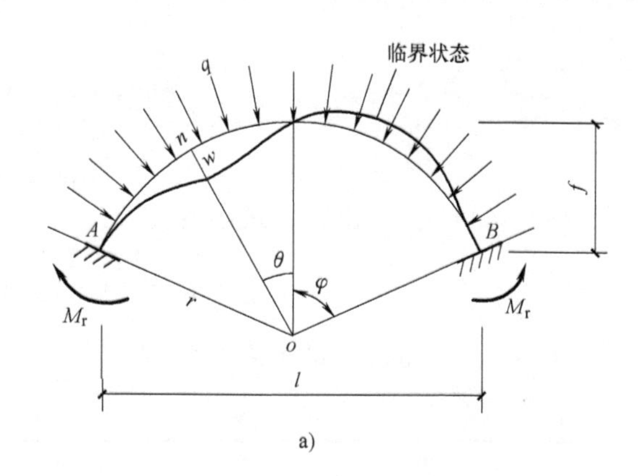

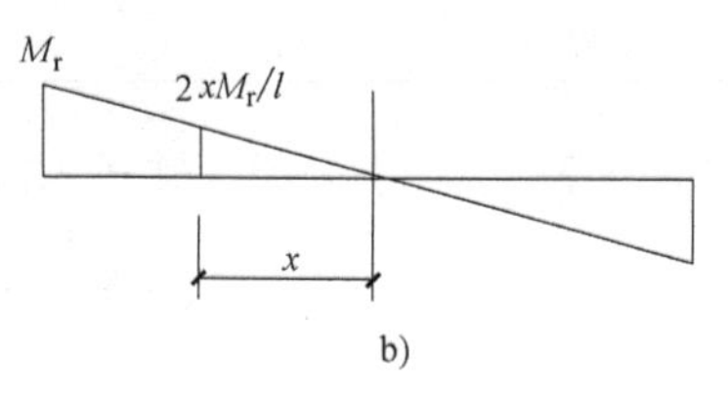

图 14-3　无铰圆拱（反对称失稳）

产生反力矩 M_r（图 14-3）。

拱失稳前，拱截面上只有轴力 $N=qr$；当丧失稳定（$q=q_{cr}$）时，由于拱的微小弯曲变形，除了轴力产生弯矩 M_n 外，拱脚反力矩 M_r 也会产生附加弯矩（additional moment）M_{ad}。

在任意截面 n（由角变量 θ 决定），轴力产生的弯矩为

$$M_n=q_{cr}rw$$

由 M_r 产生的附加弯矩

$$\begin{aligned}M_{ad}&=-\frac{2x}{l}M_r\quad(x=r\sin\theta,\ l=2r\sin\varphi)\\&=-\frac{\sin\theta}{\sin\varphi}M_r\end{aligned}$$

从而

$$\begin{aligned}M_\theta&=M_n+M_{ad}\\&=q_{cr}rw-\frac{\sin\theta}{\sin\varphi}M_r\end{aligned}$$

代入式（14-1）得

$$\frac{d^2w}{d\theta^2}+w=-\left(q_{cr}rw-\frac{\sin\theta}{\sin\varphi}M_r\right)\frac{r^2}{EI}$$

或

$$\frac{d^2w}{d\theta^2}+\left(1+\frac{q_{cr}r^3}{EI}\right)w=\frac{r^2M_r\sin\theta}{EI\sin\varphi}$$

令 $C=\dfrac{r^2M_r}{EI\sin\varphi}$，并同时将式（14-2）代入上式得

$$\frac{d^2w}{d\theta^2}+\alpha^2w=C\sin\theta$$

通解

$$w=A\cos\alpha\theta+B\sin\alpha\theta+\frac{C}{\alpha^2-1}\sin\theta$$

边界条件

当 $\theta=0$ 时，$w=0$，得 $A=0$

当 $\theta=\varphi$ 时，$w=0$，得 $B\sin\alpha\varphi+\dfrac{C}{\alpha^2-1}\sin\varphi=0$

$\dfrac{dw}{d\theta}=0$，得 $B\alpha\cos\alpha\varphi+\dfrac{C}{\alpha^2-1}\cos\varphi=0$

令行列式 $D(\alpha)=0$，即

$$\begin{vmatrix}\sin\alpha\varphi & \dfrac{1}{\alpha^2-1}\sin\varphi\\ \alpha\cos\alpha\varphi & \dfrac{1}{\alpha^2-1}\cos\varphi\end{vmatrix}=0$$

展开

$$\sin\alpha\varphi\cos\varphi-\alpha\cos\alpha\varphi\sin\varphi=0$$

即

$$\alpha\tan\varphi=\tan\alpha\varphi \tag{14-5}$$

将式（14-5）解出的 α 最小值代入式（14-2），可得到临界荷载

$$q_{cr}=\frac{EI}{r^3}(\alpha^2-1)\quad（无铰圆拱） \tag{14-6a}$$

由式（14-5）解得的 α 最小值见表 14-1。

表 14-1　α 最小值

φ	30°	60°	90°	120°	150°	180°
α	8.62	4.38	3.00	2.36	2.07	2.00

当 $\varphi=90°$时，查表 14-1 得 $\alpha=3$，并代入式（14-6a）得

$$q_{cr}=8\frac{EI}{r^3}=64\frac{EI}{l^3}\quad（无铰圆拱） \tag{14-6b}$$

14.3.2　两铰圆拱

在失稳以前，任意截面 n 上只有轴力 $N=qr$；在临界状态时，拱轴反对称变形（图 14-4）。截面 n 上的弯矩为 $M_\theta=M_n=q_{cr}rw$，并代入式（14-1）得

$$\frac{d^2w}{d\theta^2}+w=-\frac{q_{cr}r^3w}{EI}$$

即

$$\frac{d^2w}{d\theta^2}+\alpha^2w=0$$

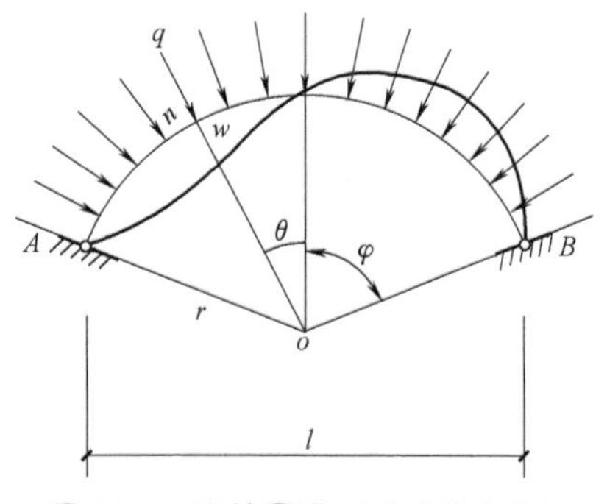

图 14-4　两铰圆拱（反对称失稳）

通解

$$w=A\cos\alpha\theta+B\sin\alpha\theta$$

边界条件

当 $\theta=0$ 时，$w=0$，得 $A=0$

当 $\theta=\varphi$ 时，$w=0$，得 $B\sin\alpha\varphi=0$

由此，可得稳定特征方程

$$\sin\alpha\varphi=0$$

解得 $\alpha=0$，π/φ，$2\pi/\varphi$，…。将 $\alpha=\pi/\varphi$ 代入式（14-2）得

$$(\pi/\varphi)^2=1+\frac{q_{cr}r^3}{EI}$$

即

$$q_{cr}=\frac{EI}{r^3}\left(\frac{\pi^2}{\varphi^2}-1\right)\quad（两铰圆拱） \tag{14-7a}$$

当 $\varphi=90°=\pi/2$ 时，由式（14-7a）得

$$q_{cr}=3\frac{EI}{r^3}=24\frac{EI}{l^3}\quad（两铰圆拱） \tag{14-7b}$$

为了应用方便，可将有关公式改写成

$$q_{cr}=K_1\frac{EI}{l^3} \tag{14-8}$$

式中　K_1——与拱的高跨比（f/l）有关的临界荷载系数（表 14-2）；

l——拱的跨度。

表 14-2　圆拱的 K_1 值

$\frac{f}{l}$	无铰拱（反对称失稳）	两铰拱（反对称失稳）	三铰拱（对称失稳）
0.1	58.9	28.4	22.2
0.2	90.4	39.3	33.5
0.3	93.4	40.9	34.9
0.4	80.7	32.8	30.2
0.5	64.0	24.0	24.0

14.4　抛物线拱的临界荷载系数 K_2 和计算长度

抛物线拱的稳定计算比圆拱要复杂得多，这是由于抛物线拱的挠曲微分方程很难求出解析解。对于变截面的拱也有同样的困难。除了采用数值积分的方法之外，比较实用的方法是用多边形轴线来代替拱的曲线轴线，并将作用于拱上的分布荷载集中到多边形的节点上（图 14-5），这样，问题实际上就转化成为刚架的稳定计算（离散化方法）。

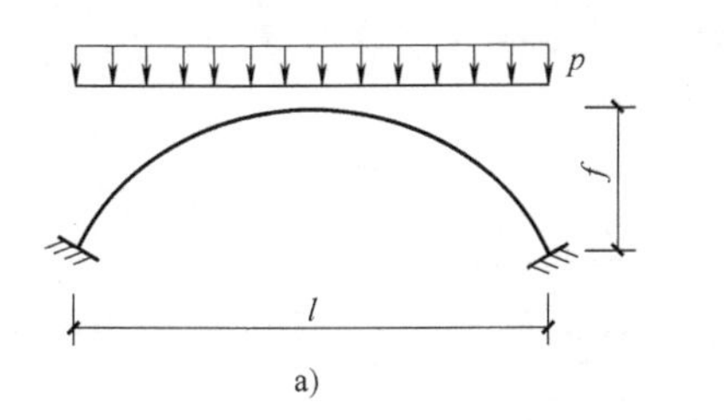

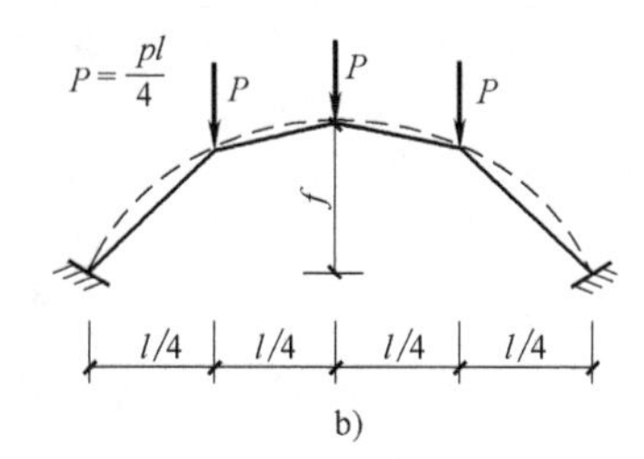

图 14-5　抛物线拱

等截面抛物线拱受均布竖向荷载作用时的临界荷载可以类似地写成式（14-8）的形式

$$p_{cr}=K_2\frac{EI}{l^3} \tag{14-9}$$

式中　K_2——与拱的高跨比有关的临界荷载系数（见表 14-3）。

表 14-3　等截面抛物线拱的 K_2 值

$\frac{f}{l}$	无铰拱（反对称失稳）	两铰拱（反对称失稳）	三铰拱	
			（对称失稳）	（反对称失稳）
0.1	60.7	28.5	22.5	28.5
0.2	101.0	45.4	39.6	45.4
0.3	115.0	46.5	47.3	46.5
0.4	111.0	43.9	49.2	43.9
0.5	97.4	38.4	—	38.4

现引入计算长度的概念，可把拱的临界轴力 N_{cr} 表示为

$$N_{cr}=\frac{\pi^2 EI}{s_0^2} \tag{14-10}$$

式中　s_0——拱的计算长度。

对于受均匀静力压力作用的等截面圆拱

$$N_{cr}=q_{cr}r=K_1\frac{EI}{l^3}r \tag{a}$$

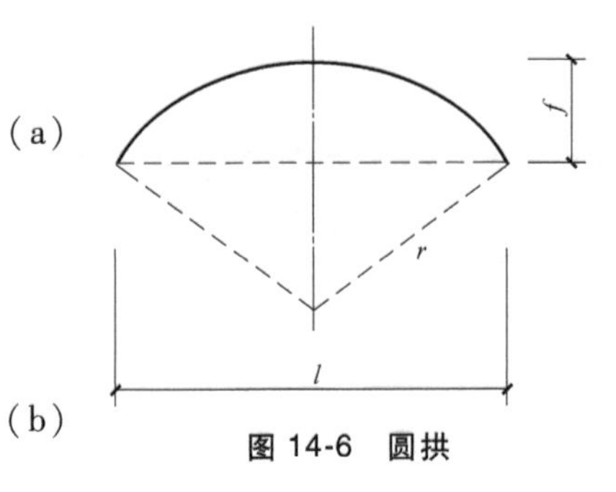

图 14-6 圆拱

由图 14-6 知

$$r^2=(r-f)^2+(l/2)^2$$

即

$$\frac{r}{l}=\frac{1}{8}\left(\frac{l}{f}+4\frac{f}{l}\right) \tag{b}$$

将式（b）代入式（a）得

$$N_{cr}=K_1\frac{EI}{l^2}\cdot\frac{1}{8}\left(\frac{l}{f}+4\frac{f}{l}\right) \tag{c}$$

将式（c）代入式（14-10）得

$$s_0=\pi\sqrt{\frac{EI}{N_{cr}}}=l\sqrt{\frac{8\pi^2}{K_1}\cdot\frac{1}{(l/f+4f/l)}}\quad（圆拱） \tag{14-11}$$

对于受均布竖向荷载作用的等截面抛物线拱，由于各截面的轴力不是常量，则可用跨中截面的轴力作为临界轴力，即 $N_{cr}=P_{cr}\frac{l^2}{8f}$，再利用式（14-9），得

$$N_{cr}=K_2\frac{EI}{l^3}\cdot\frac{l^2}{8f} \tag{d}$$

将式（d）代入式（14-10）得

$$s_0=l\sqrt{\frac{8\pi^2 f}{K_2 l}}\quad（抛物线拱） \tag{14-12}$$

由式（14-11）和式（14-12）可见，拱的计算长度与拱轴的形状和高跨比 f/l 有关。

表 14-4 给出两种不同轴线形式的两铰拱在不同 f/l 时的计算长度系数。

表 14-4 等截面两铰拱的计算长度系数 s_0/l

拱轴形式	f/l				
	0.1	0.2	0.3	0.4	0.5
圆	0.518	0.588	0.658	0.766	0.908
抛物线	0.526	0.590	0.714	0.848	1.015

由表（14-4）可见，两铰拱的计算长度系数随高跨比 f/l 的增加而增大。在相同高跨比的情况下，抛物线拱比圆拱的系数稍大一些，当拱较扁平时（如 $f/l\leqslant 0.2$），两者的差别不大。

对于扁平的拱，拱的弧长 $s\approx l(1+8f^2/3l^2)$。当 $f/l=1/5$ 时，$s\approx 1.107l$。由表 14-4 可知，圆拱和抛物线拱的计算长度基本相等，其值为 $s_0\approx 0.59\times\frac{1}{1.107}s\approx 0.533s$。如果近似地按半个拱的弧长计算，则得 $s_0=0.5s$，这时误差在 6%以内。

附　录

附录 1　钢材、连接的强度指标和钢材化学成分及力学性能

附表 1-1　钢材的设计用强度指标　　（单位：N/mm^2）

钢材牌号		钢材厚度或直径 /mm	强度设计值			屈服强度 f_y	抗拉强度 f_u
			抗拉、抗压、抗弯 f	抗剪 f_v	端面承压（刨平顶紧）f_{ce}		
碳素结构钢	Q235	≤16	215	125	320	235	370
		>16，≤40	205	120		225	
		>40，≤100	200	115		215	
低合金高强度结构钢	Q345	≤16	305	175	400	345	470
		>16，≤40	295	170		335	
		>40，≤63	290	165		325	
		>63，≤80	280	160		315	
		>80，≤100	270	155		305	
	Q390	≤16	345	200	415	390	490
		>16，≤40	330	190		370	
		>40，≤63	310	180		350	
		>63，≤100	295	170		330	
	Q420	≤16	375	215	440	420	520
		>16，≤40	355	205		400	
		>40，≤63	320	185		380	
		>63，≤100	305	175		360	
	Q460	≤16	410	235	470	460	550
		>16，≤40	390	225		440	
		>40，≤63	355	205		420	
		>63，≤100	340	195		400	

注：1. 表中直径指实芯棒材直径，厚度指计算点的钢材或钢管壁厚度，对轴心受拉和轴心受压构件指截面中较厚板件的厚度。

2. 冷弯型材和冷弯钢管，其强度设计值应按国家现行有关标准的规定采用。

3. 《低合金高强度结构钢》（GB/T 1591—2018）已对表中参数进行了调整，如 Q345 替换为 Q355，详细变动见规范原文。

附表 1-2　钢板的设计用强度指标　　（单位：N/mm^2）

建筑结构用钢板	钢材厚度或直径 /mm	强度设计值			屈服强度 f_y	抗拉强度 f_u
		抗拉、抗压、抗弯 f	抗剪 f_v	端面承压（刨平顶紧）f_{ce}		
Q345GJ	>16，≤50	325	190	415	345	490
	>50，≤100	300	175		335	

附表 1-3　结构用无缝钢管的强度指标　　（单位：N/mm^2）

钢管钢材牌号	壁厚 /mm	强度设计值			屈服强度 f_y	抗拉强度 f_u
		抗拉、抗压和抗弯 f	抗剪 f_v	端面承压（刨平顶紧）f_{ce}		
Q235	≤16	215	125	320	235	375
	>16，≤30	205	120		225	
	>30	195	115		215	

（续）

钢管钢材牌号	壁厚/mm	强度设计值：抗拉、抗压和抗弯 f	强度设计值：抗剪 f_v	强度设计值：端面承压（刨平顶紧）f_{ce}	屈服强度 f_y	抗拉强度 f_u
Q345	≤16	305	175	400	345	470
	>16,≤30	290	170		325	
	>30	260	150		295	
Q390	≤16	345	200	415	390	490
	>16,≤30	330	190		370	
	>30	310	180		350	
Q420	≤16	375	220	445	420	520
	>16,≤30	355	205		400	
	>30	340	195		380	
Q460	≤16	410	240	470	460	550
	>16,≤30	390	225		440	
	>30	355	205		420	

附表 1-4　铸钢件的强度设计值　　（单位：N/mm^2）

类别	钢号	铸件厚度/mm	抗拉、抗压和抗弯 f	抗剪 f_v	端面承压（刨平顶紧）f_{ce}
非焊接结构用铸钢件	ZG230-450	≤100	180	105	290
	ZG270-500		210	120	325
	ZG310-570		240	140	370
焊接结构用铸钢件	ZG230-450H	≤100	180	105	290
	ZG270-480H		210	120	310
	ZG300-500H		235	135	325
	ZG340-550H		265	150	355

注：表中强度设计值仅适用于本表规定的厚度。

附表 1-5　焊缝的强度指标　　（单位：N/mm^2）

焊接方法和焊条型号	构件钢材：牌号	构件钢材：厚度或直径/mm	对接焊缝强度设计值：抗压 f_c^w	对接焊缝强度设计值：焊缝质量为下列等级时，抗拉 f_t^w：一级、二级	对接焊缝强度设计值：焊缝质量为下列等级时，抗拉 f_t^w：三级	对接焊缝强度设计值：抗剪 f_v^w	角焊缝强度设计值：抗拉、抗压和抗剪 f_f^w	对接焊缝抗拉强度 f_u^w	角焊缝抗拉、抗压和抗剪强度 f_u^f
自动焊、半自动焊和E43型焊条手工焊	Q235	≤16	215	215	185	125	160	415	240
		>16,≤40	205	205	175	120			
		>40,≤100	200	200	170	115			
自动焊、半自动焊和E50、E55型焊条手工焊	Q345	≤16	305	305	260	175	200	480(E50) 540(E55)	280(E50) 315(E55)
		>16,≤40	295	295	250	170			
		>40,≤63	290	290	245	165			
		>63,≤80	280	280	240	160			
		>80,≤100	270	270	230	155			
	Q390	≤16	345	345	295	200	200(E50) 220(E55)		
		>16,≤40	330	330	280	190			
		>40,≤63	310	310	265	180			
		>63,≤100	295	295	250	170			
自动焊、半自动焊和E55、E60型焊条手工焊	Q420	≤16	375	375	320	215	220(E55) 240(E60)	540(E55) 590(E60)	315(E55) 340(E60)
		>16,≤40	355	355	300	205			
		>40,≤63	320	320	270	185			
		>63,≤100	305	305	260	175			

（续）

焊接方法和焊条型号	构件钢材		对接焊缝强度设计值				角焊缝强度设计值	对接焊缝抗拉强度 f_u^w	角焊缝抗拉、抗压和抗剪强度 f_u^f
	牌号	厚度或直径/mm	抗压 f_c^w	焊缝质量为下列等级时，抗拉 f_t^w		抗剪 f_v^w	抗拉、抗压和抗剪 f_f^w		
				一级、二级	三级				
自动焊、半自动焊和E55、E60型焊条手工焊	Q460	≤16	410	410	350	235	220（E55）240（E60）	540（E55）590（E60）	315（E55）340（E60）
		>16，≤40	390	390	330	225			
		>40，≤63	355	355	300	205			
		>63，≤100	340	340	290	195			
自动焊、半自动焊和E50、E55型焊条手工焊	Q345GJ	>16，≤35	310	310	265	180	200	480（E50）540（E55）	280（E50）315（E55）
		>35，≤50	290	290	245	170			
		>50，≤100	285	285	240	165			

注：表中厚度指计算点的钢材厚度，对轴心受拉和轴心受压构件指截面中较厚板件的厚度。

附表 1-6　螺栓连接的强度指标　（单位：N/mm^2）

螺栓的性能等级、锚栓和构件钢材的牌号		强度设计值										高强度螺栓的抗拉强度 f_u^b
		普通螺栓						锚栓	承压型连接或网架用高强度螺栓			
		C 级螺栓			A 级、B 级螺栓							
		抗拉 f_t^b	抗剪 f_v^b	承压 f_c^b	抗拉 f_t^b	抗剪 f_v^b	承压 f_c^b	抗拉 f_t^a	抗拉 f_t^b	抗剪 f_v^b	承压 f_c^b	
普通螺栓	4.6 级、4.8 级	170	140	—	—	—	—	—	—	—	—	—
	5.6 级	—	—	—	210	190	—	—	—	—	—	—
	8.8 级	—	—	—	400	320	—	—	—	—	—	—
锚栓	Q235	—	—	—	—	—	—	140	—	—	—	—
	Q345	—	—	—	—	—	—	180	—	—	—	—
	Q390	—	—	—	—	—	—	185	—	—	—	—
承压型连接高强度螺栓	8.8 级	—	—	—	—	—	—	—	400	250	—	830
	10.9 级	—	—	—	—	—	—	—	500	310	—	1040
螺栓球节点用高强度螺栓	9.8 级	—	—	—	—	—	—	—	385	—	—	—
	10.9 级	—	—	—	—	—	—	—	430	—	—	—
构件钢材牌号	Q235	—	—	305	—	—	405	—	—	—	470	—
	Q345	—	—	385	—	—	510	—	—	—	590	—
	Q390	—	—	400	—	—	530	—	—	—	615	—
	Q420	—	—	425	—	—	560	—	—	—	655	—
	Q460	—	—	450	—	—	595	—	—	—	695	—
	Q345GJ	—	—	400	—	—	530	—	—	—	615	—

注：1. A 级螺栓用于 $d \leqslant 24mm$ 和 $L \leqslant 10d$ 或 $L \leqslant 150mm$（按较小值）的螺栓；B 级螺栓用于 $d > 24mm$ 和 $L > 10d$ 或 $L > 150mm$（按较小值）的螺栓；d 为公称直径，L 为螺栓公称长度。
2. A 级、B 级螺栓孔的精度和孔壁表面粗糙度，C 级螺栓孔的允许偏差和孔壁表面粗糙度，均应符合《钢结构工程施工质量验收标准》（GB 50205—2020）的要求。
3. 用于螺栓球节点网架的高强度螺栓，M12～M36 为 10.9 级，M39～M64 为 9.8 级。

附表 1-7　铆钉连接的强度设计值　（单位：N/mm^2）

铆钉钢号和构件钢材牌号		抗拉（钉头拉脱）f_t^r	抗剪 f_v^r		承压 f_c^r	
			Ⅰ类孔	Ⅱ类孔	Ⅰ类孔	Ⅱ类孔
铆钉	BL2 或 BL3	120	185	155	—	—
构件钢材牌号	Q235	—	—	—	450	365
	Q345	—	—	—	565	460
	Q390	—	—	—	590	480

注：1. 属于下列情况者为Ⅰ类孔：①在装配好的构件上按设计孔径钻成的孔；②在单个零件和构件上按设计孔径分别用钻模钻成的孔；③在单个零件上先钻成或冲成较小的孔径，然后在装配好的构件上再扩钻至设计孔径的孔。
2. 在单个零件上一次冲成或不用钻模钻成设计孔径的孔属于Ⅱ类孔。

附表 1-8 钢材和铸钢件的物理性能指标

弹性模量 E /(kN/mm²)	剪切模量 G /(kN/mm²)	线膨胀系数 α /以每℃计	质量密度 ρ /(kg/m³)
206	79	12×10^{-6}	7850

附表 1-9 钢材的化学成分

牌号	质量等级	化学成分(%)										
		C	Mn	Si ≤	P ≤	S ≤	V	Nb	Ti	Al ≥	Cr ≤	Ni ≤
Q235	A	0.14~0.22	0.30~0.65	0.30	0.045	0.050	—	—	—	—	—	—
	B	0.12~0.20	0.30~0.70	0.30	0.045	0.045						
	C	≤0.18	0.35~0.80	0.30	0.040	0.040						
	D	≤0.17	0.35~0.80	0.30	0.035	0.035						
Q345	A	≤0.20	1.00~1.60	0.55	0.045	0.045	0.02~0.15	0.015~0.060	0.02~0.20	—		
	B	≤0.20	1.00~1.60	0.55	0.040	0.040	0.02~0.15	0.015~0.060	0.02~0.20	—		
	C	≤0.20	1.00~1.60	0.55	0.035	0.035	0.02~0.15	0.015~0.060	0.02~0.20	0.015	—	—
	D	≤0.18	1.00~1.60	0.55	0.030	0.030	0.02~0.15	0.015~0.060	0.02~0.20	0.015		
	E	≤0.18	1.00~1.60	0.55	0.025	0.025	0.02~0.15	0.015~0.060	0.02~0.20	0.015		
Q390	A	≤0.20	1.00~1.60	0.55	0.045	0.045	0.02~0.20	0.015~0.060	0.02~0.20	—	0.30	0.70
	B	≤0.20	1.00~1.60	0.55	0.040	0.040	0.02~0.20	0.015~0.060	0.02~0.20	—	0.30	0.70
	C	≤0.20	1.00~1.60	0.55	0.035	0.035	0.02~0.20	0.015~0.060	0.02~0.20	0.015	0.30	0.70
	D	≤0.20	1.00~1.60	0.55	0.030	0.030	0.02~0.20	0.015~0.060	0.02~0.20	0.015	0.30	0.70
	E	≤0.20	1.00~1.60	0.55	0.025	0.025	0.02~0.20	0.015~0.060	0.02~0.20	0.015	0.30	0.70
Q420	A	≤0.20	1.00~1.70	0.55	0.045	0.045	0.02~0.20	0.015~0.060	0.02~0.20	—	0.40	0.70
	B	≤0.20	1.00~1.70	0.55	0.040	0.040	0.02~0.20	0.015~0.060	0.02~0.20	—	0.40	0.70
	C	≤0.20	1.00~1.70	0.55	0.035	0.035	0.02~0.20	0.015~0.060	0.02~0.20	0.015	0.40	0.70
	D	≤0.20	1.00~1.70	0.55	0.030	0.030	0.02~0.20	0.015~0.060	0.02~0.20	0.015	0.40	0.70
	E	≤0.20	1.00~1.70	0.55	0.025	0.025	0.02~0.20	0.015~0.060	0.02~0.20	0.015	0.40	0.70

附表 1-10 钢材的力学性能

牌号	拉伸试验					冷弯试验 d=弯心直径 a=试样厚度	冲击试验	
	钢材厚度 /mm	抗拉强度 f_u /(N/mm²)	屈服强度 f_y /(N/mm²)		伸长率 δ_5 (%)		钢材等级及温度/℃	V 型冲击吸收能量(纵向)不小于/J
			不小于					
Q235	≤16	375~460	235		26	纵向试样 $d=a$ 横向试样 $d=1.5a$	A	—
	>16~40		225		25		B(20)	27
	>40~60		215		24		C(0)	27
	>60~100		205		23	纵向 $d=2a$ 横向 $d=2.5a$	D(−20)	27
	>100~150		195		22	纵向 $d=2.5a$ 横向 $d=3a$		
	>150		185		21			
Q345	≤16	470~630	345	质量等级 A	21	$d=2a$	A	—
	>16~35		325	B	21	$d=3a$	B(20)	34
	>35~50		295	C	22	$d=3a$	C(0)	34
	>50~100		275	D	22	$d=3a$	D(−20)	34
				E	22	$d=3a$	E(−40)	27
Q390	≤16	490~650	390	质量等级 A	19	$d=2a$	A	—
	>16~35		370	B	19	$d=3a$	B(20)	34
	>35~50		350	C	20	$d=3a$	C(0)	34
	>50~100		330	D	20	$d=3a$	D(−20)	34
				E	20	$d=3a$	E(−40)	27
Q420	≤16	520~680	420	质量等级 A	18	$d=2a$	A	—
	>16~35		400	B	18	$d=3a$	B(20)	34
	>35~50		380	C	19	$d=3a$	C(0)	34
	>50~100		360	D	19	$d=3a$	D(−20)	34
				E	19	$d=3a$	E(−40)	27

附录 2　型钢表

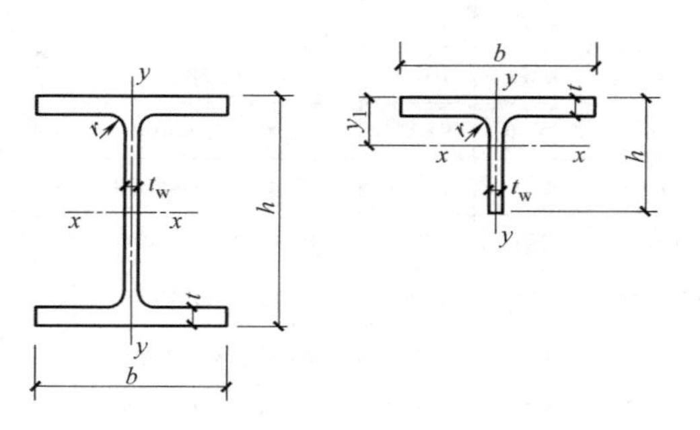

符　　号　h—H 型钢截面高度；b—翼缘宽度；t_w—腹板厚度；t—翼缘厚度；W—截面抵抗矩；i—截面回转半径；I—截面惯性矩。

T 型钢的惯性矩 I_y 等于相应 H 型钢的 1/2。

附表 2-1　热轧 H 型钢和 T 型钢

H 型钢									H 型钢和 T 型钢	T 型钢				
类别	H 型钢规格 ($h\times b\times t_w\times t$)	截面面积 A /cm²	质量 g /(kg/m)	x-x 轴			y-y 轴			形心 y_1 /cm	x-x_T 轴		T 型钢规格 ($h\times b\times t_w\times t$)	类别
				I_x /cm⁴	W_x /cm³	i_x /cm	I_y /cm⁴	W_y /cm³	i_y /cm⁴		I_x /cm⁴	i_x /cm		
HW	100×100×6×8	21.90	17.2	383	76.5	4.18	134	26.7	2.47	1.00	16.1	1.21	50×100×6×8	TW
	125×125×6.5×9	30.31	23.8	847	136	5.29	294	47.0	3.11	1.19	35.0	1.52	62.5×125×6.5×9	
	150×150×7×10	40.55	31.9	1660	221	6.39	564	75.1	3.73	1.37	66.4	1.81	75×150×7×10	
	175×175×7.5×11	51.43	40.3	2900	331	7.50	984	112	4.37	1.55	115	2.11	87.5×175×7.5×11	
	200×200×8×12	64.28	50.5	4770	477	8.61	1600	160	4.99	1.73	185	2.40	100×200×8×12	
	#200×204×12×12	72.28	56.7	5030	503	8.35	1700	167	4.85	2.09	256	2.66	#100×204×12×12	
	250×250×9×14	92.18	72.4	10800	867	10.8	3650	292	6.29	2.08	412	2.99	125×250×9×14	
	#250×255×14×14	104.7	82.2	11500	919	10.5	3880	304	6.09	2.58	589	3.36	#125×255×14×14	
	#294×302×12×12	108.3	85.0	17000	1160	12.5	5520	365	7.14	2.83	858	3.98	#147×302×12×12	
	300×300×10×15	120.4	94.5	20500	1370	13.1	6760	450	7.49	2.47	798	3.64	150×300×10×15	
	300×305×15×15	135.4	106	21600	1440	12.6	7100	466	7.24	3.02	1110	4.05	150×305×15×15	
	#344×348×10×16	146.0	115	33300	1940	15.1	11200	646	8.78	2.67	1230	4.11	#172×348×10×16	
	350×350×12×19	173.9	137	40300	2300	15.2	13600	776	8.84	2.86	1520	4.18	175×350×12×19	

（续）

类别	H 型钢规格 ($h \times b \times t_w \times t$)	截面面积 A /cm^2	质量 g /(kg/m)	H 型钢 x-x 轴 I_x /cm^4	W_x /cm^3	i_x /cm	y-y 轴 I_y /cm^4	W_y /cm^3	H 型钢和 T 型钢 i_y /cm^4	T 型钢 形心 y_1 /cm	x-x_T 轴 I_x /cm^4	i_x /cm	T 型钢规格 ($h \times b \times t_w \times t_2$)	类别
HW	#388×402×15×15	179.2	141	49200	2540	16.6	16300	809	9.52	3.69	2480	5.26	#194×402×15×15	TW
	#394×398×11×18	187.6	147	56400	2860	17.3	18900	951	10.0	3.01	2050	4.67	#197×398×11×18	
	400×400×13×21	219.5	172	66900	3340	17.5	22400	1120	10.1	3.21	2480	4.75	200×400×13×21	
	#400×408×21×21	251.5	197	71100	3560	16.8	23800	1170	9.73	4.07	3650	5.39	#200×408×21×21	
	#414×405×18×28	296.2	233	93000	4490	17.7	31000	1530	10.2	3.68	3620	4.95	#207×405×18×28	
	#428×407×20×35	361.4	284	119000	5580	18.2	39400	1930	10.4	3.90	4380	4.92	#214×407×20×35	
HM	148×100×6×9	27.25	21.4	1040	140	6.17	151	30.2	2.35	1.55	51.7	1.95	74×100×6×9	TM
	194×150×6×9	39.76	31.2	2740	283	8.30	508	67.7	3.57	1.78	125	2.50	97×150×6×9	
	244×175×7×11	56.24	44.1	6120	502	10.4	985	113	4.18	2.27	289	3.20	122×175×7×11	
	294×200×8×12	73.03	57.3	11400	779	12.5	1600	160	4.69	2.82	572	3.96	147×200×8×12	
	340×250×9×14	101.5	79.7	21700	1280	14.6	3650	292	6.00	3.09	1020	4.48	170×250×9×14	
	390×300×10×16	136.7	107	38900	2000	16.9	7210	481	7.26	3.40	1730	5.03	195×300×10×16	
	440×300×11×18	157.4	124	56100	2550	18.9	8110	541	7.18	4.05	2680	5.84	220×300×11×18	
	482×300×11×15	146.4	115	60800	2520	20.4	6770	451	6.80	4.90	3420	6.83	241×300×11×15	
	488×300×11×18	164.4	129	71400	2930	20.8	8120	541	7.03	4.65	3620	6.64	244×300×11×18	
	582×300×12×17	174.5	137	103000	3530	24.3	7670	511	6.63	6.39	6360	8.54	291×300×12×17	
	588×300×12×20	192.5	151	118000	4020	24.8	9020	601	6.85	6.08	6710	8.35	294×300×12×20	
	#594×302×14×23	222.4	175	137000	4620	24.9	10600	701	6.90	6.33	7920	8.44	#297×302×14×23	
HN	100×50×5×7	12.16	9.54	192	38.5	3.98	14.9	5.96	1.11	1.27	11.9	1.40	50×50×5×7	TN
	125×60×6×8	17.01	13.3	417	66.8	4.95	29.3	9.75	1.31	1.63	27.5	1.80	62.5×60×6×8	
	150×75×5×7	18.16	14.3	679	90.6	6.12	49.6	13.2	1.65	1.78	42.7	2.17	75×75×5×7	
	175×90×5×8	23.21	18.2	1220	140	7.26	97.6	21.7	2.05	1.92	70.7	2.47	87.5×90×5×8	

（续）

类别	H型钢规格 ($h \times b \times t_w \times t$)	截面面积 A /cm²	质量 g /(kg/m)	H型钢 x-x轴 I_x /cm⁴	W_x /cm³	i_x /cm	y-y轴 I_y /cm⁴	W_y /cm³	H型钢和T型钢 i_y /cm⁴	T型钢 形心 y_1 /cm	x-x_T轴 I_x /cm⁴	i_x /cm	T型钢规格 ($h \times b \times t_w \times t$)	类别
HN	198×99×4.5×7	23.59	18.5	1610	163	8.27	114	23.0	2.20	2.13	94.0	2.82	99×99×4.5×7	TN
	200×100×5.5×8	27.57	21.7	1880	188	8.25	134	26.8	2.21	2.27	115	2.88	100×100×5.5×8	
	248×124×5×8	32.89	25.8	3560	287	10.4	255	41.1	2.78	2.62	208	3.56	124×124×5×8	
	250×125×6×9	37.87	29.7	4080	326	10.4	294	47.0	2.97	2.78	249	3.62	125×125×6×9	
	298×149×5.5×8	41.55	32.6	6460	433	12.4	443	59.4	3.26	3.22	395	4.36	149×149×5.5×8	
	300×150×6.5×9	47.53	37.3	7350	490	12.4	508	67.7	3.27	3.38	465	4.42	150×150×6.5×9	
	346×174×6×9	53.19	41.8	11200	649	14.5	792	91.0	3.86	3.68	681	5.06	173×174×6×9	
	350×175×7×11	63.66	50.0	13700	782	14.7	985	113	3.93	3.74	816	5.06	175×175×7×11	
	#400×150×8×13	71.12	55.8	18800	942	16.3	734	97.9	3.21	—	—	—	—	
	396×199×7×11	72.16	56.7	20000	1010	16.7	1450	145	4.48	4.17	1190	5.76	198×199×7×11	
	400×200×8×13	84.12	66.0	23700	1190	16.8	1740	174	4.54	4.23	1400	5.76	200×200×8×13	
	#450×150×9×14	83.41	65.5	27100	1200	18.0	793	106	3.08	—	—	—	—	
	446×199×8×12	84.95	66.7	29000	1300	18.5	1580	159	4.31	5.07	1880	6.65	223×199×8×12	
	450×200×9×14	97.41	76.5	33700	1500	18.6	1870	187	4.38	5.13	2160	6.66	225×200×9×14	
	#500×150×10×16	98.23	77.1	38500	1540	19.8	907	121	3.04	—	—	—	—	
	496×199×9×14	101.3	79.5	41900	1690	20.3	1840	185	4.27	5.90	2840	7.49	248×199×9×14	
	500×200×10×16	114.2	89.6	47800	1910	20.5	2140	214	4.33	5.96	3210	7.50	250×200×10×16	
	#506×201×11×19	131.3	103	56500	2230	20.8	2580	257	4.43	5.95	3670	7.48	253×201×11×19	
	596×199×10×15	121.2	95.1	69300	2330	23.9	1980	199	4.04	7.76	5200	9.27	298×199×10×15	
	600×200×11×17	135.2	106	78200	2610	24.1	2280	228	4.11	7.81	5820	9.28	300×200×11×17	
	#606×201×12×20	153.3	120	91000	3000	24.4	2720	271	4.21	7.76	6580	9.26	303×201×12×20	
	#692×300×13×20	211.5	166	172000	4980	28.6	9020	602	6.53	—	—	—	—	
	700×300×13×24	235.5	185	201000	5760	29.3	10800	722	6.78	—	—	—	—	

注：“#”表示的规格为非常用规格。

附表 2-2　普通高频焊接薄壁 H 型钢的型号及截面特性

序号	截面尺寸/mm				A /cm²	理论质量 /(kg/m)	x-x 轴			y-y 轴		
	H	B	T_w	T_f			I_x /cm⁴	W_x /cm³	i_x /cm	I_y /cm⁴	W_y /cm³	i_y /cm
1	100	50	2.3	3.2	5.35	4.20	90.71	18.14	4.12	6.68	2.67	1.12
2			3.2	4.5	7.41	5.82	122.77	24.55	4.07	9.40	3.76	1.13
3		100	4.5	6.0	15.96	12.53	291.00	58.20	4.27	100.07	20.01	2.50
4			6.0	8.0	21.04	16.52	369.05	73.81	4.19	133.48	26.70	2.52
* * 5	120	120	3.2	4.5	14.35	11.27	396.84	66.14	5.26	129.63	21.61	3.01
6			4.5	6.0	19.26	15.12	515.53	85.92	5.17	172.88	28.81	3.00
7	150	75	3.2	4.5	11.26	8.84	432.11	57.62	6.19	31.68	8.45	1.68
8			4.5	6.0	15.21	11.94	565.38	75.38	6.10	42.29	11.28	1.67
9		100	3.2	4.5	13.51	10.61	551.24	73.50	6.39	75.04	15.01	2.36
10			4.5	6.0	18.21	14.29	720.99	96.13	6.29	100.10	20.02	2.34
11		150	4.5	6.0	24.21	19.00	1032.21	137.63	6.53	337.60	45.01	3.73
12			6.0	8.0	32.04	25.15	1331.43	177.52	6.45	450.24	60.03	3.75
* 13	200	100	3.0	3.0	11.82	9.28	764.71	76.47	8.04	50.04	10.01	2.06
14			3.2	4.5	15.11	11.86	1045.92	104.59	8.32	75.05	15.01	2.23
15			4.5	6.0	20.46	16.06	1378.62	137.86	8.21	100.14	20.03	2.21
16			6.0	8.0	27.04	21.23	1786.89	178.69	8.13	133.66	26.73	2.22
* 17		150	3.2	4.5	19.61	15.40	1475.97	147.60	8.68	253.18	33.76	3.59
18			4.5	6.0	26.46	20.77	1943.34	194.33	8.57	337.64	45.02	3.57
19			6.0	8.0	35.04	27.51	2524.60	252.46	8.49	450.33	60.04	3.58
20		200	6.0	8.0	43.04	33.79	3262.30	326.23	8.71	1067.00	106.70	4.98
* 21	250	125	3.0	3.0	14.82	11.63	1507.14	120.57	10.08	97.71	15.63	2.57
* * 22			3.2	4.5	18.96	14.89	2068.56	165.48	10.44	146.55	23.45	2.78
23			4.5	6.0	25.71	20.18	2738.60	219.09	10.32	195.49	31.28	2.76
24			4.5	8.0	30.53	23.97	3409.75	272.78	10.57	260.59	41.70	2.92
25			6.0	8.0	34.04	26.72	3659.91	285.59	10.24	260.84	41.73	2.77
* 26		150	3.2	4.5	21.21	16.65	2407.62	192.61	10.65	253.19	33.76	3.45
27			4.5	6.0	28.71	22.54	3185.21	254.82	10.53	337.68	45.02	3.43
28			4.5	8.0	34.53	27.11	3995.60	319.65	10.76	450.18	60.02	3.61
29			6.0	8.0	38.04	29.86	4155.77	332.46	10.45	450.42	60.06	3.44
30		200	6.0	8.0	46.04	36.14	5327.47	426.20	10.76	1067.09	106.71	4.81
* 31	300	150	3.2	4.5	22.81	17.91	3604.41	240.29	12.57	253.20	33.76	3.33
32			4.5	6.0	30.96	24.30	4785.96	319.06	12.43	337.72	45.03	3.30
33			4.5	8.0	36.78	28.87	5976.11	398.41	12.75	450.22	60.03	3.50
34			6.0	8.0	41.04	32.22	6262.44	417.50	12.35	450.51	60.07	3.31
35	350	200	6.0	8.0	49.04	38.50	7968.14	531.21	12.75	1067.18	106.72	4.66
* 36		150	3.2	4.5	24.41	19.16	5086.36	290.65	14.43	253.22	33.76	3.22
37			4.5	6.0	33.21	26.07	6773.70	387.07	14.28	337.76	45.03	3.19
38			6.0	8.0	44.04	34.57	8882.11	507.55	14.20	450.60	60.08	3.20
39		175	4.5	6.0	36.21	28.42	7661.31	437.79	14.55	536.19	61.28	3.85
40			4.5	8.0	43.03	33.78	9586.21	547.78	14.93	714.84	81.70	4.08
41			6.0	8.0	48.04	37.71	10051.96	574.40	14.47	715.18	81.74	3.86
42		200	6.0	8.0	52.04	40.85	11221.81	641.25	14.68	1067.27	106.73	4.53
43	400	150	4.5	8.0	41.28	32.40	11344.49	567.22	16.58	450.29	60.04	3.30
44		200	6.0	8.0	55.04	43.21	15125.98	756.30	16.58	1067.36	106.74	4.40
45			4.5	9.0	53.19	41.75	15852.08	792.60	17.26	1200.29	120.03	4.75

注：1. 带“*”的规格翼缘宽度不符合 GBJ 17 或 CECS 102 的要求，应根据 GBJ 17 或 CESE 102，按翼缘有效宽度计算。

2. 当钢材采用 Q345 或更高级别的钢种时，带“* *”的规格翼缘宽度不符合 GBJ 17 或 CESE 102 的要求，应根据 GBJ 17 或 CECS 102，按翼缘有效宽度计算。

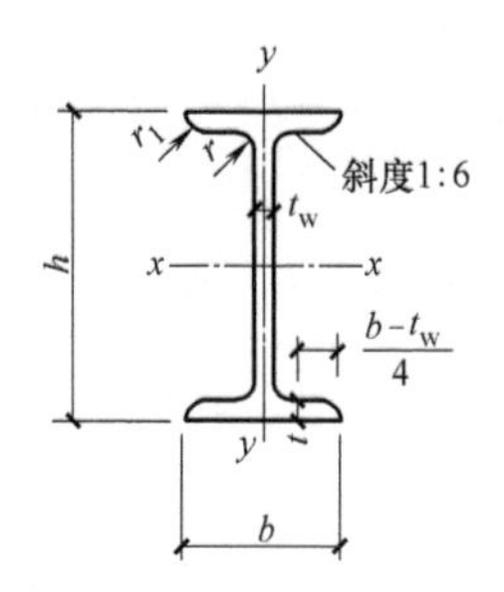

I—截面惯性矩
W—截面抵抗矩
S—半截面的面积矩
i—截面回转半径

附表 2-3　热轧普通工字钢截面特性表

型号	尺寸/mm						截面面积 /cm²	质量 g /(kg/m)	x-x 轴				y-y 轴		
	h	b	t_w	t	r	r_1			I_x /cm⁴	W_x /cm³	S_x /cm³	i_x /cm	I_y /cm⁴	W_y /cm³	i_y /cm
I10	100	68	4.5	7.6	6.5	3.3	14.33	11.25	245	49.0	28.2	4.14	32.8	9.6	1.51
I12.6	126	74	5.0	8.4	7.0	3.5	18.10	14.21	488	77.4	44.2	5.19	46.9	12.7	1.61
I14	140	80	5.5	9.1	7.5	3.8	21.50	16.88	712	101.7	58.4	5.75	64.3	16.1	1.73
I16	160	88	6.0	9.9	8.0	4.0	26.11	20.50	1127	140.9	80.8	6.57	93.1	21.1	1.89
I18	180	94	6.5	10.7	8.5	4.3	30.74	24.13	1699	185.4	106.5	7.37	122.9	26.2	2.00
I20a	200	100	7.0	11.4	9.0	4.5	35.55	27.91	2369	236.9	136.1	8.16	157.9	31.6	2.11
I20b	200	102	9.0	11.4	9.0	4.5	39.55	31.05	2502	250.2	146.1	7.95	169.0	33.1	2.07
I22a	220	110	7.5	12.3	9.5	4.8	42.10	33.05	3406	309.6	177.7	8.99	225.9	41.1	2.32
I22b	220	112	9.5	12.3	9.5	4.8	46.50	36.50	3583	325.8	189.8	8.78	240.2	42.9	2.27
I25a	250	116	8.0	13.0	10.0	5.0	48.51	38.08	5017	401.4	230.7	10.17	280.4	48.4	2.40
I25b	250	118	10.0	13.0	10.0	5.0	53.51	42.01	5278	422.2	246.3	9.93	297.3	50.4	2.36
I28a	280	122	8.5	13.7	10.5	5.3	55.37	43.47	7115	508.2	292.7	11.34	344.1	56.4	2.49
I28b	280	124	10.5	13.7	10.5	5.3	60.97	47.86	7481	534.4	312.3	11.08	363.8	58.7	2.44
I32a	320	130	9.5	15.0	11.5	5.8	67.12	52.69	11080	692.5	400.5	12.85	459.0	70.6	2.62
I32b	320	132	11.5	15.0	11.5	5.8	73.52	57.71	11626	726.7	426.1	12.58	483.8	73.3	2.57
I32c	320	134	13.5	15.0	11.5	5.8	79.92	62.74	12173	760.8	451.7	12.34	510.1	76.1	2.53
I36a	360	136	10.0	15.8	12.0	6.0	76.44	60.00	15796	877.6	508.8	14.38	554.9	81.6	2.69
I36b	360	138	12.0	15.8	12.0	6.0	83.64	65.66	16574	920.8	541.2	14.08	583.6	84.6	2.64
I36c	360	140	14.0	15.8	12.0	6.0	90.84	71.31	17351	964.0	573.6	13.82	614.0	87.7	2.60
I40a	400	142	10.5	16.5	12.5	6.3	86.07	67.56	21714	1085.7	631.2	15.88	659.9	92.9	2.77
I40b	400	144	12.5	16.5	12.5	6.3	94.07	73.84	22781	1139.0	671.2	15.56	692.8	96.2	2.71
I40c	400	146	14.5	16.5	12.5	6.3	102.07	80.12	23847	1192.4	711.2	15.29	727.5	99.7	2.67
I45a	450	150	11.5	18.0	13.5	6.8	102.40	80.38	32241	1432.9	836.4	17.74	855.0	114.0	2.89
I45b	450	152	13.5	18.0	13.5	6.8	111.40	87.45	33759	1500.4	887.1	17.41	895.4	117.8	2.84
I45c	450	154	15.5	18.0	13.5	6.8	120.40	94.51	35278	1567.9	937.7	17.12	938.0	121.8	2.79
I50a	500	158	12.0	20.0	14.0	7.0	119.25	93.61	46472	1858.9	1084.1	19.74	1121.5	142.0	3.07
I50b	500	160	14.0	20.0	14.0	7.0	129.25	101.46	48556	1942.2	1146.6	19.38	1171.4	146.4	3.01
I50c	500	162	16.0	20.0	14.0	7.0	139.25	109.31	50639	2025.6	1209.1	19.07	1223.9	151.1	2.96
I56a	560	166	12.5	21.0	14.5	7.3	135.38	106.27	65576	2342.0	1368.8	22.01	1365.8	164.6	3.18
I56b	560	168	14.5	21.0	14.5	7.3	146.58	115.06	68503	2446.5	1447.2	21.62	1423.8	169.5	3.12
I56c	560	170	16.5	21.0	14.5	7.3	157.78	123.85	71430	2551.1	1525.6	21.28	1484.8	174.7	3.07
I63a	630	176	13.0	22.0	15.0	7.5	154.59	121.36	94004	2984.3	1747.4	24.66	1702.4	193.5	3.32
I63b	630	178	15.0	22.0	15.0	7.5	167.19	131.25	98171	3116.6	1846.5	24.23	1770.7	199.0	3.25
I63c	630	180	17.0	22.0	15.0	7.5	179.79	141.14	102339	3248.9	1945.9	23.86	1842.4	204.7	3.20

注：普通工字钢的通常长度I10~I18为5~19m；I20~I63为6~19m。

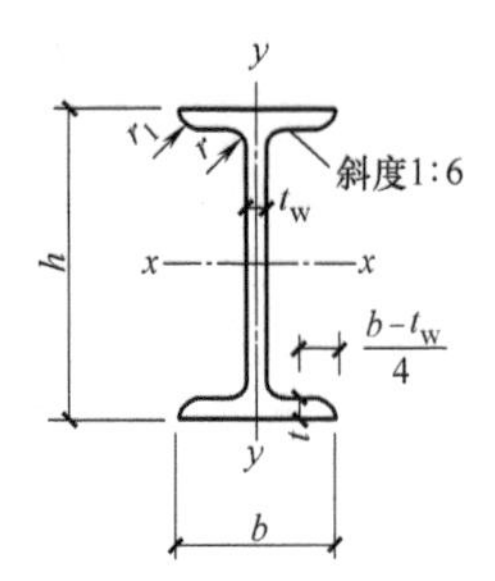

I—截面惯性矩
W—截面抵抗矩
S—半截面的面积矩
i—截面回转半径

附表 2-4 热轧轻型工字钢截面特性表

型号	尺寸/mm						截面面积 A /cm²	质量 g /(kg/m)	x-x 轴				y-y 轴		
	h	b	t_w	t	r	r_1			I_x /cm⁴	W_x /cm³	S_x /cm³	i_x /cm	I_y /cm⁴	W_y /cm³	i_y /cm
I10	100	55	4.5	7.2	7.0	2.5	12.05	9.46	198	39.7	23.0	4.06	17.9	6.5	1.22
I12	120	64	4.8	7.3	7.5	3.0	14.71	11.55	351	58.4	33.7	4.88	27.9	8.7	1.38
I14	140	73	4.9	7.5	8.0	3.0	17.43	13.68	572	81.7	46.8	5.73	41.9	11.5	1.55
I16	160	81	5.0	7.8	8.5	3.5	20.24	15.89	873	109.2	62.3	6.57	58.6	14.5	1.70
I18	180	90	5.1	8.1	9.0	3.5	23.38	18.35	1288	143.1	81.4	7.42	82.6	18.4	1.88
I18a	180	100	5.1	8.3	9.0	3.5	25.38	19.92	1431	159.0	89.8	7.51	114.2	22.8	2.12
I20	200	100	5.2	8.4	9.5	4.0	26.81	21.04	1840	184.0	104.2	8.28	115.4	23.1	2.08
I20a	200	110	5.2	8.6	9.5	4.0	28.91	22.69	2027	202.7	114.1	8.37	154.9	28.2	2.32
I22	220	110	5.4	8.7	10.0	4.0	30.62	24.04	2554	232.1	131.2	9.13	157.4	18.6	2.27
I22a	220	120	5.4	8.9	10.0	4.0	32.82	25.76	2792	253.8	142.7	9.22	205.9	34.3	2.50
I24	240	115	5.6	9.5	10.5	4.0	34.83	27.35	3465	288.7	163.1	9.97	198.5	34.5	2.39
I24a	240	125	5.6	9.8	10.5	4.0	37.45	29.40	3801	316.7	177.9	10.07	260.0	41.6	2.63
I27	270	125	6.0	9.8	11.0	4.5	40.17	31.54	5011	371.2	210.0	11.17	259.6	41.5	2.54
I27a	270	135	6.0	10.2	11.0	4.5	43.17	33.89	5500	407.4	229.1	11.29	337.5	50.0	2.80
I30	300	135	6.5	10.2	12.0	5.0	46.68	36.49	7084	472.3	267.8	12.35	337.0	49.9	2.69
I30a	300	145	6.5	10.7	12.0	5.0	49.91	39.18	7776	518.4	292.1	12.48	435.8	60.1	2.95
I33	330	140	7.0	11.2	13.0	5.0	53.82	42.25	9845	596.6	339.2	13.52	419.4	59.9	2.79
I36	360	145	7.5	12.3	14.0	6.0	61.86	48.56	13377	743.2	423.3	14.71	515.8	71.2	2.89
I40	400	155	8.0	13.0	15.0	6.0	71.44	56.08	18932	946.6	540.1	16.28	666.3	86.0	3.05
I45	450	160	8.6	14.2	16.0	7.0	83.03	65.18	27446	1219.8	699.0	18.18	806.9	100.9	3.12
I50	500	170	9.5	15.2	17.0	7.0	97.84	76.81	39295	1571.8	905.0	20.04	1041.8	122.6	3.26
I55	550	180	10.3	16.5	18.0	7.0	114.43	89.83	55155	2005.6	1157.7	21.95	1353.0	150.3	3.44
I60	600	190	11.1	17.8	20.0	8.0	132.46	103.98	75456	2515.2	1455.0	23.07	1720.1	181.1	3.60
I65	650	200	12.0	19.2	22.0	9.0	152.80	119.94	101412	3120.4	1809.4	25.76	2170.1	217.0	3.77
I70	700	210	13.0	20.8	24.0	10.0	176.03	138.18	134609	3846.0	2235.1	27.65	2733.3	260.3	3.94
I70a	700	210	15.0	24.0	24.0	10.0	201.67	158.31	152706	4363.0	2547.5	27.52	3243.5	308.9	4.01
I70b	700	210	17.5	28.2	24.0	10.0	234.14	183.80	175374	5010.7	2941.6	27.37	3914.7	372.8	4.09

注：轻型工字钢的通常长度I10~I18 为 5~19m，I20~I70 为 6~19m。

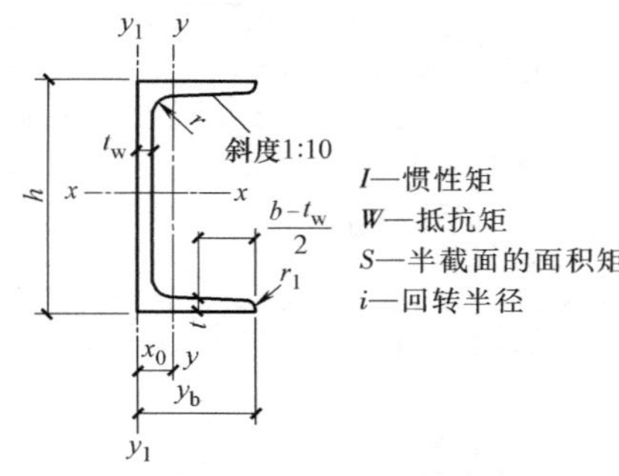

I—惯性矩
W—抵抗矩
S—半截面的面积矩
i—回转半径

附表 2-5　热轧普通槽钢截面特性表

型号	尺寸/mm						截面面积	质量	x_0	x-x 轴				y-y 轴				y_1-y_1 轴
	h	b	t_w	t	r	r_1	/cm²	g /(kg/m)	/cm	I_x /cm⁴	W_x /cm³	S_x /cm³	i_x /cm	I_y /cm⁴	W_{ymax} /cm³	W_{ymin} /cm³	i_y /cm	I_{y1} /cm⁴
5	50	37	4.5	7.0	7.0	3.50	6.92	5.44	1.35	26.0	10.4	6.4	1.94	8.3	6.2	3.5	1.10	20.9
6.3	63	40	4.8	7.5	7.5	3.75	8.45	6.63	1.39	51.2	16.3	9.8	2.46	11.9	8.5	4.6	1.19	28.3
8	80	43	5.0	8.0	8.0	4.00	10.24	8.04	1.42	101.3	25.3	15.1	3.14	16.6	11.7	5.8	1.27	37.4
10	100	48	5.3	8.5	8.5	4.25	12.74	10.00	1.52	198.3	39.7	23.5	3.94	25.6	16.9	7.8	1.42	54.9
12.6	126	53	5.5	9.0	9.0	4.50	15.69	12.31	1.59	388.5	61.7	36.4	4.98	38.0	23.9	10.3	1.56	77.8
14a	140	58	6.0	9.5	9.5	4.75	18.51	14.53	1.71	563.7	80.5	47.5	5.52	53.2	31.2	13.0	1.70	107.1
14b	140	60	8.0	9.5	9.5	4.75	21.31	16.73	1.67	609.4	87.1	52.4	5.35	61.2	36.6	14.1	1.69	120.6
16a	160	63	6.5	10.0	10.0	5.00	21.95	17.23	1.79	866.2	108.3	63.9	6.28	73.4	40.9	16.3	1.83	144.1
16	160	65	8.5	10.0	10.0	5.0	25.15	19.75	1.75	934.5	116.8	70.3	6.10	83.4	47.6	17.6	1.82	160.8
18a	180	68	7.0	10.5	10.5	5.25	25.69	20.17	1.88	1272.7	141.4	83.5	7.04	98.5	52.3	20.0	1.96	189.7
18	180	70	9.0	10.5	10.5	5.25	29.29	22.99	1.84	1369.9	152.2	91.6	6.84	111.0	60.4	21.5	1.95	210.1
20a	200	73	7.0	11.0	11.0	5.50	28.83	22.63	2.01	1780.4	178.0	104.7	7.86	128.0	63.8	24.2	2.11	244.0
20	200	75	9.0	11.0	11.0	5.50	32.83	25.77	1.95	1913.7	191.4	114.7	7.64	143.6	73.7	25.9	2.09	268.3
22a	220	77	7.0	11.5	11.5	5.75	31.84	24.99	2.10	2393.9	217.6	127.6	8.67	157.8	75.1	28.2	2.23	298.2
22	220	79	9.0	11.5	11.5	5.75	36.24	28.45	2.03	2571.3	233.8	139.7	8.42	176.5	86.8	30.1	2.21	326.2
25a	250	78	7.0	12.0	12.0	6.00	34.91	27.40	2.07	3359.1	268.7	157.8	9.81	175.9	85.1	30.7	2.24	324.7
25b	250	80	9.0	12.0	12.0	6.00	39.91	31.33	1.99	3619.5	289.6	173.5	9.52	196.4	98.5	32.7	2.22	355.0
25c	250	82	11.0	12.0	12.0	6.00	44.91	35.25	1.96	3880.0	310.4	189.1	9.30	215.9	110.1	34.6	2.19	388.5
28a	280	82	7.5	12.5	12.5	6.25	40.02	31.42	2.09	4752.5	339.5	200.2	10.90	217.9	104.1	35.7	2.33	393.2
28b	280	84	9.5	12.5	12.5	6.25	45.62	35.81	2.02	5118.4	365.6	219.8	10.59	241.5	119.3	37.9	2.30	428.4
28c	280	86	11.5	12.5	12.5	6.25	51.22	40.21	1.99	5484.3	391.7	239.4	10.35	364.1	132.6	40.0	2.27	467.3
32a	320	88	8.0	14.0	14.0	7.00	48.50	38.07	2.24	7510.6	469.4	276.9	12.44	304.7	136.2	46.4	2.51	547.4
32b	320	90	10.0	14.0	14.0	7.00	54.90	43.10	2.16	8056.8	503.5	302.5	12.11	335.6	155.0	49.1	2.47	592.8
32c	320	92	12.0	14.0	14.0	7.00	61.30	48.12	2.13	8602.9	537.7	328.1	11.85	365.0	171.5	51.6	2.44	642.6

（续）

型号	尺寸/mm						截面面积 /cm²	质量 g /(kg/m)	x_0 /cm	x-x 轴				y-y 轴				y_1-y_1 轴
	h	b	t_w	t	r	r_1				I_x /cm⁴	W_x /cm³	S_x /cm³	i_x /cm	I_y /cm⁴	W_{ymax} /cm³	W_{ymin} /cm³	i_y /cm	I_{y1} /cm⁴
36a	360	96	9.0	16.0	16.0	8.00	60.89	47.80	2.44	1874.1	659.7	389.9	13.96	455.0	186.2	63.6	2.73	818.4
36b	360	98	11.0	16.0	16.0	8.00	68.09	53.45	2.37	12651.7	702.9	422.3	13.63	496.7	209.2	66.9	2.70	880.4
36c	360	100	13.0	16.0	16.0	8.00	75.29	59.10	2.34	13429.3	746.1	454.7	13.36	536.6	229.5	70.0	2.67	947.9
40a	400	100	10.5	18.0	18.0	9.00	75.04	58.91	2.49	17577.7	878.9	524.4	15.30	592.0	237.6	78.8	2.81	1057.7
40b	400	102	12.5	18.0	18.0	9.00	83.04	65.19	2.44	18644.4	932.2	564.4	14.98	640.6	267.4	82.6	2.78	1135.6
40c	400	104	14.5	18.0	18.0	9.00	91.04	71.47	2.42	19711.0	985.6	604.4	14.71	687.8	284.4	86.2	2.75	1220.1

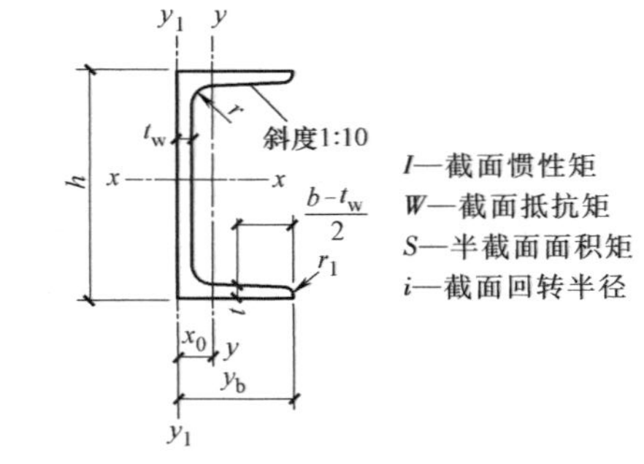

附表 2-6 热轧轻型槽钢截面特性表

型号	尺寸/mm						截面面积 A/cm²	质量 g /(kg/m)	x_0 /cm	x-x 轴				y-y 轴				y_1-y_1 轴
	h	b	t_w	t	r	r_1				I_x /cm⁴	W_x /cm³	S_x /cm³	i_x /cm	I_y /cm⁴	W_{ymax} /cm³	W_{ymin} /cm³	i_y /cm	I_{y1} /cm⁴
□5	50	32	4.4	7.0	6.0	2.5	6.16	4.84	1.16	22.8	9.1	5.6	1.92	5.6	4.8	2.8	0.95	13.9
□6.5	65	36	4.4	7.2	6.0	2.5	7.51	5.70	1.24	48.6	15.0	9.0	2.54	8.7	7.0	3.7	1.08	20.2
□8	80	40	4.5	7.4	6.5	2.5	8.98	7.05	1.31	89.4	22.4	13.3	3.16	12.8	9.8	4.8	1.19	28.2
□10	100	46	4.5	7.6	7.0	3.0	10.94	8.59	1.44	173.9	34.8	20.4	3.99	20.4	14.2	6.5	1.37	43.0
□12	120	52	4.8	7.8	7.5	3.0	13.28	10.43	1.54	303.9	50.6	29.6	4.78	31.2	20.2	8.5	1.53	62.8
□14	140	58	4.9	8.1	8.0	3.0	15.65	12.28	1.67	491.1	70.2	40.8	5.60	45.4	27.1	11.0	1.70	89.2
□14a	1.40	62	4.9	8.7	8.0	3.0	16.98	13.33	1.87	544.8	77.8	45.1	5.66	57.5	30.7	13.3	1.84	116.9
□16	160	64	5.0	8.4	8.5	3.5	18.12	14.22	1.80	747.0	93.4	54.1	6.42	63.3	35.1	13.8	1.87	122.2
□16a	160	68	5.0	9.0	8.5	3.5	19.54	15.34	2.00	823.3	102.9	59.4	6.49	78.8	39.4	16.4	2.01	157.1
□18	180	70	5.1	8.7	9.0	3.5	20.71	16.25	1.94	1086.3	120.7	69.8	7.24	86.0	44.4	17.0	2.04	163.6
□18a	180	74	5.1	9.3	9.0	3.5	22.23	17.45	2.14	1190.7	132.3	76.1	7.32	105.4	49.4	20.0	2.18	206.7

（续）

型号	尺寸/mm						截面面积 A/cm^2	质量 g /(kg/m)	x_0 /cm	x-x 轴				y-y 轴				y_1-y_1 轴
	h	b	t_w	t	r	r_1				I_x /cm^4	W_x /cm^3	S_x /cm^3	i_x /cm	I_y /cm^4	W_{ymax} /cm^3	W_{ymin} /cm^3	i_y /cm	I_{y1} /cm^4
[20	200	76	5.2	9.0	9.5	4.0	23.40	18.37	2.07	1522.0	152.2	87.8	8.07	113.4	54.9	20.5	2.20	213.3
[20a	200	80	5.2	9.7	9.5	4.0	25.16	19.75	2.28	1672.4	167.2	95.9	8.15	138.6	60.8	24.2	2.35	269.3
[22	220	82	5.4	9.5	10.0	4.0	26.72	20.97	2.21	2109.5	191.8	110.4	8.89	150.6	68.0	25.1	2.37	281.4
[22a	220	87	5.4	10.2	10.0	4.0	28.81	22.62	2.46	2327.3	211.6	121.1	8.99	187.1	76.1	30.0	2.55	361.3
[24	240	90	5.6	10.0	10.5	4.0	30.64	24.05	2.42	2901.1	241.8	138.8	9.73	207.6	85.7	31.6	2.60	387.4
[24a	240	95	5.6	10.7	10.5	4.0	32.89	25.82	2.67	3181.2	265.1	151.3	9.83	253.6	95.0	37.2	2.78	488.5
[27	270	95	6.0	10.5	11.0	4.5	35.23	27.66	2.47	4163.3	308.4	177.6	10.87	261.8	105.8	37.3	2.73	477.5
[30	300	100	6.5	11.0	12.0	5.0	40.47	31.77	2.52	5808.3	387.2	224.0	11.98	326.6	129.8	43.6	2.84	582.9
[33	330	105	7.0	11.7	13.0	5.0	46.52	36.52	2.59	7984.1	483.9	280.9	13.10	410.1	158.3	51.8	2.97	722.2
[36	360	110	7.5	12.6	14.0	6.0	53.37	41.90	2.68	10815.5	600.9	349.6	14.24	513.5	191.3	61.8	3.10	898.2
[40	400	115	8.0	13.5	15.0	6.0	61.53	48.30	2.75	15219.6	761.0	444.3	15.73	642.3	233.1	73.4	3.23	1109.2

注：轻型槽钢的通常长度[5~[8 为 5~12m，[10~[18 为 5~19m，[20~[40 为 6~19m。

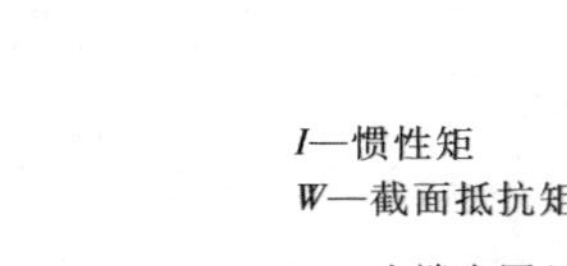

I—惯性矩

W—截面抵抗矩

r_1—边端内圆弧半径$\left(\frac{t}{3}\right)$

i—回转半径

附表 2-7　热轧轻型角钢截面特性表

尺寸/mm			截面面积 A/cm^2	质量 g /(kg/m)	x-x 轴				u-u 轴			v-v 轴			x_1-x_1 轴	y_0 /cm
b	t	r			I_x /cm^4	i_x /cm	$W_{x\,min}$ /cm^3	$W_{x\,max}$ /cm^3	I_u /cm^4	i_u /cm	W_{u0} /cm^3	I_v /cm^4	i_v /cm	W_v /cm^3	I_{x1} /cm^4	
20	3	3.5	1.132	0.889	0.40	0.59	0.29	0.67	0.63	0.75	0.45	0.17	0.39	0.20	0.81	0.60
	4		1.459	1.145	0.50	0.58	0.36	0.78	0.78	0.73	0.55	0.22	0.38	0.24	1.09	0.64
25	3	3.5	1.432	1.124	0.82	0.76	0.46	1.12	1.29	0.95	0.73	0.34	0.49	0.33	1.57	0.73
	4		1.859	1.459	1.03	0.74	0.59	1.36	1.62	0.93	0.92	0.43	0.48	0.40	2.11	0.76
30	3	4.5	1.749	1.373	1.46	0.91	0.68	1.72	2.31	1.15	1.09	0.61	0.59	0.51	2.71	0.85
	4		2.276	1.187	1.84	0.90	0.87	2.07	2.92	1.13	1.37	0.77	0.58	0.62	3.63	0.89

（续）

尺寸/mm			截面面积 A/cm^2	质量 g /(kg/m)	x-x 轴				u-u 轴			v-v 轴			x_1-x_1 轴	y_0 /cm
b	t	r			I_x /cm^4	i_x /cm	$W_{x\,min}$ /cm^3	$W_{x\,max}$ /cm^3	I_u /cm^4	i_u /cm	W_{u0} /cm^3	I_v /cm^4	i_v /cm	W_v /cm^3	I_{x1} /cm^4	
36	3	4.5	2.109	1.656	2.58	1.11	0.99	2.58	4.09	1.39	1.61	1.07	0.71	0.76	4.58	1.00
	4		2.756	2.163	3.29	1.09	1.28	3.16	5.22	1.38	2.05	1.37	0.70	0.93	6.25	1.04
	5		3.382	2.655	3.95	1.08	1.56	3.69	6.24	1.36	2.45	1.65	0.70	1.09	7.84	1.07
40	3	5	2.359	1.852	3.59	1.23	1.23	3.29	5.69	1.55	2.01	1.49	0.79	0.96	6.41	1.09
	4		3.086	2.423	4.60	1.22	1.60	4.07	7.29	1.54	2.58	1.91	0.79	1.19	8.56	1.13
	5		3.792	2.977	5.53	1.21	1.96	4.73	8.76	1.52	3.10	2.30	0.78	1.39	10.74	1.17
45	3	5	2.659	2.083	5.17	1.39	1.58	4.24	8.20	1.76	2.58	2.14	0.90	1.24	9.12	1.22
	4		3.486	2.737	6.65	1.38	2.05	5.28	10.56	1.74	3.32	2.75	0.89	1.54	12.18	1.26
	5		4.292	3.369	8.04	1.37	2.51	6.18	12.74	1.72	4.00	3.33	0.88	1.81	15.25	1.30
	6		5.076	3.985	9.33	1.36	2.95	7.02	14.76	1.71	4.64	3.89	0.88	2.06	18.26	1.33
50	3	5.5	2.971	2.332	7.18	1.55	1.96	5.36	11.37	1.96	3.22	2.98	1.00	1.57	12.50	1.34
	4		3.897	3.059	9.26	1.54	2.56	6.71	14.69	1.94	4.16	3.82	0.99	1.96	16.69	1.38
	5		4.803	3.770	11.21	1.53	3.13	7.89	17.79	1.92	5.03	4.63	0.98	2.31	20.90	1.42
	6		5.688	4.465	13.05	1.51	3.68	8.94	20.68	1.91	5.85	5.42	0.98	2.63	25.14	1.46
56	3	6	3.343	2.624	10.19	1.75	2.48	6.89	16.14	2.20	4.08	4.24	1.13	2.02	17.56	1.48
	4		4.390	3.446	13.18	1.73	3.24	8.61	20.92	2.18	5.28	5.45	1.11	2.52	23.43	1.53
	5		5.415	4.251	16.02	1.72	3.97	10.20	25.42	2.17	6.42	6.61	1.10	2.98	29.33	1.57
	8		8.367	6.568	23.63	1.68	6.03	14.07	37.37	2.11	9.44	9.89	1.09	4.16	47.24	1.68
63	4	7	4.978	3.907	19.03	1.96	4.13	11.19	30.17	2.46	6.77	7.89	1.26	3.29	33.35	1.70
	5		6.143	4.822	23.17	1.94	5.08	13.32	36.77	2.45	8.25	9.57	1.25	3.90	41.73	1.74
	6		7.288	5.721	27.12	1.93	6.00	15.24	43.03	2.43	9.66	11.20	1.24	4.46	50.14	1.78
	8		9.515	7.469	34.45	1.90	7.75	18.63	54.56	2.39	12.25	14.33	1.23	5.47	67.11	1.85
	10		11.657	9.151	41.09	1.88	9.39	21.29	64.85	2.36	14.56	17.33	1.22	6.37	84.31	1.93
70	4	8	5.570	4.372	26.39	2.18	5.14	14.19	41.80	2.74	8.44	10.96	1.40	4.17	45.74	1.86
	5		6.875	5.397	32.21	2.16	6.32	16.86	51.08	2.73	10.32	13.34	1.39	4.95	57.21	1.91
	6		8.160	6.406	37.77	2.15	7.48	19.37	59.93	2.71	12.11	15.61	1.38	5.67	68.73	1.95
	7		9.424	7.398	43.09	2.14	8.59	21.65	68.35	2.69	13.81	17.82	1.38	6.34	80.29	1.99
	8		10.667	8.373	48.17	2.12	9.68	23.73	76.37	2.68	15.43	19.98	1.37	6.98	91.92	2.03
75	5	9	7.412	5.818	39.96	2.32	7.30	19.68	63.30	2.92	11.94	16.61	1.50	5.80	70.36	2.03
	6		8.797	6.905	46.91	2.31	8.63	22.66	74.38	2.91	14.02	19.43	1.49	6.65	84.55	2.07
	7		10.160	7.976	53.57	2.30	9.93	25.39	84.96	2.89	16.02	22.18	1.48	7.44	98.71	2.11
	8		11.503	9.030	59.96	2.28	11.20	27.90	95.07	2.87	17.93	24.86	1.47	8.19	112.97	2.15
	10		14.126	11.089	71.98	2.26	13.64	32.42	113.92	2.48	21.48	30.05	1.46	9.56	141.71	2.22

（续）

尺寸/mm			截面面积 A/cm^2	质量 g /(kg/m)	x-x 轴				u-u 轴			v-v 轴			x_1-x_1 轴	y_0 /cm
b	t	r			I_x /cm^4	i_x /cm	$W_{x\ min}$ /cm^3	$W_{x\ max}$ /cm^3	I_u /cm^4	i_u /cm	W_{u0} /cm^3	I_v /cm^4	i_v /cm	W_v /cm^3	I_{x1} /cm^4	
80	5	9	7.912	6.211	48.79	2.48	8.34	22.69	77.33	3.13	13.67	20.25	1.60	6.66	85.36	2.15
	6		9.397	7.376	57.35	2.47	9.87	26.19	90.98	3.11	16.08	23.72	1.59	7.65	102.50	2.19
	7		10.860	8.525	65.58	2.46	11.37	29.41	104.07	3.10	18.40	27.10	1.58	8.58	119.70	2.23
	8		12.303	9.658	73.50	2.44	12.83	32.37	116.60	3.08	20.61	30.39	1.57	9.46	136.97	2.27
	10		15.126	11.874	88.43	2.42	15.64	37.63	140.09	3.04	24.76	36.77	1.56	11.08	171.74	2.35
90	6	10	10.637	8.350	82.77	2.79	12.61	33.92	131.26	3.51	20.63	34.28	1.80	9.95	145.87	2.44
	7		12.301	9.656	94.83	2.78	14.54	38.24	150.47	3.50	23.64	39.18	1.78	11.19	170.30	2.48
	8		13.944	10.946	106.47	2.76	16.42	42.25	168.97	3.48	26.55	43.97	1.78	12.35	194.80	2.52
	10		17.167	13.476	128.58	2.74	20.07	49.64	203.90	3.45	32.04	53.26	1.76	14.52	244.07	2.59
	12		20.306	15.940	149.22	2.71	23.57	55.89	236.21	3.41	37.12	62.22	1.75	16.49	293.76	2.67
100	6	12	11.932	9.367	114.95	3.10	15.68	4305	181.98	3.91	25.74	47.92	2.00	12.69	200.07	2.67
	7		13.796	10.830	131.86	3.09	18.10	48.66	208.98	3.89	29.55	54.74	1.99	14.26	233.54	2.71
	8		15.639	12.276	148.24	3.08	20.47	53.71	235.07	3.88	33.24	61.41	1.98	15.75	267.09	2.76
	10		19.261	15.120	179.51	3.05	25.06	63.21	284.68	3.84	40.26	74.35	1.96	18.54	334.48	2.84
	12		22.800	17.898	208.90	3.03	29.47	71.79	330.95	3.81	46.80	86.84	1.95	21.08	402.34	2.91
	14		26.256	20.611	236.53	3.00	33.73	79.11	374.06	3.77	52.90	98.99	1.94	23.44	470.75	2.99
	16		29.627	23.257	262.53	2.98	37.82	85.79	414.16	3.74	58.57	110.89	1.93	25.63	539.80	3.06
110	7	12	15.196	11.929	177.16	3.41	22.05	59.85	280.94	4.30	36.12	73.38	2.20	17.51	310.64	2.96
	8		17.239	13.532	199.46	3.40	24.95	66.27	316.49	4.28	40.69	82.42	2.19	19.39	355.21	3.01
	10		21.261	16.690	242.19	3.38	30.60	78.38	384.39	4.25	49.42	99.98	2.17	22.91	444.65	3.09
	12		25.200	19.782	282.55	3.35	36.05	89.41	448.17	4.22	57.62	116.93	2.15	26.15	534.60	3.16
	14		29.056	22.809	32.071	3.32	41.31	98.98	508.01	4.18	65.31	133.40	2.14	29.14	625.16	3.24
125	8	14	19.750	15.504	297.03	3.88	32.52	88.14	470.89	4.88	53.28	126.16	2.50	25.86	521.01	3.37
	10		24.373	19.133	361.67	3.85	39.97	104.83	573.89	4.85	64.93	149.46	2.48	30.62	651.93	3.45
	12		28.912	22.696	423.16	3.83	47.17	119.88	671.44	4.82	75.96	174.88	2.46	35.03	783.42	3.53
	14		33.367	26.193	481.65	3.80	54.16	133.42	763.73	4.48	86.41	199.57	2.45	39.13	915.61	3.61
140	10	14	27.373	21.488	514.65	4.34	50.58	134.73	817.27	5.46	82.56	212.04	2.78	39.20	915.11	3.82
	12		32.512	25.522	603.68	4.31	59.80	154.79	958.79	5.43	96.85	248.57	2.77	45.02	1099.28	3.90
	14		37.567	29.490	688.81	4.28	68.75	173.07	1093.56	5.40	110.47	284.06	2.75	50.45	1284.22	3.98
	16		42.539	33.393	770.24	4.26	77.46	189.71	1221.81	5.36	123.42	318.67	2.74	55.55	1470.07	4.06

（续）

尺寸/mm			截面面积 A/cm²	质量 g /(kg/m)	x-x 轴				u-u 轴			v-v 轴			x_1-x_1 轴	y_0 /cm
b	t	r			I_x /cm⁴	i_x /cm	$W_{x\,min}$ /cm³	$W_{x\,max}$ /cm³	I_u /cm⁴	i_u /cm	W_{u0} /cm³	I_v /cm⁴	i_v /cm	W_v /cm³	I_{x1} /cm⁴	
160	10	16	31.502	24.729	779.53	4.98	66.70	180.87	1237.30	6.27	109.36	321.76	3.20	52.76	1365.33	4.31
	12		37.441	29.391	916.58	4.95	78.98	208.79	1455.68	6.24	128.67	377.49	3.18	60.74	1639.57	4.39
	14		43.296	33.987	1048.36	4.92	90.95	234.53	1665.02	6.20	147.17	431.70	3.16	68.24	1914.68	4.47
	16		49.067	38.518	1175.08	4.89	102.63	258.26	1865.57	6.17	164.89	484.59	3.14	75.31	2190.82	4.55
180	12	16	42.241	33.159	132.35	5.59	100.82	270.21	2100.10	7.05	165.00	542.61	3.58	78.41	2332.80	4.89
	14		48.896	38.383	1514.48	5.57	116.25	304.72	2407.42	7.02	189.15	621.53	3.57	88.38	2723.48	4.97
	16		55.467	43.542	1700.99	5.54	131.35	336.83	2703.37	6.68	212.40	698.60	3.55	97.83	3115.29	5.05
	18		61.955	48.635	1881.12	5.51	146.11	366.69	2988.24	6.94	234.78	774.01	3.53	106.79	3508.42	5.13
200	14	18	54.642	42.894	2103.55	6.20	144.70	385.27	3343.26	7.82	236.40	863.83	3.98	111.82	3734.10	5.46
	16		62.013	48.680	2366.15	6.18	163.65	427.10	3760.88	7.79	265.93	971.41	3.96	12.96	4270.39	5.54
	18		69.301	54.401	2620.64	6.15	182.22	466.31	4164.54	7.75	294.48	1076.74	3.94	135.52	4808.13	5.62
	20		76.505	60.56	2867.30	6.12	200.42	503.92	4554.55	7.72	322.06	1180.04	3.93	146.55	5347.51	5.69
	24		90.661	71.168	3338.20	6.07	235.78	568.59	5294.97	7.64	374.41	1381.43	3.90	167.22	6431.99	5.84

注：等边角钢的通常长度∟20~∟90 为 4~12m，∟100~∟140 为 4~19m，∟160~∟200 为 6~19m。

附表 2-8　热轧等边角钢组合截面特性表

角钢型号	两个角钢的截面面积 /cm²	两个角钢的质量 /(kg/m)	回转半径/cm									
						 当两肢背间距离/mm						
						0	4	6	8	10	12	14
∟20×3	2.264	1.778	0.39	0.75	0.59	0.84	1.00	1.08	1.16	1.25	1.34	1.43
4	2.918	2.290	0.38	0.73	0.58	0.87	1.02	1.11	1.19	1.28	1.37	1.46
∟25×3	2.864	2.248	0.49	0.95	0.76	1.05	1.20	1.28	1.36	1.44	1.53	1.62
4	3.718	2.918	0.48	0.93	0.74	1.06	1.21	1.30	1.38	1.46	1.56	1.64
∟30×3	3.498	2.746	0.59	1.15	0.91	1.25	1.39	1.47	1.55	1.63	1.71	1.80
4	4.552	3.574	0.58	1.13	0.90	1.27	1.41	1.49	1.57	1.66	1.74	1.83
∟36×3	4.218	3.312	0.71	1.39	1.11	1.49	1.63	1.71	1.78	1.86	1.95	2.03
4	5.512	4.326	0.70	1.38	1.09	1.51	1.65	1.73	1.81	1.89	1.97	2.05
5	6.764	5.310	0.70	1.36	1.08	1.52	1.67	1.74	1.82	1.91	1.99	2.07
∟40×3	4.718	3.704	0.79	1.55	1.23	1.65	1.78	1.86	1.93	2.01	2.09	2.17
4	6.172	4.846	0.79	1.54	1.22	1.66	1.81	1.88	1.96	2.04	2.12	2.20
5	7.583	5.954	0.78	1.52	1.21	1.68	1.83	1.90	1.98	2.06	2.14	2.23
∟45×3	5.318	4.176	0.90	1.76	1.39	1.85	1.99	2.06	2.14	2.21	2.29	2.37

（续）

角钢型号	两个角钢的截面面积 /cm²	两个角钢的质量 /(kg/m)	回转半径/cm									
						当两肢背间距离/mm						
						0	4	6	8	10	12	14
4	6.972	5.474	0.89	1.74	1.38	1.87	2.01	2.08	2.16	2.24	2.32	2.40
5	8.584	6.738	0.88	1.72	1.37	1.89	2.03	2.11	2.18	2.26	2.34	2.42
6	10.152	7.970	0.88	1.70	1.36	1.90	2.04	2.12	2.20	2.28	2.36	2.44
∟50×3	5.942	4.664	1.00	1.96	1.55	2.05	2.19	2.26	2.33	2.41	2.49	2.56
4	7.794	6.118	0.99	1.94	1.94	2.07	2.21	2.28	2.35	2.43	2.51	2.59
5	9.606	7.540	0.98	1.92	1.53	2.09	2.23	2.30	2.38	2.45	2.53	2.61
6	11.376	8.930	0.98	1.91	1.51	2.10	2.25	2.32	2.40	2.48	2.56	2.64
∟56×3	6.686	5.248	1.13	2.20	1.75	2.29	2.42	2.49	2.57	2.64	2.72	2.79
4	8.780	6.892	1.11	2.18	1.73	2.31	2.45	2.52	2.59	2.67	2.75	2.82
5	10.830	8.502	1.10	2.17	1.72	2.33	2.47	2.54	2.62	2.69	2.77	2.85
8	16.734	13.136	1.09	2.11	1.68	2.38	2.52	2.60	2.67	2.75	2.83	2.91
∟63×4	9.956	7.814	1.26	2.46	1.96	2.59	2.73	2.80	2.87	2.94	3.02	3.10
5	12.286	9.644	1.25	2.45	1.94	2.61	2.75	2.82	2.89	2.96	3.04	3.12
6	14.576	11.442	1.24	2.43	1.93	2.62	2.76	2.84	2.91	2.99	3.06	3.14
8	19.030	14.938	1.23	2.39	1.90	2.65	2.80	2.87	2.95	3.02	3.10	3.18
10	13.314	18.302	1.22	2.36	1.88	2.69	2.84	2.92	2.99	3.07	3.15	3.23
∟70×4	11.140	8.744	1.40	2.74	2.18	2.86	3.00	3.07	3.14	3.21	3.28	3.36
5	13.750	10.794	1.39	2.73	2.16	2.89	3.02	3.09	3.17	3.24	3.31	3.39
6	16.320	12.812	1.38	2.71	2.15	2.90	3.04	3.11	3.19	3.26	3.34	3.41
7	18.848	14.796	1.38	2.69	2.14	2.92	3.06	3.13	3.21	3.28	3.36	3.44
8	21.334	16.746	1.37	2.68	2.12	2.94	3.08	3.15	3.23	3.30	3.38	3.46
∟75×5	14.824	11.636	1.50	2.92	2.33	3.08	3.22	3.29	3.36	3.43	3.51	3.58
6	17.594	13.810	1.49	2.91	2.31	3.10	3.24	3.31	3.38	3.46	3.53	3.61
7	20.320	15.952	1.48	2.89	2.30	3.12	3.26	3.33	3.40	3.48	3.55	3.63
8	23.006	18.060	1.47	2.87	2.28	3.14	3.28	3.35	3.42	3.50	3.57	3.65
10	28.252	22.178	1.46	2.84	2.26	3.17	3.31	3.38	3.46	3.53	3.61	3.69
∟80×5	15.824	12.422	1.60	3.13	2.48	3.28	3.42	3.49	3.56	3.63	3.71	3.78
6	18.794	14.752	1.59	3.11	2.47	3.30	3.44	3.51	3.58	3.65	3.73	3.80
7	21.720	17.050	1.58	3.10	2.46	3.32	3.46	3.53	3.60	3.67	3.75	3.82
8	24.606	19.316	1.57	3.08	2.44	3.34	3.47	3.55	3.62	3.69	3.77	3.85
10	30.252	23.748	1.56	3.04	2.42	3.37	3.51	3.59	3.66	3.74	3.81	3.89
∟90×6	21.274	16.700	1.80	3.51	2.79	3.71	3.84	3.91	3.98	4.05	4.13	4.20
7	24.602	19.312	1.78	3.50	2.78	3.72	3.86	3.93	4.00	4.07	4.15	4.22
8	27.888	21.892	1.78	3.48	2.76	3.74	3.88	3.95	4.02	4.09	4.17	4.24

（续）

角钢型号	两个角钢的截面面积 /cm²	两个角钢的质量 /(kg/m)	回转半径/cm									
						 当两肢背间距离/mm						
						0	4	6	8	10	12	14
10	34.334	26.952	1.76	3.45	2.74	3.77	3.91	3.98	4.05	4.13	4.20	4.28
12	40.612	31.380	1.75	3.41	2.71	3.80	3.95	4.02	4.10	4.17	4.25	4.32
∟100×6	23.864	18.734	2.00	3.91	3.10	4.09	4.23	4.30	4.37	4.44	4.51	4.58
7	27.592	21.660	1.99	3.89	3.09	4.11	4.25	4.31	4.39	4.46	4.53	4.60
8	31.278	24.552	1.98	3.88	3.08	4.13	4.27	4.34	4.41	4.48	4.56	4.63
10	38.522	30.240	1.96	3.84	3.05	4.17	4.31	4.38	4.45	4.52	4.60	4.67
12	45.600	35.796	1.95	3.81	3.03	4.20	4.34	4.41	4.49	4.56	4.63	4.71
14	52.512	41.222	1.94	3.77	3.00	4.24	4.38	4.45	4.53	4.60	4.68	4.76
16	59.254	46.514	1.93.	3.74	2.98	4.27	4.41	4.49	4.56	4.64	4.72	4.80
∟110×7	30.392	23.858	2.20	4.30	3.41	4.52	4.65	4.72	4.79	4.86	4.93	5.01
8	34.478	27.064	2.19	4.28	3.40	4.54	4.68	4.75	4.82	4.89	4.96	5.03
10	42.522	33.380	2.17	4.25	3.38	4.58	4.71	4.78	4.86	4.93	5.00	5.07
12	50.400	39.564	2.15	4.22	3.35	4.60	4.74	4.81	4.89	4.96	5.03	5.11
14	58.112	45.618	2.14	4.18	3.32	4.64	4.78	4.85	4.93	5.00	5.08	5.15
∟125×8	39.500	31.008	2.50	4.88	3.88	5.14	5.27	5.34	5.41	5.48	5.55	5.62
10	48.746	38.266	2.48	4.85	3.85	5.17	5.31	5.38	5.45	5.52	5.59	5.66
12	57.824	45.392	2.46	4.82	3.83	5.21	5.34	5.41	5.48	5.56	5.63	5.70
14	66.734	52.386	2.45	4.78	3.80	5.24	5.38	5.45	5.52	5.60	5.67	5.75
∟140×10	54.746	42.976	2.78	5.46	4.34	5.78	5.91	5.98	6.05	6.12	6.19	6.26
12	65.024	51.044	2.77	5.43	4.31	5.81	5.95	6.02	6.09	6.16	6.23	6.30
14	75.134	58.980	2.75	5.40	4.28	5.85	5.98	6.05	6.13	6.20	6.27	6.34
16	85.078	66.786	2.74	5.36	4.26	5.88	6.02	6.09	6.16.	6.24	6.31	6.38
∟160×10	63.004	49.458	3.20	6.27	4.98	6.58	6.71	6.78	6.85	6.92	6.99	7.06
12	74.882	58.782	3.18	6.24	4.95	6.61	6.75	6.82	6.89	6.96	7.03	7.10
14	86.592	67.974	3.16	6.20	4.92	6.65	6.78	6.85	6.92	6.99	7.07	7.14
16	98.134	77.036	3.14	6.17	4.89	6.68	6.82	6.89	6.96	7.03	7.10	7.18
∟180×12	84.482	66.318	3.58	7.05	5.59	7.43	7.56	7.63	7.70	7.77	7.84	7.91
14	97.792	76.766	3.56	7.02	5.57	7.46	7.60	7.66	7.73	7.80	7.87	7.94
16	110.934	87.084	3.55	6.98	5.54	7.49	7.63	7.70	7.77	7.84	7.91	7.98
18	123.910	97.270	3.51	6.94	5.50	7.52	7.66	7.73	7.80	7.87	7.94	8.02
∟200×14	109.284	85.788	3.98	7.82	6.20	8.26	8.40	8.47	8.53	8.60	8.67	8.74
16	124.026	97.360	3.96	7.79	6.18	8.30	8.43	8.50	8.57	8.64	8.71	8.78
18	138.602	108.802	3.94	7.75	6.15	8.33	8.47	8.54	8.61	8.68	8.75	8.82
20	153.010	120.112	3.93	7.72	6.12	8.36	8.50	8.56	8.64	8.71	8.78	8.85
24	181.322	142.336	3.90	7.64	6.07	8.44	8.58	8.65	8.73	8.80	8.87	8.94

I—惯性矩

i—回转半径

W—截面抵抗矩

r_1—边端内圆半径$\left(\frac{t}{3}\right)$

附表 2-9 热轧不等边角钢截面特性表

尺寸/mm				截面面积 A/cm^2	质量 g /(kg/m)	x-x 轴				y-y				x_1-x_1 轴		y_1-y_1 轴		v-v 轴			
B	b	t	r			I_x /cm^4	i_x /cm	W_{xmin} /cm^3	W_{xmax} /cm^3	I_y /cm^4	i_y /cm	W_{ymin} /cm^3	W_{ymax} /cm^3	I_{x1} /cm^4	y_0 /cm	I_{y1} /cm^4	x_0 /cm	I_v /cm^4	i_v /cm	W_v /cm^3	$\tan\theta$
25	16	3	3.5	1.162	0.912	0.70	0.78	0.43	0.82	0.22	0.434	0.19	0.53	1.56	0.86	0.43	0.42	0.13	0.34	0.16	0.392
		4		1.499	1.176	0.88	0.77	0.55	0.98	0.27	0.423	0.24	0.59	2.09	0.90	0.59	0.46	0.17	0.34	0.20	0.381
32	20	3	3.5	1.492	1.171	1.53	1.01	0.72	1.42	0.46	0.55	0.30	0.94	3.27	1.08	0.82	0.49	0.28	0.43	0.25	0.382
		4		1.939	1.522	1.93	1.00	0.93	1.72	0.57	0.54	0.39	1.08	4.37	1.12	1.12	0.53	0.35	0.42	0.32	0.374
40	25	3	4	1.890	1.484	3.08	1.28	1.15	2.33	0.93	0.70	0.49	1.58	6.39	1.32	1.59	0.59	0.56	0.54	0.40	0.386
		4		2.467	1.936	3.93	1.26	1.49	2.87	1.18	0.69	0.63	1.87	8.53	1.37	2.14	0.63	0.71	0.54	0.52	0.381
45	28	3	5	2.149	1.687	4.45	1.44	1.47	3.03	1.34	0.79	0.62	2.09	9.10	1.47	2.23	0.64	0.80	0.61	0.51	0.383
		4		2.806	2.203	5.69	1.42	1.91	3.76	1.70	0.778	0.80	2.49	12.14	1.51	3.00	0.68	1.02	0.60	0.66	0.380
50	32	3	5.5	2.431	1.908	6.24	1.60	1.84	3.89	2.02	0.91	0.82	2.77	12.49	1.60	3.31	0.73	1.20	0.70	0.68	0.404
		4		3.177	2.494	8.02	1.59	2.39	4.86	2.58	0.90	1.06	3.35	16.65	1.65	4.45	0.77	1.53	0.69	0.87	0.402
56	36	3	6	2.743	2.153	8.88	1.80	2.32	4.99	2.92	1.03	1.05	3.63	17.54	1.78	4.70	0.80	1.73	0.79	0.87	0.408
		4		3.590	2.818	11.45	1.79	3.03	6.29	3.76	1.02	1.37	4.42	23.39	1.82	6.33	0.85	2.23	0.79	1.13	0.408
		5		4.415	3.466	13.86	1.77	3.71	7.41	4.49	1.01	1.65	5.10	29.25	1.87	7.94	0.88	2.67	0.78	1.36	0.404
63	40	4	7	4.058	3.185	16.49	2.02	3.87	8.8	5.23	1.14	1.70	5.08	33.30	2.04	8.63	0.92	3.12	0.88	1.40	0.398
		5		4.993	3.920	20.02	2.00	4.74	9.62	6.31	1.124	2.07	6.61	41.63	2.08	10.86	0.95	3.76	0.87	1.71	0.396
		6		5.908	4.638	23.36	1.96	5.59	11.02	7.29	1.11	2.43	7.36	49.98	2.12	13.14	0.99	4.37	0.86	1.99	0.393
		7		6.802	5.339	26.53	1.98	6.40	12.34	8.24	1.10	2.78	8.00	58.07	2.15	15.47	1.03	4.97	0.86	2.29	0.389
70	45	4	7.5	4.547	3.570	22.51	2.25	4.82	10.09	7.55	1.29	2.17	7.40	45.68	2.23	12.26	1.02	4.47	0.99	1.79	0.408
		5		5.609	4.403	27.95	2.23	5.92	12.26	9.13	1.28	2.65	8.61	57.10	2.28	15.39	1.06	5.40	0.98	2.19	0.407
		6		6.644	5.218	32.70	2.22	6.99	14.09	10.62	1.26	3.12	9.65	68.54	2.32	18.59	1.10	6.29	0.97	2.57	0.405
		7		7.657	6.011	37.22	2.20	8.03	15.77	12.01	1.25	3.57	10.63	79.99	2.36	21.84	1.13	7.16	0.97	2.94	0.402

（续）

尺寸/mm				截面面积 A/cm^2	质量 g /(kg/m)	x-x 轴				y-y				x_1-x_1 轴		y_1-y_1 轴		v-v 轴			
B	b	t	r			I_x /cm^4	i_x /cm	W_{xmin} /cm^3	W_{xmax} /cm^3	I_y /cm^4	i_y /cm	W_{ymin} /cm^3	W_{ymax} /cm^3	I_{x1} /cm^4	y_0 /cm	I_{y1} /cm^4	x_0 /cm	I_v /cm^4	i_v /cm	W_v /cm^3	$\tan\theta$
75	50	5	8	6.125	4.808	35.09	2.39	6.87	14.62	12.61	1.43	3.30	10.78	70.23	2.40	21.04	1.17	7.32	1.10	2.72	0.436
		6		7.260	5.699	41.12	2.38	8.12	16.85	14.70	1.42	3.88	12.15	84.30	2.44	25.37	1.21	8.54	1.08	3.19	0.435
		8		9.467	7.431	52.39	2.35	10.52	20.79	18.53	1.40	4.99	14.36	112.50	2.52	34.23	1.29	10.87	1.07	4.10	0.429
		10		11.590	9.098	62.71	2.33	12.79	24.12	21.96	1.38	6.04	16.15	140.80	2.60	43.43	1.36	13.10	1.06	4.99	0.423
80	50	5	8	6.375	5.005	41.96	2.56	7.78	16.14	12.82	1.42	3.32	11.25	85.21	2.60	21.06	1.14	7.66	1.10	2.74	0.388
		6		7.560	5.935	49.21	2.55	9.20	18.57	14.95	1.41	3.91	12.67	102.26	2.65	25.41	1.18	8.94	1.09	3.23	0.386
		7		8.724	6.848	56.16	2.54	10.58	20.88	16.96	1.39	4.48	14.02	119.33	2.69	29.82	1.21	10.18	1.08	3.70	0.384
		8		9.867	7.745	62.83	2.52	11.92	23.01	18.85	1.38	5.03	15.08	136.41	2.73	34.32	1.25	11.38	1.07	4.16	0.381
90	56	5	9	7.212	5.661	60.45	2.90	9.92	20.77	18.32	1.59	4.21	14.66	121.32	2.91	29.53	1.25	10.98	1.23	3.49	0.385
		6		8.557	6.717	71.03	2.88	11.74	24.08	21.42	1.58	4.96	16.60	145.59	2.95	35.58	1.29	12.82	1.22	4.10	0.384
		7		9.880	7.756	81.22	2.87	13.53	27.07	24.36	1.57	5.70	18.32	169.87	3.00	41.71	1.33	14.60	1.22	4.70	0.383
		8		11.183	8.799	91.03	2.85	15.27	29.94	27.15	1.56	6.41	19.96	194.17	3.04	47.93	1.36	16.34	1.21	5.29	0.380
100	63	6	10	9.617	7.550	99.06	3.21	14.64	30.57	30.94	1.79	6.35	21.64	199.71	3.24	50.50	1.43	18.42	1.38	5.25	0.394
		7		11.111	8.722	113.45	3.20	16.88	34.59	35.26	1.78	7.29	23.99	233.00	3.28	59.14	1.47	21.00	1.38	6.02	0.393
		8		12.584	9.878	127.37	3.18	19.08	38.36	39.39	1.77	8.21	26.26	266.32	3.32	67.88	1.50	23.50	1.37	6.78	0.391
		10		15.467	12.142	153.81	3.15	23.32	45.24	47.12	1.75	9.98	29.82	333.06	3.40	85.73	1.58	28.33	1.35	8.24	0.387
	80	6	10	10.637	8.350	107.04	3.17	15.19	36.28	61.24	2.40	10.16	31.03	199.83	2.95	102.68	1.97	31.65	1.72	8.37	0.627
		7		12.301	9.656	122.73	3.16	17.52	40.91	70.08	2.39	11.71	34.87	233.20	3.00	119.98	2.01	36.17	1.72	9.60	0.626
		8		13.944	10.946	137.92	3.15	19.81	45.37	78.58	2.37	13.21	38.33	266.61	3.04	137.37	2.05	40.58	1.71	10.80	0.625
		10		17.167	13.476	166.87	3.12	24.24	53.48	94.65	2.35	16.12	44.44	333.63	3.12	172.48	2.13	49.10	1.69	13.12	0.622
110	70	6	10	10.637	8.350	133.37	3.54	17.85	37.78	42.92	2.01	7.90	27.34	265.78	3.53	69.08	1.57	25.36	1.54	6.53	0.403
		7		12.301	9.656	153.00	3.53	20.60	42.86	49.01	2.00	9.09	30.44	310.07	5.57	80.83	1.61	28.96	0.53	7.50	0.402
		8		13.944	10.946	172.04	3.51	23.30	47.52	54.87	1.98	10.25	33.25	354.39	3.62	92.70	1.65	32.45	1.53	8.45	0.401
		10		17.167	13.476	208.39	3.48	28.54	56.32	65.88	1.96	12.48	38.30	443.13	3.70	116.83	1.72	39.20	1.51	10.29	0.397
125	80	7	11	14.096	11.066	227.98	4.02	26.86	56.85	74.42	2.30	12.01	41.24	454.99	4.01	120.32	1.80	43.81	1.76	9.92	0.408
		8		15.989	12.551	256.77	4.01	30.41	63.24	83.49	2.28	13.56	45.38	519.99	4.06	137.85	1.84	49.15	1.75	11.18	0.407
		10		19.712	15.474	312.04	3.98	37.33	75.37	100.67	2.26	16.56	52.43	650.09	4.14	173.40	1.92	59.45	1.74	13.64	0.404
		12		23.351	18.330	364.41	3.95	44.01	86.35	116.67	2.24	19.43	58.34	780.39	4.22	209.67	2.00	69.35	1.72	16.01	0.400
140	90	8	12	18.039	14.160	365.64	4.50	38.48	81.25	120.69	2.59	17.34	59.16	730.53	4.50	195.79	2.04	70.83	1.98	14.31	0.411
		10		22.261	17.475	445.50	4.47	47.31	97.27	146.03	2.56	21.22	68.88	913.20	4.58	245.92	2.12	85.82	1.96	17.48	0.409
		12		26.400	20.724	521.59	4.44	55.87	111.93	169.79	2.54	24.95	77.53	1096.09	4.66	296.89	2.19	100.21	1.95	20.54	0.406
		14		30.456	23.908	594.10	4.42	64.18	125.34	192.10	2.51	28.54	84.63	1279.26	4.74	348.82	2.27	114.13	1.94	23.52	0.403

（续）

尺寸/mm				截面面积 A/cm^2	质量 g /(kg/m)	x-x 轴				y-y				x_1-x_1 轴		y_1-y_1 轴		v-v 轴			
B	b	t	r			I_x /cm^4	i_x /cm	W_{xmin} /cm^3	W_{xmax} /cm^3	I_y /cm^4	i_y /cm	W_{ymin} /cm^3	W_{ymax} /cm^3	I_{x1} /cm^4	y_0 /cm	I_{y1} /cm^4	x_0 /cm	I_v /cm^4	i_v /cm	W_v /cm^3	$\tan\theta$
160	100	10	13	25.315	19.872	668.69	5.14	62.13	127.61	205.03	2.85	26.56	89.93	1362.89	5.24	336.59	2.28	121.74	2.19	21.92	0.390
		12		30.054	23.592	784.91	5.11	73.49	147.54	239.06	2.82	31.28	101.30	1635.56	5.32	405.94	2.36	142.33	2.17	25.79	0.388
		14		34.709	27.247	896.30	5.08	84.56	165.98	271.20	2.80	35.83	111.60	1908.50	5.40	476.42	2.43	162.23	2.16	29.56	0.385
		16		39.281	30.835	1003.04	5.05	95.33	183.04	301.60	2.77	40.24	120.16	2181.79	5.48	548.22	2.51	182.57	2.16	33.44	0.382
180	110	10	14	28.373	22.273	956.25	5.81	78.96	162.35	278.11	3.13	32.49	113.98	1940.40	5.89	447.22	2.44	166.50	2.42	26.88	0.376
		12		33.712	26.464	1124.72	5.78	93.53	188.08	325.03	3.10	38.32	128.98	2328.38	5.98	538.94	2.52	194.87	2.40	31.66	0.374
		14		38.967	30.589	1286.91	5.75	107.76	212.36	369.55	3.08	43.97	142.68	2716.60	6.06	631.95	2.59	222.30	2.39	36.32	0.372
		16		44.139	34.649	1443.05	5.72	121.64	235.02	411.85	3.05	49.44	154.26	3105.15	6.14	726.446	2.67	248.94	2.37	40.87	0.369
200	125	12	14	37.912	29.761	1570.90	6.44	116.73	24.20	483.16	3.57	49.99	170.73	3193.84	6.54	787.74	2.83	285.79	2.75	41.23	0.392
		14		43.867	34.436	1800.97	6.41	134.65	272.05	550.83	3.54	57.44	189.29	3726.17	6.62	922.47	2.91	326.58	2.73	47.34	0.390
		16		49.739	39.045	2023.35	6.38	152.18	302.00	615.44	3.52	64.69	205.83	4258.86	6.70	1058.86	2.99	366.21	2.71	53.32	0.388
		18		55.526	43.588	2238.30	6.35	169.33	330.13	677.19	3.49	71.74	221.30	4792.00	6.78	1197.13	3.06	404.83	2.70	59.18	0.385

注：不等边角钢的通常长度：∟25×16~∟90×56 为 4~12m，∟100×63~∟140×90 为 4~19m，∟160×100~∟200×125 为 6~19m。

附表 2-10 热轧不等边角钢组合截面特性表

角钢型号	两个角钢的截面面积 /cm^2	两个角钢的质量 /(kg/m)	回转半径/cm															
			╗╔	╗╔ 当两肢背间距离为/mm							╗╔	╗╔ 当两肢背间距离为/mm						
				0	4	6	8	10	12	14		0	4	6	8	10	12	14
∟25×16×3	2.324	1.824	0.78	0.60	0.76	0.84	0.93	1.02	1.11	1.20	0.44	1.16	1.31	1.40	1.48	1.57	1.65	1.74
4	2.998	2.352	0.77	0.63	0.78	0.87	0.96	1.05	1.14	1.24	0.43	1.18	1.34	1.42	1.51	1.60	1.68	1.77
∟32×20×3	2.984	2.342	1.01	0.74	0.89	0.97	1.05	1.14	1.22	1.31	0.55	1.48	1.63	1.71	1.79	1.88	1.96	2.05
4	3.878	3.044	1.00	0.76	0.91	0.99	1.08	1.16	1.25	1.34	0.54	1.50	1.65	1.74	1.82	1.90	1.99	2.08
∟40×25×3	3.780	2.968	1.28	0.92	1.06	1.13	1.21	1.30	1.38	1.47	0.70	1.84	1.98	2.06	2.14	2.22	2.31	2.39
4	4.934	3.872	1.26	0.94	1.08	1.16	1.24	1.32	1.41	1.50	0.69	1.86	2.01	2.09	2.17	2.26	2.34	2.42
∟45×28×3	4.298	3.374	1.44	1.02	1.15	1.23	1.31	1.39	1.47	1.56	0.79	2.06	2.20	2.28	2.36	2.44	2.52	2.60
4	5.612	4.406	1.42	1.03	1.17	1.25	1.33	1.41	1.50	1.58	0.78	2.08	2.23	2.30	2.38	2.46	2.55	2.63
∟50×32×3	3.862	4.816	1.60	1.17	1.30	1.38	1.45	1.53	1.61	1.70	0.91	2.26	2.41	2.49	2.56	2.64	2.72	2.80

（续）

角钢型号	两个角钢的截面面积 /cm²	两个角钢的质量 /(kg/m)	回转半径/cm															
				当两肢背间距离为/mm								当两肢背间距离为/mm						
				0	4	6	8	10	12	14		0	4	6	8	10	12	14
4	6.354	4.988	1.59	1.19	1.32	1.40	1.48	1.56	1.64	1.72	0.90	2.29	2.44	2.52	2.59	2.67	2.75	2.84
∟56×36×3	5.486	4.306	1.80	1.31	1.44	1.51	1.58	1.66	1.74	1.82	1.03	2.53	2.68	2.75	2.83	2.90	2.98	3.06
4	7.180	5.636	1.79	1.33	1.47	1.54	1.62	1.69	1.77	1.86	1.02	2.55	2.70	2.77	2.85	2.93	3.01	3.09
5	8.830	6.932	1.77	1.34	1.48	1.55	1.63	1.71	1.79	1.87	1.01	2.58	2.72	2.80	2.88	2.96	3.04	3.12
∟63×40×4	8.116	6.370	2.02	1.46	1.59	1.67	1.74	1.82	1.90	1.98	1.14	2.87	3.01	3.09	3.16	3.24	2.32	3.40
5	9.986	7.840	2.00	1.47	1.61	1.68	1.76	1.83	1.91	2.00	1.12	2.89	3.03	3.11	3.19	3.27	3.35	3.43
6	11.816	9.276	1.96	1.49	1.63	1.70	1.78	1.86	1.94	2.02	1.11	2.91	3.06	3.13	3.21	3.29	3.37	3.45
7	13.604	10.678	1.98	1.51	1.65	1.73	1.80	1.88	1.97	2.05	1.10	2.92	3.07	3.15	3.23	3.30	3.39	3.47
∟70×45×4	9.094	7.140	2.26	1.64	1.77	1.84	1.92	1.99	2.07	2.15	1.29	3.18	3.32	3.40	3.47	3.55	3.63	3.71
5	11.218	8.806	2.23	1.66	1.79	1.86	1.94	2.02	2.09	2.17	1.28	3.19	3.34	3.41	3.49	3.57	3.64	3.72
6	13.287	10.436	2.21	1.67	1.81	1.88	1.95	2.03	2.11	2.19	1.26	3.21	3.35	3.43	3.51	3.58	3.66	3.74
7	15.314	12.022	2.20	1.69	1.83	1.90	1.98	2.06	2.14	2.22	1.25	3.23	3.38	3.45	3.53	3.61	3.69	3.77
∟75×50×5	12.250	9.616	2.39	1.85	1.98	2.05	2.13	2.20	2.28	2.36	1.44	3.38	3.53	3.60	3.68	3.76	3.83	3.91
6	14.520	11.398	2.38	1.87	2.00	2.07	2.15	2.22	2.30	2.38	1.42	3.41	3.55	3.63	3.71	3.78	3.86	3.94
8	18.934	14.862	2.35	1.90	2.04	2.12	2.19	2.27	2.35	2.43	1.40	3.45	3.60	3.67	3.75	3.83	3.91	3.99
10	23.180	18.196	2.33	1.94	2.08	2.16	2.23	2.31	2.40	2.48	1.38	3.49	3.64	3.72	3.80	3.88	3.96	4.04
∟80×50×5	12.750	10.010	2.56	1.82	1.95	2.02	2.09	2.17	2.24	2.32	1.42	3.65	3.80	3.87	3.95	4.02	4.10	4.18
6	15.120	11.870	2.56	1.84	1.97	2.04	2.12	2.19	2.27	2.35	1.41	3.68	3.83	3.90	3.98	4.06	4.14	4.22
7	17.448	13.696	2.54	1.85	1.98	2.06	2.13	2.21	2.28	2.36	1.39	3.70	3.85	3.92	4.00	4.08	4.15	4.23
8	19.734	15.490	2.52	1.86	2.00	2.08	2.15	2.23	2.31	2.39	1.38	3.72	3.87	3.94	4.02	4.10	4.18	4.26
∟90×56×5	14.424	11.322	2.90	2.03	2.15	2.22	2.29	2.37	2.44	2.52	1.59	4.10	4.25	4.32	4.40	4.47	4.55	4.63
6	17.114	13.434	2.88	2.04	2.17	2.24	2.32	2.39	2.46	2.54	1.58	4.12	4.27	4.34	4.42	4.49	4.57	4.65
7	19.760	15.512	2.86	2.06	2.19	2.26	2.34	2.41	2.49	2.57	1.57	4.15	4.29	4.37	4.45	4.52	4.60	4.68
8	22.366	17.558	2.85	2.07	2.20	2.28	2.35	2.43	2.50	2.58	1.56	4.17	4.32	4.39	4.47	4.55	4.62	4.70
∟100×63×6	19.234	15.100	3.21	2.29	2.42	2.49	2.56	2.63	2.71	2.78	1.79	4.56	4.70	4.78	4.85	4.93	5.00	5.08
7	22.222	17.444	3.20	2.31	2.44	2.51	2.58	2.66	2.73	2.81	1.78	4.58	4.72	4.80	4.87	4.95	5.03	5.10
8	25.168	19.756	3.18	2.32	2.45	2.52	2.60	2.67	2.75	2.82	1.77	4.60	4.74	4.82	4.89	4.97	5.05	5.13

（续）

角钢型号	两个角钢的截面面积/cm^2	两个角钢的质量/(kg/m)	回转半径/cm															
				当两肢背间距离为/mm								当两肢背间距离为/mm						
				0	4	6	8	10	12	14		0	4	6	8	10	12	14
10	30.934	24.284	3.15	2.35	2.49	2.57	2.64	2.72	2.79	2.87	1.74	4.64	4.79	4.86	4.94	5.02	5.09	5.17
L100×80×6	21.274	16.700	3.17	3.10	3.24	3.30	3.37	3.44	3.52	3.59	2.40	4.33	4.47	4.54	4.61	4.69	4.76	4.84
7	24.602	19.312	3.16	3.12	3.25	3.32	3.39	3.46	3.54	3.61	2.39	4.36	4.50	4.57	4.64	4.71	4.79	4.86
8	27.888	21.892	3.14	3.14	3.27	3.34	3.41	3.48	3.56	3.63	2.37	4.37	4.52	4.59	4.66	4.74	4.81	4.89
10	34.334	26.952	3.12	3.17	3.31	3.38	3.45	3.53	3.60	3.68	2.35	4.41	4.55	4.63	4.70	4.78	4.85	4.93
L110×70×6	21.274	16.700	3.54	2.55	2.68	2.74	2.81	2.88	2.96	3.03	2.01	5.00	5.14	5.22	5.29	5.36	5.44	5.52
7	24.602	19.312	3.53	2.56	2.69	2.76	2.83	2.90	2.98	3.05	2.00	5.02	5.16	5.24	5.31	5.39	5.46	5.54
8	27.888	21.892	3.51	2.58	2.71	2.78	2.85	2.93	3.00	3.08	1.98	5.04	5.19	5.26	5.34	5.41	5.49	5.57
10	34.334	26.952	3.48	2.61	2.74	2.81	2.89	2.96	3.04	3.11	1.96	5.08	5.23	5.30	5.38	5.46	5.53	5.61
L125×80×7	28.192	22.132	4.02	2.92	3.05	3.11	3.18	3.25	3.32	3.40	2.30	5.68	5.82	5.89	5.97	6.04	6.12	6.19
8	31.978	25.102	4.01	2.93	3.06	3.13	3.20	3.27	3.34	3.42	2.28	5.70	5.85	5.92	6.00	6.07	6.15	6.22
10	39.424	30.948	3.98	2.97	3.10	3.17	3.24	3.31	3.38	3.46	2.26	5.74	5.89	5.96	6.04	6.11	6.19	6.27
12	46.702	36.660	3.95	3.00	3.14	3.21	3.28	3.35	3.43	3.51	2.24	5.78	5.93	6.00	6.08	6.16	6.23	6.31
L140×90×8	36.077	28.320	4.50	3.29	3.42	3.49	3.56	3.63	3.70	3.77	2.59	6.37	6.51	6.58	6.65	6.73	6.80	6.88
10	44.522	34.950	4.47	3.32	3.46	3.52	3.59	3.66	3.74	3.81	2.56	6.40	6.55	6.62	6.69	6.77	6.84	6.92
12	52.800	41.448	4.44	3.35	3.48	3.55	3.62	3.70	3.77	3.84	2.54	6.44	6.59	6.66	6.74	6.81	6.89	6.96
14	60.912	47.816	4.42	3.39	3.52	3.59	3.67	3.74	3.81	3.89	2.51	6.48	6.63	6.70	6.78	6.85	6.93	7.01
L160×100×10	50.630	39.744	5.14	3.65	3.77	3.84	3.91	3.98	4.05	4.12	2.85	7.34	7.48	7.56	7.63	7.70	7.78	7.85
12	60.108	47.184	5.11	3.68	3.81	3.88	3.95	4.02	4.09	4.16	2.82	7.38	7.52	7.60	7.67	7.75	7.82	7.90
14	69.418	54.494	5.08	3.70	3.84	3.91	3.98	4.05	4.12	4.20	2.80	7.42	7.56	7.64	7.71	7.79	7.86	7.94
16	78.562	61.670	5.05	3.74	3.88	3.95	4.02	4.09	4.17	4.24	2.77	7.45	7.60	7.68	7.75	7.83	7.91	7.98
L180×110×10	56.746	44.546	5.80	3.97	4.10	4.16	4.23	4.29	4.36	4.43	3.13	8.27	8.41	8.49	8.56	8.63	8.71	8.78
12	67.424	52.928	5.78	4.00	4.13	4.19	4.26	4.33	4.40	4.47	3.10	8.31	8.46	8.53	8.61	8.68	8.76	8.83
14	77.934	61.178	5.75	4.02	4.16	4.22	4.29	4.36	4.43	4.51	3.08	8.35	8.50	8.57	8.65	8.72	8.80	8.87
16	88.278	69.298	5.72	4.06	4.19	4.26	4.33	4.40	4.47	4.55	3.06	8.39	8.54	8.61	8.69	8.76	8.84	8.92
L200×125×12	75.824	59.522	6.44	4.56	4.68	4.75	4.81	4.88	4.95	5.02	3.57	9.18	9.32	9.39	9.47	9.54	9.61	9.69
14	87.734	68.872	6.41	4.59	4.71	4.78	4.85	4.92	4.99	5.06	3.54	9.21	9.36	9.43	9.50	9.58	9.65	9.73
16	99.478	78.090	6.38	4.62	4.75	4.82	4.89	4.96	5.03	5.10	3.52	9.25	9.40	9.47	9.54	9.62	2.69	9.77
18	111.052	87.176	6.35	4.64	4.78	4.85	4.92	4.99	5.06	5.13	3.49	9.29	9.44	9.51	9.58	9.66	9.74	9.81

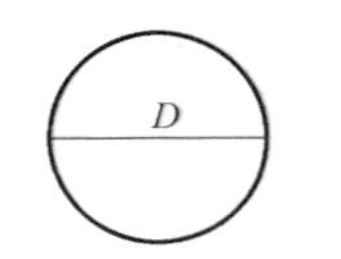

附表 2-11　热轧圆钢截面特性表

直径 D/mm	截面面积 A/cm^2	惯性矩 I/cm^4	回转半径 i/cm	抵抗矩 W/cm^3	质量 g/(kg/m)	直径 D/mm	截面面积 A/cm^2	惯性矩 I/cm^4	回转半径 i/cm	抵抗矩 W/cm^3	质量 g/(kg/m)
6	0.283	0.006	0.150	0.020	0.222	26	5.309	2.240	0.650	1.725	4.108
7	0.385	0.012	0.175	0.034	0.302	27	5.726	2.605	0.675	1.930	4.498
8	0.503	0.020	0.200	0.050	0.396	28	6.158	3.010	0.700	2.150	4.834
9	0.636	0.032	0.225	0.071	0.499	29	6.605	3.473	0.725	2.395	5.185
10	0.785	0.049	0.250	0.098	0.617	30	7.069	3.970	0.750	2.650	5.549
11	0.950	0.072	0.275	0.131	0.746	31	7.548	4.530	0.775	2.930	5.925
12	1.131	0.102	0.300	0.171	0.888	32	8.043	5.130	0.800	3.210	6.310
13	1.327	0.140	0.325	0.215	1.131	33	8.553	5.820	0.825	3.520	6.714
14	1.539	0.189	0.350	0.270	1.208	34	9.079	6.550	0.850	3.850	7.127
15	1.767	0.248	0.375	0.331	1.387	35	9.621	7.360	0.875	4.200	7.553
16	2.011	0.322	0.400	0.403	1.580	36	10.179	8.330	0.900	4.580	7.990
17	2.270	0.410	0.425	0.482	1.782	38	11.341	10.220	0.950	5.390	8.903
18	2.545	0.514	0.450	0.570	1.998	40	12.566	12.550	1.000	6.280	9.865
19	2.835	0.640	0.475	0.674	2.230	42	13.854	15.250	1.050	7.260	10.876
20	3.142	0.785	0.500	0.785	2.466	45	15.904	20.150	1.125	8.950	12.485
21	3.464	0.954	0.525	0.908	2.719	48	18.096	26.140	1.200	10.900	14.205
22	3.801	1.175	0.550	1.045	2.980	50	19.635	30.650	1.250	12.270	15.413
23	4.155	1.370	0.575	1.190	3.261	52	21.237	35.800	1.300	13.760	16.671
24	4.524	1.624	0.600	1.350	3.551	55	23.758	44.900	1.375	16.330	18.650
25	4.909	1.915	0.625	1.530	3.850	56	24.630	48.200	1.400	17.200	19.335

（续）

直径 D/mm	截面面积 A/cm^2	惯性矩 I/cm^4	回转半径 i/cm	抵抗矩 W/cm^3	质量 g/(kg/m)	直径 D/mm	截面面积 A/cm^2	惯性矩 I/cm^4	回转半径 i/cm	抵抗矩 W/cm^3	质量 g/(kg/m)
58	26.421	55.500	1.450	19.130	20.740	68	36.317	104.980	1.700	30.880	28.509
60	28.274	63.500	1.500	21.200	22.195	70	38.485	118.000	1.750	33.700	30.210
63	31.173	77.350	1.575	24.560	24.471	75	44.179	155.000	1.875	41.4	34.680
65	33.183	87.500	1.625	26.900	26.049	80	50.266	201.000	2.000	50.300	39.458

注：圆钢的通常长度为3~10m。

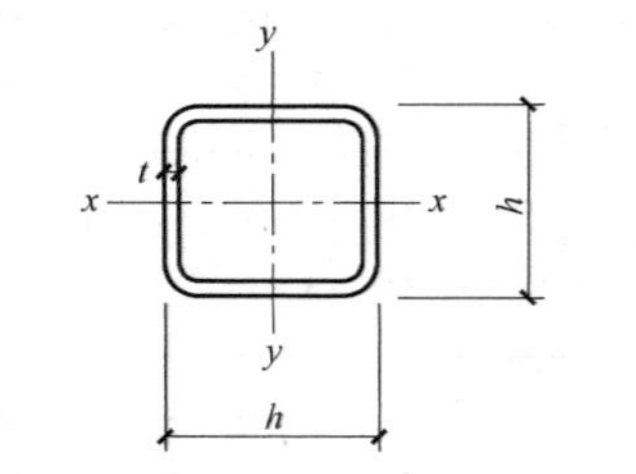

附表 2-12　冷弯薄壁方钢管截面特性表

尺寸/mm		截面面积	惯性矩	回转半径	抵抗矩	质量	尺寸/mm		截面面积	惯性矩	回转半径	抵抗矩	质量
h	t	A/cm^2	I_x/cm^4	i/cm	W_x/cm^3	g/(kg/m)	h	t	A/cm^2	I_x/cm^4	i/cm	W_x/cm^3	g/(kg/m)
25	1.5	1.31	1.16	0.94	0.92	1.03	100	3.0	11.25	173.12	3.92	34.62	8.83
30	1.5	1.61	2.11	1.14	1.40	1.27	120	2.5	11.48	260.88	4.77	43.48	9.01
40	1.5	2.21	5.33	1.55	2.67	1.74		3.0	13.65	306.71	4.74	51.12	10.72
	2.0	2.87	6.66	1.52	3.33	2.25	140	3.0	16.05	495.68	5.56	70.81	12.60
50	1.5	2.81	10.82	1.96	4.33	2.21		3.5	18.58	568.22	5.53	81.17	14.59
	2.0	3.67	13.71	1.93	5.48	2.88		4.0	21.07	637.97	5.50	91.14	16.44
60	2.0	4.47	24.51	2.34	8.17	3.51	160	3.0	18.45	749.64	6.37	93.71	14.49
	2.5	5.48	29.36	2.31	9.79	4.30		3.5	21.38	861.34	6.35	107.67	16.77
80	2.0	6.07	60.58	3.16	15.15	4.76		4.0	24.27	969.35	6.32	121.17	19.05
	2.5	7.48	73.40	3.13	18.35	5.87		4.5	27.12	1073.66	6.29	134.21	21.15
100	2.5	9.48	147.91	3.95	29.58	7.44		5.0	29.93	1174.44	6.26	146.81	23.35

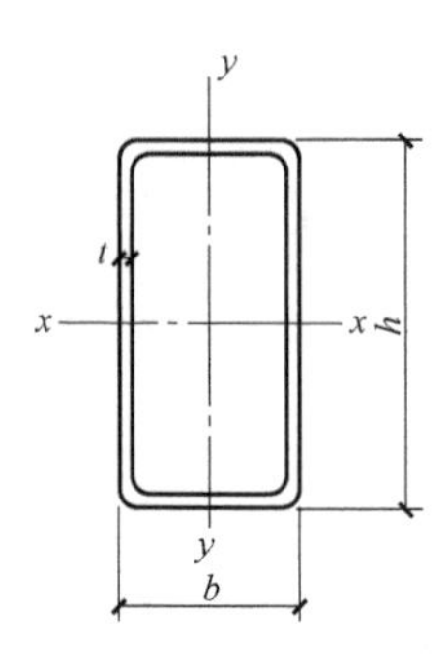

附表 2-13 冷弯薄壁矩形钢管截面特性表

尺寸/mm			截面面积 /cm²	每米长质量 /(kg/m)	x-x 轴			y-y 轴		
h	b	t			I_x /cm⁴	i_x /cm	W_x /cm³	I_y /cm⁴	i_y /cm	W_y /cm³
30	15	1.5	1.20	0.95	1.28	1.02	0.85	0.42	0.59	0.57
40	20	1.6	1.75	1.37	3.43	1.40	1.72	1.15	0.81	1.15
40	20	2.0	2.14	1.68	4.05	1.38	2.02	1.34	0.79	1.34
50	30	1.6	2.39	1.88	7.96	1.82	3.18	3.60	1.23	2.40
50	30	2.0	2.94	2.31	9.54	1.80	3.81	4.29	1.21	2.86
60	30	2.5	4.09	3.21	17.93	2.09	5.80	6.00	1.21	4.00
60	30	3.0	4.81	3.77	20.50	2.06	6.83	6.79	1.19	4.53
60	40	2.0	3.74	2.94	18.41	2.22	6.14	9.33	1.62	4.92
60	40	3.0	5.41	4.25	25.37	2.17	8.46	13.44	1.58	6.72
70	50	2.5	5.59	4.20	38.01	2.61	10.86	22.59	2.01	9.04
70	50	3.0	6.61	5.19	44.05	2.58	12.58	26.10	1.99	10.44
80	40	2.0	4.54	3.56	37.36	2.87	9.34	12.72	1.67	6.36
80	40	3.0	6.61	5.19	52.25	2.81	13.06	17.55	1.63	8.78
90	40	2.5	6.09	4.79	60.69	3.16	13.49	17.02	1.67	8.51
90	50	2.0	5.34	4.19	57.88	3.29	12.86	23.37	2.09	9.35
90	50	3.0	7.81	6.13	81.85	2.24	18.19	32.74	2.05	13.09
100	50	3.0	8.41	6.60	106.45	3.56	21.29	36.05	2.07	14.42
100	60	2.6	7.88	6.19	106.66	3.68	21.33	48.47	2.48	16.16
120	60	2.0	6.94	5.45	131.92	4.36	21.99	45.33	2.56	15.11
120	60	3.2	10.85	8.52	199.88	4.29	33.31	67.94	2.50	22.65
120	60	4.0	13.35	10.48	240.72	4.25	40.12	81.24	2.47	27.08
120	80	3.2	12.13	9.53	243.54	4.48	40.59	130.48	3.28	32.62
120	80	4.0	14.95	11.73	294.57	4.44	49.09	157.28	3.24	39.32
120	80	5.0	18.36	14.41	353.11	4.39	58.85	187.75	3.20	46.94
120	80	6.0	21.63	16.98	406.00	4.33	67.67	214.98	3.15	53.74
140	90	3.2	14.05	11.04	384.01	5.23	54.86	194.80	3.72	43.29
140	90	4.0	17.35	13.63	466.59	5.19	66.66	235.92	3.69	52.43
140	90	5.0	21.36	16.78	562.61	5.13	80.37	283.32	3.64	62.96
150	100	3.2	15.33	12.04	488.18	5.64	65.09	262.26	4.14	52.45

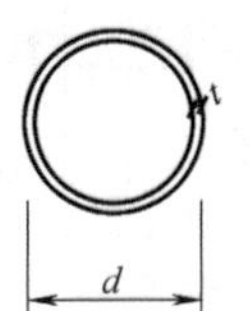

I—截面惯性矩
W—截面抵抗矩
i—截面回转半径

附表 2-14　热轧无缝钢管的规格及截面特性

尺寸/mm		截面面积 A /cm²	每米质量 g /(kg/m)	截面特性		
d	t			I /cm⁴	W /cm³	i /cm
32	2.5	2.32	1.82	2.54	1.59	1.05
	3.0	2.73	2.15	2.90	1.82	1.03
	3.5	3.13	2.46	3.23	2.02	1.02
	4.0	3.52	2.76	3.52	2.20	1.00
38	2.5	2.79	2.19	4.41	3.32	1.26
	3.0	3.30	2.59	5.09	2.68	1.24
	3.5	3.79	2.98	5.70	3.00	1.23
	4.0	4.27	3.35	6.26	3.29	1.21
42	2.5	3.10	2.44	6.07	2.89	1.40
	3.0	3.68	2.89	7.03	3.35	1.38
	3.5	4.23	3.32	7.91	3.77	1.37
	4.0	4.78	3.75	8.71	4.15	1.35
45	2.5	3.34	2.62	7.56	3.36	1.51
	3.0	3.96	3.11	8.77	3.90	1.49
	3.5	4.56	3.58	9.89	4.40	1.47
	4.0	5.15	4.04	10.93	4.86	1.46
50	2.5	3.73	2.93	10.55	4.22	1.68
	3.0	4.43	3.48	12.28	4.91	1.67
	3.5	5.11	4.01	13.90	5.56	1.65
	4.0	5.78	4.54	15.41	6.16	1.63
	4.5	6.43	5.05	16.81	6.72	1.62
	5.0	7.07	5.55	18.11	7.25	1.60
54	3.0	4.81	3.77	15.68	5.81	1.81
	3.5	5.55	4.36	17.79	6.59	1.79
	4.0	6.28	4.93	19.76	7.32	1.77
	4.5	7.00	5.49	21.61	8.00	1.76
	5.0	7.70	6.04	23.34	8.64	1.74
	5.5	8.38	6.58	24.96	9.24	1.73
	6.0	9.05	7.10	26.46	9.80	1.71
57	3.0	5.09	4.00	18.61	6.53	1.91
	3.5	5.88	4.62	21.14	7.42	1.90
	4.0	6.66	5.23	23.52	8.25	1.88
	4.5	7.42	5.83	25.76	9.04	1.86
	5.0	8.17	6.41	27.86	9.78	1.85
	5.5	8.90	6.99	29.84	10.47	1.83
	6.0	9.61	7.55	31.69	11.12	1.82
60	3.0	5.37	4.22	21.88	7.29	2.02
	3.5	6.21	4.88	24.88	8.29	2.00
	4.0	7.04	5.52	27.73	9.24	1.98
	4.5	7.85	6.16	30.41	10.14	1.97
	5.0	8.64	6.78	32.94	10.98	1.95
	5.5	9.42	7.39	25.32	11.77	1.94
	6.0	10.18	7.99	37.56	12.52	1.92
63.5	3.0	5.70	4.48	26.15	8.24	2.14
	3.5	6.60	5.18	29.79	9.38	2.12
	4.0	7.48	5.87	33.24	10.47	2.11
	4.5	8.34	6.55	36.50	11.50	2.09
	5.0	9.19	7.21	39.60	12.47	2.08
	5.5	10.02	7.87	42.52	13.39	2.06
	6.0	10.84	8.51	45.28	14.26	2.04
68	3.0	6.13	4.81	32.42	9.54	2.30
	3.5	7.09	5.57	36.99	10.88	2.28
	4.0	8.04	6.31	41.34	12.16	2.27
	4.5	8.98	7.05	45.47	13.37	2.25
	5.0	9.90	7.77	49.41	14.53	2.23
	5.5	10.80	8.48	53.14	15.63	2.22
	6.0	11.69	9.17	56.68	16.67	2.20
70	3.0	6.31	4.96	35.50	10.14	2.37
	3.5	7.31	5.74	40.53	11.58	2.35
	4.0	8.29	6.51	45.33	12.95	2.34
	4.5	9.26	7.27	49.89	14.26	2.32
	5.0	10.21	8.01	54.24	15.50	2.30
	5.5	11.14	8.75	58.38	16.68	2.29
	6.0	12.06	9.47	62.31	17.80	2.27
73	3.0	6.60	5.18	40.48	11.09	2.48
	3.5	7.64	6.00	46.26	12.67	2.46
	4.0	8.67	6.81	51.78	14.19	2.44
	4.5	9.68	7.60	57.04	15.63	2.43
	5.0	10.68	8.38	62.07	17.01	2.41
	5.5	11.66	9.16	66.87	18.32	2.39
	6.0	12.63	9.91	71.43	19.57	2.38
76	3.0	6.88	5.40	45.91	12.08	2.58
	3.5	7.97	6.26	52.50	13.82	2.57
	4.0	9.05	7.10	58.81	15.48	2.55
	4.5	10.11	7.93	64.85	17.07	2.53
	5.0	11.15	8.75	70.62	18.59	2.52
	5.5	12.18	9.56	76.14	20.04	2.50
	6.0	13.19	10.36	81.41	21.42	2.48
83	3.5	8.74	6.86	69.19	16.67	2.81
	4.0	9.93	7.79	77.64	18.71	2.80
	4.5	11.10	8.71	85.76	20.67	2.78
	5.0	12.25	9.62	93.56	22.54	2.76
	5.5	13.39	10.51	101.04	24.35	2.75
	6.0	14.51	11.39	108.22	26.08	2.73
	6.5	15.62	12.26	115.10	27.74	2.71
	7.0	16.71	13.12	121.69	29.32	2.70

（续）

尺寸/mm		截面面积 A /cm^2	每米质量 g /(kg/m)	截面特性		
d	t			I /cm^4	W /cm^3	i /cm
89	3.5	9.40	7.38	86.05	19.34	3.03
	4.0	10.68	8.38	96.68	21.73	3.01
	4.5	11.95	9.38	106.92	24.03	2.99
	5.0	13.19	10.36	116.79	26.24	2.98
	5.5	14.43	11.33	126.29	28.38	2.96
	6.0	15.65	12.28	135.43	30.43	2.94
	6.5	16.85	13.22	144.22	32.41	2.93
	7.0	18.03	14.16	152.67	34.31	2.91
95	3.5	10.06	7.90	105.45	22.20	3.24
	4.0	11.44	8.98	118.60	24.97	3.22
	4.5	12.79	10.04	131.31	27.64	3.20
	5.0	14.14	11.10	143.58	30.23	3.19
	5.5	15.46	12.14	155.43	32.72	3.17
	6.0	16.78	13.17	166.86	35.13	3.15
	6.5	18.07	14.19	177.89	37.45	3.14
	7.0	19.35	15.19	188.51	39.69	3.12
102	3.5	10.83	8.50	131.52	25.79	3.48
	4.0	12.32	9.67	148.09	29.04	3.47
	4.5	13.78	10.82	164.14	32.18	3.45
	5.0	15.24	11.96	179.68	35.23	3.43
	5.5	16.67	13.09	194.72	38.18	3.42
	6.0	18.10	14.21	209.28	41.03	3.40
	6.5	19.50	15.31	223.35	43.79	3.38
	7.0	20.89	16.40	236.96	46.46	3.37
114	4.0	13.82	10.85	209.35	36.73	3.89
	4.5	15.48	12.15	232.41	40.77	3.87
	5.0	17.12	13.44	254.81	44.70	3.86
	5.5	18.75	14.72	276.58	48.52	3.84
	6.0	20.36	15.98	297.73	52.23	3.82
	6.5	21.95	17.23	318.26	55.84	3.81
	7.0	23.53	18.47	338.19	59.33	3.79
	7.5	25.09	19.70	357.58	62.73	3.77
	8.0	26.04	20.91	376.30	66.02	3.76
121	4.0	14.70	11.54	251.87	41.63	4.14
	4.5	16.47	12.93	279.83	46.25	4.12
	5.0	18.22	14.30	307.05	50.75	4.11
	5.5	19.96	15.67	333.54	55.13	4.09
	6.0	21.68	17.02	359.32	59.39	4.07
	6.5	23.38	18.35	384.40	63.54	4.05
	7.0	25.07	19.68	408.80	67.57	4.04
	7.5	26.74	20.99	432.51	71.49	4.02
	8.0	28.40	22.29	455.57	75.30	4.01
127	4.0	15.46	12.13	292.61	46.08	4.35
	4.5	17.32	13.59	325.29	51.23	4.33
	5.0	19.16	15.04	357.14	56.24	4.32
	5.5	20.99	16.48	388.19	61.13	4.30
	6.0	22.81	17.90	418.44	65.90	4.28
	6.5	24.61	19.32	447.92	70.54	4.27
	7.0	26.39	20.72	476.63	75.06	4.25
	7.5	28.16	22.10	504.58	79.46	4.23
	8.0	29.91	23.48	531.80	83.75	4.22

尺寸/mm		截面面积 A /cm^2	每米质量 g /(kg/m)	截面特性		
d	t			I /cm^4	W /cm^3	i /cm
133	4.0	16.21	12.73	337.53	50.76	4.56
	4.5	18.17	14.26	375.42	56.45	4.55
	5.0	20.11	15.78	412.40	62.02	4.53
	5.5	22.03	17.29	448.50	67.44	4.51
	6.0	23.94	18.79	483.72	72.74	4.50
	6.5	25.83	20.28	518.07	77.91	4.48
	7.0	27.71	21.75	551.58	82.94	4.46
	7.5	29.57	23.21	584.25	87.86	4.45
	8.0	31.42	24.66	616.11	92.65	4.43
140	4.5	19.16	15.04	440.12	62.87	4.79
	5.0	21.21	16.65	483.76	69.11	4.78
	5.5	23.24	18.24	526.40	75.20	4.76
	6.0	25.26	19.83	568.06	81.15	4.74
	6.5	27.26	21.40	608.76	86.97	4.73
	7.0	29.25	22.96	648.51	92.64	4.71
	7.5	31.22	24.51	687.32	98.19	4.69
	8.0	33.18	26.04	725.21	103.60	4.68
	9.0	37.04	29.08	798.29	114.04	4.64
	10	40.84	32.06	867.86	123.98	4.61
146	4.5	20.00	15.70	501.16	68.65	5.01
	5.0	22.15	17.39	551.10	75.49	4.99
	5.5	24.28	19.06	599.95	82.19	4.97
	6.0	26.39	20.72	647.73	88.73	4.95
	6.5	28.49	22.36	694.44	95.13	4.94
	7.0	30.57	24.00	740.12	101.39	4.92
	7.5	32.63	25.62	784.77	107.50	4.90
	8.0	34.68	27.23	828.41	113.48	4.89
	9.0	38.74	30.41	912.71	125.03	4.85
	10	42.73	33.54	993.16	136.05	4.82
152	4.5	20.85	16.37	567.61	74.69	5.22
	5.0	23.09	18.13	624.43	82.16	5.20
	5.5	25.31	19.87	680.06	89.48	5.18
	6.0	27.52	21.60	734.52	96.65	5.17
	6.5	29.71	23.32	787.82	103.66	5.15
	7.0	31.89	25.03	839.99	110.52	5.13
	7.5	34.05	26.73	891.03	117.24	5.12
	8.0	36.19	28.41	940.97	123.81	5.10
	9.0	40.43	31.74	1037.59	136.53	5.07
	10	44.61	35.02	1129.99	148.68	5.03
159	4.5	21.84	17.15	652.27	82.05	5.46
	5.0	24.19	18.99	717.88	90.33	5.45
	5.5	26.52	20.82	782.18	98.39	5.43
	6.0	28.84	22.64	845.19	106.31	5.41
	6.5	31.14	24.45	906.92	114.08	5.40
	7.0	33.43	26.24	967.41	121.69	5.38
	7.5	35.70	28.02	1026.65	129.14	5.36
	8.0	37.95	29.79	1084.67	136.44	3.35
	9.0	42.41	33.29	1197.12	150.58	5.31
	10	46.81	36.75	1304.88	164.14	5.28

（续）

尺寸/mm		截面面积A /cm^2	每米质量 g /(kg/m)	截面特性		
d	t			I /cm^4	W /cm^3	i /cm
168	4.5	23.11	18.14	772.96	92.02	5.78
	5.0	25.60	20.10	851.14	101.33	5.77
	5.5	28.08	22.04	927.85	110.46	5.75
	6.0	30.54	23.97	1003.12	119.42	5.73
	6.5	32.98	25.89	1076.95	128.21	5.71
	7.0	35.41	27.79	1149.36	136.83	5.70
	7.5	37.82	29.69	1220.38	145.28	5.68
	8.0	40.21	31.57	1290.01	153.57	5.66
	9.0	44.96	35.29	1425.22	169.67	5.63
	10	49.64	38.97	1555.13	185.13	5.60
180	5.0	27.49	21.58	1053.17	117.02	6.19
	5.5	30.15	23.67	1148.79	127.64	6.17
	6.0	32.80	25.75	1242.72	138.08	6.16
	6.5	35.43	27.81	1335.00	148.33	6.14
	7.0	38.04	29.87	1425.63	158.40	6.12
	7.5	40.64	31.91	1514.64	168.29	6.10
	8.0	43.23	33.93	1602.04	178.00	6.09
	9.0	48.35	37.95	1772.12	196.90	6.05
	10	53.41	41.92	1936.01	215.11	6.02
	12	63.33	49.72	2245.84	249.54	5.95
194	5.0	29.69	23.31	1326.54	136.76	6.68
	5.5	32.57	25.57	1447.86	149.26	6.67
	6.0	35.44	27.82	1567.21	161.57	6.65
	6.5	38.29	30.06	1684.61	173.67	6.63
	7.0	41.12	32.28	1800.08	185.57	6.62
	7.5	43.94	34.50	1913.64	197.28	6.60
	8.0	46.75	36.70	2025.31	208.79	6.58
	9.0	52.31	41.06	2243.08	231.25	6.55
	10	57.81	45.38	2453.55	252.94	6.51
	12	68.61	53.86	2853.25	294.15	6.45
203	6.0	37.13	29.15	1803.07	177.64	6.97
	6.5	40.13	31.50	1938.81	191.02	6.95
	7.0	43.10	33.84	2072.43	204.18	6.93
	7.5	46.06	36.16	2203.94	217.14	6.92
	8.0	49.01	38.47	2333.37	229.89	6.90
	9.0	54.85	43.06	2586.08	254.79	6.87
	10	60.63	47.60	2830.72	278.89	6.83
	12	72.01	56.52	3296.49	324.78	6.77
	14	83.13	62.25	3732.07	367.69	6.70
	16	94.00	73.79	4138.78	407.76	6.64
219	6.0	40.15	31.52	2278.74	208.10	7.53
	6.5	43.39	34.06	2451.64	223.89	7.52
	7.0	46.62	36.60	2622.04	239.46	7.50
	7.5	49.83	39.12	2789.96	254.79	7.48
	8.0	53.03	41.63	2955.43	269.90	7.47

尺寸/mm		截面面积A /cm^2	每米质量 g /(kg/m)	截面特性		
d	t			I /cm^4	W /cm^3	i /cm
219	9.0	59.38	46.61	3279.12	299.46	7.43
	10	65.66	51.54	3593.29	328.15	7.40
	12	78.04	61.26	4193.81	383.00	7.33
	14	90.16	70.78	4758.50	434.57	7.26
	16	102.04	80.10	5288.81	483.00	7.20
245	6.5	48.70	38.23	3465.46	282.89	8.44
	7.0	52.34	41.08	3709.06	302.78	8.42
	7.5	55.96	43.93	3949.52	322.41	8.40
	8.0	59.56	46.76	4186.87	341.79	8.38
	9.0	66.73	52.38	4652.32	379.78	8.35
	10	73.83	57.95	5105.63	416.79	8.32
	12	87.84	68.95	5976.67	487.89	8.25
	14	101.60	79.76	6801.68	555.24	8.18
	16	115.11	90.36	7582.30	618.96	8.12
273	6.5	54.42	42.72	4834.18	354.15	9.42
	7.0	58.50	45.92	5177.30	379.29	9.41
	7.5	62.56	49.11	5516.47	404.14	9.39
	8.0	66.60	52.28	5851.71	428.70	9.37
	9.0	74.64	58.60	6510.56	476.96	9.34
	10	82.62	64.86	7154.09	524.11	9.31
	12	98.39	77.24	8393.14	615.10	9.24
	14	113.91	89.42	9579.75	701.81	9.17
	16	129.18	101.41	10706.79	784.38	9.10
299	7.5	68.68	53.92	7300.02	488.30	10.31
	8.0	73.14	57.41	7747.42	518.22	10.29
	9.0	82.00	64.37	8628.09	577.13	10.26
	10	90.79	71.27	9490.15	634.79	10.22
	12	108.20	84.93	11159.52	746.46	10.16
	14	125.35	98.40	12757.61	853.35	10.09
	16	142.25	111.67	14286.48	955.62	10.02
325	7.5	74.81	58.73	9431.80	580.42	11.23
	8.0	79.67	62.54	10013.92	616.24	11.21
	9.0	89.35	70.14	11161.33	686.85	11.18
	10	98.96	77.68	12286.52	756.09	11.14
	12	118.00	92.63	14471.45	890.55	11.07
	14	136.78	107.38	16570.98	1019.75	11.01
	16	155.32	121.93	18587.38	1143.84	10.94
351	8.0	86.21	67.67	12684.36	722.76	12.13
	9.0	96.70	75.91	14147.55	806.13	12.10
	10	107.13	84.10	15584.62	888.01	12.06
	12	127.80	100.32	18381.63	1047.39	11.99
	14	148.22	116.35	21077.86	1201.02	11.93
	16	168.39	132.19	23675.75	1349.05	11.86

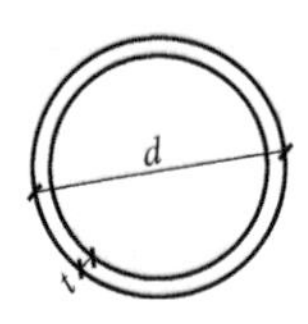

附表 2-15　焊接薄壁钢管截面特性表

尺寸/mm		截面面积/cm^2	每米质量/(kg/m)	I/cm^4	i/cm	W/cm^3
d	t					
25	1.5	1.11	0.87	0.77	0.83	0.61
30	1.5	1.34	1.05	1.37	1.01	0.91
	2.0	1.76	1.38	1.73	0.99	1.16
40	1.5	1.81	1.42	3.37	1.36	1.68
	2.0	2.39	1.88	4.32	1.35	2.16
51	2.0	3.08	2.42	9.26	1.73	3.63
57	2.0	3.46	2.71	13.08	1.95	4.59
60	2.0	3.64	2.86	15.34	2.05	5.10
70	2.0	4.27	3.35	24.72	2.41	7.06
76	2.0	4.65	3.65	31.85	2.62	8.38
83	2.0	5.09	4.00	41.76	2.87	10.06
	2.5	6.23	4.96	51.26	2.85	12.35
89	2.0	5.47	4.29	51.74	3.08	11.63
	2.5	6.79	5.33	63.59	3.06	14.29
95	2.0	5.84	4.59	63.20	3.29	13.31
	2.5	7.26	5.70	77.76	3.27	16.37
102	2.0	6.28	4.93	78.55	3.54	15.40
	2.5	7.81	6.14	96.76	3.52	18.97
	3.0	9.33	7.33	114.40	3.50	22.43
108	2.0	6.66	5.23	93.6	3.75	17.33
	2.5	8.29	6.51	115.4	3.73	21.37
	3.0	9.90	7.77	136.5	3.72	25.28
114	2.0	7.04	5.52	110.4	3.96	19.37
	2.5	8.76	6.87	136.2	3.94	23.89
	3.0	10.46	8.21	161.3	3.93	28.30
121	2.0	7.48	5.87	132.4	4.21	21.88
	2.5	9.31	7.31	163.5	4.19	27.02
	3.0	11.12	8.73	193.7	4.17	32.02
127	2.0	7.85	6.17	153.4	4.42	24.16
	2.5	9.78	7.68	189.5	4.40	29.84
	3.0	11.69	9.18	224.7	4.39	35.39
133	2.5	10.25	8.05	218.2	4.62	32.81
	3.0	12.25	9.62	259.0	4.60	38.95
	3.5	14.24	11.18	298.7	4.58	44.92
140	2.5	10.80	8.48	255.3	4.86	36.47
	3.0	12.91	10.13	303.1	4.85	43.29
	3.5	15.01	11.78	349.8	4.83	49.97
152	3.0	14.04	11.02	389.9	5.27	51.30
	3.5	16.33	12.82	450.3	5.25	59.25
	4.0	18.60	14.60	509.6	5.24	67.05
159	3.0	14.70	11.54	447.4	5.52	56.27
	3.5	17.10	13.42	517.0	5.50	65.02
	4.0	19.48	15.29	585.3	5.48	73.62
168	3.0	15.55	12.21	529.4	5.84	63.02
	3.5	18.09	14.20	612.1	5.82	72.87
	4.0	20.61	16.18	693.3	5.80	82.53
180	3.0	16.68	13.09	653.5	6.26	72.61
	3.5	19.41	15.24	756.0	6.24	84.00
	4.0	22.12	17.36	856.8	6.22	95.20
194	3.0	18.00	14.13	821.1	6.75	84.64
	3.5	20.95	16.45	950.5	6.74	97.99
	4.0	23.88	18.75	1078.0	6.72	111.1
203	3.0	18.85	15.00	943.0	7.07	92.87
	3.5	21.94	17.22	1092	7.06	107.55
	4.0	25.01	19.63	1238	7.04	122.01
219	3.0	20.36	15.98	1187	7.64	108.44
	3.5	23.70	18.61	1376	7.62	125.65
	4.0	27.02	21.81	1562	7.60	142.62
245	3.0	22.81	17.91	1670	8.56	136.3
	3.5	26.55	20.84	1936	8.54	158.1
	4.0	30.28	23.77	2199	8.52	179.5

注：管长 d=30~70mm 时为 3~10m，d=76~245mm 时为 4~10m。

附表 2-16 冷弯薄壁槽钢的规格及截面特性

I—惯性矩 r—回转半径 W—抵抗矩 I_t—抗扭惯性矩 I_w—扇性惯性矩 k—弯扭特征系数$\left(k=\sqrt{\frac{GI_k}{EI_w}}\right)$ W_w—扇性抵抗矩

截面图形	尺寸/mm h	尺寸/mm b	尺寸/mm t	截面面积/cm^2	质量/(kg/m)	x_0/cm	x-x轴 I_x/cm^4	x-x轴 i_x/cm	x-x轴 W_x/cm^3	y-y轴 I_y/cm^4	y-y轴 i_y/cm	y-y轴 W_{ymax}/cm^3	y-y轴 W_{ymin}/cm^3	y_1-y_1轴 I_{y1}/cm^4	e_0/cm	I_t/cm^4	I_w/cm^6	k/cm^{-1}	W_{w1}/cm^4	W_{w2}/cm^4
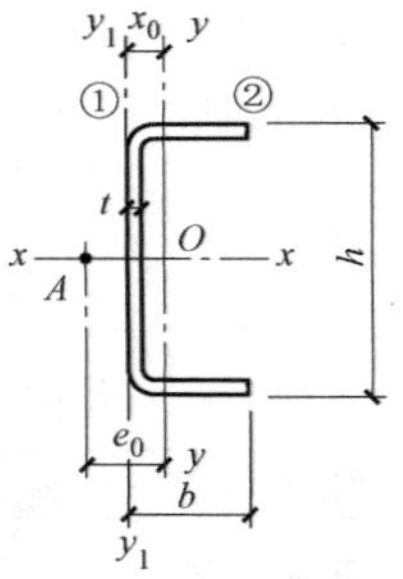	60	30	2.5	2.74	2.15	0.883	14.68	2.31	4.89	2.40	0.94	2.71	1.13	4.53	1.88	0.0571	12.21	0.0425	4.72	2.51
	80	40	2.5	3.74	2.94	1.132	36.70	3.13	9.18	5.92	1.26	5.23	2.06	10.71	2.51	0.0779	57.36	0.0229	11.61	6.37
			3.0	4.43	3.48	1.159	42.66	3.10	10.67	6.93	1.25	5.98	2.44	12.87	2.51	0.1328	64.58	0.0282	13.64	7.34
	100	40	2.5	4.24	3.33	1.013	62.07	3.83	12.41	6.37	1.23	6.29	2.13	10.72	2.30	0.0884	99.70	0.0185	17.07	8.44
			3.0	5.03	3.95	1.039	72.44	3.80	14.49	7.47	1.22	7.19	2.52	12.89	2.30	0.1508	113.23	0.0227	20.20	9.79
	120	40	2.5	4.74	3.72	0.919	95.92	4.50	15.99	6.72	1.19	7.32	2.18	10.73	2.13	0.0988	156.19	0.0156	23.62	10.59
			3.0	5.63	4.42	0.944	112.28	4.47	18.71	7.90	1.19	8.37	2.58	12.91	2.12	0.1688	178.49	0.0191	28.13	12.33
	140	50	3.0	6.83	5.36	1.187	191.53	5.30	27.36	15.52	1.51	13.08	4.07	25.13	2.75	0.2048	487.60	0.0128	48.99	22.93
			3.5	7.89	6.20	1.211	218.88	5.27	31.27	17.79	1.50	14.69	4.70	29.37	2.74	0.3223	546.44	0.0151	56.72	26.09
	160	60	3.0	8.03	6.30	1.432	300.87	6.12	37.61	26.90	1.83	18.79	5.89	43.35	3.37	0.2408	1119.78	0.0091	78.25	38.21
			3.5	9.29	7.29	1.456	344.94	6.09	43.12	30.92	1.82	21.23	6.81	50.63	3.37	0.3794	1264.16	0.0108	90.71	43.68

附表 2-17 冷弯薄壁卷边槽钢的规格及截面特性

I—惯性矩 i—回转半径 W—抵抗矩 I_t—抗扭惯性矩 I_w—扇性惯性矩 k—弯扭特征系数$\left(k=\sqrt{\frac{GI_k}{EI_w}}\right)$ W_w—扇性抵抗矩

截面图形	尺寸/mm h	尺寸/mm b	尺寸/mm a	尺寸/mm t	截面面积/cm^2	质量/(kg/m)	x_0/cm	x-x轴 I_x/cm^4	x-x轴 i_x/cm	x-x轴 W_x/cm^3	y-y轴 I_y/cm^4	y-y轴 i_y/cm	y-y轴 W_{ymax}/cm^3	y-y轴 W_{ymin}/cm^3	y_1-y_1轴 I_{y1}/cm^4	e_0/cm	I_t/cm^4	I_w/cm^6	k/cm^{-1}	W_{w1}/cm^4	W_{w2}/cm^4
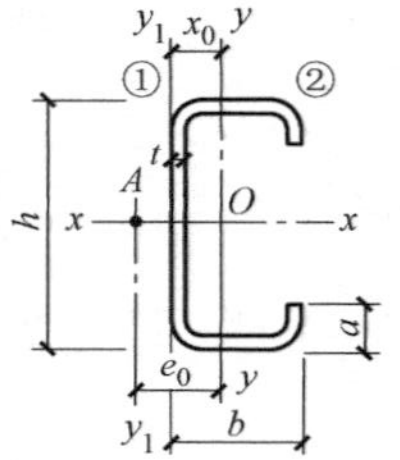	80	40	15	2.0	3.47	2.72	1.452	34.16	3.14	8.54	7.79	1.50	5.36	3.06	15.10	3.36	0.0462	112.9	0.0126	16.03	15.74
	100	50	15	2.5	5.23	4.11	1.706	81.34	3.94	16.27	17.19	1.81	10.08	5.22	32.41	3.94	1.1090	352.8	0.0109	34.47	29.44
	120	50	20	2.5	5.98	4.70	1.706	129.40	4.65	21.57	20.96	1.87	12.28	6.36	38.36	4.03	0.1246	660.9	0.0085	51.04	48.36
		60	20	3.0	7.65	6.01	2.106	170.68	4.72	28.45	37.36	2.21	17.74	9.59	71.31	4.87	0.2296	1153.2	0.0087	75.68	68.84
	140	60	20	3.0	8.25	6.48	1.964	245.42	5.45	35.05	39.49	2.19	20.11	9.79	71.33	4.61	0.2476	1589.8	0.0078	92.69	79.00
	160	70	20	3.0	9.45	7.42	2.224	373.64	6.29	46.71	60.42	2.53	27.17	12.65	107.20	5.25	0.2836	3070.5	0.0060	135.49	109.92

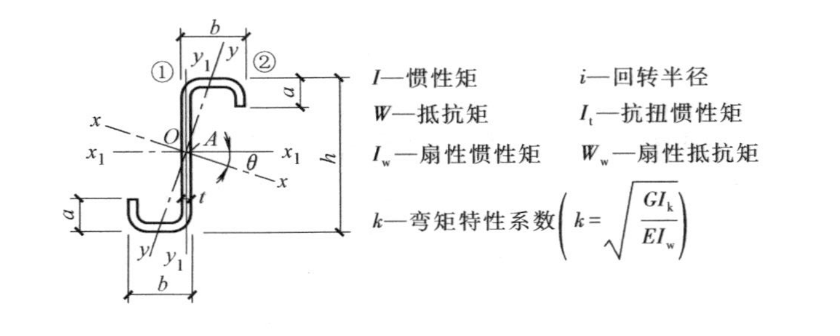

I—惯性矩　　i—回转半径

W—抵抗矩　　I_t—抗扭惯性矩

I_w—扇性惯性矩　　W_w—扇性抵抗矩

k—弯矩特性系数 $\left(k=\sqrt{\frac{GI_k}{EI_w}}\right)$

附表 2-18　冷弯薄壁卷边 Z 型钢的规格及截面特性

尺寸/mm				截面面积/cm²	质量/(kg/m)	θ	x_1-x_1 轴			y_1-y_1 轴			$x-x$ 轴				$y-y$ 轴				I_{x1y1}/cm⁴	I_t/cm⁴	I_w/cm⁶	k/cm⁻¹	W_{x1}/cm⁴	W_{w2}/cm⁴
h	b	a	t				I_{x1}/cm⁴	i_{x1}/cm	W_{x1}/cm³	I_{y1}/cm⁴	i_{y1}/cm	W_{y1}/cm³	I_x/cm⁴	i_x/cm	W_{x1}/cm³	W_{x2}/cm³	I_y/cm⁴	i_y/cm	W_{y1}/cm³	W_{y2}/cm³						
100	40	20	2.0	4.07	3.19	24°1′	60.04	3.84	12.01	17.02	2.05	4.36	70.70	4.17	15.93	11.94	6.36	1.25	3.36	4.42	23.93	0.0542	325.0	0.0081	49.97	29.16
			2.5	4.98	3.91	23°46′	72.10	3.80	14.42	20.02	2.00	5.17	84.63	4.12	19.18	14.47	7.49	1.23	4.07	5.28	28.45	0.1038	381.9	0.0102	62.25	35.03
120	50	20	2.0	4.87	3.82	24°3′	106.97	4.69	17.83	30.23	2.49	6.17	126.06	5.09	23.55	17.40	11.14	1.51	4.83	5.74	42.77	0.0649	785.2	0.0057	84.05	43.96
			2.5	5.98	4.70	23°50′	129.39	4.65	21.57	35.91	2.45	7.37	152.05	5.04	28.55	21.21	13.25	1.49	5.89	6.89	51.30	0.1246	930.9	0.0072	104.68	52.94
			3.0	7.05	5.54	23°36′	150.14	4.61	25.02	40.88	2.41	8.43	175.92	4.99	33.18	24.80	15.11	1.46	6.89	7.92	58.99	0.2116	1058.9	0.0087	125.37	61.22
140	50	20	2.5	6.48	5.09	19°25′	186.77	5.37	26.68	35.91	2.35	7.37	209.19	5.67	32.55	26.34	14.48	1.49	6.69	6.78	60.75	0.1350	1289.0	0.0064	137.04	60.03
			3.0	7.65	6.01	19°12′	217.26	5.33	31.04	40.83	2.31	8.43	241.62	5.62	37.76	30.70	16.52	1.47	7.84	7.81	69.93	0.2296	1468.2	0.0077	164.94	69.51
160	60	20	2.5	7.48	5.87	19°59′	288.12	6.21	36.01	58.15	2.79	9.90	323.13	6.57	44.00	34.95	23.14	1.76	9.00	8.71	96.32	0.1559	2634.3	0.0048	205.98	86.28
			3.0	8.85	6.95	19°47′	336.66	6.17	42.08	66.66	2.74	11.39	376.76	6.52	51.48	41.08	26.56	1.73	10.58	10.07	111.51	0.2656	3019.4	0.0058	247.41	100.15
	70	20	2.5	7.98	6.27	23°46′	319.13	6.32	39.89	87.74	3.32	12.76	374.76	6.85	52.35	38.23	32.11	2.01	10.53	10.86	126.37	0.1663	3793.3	0.0041	238.87	106.91
			3.0	9.45	7.42	23°34′	373.64	6.29	46.71	101.10	3.27	14.76	437.72	6.80	61.33	45.01	37.03	1.98	12.39	12.58	146.86	0.2836	4365.0	0.0050	285.78	124.26
180	70	20	2.5	8.48	6.66	20°22′	420.18	7.04	46.69	87.74	3.22	12.76	473.34	7.47	57.27	44.88	34.58	2.02	11.66	10.86	143.18	0.1767	4907.9	0.0037	294.53	119.41
			3.0	10.05	7.89	20°11′	492.61	7.00	54.73	101.11	3.17	14.76	553.83	7.42	67.22	52.89	39.89	1.99	13.72	12.59	166.47	0.3016	5652.2	0.0045	353.32	138.92

附录 3　几种截面回转半径 i 的近似值

附表 3-1　几种截面回转半径的近似值

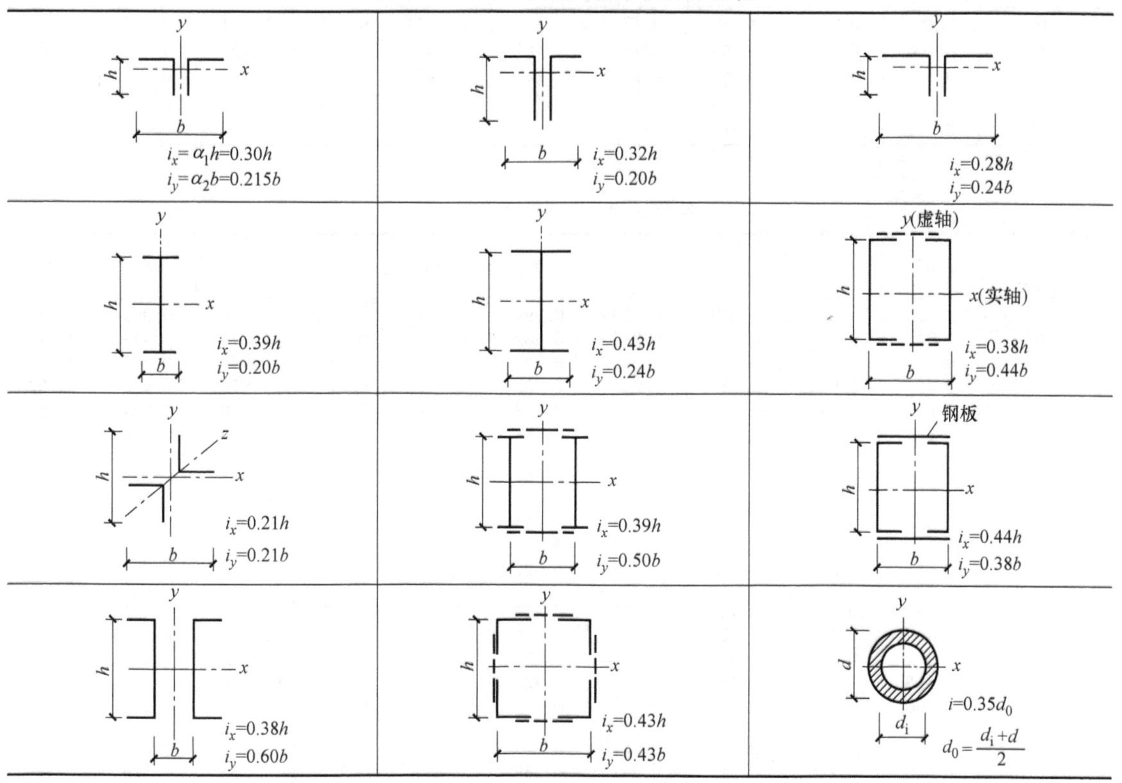

附录 4　轴心受压构件的稳定系数 φ

附表 4-1　a 类截面的 φ 值

$\lambda\sqrt{\frac{f_y}{235}}$	0	1	2	3	4	5	6	7	8	9
0	1.000	1.000	1.000	1.000	0.999	0.999	0.998	0.998	0.997	0.996
10	0.995	0.994	0.993	0.992	0.991	0.989	0.998	0.986	0.985	0.983
20	0.981	0.979	0.977	0.976	0.974	0.972	0.970	0.968	0.966	0.964
30	0.963	0.961	0.959	0.957	0.955	0.952	0.950	0.948	0.946	0.944
40	0.941	0.939	0.937	0.934	0.932	0.929	0.927	0.924	0.921	0.919
50	0.916	0.913	0.910	0.907	0.904	0.900	0.897	0.894	0.890	0.886
60	0.883	0.879	0.875	0.871	0.867	0.863	0.858	0.854	0.849	0.844
70	0.839	0.834	0.829	0.824	0.818	0.813	0.807	0.801	0.795	0.789
80	0.783	0.776	0.770	0.763	0.757	0.750	0.743	0.736	0.728	0.721
90	0.714	0.706	0.699	0.691	0.684	0.676	0.668	0.661	0.653	0.645
100	0.638	0.630	0.622	0.615	0.607	0.600	0.592	0.585	0.577	0.570
110	0.563	0.555	0.548	0.541	0.534	0.527	0.520	0.514	0.507	0.500
120	0.494	0.488	0.481	0.475	0.469	0.463	0.457	0.451	0.445	0.440
130	0.434	0.429	0.423	0.418	0.412	0.407	0.402	0.397	0.392	0.387
140	0.383	0.378	0.373	0.369	0.364	0.360	0.356	0.351	0.347	0.343
150	0.339	0.335	0.331	0.327	0.323	0.320	0.316	0.312	0.309	0.305
160	0.302	0.298	0.295	0.292	0.289	0.285	0.282	0.279	0.276	0.273
170	0.270	0.267	0.264	0.262	0.259	0.256	0.253	0.251	0.248	0.246
180	0.243	0.241	0.238	0.236	0.233	0.231	0.229	0.226	0.224	0.222
190	0.220	0.218	0.215	0.213	0.211	0.209	0.207	0.205	0.203	0.201
200	0.199	0.198	0.196	0.194	0.192	0.190	0.189	0.187	0.185	0.183

（续）

$\lambda\sqrt{\frac{f_y}{235}}$	0	1	2	3	4	5	6	7	8	9
210	0.182	0.180	0.179	0.177	0.175	0.174	0.172	0.171	0.169	0.168
220	0.166	0.165	0.164	0.162	0.161	0.159	0.158	0.157	0.155	0.154
230	0.153	0.152	0.150	0.149	0.148	0.147	0.146	0.144	0.143	0.142
240	0.141	0.140	0.139	0.138	0.136	0.135	0.134	0.133	0.132	0.131
250	0.130	—	—	—	—	—	—	—	—	—

注：见附表 4-4 的表注。

附表 4-2　b 类截面的 φ 值

$\lambda\sqrt{\frac{f_y}{235}}$	0	1	2	3	4	5	6	7	8	9
0	1.000	1.000	1.000	0.999	0.999	0.998	0.997	0.996	0.995	0.994
10	0.992	0.991	0.989	0.987	0.985	0.983	0.981	0.978	0.976	0.973
20	0.970	0.967	0.963	0.960	0.957	0.953	0.950	0.946	0.943	0.939
30	0.936	0.932	0.929	0.925	0.922	0.918	0.914	0.910	0.906	0.903
40	0.899	0.895	0.891	0.887	0.882	0.878	0.874	0.870	0.865	0.861
50	0.856	0.852	0.847	0.842	0.838	0.833	0.828	0.823	0.818	0.813
60	0.807	0.802	0.797	0.791	0.786	0.780	0.774	0.769	0.763	0.757
70	0.751	0.745	0.739	0.732	0.726	0.720	0.714	0.707	0.701	0.694
80	0.688	0.681	0.675	0.668	0.661	0.655	0.648	0.641	0.635	0.628
90	0.621	0.614	0.608	0.601	0.594	0.588	0.581	0.575	0.568	0.561
100	0.555	0.549	0.542	0.536	0.529	0.523	0.517	0.511	0.505	0.499
110	0.493	0.487	0.481	0.475	0.470	0.464	0.458	0.453	0.447	0.442
120	0.437	0.432	0.426	0.421	0.416	0.411	0.406	0.402	0.397	0.392
130	0.387	0.383	0.378	0.374	0.370	0.365	0.361	0.357	0.353	0.349
140	0.345	0.341	0.337	0.333	0.329	0.326	0.322	0.318	0.315	0.311
150	0.308	0.304	0.301	0.298	0.295	0.291	0.288	0.285	0.282	0.279
160	0.276	0.273	0.270	0.267	0.265	0.262	0.259	0.256	0.254	0.251
170	0.249	0.246	0.244	0.241	0.239	0.236	0.234	0.232	0.229	0.227
180	0.225	0.223	0.220	0.218	0.216	0.214	0.212	0.210	0.208	0.206
190	0.204	0.202	0.200	0.198	0.197	0.195	0.193	0.191	0.190	0.188
200	0.186	0.184	0.183	0.181	0.180	0.178	0.176	0.175	0.173	0.172
210	0.170	0.169	0.167	0.166	0.165	0.163	0.162	0.160	0.159	0.158
220	0.156	0.155	0.154	0.153	0.151	0.150	0.149	0.148	0.146	0.145
230	0.144	0.143	0.142	0.141	0.140	0.138	0.137	0.136	0.135	0.134
240	0.133	0.132	0.131	0.130	0.129	0.128	0.127	0.126	0.125	0.124
250	0.123	—	—	—	—	—	—	—	—	—

注：见附表 4-4 的表注。

附表 4-3　c 类截面的 φ 值

$\lambda\sqrt{\frac{f_y}{235}}$	0	1	2	3	4	5	6	7	8	9
0	1.000	1.000	1.000	0.999	0.999	0.998	0.997	0.996	0.995	0.993
10	0.992	0.990	0.988	0.986	0.983	0.981	0.978	0.976	0.973	0.970
20	0.966	0.959	0.953	0.947	0.940	0.934	0.928	0.921	0.915	0.909
30	0.902	0.896	0.890	0.884	0.877	0.871	0.865	0.858	0.852	0.846
40	0.839	0.833	0.826	0.820	0.814	0.807	0.801	0.794	0.788	0.781
50	0.775	0.768	0.762	0.755	0.748	0.742	0.735	0.729	0.722	0.715
60	0.709	0.702	0.695	0.689	0.682	0.676	0.669	0.662	0.656	0.649
70	0.643	0.636	0.629	0.623	0.616	0.610	0.604	0.597	0.591	0.584
80	0.578	0.572	0.566	0.559	0.553	0.547	0.541	0.535	0.529	0.523
90	0.517	0.511	0.505	0.500	0.494	0.488	0.483	0.477	0.472	0.467
100	0.463	0.458	0.454	0.449	0.445	0.441	0.436	0.432	0.428	0.423
110	0.419	0.415	0.411	0.407	0.403	0.399	0.395	0.391	0.387	0.383
120	0.379	0.375	0.371	0.367	0.364	0.360	0.356	0.353	0.349	0.346
130	0.342	0.339	0.335	0.332	0.328	0.325	0.322	0.319	0.315	0.312
140	0.309	0.306	0.303	0.300	0.297	0.294	0.291	0.288	0.285	0.282
150	0.280	0.277	0.274	0.271	0.269	0.266	0.264	0.261	0.258	0.256

（续）

$\lambda\sqrt{\frac{f_y}{235}}$	0	1	2	3	4	5	6	7	8	9
160	0.254	0.251	0.249	0.246	0.244	0.242	0.239	0.237	0.235	0.233
170	0.230	0.228	0.226	0.224	0.222	0.220	0.218	0.216	0.214	0.212
180	0.210	0.208	0.206	0.205	0.203	0.201	0.199	0.197	0.196	0.194
190	0.192	0.190	0.189	0.187	0.186	0.184	0.182	0.181	0.179	0.178
200	0.176	0.175	0.173	0.172	0.170	0.169	0.168	0.166	0.165	0.163
210	0.162	0.161	0.159	0.158	0.157	0.156	0.153	0.154	0.152	0.151
220	0.150	0.148	0.147	0.146	0.145	0.144	0.142	0.142	0.140	0.139
230	0.138	0.137	0.136	0.135	0.134	0.133	0.131	0.131	0.130	0.129
240	0.128	0.127	0.126	0.125	0.124	0.124	0.122	0.122	0.121	0.120
250	0.119	—	—	—	—	—	—	—	—	—

注：见附表 4-4 的表注。

附表 4-4　d 类截面的 φ 值

$\lambda\sqrt{\frac{f_y}{235}}$	0	1	2	3	4	5	6	7	8	9
0	1.000	1.000	0.999	0.999	0.998	0.996	0.994	0.992	0.990	0.987
10	0.984	0.981	0.978	0.974	0.969	0.965	0.960	0.995	0.949	0.944
20	0.937	0.927	0.918	0.909	0.900	0.891	0.883	0.874	0.865	0.857
30	0.848	0.840	0.831	0.823	0.815	0.807	0.799	0.790	0.782	0.774
40	0.766	0.759	0.751	0.743	0.735	0.728	0.720	0.712	0.705	0.697
50	0.690	0.683	0.675	0.668	0.661	0.654	0.646	0.639	0.632	0.625
60	0.618	0.612	0.605	0.598	0.591	0.585	0.578	0.572	0.565	0.559
70	0.552	0.546	0.540	0.534	0.528	0.522	0.516	0.510	0.504	0.498
80	0.493	0.487	0.481	0.476	0.470	0.465	0.460	0.454	0.449	0.444
90	0.439	0.434	0.429	0.424	0.419	0.414	0.410	0.405	0.401	0.397
100	0.394	0.390	0.387	0.383	0.380	0.376	0.373	0.370	0.366	0.363
110	0.359	0.356	0.353	0.350	0.346	0.343	0.340	0.337	0.334	0.331
120	0.328	0.325	0.322	0.319	0.316	0.313	0.310	0.307	0.304	0.301
130	0.299	0.296	0.293	0.290	0.288	0.285	0.282	0.280	0.277	0.275
140	0.272	0.270	0.267	0.265	0.262	0.260	0.258	0.255	0.253	0.251
150	0.248	0.246	0.244	0.242	0.240	0.237	0.235	0.233	0.231	0.229
160	0.227	0.225	0.223	0.221	0.219	0.217	0.215	0.213	0.212	0.210
170	0.208	0.206	0.204	0.203	0.201	0.199	0.197	0.196	0.194	0.192
180	0.191	0.189	0.188	0.186	0.184	0.183	0.181	0.180	0.178	0.177
190	0.176	0.174	0.173	0.171	0.170	0.168	0.167	0.166	0.164	0.163
200	0.162	—	—	—	—	—	—	—	—	—

注：1. 附表 4-1～附表 4-4 中的 φ 值按式（4-36）和式（4-37）算得。

2. 当构件的 $\lambda\sqrt{f_y/235}$ 值超出附表 4-1～附表 4-4 的范围时，则 φ 值按表注 1 所列的公式计算。

附录 5　受弯构件的容许挠度

吊车梁、楼盖梁、屋盖梁、工作平台梁以及墙架构件的挠度不宜超过附表 5-1 所列的容许值。

附表 5-1　受弯构件的挠度容许值

项次	构件类别	挠度容许值	
		$[\nu_T]$	$[\nu_Q]$
1	吊车梁和吊车桁架（按自重和起重量最大的一台起重机计算挠度） 1）手动起重机和单梁起重机（含悬挂起重机） 2）轻级工作制桥式起重机 3）中级工作制桥式起重机 4）重级工作制桥式起重机	 $l/500$ $l/750$ $l/900$ $l/1000$	—
2	手动或电动葫芦的轨道梁	$l/400$	—
3	有重轨（重量等于或大于 38kg/m）轨道的工作平台梁 有轻轨（重量等于或小于 24kg/m）轨道的工作平台梁	$l/600$ $l/400$	—
4	楼（屋）盖梁或桁架、工作平台梁（第 3 项除外）和平台板 1）主梁或桁架（包括设有悬挂起重设备的梁和桁架） 2）仅支承压型金属板屋面和冷弯型钢檩条 3）除支承压型金属板屋面和冷弯钢檩条外，尚有吊顶 4）抹灰顶棚的次梁 5）除第 1）款～第 4）款外的其他梁（包括楼梯梁） 6）屋盖檩条 支承压型金属板屋面者 支承其他屋面材料者 有吊顶 7）平台板	$l/400$ $l/250$ $l/250$ $l/150$ $l/200$ $l/200$ $l/150$	$l/500$ $l/350$ $l/300$ — — — —

（续）

项次	构件类别	挠度容许值	
		[ν_T]	[ν_Q]
5	墙架构件（风荷载不考虑阵风系数） 1）支柱（水平方向） 2）抗风桁架（作为连续支柱的支承时，水平位移） 3）砌体墙的横梁（水平方向） 4）支承压型金属板的横梁（水平方向） 5）支承其他墙面材料的横梁（水平方向） 6）带有玻璃窗的横梁（竖直和水平方向）	 — — — — $l/200$	 $l/400$ $l/1000$ $l/300$ $l/200$ $l/200$

注：1. l 为受弯构件的跨度（对悬臂梁和伸臂梁为悬伸长度的 2 倍）。

2. [v_T] 为永久和可变荷载标准值产生的挠度（如有起拱应减去拱度）的容许值，[ν_Q] 为可变荷载标准值产生的挠度的容许值。

3. 当吊车梁或吊车桁架跨度大于 12m 时，其挠度容许值 [ν_T] 应乘以 0.9 的系数。

4. 当墙面采用延性材料或与结构采用柔性连接时，墙架构件的支柱水平位移容许值可采用 $l/300$，抗风桁架（作为连续支柱的支承时）水平位移容许值可采用 $l/800$。

附录 6　实腹式梁的整体稳定系数 φ_b

1. 等截面焊接工字形和轧制 H 型钢简支梁

等截面焊接工字形和轧制 H 型钢（见附图 6-1）简支梁的整体稳定系数 φ_b 应按下式计算

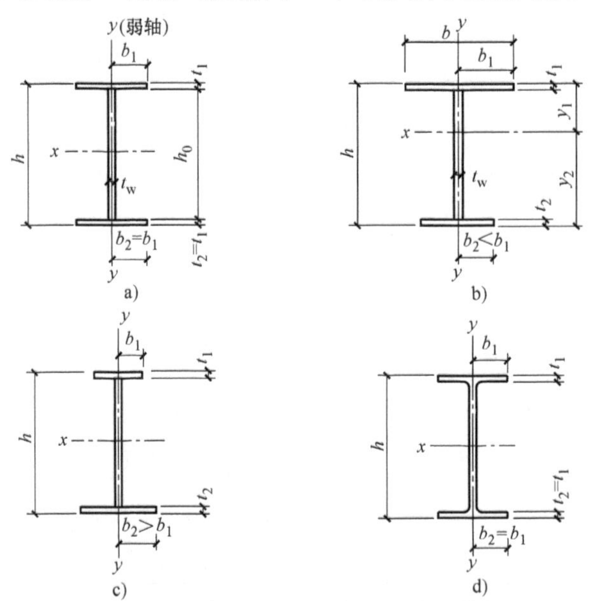

附图 6-1　焊接工字形和轧制 H 型钢截面

a）双轴对称焊接工字形截面　b）加强受压翼缘的单轴对称焊接工字形截面

c）加强受拉翼缘的单轴对称焊接工字形截面　d）轧制 H 型钢截面

$$\varphi_b=\beta_b\frac{4320}{\lambda_y^2}\cdot\frac{A_h}{W_x}\left[\sqrt{1+\left(\frac{\lambda_y t_1}{4.4h}\right)^2}+\eta_b\right]\varepsilon_k^2 \qquad (附 6\text{-}1)$$

式中　ε_k——钢号修正系数，$\varepsilon_k=\sqrt{235/f_y}$；

β_b——梁整体稳定的等效临界弯矩系数，按附表 6-1 采用；

η_b——截面不对称影响系数，对双轴对称截面（见附图 6-1a、d）$\eta_b=0$，对单轴对称工字形截面（附图 6-1b、c），加强受压翼缘 $\eta_b=0.8\ (2a_b-1)$，加强受拉翼缘 $\eta_b=2\alpha_b-1$，$\alpha_b=I_1/(I_1+I_2)$，其中 I_1 和 I_2 分别为受压翼缘和受拉翼缘对 y 轴的惯性矩；

λ_y——梁侧向支承点间对截面弱轴 y-y 的长细比，$\lambda_y=l_1/i_y$，i_y 为梁的毛截面对 y 轴的截面回转半径；

A_h——梁的毛截面面积；

h、t_1——梁截面的全高和受压翼缘厚度。

附表 6-1　H 型钢和等截面工字形简支梁的等效临界弯矩系数β_b

项次	侧向支承	荷载		$\xi \leq 2.0$	$\xi > 2.0$	适用范围
1	跨中无侧向支承点	均布荷载作用在	上翼缘	$0.69+0.13\xi$	0.95	附图 6-1a、b 和 d 的截面
2			下翼缘	$1.73-0.20\xi$	1.33	
3		集中荷载作用在	上翼缘	$0.73+0.18\xi$	1.09	
4			下翼缘	$2.23-0.28\xi$	1.67	
5	跨度中点有一个侧向支承点	均布荷载作用在	上翼缘	1.15		附图 6-1 中的所有截面
6			下翼缘	1.40		
7		集中荷载作用在截面高度上任意位置		1.75		
8	跨中有不少于两个等距离侧向支承点	任意荷载作用在	上翼缘	1.20		
9			下翼缘	1.40		
10	梁端有弯矩，但跨中无荷载作用			$1.75-1.05\left(\frac{M_{\min}}{M}\right)+0.3\left(\frac{M_{\min}}{M}\right)^2$，但$\leq 2.3$		

注：1. ξ 为参数，$\xi=\frac{l_1 t_1}{2b_1 h}$。

2. $M| \geq |M_{\min}|$，M、$M_{\min}$ 为梁的端弯矩，使梁产生同向曲率时 M 和 $M_{\min}$ 取同号，产生反向曲率时取异号。

3. 表中项次 3、4 和 7 的集中荷载是指一个或少数几个集中荷载位于跨中央附近的情况，对其他情况的集中荷载，应按表中项次 1、2、5、6 内的数值采用。

4. 表中项次 8、9 的 β_b，当集中荷载作用在侧向支承点处时，取 $\beta_b=1.20$。

5. 荷载作用在上翼缘系指荷载作用点在翼缘表面，方向指向截面形心；荷载作用在下翼缘系指荷载作用点在翼缘表面，方向背向截面形心。

6. 对 $a_b>0.8$ 的加强受压翼缘工字形截面（见附图 6-1b），下列情况的 β_b 值应乘以相应的系数：
   项次 1，当 $\xi \leq 1.0$ 时，乘以 0.95。
   项次 3，当 $\xi \leq 0.5$ 时，乘以 0.90；当 $0.5<\xi \leq 1.0$ 时，乘以 0.95。

当式（附 6-1）求得 $\varphi_b>0.6$ 时，应用 φ_b'代替 φ_b 值，则

$$\varphi_b' = 1.07-\frac{0.282}{\varphi_b} \leq 1.0 \tag{附 6-2}$$

注意：式（附 6-1）也适用于等截面铆接（或高强度螺栓连接）简支梁，其受压翼缘厚度 t_1 应包括翼缘角钢厚度在内。

2. 轧制普通工字钢简支梁

轧制普通工字钢简支梁的整体稳定系统 φ_b 应按附表 6-2 采用，当所得的 φ_b 值大于 0.6 时，应按式（附 6-2）算得相应的 φ_b'代替 φ_b 值。

附表 6-2　轧制普通工字钢简支梁的φ_b

项次	荷载情况			工字钢型号	自由长度 l_1/m								
					2	3	4	5	6	7	8	9	10
1	跨中无侧向支承点的梁	集中荷载作用于	上翼缘	10~20	2.00	1.30	0.99	0.80	0.68	0.58	0.53	0.48	0.43
				22~32	2.40	1.48	1.09	0.86	0.72	0.62	0.54	0.49	0.45
				36~63	2.80	1.60	1.07	0.83	0.68	0.56	0.50	0.45	0.40
2			下翼缘	10~20	3.10	1.95	1.34	1.01	0.82	0.69	0.63	0.57	0.52
				22~40	5.50	2.80	1.84	1.37	1.07	0.86	0.73	0.64	0.56
				45~63	7.30	3.60	2.30	1.62	1.20	0.96	0.80	0.69	0.60
3		均布荷载作用于	上翼缘	10~20	1.07	1.12	0.84	0.68	0.57	0.50	0.45	0.41	0.37
				22~40	2.10	1.30	0.93	0.73	0.60	0.51	0.45	0.40	0.36
				45~63	2.60	1.45	0.97	0.73	0.59	0.50	0.44	0.38	0.35
4			下翼缘	10~20	2.50	1.55	1.08	0.83	0.68	0.56	0.52	0.47	0.42
				22~40	4.00	2.20	1.45	1.10	0.85	0.70	0.60	0.52	0.46
				45~63	5.60	2.80	1.80	1.25	0.95	0.78	0.65	0.55	0.49
5	跨中有侧向支承点的梁（不论荷载作用点在截面高度上的任一位置）			10~20	2.20	1.39	1.01	0.79	0.66	0.57	0.52	0.47	0.42
				22~40	3.00	1.80	1.24	0.96	0.76	0.65	0.65	0.49	0.43
				45~63	4.00	2.20	1.38	1.01	0.80	0.66	0.66	0.49	0.43

注：1. 同附表 6-1 的注 3、5。

2. 表中的 φ_b 适用于 Q235 钢。对其他钢号，表中数值应乘以 $235/f_y$。

3. 轧制槽钢简支梁

轧制槽钢简支梁的整体稳定系数，不论荷载的形式和荷载作用点在截面高度上的任一位置，稳定系数均为

$$\varphi_b=\frac{570bt}{l_1h}\cdot\frac{235}{f_y} \tag{附 6-3}$$

式中 h、b、t——槽钢截面的高度、翼缘宽度和翼缘的平均厚度。

按式（附 6-3）所得 φ_b 大于 0.6 时，应按式（附 6-2）求相应的 φ_b' 代替 φ_b 值。

4. 双轴对称工字形等截面（含 H 型钢）悬臂梁

双轴对称工字形等截面（含 H 型钢）悬臂梁的整体稳定系数，可按式（附 6-1）计算，但式中系数 β_b 应按附表 6-3 查得，$\lambda_y=l_1/i_y$（l_1 为悬臂梁的悬伸长度）。当求得的 φ_b 大于 0.6 时，应按式（附 6-2）算得相应的 φ_b' 值代替 φ_b 值。

附表 6-3 双轴对称工字形等截面（含 H 型钢）悬臂梁的系数 β_b

项次	荷载形式		$0.60\leqslant\xi\leqslant1.24$	$1.24<\xi\leqslant1.96$	$1.96<\xi\leqslant3.10$
1	自由端一个集中荷载作用在	上翼缘	$0.21+0.67\xi$	$0.72+0.26\xi$	$1.17+0.03\xi$
2		下翼缘	$2.94-0.65\xi$	$2.64-0.40\xi$	$2.15-0.15\xi$
3	均布荷载作用在上翼缘		$0.62+0.82\xi$	$1.25+0.31\xi$	$1.66+0.10\xi$

注：1. 表中 $\xi=\frac{l_1t_1}{2b_1h}$。

2. 附表 6-3 按支承端为固定的情况确定的，当用于邻跨延伸出来的伸臂梁时，应在构造上采取措施加强支承处的抗扭能力。

5. 受弯构件整体稳定系数的近似计算

均匀弯曲的受弯构件，当 $\lambda_y\leqslant120\sqrt{235/f_y}$ 时，其整体稳定系数 φ_b 可按下列近似公式计算：

（1）工字形截面（含 H 型钢）。

1）双轴对称时

$$\varphi_b=1.07-\frac{\lambda_y^2}{44000}\cdot\frac{f_y}{235} \tag{附 6-4}$$

2）单轴对称时

$$\varphi_b=1.07-\frac{W_x}{(2\alpha_b+0.1)Ah}\cdot\frac{\lambda_y^2}{14000}\cdot\frac{f_y}{235} \tag{附 6-5}$$

（2）T 形截面（弯矩作用在对称平面，绕 x 轴）。

1）弯矩使翼缘受压时

双角钢 T 形截面

$$\varphi_b=1-0.0017\lambda_y\sqrt{f_y/235} \tag{附 6-6}$$

部分 T 型钢和两板组合 T 形截面

$$\varphi_b=1-0.0022\lambda_y\sqrt{f_y/235} \tag{附 6-7}$$

2）弯矩使翼缘受拉且腹板宽厚比 $\leqslant18\sqrt{235/f_y}$ 时

$$\varphi_b=1-0.0005\lambda_y\sqrt{f_y/235} \tag{附 6-8}$$

按式（附 6-4）~式（附 6-8）算得的 φ_b 值大于 0.6 时，不需按式（附 6-2）换算成 φ_b' 值；当按式（附 6-4）~式（附 6-8）算得的 φ_b 值大于 1.0 时，取 $\varphi_b=1.0$。

附录 7 柱的计算长度系数μ

附表 7-1 无侧移框架柱的计算长度系数μ

K_2	K_1												
	0	0.05	0.1	0.2	0.3	0.4	0.5	1	2	3	4	5	≥10
0	1.000	0.990	0.981	0.964	0.949	0.935	0.922	0.875	0.820	0.791	0.773	0.760	0.732
0.05	0.990	0.981	0.871	0.955	0.940	0.926	0.914	0.867	0.814	0.784	0.766	0.754	0.726
0.1	0.981	0.971	0.962	0.946	0.931	0.918	0.906	0.860	0.807	0.778	0.760	0.748	0.721
0.2	0.964	0.955	0.946	0.930	0.916	0.903	0.891	0.846	0.795	0.767	0.749	0.737	0.711
0.3	0.949	0.940	0.931	0.916	0.902	0.889	0.878	0.834	0.784	0.756	0.739	0.728	0.701
0.4	0.935	0.926	0.918	0.903	0.889	0.877	0.866	0.823	0.774	0.747	0.730	0.719	0.693
0.5	0.922	0.914	0.906	0.891	0.878	0.866	0.855	0.813	0.765	0.738	0.721	0.710	0.685
1	0.875	0.867	0.860	0.846	0.834	0.823	0.813	0.774	0.729	0.704	0.688	0.677	0.654
2	0.820	0.814	0.807	0.795	0.784	0.774	0.765	0.729	0.686	0.663	0.648	0.638	0.615
3	0.791	0.784	0.778	0.767	0.756	0.747	0.738	0.704	0.663	0.640	0.625	0.616	0.593
4	0.773	0.766	0.760	0.749	0.739	0.730	0.721	0.688	0.648	0.625	0.611	0.601	0.580
5	0.760	0.754	0.748	0.737	0.728	0.719	0.710	0.677	0.638	0.616	0.601	0.592	0.570
≥10	0.732	0.726	0.721	0.711	0.701	0.693	0.685	0.654	0.615	0.593	0.580	0.570	0.549

注：1. 表中的计算长度系数μ值按下式算得，

$$\left[\left(\frac{\pi}{\mu}\right)^2+2(K_1+K_2)-4K_1K_2\right]\frac{\pi}{\mu}\cdot\sin\frac{\pi}{\mu}-2\left[(K_1+K_2)\left(\frac{\pi}{\mu}\right)^2+4K_1K_2\right]\cos\frac{\pi}{\mu}+8K_1K_2=0$$

式中，K_1、K_2分别为相交于柱上端、柱下端的横梁线刚度之和与柱线刚度之和的比值，当横梁远端为铰接时，应将横梁线刚度乘以1.5，当横梁远端为嵌固时，则将横梁线刚度乘以2。

2. 当横梁与柱铰接时，取横梁线刚度为零。
3. 对底层框架柱：当柱与基础铰接时，取$K_2=0$（对平板支座可取$K_2=0.1$）；当柱与基础刚接时，取$K_2=10$。
4. 当与柱刚性连接的横梁所受轴心压力N_b较大时，横梁线刚度应乘以折减系数α_N。

横梁远端与柱刚接和横梁远端铰支时：$\alpha_N=1-N_b/N_{Eb}$。

横梁远端嵌固时：$\alpha_N=1-N_b/(2N_{Eb})$。

其中，$N_{Eb}=\pi^2EI_b/l^2$，I_b为横梁截面惯性矩，l为横梁长度。

附表 7-2 有侧移框架柱的计算长度系数μ

K_2	K_1												
	0	0.05	0.1	0.2	0.3	0.4	0.5	1	2	3	4	5	≥10
0	∞	6.02	4.46	3.42	3.01	2.78	2.64	2.33	2.17	2.11	2.08	2.07	2.03
0.05	6.02	4.16	3.47	2.86	2.58	2.42	2.31	2.07	1.94	1.90	1.87	1.86	1.83
0.1	4.46	3.47	3.01	2.56	2.33	2.20	2.11	1.90	1.79	1.75	1.73	1.72	1.70
0.2	3.42	2.86	2.56	2.23	2.05	1.94	1.87	1.70	1.60	1.57	1.55	1.54	1.52
0.3	3.01	2.58	2.33	2.05	1.90	1.80	1.74	1.58	1.49	1.46	1.45	1.44	1.42
0.4	2.78	2.42	2.20	1.94	1.80	1.71	1.65	1.50	1.42	1.39	1.37	1.37	1.35
0.5	2.64	2.31	2.11	1.87	1.74	1.65	1.59	1.45	1.37	1.34	1.32	1.32	1.30
1	2.33	2.07	1.90	1.70	1.58	1.50	1.45	1.32	1.24	1.21	1.20	1.19	1.17
2	2.17	1.94	1.79	1.60	1.49	1.42	1.37	1.24	1.16	1.14	1.12	1.12	1.10
3	2.11	1.90	1.75	1.57	1.46	1.39	1.34	1.21	1.14	1.11	1.10	1.09	1.07
4	2.08	1.87	1.73	1.55	1.45	1.37	1.32	1.20	1.12	1.10	1.08	1.08	1.06
5	2.07	1.86	1.72	1.54	1.44	1.37	1.32	1.19	1.12	1.09	1.08	1.07	1.05
≥10	2.03	1.83	1.70	1.52	1.42	1.35	1.30	1.17	1.10	1.07	1.06	1.05	1.03

注：1. 表中的计算长度系数μ值按下式算得，

$$\left[36K_1K_2-\left(\frac{\pi}{\mu}\right)^2\right]\sin\frac{\pi}{\mu}+6(K_1+K_2)\frac{\pi}{\mu}\cdot\cos\frac{\pi}{\mu}=0$$

式中，K_1、K_2分别为相交于柱上端、柱下端的横梁线刚度之和与柱线刚度之和的比值，当横梁远端为铰接时，应将横梁线刚度乘以0.5，当横梁远端为嵌固时，则应乘以2/3。

2. 当横梁与柱铰接时，取横梁线刚度为零。
3. 对底层框架柱：当柱与基础铰接时，取$K_2=0$（对平板支座可取$K_2=0.1$）；当柱与基础刚接时，取$K_2=10$。
4. 当与柱刚性连接的横梁所受轴心压力N_b较大时，横梁线刚度应乘以折减系数α_N。

横梁远端与柱刚接时：$\alpha_N=1-N_b/(4N_{Eb})$。

横梁远端铰支时：$\alpha_N=1-N_b/N_{Eb}$。

横梁远端嵌固时：$\alpha_N=1-N_b(2N_{Eb})$。

N_{Eb}的计算式见附表7-1注4。

附表 7-3　柱上端为自由的单阶柱下段的计算长度系数μ_2

简图	η_1	K_1																	
		0.06	0.08	0.10	0.12	0.14	0.16	0.18	0.20	0.22	0.24	0.26	0.28	0.3	0.4	0.5	0.6	0.7	0.8
	0.2	2.00	2.01	2.01	2.01	2.01	2.01	2.01	2.02	2.02	2.02	2.02	2.02	2.02	2.03	2.04	2.05	2.06	2.07
	0.3	2.01	2.02	2.02	2.02	2.03	2.03	2.03	2.04	2.04	2.05	2.05	2.05	2.06	2.08	2.10	2.12	2.13	2.15
	0.4	2.02	2.03	2.04	2.04	2.05	2.06	2.07	2.07	2.08	2.09	2.09	2.10	2.11	2.14	2.18	2.21	2.25	2.28
	0.5	2.04	2.05	2.06	2.07	2.09	2.10	2.11	2.12	2.13	2.15	2.16	2.17	2.18	2.24	2.29	2.35	2.40	2.45
上端自由	0.6	2.06	2.08	2.10	2.12	2.14	2.16	2.18	2.19	2.21	2.23	2.25	2.26	2.28	2.36	2.44	2.52	2.59	2.66
I_1　H_1	0.7	2.10	2.13	2.16	2.18	2.21	2.24	2.26	2.29	2.31	2.34	2.36	2.38	2.41	2.52	2.62	2.72	2.81	2.90
	0.8	2.15	2.20	2.24	2.27	2.31	2.34	2.38	2.41	2.44	2.47	2.50	2.53	2.56	2.70	2.82	2.94	3.06	3.16
I_2　H_2	0.9	2.24	2.29	2.35	2.39	2.44	2.48	2.52	2.56	2.60	2.63	2.67	2.71	2.74	2.90	3.05	3.19	3.32	3.44
	1.0	2.36	2.43	2.48	2.54	2.59	2.64	2.69	2.73	2.77	2.82	2.86	2.90	2.94	3.12	3.29	3.45	3.59	3.74
$K_1=\frac{I_1}{I_2}\cdot\frac{H_2}{H_1}$	1.2	2.69	2.76	2.83	2.89	2.95	3.01	3.07	3.12	3.17	3.22	3.27	3.32	3.37	3.59	3.80	3.99	4.17	4.34
	1.4	3.07	3.14	3.22	3.29	3.36	3.42	3.48	3.55	3.61	3.66	3.72	3.78	3.83	4.09	4.33	4.56	4.77	4.97
$\eta_1=\frac{H_1}{H_2}\sqrt{\frac{N_1}{N_2}\cdot\frac{I_2}{I_1}}$	1.6	3.47	3.55	3.63	3.71	3.78	3.85	3.92	3.99	4.07	4.12	4.18	4.25	4.31	4.61	4.88	5.14	5.38	5.62
	1.8	3.88	3.97	4.05	4.13	4.21	4.29	4.37	4.44	4.52	4.59	4.66	4.73	4.80	5.13	5.44	5.73	6.00	6.26
N_1——上段柱的轴心力	2.0	4.29	4.39	4.48	4.57	4.65	4.74	4.82	4.90	4.99	5.07	5.14	5.22	5.30	5.66	6.00	6.32	6.63	6.92
N_2——下段柱的轴心力																			
	2.2	4.71	4.81	4.91	5.00	5.10	5.19	5.28	5.37	5.46	5.54	5.63	5.71	5.80	6.19	6.57	6.92	7.26	7.58
	2.4	5.13	5.24	5.34	5.44	5.54	5.64	5.74	5.84	5.93	6.03	6.12	6.21	6.30	6.73	7.14	7.52	7.89	8.24
	2.6	5.55	5.66	5.77	5.88	5.99	6.10	6.20	6.31	6.41	6.51	6.61	6.71	6.80	7.27	7.71	8.13	8.52	8.90
	2.8	5.97	6.09	6.21	6.33	6.44	6.55	6.67	6.78	6.89	6.99	7.10	7.21	7.31	7.81	8.28	8.73	9.16	9.57
	3.0	6.39	6.52	6.64	6.77	6.89	7.01	7.13	7.25	7.37	7.48	7.59	7.71	7.82	8.35	8.86	9.34	9.80	10.24

注：表中的计算长度系数μ_2值按$\eta_1 K_1\cdot\tan\frac{\pi}{\mu_2}\cdot\tan\frac{\pi\eta_1}{\mu_2}-1=0$得出。

附表 7-4　柱上端可移动但不转动的单阶柱下段的计算长度系数μ_2

简图	η_1	K_1																	
		0.06	0.08	0.10	0.12	0.14	0.16	0.18	0.20	0.22	0.24	0.26	0.28	0.3	0.4	0.5	0.6	0.7	0.8
上端可移动 I_1 H_1 I_2 H_2 $K_1=\frac{I_1}{I_2}\cdot\frac{H_2}{H_1}$ $\eta_1=\frac{H_1}{H_2}\sqrt{\frac{N_2}{N_2}\cdot\frac{I_2}{I_1}}$ N_1——上段柱的轴心力 N_2——下段柱的轴心力	0.2	1.96	1.94	1.93	1.91	1.90	1.89	1.88	1.86	1.85	1.84	1.83	1.82	1.81	1.76	1.72	1.68	1.65	1.62
	0.3	1.96	1.94	1.93	1.92	1.91	1.89	1.88	1.87	1.86	1.85	1.84	1.83	1.82	1.77	1.73	1.70	1.66	1.63
	0.4	1.96	1.95	1.94	1.92	1.91	1.90	1.89	1.88	1.87	1.86	1.85	1.84	1.83	1.79	1.75	1.72	1.68	1.66
	0.5	1.96	1.95	1.94	1.93	1.92	1.91	1.90	1.89	1.88	1.87	1.86	1.85	1.85	1.81	1.77	1.74	1.71	1.69
	0.6	1.97	1.96	1.95	1.94	1.93	1.92	1.91	1.90	1.90	1.89	1.88	1.87	1.87	1.83	1.80	1.78	1.75	1.73
	0.7	1.97	1.97	1.96	1.95	1.94	1.94	1.93	1.92	1.92	1.91	1.90	1.90	1.89	1.86	1.84	1.82	1.80	1.78
	0.8	1.98	1.98	1.97	1.96	1.96	1.95	1.95	1.94	1.94	1.93	1.93	1.93	1.92	1.90	1.88	1.87	1.86	1.84
	0.9	1.99	1.99	1.98	1.98	1.98	1.97	1.97	1.97	1.97	1.96	1.96	1.96	1.96	1.95	1.94	1.93	1.92	1.92
	1.0	2.00	2.00	2.00	2.00	2.00	2.00	2.00	2.00	2.00	2.00	2.00	2.00	2.00	2.00	2.00	2.00	2.00	2.00
	1.2	2.03	2.04	2.04	2.05	2.06	2.07	2.07	2.08	2.08	2.09	2.10	2.10	2.11	2.13	2.15	2.17	2.18	2.20
	1.4	2.07	2.09	2.11	2.12	2.14	2.16	2.17	2.18	2.20	2.21	2.22	2.23	2.24	2.29	2.33	2.37	2.40	2.42
	1.6	2.13	2.16	2.19	2.22	2.25	2.27	2.30	2.32	2.34	2.36	2.37	2.39	2.41	2.48	2.54	2.59	2.63	2.67
	1.8	2.22	2.27	2.31	2.35	2.39	2.42	2.45	2.48	2.50	2.53	2.55	2.57	2.59	2.69	2.76	2.83	2.88	2.93
	2.0	2.35	2.41	2.46	2.50	2.55	2.59	2.62	2.66	2.69	2.72	2.75	2.77	2.80	2.91	3.00	3.08	3.14	3.20
	2.2	2.51	2.57	2.63	2.68	2.73	2.77	2.81	2.85	2.89	2.92	2.95	2.98	3.01	3.14	3.25	3.33	3.41	3.47
	2.4	2.68	2.75	2.81	2.87	2.92	2.97	3.01	3.05	3.09	3.13	3.17	3.20	3.24	3.38	3.50	3.59	3.68	3.75
	2.6	2.87	2.94	3.00	3.06	3.12	3.17	3.22	3.27	3.31	3.35	3.39	3.43	3.46	3.62	3.75	3.86	3.95	4.03
	2.8	3.06	3.14	3.20	3.27	3.33	3.38	3.43	3.48	3.53	3.58	3.62	3.66	3.70	3.87	4.01	4.13	4.23	4.32
	3.0	3.26	3.34	3.41	3.47	3.54	3.60	3.65	3.70	3.75	3.80	3.85	3.89	3.93	4.12	4.27	4.40	4.51	4.61

注：表中的计算长度系数μ_2值按$\tan\frac{\pi\eta_1}{\mu_2}+\eta_1 K_1\cdot\tan\frac{\pi}{\mu_2}=0$得出。

附表 7-5 柱上端为自由的双阶柱下段的计算长度系数μ_3

简图：

上端自由

I_1, I_2, I_3; H_1, H_2, H_3

$$K_1=\frac{I_1}{I_3}\cdot\frac{H_3}{H_1}$$

$$K_2=\frac{I_2}{I_3}\cdot\frac{H_3}{H_2}$$

$$\eta_1=\frac{H_1}{H_3}\sqrt{\frac{N_1}{N_3}\cdot\frac{I_3}{I_1}}$$

$$\eta_2=\frac{H_2}{H_3}\sqrt{\frac{N_2}{N_3}\cdot\frac{I_3}{I_2}}$$

N_1——上段柱的轴心力

N_2——下段柱的轴心力

N_3——下段柱的轴心力

K_1		0.05											0.10										
		K_2																					
η_1	η_2	0.2	0.3	0.4	0.5	0.6	0.7	0.8	0.9	1.0	1.1	1.2	0.2	0.3	0.4	0.5	0.6	0.7	0.8	0.9	1.0	1.1	1.2
0.2	0.2	2.02	2.03	2.04	2.05	2.05	2.06	2.07	2.08	2.09	2.10	2.10	2.03	2.03	2.04	2.05	2.06	2.07	2.08	2.08	2.09	2.10	2.11
	0.4	2.08	2.11	2.15	2.19	2.22	2.25	2.29	2.32	2.35	2.39	2.42	2.09	2.12	2.16	2.19	2.23	2.26	2.29	2.33	2.36	2.39	2.42
	0.6	2.20	2.29	2.37	2.45	2.52	2.60	2.67	2.73	2.80	2.87	2.93	2.21	2.30	2.38	2.46	2.53	2.60	2.67	2.74	2.81	2.87	2.93
	0.8	2.42	2.57	2.71	2.83	2.95	3.06	3.17	3.27	3.37	3.47	3.56	2.44	2.58	2.71	2.84	2.96	3.07	3.17	3.28	3.37	3.47	3.56
	1.0	2.75	2.95	3.13	3.30	3.45	3.60	3.74	3.87	4.00	4.13	4.25	2.76	2.96	3.14	3.30	3.46	3.60	3.74	3.88	4.01	4.13	4.25
	1.2	3.13	3.38	3.60	3.80	4.00	4.18	4.35	4.51	4.67	4.82	4.97	3.15	3.39	3.61	3.81	4.00	4.18	4.35	4.52	4.68	4.83	4.98
0.4	0.2	2.04	2.05	2.05	2.06	2.07	2.08	2.09	2.09	2.10	2.11	2.12	2.07	2.07	2.08	2.08	2.09	2.10	2.11	2.12	2.12	2.13	2.14
	0.4	2.10	2.14	2.17	2.20	2.24	2.27	2.31	2.34	2.37	2.40	2.43	2.14	2.17	2.20	2.23	2.26	2.30	2.33	2.36	2.39	2.42	2.46
	0.6	2.24	2.32	2.40	2.47	2.54	2.62	2.68	2.75	2.82	2.88	2.94	2.28	2.36	2.43	2.50	2.57	2.64	2.71	2.77	2.84	2.90	2.96
	0.8	2.47	2.60	2.73	2.85	2.97	3.08	3.19	3.29	3.38	3.48	3.57	2.53	2.65	2.77	2.88	3.00	3.10	3.21	3.31	3.40	3.50	3.59
	1.0	2.79	2.98	3.15	3.32	3.47	3.62	3.75	3.89	4.02	4.14	4.26	2.85	3.02	3.19	3.34	3.49	3.64	3.77	3.91	4.03	4.16	4.28
	1.2	3.18	3.41	3.62	3.82	4.01	4.19	4.36	4.52	4.68	4.83	4.98	3.24	3.45	3.65	3.85	4.03	4.21	4.38	4.54	4.70	4.85	4.99
0.6	0.2	2.09	2.09	2.10	2.10	2.11	2.12	2.12	2.13	2.14	2.15	2.15	2.22	2.19	2.18	2.17	2.18	2.18	2.19	2.19	2.20	2.20	2.21
	0.4	2.17	2.19	2.22	2.25	2.28	2.31	2.34	2.38	2.41	2.44	2.47	2.31	2.30	2.31	2.33	2.35	2.38	2.41	2.44	2.47	2.49	2.52
	0.6	2.32	2.38	2.45	2.52	2.59	2.66	2.72	2.79	2.85	2.91	2.97	2.48	2.49	2.54	2.60	2.66	2.72	2.78	2.84	2.90	2.96	3.02
	0.8	2.56	2.67	2.79	2.90	3.01	3.11	3.22	3.32	3.41	3.50	3.60	2.72	2.78	2.87	2.97	3.07	3.17	3.27	3.36	3.46	3.55	3.64
	1.0	2.88	3.04	3.26	3.36	3.50	3.65	3.78	3.91	4.04	4.16	4.26	3.04	3.15	3.28	3.42	3.56	3.70	3.83	3.95	4.08	4.20	4.31
	1.2	3.26	3.46	3.66	3.86	4.04	4.22	4.38	4.55	4.70	4.85	5.00	3.40	3.56	3.74	3.91	4.09	4.26	4.42	4.58	4.73	4.88	5.03
0.8	0.2	2.29	2.24	2.22	2.21	2.21	2.22	2.22	2.22	2.23	2.23	2.24	2.63	2.49	2.43	2.40	2.38	2.37	2.37	2.36	2.36	2.37	2.37
	0.4	2.37	2.34	2.34	2.36	2.38	2.40	2.43	2.45	2.48	2.51	2.54	2.71	2.59	2.55	2.54	2.54	2.55	2.57	2.59	2.61	2.63	2.65
	0.6	2.52	2.52	2.56	2.61	2.67	2.73	2.79	2.85	2.91	2.96	3.02	2.86	2.76	2.76	2.78	2.82	2.86	2.91	2.96	3.01	3.07	3.12
	0.8	2.74	2.79	2.88	2.98	3.08	3.17	3.27	3.36	3.46	3.55	3.63	3.06	3.02	3.06	3.13	3.20	3.29	3.37	3.46	3.54	3.63	3.71
	1.0	3.04	3.15	3.28	3.42	3.56	3.69	3.82	3.95	4.07	4.19	4.31	3.33	3.35	3.44	3.55	3.67	3.79	3.90	4.03	4.15	4.26	4.37
	1.2	3.39	3.55	3.73	3.91	4.08	4.25	4.42	4.58	4.73	4.88	5.02	3.65	3.73	3.86	4.02	4.18	4.34	4.49	4.64	4.79	4.94	5.08
1.0	0.2	2.69	2.57	2.51	2.48	2.46	2.45	2.45	2.44	2.44	2.44	2.44	3.18	2.95	2.84	2.77	2.73	2.70	2.68	2.67	2.66	2.65	2.65
	0.4	2.75	2.64	2.60	2.59	2.59	2.59	2.60	2.62	2.63	2.65	2.67	3.24	3.03	2.93	2.88	2.85	2.84	2.84	2.84	2.85	2.86	2.87
	0.6	2.86	2.78	2.77	2.79	2.83	2.87	2.91	2.96	3.01	3.06	3.10	3.36	3.16	3.09	3.07	3.08	3.09	3.12	3.15	3.19	3.23	3.27
	0.8	3.04	3.01	3.05	3.11	3.19	3.27	3.35	3.44	3.52	3.61	3.69	3.52	3.37	3.34	3.36	3.41	3.46	3.53	3.60	3.67	3.75	3.82
	1.0	3.29	3.32	3.41	3.52	3.64	3.76	3.89	4.01	4.13	4.24	4.35	3.74	3.64	3.67	3.74	3.83	3.93	4.03	4.14	4.25	4.35	4.46
	1.2	3.60	3.69	3.83	3.99	4.15	4.31	4.47	4.62	4.77	4.92	5.06	4.00	3.97	4.05	4.17	4.31	4.45	4.59	4.73	4.87	5.01	5.14

（续）

简图：

上端自由

I_1, I_2, I_3; H_1, H_2, H_3

$K_1=\frac{I_1}{I_3}\cdot\frac{H_3}{H_1}$

$K_2=\frac{I_2}{I_3}\cdot\frac{H_3}{H_2}$

$\eta_1=\frac{H_1}{H_3}\sqrt{\frac{N_1}{N_3}\cdot\frac{I_3}{I_1}}$

$\eta_2=\frac{H_2}{H_3}\sqrt{\frac{N_2}{N_3}\cdot\frac{I_3}{I_2}}$

N_1——上段柱的轴心力

N_2——下段柱的轴心力

N_3——下段柱的轴心力

K_1		0.05											0.10										
		K_2																					
η_1	η_2	0.2	0.3	0.4	0.5	0.6	0.7	0.8	0.9	1.0	1.1	1.2	0.2	0.3	0.4	0.5	0.6	0.7	0.8	0.9	1.0	1.1	1.2
1.2	0.2	3.16	3.00	2.92	2.87	2.84	2.81	2.80	2.79	2.78	2.77	2.77	3.77	3.47	3.32	3.23	3.17	3.12	3.09	3.07	3.05	3.04	3.03
	0.4	3.21	3.05	2.98	2.94	2.92	2.90	2.90	2.90	2.90	2.91	2.92	3.82	3.53	3.39	3.31	3.26	3.22	3.20	3.19	3.19	3.19	3.19
	0.6	3.30	3.15	3.10	3.08	3.08	3.10	3.12	3.15	3.18	3.22	3.26	3.91	3.64	3.51	3.45	3.42	3.42	3.42	3.43	3.45	3.48	3.50
	0.8	3.43	3.32	3.30	3.33	3.37	3.43	3.49	3.56	3.63	3.71	3.78	4.04	3.80	3.71	3.68	3.69	3.72	3.76	3.81	3.86	3.92	3.98
	1.0	3.62	3.57	3.60	3.68	3.77	3.87	3.98	4.09	4.20	4.31	4.42	4.21	4.02	3.97	3.99	4.05	4.12	4.20	4.29	4.39	4.48	4.58
	1.2	3.88	3.88	3.98	4.11	4.25	4.39	4.54	4.68	4.83	4.97	5.10	4.43	4.30	4.31	4.38	4.48	4.60	4.72	4.85	4.98	5.11	5.24
1.4	0.2	3.66	3.46	3.36	3.29	3.25	3.23	3.20	3.19	3.18	3.17	3.16	4.37	4.01	3.82	3.71	3.63	3.58	3.54	3.51	3.49	3.47	3.45
	0.4	3.70	3.50	3.40	3.35	3.31	3.29	3.27	3.26	3.26	3.26	3.26	4.41	4.06	3.88	3.77	3.70	3.66	3.63	3.60	3.59	3.58	3.57
	0.6	3.77	3.58	3.49	3.45	3.43	3.42	3.42	3.43	3.45	3.47	3.49	4.48	4.15	3.98	3.89	3.83	3.80	3.79	3.78	3.79	3.80	3.81
	0.8	3.87	3.70	3.64	3.63	3.64	3.67	3.70	3.75	3.81	3.86	3.92	4.59	4.28	4.13	4.07	4.04	4.04	4.06	4.08	4.12	4.16	4.21
	1.0	4.02	3.89	3.87	3.90	3.96	4.04	4.12	4.22	4.31	4.41	4.51	4.74	4.45	4.35	4.32	4.34	4.38	4.43	4.50	4.58	4.66	4.74
	1.2	4.23	4.15	4.19	4.27	4.39	4.51	4.64	4.77	4.91	5.04	5.17	4.92	4.69	4.63	4.65	4.72	4.80	4.90	5.10	5.13	5.24	5.36

K_1		0.20											0.30										
		K_2																					
η_1	η_2	0.2	0.3	0.4	0.5	0.6	0.7	0.8	0.9	1.0	1.1	1.2	0.2	0.3	0.4	0.5	0.6	0.7	0.8	0.9	1.0	1.1	1.2
0.2	0.2	2.04	2.04	2.05	2.06	2.07	2.08	2.08	2.09	2.10	2.11	2.12	2.05	2.05	2.06	2.07	2.08	2.09	2.09	2.10	2.11	2.12	2.13
	0.4	2.10	2.13	2.17	2.20	2.24	2.27	2.30	2.34	2.37	2.40	2.43	2.12	2.15	2.18	2.21	2.25	2.28	2.31	2.35	2.38	2.41	2.44
	0.6	2.23	2.31	2.39	2.47	2.54	2.61	2.68	2.75	2.82	2.88	2.94	2.25	2.33	2.41	2.48	2.56	2.63	2.69	2.76	2.83	2.89	2.95
	0.8	2.46	2.60	2.73	2 85	2.97	3.08	3.18	3.29	3.38	3.48	3.57	2.49	2.62	2.75	2.87	2.98	3.09	3.20	3.30	3.39	3.49	3.58
	1.0	2.79	2.98	3.15	3.32	3.47	3.61	3.75	3.89	4.02	4.14	4.26	3.82	3.00	3.17	3.33	3.48	3.63	3.76	3.90	4.02	4.15	4.27
	1.2	3.18	3.41	3.62	3.82	4.01	4.19	4.36	4.52	4.68	4.83	4.98	3.20	3.43	3.64	3.83	4.02	4.20	4.37	4.53	4.69	4.84	4.99
0.4	0.2	2.15	2.13	2.13	2.14	2.14	2.15	2.15	2.16	2.17	2.17	2.18	2.26	2.21	2.20	2.19	2.19	2.20	2.20	2.21	2.21	2.22	2.23
	0.4	2.24	2.24	2.26	2.29	ˊ2.32	2.35	2.38	2.41	2.44	2.47	2.50	2.36	2.33	2.33	2.35	2.38	2.40	2.43	2.46	2.49	2.51	2.54
	0.6	2.40	2.44	2.50	2.56	2.63	2.69	2.76	2.82	2.88	2.94	3.00	2.54	2.54	2.58	2.63	2.69	2.75	2.81	2.87	2.93	2.99	3.04
	0.8	2.66	2.74	2.84	2.95	3.05	3.15	3.25	3.35	3.44	3.53	3.62	2.79	2.83	2.91	3.01	3.10	3.20	3.30	3.39	3.48	3.57	3.66
	1.0	2.98	3.12	3.25	3.40	3.54	3.68	3.81	3.94	4.07	4.19	4.30	3.11	3.20	3.32	3.46	3.59	3.72	3.85	3.98	4.10	4.22	4.33
	1.2	3.35	3.53	3.71	3.90	4.08	4.25	4.41	4.57	4.73	4.87	5.02	3.47	3.60	3.77	3.95	4.12	4.28	4.45	4.60	4.75	4.90	5.04

（续）

简图	K_1		0.20											0.30										
			K_2																					
	η_1	η_2	0.2	0.3	0.4	0.5	0.6	0.7	0.8	0.9	1.0	1.1	1.2	0.2	0.3	0.4	0.5	0.6	0.7	0.8	0.9	1.0	1.1	1.2
	0.6	0.2	2.57	2.42	2.37	2.34	2.33	2.32	2.32	2.32	2.32	2.32	2.33	2.93	2.68	2.57	2.52	2.49	2.47	2.46	2.45	2.45	2.45	2.45
		0.4	2.67	2.54	2.50	2.50	2.51	2.52	2.54	2.56	2.58	2.61	2.63	3.02	2.79	2.71	2.67	2.66	2.66	2.67	2.69	2.70	2.72	2.74
		0.6	2.83	2.74	2.73	2.76	2.80	2.85	2.90	2.96	3.01	3.06	3.12	3.17	2.98	2.93	2.93	2.95	2.98	3.02	3.07	3.11	3.16	3.21
		0.8	3.06	3.01	3.05	3.12	3.20	3.29	3.38	3.46	3.55	3.63	3.72	4.37	3.24	3.23	3.27	3.33	3.41	3.48	3.56	3.64	3.72	3.80
		1.0	3.34	3.35	3.44	3.56	3.68	3.80	3.92	4.04	4.15	4.27	4.38	3.63	3.56	3.60	3.69	3.79	3.90	4.01	4.12	4.23	4.34	4.45
		1.2	3.67	3.74	3.88	4.03	4.19	4.35	4.50	4.65	4.80	4.94	5.08	3.94	3.92	4.02	4.15	4.29	4.43	4.58	4.72	4.87	5.01	5.14
	0.8	0.2	3.25	2.96	2.82	2.74	2.69	2.66	2.64	2.62	2.61	2.61	2.60	3.78	3.38	3.18	3.06	2.98	2.93	2.89	2.86	2.84	2.83	2.82
		0.4	3.33	3.05	2.93	2.87	2.84	2.83	2.83	2.83	2.84	2.85	2.87	3.85	3.47	3.28	3.18	3.12	3.09	3.07	3.06	3.06	3.06	3.06
		0.6	3.45	3.21	3.12	3.10	3.10	3.12	3.14	3.18	3.22	3.26	3.30	3.96	3.61	3.46	3.39	3.36	3.35	3.36	3.38	3.41	3.44	3.47
		0.8	3.63	3.44	3.39	3.41	3.45	3.51	3.57	3.64	3.71	3.79	3.86	4.12	3.82	3.70	3.67	3.68	3.72	3.76	3.82	3.88	3.94	4.01
		1.0	3.86	3.73	3.73	3.80	3.88	3.98	4.08	4.18	4.29	4.39	4.50	4.32	4.07	4.01	4.03	4.08	4.16	4.24	4.33	4.43	4.52	4.62
		1.2	4.13	4.07	4.13	4.24	4.36	4.50	4.64	4.78	4.91	5.05	5.18	4.57	4.38	4.38	4.44	4.54	4.66	4.78	4.90	5.03	5.16	5.29
	1.0	0.2	4.00	3.60	3.39	3.26	3.18	3.13	3.08	3.05	3.03	3.01	3.00	4.68	4.15	3.86	3.69	3.57	3.49	3.43	3.38	3.35	3.32	3.30
		0.4	4.06	3.67	3 48	3.37	3.30	3.26	3.23	3.21	3.21	3.20	3.20	4.73	4.21	3.94	3.78	3.68	3.61	3.57	3.54	3.51	3.50	3.49
		0.6	4.15	3.79	3.63	3.54	3.50	3.48	3.49	3.50	3.51	3.54	3.57	4.82	4.33	4.08	3.95	3.87	3.83	3.80	3.80	3.80	3.81	3.83
		0.8	4.29	3.97	3.84	3.80	3.79	3.81	3.85	3.90	3.95	4.01	4.07	4.94	4.49	4.28	4.18	4.14	4.13	4.14	4.17	4.20	4.25	4.29
		1.0	4.48	4.21	4.13	4.13	4.17	4.23	4.31	4.39	4.48	4.57	4.66	5.10	4.70	4.53	4.48	4.48	4.51	4.56	4.62	4.70	4.77	4.85
		1.2	4.70	4.49	4.47	4.52	4.60	4.71	4.82	4.94	5.07	5.19	5.31	5.30	4.95	4.84	4.83	4.88	4.96	5.05	5.15	5.26	5.37	5.48
	1.2	0.2	4.76	4.26	4.00	3.83	3.72	3.65	3.59	3.54	3.51	3.48	3.46	5.58	4.93	4.57	4.35	4.20	4.10	4.01	3.95	3.90	3.86	3.83
		0.4	4.81	4.32	4.07	3.91	3.82	3.75	3.70	3.67	3.65	3.63	3.62	5.62	4.98	4.64	4.43	4.29	4.19	4.12	4.07	4.03	4.01	3.98
		0.6	4.89	4.43	4.19	4.05	3.98	3.93	3.91	3.89	3.89	3.90	3.91	5.70	5.08	4.75	4.56	4.44	4.37	4.32	4.29	4.27	4.26	4.26
		0.8	5.00	4.57	4.36	4.26	4.21	4.20	4.21	4.23	4.26	4.30	4.34	5.80	5.21	4.91	4.75	4.66	4.61	4.59	4.59	4.60	4.62	4.65
		1.0	5.15	4.76	4.59	4.53	4.53	4.55	4.60	4.66	4.73	4.80	4.88	5.93	5.38	5.12	5.00	4.95	4.94	4.95	4.99	5.03	5.09	5.15
		1.2	5.34	5.00	4.88	4.87	4.91	4.98	5.07	5.17	5.27	5.38	5.49	6.10	5.59	5.38	5.31	5.30	5.33	5.39	5.46	5.54	5.63	5.73
	1.4	0.2	5.53	4.94	4.62	4.42	4.29	4.19	4.12	4.06	4.02	3.98	3.95	6.49	5.72	5.30	5.03	4.85	4.72	4.62	4.54	4.48	4.43	4.38
		0.4	5.57	4.99	4.68	4.49	4.36	4.27	4.21	4.16	4.13	4.10	4.08	6.53	5.77	5.35	5.10	4.93	4.80	4.71	4.64	4.59	4.55	4.51
		0.6	5.64	5.07	4.78	4.60	4.49	4.42	4.38	4.35	4.33	4.32	4.32	6.59	5.85	5.45	5.21	5.05	4.95	4.87	4.82	4.78	4.76	4.74
		0.8	5.74	5.19	4.92	4.77	4.69	4.64	4.62	4.62	4.63	4.65	4.67	6.68	5.96	5.59	5.37	5.24	5.15	5.10	5.08	5.06	5.06	5.07
		1.0	5.86	5.35	5.12	5.00	4.95	4.94	4.96	4.99	5.03	5.09	5.15	6.79	6.10	5.76	5.58	5.48	5.43	5.41	5.41	5.44	5.47	5.51
		1.2	6.02	5.55	5.36	5.29	5.28	5.31	5.37	5.44	5.52	5.61	5.71	6.93	6.28	5.98	5.84	5.78	5.76	5.79	5.83	5.89	5.95	6.03

简图：

上端自由

I_1, I_2, I_3; H_1, H_2, H_3

$K_1=\frac{I_1}{I_3}\cdot\frac{H_3}{H_1}$

$K_2=\frac{I_2}{I_3}\cdot\frac{H_3}{H_2}$

$\eta_1=\frac{H_1}{H_3}\sqrt{\frac{N_1}{N_3}\cdot\frac{I_3}{I_1}}$

$\eta_2=\frac{H_2}{H_3}\sqrt{\frac{N_2}{N_3}\cdot\frac{I_3}{I_2}}$

N_1——上段柱的轴心力

N_2——下段柱的轴心力

N_3——下段柱的轴心力

注：表中的计算长度系数 μ_3 值按 $\frac{\eta_1 K_1}{\eta_2 K_2}\cdot\tan\frac{\pi\eta_1}{\mu_3}\cdot\tan\frac{\pi\eta_2}{\mu_3}+\eta_1 K_1\cdot\tan\frac{\pi\eta_1}{\mu_3}\cdot\tan\frac{\pi}{\mu_3}+\eta_2 K_2\cdot\tan\frac{\pi\eta_2}{\mu_3}\cdot\tan\frac{\pi}{\mu_3}-1=0$ 得出。

附表 7-6 柱顶可移动但不转动的双阶柱下段的计算长度系数μ_3

K_1		0.05											0.10										
		K_2																					
η_1	η_2	0.2	0.3	0.4	0.5	0.6	0.7	0.8	0.9	1.0	1.1	1.2	0.2	0.3	0.4	0.5	0.6	0.7	0.8	0.9	1.0	1.1	1.2
0.2	0.2	1.99	1.99	2.00	2.00	2.01	2.02	2.02	2.03	2.04	2.05	2.06	1.96	1.96	1.97	0.97	1.98	1.98	1.99	2.00	2.00	2.01	2.02
	0.4	2.03	2.06	2.09	2.12	2.16	2.19	2.22	2.25	2.29	2.32	2.35	2.00	2.02	2.05	2.08	2.11	2.14	2.17	2.20	2.23	2.26	2.29
	0.6	2.12	2.20	2.28	2.36	2.43	2.50	2.57	2.64	2.71	2.77	2.83	2.07	2.14	2.22	2.29	2.36	2.43	2.50	2.56	2.63	2.69	2.75
	0.8	2.28	2.43	2.57	2.70	2.82	2.94	3.04	3.15	3.25	3.34	3.43	2.20	2.35	2.48	2.61	2.73	2.84	2.94	3.05	3.14	3.24	3.33
	1.0	2.53	2.76	2.96	3.13	3.29	3.44	3.59	3.72	3.85	3.98	4.10	2.41	2.64	2.83	3.01	3.17	3.32	3.46	3.59	3.72	3.85	3.97
	1.2	2.86	3.15	3.39	3.61	3.80	3.99	4.16	4.33	4.49	4.64	4.79	2.70	2.99	3.23	3.45	3.65	3.84	4.01	4.18	4.34	4.49	4.64
0.4	0.2	1.99	1.99	2.00	2.01	2.01	2.02	2.03	2.04	2.04	2.05	2.06	1.96	1.97	1.97	1.98	1.98	1.99	2.00	2.00	2.01	2.02	2.03
	0.4	2.03	2.06	2.09	2.13	2.16	2.19	2.23	2.26	2.29	2.32	2.35	2.00	2.03	2.06	2.09	2.12	2.15	2.18	2.21	2.24	2.27	2.30
	0.6	2.12	2.20	2.28	2.36	2.44	2.51	2.58	2.64	2.71	2.77	2.84	2.08	2.15	2.23	2.30	2.37	2.44	2.51	2.57	2.64	2.70	2.76
	0.8	2.29	2.44	2.58	2.71	2.83	2.94	3.05	3.15	3.25	3.35	3.44	2.21	2.36	2.49	2.62	2.73	2.85	2.95	3.05	3.15	3.24	3.34
	1.0	2.54	2.77	2.96	3.14	3.30	3.45	3.59	3.73	3.85	3.98	4.10	2.43	2.65	2.84	3.02	3.18	3.33	3.47	3.60	3.73	3.85	3.97
	1.2	2.87	3.15	3.40	2.61	3.81	3.99	4.17	4.33	4.49	4.65	4.79	2.71	3.00	3.24	3.46	3.66	3.85	4.02	4.19	4.34	4.49	4.64
0.6	0.2	1.99	1.98	2.00	2.01	2.02	2.03	2.04	2.04	2.05	0.06	2.07	1.97	1.98	1.98	1.99	2.00	2.00	2.01	2.02	2.02	2.03	2.04
	0.4	2.04	2.07	2.10	2.14	2.17	2.20	2.23	2.27	2.30	2.33	2.36	2.01	2.04	2.07	2.10	2.13	2.16	2.19	2.22	2.26	2.29	2.32
	0.6	2.13	2.21	2.29	2.37	2.45	2.52	2.59	2.65	2.72	2.78	2.84	2.09	2.17	2.24	2.32	2.39	2.46	2.52	2.59	2.65	2.71	2.77
	0.8	2.30	2.45	2.59	2.72	2.84	2.95	3.06	3.16	3.26	3.35	3.44	2.23	2.38	2.51	2.64	2.75	2.86	2.97	3.07	3.16	3.26	3.35
	1.0	2.56	2.78	2.97	3.15	3.31	3.46	3.60	3.73	3.86	3.99	4.11	2.45	2.68	2.86	3.03	3.19	3.34	3.48	3.61	3.74	3.86	3.98
	1.2	2.89	3.17	3.41	3.62	3.82	4.00	4.17	4.34	4.50	4.65	4.80	2.74	3.02	3.26	3.48	3.67	3.86	4.03	4.20	4.35	4.50	4.65
0.8	0.2	2.00	2.01	2.02	2.02	2.03	2.04	2.05	2.05	2.06	2.07	2.08	1.99	1.99	2.00	2.01	2.01	2.02	2.03	2.04	2.04	2.05	2.06
	0.4	2.05	2.08	2.12	2.15	2.18	2.21	2.25	2.28	2.31	2.34	2.37	2.03	2.06	2.09	2.12	2.15	2.19	2.22	2.25	2.28	2.31	2.34
	0.6	2.15	2.23	2.31	2.39	2.46	2.53	2.60	2.67	2.73	2.79	2.85	2.12	2.19	2.27	2.34	2.41	2.48	2.55	2.61	2.67	2.73	2.79
	0.8	2.32	2.47	2.61	2.73	2.85	2.96	3.07	3.17	3.27	3.36	3.45	2.27	2.41	2.54	2.66	2.78	2.89	2.99	3.09	3.18	3.28	3.37
	1.0	2.59	2.80	2.99	3.16	3.32	3.47	3.61	3.74	3.87	3.99	4.11	2.49	2.70	2.89	3.06	3.21	3.36	3.50	3.63	3.76	3.88	4.00
	1.2	2.92	3.19	3.42	3.63	3.83	4.01	4.18	4.35	4.51	4.66	4.81	2.78	3.05	3.29	3.50	3.69	3.88	4.05	4.21	4.37	4.52	4.66

简图

I_1 H_1 I_2 H_2 I_3 H_3

$$K_1=\frac{I_1}{I_3}\cdot\frac{H_3}{H_1}$$

$$K_2=\frac{I_2}{I_3}\cdot\frac{H_3}{H_2}$$

$$\eta_1=\frac{H_1}{H_3}\sqrt{\frac{N_1}{N_3}\cdot\frac{I_3}{I_1}}$$

$$\eta_2=\frac{H_2}{H_3}\sqrt{\frac{N_2}{N_3}\cdot\frac{I_3}{I_2}}$$

N_1——上段柱的轴心力

N_2——中段柱的轴心力

N_3——下段柱的轴心力

（续）

η_1	η_2	K_1=0.20, K_2=0.2	0.3	0.4	0.5	0.6	0.7	0.8	0.9	1.0	1.1	1.2
0.2	0.2	1.94	1.93	1.93	1.93	1.93	1.93	1.94	1.94	1.95	1.95	1.96
	0.4	1.96	1.98	1.99	2.02	2.04	2.07	2.09	2.12	2.15	2.17	2.20
	0.6	2.02	2.07	2.13	2.19	2.28	2.32	2.38	2.44	2.50	2.56	2.62
	0.8	2.12	2.23	2.35	2.47	2.58	2.68	2.78	2.88	2.98	3.07	3.15
	1.0	2.28	2.47	2.65	2.82	2.97	3.12	3.26	3.39	3.51	3.63	3.75
	1.2	2.50	2.77	3.01	3.22	3.42	3.60	3.77	3.93	4.09	4.23	4.38
0.4	0.2	1.93	1.93	1.93	1.93	1.94	1.94	1.95	1.95	1.96	1.96	1.97
	0.4	1.97	1.98	2.03	2.00	2.05	2.08	2.11	2.13	2.16	2.19	2.22
	0.6	2.03	2.08	2.14	2.21	2.27	2.33	2.40	2.46	2.52	2.58	2.63
	0.8	2.13	2.25	2.37	2.48	2.59	2.70	2.80	2.90	2.99	3.08	3.17
	1.0	2.29	2.49	2.67	2.83	2.99	3.13	3.27	3.40	3.53	3.64	3.76
	1.2	2.52	2.79	3.02	3.23	3.43	3.61	3.78	3.94	4.10	4.24	4.39
0.6	0.2	1.95	1.95	1.95	1.95	1.96	1.96	1.97	1.97	1.98	1.98	1.99
	0.4	1.98	2.00	2.02	2.05	2.08	2.10	2.13	2.16	2.19	2.21	2.24
	0.6	2.04	2.10	2.17	2.23	2.30	2.36	2.42	2.48	2.54	2.60	2.66
	0.8	2.15	2.27	2.39	2.51	2.62	2.72	2.82	2.92	3.01	3.10	3.19
	1.0	2.32	2.52	2.70	2.86	3.01	3.16	3.29	3.42	3.55	3.66	3.78
	1.2	2.55	2.82	3.05	3.26	3.45	3.63	3.80	3.96	4.11	4.26	4.40
0.8	0.2	1.97	1.97	1.98	1.98	1.99	1.99	2.00	2.01	2.01	2.02	2.03
	0.4	2.00	2.03	2.06	2.08	2.11	2.14	2.17	2.20	2.22	2.25	2.28
	0.6	2.08	2.14	2.21	2.27	2.34	2.40	2.46	2.52	2.58	2.64	2.69
	0.8	2.19	2.32	2.44	2.55	2.66	2.76	2.86	2.96	3.05	3.13	3.22
	1.0	2.37	2.57	2.74	2.90	3.05	3.19	3.33	3.45	3.58	3.69	3.81
	1.2	2.61	2.87	3.09	3.30	3.49	3.66	3.83	3.99	4.14	4.29	4.42

η_1	η_2	K_1=0.30, K_2=0.2	0.3	0.4	0.5	0.6	0.7	0.8	0.9	1.0	1.1	1.2
0.2	0.2	1.92	1.91	1.90	1.89	1.89	1.89	1.90	1.90	1.90	1.90	1.91
	0.4	1.95	1195	1.96	1.97	1.99	2.01	2.04	2.06	2.08	2.11	2.13
	0.6	1.99	2.03	2.08	2.13	2.18	2.24	2.29	2.35	2.41	2.46	2.52
	0.8	2.07	2.16	2.27	2.37	2.47	2.57	2.66	2.75	2.84	2.93	3.01
	1.0	2.20	2.37	2.53	2.69	2.83	2.97	3.10	3.23	3.35	3.46	3.57
	1.2	2.39	2.63	2.85	3.05	3.24	3.42	3.58	3.74	3.89	4.03	4.17
0.4	0.2	1.92	1.91	1.91	1.90	1.90	1.91	1.91	1.91	1.92	1.92	1.92
	0.4	1.95	1.96	1.97	1.99	2.01	2.03	2.05	2.08	2.10	2.12	2.15
	0.6	2.00	2.04	2.09	2.14	2.20	2.26	2.31	2.37	2.42	2.48	2.53
	0.8	2.08	2.18	2.28	2.39	2.49	2.59	2.68	2.77	2.86	2.95	3.03
	1.0	2.22	2.39	2.55	2.71	2.85	2.99	3.12	3.24	3.36	3.48	3.59
	1.2	2.41	2.65	2.87	3.07	3.26	3.43	3.60	3.75	3.90	4.04	4.18
0.6	0.2	1.93	1.92	1.92	1.93	1.93	1.93	1.93	1.94	1.94	1.95	1.95
	0.4	1.96	1.97	1.99	2.01	2.03	2.06	2.08	2.11	2.13	2.16	2.18
	0.6	2.02	2.06	2.12	2.17	2.23	2.29	2.35	2.40	2.46	2.51	2.57
	0.8	2.11	2.21	2.32	2.42	2.52	2.62	2.71	2.80	2.89	2.98	3.06
	1.0	2.25	2.42	2.59	2.74	2.88	3.02	3.15	3.27	3.39	3.50	3.61
	1.2	2.44	2.69	2.91	3.11	3.29	3.46	3.62	3.78	3.93	4.07	4.20
0.8	0.2	1.96	1.95	1.96	1.96	1.97	1.97	1.98	1.98	1.99	1.99	2.00
	0.4	1.99	2.01	2.03	2.05	2.08	2.10	2.13	2.15	2.18	2.21	2.23
	0.6	2.05	2.10	2.16	2.22	2.28	2.34	2.40	2.45	2.51	2.56	2.81
	0.8	2.15	2.26	2.37	2.47	2.57	2.67	2.76	2.85	2.94	3.02	3.10
	1.0	2.30	2.48	2.64	2.79	2.93	3.07	3.19	3.31	3.43	3.54	3.65
	1.2	2.50	2.74	2.96	3.15	3.33	3.50	3.66	3.81	3.96	4.10	4.23

简图

I_1, I_2, I_3; H_1, H_2, H_3

$$K_1=\frac{I_1}{I_3}\cdot\frac{H_3}{H_1}$$

$$K_2=\frac{I_2}{I_3}\cdot\frac{H_3}{H_2}$$

$$\eta_1=\frac{H_1}{H_3}\sqrt{\frac{N_1}{N_3}\cdot\frac{I_3}{I_1}}$$

$$\eta_2=\frac{H_2}{H_3}\sqrt{\frac{N_2}{N_3}\cdot\frac{I_3}{I_2}}$$

N_1——上段柱的轴心力

N_2——中段柱的轴心力

N_3——下段柱的轴心力

（续）

简图

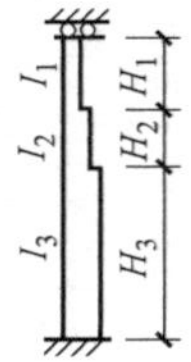

$K_1=\frac{I_1}{I_3}\cdot\frac{H_3}{H_1}$

$K_2=\frac{I_2}{I_3}\cdot\frac{H_3}{H_2}$

$\eta_1=\frac{H_1}{H_3}\sqrt{\frac{N_1}{N_3}\cdot\frac{I_3}{I_1}}$

$\eta_2=\frac{H_2}{H_3}\sqrt{\frac{N_2}{N_3}\cdot\frac{I_3}{I_2}}$

N_1——上段柱的轴心力
N_2——中段柱的轴心力
N_3——下段柱的轴心力

K_1		0.20											0.30										
		K_2																					
η_1	η_2	0.2	0.3	0.4	0.5	0.6	0.7	0.8	0.9	1.0	1.1	1.2	0.2	0.3	0.4	0.5	0.6	0.7	0.8	0.9	1.0	1.1	1.2
1.0	0.2	2.01	2.02	2.03	2.03	2.04	2.05	2.05	2.06	2.07	2.07	2.08	2.01	2.02	2.02	2.03	2.04	2.04	2.05	2.06	2.06	2.07	2.07
	0.4	2.06	2.09	2.11	2.14	2.17	2.20	2.23	2.25	2.28	2.31	2.33	2.05	2.08	2.10	2.13	2.16	2.18	2.21	2.23	2.26	2.28	2.31
	0.6	2.14	2.21	2.27	2.34	2.40	2.46	2.52	2.58	2.63	2.69	2.74	2.13	2.19	2.25	2.30	2.36	2.42	2.47	2.53	2.58	2.63	2.68
	0.8	2.27	2.39	2.51	2.62	2.72	2.82	2.91	3.00	3.09	3.18	3.26	2.24	2.35	2.45	2.55	2.65	2.74	2.83	2.92	3.00	3.08	3.16
	1.0	2.46	2.64	2.81	2.96	3.10	3.24	3.37	3.50	3.61	3.73	3.84	2.40	2.57	2.72	2.86	3.00	3.13	3.25	3.37	3.48	3.59	3.70
	1.2	2.69	2.94	3.15	3.35	3.53	3.71	3.87	4.02	4.17	4.32	4.46	2.60	2.83	3.03	3.22	3.39	3.56	3.71	3.86	4.01	4.14	4.28
1.2	0.2	2.13	2.12	2.12	2.13	2.13	2.14	2.14	2.15	2.15	2.16	2.16	2.17	2.16	2.16	2.16	2.16	2.16	2.17	2.17	2.18	2.18	2.19
	0.4	2.18	2.19	2.21	2.24	2.26	2.29	2.31	2.34	2.36	2.38	2.41	2.22	2.22	2.24	2.26	2.28	2.30	2.32	2.34	2.36	2.39	2.41
	0.6	2.27	2.32	2.37	2.43	2.49	2.54	2.60	2.65	2.70	2.76	2.81	2.29	2.33	2.38	2.43	2.48	2.53	2.58	2.62	2.67	2.72	2.77
	0.8	2.41	2.50	2.60	2.70	2.80	2.89	2.98	3.07	3.15	3.23	3.32	2.41	2.49	2.58	2.67	2.75	2.84	2.92	3.00	3.08	3.16	3.23
	1.0	2.59	2.74	2.89	3.04	3.17	3.30	3.43	3.55	3.66	3.78	3.89	2.56	2.69	2.83	2.96	3.09	3.21	3.33	3.44	3.55	3.66	3.76
	1.2	2.81	3.03	3.23	3.42	3.59	3.76	3.92	4.07	4.22	4.36	4.49	2.74	2.94	3.13	3.30	3.47	3.63	3.78	3.92	4.06	4.20	4.33
1.4	0.2	2.35	2.31	2.29	2.28	2.27	2.27	2.27	2.27	2.27	2.28	2.28	2.45	2.40	2.37	2.35	2.35	2.34	2.34	2.34	2.34	2.34	2.34
	0.4	2.40	2.37	2.37	2.38	2.39	2.41	2.43	2.45	2.47	2.49	2.51	2.48	2.45	2.44	2.44	2.45	2.46	2.48	2.49	2.51	2.53	2.55
	0.6	2.48	2.49	2.52	2.56	2.61	2.65	2.70	2.75	2.80	2.85	2.89	2.55	2.54	2.56	2.60	2.63	2.67	2.71	2.75	2.80	2.84	2.88
	0.8	2.60	2.66	2.73	2.82	2.90	2.98	3.07	3.15	3.23	3.31	3.38	2.64	2.68	2.74	2.81	2.89	2.96	3.04	3.11	3.18	3.25	3.33
	1.0	2.77	2.88	3.01	3.14	3.26	3.38	3.50	3.62	3.73	3.84	3.94	2.77	2.87	2.98	3.09	3.20	3.32	3.43	3.53	3.64	3.74	3.84
	1.2	2.97	3.15	3.33	3.50	3.67	3.83	3.98	4.13	4.27	4.41	4.54	2.94	3.09	3.26	3.41	3.57	3.72	3.86	4.00	4.13	4.26	4.39

注：表中的计算长度系数 μ_3 值按 $\frac{\eta_1 K_1}{\eta_2 K_2}\cdot\cot\frac{\pi\eta_1}{\mu_3}\cdot\cot\frac{\pi\eta_2}{\mu_3}+\frac{\eta_1 K_1}{(\eta_2 K_2)^2}\cdot\cot\frac{\pi\eta_1}{\mu_3}\cdot\cot\frac{\pi}{\mu_3}+\frac{1}{\eta_2 K_2}\cdot\cot\frac{\pi\eta_2}{\mu_3}\cdot\cot\frac{\pi}{\mu_3}-1=0$ 得出。

附录8　疲劳计算时的构件和连接分类

附表8-1　构件和连接的分类

项次	简图	说　明	类别
1	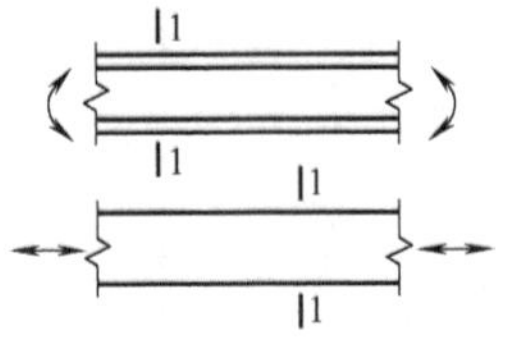	无连接处的主体金属 (1)轧制型钢 (2)钢板 1)两边为轧制边或刨边 2)两侧为自动、半自动切割边(切割质量标准应符合现行国家标准《钢结构工程施工质量验收标准》GB 50205—2020)	 1 1 2
2	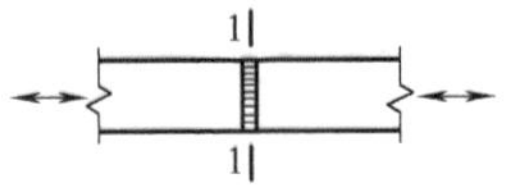	横向坡口焊缝(groove weld)附近的主体金属 (1)符合现行国家标准《钢结构工程施工验收标准》GB 50205—2020的一级焊缝 (2)经加工、磨平的一级焊缝	 3 2
3	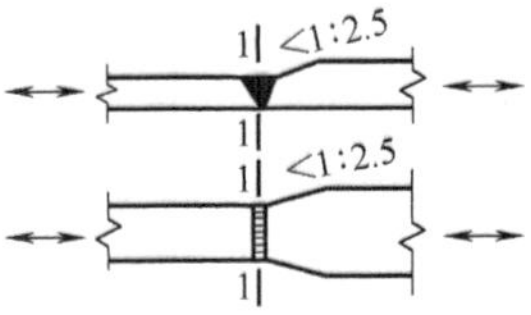	不同厚度(或宽度)横向坡口焊缝附近的主体金属,焊缝加工成平滑过渡并符合一级焊缝标准	2
4	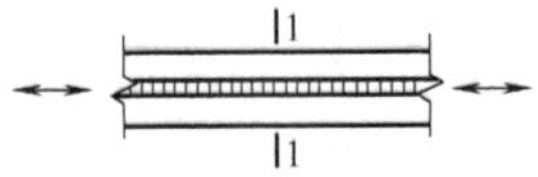	纵向坡口焊缝附近的主体金属,焊缝符合二级焊缝标准	2
5	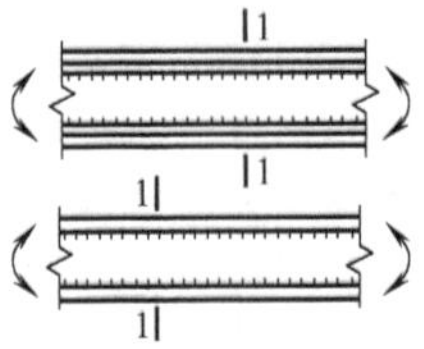	翼缘连接焊缝附近的主体金属 (1)翼缘板与腹板的连接焊缝 1)自动焊,二级T形对接和角接组合焊缝 2)自动焊,角焊缝,外观质量标准符合二级 3)手工焊,角焊缝,外观质量标准符合二级 (2)双层翼缘板之间的连接焊缝 1)自动焊,角焊缝,外观质量标准符合二级 2)手工焊,角焊缝,外观质量标准符合二级	 2 3 4 3 4
6		横向加劲肋端部附近的主体金属 (1)肋端不断弧(采用回焊) (2)肋端断弧	 4 5
7	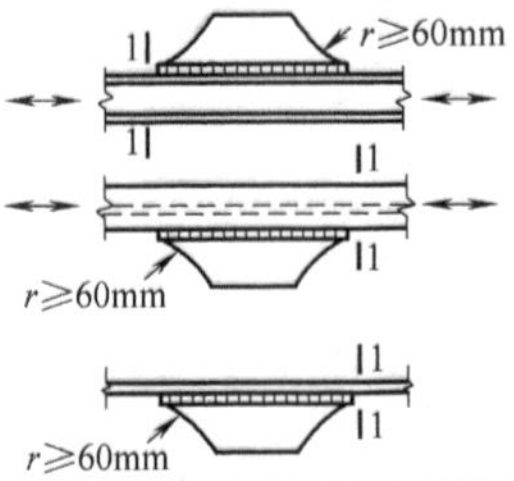	梯形节点板用坡口焊缝焊于梁翼缘、腹板以及桁架构件处的主体金属,过渡处在焊后铲平、磨光、圆弧过渡,不得有焊接起弧、灭弧缺陷	5
8	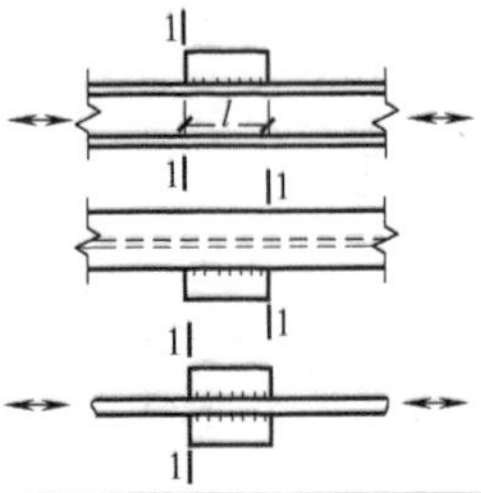	矩形节点板焊接于构件翼缘或腹板处的主体金属,l>150mm	7

（续）

项次	简图	说　明	类别
9	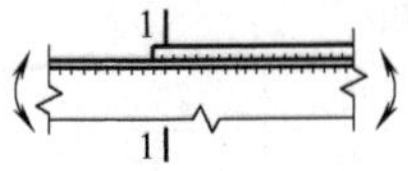	翼缘板中断处的主体金属（板端有正面焊缝）	7
10	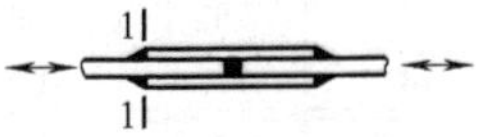	向正面角焊缝过渡处的主体金属	6
11	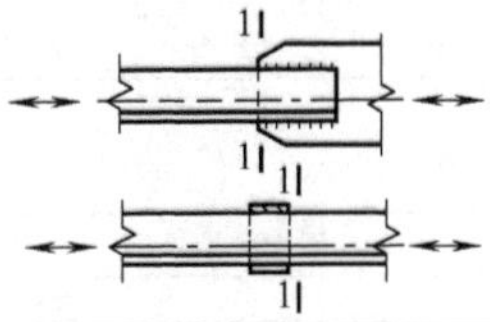	两侧面角焊缝连接端部的主体金属	8
12	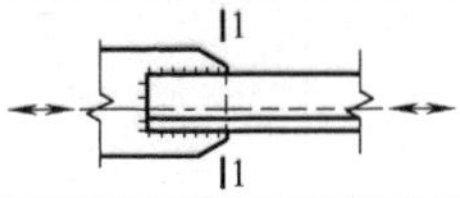	三面围焊的角焊缝端部主体金属	7
13	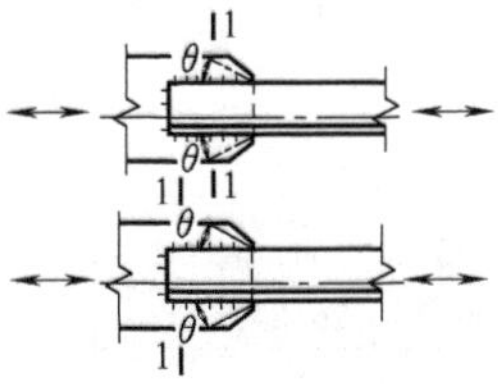	三面围焊或两侧面角焊缝连接的节点板主体金属（节点板计算宽度按应力扩散角 θ 等于 30°考虑）	7
14	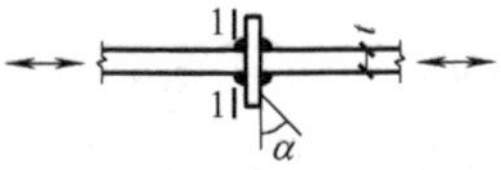	K 形坡口 T 形对接与角接组合焊缝处的主体金属，两板轴线偏离小于 0.15t，焊缝为二级，焊趾角 $\alpha\leqslant45°$	5
15	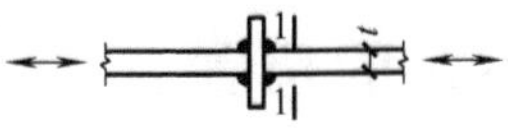	十字接头角焊缝处的主体金属，两板轴线偏离小于 0.15t	7
16	角焊缝	按有效截面确定的剪应力幅计算	8
17	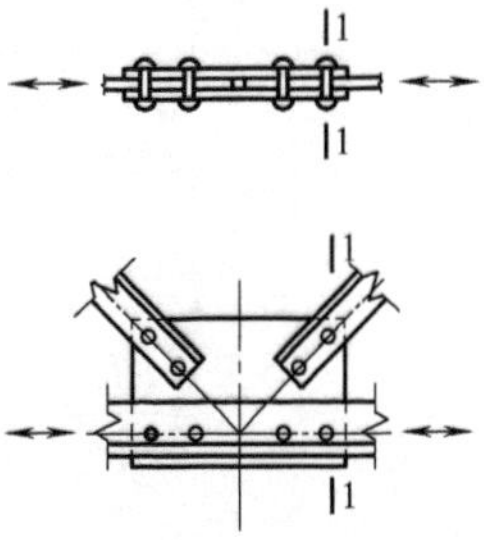	铆钉连接处的主体金属	3
18	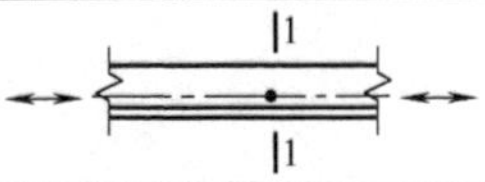	连系螺栓和虚孔处的主体金属	3
19	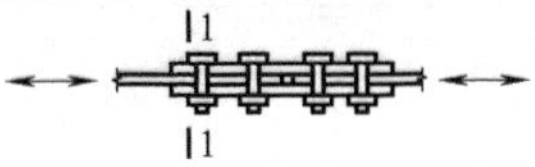	高强度螺栓摩擦型连接处的主体金属	2

注：1. 所有对接焊缝及 T 形对接和铰接组合焊缝均需焊透。所有焊缝的外形尺寸均应符合现行标准《钢结构焊缝　外形尺寸》的规定。

2. 角焊缝应符合《钢结构设计标准》的要求。

3. 项次 16 中的剪应力幅 $\Delta\tau=\tau_{max}-\tau_{min}$，其中 τ_{min} 的正负值：与 τ_{max} 同方向时，取正值；与 τ_{max} 反方向时，取负值。

4. 第 17、18 项中的应力应以净截面面积计算，第 19 项应以毛截面面积计算。

附录 9 螺栓和锚栓规格

附表 9-1 螺栓螺纹处的有效截面面积

公称直径	12	14	16	18	20	22	24	27	30
螺栓有效截面面积 A_e/cm^2	0.84	1.15	1.57	1.92	2.45	3.03	3.53	4.59	5.61
公称直径	33	36	39	42	45	48	52	56	60
螺栓有效截面面积 A_e/cm^2	6.94	8.17	9.76	11.2	13.1	14.7	17.6	20.3	23.6
公称直径	64	68	72	76	80	85	90	95	100
螺栓有效截面面积 A_e/cm^2	26.8	30.6	34.6	38.9	43.4	49.5	55.9	62.7	70.0

附表 9-2 锚栓规格

	Ⅰ				Ⅱ			Ⅲ			
形式	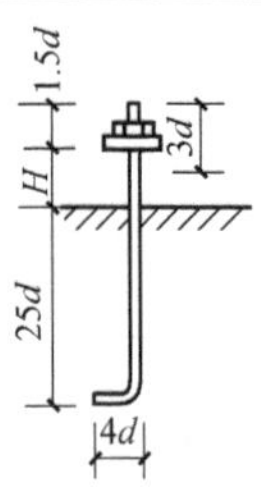				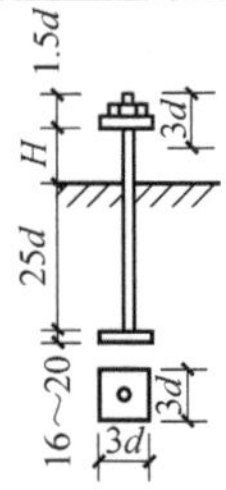			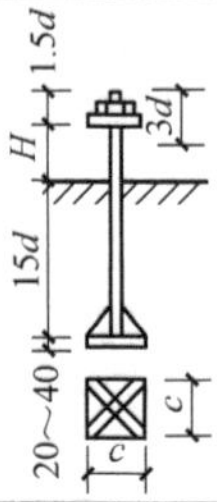			
锚栓直径 d/mm	20	24	30	36	42	48	26	64	72	80	90
锚栓有效截面面积/cm^2	2.45	3.53	5.61	8.17	11.2	14.7	20.3	26.8	34.6	43.4	55.9
锚栓设计拉力 /kN(Q235 钢)	34.3	49.4	78.5	114.1	156.9	206.2	284.2	375.2	484.4	608.2	782.7
Ⅲ型锚栓 锚板宽度 c/mm					140	200	200	240	280	350	400
Ⅲ型锚栓 锚板厚度 t/mm					20	20	20	25	30	40	40

附录 10 扇性惯性矩 I_w 及剪心 S 的位置

附表 10-1 I_w 值及 S 的位置

截面形式	剪心位置	扇性惯性矩 I_w
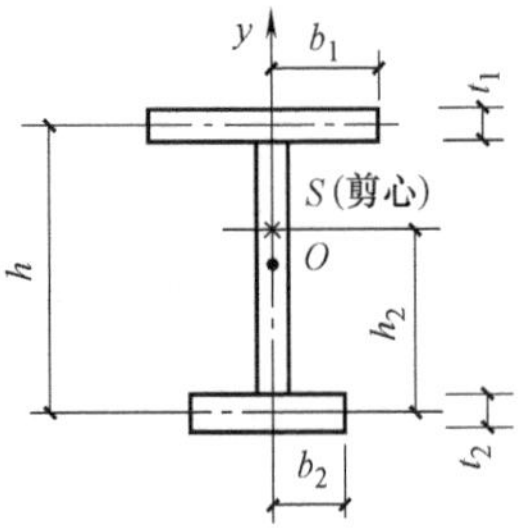	$h_2=\frac{I_1}{I_y}h$ $I_1=\frac{2}{3}t_1b_1^3$ $I_2=\frac{2}{3}t_2b_2^3$ $I_y=I_1+I_2$	$I_w=\frac{I_1I_2}{I_y}h^2$
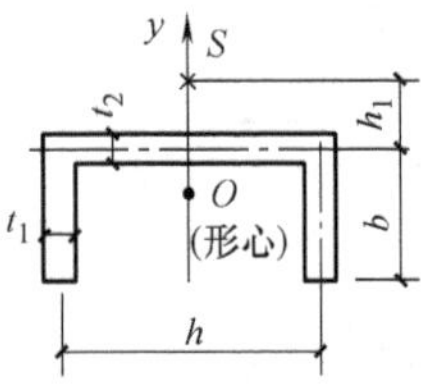	$h_1=\frac{I_3}{I_y}$ $I_1=\frac{t_1bh^2}{4},I_2=\frac{t_2h^3}{12}$ $I_3=\frac{t_1b^2h}{4}$ $I_y=2I_1+I_2$	$I_w=\frac{I_1+2I_2}{I_y}\times\frac{I_1b^2}{3}$

（续）

截面形式	剪心位置	扇性惯性矩 I_w
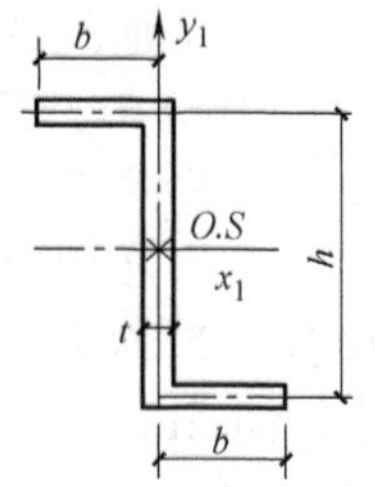		$I_w=\frac{h^2}{4}I_{y1}-\frac{I_{x1y1}^2}{A}$ I_{y1}——关于 y_1 轴的截面惯性矩 I_{x1y1}——关于 x_1，y_1 轴的截面惯性矩 A——截面面积
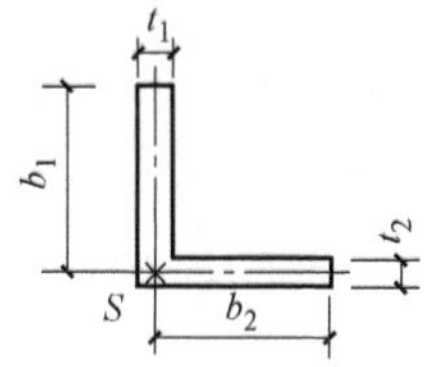		$I_w=\frac{1}{36}(t_1^3b_1^3+t_2^3b_2^3)$ （薄壁时：$I_w=0$）
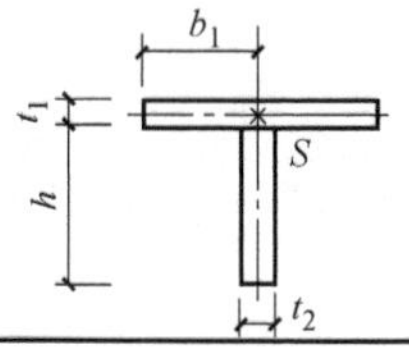		$I_w=\frac{1}{36}(2t_1^3b_1^3+t_2^3h^3)$ （薄壁时：$I_w=0$）

附录 11　近代弹性稳定性理论简介

附录 11.1　基本概念

任何物体的平衡状态可能具有三种形式：稳定平衡状态，不稳定平衡状态（失稳状态），随遇平衡状态。

设物体在其平衡位置附近作无限小偏离后，如果物体仍然能够恢复到它原来的平衡位置，则这种平衡状态称为稳定平衡；如果物体在微小偏离其平衡位置后，不能再恢复到它的原来位置，反而继续偏离下去，则这种状态称为不稳定平衡状态或者失稳状态。随遇平衡状态则往往是从稳定平衡状态向不稳定平衡状态过渡的一种中间状态，在这种状态中，物体在平衡位置上势能没有极值。

在一般情况下，物体可能在某些方向运动时，平衡位置是稳定的，而在另外一些方向运动时，其平衡位置却是不稳定的。这就是说，从平衡位置不同的偏离方向可能出现不同的稳定性性质。例如，将一个刚性小球放在一个正负双曲抛物面（鞍形曲面）的中央点上，就会出现这种稳定性性质。

事实上，在以上的稳定性概念的叙述中，我们已经提出了一种稳定性的差别准则（里雅普诺夫准则）：“在一个有限自由度的广义坐标内，有一个以坐标系 u_i（$i=1$，2，…，n）描述其位置的系统，在平衡状态时 $u_i=0$，系统随时间而变化的速度为 $\dot{u}_i$；如果系统偏离其平衡位置，而总可以找到这样的初始特征值 u_i^0 和 $\dot{u}_i^0$，使在以后的运动中 $|u_i|$ 和 $|\dot{u}_i|$ 不越出某些予先所规定的界限，则此界限可以判别系统是稳定平衡的。否则系统是不稳定平衡的”。

在薄壳结构的稳定性问题中，如果壳体结构所承受的是与某一特征参数 λ 成比例的荷载系统，并且系统是保守的，则这时存在两种基本类型的失稳形态：分支点（或分叉点）失稳和极值点失稳（附图 11-1 和附图 11-2）两种类型失稳的临界荷载值分别为 λ_c 和 λ_{max}。分支点（分叉点）失稳状态的特征是在稳定平衡的基本状态 I 附近存在着另一个相邻的平衡状态，而在分支点处将要发生稳定性的变换。在附图 11-1 中示出实曲线的稳定分支与虚曲线的不稳定分支在分支点处的变换。极值点的失稳过程没有明显的分支点（分叉点），但是在变形途径中存在一个最大荷载值（极值点），达到最大荷载值后，变形会迅速增大，而荷载反而下降（附图 11-2）。分支点和极值点都称为临界点，相应的荷载值 λ_c 和 λ_{max} 称为结构屈曲时的临界荷载。与它相对应的状态称为临界状态。在到达临界状态之前的平衡状态（又称为平衡位形（equilibrium configuration）称为前屈曲平衡状态或前屈曲平衡位形（pre-buckling equilibrium configuration），在超过临界状态之后的平衡状态（平衡位形）称为后屈曲平衡状态或后屈曲平衡位形（post-buckling equilibrium configuration）。

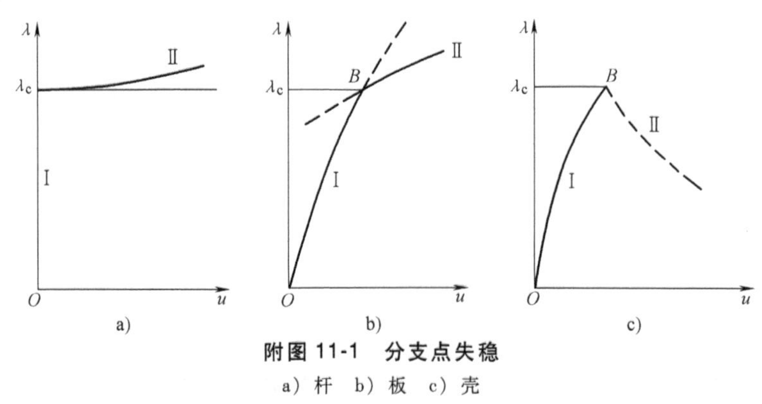

附图 11-1　分支点失稳

a）杆　b）板　c）壳

判别临界状态（临界点）的稳定性准则可以区分为两大类，即平衡的小稳定性准则和平衡的大稳定性准则。前者以小挠度线性理论为基础，后者则是研究后屈曲平衡位形的非线性（大变形）理论。薄壳的弹性稳定性问题就其实质来说应该属于弹性力学非线性理论的范畴之内，但是薄壳稳定性的许多重要的基本结果却可以从线性的小变形理论获得。

用小稳定性准则判别分支点（分叉点）失稳问题可以用三个等价的判别准则：即动力学准则、能量准则和静力学准则。静力学准则或者微扰动准则就是认为在分支点附近可以存在一种无限小的相邻平衡状态，列出微扰动的平衡微分方程式，这时问题就归结为求解线性微分方程式的特征值问题，当微扰动的平衡微分方程式不能积分成有限的形式时，则可以寻求无穷级数形式的解，而特征方程式也将由这些级数所组成，临界荷载的计算虽然没有原则性的困难，但是计算量很大，尤其是对于比较复杂而收敛很慢的级数，就应该应用现代电子计算机。有时，代替列出特征方程式的方法还可以用附加微荷载方法。这就是在所要求的临界荷载上再附加一个微量荷载，然后考察当原荷载等于多少时，由附加荷载所引起的变形将无限制地增加，这时所对应的原荷载就是临界荷载。

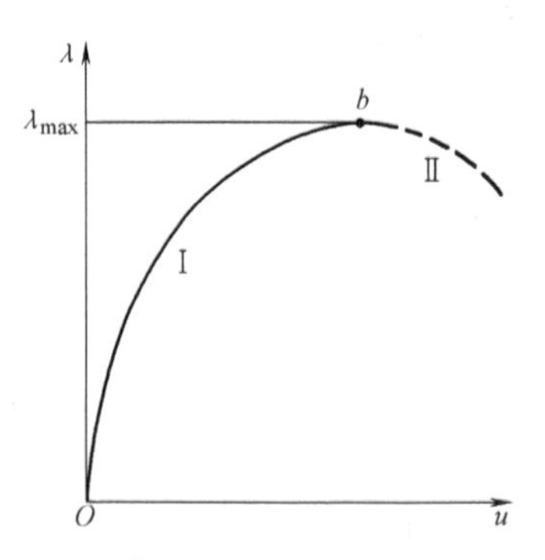

附图 11-2　极值点失稳

能量准则认为在变形结构及其外荷载的力学系统中必定存在一个总势能 Π，如果它对于所有相邻状态的能量值来说是最小的，则可以判别基本状态是稳定平衡的。按照狄里赫里定理，在平衡位置上，势能有极值，而当势能有极小值时，平衡是稳定的，当势能有极大值时，平衡是不稳定的。

由于系统的总势能函数 Π 是一个泛函，所以系统在平衡位置上时．泛函的一阶变分 $\delta\Pi$ 等于零（$\delta\Pi=0$），势能有极值。如果泛函的二阶变分大于零，即 $\delta^2\Pi>0$，势能有极小值，基本状态是稳定平衡的。如果泛函的二阶变分小于零，即 $\delta^2\Pi<0$，势能有极大值，状态是不稳定平衡的。当泛函的二阶变分等于零时，系统处于从稳定平衡状态向不稳定平衡状态过渡的中间状态，这也就是临界状态，于是 $\delta^2\Pi=0$ 表征临界状态。如果要在临界状态的无限邻近研究其初始后屈曲平衡位形的性能，由于这时一阶变分和二阶变分都等于零（$\delta\Pi=0$，$\delta^2\Pi=0$），所以就必须考察势能泛函的三阶和四阶或更高阶的变分。这就是近代稳定性理论，即柯依脱（Koiter）的初始后屈曲理论的出发点。由此引出了结构对于“初始缺陷敏感度”的概念。

上述小稳定性准则除了在数学上作了线性化处理外，还需要假定结构系统是完善的，所谓“完善结构”就是结构系统在几何上是无初始缺陷的，在荷载系统上是理想的（无偏心）。然而，实际工程结构总是在不同程度上存在着各种各样的缺陷因素，理想的完善结构只具有理论上的意义。一个结构只要具有初始缺陷，一般就不再是平衡分支问题，它们大多数以极值点的形态失稳；或者，当结构具有一定程度的初始缺陷时，它们在缺陷的影响下就可能从失稳问题转化为一个具有梁柱效应（Beam column effect）的弯曲问题（强度问题）。需要正确处理这种失稳和强度的相互影响和互相转化的问题，例如轴向荷载 N 具有一定偏心度的弹性压杆，对于所有的 N 值都存在唯一的非平凡解（弯曲强度问题），而当 N 值趋近于该“完善”压杆的特征值时，弯曲挠度将趋向无限。但是实际上由于压杆材料的物理非线性的影响，挠度事实上不可能无限扩展，于是最后形成极值点形式的失稳。对于这一问题，勃列赫（Bleich）曾经指出：“偏心受压杆子的破坏荷载不是由于纤维应力达到某一临界值的结果，而是由于在某一临界荷载下，内外弯矩之间的稳定平衡成为不可能，企图把偏心柱子问题作为应力问题来考虑肯定是会失败的，因为这样完全误解了问题的主要性质。”这里说明了非完善压杆按极值点失稳的规律性。极值点失稳问题的特征是荷载位移曲线具有强烈的非线性性质，因而对于处理极值点失稳的基本平衡位形问题遇到了很大困难，这就形成了近代稳定性理论发展的一个主要方向。

虽然分支点失稳一般都可以由线性特征值问题表示其特征，但是实际结构的表现却是在临界荷载分支性荷载邻近发生范围十分广泛的变化。早在 30 年代就在试验中观察到四边简支矩形薄板在其板平面内可以承受的压力远远超过其临界荷载。后来又在理论上加以论证，说明受压薄板发生屈曲的过程十分缓慢，初始屈曲状态甚至不能察觉。当超过临界荷载时，屈曲波形逐渐明显，而随着屈曲波形的发展，荷载仍然可以继续增大。这就是附图 11-1b 类型的分支点失稳的典型例子，在这里，表征结构承载能力的临界荷载的设计概念事实上失去了意义。对于此例采用经典的线性理论所算出的平衡分支荷载作为设计荷载是偏于保守的。当然，由于矩形薄板的材料本身的物理非线性影响，最后仍然可能转化为极值点失稳。在另一方面，薄壳结构实验（例如受轴压的圆柱薄壳，受均匀外压的薄球壳）又表明这些结构在线性稳定性理论的预测值的几分之一就已经屈曲破坏了。这是附图 11-1c 类型的分支点失稳的典型例子。当然，这时应用线性理论的临界载荷作为铀压柱壳的设计荷载是比较危险的。要了解临界荷载对于各种类型结构所具有的这种巨大差别的离散现象的原因，就必须在其临界状态（临界点）附近对其平衡的所有相邻状态进行深入的研究分析。显然，这就需要应用比线性特征值问题更为复杂得多的分析方法。近代的稳定性理论：非线性（大变形）理论，前屈曲一致理论（斯坦因理论）；初始后屈曲理论（柯依脱理论）等就是在这样的背景下发展起来的。

附录 11.2 近代稳定性理论

近代稳定性理论可以分为以下三种：

1）非线性大变形稳定性理论（Non-linear large deformation theory of stability）。

2）非线性前屈曲一致理论（斯坦因理论）Non-linear prebuckling consistent theory（Stein′s Theory）。

3）初始后屈曲理论（柯依脱理论）Inital post-buckling theory（Koiter′s Theory）。

非线性稳定性理论应该包含两种因素，即材料的物理非线性和几何非线性。如果结构在失稳之前已经发生塑性变形，则在失稳时物理因素和几何因素这两种非线性因素互相影响，使结构的屈曲过程十分复杂。对于薄板和薄壳的弹性失稳问题来说，非线性影响主要是通过大变形（大位移）所引起的，这就是几何非线性影响。早期的轴压薄柱壳和均匀外压薄球壳的实验临界压力只有经典线性理论预测值的1/5~1/2。这一差别引起了许多研究者的重视和思考。从20世纪40年代以来，在非线性稳定性理论和实验方面进行了大量的研究工作。直到最近，这一研究课题仍然是薄壳稳定性理论的研究领域中最重要的基本研究方向之一。现在已经明确了这一经典难题的困难在于超临界的后屈曲状态存在一种对应于最低荷载的平衡位形。这种后屈曲平衡位形是在远低于临界载荷的情况下存在的，其结果就是使轴压圆柱形薄壳和均匀外压薄球壳对于任何微小扰动和初始几何缺陷都表现出极度敏感。

非线性前屈曲一致理论是斯坦因（Stein）在20世纪60年代中期提出来的。由于近代薄壳稳定性实验技术的进展，用电沉积和电解铜等方法可以制造出“接近完善”的薄壳试验模型。这种模型在很大的程度上能够排除初始缺陷对于稳定性试验结果的干扰。由近代轴压柱壳实验所获得的试验临界压力大部份都高于1961年以前的许多试验结果。以阿木罗斯（Almroth）的试验结果为例，其中制造得最优良的圆柱薄壳模型的轴压试验临界应力可高达0.82的经典线性临界应力。为解释这些试验现象，斯坦因提出在薄壳前屈曲状态采用无力矩状态假定与边界条件是不一致的（不协调的）。为此，他用非线性有力矩方程来准确地描述前屈曲状态，于是前屈曲方程组与边界条件是一致的（相容的）。用这种前屈曲一致理论的柱壳轴压临界应力仅比经典线性临界应力低百分之十几。这样，理论结果就与近代试验结果有了较好的符合。

非线性大变形理论和前屈曲一致理论所考虑的薄壳结构是“完善结构，也就是没有初始缺陷的理想结构。柯依脱（Koiter）提出的初始后屈曲理论能够分析由于初始缺陷因素所造成的实际结构的屈曲强度降低的数量，并由此提出了“初始缺陷敏感性”（Initial imperfection sensitivity）的概念。柯依脱理论集中于研究无限邻近临界点附近的后屈曲初始阶段的性质。柯依脱提出的是一种普遍理论，这种理论将实际结构的缺陷敏感度与理想的完善结构的初始后屈曲性能联系起来了。柯依脱理论用临界点附近的高阶变分分析方法而将结构的缺陷敏感度在对应于初始后屈曲性质的渐近的准确解的意义上求得的。

附录11.3　稳定性问题的分类

结构的稳定性问题可以按照稳定性的性质分成以下十二类。

1）保守系统　　非保守系统

2）弹性失稳　　弹塑性失稳

3）线性小变形失稳　　非线性大变形失稳

4）分支点（分叉点）失稳　　极值点失稳

5）离散系统（有限自由度）的稳定性　　连续系统（无限自由度）的稳定性

6）结构的静力稳定性　　结构的动力稳定性

7）比例加载系统的稳定性　　复杂加载系统的稳定性

8）单一型屈曲（Single-mode buckling）　　多重型屈曲（Multi-mode buckling）

9）完善结构系统的稳定性　　非完善结构系统的稳定性

10）局部缺陷稳定性　　　　　　　　　　总体缺陷稳定性
11）定值缺陷稳定性　　　　　　　　　　随机缺陷稳定性
12）各向同性、均质系统的稳定性　　　　各向异性、非均质系统的稳定性

其中，复杂加载（组合荷载）系统的稳定性可归结为寻求区别稳定性区域和不稳定区域的稳定性边界。在附图 11-3 和附图 11-4 中示出组合荷载 P_1 和 P_2 作用下的稳定性边界。

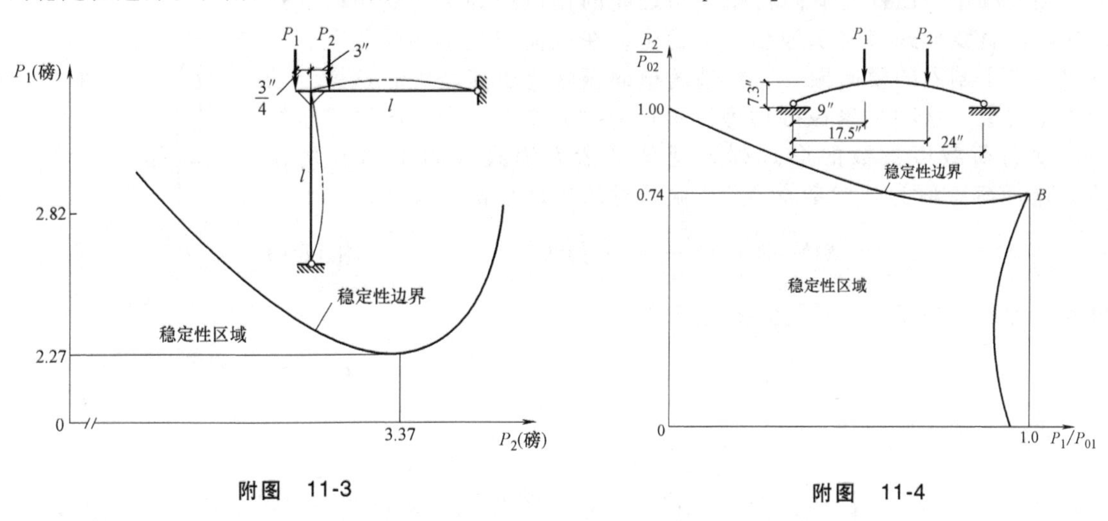

附图　11-3

附图　11-4

在附图 11-5 中示出整体失稳和局部失稳的稳定性边界。

随机缺陷（Random imperfections）分为局部随机缺陷和整体随机缺陷。局部缺陷和整体缺陷是相互影响的。以海洋石油开采的钻井平台的桩腿为例，这是一种大型的格构式结构，高达 100~200m，具有三角形横截面（附图 11-6），横截面尺寸十几米。在这种结构中轴压稳定性是一重要问题。在格构柱的一些缀条中可能存在局部随机缺陷，而格构柱的整体结构可能存在整体随机缺陷（格构柱的中心线有初弯曲等）。局部缺陷可引起缀条的局部失稳，而局部失稳所造成的截面削弱将引起整体失稳而造成格构柱的整体破坏。

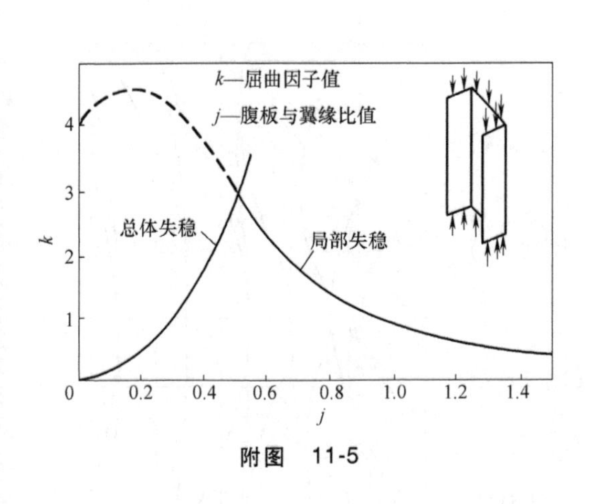

附图　11-5

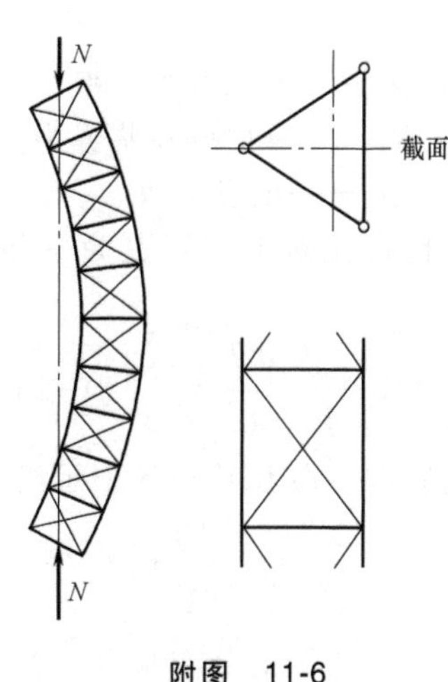

附图　11-6

关于随机缺陷的稳定性问题早在 1961 年由波埃斯（Boyce）等研究了缺陷沿压杆作定常随机分布函数的问题；1969 年有布第扬斯基（Budiansky）研究了具有随机初始缺陷的压杆稳定性问题；70 年代初有非线性弹性基础压杆的随机缺陷研究和非定常随机缺陷的研究；以后又有压杆的随机破坏性质的研究和格构柱的随机缺陷的研究等。显然，随机缺陷稳定性的研

究将是一个重要的研究方向。

附录 11.4 动力稳定性

动力稳定性的主要任务是确定工程结构的动力不稳定性区域。

设在压杆上作用有周期性的压缩荷载 $N(t)$（附图 11-7），则当荷载的振动频率与压杆的横向自振频率之间的比值达到某一定值时，这时压杆的直线形式将会变为动力不稳定，在该荷载频率的作用下，杆件将会发生剧烈的横向振动，杆件的横向振幅会迅速增大，这就是动力失稳现象。这种现象在振动理论中称为“参数共振”。作用于压杆上的动力荷载以参数的形式列入运动平衡方程式（附 11-1）的左边，这种荷载称为“参数荷载”。振动时的扰动平衡方程式为

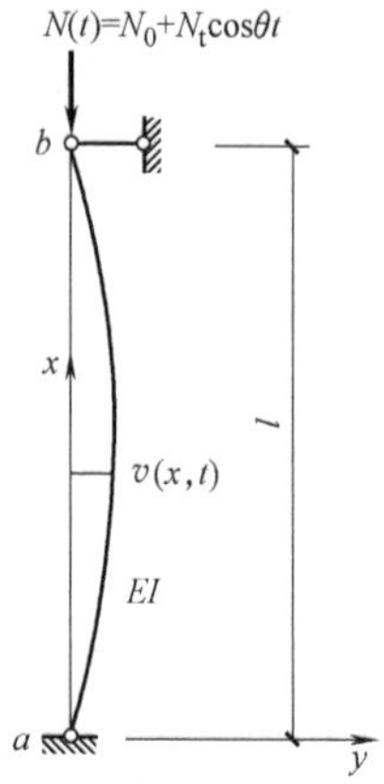

$$EI\frac{\partial^4 v}{\partial x^4}+N(t)\frac{\partial^2 v}{\partial x^2}+m\frac{\partial^2 v}{\partial t^2}=0 \qquad (附\ 11\text{-}1)$$

附图 11-7 压杆的动力稳定性

其中 m 是杆的质量。方程式的解

$$v(x,\ t)=f_n(t)\sin\frac{n\pi x}{l} \qquad (附\ 11\text{-}2)$$

将上式代入式（附 11-1）得

$$\left[m\frac{\mathrm{d}^2 f_n}{\mathrm{d}t^2}+EI\frac{n^4\pi^4 f_n}{l^4}-(N_0+N_t\cos\theta t)\frac{n^2\pi^2 f_n}{l^2}\right]\sin\frac{n\pi x}{l}=0$$

于是得马丢（Mathieu）方程式

$$\frac{\mathrm{d}^2 f_n}{\mathrm{d}t^2}+\bar{\omega}_n^2(1-2\mu_n\cos\theta t)f_n=0 \qquad (附\ 11\text{-}3)$$

$$\bar{\omega}_n=\omega_n\sqrt{1-\frac{N_0}{N_{En}}};\quad \omega_n^2=\left(\frac{n^2\pi^2}{l^2}\sqrt{\frac{EI}{m}}\right)^2 \qquad (附\ 11\text{-}4)$$

$$\mu_n=\frac{N_t}{2(N_{En}-N_0)};\qquad N_{En}=\frac{n^2\pi^2 EI}{l^2} \qquad (附\ 11\text{-}5)$$

式中 ω_n——n 附自振频率；

N_{En}——n 阶欧拉临界力；

μ_n——激发参数。

比式（附 11-3）更为一般形式的方程是马丢-希拉方程。

$$\frac{\mathrm{d}^2 f_n}{\mathrm{d}t^2}=\bar{\omega}_n^2[(1-2\mu_n\varphi(t)]f_n=0 \qquad (附\ 11\text{-}6)$$

作为特例，在附图 11-8 中示出下列马丢方程。

$$\frac{\mathrm{d}^2 f}{\mathrm{d}x^2}+[\lambda+\Omega^2\cos 2t]f=0 \qquad (附\ 11\text{-}7)$$

的不稳定区域的分布情况。其中 $\lambda=\bar{\omega}_n^2$；$\Omega^2\cos 2t=\bar{\omega}_n^2\cdot 2\mu_n\cos\theta t$。在图中阴影区域表示方程式（附 11-7）具有无限增长的解，就是动力不稳定区域。可以看出不稳定区域占据参数平面的相当大的一部分。在动力稳定性区域，方程式（附 11-7）具有有限解。

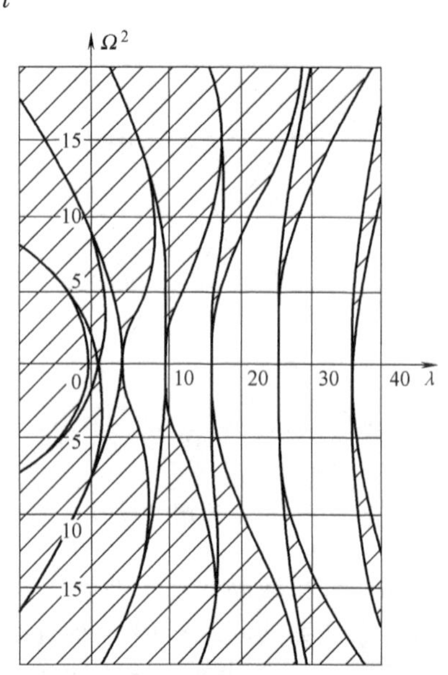

附图 11-8 马丢方程的动力不稳定区域

附录 12 能量原理

附录 12.1 概述

任何固体受外力作用而产生变形时，外力和内力都要作功。对于弹性体，外力在其相应的位移上所作的功将以能量的形式储藏在弹性体内，这种能量称为应变能（或弹性变形能）。当外力逐渐卸减时，应变能又将重新释放出来做功。利用上述的这种功能概念（能量守恒系统）解决固体力学问题的方法统称为能量法（energy method），相应的基本原理统称为能量原理。

在结构分析中，静力法（static method）是直接应用平衡条件、几何条件和物理条件来求解结构的内力和位移，而能量解法则是把平衡条件或几何条件用相应的功能原理来代替，故能量法也叫功能法。

能量法在结构力学中占有重要地位。众所周知，用虚功原理求内力和位移；用机动法求影响线；用能量法来讨论动力问题，并用它推导有限单元法的刚度矩阵等，都是成功地运用能量法的例子。在稳定计算中，此法系根据临界状态的能量特征面提出。

与静力法相对应，在能量原理中也有两类基本原理：与静力解法中的位移法对应的是最小总势能原理和卡氏第一定理；与力法对应的是最小总余能原理和卡氏第二定理。此外，还有与混和法对应的混和能量原理。在这些原理的基础上还可推出更具一般性的广义变分原理。

能量原理除用来求精确解答外，最适合于用来求复杂问题的近似解。

附录 12.2 总势能

在外力作用下，物体的相对位置将发生变化，物体因相对位置发生变化而获得（或损失）的能量，称为势能或位能。

附图 12-1 所示物体的重力势能为 PH，即重力 P 由 H 位置改变到地面这个参数位置时所做的功。总之，物体的势能在数值上等于该物体从受力状态的位置，恢复到未受力状态（或参考状态）的位置时，所有作用力所做的功。

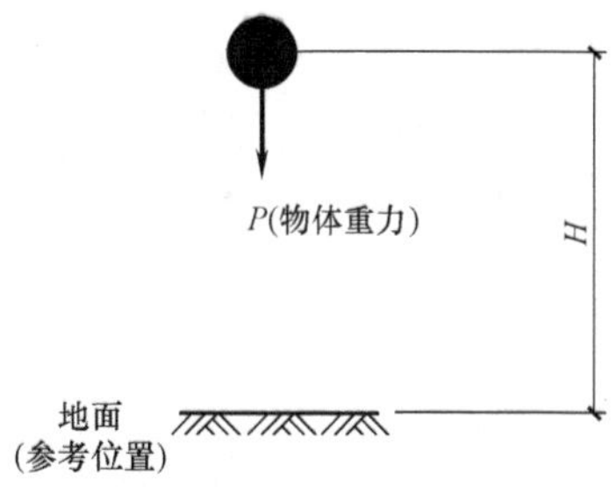

P(物体重力)
H
地面
(参考位置)

附图 12-1

人们总是选取弹性体（线性或非线性）在变形前（即未受力时）的状态作为参数系统或参考位置。

由于受力弹性体上既有外力，又有内力，从而，总势能 Π 为

$$\Pi=\Pi_{i}+\Pi_{e} \qquad (附\ 12\text{-}1)$$

式中 Π_{i}——内力势能，即应变能 U；

Π_{e}——外力势能，它等于外力功 W_{e} 的负值。

附图 12-2 的 $\Pi=U+(-F\Delta)$。式中“-”号表示：由受力状态恢复到未受力状态时，变形 Δ 与外力 F 的方向相反。

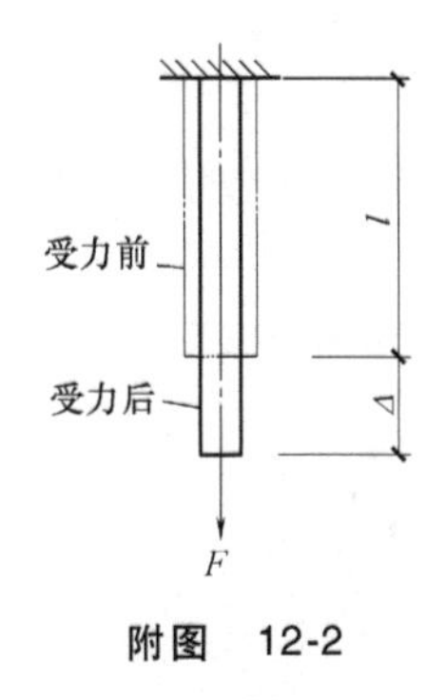

附图 12-2

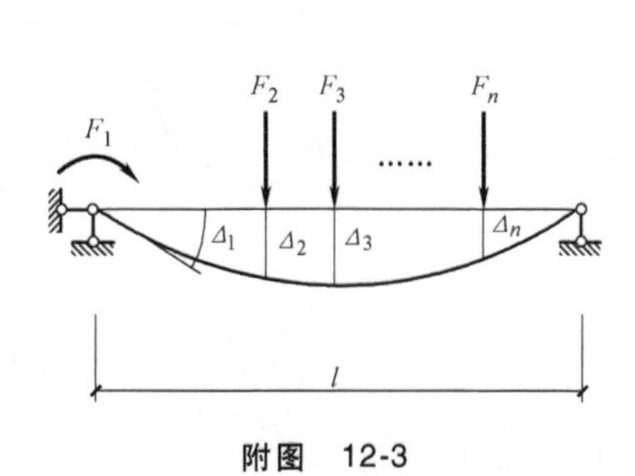

附图 12-3

附图 12-3：$\Pi=U-\sum\limits_{i-1}^{n}F_i\Delta_i$

附图 12-4a：$U=\dfrac{1}{2}M_{12}\varphi_1+\dfrac{1}{2}M_{21}\varphi_2+\dfrac{1}{2}V\Delta$ (a)

$$\begin{bmatrix}M_{12}\\M_{21}\\V\end{bmatrix}=\begin{bmatrix}4i & 2i & -6i/l\\2i & 4i & -6i/l\\-6i/l & -6i/l & 12i/l^2\end{bmatrix}\begin{bmatrix}\varphi_1\\\varphi_2\\\Delta\end{bmatrix}\qquad\text{(b)}$$

式中，$i=EI/l$。

将式（b）代入式（a），得

$$U=2i\left[\varphi_1^2+\varphi_1\varphi_2+\varphi_2^2-3(\varphi_1+\varphi_2)\frac{\Delta}{l}+3\left(\frac{\Delta}{l}\right)^2\right]\qquad\text{(附 12-2)}$$

同理可得附图 12-4b 的应变能为

$$U=\frac{3}{2}i\left[\varphi_1^2-2\varphi_1\frac{\Delta}{l}+\left(\frac{\Delta}{l}\right)^2\right]\qquad\text{(附 12-3)}$$

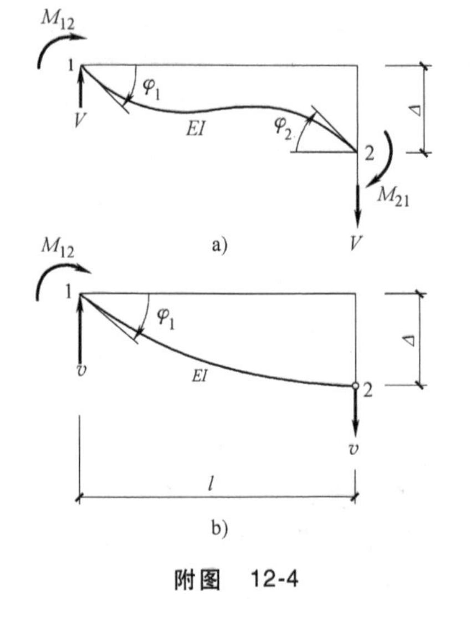

附图 12-4

已知附图 12-5 所示简支梁的挠曲线：

$$y=\frac{pl^4}{24EI}\left(\frac{x}{l}-\frac{2x^3}{l^3}+\frac{x^4}{l^4}\right)$$

对 x 求导

$$y'=\frac{pl^4}{24EI}\left(\frac{1}{l}-\frac{6x^2}{l^3}+\frac{4x^3}{l^4}\right)$$

$$y''=\frac{p}{2EI}(x^2-lx)$$

应变能为

$$U=\int_0^l\frac{EI}{2}(y'')^2\mathrm{d}x\qquad\text{(附 12-4a)}$$

（用曲率 y''来表示）

$$=\frac{p^2}{8EI}\int_0^l(x^4-2lx^3+l^2x^2)\mathrm{d}x$$

$$=\frac{p^2l^5}{240EI}$$

$$U=\int_0^l\frac{M^2(x)}{2EI}\mathrm{d}x\qquad\text{(附 12-4b)}$$

（用弯矩 $M(x)$ 来表示）

$$=\int_0^l\frac{(plx/2-px^2/2)^2}{2EI}\mathrm{d}x$$

$$=\frac{q^2}{8EI}\int_0^l(lx-x^2)^2\mathrm{d}x=\frac{q^2l^5}{240EI}$$

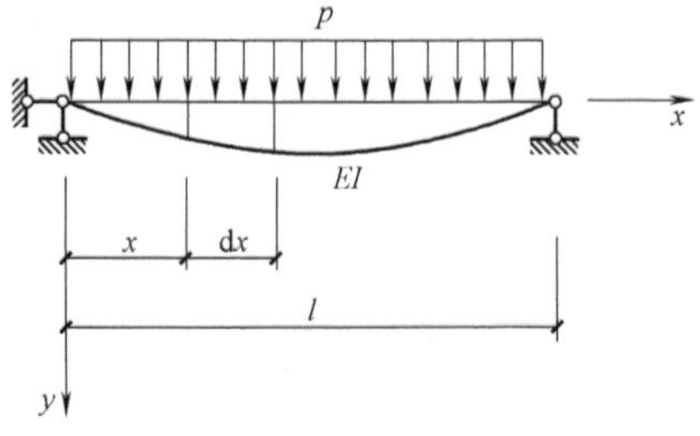

$$U=\int_0^l\frac{1}{2}(p\mathrm{d}x)y\qquad\text{(附 12-4c)}$$

（用 p 在 y 上所做外功表示）

附图 12-5

$$=\frac{q^2l^4}{48EI}\int_0^l\left(\frac{x}{l}-\frac{2x^3}{l^3}+\frac{x^4}{l^4}\right)\mathrm{d}x$$

$$=\frac{q^2l^5}{240EI}$$

$$U=\int_v\rho\mathrm{d}V \tag{附 12-4d}$$

（用单位体中应变能密度 ρ 来计算）

$$=\int_v\frac{M^2(x)y^2}{2EI^2}\mathrm{d}V\quad(\mathrm{d}V=\mathrm{d}x\mathrm{d}y\mathrm{d}z)$$

$$=\int_0^l\frac{M^2(x)}{2EI^2}\left(\iint_A y^2\mathrm{d}y\mathrm{d}z\right)\mathrm{d}x\quad\left(I=\iint_A y^2py\mathrm{d}z\right)$$

$$=\int_0^2\frac{M^2(x)}{2EI}\mathrm{d}x=\frac{p^2l^5}{240EI}$$

外力势能

$$\begin{aligned}\Pi_{\mathrm{e}}&=-\sum(p\mathrm{d}x)y\\&=-\int_0^l\frac{pl^4}{24EI}\left(\frac{x}{l}-\frac{2x^3}{l^3}+\frac{x^4}{l^4}\right)\mathrm{d}x=\frac{p^2l^5}{120EI}\end{aligned} \tag{附 12-5}$$

总势能

$$\Pi=U+\Pi_{\mathrm{e}}=\frac{p^2l^5}{240EI}-\frac{p^2l^5}{120EI}=-\frac{p^2l^5}{240EI}$$

由此可见，总势能 Π 等于应变能的负值，这是弹性体所固有的特征，因为在加载过程中，应变能 U 在数值上等于外力功并恒等于 $\frac{1}{2}\int_0^l(p\mathrm{d}x)y$。

对于附图 12-6 所示线弹性平面刚架（EI = constant）设在荷载 M_1、F_2 作用下处于平衡，试求用结点位移表示的结构总势能 Π，则略去杆件的轴向变形，由式（附 12-2）和式（附 12-3）可得结构的应变能为

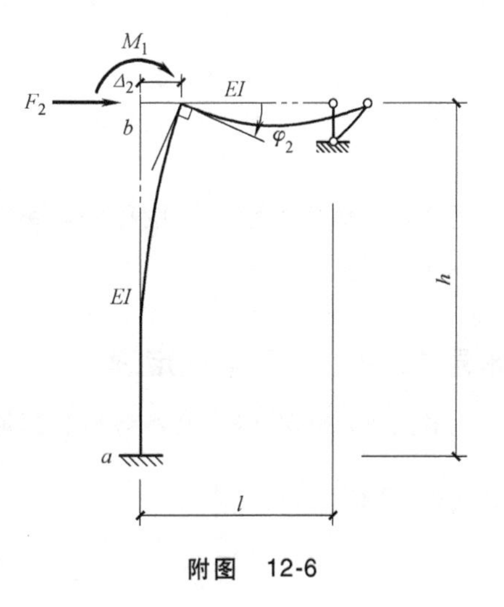

附图　12-6

$$U=i\left[\varphi_1^2-3\varphi_1\frac{\Delta_2}{2l}+3\left(\frac{\Delta_2}{2l}\right)^2\right]+\frac{3}{2}i\varphi_1^2$$

$$=\frac{i}{4l^2}[10l^2\varphi_1^2-6l\varphi_1\Delta_2+3\Delta_2^2]$$

$$\Pi=U-(M_1\varphi_1+P_2\Delta_2)$$

$$=\frac{i}{4l^2}[10l^2\varphi_1^2-6l\varphi_1\Delta_2+3\Delta_2^2]-(M_1\varphi_1+F_2\Delta_2)$$

附录 12.3　最小总势能原理

最小总势能原理是虚功原理的另一种表达形式，它是几种直接变分法；例如求解结构的静力平衡问题，稳定及动力问题的瑞利-里兹法的基础，也是有限单元刚度法的基础。

由变分形式的虚功原理：外力虚功 W_e 等于内力虚功 W_i，可得

$$\delta(W_i-W_e)=0$$

即

$$\delta(U+\Pi_e)=0 \quad 或 \quad \delta\Pi=0 \tag{附 12-6}$$

参照函数一阶微分等于零时函数取驻值的规则，式（附 12-6）表明：变形体处于平衡状态的充要条件是变形体的总势能取驻值。这就是总势能驻值原理。

类似于判断函数的极小值一样，若驻点处的二阶变分 $\delta^2\Pi>0$，则该点总势能最小。因此，最小总势能原理可叙述如下：在荷载作用下，结构处于实际位移协调系的稳定平衡状态使结构的总势能 Π 为最小。

为了简单起见，我们以线弹性情况下的弯曲变形的结构为例给予论证，但所得结论不失其一般性。现考虑两个位移协调系，一个是实际位移协调系，另一个是任意位移协调系。对于前者，相应的结构势能为

$$\Pi=\int\frac{EI}{2}\left(\frac{1}{\rho}\right)^2\mathrm{d}s-\sum P\Delta \tag{a}$$

对于后者，设相应的曲率：$1/\rho+\delta(1/\rho)$。与荷载 P 相应的位移：$\Delta_i+\delta\Delta_i$，可得结构势能为

$$\begin{aligned}\Pi^*&=\int\frac{EI}{2}\left[\frac{1}{\rho}+\delta\left(\frac{1}{\rho}\right)\right]^2\mathrm{d}s-\sum_i P_i(\Delta_i+\delta\Delta_i)\\&=\int\frac{EI}{2}\left[\left(\frac{1}{\rho}\right)^2+2\frac{1}{\rho}\delta\left(\frac{1}{\rho}\right)+\delta\left(\frac{1}{\rho}\right)^2\right]\mathrm{d}s+\sum_i P_i\Delta_i-\sum_i P_i\delta\Delta_i\\&=\left[\int\frac{EI}{2}\left(\frac{1}{\rho}\right)^2\mathrm{d}s-\sum_i P_i\Delta_i\right]+\left[\int EI\left(\frac{1}{\rho}\right)\delta\left(\frac{1}{\rho}\right)\mathrm{d}s-\sum_i P_i\delta\Delta_i\right]+\left[\int\frac{EI}{2}\delta\left(\frac{1}{\rho}\right)^2\mathrm{d}s\right]\\&=\Pi+\delta\Pi+\delta^2\Pi\end{aligned} \tag{b}$$

式中第二个方括号为势能的一阶变分，根据势能驻值条件式（附 12-6），$\delta\Pi=0$；第三个方括号称为势能的二阶变分，如果曲率变分不恒为零，则 $\delta^2\Pi>0$。从而式（b）变成

$$\Pi^*-\Pi>0 \tag{附 12-7}$$

这就表明，结构处于实际位移协调系的稳定平衡状态其势能为最小。

附录 12.4 卡氏第一定理

卡氏第一定理实际上是势能驻值原理的另一种表现形式。势能 $\Pi=U-\sum\limits_i P_i\Delta_i$，其驻值由式（附 12-6）可得

$$\delta\Pi=\sum_i\left(\frac{\partial\Pi}{\partial\Delta_i}\delta\Delta_i\right)=0$$

即

$$\sum_i\left[\frac{\partial U}{\partial\Delta_i}\delta\Delta_i-P_i\delta\Delta_i\right]=0$$

$$\sum_i\left[\frac{\partial U}{\partial\Delta_i}-P_i\right]\delta\Delta_i=0$$

由于 $\delta\Delta_i$ 是彼此互相独立的，从而可得

$$P_i=\frac{\partial U}{\partial \Delta_i} \qquad (附 12\text{-}8)$$

这就是著名的卡氏第一定理，它由意大利工程师卡斯提里阿诺（Castigliano）在1879年提出的。卡氏第一定理可以叙述为：弹性体系在 n 个广义力 P_1，P_2，…，$P_{\circ}$ 作用下处于平衡，与各个力对应的广义位移为 Δ_1，Δ_2，…，Δ_n，应变能对任意一个位移 Δ_i 的偏导数就等于对应的力 P_i。

卡氏第一定理是用位移表示的平衡方程，它可用来求解两类问题，即已知位移求相应的力或已知力求相应的位移。在已知力求相应位移的问题中，其用法与势能驻值原理一样，区别在于后者是用结构的势能对位移的偏导数为零建立求解结点位移的平衡方程，而卡氏第一定理则是根据结构的应变能对位移的偏导数等于相应的力来建立求解结点位移的平衡方程。

[例附 12-1] 试用卡氏第一定理求附图 12-7a 结点 1 的抗弯刚度和抗推刚度（侧移刚度），已知位移求相应力的问题。

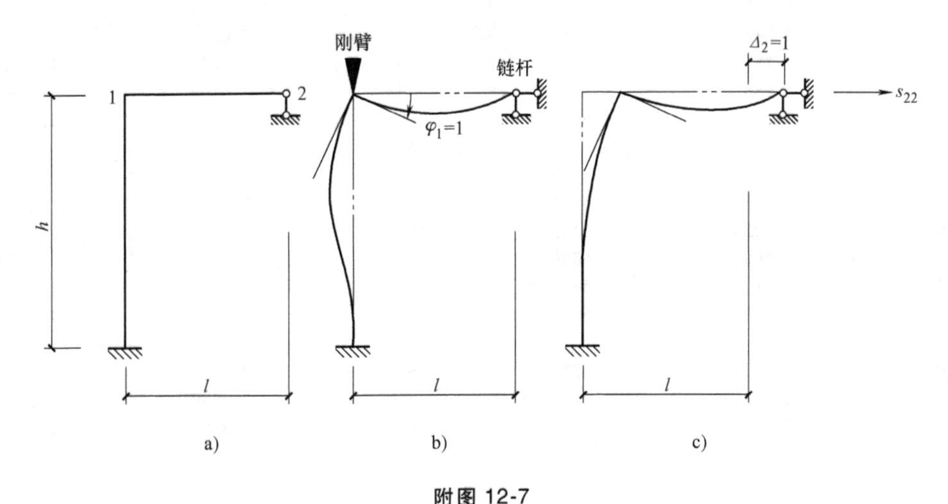

附图 12-7

[解] 由结点刚度的定义，抗弯刚度是使结点 1 只产生单位角位移（$\varphi_1=1$）时所需要的结点力矩 s_{11}（附图 12-7b）；抗推刚度是使结点 2 只产生单位水平线位移（$\Delta_2=1$）时所需要的水平力 s_{22}（附图 12-7c）。

由式（附 12-2）和式（附 12-3）得

$$U=2\,\frac{i}{2}\varphi_1^2+\frac{3}{2}i\varphi_1^2=\frac{5}{2}i\varphi_1^2 \quad （见附图 12\text{-}7b）$$

$$U=2\,\frac{i}{2}\times 3\left(\frac{\Delta_2}{2l}\right)^2=3i\,\frac{\Delta_2^2}{4l^2} \quad （见附图 12\text{-}7c）$$

从而，由式（附 12-8），得

抗弯刚度

$$s_{11}=\frac{\partial U}{\partial \varphi_1}=5i\varphi_1 \quad (\varphi_1=1)$$

$$=5i$$

侧移刚度

$$S_{22}=\frac{\partial U}{\partial \Delta_2}=\frac{3i}{2l^2}\Delta_2^2=1.5i/l^2 \quad (\Delta_2=1)$$

附录 13　椭圆积分数值表

附表 13-1　椭圆积分数值表

arcsin(m)	$K(m)$	$E(m)$	arcsin(m)	$K(m)$	$E(m)$
0°	1.5708	1.5708	45°	1.8541	1.3506
1°	1.5709	1.5707	46°	1.8691	1.3418
2°	1.5713	1.5703	47°	1.8448	1.3329
3°	1.5719	1.5697	48°	1.9011	1.3238
4°	1.5727	1.5689	49°	1.9180	1.3147
5°	1.5738	1.5678	50°	1.9356	1.3055
6°	1.5751	1.5665	51°	1.9539	1.2963
7°	1.5767	1.5649	52°	1.9729	1.2870
8°	1.5785	1.5632	53°	1.9927	1.2776
9°	1.5805	1.5611	54°	2.0133	1.2681
10°	1.5828	1.5589	55°	2.0347	1.2587
11°	1.5854	1.5564	56°	2.0571	1.2492
12°	1.5882	1.5537	57°	2.0804	1.2397
13°	1.5913	1.5507	58°	2.1047	1.2301
14°	1.5946	1.5476	59°	2.1300	1.2206
15°	1.5981	1.5442	60°	2.1565	1.2111
16°	1.6020	1.5405	61°	2.1842	1.2015
17°	1.6061	1.5367	62°	2.2132	1.1920
18°	1.6105	1.5326	63°	2.2435	1.1826
19°	1.6151	1.5283	64°	2.2754	1.1732
20°	1.6200	1.5238	65°	2.3088	1.1638
21°	1.6252	1.5191	66°	2.3439	1.1545
22°	1.6307	1.5141	67°	2.3809	1.1453
23°	1.6365	1.5090	68°	2.4198	1.1362
24°	1.6426	1.5037	69°	2.4610	1.1272
25°	1.6490	1.4981	70°	2.5046	1.1184
26°	1.6557	1.4924	71°	2.5507	1.1096
27°	1.6627	1.4864	72°	2.5998	1.1011
28°	1.6701	1.4803	73°	2.6521	1.0927
29°	1.6777	1.4740	74°	2.7081	1.0844
30°	1.6858	1.4675	75°	2.7681	1.0764
31°	1.6941	1.4608	76°	2.8327	1.0686
32°	1.7028	1.4539	77°	2.9026	1.0611
33°	1.7119	1.4469	78°	2.9786	1.0538
34°	1.7214	1.4397	79°	3.0617	1.0468
35°	1.7312	1.4323	80°	3.1534	1.0401
36°	1.7415	1.4248	81°	3.2503	1.0338
37°	1.7522	1.4171	82°	3.3699	1.0278
38°	1.7633	1.4092	83°	3.5004	1.0223
39°	1.7748	1.4013	84°	3.6519	1.0172
40°	1.7868	1.3931	85°	3.8317	1.0127
41°	1.7992	1.3849	86°	4.0528	1.0086
42°	1.8122	1.3765	87°	4.3387	1.0053
43°	1.8256	1.3680	88°	4.7427	1.0026
44°	1.8396	1.3594	89°	5.4549	1.0008

注：本表摘自郭大钧主编《大学数学手册》。

附录 14　变分学简介

附录 14.1　泛函（functional）

变分学和微分学的基本概念有许多类似之处，微分学研究求函数极值的问题，而变分学研究求泛函极值的问题。

现以“最速落径”问题为例来介绍泛函的概念。在 1696 年柏努利（Johann Bernoulli）提出了这个问题：假设需要在垂直平面内，于 A 和 B 二点之间，设计一个无摩擦的滑槽，使得一物体在其自重的作用下，以最短的时间由点 A 沿滑槽至点 B（附图 14-1）。假设由点 A 降落到点 B 所需的时间用 t 来表示，那么

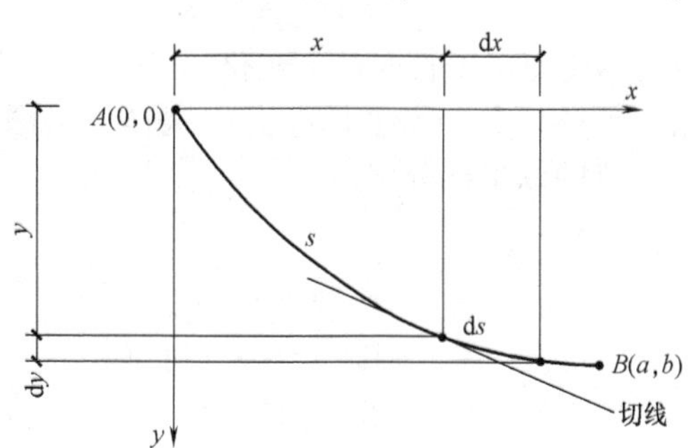

附图　14-1

$$t=\int_A^B\frac{\mathrm{d}s}{v}=\int_A^B\frac{\sqrt{\mathrm{d}x^2+\mathrm{d}y^2}}{v}=\int_0^a\frac{\sqrt{1+(y')^2}}{v}\mathrm{d}x$$

式中　v——物体的速度；

s——滑槽的路径。

利用能量守恒原理，设 v_1 为物体的初速度，则在任意位置 y，有

$$\frac{mv_1^2}{2}+mgy_1=\frac{mv^2}{2}+mgy$$

因而

$$v=[v_1^2-2g(y-y_1)]^{\frac{1}{2}}$$

则

$$t=\int_0^a\frac{\sqrt{1+(y')^2}}{[v_1^2-2g(y-y_1)]^{1/2}}\mathrm{d}x$$

若取一个特殊情况，即物体从静止开始下降则上式变为

$$t[y(x)]=\frac{1}{\sqrt{2g}}\int_0^a\sqrt{\frac{\sqrt{1+(y')^2}}{y}}\mathrm{d}x \qquad (附 14\text{-}1)$$

式中　g——重力加速度。

显然，选取不同的曲线 $y=y(x)$（或说成曲线本身有所变化时），可得不同的下滑时间 t。因此，t 可视为“$y(x)$ 的函数”，这种“函数的函数”，数学上称为泛函。又因为式（附 14-1）右端包含 $y(x)$ 导数的平方项，故又称 t 为函数 $y=y(x)$ 的二次函数。

上面提出的“最速路径”问题，可化为如下的数学命题：在 $0\leqslant x\leqslant a$ 的区间内找一个函数 $y(x)$，使它满足边界条件

$$\left.\begin{array}{l}当\ x=0\ 时，y=0\\ 当\ x=a\ 时，y=b\end{array}\right\} \qquad (附 14\text{-}2)$$

并使式（附 14-1）所给泛函 $t[y(x)]$ 取极小值。

附录 14.2　变分（variation）

变分学的主要任务是研究在各种不同边界和约束条件下各种泛函取极值的充要条件。

变分在变分学中的地位正如微分在微分学中的一样重要，两者在形式上也有许多相似之处，但应注意：讨论微分时是自变量 x 在改变，而讨论变分时是自变函数 $y(x)$ 在改变。

如附图 14-2 所示，在原曲线 $y=y(x)$ 邻近取一族比较曲线

$$y^*(x)=y(x)+\alpha\eta(x) \tag{附 14-3}$$

对于任何给定的函数 $\eta(x)$，每一个不同的微量参数 a 可描述出比较曲线族中的一条曲线。在变分学中，称 $\alpha\eta(x)$ 为自变函数 $y(x)$ 的变分，记作 δy，它是在自变量 x 不变的情况下，只是由于曲线［函数 $y(x)$］的变化而引起的纵坐标 y 的变化。于是，式（附 14-3）变成

$$y^*(x)=y(x)+\delta y \tag{附 14-4}$$

在曲线不变情况下自变量 x 变化 $\mathrm{d}x$ 所引起的纵坐标 y 的变化 $\mathrm{d}y=y'\mathrm{d}x$ 称为函数的微分。这样，附图 14-2 中 a、b、c 三点的纵坐标分别为

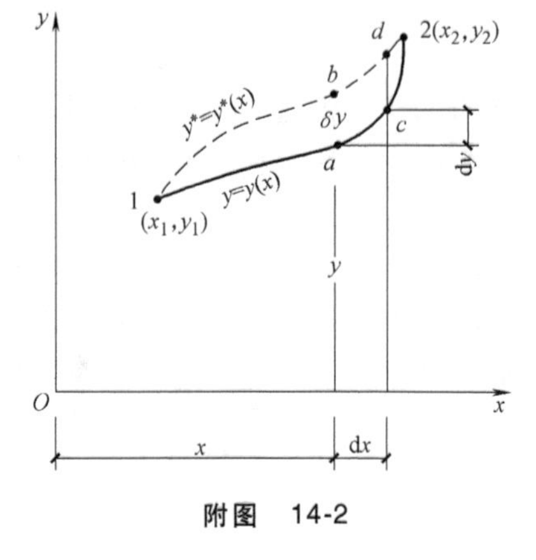

附图 14-2

$$y_a=y$$

$$y_b=y+\delta y$$

$$y_c=y+\mathrm{d}y=y+y'\mathrm{d}x$$

而点 d 的坐标，可由两种途径求得。若从点 c 向上算

$$y_d=(y+y'\mathrm{d}x)+\delta(y+y'\mathrm{d}x)=y+\delta y+(y'+\delta y')\mathrm{d}x \tag{a}$$

若从点 b 向右算

$$y_d=(y+\delta y)+\frac{\mathrm{d}}{\mathrm{d}x}(y+\delta y)\mathrm{d}x=y+\delta y+[y'+(\delta y)']\mathrm{d}x \tag{b}$$

显然，式（a）、式（b）中的 y_d 应相等，由此得出

$$\delta y'=(\delta y)'$$

即

$$\delta\left(\frac{\mathrm{d}y}{\mathrm{d}x}\right)=\frac{\mathrm{d}}{\mathrm{d}x}(\delta y)$$

上式说明，导数的变分等于变分的导数，即函数的微分运算和变分运算的顺序可以交换。

现在来研究只包含一个自变量 x 的一个函数 y 的泛函

$$J=\int_{x_1}^{x_2}F(x,\ y,\ y')\mathrm{d}x \tag{附 14-5}$$

将式（附 14-3）代入上式，得

$$J(\alpha)=\int_{x_1}^{x_2}F(x,\ y+\alpha\eta,\ y'+\alpha\eta')\mathrm{d}x \tag{附 14-6}$$

对于给定的 $\eta(x)$，式（附 14-6）的 J 是参数 α 的一元函数，因此，就把一个求泛函极值的问题化作求普通函数的极值问题。此外，由于 $y=y(x)$ 是使 J 为极值的函数，这就要求在得到极值的条件后尚应使 $\alpha=0$，从而可得泛函 J 有极值的条件为

$$\left.\frac{\mathrm{d}J(\alpha)}{\mathrm{d}\alpha}\right|_{\alpha=0}=0 \tag{附 14-7}$$

或

$$J'(0)=0$$

$$\begin{aligned}J'(0)&=\left[\frac{\mathrm{d}}{\mathrm{d}x}\int_{x_1}^{x_2}F(x,\ y+\alpha\eta,\ y'+\alpha\eta')\mathrm{d}x\right]_{\alpha=0}\\&=\left[\int_{x_1}^{x_2}\frac{\partial F}{\partial\alpha}\mathrm{d}x\right]_{\alpha=0}\\&=\int_{x_1}^{x_2}\left\{\left[\frac{\partial F}{\partial(y+\alpha\eta)}\right]_{\alpha=0}\eta+\left[\frac{\partial F}{\partial(y'+\alpha\eta')}\right]_{\alpha=0}\eta'\right\}\mathrm{d}x=0\end{aligned}$$

两边乘以 a，得

$$J'(0)\alpha=\delta J=\int_{x_1}^{x_2}\left[\frac{\partial F}{\partial y}\delta y+\frac{\partial F}{\partial y'}\delta y'\right]\mathrm{d}x=0 \tag{附 14-8}$$

上式就是泛函 J 有极值的必要条件。式中被积函数的几何意义是：由于 y 变化了 δy 以及 y' 变化了 $\delta y'$ 后函数 $F(x, y, y')$ 的变化，即

$$\delta F=\frac{\partial F}{\partial y}\delta y+\frac{\partial F}{\partial y'}\delta y' \tag{附 14-9}$$

由此可见，当 x 保持不变时（附图 14-2），y 增加了变分 δy 后，y'、F 和 J 相应增加了 $\delta y'$、δF 和 δJ。式（附 14-8）的意义就是

$$\delta J=\delta\int_{x_1}^{x_2}F(x, y, y')\mathrm{d}x=\int_{x_1}^{x_2}\delta F(x, y, y')\mathrm{d}x=0$$

由此结论：泛函 J 有极值的必要条件是泛函的一阶变分 δJ 等于零，即

$$\delta J=0 \tag{附 14-10}$$

若对函数 $F=F(x, y, y')$ 求全微分，可得

$$\mathrm{d}F=\frac{\partial F}{\partial x}\mathrm{d}x+\frac{\partial F}{\partial y}\mathrm{d}y+\frac{\partial F}{\partial y'}\mathrm{d}y' \tag{附 14-11}$$

比较式（附 14-9）和式（附 14-11）可见：若去掉式（附 14-11）中的第一项，并把第二和第三项中的 $\mathrm{d}y$ 和 $\mathrm{d}y'$ 分别换成 δy 和 $\delta y'$，即得式（附 14-9）。因此，变分和全微分的计算式基本相同，但需注意：

1）式（附 14-11）中的全微分 $\mathrm{d}F$，是 $y=y(x)$ 不变化，只是由于 x 变化了而最后引起 F 的变化。

2）式（附 14-9）中的变分 δF，是 x 不变化，由于 $y=y(x)$ 变成 $y^*=y^*(x)$ 而最后引起 F 的变化。因此，虽然 $\mathrm{d}F$ 和 δF 的运算规则是相似的，但其含义则完全不同。

1. 欧拉方程式

数学命题：在区间 $x_1\leqslant x\leqslant x_2$ 内，决定一个函数 $y(x)$ 使其满足边界条件

$$\left.\begin{aligned}x=x_1\text{ 时，}y=y_1\\x=x_2\text{ 时，}y=y_2\end{aligned}\right\} \tag{附 14-12}$$

并使泛函［式（附 14-5）］

$$J[y(x)]=\int_{x_1}^{x_2}F(x, y, y')\mathrm{d}x$$

取得极值。

由于式（附 14-8）中的变分 δy 和 $\delta y'$ 有内在联系不能独立变化，最好能把有关 $\delta y'$ 的项转换为也只与 δy 有关的项。利用分部积分公式

$$\int_{x_1}^{x_2}u\mathrm{d}v=uv\Big|_{x_1}^{x_2}-\int_{x_1}^{x_2}v\mathrm{d}u$$

并注意边界条件 1 和 2 两端点处（附图 14-2）$\delta y=0$，从而可将式（附 14-8）中第二项变为

$$\begin{aligned}\int_{x_1}^{x_2}\frac{\partial F}{\partial y'}\delta y'\mathrm{d}x&=\int_{x_1}^{x_2}\frac{\partial F}{\partial y'}\frac{\mathrm{d}}{\mathrm{d}x}(\delta y)\mathrm{d}x\\&=\int_{x_1}^{x_2}\frac{\partial F}{\partial y'}\mathrm{d}(\delta y)\\&=\frac{\partial F}{\partial y'}\delta y\Big|_{x_1}^{x_2}-\int_{x_1}^{x_2}\delta y\mathrm{d}\left(\frac{\partial F}{\partial y'}\right)\\&=0-\int_{x_1}^{x_2}\delta y\frac{\mathrm{d}}{\mathrm{d}x}\left(\frac{\partial F}{\partial y'}\right)\mathrm{d}x\end{aligned} \tag{附 14-13}$$

代入式（附 14-8），可得

$$\delta J=\int_{x_1}^{x_2}\left[\frac{\partial F}{\partial y}-\frac{\mathrm{d}}{\mathrm{d}x}\left(\frac{\partial F}{\partial y'}\right)\right]\delta y\mathrm{d}x=0 \qquad (附\ 14\text{-}14)$$

由于上式中 δy 在区间（x_1，x_2）内是 x 的任意函数，因而泛函 J 取得平稳值（即 $\delta J=0$）的必要条件是：式中方括号内的函数在区间 $x_1\leqslant x\leqslant x_2$ 内恒等于零，即 $y(x)$ 能使泛函 J 取得平稳值的必要条件是它应满足微分方程

$$\frac{\partial F}{\partial y}-\frac{\mathrm{d}}{\mathrm{d}x}\left(\frac{\partial F}{\partial y'}\right)=0 \qquad (附\ 14\text{-}15)$$

这是最简单情况的欧拉方程。结合边界条件（附 14-12）即可求得相应的函数 $y(x)$。这样得出的积分曲线 $y=y(x，c_1，c_2)$ 称为极值曲线。

若 y 及其导数在边界上不是预先给定，那么式（附 14-13）中 $\left.\frac{\partial F}{\partial y'}\delta y\right|_{x_1}^{x_2}$ 项的 $\delta y\neq0$，因此，除了欧拉方程外，还应满足

$$\left.\frac{\partial F}{\partial y'}\right|_{\substack{x=x_1\\x=x_2}}=0 \qquad (附\ 14\text{-}16)$$

这是因为在 $x=x_1$ 和 $x=x_2$ 的边界处，既然 δy 是任意的，则只有式（附 14-15）和式（附 14-16）两式都成立时，才能得到 $\delta J=0$。方程式（附 14-16）是在变分计算时自然得到的附加边界条件，故称为自然边界条件。变分问题的解就是在自然边界条件下求解欧拉方程。

在力学问题中，边界条件常包括几何边界条件和力学边界条件两类。变分计算中得到的自然边界条件往往是力学边界条件。因此，在求解力学的变分问题时，几何边界必须预先给出，力学边界条件则可以不必预先给出而在变分计算中自然得到，这是变分计算的一个特点。

式（附 14-15）是最简单的欧拉方程，它由式（附 14-5）所示泛函取极值的问题转化而来的。为了便于引用，下面列出在边界条件给定情况下几种依赖于较高阶导数的泛函取极值的必要条件的公式。

2. 对于单自变函数的泛函

$$J[y]=\int_{x_1}^{x_2}F(x;\ y,\ y',\cdots,\ y^{(m)})\mathrm{d}x \qquad (附\ 14\text{-}17)$$

得欧拉-泊松（Euler-Poisson）方程

$$\frac{\partial F}{\partial y}-\frac{\mathrm{d}}{\mathrm{d}x}\left(\frac{\partial F}{\partial y'}\right)+\frac{\mathrm{d}^2}{\mathrm{d}x^2}\left(\frac{\partial F}{\partial y''}\right)-\cdots+(-1)^m\frac{\mathrm{d}^m}{\mathrm{d}x^m}\left(\frac{\partial F}{\partial y^{(m)}}\right)=0$$

或

$$F_y-\frac{\mathrm{d}}{\mathrm{d}x}Fy'+\frac{\mathrm{d}^2}{\mathrm{d}x^2}Fy''-\cdots+(-1)^m\frac{\mathrm{d}^m}{\mathrm{d}x^m}Fy^{(m)}=0 \qquad (附\ 14\text{-}18)$$

3. 对于多自变函数的泛函

$$J[y_1,\ y_2,\ \cdots,\ y_n]=\int_{x_1}^{x_2}F(x;\ y_1,\ y_1',\cdots,\ y_1^{(m_1)};\ y_2,\ y_2',\ \cdots,\ y_2^{(m_2)};\ \cdots,\ y_n,\ y_n',\ \cdots,\ y_n^{(m_n)})\mathrm{d}x$$

（附 14-19）

可得方程

$$\frac{\partial F}{\partial y_i}-\frac{\mathrm{d}}{\mathrm{d}x}\left(\frac{\partial F}{\partial y_j'}\right)+\frac{\mathrm{d}^2}{\mathrm{d}x^2}\left(\frac{\partial F}{\partial y_j''}\right)-\cdots+(-1)^{m_j}\frac{\mathrm{d}^{m_j}}{\mathrm{d}x^{m_j}}\left(\frac{\partial F}{\partial y_j^{(m_j)}}\right)=0 \qquad (附\ 14\text{-}20)$$

4. 依赖于多自变量函数的泛函

$$J[z(x,\ y)]=\int_{y_1}^{y_2}\int_{x_1}^{x_2}F\left(x,\ y,\ z,\ \frac{\partial z}{\partial x},\ \frac{\partial z}{\partial y},\ \frac{\partial^2 z}{\partial x^2},\ \frac{\partial^2 z}{\partial x\partial y},\ \frac{\partial^2 z}{\partial y^2}\right)\mathrm{d}x\mathrm{d}y$$

$$(j=1,2,\cdots,n) \tag{附 14-21}$$

得欧拉-奥斯特洛克拉达斯基（Enler-Остpсгpадский）方程

$$\frac{\partial F}{\partial z}-\frac{\partial}{\partial x}\left(\frac{\partial F}{\partial z_x}\right)-\frac{\partial}{\partial y}\left(\frac{\partial F}{\partial z_y}\right)+\frac{\partial^2}{\partial x^2}\left(\frac{\partial F}{\partial z_{xx}}\right)+\frac{\partial^2}{\partial x\partial y}\left(\frac{\partial F}{\partial z_{xy}}\right)+\frac{\partial^2}{\partial y^2}\left(\frac{\partial F}{\partial z_{yy}}\right)=0 \tag{附 14-22}$$

式中

$$z_x=\frac{\partial z}{\partial x},\ z_y=\frac{\partial z}{\partial y},\ z_{xx}=\frac{\partial z^2}{\partial x^2},\ z_{xy}=\frac{\partial^2 z}{\partial x\partial y},\ z_{yy}=\frac{\partial z^2}{\partial y^2}$$

5. 泛函取极小值的考察

泛函极值的必要条件是泛函的一阶变分等于零（$\delta J=0$），它给出微分方程，解之可得泛函的极值曲线。至于是极大还是极小，那就还得考察高阶变分。

式（附 14-3）已定义邻近曲线：

$$y^*(x)=y(x)+\alpha\eta(x)$$

并满足

$$|\alpha\eta(x)|<\varepsilon$$

则称 $y^*(x)$ 为 $y(x)$ 的 ε 邻近。

若 $y=y(x)$，当在它的 ε 邻近的曲线族 $y^*=y^*(x)$ 都满足不等式

$$J[y^*]\geqslant J[y]$$

即

$$\Delta J=J[y^*]-J[y]=J(\alpha)-J(0)\geqslant 0 \tag{附 14-23}$$

泛函 $J[y]$ 在曲线 $y=y(x)$ 上就取得极小值。

为了推证的方便，先作如下运算：

对式（附 14-6）求导

$$J'(a)=\int_{x_1}^{x_2}\left[\frac{\partial F}{\partial y^*}\eta+\frac{\partial F}{\partial(y^*)'}\eta'\right]\mathrm{d}x$$

$$J''(a)=\int_{x_1}^{x_2}\left[\frac{\partial^2 F}{\partial(y^*)^2}\eta\eta+\frac{\partial^2 F}{\partial y^*(\partial y^*)'}\eta\eta'+\frac{\partial^2 F}{\partial(y^*)'\partial y^*}\eta'\eta+\frac{\partial^2 F}{\partial(y^*)'\partial(y^*)'}\eta'\eta'\right]\mathrm{d}x$$

$$=\int_{x_1}^{x_2}\left[\frac{\partial^2 F}{\partial(y^*)^2}\eta^2+2\frac{\partial^2 F}{\partial y^*\partial(y^*)'}\eta\eta'+\frac{\partial^2 F}{\partial(y^{*\prime})^2}\eta'^2\right]\mathrm{d}x$$

$$J'''(a)=\int_{x_1}^{x_2}\left[\frac{\partial^2 F}{\partial(y^*)^3}\eta^2\eta+\frac{\partial^3 F}{\partial(y^*)^2(\partial y^*)'}\eta^2\eta'+2\frac{\partial^3 F}{\partial y^*\partial(y^*)'\partial y^*}\eta\eta'\eta+\right.$$

$$\left.2\frac{\partial^3 F}{\partial y^*\partial(y^*)'\partial(y^*)'}\eta\eta'\eta'+\frac{\partial^3 F}{\partial(y^{*\prime})^2\partial y^*}(\eta')^2\eta+\frac{\partial^3 F}{\partial(y^{*\prime})^3}(\eta')^2\eta'\right]\mathrm{d}x$$

$$=\int_{x_1}^{x_2}\left[\frac{\partial^3 F}{\partial(y^*)^3}\eta^3+3\frac{\partial^3 F}{\partial(y^*)^2\partial y^{*\prime}}\eta^2\eta'+3\frac{\partial^3 F}{\partial y^*\partial(y^*)^2}(\eta')^2\eta+\frac{\partial^3 F}{\partial(y^{*\prime})^3}(\eta')^3\right]\mathrm{d}x$$

从而

$$\delta J=J'(0)\alpha=\int_{x_1}^{x_2}\left[\frac{\partial F}{\partial y}\delta y+\frac{\partial F}{\partial y'}\delta y'\right]\mathrm{d}x$$

$$=\int_{x_1}^{x_2}\left[\delta y\frac{\partial}{\partial y}+\delta y'\frac{\partial}{\partial y'}\right]F\mathrm{d}x \tag{a}$$

$$
\begin{aligned}
\frac{1}{2!}\delta^2 J &= \frac{1}{2!}J''(0)\alpha^2 \\
&= \frac{1}{2!}\int_{x_1}^{x_2}\left[\frac{\partial^2 F}{\partial y^2}\delta y^2 + 2\frac{\partial^2 F}{\partial y \partial y'}\delta y \delta y' + \frac{\partial^2 F}{\partial (y')^2}(\delta y')^2\right]\mathrm{d}x \\
&= \frac{1}{2!}\int_{x_1}^{x_2}\left[\delta y\frac{\partial}{\partial y} + \delta y'\frac{\partial}{\partial y'}\right]^2 F\mathrm{d}x
\end{aligned} \tag{b}
$$

$$
\begin{aligned}
\frac{1}{3!}\delta^3 J &= \frac{1}{3!}J'''(0)\alpha^3 \\
&= \frac{1}{3!}\int_{x_1}^{x_2}\left[\frac{\partial^3 F}{\partial y^3}(\delta y)^3 + 3\frac{\partial^3 F}{\partial y^2 \partial y'}(\delta y)^2\delta y' + \cdots\right]\mathrm{d}x \\
&= \frac{1}{3!}\int_{x_1}^{x_2}\left[\delta y\frac{\partial}{\partial y} + \delta y'\frac{\partial}{\partial y'} + \cdots\right]^3 F\mathrm{d}x
\end{aligned} \tag{c}
$$

根据多元函数的泰勒级数，并注意式（a）、式（b）、式（c），可求

$$\Delta J = J(\alpha) - J(0) = \delta J + \frac{1}{2!}\delta^2 J + \frac{1}{3!}\delta^3 J + \cdots$$

由于取得极值的必要条件是 $\delta J = 0$，故

$$\Delta J = \frac{1}{2!}\delta^2 J + \frac{1}{3!}\delta^3 J + \cdots \tag{附 14-24}$$

由此可得对于任意 δy，若 $\delta^2 J \geqslant 0$，则 J 为极小。不过在一般力学问题中，极大极小常可由题意确定，不一定要验算二阶变分 $\delta^2 J$ 是否大于零。在近代的稳定性理论中，三、四阶等高阶变分对于确定一个力学系统的超临界状态（即后屈曲状态）的稳定性特征具有很重要的意义。

附录 15　逐步近似法的收敛性

根据

$$EI(x)y^{(4)} + Ny'' = 0 \tag{a}$$

设在第 m 次近似中，要根据 φ_{m-1} 从方程式

$$(EI_{(x)}\varphi''_m)'' = -N(f\varphi'_{m-1})' \tag{b}$$

中解出

$$\varphi_m = N\left[-\int_0^x\int_0^x \frac{1}{EI(x)}\int_0^x f\varphi_{m-1}\mathrm{d}x^3 + A\int_0^x\int_0^x \frac{1}{EI(x)}\mathrm{d}x^2 + B\int_0^x \frac{1}{EI(x)}\mathrm{d}x + Cx + D\right] \tag{c}$$

式中的积分常数 A、B、C、D 由边界条件决定。不难看出，这些积分常数必与 φ_{m-1} 成线性关系；所以最后可将函数 φ_m 简化

$$\varphi_m = NL(\varphi_{m-1}) \tag{d}$$

式中，$L(\varphi_{m-1})$ 表示对 φ_{m-1} 的某个线性演算符号。

设 y_n 为真正的第 n 阶丧失稳定性的形状，即当 $N=N_n$ 时方程式（a）的精确解。如果将 y_n 代入式（b）的右边 φ_{m-1} 处，并设 $N=N_n$，则

$$y_n = N_n L(y_n) \tag{e}$$

现在把初次近似所取的函数 φ_0 展开成丧失稳定性形状的级数

$$\varphi_0 = \sum_n \alpha_n y_n \tag{f}$$

代入式（d）的右边，从左边求出 φ_1，则根据式（d）可写成

$$\varphi_1 = NL(\sum_n \alpha_n y_n) = N\sum_n \alpha_n L(y_n) = \sum_n \alpha_n\left(\frac{N}{N_n}\right) y_n \tag{g}$$

于是一般式

$$\varphi_m = \sum_n \alpha_n\left(\frac{N}{N_n}\right)^m y_n = \left(\frac{N}{N_1}\right)^m \sum_n \alpha_n\left(\frac{N_1}{N_n}\right)^m y_n \tag{h}$$

由于 $N_n > N_1$，所以当 m 足够大时，上面的级数中取 $n=1$ 已足够。于是，当 $m\to\infty$ 时

$$\varphi_m \to \left(\frac{N}{N_1}\right)^m \alpha_1 y_1 \tag{i}$$

同样

$$\varphi_m \to \left(\frac{N}{N_1}\right)^{m+1} \alpha_1 y_1$$

如果令

$$\varphi_m = \varphi^{m+1}$$

则

$$\left(\frac{N}{N_1}\right)\alpha_1 y_1 = \left(\frac{N}{N_1}\right)^{m+1} \alpha_1 y_1$$

于是求得

$$N = N_1 \tag{附 15-1}$$

由式（附 15-1）可见，逐步逼近法（Successive approximation）的过程是收敛的，且收敛的结果将求出最小特征值。

附录 16　有限差分法电算程序

附录 16.1　基本原理

有限差分法（finite difference method）的基础是函数在某一点的导数可以用一个代数式来近似，此代数式包括函数在该点及一些邻点的值（图 9-9）。例如

一阶中心差分　$\Delta f_i = \dfrac{f_{i+h} - f_{i-h}}{2h}$

二阶中心差分　$\Delta^2 f_i = \dfrac{f_{i+h} - 2f_i + f_{i-h}}{h^2}$

均差计算分子（图 9-10）

脚标	$i-2h$	$i-h$	i	$i+h$	$i+2h$
$2h \cdot \Delta f_i$		-1	0	$+1$	
$h^2 \cdot \Delta f_i$		$+1$	-2	$+1$	
$2h^3 \cdot \Delta f_1$	-1	$+2$	0	-2	$+1$

两端铰接柱：微分方程　$y'' + \dfrac{N}{EI}y = 0$

边界条件　$y(0) = y(l) = 0$

把柱子分成 n 等份，每份长 $h = l/n$，第 i 段末端的挠度为 y_i，则第 i 点差分方程为

$$y_{i+1} + (\lambda - 2)y_i + y_{i-1} = 0 \quad (i = 1, 2, \cdots, n-1) \tag{附 16-1a}$$

由于

$$y_0 = y_n = 0$$

式（附 16-1a）变成

$$\begin{bmatrix} \lambda-2 & 1 & & 0 \\ & \lambda-2 & 1 & \\ & \ddots & & \ddots \\ \text{Symmetric} & & \lambda-2 & 1 \end{bmatrix} \begin{bmatrix} y_{n-1} \\ y_{n-2} \\ \vdots \\ y_1 \end{bmatrix} = \begin{bmatrix} 0 \\ 0 \\ \vdots \\ 0 \end{bmatrix} \qquad (附 16\text{-}1b)$$

为得非零解，必须

$$D(\lambda)=\begin{vmatrix} \lambda-2 & 1 & & 0 \\ & \lambda-2 & 1 & \\ & \ddots & & \ddots \\ \text{Symmetric} & & \lambda-2 & 1 \end{vmatrix}=0$$

问题归结为求下列矩阵 A 的特征值

$$A=\begin{vmatrix} 2 & -1 & & 0 \\ & 2 & -1 & \\ & \ddots & & \ddots \\ & & 2 & -1 \\ \text{Symmetric} & & & 2 \end{vmatrix}_{(n-1)\times(n-1)}$$

求出 $\lambda_{\min}$，则临界荷载

$$N_{\mathrm{cr}}=\lambda_{\min}n^2\frac{EI}{l^2}$$

附录 16.2　特征值的求解——雅各比法

1）求出旋转变换参数

$$M_1=\frac{1}{2}[A(p\cdot p)-A(q\cdot q)]$$

$$\sin2\varphi=w=\begin{cases}-A(q\cdot q)/\sqrt{A(p\cdot q)^2+[A(p\cdot q)-A(q\cdot q)/2]^2}\\ A(q\cdot q)/\sqrt{A(p\cdot q)^2+[A(p\cdot p)-A(q\cdot q)/2]^2}\end{cases}$$

$$\sin\varphi=s=w/\sqrt{2(1+\sqrt{1-w^2})}$$

$$\cos\varphi=c=\sqrt{1-s^2}$$

2）旋转变换，求得相应新元素

$$A^{(k+1)}(p\cdot p)=C^2A^{(k)}(p\cdot p)-2CSA^{(k)}(p\cdot q)+S^2A^{(k)}(q\cdot q)(q>p)$$

$$A^{(k+1)}(q\cdot q)=S^2A^{(k)}(p\cdot p)]+2CSA^{(k)}(p\cdot q)+C^2A^{(k)}(q\cdot q)$$

$$A^{(k+1)}(p\cdot q)=(C^2-S^2)A^{(k)}(p\cdot q)+CS[A^{(k)}(p\cdot p)-A^{(k)}(q\cdot q)]$$

3）消去下三角中各元素

$$A^{(h+1)}(i,\ p)=CA^{(k)}(i,\ p)-SA^{(k)}(i,\ q)$$

$$A^{(h+1)}(i,\ p)=SA^{(k)}(i,\ p)-CA^{(k)}(i,\ q)$$

$$(i=1,\ 2,\ \cdots,n,\ i\neq p,\ q)$$

4）消去上三角或下三角元素后，对角线元素即为特征值。

附录 16.3　程序

$A(I,J)$　输入的实对称矩阵，最后存放特征值。

$S(I,J)$　开始为单位矩阵，最后的每一列存放对应 A 的特征向量。

N　柱子等分数。

EPS　实变量，表示计算结果的精确度。

G、u、V_1、V_2、V_3 分别为中间变量。
上机时，只需输入柱子等分数 N，精度值 EPS，即可得到矩阵 $A(I, J)$ 的最小特征值 MM 及相应的临界荷载。

```
      PROGRAM JACOBI METHOD FOR COMPUTING
      REAL A,S,EPS,M1,MM
      DIMENSION A(50,50),S(50,50)
      WRITE(*,*)'INPUT N='
      READ(*,*)N
      WRITE(*,*)'INPUT EPS'
      READ(*,*)EPS
      DO 11 I=1,N
      A(I,I)=2
      A(I+1,I)=-1
      A(I,I+1)=-1
11    CONTINUE
      DO 12 I=1,N
      DO 12 J=I+2,N
      A(I,J=0)
12    CONTINUE
      DO 30 I=1,N
      DO 30 J=1,I
      IF(I-F)20,10,20
10    S(I,J)=1
      GO TO 30
20    S(I,J)=0
      S(J,I)=0
30    CONTINUE
      G=0
      DO 40 I=2,N
      I1=I-1
      DO 40 J=1,I1
40    G=G+2*A(I,J)*A(I,J)
      S1=SQRT(G)
      S2=EPS/FLOAT(N)*S1
      S3=S1
      L=0
50    S3=S3/FLOAT(N)
60    DO 130 IQ=2,N
      IQ1=IQ-1
      DO 130 IP=1,IQ1
      IF(ABS(A(IP,IQ)).LT.S3)GOTO 130
      L=1
      V1=A(IP,IP)
      V2=A(IP,IQ)
      V3=A(IQ,IQ)
      U=0.5*(V1-V3)
      IF(U.EQ.0.0) G=1
```

```
      IF(ABS(U).GE.1E-10)G=-SIGN(1.0,U)*V2/SQRT(V2*V2+U*U)
      ST=G/SQRT(2.0*(1.0+SQRT(1.0-G*G)))
      CT=SQRT(1.0-ST*ST)
      DO  110  I=1,N
      G=A(I,IP)*CT-A(I,IQ)*ST
      A(T,IQ)=A(I,IP)*ST+A(I,IQ)*CT
      S(I,IQ)=S(I,IP)*ST+S(I,IQ)*CT
110   S(I,IP)=G
      DO  120  I=1,N
      A(IP,I)=A(I,IP)
120   A(IQ,1)=A(I,IQ)
      G=2.0*V2*ST*CT
      A(IP,IP)=V1*CT*CT+V3*ST*ST-G
      A(IQ,IQ)=V1*ST*ST+V3*CT*CT+G
      A(IP,IQ)=(V1-V3)*ST*CT+V2*(CT*CT-ST*ST)
      A(IQ,IP)=A(IP,IQ)
130   CONTINUE
      IF(L-1)150,140,150
140   L=0
      GOTO  60
150   IF(S3,GT,S2)  GOTO  50
      MM=A(1,1)
      DO  160  I=2,N
      M1=MIN(MM,A(I,I))
      MM=M1*N*N
160   CONTINUE
      WRITE(*,170)MM
170   FORMAT(1X,'CRITICAL LOAI)=',F8.4,'EI/(L*L)')
      END
```

附录 17 大变形柱子电算程序

用大变形理确定临界荷载和悬臂杆端的位置，无非要解决两个椭圆积分问题。采用计算机可以避开查找积分数值表的繁琐，并可随需要而控制精度。

附录 17.1 基本公式

$$m=\sin\beta/2$$

$$l=\frac{1}{\alpha}K(m) \quad [见式(8\text{-}49)]$$

$$K(m)=\int_0^{\pi/2}\frac{d\varphi}{\sqrt{1-m^2\sin^2\varphi}} \quad [第一类全椭圆积分,见式(8\text{-}50)]$$

$$N_{cr,\,l}=N_{cr,s}\left(\frac{2K}{\pi}\right)^2 \quad [见式(8\text{-}51)]$$

$$x_0=\frac{1}{\alpha}[2E(m)-K(m)] \quad [见式(8\text{-}52)]$$

$$E(m)=\int_0^{\pi/2}\sqrt{1-m^2\sin^2\varphi}\,d\varphi \quad [第二类全椭圆积分见式(8\text{-}53)]$$

$$y_0=2m/\alpha \quad [见式(8\text{-}54)]$$

附录 17.2　变步长辛浦生求积原理

用辛浦生（Simpson）公式计算定积分

$$S=\int_a^b f(x)\,dx$$

可获及满足精度要求的近似值

先用梯形公式计算　$T_1=\frac{b-a}{2}[f(a)+f(b)]$

然后将求积区间［a，b］逐步折半，令区间长度　$h=\frac{b-a}{2^i}$　（$i=0$，1，2，…）

计算　$T_{2n}=\frac{1}{2}T_n+\frac{h}{2}\sum_{k=1}^{n}f\left(a+h\left(k-\frac{1}{2}\right)\right)$　（$n=2'$）

辛浦生递推公式为

$$S_n=T_{2n}+(T_{2n}-Tn)/3$$

只需计算当前分割点上的函数值，不必重复计算原诸点上的函数值。重复上述公式，直到相邻两次的积分近似值 S_{2n} 和 S_n 满足如下关系：

当 $|S_{2n}|\leqslant 1$ 时，满足 $|S_{2n}-S_n|<\varepsilon$

当 $|S_{2n}|>1$ 时，满足 $\left|\frac{S_{2n}-S_n}{S_{2n}}\right|<\varepsilon$

其中 ε 为允许的误差。

附录 17.3　程序

符号说明

A——实变量，积分下限；

B——实变量，积分上限；

EP——允许的误差限即积分精度；

F——计算被积函数的哑过程名，其形式如下

Function　F(x)

F_1——第一类全椭圆积分，　$F_1(x)=\frac{1}{\sqrt{1-(m\sin x)^2}}$；

F_2——第二类全椭圆积分，　$F_2(x)=\sqrt{1-(m\sin x)^2}$；

*K*1——参数 α；

BT——参数 β；

*N*1，*X*0，*Y*0——分别为公式中的 $N_{cr,e}$，$x0$，$y0$；

S_1，S_2——第一、二类全椭圆积分结果。

程序计算中只需输入 *K*1，*BT* 值，便可获得 $N_{cr,e}$，$x0$，$y0$ 值。

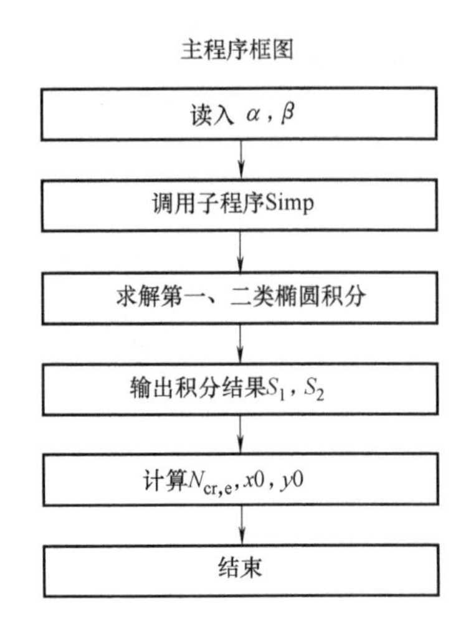

子程Subrotion simp程序框图

计算 T_1，T_2和$S_4=T_2+(T_2-T_1)/3$

$|S_2|\leqslant 1$　　$D=|S_4-S_3|$

$|S_2|>1$　　$D=\left|\dfrac{S_4-S_3}{S_4}\right|$

$D>EP$?

否

是

将积分结果返回主程序

```
      PROGRAM LARGE DEFORMATION THEORY FOR COLUMNS
      REAL N1,K1
      EXTERNAL F1,F2
      WRITE( * , * )'INPUT K1='
      READ( * , * )K1
      WRITE( * , * )'INPUT BT='
      READ( * , * )BT
      CALL SIMP(0. ,1. 5708,IE-5,S1,F1)
      CALL SIMP(0. ,1. 5708,IE-5,S2,F2)
      N1=(2. * S1/3. 14) * * 2
      X0=(1 · K1) * (2 * S2-S1)
      Y0=2 * SIN(40. * 3. 14/180. )K1
      WRITE( * ,18)BT,N1,X0,Y0
18    FORMAT(1X,'BT=',F5. 1,'N1=',F8. 6,'X0=',F8. 6,'Y0',F8. 6)
      END
      SUBROUTINE SIMP(A,B,EP,S4,F)
      H=B-A
      T1=H/2. * (F(A)+F(B))
      N=1
5     S=0
      DO 10 K=1,N
10    S=S+F(A+(K-0. 5) * H)
      T2=T1/2. +H/2. * S
      S4=T2+(T2-T1)/3.
      IF(N. NE. 1)GOTO 20
15    N=N+N
      H=H/2
      T1=T2
      S3=S4
      GOTO 5
20    IF(ABS(S4). LE. 1. )D=ABS(S4-S3)
      IF(ABS(S4). GT. 1. )D=ABS((S4-S3)/S4)
      IF(D. GT. EP)GOTO 15
      RETURN
```

```
END
FUNCTION F1(X)
F1=1./SQRT(1.-(SIN(X) * SIN(40. * 3.14/180.)) * * 2)
RETURN
END
FUNCTION  F2(X)
F2=SQRT(1.-(SIN(X) * SIN(40. * 3.14/180.))* * 2)
RETURN
END
```

附录 18　开口薄壁构件的截面剪力流理论和剪力中心

附录 18.1　剪力流

材料力学按下式计算截面剪应力

$$\tau=\frac{VS}{I_x\delta} \tag{附 18-1a}$$

式中，$\delta=t_w$ 或 b_f

由附图 18-1 可见，在翼缘（flange）和腹板（web）交接处存在两个矛盾现象：

1）剪应力有突变。

2）翼缘内侧表面有剪应力垂直内侧面，但实际上该面是自由表面，没有平衡这种剪应力的外力。矛盾的产生在于式（附 18-1a）假定了剪应力沿翼缘宽度平均分布，该假定对薄壁构件来说是不合适的。薄壁杆截面上的剪应力可用剪力流理论来解决，该理论假定：剪应力在薄壁厚度上均匀分布（附图 18-2）。薄壁单位长度上的剪力即为平均剪应力 τ 与壁厚之乘积，其方向与截面中心线的切线方向一致，组成所谓剪力流（sheer flow）。

$$s_f=\tau t^* \quad (\text{N/mm})$$

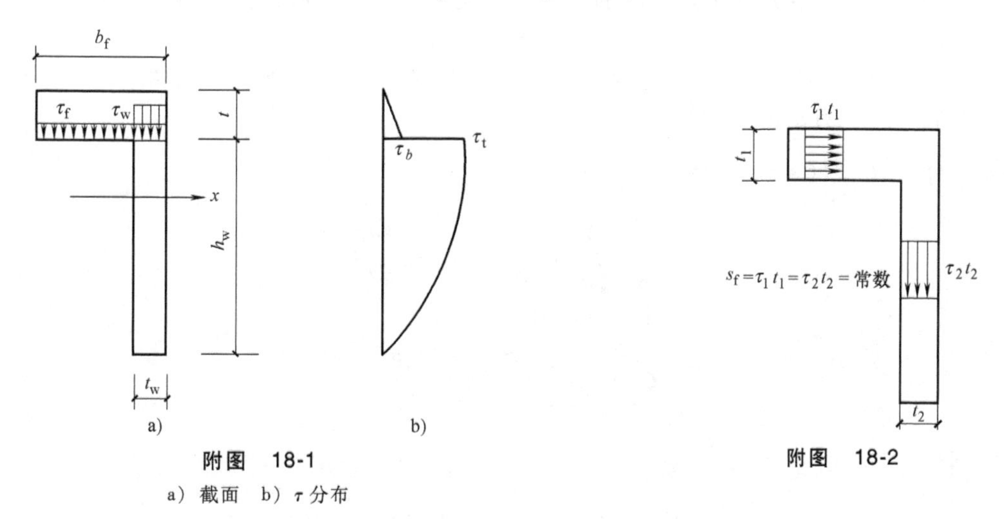

附图　18-1
a）截面　b）τ 分布

附图　18-2

附图 18-3a 所示为开口薄壁截面的受弯构件，x、y 和 z 为截面形心坐标轴。假定没有扭转，构件只在 yz 平面内产生简单弯曲，x 为截面的中和轴。

由微元体（附图 18-3b）平衡条件 $\sum z=0$ 得

$$\left(\sigma_z t+\frac{\partial(\sigma_z t)}{\partial z}\mathrm{d}z\right)\mathrm{d}s-\sigma_z t\mathrm{d}s+\left(\tau t+\frac{\partial(\tau t)}{\partial s}\mathrm{d}s\right)\mathrm{d}z-\tau t\mathrm{d}z=0$$

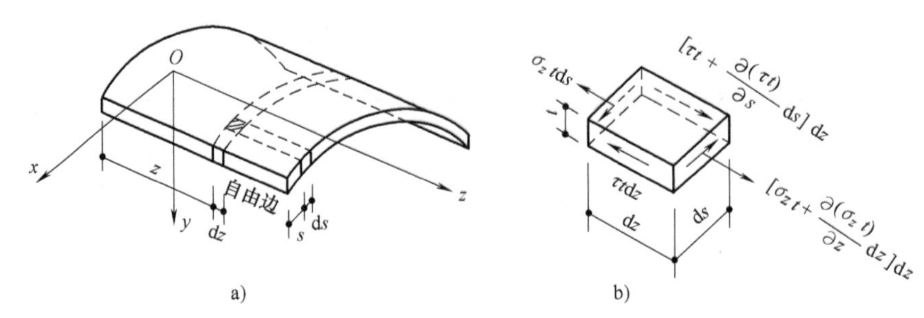

附图 18-3

化简，得

$$\frac{\partial(\sigma_z t)}{\partial z}+\frac{\partial(\tau t)}{\partial s}=0 \tag{a}$$

积分式（a），可得弯曲剪力流

$$s_j=\tau t=-\int_0^s \frac{\partial\sigma_z}{\partial z}t\mathrm{d}s \tag{b}$$

把 $\sigma_z=M_x y/I_x$，$\frac{\partial\sigma_z}{\partial z}=\frac{\partial}{\partial z}\frac{M_x y}{I_x}=\frac{1}{I_x}\frac{\mathrm{d}M_x}{\mathrm{d}z}y=\frac{V}{I_x}y$ 代入式（b），则

$$\tau=-\frac{V}{I_x t}\int_0^s yt\mathrm{d}s \tag{附 18-1b}$$

式中，$\int_0^s yt\mathrm{d}s$ 是 $s=0$ 至 $s=s$ 的截面对中和轴 x 的静力矩（曲线坐标 s 的原点应选取在截面的自由边，附图 18-3a）。

式（附 18-1b）是开口薄壁构件弯曲剪力流理论的一般剪应力计算式，对照材料力学公式（附 18-1a）可见，它们在形式上是相同的。不同点是：前者的 δ 取构件截面的宽度（水平尺寸），而后者的 t 是指薄壁的厚度。

附图 18-4a 所示为双轴对称工字形截面，利用式（附 18-1b）求剪应力分布。设 s 的原点取在翼缘上的 A 点（自由边），则

翼缘部分：AC 段$\left(0\leqslant s\leqslant\frac{b}{2}\right)$

$$\tau=-\frac{V}{I_x t_f}\int_0^s\left(-\frac{h_f}{2}\right)t_f\mathrm{d}s=\frac{Vh_f s}{2I_x}$$

$$A\text{ 点}\ (s=0)\qquad \tau=0$$

$$C\text{ 点}\left(s=\frac{b}{2}\right)\qquad \tau=\frac{Vh_f b}{4I_x}$$

腹板部分：CO 段$\left(\frac{b}{2}\leqslant s\leqslant\frac{b}{2}+\frac{h_f}{2}\right)$

$$\tau=-\frac{V}{I_x t_w}\left[bt_f\left(-\frac{h_f}{2}\right)+\left(s-\frac{b}{2}\right)t_w\left(\frac{h_f}{2}-\frac{s-b/2}{2}\right)\right]$$

$$C\text{ 点}\left(s=\frac{b}{2}\right)\qquad \tau=\frac{Vh_f b}{2I_x}\frac{t_f}{t_w}$$

$$O\text{ 点}\left(s=\frac{b+h_f}{2}\right)\qquad \tau=\frac{Vh_f b}{2I_x}\left(\frac{bt_f}{t_w}+\frac{h_f}{4}\right)$$

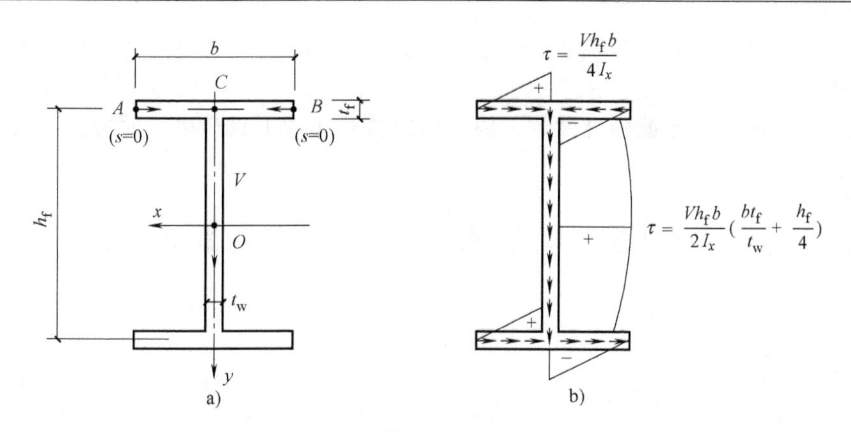

附图 18-4

τ 的分布如附图 18-4b 所示。τ 为正值代表剪力流跟积分的方向一致，即 τ 沿 s 的正向。对于 BC 段，可取 B 点 $s=0$ 向 C 点进行积分，即可得到与 AC 段相似的结果。

由上所得腹板上的最大剪应力（在 O 点）与按式（附 18-1a）计算结果一致，所以，在计算梁腹板上的剪应力时，式（附 18-1a）同样适用。但对于翼缘上的剪应力，若分别按式（附 18-1b）与式（附 18-1a）计算，就有很大出入了。

附录 18.2　剪力中心 S

对于上述双轴对称工字形截面梁，当横向荷载 P 作用在形心轴上时（如 y 轴），梁只产生弯曲，不产生扭转（附图 18-5a）。而对于槽形、T 形和 L 形等非双轴对称截面，若横向荷载作用在非对称轴的形心轴上时，梁常在产生弯曲的同时还伴随扭转（附图 18-5b、c、d）。

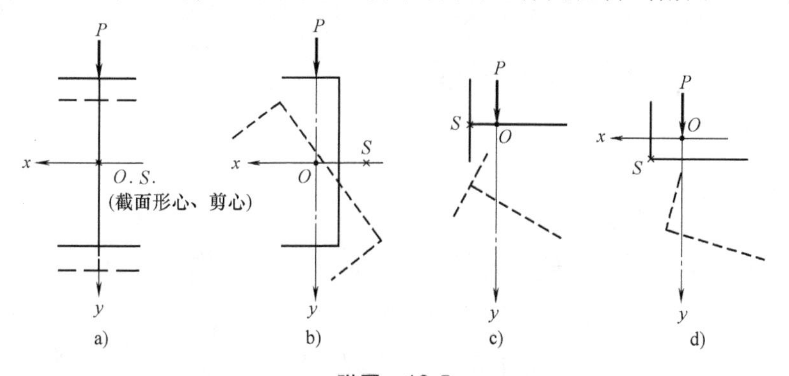

附图　18-5

由附图 18-6 可见，随着荷载 P 逐渐向腹板一侧平移，梁的扭转变形将逐渐减少（附图 18-6a、b），直到荷载移到某一点 S 时，梁将只在与 yz 平面平行的平面内弯曲而无扭转（附图 18-6c），此时，荷载 P 与截面上剪应力合成剪力 V 必须平衡，即 P 与 V 在同一直线上。因剪力 V 一定通过 S 点，故称 S 点为剪力中心（Shear Center），也叫弯曲中心（flexural center）。

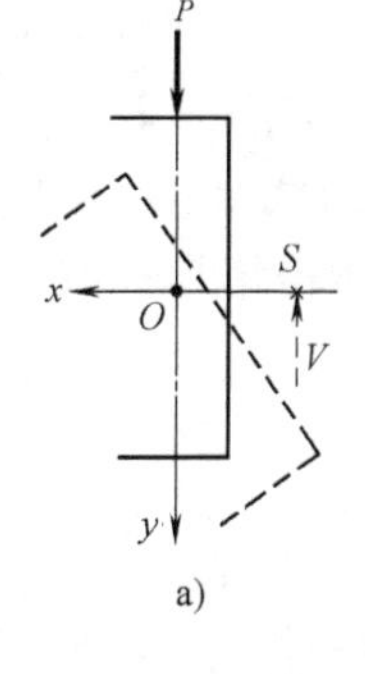

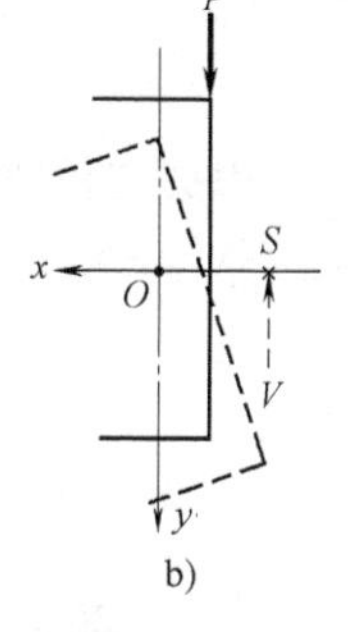

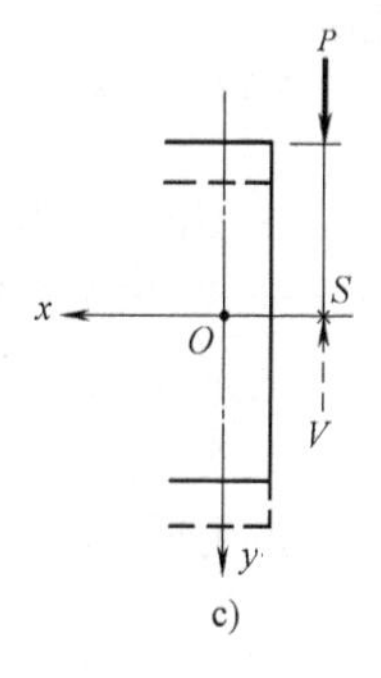

附图　18-6

附图 18-6a、b 中 P 与 V 不在同一直线上，故有扭矩产生，从而使梁绕剪心 S 点扭转，故 S 点也叫扭转中心。

附图 18-7a 所示某槽形截面悬臂梁，假定横向荷载作用下只产生平面弯曲。求剪心 S 的位置，分三步进行：

1. 求剪应力

翼缘和腹板中的剪应力计算从自由边 0 开始，由式（附 18-1b）求 s 处的剪应力（附图 18-7c）。

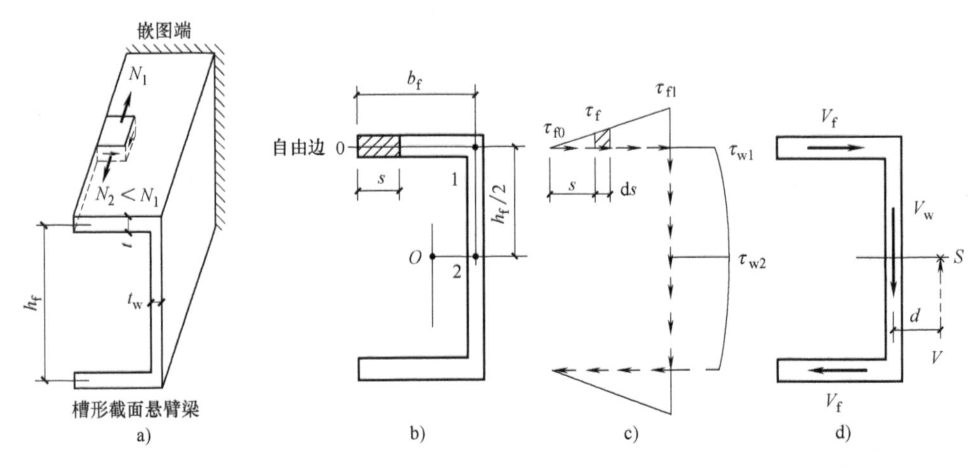

附图 18-7

翼缘
$$\tau_f=\frac{V}{I_x t}st(h_f/2)=\frac{Vh_f}{2I_x}s \tag{a}$$

0 点（$s=0$），$\tau_{f0}=0$

1 点（$s=b_f$），$\tau_{f1}=\dfrac{Vb_fh_f}{2I_x}$

腹板
$$\begin{aligned}\tau_w&=\frac{V}{I_xt_w}b_ft\cdot\frac{h_f}{2}+(s-b_f)t_w\left(\frac{h_f}{2}-\frac{s-b_f}{2}\right)\\&=\frac{V}{2I_x}\left[\frac{b_fh_ft}{t_w}+(s-b_f)h_f-(s-b_f)^2\right]\quad（二次曲线）\end{aligned} \tag{b}$$

1 点（$s=b_f$），$\qquad \tau_{w1}=\dfrac{Vb_fh_ft}{2I_xt_w}=\dfrac{Vb_fh_f}{2I_x}\quad(\because t=t_w)$

2 点（$s=b_f+h_f/2$），$\qquad \tau_{w2}=\dfrac{Vb_fh_f}{2I_x}\left(\dfrac{t}{t_w}+\dfrac{h_f}{4b_f}\right)=\dfrac{Vb_fh_f}{2I_x}\left(1+\dfrac{h_f}{4b_f}\right)$

由附图 18-7c 可见，用剪力流理论，即由式（附 18-1b）所算的剪应力，在腹板中与材料力学公式（儒拉夫斯基 Журавскнй 公式）所得结果一致，而在翼缘中的剪应力，方向和大小都产生了质的差别。

2. 求剪力

由附图 18-7c

$$V_f=\int_0^{b_f}\tau_f\,t\mathrm{d}s=\int_0^{b_f}\frac{Vh_f}{2I_x}st\mathrm{d}s=\frac{Vh_ftb_f^2}{4I_x}$$

$$V_w = 2\int_{b_f}^{b_f+h_f/2} \tau_w t_w \mathrm{d}s$$

$$= \frac{V}{I_x}\int_{b_f}^{b_f+h_f/2}\left[\frac{b_f h_f t}{t_w}+(s-b_f)h_f-(s-b_f)^2\right]t_w \mathrm{d}s$$

$$= \frac{V}{2I_x}\left(t_w\frac{h_f^3}{6}+tb_f h_f\right)=V$$

在附图 18-7d 上示出了 V_f 和 V_w 的位置。

3. 求距离 *d*

根据附图 18-7d 的平衡条件

$$V_f h_f - Vd = 0$$

可得

$$d=\frac{V_f h_f}{V}=\frac{Vh_f t b_f^2}{4I_x}\cdot\frac{h_f}{V}=\frac{h_f^2 t b_f^2}{4I_x}$$

由上可见，剪心具有两个性质：

1）若外力不通过截面的剪心 S 时，杆件在产生弯曲的同时必伴随产生扭转。

2）截面受扭时，绕剪心 S 发生扭转而非绕形心 O 发生。因此，剪心是开口薄壁截面杆中与扭转有关的一个点，它在截面上的位置只取决于截面的形状，一般规律是：

① 有对称轴的截面，剪心的位置一定在对称轴上（附图 18-8a～d）。

② 由若干矩形条相交一点所组成的截面，剪心必在交点上（附图 18-8d，e）。

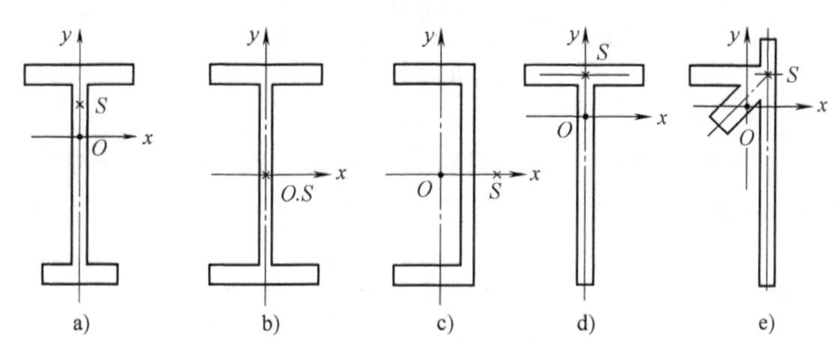

附图 18-8　剪心 S 和形心 O 的位置

附录 18.3　约束扭转应力的计算

内力 M_{st}、M_f、V_f 和 M_w 可分别按式（8-62）、式（8-65）、式（8-66）和式（8-68）计算，由于这些内力都是扭角 φ 或扭率 θ 的函数，因此，必须先按式（8-70b）解出 φ 值。一旦求得 M_f 和 V_f 后，梁的弯曲扭转正应力 σ_w 和剪应力 τ_w 即可求出。

1. 扇性正应力 σ_w

与 σ_w 相应的内力是所谓弯曲扭转双力矩 B（简称双力矩），它的定义是：

$$B=\int_A \sigma_\omega \omega \mathrm{d}A \tag{附 18-2}$$

由此定义知，双力矩 B 可以视为 σ_ω 的力矩，该力矩的“臂”为扇性坐标或翘曲函数 ω（附图 18-9）它表示截面上任一点翘曲的相对数值。

$$\omega=\int_0^s r\mathrm{d}s \tag{附 18-3}$$

式中　r——截面剪心 S 至各板段中线的垂直距离，均取正号；

s——由剪心 S 算起的截面上任意点的 s 坐标，如附图 18-9a 所示点 2 的坐标：$s=(h_f+b)/2$。

s 的方向规定为绕剪心 S 顺时针回转为正。因此，对双轴对称工字形截面，其扇性坐标如附图 18-9b 所示。

根据薄壁杆的约束扭转理论，扇性正应力 σ_{ω} 按截面扇性坐标规律分布，即

$$\sigma_{\omega}=E\varphi''\omega \tag{附 18-4}$$

把式（附 18-4）代入式（附 18-2）得

$$B=E\varphi''\int_A \omega^2 \mathrm{d}A=E\varphi'' I_{\omega} \tag{附 18-5}$$

式中　I_{ω}——截面的扇性惯性矩，$I_{\omega}=\int_A \omega^2 \mathrm{d}A$。

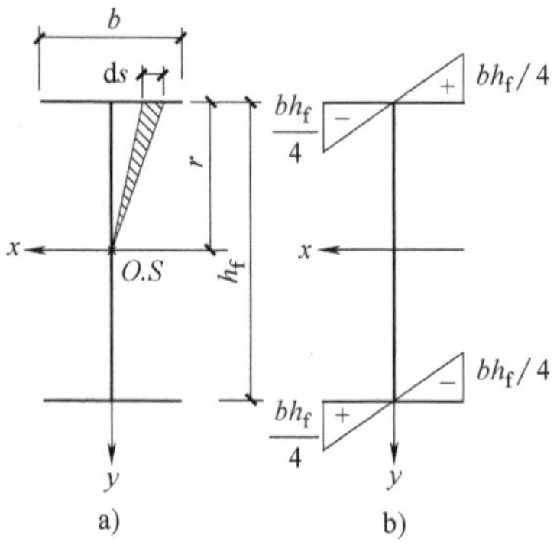

附图　18-9

比较式（附 18-4）和式（附 18-5），可得

$$\sigma_{\omega}=B\omega/I_{\omega} \tag{附 18-6}$$

上式就是扇性正应力 σ_{ω} 与双力矩 B 之间的关系。

再比较式（8-68）与式（附 18-5），得

$$M_{\omega}=\frac{\mathrm{d}B}{\mathrm{d}z} \tag{附 18-7}$$

上式就是双力矩 B 与弯曲扭转力矩 M_{ω} 之间的关系。

若将式（8-65）、式（8-69）代入式（附 18-5），可得双轴对称工字形截面的双力矩

$$B=\frac{2M_{\mathrm{f}}}{hI_{\mathrm{f}}}I_{\omega}=\frac{2M_{\mathrm{f}}I_{\omega}}{h(2I_{\omega}^2/h^2)}=M_{\mathrm{f}}h \tag{附 18-8}$$

2. 扇性剪应力 τ_{ω}

翼缘的弯曲扭转剪力 V_{f} 求得后，可用材料力学公式（附 18-1a）来求 τ_{ω}。图 8-49 所示任一点的扇性剪应力 τ_{ω} 计算如下

$$\tau_{\omega}=\frac{V_{\mathrm{f}}S}{I_{\mathrm{f}}t}=\frac{V_{\mathrm{f}}}{(tb^3/12)}\left(\frac{b}{2}-x\right)t\left(\frac{x+b/2}{2}\right)=\frac{3}{2}\frac{V_{\mathrm{f}}}{A_{\mathrm{f}}}\left[1-\left(\frac{2x}{b}\right)^2\right] \tag{附 18-9}$$

式中　$A_{\mathrm{f}}=bt$。

[例附 18-1]　求附图 18-10a 所示双轴对称组合工字形截面梁的最大弯曲正应力 σ 和弯曲扭转正应力 σ_{ω}。该梁两端分别简支在固定铰和滚动铰的“叉形”支座上（简称叉形简支）。$l=8\mathrm{m}$，受偏心横向均布荷载 $p=90\mathrm{kN/m}$（计算值），偏心距 $e_0=40\mathrm{mm}$，钢材 Q235，$E=206\mathrm{kN/mm^2}$，$G=79\mathrm{kN/mm^2}$。假定忽略梁的重力密度。

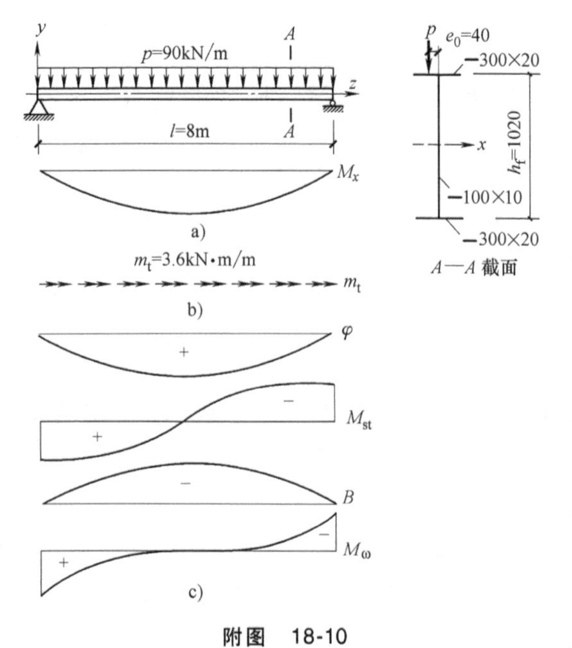

附图　18-10

[解]

（1）$M_{x,\max}=pl^2\div 8=90\times 8^2\div 8\mathrm{kN\cdot m}=720\mathrm{kN\cdot m}$，梁的均布扭矩（torque）

$m_{\mathrm{t}}=pe_0=90\times 0.04\mathrm{kN\cdot m/m}=3.6\mathrm{kN\cdot m/m}$

（2）梁截面的几何特性

$I_x=(30\times 104^3-29\times 100^3)\div 12\mathrm{cm^4}=395493\mathrm{cm^4}$

$W_x=I_x/(h/2)=395493\div 52\mathrm{cm^3}=7606\mathrm{cm^3}$

由式（8-61）知 $I_t=(100\times1^3+2\times30\times2^3)\text{cm}^4\div3=193\text{cm}^4$

由式（8-69）知 $I_\omega=I_f h_f^2/2=(2\times30^3\div12)\times102^2\text{cm}^6\div2=23.4\times10^7\text{cm}^6$

由附图 8-9b 知 $\omega_{max}=\pm\dfrac{bh_f}{4}=\pm\dfrac{30\times102}{4}\text{cm}^2=\pm765\text{cm}^2$（直线变化）

（3）计算双力矩 B

对式（8-70b）求导
$$EI_\omega\varphi^{\text{IV}}-GI_t\varphi''=m_t \tag{a}$$

令
$$\alpha^2=\frac{GI_t}{EI_\omega}\quad(1/\text{cm}^2) \tag{b}$$

式（a）变成
$$\varphi^{\text{IV}}-\alpha^2\varphi''=\frac{m_t}{EI_\omega} \tag{c}$$

通解
$$\varphi=C_1+C_2z+C_3\text{sh}\alpha z+C_4\text{ch}\alpha z-\frac{m_tz^2}{2GI_t} \tag{d}$$

代入边界条件：$z=0$ 及 $z=l$ 时，$\varphi=\varphi''=0$，则

$$\begin{bmatrix}1&0&0&1\\1&l&\text{sh}\alpha l&\text{ch}\alpha l\\1&0&0&\alpha^2\\1&0&\alpha^2\text{sh}\alpha l&\alpha^2\text{ch}\alpha l\end{bmatrix}\begin{bmatrix}C_1\\C_2\\C_3\\C_4\end{bmatrix}-\frac{m_t}{GI_t}\begin{bmatrix}0\\l^2/2\\1\\1\end{bmatrix}=\begin{bmatrix}0\\0\\0\\0\end{bmatrix}$$

解得
$$\begin{bmatrix}C_1\\C_2\\C_3\\C_4\end{bmatrix}=\frac{m_t}{GI_t}\begin{bmatrix}-1/\alpha^2\\l/1\\(1/\text{sh}\alpha l-\text{ch}\alpha l/\text{sh}\alpha l)/\alpha^2\\1/\alpha^2\end{bmatrix}$$

代入式（d），即得扭转角方程式

$$\varphi=\frac{m_t}{\alpha^2GI_t}\left[\frac{\text{sh}\alpha z+\text{sh}\alpha(l-z)}{\text{sh}\alpha l}+\frac{\alpha^2z}{2}(l-z)-1\right] \tag{附 18-10}$$

将式（附 18-10）分别代入式（8-60）、式（附 18-5）和式（8-68）

$$M_{st}=GI_t\varphi=\frac{m_t}{\alpha}\left[\frac{\text{ch}\alpha z-\text{ch}\alpha(l-z)}{\text{sh}\alpha l}+\alpha\left(\frac{l}{2}-z\right)\right] \tag{附 18-11}$$

$$B=EI_\omega\varphi''=\frac{m_t}{\alpha^2}\left[\frac{\text{sh}\alpha z+\text{sh}\alpha(l-z)}{\text{sh}\alpha l}-1\right]$$

$$=\frac{m_t}{\alpha^2}\left[\frac{\text{ch}\alpha\left(\frac{l}{2}-z\right)}{\text{ch}(\alpha l/2)}-1\right] \tag{附 18-12}$$

和

$$M_\omega=-EI_\omega\varphi'''=-\frac{m_t}{\alpha}\cdot\frac{\text{ch}\alpha z-\text{ch}\alpha(l-z)}{\text{sh}\alpha l} \tag{附 18-13}$$

由式（附 18-10）~式（附 18-13）绘出的分布图形，见附图 18-10c。最大双力矩 B_{max} 在跨中。

$$B_{max}=\frac{m_t}{\alpha^2}\left[\frac{1}{\text{ch}(\alpha l/2)}-1\right]$$

式中 $\alpha^2=\dfrac{GI_t}{EI_\omega}=\dfrac{79\times10^3\times193}{206\times10^3\times23.4\times10^6}(1/\text{cm}^2)=3.163\times10^{-6}(1/\text{cm}^2)$

$$\alpha=0.001778(1/\text{cm})$$
$$\alpha l=0.001778\times800=1.422$$
$$\text{ch}(\alpha l/2)=\text{ch}\left(\frac{1.422}{2}\right)=1.264$$

从而

$$B_{\max}=\frac{3.6}{3.163\times10^{-6}}\left(\frac{1}{1.264}-1\right)$$
$$=-0.2377\times10^{6}\text{kN}\cdot\text{cm}^{2}=-23.77\text{kN}\cdot\text{m}^{2}$$

（4）最大弯曲正应力

$$\sigma=M_{x,\max}/W_x=720\times10^{6}\div(7.606\times10^{6})\text{N/mm}^{2}$$
$$=94.66\text{N/mm}^{2}$$

（5）最大弯曲扭转正应力 σ_{ω}，由式（附 18-6）计算

$$\sigma_{\omega}=B_{\max}\omega_{\max}/I_{\omega}=\frac{-23.77\times10^{9}(\pm765\times10^{2})}{23.4\times10^{6}\times10^{6}}\text{N/mm}^{2}$$
$$=\pm77.71\text{N/mm}^{2}$$

其 σ_{ω} 的分布情况，如附图 18-11 所示。正号表示拉应力。

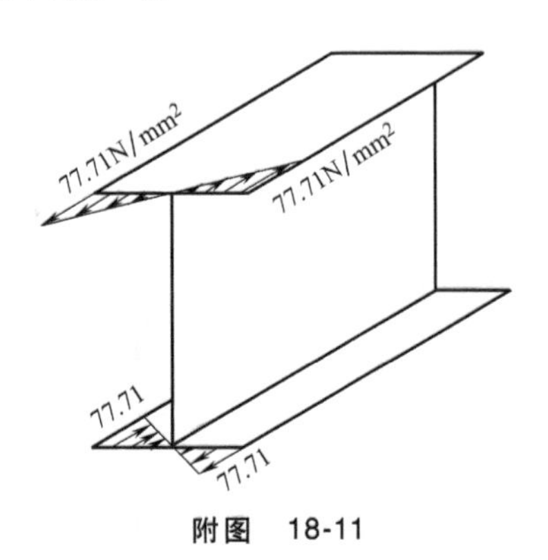

附图 18-11

截面的最大正应力为

$$|\sigma_{\max}|=|-94.66-77.71|\text{N/mm}^{2}=|172.37|\text{N/mm}^{2}$$

附录 19　纯弯曲工字形截面简支梁的弯扭屈曲

在梁临界状态时的总势能计算中，用 y 方向的位置 v 已经发生过的状态为参考状态（附图 19-1），并用能量法求解。

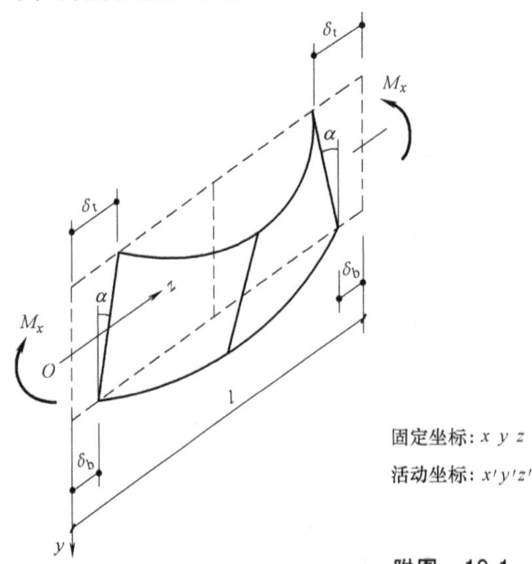

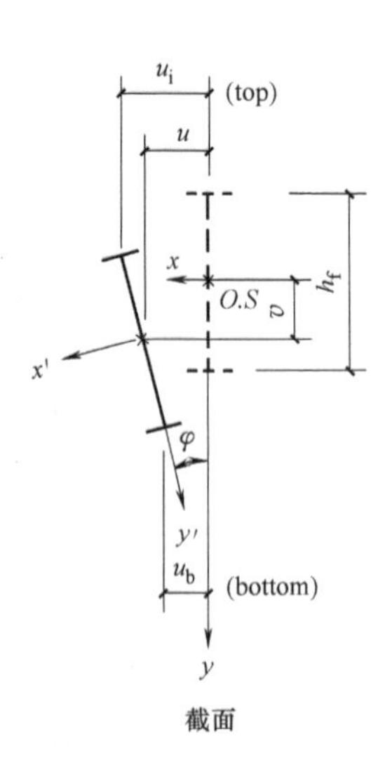

附图 19-1

扭转应变能 U_t 包括自由扭转应变能 U_{st} 和翘曲扭转应变能 U_w，即由式（8-73）可得

$$U_t=U_{st}+U_w=\frac{1}{2}\int_0^l GI_t(\varphi')^2\text{d}z+\frac{1}{2}\int_0^l EI_w(\varphi'')^2\text{d}z$$

侧挠曲（lateral bending）应变能　$U_{lb}=\dfrac{1}{2}\displaystyle\int_0^l EI_y(u'')^2\text{d}z$

从而，总应变能
$$U=U_{t}+U_{lb} \tag{附 19-1}$$

由参考状态到最后状态，与荷载 M_x 相应的变形为两端的角位移 α，故外力（external force）势能 Π_e 为由最后变形状态恢复到参考状态时 M_x 所作的功，即
$$\Pi_{e}=-2M_{x}\alpha \tag{附 19-2a}$$

式中
$$\alpha=(\delta_{top}-\delta_{bottom})/h \tag{a}$$

$$\left.\begin{aligned}
\delta_{top}&=\frac{1}{4}\int_0^l\left(\frac{du_{top}}{dz}\right)^2dz\\
\delta_{bottom}&=\frac{1}{4}\int_0^l\left(\frac{du_{bottom}}{dz}\right)^2dz\\
u_{top}&=u+\frac{h}{2}\varphi\\
u_{bottom}&=u-\frac{h}{2}\varphi
\end{aligned}\right\} \tag{b}$$

将式（b）代入式（a）
$$\alpha=\frac{1}{2}\int_0^l\left(\frac{du}{dz}\right)\left(\frac{d\varphi}{dz}\right)dz \tag{c}$$

将式（c）代入式（附 19-2a）
$$\Pi_{e}=-M_{x}\int_0^l(u'\varphi')dz \tag{附 19-2b}$$

梁的总势能
$$\begin{aligned}
\Pi&=U+\Pi_e\\
&=\frac{EI_y}{2}\int_0^l(u'')^2dz+\frac{GI_t}{2}\int_0^l(\varphi')^2dz+\frac{EI_w}{2}\int_0^l(\varphi'')^2dz-M_x\int_0^l u'\varphi'dz
\end{aligned} \tag{附 19-3a}$$

设位移函数
$$u=A_1\sin\frac{\pi z}{l}$$
$$\varphi=A_2\sin\frac{\pi z}{l}$$

并注意到
$$\int_0^l\left(\sin\frac{\pi z}{l}\right)^2dz=\int_0^l\left(\cos\frac{\pi z}{l}\right)^2dz=\frac{l}{2}$$

则式（附 19-3a）变成
$$\Pi=\frac{EI_y\pi^3A_1^2}{4l^3}+\frac{GI_t\pi^2A_2^2}{4l}+\frac{GI_w\pi^4A_2^2}{4l^3}-\frac{M_x\pi^2A_1A_2}{2l} \tag{附 19-3b}$$

由势能驻值原理
$$\frac{2\Pi}{2A_1}=0 \quad 及 \quad \frac{2\Pi}{2A_2}=0$$

可得
$$\begin{bmatrix}\dfrac{EI_y\pi^2}{l^2} & -M_x\\ -M_x & GI_t+\dfrac{EI_w\pi^2}{l^2}\end{bmatrix}=\begin{bmatrix}A_1\\ A_2\end{bmatrix}=\begin{bmatrix}0\\ 0\end{bmatrix}$$

稳定条件：

$$\begin{vmatrix} \dfrac{EI_y\pi^2}{l^2} & -M_x \\ -M_x & GI_t+\dfrac{EI_w\pi^2}{l^2} \end{vmatrix}=0$$

展开，可得纯弯曲工字形截面简支梁的临界弯矩

$$M_{x,cr}=\frac{\pi}{l}\sqrt{EI_y(GI_t+EI_w\pi^2/l^2)}=\frac{\pi}{l}\sqrt{EI_yGI_t}\sqrt{1+\frac{EI_w}{GI_t}\left(\frac{\pi}{l}\right)^2}$$

附录 20　用瑞利-里兹法求梁-柱（beam-column member）的 M_{max}

1）对于附图 20-1 所示的梁-柱，设位移函数

$$y=\alpha\sin\frac{\pi x}{l} \tag{附 20-1}$$

$$\Pi_i=U=\frac{1}{2}\int_0^l EI(y'')^2\mathrm{d}x=\frac{\alpha^2\pi^2EI}{4l^3} \tag{附 20-2}$$

$$\Pi_e=-N\cdot\frac{1}{2}\int_0^l(y')^2\mathrm{d}x-Py=-\left(\frac{N\alpha^2\pi^2}{4l}+P\alpha\sin\frac{\pi b}{l}\right) \tag{附 20-3}$$

从而

$$\frac{\mathrm{d}(U+\Pi_e)}{\mathrm{d}\alpha}=\frac{\alpha\pi^4EI}{2l^3}-\left(\frac{N\alpha\pi^2}{2l}+P\sin\frac{\pi b}{l}\right)=0 \tag{附 20-4}$$

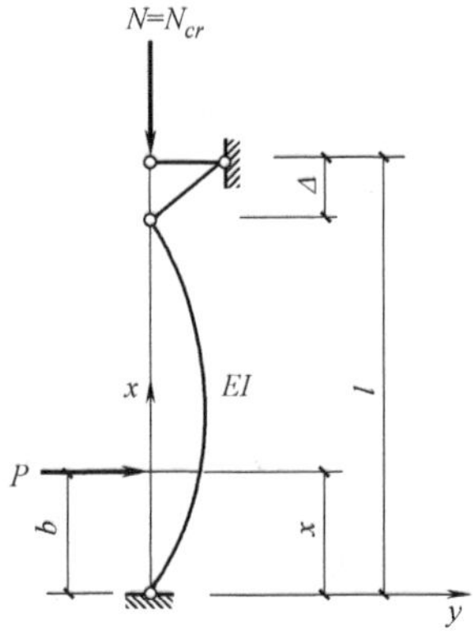

注意到 $N_E=\pi^2EI/l^2$，由式（附 20-4）得

$$\alpha=\frac{2Pl^3\sin\dfrac{\pi b}{l}}{EI\pi^4(1-N/N_E)} \tag{附 20-5}$$

附图 20-1　有横向集中荷载 P 的梁-柱

将式（附 20-5）代入式（附 20-1），则

$$y=\frac{2Pl^3\sin\dfrac{\pi b}{l}}{EI\pi^4(1-N/N_E)}\sin\frac{\pi x}{l} \tag{附 20-6a}$$

当 $x=l/2$ 时，由式（附 20-6a）可得杆中点挠度

$$\delta'=\frac{2Pl^3\sin\dfrac{\pi b}{l}}{EI\pi^4(1-N/N_E)} \tag{附 20-6b}$$

当 $b=l/2$ 时，由式（附 20-6a）得

$$\delta=\frac{2Pl^3}{EI\pi^4(1-N/N_E)} \tag{附 20-6c}$$

当 $N=0$ 时，式（附 20-6c）变成

$$\delta_0=\frac{2Pl^3}{EI\pi^4}\approx\frac{Pl^3}{48EI} \tag{附 20-6d}$$

对照式（附 20-6c）、式（附 20-6d）可见

$$\delta=\delta_0\left(\frac{1}{1-N/N_E}\right) \tag{附 20-7}$$

式中　δ_0——跨中央有集中荷载 P 时的简支梁最大挠度。

对于跨中央有集中荷载 P 的梁-柱，其最大弯矩是

$$M_{max}=M+N\delta=M+N\cdot\frac{\delta_0}{1-N/N_E}=M\left(1+\frac{N}{M}\cdot\frac{\delta_0}{1-N/N_E}\right)$$

将 $M=\frac{Pl}{4}$ 和式（附 20-6d）代入上式得

$$M_{max}=M\left(\frac{1-0.178N/N_E}{1-N/N_E}\right)\approx M\left(\frac{1-0.2N/N_E}{1-N/N_E}\right) \tag{附 20-8}$$

2）对于附图 20-2 所示的梁-柱

将式（附 20-3）中的 P 换成（$p\mathrm{d}x$），从而：$\int_0^l(p\mathrm{d}x)\sin\frac{\pi x}{l}=2pl/\pi$。

用 $2pl/\pi$ 代替式（附 20-4）中的 $P\sin\frac{\pi b}{l}$，则式（附 20-6c）变成

$$\delta=\frac{4pl^4}{EI\pi^5(1-N/N_E)}\approx\frac{\delta_0}{1-N/N_E} \tag{附 20-9}$$

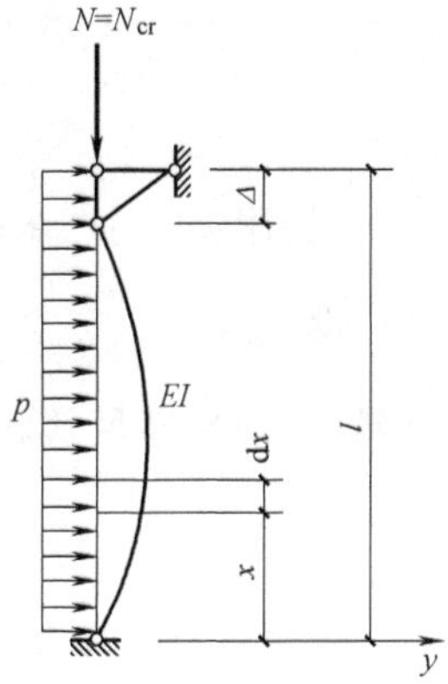

附图 20-2　横向均布荷载 p 的梁-柱

式中　δ_0——简支梁在均布荷载作用下的跨中央挠度，$\delta_0=\frac{5pl^4}{384EI}$。

$$M_{max}=M+N\delta=M\left(1+\frac{N}{M}\cdot\frac{\delta_0}{1-N/N_E}\right)$$

将 $M=\frac{pl^2}{8}$ 和 $\delta_0=\frac{5pl^4}{384EI}$ 代入上式得

$$M_{max}=M\left(\frac{1+0.028N/N_E}{1-N/N_E}\right)\approx M\left(\frac{1}{1-N/N_E}\right) \tag{附 20-10}$$

式（附 20-8）和式（附 20-10）已列入表 11-1 中。

附录 21　用能量法求板的临界力

附录 21.1　用瑞利-里兹法求单向均匀受压方形板（四边固定）的临界荷载

在线性理论中（略去 ε_z、γ_{zx} 和 γ_{zy}），薄板的应变能可用材料力学中复杂受力状态下的比能表达式而得出，即

$$U=\frac{1}{2}\iiint(\sigma_x\varepsilon_x+\sigma_y\varepsilon_y+\tau_{xy}\gamma_{xy})\mathrm{d}x\mathrm{d}y\mathrm{d}z \tag{a}$$

式中，$\frac{1}{2}(\sigma_x\varepsilon_x+\sigma_y\varepsilon_y+\tau_{xy}\gamma_{xy})$ 为比能，即单位体积的应变能。

将应力-应变关系式

$$\left.\begin{aligned}\varepsilon_x&=\frac{1}{E}(\sigma_x-\nu\sigma_y)\\ \varepsilon_y&=\frac{1}{E}(\sigma_y-\nu\sigma_x)\\ \varepsilon_{xy}&=\frac{2(1+\nu)}{E}\tau_{xy}\end{aligned}\right\} \tag{b}$$

代入式（a）得

$$U=\frac{1}{2E}\iiint\left[\sigma_x^2+\sigma_y^2-2\nu\sigma_x\sigma_y+2(1+\nu)\tau_{xy}^2\right]\mathrm{d}x\mathrm{d}y\mathrm{d}z$$

再将式（12-2）代入式（c），并沿薄板厚度进行积分

$$\begin{aligned}U&=\frac{E}{2(1-\nu^2)}\int_{-\frac{t}{2}}^{\frac{t}{2}}z^2\iint\left[\left(\frac{\partial^2w}{\partial x^2}\right)^2+\left(\frac{\partial^2w}{\partial y^2}\right)^2+2\nu\left(\frac{\partial^2w}{\partial x^2}\right)\left(\frac{\partial^2w}{\partial y^2}\right)+2(1-\nu)\left(\frac{\partial^2w}{\partial x\partial y}\right)^2\right]\mathrm{d}x\mathrm{d}y\mathrm{d}z\\&=\frac{D}{2}\iint\left[\left(\frac{\partial^2w}{\partial x^2}\right)^2+\left(\frac{\partial^2w}{\partial y^2}\right)^2+2\nu\left(\frac{\partial^2w}{\partial x^2}\right)\left(\frac{\partial^2w}{\partial y^2}\right)+2(1-\nu)\left(\frac{\partial^2w}{\partial x\partial y}\right)^2\right]\mathrm{d}x\mathrm{d}y\end{aligned}$$

（附 21-1a）

［例附 21-1］ 求附图 21-1 所示四边固定正方板的 $N_{x,\mathrm{cr}}$。

设

$$w=A\left(1-\cos\frac{2\pi x}{a}\right)\left(1-\cos\frac{2\pi y}{a}\right) \tag{a}$$

显然式（a）满足以下边界条件：

在 $x=0$ 和 $x=a$ 处，$w=\dfrac{\partial w}{\partial x}=0$ （挠度，斜率为 0）

在 $y=0$ 和 $y=b$ 处，$w=\dfrac{\partial w}{\partial y}=0$

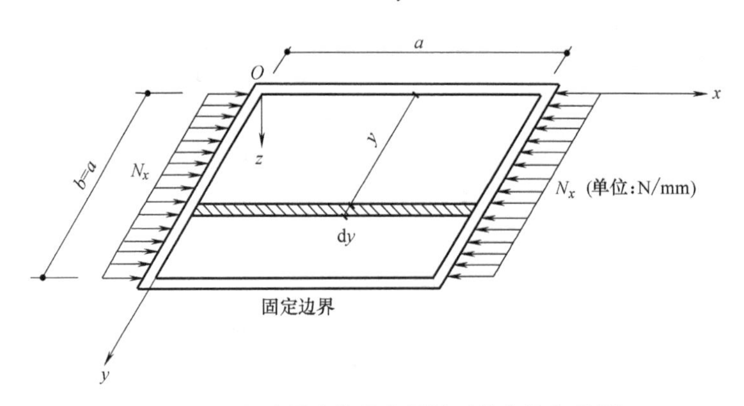

附图 21-1 四边固定的正方形板（单向均匀受压）

1. 应变能，即内力势能

先求 w 的各阶异数

$$\left.\begin{aligned}\frac{\partial w}{\partial x}&=\frac{2\pi A}{a}\sin\frac{2\pi x}{a}\left(1-\cos\frac{2\pi y}{a}\right)\\\frac{\partial w}{\partial y}&=\frac{2\pi A}{a}\left(1-\cos\frac{2\pi x}{a}\right)\sin\frac{2\pi y}{a}\\\frac{\partial^2 w}{\partial x^2}&=\frac{4\pi^2A}{a^2}\cos\frac{2\pi x}{a}\left(1-\cos\frac{2\pi y}{a}\right)\\\frac{\partial^2 w}{\partial y^2}&=\frac{4\pi^2A}{a^2}\left(1-\cos\frac{2\pi x}{a}\right)\cos\frac{2\pi y}{a}\\\frac{\partial^2 w}{\partial x\partial y}&=\frac{4\pi^2A}{a^2}\sin\frac{2\pi x}{a}\sin\frac{2\pi y}{a}\end{aligned}\right\} \tag{b}$$

并代入式（附 21-1a）得

$$U=\frac{D}{2}\frac{16\pi^4A^2}{a^2}\int_0^a\int_0^a\left[\cos^2\frac{2\pi x}{a}\left(1-\cos\frac{2\pi y}{a}+\cos^2\frac{2\pi y}{a}\right)+\cos^2\frac{2\pi y}{a}\times\right.$$

$$\left(1-2\cos\frac{2\pi x}{a}+\cos^2\frac{2\pi x}{a}\right)+2\nu\left(\cos\frac{2\pi y}{a}-\cos^2\frac{2\pi x}{a}\right)\times$$

$$\left.\left(\cos\frac{2\pi y}{a}-\cos^2\frac{2\pi y}{a}\right)+2(1-\nu)\left(\sin^2\frac{2\pi x}{a}\right)\left(\sin^2\frac{2\pi y}{a}\right)\right]\mathrm{d}x\mathrm{d}y \quad (附 21\text{-}1b)$$

利用下列定积分

$$\left.\begin{aligned}&\int_0^a\sin^2\frac{2\pi x}{a}\mathrm{d}x=\frac{a}{2}\\&\int_0^a\cos^2\frac{2\pi x}{a}\mathrm{d}x=\frac{a}{2}\\&\int_0^a\cos^2\frac{2\pi x}{a}\mathrm{d}x=0\end{aligned}\right\} \quad (c)$$

并代入式（附 21-1b）

$$U=\frac{8D\pi^4A^2}{a^4}\left[\frac{a}{2}\left(a+\frac{a}{2}\right)+\frac{a}{2}\left(a+\frac{a}{2}\right)+2\nu\left(\frac{a^2}{4}\right)+2(1-\nu)\frac{a^2}{4}\right]=\frac{16D\pi^4A^2}{a^2} \quad (附 21\text{-}1c)$$

2. 外力势能

外力势能等于外力所做功的负值。附图 21-1 所示板条元在弯曲时外荷载所做之外功

$$\mathrm{d}W=\frac{N_x\mathrm{d}y}{2}\int_0^a\left(\frac{\partial w}{\partial x}\right)^2\mathrm{d}x$$

整块板

$$\begin{aligned}W&=\int_0^a\mathrm{d}W=\frac{N_x}{2}\int_0^a\int_0^a\left(\frac{\partial w}{\partial x}\right)^2\mathrm{d}x\mathrm{d}y\\&=\frac{N_x}{2}\int_0^a\int_0^a\left(\frac{2\pi A}{a}\right)^2\sin^2\left(\frac{2\pi x}{a}\right)\left(1-\cos\frac{2\pi y^2}{a}\right)\mathrm{d}x\mathrm{d}y\\&=\frac{2\pi A^2N_x}{a^2}\times\frac{a}{2}\int_0^a\left(1-2\cos\frac{2\pi y}{a}+\cos^2\frac{2\pi y}{a}\right)\mathrm{d}y\\&=\frac{\pi^2A^2N_x}{a}\left(a+\frac{a}{2}\right)=\frac{3}{2}\pi^2A^2N_x\end{aligned} \quad (附 21\text{-}2)$$

3. 总势能

$$\Pi=U-W=\frac{16D\pi^4A^2}{a^2}-\frac{3}{2}\pi^2A^2N_x \quad (附 21\text{-}3)$$

利用中性平衡的概念和势能驻值原理

$$\frac{\mathrm{d}\Pi}{\mathrm{d}A}=\frac{32D\pi^4A}{a^2}-3N_x\pi^2A=0$$

得

$$N_{x,\mathrm{cr}}=\frac{32}{3}\frac{D\pi^2}{a^2}=10.67\frac{\pi^2D}{a^2} \quad (附 21\text{-}4)$$

用无穷级数求出的精确解为

$$N_{x,\mathrm{cr}}=10.07\frac{\pi^2D}{a^2}$$

误差 $\dfrac{10.67-10.07}{10.07}=0.06=6\%$。

附录 21.2 用迦辽金法求均匀受剪方形板（四边简支）的临界力

用迦辽金法时，应先假定中性平衡时处于微曲状态下的板的曲面方程

$$w=A_1\sin\frac{\pi x}{a}\sin\frac{\pi y}{a}+A_2\sin\frac{2\pi x}{a}\sin\frac{2\pi y}{a} \tag{a}$$

式（a）满足四支简支板的边界条件式（12-7）。

板受纯剪时（附图 21-2），式（12-5）将变成

$$D\nabla^4 w=2N_{xy}\frac{\partial^2 w}{\partial x\partial y} \tag{b}$$

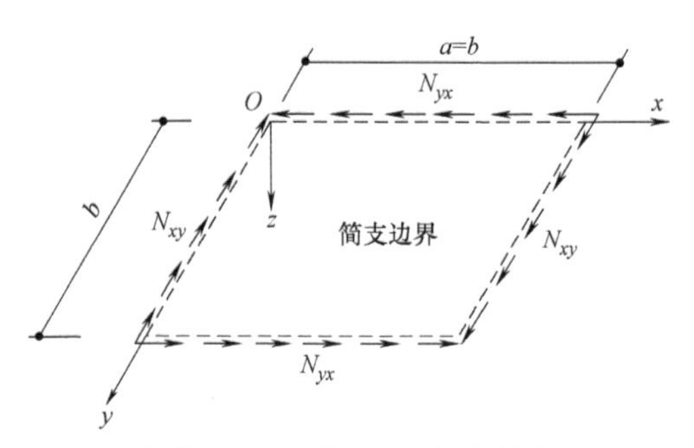

附图 21-2 简支正方板受纯剪

迦辽金方程为

$$\left.\begin{aligned}&\int_0^a\int_0^a\left[\frac{\partial^2 w}{\partial x^4}+2\frac{\partial^2 w}{\partial x^2\partial y^2}+\frac{\partial^4 w}{\partial x^4}-\frac{2N_{xy}}{D}\frac{\partial^2 w}{\partial x\partial y}\right]\sin\frac{\pi x}{a}\sin\frac{\pi y}{a}\mathrm{d}x\mathrm{d}y=0\\&\int_0^a\int_0^a\left[\frac{\partial^2 w}{\partial x^4}+2\frac{\partial^2 w}{\partial x^2\partial y^2}+\frac{\partial^4 w}{\partial y^4}-\frac{2N_{xy}}{D}\frac{\partial^2 w}{\partial x\partial y}\right]\sin\frac{2\pi x}{a}\sin\frac{2\pi y}{a}\mathrm{d}x\mathrm{d}y=0\end{aligned}\right\}$$

由式（a）求 w 的各阶导数

$$\left.\begin{aligned}&\frac{\partial^4 w}{\partial x^4}=\frac{\partial^4 w}{\partial y^4}=\frac{\partial^4 w}{\partial x^2\partial y^2}=A_1\left(\frac{\pi}{a}\right)^4\sin\frac{\pi x}{a}\sin\frac{\pi y}{a}+A_2\left(\frac{2\pi}{a}\right)^4\sin\frac{2\pi x}{a}\sin\frac{2\pi y}{a}\\&\frac{\partial^2 w}{\partial x\partial y}=A_1\left(\frac{\pi}{a}\right)^2\cos\frac{\pi x}{a}\cos\frac{\pi y}{a}+A_2\left(\frac{2\pi}{a}\right)^2\cos\frac{2\pi x}{a}\cos\frac{2\pi y}{a}\end{aligned}\right\} \tag{c}$$

将式（c）代入迦辽金方程

$$\begin{aligned}&\int_0^a\int_0^a\left[\frac{4A_1\pi^4}{a^4}\sin^2\left(\frac{\pi x}{a}\right)\sin^2\left(\frac{\pi y}{a}\right)+\frac{64\pi^4A_2}{a^4}\sin\frac{\pi x}{a}\sin\frac{2\pi x}{a}\sin\frac{\pi y}{a}\sin\frac{2\pi y}{a}-\right.\\&\left.\frac{2N_{xy}}{D}\left(A_1\frac{\pi^2}{a^2}\sin\frac{\pi x}{a}\cos\frac{\pi x}{a}\sin\frac{\pi y}{a}\cos\frac{\pi y}{a}+\frac{4\pi^2}{a^2}A_2\sin\frac{\pi x}{a}\cos\frac{2\pi x}{a}\sin\frac{\pi y}{a}\cos\frac{2\pi y}{a}\right)\right]\times\mathrm{d}x\mathrm{d}y=0\end{aligned} \tag{d}$$

和

$$\begin{aligned}&\int_0^a\int_0^a\left[\frac{4\pi^4A_1}{a^4}\sin\frac{\pi x}{a}\sin\frac{2\pi x}{a}\sin\frac{\pi y}{a}\sin\frac{2\pi y}{a}+\frac{64\pi^4A_2}{a^4}\sin^2\left(\frac{2\pi x}{a}\right)\sin^2\left(\frac{2\pi y}{a}\right)-\right.\\&\left.\frac{2N_{xy}}{D}\left(A_1\frac{\pi^2}{a^2}\cos\frac{\pi x}{a}\sin\frac{2\pi x}{a}\cos\frac{\pi y}{a}\sin\frac{2\pi y}{a}+A_2\frac{4\pi^2}{a^2}\sin\frac{2\pi x}{a}\cos\frac{2\pi x}{a}\sin\frac{2\pi y}{a}\cos\frac{2\pi y}{a}\right)\right]\times\mathrm{d}x\mathrm{d}y=0\end{aligned} \tag{e}$$

由于

$$\int_0^a \sin^2\left(\frac{m\pi x}{a}\right) dx = \frac{a}{2};$$

$$\int_0^a \sin\frac{m\pi x}{a}\sin\frac{m\pi x}{a}dx = 0 \quad (m \neq n);$$

$$\int_0^a \cos\frac{m\pi x}{a}\sin\frac{m\pi x}{a}dx = 0;$$

$$\int_0^a \cos\frac{2\pi x}{a}\sin\frac{\pi x}{a}dx = -\frac{2a}{3\pi};$$

$$\int_0^a \sin\frac{2\pi x}{a}\cos\frac{\pi x}{a}dx = \frac{4a}{3\pi}。$$

式（d）、式（e）变成

$$\begin{bmatrix} \dfrac{\pi^4}{a^2} & -\dfrac{32N_{xy}}{9D} \\ -\dfrac{32N_{xy}}{9D} & \dfrac{16\pi^4}{a^2} \end{bmatrix}\begin{bmatrix} A_1 \\ A_2 \end{bmatrix} = \begin{bmatrix} 0 \\ 0 \end{bmatrix}$$

由系数行列式等于0，可求临界力

$$N_{xy,\mathrm{cr}} = \sqrt{\frac{16\pi^8}{a^4}\frac{9^2}{32^2}D^2} = \frac{9}{8}\frac{\pi^4 D}{a^2} = 11.1\frac{\pi^2 D}{a^2} \tag{附 21-5a}$$

比精确解 $9.34\dfrac{\pi^2 D}{a^2}$大$\dfrac{11.1-9.34}{9.34}=0.188=18.8\%$

根据对矩形（$a/b>1$）板的较精确分析，临界力和临界应力与式（附 21-5a）和式（12-11）相似，即

$$N_{xy,\mathrm{cr}} = k\frac{\pi^2 D}{b^2} \tag{附 21-5b}$$

$$\tau_{\mathrm{cr}} = \frac{k}{12(1-\nu^2)}\cdot\frac{\pi^2 E}{(b/t)^2} \tag{附 21-6}$$

式中

$$k = 5.34 + \frac{4.0}{(a/b)^2} \quad （四边简支时） \tag{附 21-7a}$$

$$k = 8.98 + \frac{5.6}{(a/b)^2} \quad （四边固定时） \tag{附 21-7b}$$

附录 21.3　在非均布压力下四边简支矩形板的屈曲

附图 21-3 所示 x 方向一个半波的板段在轴向压力 N 和弯矩 M 共同作用下的情形。因此，可设

$$w = \sin\frac{\pi x}{a}\sum_{i=1}^{\infty} A_1 \sin\frac{i\pi y}{b} \tag{a}$$

显然，式（a）满足简支边界条件式（12-7）。

$$\left.\begin{aligned} U &= \frac{D}{2}\int_0^b\int_0^a \left[\left(\frac{\partial^2 w}{\partial x^2}\right)^2 + \left(\frac{\partial^2 w}{\partial y^2}\right) + 2\nu\left(\frac{\partial^2 w}{\partial x^2}\right)\left(\frac{\partial^2 w}{\partial y^2}\right) + 2(1-\nu)\left(\frac{\partial^2 w}{\partial x \partial y}\right)^2\right] dxdy \\ W &= \frac{\sigma_{\max} t}{2}\int_0^b\int_0^a \left(1-\frac{\alpha y}{b}\right)\left(\frac{\partial w}{\partial x}\right)^2 dxdy \end{aligned}\right\} \tag{b}$$

式中

$$\sigma = \sigma_{\max}(1-\alpha y/b) \tag{附 21-8}$$

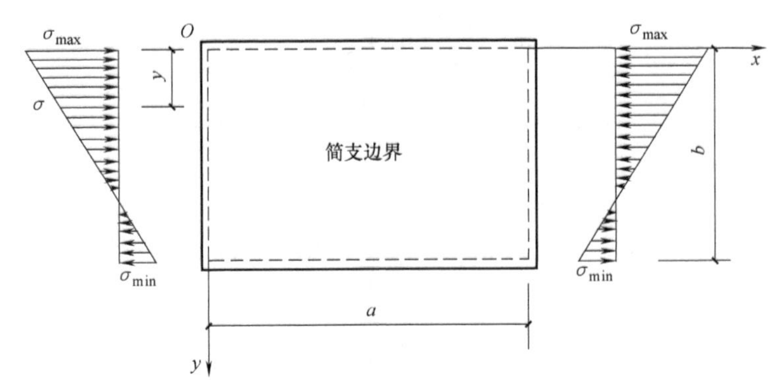

附图 21-3 矩形板非均匀受压

$$\alpha_0=\frac{\sigma_{max}-\sigma_{min}}{\sigma_{max}} \tag{附 21-9}$$

当 σ 为压应力时取正值，从而均匀受压时 $\alpha_0=0$，纯弯曲时 $\alpha_0=2$，压弯共同作用时：$0<\alpha_0<2$。

将导数：
$$\frac{\partial^2 w}{\partial x^2}=-\left(\frac{x}{a}\right)^2\sin\frac{\pi x}{a}\sum_{i=1}^{\infty}A_i\sin\frac{i\pi y}{b}$$

$$\frac{\partial^2 w}{\partial y^2}=-\sin\frac{\pi x}{a}\sum_{i=1}^{\infty}\left(\frac{i\pi}{b}\right)^2A_i\sin\frac{i\pi y}{b}$$

$$\frac{\partial^2 w}{\partial x\partial y}=\cos\frac{\pi x}{a}\sum_{i=1}^{\infty}\left(\frac{i\pi^2}{ab}\right)A_i\cos\frac{i\pi y}{b}$$

$$\frac{\partial w}{\partial x}=\frac{\pi}{a}\cos\frac{\pi x}{a}\sum_{i=1}^{\infty}A_i\sin\frac{i\pi y}{b}$$

$$\left(\frac{\partial w}{\partial x}\right)^2=\frac{\pi^2}{a}\cos^2\left(\frac{\pi x}{a}\right)\sum_{i=1,\ j=1}^{\infty}A_iA_j\sin\frac{i\pi y}{b}\sin\frac{j\pi y}{b}$$

和正交函数特性

$$\int_0^a\sin\frac{i\pi x}{a}\sin\frac{j\pi x}{a}\mathrm{d}x=0\quad(i\neq j)$$

$$\int_0^a\cos\frac{i\pi x}{a}\sin\frac{i\pi x}{a}\mathrm{d}x=0$$

$$\int_0^a\sin^2\left(\frac{i\pi x}{a}\right)\mathrm{d}x=\frac{a}{2}$$

代入式（b）

$$U=\frac{\pi^4}{8}Dab\sum_{i=1}^{\infty}A_i^2\left(\frac{1}{a^2}+\frac{i^2}{b^2}\right)^2$$

$$W=\frac{\pi^2}{8}\sigma_{max}t\frac{b}{a}\sum_{i=1}^{\infty}A_i^2-\frac{\sigma_{max}t}{4}\alpha\frac{\pi^2}{ab}\left[\frac{b^2}{4}\sum_{i=1}^{\infty}A_i^2-\frac{8b^2}{\pi^2}\sum_{i=1}^{\infty}\sum_{j=1}^{\infty}\frac{ijA_iA_j}{(i^2-j^2)^2}\right]$$

式中 $i=1,2,\cdots$，而 j 只取使（$i+j$）为奇数时的数值，W 的积分中利用了下述定积分

$$\int_0^b y\sin\frac{i\pi y}{b}\sin\frac{j\pi y}{b}\mathrm{d}y=\begin{cases}b^2/4, & \text{当 } i=j \text{ 时}\\ 0 & \text{当 } i+j \text{ 为偶数时}\\ -\dfrac{4b^2}{\pi^2}\dfrac{ij}{(i^2-j^2)^2} & \text{当 } i+j \text{ 为奇数时}\end{cases}$$

由$\frac{\partial(U-W)}{\partial Ai}=0$，可得包含$A_i$的齐次代数方程组，再由系数行列式为0，就可求出临界应力

$$\sigma_{x,\mathrm{cr}}=k\frac{\pi^2 D}{b^2 t}=k\frac{\pi^2 E}{12(1-\nu^2)}\left(\frac{t}{b}\right)^2 \tag{附 21-10}$$

铁木辛柯采用上述方法计算了各种情况下的k值，见附表21-1。

附表 21-1 非均布压力下简支矩形板的 k 值

α_0	a/b								
	0.4	0.5	0.6	2/2	0.75	0.8	0.9	1.0	1.5
2	29.1	25.6	24.1	23.9*	24.1	25.4	25.6	25.6	24.1
3/4	18.7		12.9		11.5	11.2		11.0*	11.5
1	15.1		9.7		8.4	8.1		7.8*	8.4
4/5	13.3		8.3		7.1	6.9		6.6*	7.1
2/3	10.8		7.1		6.1	6.0		5.8*	6.1

注：*——最小值。表中最小值可按经验公式；$k_{\min}=\alpha_0^2+3\alpha_0^2+4$ 计算。

对纯弯曲（$\alpha_0=2$），当$a/b=2/3$时，k值最小，一块很长的板在纯弯曲时可屈曲成若干个长度为$a=2b/3$的半波，若取钢材的$E=206\times10^3\mathrm{N/mm^2}$，$\nu=0.3$，由式（附 21-10）知

$$\sigma_{\max,\mathrm{cr}}=23.9\times\frac{\pi^2\times206\times10^3}{12(1-0.3^2)}\times\left(\frac{t}{b}\right)^2\mathrm{N/mm^2}$$
$$=445\times\left(\frac{100t}{b}\right)^2\mathrm{N/mm^2}$$

附录 22 函数数值

附表 22-1 函数$\xi_i(u)$和$\eta_i(u)$的数值（$i=1,2,3$）

$u=l\sqrt{\frac{N}{EI}}$	$\xi_1(u)$	$\xi_2(u)$	$\xi_3(u)$	$\eta_1(u)$	$\eta_2(u)$	$\eta_3(u)$
0.00	1.0000	1.0000	1.0000	1.000	1.0000	1.000
0.20	0.9986	1.0009	0.9973	0.9992	0.9959	0.9840
0.40	0.9945	1.0026	0.9895	0.9973	0.9840	0.9362
0.60	0.9881	1.0061	0.9756	0.9941	0.9641	0.8556
0.80	0.9787	1.0111	0.9567	0.9895	0.9362	0.7434
1.00	0.9662	1.0172	0.9313	0.9832	0.8999	0.5980
1.10	0.9592	1.0209	0.9164	0.9798	0.8790	0.5131
1.20	0.9511	1.0251	0.8998	0.9756	0.8556	0.4198
1.30	0.9424	1.0296	0.8814	0.9714	0.8306	0.3181
1.40	0.9329	1.0348	0.8613	0.9669	0.8025	0.2080
1.50	0.9226	1.0403	0.8393	0.9620	0.7745	0.0893
$1.57=\pi/2$	0.9149	1.0445	0.8225	0.9581	0.7525	0.0000
1.60	0.9116	1.0463	0.8153	0.9567	0.7434	-0.0380
1.70	0.8998	1.0529	0.7891	0.9510	0.7102	-0.1742
1.80	0.8871	1.0600	0.7609	0.9449	0.6749	-0.3191
1.90	0.8735	1.0676	0.7297	0.9383	0.6375	-0.4736
2.00	0.8590	1.0760	0.6961	0.9313	0.5980	-0.6372
2.02	0.8560	1.0777	0.6891	0.9299	0.5899	-0.6710
2.04	0.8530	1.0795	0.6819	0.9285	0.5817	-0.7053
2.06	0.8499	1.0813	0.6747	0.9277	0.5734	-0.7398

（续）

$u=l\sqrt{\frac{N}{EI}}$	$\xi_1(u)$	$\xi_2(u)$	$\xi_3(u)$	$\eta_1(u)$	$\eta_2(u)$	$\eta_3(u)$
2. 08	0. 8468	1. 0831	0. 6672	0. 9255	0. 5650	-0. 7749
2. 10	0. 8437	1. 0850	0. 6597	0. 9240	0. 5565	-0. 8103
2. 12	0. 8405	1. 0868	0. 6521	0. 9225	0. 5480	-0. 8465
2. 14	0. 8372	1. 0887	0. 6443	0. 9210	0. 5394	-0. 8822
2. 16	0. 8339	1. 0907	0. 6364	0. 9195	0. 5307	-0. 9188
2. 18	0. 8306	1. 0926	0. 6284	0. 9180	0. 5220	-0. 9557
2. 20	0. 8273	1. 0946	0. 6202	0. 9164	0. 5131	-0. 9931
2. 22	0. 8239	1. 0966	0. 6119	0. 9148	0. 5041	-1. 0309
2. 24	0. 8204	1. 0988	0. 6034	0. 9132	0. 4951	-1. 0691
2. 26	0. 8170	1. 1009	0. 5948	0. 9116	0. 4860	-1. 1077
2. 28	0. 8134	1. 1029	0. 5861	0. 9100	0. 4768	-1. 1457
2. 30	0. 8099	1. 1050	0. 5772	0. 9083	0. 4675	-1. 1861
2. 32	0. 8063	1. 1072	0. 5681	0. 9066	0. 4581	-1. 2260
2. 34	0. 8026	1. 1095	0. 5589	0. 9049	0. 4486	-1. 2663
2. 36	0. 7989	1. 1117	0. 5496	0. 9032	0. 4391	-1. 3069
2. 38	0. 7952	1. 1140	0. 5401	0. 9015	0. 4295	-1. 3480
2. 40	0. 7915	1. 1164	0. 5304	0. 8998	0. 4198	-1. 3896
2. 42	0. 7877	1. 1188	0. 5205	0. 8991	0. 4101	-1. 4316
2. 44	0. 7833	1. 1212	0. 5105	0. 8963	0. 4002	-1. 4743
2. 46	0. 7799	1. 1236	0. 5003	0. 8945	0. 3902	-1. 5169
2. 48	0. 7760	1. 1261	0. 4899	0. 8927	0. 3802	-1. 5602
2. 50	0. 7720	1. 1286	0. 4793	0. 8909	0. 3701	-1. 6040
2. 52	0. 7679	1. 1311	0. 4685	0. 8890	0. 3598	-1. 6383
2. 54	0. 7638	1. 1337	0. 4576	0. 8871	0. 3495	-1. 6929
2. 56	0. 7596	1. 1363	0. 4461	0. 8852	0. 3391	-1. 7381
2. 58	0. 7555	1. 1390	0. 4350	0. 8833	0. 3286	-1. 7838
2. 60	0. 7513	1. 1417	0. 4234	0. 8814	0. 3181	-1. 8299
2. 62	0. 7470	1. 1445	0. 4116	0. 8795	0. 3075	-1. 8765
2. 64	0. 7427	1. 1473	0. 3996	0. 8776	0. 2968	-1. 9236
2. 66	0. 7383	1. 1501	0. 3873	0. 8756	0. 2860	-1. 9712
2. 68	0. 7339	1. 1530	0. 3748	0. 8736	0. 2751	-2. 0193
2. 70	0. 7294	1. 1559	0. 3621	0. 8716	0. 2641	-2. 0679
2. 72	0. 7249	1. 1589	0. 3491	0. 8696	0. 2531	-2. 1170
2. 74	0. 7204	1. 1619	0. 3358	0. 8676	0. 2420	-2. 1667
2. 76	0. 7158	1. 1650	0. 3223	0. 8655	0. 2307	-2. 2169
2. 78	0. 7111	1. 1681	0. 3085	0. 8634	0. 2192	-2. 2676
2. 80	0. 7064	1. 1712	0. 2944	0. 8613	0. 2080	-2. 3189
2. 82	0. 7016	1. 1744	0. 2801	0. 8592	0. 1968	-2. 3707
2. 84	0. 6967	1. 1777	0. 2654	0. 8571	0. 1850	-2. 4231
2. 86	0. 6918	1. 1810	0. 2505	0. 8550	0. 1734	-2. 4760
2. 88	0. 6869	1. 1844	0. 2352	0. 8528	0. 1616	-2. 5296
2. 90	0. 6819	1. 1878	0. 2195	0. 8506	0. 1498	-2. 5838
2. 92	0. 6768	1. 1913	0. 2036	0. 8484	0. 1379	-2. 6385
2. 94	0. 6717	1. 1948	0. 1878	0. 8462	0. 1261	-2. 6939
2. 96	0. 6665	1. 1984	0. 1706	0. 8439	0. 1138	-2. 7499
2. 98	0. 6613	1. 2020	0. 1535	0. 8416	0. 1016	-2. 8066
3. 00	0. 6560	1. 2057	0. 1361	0. 8393	0. 0893	-2. 8639
3. 02	0. 6506	1. 2095	0. 1182	0. 8370	0. 0770	-2. 9219
3. 04	0. 6452	1. 2133	0. 1000	0. 8347	0. 0646	-2. 9805
3. 06	0. 6398	1. 2172	0. 0812	0. 8323	0. 0520	-3. 0400

（续）

$u=l\sqrt{\frac{N}{EI}}$	$\xi_1(u)$	$\xi_2(u)$	$\xi_3(u)$	$\eta_1(u)$	$\eta_2(u)$	$\eta_3(u)$
3.08	0.6343	1.2212	0.0621	0.8299	0.0394	-3.0991
3.10	0.6287	1.2252	0.0424	0.8275	0.0267	-3.1609
3.12	0.6230	1.2292	0.0223	0.8251	0.0139	-3.2225
3.14	0.6173	1.2334	0.0017	0.8227	0.0011	-3.2848
π	0.6168	1.2336	0	0.8224	0	-3.2898
3.16	0.6115	1.2376	-0.0195	0.8203	-0.0118	-3.3480
3.18	0.6057	1.2419	-0.0412	0.8178	-0.0249	-3.4120
3.20	0.5997	1.2463	-0.0635	0.8153	-0.0380	-3.4768
3.22	0.5937	1.2507	-0.0864	0.8128	-0.0512	-3.5425
3.24	0.5876	1.2552	-0.1100	0.8102	-0.0646	-3.6092
3.26	0.5815	1.2597	-0.1342	0.8076	-0.0780	-3.6767
3.28	0.5753	1.2644	-0.1591	0.8050	-0.0915	-3.7453
3.30	0.5691	1.2691	-0.1847	0.8024	-0.1051	-3.8147
3.32	0.5628	1.2739	-0.2111	0.7998	-0.1187	-3.8852
3.34	0.5564	1.2788	-0.2383	0.7972	-0.1324	-3.9568
3.36	0.5499	1.2838	-0.2663	0.7945	-0.1463	-4.029
3.38	0.5433	1.2889	-0.2951	0.7918	-0.1602	-4.1032
3.40	0.5366	1.2940	-0.3248	0.7891	-0.1742	-4.1781
3.42	0.5299	1.2992	-0.3555	0.7863	-0.1884	-4.2540
3.44	0.5231	1.3045	-0.3873	0.7835	-0.2026	-4.3318
3.46	0.5162	1.3099	-0.4202	0.7807	-0.2169	-4.4107
3.48	0.5092	1.3155	-0.4542	0.7779	-0.2313	-4.4910
3.50	0.5021	1.3212	-0.4894	0.7751	-0.2457	-4.5727
3.52	0.4950	1.3270	-0.5259	0.7723	-0.2602	-4.6560
3.54	0.4878	1.3328	-0.5638	0.7695	-0.2748	-4.7410
3.56	0.4305	1.3387	-0.6031	0.7667	-0.2894	-4.8276
3.58	0.4731	1.3447	-0.6439	0.7638	-0.3042	-4.9160
3.60	0.4656	1.3508	-0.6882	0.7609	-0.3191	-5.0062
3.62	0.4580	1.3571	-0.7303	0.7580	-0.3340	-5.0984
3.64	0.4503	1.3635	-0.7763	0.7550	-0.3491	-5.1928
3.66	0.4425	1.3700	-0.8243	0.7520	-0.3643	-5.2895
3.68	0.4345	1.3766	-0.8745	0.7483	-0.3797	-5.3886
3.70	0.4265	1.3834	-0.9270	0.7457	-0.3951	-5.4903
3.72	0.4184	1.3903	-0.9819	0.7425	-0.4107	-5.5947
3.74	0.4102	1.3973	-1.0395	0.7393	-0.4263	-5.7020
3.76	0.4019	1.4044	-1.0999	0.7361	-0.4420	-5.8124
3.78	0.3935	1.4217	-1.1034	0.7329	-0.4578	-5.9262
3.80	0.3850	1.4191	-1.2303	0.7297	-0.4736	-6.0436
3.82	0.3764	1.4267	-1.3009	0.7265	-0.4895	-6.1650
3.84	0.3677	1.4344	-1.3754	0.7232	-0.5056	-6.2906
3.86	0.3588	1.4423	-1.4543	0.7199	-0.5217	-6.4208
3.88	0.3498	1.4503	-1.5380	0.7166	-0.5379	-6.5561
3.90	0.3407	1.4584	-1.6468	0.7133	-0.5542	-6.6968
3.92	0.3315	1.4667	-1.7214	0.7099	-0.5706	-6.8435
3.94	0.3221	1.4752	-1.8227	0.7065	-0.5871	-6.9972

（续）

$u=l\sqrt{\frac{N}{EI}}$	$\xi_1(u)$	$\xi_2(u)$	$\xi_3(u)$	$\eta_1(u)$	$\eta_2(u)$	$\eta_3(u)$
3.96	0.3126	1.4838	-1.9310	0.7031	-0.6037	-7.1582
3.98	0.3030	1.4928	-2.0473	0.6996	-0.6204	-7.3274
4.00	0.2933	1.5018	-2.1725	0.6961	-0.6372	-7.5058
4.02	0.2834	1.5110	-2.3074	0.6926	-0.6541	-7.6942
4.04	0.2734	1.5204	-2.4547	0.6891	-0.6710	-7.8952
4.06	0.2632	1.5301	-2.6142	0.6855	-0.6881	-8.1087
4.08	0.2529	1.5400	-2.7888	0.6819	-0.7053	-8.3376
4.10	0.2424	1.5501	-2.9806	0.6783	-0.7225	-8.5839
4.12	0.2318	1.5604	-3.1915	0.6747	-0.7398	-8.8496
4.14	0.2210	1.5709	-3.4262	0.6710	-0.7573	-9.1394
4.16	0.2101	1.5816	-3.6877	0.6673	-0.7749	-9.4562
4.18	0.1990	1.5925	-3.9824	0.6635	-0.7925	-9.8062
4.20	0.1877	1.6036	-4.3155	0.6597	-0.8103	-10.196
4.22	0.1862	1.6150	-4.6970	0.6559	-0.8281	-10.633
4.24	0.1646	1.6267	-5.1369	0.6521	-0.8460	-11.129
4.26	0.1528	1.6387	-5.6516	0.6482	-0.8641	-11.701
4.28	0.1409	1.6510	-6.2607	0.6443	-0.8822	-12.367
4.30	0.1288	1.6637	-6.9949	0.6404	-0.9004	-13.158
4.32	0.1165	1.6767	-7.8955	0.6364	-0.9188	-14.116
4.34	0.1040	1.6899	-9.0306	0.6324	-0.9372	-15.309
4.36	0.0972	1.7033	-10.503	0.6284	-0.9557	-16.840
4.38	0.0781	1.7170	-12.523	0.6243	-0.9744	-18.918
4.40	0.0648	1.7310	-15.330	0.6202	-0.9931	-21.783
4.42	0.0513	1.7452	-19.703	0.6161	-1.0119	-26.215
4.44	0.0376	1.7602	-27.349	0.6119	-1.0309	-33.920
4.46	0.0237	1.7754	-44.148	0.6077	-1.0499	-50.779
4.48	0.0096	1.7910	-111.57	0.6034	-1.0691	-118.26
4.50	-0.0048	1.8070	227.80	0.5991	-1.0884	221.05
4.52	-0.0194	1.8234		0.5948	-1.1077	
4.54	-0.0343	1.8402		0.5905	-1.1271	
4.56	-0.0495	1.8575		0.5861	-1.1457	
4.58	-0.0650	1.8752		0.5817	-1.1662	
4.60	-0.0807	1.8933		0.5772	-1.1861	
4.62	-0.0969	1.9119		0.5727	-1.2060	
4.64	-0.1133	1.9310		0.5681	-1.2250	
4.66	-0.1301	1.9507		0.5635	-1.2461	
4.68	-0.1472	1.9710		0.5589	-1.2663	
4.70	-0.1646	1.9919		0.5543	-1.2865	
$3\pi/2$	-0.1755	2.0052		0.5514	-1.2992	
4.72	-0.1824	2.0134		0.5596	-1.3096	
4.74	-0.2005	2.0355		0.5449	-1.3274	
4.76	-0.2190	2.0582		0.5402	-1.3480	
4.78	-0.2379	2.0816		0.5354	-1.3586	
4.80	-0.2572	2.1056		0.5305	-1.3896	
4.82	-0.2770	2.1304		0.5255	-1.4105	

（续）

$u=l\sqrt{\frac{N}{EI}}$	$\xi_1(u)$	$\xi_2(u)$	$\xi_3(u)$	$\eta_1(u)$	$\eta_2(u)$	$\eta_3(u)$
4.84	-0.2973	2.1506		0.5205	-1.4316	
4.86	-0.3181	2.1824		0.5155	-1.4528	
4.88	-0.3394	2.2096		0.5105	-1.4743	
4.90	-0.3612	2.2377		0.5054	-1.4954	
4.92	-0.3834	2.2667		0.5003	-1.5169	
4.94	-0.4061	2.2966		0.4951	-1.5385	
4.96	-0.4293	2.3275		0.4899	-1.5602	
4.98	-0.4530	2.3594		0.4846	-1.5821	
5.00	-0.4772	2.3924		0.4793	-1.6040	
5.02	-0.5022	2.4266		0.4739	-1.6261	
5.04	-0.5280	2.4220		0.4685	-1.6483	
5.06	-0.5545	2.4986		0.4630	-1.6706	
5.08	-0.5816	2.5365		0.4576	-1.6929	
5.10	-0.6099	2.5757		0.4520	-1.7155	
5.12	-0.6388	2.6164		0.4464	-1.7381	
5.14	-0.6685	2.6587		0.4407	-1.7609	
5.16	-0.6999	2.7027		0.4350	-1.7838	
5.18	-0.7306	2.7485		0.4292	-1.8073	
5.20	-0.7630	2.7961		0.4234	-1.8299	
5.22	-0.7964	2.8454		0.4175	-1.8532	
5.24	-0.8310	2.8968		0.4116	-1.8765	
5.26	-0.8668	2.9504		0.4065	-1.9000	
5.28	-0.9039	3.0064		0.3996	-1.9236	
5.30	-0.9423	3.0648		0.3931	-1.9477	
5.32	-0.9821	3.1257		0.3873	-1.9712	
5.34	-1.0233	3.1893		0.3811	-1.9952	
5.36	-1.0660	3.2559		0.3748	-2.0193	
5.38	-1.1103	3.3267		0.3685	-2.0435	
5.40	-1.1563	3.3989		0.3621	-2.0679	
5.42	-1.2043	3.4757		0.3556	-2.0924	
5.44	-1.2544	3.5563		0.3491	-2.1170	
5.46	-1.3067	3.6409		0.3425	-2.1418	
5.48	-1.3612	3.7298		0.3358	-2.1667	
5.50	-1.4181	3.8234		0.3291	-2.1917	
5.52	-1.4777	3.9222		0.3223	-2.2169	
5.54	-1.5402	4.0267		0.3154	-2.2422	
5.56	-1.6059	4.1374		0.3085	-2.2676	
5.58	-1.6751	4.2549		0.3015	-2.2932	
5.60	-1.7481	4.3794		0.2944	-2.3189	
5.62	-1.8252	4.5118		0.2873	-2.3447	
5.64	-1.9065	4.6526		0.2801	-2.3707	
5.66	-1.9920	4.8026		0.2727	-2.3969	
5.68	-2.0833	4.9629		0.2654	-2.4231	
5.70	-2.1804	5.1346		0.2580	-2.4495	
5.72	-2.2833	5.3190		0.2505	-2.4760	

（续）

$u=l\sqrt{\frac{N}{EI}}$	$\xi_1(u)$	$\xi_2(u)$	$\xi_3(u)$	$\eta_1(u)$	$\eta_2(u)$	$\eta_3(u)$
5.74	-2.3944	5.5173		0.2429	-2.5027	
5.76	-2.5130	5.7314		0.2352	-2.5296	
5.78	-2.6406	5.9628		0.2374	-2.5466	
5.80	-2.777	6.2140		0.2195	-2.5838	
5.82	-2.9262	6.4873		0.2116	-2.6111	
5.84	-3.0876	6.7859		0.2036	-2.6385	
5.86	-3.2634	7.1132		0.1955	-2.6661	
5.88	-3.4562	7.4738		0.1873	-2.6939	
5.90	-3.6678	7.8726		0.1790	-2.7218	
5.92	-3.9018	8.3163		0.1706	-2.7499	
5.94	-4.1603	8.8122		0.1621	-2.7782	
5.96	-4.4547	9.3706		0.1535	-2.8066	
5.98	-4.7816	10.004		0.1448	-2.8352	
6.00	-5.1589	10.727		0.1361	-2.8639	
6.02	-5.5845	11.561		0.1272	-2.8928	
6.04	-6.0653	12.534		0.1182	-2.9219	
6.06	-6.6753	13.683		0.1091	-2.9512	
6.08	-7.3699	15.060		0.0999	-2.9805	
6.10	-8.2355	16.739		0.0906	-2.0102	
6.12	-8.2939	18.832		0.0812	-3.0400	
6.14	-10.646	21.511		0.0717	-3.0699	
6.16	-12.440	25.065		0.0621	-3.0991	
6.18	-14.921	29.999		0.0523	-3.1304	
6.20	-18.594	37.308		0.0424	-3.1609	
6.22	-24.575	49.255		0.0324	-3.1916	
6.24	-36.100	72.272		0.0223	-3.2250	
6.26	-67.436	135.030		0.0121	-3.2535	
6.28	-492.670	984.320		0.0017	-3.2848	
2π	$-\infty$	$+\infty$		0	-3.2896	

参 考 文 献

[1] 中华人民共和国住房和城乡建设部. 建筑结构可靠性设计统一标准：GB 50068—2018 [S]. 北京：中国建筑工业出版社，2018.

[2] 中华人民共和国住房和城乡建设部. 工程结构可靠性设计统一标准：GB 50153—2008 [S]. 北京：中国建筑工业出版社，2008.

[3] 王仕统. 钢结构基本原理 [M]. 2版. 广州：华南理工大学出版社，2020.

[4] 中华人民共和国住房和城乡建设部. 钢结构设计标准：GB 50017—2017 [S]. 北京：中国建筑工业出版社，2018.

[5] 中华人民共和国国家质量监督检验检疫总局. 碳素结构钢：GB/T 700—2006 [S]. 北京：中国标准出版社，2006.

[6] 国家市场监督管理总局. 低合金高强度结构钢：GB/T 1591—2018 [S]. 北京：中国标准出版社，2018.

[7] 中华人民共和国国家质量监督检验检疫总局. 建筑结构用钢板：GB/T 19879—2015 [S]. 北京：中国标准出版社，2016.

[8] 陈骥. 钢结构稳定理论与设计 [M]. 2版. 北京：科学出版社，2003.

[9] 唐家祥，王仕统，裴若娟. 结构稳定理论 [M]. 北京：中国铁道出版社，1989.

[10] 王仕统. 结构稳定 [M]. 广州：华南理工大学出版社，2001.

[11] 王仕统，薛素铎，关富玲，等. 现代屋盖钢结构分析与设计 [M]. 北京：中国建筑工业出版社，2014.

[12] 王仕统，郑廷银. 现代高层钢结构分析与设计 [M]. 北京：机械工业出版社，2018.

[13] 广东省钢结构协会，广东省建筑科学研究院. 钢结构设计规程：DBJ 15—102—2014 [S]. 北京：中国城市出版社，2016.

[14] 王仕统. 提高我国全钢结构的结构效率　实现钢结构的三大核心价值 [J]. 钢结构，2010，25 (9)：30-35.

[15] 中国工程院土木水利与建筑工程学部. 论大型公共建筑工程建设——问题与建议 [M]. 北京：中国建筑工业出版社，2006.

[16] 陈伯真，胡毓仁. 薄壁结构力学 [M]. 上海：上海交通大学出版社，1998.

[17] 魏明钟. 钢结构设计新规范应用讲评 [M]. 北京：中国建筑工业出版社，1991.